DES

HYBRIDES

A

L'ÉTAT SAUVAGE

REGNE ANIMAL

TOME PREMIER

CLASSE DES OISEAUX

PAR

ANDRÉ SUCHETET

*Rassemblons des faits pour
nous donner des idées.*
BUFFON

PARIS
Librairie J.-B. BAILLIÈRE et Fils
19, Rue Hautefeuille, 19

1897

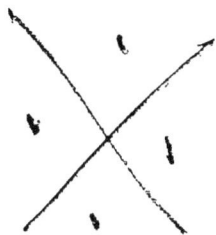

DES

HYBRIDES

A

L'ÉTAT SAUVAGE

RÈGNE ANIMAL

PREMIER VOLUME

(CLASSE DES OISEAUX)

PAR

ANDRÉ SUCHETET

Rassemblons des faits pour
nous donner des idées...
Buffon.

LILLE

IMPRIMERIE TYPOGRAPHIQUE ET LITHOGRAPHIQUE LE BIGOT FRÈRES

68, rue Nationale, et 25, rue Nicolas-Leblanc.

1896

LILLE — IMPRIMERIE LE BIGOT FRÈRES

INTRODUCTION

SOMMAIRE :

I.

Nous réunissons dans cet ouvrage six études qui ont été publiées successivement : les quatre premières dans les Mémoires de la Société zoologique de France, pendant les années 1890, 1891, 1892 et 1893 ; la cinquième et la sixième étude, en librairie, pendant les années 1895 et 1896. — Ces travaux qui envisagent l'hybridité dans la nature, et d'une manière plus particulière « *les Oiseaux hybrides observés à l'état sauvage* », (dénomination sous laquelle ils ont paru), forment un ensemble dont la lecture sera plus aisée dans un volume qui les contiendra tous (1). Nous désirons, du reste, les faire précéder d'un AVANT-PROPOS, ou PRÉFACE GÉNÉRALE, qui fera connaître le but que nous y poursuivons.

(1) Très fréquemment dans nos premières *Additions* (5ᵉ partie), et nos nouvelles *Additions* (6ᵉ partie), nous renvoyons le lecteur à nos mémoires ; les recherches se trouveront ainsi simplifiées.

Si l'hybridité, c'est-à-dire le croisement des formes animales, spécifiquement distinctes, ou pour mieux dire, celles que nous sommes convenus d'appeler « **Espèces** », se produit à l'état libre, ce phénomène mérite d'attirer l'attention du naturaliste ; il acquièrerait même une importance considérable dans le cas où ces croisements seraient fréquents et suivis de postérité.

Cette question, qui touche à la philosophie zoologique, est d'un intérêt très grand.

Jusqu'ici, cependant, nous le verrons bientôt, l'étude des hybrides naturels a été négligée ; on s'est borné à émettre à leur sujet des notions générales sans connaître exactement le rôle qu'ils jouent dans la nature ; de là, les appréciations les plus diverses. — Cela vient peut-être de ce que les observations faites sur eux ne sont pas encore assez nombreuses ou sont tellement disséminées dans les périodiques et les livres les plus divers que leur recherche présente de sérieuses difficultés et demande une somme de temps considérable, un travail de longue haleine, pénible à entreprendre. Ces observations n'ont, en effet, jamais été ni groupées ni considérées dans leur ensemble.

Quoiqu'au témoignage d'Isidore Geoffroy Saint-Hilaire, plus de quatre cents physiologistes, botanistes, naturalistes, aient parlé de la question de l'hybridité, (et ce nombre s'est notablement accru depuis la mort du grand savant), aucun auteur ne s'est occupé exclusivement de l'hybridité à l'état sauvage chez les animaux ; par conséquent aucun livre ne traite *ex professo* de cette matière dans laquelle les faits seuls sont à envisager.— Ce sont eux, on peut le dire, qui sont la base de toute déduction scientifique sérieuse ; raisonner sans eux, c'est se condamner à une stérilité absolue. Malheureusement, comme l'a dit avant nous M. de Quatrefages lorsqu'il a écrit quelques considérations (1) sur le sujet que nous abordons : « trop souvent ils manquent. »

C'est pourquoi, dans notre désir de prendre connaissance de l'importante question des hybrides, nous nous sommes mis à la recherche des faits ; mais il nous a fallu des années pour en rassembler un certain nombre. Quoique nous ayons été en correspondance avec la plupart des zoologistes répandus dans le monde ; quoique nous ayons fait fouiller les musées publics, les collections privées, les cabinets d'histoire naturelle ; quoique nous ayons interrogé les chasseurs, les préparateurs, les taxidermistes, les marchands de gibier, les oiseleurs, etc., tous ceux, en un mot, qui pouvaient nous

(1) In Rev. des Cours scientifiques, 1867-68, p. 66.

être utiles en cette circonstance, nous n'avons découvert qu'un nombre d'hybrides naturels très restreint, par rapport au nombre immense des espèces qui sont aujourd'hui connues (1).

La rareté de l'hybridation à l'état sauvage est sans doute le vrai motif du silence qui s'est fait autour de ce grave sujet, plus encore que ne l'est la raison donnée tout à l'heure ; sans quoi, on ne s'expliquerait point une telle lacune dans la science zoologique, maintenant que la plupart des espèces existantes (au moins dans la classe des Oiseaux et dans celle des Mammifères) sont bien étudiées et que de nombreux ouvrages les ont classées avec méthode dans le rang, l'ordre, la famille, la tribu, le genre, auxquels elles appartiennent (2).

L'ouvrage que nous présentons n'est en quelque sorte qu'un catalogue de faits ; mais ces faits sont groupés, coordonnés, présentés dans leur ensemble comme dans toutes les circonstances où ils méritent d'être envisagés ; ils ont, en outre, été analysés, raisonnés et critiqués chaque fois que l'utilité s'en est montrée.

Notre catalogue est aussi descriptif, car il fait connaître les caractères de toutes les pièces dont on parle ; il est surtout synthétique. — Dans la mesure où l'analyse détaillée des faits le permettait, nous avons tenu à descendre des principes aux conséquences, c'est-à-dire à tirer des déductions sans lesquelles notre curiosité eût été vaine. Ce dernier point, le plus intéressant, a toujours été notre principal objectif ; à quoi bon tant de matériaux rassemblés si leur synthèse fût restée à faire ?

---

(1) On verra, si on jette un coup d'œil sur notre tableau (pp. 856-867) récapitulant les hybrides naturels obtenus à l'état sauvage. qu'un très petit cabinet d'Histoire naturelle serait uffisant pour les renfermer tous, alors que les Musées les plus vastes contiendraient difficilement les types purs répandus à profusion sur le globe terrestre. — Une remarque bien importante est à faire ici : depuis un nombre d'années assez restreint, le chiffre des hybrides naturels observés s'est notablement accru. Si cette progression est constante, dans un siècle les observations se seront multipliées ; néanmoins, nous en sommes convaincu, elles demeureront toujours fort rares, comparativement au nombre des observations que l'on pourra faire sur les espèces.

(2) Nous devons reconnaître avec justice que plusieurs auteurs ont essayé de grouper, dans des mémoires spéciaux ou des articles de revue, les hydrides dont ils ont pu obtenir des exemples; parmi ces exemples se trouvent des hybrides naturels, c'est-à-dire des hybrides observés à l'état sauvage. Mais ces derniers se trouvent confondus avec les produits de l'hybridité provoquée; ils n'en sont point généralement distingués. Encore est-il que les mémoires les plus complets se bornent à citer un très petit nombre de faits. Nous nous proposons de publier ultérieurement un *Index bibliographique* de ces divers travaux.

II

Notre intention première avait été de donner à notre travail le titre suivant :

« Du croisement à l'état libre d'espèces animales ».

Par là, nous précisions trois choses : 1° Que l'hybridation se produit dans la nature chez des espèces sauvages ; 2° que non seulement nous connaissions la signification du mot espèce, mais aussi que nous savions quelles sont les formes qui méritent cette dénomination ; 3° qu'il existe encore sur le globe des habitats où l'animal s'est soustrait totalement à l'influence de l'homme. Ces assertions sont graves ; les faits que nous avons à citer ne nous ont pas permis une telle précision. Nous avons donc modifié les termes dont nous pensions pouvoir nous servir et nous avons pris un titre, on l'a vu, qui ne renferme aucune de ces affirmations, mais qui laisse seulement soupçonner la possibilité des faits que nous eussions énoncés d'une manière peut-être trop rigoureuse.

Cependant, sans la crainte d'être trop long, nous aurions préféré intituler notre ouvrage de cette manière :

DE LA RENCONTRE

A L'ÉTAT SAUVAGE

DE

FORMES ANIMALES

PARAISSANT ÊTRE

DES

HYBRIDES

Car c'est là le vrai titre, le titre seul, qui convienne à notre travail. Malheureusement il est beaucoup trop étendu pour que nous puissions nous en servir couramment. — Nous ne le ferons donc pas figurer sur la couverture de notre livre ; mais nous le maintiendrons en principe. — Voici nos raisons ; nous en proposons trois :

I. Nous disons : « *De la rencontre* » et non « *du croisement* ». En effet, quoique l'hybridation naturelle soit bien prouvée pour certaines espèces d'Oiseaux, le plus généralement l'appariage des espèces, supposées mères, n'a point été constaté *de visu*. Serait-on sûr d'une double origine chez les hybrides que l'on rencontre, ce qui reste douteux dans nombre de cas, qu'il serait encore nécessaire, pour les déclarer sauvages de naissance, de savoir si les parents n'étaient point, au moment du croisement, retenus en captivité ou dans des conditions telles qu'ils ne jouissaient point complètement de leur liberté. On sait qu'un grand nombre d'espèces animales sont aujourd'hui transportées d'un lieu à un autre, déplacées du milieu qui leur convenait essentiellement, et qu'ainsi elles ont pu être amenées à contracter des mélanges qui ne se seraient point produits dans un état de complète liberté. — Que dirions-nous de ces espèces retenues dans les parcs, les volières, les jardins d'acclimatation, d'où parfois elles, et leurs hybrides, parviennent à s'échapper? Nous citerons de ces genres d'hybridations; les exemples foisonnent et donnent lieu à de nombreuses méprises (1).

Rien donc d'absolument certain, de bien authentique dans les faits que nous avons à grande peine rassemblés. Nous avons dû nous livrer à de minutieuses enquêtes sur leur compte, et bien souvent l'incertitude à leur sujet demeure encore dans notre esprit. Cependant il est une catégorie d'espèces, chez les Oiseaux, qui n'ont point encore propagé leur race en captivité. On peut dire des hybrides de ces espèces, quand on les rencontre à l'état sauvage, qu'ils sont bien nés dans cet état. Pour eux, le doute n'est plus permis. Encore est-il que leurs caractères mélangés, si bons indices qu'ils puissent être de leur double origine, n'en sont point des garants infaillibles. Des anomalies se présentent de telle façon qu'elles sont souvent capables d'induire à erreur l'œil le plus exercé. — Une très grande prudence est donc de règle dans le sujet que nous traitons.

On voit pourquoi, au lieu de nous servir d'un terme absolu commençant notre titre, nous préférons user d'expressions plus vagues, moins concises, et ne renfermant aucune affirmation du genre de celles que nous redoutons.

II. Nous avons substitué les mots « *formes animales* » aux mots « *espèces animales* », parce que notre embarras a été grand lorsqu'il s'est agi de distinguer entre l'espèce et la race (ou pour mieux dire

(1) Les ornithologistes qui ont écrit des ouvrages spéciaux sur la faune de certaines contrées ont parfois indiqué, dans leur classement, des Oiseaux absolument étrangers à la localité, et dont la présence fortuite n'était point due à des causes naturelles. Ces animaux s'étaient échappés de quelque navire qui les transportait en d'autres lieux ou avaient fui les lieux mêmes où ils avaient été importés.

entre l'espèce et la *sous-espèce* comme on fait emploi de ce mot
en zoologie). Cette distinction serait cependant importante à établir
dans l'état de nos connaissances, car le croisement entre individus
de race différente, mais appartenant à une même souche, ne
présente pas, quant à présent, l'intérêt que nous attachons à
l'appariage libre d'espèces bien distinctes. Il n'est point surprenant
que deux individus appartenant à une même lignée se recherchent,
s'apparient et produisent des métis lorsqu'ils se trouvent en présence l'un de l'autre.

La question du croisement nous paraît prendre une tout autre
importance lorsque ce sont des espèces qui contractent des alliances
étrangères ; on le conçoit aisément. Il faut donc s'efforcer d'établir
la distinction dont on parle. Mais là gît la difficulté. — La même
forme zoologique, qui est classée par tel naturaliste au rang
d'espèce, est considérée comme sous-espèce ou variété par tel
autre (1). Nous ne parlerons point des divergences d'opinions qui
se produisent lorsque l'on cherche à découvrir le genre, et même
la famille et l'ordre auxquels l'espèce appartient. La confusion
devient alors inextricable. Notre méthode de classement n'est
peut-être que conventionnelle ; on ne saurait dire si elle existe
réellement dans la nature (2).

(1) « Si nous ouvrons un traité de zoologie, dit le baron Ed. de Selys-Longchamps
(in Bull. de l'Acad. de Bruxelles, T. XIII, 1re partie, 1846, pp. 585-586), nous y
verrons que des êtres vivants actuellement, dont certains auteurs font plusieurs
espèces, sont considérés par d'autres comme de simples variétés ». — « Autrefois,
dit le *Dict.* de Déterville (*Art. variété*), on rangeait beaucoup de variétés parmi les
espèces ; puis on a rangé beaucoup d'espèces parmi les variétés ». — « Il arrive,
en pratique, écrit M. Mathias Duval (in Rev. Sc., pp. 5 et 6), que faute de la possibilité d'établir sur les caractères anatomiques une règle absolue pour caractériser
les bonnes espèces, et dans l'impossibilité d'employer comme pierre de touche les
caractères physiologiques de la reproduction, les naturalistes demeurent hésitants
sur la valeur de certains types classés comme espèces ». — L'importance des caractères, remarque encore Lecoq (*Géographie botanique*, p. 200), est presque impossible à apprécier dans la séparation des espèces. On éprouve déjà de la difficulté à
reconnaître la valeur des caractères génésiques... Pour être rigoureux, il faudrait
seulement décrire et adopter des formes sans leur donner de valeur ».

(2) Voici ce que pense Flourens à ce sujet : « Tous ces rapprochements, tous ces
groupes, combinaisons variées des espèces, peuvent n'être et ne sont peut-être,
jusqu'à un certain point, que des créations de notre esprit ». Toutefois, en ce qui
touche l'espèce, Flourens devient formel et dit sans hésitation : « L'espèce est de la
nature ; l'espèce est un fait réel, constant, et de la réalité de ce fait dérive la force
de toutes nos considérations abstraites et générales dont l'enchaînement forme nos
méthodes ». (*Observations sur les caractères constitutifs de l'espèce*, in Annal. des
sc. naturelles, 2e série, T. IV, p. 306). Autre part, après avoir rappelé ces paroles de
Linné, *Naturæ opus semper est species et genus ; culturæ sæpius varietas artis*

Qu'est-ce que l'espèce ? Quel sens attachons-nous à ce mot en Histoire naturelle ?

Nous ferons remarquer, avant de donner quelques explications à ce sujet, que l'homme reste en dehors de nos études ; nous n'y envisageons que les animaux. L'espèce humaine, seule raisonnable parmi tous les.êtres qui peuplent la Création, est mise hors de nos discussions.

Demandons-nous d'abord si le mot espèce a toujours eu l'acception qu'on lui prête aujourd'hui en zoologie. Cette recherche ne sera pas vaine ; ce mot, dit justement Isidore Geoffroy Saint-Hilaire, est « le premier et le dernier mot de l'histoire naturelle » ; le jour où nous en serions complètement maîtres, ajoute ce savant, nous serions bien près de le devenir de la science entière (1).

Or, les anciens ont-ils, comme cela a été dit, appelé l'ἔνος ou *Genus* ce que nous appelons maintenant espèce ? Geoffroy Saint-Hilaire, qui s'est livré à de grandes recherches sur les sens divers de cette expression et sur ses synonymes (2), répond qu'Aristote

---

et naturæ classis ac ordo, le même physiologiste s'exprime ainsi : « En effet, l'espèce et le genre sont toujours l'œuvre de la nature : la variété est souvent l'œuvre de la culture ; et la classe et l'ordre sont à la fois l'œuvre de l'art et de la nature : de la nature qui donne aux espèces les ressemblances et les différentes, et de l'art qui les juge et les apprécie ». Agassiz constate qu'il n'y a pas, à vrai dire, en Histoire naturelle, de sujet (la classification zoologique) à l'égard duquel l'incertitude soit plus grande et le défaut de preuves plus absolu. « Je n'ai pu, dit-il, trouver nulle part une définition nette du caractère même des divisions les plus compréhensibles ». Le savant professeur de l'Université de Cambridge croit cependant, après des investigations les plus profondes, avoir trouvé le fil qui doit le guider dans ce labyrinthe. (*Les principes rationnels de la classification zoologique,* in Revue des Cours sc., 868-69, p. 146 et suiv.). — Faisons connaître incidemment comment les caractères du genre sont appréciés dans le *Nouveau cours d'agriculture* (T. VI, p. 353) : ils doivent, d'après l'auteur de ce cours, être exclusivement pris des parties qui décident le plus puissamment de l'organisation et par suite des mœurs des animaux. Les dents et le bec, qui servent à manger, sont les organes qui influent le plus sur les quadrupèdes et les oiseaux ; aussi, dit-il, sont-ce ces parties qui servent de premier caractère pour l'établissement des genres qui les concernent. L'extrémité des pieds, qui décident si souvent de la manière d'être, est employée en second. — De son côté, Paul Gervais (dans son *Traité de Zoologie,* pp. 23 et 24) dit que : « la réunion des espèces qui se ressemblent le plus forment les genres, et l'association de ces genres, qui ont également des caractères communs et d'une valeur supérieure à ceux qui les constituent comme genres, forme des tribus, des familles, des ordres, suivant l'importance des particularités communes à ces nouvelles associations. Les genres de certaines familles, ajoute-t-il, se ressemblent habituellement par certaines de leurs propriétés ou de leurs aptitudes, et ces analogies servent plutôt à les définir ».

(1) Pages 349 et 350 du T. II de son *Histoire générale des règnes organiques.*

(2) Voy. le chap. V de l'ouvrage que nous indiquons, chapitre très instructif.

s'est, en effet, servi de γένος dans le sens d'espèce. Mais le même mot prend parfois dans ses écrits un autre sens, « tantôt plus particulier, tantôt plus général ». Le grand naturaliste de l'antiquité l'applique à des collections d'individus de même espèce ; ailleurs il l'étend à des genres, à des familles, à des ordres même. Γένος ne serait donc « ni l'espèce, ni le genre ; mais une réunion quelconque d'individus naturellement unis » ; ce serait, d'après le savant que nous suivons, le mot Groupe, qui, dans notre langue, répondrait à cette expression (1).

Lorsqu'Aristote désire opposer à l'idée du genre une notion plus particulière, « il laisse le mot γένος pour un autre, εἶδος, qu'on a traduit par espèce, comme γένος par *genus*. Néanmoins εἶδος ne serait l'espèce que dans le sens métaphysique et logique de ce terme (2). Pline le prend toujours dans son acception ordinaire, *forme, apparence, beauté* ; il n'en fait point un terme d'histoire naturelle (3).

Pour Geoffroy, l'espèce zoologique et botanique n'a donc pas eu de nom propre dans l'antiquité, et l'introduction du mot *species*, dans ce sens particulier, ne date, d'après lui, que de la renaissance scientifique (4). M. de Quatrefages est de cet avis ; pour le célèbre anthropologiste, Aristote n'avait et ne pouvait avoir l'idée de l'espèce, telle que nous cherchons à la définir ; les Romains ne sont point allés plus loin. Le moyen-âge et la renaissance n'ont rien ajouté (5).

Le Dr Frédault qui, suivant la règle de Pascal « de n'admettre aucun des termes un peu obscurs ou équivoques sans définition » a voulu, lui aussi, entendre le mot espèce (6), admet qu'Aristote « ne formula peut-être pas assez nettement ce qu'on doit entendre par genre et par espèce » (7). Un passage du Liv. x (ch. 9) de la *Métaphysique* serait cependant « philosophiquement décisif sur la notion de l'espèce » (8). Le docteur considère que γένος, *genus*, (du verbe γίνομαι), exprimait chez les Grecs et chez les Latins « un ensemble d'être parents, et pouvant engendrer ensemble, ou étant

(1) Voy. pp. 351, 352 et 353, où Geoffroy cite des exemples.
(2) « Εἶδος, subdivision de γένος est, dans le groupe principal, un groupe circonscrit », p. 353.
(3) Voy. p. 355.
(4) Se reporter à la p. 354, puis à la p. 355.
(5) Voy. ses Cours professés au Muséum de 1867 à 68, publiés in Rev. des C. S., T. V, p. 454 et suiv.
(6) *Traité d'anthropologie physiologique et philosophique.* Paris, J.-B. Baillière et fils, 1863 (Voy. le 1er chapitre du Livre premier, pp. 17 et suiv.).
(7) Dernières lignes de la page 23.
(8) Ce passage est rapporté tout au long dans le *Traité d'anthropologie*.

alliés par la génération. Le mot *genre* avait alors la signification que nous donnons aujourd'hui au mot espèce » (1). Mais, selon lui, c'est Porphyre qui, dans l'*Isagoge*, a attaché définitivement au mot *genre* la signification scientifique qu'il a gardée depuis, et employa le mot εἶδος, en latin *species*, pour désigner ce qu'on appelait autre-fois *genus* (2). — Voyant ensuite ce que devint l'enseignement de Porphyre (3), héritier de la philosophie grecque, il remarque que c'est à tort qu'on « s'imagine beaucoup trop de notre temps que tout est moderne... et que la question de l'espèce ne commence qu'au xviii° siècle ». A l'appui de son dire, il cite Boëce, (dans lequel il faut lire Porphyre pour le bien comprendre), lequel consi-dère « l'homme comme *une espèce* ».

Nous venons de dire que Geoffroy ne date l'introduction du mot *species* en histoire naturelle que de la renaissance scientifique.

Y aurait-il donc contradiction entre les deux écrivains ? Nous ne le pensons pas absolument, car Geoffroy a reconnu que l'introduc-tion en histoire naturelle du mot *species* s'est faite sous l'influence si longtemps prédominante en philosophie d'Aristote et des scolas-tiques, et que c'est leur doctrine sur les *universaux* qui les a conduits à discerner partout, après le genre l'ένος, l'espèce Εἶδος (4). Or, c'est précisément le livre de Porphyre qui posa la question des cinq universaux. La conciliation serait encore sans doute plus facile en disant que Porphyre ne parle qu'au sens métaphysique ; ce n'est point ce sens qui a été recherché par Geoffroy, naturaliste.

Néanmoins, nous ne voulons point cacher tout ce que ces passages renferment d'obscur à nos yeux. Ce qui paraît bien évident, c'est que le mot « espèce », en passant de la philosophie en Histoire naturelle, n'eut point immédiatement, comme le remarque Isidore Geoffroy Saint-Hilaire (5), le sens qu'on lui donne aujourd'hui. Souvent, dans les anciens livres zoologiques, il est l'équivalent de γένος et de *genus* ; « on l'emploie pour traduire ces expressions dont on lui donne arbitrairement et confusément tous les sens ; c'est l'espèce, mais c'est aussi le genre ; c'est encore avec une signification plus indéfinie, la *sorte*... On ne se fait point scrupule d'appliquer tour à tour et au même groupe, d'un passage à l'autre, les noms de genre, de sorte, d'espèce ». Sans citer les

(1) Voy. p. 22.
(2) Voy. p. 25.
(3) Voy. p. 27.
(4) *Hist. des règnes organisés*, p. 335.
(5) Voy. p. 336, même chapitre.

ouvrages auxquels l'auteur, dont nous mettons les travaux à profit, a recours pour démontrer ce qu'il avance (1), nous n'en voulons pour preuve que le *Commentaire littéral de la Genèse* du savant bénédictin dom Calmet (2); celui-ci, suivant l'usage établi, emploie dans la même phrase et dans le même verset, tantôt *species*, tantôt *genus*, qu'il traduit constamment par espèce (3), traduction employée, du reste, fréquemment dans les Bibles latines ou françaises (4). — Tandis que dans le texte hébreu, l'écrivain sacré ne se sert que d'une seule expression, *min*, la Vulgate emploie tantôt *genus*, tantôt *species*, comme si ces deux mots étaient synonymes pour elle. Notons que le texte grec ne porte jamais que γένος ; la bible anglaise (5) ne se sert aussi que de *kind* (genre).

En employant cette seule expression, *min*, Moïse a-t-il voulu signifier le genre ou plutôt l'espèce ? Le Pentateuque est la seule partie de la Bible où soit employé le mot *min* ; à part, paraît-il, un passage d'Ezéchiel (XLVII, 10) dans lequel le prophète parle des espèces de poissons.

Assurément, les connaissances scientifiques n'étaient pas assez développées au temps où Saint Jérôme traduisait l'Hébreu en Latin, pour qu'il pût distinguer entre l'espèce et le genre : d'où les deux expressions *genus* et *species* qu'il emploie indifféremment. Il sera bon, cependant, de remarquer qu'en cela il ne paraît pas se trouver d'accord avec le texte hébreu et le texte grec qui, l'un et l'autre, on vient de le dire, n'ont toujours employé qu'un seul et même mot. Pourrait-on prétendre que *min* renfermait un double sens, ou plutôt que les Hébreux n'avaient qu'un seul mot pour signifier ces deux choses, genre et espèce; que par conséquent Saint Jérôme était en droit de se servir pour le rendre en latin tantôt de *genus*, tantôt de *species*? — Cette question, à laquelle nous ne saurions répondre, mérite d'être examinée (6).

(1) *L'Histoire entière des Poissons*, par Rondelet et Guy de la Brosse, et *De la Nature des Plantes*.

(2) *Commentaire littéral sur les Livres de l'ancien et du nouveau testament.* Paris, MDCCXV.

(3) Voy. les premières lignes de la p. 24. A la page 26 la même manière de s'exprimer est reproduite. On nous objectera sans doute (et peut-être avec raison) que le Commentaire de dom Calmet n'est pas un traité d'Histoire naturelle.

(4) *Genèse*, chap. 1, vers. 21, 24, 25.

(5) Imprimée à Londres en 1608, par Barker.

(6) Nous avons consulté à ce sujet des hébraïsants ; mais leurs réponses ne nous ont pas satisfait pleinement. Il résulterait cependant de la correspondance échangée avec l'un d'eux, que *min* est employé là où nous mettrions « espèce ». Suivant un autre, que nous croirions volontiers, il serait plus rationnel de traduire « *cum*

Il faut donc, comme le dit l'auteur de l'*Histoire des Règnes orga-niques* (1), venir jusqu'aux dernières années du XVIIᵉ siècle pour trouver des naturalistes qui rompent définitivement avec les vieilles habitudes de classification et langage.

Ne peut-on conclure, avec M. de Quatrefages, que « la science n'a fait que préciser ce dont le vulgaire a le pressentiment vague, et ce n'est même qu'assez tard et après une oscillation assez curieuse, qu'elle y est parvenue » (2) ?

Nous nous trouverions ainsi amenés à 1686, où Jean Ray regarde « comme étant de même espèce les végétaux qui ont une origine commune et qui se reproduisent par semis » ; ou, un peu plus tard, en 1700, époque dans laquelle Tournefort, posant nettement la question, « appelle *espèce* la collection des plantes qui se distinguent par quelque caractère particulier ».

Nous voici passés insensiblement à la définition de l'espèce, définition placée, suivant la parole d'Isidore Geoffroy Saint-Hilaire, « au nombre des plus grands problèmes dont l'esprit humain ait à se préoccuper ». — Plus bas, en note, nous reproduisons plu-sieurs de ces définitions (3).

---

simili suo ». On ne saurait d'ailleurs en tirer actuellement aucun argument. Citons ici une phrase de M. Sanson, dans laquelle il dit que « le terme espèce, s'il est ramené à son sens véritable, *au sens qu'il a dans la Genèse*, par exemple, ne cor-respond qu'à la notion de distinction entre les types, distinction qui est un fait mis en évidence par celui de la race même (C. R. de l'Acad. des Sciences, T. 64, p. 824).

(1) Voy. p. 358.

(2) *L'Espèce humaine*, chap. II, pp. 25 et 26 de la 5ᵉ édit. Paris, 1879. Nous avons ouvert plusieurs dictionnaires des XVIᵉ, XVIIᵉ siècle, et, nous reportant aux mots **Espèce** et **Genre**, nous avons trouvé différentes définitions qui montrent que l'on n'attachait pas vers cette époque à ces mots le sens actuel.

(3) Suivant Buffon, l'espèce est une succession constante d'individus semblables, capables de se reproduire. Jussieu s'est exprimé à peu près de la même manière, ainsi qu'Adanson. Illiger dit seulement que « l'espèce est l'ensemble des êtres qui donnent entre eux des produits féconds ». Elle est, d'après Cuvier, « la collection ou la réunion de tous les corps organisés, nés les uns des autres ou de parents communs, et de ceux qui leur ressemblent autant qu'ils se ressemblent entre eux ». « L'espèce, dit Duméril, est pour nous un nom collectif d'individus qui peuvent se reproduire avec des qualités, une structure et des propriétés abso-lument semblables ». D'après Daubenton, elle n'est qu'un groupe de classification artificielle comprenant « tous les individus qui se ressemblent plus qu'aux autres ». Henri Martin la définit ainsi : « L'ensemble des individus qui, ayant hérité d'une organisation semblable dans tous ses principaux détails, peuvent remonter par propagation à des êtres propagateurs semblables à eux, postérieurement à la dernière révolution du globe, et dont les différences d'organisation, s'il y en a, peuvent par conséquent s'expliquer par l'action prolongée des causes actuelles,

Il ressort de la plupart d'entre elles que l'espèce a pour caractères essentiels « la *ressemblance* et principalement la succession cons-tante *par voie de reproduction* ». Le plus grand nombre des natura-listes ont adopté cette manière de voir. Il en est, cependant, même parmi les savants de l'école classique, qui pensent différemment.

tant naturelles qu'artificielles ». D'après Mgr Maupied, « l'espèce zoologique est l'animal muni d'organes réunis ou séparés à l'aide desquels il peut se perpétuer dans le temps et dans l'espace avec les mêmes propriétés ou qualités plus ou moins développées dans un certain *laxum*, ayant ses *minima* et ses *maxima* déterminés par les circonstances et les milieux, mais qui ne peuvent être dépassés sans que l'animal périsse ». Les espèces, dit Pritchard, sont des ensembles de plantes ou d'animaux que l'on sait de science certaine, ou que l'on peut croire d'après de justes motifs, être des rejetons d'un même tronc, ou descendre de familles entièrement semblables et impossibles à distinguer les unes des autres ». Pour Flourens, « le caractère de l'espèce est la fécondité continue : pour Marcel de Serres l'espèce est une sorte de type qui se perpétue par la génération et autour duquel oscillent certaines variations d'autant plus nombreuses que l'être chez lequel elles ont lieu est plus capable de supporter, sans en être sensiblement incom-modé, des changements extrêmes dans les circonstances extérieures ». Pour M. Carl Vogt « elle est la réunion des individus qui tirent leur origine des mêmes parents et qui redeviennent par eux-mêmes ou par leurs descendants semblables à leurs premiers ancêtres ». Suivant Wagner, « l'ensemble de tous les individus qui peuvent produire entre eux une descendance féconde, indéfinie, continue, constitue l'espèce ». C'est là le signe essentiel. De Candolle dit que l'espèce est « la collection de tous les individus qui se ressemblent entre eux plus qu'ils ne ressemblent à d'autres ; qui peuvent, par une fécondité réciproque, produire des individus fertiles ; et qui se reproduisent par la génération de telle sorte qu'on peut, par analogie, les supposer tous sortis originairement d'un seul individu ou d'un seul couple ». Müller dit que « l'espèce est une forme de vie, représentée par des individus, qui reparaît dans les produits de la génération, avec certains caractères inaliénables, et qui se reproduit constamment par la procréation d'individus similaires. Cette dernière circonstance, ajoute-t-il, distingue l'espèce des formes hybrides ou bâtardes ». En somme, « la reproduction constante du même type, ou de la même forme de vie, par l'union avec son semblable, est le caractère essentiel et inaliénale de l'espèce ». Pour M. de Quatrefages, l'espèce est « l'ensem-ble des individus plus ou moins semblables entre eux qui sont descendus ou qui peuvent être considérés comme descendus d'une paire primitive ». Lamark avait dit « qu'elle est la collection d'individus semblables que la génération perpétue dans le même état » ; mais il ajoutait : « tant que les circonstances de leur situation ne changent pas assez pour faire varier leurs habitudes, leurs caractères et leur forme ». Citons encore Isidore Geoffroy Saint-Hilaire qui définit ainsi l'espèce : « Une collection ou une société d'individus plus ou moins semblables entre eux et qui sont descendus, ou qui peuvent être considérés comme descendus, d'une paire primitive par succession ininterrompue de famille ». On trouve encore dans le *Nouveau cours d'agriculture* la définition suivante : « On appelle espèce dans les animaux et les végétaux la série des individus qui se ressemblent par le plus grand nombre de caractères essentiels et qui se propagent avec les mêmes caractères par la génération ».

Agassiz est de ce nombre : pour lui, l'espèce est fondée « sur l'exacte détermination des rapports entre les individus et le monde ambiant, de leur parenté, de leurs proportions et des rapports des parties aussi bien que de l'ornement spécial des animaux (1) ».

Avouons que, dans la pratique, il est difficile d'établir sur des caractères morphologiques une règle capable de caractériser l'espèce. N'arrive-t-il pas fréquemment que deux individus de même espèce diffèrent plus entre eux, au moins en apparence, que ne diffèrent d'autres individus spécifiquement distincts (2).

Quelquefois ces dissemblances, tant extérieures qu'anatomiques, se présentent à un si haut degré entre animaux de même espèce, qu'on est tenté de classer ceux-ci dans des genres différents. « Les dernières observations auxquelles certaines espèces ont donné lieu ont montré, dit un savant zoologiste (3), que des individus dans plusieurs circonstances présentent des différences telles qu'on a souvent rapporté les diverses formes à des genres ou même à des ordres très distincts. Tantôt, au contraire, c'est l'opposé ; l'importance des caractères étant presque impossible à apprécier. Lorsque surtout on arrive dans le monde inférieur, le classement devient de plus en plus difficile. Aussi, peut-on dire en quelque sorte avec Lesson (4), sans être taxé d'exagération : « que les nuances qui peuvent servir à distinguer les espèces, dans quelques familles, sont si peu précises et si évasives qu'il est presque impossible de les rendre sensibles par une description (5) ». Que de fois, en présence des nombreux échantillons des collections

---

(1) *Nature et définition des espèces.* Rev. des cours scientifiques, t. VI, pp. 166, 167 et 169, 1868-69. Il est vrai que M. Agassiz n'est pas un monogéniste.

(2) « Il arrive souvent, dit Pritchard (p. 12, *op. cit.*), que deux individus, qui appartiennent réellement à la même espèce, diffèrent plus entre eux *en apparence* que des espèces distinctes ». « Il est impossible de méconnaître, dit M. de Quatrefages (in *Darwin et ses Précurseurs*, p. 230, cit. par Sicard, p. 128), que les dissemblances tant extérieures qu'anatomiques, existant parfois entre animaux de *même espèce*, même de *races différentes*, sont telles que, rencontrées chez des individus sauvages, elles motiveraient l'établissement de genres distincts et parfaitement caractérisés ». « Tout le monde sait, dit Agassiz (*Les principes rationnels de la Class. Zool.* R. de l'A. S., p. 150, T. 6) », que les métis et les femelles de quelques espèces diffèrent entre eux beaucoup plus que certaines espèces ne diffèrent l'une de l'autre.

(3) Paul Gervais.

(4) Cit. p. Gérard. (*Dict. d'Orbigny*, p. 436).

(5) On doit, il nous semble, appliquer ce raisonnement, surtout à la description des individus de sexe femelle dont les caractères sont bien moins tranchés que chez les mâles.

ornithologiques, nous sommes-nous demandé : Où commence l'espèce? où finit-elle? — Il est vraiment curieux de comparer entre elles les différentes appréciations des naturalistes dans la classification des êtres organisés ; sauf pour les grands embranchements et les classes, peu sont tombés d'accord, même pour la constitution des ordres ! Cela provient peut-être de notre ignorance sur la constitution des espèces (1).

Les phénomènes de reproduction resteraient donc la base essentielle de la distinction des espèces. C'est du moins ainsi que les ont compris Buffon, Cuvier, Flourens et beaucoup d'autres éminents naturalistes. L'idée de ressemblance n'est qu'accessoire ; ce qui, à leurs yeux, constitue réellement l'espèce : « c'est la succession des individus qui se reproduisent et se perpétuent », c'est-à-dire la succession par la génération (2).

En admettant que l'appréciation de ces savants soit juste,

---

(1) Déjà nous avons fait cette remarque. Nous ne nions pas par là l'identité de l'espèce; nous reconnaissons seulement que, dans l'état actuel de nos connaissances, les moyens nous manquent pour la reconnaître et la définir. Cependant, M. Fernand Lataste est pleinement convaincu que les limites morphologiques de l'espèce existent et qu'elles sont nettement déterminées dans la majorité des cas. (Voy. Actes de la Soc. sc. du Chili, t. III, p. 108, 1893). M. Sanson va plus loin ; il croit avoir trouvé expérimentalement les bases ostéographiques de la caractéristique anatomique de l'espèce chez les Mammifères. Cette caractéristique dépendrait essentiellement des formes du squelette dont les fondamentales sont tout à fait spécifiques. Ce sont celles-là, dit-il, qui se reproduisent invinciblement, quelques efforts qu'on leur oppose par des artifices de sélection ou de génération croisée. Les variations obtenues ne touchent, paraît-il, que des attributs accessoires de l'individu, dépendants d'activités physiologiques susceptibles de plus et de moins et ne varient que dans les limites d'amplitude de leurs oscillations naturelles. (Voy. son article, *Zoologie* et *Paléontologie* in Ann. des sciences naturelles, t. XV, p. 3, 1872). — Nous avons demandé à M. Sanson si ses remarques s'appliquent aux Oiseaux et aux Poissons. (Il est bien certain qu'elles ne peuvent s'appliquer aux invertébrés, c'est-à-dire, par exemple, aux insectes ou aux mollusques). Il nous a répondu qu'il n'a point fait d'études crâniologiques particulières sur les Oiseaux, si ce n'est celles qui ont été sommairement indiquées dans l'examen critique des expériences de Darwin sur les Pigeons, publiées dans le temps par la revue de M. Littré. Il n'en a pas moins la certitude que les caractères spécifiques, tirés des formes crâniennes, s'étendent à tous les vertébrés. Gérard (in *Dictionnaire d'Orbigny*, p. 436) prétend cependant « qu'on trouve peu d'Oiseaux qui présentent des différences fondées sur d'autres caractères que le système de coloration ». Les vues de M. Sanson sont, d'ailleurs, vivement critiquées par M. Baron (in Bull. de la Soc. centrale de médecine vétérinaire, t. 5, de la nouvelle série, XLI, volume, p. 77).

(2) Voy. Buffon, *Histoire naturelle* : Georges Cuvier, *Le règne animal*, 1829 ; Flourens, *Hist. des travaux de Cuvier*, 1841, p. 215 et *Annales des sciences naturelles*, t. IX, 2, série, 1838.

leur théorie, (qui nous paraît rationnelle), ne peut guère néanmoins être vérifiée expérimentalement que pour un nombre très restreint d'espèces.

La difficulté de reconnaître l'espèce, difficulté que nous signalons, justifie notre volonté d'écarter le mot « espèce » de notre titre et la substitution que nous avons faite de « *forme animale* ».

III. Il nous reste à donner notre troisième raison, pour laquelle nous avons préféré employer cette expression « *état libre* » à cette autre « *état sauvage* ».

Partout sur le globe l'influence de l'homme s'est depuis longtemps étendue ; il n'en est point aujourd'hui une seule partie où son action, soit de loin, soit de près, ne soit ressentie. Tous les règnes en ont été profondément modifiés, et les corps organisés n'ont pas été moins remués que la matière qui a servi, comme eux, à toutes sortes d'usages.

Si les sources, les torrents, les rivières se sont desséchés par suite du déboisement du sol, si l'atmosphère elle-même a subi de graves perturbations (1), les faunes et les flores se sont trouvées déplacées du milieu qui leur convenait, transportées sous d'autres climats, mises en contact avec d'autres formes, d'autres genres (2).

(1) « Combien de régions, jadis d'une richesse merveilleuse, dont le sol nourrissait une population florissante, et qui, aujourd'hui, subissent tantôt les ravages des torrents, tantôt les ardeurs du soleil ! D'où vient que la désolation a remplacé l'opulence ? Autrefois, les arbres aux racines puissantes et au feuillage touffu abritaient le sol de ces régions, et les forêts en couvraient les montagnes ; ces arbres et ces forêts retenaient à leur pied l'humidité bienfaisante et la laissaient écouler goutte à goutte, pendant tout le courant de l'année, vers les arbustes des coteaux et les herbes des champs. On a coupé les arbres, incendié les forêts ; à la chaleur féconde et à l'humidité constante, ont succédé les ardeurs du soleil et les caprices des torrents. » Ce passage est extrait d'un numéro de journal qui nous est tombé sous la main ; nous ignorons le nom de l'auteur. Il nous a paru que ce passage avait sa place ici).

(2) On cite de nombreux exemples, particulièrement dans le Bulletin de la Société d'acclimatation (Bull. des sc. nat. appliquées). Signalons entre autres : l'introduction des Colins (*F. capensis*) au Cap de Bonne-Espérance (nº du 5, 7, 92, p. 205) ; des Alouettes provenant d'Angleterre dans la République Argentine (nº du 20 mars 1893) ; des Moineaux aux Etats-Unis et en Australie (année 1889, p. 866 et nº du 20 juillet 1889, p. 696) ; des grands Coqs de Bruyère dans le même état (nº du 20 fév. 1894, p. 187) ; de gibier exotique en Bohême (nº du 10 avril 1893, p. 383) ; des Corbeaux à Zanzibar (nº du 20 décembre 1892, p. 574) ; des Dindons sauvages dans la forêt de Marly (année 1892, p. 237) ; des Paons en Hongrie (nº du 5 mars 1894, p. 426) ; des Mouflons dans le même pays à Tatra-Lomnitz (nº du 20, novembre, 94, p. 473) ; des Grouses en Danemark (nº du 20 juillet 1893) ; des mêmes Oiseaux en Allemagne (d'après le Zoologist, nº de février 1894, p. 55) ; des Cerfs, des Gallinacés, des Passereaux, des Lapins, des Lièvres et d'autres espèces carnivores en Australie (Nouvelle-Zélande), (nº du 20 juillet 89, p. 696). Ce n'est point, toutefois, sans dommage que ces changements se sont accomplis dans la faune. Tout le monde sait que l'introduction du Lapin a été néfaste en Australie et a ruiné plusieurs districts agricoles. Le Lièvre a dévasté aussi nombre de plantations et le Moineau par endroits constitue un véritable fléau (p. 696, nº du 20 juillet 1889). Sur la *Rabbit plague* (plaie ou fléau des Lapins en Australie), voir particulièrement le Zoologist, nº du 16 mars 1896, p. 90.

Que d'espèces même pourchassées, traquées de tous côtés se sont éteintes sans laisser de représentants (1) ? Où est-il maintenant le lieu naturel où la plante peut croître, où l'animal peut exister, en dehors de circonstances artificielles ?

Le cours d'eau où nage le poisson est empoisonné par les déjections de l'usine (2) ; la rive marécageuse où le Palmipède et l'Echassier trouvaient une retraite pour pondre leurs œufs a été canalisée ; les chemins de fer sillonnent l'espace, ébranlent le sol ; les Gallinacés, comme les Passereaux, brisent leurs ailes sur les fils télégraphiques tendus en tous sens ; l'habitation de l'homme est partout répandue, éloignant le gibier qui ne sait plus où fuir et qui disparaît. Les fleurs, les arbres, qui sont plantés en mille endroits, sont dus à l'acclimatation (3). La propriété qui se divise, le sol qui se cultive de plus en plus, la forêt surtout que l'on défriche, la navigation à vapeur qui parcourt les fleuves, les mers, et mille autres causes destructives, ou seulement modificatrices (4), ont contribué : les premières à l'extinction des espèces (5), les secondes à leur éloignement. Le déboisement, entre autres causes, a été on ne peut plus préjudiciable à la gent emplumée; voyons ses pernicieux résultats (6).

(1) Voy. à ce sujet.: Bull. de la Soc. zoologique, n° de février 1895, p. 41 ; aussi le Naturaliste, n° du 15 mars 1896, p 68, où l'on dit que l'*Houbara undulata* va se trouver à l'état de souvenir en Algérie. Voir encore « *On Extinct birds*, par Hartaub, Ibis, octobre 95, p. 493.

(2) Voy. un exemple à ce sujet dans : *Le Parc de Longchamps-sur-Geer*, par M. Crahag, in Bull. de la Soc. cent. forestière de Belgique, août 1894, p. 744. (p. 3 du tirage à part. Bruxelles, imprimerie van Buggenhoudt).

(3) *Le Parc de Longchamps*, qui renferme de nombreuses essences exotiques, est dans ce cas. (Voyez la brochure ci-dessus citée). Sur le même sujet : *Etude sur l'acclimatation des plantes et des animaux*. (L'Acclimatation illustrée, n° du 8 avril 1886, p. 317).

(4) Consultez entre autres : *Bird fatality along Nebraska Railroads*, par Edwin Barbour, (The Auk, p. 187).

(5) Voy. par exemple le *Bull. Soc. zoologique de France*, p. 41, n° de fer 95, où l'on dit qu'un comité de naturalistes et de sportmen anglais a fait des remontrances à la compagnie anglaise du Sud africain en vue de protéger diverses espèces de grands animaux qui sont en danger d'extinction totale par suite de leur abatage. Parmi ces animaux, on doit mentionner spécialement la Girafe, le Zèbre, l'Elan, le Gnou, le Koudon, l'Autruche et diverses petites Antilopes. On ne peut qu'approuver, ajoute-t-on, cette initiative et souhaiter ardemment qu'elle porte des fruits, quand on considère que nombre d'espèces animales se sont éteintes dans les temps modernes par suite de l'action de l'homme ». C'est un exemple entre mille que nous citons.

(6) On pourra consulter très utilement : « *Du déboisement des campagnes dans ses rapports avec la disparition des Oiseaux utiles à l'agriculture*, par M. A. Burger (brochure de 63 pages éditée à la librairie agricole de la Maison rustique). Nous avons mis ce travail à profit et nous lui avons fait des emprunts. Sans doute un *Mémoire sur la destruction des Forêts et sur les effets qui en résultent*, par M. J. Doulcet (1821), fournirait d'utiles renseignements. Nous n'avons pu nous le procurer à la Librairie d'agriculture (Vᵛᵉ Bertrand Huzard), où il avait été publié.

Dans la flore arborescente se trouvent des essences propres à tel genre d'Oiseaux ; tel autre genre ne saurait y vivre. Aux Oiseaux voraces, les arbres de haute futaie, les chênes séculaires, les sapins plantés sur les monts ; aux Oiseaux de vol moindre, le taillis et l'arbre branchu ; aux petits Passereaux, le buisson et le fourré ; dans la forêt même un certain mode de boisement est nécessaire à une espèce déterminée. Faites disparaître ces abris, et leurs hôtes fuiront ou contracteront d'autres habitudes. N'a-t-on pas vu les Veuves (*Ploceinæ*) qui habitaient les forêts touffues de l'Afrique australe aller, devant le déboisement qui s'accomplit, suspendre leurs nids aux poteaux télégraphiques ; ou bien, en Californie, le Pic Vert (*Melanerpes formicivorus*) installer sa demeure et ses innombrables magasins d'approvisionnement à l'intérieur de ces mêmes poteaux percés par lui pour la circonstance (1) ? Citons encore les Moineaux, ces bêtes intelligentes, qui transportées aux Etats-Unis, ont mis à profit les wagons circulant sur les lignes de chemin de fer (2).

L'enlèvement dans les plaines, la destruction dans les campagnes des derniers restes de la végétation arbustive, n'ont pas été moins préjudiciables à la reproduction des Oiseaux (3). Le socle de la charrue parcourt les champs où d'utiles retraites étaient autrefois ménagées de place en place ; les céréales qui poussent abondamment ne sauraient les remplacer. Et du reste, là encore où des retraites subsistent, c'est-à-dire là encore où l'arbre et le buisson sont debout, l'enfant du village, le paysan lui-même ne sont-ils pas aux aguets pour tendre leurs pièges, enlever les nids, écraser les œufs, tandis que le chasseur ou le braconnier promènent la destruction d'une manière non moins meurtrière. Que d'équilibres ainsi rompus ! Quand l'Oiseau migrateur passe à tire-d'aile dans une contrée où il se posera à peine, le traqueur est embusqué pour le détruire ; et, lorsque le volatile regagnera l'habitat qui lui est propre, les conditions naturelles s'y seront modifiées : il trouvera peut être de ces nids artificiels, nouveau genre d'habitation où des espèces se sont, paraît-il, adaptées (4).

(1) Voy. «*Nids et végétaux sur les lignes télégraphiques* », in Rev. des sc. naturelles appliquées, nᵒ du 20 juillet 1890, p. 718.

(2) Nous laissons la responsabilité de cette indication à celui qui la fait connaître dans la Revue des sc. naturelles appliquées, nᵒ du 20 septembre 1890, p. 889 : « *Le procès des Moineaux aux Etats-Unis* », par M. H. Brezol.

(3) Voy. sur ce sujet, (in Bull. sc. nat. appliquées, 1887, p. 392), une communication de M. G. Saint-Hilaire.

(4) Voyez un article fort intéressant publié dans la Rev. des sc. naturelles appliquées (nᵒ du 20 juillet 1890, pp. 89-90). On y constate que l'exploitation forestière, telle qu'elle est pratiquée actuellement, diminue de plus en plus le nombre des

Descendons plus bas, les marais ont été desséchés, les hautes
herbes qui y poussaient brûlées, les petits arbrisseaux arrachés ;
partout des pays cultivés. Où ira pour se reproduire l'Oiseau
nageur ? Les glaïeuls et les roseaux qui ont été coupés lui étaient
indispensables pour abriter sa nichée et la protéger contre la bête
de proie. L'eau, souvent reserrée entre deux quais, a été elle-même
visitée ; le repeuplement des lacs, des grandes rivières, des étangs,
des cours d'eau, des fleuves se fait aujourd'hui sur une très grande
échelle. On y jette à profusion d'immenses quantités d'alevins d'où
naîtront des poissons, espèces nouvelles qui se trouveront en contact
avec les anciennes (1). On cherche même à empoissonner les cours
d'eau avec des alevins hybrides, productions artificielles, instables,
sans avenir, élevées sous des régimes variés et dont les habitudes
se trouveront modifiées comme ont dû se modifier celles de ces
espèces obligées de vivre dans les milieux habités et cultivés
par l'homme (2). Que de changements sont certainement survenus
dans l'animalité, liée intimement à la flore comme celle-ci lui
est liée ; de telle sorte que ces deux choses ne sont jamais
indépendantes l'une de l'autre ! Mais aussi, que de modifications
sans doute dont on ne peut se rendre un compte exact ou que l'on
ne peut apprécier à leur juste valeur, la création primitive recélant
des harmonies diverses, maintenant brisées et dont les effets bien-
faisants ne se produiront plus désormais.

L'état libre, indépendant de toute circonstance artificielle,
n'existe donc plus aujourd'hui pour l'animal sur le globe terrestre,
et celui-ci, pourchassé de ses demeures, transporté dans d'autres
milieux, se ressent à chaque instant de l'influence que l'homme
exerce sur son habitat.

Ces explications étant données, revenons d'une manière plus
directe au sujet que nous traitons, et voyons tout d'abord qu'elle
est l'importance de l'étude des hybrides.

retraites de beaucoup d'Oiseaux de différents ordres. La plupart des Oiseaux qui
établissent leurs nids dans les trous d'arbres ne songent plus à recreuser leurs
retraites disparues. On a donc essayé de remédier à cet état de choses en offrant
à ces Oiseaux des nids artificiels. Au siècle dernier, peut être à une époque antérieure, on faisait déjà usage de nichoirs artificiels dans la Thuringe orientale, etc.

(1) Les Bulletins de la Société d'acclimatation comme ceux de la Société centrale
d'aquiculture, abondent en exemples de ce genre.

(2) Consultez à ce sujet le Bull. de la Soc. d'accl., 29 novembre 94, p. 474 : «Métis
de Salmonidés ».

III

L'étude de l'hybridité, nous l'avons déjà dit, présente un très vif intérêt : la plupart des zoologistes la regardent comme très importante (1). On l'a liée intimement avec la question de l'espèce, à ce point, fait remarquer un zootechniste distingué (2), que cette dernière question, « fondamentale en zoologie générale », a été plus d'une fois abordée par celle de l'hybridité.

L'hybridité se rattache, en effet, aux phénomènes de reproduction, phénomènes qui, aux yeux de Cuvier (3), méritent au plus haut degré les observations du naturaliste, car ils sont pour ce grand homme, indépendamment de ce qu'il y a de mystérieux et d'admirable dans la génération, des plus importants pour l'histoire naturelle.

Des maîtres incomparables en ont fait le criterium de l'espèce. C'est ainsi qu'on a établi les caractères de l'espèce par la *fécondité continue* et les caractères du genre par la *fécondité bornée* (4). — Buffon pensait qu'un des mystères profonds de la nature, la parenté d'espèce, ne pouvait être sondé qu'à force d'expériences de croisements et connue seulement par le résultat de l'union d'animaux d'espèce différente (5).

S'il en est ainsi, il se cache vraiment derrière la question de l'hybridité « un problème en présence duquel aucun esprit sérieux ne peut rester indifférent ». Est-il besoin de rappeler l'importance exceptionnelle, mais probablement exagérée que les anthropologistes ont attachée aux résultats fournis par le croisement des espèces animales (6) ? Tout le monde sait que M. Quatrefages s'est

(1) Voy. Broca, *op. cit.*, pp. 329-330.

(2) M. Sanson, in Bull. Soc. anthropol. (Séance du 17 décembre 1868), t. III, p. 730. « *L'hybridité* ». Voy. aussi *Zoologie et Paléontologie*, in Annal. sc. nat., t. XV, p. 4, 1872.

(3) Annales du Muséum, t. XII, p. 121 et autres pages.

(4) Flourens : de l'*Instinct et de l'Intelligence*, p. 149 de la 5ᵉ édit., 1870. Voy. aussi *Examen du livre de M. Darwin sur l'origine des espèces*, p. 108 et p. 113, 1881. Voy. encore *Ontologie naturelle ou Etude philosophique des êtres*, p. 16, 1861, et *Hist. des Travaux de Cuvier*, 3ᵉ édit., 1858, p. 246, ouvrages où la même idée est exprimée

(5) Buffon, t. IV, p. 210, est ici cité par Flourens, in de l'*Instinct et de l'Intelligence*, p. 158. « Comment disait Buffon, pourrait-on connaître autrement que par les résultats de l'union mille et mille fois tentée des animaux d'espèce différente leur degré de parenté ? »

(6) Voy. Broca, Mém. d'Anthropologie, pp. 329 et 336.

appuyé sur les phénomènes de reproduction pour fonder sa démonstration de l'unité de l'espèce humaine (1).

En faisant cette remarque, notre intention n'est point cependant, de nous occuper des phénomènes de reproduction par rapport à l'homme, puisque nous *les considérons uniquement par rapport aux animaux.* Nous nous sommes déjà expliqué à cet égard dans les pages qui précédent (2) mais nous appelons toute l'attention du lecteur sur cette observation que nous lui avons présentée intentionnellement au début de l'exposé de nos recherches (3).

Sans rabaisser aucunement la question de l'hybridité, même envisagée, seulement comme nous le faisons, c'est-à-dire au point de vue de l'animalité, nous nous permettrons aussi quelques réserves sur les théories classiques et déjà rappelées. L'indifférence, ou pour mieux dire la répugnance instinctive que les espèces différentes éprouvent les unes pour les autres, à ce point, comme on l'a justement écrit, « qu'il faille souvent la ruse et la puissance de l'homme pour leur faire contracter les unions hybrides », est bien suffisante sans doute pour les caractériser, et nous permettre de les séparer les unes des autres puisque cette aversion est un obstacle à leur confusion.

C'est pourquoi nous nous demandons s'il est absolument nécessaire, comme on le fait, de refuser en outre aux produits qui résultent de leur union *accidentelle* ou *forcée* la fécondité continue, caractère naturel et essentiel de l'espèce, surtout lorsque l'on sait que la fusion des caractères des deux espèces mères, ne pouvant s'accomplir, l'hybride fait inévitablement retour à l'un des types ancestraux (4)?

Les essais de croisement, tentés jusqu'alors, n'ont pas été suivis pendant assez de temps et ne se sont point assez généralisés pour être proclamés définitifs et pour permettre d'aborder franchement le sujet perplexe en posant des règles invariables.

Il est des savants pour lesquels il est même faux « que la fécondité de deux sujets prouve qu'ils appartiennent à la même espèce ». Et pour eux « soutenir la thèse de la fécondité des hybrides n'est point donner un appui au système de la descendance transfor-

---

(1) D'abord dans ses Cours professés au Muséum d'Histoire naturelle pendant les années 1867-1868 ; puis dans son ouvrage connu de tous, *l'Espèce humaine*, édité pour la première fois en 1877.
(2) Page IX, 3ᵉ ligne.
(3) Disons en passant (s'il en était besoin) que nous considérons comme trop variables les systèmes scientifiques pour soumettre le dogme à leur critique. Nous attachons donc peu d'importance aux démonstrations scientifiques lorsqu'elles ont pour but de prouver des vérités révélées.
(4) Nous nous expliquerons de nouveau sur ce sujet.

miste ». Ils pensent que le contraire est la vérité ; « la raison en est, disent-ils qu'il y a une distinction possible entre *parenté* phylogénique ou de descendance, et affinité physiologique concordant avec la ressemblance. Cette distinction, qui est, selon eux, inattaquable, suffit pour écarter la thèse transformiste ; car il faudrait prouver, pour maintenir cette thèse, que l'*affinité physiologique* est due à la descendance ou à l'origine commune : or cette preuve n'a jamais été faite (1) ». Nous avons vu tout à l'heure que d'autres savants aussi, pour qui « l'espèce, est fondée sur l'exacte détermination des rapports entre les individus et le monde ambiant, etc.,» n'acceptent pas pour ses caractères essentiels la succession constante par voie de reproduction.

Ces réserves ne sont points formulées dans le but de nier la fixité de l'espèce, ce fait dont Flourens a dit : « pour qui sait en avoir la beauté, l'histoire naturelle n'a rien de plus beau. » Nous sommes bien loin aussi de prétendre que la fécondité illimitée soit l'attribut de l'hybride, comme elle l'est du produit de l'espèce : des réserves n'impliquent pas l'obligation, pour qui les fait prudemment d'admettre que le cas que l'on considère comme possible se soit jamais réalisé. — Tout au contraire, on l'a vu, nous considérons la question de l'hybridité comme très importante et méritant, à plus d'un titre, une étude spéciale.

Il est à remarquer cependant que, ni en physiologie, ni en anatomie, ni en zoologie, les hybrides, même artificiels (2), n'ont été étudiés d'une manière suivie ; cette négligence est telle que l'on pourrait encore redire aujourd'hui ce qu'on lit dans une note de l'ouvrage du physiologiste Mueller, ouvrage écrit il y a déjà plusieurs années : « L'acquisition des faits d'hybridation a presque toujours été abandonnée au hasard et rarement elle a été le sujet d'expérimentations directes, ni moins encore suivies (3) ».

Ce n'est point que des regrets ou des desiderata n'aient été exprimés au sujet du délaissement d'une question aussi intéressante. On en rencontre l'expression chez les anciens naturalistes comme chez les modernes. Au siècle dernier Buffon regrettait que l'union d'es-

---

(1) Le R. P. Heude, In *Mémoires concernant l'Histoire naturelle de l'Empire chinois*, par des pères de la Compagnie de Jésus ; Chang-Haï, imprimerie de la Mission catholique, à l'orphelinat de Tou-si-Wé ; dépôt à Paris, rue Barbet-de-Jouz, 17, chez M. H. Viguier.

(2) C'est-à-dire ceux qui proviennent d'unions provoquées.

(3) Note du traducteur, le Dr Jourdan, p. 268. Nous n'ignorons point les expériences de Fr. Cuvier et particulièrement celles de Flourens, faites au Muséum. Mais Flourens reconnaissait lui-même que les faits, qu'il avait pu rassembler, se réduisaient à peu de chose. Voy. de l'*Instinct*, 5e édit., 1870, et l'édition 1840.

pèces différentes n'eût pas été assez tentée (1) ; le baron de Gleichen montrait combien il était regrettable « que tant d'obscurité régnât encore dans cette importante partie de l'histoire
naturelle (2). Giorna s'étonnait « que l'homme toujours inventif,
toujours curieux, instruit et encouragé surtout par les avantages
qu'il tire du Mulet, du Bardeau, n'ait pas tenté d'obtenir de nouveaux métis en unissant d'autres espèces voisines d'animaux
utiles (3). — Après ces auteurs, et plus récemment, Rudolph
Wagner, indiquait l'utilité qu'il y aurait à réunir « une collection
complète de tous les faits d'histoire naturelle se rapportant aux
animaux dont on a obtenu jusqu'alors des hybrides », collection
qui aurait un grand intérêt physiologique si elle était accompagnée
de réflexions et de discussions (4).

Encore au milieu de ce siècle, Chevreul espérait que le Muséum
obiendrait des Chambres un terrain « dont la portion serait réservée à l'étude des hybrides (5) ». Vers la même époque, la Société
d'acclimation, nouvellement instituée, considérant que les croisements des races et des espèces seraient extrêmement importants à
étudier dans toutes leurs circonstances, faisait savoir qu'elle enre-
gistrerait avec le plus vif intérêt toutes les expériences faites dans
ce but et recevrait avec grande reconnaissance tous les documents
relatifs aux hybrides que les voyageurs pouraient se procurer (6).
Plusieurs fois, elle a renouvelé son désir ainsi manifesté (7) et a
même proposé des prix pour récompenser les recherches que l'on
entreprendrait dans cette voie (8).

De nos jours l'*Encyclopédie britannique* s'étonne « que l'on ait fait
jusqu'ici si peu d'essais sur l'hybridité des animaux ». Dans un
autre ouvrage (9) on regrette « que l'on n'ait pas tenté plus souvent
des expériences scientifiques pures et que (dans les croisements)
la zoologie expérimentale se réduise presque toujours à la zootechnie elle-même ». Enfin, suivant l'opinion du traducteur de
Müller (10), « l'importante question des hybrides, surtout dans le
règne animal, a été beaucoup trop négligée jusqu'ici par les physiologistes et les anatomistes ».

(1) T. IV, p. 211.
(2) *Les découvertes les plus récentes dans le monde végétal*, p. 49 et 50.
(3) *Observations sur un Zèbre métis*, ch. XI et XII. Mém. acad. de Turin.
(4) *Lehrbuch der Physiologie*, Leipzig, 1839, p. 24-26 ; erste abtheilung
(5) Journal des savants, p. 358, année 1846 (4e article).
(6) Bull. de la Soc., année 1855, p. 255 et suiv.
(7) Voy. le Bull. de 1863, p. 730, et aussi les pages précédentes.
(8) Bull. de 1887, n° de juillet, p. 17.
(9) M. Baron, *Méthodes de reproduction en zootechnie*.
(10) *Manuel de physiologie*, p. 628, t. II.

Reconnaissons que dans le monde végétal, les lacunes sont peut-être moins grandes, car depuis les savants travaux de Godron, et plus particulièrement ceux de Naudin, les phénomènes physiologiques de l'hybridité chez les végétaux sont assez bien connus.

Mais, son titre l'indique, le but du présent ouvrage est moins d'étudier les particularités *physiologiques* auxquelles l'hybridité provoquée peut donner lieu, que de rechercher si les hybrides naturels naissent et se propagent dans la création, si non complètement à l'état libre — aujourd'hui presque introuvable, — du moins à l'état sauvage parmi les animaux qui ne sont point encore asservis au joug de la domesticité. Nous ne pourrons cependant nous dispenser, dans ce discours préliminaire qui envisage les hybrides en général, d'entrer dans quelques considérations à leur sujet. Si quelque lumière était projetée sur un tel sujet, encore très obscur, peut-être apercevrions-nous mieux, comprendrions-nous davantage la perpétuité des formes zoologiques actuellement existantes, et quelque coin du rideau épais qui voile à nos yeux le redoutable problème de leur fixité, *quant à leur génération*, se trouverait-il légèrement soulevé. Nous ne nourrissons point le fol espoir d'obtenir une solution sur le mode qui a présidé à leur formation ; il est encore et restera peut-être toujours caché aux investigations de la science expérimentale. Notre curiosité sur ce point serait vaine sans doute et, quant à présent, nous ne pouvons que nous poser ce problème : le Créateur les a-t-il formées de toutes pièces dans l'état où nous les admirons aujourd'hui ; ou bien, après avoir tiré du limon de la terre quelques types initiaux, très rudimentaires, auxquels son Esprit, répandu sur le monde, a communiqué le souffle de vie, a-t-il, par l'effet des causes secondes, laissé aux siècles à venir le soin de les amener lentement au degré de perfection dans lequel ils s'épanouissent aujourd'hui ? Question presqu'aussi mystérieuse que la création encore beaucoup plus étonnante de la matière sortie du néant !

Nous craindrions, en faisant intervenir le Créateur, par un acte séparé, dans chaque création de variétés, et même d'espèces, (comme les zoologistes entendent ce mot maintenant), de restreindre sa puissance illimitée et de rabaisser en quelque sorte son œuvre majestueuse. Eh! quoi, faudrait-il donc que pour une simple variation de plumage, de coloration, de forme ou de dessin, de différenciation quelconque, Dieu, dans son éternité infinie, soit obligé de descendre lui-même jusque-là et doive, de ses propres mains, former jusqu'au moindre détail ? N'a-t-il pu, Lui qui peut tout, disposer, pour arriver à ce résultat, de mille moyens, ceux par exemple que nous appelons les causes secondes dont il a su, dans sa prescience, diriger très sûrement à l'avance tous les effets, effets dont pas un seul ne se produira sans son ordre ou sa permission souverains? La nature, une fois créée, ne peut-elle, sous le regard de l'Eternel, auquel elle obéira toujours, évoluer par les propres forces qui lui ont été communiquées *ab initio*. En un mot, limiterons-nous la puissance de Celui à qui tout appartient, à qui tout obéit, puissance qui paraît beaucoup plus étendue, beaucoup plus prodigieuse et beaucoup plus majestueuse quand elle prescrit, ordonne, dispose à l'avance que lorsque nous la bornons à une intervention directe, continuelle, indispensable et sans cesse renouvelée. Dans le premier cas, elle est sans bornes, sans limites ; elle convient essentiellement à la nature infinie de Dieu ; car, avoir su dans le chaos, combiner toutes les causes dont les effets se produiront dans la suite des siècles avec une régularité parfaite de manière à aboutir, dans une harmonie exellente, aux formes gracieuses de la vie, à leur entretien quodtien, à leur conservation, à suffire à tous leurs besoins, à contenter leurs désirs, nous semble, répétons-le, l'acte couvenant le mieux à Celui qui est tout par lui-même et qui n'emprunte à aucune force, hors de lui, la puissance avec laquelle il se meut dans son éternité.

Ainsi l'évolution, mais non le transformisme aveugle, inconscient, sans causes finales, devient-elle, en quelque sorte, plus acceptable que le système des créations indépendantes. Elle semble, du reste, plus en rapport avec l'esprit des Livres saints qui ne parlent point de *plusieurs* créations animales successives, mais d'une *seule* création unique.

Or, ne l'oublions pas, les formes animales actuelles ne sont point celles des premiers jours. D'autres formes zoologiques, *bien différentes*, les ont certainement précédées. Si l'on veut donc qu'elles aient été *toutes* créées par des actes séparés, la création s'est renouvelée incessamment et à des intervalles très éloignés (1).

Les considérations, dans lesquelles nous sommes entré presque involontairement, nous ont éloigné de notre sujet. Examinons plutôt comment les auteurs, qui ont déjà parlé des hybrides naturels, ont envisagé cette question.

(1) Le R. P. Zahm, professeur à l'Université de Notre-Dame (Indiana), vient de publier un volume « résumant admirablement, dit M. le Marquis de Nadaillac (in Rev. des Questions scientifiques, juillet 1896), tout ce qui a été écrit depuis l'antiquité la plus reculée jusqu'à nos jours sur une question qui agite singulièrement les esprits ». Le volume du P. Zahm est intitulé : « *Evolution and Dogma* », Chicago, 1896.

IV

De quelques citations que nous ont laissées les savants de l'antiquité, il semble que l'on soit autorisé à penser que l'hybridation *naturelle* était appelée à jouer un rôle dans la production de certaines espèces. Tout au moins Aristote dit qu'en Lybie, où il ne pleut point, les animaux se rencontrent dans le petit nombre d'endroits où il se trouve de l'eau. Là, les mâles s'accouplent avec des femelles d'espèce différente. Il ajoute que si ces animaux ne sont pas de taille trop disproportionnée et si le temps de la gestation est à peu près le même dans les deux espèces, ils produisent (1). Le grand naturaliste a en vue les Carnivores (2).

Pline précise les espèces qui contractent des mélanges, car il cite la Lionne d'Ethiopie comme capable de s'accoupler avec l'Hyène, d'où naît la Crocute (3). Solinus paraît avoir accepté cette manière de voir (4). Cependant, d'après Ctésias, auteur beaucoup plus ancien (5), la Crocotte (sans doute le même animal) proviendrait du Loup et du Chien (6). Oppien prétendait que le Thoüs (Chacal) est le produit du Loup et de la Panthère (7). Hesychion (8), un néo-latin, faisait descendre le même animal du Loup et de l'Hyène.

Les XVIIᵉ et XVIIIᵉ siècle ont propagé ces erreurs; aucune limite n'est même assignée aux accouplements féconds entre bêtes sauvages, car, si l'on écrit que les Lions et les Léopards engendrent l'Alphiel (9), que les Léopards viennent eux-mêmes de la Pan-

(1) *Histoire des animaux d'Aristote*, avec la traduction française, par M. Camus. Paris, 1783, Liv. VIII, Chap. XXVIII.

(2) Pensons-nous.

(3) Pline, VIII, XLV.

(4) Solinus est cité par Nieremberg, *Hist. nat. max.*, Anvers, 1635, chap. XXIV. Solinus a été appelé le singe de Pline qu'il copiait souvent.

(5) Ctésias, de Gnide, était du nombre de ceux qui suivirent le jeune Cyrus dans son expédition contre son père Artaxercès Mnémon (Feller).

(6) Ctésias est précisément cité par Pline ! VIII, XXX. Cardan (*de subtilit.* Liber decimus, p. 315) appelle, au contraire, Lycisças, les produits issus du Chien et du Loup.

(7) Oppien est cité par Nieremberg, *op. cit.*, ch. XXIX.

(8) Cit. par Bochart, *Commentaires sur la Genèse*, I, p. 832.

(9) *Hist. nat. max.*, XXIV.

thère (1) et de la Lionne, on dit aussi que la Marmotte descend du Blaireau et du Singe (2) et que le Tatou est produit par l'union de ce dernier avec la Tortue (3). On parle même de croisements entre Renards et Lièvres (4), entre Chameaux et Sangliers (5). La Girafe devrait encore sa naissance à un croisement (6) !

Qu'aurons-nous à dire lorsque nous signalerons les croisements soi-disant obtenus entre espèces domestiques ou captives ? Les exemples les plus bizarres, les plus absurdes sont cités sans réserve.

Nonobstant ce, les hybrides étaient considérés comme des monstres, et par conséquent comme des raretés. Dans son *Thesaurus ornithologiæ* (7), Giebel ne fait qu'un seul article pour « les monstres, les anormaux et les hybrides (8) ». Le Dictionnaire de Valmont de Bomare indique le Mulet comme une espèce de « monstre quadrupède ». Charles Bonnet se sert de cette expression (9) pour qualifier le même animal que M. J. Sperling considère comme un prodige (10). — Rappelons ici que Démocrite avait écrit que le Mulet est un produit « non de la nature, mais de l'audace et de l'industrie humaine et, pour ainsi dire, un mensonge et un vol commis par l'adultère (11) ».

Il y a, en quelque sorte, contradiction entre ces appellations et ce qui vient d'être dit. Comment, admettant que les espèces les plus disproportionnées puissent se croiser, donner même naissance à d'autres espèces connues, peut-on appeler leurs produits des

(1) Nous traduisons le mot *Pardus* par Panthère. La phrase de Bochart (*Hierozoicon sive bi pertitum opus de animalibus s. criptura*, M. D. C. LXXXII) est ainsi conçue : « *Leopardi vox composita significat animal ex Pardo et Leœna natum.* »

(2) Athanasius Kircherus, cit. par Hyrtl (in Comptes rendus de l'Académie des sciences de Vienne), p. 159.

(3) Même source.

(4) Kalm, *Wästgotha resa* etc., p. 236 (D'après Haller, *Elementa physiologiæ*, I, p. 106, 1766). Nous n'avons pas vérifié l'exactitude de ce dire.

(5) Dyclinus (cit. par Niéremberg, *op. cit.*, chap. XXIX).

(6) Voy. *Brevis historia annimalium* (*grœcæ*), manuscrit publié à Moscou en 1811, par Matthœi, cit. par I. G. Saint-Hilaire, in *Hist. nat. gén. des règnes organisés*, t. III, p. 141.

(7) Leipzig, 1772. Erster Halband, p. 212.

(8) Art. XXVII. *Aves monstrosæ, abnormæ, hybridæ*.

(9) *Considération sur les corps organisés*, p. 103, XXXII, *Des Mulets. Œuvres d'Hist. nat. et de Philosophie*, t. V. Neufchâtel, M. D. CC. LXXIX.

(10) *Zoologia*. Phys. Posth. Lipsiæ, 1661, p. 366.

(11) Démocrite est ici cité par Elien in *Nat. animal* (t. lib. XII, cap. 16).

monstres ou des prodiges ? Ceci se comprend d'autant moins que l'infécondité des hybrides, on le verra bientôt, était à bon droit reconnue et professée.

Voici encore quelques passages d'auteurs du siècle dernier se rapportant à l'hybridation naturelle ; ils pourront servir à éclairer le sujet que nous étudions.

« En général, dit Gauthier, c'est tout à fait gratuitement qu'on attribue à beaucoup de monstres d'Afrique la faculté d'engendrer. Il peut arriver, et il arrive sans doute que *des espèces différentes d'animaux féroces se mélangent* ; mais les nouveaux êtres qui en resultent ne sauraient procréer sans un écart de nature d'autres animaux qui leur ressemblent, ni même en procréer aucun (1) ».

« Quand la nature agit seule sous l'œil de Dieu, dit au contraire Balthasar Sprenger, de nouvelles espèces naissent de l'union d'êtres et d'espèces différentes ; c'est ainsi que l'on voit apparaître de nouvelles plantes quand le vent dirigé par la divine Providence transporte le pollen prolifique d'une plante dans le pistil d'une autre plante (2) ».

« Qui sait, écrivait Buffon (3), tout ce qui se passe en amour au fond des bois ? Qui peut nombrer les jouissances illégitimes entre espèces différentes ? Qui pourra jamais séparer toutes les branches bâtardes des tiges illégitimes, assigner le temps de leur première origine, déterminer, en un mot, tous les effets des puissances de la nature pour la multiplication, toutes ses ressources dans le besoin, tous les suppléments qui en résultent et qu'elle sait employer pour augmenter le nombre des espèces, en multipliant les intervalles qui les séparent ? »

Hebenstreint dit bien que « parmi les animaux de nos contrées, il se fait divers mélanges avec les Chardonnerets qui produisent des créatures d'une espèce incertaine et dont aucune ne se multiplie (4) » ; mais il ne dit point positivement que ces croisements se trouvent produits à l'état sauvage.

Pour Rudolphi « beaucoup de variétés que l'on remarque chez les Oiseaux dérivent certainement de mélanges (5) ».

---

(1) *Observations sur la physique*, ou Journal des sciences et des arts, par Toussaint. Paris, 3 vol. in-4°, p. 86, 1756.

(2) *Opuscula Physico-mathematici.* Hanoverie, 1753, in-8 (p. 25 à 48) : « *De avium hybridarum virtute generandi usque ad tertiam generationem observatio* ».

(3) Cit. par l'abbé Bonaterre, *Tableau encyclopédique, Oiseaux*, 1823, p. X et Xj.

(4) Journal encyclopédique, mars 1762 (2° partie de mars).

(5) *Beyträge zu Anthropologie*, p. 162.

« On ne peut douter, écrit Bonnet (1), que les espèces, qui existaient au commencement du monde, ne fussent moins nombreuses
que celles qui existent aujourd'hui. La diversité et la multitude
des *conjonctions*, peut-être même encore la diversité des climats et
des nourritures, ont ils donné naissance à de nouvelles espèces,
ou à des individus intermédiaires? — Ces individus s'étant unis à
leur tour, ajoute t-il, les nuances se sont multipliées et, en se
multipliant, elles sont devenues moins sensibles ». Bonnet
entend-il par l'expression « conjonctions » des croisements ?
nous le supposons. Il paraît du reste envisager plutôt les races.

Linné (2) avait pensé qu'à l'origine il pouvait n'avoir existé
qu'une espèce dans chaque famille naturelle et que ces espèces,
en se croisant, avaient produit les genres, lesquels, par leurs fécondations réciproques, avaient donné naissance aux espèces et aux
variétés. Il avait cru, dit Guillemin (3), à la formation d'espèces
nouvelles par hybridation entre espèces de familles différentes.
Il en était même venu à rattacher toutes les espèces actuelles à un
petit nombre de types primitifs ». — Une manière de penser, qui
paraît très différente, est cependant exprimée par Hartmann, dans
une thèse où celui-ci développe les idées de son maître (4). Hartmann enseigne « que les Animaux s'unissent très rarement en
dehors de leur race ». De Haller (5) s'appuie aussi sur Linné pour
dire que les hybrides sont le plus souvent stériles (6).

Le baron de Gleichen (7), en manifestant l'espoir qu'on obtiendrait des éclaircissements sur l'existence de beaucoup d'animaux
qui se trouvent dans les climats chauds, si on instituait dans les
ménageries des expériences de croisement, semble indiquer par
là que des animaux des climats chauds doivent leur naissance
à des croisements.

(1) *Considérations sur les corps organisés*, t. V de ses œuvres complètes, p. 230.
(2) D'après Guillemin. (*Dictionnaire classique d'Hist. nat.*, de Bory de Saint-
Vincent, édit. de 1825, t. VIII, p. 403).
(3) *Op. cit.*
(4) *Thèse sur les Plantes hybrides, Caroli Linnæi amœnitates Academicæ*,
Holmiæ, 1756. Nous pensons que Linné a développé sa théorie sur les hybrides
dans sa dissertation sur le *Peloria* (*Amoen. Acad*, vol. I, p. 71), ouvrage que
nous n'avons pu consulter.
(5) *Elementa physiologiæ*, t. VIII, p. 104.
(6) Nous ne comprenons donc pas comment M. Mathias Duval a pu dire (Rev. Sc.
L'hybridité, 1884, p. 98) « qu'à l'époque de Linné on ne pensait guère à proclamer
la stérilité des croisements entre espèces différentes. » Et cependant, cette assertion
paraît conforme aux vues de Linné.
(7) *Découvertes les plus récentes dans le monde végétal*, p. 49 et 50.

Citons encore Lacépède, dont les écrits scientifiques datent plus particulièrement de la fin du siècle dernier : « La force productrice, non seulement réunit dans ses aberrations des formes que l'on ne trouve pas communément ensemble, mais encore peut souvent dans sa marche régulière, et surtout lorsqu'elle est aidée par l'art, rapprocher des espèces différentes, les combiner, et de leur mélange faire naître des individus différents de l'un et de l'autre (1) ».

« Les métis, ces aberrations des espèces, disait le citoyen Giorna qui écrit en l'an XII (2), sont très fréquents dans les petits animaux ; elles le sont moins parmi les grands. Leur somme est en raison directe du nombre que les animaux produisent ; aussi, voit-on plusieurs variétés dans les Insectes, moins dans les Oiseaux et beaucoup moins dans les Mammifères (3) ».

Ces citations disent peu de chose ; on remarque, cependant, dans certaines une tendance à accepter l'hybridité naturelle comme probable, quoique rare.

Des opinions, plus nettes et plus précises, se forment au commencement de ce siècle. — Non seulement, comme nous le verrons bientôt, on restreint considérablement la possibilité des fécondations hybrides, mais on veut aussi, (à part quelques auteurs qui font exception), que les croisements ne se produisent point à l'état sauvage, tout au moins qu'ils ne s'opèrent que lorsqu'une des espèces qui contractent les mélanges est « privée ou captive ».

C'est ce qu'écrit en 1824 Frédéric Cuvier dans le *Dictionnaire des sciences naturelles* (4) et ce que, la même année, Desmarets répète presque mot à mot dans le même dictionnaire (5), en ajoutant (6) que « les animaux sauvages d'espèces différentes ne s'accouplent pas entre eux ».

---

(1) *Discours sur la nature des Poissons* (*Histoire naturelle des Poissons*, 1798-1803). Voy. p. 483 de la nouvelle édition, t. I. Paris MDCCC XLIV.

(2) Ici Giorna ne parle plus d'après lui, mais d'après un naturaliste qu'il ne nomme pas. Nous nous demandons quel peut être cet auteur, car nous retrouvons la même idée, exprimée à peu près dans les mêmes termes, dans le *Traité d'Anatomique* de Meckel, paru longtemps après le travail de Giorna. (Voir p. 405, T. I de la trad. franç. de Rister. Paris, 1828).

(3) Mém. acad. des sc. litt. et b.-arts de Turin, années X et XI an XII « *Observations sur un Zèbre métis* ».

(4) A l'article *Métis*, t. XXX, p. 489.

(5) A l'article *Mulet*, t. XXXIII, p. 293.

(6) Dans les Ann. des sc. nat., t. XXVII, p. 138. Paris, 1832.

Au même moment (1), Georges Cuvier dictait cette phrase que maints auteurs ont depuis reproduite : « La nature a soin d'empêcher l'altération des espèces qui pourrait résulter de leur mélange, par l'aversion naturelle qu'elle leur a donnée ; il faut toutes les ruses, toute la puissance de l'homme pour faire contracter ces unions, même aux espèces qui se ressemblent le plus ».

L'hybridation dans la nature serait donc nulle aux yeux du grand naturaliste. Il a soin du reste de préciser sa pensée dans la phrase suivante : « Aussi ne voyons-nous pas dans nos bois d'individus intermédiaires entre le Lièvre et le Lapin, entre le Cerf et le Daim, entre la Marte et la Fouine (2) ».

En 1835, acceptant ces théories, Marcel de Serres s'exprime ainsi dans la Revue du Midi (3) : « Nous sommes parvenus, par suite de notre action sur les animaux, à faire accoupler plusieurs espèces différentes. Ces accouplements n'ont jamais eu lieu dans les espèces livrées à elles-mêmes. Il faut qu'un des sexes au moins soit dans l'état de domesticité. Si la domesticité, continue-t-il, n'est pas une condition absolue sans laquelle deux espèces différentes ne peuvent s'accoupler, il faut au moins qu'elles soient toutes les deux privées de leur liberté ».

« C'est un fait prouvé dans l'histoire de la nature, écrit quatre ans plus tard Rudolph Wagner (4), que les animaux d'une même espèce s'accouplent librement et produisent des petits féconds. Ce n'est que sous une influence artificielle, sous l'action de l'homme, très rarement dans l'état de nature libre, que des animaux d'une espèce différente s'accouplent entre eux » ; Wagner ne laisse place que pour quelques exemples.

Duvernoy (5) est beaucoup plus restrictif. Aucune observation bien positive et incontestable parmi les animaux n'a démontré jusqu'à présent, dit cet auteur, que des espèces différentes, libres et abandonnées à leur instinct, se mêlassent dans la nature ; et qu'il naquît de ces mélanges des espèces hybrides, pouvant se propager avec leurs caractères distinctifs, et produire une succession de générations fécondes, comme les espèces dont elles sont originaires ». Pour lui, on peut conclure légitimement *à priori*, (comme

---

(1) Ou plutôt quelques années auparavant : *Recherches des ossements fossiles,* 1821, p. 59. *Discours préliminaire.*

(2) Même ouvrage.

(3) T. IX, p 347. Toulouse.

(4) *Lebrbuch der Physiologie,* Leipzig, 1839. Erste abtheilung (examen du sperme des Oiseaux, p. 24-26, § 12).

(5) *Dictionnaire d'Orbigny* (art. *Propagation*), p. 345, 1847.

il pense l'avoir énoncé *à posteriori* (1), que les espèces ne se mêlent pas dans leur état de complète liberté ».

Blith corrobore cette manière de voir lorsqu'il nous apprend (2) « qu'il n'a pu se trouver en présence d'un seul exemple satisfaisant où le mélange des espèces ne soit dû à l'intervention de l'homme ».

On peut encore mentionner le Dᵣ J. B. Jaubert (3) qui regarde le rapprochement de deux espèces distinctes comme un fait à peu près impossible en pleine liberté ; puis Frisch (4) qui ne paraît pas croire à la possibilité des rapprochements chez les animaux sauvages et les considère comme essentiellement artificiels et contre nature ; enfin Frédéric Cuvier, qui, vingt ans plus tard, revenant dans son *Histoire des Mammifères* (5) sur le sujet déjà traité dans le « *Dictionnaire des sciences naturelles* », écrit que « les Mulets ne sont point, à proprement parler, des êtres naturels ; mais qu'ils sont essentiellement le produit de l'art », et que « sans artifices ou sans désordres dans les voies de la Providence, jamais leur existence n'aurait été connue (6) ».

Ces nouvelles citations nous ont amené jusqu'à la moitié de ce siècle et même au delà.

Des théories analogues se retrouvent chez des auteurs plus récents, comme Godron, de Quatrefages, Ernest Faivre qui disent,

---

(1) Lisez son article.

(2) The magazine of natural history, conducted by Edward Charles worthen, London, 1837, t. I, p. 80. « *On the psyshological distinction betwen man and all others animals ; and the consequent diversity of human influence over the inferiors ranks of creation* ».

(3) Rev. et mag. de zoologie, mars 1853, p. 114.

(4) *Naturforscher*, VII, p. 56.

(5) T. VII, 1842.

(6) Il paraît cependant reconnaître que les insectes se mélangent. Voy. le mot *Hybride* dans le Dict. des sc. nat., t. XXII, 1821. Nous avons dit que quelques auteurs du commencement de ce siècle ne partageaient pas la même manière de voir. En effet, l'abbé Bonaterre (*Tableaux encyclopédiques*, 1823), s'exprime ainsi au sujet des alliances entre espèces voisines : « Ce que nous faisons par art peut se faire mille fois par la nature. Les métis qui résultent de ces alliances fortuites peuvent, en s'unissant, produire d'autres individus semblables à eux et former de nouvelles espèces. (*Oiseaux*, p. 41). Meckel (in *Traité d'Anatomie*, 1828, p. 405 et 406, trad. de l'Allemand) écrit ce passage : « Les métis sont plus fréquents et plus féconds dans les espèces inférieures que dans les espèces élevées; sans doute pour la raison que la force organique est plus rigoureusement bornée aux phénomènes de formation, et est, pour cela même, plus énergique. C'est à cette cause qu'il faut attribuer la fréquence plus habituelle de la bâtardise parmi les Oiseaux que parmi les Mammifères. Tous ces phénomènes rendent fort vraisemblable l'opinion émise ci-dessus, qu'un grand nombre d'Insectes peuvent aussi naître de cette manière ».

le premier « que l'hybridité est un phénomène très rare parmi les animaux sauvages (1) » ; le second « que l'homme a une peine infinie à découvrir quelques hybrides naturels (2) ; le troisième « que l'on ne connaît aucun exemple probant d'hybridité naturelle (3) ». On vient du reste d'écrire tout dernièrement que les croisements d'espèces « n'ont jamais lieu dans la nature sauvage (4) ».

Cependant des naturalistes, dont les vues se trouvent en opposition avec celles des auteurs que nous mentionnons, semblent vouloir accorder maintenant à l'hybridation un rôle plus considérable. « Il n'est pas douteux, écrit M. Carl Vogt (5), que, même à l'état sauvage, les animaux appartenant à des espèces voisines s'accouplent ou cherchent à s'accoupler entre eux. » M. Michel Menzbier (6) prétend que l'étude des Oiseaux de la région paléarctique lui a prouvé « que certaines espèces se croisent avec des espèces voisines et forment un grand nombre d'hybrides, lesquels, de leur côté, se croisent entre eux et avec les formes typiques qui leur donnent naissance. Ce croisement, ajoute le professeur, peut contribuer à ce que deux formes fixées se confondent en une seule aux caractères combinés ; parfois il arrive qu'une espèce est absorbée par une autre. » « Les cas où les individus de chaque vallée s'unissent avec leurs voisins immédiats ne sont pas une exception, » écrit de son côté M. Henri Seebohm (7).

Isidore Geoffroy Saint-Hilaire dit lui-même (8) : que l'on peut affirmer que les croisements hybrides ne sont pas très rares entre espèces sauvages du même genre, mais que les métis qui en résultent échappent le plus souvent à notre observation. Avant lui, Hamilton Smith avait fait savoir que l'on connaissait des Mammifères sauvages ayant produit des hybrides en liberté (7).

(1) De l'espèce, 1872, p. 180.

(2) Rev. des cours scientifiques, t. V, p. 738 (années 1867-68). A la p. 122, M. de Quatrefages dit même qu'entre espèces sauvages de Mammifères « on ne cite pas un seul cas d'hybridation féconde ».

(3) La variabilité des espèces, p. 129, 1868. Il est vrai que M. Faivre dit que quelques exemples sont exceptionnels, mais il a soin d'ajouter « que ces exemples mériteraient confirmation ».

(4) Annales de Philosophie chrétienne, mai 1888, p. 150. (L'évolution dans les espèces).

(5) Leçons sur l'homme, p. 355 et 356, 1878.

(6) Revue scientifique, p. 520, n° du 26 avril 1884.

(7) The Ibis, 1882.

(8) Hist. nat. générale des règnes organiques, p. 180, t. III, 1862.

(9) The naturalist's library, par Jardine, Edinburg, 1841, vol. XXI, p. 339 (Horses).

En pareille matière, les faits seuls, nous l'avons remarqué, sont de quelque valeur ; la conclusion de notre cinquième partie (1) répond aux questions que l'on peut se poser sur cette matière. On y verra que l'hybridité naturelle, sans être absolument nulle à l'état sauvage, constitue néanmoins un fait *exceptionnel*, excessivement rare et, disons-le, presque toujours provoqué par l'action de l'homme.

Ces vues diverses ayant été exposées, nous rechercherons maintenant de quelle nature doivent être les espèces pour pouvoir donner naissance à des produits hybrides.

(1) Voy. p. 855-873.

V.

On se rappelle que divers écrivains, postérieurs à la renaissance, ne mettaient aucune limite à la fécondité des accouplements (1); ils croyaient que plusieurs espèces sauvages très éloignées pouvaient se croiser utilement; *a fortiori* la même faculté, le même pouvoir, étaient-ils accordés à des espèces domestiquées ou retenues captives.

Qu'on se reporte aux vieux écrits de l'abbé Dicquemare (2), de Réaumur (3), de Haller (4), d'Athanase Kircher (5), de Valisneri (6), de Birch, de Loke (7), de de Gleichen (8), de Jean-Baptiste Porta (9), de Jean Leger (10), de Clauderius, de Gottigniez (11), de Cardan (12), de Nieremberg (13), d'Osbock (14), de Ruef (15), de Thomas Bartholoni (16), d'Unger (17), de Blumenbach (18), de Wieber (19), de Jean Taube (20), de Gesner (21), de Clauderius (22), etc., on y trouvera des mentions de croisements bien peu croyables, même burlesques; quelquefois, il est vrai, simplement cités pour ce qu'ils

(1) Ceux qui les ont précédés professaient sans doute les mêmes opinions.

(2) Journal de Physique et d'Histoire naturelle, t. XII. Paris, 1788.

(3) *Art de faire eclore les Oiseaux.* Paris, in-12, 1749, t. II, p. 332.

(4) *Elementa phisiologiæ.*

(5) Cit. p. Hyrtl, in Comptes rendus de l'Acad. des sc. de Vienne.

(6) *Galeria di Minerva.*

(7) *An Essay concerning human understanding.*

(8) *Dissertation sur la génération, les animalcules spermatiques et ceux d'infusoires.* Paris, an VII.

(9) *La Magie naturelle,* cit. d'après Blumembach.

(10) *Hist gén. des Eglises évangéliques du Piémont.* Leide, 1669.

(11) *Commentarii de rebus in Historia naturali et medicina gestes,* t. XXIII. Lipsiæ, 1779.

(12) *De rerum varietate,* L. VII. (*De contradict medi.*).

(13) *Hist. nat. max.* Anvers, 1635, chap. XXIX.

(14) *Ostendisk Resa,* p. 99 (cit. par Blumenback, par de Haller et par Hyrtl).

(15) *De conceptu et generatione.*

(16) *Acta medica et philosophica,* Hafnicusia (Copenhague), 1673, vol. II, p. 46.

(17) *Hamburg Magazin.*

(18) *De generis humani varietate, natura. Gœttingœ (1776 ?),* p. 11.

(19) Cit. in Journal encyclopédique, mars 1892 (2ᵉ partie de mars).

(20) *Beiträge zur Naturkunde des Herzogthumus Luxembourg, Zweites stuck.* Zellœ, 1769.

(21) *Historia animalium.* Lib. 1, « *De quadrupedi* ».

(22) *Eph. Natur. cur. Dec.* II, ann. IX (cit. p Hyrtl, p. 157, op. cit.).

valent et même critiqués très vivement (1), mais souvent aussi acceptés. Qu'il nous suffise de nommer les mélanges du *Cervus elaphus* et de l'*Equus caballus* (2), du *Bos taurus* et du *Canis familiaris* (3), du *Felis catus* et du *Lepus cuniculus* (4), de l'*Equus caballus* (ou de l'*Equus asinus*) avec le *Bos taurus* (5), du *Canis familiaris* et de la *Simia* (6), du *Felis catus* et du *Mus rattus* (7), du *Sus scrofa* et du *Canis* (8), du *Gallus domesticus* et du *Lepus cuniculus* (9), de la *Colomba livia* avec ce dernier (10), enfin du *Gallus domesticus* avec l'*Anas boschas* (11).

Encore, dans ce siècle, au moins au commencement de ce siècle, quelques auteurs crédules ont foi en des croisements aussi peu vraisemblables. Rafinesque mentionne dans le Kentuchy la portée d'une Chatte unie à un Opossum (le *D. virgianus* des naturalistes) (12). Le croisement de la Loutre et de la Brebis semble accepté comme possible (13). Des observations « sur une progéniture produite par l'accouplement d'un Chien et d'une Brebis » sont présentées en 1829 à l'Académie des Sciences, et le Bulletin des Sciences de

(1) Nous n'avons point consulté tous les auteurs que nous indiquons, en sorte que quelques erreurs ont pu être commises. *Dans le Journal de Physique* on reconnaît même que les accouplements entre espèces éloignées ne peuvent avoir lieu. (Voy. 3° vol. in-4°, 1756, p. 86).

(2) Dont une première mention a été faite par Rueff (op cit.). Voir aussi *Hist. nat. max.* de Nierenberg, 1635, où au chap. XXIX, avec quelques variantes, on trouve la même assertion. Le texte est précédé de la description d'un monstre tel que la Fable n'en saurait inventer. Sur un bâtard à peu près du même genre, voy. : *Sammlug. von Natur. un Medecin.* Sommer quartal, 1723. Leipzig. 1725. (Il s'agissait probablement d'un Elan, le *Cervus alces* de Linné ou *Cervus malchis* de quelques auteurs, espèce qu'on ne rencontre plus aujourd'hui que dans les pays tout à fait septentrionaux.

(3) Thomas Bartholini, *op. cit.*, p. 41, vol. II.

(4) Birch, t. 1, p. 393 (cit. par Haller, in *Elementa physiologiæ*, p. 101).

(5) Cit. par un grand nombre d'auteurs. Voy. (in Nouvelles archives d'Obstétrique et de Gynécologie, n°s d'octobre et de novembre 1889), l'article de M. Armand Goubaux, 4° part., *Des Jumarts*. Voir aussi, *La Fable des Jumarts*, par André Suchetel, in Mem. Soc. zool. de France, 1890.

(6) Produit assez rare d'après Cardan (nous le croyons sans peine). Cit. aussi par Meyer, Blumenbach et Gottigniez. Ce dernier n'est pas porté à l'admettre.

(7) Lock., *op. cit.*

(8) Unzer, *op. cit.*

(9) De Réaumur, *op. cit.*

(10) L'abbé Dicquemare, *op. cit.*

(11) Bien souvent répété et encore de nos jours !

(12) *Considérations sur quelques animaux hybrides*, par C. S. Rafinesque, (in Journal des sciences médicales, 6 années, t. XXII, p. 111 et suiv. Paris, 1821). Rafinesque trouve néanmoins la chose singulière. Hyrtll (op. cit.) a réfuté ce fait. Les annales des sciences naturelles, t. 37, Paris, 1832, classent le même fait « au nombre des assertions souvent répétées, jamais constatées ».

(13) Voy. Philosophical Transactions of the Royal Society of London, 1813, part. I, vol. 31, p. 38 et suiv.

Ferrussac publie au même moment l'extrait d'une lettre datée de
Berlin, 27 février 1827, où de nouveau on parle d'un Mulet de Cerf
et de Jument (1). Hamilton Smith (2), qui a si bien réfuté l'existence des Jumarts, accepte et propose cette idée que le Cerf axis
produit, avec une espèce de Porc, le « Hog-deer » (3). Mais Guillemain
et Dumas, Frédéric Cuvier, Marcel de Serres, Rudolph Wagner, et
bien d'autres naturalistes de renom, réagissent contre ces exagéra-
tions. Pour eux, la fécondité des croisements ne peut même être
obtenue qu'entre espèces d'un même genre (4) : Pour que la femelle
d'une espèce soit fécondée par le mâle d'une autre espèce, disent
plusieurs d'entre eux, il faut que les deux espèces appartiennent
au même genre, à un même genre naturel (5). C'est la doctrine qui a prévalu dans notre siècle. Elle a été professée par
Flourens (6), acceptée par Duvernoy (7), par Godron (8), et même
par Morton (9).

(1) Fait dont on avait déjà parlé au siècle dernier et accepté encore dans quelques ouvrages modernes, tels que : (*Dict. d'Hippatique*, 1841, p 149); Journal
des Haras, 1848 (t. XLV, p. 136). — Hyrtll ne l'a pas admis (voy. Comptes rendus
de l'Acad. des sc. de Vienne, p. 175, 1854. I. G. Saint-Hilaire (op. cit., t. III) partage
la même manière de voir. Du reste, déjà au siècle dernier on niait l'existence de
cet hybride, (voy. Journal encyclopédique de 1762, mars, 2ᵉ part.).
(2) Naturalist's Library, p. 340.
(3) Le Cerf importé en France appartient à une bonne espèce qui se reproduit
naturellement.
(4) Voici ce que l'on lit dans leurs ouvrages : « Dans le règne animal, il n'y a
que les espèces voisines d'un *même genre*, ou d'une famille si naturelle qu'elle ne
forme qu'un *véritable genre*, qui puissent se croiser... Nous ne sachions pas qu'on
ait d'exemple de métis de genres essentiellement divers, ni mêmes d'espèces un
peu éloignées. » (*Observations sur l'hybridité des plantes en général et particulièrement sur celles de quelques Gentianes alpines*, par Guillemin et Dumas,
in Mém. de la Soc. d'Hist. nat. de Paris, t. I, p. 89-90, 1823, séance du 3 août 1821.
Ce n'est que chez les animaux du même genre que l'accouplement produit des
résultats, dit Wagner, in *Lehrbuch der Physiologie*, p. 24, 25 et 26; Leipzig, 1839
(1ʳᵉ partie); ou bien : « On ne connaît de faits certains que parmi les animaux qui
appartiennent au même genre ». Il cite des exemples ».
(5) Fr. Cuvier, *Dict. des sc. naturelles*, édité par Levrault, 1824, t. XXX,
p. 468 et 469 (*Art. métis*). — « Pour que l'accouplement de deux espèces différentes
puisse avoir lieu et produire d'autres individus, il faut qu'elles appartiennent à un
même genre naturel », dit aussi Marcel de Serres, in Rev. du Midi, t. IX, p. 349.
(6) Les espèces seules du même genre produisent, « Flourens, *De l'Instinct et de
l'Intelligence*, 5ᵉ édit., 1870, p. 149). La 1ʳᵉ édit. de son ouvrage date de 1841.
(7) Qui cite les paroles de Fr. Cuvier (in Dictionnaire universel d'Histoire naturelle
de Dorbigny). Voy. art. *Propagation*, t. X, 1847, p. 546.
(8) *De l'espèce*, etc., p. 212, t. I, 2ᵉ édit., 1872. — Que pensait Milne-Edwards ?
Godron (même vol., même page) le cite comme partisan de cette manière de voir
et renvoie au t. XL, p. 754 des Comptes rendus de l'Acad. des sc. de Paris. — Nous
sommes loin de contredire l'appréciation de Godron. Néanmoins, dans le tome en
question, Milne-Edwards ne fait point précisément connaître son opinion : (peut-
être l'a-t-il fait ailleurs) ? Il dit seulement ceci, en rapportant le fait cité par Gray
sur l'accouplement du Mouton et de la Chèvre : « Ce fait conduira peut-être les
zoologistes à ne voir, dans les Chèvres et les Moutons, que des espèces différentes
d'un seul et même genre naturel, conformément aux vues sur la délimitation des
groupes génériques présentés il y a quelques années par M. Flourens ».
(9) *Types of Mankind*, Nott et Gliddon, 1854, p. 81-375. Cependant Morton n'aurait

Isidore Geoffroy Saint-Hilaire s'est cru cependant en droit de reculer les limites assignées par ses prédécesseurs à la fécondation des unions hybrides. La possibilité de l'hybridation ne lui a pas paru devoir être renfermée dans les étroites limites qu'on lui avait assignées. « Si une femelle ne peut être fécondée par un mâle d'une autre classe ; s'il est au moins douteux qu'elle puisse l'être par un individu d'un ordre différent ; si l'on n'a pas un exemple irrécusable de fécondation par un animal d'une autre famille, l'existence d'hybrides bigénères est pour lui aussi certaine, quoique plus rare, que celle des métis congénères (1).

Disons que Hirtl et Paul Gervais ont admis que l'hybridation peut réussir entre espèces de deux genres différents, mais très rapprochés (2). M. de Quatrefages a lui-même reconnu l'hybridation bigénère possible, quoique très rarement.

Parmi les auteurs qui ont tenté d'établir des règles permettant de connaître les espèces qui, physiologiquement, sont aptes à se croiser, nous citerons le Dʳ Broca. Pour lui, comme pour beaucoup d'autres savants, parmi les conditions qui favoriseraient l'hybridité, l'une d'elles qui permettrait de préciser avec plus de probabilité le résultat d'une tentative de croisement serait « l'analogie ou la dissemblance des deux espèces considérées sous le rapport de la gestation pour les Mammifères, de l'incubation pour les Oiseaux. »

Le docteur ignore même s'il existe un seul exemple d'hybridité entre deux espèces très différentes sous ce rapport. Toutefois, à ses yeux, « il n'est point nécessaire que la similitude soit parfaite pour que la fécondation soit possible » (3). Il pense aussi qu'il y a une certaine relation entre la facilité avec laquelle le croisement s'effectue et l'état de perfection ou d'imperfection de l'hybride qui en résulte. » Mais ce n'est point une règle absolue « parce que la fécondité du premier croisement ne dépend pas seulement de

point toujours pensé ainsi. Voy. : I. G. Saint-Hilaire, t. III, p. 149 et 150, *Hist. g. naturelle des règnes organiques*). — Aristote aurait été déjà de cet avis. Godron rappelle (in *De l'espèce*, t. II, p. 209) la phrase suivante du célèbre philosophe : « Coeunt animalia generis (dans le sens d'espèce) ejusdem secundum naturam, sed ea etiam quorum genus diversum quidem, sed natura non multum distat ». Godron renvoie à l'*Historiæ animalium*, lib. II, cap. 5. Nous nous sommes reporté au livre et au chapitre indiqués par Godron ; mais nous n'avons rien trouvé de semblable. Sans aucun doute l'indication est mal donnée.

(1) *Op. cit.*, p. 168 et 169.

(2) Voir pour le premier *Berich des Herrn Professors Hyrtl an die Kaiserliche Akademie* (Vienne, 1854, p. 143). Pour le second, son *Hist. nat. des Mammifères*, p. 153.

(3) *Op. cit.*, p. 425.

l'homœogénésie : elle dépend aussi en partie de la fécondité absolue de chacune des deux espèces mères (1).

Pour lui encore « ni le degré de proximité des espèces, ni la nature de leurs instincts, ou de leur genre de vie, ni la comparaison de leur fécondité, ni même la durée de leur gestation, ne permettent de prévoir avec certitude le résultat de leurs alliances. La méthode *a priori* doit donc céder le pas à la méthode *a posteriori* dans l'étude de l'hybridité. L'homœogénésie ne se devine pas, elle ne se découvre que par l'expérience. » L'expérience seule, dit de même M. Oscar Hertwig, peut nous fournir une certitude à cet égard et nous apprend que les diverses espèces animales et végétales ne se comportent pas toujours de la même façon vis-à-vis de la fécondation hybride ; que certains individus qui se ressemblent par les moindres détails dans leur forme ne peuvent se croiser, tandis que le croisement est possible entre d'autres individus moins semblables. » (2).

Il ne faudrait pas conclure de là que la fécondation s'opère entre animaux appartenant à des espèces éloignées ; c'est tout l'opposé qui se produit, nous le verrons bientôt.

Le grand obstacle physique ou organique au mélange fécond des espèces semble, pour d'Orbigny (3), exister dans les spermatozoïdes et dans les différences, appréciables ou non, dans la forme, les dimensions et la composition intime de ces machines qui portent à l'ovule la part du mâle pour la formation du germe.

Selon Rousseau, la fécondation ne se produit que parmi les espèces chez lesquelles « les spermatozoïdes ont une sympathie réelle et réciproque pour se greffer utilement sur les ovules provenant de la vésicule de Graaf » (4). C'est, il nous semble, ce qu'on désigne aujourd'hui sous le nom « d'affinité sexuelle » (5). Quelque

---

(1) Même page.

(2) *La cellule et les tissus. Eléments d'anatomie et de physiologie générales* (traduit de l'allemand par Charles Julien), p. 291 et 292. Paris, 1894.

(3) *Dict. d'Hist. nat.*, p. 546.

(4) *Rev. de zoologie*, « *Des châtaignes* ».

(5) Voy. Hertwig déjà cité, p. 292, à l'article « *Affinité sexuelle* ». « Sous le nom d'affinité sexuelle, je désigne, dit l'auteur, les actions réciproques qui exercent les unes sur les autres les cellules fécondables apparentées, de telle sorte que, placées à une distance déterminée les unes des autres, ces cellules s'attirent, s'unissent et se fusionnent, comme le font deux substances chimiques entre lesquelles existent des affinités chimiques non saturées ». (Selon Peffer, les anthérozoïdes sont attirés vers la cellule-œuf par des solutions chimiques, sécrétées par cette dernière). — Nous ne voyons donc pas pour quelle raison Isidore Geoffroy Saint-Hilaire a critiqué d'une manière très acerbe la conception de Rousseau (dans sa note de la p. 150 du t. III de l'*Hist. générale des règnes organiques*).

chose d'analogue avait été exprimé dans les Comptes rendus de l'Académie de Turin (1). « Pour que l'union de deux animaux de différentes espèces, y disait-on, soit féconde, il faut qu'il y ait un certain degré d'affinité entre la liqueur séminale du mâle et le germe de la femelle (2) ».

On prétend généralement que le croisement peut s'opérer dans les deux sens, c'est-à-dire dans le renversement des termes père et mère; c'est ce qu'on appelle « *hybridité bilatérale.* » Mais, dans plusieurs exemples, la fécondation ne se produit que dans un sens; elle manquerait dans l'autre. L'hybridité devient ainsi «*unilatérale*».

Vraisemblablement, lorsque les organes générateurs des deux espèces que l'on mélange sont bien conformés et susceptibles d'adaptation, le principal obstacle physique au mélange ne saurait résider que dans l'incompatibilité de l'élément mâle et de l'élément femelle. On sait aujourd'hui par des expériences (entreprises sur des œufs d'animaux inférieurs dont le développement s'opère extérieurement) que la fécondation n'a lieu que lorsque le spermatozoïde a pu traverser la couche muqueuse qui enveloppe l'œuf. Il faut, en outre, que celui-ci, rencontrant le pronucleus femelle, puisse se fusionner pour former le noyau de l'œuf (3).

Or, tous les spermatozoïdes ont-ils cette faculté? A leur arrivée près de l'enveloppe ou membrane vitelline, ils peuvent se heurter à un obstacle qu'ils ne sauraient franchir et se trouver ainsi dans l'impossibilité de se mettre en contact avec l'élément femelle. Seraient-ils capables de franchir cet obstacle, que leur union avec cet élément pourrait encore, sous des influences diverses, ne point s'accomplir, surtout si le facteur décisif réside dans l'organisation

(1) An xii.
(2) M. Mathias Duval (in Revue scientifique, n° du 2 février 1884, p. 146, art. *De l'hybridité*) parle du même sujet.
(3) Voy. à ce sujet l'intéressant article de M. Kœhler sur « *Les phénomènes intimes de la fécondation* », dans la Revue générale des sc. pures et appliquées, (n° du 15 août 1892, p. 539) notamment la p. 541 où M. Kœhler rapporte ce que fit Fol en 1875, et montre par des figures la copulation de l'œuf et du spermatozoïde. « Qu'on mélange dans l'eau de mer les œufs et les spermatozoïdes d'un Echinoderme ou d'un Oursin, pour observer, sous le microscope, les phases principales de la fécondation, on verra alors, dit M. Kœhler, le spermatozoïde pénétrer dans la couche muqueuse qui enveloppe l'œuf, dont le vitellus se soulève en une petite saillie dirigée vers le spermatozoïde. Celui-ci vient s'y appliquer et, dès que le contact est opéré, la couche périphérique de l'œuf se gonfle et s'épaissit de manière à s'opposer à l'entrée d'un deuxième zoosperme Le corps du sperma-ozoïde pénètre alors dans l'œuf où il prendra l'apparence d'un petit noyau clair entouré de stries radiaires : c'est le *pronucleus* mâle qui marche vers le *pronucleus* femelle auquel il ne tardera pas à s'unir pour former un noyau unique, le noyau de l'œuf, qui entrera immédiatement en division ». Mais voy. surtout M. O. Hertwig, sur le même sujet.

de l'œuf (1). C'est une hypothèse; citons cependant quelques faits d'expérimentation.

Falkemberg (2) ayant mêlé des œufs de *Culteria aspersa* (3), capables d'être fécondés avec des anthérozoïdes en mouvement actif d'une espèce très voisine, *Culteria multifida*, remarqua sous le microscope que les anthérozoïdes tournoyaient sans cesse et finalement mouraient sans avoir fécondé les œufs de l'espèce parente. Lorsque des anthérozoïdes venaient à toucher par hasard un œuf, ils s'appliquaient momentanément contre lui, mais s'en séparaient immédiatement. Le spectacle était bien différent si, dans une préparation semblable contenant des anthérozoïdes, on ajoutait des œufs de leur espèce. En quelques instants, les anthérozoïdes se rassemblaient autour de l'œuf (4).

Lors des croisements entrepris par les frères Hertwig entre *Strongylocentrotus lividus* et *Sphærechinus granularis*, il y avait toujours, parmi des centaines d'œufs, un nombre plus ou moins considérable qui étaient fécondés par le sperme étranger, tandis que la grande majorité d'entre eux ne réagissaient pas. O. Hertwig en conclut que les œufs étaient différents les uns des autres (5). Ainsi les œufs d'un même animal montreraient un degré différent d'affinité sexuelle, lequel, comme il s'en est aperçu, peut être influencé et modifié par les circonstances extérieures.

(1) Consultez sur ce sujet O. Herwitg (op. cit.), dernière ligne de la page 294.
(2) « *Die befruchtung und der generation swchsel von culteria* », in Mitt. aus der zool. station zu Neapel, 1879.
(3) Genre d'Algues inférieures.
(4) Falkenberg est cité par Hertwig.
(5) P. 295.

VI.

Afin de nous rendre compte des résultats obtenus dans les croisements d'espèces animales, nous avons essayé, dans un mémoire présenté au Congrès des Sociétés savantes (1), de grouper les faits d'hybridité provoquée, c'est-à-dire les divers exemples de croisements réalisés sous les yeux de l'homme.

Nous ferons connaître très sommairement cette étude et les conclusions que nous avons tirées des faits qui y ont été cités ; (nous ne nous sommes encore occupé de la recherche des hybrides que dans deux classes, la classe des Mammifères et la classe des Oiseaux, dans lesquelles, du reste, le plus grand nombre d'expériences de croisement a été entrepris). Quoique le travail ait été rédigé assez rapidement, à l'aide de matériaux rassemblés pendant les années précédentes, trois cent cinquante-cinq croisements environ, suivis de fécondité, ont pu être énumérés dans ces deux classes, soit, pour la première classe : quatre-vingt-treize croisements et, pour la seconde : deux cent soixante-deux, dont voici le détail :

Classe des Mammifères					
	Famille des *Cervidés*. . .	18			
	Famille des *Bovidés* . . .	7			
Ordre des Ruminants	Famille des *Antilopidés* .	3	35		
	Famille des *Ovidés*. . . .	4			
	Famille des *Camélidés*. .	3			
Ordre des Pachydermes	Famille des *Equidés*. . .	12	16		
(et S.-Ordre des Porcins)	Famille des *Porcidés* . .	4			
Ordre des Marsupiaux —	Famille des *Macropidés* .	6	6		
	Famille des *Léporidés* . .	1			
Ordre des Rongeurs	Famille des *Cavidés* . . .	2	5		
	Famille des *Muridés*. .	1			
	Famille des *Hystriadés* .	1			
Ordre des Quadrumanes	Famille des *Simiadés* . .	12	13		
	Famille des *Lémuridés*. .	1			
	Famille des *Viverridés*. .	2			
	Famille des *Ursidés* . . .	2			93
Ordre des Carnivores	Famille des *Mustélidés*. .	1	18		
	Famille des *Canidés* . . .	9			
	Famille des *Félidés* . . .	4			

(1) Réuni à la Sorbonne en 1894. Ce Mémoire n'a point encore été publié ; une très courte analyse a seulement été faite par M. Oustalet, dans la *Revue des Travaux scientifiques*, t. XI, n° 8, 1894, p. 591.

Classe des Oiseaux				
ORDRE DES PASSEREAUX	Famille des *Fringillidés* .	68		
	Famille des *Sturnidés* . .	1	72	
	Famille des *Turdidés*. . .	2		
	Famille des *Motacillidés* .	1		
ORDRE DES PERROQUETS	— Famille des *Psittacidés*. .	6	6	
ORDRE DES PALMIPÈDES	Famille des *Analidés* . .	74	76	
	Famille des *Lanidés* . . .	2		
ORDRE DES ECHASSIERS	Famille des *Tantalidés*. .	2		
	Famille des *Rallidés*. . .	1	4	
	Famille des *Scolopacidés*.	1		
ORDRE DES STRUTHIONS	— Fam. des *Struthiodicidés*.	1	1	
ORDRE DES COLOMBES	Famille des *Gouridés*. . .	1	21	
	Famille des *Colombidés* .	20		
ORDRE DES GALLINACÉS	— Appartenant à 8 familles.	82	82	262
	TOTAL GÉNÉRAL. . . .	. .	. .	355

Si nous nous étions borné à la simple énumération de ces croisements, le travail que nous croyons devoir rappeler dans cette préface n'aurait qu'un intérêt médiocre ; mais, en précisant avec soin les espèces qui ont contracté des mélanges, nous les avons classées par catégories, considérant : 1º les espèces d'un même genre ; 2º les espèces appartenant à deux genres ; 3º celles qui appartiennent à deux familles ou au moins à des genres éloignés.

Or, le résultat de ce classement dans la classe des Mammifères, (animaux très supérieurs, qu'il faut séparer des Oiseaux), montre, PREMIÈREMENT : *qu'on ne rencontre aucun croisement réellement authentique dans la troisième catégorie, c'est-à-dire entre des espèces appartenant à des familles différentes, encore moins à des ordres différents ;* DEUXIÈMEMENT : *que les croisements féconds entre espèces de genre distinct sont, non-seulement très peu nombreux, mais aussi fort suspects ;* TROISIÈMEMENT : *que le plus grand nombre des croisements cités appartiennent donc aux espèces* « **d'un même genre,** » *assez souvent même à des espèces si voisines qu'on pourrait les ranger au nombre des variétés.*

Ces chiffres sont du reste les suivants :

Première catégorie, 82 croisements.

Deuxième catégorie, 11 croisements (douteux) (1).

Troisième catégorie, 0.

(1) Colin (*Traité de Physiologie comparée des animaux*, t. II, p. 942. Paris, 1868), a eu bien raison de dire qu' « aucun fait ne prouve (chez les Mammifères) que l'hybridité soit possible entre espèces de *genres* différents ».

Dans la classe des Oiseaux, nous ne sommes point arrivé tout à fait au même résultat; quoique ce soient les croisements d'espèces appartenant AU MÊME GENRE qui soient incomparablement les plus nombreux, nous avons trouvé un certain nombre de croisements féconds (quelques-uns bien authentiques) *entre espèces de genres très distincts*, ceux auxquels les zoologistes donnent même quelquefois le nom de *famille*. Ces mélanges se décomposent comme suit :

Première catégorie, 178.

Deuxième catégorie, 68.

Troisième catégorie, 16, dont plusieurs sont douteux.

On voit que ce sont les espèces qui se ressemblent le plus qui sont davantage aptes aux mélanges. On voit aussi que les croisements d'espèces éloignées ne réussissent guère, même chez les Oiseaux, animaux d'une organisation inférieure à celle des Mammifères. Nous avons dit qu'ils sont sans résultat chez ces derniers. Ce n'est point, ajoutons-le, que des expériences n'aient été entreprises dans le but de croiser des espèces bien distinctes; des rapprochements physiques ont même été constatés, mais ils n'ont donné suite à aucune progéniture. Nous pourrions citer de nombreux exemples. Quelques fécondations artificielles, tentées par de savants physiologistes, n'ont pas davantage donné de résultats.

Dans notre travail, nous avons aussi voulu connaître le pouvoir générateur des hybrides obtenus, c'est-à-dire savoir s'ils se montrent prolifiques entre eux, ou seulement avec l'une des espèces mères, et jusqu'à quelle limite s'étend ce pouvoir.

Malheureusement, les croisements qui ont été suivis d'effet n'ont point été, pour la plupart, surveillés. Le plus souvent, entrepris par des amateurs, on ne les a point poursuivis jusqu'à leurs dernières limites; ils étaient sans but scientifique. En outre, beaucoup de mélanges se sont faits accidentellement et leurs produits n'ont été l'objet d'aucune étude.

On peut mettre toutefois à profit ce que l'on connaît; or, parmi le grand nombre d'exemples qui ont été rassemblés, quelques faits sont très instructifs.

Avant d'exposer le résultat de nos recherches, nous examinerons rapidement les opinions qui ont été professées soit sur la stérilité, soit sur la fécondité des hybrides.

Remontons d'abord dans l'antiquité. Démocrite, disant que les méats des Mulets sont altérés, « parce que le principe qui leur a donné le jour ne vient pas d'espèces semblables, » semble affirmer par là la stérilité des produits qui résultent des croisements. Empédocle, donnant, pour raison de la stérilité des Mulets « le mélange des semences, » professait peut-être la même opinion (1).

Nous ne saurions en dire autant d'Aristote. Le grand philosophe a contesté la valeur des arguments développés par ses devanciers. Qu'on lise un long passage du vi⁰ chapitre du second livre qu'il a écrit sur la génération des animaux, on se convaincra qu'il admettait comme possible la fécondité chez des hybrides autres que les Mulets (2).

Mais Pline, plus précis, dit que : « tout hybride est impropre à la génération (3) ».

Cette opinion a certainement prévalu aux xvi⁰, xvii⁰ et xviii⁰ siècle. Cela ressort d'un passage de la *Nova Atlantis*, que cite Isidore Geoffroy Saint-Hilaire (4) et où Bacon imagine des hybrides non stériles, « malgré l'opinion commune » (*prout communis fert opinio*). On en a encore une preuve dans ce vieil argument cité par Sprenger : « *Deum subjecisse animalia hybrida exsecrationi, ut nequeant se propagare* (5). Le célèbre médecin suisse Cardan (quoiqu'il admette la fécondité chez certains hybrides nés de parents rapprochés), parle des causes générales de la stérilité des produits nés de deux espèces distinctes (6).

De Haller, s'appuyant sur Frish (7), Aristote (8), Valisneri (9), Linné (10), Klein (11), dit aussi que les hybrides sont le plus souvent stériles.

(1) Ce ne sont toutefois que des suppositions que nous émettons, car nous n'avons point lu les fragments des écrits d'Empédocle (réunis par Sturz), où le passage que nous citons ne se trouve du reste peut-être pas rapporté ; encore moins avons-nous pris connaissance des ouvrages de Démocrite dont aucun ne subsiste. C'est dans Aristote (*De generatione*, lib II, cap. VI) que nous avons trouvé les passages que nous citons. Ces passages sont aussi reproduits par Conrad Gesner, in « *De quadrupedis viviparis, de Mulo* ». Lib. I, p. 795.

(2) Cependant de Haller (*Elementa physiologiæ*, t. VIII, p. 104) s'appuie, nous le verrons bientôt, sur Aristote pour dire les hybrides inféconds le plus généralement.

(3) Liv. VIII, chap. LXIX (XLIV).

(4) *Hist. générale des règnes organiques.*

(5) *Opuscula physico mathematica*. Hanovre, 1753.

(6) *De subtilitate*, Lib. X.

(7) *De avibus et in universum.*

(8) *Gener. anima*, L. II. C. 7.

(9) *Wastgotha resa.*

(10) C. 20. N. 17.

(11) *De avibus.*

Cependant des auteurs, assez nombreux dès le milieu du siècle dernier, peut-être même antérieurement à ce siècle, car Conrad Gesner, le Pline de l'Allemagne, traitait en 1553 « de balivernes » les raisons données par Empédocle et Démocrite (1), ne partagent plus complètement l'avis des anciens. Sprenger (2), entre autres, prétend que ces paroles de la Genèse « *crescite et multiplicamini* » s'adressent à tous les animaux. Buffon, lui-même, qui avait écrit que « des espèces différentes ne peuvent, au moyen de la copulation, rien produire ensemble (3) », revient dans ses « *Suppléments*» sur ce qu'il avait écrit précédemment et trouve qu'on a eu tort d'avancer que « tous les animaux d'espèces mélangées sont hors d'état de produire (4). » Cette manière de voir a dû être celle de Pallas. Nous pensons que Bonnet n'était point non plus convaincu de la stérilité absolue des Mulets, au moins de ceux de certains Oiseaux (5). Le baron de Gleichen est très vif sur ce sujet : « Le préjugé de la stérilité des Mulets qui a régné parmi les savants et les ignorants n'est, pour lui, établi sur aucune expérience (6) ». Plus avant dans notre siècle, Etienne Geoffroy Saint-Hilaire croit avoir remarqué « qu'il n'y ait que les Mulets nés de père et de mère bien différents qui soient hors d'état d'engendrer (7) ». Citons encore d'Omalius d'Halloy qui dit que ceux qui parlent de la stérilité des hybrides « ressemblent assez à des cornacs indiens qui diraient que les Eléphants sont stériles parce qu'on ne les a point encore vus se reproduire en domesticité (8) ». Nommons

---

(1) Nous disons « peut-être », parce que il est loisible de traiter de « balivernes » les explications des deux philosophes que nous nommons, sans pour cela admettre la fécondité des hybrides. Empedocle et Democrite ont pu, aux yeux de Gesner, donner une mauvaise explication sur la cause de la stérilité du Mulet, mais la stérilité de cet animal n'en est pas moins bien établie. Nous avouons, du reste, bien peu connaître le gros *in-folio* du grand naturaliste qui a été surnommé le Pline de l'Allemagne. Cet in-folio est : « *Historiæ animalium* », et le livre auquel nous faisons allusion est le premier, dans lequel l'auteur traite : « *de Quadrupedibus viviparis* », voy. la p. 795.

(2) *Op. cit.*

(3) *Hist. nat. des Animaux*, t. II, chap. I (édit. de 1749).

(4) *Supp. à l'Hist. nat.*, t. III, p. 19.

(5) Voy. : *Œuvres d'Hist. nat. et de Philosophie*, t. VI, MDCCLXXIX *(Considérations sur les corps organisés*, p. 184).

(6) Voy. : *Dissertation sur la génération et les animalcules spermatiques et ceux d'infusion*. Paris, an VII, p. 47.

(7) Annales du Muséum, VII, p. 226 (*Description d'un Mulet venant du Canard milouin, etc.*).

(8) Bull. de l'Acad. de Belgique, t. XIII, 1ʳᵉ partie, 1846, p. 587.

enfin Chevreul qui admet qu'il peut y avoir des hybrides féconds indéfiniment (1).

Malgré ces vues, on peut dire que la croyance générale à la stérilité des hybrides, (mais non dans ce qu'elle avait de trop excessif et de trop rigoureux), s'est maintenue jusqu'à nos jours. Que l'on jette un coup d'œil sur les auteurs récents qui parlent de la question, on verra qu'ils limitent la reproduction des hybrides ; les uns vont même très loin et leur refusent toute faculté de se reproduire. Voici quelques phrases détachées, empruntées à divers ouvrages :

« La plupart des hybrides ne sont pas féconds (2) ;

» On peut considérer comme une règle générale la stérilité de leur progéniture (3) ;

» Les hybrides sont généralement des êtres complètement stériles ;

» La plupart des bâtards d'espèces sont tout à faits impuissants, au moins ils ne peuvent se reproduire entre eux (4) ;

» La fécondité des hybrides existe ; mais, bien différente de la propagation normale, elle ni complète, ni régulière, ni naturelle(5);

» Les métis peuvent engendrer, mais leur postérité devient stérile (6) ;

» Quelques rares exemples de fécondité ont démontré d'une manière péremptoire que ce n'était là qu'une exception qui ne dépassait pas une première génération (7) ;

» Des espèces voisines peuvent donner des métis d'une fécondité plus ou moins bornée, mais qui jamais ne constituent des races subsistant par elles-mêmes (8) ».

Autre part, nous l'avons dit, on ne paraît même pas croire à la fécondité des hybrides et on doute qu'il puisse s'en présenter de féconds (9). Ajoutons que certains auteurs leur accordent le pouvoir de se reproduire pendant quatre ou cinq générations tout

(1) Journal des Savants, 1846, p. 357.

(2) *Dict. de Levrault* (art. Hybride).

(3) Lyell, *Principes de géologie*, 4ᵉ part., p. 99.

(4) *Op. cit.*, 1888, pp. 526-527.

(5) Faivre, *op. cit.*, p. 36.

(6) *Nouv. Dict. d'Hist. nat.*, t. XX. Paris, 1818, p. 491. *Hybrides*, par Virey (Celui-ci envisage les Oiseaux).

(7) J.-B. Jaubert, Rev. et Magasin de zoologie, p. 164, mai 1853, *Description de deux Oiseaux hybrides*.

(8) *Traité d'anthropologie physiologique et philosophique*, par le Dʳ Fredault, p. 42. Paris, 1863.

(9) Westood, in Trans. of the entomological Society, p. 295 (1841-1843).

au plus ; d'autres disent n'avoir pu en obtenir que quatre (1). En somme, on le voit, la production des êtres, nés d'un croisement d'espèces, est considérée comme très limitée (2).

Nous n'avons point cependant voulu, dans nos citations, dépasser les deux premiers tiers de ce siècle, parce que, depuis un certain nombre d'années, il se produit une nouvelle tendance à étendre les limites de la fécondité des produits hybrides.

Si nous en croyons Isidore Geoffroy Saint-Hilaire, qui publia en 1862, son « *Histoire naturelle générale des êtres organisés* » (3), le démenti est venu et « aucun argument véritablement scientifique ne s'élève plus, d'une manière générale, contre l'aptitude des hybrides à la reproduction ». Il demeurerait établi, d'après ce savant, « que l'hybridité (la vraie hybridité, suivant les termes qu'il emploie), n'exclut pas la fécondité (4) ».

Bref, il va jusqu'à dire que « l'existence de races hybrides indéfiniment fécondes a pris place dans la science (5) ». M. Sanson, qui écrit dix ans plus tard (6), est de ce sentiment : « Le nombre est grand à présent, dit-il, des observations qui prouvent que l'union sexuelle de sujets appartenant à un même genre naturel peut avoir des suites indéfiniment fécondes, bien que ces sujets ne soient point de la même espèce (7) ». Ces cas sont même très fréquents, pour M. Carl Vogt: « Les cas où les métis sont féconds entre eux et produisent une espèce mixte constante sont fréquents », écrit-il dans ses *Leçons sur l'homme* (8) et, « aussi loin, ajoute-t-il, que les observations ont pu être suivies, il ne paraît pas qu'on ait remarqué chez les descendants aucune diminution de la faculté reproductive ». Citons encore cette phrase du Dr Broca (9) :

(1) Flourens, *Hist. des Travaux de Cuvier*, p. 252.

(2) Il nous eût été possible de citer encore Godron qui fait savoir que « les produits d'un mélange de deux espèces légitimes sont toujours stériles entre eux ou le deviennent après un petit nombre de générations ; et qu'on ne peut les faire procréer d'une manière continue qu'en alliant leurs femelles à l'un des deux types primitifs ». (*De l'espèce*, p. 217).

(3) T. III, p. 230 de cet ouvrage.

(4) Même vol., p. 233.

(5) Id., p. 229.

(6) Annales des sc. nat., t. XV, p. 1, 1872.

(7) M. Sanson exprimait la même pensée dès 1868, à la Société d'anthropologie de Paris (séance du 17 décembre 1868). Voy. t. III, p. 730, 2e série.

(8) P. 558 de la Trad. française de J.-J. Mouliné (2e édit. revue par Ed. Barbier). Paris, 1878.

(9) *Mémoire sur l'hybridité* (Journal du Dr Brown-Séquart, p. 426-427).

« L'hybride le plus parfait possède une organisation aussi complète que celle des animaux d'espèce pure ; il est capable, comme eux, de prendre racine dans le présent et dans l'avenir, de subsister, sans secours étrangers et de perpétuer sa race. Aucun caractère anatomique ou dynamique ne permet de le considérer comme inférieur aux créations primitives de la nature ; il peut même, à certains égards, être supérieur aux deux individus qui l'ont engendré (1) ».

M. de Quatrefages, quoique beaucoup plus réservé, admet que l'on connaît « deux espèces, mais deux espèces seulement, dont le croisement soit à peu près toujours et partout régulier et fécond (2) ».

— Cela ne veut point dire, toutefois, qu'une nouvelle espèce durable ait jamais été créée par le croisement de deux autres espèces, remarquons-le.

Voici les observations que nous sommes à même de présenter :

Chez les Mammifères. parmi les quatre-vingt-deux croisements énumérés dans notre mémoire entre deux espèces appartenant au même genre, (espèces si rapprochées qu'on pourrait quelquefois les considérer comme variétés d'une même souche), nous avons remarqué que, dans la plupart des cas, (soit dans soixante-deux mélanges), *les produits n'ont point laissé de descendance*; *ils se sont éteints sans postérité* (3).

Nous avons remarqué aussi que dans douze croisements environ *les produits se sont montrés fertiles avec l'un de leurs parents d'espèce pure ou avec une troisième espèce étrangère ;* et que dans sept ou huit autres croisements *ils se sont reproduits inter se,* tantôt donnant naissance à trois ou quatre générations, mais tantôt, a-t-on dit, à une suite plus nombreuse.

Notre attention se portera sur ces derniers faits. Nous nous trouvons ainsi obligé d'entrer dans quelques considérations, et de désigner même avec précision les espèces qui, en se croisant, ont donné naissance aux produits fertiles.

---

(1) Broca a toutefois soin d'ajouter ceci : « Pouvant se reproduire sans limites en se mariant avec ses pareils, il constituerait bientôt une espèce nouvelle, aussi durable et aussi fixe que les autres, si la propriété qu'il possède de se mêler en toutes proportions avec les deux espèces d'où il est issu, ne donnait naissance à une multitude de nuances intermédiaires ».

(2) Rev. des C. scientif, t. V, 1867, p. 742.

(3) Leur infécondité n'a été constatée *expérimentalement* que dans quelques cas, cette remarque est à faire.

PREMIER EXEMPLE : *Cerfs du groupe Sika, de Formose, de la Chine centrale, et des îles japonaises.* — Le Père Heude, missionnaire à Chang-Haï, directeur du Jardin d'acclimatation des R. P. Jésuites, prétend, (dans une communication qu'il a la bienveillance de nous adresser), que les hybrides de ces diverses espèces sont féconds entre eux ; une seule Biche se serait montrée stérile. Néanmoins, le savant zoologiste observe que, « si la succession est directe, une espèce absorbe rapidement l'autre, à plus forte raison si un sang pur s'unit à un hybride ».

Nous ne pensons point que le Père ait poussé très loin ses expériences. Dans le second tome de ses « *Mémoires concernant l'histoire naturelle de l'Empire Chinois* » (1), quelques-uns de ses essais sont racontés (2). On voit qu'un Cerf, *S. grilloanus*, a laissé deux descendants (3) ; que de l'union de ces deux descendants est née une Biche, puis un faon mâle ; mais on ne dit pas que ces derniers aient reproduit et que d'autres expériences aient été tentées.

On nous permettra donc de faire cette remarque : il ne s'agit point dans cet exemple, on l'a vu par la note qui accompagne notre texte (4), d'hybrides *demi-sang*, c'est-à-dire d'individus provenant de descendants d'un croisement entre deux espèces pures, mais d'individus empruntant moins de sang à une espèce qu'aux deux autres (5).

Le Père tient absolument à considérer ces divers Cerfs comme appartenant à des espèces distinctes. Nous ne sommes point à même de contredire ses appréciations, les documents nous manquent.

Dans une étude sur les *Suilliens* (6), le même écrivain, se basant sur le système dentaire, la défense et la queue, reconnaît encore chez ceux-ci un grand nombre d'espèces et constate que les espèces de *Nesosus* ont donné des races domestiques, lesquelles races spécifiques, transportées hors de leurs pays, sont fécondes entre elles. Elles forment, en outre, des sous-races fécondes sans le

(1) Chang-Haï, 1894 (troisième cahier), imprimerie de la Mission catholique (orphelinat de Tou-sé-wé).

(2) Voy. p. 154.

(3) 1° Un produit mâle par une Biche déjà hybride d'une mère des îles de Goto (le *C. Sika*, supposons-nous), et d'un Cerf de Formose (*S. tawanus ?*) ; 2° un produit femelle par une Biche de Formose.

(4) Précédente note.

(5) Il paraît que le premier hybride ♂ avait fait retour au type *grilloanus*. Cela est très naturel car il possédait deux quarts de sang de cette espèce, tandis qu'il ne possédait qu'un quart de sang *Sika* et un quart de sang *taivanus*.

(6) Mêmes *Mémoires*, t. II (deuxième cahier), 1892.

concours de purs sangs de leur espèce (1). Néanmoins, un peu plus loin, il dit « qu'on les conservera en maintenant l'équilibre des sangs par un choix judicieux des reproducteurs *plus ou moins hybridés* ». Il ne peut donc être question ici de reproducteurs de demi-sang, entre eux, mais de reproducteurs ayant déjà plus ou moins de sang de l'une des deux espèces, ou pour mieux dire, sans doute de reproducteurs provenant d'ancêtres ayant été croisés avec les espèces pures. Comment suivrait-on des générations d'individus disséminés çà et là ? Peut-on savoir si on a toujours eu soin de tenir ceux-ci séparés et de les croiser *inter se ?* (2).

DEUXIÈME EXEMPLE : *Cervus axis* × *Cervus pseudaxis.* — D'après Isidore Geoffroy Saint-Hilaire, une troisième génération d'individus, provenant de ce croisement, a certainement été obtenue en 1850 (3). Mais la reproduction a-t-elle eu lieu *constamment* entre les hybrides demi-sang ; n'est-ce pas en croisant l'hybride femelle avec le parent ♂ d'espèce pure (le *pseudaxis*) que la fécondation s'est opérée ? Puchereau semble le dire. Du reste, au témoignage de l'auteur de l'*Histoire des règnes organiques*, il était difficile de connaître toujours les unions qui se faisaient librement entre les Cerfs qui habitaient le parc de la Ménagerie (4).

Remarquons, en outre, que les deux espèces mères sont tellement rapprochées que l'espèce Faux Axis a été niée par quelques auteurs (5).

TROISIÈME EXEMPLE : *Bos indicus* × *Bos gruniens.* — R. Schlagintwit aurait eu l'occasion de voir des rejetons hybrides jusqu'à la septième génération. On ne dit point si ces hybrides étaient de demi-sang ou des individus croisés d'espèce pure. Il est très présumable qu'il s'agit d'individus croisés de différentes manières (6).

QUATRIÈME EXEMPLE : *Bos taurus* × *Bos indicus.* — David Low, qui mentionne les produits de ces deux types obtenus en Angleterre, les dit féconds (7) ; la reproduction des mêmes produits a aussi

---

(1) Voy. p. 108.

(2) Nous ignorons, du reste, si l'auteur parle d'après ses observations personnelles ; il renvoie aux ouvrages de H. von Nathusius.

(3) Voy. : *Hist. générale des règnes organiques*, t. III, p. 221 et 222.

(4) *Op. cit.* (même page).

(5) Voy. : Bulletin de la Soc. d'acclimatation de Paris, p. 538, 1889.

(6) Voy. sur ce croisement, « *Rapport sur certains animaux du Thibet* », cit. in Hagen entomologische zeitung, 1858, p. 48-49.

(7) *Hist. nat. agricole des animaux domestiques de l'Europe* (trad. annotée par Roger. Paris, 1846, p. 53).

été obtenue dans les fermes du roi de Wurtemberg (1). Nous ignorons quel est le nombre des génératious obtenues *inter se*. Aucun auteur, que nous sachions, n'a précisé ce nombre.

CINQUIÈME EXEMPLE : *Auchenia paco* × *Auchenia vigugna*. — C'est sur ce croisement (et plusieurs autres) qu'Isidore Geoffroy Saint-Hilaire s'est appuyé pour démontrer la fécondité des hybrides. « Des croisements faits au point de vue industriel, et qui n'inté-ressent pas moins la science que l'industrie, ont mis récemment, a-t-il dit, M. l'abbé Cabrera, curé au Pérou, en possession de tout un troupeau d'Alpa-vigognes (2) ». Le fait peut être exact, il l'est sans doute ; mais, suivant les propres expressions même de Saint-Hilaire : « une partie de ces animaux était issue de Vigognes saillies par un Alpa-Vigogne, et d'Alpa-Vigogues fécondées par des Alpas ». Du reste, d'après les renseignements mêmes fournis par M. Weddell, l'abbé Cabrera n'avait réussi à obtenir la reproduction de ses hybrides qu'en croisant le produit demi-sang avec l'une des espèces composantes (3). — Remarquons qu'il n'existe plus de représentants de ces hybrides, ils se sont éteints.

On a aussi parlé de la fécondité des produits du Dromadaire et du Chameau. Buffon, Enversamm les ont dit féconds ; nous n'en aurions pas été surpris, vu les ressemblances des deux parents. Mais Flourens (4) et Godron (5) prétendent le contraire. Antinori, qui paraît bien connaître le sujet, partage l'avis de ces derniers et indique que pour obtenir un produit, il est nécessaire de croiser la femelle hybride avec l'espèce *pure* (6).

Nous rappellerous ici, l'observation n'est pas sans utilité, que les Paco-Vicenas, c'est-à-dire les produits de l'Alpa et du Lama, sont frappés de dégénération ; nous n'avons donc pas à mentionner ce croisement.

SIXIÈME EXEMPLE : *Lepus timidus* × *Lepus cuniculus*. — Maintes fois on a parlé du croisement de ces deux espèces ennemies et des

---

(1) Samson, *Zoologie et Paléontologie* (Annal des sc. naturelles, XX, p. 25).

(2) *Hist. nat. générale des règnes organiques*, t. III, p. 220.

(3) Voy. : M. de Quatrefages, Rev. des c. scientif., p. 125, 1868-1869. Sur la fécon-dité « non continue » de ces hybrides on pourra encore consulter : Gazette médicale de Paris, p. 380, 37ᵉ année, t. 21.

(4) *De l'Instinct et de l'Intelligence*, 1851, p. 166.

(5) *De l'Espèce*, p. 207.

(6) Bull. Soc. Acclimatation, 1856, p. 555. — M. Klamkof, qui a voyagé pendant vingt ans dans la partie N.-O. de l'Asie, a affirmé à M. de Quatrefages qu'il n'avait jamais été témoin d'un seul cas de croisement accidentel entre les deux types, bien qu'on ne prenne aucune précaution pour.prévenir un pareil fait. (Voy. : in Rev. des Cours scientifiques, 1868-1869, t. VI, le Mém. de M. de Quatrefages.

hybrides qui résulteraient de leur union ; nous avons écrit un article (1) dans lequel l'existence de produits, indéfiniment féconds entre eux, au dire de quelques-uns, n'avait point été mise en doute. Si nous traitions aujourd'hui le même sujet, nous ferions de nombreuses réserves ; car, sans nier que le mélange fécond des deux types ait pu se produire exceptionnellement, les nombreux faits de croisement que l'on nous a cités sont, pour la plupart, très douteux ; nous sommes convaincu que bien des fois nous avons été induit à erreur dans les renseignements qui nous ont été adressés (2).

Nous croyons donc devoir mettre en garde contre les récits qui se sont multipliés et les annonces qui ont été publiées au sujet de Léporides. Sous ce nom, on n'offre généralement, dans le commerce et chez les éleveurs, que des variétés rousses de Lapin. Nous sommes à même d'affirmer qu'aucune race hybride demi-sang, intermédiaire entre le Lièvre et le Lapin, n'existe actuellement sur les marchés.

SEPTIÈME EXEMPLE : *Cavia cobaya* × *Cavia culteri*. — La race appelée Cochon d'Inde Angora, répandue dans toute l'Europe, proviendrait d'un Cobaye mâle du Pérou à longs poils, croisé de femelles du Cobaye ordinaire (3). — Le *C. aperera* sauvage se reproduirait facilement aussi avec la femelle du Cobaye domestique et les métis, résultant de ces unions, seraient doués d'une certaine fécondité (4).

Quelle valeur spécifique doit-on attribuer aux types purs ? Le *Cavia cobaya* × le *C. culteri* à longs poils n'appartiennent-ils pas à deux simples races ? Puis, a-t-on toujours eu soin de ne croiser entre eux que des hybrides demi-sang ? Il serait bien osé de répondre affirmativement à cette question. Si on consulte un des Bulletins les plus récents de la Société d'acclimatation (5), on voit qu'aucune précaution n'est prise dans les mélanges pour n'allier entre eux que les demi-sang.

HUITIÈME EXEMPLE : *Canis lupus* × *Canis familiaris*. — Tout le monde sait que Buffon avait obtenu trois générations successives d'hybrides de Chien et de Loup, et que Flourens obtint jusqu'à quatre générations du Chien et du Chacal.

---

(1) *La question du Leporide*, in Revue des Questions scientifiques de Bruxelles, janvier 1887. (Des tirages à part de cet article sont vendus chez Baillière, à Paris).

(2) Le rut du Lièvre en captivité nous paraît très douteux ; nous parlons par expérience.

(3) Rev. des sc. nat. et appliquées, n° du 5 décembre 1893, p. 523.

(4) Même Bulletin, même numéro, p. 473.

(5) N° du 20 mars 1895, p. 286.

Dans ces expériences, on poursuivait un but scientifique ; on peut donc croire raisonnablement que les animaux, gardés à vue, ne se sont réellement appariés qu'entre eux. Mais le Loup, le Chacal et le Chien sont-ils trois espèces distinctes ? Nous avons toujours supposé le contraire. Or, ces deux exemples de métis féconds *inter se* dans la classe des Mammifères sont les deux seuls bien authentiques que nous ayons à citer. On a vu, par les exemples précédents, que, le plus souvent, l'espèce pure intervient dans la reproduction des hybrides. De ce genre de mélanges nous aurions d'autres faits à citer. Ainsi, le Zoologische Garten a rapporté (1) qu'au château de Callemberg, près Cobourg, un hybride de « *Cervus axis* × *C. elaphus* » s'est reproduit de cette manière ; il en a été de même pour quelques hybrides de *Cervus virgianus* × *Tagulus memomica* (2) ; de *Bos indicus* × *B. fractalis* (3) ; de *l'Ursus arctos* × *Ursus maritimus* (4). Plusieurs hybrides se sont aussi trouvés fécondés par une troisième espèce. Nous avons déjà mentionné, on se le rappelle, l'hybride ♀ du Cerf de Formose et du Cerf de Goto, fécondée par un ♂ *S. grilloanus* nous pourrions parler d'un hybride *Cervus gymnotus* × *C. virgianus*, de même sexe, ayant rapporté avec un ♂ *C. dama* (5) ; puis d'un produit femelle *Bos frontalis* × *B. indicus*, ayant donné un rejeton avec un ♂ *B. americanus* (6), etc. Ces exemples sont moins intéressants.

Parmi les onze croisements (plus ou moins assurés) d'espèces de Mammifères appartenant à des genres différents, c'est-à-dire parmi les croisements que nous avons classés dans une deuxième catégorie, nous n'avons rencontré qu'un seul exemple de fécondité suivie : celui de *l'Ovis aries* × *Capra hircus* (7). Mais dans ce cas encore, pour conserver le type de la race créée, doit-on revenir au Bouc dès la troisième ou quatrième génération.

Il semblerait sans doute étrange, aux yeux de beaucoup de natu-

(1) Voy. p. 119 et 120. Frankfurt, 1869.
(2) Même revue, p. 318, 1880.
(3) Aux Jardins de la Soc. zool. de Londres.
(4) Voy. Zoologische Garten, 1877 et 1882.
(5) I. G. Saint-Hilaire (*op. cit.*), t. III, 1862, p. 173 et 221. Le Bullet. de la Soc. d'Acclimatation (année 1882, p. 678) signale une Biche, née d'une Biche hybride de Cerf de Mantchourie et de Biche de France, couverte par un Cerf Maral.
(6) Aux Jardins de la Soc. zool. de Londres, 1881 (Voy. les Proceedings de cette Société, 1884).
(7) C'est ainsi qu'on nomme au Chili les soi-disant produits du Bouc et de la Chèvre.

ralistes, de mettre en doute l'existence, dans les Cordillières, d'une race intermédiaire entre le Bouc et la Brebis, race hybride que l'abbé Molina et Claude Gay, les historiens du Chili, ont fait eux-mêmes connaître. Le premier doute ne viendra pas cependant de nous, mais d'un habitant même de ces contrées, M. le Dr Philippi, de Santiago (1). Le docteur n'a pu connaître d'une façon précise l'origine des Moutons (2) qui composent ces troupeaux. Tandis que les uns affirment qu'ils sont issus du Mouton et de la Chèvre, les autres prétendent qu'ils sont une espèce pure, aussi bien que les autres races. Après recherches, M. Philippi est de plus en plus convaincu que le Chabin n'a jamais été qu'une simple race de la Brebis dans l'origine de laquelle l'hybridité n'a joué aucun rôle (3).

On se trouverait sans doute encore plus surpris si on apprenait que nous doutons de la fécondité même des croisements entre les deux espèces pures, les êtres, qui en proviennent soi-disant, ayant déjà reçu un nom dans l'antiquité (4). En effet, depuis Galien, qui les avait fait connaître (5), un nombre considérable d'exemples ont été cités et sont encore cités de nos jours. Mais les faits qui tendent à les contredire ne sont pas en moins grand nombre et sérieusement établis ; nos propres expériences n'ont point elles-mêmes réussi. Cette constatation vaut la peine d'être faite.

On a dit qu'aucun mélange fécond n'était authentique parmi les espèces appartenant à des familles distinctes ; *a fortiori* ne peut-il être question de la fécondité des hybrides douteux qui en résulteraient. — Que se passe-t-il dans la classe des Oiseaux ?

Parmi les cent soixante-dix-huit croisements obtenus entre espèces d'un même genre, les produits de vingt-deux croisements se sont seuls, à notre grande surprise, montrés féconds. Cette fécondité ne s'est manifestée *inter se* que dans huit cas plus ou moins avérés ; dans les autres, les hybrides étaient accouplés avec

(1) Voy. le Zoologische Garten, de Frankfurt, 1876.

(2) Appelés Linas ou Chabins.

(3) Voy. les Actes de la Soc. du Chili, t. III, p. 109, 1893. La même manière de voir nous était exprimée, il y a quelques années, par un naturaliste compétent, à même de voir et d'étudier de près les Chabins envoyés au Muséum par l'empereur du Brésil. — P.-S. La Revue britannique (septembre 1896) vient de se prononcer dans ce sens.

(4) On appelait *Titirus* l'animal qui naît du Bouc et de la Chèvre ; *Musmo*, celui qui naît du croisement inverse.

(5) *De Semine*, livre VII.

l'une de leurs espèces parentes (1) ou avec une troisième espèce (2), ou bien encore avec d'autres hybrides (3).

Il sera intéressant de faire savoir que l'*infécondité* a été reconnue *expérimentalement* dans vingt-deux croisements; non seulement lorsque les hybrides étaient appariés *inter se*, mais quelquefois lorsqu'on leur procurait des espèces parents d'espèce pure.

Nous étudierons de près les mélanges dont, au dire de quelques-uns, les produits auraient donné naissance à une lignée.

Le PREMIER CAS est celui de l'*Anas boschas* × *Anas zonorhyncha*. C'est encore le Père Heude, de Chang-Haï, qui veut bien nous le signaler. Il paraît que les Chinois de l'ancienne vallée du fleuve Jaune recueillent les œufs du Canard *zonorhyncha*, les font éclore dans leurs basses-cours et mélangent les produits avec l'espèce commune, l'*A. boschas*. Ainsi formeraient-ils une vraie race domestique. Toutefois, le Père oublie de nous dire (détail très important) si on n'a jamais recours à l'une des espèces pures pour maintenir la fécondité et la fixité de la nouvelle race. Il est probable qu'on use de ce moyen, car il paraît que cette race est « *variable* ». Le savant missionnaire n'a point du reste employé, dans les termes dont il s'est servi, les deux mots importants : « *inter se* ».

Le SECOND EXEMPLE est celui de l'*A. boschas* × *D. bahamensis*. Bodinus a, dans une des séances de la Société ornithologique de Berlin, rapporté (4) que, sur l'île des Faisans, à Postdam, on avait élevé des hybrides de ces deux espèces et que ces hybrides avaient reproduit pendant vingt ans sous le nom de « Perlenten ». Un tel fait mériterait bien quelques détails. Les hybrides étaient-ils demi-sang ? N'y a-t-il eu jamais de rapprochements avec les autres Canards d'espèce pure ? Avait-on soin d'éliminer chaque année les reproducteurs ? Bodinus ne le précise pas. On dit seulement que la forme « mitoyenne » de ces hybrides s'était conservée (5).

TROISIÈME EXEMPLE : *Anser cygnoïdes* × *Anser cinereus*. Beaucoup de croisements fructueux et des produits féconds seraient à signaler. Bornons-nous à rappeler que d'après Blyth et le cap. Hutton (6), on rencontre des troupeaux entiers d'Oies hybrides

(1) Cela sept fois.

(2) Cela quatre fois (trois fois l'espèce appartenait à un genre distinct du leur).

(3) Quatre fois.

(4) Tenue le 28 janvier 1871, à 7 heures du soir, dans le restaurant Schlombraner, sous le Tilleul n° 8. (Voy. Journal für Ornithologie, 1872, p. 78).

(5) Journal für Ornithologie, p. 78, 1872.

(6) Cit. par Darwin, *Origine des Espèces*. Trad. franç., p. 292.

dans certaines parties de l'Inde où ne vivent point les deux espèces pures. De là, peut-on conclure, nécessité pour les hybrides de se reproduire *inter se*. Aussi Darwin, parlant de ces hybrides, a-t-il écrit que leur fécondité est illimitée. On doit cependant remarquer que Blyth et Hutton ne disent point que ces troupeaux soient exclusivement composés d'individus demi-sang. On ignore absolument dans quelles conditions ont été réalisés les premiers croisements.

Il nous faut rappeler qu'Eyton, qui avait obtenu trois générations successives et avait fait des examens anatomiques des deux espèces pures, considérait l'Oie de Chine comme une race de l'Oie cendrée, malgré les différences que ces deux types présentent (1).

QUATRIÈME EXEMPLE : *Anser cygnoïdes* × *Bernicla canadensis*. M. Chevreul a fait savoir en 1846, dans le Journal des Savants (2), que M. de Lafresnais avait donné au Muséum une paire de métis d'une Oie de Guinée mâle et d'une Oie à cravate femelle, et que de tels hybrides s'étaient reproduits jusqu'à sept fois ; il n'ajoute pas *inter se*.

CINQUIÈME EXEMPLE : *Euplocamus nycthemerus* × *Euplocamus swinhœi*. Nous avons obtenu, dans nos parquets d'Antiville, une deuxième génération d'hybrides de Faisan argenté et d'Euplocome de Swinhoë ; mais nous n'avons pu aller au delà. Depuis plusieurs années, les œufs que pondent deux femelles, demeurent constamment stériles, au moins aucun jeune n'est né viable (3).

SIXIÈME EXEMPLE : *Euplocamus nycthemerus* × *Euplocamus melanotus*. Ce croisement est beaucoup plus intéressant, car on aurait obtenu à la ménagerie du Muséum de Paris cinq ou six générations d'hybrides. Toutefois, il règne dans le récit qui a été fait de ces expériences (4) une certaine obscurité. Nous avons relevé des erreurs à l'aide de renseignements particuliers qui nous ont été communiqués au Muséum même.

SEPTIÈME EXEMPLE : *Thaumalea picta* × *Thaumalea amherstiœ*. Nous possédons actuellement une cinquième génération d'hybrides demi-sang et croisés entre eux. Plusieurs de ces générations ont été obtenues chez nous ; mais les premiers parents hybrides,

(1) D'après une note insérée dans les Transactions de la Soc. entomologique de Londres (vol. III).

(2) P. 357.

(3) Ce n'est point dans nos parquets que le croisement des deux espèces pures s'est opéré. Nous avions acheté les hybrides de première génération, c'est-à-dire les Oiseaux provenant du croisement des deux parents.

(4) Dans le Bulletin de la Soc. d'Accli.

provenant du croisement direct, avaient été obtenus chez des tiers. Quelques individus de deuxième génération ne sont point nés non plus dans nos volières ; enfin, souvent nous avons remis à des éleveurs le soin de faire éclore les œufs. Nous pensons néanmoins, vu la grande attention que nous avons donnée à ces Oiseaux, que le résultat que nous annonçons est réel.

Dans les soixante-huit croisements entre espèces de genres distincts, (mais appartenant à des mêmes familles), nous n'avons rencontré qu'un seul produit s'étant montré fécond avec l'une des deux espèces qui lui avait donné naissance : c'est l'hybride ♂ *Columba livia* × *Turtur risorius* avec la femelle *risorius*, car l'hybride ♀ du même croisement demeure stérile, ainsi que nous nous en sommes assuré.

Dans deux autres cas, l'hybride a fécondé une troisième espèce (1) et, dans un troisième exemple, il a été fécondé par cette troisième espèce (2).

Ainsi, dans soixante-cinq cas sur soixante-huit, *l'hybride de deux genres est demeuré sans postérité.* Tous les produits étaient-ils pour cela radicalement inféconds ? Nous l'ignorons. Nous savons que l'infécondité a été constatée *expérimentalement* dans huit croisements.

Il est presque inutile de dire que dans les croisements de la troisième catégorie *aucun produit hybride n'a pris naissance* (3).

A quelles causes peut-on attribuer l'infécondité des hybrides stériles ? — Chez l'individu femelle hybride, l'ovaire se trouve parfois atrophié ; nous l'avons constaté deux fois chez des *Cairina moschata* × *Anas boschas* ♀, ouvertes vers l'époque de la reproduction. Chez elles, l'ovaire paraissait manquer, au moins ne présentait-il aucune trace d'œufs ; la grappe, d'ordinaire si facile à reconnaître, ne pouvait être aperçue. Ces Oiseaux, conservés vivants pendant plusieurs années, n'avaient jamais pondu. Leabeater constata chez une femelle hybride, provenant d'un

_____

(1) Ce sont : 1° un hybride ♂ *Phasianus reevesi* ♂ × *Th. picta* ♀ ayant fécondé une *Ph. ellioti* ♀, chez M. Hunghdebant ; les petits sont morts en naissant ; 2° Un hybride ♂ *Phasianus colchicus* × *Euplocamus nycthemerus* ayant fécondé une *E. melanotus* ♀.

(2) C'est une femelle *Th. amherstiæ* × *Ph. versicolor*, dont les œufs ont été fécondés par une *Th. picta* ♂.

(3) Rappelons à ce propos l'intéressante observation consignée par M. de Quatrefages sur les greffes animales, os et autres, sans résultat de famille à famille. Rev. des C. scient., 1867-68, p. 743.

Faisan et d'une Poule de Bantam, que l'oviducte était sans communication avec le cloaque (1).

Comme l'ovaire, les testicules peuvent se trouver atrophiés ; puis les spermatozoïdes manquer dans la liqueur séminale. Chez un Coquart ♂, que nous avons disséqué après l'avoir observé longtemps en captivité, les testicules étaient à l'état rudimentaire et les canaux déférents extrêmement minces. Nous avons examiné au microscope (objectif 7 et oculaire 3) la matière contenue dans les uns et dans les autres ; nous n'y avons aperçu aucun spermatozoïde. Cette matière, au lieu de se montrer à l'état presque liquide, comme dans les testicules normaux, était compacte et ne pouvait se liquéfier au contact de l'eau (2). Chez un hybride ♂ *C. moschata* ♂ × *A. boschas* ♀, lequel Oiseau s'était montré incapable de féconder une Cane domestique, nous avons bien rencontré deux testicules (dont un de dimensions très exagérées), mais la liqueur, qui y était contenue, ainsi que dans les canaux déférents, était dépourvue de spermatozoïdes, ou ceux-ci étaient tellement faibles qu'on ne pouvait les y distinguer. Cette liqueur ou matière gluante se montrait, par places, épaisse et presque dure. Le même phénomène a été constaté dans les testicules d'un hybride de *Cardulis elegans* × *Fringilla canaria* ; mais chez celui-ci les parties sexuelles étaient beaucoup moins volumineuses que dans l'espèce pure ; elles étaient très petites. En outre, près d'elles, se trouvaient deux petits corps ronds ressemblant à des œufs. Nous n'avons pu faire égoutter le sperme qui s'y trouvait à l'état de matière gluante, et nous n'y avons découvert aucun spermatozoïde. Il sera intéressant de faire remarquer que l'Oiseau, qui vécut en captivité pendant plusieurs années, n'avait point fécondé deux femelles *C. canaria* de race pure qui lui avaient été données. Celles-ci pondirent et couvèrent assidûment. Ajoutons qu'une femelle hybride, sa sœur, avec laquelle nous avions tenté de l'apparier auparavant, n'avait pondu aucun œuf.

Ainsi les hybrides peuvent être dépourvus d'organes génitaux normaux. Le physiologiste Wagner s'était rendu compte de cette défectuosité sur de nombreux hybrides *F. canaria* × *C. carduelis*. Après avoir constaté qu'au printemps, chez le Canari mâle, les

(1) Magazine of nat. history, mars 1884, p. 153 (cit. par Gérard. Dict. d'Orbigny, au mot Espèce, p. 445).

(2) Le Coquart, dont il s'agit, n'avait jamais essayé de s'approcher des Poules avec lesquelles il se trouvait. L'examen de ses organes reproducteurs eut lieu le 18 avril.

parties sexuelles se gouflent et prennent une forme ovale arrondie d'une grandeur à peu près égale ; que les canaux déférents forment, à côté du cloaque, des rouleaux particuliers de la forme d'un peloton ; que les animalcules y sont, comme chez tous les Fringilles, très grands et très forts (1) ; après avoir aussi constaté que, chez le mâle Chardonneret, tout se comporte de la même façon, quoique les animalcules les mieux formés soient plus maigres et plus courts (2), il remarqua, au contraire, une grande diversité chez les hybrides provenant de ces deux espèces. Chez quelques-uns, les testicules étaient très petits ; chez tous, ne dépassant jamais plus de la moitié de ceux des parents et étant d'une forme plus arrondie. Les fils à bouts gonflés, contenus dans les anneaux, n'étaient point reliés en paquets réguliers, mais jetés en désordre entre les molécules elles-mêmes plus opaques et plus grandes que dans la matière cornée des kystes ordinaires ; ce qui paraissait être dû à une production imparfaite des spermatozoïdes, dont la forme et les dimensions n'étaient pas normales. En outre, les canaux déférents étaient toujours vides, même chez les individus dont les testicules étaient les mieux développés ; souvent il devenait impossible de les reconnaître. Mais chez les hybrides de sexe femelle, Wagner trouva les organes de la génération dans des conditions anatomiques favorables à la reproduction, c'est-à-dire avec l'oviducte renfermant de petits corps jaunes pourvus d'une bulle germinative (3).

Nous pouvons corroborer le dire du savant physiologiste, en faisant savoir que pendant de longues années nous avons conservé vivantes beaucoup de ces femelles hybrides et que toutes, à quelques exceptions près, pondaient des œufs normaux ; mais ces œufs ne vinrent jamais à maturité, quoique les femelles qui les pondaient fussent en compagnie de mâles hybrides et même, si nos souvenirs sont exacts, de mâles de leur espèce. Disons que les mâles hybrides se sont montrés, en tout temps, impuissants à féconder des femelles d'espèce pure. Cent fois, et beaucoup d'amateurs avec nous, avons recommencé les mêmes expériences.

Dans la liqueur séminale d'un hybride ♂ de *Columba palumbus* × *Columba livia* (soumis à l'examen de M. Camille Dareste), le docteur crut reconnaître une déformation des spermatozoïdes ;

(1) Ils atteignent jusqu'à un 10ᵉ de ligne (le Pinson ordinaire) ; leur pointe terminée en spirale est très fortement accentuée, etc.

(2) Ils mesurent un 15ᵉ de ligne.

(3) Mueller, (*Manuel de Physiologie*) rapporte brièvement les expériences de Wagner, voy. p. 628 du T. II. Trad. de Jourdan, 1851.

ces corps auraient été à l'état de bâtonnets. Toutefois, nous n'oserions affirmer que la préparation microscopique fût dans de bonnes conditions. En effet, chez plusieurs autres hybrides *Columba livia* × *Turtur risorius* qui n'avaient jamais pu, comme le dernier Oiseau, féconder de femelles, M. Dareste rencontra des spermatozoïdes bien conformés (ou bien dans les testicules ou dans les canaux déférents) (1). Nous avons fait nous-même une constatation semblable chez un produit des mêmes espèces, lequel s'était montré infécond. Nous avons observé chez lui de nombreux spermatozoïdes, plusieurs se remuant et ne différant en rien de ceux que l'on rencontre chez *Columba* ou chez *Turtur*. Nous ne sommes point certain, cependant, que les deux canaux déférents existassent; nous n'avons pu nous rendre compte que de l'existence d'un seul, le droit, qui a pu être examiné suffisamment (2).

Depuis ces observations, nous avons constaté la fécondité chez un de ces hybrides *T. risorius* × *C. livia* déjà âgé ; deux fois, il féconda un des œufs de la femelle *T. risorius* avec laquelle il était accouplé. Le seul jeune qui parvint à l'âge adulte, (le premier œuf fécondé avait été brisé), vit encore aujourd'hui ; mais il se montre constamment infécond avec les *T. risoria* que nous lui avons données, quoique, remarque curieuse, celles-ci soient de pure espèce ; il possède lui-même trois quarts de sang pur !

Les examens d'Hebenstreit, de Ch. Bonnet, du baron de Gleichen, de Prévost et Dumas, de Gerber et Winkler, et d'autres physiologistes, entrepris sur les organes générateurs des Mulets, ont été souvent cités. Nous nous bornerons à rappeler que ces expérimentateurs ne trouvèrent point d'animalcules spermatiques (spermatozoïdes) dans la liqueur séminale des Mulets mâles, ou bien les spermatozoïdes qu'ils y découvrirent étaient ou réduits ou déformés, c'est-à-dire imparfaits, remplacés même par de petits corps arrondis et brillants.

Mais Brugnone et Gerber trouvèrent des corps jaunes dans les ovaires de la Mule, indiquant l'existence d'œufs plus ou moins bien conformés ; M. Colin a vu dans la collection de M. Coste un ovaire de Mule portant un corps jaune bien caractérisé. — D'autres anatomistes ont cru reconnaître que le conduit de l'urine était

---

(1) Ces examens sont mentionnés dans la Revue de Biologie « *Sur l'hybridité chez les Oiseaux*, par M. Dareste » (Note présentée par M. Charrin). Par erreur, M. Dareste dit, dans cette note, que nous lui avons affirmé que les hybrides mâles, qu'il a examinés, étaient féconds avec les femelles d'espèces parentes; c'est le contraire que nous avons observé.

(2) Notre préparation laissait peut-être à désirer.

placé chez les Mules d'une manière différente de celle qui a lieu dans les autres animaux, conformation vicieuse suffisante pour les rendre stériles ; au reste, Hebenstreit n'aurait point découvert de vésicules transparentes (d'œufs) dans l'ovaire (1).

La stérilité du Mulet ne le prive pas de désirs ; il en est particulièrement tourmenté au printemps, à ce point qu'on est obligé de le soumettre à la castration (2).

Cette ardeur génésique est très visible chez les hybrides de Colombe et de Pigeon ; mais nous la croyons nulle chez les produits de la Poule et du Faisan (3).

On a prétendu que la stérilité des hybrides provient de ce que ceux-ci sont généralement retenus dans d'étroits réduits (4) ou appariés entre proches parents (5). Nous l'avions cru aussi ; nous avons voulu nous rendre compte de cette assertion. Nous avons fait construire de très vastes volières représentant de petits jardins couverts de grillages, où nous avons lâché maintes fois de nombreux hybrides d'Oiseaux de diverses provenances. Quoique les femelles nichassent dans les arbustes, comme en pleine nature, leurs œufs n'ont jamais donné de jeunes. Le résultat a été absolument celui que l'on obtient en cage, c'est-à-dire négatif.

La stérilité chez l'hybride est donc produite par des causes qui tiennent à l'organisation même de son être.

(1) Colin, dont nous allons citer l'ouvrage, dit cependant que les Mules n'ont rien d'anormal dans la disposition et la structure de l'appareil génital. — Au sujet des examens qui viennent d'être cités, voyez : G. Colin, *Traité de Physiologie comparée*, p. 944. T. II, 3ᵉ édit., 1888 ; M. de Quatrefages, Rev. des Cours scientifiques (1868-1869), p. 124 et Bull. de la Soc. d'Accl. de Paris, 1885, p. 382 (Procès-verbaux) ; le Dʳ Hebenstent (cit. par Valmont de Bomare, *Dict.* p. 189) ; Pagenstecher, *Algemeine zoologie*, 1875, p. 214 ; Gazette médicale de Paris, 37ᵉ année, 3ᵉ série, I. 21, 1866 ; Bory de St-Vincent. *Dict. d'Hist. nat.*, T. X, p. 120 ; Valmont de Bomare. (*Dict.* p. 189) ; Burdah, *Traité d'anatomie*, p. 257, 1828 (lequel cite Bechstein, T. I, p. 293 et Gleichen, p. 25) ; d'Orbigny. *Dict. univ. d'Hist. nat.* 1846, art. Propagation par Duvernoy ; Hausmann, *Uber den Maugel der staamenthierchen* bei Maulthieren 1844 ; Prichard's, *Naturgeschit des Menschengeschlechte*, etc.

(2) *Encyclopédie pratique de l'agriculture*, p. 655. T. X, Paris, 1865.

(3) Voy. les faits que nous citons dans notre article : *Hybride de la Poule domestique et du Faisan*. L'Éleveur, nᵒˢ 236, 237 et 238, de juillet 1889. Il existe un tirage à part de cet article.

(4) Geoffroy-Saint-Hilaire. Bull. Soc. accl., nᵒ 3, mars 1887, p. 179. Voy. aussi Broca et autres.

(5) Darwin, *Origine des espèces*, p. 271, et aussi Émile Ferrière, le *Darwinisme*, p. 86.

VII.

Nous nous sommes étendu sur la question de la fécondité ou de la stérilité des hybrides parce que, nous l'avons déjà dit, on a voulu faire des phénomènes de reproduction le *criterium* de l'espèce (1) auquel on a attaché une importante excessive. Si les hybrides sont féconds, a-t-on dit, c'est que leurs parents appartiennent à la même espèce ; s'ils sont inféconds, c'est que leurs parents sont d'espèce distincte. Ainsi, sont de la même espèce : tous les individus qui, en s'unissant, donnent des produits féconds, et *vice-versâ*. Buffon avait établi cette règle ; il a été suivi par Cuvier, par Flourens et par un nombre considérable d'illustres naturalistes.

Sans doute, a-t-on raison ; mais alors, pour être logique, il faut supposer que les individus d'une même espèce seront toujours aptes à donner entre eux des produits féconds et que ce pouvoir ne sera jamais interrompu par aucune cause.

Nous avons créé dans nos races domestiques, (à force de sélection et de volonté réfléchie, il est vrai), des formes tellement disparates les unes des autres que leur union est devenue physiquement impossible. — Conservent-elles virtuellement le pouvoir de se reproduire entre elles? Il faut le supposer (et nous le croyons sans peine) (2), sans quoi le *criterium* que l'on a donné pour base de la définition de l'espèce serait à rejeter.

(1) Et même du *Genre* et de l'*Ordre*. Écoutons Flourens : « Que deux individus mâle et femelle, semblables entre eux, se mêlent, produisent et que leur produit soit susceptible à son tour de se reproduire, et voilà l'espèce, la succession des individus qui se reproduisent et se perpétuent. A côté de ce premier fait, que deux individus mâle et femelle, moins semblables entre eux que n'étaient les précédents, se mêlent, produisent, et que leur produit soit infécond, ou immédiatement, ou après quelques générations, et voilà le genre. Le caractère de l'espèce est la fécondité, se perpétuant avec les générations ; le caractère du genre est la fécondité bornée à quelques générations. Enfin que deux individus mâle et femelle, moins semblables encore entre eux que n'étaient les derniers, se mêlent et ne produisent plus, et voilà les genres divers, *les ordres*. La génération donne donc ainsi les espèces par la *fécondité perpétuée*, les genres par la *fécondité bornée* et les genres divers, les ordres, par la *non fécondité*. (Ann. des sc. nat., 2ᵉ série, t. IX, p. 305 et 306).

(2) Voir notre communication aux Assises de Caumont. Congrès de 1896. Rouen, imprimerie Lapierre. D'ailleurs ce mémoire est reproduit en substance aux pages suivantes, notamment LXIX à XCIX.

Mais, pour sauvegarder l'identité de l'espèce, est-il absolument indispensable que deux individus appartenant à des espèces distinctes ne puissent donner naissance par leur union à des individus doués à leur tour du pouvoir de se reproduire? Est-il nécessaire de borner ainsi les facultés du pouvoir générateur et de lui assigner des limites ?

L'aversion que les animaux d'espèce différente éprouvent les uns pour les autres n'est-elle point très suffisante pour obvier à leur mélange si, comme il y a lieu de le croire, par ce que nous voyons, les mélanges ne rentrent point dans le plan de la création (1)? La véritable cause de la fixité de l'espèce ne réside-t-elle pas ailleurs que dans l'infécondité plus ou moins absolue des hybrides ? N'est-elle pas plutôt dans cette répugnance instinctive, naturelle, qui, à l'état libre, constitue un obstacle continu et infranchissable à l'union des formes spécifiquement distinctes ?

Admettant, la chose arrive parfois, que deux espèces peu éloignées (deux formes du moins que nous considérons comme telles) se rapprochent par suite d'un défaut d'équilibre passager dans les sexes, et que de ce rapprochement naissent des produits capables de se perpétuer à leur tour, la fixité de l'espèce ne serait point pour cela atteinte. Les individus, nés de croisements, ne tarderont point à faire retour à l'un des ancêtres en se mêlant promptement avec les types purs, beaucoup plus nombreux et beaucoup plus répandus qu'ils ne le sont eux-mêmes. Ainsi, se trouveront ils absorbés sans laisser subsister aucune trace de leurs caractères mélangés.

Si les phénomènes de reproduction sont *seuls* capables de servir de *criterium* certain pour la distinction des espèces, si, par exemple, comme le dit Müeller (2), « la reproduction constante du même type, par *l'accouplement avec son semblable*, est le caractère essentiel de l'espèce », comment distinguera-t-on celle-ci chez les êtres où

---

(1) « La non confusion possible entre deux espèces données est une nécessité pour maintenir l'ordre dans l'univers, dans la création vivante ». (De Quatrefages, *Réponse à M. A. Geoffroy Saint-Hilaire*. Séance générale de la Soc. d'acclimatation du 13 janvier 1882 ; voir p. 120 du Bulletin, procès-verbaux). — « La nécessité d'une telle loi (la non confusion des espèces) est presque évidente d'elle-même, ou le devient dès que l'on passe en revue, même d'une manière très générale, même d'une manière très superficielle, les phénomènes du monde vivant ; car si ce principe ne présidait pas à toute reproduction, comment serait-il possible que l'ordre et la variété se conservassent à la fois dans la création animale et végétale ? » (Prichard, *op. cit.*, t. I, p. 17).

(2) *Manuel de Physiologie*, t. II, trad. de Jourdan.

le concours des sexes n'est pas nécessaire pour la reproduction ?
Comment même la distinguerait-on chez des individus pourvus à la
fois des deux sexes et qui se fécondent eux-mêmes : chez beaucoup
d'hermaphrodites, par exemple? — Il faut au moins qu'on ait soin
d'ajouter que le *criterium*, dont il s'agit, n'est établi que pour les
animaux qui se reproduisent par le concours des sexes séparés. Car
la multiplicité, par fait de l'accroissement de la forme existante
dans le germe, n'est pas seulement, comme le remarque lui-même
le physiologiste que nous venons de citer, une propriété exclusive
des végétaux : « elle appartient aussi aux animaux, qui paraissent
même en jouir tous. Il y a la multiplication par *division* ou *scission* ;
il y a aussi la *propagation* par *germination*, c'est-à-dire la formation
d'un nouvel être par *bourgeons* (1) ».

Remarquons, incidemment, que M. Agassiz admet le rapprochement sexuel comme le résultat ou plutôt l'expression la plus frappante de l'alliance étroite établie à l'origine entre les individus de
la même espèce; mais ce rapprochement n'est pour lui, en aucune
façon, la cause de leur identité dans la suite des générations qui
se succèdent. « L'espèce existait pleinement avant que le premier
individu, provenant de leur union, ne fût venu au monde » (2).

On a craint peut-être de favoriser la thèse transformiste, si l'on
admet la fécondité illimitée des hybrides. « La limitation des
phénomènes de l'hybridité à un très petit nombre de cas a paru,
dit Isidore Geoffroy Saint-Hilaire, une conséquence presque
nécessaire de la fixité, de l'immutabilité de l'espèce (3) ».

Cependant, tant que les individus d'espèce distincte ne se
rechercheront point naturellement et tant que leurs produits
retourneront aux types ancestraux, la fécondité des hybrides ne
pourra être invoquée en faveur de l'évolution.

La fécondité des hybrides appuierait si peu le système de la
descendance transformiste que certains partisans de la fixité de
l'espèce disent même, nous l'avons déjà vu (4), que le contraire est

(1) P. 576.

(2) Il est vrai, nous l'avons déjà dit, que M. Agassiz n'est pas un monogéniste. —
D'ailleurs, s'il venait à être prouvé que nos variétés domestiques telles que celles de
moutons, ou de porcs, ou de loups, descendent d'une souche unique, M. Agassiz
accepterait les phénomènes de reproduction comme le *criterium* physiologique de
l'espèce. (Cela nous paraît ressortir d'un passage de la p. 166, de l'*op. cit.*).

(3) I. Geoffroy Saint-Hilaire, *Histoire générale des règnes organiques*, t. III, p. 147.

(4) In *Etude sur les Suilliens, criterium de la fécondité.* (*Mémoires concernant
l'Hist. nat. de l'empire Chinois*, par des pères de la Compagnie de Jésus, t. II ;
second cahier, p. 109. Chang-Haï, 1892; imprimerie de la Mission catholique, à l'orphelinat de Tou-se-wé. Dépôt à Paris, rue Barbet-de-Jouy, 17, chez M. H. Viguier).

la vérité. — M. Mathias Duval, un transformiste, pense comme le savant auquel nous faisons allusion : (1) « *A priori*, dit-il, dégagée de ses rapports historiques, cette question de la possibilité et de la fécondité ou infécondité des croisements, paraît tout à fait étrangère à la discussion entre les partisans de la fixité et les partisans de la variabilité des espèces. Que des individus de types très différents ne puissent se reproduire entre eux, cela doit résulter précisément de leurs différences d'organisation (2) ».

On sera peut-être satisfait de savoir comment l'auteur des *Mémoires sur l'histoire naturelle de la Chine* prévoit l'objection qu'on peut lui faire, à savoir que (suivant sa théorie) les espèces ne sont plus fixes, indépendantes les unes des autres. Voici comment il y répond : « C'est une erreur, car il ne faut pas oublier plusieurs faits très probants. Premièrement, les hybrides naturels sont très rares ; secondement, l'hybridation n'affecte pas profondément les notes spécifiques ; troisièmement, le retour est inévitable dans les milieux libres ; il est à la disposition de l'éleveur dans la domesticité. Les naturalistes conviennent du premier fait. Le second est vrai aussi, puisqu'il est toujours possible de reconnaître les espèces hybridantes. Le troisième, étant démontré pour les races, est vrai à plus forte raison pour les espèces (3) ».

Quoiqu'il soit de ces diverses appréciations, que d'ailleurs nous ne faisons pas nôtres, et que nous ne soutenons. point sans réserves (4), un fait considérable semble se dégager des études sur l'hybridité, et, lorsqu'un fait est bien avéré, il est difficile de n'en point accepter les conséquences : c'est que l'infécondité est la règle générale à laquelle obéissent presque tous les produits provenant de croisements contractés entre individus appartenant à des espèces bien distinctes. Nous avons vu que les individus hybrides, doués d'une fécondité relative, ne prennent, en général, naissance que dans les croisements de types rapprochés appartenant à un même genre. Après les recherches très étendues, les travaux, les examens auxquels nous nous sommes livré depuis des années, (puisque nous avons fait de l'hybridité l'objet constant de nos études), nous ne trouvons nulle part des hybrides ayant perpétué leur race. Qu'on cherche, parmi tous les croisements que l'on a cités, cette espèce hybride se perpétuant avec des caractères constants et fixes,

(1) Le P. Heude.
(2) Revue scientifique, 1884, p. 160.
(3) *Mémoires* déjà cités.
(4) Dans tout ce que nous venons de dire, nous ne nous sommes posé que des questions ; nous n'avons voulu les résoudre par aucune affirmation.

différant de ceux des espèces pures d'où elle provient, *nulle part
on ne la découvrira*. On rencontrera bien çà et là des générations
d'hybrides; mais nous avons vu que l'une des espèces mères a été,
à un moment donné, redemandée pour régénérer le sang et les
caractères mixtes prêts à disparaître. Il est encore absolument
vrai, comme le proclamait naguère un grand savant (1), que « les
hybrides, mélange imparfait de deux natures diverses, tendent
sans cesse à se démêler et à revenir, par un retour forcé, à une
nature propre et exclusive (2) ».

En présence de ce fait, on ne peut méconnaître le rôle important
que les phénomènes de reproduction ont à jouer dans la question
de l'espèce. — Jusqu'où néanmoins ce rôle peut-il s'étendre ? Nous
ne saurions le dire. Il est des questions d'un grand intérêt dont
la solution n'est malheureusement pas possible.

Ce qui constitue la distinction spécifique, c'est assurément la
différence d'origine entre les individus. Cela a déjà été dit (3) ;
mais cette assertion ne nous donne aucun moyen de contrôler la
validité de l'espèce dans certains cas douteux où les formes et les
nuances sont très rapprochées. Peut-on dire que « toutes les fois
que deux êtres ne diffèrent l'un de l'autre que par des traits qu'il
sera possible de rapporter à l'action d'une cause modificatrice,
ces deux êtres seront de la même espèce, et réciproquement ces
êtres, que séparent des différences si essentielles qu'elles ne
sauraient s'expliquer par les causes que nous voyons agir, sont
d'espèce différente (4) ». Ce raisonnement paraît juste et l'expli-

(1) Flourens, in Journal des Savants, p. 274, mai 1863 (cit. par Naudin).

(2) Mais on doit constater que les métis, dans leurs premières générations se comportent de la même manière. — Broca lui-même a écrit ces lignes : « La nature
conservatrice, jalouse de maintenir dans les espèces qu'elle a créées, sinon la
pureté du sang, du moins l'inviolabilité des formes, oblige promptement la race
hybride à revêtir tous les caractères de l'espèce primitive la plus voisine et à se
confondre entièrement avec elle. » A ce propos, rappelons quelques paroles de
M. de Quatrefages : « On dira peut-être qu'on parviendra, dans un temps plus ou
moins éloigné, à fixer quelques-unes de ces suites éphémères, de manière à constituer une race hybride ; cela n'est pas impossible, et je suis de ceux qui n'assignent aucune limite aux progrès de l'industrie humaine. J'ajoute cependant que
ce n'est pas probable. Aussi loin que remontent les souvenirs de l'humanité sur
toutes les espèces, le fait ne s'est jamais produit ! La loi du retour, en effet, est
là qui paraît s'opposer d'une manière absolue à la fixation d'un type hybride
quelconque ». R. d. C. S., 1868-1869, p. 186.

(3) Magazin of Natural History, vol. IX, 1836.

(4) Hombron (d'après Blumenbach), *De l'homme et des races humaines*, p. 332.

cation ingénieuse ; mais son application serait très difficile (1).
Cette question, la distinction des espèces, n'est pas neuve ; Jean
Locke prétendait déjà de son temps qu'elle ne pouvait se faire
au moyen de la génération (2). C'est ce que disent aujourd'hui tous
les naturalistes qui n'appartiennent point à l'école classique, c'est-
à-dire ceux qui n'admettent point la fixité de l'espèce. Pour nous,
cette fixité, qu'elle existe ou non, ne sera jamais compromise par les
croisements naturels. Broca a bien dit qu'il suffirait « qu'un seul
croisement d'espèces donnât lieu à un type nouveau et durable,
pour que la permanence des espèces cessât d'être une loi, pour
qu'elle ne fût plus qu'une règle (3) » ; mais ce croisement ne s'est
point encore réalisé, même par l'industrie humaine ; c'est en
vain que nous l'avons cherché parmi le grand nombre de croisements que nous avons signalés. « Le plus grand fait de l'histoire
naturelle, a dit Flourens, est celui de la fixité de l'espèce (4) ». Le
dire de l'éminent physiologiste n'a pas encore été contredit. Le
sera-t-il dans la suite ?

On vient d'étudier quels sont les phénomènes de la génération
(fécondation et reproduction) dans les croisements d'espèce et dans
les produits qui résultent de ces croisements. Il sera bon d'envisager les mêmes phénomènes dans les mélanges de races et de
variétés comme dans les produits de ces alliances. Ils sont très
différents : les croisements de races sont toujours féconds ainsi que
les produits qui en résultent ; les races les plus disparates au
point de vue de la forme et des couleurs, s'allient entre elles avec
fruit, lorsque toutefois le rapprochement n'est point devenu
physiquement impossible. On ne connaît point de descendants de
races croisées, (ce que nous appellerons les *Métis*), se faisant

---

(1) Revenant sur le sujet déjà traité dans la note de la page XVI, nous rappelons
que M. Sanson prétend que chez les Mammifères les os de la tête ont des proportions
et des formes tout à fait spécifiques. « Chaque espèce naturelle, dit-il, a un type céré-
bral et un type facial qui lui sont propres et qu'aucune influence de milieu ne peut
faire varier d'une façon durable. L'étude approfondie des animaux domestiques,
soumis depuis si longtemps à des tentatives de modification si souvent renouvelées,
nous l'a expérimentalement démontré d'une manière surabondante. Tels étaient à
cet égard ceux dont nous possédons des restes fossiles, tels nous les retrouvons
encore aujourd'hui. Le type craniologique, conclue-t-il, est donc absolument fixe
ou permanent dans l'étendue de temps que nos observations peuvent embrasser ».
Il en serait de même, d'après le même auteur, pour les autres parties fondamentales
du squelette, nous l'avons vu.

(2) P. 330. *De l'entendement* (trad. franç.).

(3) *Op. Cit.* Pages 438 et 439.

(4) Journal des Savants, mai 1863.

remarquer par leur stérilité ; au contraire, souvent le croisement
entre races accroît la fécondité. « Le métissage, a dit avec beaucoup
de raison M. de Quatrefages (1), est partout et toujours facile. Il
entraîne une fécondité régulière, indéfinie, égale et parfois supérieure à celle des individus de même race, quelque différentes
que soient les races ; souvent il est accompagné de superfétation ».
Des éleveurs nous ont fait connaître des exemples où les métis
sont plus prolifiques que les espèces dont ils dérivent (2). Aucun
cas bien constaté de stérilité dans les croisements de races domestiques animales n'est venu à la connaissance de Darwin, « ce qui
contraste, a remarqué le naturaliste anglais (3), avec la stérilité
si fréquente chez les espèces, mêmes voisines, lorsqu'on les
croise ». Il cite MM. Boitard et Corbie (4) qui, après quarante-cinq
ans d'expériences, recommandent aux éleveurs de croiser les
races : « attendu que les métis sont toujours plus féconds que les
individus de race pure (5) ». Godron a aussi reconnu (6) que la
fécondité est augmentée par le croisement des races.

Mais, si nous croyons certains auteurs, de même que chez les
hybrides, les métis ne conserveraient que difficilement leurs
caractères mélangés ; ils feraient retour au type de l'un des ancêtres.
C'est là une importante question à envisager. Avant de l'aborder,
il sera bon d'établir un point : que les races s'allient sans répulsion.

Il serait presque superflu de rappeler ce qui se passe dans nos
rues où les Chiens, de quelque variété qu'ils proviennent, se
recherchent et se marient entre eux. « Tous les Chiens, a dit Ray,
se mêlent dans la génération, et la race qui provient de ce mélange
est prolifique (7) ». De même pour les Chevaux dans nos écuries,
les Bestiaux dans nos étables, les Poules dans les basses-cours, les
Lapins dans leurs clapiers, les Pigeons dans les colombiers. Tout
le monde sait que dans les lieux où l'on tient en parquets séparés

(1) Rev. des Cours scient., t. 5, 1867-1868.
(2) M. X., de Fragmoreau (Vendée) qui, ayant croisé le Serin hollandais avec la
race de Saxe, a obtenu trois et quatre générations de métis, croit s'être aperçu
que les œufs clairs sont plus rares que lorsque les espèces pures reproduisent entre
elles. — On remarque (dans le Bull. de la Soc. d'accl., p. 715, 1864) qu'une Brebis
d'Astrakan, croisée avec un Bélier Ti-yang, donna deux jeunes, alors qu'ordinairement cette race ne produit qu'un seul jeune, etc.
(3) Variations, etc., t. II, p. 111.
(4) In Variations, etc., t. II, p. 134.
(5) Les Pigeons, 1822, p. 35.
(6) De l'Espèce, t. II, p. 217.
(7) Wisdom of God in the creation, London, p. 31.

les diverses races de Volailles, les Coqs ardents passent au-dessus des grillages et se rapprochent des Poules voisines ; celles-ci recherchent de la même manière les mâles étrangers à leur race. Ainsi se conduisent dans les colombiers les grands Boulants qui, tout en étant accouplés, s'approchent de toutes les femelles à quelque race qu'elles appartiennent (1). Le même fait s'observe dans les cages où l'on renferme diverses variétés de Serins (2).

Darwin (3) constate que les Moutons, qui ne sont point gardés dans certaines parties de l'Angleterre, sont loin d'être uniformes par suite du mélange que leurs diverses races contractent entre elles. Les Chinois varient leurs Carpes dorées de mille manières en séquestrant leurs variétés dans les rivières où celles-ci se croisent par la propagation naturelle (4). Les Lapins qui habitent la Sicile et les îles voisines ont une race à demi-sauvage qui s'accouple volontiers avec la race domestique (5). Les Lapins indigènes des montagnes de Quito se mélangent aussi avec les Lapins importés d'Europe (6). Les croisements des Abeilles italiennes et de nos Abeilles se produisent si naturellement qu'ils deviennent beaucoup trop fréquents pour les apiculteurs (7).

S'il fallait cataloguer les croisements qui ont été obtenus sans l'intervention de l'homme parmi les races animales qui vivent côte à côte, nous n'en finirions pas. Ils sont si faciles que, suivant la juste remarque d'un éminent anthropologiste (8), « l'art de l'éleveur consiste moins à les obtenir qu'à les empêcher ». Si, de même on devait dresser la liste de tous les produits issus de races par sélection, c'est-à-dire tous les mélanges provoqués, la nomenclature n'en serait pas moins longue. Les races sont cependant, parmi nos animaux domestiques, infiniment moins nombreuses que les espèces répandues sur la surface du globe au nombre, dit-on, de trois cent mille.

---

(1) Ces renseignements nous sont fournis par M. **La Perre** de Roo, l'auteur du *Guide illustré de l'Eleveur*.

(2) M. Villermet, de Chambéry, nous cite des exemples de ce genre.

(3) *Variation des Animaux et des Plantes*, trad. franç., t. II, p. 92.

(4) Coste, *Introduction à la Pisciculture*, p. 31.

(5) Communication qui nous a été adressée par M. le prof. Doderlin, de Palerme.

(6) M. G. Gantjotana, de cette ville, veut bien nous écrire que, tout au moins, on a obtenu des croisements entre ces deux races.

(7) Communication de M. L. de Marcé, de la Vendée.

(8) M. l'abbé Hamard, *Deux objections contre le monogénisme.* — La *permanence des caractères*, les *phénomènes de la génération.* Mémoires présentés au Congrès scientifique international des catholiques de 1888. (Voy. le compte rendu, t. II, Paris 1889), p. 617). Sixième section ; sciences anthropologiques.

Voici, en passant, les noms de quelques-unes de ces variétés dont le croisement s'accomplit sous nos yeux, et donne le plus souvent d'heureux résultats. (Nous n'en parlons, personne ne l'oublie, qu'au point de vue de la génération) :

RACE OVINE. — Tzigaye × Mérinos (1) ; *Ovis steatopygos* × douze races différentes ; la ♀ × *Ovis aries hispanicus* (2) ; Moutons de Tartarie à grosse queue × Moutons d'Espagne (3) ; Ti-yang ♂ × Brebis ord. (4) ; Ong-Ti × Romanow (5) ; Bélier anglais sans cornes × Brebis suédoise (6) ; Bélier du Sénégal × Brebis Bomarsand (7) ; Brebis mérinos mauchamp × Béliers South-down ; Brebis écòssaise × ce dernier (8) ; Ti-yang × Brebis d'Astrakan (9) ; Ti-yang × Brebis Romanow (10) ; Ong-Ti × Brebis du Naz (11) ; Brebis chinoise demi-sang × Bélier Cotswald (12) ; Moutons chinois × Brebis mérinos Moutons ; Romanowski avec races.françaises (13) ; Brebis mérinos × New-Leicester (14), etc.

RACE CAPRINE. — Chèvre anglaise × Chèvre de Nubie (15) ; Chèvre du Thibet × Race ordinaire (16) ; *Capra depressa* × *Capra reversa* (17) ; Chèvre de Nubie × Bouc ordinaire (18) ; Chèvre Angora × Chèvre du Mont-Dore (19) ; *Capra hircus vulgaris* × *reversus* (20) ; Chèvre Angora × Chèvre ord. (21) et de Cachemire (22) ; Chèvre des

(1) Bull. Soc. acclimatation, 1868, p. 66.
(2) Hyrtl., in C. R. Acad. de Vienne, p. 147.
(3) Prichard, op. cit., t. I, p. 60 et p. 57.
(4) Bull. Soc. accl., 1867, t. IV, p. 29, p. 746. 1868, p. 350.
(5) Bull. Soc. accl., 1864, p. 237. Der zoologische Garten, Frankfurt, 1864, p. 77, p. 258.
(6) Caroli a Linné (*Amœnitatis academicæ*, etc. 1873).
(7) Bull. Soc. accl. 1865, p. 133.
(8) Bull. Soc. accl. 1858, p. 623.
(9) Bull. Soc. accl. 1864, p. 715.
(10) Bull. Soc. accl., 1864, p. 715.
(11) Bull. Soc accl., p. 74. (Rappelé in Zoolische Garten, 1864. p. 198).
(12) Bull. Soc. accl., 1866, p. 44.
(13) Bull. Soc. accl. 1865, p. XXVII. Voy. aussi t. IV, 1887, p. XLI.
(14) Bull. Soc. accl., 1862, p. 465.
(15) Chez M. John Wiggines de Market-Harbon (communication de celui-ci).
(16) Bibliothèque universelle des Sc., Belles lettres et Arts. Genève, 1832, t. I, p. 43.
(17) Linné, in *Syst. nat.*, t. XII, p. 95; et Blumenbach, p. 10.
(18) Godron. *De l'Espèce*, t. I, pp. 213 et 214.
(19) Bull. Soc. accl., 1881, p. 654.
(20) Jardin de s'Gravenhague.
(21) Bull. Soc. accl., 1867, p. 178.
(22) Bull. Soc. accl., 1862, t. 9, p. 87, et 1864, p. 66

Pyrénées× Bouc d'Egypte (1) ; Chèvre de Natolie× Chèvre blanche de Suède (2) ; *Capra œgaros* × *C. megaceros* (3) ; Chèvre de race africaine× Race indigène de Palerme (4); *Capra hircus× C. ibex* (5) ; Bouc d'Angora × Chèvres indigènes, maltaises et exotiques (6) ; enfin, croisements divers de Chèvres à la British Goat Society de New Malden (Surrey) (7).

RACE BOVINE; RACE PORCINE. — Race écossaise sans cornes ×Vaches à cornes (8) ; Binh-Thuan × Vaches de Londres (9) ; Races bovines indigènes de la province d'Udine × Races suisses de Simmenthal et de Fribourg (10) ; Race hollandaise × Race suisse (11); Bœufs de Berne × Bœufs de Hongrie ; de Hongrie × Durham; de Berne × Zitterthal (12). — Porcs indigènes × Races anglaises (13); Verrat Yorkshire × Truie craonnaise (14); Cochon dom. × Sanglier (15); Race porcine d'Essex × Race de la Chine (16), etc.

RONGEURS. — Lapin argenté × Lapin des Flandres (17); Lapin Angora × ord. (18); Angora × Cachemire (19); Lapin russe × Lapin de garenne (20); Lapin domestique importé d'Europe × Lapin indigène des montagnes de Quito (21) ; Souris grise × Souris

(1) Bull. Soc. accl., 1873, p. 343.

(2) Der Koniglick Schwedische Akademie Wissenschaften, 1740, p. 224.

(3) *Zoological Gardens*, 1868, p. 152.

(4) Comm. du prof. Doderlin.

(5) *Faune des Vertèbres de la Suisse*, 1882, p. 273; voir aussi Hyrtl (*op. cit.*, p. 146) qui cite Brown, p. 166, voir encore Brand. *Dict. of scien.*

(6) Bull. Soc. accl. 1858, p. 171, et 1869, p. 19, voy. aussi Caroli a Linné, *Amœnitatis*, etc., et Bose, *De generatione hybrida*.

(7) Communication de M. Paul Thomas. Voy. aussi Bull. Soc. accl., 5 août 1889, p. 707.

(8) Grognier, *Maison rustique*, p. 450.

(9) Bull. Soc. accl. 1886, p. 395.

(10) Communication de M. Domenico Pœcile, d'Udine.

(11) Bull. Soc. accl., 1862, p. 462.

(12) Comm. du Dr Wilkens de Vienne.

(13) A Udine (Soc. d'Agricult.) communication de M. Dominico Pœcile.

(14) Chez M. Tixier, à Sallon (Loir-et-Cher).

(15) Très connu et très commun. Voy. Pline VIII, LXXIX ; Journal des Haras, 1848, t. XLV; Bull. Soc. accl. 1885, p. 383, etc.

(16) Chez M. Ch. de Belleyme.

(17) Chez M. Gipoulon aîné, de Sauveture.

(18) Bull. Soc. accl., 1864, p. 66.

(19) Bull. Soc. accl., 1862, t. IX, p. 87.

(20) Chez M. Courant, à Créteil (Seine).

(21) Comm. de M. G. Gangotana.

blanche : Rat noir × Rat blanc ; Ecureuil roux × blanc, etc. (1).

CARNASSIERS. — Chien danois × le Ulmer dogue (2) ; ce dernier × Chien danois (3); Chienne setter (couchant) × Chien d'arrêt (4); *Canis africanus* × Chienne couchante (5) ; Dingo × Chien ord. (6); Barbet × Lévrier (7) ; Chien mâtin × Levrette; Epagneul × Barbet (8) ; Braque × Epagneul (9) ; toutes les races de Chiens en général, comme toutes les races de Chats ; et même Chat sauvage × Chat domestique (10).

RACE GALLINE ; RACE COLOMBINE. — Poules indigènes × races françaises, de Houdan et de Crèvecœur ; aussi races anglaises de Dorking × races asiatiques de Langsham et autres (11) ; Coq phénix × Poules de Houdan (12); Crèvecœur × Race commune (13); Padoue ♂ × Issoudum ♀ ; Poules Bantam × Cochinchinois ♂ (14) ; Poule de race commune × Barbezieux noir (15) ; Poule négresse × Nangasaki noir ♂ (16); Coq de Cochinchine × Poule de la campagne ; Coq d'Italie × Poule cochinchinoise (et *vice-versâ*) ; Coq d'Italie × Poule Livo Chalo (17); Coq Brahmapootra × petite Poule anglaise (18); Plymouk rock (common) ♀ × Langsham croad ♂; Coq sans queue × Poule ord. (19) ; Coq frisé × Poule ord. (20) ; Langsham × Poule cochinchinoise (21); Padoue (var. holl. bleue) à huppe blanche ♂ × Cayenne ♀ (22); Langsham × Plymouth : Bantam rosster × grande

---

(1) Voy. Coladon; Darwin. Jean de Fischer, etc.
(2) Au zoologisk Have de Copenhague.
(3) Au même jardin.
(4) *Principes of. Human physiology.* London, 1776.
(5) Der zool. Garten, p. 430, 1865.
(6) Jardin d'acclimatation et ailleurs.
(7) Broca, *op. cit.*, p. 421, 422.
(8) Chez le comte Gherards Frajelin de Ramysillo (d'Udine).
(9) *De la génération*, 1828, p. 123.
(10) *De la génération*, pp. 121, 122, 1878.
(11) Soc. d'Agricul. d'Udine; communication de M. Domenico Pœcile, de cette ville.
(12) Chez M. Bourguet, de Tournai.
(13) La Perre de Roo, *op. cit.*, p. 17.
(14) Id., pp. 32 et 33.
(15) Chez M. Sallé, de Barbezieux.
(16) Chez M. Sallé de Barbezieux.
(17) Elevage de Klawleter, d'Anklam.
(18) Bull. Soc. accl., 1867, 1863.
(19) *De la génération*, 1826, pp. 120 et 121.
(20) Même ouvrage, mêmes pages.
(21) Chez M. Gipombon, de Sauveterre.
(22) A Antiville.

variété de la Poule (1) ; Pigeons bagadais × Grands boulants (2) ; le Long faced Buld-head × le Trumbler (3) ; et quantité d'autres.

ANATIDÉS. — Canard labrador × Pingouin (4) ; Canard ord. × Canard du Labrador (5) ; ce dernier × Canard de Pékin (6); ce dernier × Canard ord. (7) ; Canard ord. du Rhin × Canard cendré de Durham (8) ; Canard d'Aylesbury × Canard du Labrador (9); Canard de Buenos-Ayres et Canard d'Aylesbury (10); Canard de Rouen × Canard du Labrador (11).

Il nous paraît inutile de prolonger ces citations ; ne serait-il pas tout à fait fastidieux de citer, par exemple, parmi les petits Oiseaux de cage, les croisements du Serin de Saxe et du Serin hollandais, du Serin ord. jaune et du Serin panaché, du Serin huppé et du Serin ord., ou de ce dernier avec le Serin de Saxe. C'est aussi pour mémoire que nous rappelons, parmi les Insectes, les croisements de diverses races de Vers à soie, ou de différentes variétés d'Abeilles.

Que l'on ne croie pas que ces croisements soient dus à l'influence qu'exercent sur les animaux la captivité et surtout la domesticité, laquelle, suivant la chaude expression de Buffon, « rend l'animal lascif ». A l'état sauvage, à l'état de nature, lorsque deux races distinctes se rencontrent, on constate aussitôt des rapprochements. — En veut-on des exemples? On en trouvera de nombreux cités dans le cours de cet ouvrage; rappelons-les sommairement : *Coturnix coturnix* × *Coturnix japonica*; *Phasianus torquatus* × *Ph. versicolor*; *Ph. mongolicus* × *Ph. semi-torquatus*; *Ph. decollatus* × *Ph. vulgaris*; *Ph. mongolicus* × *Ph. chrysomelas*; *Ph. versicolor* × *Ph. colchicus*; *Ph. torquatus* × *Ph. mongolicus*; *Phalacrorax africanus* × *Ph. pygmœus*; *Limosa lapponica* × *L. uropygialis*; *Spizella pallida* × *Spizella var. breweri*; *Passer italiœ* × *Passer domesticus*; *Passer italiœ* × *P. salicicolca*; *Cyanestes flavipectus* × *C. c. var. Tian-schanicus*; *Acredula caudata* × *A. irbyi*; *Acredula rosea* × *A. irbyi*; *Motacilla*

---

(1) *Forest and Stream*, New-York, vol. I, p. 342.

(2) Bull. Soc. accl., 1887, p. 653.

(3) La Perre de Roo, *op. cit.*

(4) Darwin, *Variations*, t. II, p. 104.

(5) Comte Arrigoni degli Oddi de Padoue (Ateneo Veneto, 1887) et Journal l'Acclimatation, n° du 20 fév. 1887.

(6) Bull. Soc. d'accl., 1887, p. 333.

(7) Chron. de la Soc. d'accl., 20 fév. 1887.

(8) Bull. Soc. d'accl., 1873, p. 60.

(9) Variation des Animaux et des Plantes, t. II, p. 42.

(10) Bull. Soc. accl., 1867, p. 174.

(11) Bull. Soc. accl., 10 août 1860, p. 422.

alba × *M. lugubris* ; *Budytes flava* × *B. campestris* ; *Budytes flava*
× *B. borealis*; *Cyanecula wolfi* × *Cy. leucocyanea* ; *Cyanecula suecica*
× *Cy. leucocyanea* ; *Cyanecula wolfi* × *Cy. suecica* ; *Philomela luscinia*
× *Ph. major*; *Cinclus cashmiriensis* × *C. leucogaster*; *Cinclus cashmiriensis* × *C. sordidus* ; *Lanius major* × *L. excubitor*; *L. leucopterus*
× *L. excubitor*; *Corvus corone* × *C. cornix*; *Sitta europea* × *S. caesia*;
Quiscala œneus ; × *Q. quiscala*; *Coracias indica* × *C. affinis* ; *Aquila
nobilis* × *A. daphnea*; *Falco feldeggi* × *F. tanypterus*, etc. (1).

La liste de croisements, qui vient d'être donnée, montrant nombre de races fort diverses s'alliant entre elles, laisserait supposer qu'il n'existe, entre variétés d'une même espèce, aucune répulsion pour les mélanges. — Cependant, si nous en croyons Agassiz, les éleveurs sauraient depuis longtemps « que les races diverses d'une même espèce ont moins de disposition à s'unir que les individus de la même race ». Si aussi nous nous en rapportons au « *Nouveau Cours d'agriculture* » de Déterville, les races domestiques, très opposées, répugneraient à s'accoupler ensemble; les mères (?) refuseraient même de reconnaître leur progéniture (2).

A cela, Isidore Geoffroy Saint-Hilaire a déjà répondu qu'il n'a jamais rien observé de semblable (3). Lorsque des individus de races très opposées ont été rapprochés en temps opportun, il les vit s'unir et se féconder sans difficulté. C'est surtout sur les races ovines que le savant zoologiste a constaté ces faits ; mais il possède, en outre, des observations relatives aux races canines, caprines, porcines et gallines. — Un éleveur de la Somme nous a affirmé qu'il a vu chez lui des Pigeons grands Boulants s'accoupler avec de petites espèces et donner des produits. — A l'appui de son dire, Déterville avait cité le Barbet et la Levrette comme répugnant à s'accoupler (4). Quoique Cuvier ait reconnu leurs métis féconds (5), se rencontre-t-il, cependant, quelques cas dans lesquels la race

(1) Tous ces croisements figurent dans notre *Tableau récapitulatif*. (Voy. pp. 357 et suiv.); on indique dans ce tableau les pages où ils sont cités, décrits et critiqués. **Il peut toutefois arriver souvent que les Oiseaux que nous considérons comme métis soient de simples intermédiaires dus à des influences climatériques ou de milieu, comme nous avons soin de le faire remarquer, p. 872 (dernières lignes).**

(2) Voy. p. 29, art. Chien. Voy. aussi t. IV, p. 374 (même article), t. IX, p. 14.

(3) Voy. son « *Hist. nat. générale des règnes organiques* », t. III.

(4) Voy. t. XI, p. 14 (*op. cit.*).

(5) Cuvier est cité par Broca (*op. cit.*), pp. 421, 422 et 423.

agit comme le fait l'espèce ? Examinons les faits qui favoriseraient cette manière de voir :

1. Vieillot a possédé pendant longtemps des Oiseaux des Canaries, non domestiqués, lesquels ont toujours refusé de s'allier aux Serins de cage (1).

2. Dans un district où se trouvaient ensemble de gros Moutons du Lincolnshire et de légers Norfolks, ces deux variétés, bien qu'élevées ensemble, se séparaient promptement aussitôt qu'on les mettait en liberté.

3. Le Chien Alco du Mexique a, dit-on, de l'antipathie pour les Chiens d'autres races.

4. Le Chien sans poils, appelé par Desmarest « Caribou », ne se croise pas volontiers avec les Chiens européens (2).

5. Dans le Paraguay, on a observé que les Chevaux indigènes, de même manteau et de même taille, s'unissent entre eux de préférence, et qu'il en est de même des Chevaux importés de l'Entre-Rios et du Banda oriental dans cette contrée.

6. On prétend que, dans le même pays, le Chat domestique, importé d'Europe, aujourd'hui sensiblement modifié, montre une aversion très décidée contre la forme européenne (3).

7. Dans les îles de Feroë, les Moutons indigènes noirs à demi-sauvages ne se sont pas mélangés volontiers avec les Moutons blancs importés.

8. Les Moutons Ancons (race monstrueuse moderne qui a vite disparu), réunis avec d'autres Moutons dans un même enclos, se rassemblaient entre eux, dit Darwin, en se séparant du reste du troupeau.

9. En Circassie, où se rencontrent six races de Chevaux, on assure que les Chevaux de trois de ces races refusent, lorsqu'ils sont mis en liberté, de se mêler les uns aux autres ; ils s'attaquent même avec fureur.

10. Les troupeaux de Daims foncés et clairs, tenus ensemble dans la forêt de Deau et dans la New-Forest, ne se sont jamais mêlés.

11. On a essayé inutilement d'apparier, au Jardin zoologique de

---

(1) Voy. l'art. *Fringillés* du *Nouveau Dict. d'Hist. nat.* de Déterville, t. XII, p. 188. MDCCXVII.

(2) *Types of Mankind*, p. 385, où on renvoie à *Nat. history of Paraguay*, p. 151.

(3) Cet exemple est cité d'après Rengger par nombre d'auteurs : Carl. Vogt, (*Leçons sur l'Homme*, p. 565); Mathias Duval (Rev. sc., 2 fév. 1884, p. 145); Hæckel (*Hist. création naturelle*, trad. Letourneau, 1877, p. 130); Claus (*Traité de zoologie*, p. 6, 1878).

Londres, avec des Lapins apprivoisés, deux Lapines ♂ que Darwin avait importées de l'île de Porto-Santo, et qui différaient sensiblement des Lapins communs.

12. Lorsque pour ses expériences sur les croisements de races de Pigeons, le naturaliste anglais crut devoir apparier des formes très distinctes, il lui sembla souvent que les sujets conservaient quelque préférence pour leur propre race.

13. M. Wicking, le plus grand éleveur de races variées en Angleterre, est convaincu que les Pigeons préfèrent s'apparier avec leurs semblables (1).

14. Le Pigeon de colombier aurait de l'aversion pour les races de fantaisie.

15. Le rév. W. D. Fox possédait des troupeaux d'Oies chinoises blanches et d'Oies communes se maintenant séparées (2).

16. Enfin, on dit que le Cochon d'Inde ne s'accouple plus avec son ancêtre du Brésil (3).

La plupart de ces exemples sont empruntés à Darwin (4); plusieurs ne prouvent rien, nous allons le voir. — C'est en vain que nous nous sommes mis à la recherche de nouveaux faits.

Au sujet du premier, il ne sera pas oiseux de faire remarquer que les Canaries sauvages, qui ne voulurent point accepter les races domestiques, avaient tout aussi bien refusé de s'allier entre eux (5). Leur captivité n'avait point sans doute été d'une assez longue durée pour les familiariser avec le nouveau genre de vie qui leur était offert et pour leur permettre d'en accepter les conditions.

Au sujet du deuxième exemple, Darwin tient à faire remarquer que si les Moutons du Lincolnshire et les Moutons du Norfolk se séparaient après leur mise en liberté, cela tenait probablement à ce que les Lincolnshire recherchent les sols riches, tandis que les autres préfèrent les sols légers et secs.

---

(1) Communication de M. Wicking à Darwin.

(2) Communication faite à Darwin par le révérend.

(3) Nous trouvons cet exemple cité par MM. Hæckel, Mathias Duval et Claus. Nous ignorons à quelle source ils l'ont puisé.

(4) Ce sont les exemples désignés sous les nᵒˢ 2, 3, 5, 7, 8, 9, 11 et 12 (*Variat. des Animaux*, t. II, p. 109). Darwin cite l'exemple nº 5, d'après Rengger (p. 336); l'exemple nº 2, d'après Marschall (*Rural economy of Norfolk*, vol. II, p. 136; l'exemple nº 7, d'après le rév. Landti (*Description of Faroë*, p. 66); l'exemple nº 8, d'après les Philosophical transactions, 1853, p. 90; l'exemple 10, d'après White's *Nat. hist. of Melbourne*, p. 39 (édit. Bennett); enfin l'exemple nº 14, d'après E. Dixon (*The Dovecote*, p. 155) et Bechstein, *Naturg Deutschands*, vol. IV, 1795, p. 17.

(5) *Nouv. Dict. d'Hist. naturelle* (déjà cité), même tome, même page.

Au sujet du quatrième exemple, on ne paraît pas absolument fixé sur la nature du Chien Caribou. Voici, en effet, ce qu'on lit dans les *Types of Manking*, où cet exemple est cité : « Desmarest a donné le nom de Caribou au Chien sans poils qui, d'après Humboldt, fut trouvé par Colomb aux Antilles, par Cortès au Mexique et par Pizarre au Pérou. Desmarest, si nous ne nous trompons pas, suppose que ce Chien descend du *C. cancrivorus*, espèce qui, suivant Blainville, appartient à la classe des vrais Loups. Mais Rengger, qui a pu trancher la question, le regarde comme un Chien sauvage arborigène que les Indiens ont réduit à l'état domestique ». — Il paraît cependant être plutôt une race qu'une espèce.

Au sujet du seizième exemple que nous fournit l'Aperera du Brésil, il n'est point sûr que cet animal soit l'ancètre de notre Cochon d'Inde (1) ; du reste, M. le prof. A. Nehring vient d'obtenir un certain nombre d'hybrides de ces deux types (2), qui s'accouplent dans les deux sens, dit le Bulletin de la Société d'acclimatation (3). Ces expériences, instituées dans un but scientifique, démentent tout à fait l'assertion de M. Hæckel (4).

Au sujet du onzième exemple, le Lapin de Porto-Santo, (exemple devenu classique et cité par tous les évolutionnistes), Darwin a lui-même fait observer que le refus, fait par ses deux Lapins mâles, de se rapprocher des Lapines ordinaires dans les jardins de la Société zoologique de Londres, pouvait être dû à leur excessive sauvagerie, ou, comme cela arrive quelquefois, à leur stérilité déterminée par la captivité subite (5).

Mais, quoiqu'il ait été dit et répété avec assurance, que ces deux Lapins proviennent de la souche européenne, on n'est nullement certain du fait. — Darwin avait cru, tout d'abord, qu'ils provenaient d'une Lapine ordinaire qui, embarquée en 1418 ou 1419 à bord du vaisseau de Gonzalès Zarco, avait été làchée dans l'île avec une portée obtenue pendant le voyage. — M. Fernand Lataste vient de

---

(1) D'après M. Fernand Lataste : *A propos d'une note de M. Remy St-Loup*, (in Actes de la Soc. scientifique du Chili, t. III, p. 105 et suiv. 1893). — M. Nehring aurait démontré que le Cobaye est originaire du Pérou et a pour souche une autre espèce que le *Cavia aperera* (voy. *Recherches de zootechnie*, p. 491).

(2) Rev. des Sc. nat. appliquées, 1893, p. 523 (n° du 5 décembre).

(3) P. 473 (même année).

(4) Disons tout de suite que la race appelée Cochon d'Inde angora provient d'un Cobaye mâle à long poil du Pérou (le *C. culleri*), croisé avec des femelles du Cobaye ordinaire (*C. cobaya*). Voy. Rev. des Sc. nat. appliquées, 1891, p. 446.

(5) Ces cas sont très fréquents ; nous pourrions en citer plusieurs.

traiter ce récit de légende (1) ; le *Lepus kuxleyi* (nom donné à la prétendue nouvelle race) a, d'après le savant de Santiago, toutes les apparences d'une espèce insulaire, autochtone des archipels qu'il habite. On ne l'a jamais connu sous d'autres traits que ceux qu'il présente actuellement. Or, dit M. Lataste, pour être autorisé à le rattacher génétiquement à la fameuse Lapine de Gonzalès Zarco, il faudrait des documents plus circonstanciés, plus précis, plus décisifs que ceux qui ont été produits (2).

En ce qui concerne les autres exemples, nous n'avons aucune réponse à fournir ; nous ignorons s'il est possible de les contredire ; nous avons répondu aux plus sérieux. Du reste, il ne faut point être surpris d'apprendre que les animaux d'une même race marquent des préférences pour s'unir avec les individus qui leur ressemblent le plus, quoiqu'une masse de faits vienne contredire cette manière de voir. On ne saurait conclure de ces préférences, si elles existent, qu'ils ne descendent point tous d'une même souche.

Un fait plus grave, beaucoup plus intéressant, serait la stérilité de l'union entre individus appartenant à deux races distinctes. — On cite quelques exemples dans lesquels la fécondité se trouve diminuée par de telles alliances, deviendrait même nulle quelquefois ; ces faits sont à examiner.

M. Edmond Perrier dit (3) que « les grands éleveurs de volailles ont observé que le croisement des races différentes donne souvent des œufs clairs, comme si ces races étaient vraiment des espèces (4) ».

Semblant confirmer ce dire, Darwin a écrit que les Bantams de Sebright, qui proviennent de croisements, sont moins féconds qu'aucune race galline (5).

On lit dans le Bulletin de la Société d'acclimatation (6) qu'un jeune Coq Bantam fut tenu pendant huit mois dans un parquet

(1) Voy. Actes de la Société scientifique du Chili, t. III, 1893 (dernière livraison, pp. 108 et 109 (*A propos d'une note de M. Remy St-Loup intitulée la modification de l'espèce, par Fernand Lataste*), note qui vient d'être citée.

(2) On se rappelle que l'exemple des Lapins de Porto-Santo avait été cité avec beaucoup d'emphase comme un fait décisif en faveur de la formation récente d'une espèce nouvelle.

(3) *Anatomie et Physiologie*, Paris, 1884, p. 8.

(4) Cela a été répété presque textuellement par M. Mathias Duval, in Rev. scient., n° du 2 fév. 1884, p. 7.

(5) *Variations des Animaux et des Plantes*, t. 2, p. 108.

(6) 1864, p. 639.

avec des Poules de Houdan, de Padoue et de Cochinchine ; trente-six œufs recueillis furent trouvés clairs. On lit encore dans la même revue qu'un Coq cochinchinois, retenu dans un parquet avec des Poules Bantam et de Java, les écrasait de son poids sans les faire pondre. La correspondance d'un éleveur nous fait savoir que, dans le croisement du Serin ordinaire avec le Serin hollandais, il peut se trouver plus d'œufs clairs que dans les pontes ordinaires, surtout lorsque le mâle est de la dernière variété. Nous avons nous-même croisé deux Coqs de Padoue (variété bleue à huppe blanche) (1) avec des Poules de Cochinchine de très forte taille (pure race) ; une grande partie des œufs ne se trouva point fécondée.

Parmi les Mammifères on a recueilli les exemples suivants :

M. Quoy fit accoupler un Dingo de l'Australie occidentale avec un Chien français dont la race n'est pas indiquée. Cette union fut stérile (2).

M. le chevalier Louis Petri, de l'Ecole pratique d'agriculture de Pozzulo del Friuli (Udine), obtint d'un Bouc angora et d'une Chèvre commune *(C. hircus)* un produit femelle qui ne donna point de rejetons, après avoir été accouplée à son père pendant deux ans (3).

Youatt assure que les croisements opérés autrefois dans le Lancashire entre le bétail à longues cornes et le bétail à courtes cornes donnèrent des produits excellents ; mais que chez ceux-ci, la conception était devenue fort incertaine dès la troisième ou quatrième génération.

M. John Wiggins, de la *British goat Society*, nous écrit qu'il possède une Chèvre femelle descendant du mélange de la Chèvre de Nubie et de la Chèvre anglaise ; que cette Chèvre est restée stérile quoiqu'elle soit âgée de quatre ans. Elle entre partiellement en folie, mais n'accepte point le mâle avec lequel elle habite.

Examinons quelle est la valeur de ces faits.

Premier cas (4) : les œufs non fécondés provenant du croisement de races distinctes. — On ne donne point le nom des races croisées ; on ne précise aucun fait. Nous le regrettons, car la discussion

---

(1) Variété très rare et peu stable, paraît-il.
(2) Voy. Broca (op. cit.), p. 487, en note. Broca cite cet exemple d'après le *Dict. classique d'Hist. nat.* de Bory de Saint-Vincent, Paris 1823, in-8°, t. IV, p. 15 (art. Chien).
(3) Communication du chevalier Petri.
(4) Cit. par M. Ed. Perrier.

devient difficile. Tout le monde sait qu'il existe des races de Poules très différentes par leurs dimensions ; or, on l'a dit, là où le rapprochement physique est devenu presqu'impossible, on ne saurait s'attendre à un accouplement fécond. — Mais peut-être M. Ed. Perrier (et M. Mathias Duval qui répète son assertion) entendent-ils par « croisement de races » le produit métis ? Le Dr Knelland fait savoir, en effet, que les fermiers de sa contrée ont à se plaindre des « *highly-bred varieties of fowls* » au point de vue de la ponte (1). — Pour discuter convenablement ces faits, nous aurions besoin d'être renseigné sur la formation de ces « *highlybred varieties* » se reproduisant « *in and in* ».

Deuxième fait : la stérilité des Bantams. Darwin observe qu'il serait très téméraire de conclure que la fécondité moindre de cette race soit en connexion avec son origine croisée, car on peut, d'après lui, avec plus de probabilité, l'attribuer à une reproduction « *en dedans* » trop longtemps prolongée, ou à une tendance innée à la stérilité en corrélation avec l'absence des plumes sétiformes et des pennes en forme de faucille de la queue (2).

Troisième fait. Cet exemple est un de ceux où les races mises en présence sont de dimensions trop disproportionnées pour que le rapprochement, très insuffisant, puisse produire un résultat (3).

· En ce qui concerne le quatrième : le croisement du Serin hollan-

(1) Voy. Dr Knelland « *A paper on the sterility of many of varieties of the domestic Fowls*, etc. ». Proceed. Boston Nat. hist., 1854-1856, p. 222.

(2) Voy. p. 108 de l'*op. cit.* A la page 132 du même ouvrage, Darwin rappelle que le Bantam a été obtenu par des unions consanguines à un degré très rapproché. Il pense que la reproduction consanguine prolongée pendant un très grand nombre de générations peut avoir les conséquences les plus nuisibles. Il fait savoir (d'après Wright) que les Coqs de combat, si célèbres, de M. Clark, ont fini, à force de ne se reproduire qu'entre eux, par perdre leurs dispositions belliqueuses ; ils se laissent hâcher sur place sans faire de résistance. — Les effets de la consanguinité sont cependant très débattus ; certains disent, comme c'est l'exemple ici, qu'ils sont funestes ; d'autres prétendent le contraire. Nous n'avons pas à discuter, d'ailleurs, cette question qui ne rentre pas dans le sujet que nous traitons. On pourra consulter C. Colin (*Traité de Physiologie comparée*, t. II, pp. 937 et 938 de la 2e édit., Paris, 1888) lequel donne de bonnes explications pour concilier les opinions contraires. On pourra consulter encore Sanson (*de l'Hérédité, op. cit.*).

(3) Il ne faut pas toutefois croire que toute fécondation devient impossible, même dans ce cas. Nous avons obtenu des œufs fécondés et des jeunes normaux d'une petite Poule cayenne cochée par un très jeune Coq cochinchinois ; l'un de ces Poulets, que nous avons élevé, était un superbe sujet. La disproportion de taille entre les deux parents était telle, que nous n'aurions pu supposer la fécondation possible. Du reste, M. Battey fait savoir (in Forest and Stream, vol. I, p. 342) que le petit Bantam rosster (qui perche) s'est croisé avec la grande variété de la Poule, comme avec la variété de la Cochinchine.

dais avec le Serin ordinaire, dans lequel les œufs se montreraient clairs en plus grand nombre que dans les unions de deux Serins de même variété, le fait mérite confirmation ; d'autant plus que la personne qui nous le cite ajoute que ce croisement est d'ailleurs très facile (1).

Cinquième fait observé par nous-même. Nous répondrons que les métis, provenant du croisement que nous indiquons, se montrent très prolifiques. Ils sont arrivés à sept générations actuellement. L'infécondité de beaucoup d'œufs des parents pouvait provenir de rapprochements incomplets entre les deux races bien différentes par leur taille (2).

Faits se rapportant aux Mammifères. Qu'on nous laisse, tout d'abord, rappeler qu'Isidore Geoffroy Saint-Hilaire a écrit que « rien ne justifiait la croyance des agriculteurs qui attribuent une fécondité bornée aux produits de deux races très éloignées ». Cela dit, on peut affirmer que le croisement du Dingo et du Chien, tenté par M. Quoy, et qui demeura stérile, est une exception, un fait isolé, duquel on ne peut tirer de conséquences. Broca, qui le cite, dit lui-même que cette expérience ne prouve rien (3).

Quant à la Chèvre, métisse de Bouc angora et de C. hircus, demeurée stérile avec son père, c'est là encore un cas isolé, car Linné parle déjà d'une race créée par ces deux types de Chèvres (4), et le Bulletin de la Société d'acclimatation indique plusieurs autres générations de ces métis (5). Du reste, le chevalier Petri, ayant ensuite donné sa Chèvre, soi-disant stérile, à un Bouc commun, il en obtint deux Chevreaux.

En ce qui concerne la conception devenue incertaine chez les Vaches croisées du Lancashire, se reportant à l'explication donnée

---

(1) Nous avons vu p. LXIX (en note), que M. X., de Fragmoreau (Vendée), ayant obtenu 3 ou 4 générations de métis de Serin hollandais et la race de Saxe, croit s'être aperçu que les œufs clairs sont plus rares que lorsque les espèces pures se reproduisent entre elles.

(2) Nous avons conservé le squelette du Coq cochinchinois, père des Poules qui nous ont servi pour nos expériences, et aussi le squelette d'un des Coqs de Padoue. On croirait volontiers que ces squelettes ont appartenu à des Oiseaux d'espèces distinctes ; toutefois la différence de taille entre Poule de Cochinchine et de Padoue est bien moins considérable qu'entre Coqs des deux races.

(3) La fécondité illimitée des métis qui en proviennent paraît cependant avoir été mise en doute par le savant anthropologiste. (Voy. pp. 487 et 488 en note).

(4) Caroli a Linné *Amœnitates academicæ*, vol. VI. Holmiæ 1760. (*Generatio ambigua*, pp. 12 et 13).

(5) Année 1862, t. IX, p. 87. Voy. aussi année 1858, p. 569, où on parle de six générations.

par Darwin sur la fécondité moindre des Poules Bantam, on peut répondre que cela provient peut-être d'une reproduction *en dedans*.

Enfin, la stérilité supposée de la Chèvre, mi-nubienne, mi-anglaise, obtenue par M. Wiggins, est encore exceptionnelle, car, dans la nomenclature des croisements de Chèvres que nous citons, se trouvent nombre de métis féconds, quoique provenant de races très opposées.

Ce n'est pas sans raison que Darwin a pu écrire, après les recherches auxquelles il s'est livré, qu'il ne connaissait « aucun cas bien constaté de stérilité dans les croisements de races domestiques animales », fait, a-t-il ajouté, d'un contraste extraordinaire, avec la stérilité qui est si fréquente chez les espèces naturelles, même voisines, lorsqu'on les croise (1).

Nous avons maintenant à examiner si des races métisses ont pu être constituées, c'est-à-dire si, dans la suite des temps, le type, nouvellement créé, se conserve par la génération.

Cette question est très débattue ; M. Sanson considère que, tôt ou tard, la race la plus ancienne prévaut, si on n'a soin de recourir à de nouveaux croisements avec la race mère la plus faible dont les traits s'altèrent peu à peu dans la génération croisée. Généralement, on reconnaît qu'il est loisible à l'éleveur de constituer un nouveau type durable à l'aide du métissage.

Nous passerons en revue les auteurs qui ont adopté cette manière de voir. — Grognier (2) est de ce nombre ; il dit qu'un croisement poussé assez loin produit une race intermédiaire (3). Pritchard partage cette opinion (4) ; c'était celle de Flourens qui a écrit que le croisement des races donne toujours des races nouvelles (5).

L'Encyclopédie pratique de l'agriculture a accepté aussi « la méti-

---

(1) *Variations des Animaux et des Plantes*, t. II, p. 111. Nous avons déjà fait cette citation. L'auteur de l'*Origine des Espèces* a encore reconnu dans son ouvrage que « les diverses races de nos différents animaux domestiqués sont très fertiles lorsqu'on les croise ». Voy. p. 272 de la traduction française que nous suivons.

(2) in *Maison rustique*, 1, p. 463.

(3) La même opinion est encore exprimée à la p. 446 du même ouvrage.

(4) Il n'est pas rare dans nos pays, dit-il, de voir former de nouvelles races de Moutons. Cela se fait de deux manières : d'une part, en croisant des races déjà établies et bien connues ; de l'autre, et c'est plus fréquemment le cas, en choisissant les reproducteurs II, pp. 60 et 61.

(5) *De l'Instinct et de l'Intelligence des animaux*, 3e édit., p. 127, cit. par Godron. II, 43.

sation » comme formation possible de races à caractères nouveaux (1). Godron observe « que toutes nos races de Chevaux, de
Chiens, de Moutons, etc., peuvent, par leur union, donner naissance
à des races nouvelles ». Presque toutes les contrées de l'Europe,
ajoute-t-il, possèdent des races particulières qui sont dues à cette
cause (2).

G. Colin (3), se demandant si le croisement peut former des
races nouvelles, répond par l'affirmative et ajoute : « Le croisement ou l'alliance de deux variétés, de deux races, dès l'instant
qu'il donne un produit mixte, une variété individuelle, donne à
celle-ci la faculté de s'étendre à un plus grand nombre d'individus ».

D'après Müller, « une race née du mélange de deux races » est
capable de se propager « par son union avec son semblable (4) »; il
croit à une race « persistante par croisement (5) ».

« Il ne peut y avoir de doute, a dit Darwin, que le croisement,
joint à une sélection rigoureusement continuée pendant plusieurs
générations, n'ait été un moyen puissant de modifier d'anciennes
races et d'en créer de nouvelles (6) ». Darwin s'élève même contre
ceux qui croient qu'il n'est pas possible de créer une race nouvelle
par croisement à cause des difficultés du commencement (7). Il
cite M. Spooner (8) qui, après avoir étudié tous les cas qui on
été enregistrés avec suffisamment de soin, est arrivé à cette
conclusion : « qu'on peut établir une nouvelle race par un
appariage judicieux d'animaux croisés (9) ».

(1) Voy. t. X, p 283, 284 et 288. Paris, 1865.

(2) *De l'Espèce*, t. II. p. 40. Les produits d'un croisement de deux races
anciennes, fait-il observer, d'abord un peu variables, finissent par se fixer après
quelques générations, si on n'allie entre eux que les métis du même degré.

(3) *Traité de Physiologie comparée*, t. II, p. 938, 3ᵉ édit.

(4) *Op. cit.* P. 762.

(5) *Op. cit.* P. 764.

(6) *Variations des Animaux et des Plantes*, t. II, p. 102 (trad. franç.).

(7) P. 104 du même ouvrage où on lit : « L'éleveur se désespère et conclut à
l'impossibilité de faire une nouvelle race. Mais, d'après les cas que nous avons
cités, et un grand nombre d'autres connus, il paraît que ce n'est qu'une affaire
de patience ».

(8) W. C. Spooner, *Sur les croisements*. Journal Roy. agr. soc., vol. XX,
part. II. Ch. Howard Gardener's Chronicle, 1860, p. 320.

(9) Cependant, dans l'*Origine des Espèces*, on trouve ces deux phrases : « J'ai
peine à croire qu'on puisse obtenir une race presque intermédiaire entre deux
autres » ; puis : « je ne saurais trouver un seul cas reconnu où une race perma-
nente se soit formée de cette manière ». Voy. 2ᵉ édit., p. 28 (trad. de Clément
Royer), cit. par Sanson. L'*Hérédité normale et pathologique*, p. 173.

M. de Quatrefages est de cet avis : « Lorsque l'industrie de l'homme intervient, dit-il (1), elle peut, avec des soins, régulariser le croisement entre deux races et obtenir ainsi une *race métisse*. Après quelques oscillations du côté des types paternel et maternel, celle-ci se consolide et s'asseoit ».

M. Hamard trouve « qu'il est inutile de rappeler les nombreux cas de métissage obtenus par nos éleveurs », parce qu'on ne compte plus aujourd'hui les races ou variétés obtenues de la sorte. « Soumises au début, dit-il, à certaines fluctuations qui les rapprochent momentanément de l'un ou de l'autre type ancestral, elles finissent par acquérir assez de fixité pour se conserver avec leurs caractères particuliers. Cette fixité est telle que, rendues à la liberté, croisées même avec des individus d'un type différent, elles conservent toujours quelque chose de leurs traits artificiellement acquis (2) ».

M. Paul Mégnin, le directeur de l'*Eleveur*, que nous avons consulté, pense aussi « qu'il y a moyen de former des races nouvelles par le métissage ». Dans une courte réponse qu'il a bien voulu nous faire par l'intermédiaire de son journal (3), il dit ceci : « Le croisement de deux races distinctes donne, en règle générale, des individus d'un type intermédiaire se reproduisant avec tous leurs caractères sans retour à un des types procréateurs. C'est même par ces croisements que les races améliorées d'animaux domestiques, qu'il s'agisse du Cheval, du Bœuf ou du Mouton, ont été créées ».

Citons encore, s'il en était besoin, Moll, de la *Maison rustique*, qui écrit, tout en faisant des réserves, « qu'au moyen des croisements on peut, non seulement fondre une race dans une autre, mais encore en créer une nouvelle qui participe en même temps des deux races dont elle provient (4) ».

On met toutefois pour condition, ne l'oublions pas, « que les métis aient le même habitat que celui de leurs parents et soient soumis au même régime alimentaire », chose fort naturelle (5);

---

(1) *L'Espèce humaine*, chap. VIII. « *Croisement des races et des espèces*, etc. », p. 52 de la 3ᵉ édit., Paris, 1879.

(2) *Op. cit.*, pp. 618 et 619.

(3) Nº du 20 fév. 1887.

(4) P. 376.

(5) On sait que les races les plus pures, changées de climat, subissent les influences du milieu, se transforment en d'autres types; mises en liberté elles se revêtent de caractères uniformes. Voy. des exemples dans : Dureau de la Malle, Comptes rendus Acad. des Sc., t. 41, p. 688; la Volière, nº du 1ᵉʳ septembre 1886, p. 114; et autres auteurs. Citons, d'après M. de Quatrefages (R. des C. Sc. 1867-68,

on doit aussi éviter les croisements avec d'autres races (1). — Peut-
on citer des exemples ? Oui, sans doute, et d'abord parmi les *races
ovine, bovine et porcine*, nous nommerons :

1º Le Mouton Dishley-Mérinos des Trappes, obtenu par M. Pluchet
en quelques années avec des caractères entièrement différents de
ceux de leurs descendants (2) ;

La sous-race de M. Yvart, créée par le métissage combiné des
Mérinos Mauchamp, de ceux de Rambouillet et de la race
anglaise (3) ;

La race des Moutons de la Charmoise, obtenue par M. Malingré (4),
« race suffisamment assise, dit Godron (5), pour exercer à son
tour une influence modificatrice très heureuse » ;

La race des Mérinos provenant, pense-t-on, du croisement des
races de Moutons indigènes des environs de Cadix avec les Béliers
à laine fine de Mauritanie (6) ;

La race bâtarde provenant de Béliers de l'Inde et de Brebis du
pays, existant dans les environs de Lille vers 1799 (7) ;

Une autre race entre Brebis françaises et Béliers anglais vivant
à la même époque (8) ;

Les Moutons Oxfordshire Downs, comptant aujourd'hui comme
race fixée (9) ;

p. 709), le Bœuf suisse, qui, transporté en Lombardie, se transforme en deux générations ; les Abeilles bourguignonnes, petites et brunes, qui deviennent en Bresse,
après deux générations aussi, des Abeilles grosses et jaunes comme la race du
pays. Ce qui a fait dire à l'éminent anthropologiste qu' « à moins de soins très
spéciaux et tout à fait incessants, les races les mieux assises subissent à la longue
l'action d'un milieu nouveau ». —Tout tentative échouera, a dit encore Colin (*Traité
de Phys. comp. des animaux dom.*, t. 11, p. 536, cit. par Darwin, t. II, p. 104
(op. cit.), « si les conditions extérieures se trouvent être décidément défavorables
aux caractères de l'une et de l'autre des races parentes ».

(1) Voy. M. l'abbé Hamard (*op. cit.*) p. 618.
(2) *Hist. de la création des Dishley-mérinos.* (Journal d'agriculture pratique,
Barral, 1873, t. I, p. 213). — De temps à autre cependant l'éleveur a introduit du
sang pur Dishley.
(3) Bullet. Soc. accl. 1855, p. 162 et p. 132.
(4) *Considérations sur les bêtes à laines au milieu du XIXe siècle,* 1851, in-8,
par Malingré.
(5) *De l'Espèce*, t. II, pp. 40-41.
(6) Feller, *Biographie universelle*, t. III, p. 563. C'est l'oncle de Columelle qui
aurait introduit cette race en Espagne.
(7) Voy. *Tratado sobre la cria y propagacion de ganados*, par H. Dogle,
Madrid 1799, in-8, 2 vol., p. 115.
(8) Même ouvrage, p. 145.
(9) D'après Darwin : *Variat.* t. II, p. 102. Ils ont été produits, en 1830, dit cet
auteur, par des croisements de Brebis de Hampshire et, dans quelques cas, de
Brebis Southdowns, avec des Béliers de Cotswold. Le Bélier Hampshire était lui-
même le produit de croisements répétés entre les Hampshire et les Southdowns.

Les Moutons de Leicester, paraissant provenir de croisements entre plusieurs Moutons à longue laine (1) ;

Le croisement de Béliers Chinois avec des Brebis mérinos qui valut, en 1866, une médaille à MM. Garnot et Tyssier (2).

Le nouveau type de Chèvre, formé il y a vingt ans, par le mélange de la Chèvre commune et le Bouc de Nubie ou d'Abyssinie (3) ;

La nouvelle race de Bétail provenant du croisement d'une race suisse avec une race hollandaise, créée par le roi de Wurtemberg (4) ;

Le croisement du Cochon du Cap, du Porc chinois et du Porc de Siam avec notre Porc, ayant produit en Angleterre plusieurs variétés importantes (5) ;

Les Porcs de Boulogne et de Montreuil, d'une création moderne (6), et peut-être aussi la race napolitaine (7).

2° Nous nommerons ensuite, parmi les *races chevaline et canine* : les Chevaux de course anglais, produits par le mélange d'anciens Chevaux du pays avec des Chevaux bardes, persans, turcs et arabes (8) ;

(1) *Variations* (même page).

(2) Au moins, cette médaille était-elle offerte pour la création d'une race prolifique de Moutons par le croisement de ces deux types. (Voy. Bull. Soc. Acclimatation 1866, p. LXXIV).

(3) Communication de M. Pegler, auteur de l'article « *The nubian Goat* », publié in « the Bazar, Exchange. and Market », n° du 4 février 1881. Ces animaux se reproduiraient *inter se*.

(4) Darwin. *Variations*. Quelques autres races encore rentrent dans cette combinaison.

(5) A. Dixio, in *Maison rustique*, p. 491.

(6) Ils proviennent d'une race locale profondément abâtardie qu'on a relevée par le croisement avec les York shires. Les Métis ainsi obtenus ont été mariés ensemble et il s'est ainsi formé une race supérieure. Godron, t. II, p. 41 (*op. cit*) d'après de Quatrefages, (Revue des Deux-Mondes, renseignements de M. Lavergne, p. 2, t. VII, p. 161).

(7) Nathusius a démontré que par le croisement du *Sus srofa* et du *Sus indicus* on obtient cette race (voy. Rev. des Cours scient., p. 566, 1867-1868, de Quatrefages).

(8) D'après Godron. « On y a aidé, ajoute cet auteur, en dirigeant vers le même but son traitement, sa nourriture, son éducation, et c'est par la continuation des mêmes soins qu'on est parvenu à conserver et fixer cette race ». — D'après le *Nouveau Cours d'agriculture*, « le Cheval anglais est le résultat du croisement du Cheval arabe avec des Chevaux d'une race existant depuis longtemps en Angleterre et fort peu différente de celle de Normandie, si ce n'est la même » (voy. t. IV, MDCCCIX, p. 392). — Nous citons ces opinions pour ce qu'elles valent, car M. de Quatrefages dit positivement que c'est une erreur généralement répandue qui fait du pur sang anglais un métis du Cheval arabe croisé avec les races locales.

Le Cheval anglo-normand, né du mélange du Cheval pur sang anglais avec la race devenue indigène à la Manche, au Calvados et à l'Orne (1) ;

Les races canines anglaises obtenues (2) par des croisements judicieux et réfléchis ;

Le Chien de Saint-Germain, produit du Pointer et du Braque français (3) ;

Les Bassets de Caux qui auraient été créés avec un Basset allemand et une Chienne bassette d'Artois (4) ;

Puis diverses autres races du Chien bien caractérisées, formées par John Sebright (5).

3o *Parmi les races galline et colombine* (qui offrent de nombreux exemples) : la race de la Bresse provenant (6) de très anciens croisements entre la Poule noire commune et la race espagnole (7);

La race des Poules Wyandotte, résultat (8) du croisement du Coq Bantam argenté avec la Poule cochinchinoise blanche (9) ;

Gayot l'aurait réfutée victorieusement dans un travail intitulé : « *Etudes hippologiques* ». Nous n'avons point consulté cet ouvrage. Il parait que M. Gayot et le comte Wilheim, après avoir étudié des registres généalogiques officiels, le *Raing calandar*, le *Turf Register*, le *Weather leg's general Stud book*, arrivent à cette conclusion : que le pur sang anglais descend directement de Chevaux et de Juments arabes (Rev. des Cours scient. 1867-68, p. 709). — Nous trouvons cependant dans l'Encyclopédie de l'Agriculture (p. 291, t. X, 1865) cette assertion que ce Cheval, « la création chevaline la plus importante de notre temps, » est né du mélange bien entendu des deux races pures arabe et anglaise. — G. Colin est d'avis que la race anglaise de course a été créée par croisement, quoiqu'on ait prétendu qu'elle résultait de la substitution du Cheval oriental à une race britannique indéterminée (op. cit. p. 938, t. II, 3e édit, Paris, 1888).— Nous n'avons point consulté l'ouvrage de M. Mégnin : *Le Cheval et ses races*. Très probablement nous y aurions trouvé des indications utiles sur les croisements et des éclaircissements sur ceux que nous avons signalés avec plus ou moins de raison.

(1) *Encyclopédie pratique d'agriculture*, t. X, 1865, p. 295 : « Comme toute création solide et fixe, dit l'Encyclopédie, ce Cheval a acquis le pouvoir héréditaire ».

(2) Au dire de « l'Eleveur », no du 7 août 1887, p. 382.

(3) Cit. par l'Eleveur, mais avec peu d'assurance.

(4) L'Eleveur, 1887, p. 344.

(5) D'après Godron, t. II, *op. cit.*, p. 37, Godron ne précise pas toutefois si c'est par croisement ; il renvoie à John Sinclar : *L'Agriculture pratique raisonnée* (trad. de Dombasle), t. I, p. 198. — On pourra encore consulter Buffon : *Mammifères*, (Table des matières : *Races provenues de races métisses*. Roquets, p. 3, t. V).

(6) Pour M. E. Bouvet, de Saint-Servan.

(7) Cette race est très rare aujourd'hui à l'état pur.

(8) Dit-on.

(9) L'Eleveur, no d'août 1890, Jean Jacques, p. 369.

Les Plymouth rocks, fruit d'un croisement (1) ;

La race de Polverava (Padoue), obtenue par le croisement d'un Coq de Cochinchine avec des Poules de Padoue (2) ;

La race française de Caux provenant, sans doute, du mélange de Crèvecœurs avec des Fléchoises (3) ;

La race de Houdan, métisse de Crèvecœurs et de Dorkings (4);

La race de Bréda qui paraît être (5) le résultat d'un métissage entre deux races, l'une indigène et l'autre exotique ;

La Poule de Biot (ou de Belliot) (6) qui doit son existence au mélange de la Poule de Crèvecœur et de la Poule de Caumont (7) ;

Le Bantam Sebright, formé il y a environ soixante ans, par un croisement complexe (8) ;

Les Brahmas foncés, nés récemment aux Etats-Unis, d'un croisement entre les Chittagourgs et les Cochinchinois (9) ;

Les produits de la race de la Bresse avec celle de Crèvecœur (10) ;

La race Essex améliorée, qui doit sa valeur à des croisements répétés avec la race napolitaine et probablement à quelque infusion de sang chinois (11) ;

Le cavalier qui semble être le résultat à la Grosse-Gorge et du Runt (12) ;

L'élégant Pigeon dragon, provenant de divers croisements entre

(1) Suppose-t-on, in Rev. des Sc. nat. appliquées, 1889, p. 820.

(2) Même Revue, 1889, p. 610. — Cette race a été créée par le Dr Mazzony, un agriculteur expérimenté.

(3) M. Paul Letrone ne craint pas de l'affirmer, in Bull. Soc Acclim. 1859, p. 316. Voir aussi la p. 305.

(4) Tous les caractères extérieurs sont trop significatifs, dit M. Paul Letrone, in Bull. Soc. Accl. 1859, p. 311, (voy. aussi p. 305), pour que l'on puisse conserver le moindre doute à cet égard.

(5) Pour M. Paul Letrone. (Même Bulletin, p. 184. *Monograph. des Gallinacés*).

(6) Ancien marché placé à la limite des deux communes de Saint-Martin et de Saint-Julien de Fresnay, dans l'arrond. de Lisieux.

(7) Bull. Soc. Accl., p. 305, 1859.

(8) Race, aussi fixe, dit Darwin (*Variations*, t. II, p. 102) qu'aucune autre.

(9) *Poultry Book*, p. 58 (cit. par Darwin, qui dit que quelques éleveurs considèrent à tort cette race comme espèce distincte).

(10) Qui paraissent de nature à se perpétuer indéfiniment. (L'Eleveur, p. 277, 1887). — L'éditeur du Poultry Chonicle a obtenu du croisement d'un Coq espagnol et d'une Poule malaise quelques Oiseaux bleuâtres qui demeurèrent de génération en génération constants pour la couleur. Voy. vol. 1, p. 10, 1854 (cit. par Darwin, *Variations*, t. II, p. 104).

(11) Darwin (*Variations*, t. II, p. 102), lequel cite Richardson, *Pigeons*, 1847, pp. 37, 42. Eid. Sidney de Gouall, on *the Pig.*, 1860, p. 30.

(12) Si nous en croyons MM. Boitard et Corbie (cit. par Darwin, *Var.*, t. II, p. 104). Lorsque l'on croise ces deux races, on obtient, en effet, un cavalier.

le Pigeon carrier, le Pigeon voyageur et le Pigeon culbutant ou Monte-au-Ciel (1) ;

Le Bald-Head à courte face, amélioré à l'aide de croisements avec le Tumbler allemand (2) ;

Le Pouter anglais à bavette, le Pigeon Gazzi de Modène, le Domino, paraissant encore être le résultat de croisements (3) ;

Les Tumber et les Barbes, qui ont aussi reçu du sang étranger (4) ;

4° Enfin parmi *diverses races* : la race Himalayenne, formée par le croisement de deux variétés du Lapin gris argenté (5) ; et la race Cora (Vers à soie), descendant du métissage des races de Turin et de Loudun (6).

Ajoutons que Darwin, après avoir croisé des Canards Labrador et Pingouins et croisé leurs produits avec des Pingouins, pensait qu'en choisissant les reproducteurs on aurait pu facilement former une nouvelle race des produits métis, car ceux qu'il obtint pendant trois générations demeurèrent presque uniformes (7).

---

(1) D'après M. La Perre de Roo, *op. cit.*, pp. 17, 18.

(2) Même ouvrage.

(3) Même ouvrage.

(4) Même ouvrage.

(5) Darwin : *Variations*, t. II, p. 104. Le docteur Dannecy a, du reste, formé un grand nombre de variétés et de races dans l'espèce du Lapin, (d'après Godron, cité par Lucas, *Traité philosophique et physiologique de l'hérédité naturelle*, etc. Paris 1847, in-8°, t. I, p. 203). On ne spécifie pas toutefois si c'est par croisement. Nous n'avons point consulté l'ouvrage de M. Lucas.

(6) Godron (*op. cit.*) d'après Robinet, *Manuel de l'Education du Ver à soie*, p. 312.

(7) *Variations*, t. II, p. 104. Oserions-nous nommer des races, créées naturellement par métissage? Le Musée de Bruxelles possède un Faisan (n° 1781 du catalogue), qui ressemble en tous points au *Ph. formosanus* figuré dans la *Monographie* des Phasianidés d'Elliot. Or cet Oiseau n'est cependant qu'un simple hybride, né au Jardin zoologique de Bruxelles, ayant eu pour père un *Ph. torquatus* et pour mère un *Ph. versicolor*. Y a-t-il donc lieu de croire, comme le dit M. Dubois, qu'à l'île de Formose, située non loin de la Chine et du Japon, on ait introduit primitivement des *Ph. torquatus* et des *Ph. versicolor*, propres à ces deux pays? Les métis nés dans cette île auraient fini par remplacer les types dont ils dérivent et à produire la race nouvelle connue aujourd'hui sous le nom de *Ph. formosanus*. Pour vérifier cette assertion (disons-nous, p. 85, dans laquelle nous parlons de ce fait), il faudrait étudier les métis produits en si grand nombre à l'état sauvage en Angleterre et voir s'ils ont le type du *formosanus*. Encore, cette constatation serait-elle de quelque valeur? Du croisement de l'*Euplocamus nycthemerus* × *E. melanotus*, on obtient des Faisans ayant de fortes analogies avec l'*E. raynaudii*. Aucun naturaliste n'a eu cependant la pensée de faire de cette espèce, ou de cette race, un produit hybride ou métis.

Malgré ces exemples nombreux de races fixées, provenant de croisements, des auteurs s'accordent à dire que les caractères nouveaux, que ces races présentent, ne sont que transitoires ; il faudrait, selon eux, avoir recours, pour les maintenir, soit à l'infusion du sang primitif, soit à de nouveaux croisements avec celle des deux espèces pures dont les caractères s'effacent. Pour certains même, nous l'avons dit, les races n'ont point en elles-mêmes le pouvoir de se perpétuer ; l'homme ne crée pas de races proprement dites, à quelques procédés qu'il ait recours. Il ne façonne donc que des collections qui doivent retourner au type primitif, œuvre seule de la création (1).

On connaît les théories de M. Sanson sur ce sujet ; il ne croit pas que les races nouvelles, mixtes ou intermédiaires entre celles qui ont servi à les former, soient désormais fixées. Pour lui, la loi du métissage est la même dans tous les cas : « les groupes d'individus que l'on prend pour races nouvelles n'arrivent à l'homogénéité qu'à la condition de faire retour complet à l'un des types qui ont contribué à les former et à ce type seulement ». L'erreur des éleveurs et des zootechnistes, qui considèrent ces groupes de métis comme étant constitués en race, tient, dit toujours M. Sanson, à ce qu'ils ne les envisagent qu'au point de vue de l'aptitude, laquelle est, en effet, commune à tous et forme le seul objet de l'exploitation. Mais il est à peine besoin de faire remarquer, ajoute-t-il, que cette aptitude, se rencontrant au même degré dans deux races notoirement distinctes, ne peut, en aucune façon, servir pour la caractéristique de la race.

Pour montrer d'une manière bien évidente l'inanité des prétendues races nouvelles, M. Sanson a pris comme exemple la race Dishley-mérinos, laquelle, au dire de savants, se reproduisait depuis trente ans (2) par elle-même avec les caractères mixtes qui lui ont été communiqués. Il a fait dessiner, dans un concours où

Egalement, Elliot a remarqué (en parlant de deux exemplaires ♂ de *Ph. elegans* envoyés de Sechuen en Angleterre) que cette espèce semble être dans sa distribution géographique intermédiaire entre le *P. decollatus* et le Faisan de Junan. On pourrait, dit-il, supposer un hybride entre *Ph. colchicus* et *Ph. versicolor*, si ces deux Oiseaux avaient le même habitat, ce qui n'est pas. — Cette remarque montre donc (comme nous le faisons observer, p. 609) qu'un Oiseau peut présenter des caractères intermédiaires entre deux types sans pour cela être leur hybride.

(1) Perrier, in Bull. de la Soc. d'Anthropologie, 1863, p. 250 : *Essai sur les croisements ethniques*.

(2) Au moment où M. Sanson faisait connaître sa manière de voir.

étaient exposés un grand nombre d'individus de la prétendue
race, d'abord la tête de quatre individus choisis par le jury comme
étant les plus remarquables représentants de la catégorie ; puis
celle de quatre autres appartenant aux races pures. Or, deux de
ces têtes ressemblaient aux Dishley, deux autres aux Mérinos,
trois étaient retournées aux types primitifs.

Ce qui est ici mis en évidence pour la prétendue race Dishley-
mérinos le serait, affirme-t-il, pour toutes les autres races ayant
une origine analogue, attendu que pour lui les formes typiques
de la tête sont indélébiles, « ce qui assure, à travers les siècles,
leur conservation (1) ».

M. Sanson croit du reste donner une nouvelle preuve de ce
qu'il avance dans un autre examen, fait par lui, des métis de la
Charmoise, race également reconnue comme mixte et fixée. Les
types crâniens diffèrent à ce point qu'il est impossible de les
confondre ; ils se rattachent à deux types distincts nettement
tranchés. — Ainsi ce groupe manque-t-il encore du caractère indispensable pour constituer une race : l'homogénéité (2).

Nous devons rappeler ici que M. Sanson se prononce pour la
permanence de la race. Les naturalistes ont considéré la race
comme une variété accidentelle, produite par l'influence du milieu,
par la domestication ou la culture, par l'industrie de l'homme.
Il n'en est rien, d'après lui ; on ne connaît pas plus l'origine d'une
race que celle d'aucune espèce (3).

Ainsi, d'après le professeur de l'Ecole de Grignon, il ne serait
au pouvoir d'aucune méthode zootechnique de créer des races
nouvelles. L'habileté des expérimentateurs s'exercera seulement
sur des aptitudes physiologiques n'ayant rien de commun avec
la caractéristique de la race. « On peut faire osciller, pour ainsi
dire, les formes typiques de races par le croisement ; elles
reviennent toujours infailliblement à leur type primitif, lorsque
les métis se reproduisent entre eux. On peut agir sur leur étendue
absolue, l'augmenter ou la diminuer par la gymnastique, et fixer
ces formes dans les nouvelles dimensions par la sélection : les
lignes et les rapports n'en demeurent pas moins les mêmes ; le

(1) Voy. pour ce que nous rapportons : les Comptes rendus Ac. des Sc. de Paris,
t. 61, p. 74, et Zootechnie, t. II, pp. 56 et suiv.

(2) Voy. Deuxième note sur la variabilité des métis. Comptes rendus de l'Acad.
des Sc., t. 61, p. 636.

(3) Mêmes comptes rendus : « Proposition sur la constitution de l'espèce et de
la race », par A. Sanson, t. 62, p. 1070, année 1866.

plan n'a point changé, et c'est ce plan précisément qui constitue
le type (1) ».

Nous ne pensons point que les théories de M. Sanson soient
généralement acceptées ; tout au contraire, elles semblent n'avoir
converti personne (2).

L'espèce est susceptible de modifications morphologiques ; il
suffit que certains individus se détachent du tronc, habitent
d'autres milieux, pour subir les influences de leur nouvel habitat.
Ils sont parfois atteints très sensiblement, cela est connu de tout
le monde.

Mais nous ne voudrions pas par là affirmer l'existence actuelle
de races absolument fixes et invariables dues à des croisements,
quoique nous croyons l'existence de ces races possible.

Le plus souvent, en effet, les éleveurs sont obligés de redemander
à l'un des parents du sang pur pour régénérer le métis ; puis,
souvent, dans la confection des races croisées, la sélection joue
un rôle aussi grand, sinon plus grand, que celui du croisement.
Le retour à un des ancêtres par atavisme, auquel les races croisées
sont sujettes, est encore un obstacle à leur fixité. « Le cultivateur,
dit M. Elisée Lefebvre (3), qui se laisserait séduire par la facilité
du métissage et par ses prompts résultats et qui conserverait
l'espoir de pouvoir, par ce moyen, entretenir un troupeau de prix
sans être obligé de renouveler sans cesse l'achat de reproducteurs,
courrait le risque de voir tout d'un coup ses espérances déçues
par la tendance que conservent les animaux à redescendre sans
cesse vers le type paternel. Ce n'est point, ajoute l'écrivain, que
nous regardions comme une chose impossible de parvenir à fixer
dans une race quelconque le caractère d'une autre race au moyen
du croisement ; mais nous voulons seulement dire que l'opération
est douteuse, en ce sens qu'on ne peut calculer le temps nécessaire
pour arriver au but, et que l'on ne sait jamais si on y est arrivé ».
Ces paroles nous paraissent très justes.

---

(1) *Ib. id.* Toutes les objections qui ont pu se produire contre la théorie de la race
telle que M. Sanson l'a définie sont mentionnées et réfutées dans la 3ᵉ édit. de son
Traité de zootechnie, publié en 1866. On trouve dans cet ouvrage la dernière expression des idées de l'auteur sur les sujets dont il s'est occupé ainsi que toutes les
considérations bibliographiques dont on pourrait avoir besoin (comm. de M. Sanson).

(2) Si nous en croyons un vétérinaire très distingué, membre de l'Académie de
Médecine.— M. Baron a, du reste, nous l'avons déjà dit, pris M. Sanson à partie et l'a
réfuté à la Société centrale vétérinaire de Paris. (Voy. Bullet. de la Soc. centrale
vétérinaire, t. V, de la nouvelle série, XLI, p. 70). *La Raca Nata.*

(3) In *Maison rustique,* p. 520.

« L'expérience a démontré, dit de son côté M. la Perre de Roo (1), que lorsqu'on mêle deux races distinctes, l'une indigène ou d'origine ancienne, l'autre le plus souvent exotique ou d'origine nouvelle, cette dernière s'efface graduellement au fur et à mesure que les générations s'accumulent ; tandis que la première, c'est-à-dire celle qui était en possession de l'indigénat, persiste presque exclusivement dans ses produits. Si les métis qu'on veut faire reproduire entre eux, en vue de fixer et de maintenir la race, sont placés dans les mêmes conditions hygiéniques et climatériques auxquelles la race primitive ou indigène doit son sang, ses formes et ses aptitudes, la progression vers la prépondérance incontestée et définitive de la vieille race indigène est certaine et s'établit d'une manière régulière, mathématique et progressive, de génération en génération ». En outre, dans une lettre que l'auteur du *Guide illustré de l'Eleveur* nous écrit, nous trouvons cette phrase : « Les animaux issus de deux races distinctes transmettent accidentellement, mais *jamais avec constance,* leurs caractères propres à leur descendance (2) ».

Dans le *Dictionnaire de Chimie et d'Hygiène* de Bouley et Reynal, on lit encore ceci : « Ceux qui ont la prétention d'être les plus intelligents et les plus éclairés, se rangent parmi ceux qui ne croient et ceux qui ne se confient qu'au pur sang ; ils repoussent obstinément, et d'une manière absolue, l'emploi des métis comme reproducteurs ». Et le motif que l'on invoque est le suivant : c'est que « les métis n'ont point d'hérédité stable (3) ».

Godron, qui soutient qu'il est loisible de créer de nouvelles races par croisement, reconnaît lui-même que (4) « si l'on veut maintenir une race, soit ancienne, soit hybride, il est nécessaire d'éloigner les individus qui n'ont pas les qualités requises pour la monte ». Il rappelle qu'en Espagne « on ne conserve les bonnes races de Mérinos que par le choix intelligent des Béliers (5) ».

---

(1) *Op. cit.* pp. 14 et 15.

(2) La même idée est exprimée pp. 19 et 20 de son *Traité.*

(3) Le fait suivant, que nous trouvons dans le *Guide illustré,* appuie ce dire : « M. le comte X. possède cinquante-sept couples de Pigeons Gazgi ou de Modène, les plus beaux d'Italie. Pendant toute l'année qui vient de s'écouler, il n'a réussi à élever que trois jeunes à peu près irréprochables comme disposition correcte des couleurs du plumage ». Cette communication est faite à M. la Perre de Roo par le chevalier J.-B. de Sella, de Bioglio.

(4) *De l'Espèce,* t. II, p. 42.

(5) Mém. de la Soc. d'Agr. du département de la Seine, t. II, p. 264 (cit. par Godron).

« Si l'on abandonnait une race croisée, dit l'*Encyclopédie d'Agriculture* (que nous avons cependant citée comme favorable à la
création de races par croisements), si l'on négligeait de la retremper
par intervalles dans le sang de la race de perfectionnement, on la
verrait déchoir peu à peu et retomber à la fin en l'état d'infériorité
relative (1) ». « L'expérience a démontré ce fait, dit le même
ouvrage (2), que le croisement interrompu dans ses effets ne donne
rien de complet, rien de stable ».

M. de Quatrefages écrit lui-même que, « quelque constance
qu'une race métisse ait acquise dans son ensemble, il arrive presque
toujours que certains individus reproduisent à des degrés divers
les caractères de l'un des types primitivement croisés ». C'est
l'atavisme qui apparaît sans cesse, cet atavisme qui empêche la
fixité complète de la race créée par croisement et vient, suivant
la pensée heureuse du maître, « attester le lien physiologique qui
unit tous les métis (3) ».

Citons aussi M. Richard, du Cantal, lequel fait savoir, dans
un rapport adressé à la Société d'acclimatation de Paris (4), qu'il
n'a pas confiance dans le croisement, la nature ne perdant jamais
ses droits d'une manière absolue. On peut encore rappeler cette
phrase d'un article de la *Volière* : « Dans aucune espèce les métis
issus de deux races différentes ne sauraient transmettre avec
constance à leur progéniture les caractères qui les font différer de
leurs parents ; sous les influences de la loi de la rétrogradation,
il se manifestera toujours chez leurs produits une tendance de
retour à l'un des types primitifs, à l'un des types des deux races,
qui ont contribué à créer la race métisse, et cette tendance s'accen-
tuera de plus en plus énergiquement au fur et à mesure que les
générations s'accumuleront ou se succèderont (5) ». Enfin, il faut
mentionner Moll, de la *Maison rustique*, qui, tout en ayant écrit qu'au

---

(1) P. 894 du t. V. Paris, 1861.

(2) P. 287 du t. X. Paris, 1865.

(3) L'*Espèce humaine*, p. 52. — M. de Quatrefages (p. 50) cite un exemple bien
frappant de ce retour à l'ancêtre. Il l'emprunte à Girou de Buzareingues. Il s'agit
d'une généalogie de Chiens qui étaient des métis de braque et d'épagneul. « Or, un
mâle, braque par tous ses caractères, uni à une femelle de race braque pure,
engendra des épagneuls. Ce dernier sang n'avait donc nullement été éliminé ». —
C'est le cas de répéter avec M. de la Perre de Roo que celui qui ne connaît pas la
provenance des reproducteurs, dont il dispose, se ménage bien des déceptions et
des mécomptes (p. 136 de l'*op. cit.*) ».

(4) Voy. p. 386, année 1857.

(5) *Les Secrets de la Basse-Cour*, par Narcisse Masson, p. 271, 1ᵉʳ février 1887.
(L'auteur parle de Poules).

« moyen de croisements on peut créer une nouvelle race », observe néanmoins « que les produits des métis tendent en général à se rapprocher de celle des deux races composantes qui a le plus de constance et qui est le plus en harmonie avec les circonstances naturelles et artificielles de la localité (1) ».

Nous nous sommes permis toutes ces citations, quelque longues qu'elles fussent, afin de montrer les difficultés réelles et l'incertitude que présentent les croisements. S'il était nécessaire de recourir à un argument encore plus décisif, nous ne saurions mieux faire que de rappeler le passage suivant que nous trouvons dans un ouvrage destiné aux éleveurs; il fera voir ce que ceux-ci pensent des métis. Un amateur de Pigeons envoyant deux couples de ces volatiles à un de ses amis, lui écrit : « il ne faut pas vous attendre à ce qu'ils reproduisent *pareils à eux-mêmes* »; et la raison qu'il donne est « que ce sont des individus provenant de croisements ».

Nous avons nous-même essayé de former une race galline à l'aide de croisements ; nous avons en 1889 accouplé la race Padoue (variété bleue à huppe blanche) avec la race de Cochinchine, donnant à la première le rôle du mâle. Depuis, chaque année, nous obtenons une nouvelle génération ; les métis se montrent très prolifiques. On est donc en présence de sept générations successives provenant de métis *vraiment demi-sang* et se reproduisant *inter se*. Or, chaque année, apparaissent les formes et les plumages les plus divers. Quelques types montrent une certaine uniformité ; leur attitude, leur forme, leur plumage tiennent, pour ainsi dire, des deux races mères ; mais aucun type nouveau, constant, n'est encore sorti du mélange que nous indiquons. — Il y a beaucoup de jeunes se rapprochant, soit d'une espèce, soit de l'autre ; l'année du mélange, il y avait aussi des Coqs dont le plumage rappelait celui du Coq *bankiva*, souche probable de nos Poules domestiques (2); il y avait surtout, (si nos souvenirs sont bien exacts), des jeunes montrant beaucoup d'analogie avec le Cochinchinois. Les mêmes phénomènes se reproduisent du reste chaque année; peut-être le type Cochinchinois tend-il à s'effacer? Nous remarquions en 1895, comme pendant les années précédentes, un grand nombre de Poules représentant la race Padoue, (mais non la variété récente,

(1) Voy. p. 377.
(2) Cet effet du croisement qui consiste à ramener deux races au type primitif est très curieux et bien établi.

Padoue bleue à huppe blanche, qui avait servi dans le mélange (1).
— Il serait bien difficile de préciser rigoureusement à quelle race
les jeunes ressemblent le plus, car à chaque ponte, on constate
cette « *variation désordonnée* » dont parle M. Naudin et dont M. de
Quatrefages semble, en quelque sorte, faire l'attribut des croisements d'espèce (2).

Il est vrai que nous n'avons point pris soin de réunir, dans un
même parquet, les individus qui se ressemblaient le plus ; intentionnellement nous avons laissé les jeunes se reproduire en toute
liberté, quoique les mâles, se trouvant toujours trop nombreux,
nous ayons de préférence éliminé les Coqs les plus disparates.

Nous sommes persuadé que, si une sélection attentive ne
survient, jamais ces gallinacés, demi-sang et croisés entre eux,
ne formeront une variété ou race à caractères constants et bien
définis. Il faudrait, pour obtenir une reproduction de formes intermédiaires, n'allier entre eux que les rares Coqs et Poules qui
présentent une forme et des caractères mixtes, ou bien encore
croiser de nouveau les métis, qui se rapprochent trop d'un seul
type, avec celle des races pures qu'ils ne rappellent que peu. —
Si on faisait chaque année un choix judicieux des reproducteurs,
pourrait-on peut-être arriver, à la longue, à fixer une forme
nouvelle que l'atavisme cependant frapperait fréquemment d'un
retour vers l'un ou l'autre type ancestral (3).

Une remarque très importante s'impose ici. Dans la plupart des
races, soi-disant fixées, et dont il vient d'être fait mention, nous
sommes porté à croire qu'on ne compte qu'un fort petit nombre
provenant directement d'un seul et premier croisement opéré entre
deux races pures. Généralement, la première génération de métis,
et les générations suivantes, offrant une grande variation ou plutôt
une prédominance marquée vers un type, on a eu soin, afin de
donner aux métis des caractères intermédiaires, de les croiser,
non entre eux, mais avec le type pur dont les traits étaient le

(1) Cette variété est trop récente pour persister dans les croisements. Dans cet
exemple on peut reconnaître toute la justesse d'une observation de M. de Quatrefages
qui est la suivante : « Des caractères récents, observe-t-il (in Rev. des C. Sc., t. V,
1867-1868, p. 754) s'effacent aisément lorsque deux êtres mettent en présence, au
moment de leur union, des traits et des qualités nouvellement acquis et qui n'ont
pas eu le temps de se stabiliser et de s'équilibrer. »

(2) Voy. p. 53 de l'*Espèce humaine*, 3ᵉ édit., le chap. VIII : *Croisement des races
et des espèces*.

(3) Citons ici l'exemple de cet éleveur qui, ayant croisé des Poules avec les races
malaises, n'était pas encore parvenu à les débarrasser de ce sang après quarante ans
d'efforts, (exemple emprunté à Darwin).

moins apparents (1). En sorte que la plupart des races métisses ne sont pas à proprement parler des races demi-sang ; ce sont des races qui possèdent plus de sang d'une race que d'une autre, si nous admettons toutefois (comme il est convenu en pratique) que le produit représente « la demi-somme des puissances héréditaires de chacun de ses procréateurs (2) ». On se trouverait ainsi avoir des races 3/4 sang, 5/8, 7/8, etc. ; cela à l'infini. Nous ne parlons point des métis qui ont, tout à la fois, du sang de trois, quatre et même cinq races ; ce sont peut-être les plus communs.

Ainsi, même avec des mélanges variés, des combinaisons dues à une sélection très attentive, on n'arrive que très difficilement à créer un nouveau type durable, lequel est sans cesse, si une sélection attentive ne survient, sujet à retourner au type paternel ou au type maternel.

Nous aurions désiré rencontrer une race authentique née d'un premier et unique croisement entre deux races pures. Sans nier assurément qu'il en existe dans les exemples cités, nous n'oserions non plus affirmer qu'elle s'y trouve.

Quoiqu'il en soit, les croisements de race à race sont bien différents de ceux d'espèce à espèce. Si l'on peut facilement citer des races métisses (plus ou moins constantes, nous l'admettons), il est impossible de nommer des races hybrides ; *on n'en connaît aucune*. Serait-il possible d'en créer? Nous ne voudrions cependant pas répondre par la négative car, puisque l'on rencontre des hybrides prolifiques (3), pourquoi n'arriverait-on pas, par un choix judicieux des reproducteurs ou avec des infusions nouvelles du sang des espèces mères, à former un type nouveau dont la durée, cela va sans dire, serait limitée au temps pendant lequel la sélection durerait? — En principe, nous ne voyons aucune impossibilité à cela ; mais nous ne disons pas non plus que la chose soit.

Nous avons fait des essais nombreux pour résoudre la question; nous devons avouer que nous ne l'avons pas résolue pratiquement, pas plus parmi les Oiseaux que parmi les Mammifères.

Il nous serait impossible de raconter ici, même très brièvement, les croisements que nous avons tentés. Leur nombre est très étendu,

---

(1) On pourra se renseigner sur cette manière de procéder, dans la notice sur les troupeaux Dishley-mérinos de Trappes. (Journal d'Agriculture pratique Barral, 1875, t. I, p. 213).

(2) C'est là toutefois une hypothèse toute gratuite, comme le fait remarquer, avec beaucoup de raison, M. Sanson, in *L'hérédité normale et pathologique*, p. 160.

(3) Il en existe, nous le savons par expérience.

puisque nous avons pu expérimenter sur des centaines, nous dirions presque, des milliers de sujets.

C'est en 1885 que nous bâtissions, dans notre parc d'Antiville, le premier parquet où devaient commencer nos expériences. Les débuts de la première année avaient été très modestes ; mais, dès la deuxième et la troisième année, nous donnions une grande extension à nos essais, nous associant en France, et même à l'étranger, beaucoup d'éleveurs et d'amateurs qui acceptaient d'expérimenter pour notre compte et sous leurs yeux.

Nous éprouverions une grande satisfaction à raconter en détail ces croisements, entrepris dans un but purement scientifique ; mais un gros volume y suffirait à peine. Si nous n'en étions point l'auteur, nous dirions qu'ils présentent tous un intérêt très grand.

Bornons-nous à faire savoir que, parmi tant de mélanges, un seul, bien connu des éleveurs, le croisement de la *Thaumalea picta* × *T. amherstiæ* (1) a réussi à nous donner cinq générations d'hybrides provenant d'un croisement direct, c'est-à-dire que les hybrides se sont reproduits quatre fois entre eux. Certaines circonstances malheureuses, dans l'incubation des œufs ou dans l'élevage des jeunes, nous ont privé d'amener tous les ans une nouvelle génération dans les autres croisements entrepris ; quelquefois, souvent même, la cause de l'insuccès a été la stérilité des produits ou l'infécondité des parents croisés ; mais non le mélange des espèces.

Nous supposons donc que les Oiseaux qui proviennent du croisement qu'on vient de citer sont indéfiniment féconds, puisque chaque fois la ponte est normale et leurs œufs fécondés en quantité suffisante. Mais ce que nous n'avons point dit, c'est que les individus de cinquième génération sont exactement les mêmes que les individus provenant du croisement direct : les mâles sont presque entièrement du type *picta*, les femelles se rapprochent généralement de l'*amherstiæ*. En sorte que, quoique certains sujets soient quelque peu intermédiaires, nous n'avons obtenu aucun type réellement nouveau ou race hybride.

Afin d'éviter ce retour aux ancêtres, nous avions pensé qu'il serait bon d'apparier entre eux des produits nés de croisements où le rôle des facteurs se trouverait interverti. Cela, fait sur *une très large échelle*, a été peine inutile. Évidemment, pour obtenir une forme intermédiaire, il faudrait infuser aux hybrides du sang de l'espèce pure dont les caractères ne sont pas assez apparents.

(1) P. 87.

Mais alors on arriverait, comme dans la formation de beaucoup de races du reste, à ne posséder que des sujets ayant plus d'infusion de sang d'une espèce que l'autre, ce qu'il aurait fallu éviter (1).

Parmi les exemples de croisements que nous avons énumérés, dans le mémoire présenté à la Sorbonne, il a encore été rappelé qu'à la Ménagerie du Muséum de Paris on croit être parvenu à obtenir six générations d'Euplocomes du Nepaul (ou Leucomèles) croisés d'Euplocomes *nycthemerus*. Plusieurs de ces produits nous ont été envoyés en échange; ils appartenaient à une deuxième et à une troisième génération. Nous avons cru constater que leur plumage était sujet à des variations. En outre nous répétons que nous ne sommes aucunement sûr que six générations de métis demi-sang aient été obtenues; il y a même lieu d'en douter d'après les renseignements dont nous nous sommes entouré.

Nous ne mentionnons pas ici les autres exemples d'hybrides, non stériles, signalés dans le même travail; car ces hybrides, quoique jouissant de la fécondité, n'ont point encore formé une race se perpétuant sans le secours d'infusion de sang des espèces pures.

Les phénomènes de reproduction chez les hybrides et chez les métis viennent d'être étudiés; on peut se demander si ces phénomènes, qui s'établissent très différemment dans la génération des uns et des autres permettent d'en faire le *criterium* physiologique de l'espèce ?

Beaucoup sont tentés de répondre par l'affirmative; nous pencherions aussi de ce côté. On doit, cependant, compter avec les exceptions. Or, dans notre communication faite à la Sorbonne, nous avons remarqué que certains hybrides sont doués de fécondité, même entre eux. S'ils sont capables de se reproduire normalement pendant un certain nombre de générations, on ne voit pas pour quelle cause cette fécondité réelle cesserait tout à coup (2). — Nous serions-nous trompé sur la nature des parents qui les ont engendrés; ceux-ci ne méritent-ils point d'être classés parmi les bonnes espèces zoologiques? La chose est très possible.

Aussi, dans l'ignorance où nous sommes de ce sujet, (tout aussi obscur qu'il est profondément mystérieux), nous nous bornerons aux constatations faites sans tirer de conclusions.

(1) Si on peut juger par un ou deux exemples isolés, nous avons remarqué avec intérêt que les Coqs à caractères mixtes (fort rares) se montraient inféconds ; l'un d'eux cependant devint prolifique au bout d'un certain nombre d'années.

(2) On le dit cependant dans beaucoup d'ouvrages.

Un esprit qui voudrait aller au delà, voir plus loin que nous essayons de le faire, ne manquerait pas de remarquer que les faits, tels que nous les avons exposés, mènent cependant à une conclusion. S'il existe, *en général*, une différence très importante entre l'hybride et le métis, au point de vue des phénomènes de reproduction, (puisque le premier est presque toujours stérile, le second toujours fécond), il est néanmoins possible de rencontrer des cas où l'un et l'autre sont prolifiques. En outre, tandis que l'existence de races métisses, absolument et invariablement fixes, n'est peut-être pas suffisamment établie, l'impossibilité de créer une race hybride n'est point non plus démontrée scientifiquement. Il y a donc des cas où la distinction *génésique* de l'hybride et du métis n'est guère possible ; ces cas sont très rares certainement, tout-à-fait exceptionnels dans l'état actuel de nos connaissances, mais se manifestent parfois.

Nous ne voudrions point nous soustraire à cette critique ; nous l'acceptons avec ses conséquences et nous en reconnaissons toute la valeur. C'est pourquoi, dans certains cas, au lieu de nous servir des phénomènes de reproduction comme *criterium* de l'espèce, serions-nous presque tenté de proposer comme signe tout spécialement distinctif, l'indifférence ou aversion qui se manifeste entre sexes d'espèces différentes au moment même de la reproduction, lorsque l'animal jouit de sa liberté ; cette aversion étant si vive qu'elle met obstacle à tout rapprochement. — Cette proposition n'est faite que pour le cas où le classement de parents d'hybrides féconds, au rang d'espèces ou de variétés, serait bien établi ; car il peut arriver, nous le répétons, que de tels parents soient mal classés.

Mais d'autres phénomènes accompagnent la naissance des hybrides et des métis. Les uns et les autres revêtent des caractères nouveaux propres à leur nature mixte. — L'étude de ces caractères n'est peut-être pas d'une moindre importance que celle de leur fécondité ou de leur stérilité. La manière dont le mélange s'opère dans le produit peut jeter, en effet, quelque jour sur la fécondation croisée. Nous étudierons donc maintenant ce sujet.

VIII.

Y a-t-il *fusion* réelle des caractères des parents constituant dans ce cas des traits *très moyens*? ou plutôt le mélange n'aboutit-il qu'à une *juxtaposition* donnant à certaines parties du corps l'aspect d'une espèce, à certaines autres l'aspect de l'autre espèce ? Quelle est la part revenant à chaque facteur ? Le mélange s'opère-t-il de la même manière chez les hybrides et chez les métis ? — Telles sont les questions qu'il est nécessaire de résoudre. Leur solution peut être d'un grand avantage dans les cas douteux d'hybridisme ou de métissage observés à l'état sauvage, c'est-à-dire dans les cas où l'on ignore si les caractères mélangés que présentent des individus sont dus à un croisement ou à des influences climatériques (1).

Nous verrons, dans le cours de cet ouvrage, que des Oiseaux, observés à l'état sauvage, sont intermédiaires entre deux types purs dont, à première vue, ils paraissent provenir ; que les caractères de ces deux types se fondent chez eux dans une harmonie parfaite ; qu'une progression constante s'établit lorsqu'ils tendent à se rapprocher vers l'un ou vers l'autre de ces types. D'autres Oiseaux représentent aussi sur eux les caractères des deux espèces, mais ces caractères ne sont pas fusionnés : des parties du plumage ou du corps appartiennent presque complètement à une espèce ; les autres parties à la seconde espèce. — Dans le premier cas, il s'agit très probablement d'intermédiaires non métis entre deux races ou deux variétés, dans le second cas on a presque toujours affaire à des produits de croisements.

Ce sont encore les faits, les faits seuls qui peuvent nous instruire ; il est utile d'en grouper un grand nombre pour établir des règles de quelque valeur. Ayant rassemblé une foule d'observations, nous serions en mesure de procéder à ce travail ; malheureusement nous ne pouvons y songer dans cette courte préface ; il

(1) D'après la disposition des caractères que revêtent les produits, des auteurs ont cru pouvoir découvrir leur provenance. Voy. entre autres : Gloger, dans le Journal für Ornith., 1854 (à propos de la *Fuligula homeyeri*) ; Severtzow, in Bull. des Naturalistes de Moscou, p. 352 et suiv., à propos d'un Canard qu'il croyait issu de la Sarcelle et du Canard sauvage ; Th. Lorenz, in Journal für Ornithologie, 1894, (pp. 416 et suiv.), *Einiges über Ruckelwild und Halmenfedrigkeit*.

y a ici matière à un volume. Nous ne ferons donc, tout en laissant connaître notre sentiment, que passer en revue les auteurs qui ont parlé du sujet. — Ils sont nombreux, plus nombreux peut-être que les observations sur lesquelles ils s'appuient pour exposer leur manière de voir.

Et d'abord quel est leur enseignement sur les caractères des hybrides?

Pline prétendait que le produit de deux espèces n'est semblable ni à l'une ni à l'autre, mais forme une troisième espèce (1). Il est à peu près le seul naturaliste qui se soit exprimé ainsi.

Les auteurs sont unanimes à dire que l'hybride tient de l'un et de l'autre de ses auteurs. On pourra consulter Willughbei (2), de Haller (3), Meyer (4), Blumeubach (5), Bronn (6), Westood (7), et une quantité d'autres qui sont très explicites sur cette matière.

Mais si les hybrides sont *mixtes*, sont-ils pour cela *moyens* (8)?

Godron, qui a étudié la question, semble pencher pour cette opinion (9), partagée en quelque sorte par les auteurs du *Nouveau Dict. d'Hist. naturelle* (10) et par M. Carl Vogt (11).

Isidore Geoffroy-Saint-Hilaire, qui n'est point étranger à ce genre d'études, est moins affirmatif. Pour lui les hybrides ne sont pas toujours moyens; toutefois ils sont toujours mixtes et

(1) Lib. VIII, LXIX. Willughbeii, London.

(2) *Ornithologiæ*, p. 10.

(3) *Elementa physiologiæ corporis humani*. Berne 1766, t. 8, p. 99.

(4) *Mag. für Thiergeschichte*. Ersten bandes, erstes Stück, Gœttingen, 1790.

(5) *Manuel d'Hist. naturelle*, p. 27. (Trad. de l'allemand par Soulange Artaud), t. I, pp. 118-119, 1803.

(6) *Naturgeschichte*, etc., 1843, p. 172.

(7) The transactions of the Entomogical Society of London, vol. III, 1841-43, p. 195; Voir encore le Dict. de Bory de St-Vincent, t. X, p. 120.

(8) Bescherelle (Dict. national) donne ainsi la justification de ces deux mots : « *Mixte*, qui est mélangé, qui est composé de plusieurs choses, qui participe de la nature des uns et des autres »; « *Moyen*, qui tient le milieu entre deux extrémités, entre deux choses. »

(9) Voici ce qu'il écrit : « Le mélange des formes est-il réparti dans une proportion égale, et les hybrides de même origine offrent-ils toujours des caractères constants? Il est d'observation que les hybrides (il parle de certains genres déterminés) sont réellement des êtres intermédiaires entre leurs parents, et tiennent à peu près autant de l'un que de l'autre. Ils ont généralement une ressemblance assez grande, mais qui n'est pas cependant aussi complète que celle que présentent les espèces appartenant à une même espèce légitime, etc. » (pp. 197 et 198 de l'*op. cit.*). Plus loin (p. 200) il dit : « Les hybrides, nés de deux espèces distinctes, participent presque également des caractères de chacun de leurs parents ».

(10) T. XX, Paris 1818, p. 489.

(11) *Leçons sur l'homme*, 1878, p. 555.

forment même de véritables intermédiaires (1). D'après Marcel de
Serres, (2) c'est seulement quelquefois qu'ils tiennent le milieu
entre les deux espèces mères. Si nous en croyons Gloger (3),
Lyell (4), Chevreul (5), ils ne sont point rigoureusement intermédiaires.

L'influence des parents ne se répartirait donc pas chez eux d'une
manière égale. — Tiendraient-ils plus d'une espèce que de l'autre ?
Oui, répondent les uns. D'après Athénée (6), ils tiennent plus de
la mère que du père ; cette opinion est partagée par Nieremberg (7),
Zacchias (8), Mérat (9), Cardini (10). Tel n'est pas l'avis du
Dr Gloger (11), du baron de Gleichen (12) et de M. Victor Fatio (13) ;
d'après ces derniers, les hybrides ressemblent presque toujours
davantage à leur père.

Les produits hybrides peuvent-ils aussi se rapprocher complètement de l'un des parents, c'est-à-dire posséder tous les caractères
d'une espèce à l'exclusion de l'autre ? Isidore Geoffroy Saint-Hilaire
répond catégoriquement à cette question par la négative ; il résulte
pour lui, de tous les faits observés, que jamais ils ne ressemblent
à un seul type complètement. M. de Quatrefages approuve cette
opinion (14). La même manière de voir est exprimée dans le
Dictionnaire de Bory de Saint-Vincent.

Quant à savoir s'il y a *fusion ou juxtaposition* dans le mélange
des types, l'auteur de l'*Histoire des règnes organiques* admet que
les deux cas peuvent se présenter. « Il peut y avoir *fusion* plus ou
moins intime des deux types originels ; ou, au contraire, simple

---

(1) *Hist. générale et particulière des Anomalies de l'organisation chez l'homme
et les animaux. etc., ou Traité de tératologie*, t. I, Paris 1832. Part. II, liv. III,
chap I, p. 306 (en note). Voy. aussi : *Hist. générale des Règnes organiques*,
t. III, p. 200.

(2) *Revue du Midi. Toulouse*, 1835, t. IX, p. 347.

(3) *Journal für Ornithologie*, n° de septembre 1854. 5e heft., Sur *l'hybridation*,
etc., p. 404.

(4) *Principes de Géologie*. 4e part., p. 102, 1830.

(5) *Journal des Savants*, pp. 355 et 356, 1846.

(6) Cit. par Galien. *De semine*, lib. secundus, f° 336, verso 30e ligne.

(7) *Hist. nat. max.* Anvers 1635, chap. XXIX.

(8) *Questions médico-légales*, Avenion 1657, p. 533.

(9) *Dict. des Sc. médicales*, t. XXII. p 138, 1818.

(10) *Dict. d'Hippatique*, 1848, p. 149.

(11) *Boustanding, etc.*, p. 513.

(12) *Op. cit.*, an VII, p. 96.

(13) *Quelques observations sur deux Tétras des Musées de Neufchâtel et de
Lausanne*. (Bul. Soc. Vaudoise des Sc. nat. IX, n° 58, 1868).

(14) Voy. Rev. des C. scientifiques, 1867-1868, p. 752.

mélange de ces types, par juxtaposition des caractères empruntés
à chacun d'eux. Dans le premier cas, les deux types, partout
altérés l'un par l'autre, ne se montrent plus nulle part. Ailleurs,
au contraire, chaque type est séparément empreint sur l'hybride :
telle région ou tel ordre de caractères est comme chez le père, tel
autre comme chez la mère (1).

Darwin était porté à croire que la fusion des caractères ne
s'accomplit que très rarement, dans des cas tout à fait exceptionnels (2). Au contraire, William B. Carpenter (3) parle de cette
fusion comme d'une chose ordinaire. M. de Quatrefages admet
qu'il peut y avoir fusion et juxtaposition (4).

Voici ce que nous sommes enclin à croire :

Rarement l'hybride appartient à une seule espèce ; ses caractères
sont, non moyens, mais intermédiaires ou mixtes, c'est-à-dire
qu'il possède sur lui les caractères des deux facteurs mélangés en
diverses proportions ; le plus souvent les parties qui sont atteintes
par le mélange laissent voir facilement l'influence prépondérante
d'une des espèces mères, en sorte qu'il y a juxtaposition et fusion.
La fusion intime, dans des proportions égales, nous paraît rare
ou plutôt ne point exister. — La plupart des hybrides, nés de deux
espèces bien pures, non altérées par la captivité ou la domesticité,
doivent se ressembler entre eux, non pas autant cependant, comme
l'observe Godron avec raison (5), que se ressemblent les animaux
nés d'espèces sauvages et libres.

Il en est tout autrement lorsque les espèces que l'on marie sont
domestiquées et altérées : la variabilité de leurs produits est alors
la grande règle ; on peut leur appliquer l'expression caractéristique employée par M. de Quatrefages : « *variation désordonnée* ».

Mais n'y a-t-il aucune règle constante et fixe permettant de prévoir de quelle manière s'établissent les caractères des hybrides ?
M. Edmond Perrier (6) et le Dr Broca pensent qu'il n'en existe
point : « Aucune loi générale, dit Broca, ne préside à la répartition des caractères du père et de la mère chez les animaux hybrides.
Il y aurait même, suivant les cas, des différences considérables
qu'aucune donnée théorique ne permet de prévoir avant l'expé-

(1) T. III, p. 203.
(2) *Variations des animaux et des Plantes*, t. 2, p. 101.
(3) *Principles of Human physiology*, p. 986. London, 1876.
(4) Voy. R. des C. scient., 1867-68, p. 757.
(5) *Op. cit.*, p. 200.
(6) *Essai sur les croisements ethniques*. (Bull. Soc. anthrop. 1864, p. 244).

rience (1) ». Ce que confirme peut-être M. de Selys-Longchamps
lorsqu'il dit que dans une même couvée, « il est rare que les hybrides soient tout à fait semblables les uns aux autres (2) ». Maupertuis (3) pensait que l'incertitude des caractères s'accroît à mesure
que les espèces hybrides croisées sont plus éloignées. — Ces diverses
théories seraient à examiner de plus près.

Les choses se passent-elles de même chez les *métis*, nous voulons
dire chez les individus provenant du mélange de deux races ou de
variétés (4)?

On reconnaît qu'ils participent, comme les hybrides, de l'un et
de l'autre de leurs auteurs (5). Dit-on qu'ils sont moyens? D'après
Girou de Buzareingues (6), on obtient souvent un *medium*. Maupertuis (7) aurait aussi admis que le produit est *mi-partie*. Kant (8)
le considère comme toujours et nécessairement moyen. M. de Quatrefages (9) pense qu'il est ainsi quelquefois, mais non le plus
souvent. D'après Godron (10), il n'est pas réellement intermédiaire.
Beaucoup d'éleveurs attribueraient cependant des qualités moyennes
aux métis (11).

Ceux-ci tiennent-ils plus de leur père que de leur mère, ou est-ce
l'inverse? Peu d'auteurs, à notre connaissance, ont fait connaître
leur sentiment sur ce point. Mais d'après Godron (12), tous les

(1) *Op. cit.*, p. 574.
(2) Bull. Acad. des Sc. de Bruxelles, 1845, t. 2.
(3) Cit. par de Quatrefages. R. C. S. 1867-1868, p. 752.
(4) Il nous est impossible, à notre regret, de distinguer ici entre les produits
de variétés et les produits de races croisées. Ce sont là cependant des êtres différents. La variété étant une création très récente, de faible importance ; la race étant
établie plus anciennement, avec des caractères plus tranchés, plus marquants, il
peut se faire que les mêmes phénomènes ne se produisent pas dans les caractères
des produits des unes et dans les caractères des produits des autres. — Mais une
telle distinction, très subtile d'ailleurs, nous entraînerait beaucoup trop loin, et
nous ne disposons point d'assez nombreux exemples à citer.
(5) Voy. *Hist. gén. des anomalies*, p. 306, 1832 ; *Races humaines* (Des caractères), par Edwards, 1829, p. 25 ; le *Dict.* de Deterville, 1838, t. XXIII ; les Mém.
de la Soc. d'Ethnologie de Paris, 1841, in-8°, t. I, p. 21 (*Lettre* à M. Amédée
Thierry, p. M. Edwards), t. II, p. 21, etc.
(6) Cité par de Quatrefages. R. C. S., p. 752.
(7) Cit. par le même auteur.
(8) Cit. aussi par M. de Quatrefages (même ouvrage).
(9) Même ouvrage.
(10) De l'*Espèce*, p. 212 et 213.
(11) Si nous en croyons le Bull. de la Soc. d'Acclim., t. VIII, année 1861, p. 356.
(12) De l'*Espèce*, pp. 212-213.

observateurs seraient unanimes à reconnaître que ce sont les caractères du père qui dominent le plus généralement.

Les métis peuvent-ils être entièrement semblables à une seule des espèces qui ont contribué à leur formation? Broca dit que « dans les alliances qui s'effectuent entre les variétés d'une même espèce le produit est quelquefois entièrement semblable à l'un des parents ». Toutefois cette observation ne lui étant point personnelle, il cède la parole à Isidore Geoffroy Saint-Hilaire qui, dit-il, a découvert ce fait (1). — Geoffroy a écrit, en effet (2), que souvent les métis ressemblent à l'un des individus qui leur ont donné naissance. Godron reconnaît l'exactitude de cette observation ; « il arrive, écrit-il, que la variété revient d'emblée, soit à l'une des deux origines, soit à un ascendant plus ou moins éloigné ». M. de Quatrefages (3) n'admet ce cas qu'exceptionnellement ; il remarque, à l'appui de son dire, que pour qu'il y ait ressemblance unilatérale, lorsque deux races se croisent, il faudrait que chez l'une tous les caractères aient une ténacité supérieure ; ce concours de conditions ne se produira que bien rarement (4).

Arrivons aux questions de *fusion* et de *juxtaposition*, quoique peu d'auteurs paraissent avoir abordé ce sujet. — « En général, dit M. Mathias Duval (5), lorsqu'on croise deux races, leurs caractères tendent à se fusionner d'une manière intime ; mais il en est qui semblent se refuser à se concilier ainsi et se transmettent de l'un des parents ou de tous deux sans modification au produit du croisement (6) ».

M. de Quatrefages admet que le croisement des races de la même espèce est suivi, tour à tour, des phénomènes de fusion et de juxtaposition (7). Dans le Bulletin de la Société d'acclimatation (8), on parle aussi du mélange égal comme possible, non comme continuel. — Mais contrairement à ce qui se passe chez l'hybride, la variabilité serait l'attribut essentiel des métis et principalement des métis provenant de variétés. Geoffroy a accepté

(1) Il renvoie au *Dict. classique d'Hist. nat.*, t. X, p. 121 (art. *Mammifères*), Paris, 1825, in-8°.
(2) In *Hist. gén. des Règnes organiques*, p. 306, 1832.
(3) R. C S., 1867-68, p. 752.
(4) R. des Cours scientifiques, 1867-68, p. 755.
(5) Revue scientifique 1884, n° de fév.
(6) L'auteur fait ici allusion aux expériences de Darwin sur le croisement des Souris grises et des Souris blanches dont les produits, on le sait, ne sont ni pie ni d'une nuance intermédiaire. Mais c'est là un cas spécial.
(7) R. des C. Sc., 1867-1868, p. 757.
(8) Année 1861, t. VIII, p. 257.

en quelque sorte cette manière de voir ; Godron a reconnu que les métis sont plus variables que les hybrides.

Il y aurait donc lieu de distinguer, d'après ce que nous venons de voir, le métis de l'hybride par plusieurs points qui sont principalement : 1° la ressemblance unilatérale ; 2° leur variabilité. En outre, le métis peut emprunter ses caractères à l'un de ses ancêtres, différent des races dont il provient. Il est à peine besoin de faire remarquer que si la distinction par les deux premiers points n'est pas absolue, elle l'est par ce dernier caractère. Il est de fait impossible que le croisement de deux espèces pures, c'est-à-dire originellement constituées, telles qu'elles se présentent aujourd'hui à nos yeux, puissent donner naissance à un atavisme quelconque.

La distinction absolue entre l'hybridation et le métissage, par les caractères que revêt le produit, réside donc dans l'impossibilité, chez la première, de ce retour vers un autre ancêtre ; la possibilité, chez la seconde, de cette ressemblance ancestrale, très fréquente en effet, sinon totalement, au moins partiellement.

Nous parlons du métissage de races *domestiquées* et de l'hybridation d'espèces *sauvages*, car les mêmes phénomènes ne se reproduiraient plus dans le cas opposé. — Si deux races, naturellement constituées, s'alliaient entre elles, nous sommes persuadé que les produits qui en naîtraient offriraient une grande régularité dans leurs caractères. Au contraire, nous l'avons remarqué, dans l'alliance de deux espèces domestiquées on obtient des produits dépareillés, parce que ces espèces domestiquées n'offrent point par elles-mêmes de caractères stables.

Vraisemblablement les contradictions, qu'on observe dans les appréciations qui ont été rappelées, viennent de ce que la distinction que nous signalons n'a point été observée. Que l'on marie un de nos Chiens domestiques avec un Loup ou un Chacal, il ne faudra pas être surpris de rencontrer dans la même portée des jeunes de types différents, le Chien ayant subi de nombreuses transformations. De même si l'on accouple des Anes et des Chevaux, on devra s'attendre à obtenir des Mulets disparates, l'espèce Cheval et l'espèce Ane ayant subi de grandes modifications dans leur forme et leur couleur primitive. Dira-t-on pour cela que les produits d'espèces sont variables ? Non certainement, car il en serait tout autrement si on alliait deux espèces dont les caractères n'ont point été altérés par la captivité ou la domesticité.

Nous sommes donc enclin à penser, on le voit tout de suite, qu'à

l'exception des phénomènes d'atavisme et de grande variabilité,
propres au croisement des races, les autres phénomènes sont à
peu près les mêmes dans les caractères des hybrides comme dans
ceux des métis.

On sera peut-être satisfait de savoir ce qu'ont pensé à cet égard
les auteurs qui se sont occupés de la question. — Voici comment
s'exprime M. de Quatrefages : « Il est impossible, dit-il (1), de
formuler une conclusion générale qui permette de regarder
l'hybridation et le métissage comme caractérisés par l'un ou l'autre
de ces modes de transmission » (il parle des phénomènes de fusion
et de juxtaposition). « On avait dit, ajoute-t-il, que la ressemblance
unilatérale était propre au croisement des variétés ou de races
entre elles, tandis que l'on caractérisait les unions hybrides par
la ressemblance bilatérale des produits. Nous avons vu qu'il
importait d'écarter ces conclusions absolues. On avait voulu
rattacher exclusivement, dit-il encore, les faits de fusion aux
produits hybrides et les faits de juxtaposition aux métis. Nous
avons vu qu'en y regardant de près, il n'y avait rien d'exact dans
ces assertions et que l'observation des phénomènes de cette nature
ne nous conduirait nullement à poser une règle générale ».

Darwin a écrit ceci (2) : « Quelques auteurs ont beaucoup insisté
sur le fait supposé qu'il n'y a que les métis qui ne soient pas
intermédiaires par leurs caractères entre leurs parents, mais ressemblent beaucoup plus à l'un d'eux. Le fait arrive aussi aux
hybrides, mais je dois reconnaître qu'il est moins fréquent chez
eux que chez les métis ». On se rappelle que Geoffroy Saint-Hilaire
avait au contraire écrit que les hybrides sont toujours mixtes. Il
n'admettait donc pas pour eux la ressemblance unilatérale comme
possible et trouvait là, sans doute, une distinction entre l'hybride
et le métis.

On doit sagement remarquer ici avec Grognier (3) que l'état cons-
titutionnel ou accidentel des reproducteurs contribue puissamment
à leur influence réciproque. La prépondérance naturelle du mâle
est augmentée quand il appartient à une race plus ancienne que
celle de la femelle, quand il est plus fort, d'un âge plus nourri,
mieux soigné. M. de Quatrefages dit aussi avec beaucoup de
raison que « dans la lutte des actions héréditaires portant souvent
sur des caractères opposés, la moindre différence d'énergie de part

(1) Rev. des Cours scientifiques, 1867-68, p. 757
(2) Origine des Espèces, Trad. française, p. 301.
(3) Maison rustique, p. 453.

et d'autre suffit pour donner une victoire complète à l'un des deux termes et pour exclure le plus faible d'une manière plus ou moins absolue (1) ».

De là certainement ces différences dans les caractères des produits que nous ne pouvons prévoir à l'avance, « l'inégalité d'action », suivant l'expression de Darwin (2), modifiant « le résultat du croisement ».

Rapprochons maintenant les phénomènes qui ont lieu dans les croisements de races et d'espèces de ceux que l'on observe dans les unions ordinaires. Ce rapprochement ou parallèle pourra être de quelque intérêt. — Nous indiquerons ensuite, d'après les auteurs, quelles sont les parties des produits (hybrides, métis, ou ordinaires) que l'on suppose soumises à l'influence particulière de chaque parent.

De même que dans les unions croisées, hybrides ou métisses, on reconnaît, dans les unions ordinaires, (c'est-à-dire celles qui ont lieu entre individus appartenant à une même race ou à une même variété), que le produit tient de ses deux auteurs. Souvent cependant, si nous en croyons J. Geoffroy-St-Hilaire, il se trouve être, dans ce dernier cas, exclusivement semblable soit au père, soit à la mère. Cela arrive, dit-il, lorsque les parents sont de couleur différente (3).

Réservant ce dernier cas (4), nous croyons que l'on peut enseigner que les produits sont très variables et qu'il est impossible de préjuger de leurs caractères avant l'expérience.

Peuvent-ils être moyens ? Vraisemblablement oui ; mais ce sera l'exception.

On constaterait donc chez eux la ressemblance *unilatérale* et la ressemblance *bilatérale, la variabilité* et aussi le *retour à l'ancêtre* ; en quoi ces phénomènes se rapprochent sans doute beaucoup de ceux que l'on observe dans le croisement des races.

Voici maintenant comment, dans les cas de juxtaposition, on répartit les parts revenant à chaque parent. — On dit généralement que la forme et les dimensions de la tête, des oreilles, des membres, de la queue, des extrémités en un mot, sont fournies par le père ; tandis que le volume et les dimensions du corps, la forme du

---

(1) Rev. des C. scient. 1867-68. t. 5, p. 754.
(2) *Variations*, t. II, p. 95.
(3) Il parle d'Oiseaux, de Gallinacés. (*Essais de zoologie*, p. 516).
(4) Que nous traiterons plus loin, p cxiii.

tronc, la taille, la grandeur, la forme du bassin, etc., tiennent
de la mère. Nous avons consulté Bonnet (1), Block (2), Scheidweller (3), Carpenter (4), Lucas (5), La Perre de Roo (6), Godron (7),
Broca (8), Meckel (9), qui enseignent en tout ou partie cette règle
que Buffon (10) paraît avoir le premier établie ; Linné (11), Girou
de Buzaraignes (12), Valmont de Bomare (13), Hofacker (14), Knight,
Grognier (15), Burdach (16), Frisch (17), émettent la même manière
de voir sur plusieurs points.

L'apparence ou la partie extérieure, la peau, la couleur, le poil,
les cornes, les nerfs, les ligaments, les tendons, la voix, les organes
sensoriels, le cerveau, toutes les parties destinées à la vie de relation, le tempérament aussi, ainsi que la durée et la sobriété, tiendraient du père. L'organisme, les fonctions, la structure et la
disposition des organes intérieurs, les fonctions de nutrition,
d'accroissement et de sécrétion, tous les viscères et les parties de
l'être se rattachant à la vie organique, même l'énergie, la vivacité,
le caractère, tiendraient de la mère. On pourra consulter sur ce
sujet : Linné (18), de Haller (19), Buffon (20), Orton (21), Carpen-

---

(1) *Considérations sur les corps organisés*, p. 103, XXXII. *Des Mulets*, in
(Euvres d'Hist. naturelle, 1779.

(2) *Op. cit.*, p. 126.

(3) Journal des Haras, t. XLV.

(4) *Principles of Human physiology*, p. 986.

(5) *Traité phylosophique et physiologique de l'hérédité naturelle.* Paris, 1850,
II, 5.

(6) *Op. cit.*, pp. 32 et 33.

(7) *De l'Espèce*, p. 199

(8) *Op. cit.*, pp. 573 et 574.

(9) *Traité général d'Anatomie comparée* pp. 407 et 408, 1828.

(10) *Mammifères, des Mulets*, t. II, p. 656, et *Oiseaux. Du Serin*, t.   , p. 405.

(11) Cit. par Meckel. Meckel le cite d'après Knigth.

(12) *De la génération*, chap. VIII, pp. 122-123 (cit. par Lucas, p. 5).

(13) *Dict. d'Histoire naturelle*, p. 95, cit. p. Lucas, p. 5.

(14) *Ueber die Eigerschaften*, etc., p. 90 (cit. p. Godron, p. 199).

(15) *Cours de multiplication et de perfectionnement des animaux domestiques*, p. 82 et p. 234 (cit. par Godron, p. 199).

(16) *Traité de Physiologie*, etc., 1838, t. II, p. 185, In-8°, cit. p. Godron, p. 199,
et par Lucas, p. 5.

(17) Cit. in Nouv. Dict. d'Hist. naturelle, t. XX. Paris, 1818.

(18) *Gener. ambig.*, p. 15; alinéa 7. Voy. aussi le *Nouveau Dict. d'Hist. nat.*
(t. XV, Paris, 1818), où on fait connaître les vues de Linné.

(19) Cit. in *Amœni. academi.* Vol. 6. *Generat. ambig.*

(20) *Du Serin.*

(21) *On the physiology of breeding* (cit. par Broca, op. cit., pp. 570. 574).

ter (1), Broca (2), l'*Encyclopédie pratique d'agriculture* (3) et les auteurs des *Crania britannica* (4).

Quant à la peau, à la couleur et aux poils, on ne paraît pas d'accord. — Nous lisons dans Buffon (5) que le poil et les couleurs (qu'on doit regarder comme faisant partie extérieure du corps) tiennent plus du côté paternel que du côté maternel ; Lucas (6) et Godron (7) font à peu près les mêmes remarques. Mais Bonnet (8) écrit au contraire que le Mulet tient sa couleur et son poil du Cheval (qui est sa mère) ; Gauthier (9) dit de même que la peau, la plume ou le poil (et même la voix), sont de la mère ; ces diverses remarques étant applicables aux Oiseaux comme aux Quadrupèdes. Il y a donc là contradiction. Peut-être pourrait-on, en ce qui concerne le poil seulement, concilier les deux opinions opposées en disant, avec Scheidweller (10), que la *forme* des poils est du mâle, tandis que leur *longueur* est de la femelle. Encore dit-on positivement que le père influe sur la longueur de la toison (11); Moll prétend du reste que les deux parents influent également sur la robe.

Enfin chez les Mammifères on a écrit que les femelles tiennent en général plus de leur père que de leur mère (12); le contraire se produirait chez les Oiseaux (13). — Nous ne saurions nous prononcer.

Il sera bon de faire remarquer que ceux qui adoptent les diverses règles qui viennent d'être énoncées ont soin d'ajouter, avec raison, qu'elles sont sujettes « à de nombreuses et à de fréquentes exceptions ».

(1) *Op. cit.*

(2) *Op. cit.*, pp. 573, 574).

(3) T. X. Paris, 1865, p. 645.

(4) Cit. p. Broca (*op. cit.*, pp. 573, 574).

(5) *Du Serin*, p. 405, t. I.

(6) *Traité philosophique de l'hérédité*, vol. II, p. 5.

(7) *De l'Espèce*, p. 213, t. II.

(8) *Op. cit.*, p. 103.

(9) *Observation sur la physique,* Journal des Sciences et des Arts, par Toussaint. Paris, 3 vol., in-4°, 1756, p. 86.

(10) Journal des Haras, p. 137.

(11) *De l'Espèce*, t. 1, p. 213.

(12) Pour la race chevaline, voy. Henri de Parville, in Journal des Débats, à l'art. Rev. des Sciences.

(13) Voy. Gmelin. — C'est cependant tout l'opposé que nous constatons dans notre élevage de Poules Cochinchinoises ♀ et Padoue, var. à huppe bleue ♂ : presque tous les produits femelles ont une tendance marquée à rappeler le type de l'ancêtre paternel. L'assertion de Gmelin se trouve répétée dans le *Nouv. Dict. d'Hist. nat.* t. XX, p. 491. Paris, 1818.

Nous n'avons rien dit des croisements entre animaux albinos et animaux de couleur ; il serait de règle que le produit, auquel ces croisements donnent naissance, soit ou albinos ou de couleur. Il ne serait point mi-partie, du moins lorsqu'il s'agit de races. On cite principalement, en faveur de cette manière de voir, les expériences de M. Coladon, pharmacien à Genève. « Celui-ci éleva, dit Edwards (1), un grand nombre de Souris blanches et de Souris grises ; il commença alors une longue suite d'expériences en accouplant toujours une Souris grise à une Souris blanche. Or, chaque individu provenant de ces unions était, ou entièrement gris ou entièrement blanc ; point de métis, point de bigarrures, rien d'intermédiaire ».

Ces expériences ont été confirmées en tous points par celles de M. Jean de Fischer qui obtint, nous dit-il, jusqu'à 18,717 produits. Jamais, d'après lui, on n'obtient de sujets panachés. Même résultat pour les Rats noirs et les Rats blancs, dont il aurait obtenu 27,310 jeunes.

Ce fait n'est pas particulier aux Rats ou aux Souris ; il s'étend à tous les animaux albinos. « Sir R. Heron, dit Darwin (2), ayant pendant plusieurs années croisé des Lapins angoras blancs, noirs, bruns et fauves, n'a jamais trouvé, une seule fois, ces diverses nuances mélangées sur un même individu, bien que souvent les quatre couleurs se trouvassent dans une même portée ».

Scheidweiller cite (3) aussi les bêtes à laine, rappelant que les noires et les blanches, accouplées ensemble, ne donnent que des blanches ou des noires, rarement des bêtes tachetées.

On pourrait multiplier ces exemples et parler, entre autres, des Tourterelles blanches et des Tourterelles blondes qui ne produisent généralement que des blanches ou des blondes.

Il se rencontre cependant des exceptions. Ainsi, d'après le Journal des Haras (4), « une Vache blanche accouplée avec un Taureau brun foncé du Tyrol donne toujours des Veaux rouge clair ». Isidore Geoffroy Saint-Hilaire a obtenu de l'union du Daim noir et du Daim

(1) *Races humaines, des caractères*, p. 25, 1829. On trouvera encore le récit de M. Edwards dans les Mém. de la Soc. d'Ethnologie de Paris, 1841, t. I, part. 1, pp. 21-22.

(2) *Variations des Animaux et des Plantes*, t. 2, p. 99.

(3) In Journal des Haras, 1848, t. XLV. *Considérations sur les principes des croisements*.

(4) Même page.

blanc des petits variés (1). Chambon (2), Girou de Buzareingues (3), dit Godron (4), rappellent des faits identiques dans les espèces Ovine et Chevaline ; Mash (5) dans celle du Porc ; Maupertuis (6), dans celle des Chiens ».

M. Van Kempen, le distingué naturaliste-collectionneur de Saint-Omer, possède une Cane blanche avec quelques plumes noir bleuâtre ; cette Cane est issue d'un Canard Labrador ♂ et d'un Canard mignon blanc ♀. M. Eugène Buffet, de Villers-Bretonneux (Somme), a obtenu d'un couple de Calfats, le mâle étant blanc, la femelle étant grise, quatre jeunes dont deux blanc pur comme le père, un gris comme la mère, mais un dernier tacheté de gris et de blanc. M. Fontaine, propriétaire à Marcq-en-Barœul, près Lille, conserve empaillés trois métis de Tourterelles dont le dos est jaune tandis que le reste du plumage est blanc avec le collier noir bien marqué ; ils proviennent d'une Tourterelle blanche et d'une Tourterelle blonde.

Dans le croisement du Bouc blanc d'Angora et de la Chèvre noire, observé par M. Bourlier, en Asie, la toison produite est marbrée de couleur fauve, ou ardoisée sur un fond blanc non pur (7).

Est-il besoin de rappeler que le Furet et le Putois donnent des produits de couleur mélangée.

M. le Dʳ Krœpelin, qui expérimenta sur les Souris blanches et sur les Souris grises, ne paraît avoir obtenu de jeunes entièrement blancs ou entièrement gris qu'à la cinquième génération ; au début de ses expériences, il avait des petits tachetés de gris et de blanc (8).

Quoiqu'il en soit, au dire du naturaliste, M. Jean de Fischer, que nous venons de citer, on n'obtiendrait jamais, dans les croisements d'espèces, de produits entièrement blancs ou entièrement d'une autre couleur, comme cela se passe dans le croisement des races. Mais M. Jean de Fischer, à l'appui de son dire, ne cite

(1) *Hist. gén. et particul. des anomalies de l'organisation*, t. I, p. 324. (Cit. par Godron, *De l'Espèce*, t. I, pp. 215 et 216).

(2) *Traité de l'Éducation des Moutons*, t. II, p. 267 et 275.

(3) *De la génération*, Paris, 1828, in-8°, pp. 120, 126, 307 et 308.

(4) *De l'Espèce*, t. I, p. 216.

(5) *Der naturforscher*, t. XV, p. 27.

(6) *Œuvres*, 1753, in-12, t. II, p. 388.

(7) Bull. Soc. Accl. 1858, p. 171. *Rapport sur les Chèvres d'Angora*, etc., par M. Bernis.

(8) *Zoologische Garten*, 1884, pp. 58 et 59.

d'autre exemple, croyons-nous, que celui du Furet et du Putois qu'il rapporte à des espèces distinctes, opinion peu acceptée (1).

Un point est encore à envisager dans les caractères des produits croisés. Le renversement des termes père et mère les modifie-t-il ? — Oui, s'il est vrai que le mâle influe sur certaines parties et la femelle sur d'autres parties, comme on vient de l'expliquer. Tout le monde sait que le Bardeau, issu du Cheval et de l'Anesse, diffère sensiblement du Mulet, issu de l'Ane et de la Jument.

De ce fait on a conclu que l'interversion dans le rôle des facteurs amenait des modifications dans la descendance. Aussi, beaucoup d'auteurs ont-ils cru pouvoir déterminer le sexe des facteurs. Godron dit positivement (2) « qu'il est possible de déterminer *a priori*, par l'examen du bâtard, quelle est l'espèce à laquelle appartient son père, quelle est celle à laquelle se rattache sa mère ».

Nous nous demandons si on peut étendre cette remarque à tous les hybrides ? — Frédéric Cuvier (3), tout en reconnaissant que, si les phénomènes d'hybridation étaient plus nombreux, on pourrait peut-être apprécier l'influence de chaque sexe dans la fécondation, dit néanmoins « qu'il ne paraît pas que ce qu'on a cru pouvoir déduire en général à cet égard, ait rien de rigoureux ; et si, dans quelques cas, certains métis ressemblent plus à leur père qu'à leur mère, c'est le contraire dans d'autres : de sorte, ajoute-t-il, que la seule chose vraisemblable aujourd'hui en ce point est que l'influence des sexes est accidentelle et relative à l'état des individus ».

Il nous a paru que lorsque les espèces sont bien pures chez les Oiseaux, (cette condition étant considérée comme indispensable),

---

(1) Nous sommes entré dans ces quelques détails parce que M. Jean de Fischer se sert de ces phénomènes pour prétendre que l'homme blanc et l'homme noir sont deux espèces distinctes, attendu que de leur union sort un métis. — Nous nous demandons quel rapport il peut y avoir entre un homme blanc, de la race caucasienne, et un albinos ? Comment donc M. de Fischer peut-il établir un parallèle et des rapprochements entre l'union de la race nègre et de la race caucasienne et l'union d'un animal albinos avec un autre qui ne l'est pas ? Pour donner quelque vraisemblance à sa théorie, il faudrait au moins qu'il prouve que, de l'union d'un blanc *albinos* et d'un nègre, il naît un individu mi-partie albinos et mi-partie nègre. Mais un tel exemple n'est pas à citer. Nous n'entrons pas du reste en discussion à ce sujet, puisque, nous l'avons dit, nous ne nous occupons point de l'homme dans nos études.

(2) *Op. cit.*, p. 200.

(3) Dict. de Levrault, art. *Métis.*

le renversement des termes père et mère n'influence point le
produit quant à son plumage. A l'appui de notre dire, nous citons
(p. 310 de ce livre) les faits suivants : 1° Deux mâles *Euplocamus
melanotus* ♂ × *Lineatus raynaudii* ♀, semblables entre eux et
semblables aussi à un autre mâle provenant d'un *melanotus* ♀ et
d'un *raynaudii* ♂. Si quelques légères différences existent, elles
sont plus sensibles entre les deux exemplaires du premier croisement qu'entre ceux-ci et l'exemplaire du second mélange ; 2° Un
mâle demi-sang *Thaumalea amherstiæ* ♂ × *Th. picta* ♀ ayant le
plumage semblable à un Coq provenant, au contraire, d'une
amherstiæ ♀ et d'une *picta* ♂.

Mais d'autres cas, nous nous empressons de le reconnaître,
peuvent venir à l'encontre de cette manière de voir, que nous ne
soutenons point d'ailleurs. Nous pensons, néanmoins, que des
ornithologistes se sont trop hâtés lorsqu'ils ont voulu, à la simple
inspection d'un hybride, rencontré à l'état sauvage, déterminer le
sens des deux facteurs (1).

Beaucoup de faits pourraient seuls nous renseigner sur cette
intéressante question pour laquelle la lumière n'est pas encore
faite ; nous ne sommes point à même de les produire à l'heure
présente.

Nous avons parlé des phénomènes de reproduction chez les
hybrides et chez les métis ; nous avons étudié brièvement les
caractères des uns et des autres ; dirons-nous quelques mots de
leur sexualité ?

On aurait remarqué que le sexe mâle domine chez les premiers ;
nous croyons cette remarque juste. Parmi les hybrides d'Oiseaux
observés à l'état sauvage, on rencontre beaucoup plus de mâles que
de femelles ; le fait est certain. Mais peut-être les femelles hybrides,
dont le plumage, uniforme et sans éclat, n'attire point l'attention,
passent-elles inaperçues ?

La chose est possible. Cependant des observations recueillies
par Buffon, il résulte que le nombre des mâles Mulets est plus
grand que celui des femelles. Dans les Oiseaux, dit-il, le nombre
des mâles excède de beaucoup celui des femelles (2). Voici quelques
chiffres cités par le grand naturaliste : « Le nombre des mâles dans
ceux qu'il a obtenus du Bouc et de la Brebis, est comme 7 sont

(1) Nous avons cité quelques exemples, p. 182, en note.
(2) Voy. p. 457, t. I (de l'édit. citée).

à 2 (1) ; dans ceux du Chien et de la Louve, ce nombre est encore comme 3 sont à 1 ; et dans ceux du Chardonneret et de la Serine, comme 16 sont à 3 (2) ».

Quant à savoir si les Mulets mâles provenant de l'Ane et de la Jument excèdent le nombre des Mules, Buffon prit bien quelques informations ; mais aucune des réponses qu'il reçut, ne déterminait cette proportion. Toutes ces réponses, cependant, s'accordaient à faire le nombre des mâles Mulets plus grand que celui des femelles (3).

Nous avons demandé à une personne, qui a élevé des hybrides de Faisans, ce qu'elle pensait à ce sujet ; elle nous a répondu, assez vaguement d'ailleurs, que cela dépendait du couple et des espèces. Le même couple, qui donne une année plus de mâles, donnera peut-être plus de femelles une autre année (4).

Ayant été en correspondance pendant longtemps avec un grand nombre d'éleveurs, qui expérimentaient pour notre compte ; ayant nous même obtenu de nombreux hybrides, nous aurions pu facilement nous mettre au courant de cette question, qui n'est point dépourvue d'intérêt. Mais, parmi les nombreux matériaux que nous avons rassemblés sur les hybrides, nous ne trouvons point de notes suffisantes pour nous permettre de traiter le sujet avec compétence. Nous le regrettons, car si l'on réunissait, suivant l'idée de Buffon (5), un grand nombre de faits sur cette question, « on pourrait expliquer ce qui reste de mystérieux dans la génération par le concours de deux individus d'espèce différente et déterminer les proportions effectives du mâle et de la femelle dans toute reproduction ».

Nous nous rappelons cependant les faits suivants ; ils appuient presque tous les remarques qui viennent d'être faites :

Dans le croisement de *Turtur risoria* ♀ × *Columba livia* ♂, dont nous avons eu cinq produits, tous étaient mâles. M. Colcombet, de Saint-Etienne, ayant obtenu deux hybrides du même croisement, eut mâle et femelle. Donc 6 mâles sur 7 individus. Deux Pigeons hybrides de Ramier et de Pigeon ordinaire, que nous nous sommes procurés, étaient mâles. Dans le croisement

(1) Buffon a-t-il jamais obtenu ces hybrides ?
(2) Voy. p. 460 (même ouvrage).
(3) T. III, p. 3. *Supp. à l'Hist. des Quadrupèdes.*
(4) Nous ignorons toutefois, nous nous empressons de le dire, si la personne qui nous a envoyé le renseignement est à même de donner des indications sérieuses sur ce sujet.
(5) Exprimée à la p. 457 du t. I.

de *Turtur risoria* × *Turtur auritus* on a, croyons-nous, bien plus de mâles que de femelles. Dans les journaux qui annoncent des Mulets de Chardonnerets et de Serin, il est presque toujours question de mâles ; on trouve cependant assez de femelles dans le commerce.

D'une Louve et d'un Chien (chez M. Tardy), nous avons obtenu trois petits dont le sexe de deux jeunes a été reconnu : ils étaient mâle et femelle. Mais d'un Loup et d'une Chienne (remis chez M. Malher, à Paris), vinrent neuf petits, dont 6 mâles et seulement 3 femelles.

Si nos souvenirs sont exacts, d'une Colombe nuque perlée et d'une Tourterelle ordinaire, couple en cheptel chez M. Buffet, ne sont sortis que des mâles.

D'un mâle *Euplocamus melanotus* et d'une femelle *E. raynaudii* (chez M. de la Bonnefond), on a obtenu 5 mâles et 6 femelles, ou l'inverse.

Au sujet des croisements de races, nous ne saurions rien préciser ; nous savons seulement que dans nos croisements de Coqs padoue (var. hollandaise à huppe blanche) avec Poules de Cochinchine sont nés un grand nombre de mâles.

La constitution physique des hybrides est-elle mieux établie, offre-t-elle plus de résistance que celle des espèces pures ? En un mot la force vitale des produits croisés est-elle supérieure à celle des individus normaux ? Cette question peut encore retenir notre attention pendant quelques instants.

Cardini répond que les hybrides vivent très longtemps pour la plupart. « L'âge du Cheval et de l'Ane, dit-il, ne va que très rarement au-delà de quarante ans, et ces animaux produisent des Mulets dont quelques-uns sont parvenus à plus de quatre-vingts ans (1) ».

Cardini fait ici allusion à un fait cité par Aristote et rappelle d'ailleurs en tous points ce que dit le *Nouveau Dictionnaire d'Histoire naturelle* (2).

M. de Quatrefages paraît être de cette opinion : « On sait, dit-il, que chez les Mulets une plus grande vigueur musculaire et une résistance plus longue à la fatigue coïncident avec la destruction des fonctions génératrices. Comme chez certaines plantes hybrides infécondes, ajoute-t-il, mais à un degré plus marqué, il y a eu pour le Mulet rupture dans l'équilibre vital en faveur des organes

(1) *Dictionnaire d'Hippatique*, 1848, p. 149.
(2) Paris, 1818, t. XX.

et des fonctions de la vie individuelle, mais au détriment des fonctions de reproduction, qui sont les fonctions de la vie de l'espèce ».

Nous lisons, au contraire, dans Hérodote (1), que dans le pays des Scythes, les Chevaux soutiennent le froid, tandis que les Mules et les Anes ne le peuvent absolument. Il est vrai qu'Hérodote dit qu'ailleurs les Chevaux, *exposés* à la gelée, dépérissent, tandis que les Anes et les Mulets y résistent sans peine.

Chez les hybrides d'Oiseaux, que nous avons possédés, nous avons toujours remarqué une très grande résistance et une très grande vigueur.

Des auteurs ont prétendu que les produits hybrides sont faibles et délicats ; cette manière de voir ne peut s'appliquer qu'à des exceptions.

Ces dernières remarques terminent ce que nous avions à dire sur les hybrides, ne voulant entrer au début de ce livre que dans des considérations générales. — Nous allons maintenant passer à la nomenclature des faits que nous avons pu rassembler sur les croisements naturels. Mais nous n'oublierons pas de remercier en premier lieu, les personnes qui, en si grand nombre, nous ont fourni des indications et des documents à l'aide desquels nous avons pu poursuivre nos études sur l'hybridité. Nous remercions particulièrement les naturalistes qui ont bien voulu remettre entre nos mains, pour les examiner, les pièces hybrides dont ils pouvaient disposer.

Nous publierons la liste des uns et des autres, en témoignage de reconnaissance pour ceux qui, facilitant considérablement nos moyens d'étude, ont permis de mettre en bonne voie, nous l'espérons, un travail d'un genre nouveau et depuis longtemps commencé.

(1) Hérodote. (*Choix des Historiens grecs*, J. A. C. Berchon, 1837). Liv. IV, chap. XXVIII.

LISTE

DES MUSÉES PUBLICS ET DES COLLECTIONS PARTICULIÈRES

dont les Directeurs ou les Propriétaires ont été assez gracieux
pour nous envoyer en communication

DES HYBRIDES SAUVAGES

OU DES OISEAUX RÉPUTÉS COMME TELS (1)

	GALLINACÉS	COLOMBES	PALMIPÈDES	ÉCHASSIERS	PASSEREAUX
1. Collection de M. le lieut.-colonel Butler, Herring fleet Hall, Lowestoff, Suffolk (Angl.): Un *Francolinus vulgaris* × *Franc. pictus* ♂. (Tête et cou montés)	1				
2. Collection de M. le comte Luca Cajoli Boidi, de Molare (Italie) (2) : Deux *Perdix rubra* × *Per. saxatils* ♂ ♀ (montées).	2				
3. Muséum d'Hist. nat. de Marseille (Rhône), par M. Marion, directeur : En différents envois : une *Perdrix rubra* × *P. saxatilis* (3)	1				
Et deux *Fringilla montifringilla* × *F. cœlebs* ♂ (pièces montées).					2
4. Musée d'Hist. nat. de Grenoble (Isère) : En deux envois : deux *Perdix rubra* × *Per. saxatilis* (pièces montées)	2				
5. Musée de St-Gallen (Suisse), par M. Zoolikofer, préparateur, avec l'autorisation de M. le Dr Biedermann, directeur : Une *Perdix saxatis* × *P. rubra* ♂ (montée) (4).	1				
A reporter	7				2

(1) Quelques hybrides, obtenus en domesticité, mais en très petit nombre, figurent aussi sur cette liste.

(2) M. le comte Luca Cajoli Boidi a eu la bonté de nous offrir l'un de ces deux spécimens.

(3) Nous ne croyons pas cet Oiseau hybride, mais seulement anormal.

(4) Née en domesticité, mais mentionnée à cause de son importance.

	GALLINACÉS	COLOMBES	PALMIPÈDES	ÉCHASSIERS	PASSEREAUX
6. **Musée d'Hist. nat. de Lille** (Nord), par MM. Gosselet, directeur, et A. de Norguet : En deux envois : un *Tetrao tetrix* × *Tetrao urogallus* ♂ (monté)	1				
Et deux *Fringilla cœlebs* × *F. montifringilla* (montées) (1)	...	...	...	...	2
7. **Musée d'Hist. nat. d'Arras** (Pas-de-Calais) par M. le conservateur : Un *Tetrao tetrix* × *Tetrao urogallus* ♂ (monté)	1				
8. **Musée zoologique de Stockholm** (Suède), par M. Smidt, directeur : Un *Tetrao tetrix* × *T. urogallus* ♂ (en peau) ; deux autres sujets de même origine (en chair); (2) et deux *Tetrao tetrix* × *Lagopus albus* ♂ ♀ (montés).	5				
9. **Musée zoologique de Christiania** (Danemark), par M. le professeur Collett : En plusieurs envois : un *Tetrao tetrix* × *T. urogallus* ♂ (en peau) et deux femelles (montées), deux *Tetrao tetrix* × *Lagopus albus*	5				
10. **Musée zoologique de Francfort-s-le-Mein** (Prusse), par M. Adam Koch : Deux *Tetrao tetrix* × *Tetrao urogallus* ♂ (montés)	2				
11. **Musée d'Hist. nat. de Genève** (Suisse), par M. le Dr Bedot, directeur : En deux envois : un *Tetrao tetrix* × *T. urogallus* ♂ (monté)	1				
Et une *Fuligula ferina* × *F. nyroca* (montée) .	...	...	1		
12. **Musée zoologique de Dresde** (Saxe), par M. le Dr A. B. Meyer, directeur : En deux envois : trois *Tetrao tetrix* × *T. urogallus*, deux ♂ et une ♀ (montés); quatre *Tetrao tetrix* × *Lagopus albus*, trois ♂ et une ♀	7				
Liste précédente . .	7	...	...	...	2
A reporter	29	...	1	...	4

(1) L'origine que l'on attribue à l'un de ces échantillons nous paraît douteuse.

(2) Ces trois pièces nous ont été très gracieusement offertes.

	GALLINACÉS	COLOMBES	PALMIPÈDES	ÉCHASSIERS	PASSEREAUX
13. **Musée d'York** (Angleterre), par M. Planauer : En deux envois : deux *Tetrao tetrix* × *T. urogallus* ♂ (montés) (1) et un *Tetrao tetrix* × *Lagopus scoticus* ♂ (monté)	3				
14. **Collection de M. van Kempen** à St-Omer (Pas-de-Calais : En différents envois : sept *Tetrao tetrix* × *T. urogallus*, dont cinq ♂ et deux ♀ (2), trois *Tetrao tetrix* × *Lagopus scoticus*, dont deux ♂ et une ♀ (3); deux *Tetrao tetrix* × *Lagopus albus* ♂ ; un *Phasianus colchicus* × *Phasianus reevesi* ♂.	13				
Un *Anas crecca* × *Mareca penelope* ♂ ; deux *Anas boschas* × *Dafila acuta* ♂ (4); une *Fuligula ferina* × *F. nyroca*; une *Mareca penelope* × *Querquedula formosa* (5). (Tous ces oiseaux sont montés)	...	...	5		
15. **Musée zoologique de Breslau** (Prusse), par M. le Directeur : En deux envois : Un *Tetrao tetrix* × *T. urogallus* ♂ (monté)	1				
Deux *Anas boschas* × *Cairina moschata* ♂ (montés)	...	...	2		
16. **Musée de l'Université de Pavie** (Italie), par M. le professeur Pavesi : Un *Tetrao tetrix* × *T. urogallus* ♂ (monté) . .	1				
Deux *Anas boschas* × *Chaulelasmus streperus* ♂ ♀ (montés) (6)	...	...	2		
Liste précédente . .	29	...	1	...	4
A reporter.	47	...	10	...	4

(1) Un de ces deux Rackelhanes ne doit être qu'un *urogallus* jun., (tout au plus une vieille poule stérile urogalle se revêtant de la livrée du mâle).

(2) L'une de ces deux femelles nous a paru être un jeune prenant couleur.

(3) Ces deux mâles semblent être des femelles stériles prenant la livrée du mâle. La femelle n'est autre elle-même (pensons-nous) qu'un *Tetrix* anormal.

(4) L'un de ces deux Canards n'est qu'un *D. acuta* en mue.

(5) L'origine de ces Anatidés n'est point connue; le dernier Oiseau paraît certainement un produit né en captivité.

(6) Nous ne pensons point que ces Oiseaux soient des hybrides.

	GALLINACÉS	COLOMBES	PALMIPÈDES	ÉCHASSIERS	PASSEREAUX
17. **Musée zoologique de Lausanne** (Suisse), par M. le Dr Larquier des Bancels, conservat.: En deux envois : trois *Tetrao tetrix* × *T. urogallus* ♂ (montés)	3				
Trois *Anas boschas* × *Cairina moschata* ♂ (montés)	...	..	3		
Un *Lanius rufus* × *Lanius collurio*. (Cette dernière pièce nous a été communiquée grâce à la complaisance des héritiers de M. Bastian qui la possédait)	...	...	...	...	1
18. **Le Kelvingrove Museum de Glascow** (Ecosse), par M. Paton : Un *Tetrao tetrix* × et *T. urogallus* ♂, et un *Tetrao tetrix* × *Lagopus scoticus* ♂ (tous deux montés)	2				
19. **Musée royal d'Histoire naturelle de Bruxelles**, par M. Dubois : Un *Tetrao Tetrix* × *T. urogallus* ♂ (monté) . .	1				
20. **Musée royal de Munich** (Bavière), par M. le prof. R. Hertwig : En deux envois : cinq *Tetrao tetrix* × *T. urogallus* ♂ (1), et un *Phasianus vulgaris* × *Tetrao tetrix* (2) (montés)	6				
21. **Musée zoologique d'Upsala** (Suède), par M. Tycho Tulberg, directeur : En différents envois : sept *Tetrao tetrix* × *T. urogallus*, dont cinq ♂ et deux ♀ ; un *Tetrao tetrix* × *Bonasa betulina* ♂ ; un *Lagopus albus* × *Bonasa betulina* ; quatre *Tetrao tetrix* × *Lagopus albus*, dont un ♂ et trois ♀ (tous montés)	13				
Un *Clangula glaucion* × *Mergus albellus* ♂ (m.)	...	...	1		
Liste précédente . .	47	...	10	...	4
A reporter. . . .	72	...	14	...	5

(1) L'un des Oiseaux est un jeune *urogallus* prenant couleur.

(2) L'origine sauvage de cette pièce n'est nullement certaine.

	GALLINACÉS	COLOMBES	PALMIPÈDES	ÉCHASSIERS	PASSEREAUX
22. **Cabinet particulier de Son Altesse royale le Grand-Duc de Hesse-Darmstadt** (Allemagne), par M. Boniheld : Un *Tetrao tetrix* × *T. urogallus* ♂ (monté). .	1				
23. **Musée impérial de Vienne** (Autriche), par M. le D^r von Lorenz, custos-adjunct : Un *Tetrao tetrix* × *T. urogallus* ♂ (en peau) .	1				
24. **Collection de M. Otto Bock**, taxidermiste à Berlin (Prusse) : Un *Tetrao tetrix* × *T. urogallus* ♂ (monté) . .	1				
25. **Musée de Douvres** (Angleterre), par M. E. Asthy, curator : Deux *Tetrao tetrix* × *T. urogallus* ♂ (1) (monté).	2				
26. **Musée de l'Ecole cantonale de Fribourg** (Suisse), a : Un *Tetrao tetrix* × *T. urogallus* ♂ (2) (monté).	1				
27. **Collection de M. Robert W. Chase**, de Southfield, près Birmingham (Angleterre) : En deux envois : un *Tetrao tetrix* × *T. urogallus* ♂ (3); un *Tetrao tetrix* × *Phasianus colchicus* ♂ (monté)	2				
Un *Chrisomitris spinus* × *Carduelis elegans* ♂ (monté) (4)	. . .	. . .	. . .	. . .	1
28. **Collection de Son Altesse royale le prince Philippe de Saxe-Cobourg-Gotha**, à Vienne (Autriche) par M. de Bossinsky : Un *Tetrao tetrix* × *T. urogallus* ♂ (monté) . .	1				
Liste précédente . .	72	. .	14	. . .	5
A reporter.	81	. . .	14	. . .	6

(1) L'un de ces Oiseaux est un jeune mâle.

(2) Cette pièce n'est encore qu'un jeune mâle prenant couleur (ou une vieille femelle *urogallus* se revêtant de l'habit du mâle).

(3) Même réflexion que pour la précédente.

(4) Ne paraît être que le produit de *Fringilla canaria* × *Carduelis elegans*, sans doute échappé de captivité.

	GALLINACÉS	COLOMBES	PALMIPÈDES	ÉCHASSIERS	PASSEREAUX
29. **Collection de l'Institut zoologique de Strasbourg**. par M. le prof. Döderlin (avec l'autorisation de M. le prof. Corke) : Un *Tetrao tetrix* × *T. urogallus* ♂, un *Tetrao medius* (1) et une vieille femelle *urogallus* avec la livrée du mâle	3				
30. **Collection de M. le B^{on} Ed. de Sélys-Longchamps**, à Longchamps-s.-Geer (Belgique) : En différents envois : un *Tetrao tetrix* × *T. urogallus* ♀; un *Tetrao tetrix* × *Lagopus albus* ♂ (monté)	2				
Un *Anas boschas* × *Cairina moschata* ♀; une *Spatula clypeata* × *Dafila acuta* (2); une *Fuligula ferina* × *F. nyroca*	...	...	3		
31. **Musée royal de Prague** (Bohème), par M. le Dr Fritch : Un *Tetrao tetrix* × *T. urogallus* ♀ (monté) 3).	1				
32. **Collection de M. le Comte J.-B. Camozzi**, sénateur à Bergame (Italie) : Un *Lagopus mutus* × *Bonasa betulina*	1				
33. **Musée de M. Dresser**, à Londres : En deux envois : un *Tetrao tetrix* × *Lagopus scoticus* ♂ et un *Tetrao tetrix* × *Lagopus albus* ♂ (en peau).	2				
34. **Musée national des Pays-Bas à Leyde**, par M. le prof. Jentinck : Un *Tetrao tetrix* × *Lagopus scoticus* ♂ (4) et un *Tetrao tetrix* × *Lagopus albus* ♂	2				
Liste précédente . .	81	...	14	...	6
A reporter.	92	...	17	...	6

(1) Paraît être une vieille femelle se revêtant de l'habit du mâle, ou un jeune mâle.

(2) Origine douteuse.

(3) Cet individu est né en captivité, mais nous le faisons figurer sur cette liste en raison de son importance.

(4) Cet Oiseau paraît être une vieille Poule stérile revêtue de la livrée du mâle.

	GALLINACÉS	COLOMBES	PALMIPÈDES	ÉCHASSIERS	PASSEREAUX
Une *Mareca penelope* × *Dafila acuta* ♂, deux *Dafila acuta* × *Anas boschas* ♂; un *A. boschas* × *Querquedula crecca* (1); un *Anas boschas* × *Anas obscura* (tous montés). . .	...	...	5		
35. De **M. Alexandre Doughty**, de Liverpool (Angleterre) : Un *Tetrao tetrix* × *Lagopus scoticus* (pièce montée).	1				
36. **Le Museum of Science and Art d'Edimbourg** (Écosse), par M. le Dʳ R. H. Traquier, Keeper of Nat. History département : Un *Tetrao tetrix* × *Lagopus scoticus* ♂ (2) (monté).	1				
37. **Musée Zoologique de Tromso** (Norwège), par M. J. Sparre Schneider, directeur : Trois *Tetrao tetrix* × *Lagopus albus*, dont deux ♂ et une ♀ (tous trois montés).	3				
38. **Collection de M. J.-H. Gurney**, du Keswick Hall, Norwich (Angleterre) : En plusieurs envois : un *Tympanuchus americanus* × *Pediocætes phasianellus* (en peau). .	1				
Un *Anas boschas* × *Querquedula crecca* ♂ (3) (monté et sous verre); deux *Fuligula ferina* × *F. nyroca* ♂ (montées et sous verre) . . .	...	..	3		
Un *Ligurinus chloris* × *Carrnabina linota* ♂ (monté et sous globe)	...	..	...	...	1
39. **Collection de feu M. Maingonnat**, naturaliste à Paris : Un *Phasianus colchicus* × *Phasianus Sœmmeringi* ♂ (en peau)	1				
Liste précédente . .	92	...	17	...	6
A reporter.	99	...	25	...	7

(1) Nous croyons cet Oiseau mal déterminé.

(2) Né assurément en captivité.

(3) Que nous pensons être plutôt un *Anas boschas* × *Chaulelasmus streperus*.

	GALLINACÉS	COLOMBES	PALMIPÈDES	ÉCHASSIERS	PASSEREAUX
40. **Collection de M. Turner**, de Sutton Coldfield, près Birmingham (Angleterre) : Un *Tetrao tetrix* × *Phasianus colchicus* ♂ (monté, faisant partie d'un groupe).	1				
41. **Collection de M. Hamon l'Estrange**, de l'Hunstanton Hall (Angleterre) : Un *Tetrao tetrix* × *Phasianus colchicus* ♂ (monté sous verre).	1				
42. **De M. J. H. Nelson, de Redcar,** Cleveland (Yorkshire), Angleterre : Un *Tetrao tetrix* × *Phasianus vulgaris* (pièce montée) (1).	1				
43. **Collection de M. D. Losh Torpe,** de Carlisle (Angleterre) : Un *Phasianus colchicus* × *Gallus domesticus* (en peau).	1				
44. **Collection part. de M. le prof. Doderlin :** Une *Perdrix cinera* (*varietas*)	1				
45. **Museo dei Vertebrati de Florence** (Italie), par M. le com. prof. Henrico Giglioli, direct.: En plusieurs envois : une *Colomba œnas* × *Turtur tenera* (2)		1			
Deux *Anas boschas* × *Dafila acuta* ♂ (3); une *Mareca penelope* × *Querquedula circia* ♀ (4).			3		
Un *Ligurinus chloris* × *Carduelis elegans* ♂; un *Chrysomitris spinus* × *Carduelis elegans* ♂ (5); trois *Fringilla montifringilla* × *F. cœlebs*, dont deux ♂ et une ♀; deux *Hirundo urbica* × *H. rustica*, un *Passer domesticus* × *P. italiæ* ♂ (toutes ces pièces montées)					8
Liste précédente . .	99	. . .	25	. . .	7
A reporter.	104	1	28	. . .	15

(1) Nous avons fait l'acquisition de cet Oiseau, très bien caractérisé.

(2) Que nous croyons être plutôt l'hybride domestique, mais echappé, de la *Columba livia* et de la *Turtur risorius*.

(3) L'un de ces Oiseaux parait un mélanisme de *boschas*.

(4) Ce Canard a été reconnu depuis pour être une *penelope* ♀.

(5) Que nous pensons hybride de *Fringilla canaria* × *Carduelis elegans*.

	GALLINACÉS	COLOMBES	PALMIPÈDES	ÉCHASSIERS	PASSEREAUX
46. **Collection de M. Robert Fontaine**, de Marcq-en-Barœul, près Lille (Nord) :					
En plusieurs envois : une *Columbia livia* × *Turtus tenera* (1)		1			
Un *Ligurinus chloris* × *Carduelis elegans*, deux *Chrysomitris spinus* × *Carduelis elegans* ♂ (2) (tous montés)					3
47. **Koninklijk Zoologish Genootshap** (Natura artis magistra), **Amsterdam**, par M. le Dr Kerbert, directeur :					
En plusieurs envois : un *Anas penelope* × *Querquedula crecca* ♂; quatre *A. boschas* × *Dafila acuta*, dont trois ♂ et une ♀ ; deux *Chaulelasmus streperus* × *Anas boschas* ♂; un *Anas boschas* × *Mareca penelope* ♂; un *Ligurinus chloris* × *Cannabina linota* ♂ (tous montés).			8		1
48. **Musée d'Hist. nat. de Darmstadt** (Allemagne) :					
Un Canard du genre *Anas* (en peau) (3) . . .			1		
49. **Collection de M. Ch. Royer**, président des Beaux-Arts, à Langres :					
Une *Mareca penelope* × *Dafila acuta* ♂ (4) (montée)			1		
50. **Museum and Gallery of Liverpool**, par M. Richard Paden, directeur :					
Une *Mareca penelope* × *Dafila acuta* ♂ (5) (montée)			1		
Liste précédente . .	104	1	28		15
A reporter.	104	2	39		19

(1) Né en domesticité.
(2) Même observation.
(3) Origine inconnue
(4) Cette pièce n'est qu'une *penelope* en mue.
(5) Cet oiseau a été obtenu en domesticité.

	GALLINACÉS	COLOMBES	PALMIPÈDES	ÉCHASSIERS	PASSEREAUX
51. De M. Frédéric Pretyman, d'Orwell Park, Ipswick (Angleterre) : Un *Anas boschas* × *Dafila acuta* ♂ (vivant) (1), un *Anas boschas* × *Querquedula crecca* ♀ (vivante) (2).	...	...	2		
52. Musée de Douai (Nord), par M. Gosselin, conservateur : Un *Anas boschas* × *Querquedula crecca* ♂ (monté).	...	...	1		
53. Collection du Rév. hon. Lord Lilford, Lilford Hall, Oundle (Angleterre) : Un *Anas boschas* × *Querquedula crecca* (pièce montée).	...	...	1		
54. Indian Museum, Calcutta (Indes Orientales), par M. Sclater, avec l'autorisation de M. le supérintendant : Un *Anas boschas* × *Chaulelasmus streperus* ♂ (en peau).	...	...	1		
55. Musée de l'Université de Cambridge (Angleterre), par M. le prof. Alfred Newton ; Un *Anas boschas* × *Dafila acuta* ♂ (3) (monté), deux *Anas boschas* × *Dafila acuta* ♂ (4) (en peau) ; un *Anas acuta* × *Mareca penelope* ♂ (monté).	...	...	4		
56. Museum d'Histoire naturelle de Rouen (Seine-Inférieure), par M. le Dr Pennetier, directeur : Deux *Anas boschas* × *Chaulelasmus streperus* ♂ ♀ ; un *Canard hybride* (?) (dont la provenance n'a pu être établie).	...	...	3		
Liste précédente . .	104	2	39	...	19
A reporter.	104	2	51	...	19

(1) Nous croyons cet hybride produit plutôt par le croisement de l'*A. boschas* × *Dafila acuta*.

(2) Les deux Oiseaux nous ont été très gracieusement offerts.

(3) Ce croisement ne peut être accepté. Ce canard est un *A. boschas* × *Ch. streperus*, ou, moins probablement, un *A. boschas* × *Q. crecca*.

(4) Ces deux Canards sont nés en domesticité.

	GALLINACÉS	COLOMBES	PALMIPÈDES	ÉCHASSIERS	PASSEREAUX
57. **Le Musée national des États-Unis, à Washington,** par M. J. Ridgway, curator dep. of Birds : Un *Anas boschas* × *Anas obscura* ♂ (monté) .	...	...	1		
58. **Collection particulière de M. le Dr Paul Leverkühn,** directeur des Bibliothèque et Institutions scientifiques du prince de Bulgarie, à Sofia : Un *Anas boschas* × *A. obscura* ♀ (1) (en peau).	...	...	1		
59. **Museum national de Hongrie, à Budapest,** par M. von Madaraz (sur la demande de M. le chevalier Victor von Tshuzi : Un *Anas boschas* × *Spatula clypeata* ♂ (2) (monté).	...	...	1		
60. **Musée de l'École cantonale d'Aarau** (Suisse), par M. le Directeur : Un *Anas boschas* × *Cairina moschata* ♂ (monté).	...	...	1		
61. **Musée de M. Ed. Hart,** de Chrischurch, Hants (Angleterre) : Un *Chaulelasmus streperus* × *Anas penelope* (pièce montée et sous verre)	...	...	1		
62. **De M. Richard M. Barrington** de Fassaroë, Bray, Co. Wicklow (Angleterre) : Un *Chaulelasmus streperus* × *Anas penelope* (pièce montée et sous verre)	...	...	1		
63. **Collection de la Société Zoologique de Rotterdam** (Hollande), par M. van Bemmelen, directeur : Trois *Fuligula nyroca* × *F. ferina* (dont deux mâles et une femelle (huit autres nés en captivité)		...	11		
Liste précédente . .	104	2	51	...	19
A reporter. . . .	104	2	68	...	19

(1) Sans doute un albinisme d'*obscura* ♀?
(2) Paraît être un *boschas* domestique.

	GALLINACÉS	COLOMBES	PALMIPÈDES	ÉCHASSIERS	PASSEREAUX
64. **Collection de M. le comte Arrigoni degli Oddi,** de Padoue (Italie) : Une *Fuligula nyroca* × *F. ferina* (montée). . .			1		
65. **Musée d'Hist. nat. de Belfast** (Irlande), par M. J. Brown, directeur : Une *Fuligula ferina* × *F. cristata* (montée) . .			1		
66. **Collection de M. Heinrich Adolf Weissflog,** à Annaberg (Saxe), par l'intermédiaire du **Musée zoologique royal de Dresde.** Un *Mergus albellus* × *Clangula glaucion* ♂ (monté).			1		
67. **Herzogl. naturhistor. Museums, Brunswick** (Allemagne), par M. le prof. Dr Wilh. Blasius : Un *Mergus albellus* × *Clangula glaucion* ♂ (monté).			1		
68. **Musée de l'Université de Copenhague** (Danemark), par le Prof. Dr Ch. Lutken : Un *Mergus albellus* × *Clangula glaucion* ♂ (monté).			1		
69. **Musée royal du Hanovre** (Allemagne), par la Direction : Une *Gallinula chloropus* × *Fulica atra* (montée).				1	
70. **Museum of Science and Art, Dublin** (Irlande), par M. J. Ball, directeur (sur la demande de M. Carpenter et de M. le Dr Schaff, curateur) : Un *Ligurinus chloris* × *Cannabina linota* . .					1
71. **Collection de M. J.-B. Nichols,** d'Holmwood Dorking (Survey) (Angleterre) : Deux *Ligurinus chloris* × *Cannabina linota* ♂ (montés)					2
Liste précédente . .	104	2	68	...	19
A reporter.	104	2	75	1	22

	GALLINACÉS	COLOMBES	PALMIPÈDES	ÉCHASSIERS	PASSEREAUX
72. **Collection de M. Philipp. B. Mason,** de Burton-on-Trent (Angleterre) : Deux *Ligurinus chloris* × *Cannabina linota* ♂, un *Carduelis elegans* × *Chrysomitris spinus* ♂ (1) et un *Carduelis elegans* × *Ligurinus chloris* ♂ (tous montés et sous verre).	...	..	...	...	4
73. **De M. J. Blackhouse,** of the Nurseries (York) : Un *Ligurinus chloris* × *Carduelis elegans* (2). .					1
74. **Du Rév. Macpherson, de Carlisle :** Un jeune *Carduelis elegans* × *Chrysomitris spinus* (3), un *Turdus merula* × *Turdus torquatus* (4)					2
75. **Museum d'Histoire naturelle de Trieste** (Autriche), par M. Antoine Valle, directeur adjoint : Un *Fringilla cœlebs* × *F. montifringilla* ♀ (monté).	...	...	...	...	1
76. **Collection de M. le Dr Ricardo Ferrari,** de Trente (Autriche) : Un *Fringilla cœlebs* × *F. montifringilla* ♂ (monté).	...	...	...	...	1
77. **Collection de M. Ad. Poggi,** de Gênes (Italie) : Un *Fringilla cœlebs* × *F. montifringilla* ♂ (monté).	...	...	...	...	1
78. **Collection de M. Ernest E. Thompson,** à Toronto (Canada) : Un *Pinicola enucleator* × *Carpadocus purpureus* ♂	...	...	...	...	1
Liste précédente . .	104	2	75	1	22
A reporter.	104	2	75	1	33

(1) Que nous soupçonnons être une *Fringilla canaria* × *Carduelis elegans* échappée de quelque cage.
(2) Son origine est ignorée.
(3) Né en captivité.
(4) Nous croyons que cet Oiseau est un mélanisme de *merula*.

	GALLINACÉS	COLOMBES	PALMIPÈDES	ÉCHASSIERS	PASSEREAUX
79. **Musée royal de Turin** (Italie), par M. le Comte T. Salvadori : Un *Passer montanus* × *P. italiæ* ♂ (monté). .					1
80. **Collection de feu M. Lemetteil**, à Bolbec (Seine-Inférieure) : Un *Passer montanus* × *P. domesticus* ♂ (monté).					1
81. **Collection de M. R. Tancré**, à Anklam (Poméranie) : Une *Hirundo urbica* × *H. rustica* (montée) . .					1
82. **Collection de M. le prof. André Fiori**, de Bologne (Italie) : Une *Hirundo urbica* × *H. rustica* (montée)					1
83. **Konigliches Museum für Naturkunde**, Berlin; par M. Paul Matschie (avec l'autorisation de MM. les D'' Möbius et Reichenow) : Une *Hirundo urbica* × *H. rustica* (montée) . .					1
Un *Turdus fuscatus* × *T. naumanni* (1) (monté); un *Gallus domesticus* × *Numida meleagris* (2) (monté).	1				2
84. **Museo civico di Storia naturale di Genova** (Italie) : Douze *Paradisea apoda* × *P. raggiana* (en peau), dont neuf ♂ et trois ♀					12
85. **Collection de M. le D' Fischer-Sigwart**, de Zofingen (Suisse) : Un *Tetrao urogallus* × *tetrix*, ♂ jeune, monté.	1				
Liste précédente . .	104	2	75	1	33
TOTAL . . .	106	2	75	1	52

En tout donc : **236 pièces** (3).

(1) Origine douteuse.

(2) Né en domesticité.

(3) D'autres Musées nous ont bienveillamment envoyé des échantillons d'espèce pure; ce sont les Musées de Rouen, du Hâvre, de Caen, de Gènes. Nous aurions aussi à nommer des collections particulières qui nous ont fait des envois très importants; mais cette nomenclature nous entraînerait trop loin.

LISTE ALPHABÉTIQUE

DES

PERSONNES AVEC LESQUELLES NOUS AVONS CORRESPONDU

au sujet des Hybrides et dont les noms se trouvent cités dans ce volume (1)

MM. AGASSIZ, professeur à l'Université de Cambridge
(Etats-Unis) . . . . (Voy. Liste des Auteurs) (2).
AGNEW, Andrew, N., château de Lochnaw, Wigthonshire
(Angleterre). 613, 614, 619
ALDRIDGE, W., de Londres. 195, 202
ALDOBRANDI (Prince G.), Porretta, prov. de Bologne . . . 764
ALLEN, J.-A., curator of the American Museum of Natural
History, New-York . . . . (Voy. Liste des Auteurs).
ALTUM, Dr, directeur du Musée de l'Académie forestière
d'Eberswalde, à Neustaat (Allemagne). (Voy. Liste des Auteurs).
ALVIN, T., Deptford (Angleterre) 150, 216
APLIN, O. V., Bloxham, Oxon (Angleterre . . . 625, 770, 801 (V. List. Aut.).
ARRIGONI DEGLI ODDI, Dr comte, professeur à l'Université de
Padoue (Italie) 111, 113, 114, 194, 236, 249, 251, 252,
254, 256, 260, 294, 300, 477, 632, 633, 640, 686, 687, 719 784,
957, 959, 963, 966. . . . . . (Voy. en outre Liste des Auteurs).
ASHDOWN, naturaliste à Hereford (Angleterre). 620 (Voy. Liste des Aut.).
ASTHY, E., curateur du Musée de Douvres (Angleterre). .   CXXV

---

(1) Les six parties de cet ouvrage, ayant été, nous l'avons dit, publiées à de grands
intervalles, nous avons déjà remercié, çà et là, plusieurs des personnes que nous
nommons dans cette Liste générale. Parfois donc cette liste fera double emploi;
nous la croyons néanmoins utile pour trois raisons : 1° elle est alphabétique; 2° elle
indique les numéros des pages où nos correspondants sont cités; 3° elle les fait con-
naîtres tous. — Ainsi que l'entête le dit, n'y figurent cependant que les personnes
citées dans ce premier volume. Nous ne pouvons, à notre regret, donner les noms de
toutes les personnes avec lesquelles nous avons correspondu, depuis au moins dix
ans, au sujet des hybrides et qui nous ont adressé des communications diverses sur
cette intéressante question; leur liste est beaucoup trop longue, beaucoup trop
étendue pour que nous songions à la reproduire ici. Nos correspondants seront
d'ailleurs remerciés dans nos publications ultérieures où nous ferons part de leurs
communications.

(2) Lorsqu'une personne est auteur et que ses travaux sont mentionnés dans le
cours de cet ouvrage, on doit se reporter à la Liste des Auteurs (dressée à la
fin du vol.), pour obtenir le numéro de la page où son nom et son travail son cités.
Dans la présente liste nous n'indiquons, en général, que des communications
particulières.

Parmi ces noms, que de vides la mort n'a-t-elle point faits !
Chaque mois, chaque semaine, les revues, les recueils périodiques,
les journaux, nous apprennent dans leurs articles nécrologiques
que beaucoup de ceux avec qui nous nous trouvions en correspondance, depuis dix ans à peine, ont tout à coup cessé de vivre. Nous
eussions désiré indiquer par une croix les noms de nos aimables
correspondants qui ne sont plus. Mais notre liste eût ressemblé à
un vaste cimetière; puis il ne nous est point possible de connaître
tous ceux que la mort a fauchés. Nous nous sommes donc abstenu
de signaler à nos lecteurs les pertes que la science a faites; nous
tenons, néanmoins, à nous souvenir de ceux que Dieu a déjà et si
promptement retirés de ce monde.

Avertissement

Nous avons fait déjà remarquer que cet ouvrage n'a pas été rédigé d'un seul jet; il se compose de six parties, écrites à des intervalles éloignés. Aucune modification n'a été apportée à leur rédaction; aussi trouvera-t-on nécessairement quelques redites : les idées générales, dont nous faisons précéder le livre, avaient déjà été indiquées çà et là.lors de la publication séparée de chaque partie. Nous avons cru devoir, cependant, les rassembler et en donner un résumé complet en tête de tout l'ouvrage, dont elles sont destinées à éclairer le texte.

Nous réclamons l'indulgence du lecteur. Un travail aussi considérable et, à certains égards, aussi neuf que celui que nous lui offrons, présentera certainement des imperfections et des lacunes. Ajoutons que la nécessité de recourir sans cesse à des sources étrangères, imprimées ou manuscrites, — puisqu'il existe très peu de livres français traitant des hybrides (1), — a dû, malgré nos soins les plus attentifs, amener quelques fautes de traduction. Le lecteur éclairé comprendra les difficultés que nous avons dû vaincre, et voudra bien nous tenir compte de nos efforts.

(1) D'environ 1100 ouvrages ou articles de Revues, dans lesquels nous avons puisé des renseignements et que nous citons, (voy. la *Liste des Auteurs*, pp. 875 et suiv.), 250 à peine sont écrits en français — plus de 850 sont écrits en langues mortes et plus particulièrement en langues étrangères diverses. — Nos correspondances avec les Naturalistes, (lettres que nous n'entreprendrons pas de compter vu leur grand nombre), ne sont point davantage écrites dans notre langue.

PREMIÈRE PARTIE

Les Gallinacés.

Dans l'Ordre des Gallinacés, la famille des *Phasianidés* et celle des *Perdicinés* nous offrent quelques exemples de croisements, mais ces croisements sont extrêmement rares. L'hybridation ne se manifeste d'une façon particulière que parmi les *Tétraonidés* ; chez ceux-ci, les six espèces européennes contractent entre elles des alliances suivies de fécondité, le *Tetrao tetrix* et le *T. urogallus* se mélangent même très fréquemment. L'accouplement de ces deux Oiseaux a seul été constaté *de visu*. La double origine de tous les hybrides provenant des autres croisements n'a donc pu être établie que par des conjectures, tirées généralement de l'examen des caractères extérieurs. Mais les différences morphologiques que présentent certaines espèces étant très peu sensibles, il s'ensuit que la reconnaissance du produit est difficile à faire, d'autant plus que la coloration du plumage varie suivant les saisons. Aussi, plusieurs des faits que l'on cite restent très hypothétiques.

Les diverses espèces de *Tétraonidés* ne se marient pas seulement entre elles; un type très caractérisé par sa queue en forme de lyre et sa grande agilité, le petit *T. tetrix* s'allie au genre *Phasianus*. De nombreux faits de ce croisement ont été observés en Angleterre depuis une cinquantaine d'années, et tout dernièrement sur le continent européen. Cette particularité, digne d'être remarquée, trouve, pensons-nous, son explication dans l'importation d'une de ces deux espèces dans les cantons habités par la première.

Ces cas d'hybridation entre deux espèces de genre très distinct sont uniques; tous les autres croisements féconds que nous allons examiner se sont, en effet, produits entre espèces rapprochées. Nous nommerons :

1º *Francolinus vulgaris* × *Fr. picta*,
2º *Callipepla gambeli* × *Colinus californicus*,
3º *Perdix cinerea* × *P. rubra*,
4º *Perdix cinerea* × *P. saxatilis*,
5º *Perdix saxatilis* × *P. rubra*,

6° *Tetrao tetrix* × *T. urogallus,*
7° *Lagopus scoticus* × *L. mutus,*
8° *Lagopus albus* × *L. mutus,*
9° *Gallus Sonnerati* × *G. bankiva,*
10° *Euplocamus lineatus* × *E. melanotus,*
11° *Phasianus Reevesi* × *Ph. colchicus,*
12° *Ph. versicolor* × *Ph. Sœmmeringi,*
13° *Tetrao tetrix* × *Lagopus mutus,*
14° *Tetrao tetrix* × *Bonasa betulina,*
15° *Lagopus albus* × *B. betulina,*
16° *L. albus* × *B. betulina,*
17° *L. scoticus* × *T. tetrix,*
18° *L. albus* × *T. tetrix,*
19° *Thaumalea picta* × *Phasianus vulgaris,*
20° *Euplocamus nycthemerus* × *Ph. colchicus,*
21° *Ph. colchicus* × *T. tetrix,*
22° *Ph. vulgaris* × *Lagopus albus.*

Disons tout de suite que les croisements compris sous les numéros 3, 11, 13, 14 et 22 ne sont pas suffisamment attestés ; les croisements indiqués par les numéros 4, 5, 7, 12, 16 sont assez probables ; sont authentiques les numéros 6, 18 et 21 ; paraissent également bien assurés les numéros 1, 10, 14, 17, 19 et 20 (mais le croisement qui porte le n° 10 a lieu plutôt entre variétés qu'entre espèces), enfin le n° 9 n'est pas prouvé et le n° 8 est assez problématique.

Si l'on considère le grand nombre d'espèces dont se compose l'ordre des Gallinacés, le chiffre des croisements que nous indiquons paraîtra peu élevé ; c'est cependant après avoir fait des recherches bibliographiques très étendues, après avoir interrogé beaucoup de naturalistes et fouillé les divers cabinets zoologiques, les musées ou les collections particulières, que nous avons pu l'établir.

Mais il probable que le nombre de ces croisements s'augmentera à mesure que l'action de l'homme se fera sentir davantage, c'est-à-dire à mesure que les forêts se défricheront, que les champs se cultiveront, que l'aire des grandes chasses se rétrécira et que l'importation de nouveaux gibiers deviendra plus fréquente. Il ne faut pas oublier, en effet, une remarque fort importante : c'est que les espèces que nous venons de nommer sont toutes comestibles et chassées par l'homme. L'inégalité dans les sexes, suite inévitable de la destruction qui s'opère, le trouble apporté dans les mœurs de ces Oiseaux par les changements que nous avons rappelés, peuvent certainement amener les mâles ou les femelles surnuméraires à contracter des alliances avec les nouveaux venus ou avec des espèces étrangères déjà existantes. On a même constaté des croisements entre des Gallinacés vivant à l'état sauvage et des Gallinacés vivant en domesticité, nous en dirons quelques mots à la fin de cette étude.

Les hybrides, provenant des divers croisements que nous venons d'indiquer, se sont-ils propagés, ont-ils reproduit leur race? Nous pouvons affirmer que non. Sont-ils pour cela stériles? D'après les expériences qui ont été faites, ils le sont pour la plupart lorsqu'ils se croisent entre eux, l'infécondité des mâles pouvant être établie comme règle générale. Mais les individus de sexe femelle, que l'on rencontre en très petit nombre, sont sans doute capables, en s'accouplant avec les espèces pures, de donner des jeunes. Seulement ces produits, empruntant ainsi les trois quarts de leur sang à l'une des espèces mères, ne tardent point à faire retour au type prédominant et par là leurs caractères mixtes s'effacent peu à peu. Le feu professeur Severtzow aurait eu l'occasion de constater chez certains exemplaires appartenant au genre *Tetrao* de légères traces d'hybridation qu'il attribuait au mélange plusieurs fois renouvelé des espèces pures avec les hybrides. La chose est vraisemblable. Il ne faut cependant pas oublier que, du croisement direct de deux espèces, naissent parfois des produits dont les caractères sont presque exclusivement ceux de l'un des deux parents.

Perdicinés

Genre *Francolinus*

FRANCOLINUS VULGARIS et FR. PICTUS.

Le croisement de ces deux Oiseaux est mentionné par MM. Hume et Marshall (1). Ils racontent que le capitaine Butler tua six ou sept hybrides près de Deesa où on a rencontré les deux espèces. Ces Oiseaux sont plus forts que les Painted Partridges (*F. pictus*); les flancs sont d'un brun très sombre, le bec est noir, les jambes et les pieds sont de couleur saumon.

(1) *Game Birds of India*, II, p. 25.

Genre *Ortyx*

CALLIPEPLA GAMBELI (1) et COLINUS CALIFORNICUS (2).

D'après une communication qui nous est faite par M. Manly Hardy de Brewer (États-Unis d'Amérique), la Gambello Quail et la Californica valley Quail s'entrecroiseraient. Le récent *Hand-Book* d'Elliot Coues sur les Oiseaux des régions arrosées par le Missouri ne parle cependant pas de ces croisements, quoique l'auteur décrive longuement les diverses espèces appartenant au genre *Ortyx*.

M. Geo. B. Sennett a annoncé à la réunion du 21 février de la *Linnæan Society of New York* (3) qu'il venait d'obtenir un hybride bien marqué entre la *Callipepla squamata* et le *Colinus virginianus*, mais il n'indique pas si l'oiseau a été tué à l'état sauvage. Nous n'avons donc point fait figurer cet hybride sur notre liste; l'habitat es deux espèces n'est pas le même.

Genre *Perdix*

PERDIX CINEREA (4) et PERDIX SAXATILIS (5).

Dureau de la Malle a, le premier, parlé du croisement de ces deux espèces (6), le fait qu'il raconte est néanmoins resté assez problématique comme on va le voir.

Dans la partie du Perche où se trouvait son domaine, la Perdrix rouge, surtout la grosse Bartavelle ou Perdrix grecque, se trouvait en grande majorité, mais, en 1854, la Bartavelle rouge avait presque complètement disparu.

Depuis plus de dix ans, le garde rapportait qu'on avait aperçu des Perdrix rouges avec des ailes de Perdrix grises. Il parvint un jour, sur les indications que lui donna Dureau de la Malle, à découvrir, dans le territoire de Calonard, situé entre deux grands taillis, des Perdrix qui parurent être le produit de la Bartavelle grecque femelle, avec un mâle de Perdrix grise, nommée la Roquette (7), étrangère aussi et originaire des Pyrénées-Orientales.

(1) Ou *Lophortyx gambeli*.
(2) Ou *Tetrao californicus*.
(3) Abstract of the Proceedings of the Linnæan Society, 7 mars 1890.
(4) Ou *P. cineracea* ou *Tetrao perdix* ou encore *Starna cinerea*.
(5) Ou *P. græca*.
(6) Comptes-rendus de l'Académie des Sciences, p. 784, 1865.
(7) La Roquette est probablement la variété *damascena*.

Le célèbre auteur de l'*Economie politique des Romains* pensa que la Bartavelle, pressée par la violence de ses désirs, et ne trouvant plus dans le canton qu'elle habitait de mâle de sa race, avait contracté cette union avec le mâle de la Roquette.

Dans son récit il s'est montré très sobre de détails et n'a point décrit les produits, aussi Isidore Geoffroy Saint-Hilaire a-t-il remarqué que Dureau de la Malle n'avait point justifié complètement son opinion (1). M. de Quatrefages trouve également les quelques renseignements qu'il a donnés tout à fait insuffisants (2).

Par quelles circonstances, en effet, Dureau de la Malle a-t-il pu savoir que c'était précisément la Bartavelle qui avait joué dans ce croisement le rôle de la femelle et non celui du mâle? Qui sait encore si ces produits ne tiraient point leur origine de la Perdrix rouge?

C'est à peu près le seul exemple que l'on ait cité; cependant M. Louis Calpini nous écrit de la Suisse qu'il a vu un spécimen provenant du croisement de *P. cinerea* et de *P. saxatilis;* s'il ne fait point erreur, ce sujet est conservé à Sion. Nous avons interrogé M. Bonoin-Chappuis, de cette ville. Celui-ci nous a répondu que deux spécimens avait été remarqués dans son canton.

PERDIX CINEREA et PERDIX RUBRA (3)

Aux yeux de tous les chasseurs ces deux Perdrix ont toujours passé pour des ennemis irréconciliables. Aussi Buffon avait-il cru pouvoir s'exprimer ainsi à leur sujet : « Si l'on a vu quelquefois » un mâle vacant de l'une des deux espèces s'attacher à une paire » de l'autre espèce, la suivre et donner des marques d'empresse- » ment et même de jalousie, jamais on ne l'a vu s'accoupler avec la » femelle, quoiqu'il éprouvât tout ce qu'une privation forcée et le » spectacle perpétuel d'un couple heureux pouvaient ajouter au » penchant de la nature et aux influences du printemps. »

Cette règle souffrirait-elle quelques exceptions ? — Un jour, en passant devant la boutique d'un marchand de gibier, un membre de la Société nationale d'acclimatation, M. Duwarnet, aperçut un sujet qui, dit-il (4), montrait des marques évidentes de son hybridation : « Son bec et ses tarses étaient rouges. Les plumes des

(1) *Hist. gén. des Règnes organiques*, III, p. 131.
(2) Revue des Cours scientifiques, p. 128, 1868-69. Voy. encore Comptes-rendus de l'Acad. des Sc., XLIII, p. 784, 1856, où les mêmes réserves sont exprimées.
(3) Ou *P. rufa* ou *Tetrao rufus* ou encore *Caccabis rubra.*
(4) Bulletin de la Société d'Acclimatation, p. 545, 1874.

flancs, bien qu'un peu moins vives, étaient celles de l'espèce rouge.
Les ailes, le dessus du corps étaient ceux de la race grise avec des
tons un peu plus chauds. »

Déjà un autre membre de la Société avait signalé ce fait, observé
par lui dans le département de Maine-et-Loire, d'une couvée simul-
tanée, dans le même nid, de trente à trente-cinq œufs par deux
Perdrix, l'une grise, l'autre rouge (1).

Cependant ces renseignements ne sont pas suffisants pour attester
que le croisement de la *P. rubra* et de la *P. cinerea* a eu lieu réellement et qu'il a été suivi de fécondité. M. Hamon le Stranger nous
fait savoir que ces deux espèces habitent les mêmes champs à
Hunstanton Hall (Angleterre) ; jamais aucun hybride n'a été rencontré ni par lui, ni par les garde-chasse, quoique ses recherches
aient duré plus de vingt ans.

PERDIX SAXATILIS et PERDIX RUBRA (2)

D'après Bailly (3), la Bartavelle s'accouple parfois dans les montagnes avec la Perdrix rouge. « Il résulte de cette alliance, dit cet
auteur, des sujets qui, par la taille, les couleurs et les dispositions,
tiennent le milieu entre les deux espèces, etc. »

MM. Degland et Gerbe (4), après avoir examiné plusieurs de ces
produits, ont constaté des différences très notables sous le rapport
du nombre et de l'étendue des taches du cou ; « chez un mâle que
M. Devron a reçu de Grenoble, disent ces auteurs, le bord externe
de la bande noire qui encadre la gorge est à peine festonné par de
rares taches qui s'en détachent; sur deux autres mâles, l'un provenant aussi de Grenoble et envoyé par M. Bouteille, l'autre d'origine
inconnue, les taches un peu plus nombreuses se dispersent assez
loin sur les côtés et le devant du cou ; enfin deux femelles, dont
l'une appartient au Muséum d'Histoire naturelle de Paris, diffèrent
si peu par le nombre et l'étendue des taches du cou des femelles de
la Perdrix rouge, qu'on les rapporterait volontiers à cette espèce, si
la double bande noire des plumes des flancs ne les en distinguait. »

M. Bouteille a décrit (5) ces divers hybrides sous le nom de
P. Labatiei. Après les avoir regardés comme une espèce distincte,

(1) Voyez le Bulletin de 1861, p. 288.
(2) Les notes que nous avions rassemblées sur ce croisement ayant été égarées en
partie, nous ne pourrons être aussi complet que nous l'aurions désiré.
(3) *Ornithologie de la Savoie*, III, p. 187.
(4) *Ornithologie européenne*, II, p. 64. Paris, 1867.
(5) *Ornithologie du Dauphiné*, p. 337.

à l'exemple de tous les chasseurs du Dauphiné, puis après avoir changé d'avis, cet ornithologiste est revenu à sa première opinion, parce que, dit-il (p. 337 et 338), « si dans le voisinage des lieux qu'habite la Rochassière, on trouve quelquefois la Perdrix rouge, on n'y voit jamais la Bartavelle. » Le professeur Blasius a mis aussi en doute la valeur de cette prétendue espèce, « en se fondant sur ce qu'il n'a jamais pu l'obtenir dans son pays natal, et alléguant ce fait, que son auteur lui-même ne s'en est procuré qu'un seul exemplaire (1) ».

La majorité des ornithologistes se prononce cependant en faveur de l'hybridité.

A ce sujet, M. Lacroix, de Toulouse, nous écrit qu'il possède dans sa collection un hybride de la Perdrix rouge avec la Perdrix bartavelle ; il connaît un deuxième spécimen chez un de ses amis. Ces oiseaux ont été capturés à l'état sauvage, le premier dans les environs de Muray, 20 kilomètres sud de Toulouse, et le second près de Miremont (Haute-Garonne), sur la ligne du chemin de fer de Toulouse à Foix (Ariège), à 35 kilomètres sud-est de Toulouse. Ces captures ont été faites pendant les années 1869 et 1872 (2).

Nous pouvons signaler deux autres exemplaires dans la collection de M. Lemetteil, à Bolbec (Seine-Inférieure). La collection du Dr Marmottan doit aussi renfermer un hybride de Bartavelle et de Perdrix rouge, autrefois préparé par M. Bémer, naturaliste à Paris. Cet Oiseau avait été tué dans la Sarthe. Enfin un spécimen auquel on attribue une semblable origine se voit dans les galeries du Muséum d'Histoire naturelle de Marseille; il a été signalé, nous écrit M. Marion, directeur de ce Musée, dans l'*Ornithologie* de Jaubert et Barthélemy Lapommeraie; il avait été acheté mort sur le marché de Marseille.

PERDIX MONTANA.

Buffon (3) fait une race distincte de cette Perdrix « parce que, dit-il, elle ne ressemble ni à l'espèce grise, ni à l'espèce rouge, et qu'il est difficile d'assigner celle de ces deux espèces à laquelle elle doit

(1) Voyez M. Olphe-Gaillard, *Contributions à la Faune ornithologique de l'Europe occidentale*, fasc. xxxix, p. 8, mai 1886.

(2) Dans son *Catalogue raisonné des Oiseaux observés dans les Pyrénées françaises*, p. 17, M. Adrien Lacroix parle d'un autre hybride conservé dans le Musée d'histoire naturelle de Toulouse. Nous nous demandons s'il n'y a pas lieu ici à double emploi.

(3) *Œuvres complètes*, V, p. 240.

se rapporter ». Il dit qu'on assure qu'elle se mêle quelquefois avec les Perdrix grises et il la soupçonne fort, mais sans pouvoir citer aucun exemple, de se mêler aussi avec les Perdrix rouges. Par ces raisons il est porté à la regarder comme une race intermédiaire. Nous pensons que la *P. montana* n'est qu'une variété de la Perdrix grise, comme l'indique M. Olphe-Gaillard (1), comme l'ont pensé aussi MM. Degland et Gerbe (2). M. Thomasso Salvadori (3) l'a décrite ainsi : « tout entière couleur de chataigne, excepté le cou et les jambes qui sont de la couleur du Lion, quoique un peu moins clairs. »

En parlant de cet Oiseau, I.-G. Saint-Hilaire(4) s'est exprimé ainsi: « il y aurait, selon plusieurs ornithologistes, des métis de Perdrix grises et Perdrix rouges; la *P. montana* de quelques auteurs serait établie sur ces derniers métis, mais cette opinion est contredite par plusieurs faits. »

Une récente notice de M. Louis Petit (5), considère de nouveau la *P. montana* comme une simple variété de la *P. cinerea*. Nous signalerons un exemplaire au Musée de Rouen et un autre au Musée de Marseille.

Tetraonidés

Genre Tetrao

TETRAO TETRIX (6) et TETRAO UROGALLUS (7)

Presque tous les ornithologistes s'accordent à dire que le *Tetrao urogallus* ♀, pour des raisons dont nous chercherons une explication à la fin de ce chapitre, se croise en liberté avec le *Tetrao tetrix* ♂ et donne naissance à l'Oiseau appelé Rackelhane (8). Celui-ci, presque toujours du sexe mâle, comme son nom semble l'indiquer, est très répandu.

---

(1) *Contributions à la faune ornithologique de l'Europe occidentale*, fascicule XXXIX, p. 26, mai 1886.

(2) *Ornith. europ.*

(3) *Fauna d'Italia*. Parte seconda, *Uccelli*, p. 191. Milano.

(4) *Hist. des règnes organiques*, III, p. 181.

(5) Bulletin de la Société Zoologique de France, XIV, p. 216, 1888.

(6) Autres noms : *Lyrurus tetrix* ou *Urogallus minor*.

(7) Ou *Urogallus major*.

(8) Ses noms scientifiques sont les suivants : *Urogallus minor punctatus* Brisson; *Tetrao hybridus* Linné; *Tetrao medius* Fritsch; *Tetrao tetrix intermedius* Langsdorff; *Tetrao urogallides* Nilsson; *T. hybridus ex urogallo et tetrice* Gloger; *Tetrao urogallo-tetricides* Sundevall; *Lyrurus medius* Brehm; *Tetrao urogallus hybridus* Dresser; *Tetrao urogallo-tetrix* Bogdanow.

Il a été d'abord rencontré en Suède, dans le Småland (ancienne province au sud de la Gothie orientale) et le Vestergötland, où Rutenskiold tua deux exemplaires pendant le printemps de l'année 1744 (1). Nilsson (2) l'a signalé ensuite dans le district de Kalmar, (Gothie), dans le Roslagen, (partie de la province d'Uplande), et le et le Södermanland (ancienne province de la Suède, entre la Baltique, les lacs Malar et Hjelmar, la province d'Uplande et la Gothie orientale), ainsi que dans le nord du Wermland, près de Linköpings, dans un endroit montagneux et sauvage.

En Norvège, d'après le même auteur, il n'est pas rare aux alentours de Kungsberg; quelquefois il apparaît dans la partie nord de Shäne. Le professeur Collett (3) dit même qu'un nombre considérable de ces Oiseaux sont tués chaque année dans les différentes parties de ce royaume; ceux qu'on apporte à Christiana viennent de Gudbrandsdal, d'Osterdal, des parties sud de Troudjen stift (diocèse), et de Thelemarken, dans Christiansand stift. Le point nord le plus éloigné où ils ont été trouvés, et où ils peuvent être vus, dit cet auteur (4), est le Balsfjord, près Tromsö (69° 20'), cette localité étant l'extrême limite d'un des parents : le *Tetrao tetrix*.

Blasius rapporte (5) que le Rackelhane se voit assez souvent dans les forêts du nord de la Russie. Sparmann (6) l'avait déjà signalé dans la Finlande et dans la Courlande (7), le prof. Germann dans la Livonie (8). On le tue aux environs de Saint-Pétersbourg (9), on l'apporte sur les marchés de cette capitale en grand nombre (10) ainsi qu'à Moscou. M. Lorenz, naturaliste de cette ville, aurait eu l'occasion d'examiner ainsi un grand nombre d'exemplaires pendant l'espace de quinze années (11). Un sujet du sexe féminin, conservé

(1) Voyez son récit envoyé à l'Académie des Sciences de Stockholm : Kong. svenska Vetenskaps Academiens, V, p. 181, 182 et 183.

(2) *Skand. fauna*, 1858.

(3) *Remarks on the Ornithology of northeren Norway.* Videnskaps selskabet forhandlinger, I, p. 235 et suiv., 1872.

(4) « The most northerly point at which it has been found or indeed can occur. »

(5) *Reise in europäischem Russland, in den Jahren 1840 und 1841.* Braunschweig, 1844.

(6) *Museum Carlsonianum.* Holmiæ, 1786.

(7) Pour cette dernière contrée, voy. aussi Langsdorff in Comptes-rendus de l'Acad. des Sciences de Saint-Pétersbourg, 1811.

(8) Voy. le docteur Meyer d'Offenbach. Magazin der Gesellschaft naturforschender Freunde in Berlin, p. 337 et suiv., 1811.

(9) Voy. Bogdanow, *op. cit.*, p. 36.

(10) Voy. Langsdorff, Meyer, que nous venons de citer, et Temminck (*Hist. des Gallinacés*, III, Paris, 1815).

(11) Voy. Prof. Severtzow, in Mémoires des Naturalistes de Moscou, 1888.

au Musée de Dresde, provient du gouvernement de Wladimir (1), deux autres, de sexe mâle, d'Archangel (2).

De temps à autre, nous écrit M. le professeur Taczanowski, le Rackelhane se montre en Pologne; deux exemplaires, qui sont conservés au Musée de Varsovie, viennent de la Lithuanie (gouvernement de Minck).

En Allemagne, il se rencontre plus rarement, aussi son origine hybride a-t-elle été longtemps contestée dans ce pays. On ne connaissait guère encore, au commencement de ce siècle, qu'un exemplaire pris par Klein en 1756, dans le duché de Kaussuben, en basse Poméranie (3), mais, depuis, cet Oiseau a été rencontré dans plusieurs contrées (4). Le physiologiste Wagner eut en sa possession un exemplaire provenant de la Bavière méridionale (5).

M. A. B. Meyer a signalé, en 1881 et 1883 (6), deux autres sujets tués sur la frontière de la Saxe, dont l'un à Kost, près Sobotka (Bohême du Nord); il le mentionne encore aux environs de Dresde, (district de Rohrdorf) (7).

Dans la principauté du prince Camille de Rohan, dit le Journal de chasse de Vienne (8), on tua non loin de Schrow, pendant le courant des années 1880 à 1887, huit Rackelhanes, trois furent tués en 1880, 1881 et 1884 par le baron Elning, un autre en 1882, par le Kronprinz Rudolph (9), un cinquième en 1883 par le duc de Cobourg Gotha, et les trois derniers par le prince Alain Rohan, pendant les années 1885 et 1886; on trouva aussi, en 1887, un Rackelhane mort. Ajoutons qu'un dixième exemplaire fut abattu par le prince Rudolph dans la Bavière du Sud, aux environs de Gundens, en 1883. Mais c'est dans le Nord de la Prusse que le Rackelhane se rencontrerait le plus souvent; d'après le Dr Wurm (10),

(1) Dr A. B. Meyer, de Dresde, *Unser Auer Rakel und Birkwild und seine Abarten*. Wien, 1886.

(2) Dr A. B. Meyer, *op. cit.*

(3) Voyez le Dr Meyer, d'Offenbach, *loc. cit.*, 1811.

(4) Pasteur Brehm, *Handbuch der Naturgeschichte der Vögel Deutschlands*. p. 507 et 508. Ilmenau, 1831.

(5) Voyez *Lehrbuch der Physiologie*, p. 26. Leipzig, 1839.

(6) Dans Mittheil. ornithol. Ver. in Wien.

(7) Mittheil. ornithol. Ver., p. 9, 1884.

(8) Page 342, n° 11, 1887.

(9) Cependant, dans Mitth. Ornith., 1883, et Jagd-Zeitung, même année, il est rapporté que le Kronprinz Rudolph tua deux exemplaires remarquables dans une forêt qui avoisine la route qui conduit de Soijan Podol à Sobotka et qui, pensons-nous, fait partie de la principauté du prince Camille de Rohan.

(10) Zool. Garten, p. 152, 1880.

on en voit beaucoup dans le Livland ; le baron von Krudner a parlé (1) de quatre exemplaires tués dans cette contrée en 1883 et en 1884 (2) ; deux autres ont été nouvellement tirés au château de Trikaten (3).

Signalons encore, dans l'est de la Prusse, un magnifique Rackelhane tué à Ratzeburg, sur la place des Tetrix, par M. l'Inspecteur des forêts Nitche, et un deuxième tiré dans les montagnes de Brangiszko, par le fils d'un garde forestier (4).

Le Tyrol, la Carniole en Autriche, l'Italie, la Suisse, nourrissent cet étonnant hybride. L'individu conservé au Musée de Bergame provient des Alpes qui avoisinent cette ville (5). Le spécimen décrit par M. Victor Gaffé (6) fut tué près de Lengendfeld, dans l'Oberkrain. Les deux exemplaires du Musée de Gênes viennent du Tyrol italien (7). Un autre, conservé au Museo dei Vertebrati, de Florence, fut abattu sur le mont Tuttoga en Avril 1862 (8). On a signalé de nouveaux sujets dans le canton d'Uri, dans l'Oberland Saint-Gallois et dans le Valais (9). Dernièrement, le colonel H. de Salis faisait savoir (10) que deux magnifiques exemplaires, tués dans la vallée de Pratignan, avaient été envoyés dans la collection de M. Challandes.

Enfin, le Rackelhane s'est montré en Ecosse, depuis l'introduction récente d'une des espèces mères, l'*urogallus*, qui avait presque complètement disparu (11). M. Campbell, de Glascow, nous signale entre autres un individu tué en 1869 à Sullzallam (Clackmannan Shire). Le premier hybride paraît avoir été tué vers 1842 dans les terres de Dunira (12).

Encore peu d'observations ont été faites sur les mœurs du Rackelhane. Il se trouve, dit le pasteur Brehm, dans les lieux déserts, il

(1) Jagd-Zeitung, p. 406, 1885.

(2) Voyez p. 501 et 502.

(3) Voyez Jagd-Zeitung, p. 500, 1888.

(4) L'exemplaire de Ratzeburg a été envoyé à M. Bock, de Berlin, pour être empaillé. Jagd-Zeitung, p. 344, 1888.

(5) Communication qui nous a été faite par M. Cannozzi.

(6) Jagd-Zeitung, p. 237, 1884.

(7) Communication de M. le Marquis Doria, conservateur de ce Musée.

(8) Nous devons ce renseignement à l'obligeance de M. Giglioli.

(9) Voy. Tschusi, *Les Alpes*. Strasbourg, 1854.

(10) Jahresbericht der N. G. Graub, VIII, Chur, 1883.

(11) Voyez Nilson, *Skand. Fauna*, 1858. De nombreuses indications ont été données, d'après cet auteur, dans l'*Institut*, XI, p 298. Voy. aussi le Dr Wurm, *Die deuts. Wald-Hühner*. Zool. Garten, Frankfurt, 1880.

(12) James Wilson, *Notice of the occurence in Scotland of the Tetrao medius*, etc. Proceedings of the royal Society of Edimburg, I, p. 395, 1842-1843. C'est Lord Breadalbane qui a introduit l'Urogalle en Ecosse.

aime les bruyères, et recherche, pendant l'hiver, les collines couvertes de genévriers. Langsdorff, de Saint-Pétersbourg, dit que les gens qni le vendent au marché le désignent sous le nom de полевая шешерка ou *Tétras des champs*, ce qui fait supposer, ajoute l'auteur, qu'il a une manière particulière de vivre et qu'il préfère les champs aux forêts (1). Sa nourriture paraît être semblable à celle de l'Urogalle et à celle du petit Coq de bruyère.

Rutenskiöld, qui l'observa le premier, l'aperçut sur le baltz de l'Urogallus, au milieu des Poules ; il le vit aussi, mais plus rarement, sur les places où le Tétrix fait ses jeux d'accouplement.

Nilsson, auteur très complet en cette matière, dit que c'est surtout pendant le printemps qu'on le rencontre. A ce moment il pénètre sur les jeux des deux Coqs, quelquefois on en aperçoit plusieurs sur le même balz ; d'après le célèbre ornithologiste, c'est dans les jeux du Tétrix qu'on le voit le plus souvent. Il se bat avec ce dernier, le chasse même ; cependant il ne cherche pas à profiter de sa victoire et à s'emparer des Poules. Parfois, faisant irruption dans le jeu du grand Coq, il le poursuit aussi, car il a presque autant de force que lui et possède l'agilité du Tétrix. Lorsqu'il s'est rendu maître de la place, il saute sur les Poules *urogallus*. Pour lui il ne possède aucun balz, on ne le voit jamais avec ses semblables ou avec ses propres Poules ; il vit seul, dispersé çà et là (2).

M. Frederick Eduardovitch, de Falz-Fein (Tauride), qui eut souvent l'occasion, pendant le séjour qu'il fit à Dorpat, de parler de cet Oiseau avec des personnes qui s'y intéressaient et qui avaient pu observer les Tétras en liberté, très abondants dans ce pays, nous écrit « que partout où l'on a vu le Rackelhane, on a rencontré que des individus détachés, mêlés avec les deux autres espèces, invariablement un à un ; nulle part ces personnes ne l'ont observé comme espèce distincte peuplant une certaine localité.

Quoiqu'il soit le point de mire de tous les chasseurs, parce qu'il est un véritable perturbateur, empêchant les accouplements réguliers de se produire, on ne l'approche que très difficilement. Non seulement il est très sauvage, mais il est toujours en mouvement, sautant d'arbre en arbre à la poursuite des Coqs en jeu (3).

---

(1) *Op. cit.*, p. 507 et 508.

(2) Depuis, cependant, dans une chasse que fit le prince Rudolph, celui-ci aperçut deux Poules hybrides qui vinrent se placer auprès d'un Rackelhane.

(3) Voy. *Skandinavisk Fauna*. Foglarna. Andra bandet, Lund 1858. Cette observation de Nilsson est confirmé par nos modernes. Voy. in Jagd Zeitung, p. 225, 1883, le prince Rodolphe qui écrit que le Rackelhane « change constamment de place » et dans le même journal (p. 237, 1884). M. Victor Gaffé, qui dit avoir vu et tué, près de Lengenfeld, un Rackelhane qui « était très remuant. » Voy. aussi une observation du prince Schwarumberg in Jagd-Zeitung, p. 657, 1882.

Gloger a écrit que le Rackelhane ne fréquentait pas les jeux de l'*urogallus* parce que ses forces ne lui permettaient pas de combattre ce dernier. Le prof. Collett dit aussi que cet hybride semble rechercher la compagnie des Tétrix, le plus grand nombre des individus qu'il a observés ont été tués au milieu d'Oiseaux de cette espèce. Tschusi (1) raconte que des chasseurs aperçurent un Rackelhane s'abattre au milieu de Tétrix, et le baron A. V. Krudner rappelle dans le Jagd-Zeitung (2) que son père vit, il y a environ quarante ans, un Rackelhane se promener dans les champs avec un grand nombre de Tétrix. Il est encore fait mention dans ce journal (3), de Rackelhanes qui apparaissent de temps à autre sur les places d'amour du petit Coq Tetrix, où ils mettent le trouble. Enfin, d'après les personnes que M. Frederick Edùardovitch a consultées, au moment de la reproduction les Rackelhanes se réunissent toujours aux Tétrix.

Cependant, dans le district de Stainz, pendant l'année 1862, le comte Lichnowsky tua, le 26 avril, un Rackelhane qui, par ses querelles, avait, durant six années, bouleversé les balz des *urogallus* et était même resté vainqueur de la lutte contre trois Coqs de ces derniers. L'année précédente le prince Emile de Furstemberg avait tué, pendant la saison des amours, un Rackelhane à côté de quarante et une Poules *urogallus* et de quarante Poules *tetrix* (4). M. Victor Gaffé parle également (5) d'un spécimen qu'il tua le 29 mars de cette année et qui chantait le plus souvent sur les balz de l'*urogallus*. Il ajoute même qu'observé depuis 1883, cet Oiseau combattait tous les *urogallus* ♂, et qu'il fut vu fréquemment dans la société des Poules de ces derniers.

Le Rackelhane fréquente donc les balz des deux Coqs comme l'avaient dit Rustenskiöld et Nilsson (6). Du reste tous les auteurs,

(1) *Histoire des Alpes.*
(2) 1884, p. 296.
(3) Année 1883, p. 226.
(4) Voy. un article de M. le dʳ W. Wurm dans Zool. garten, Francfurt, p. 176, 1880.
(5) Journal de chasse de Vienne, p. 237 et 238, 1884.
(6) Tschusi fait remarquer que les Tétrix, auprès desquels s'abattit le Rackelhane mentionné plus haut, étaient en train de chanter, que celui-ci les chassa par sa présence, après quoi il se mit à chanter lui-même, tout en restant indifférent pour les Poules, car on sait, ajoute l'auteur, que les hybrides sont en général inféconds. Cette infécondité ne les empêche point cependant de les cocher; nous avons vu des Oiseaux hybrides se montrer très ardents près de femelles et s'accoupler avec elles. Il est fait mention dans l'article de Collet d'un individu « *that it was shot in its spil on breeding haunt of Capercaillie.* » Nilsson, on se le rappelle, avait dit que le Rackelhane sautait sur les Poules de l'*urogallus* lorsqu'il parvenait à chasser ce dernier de son balz.

s'accordent généralement à dire que le Rackelhane ne se rencontre que dans les endroits où vivent les deux espèces de Tétras (1). Il n'y a que quelques exceptions à citer :

Un exemplaire femelle conservé au Musée de Dresde, tué en décembre 1884, à cinq lieues de cette ville, se trouvait dans un endroit où l'*urogallus* paraissait manquer et où les Tétrix sont pareillement rares. Déjà, deux ans auparavant, un Rackelhane mâle avait été tué dans le même endroit (2).

M. le contrôleur Steinbreuner a encore remarqué que trois Rackelhanes avaient été rencontrés dans le Thaunus où, depuis très longtemps, on ne remarquait plus d'*urogallus*. Mais, comme le fait très bien observer Jäckel (3) une femelle Urogalle, manquant de mâles dans son canton, a pu se diriger vers Thaunus, puis s'accoupler avec un Tétrix. Ce naturaliste a souvent remarqué, dans la forêt de Nuremberg, que les Poules *urogallus*, au moment des amours, s'en vont au loin.

Les diverses circonstances que nous venons de rapporter nous font donc penser que le Rackelhane a une double origine. On ne l'aperçoit, en effet, que dans les endroits fréquentés par les Urogalles en même temps que par les Tétrix, il n'a pas de baltz propres, il se mêle à des Poules étrangères, on ne le voit pas en compagnie de ses propres Poules, enfin les exemplaires tués sont généralement mâles. Cette double origine nous est du reste indiquée par d'autres circonstances encore plus décisives. C'est ainsi que M. le premier lieutenant C. V. Krœner fit savoir à Nilsson que, pendant une matinée de l'année 1828, alors que l'enseigne Kerkëpa assistait, dans le canton de Lampis, à un jeu du petit Coq, et que déjà deux Tétrix ♂ avaient été tués par lui, une Poule du Grand Coq s'abattit subitement à quatre-vingts pas de l'affût de l'enseigne. Celui-ci la vit, à son grand étonnement, cochée par des Tétrix, tandis que d'autres Coqs, abandonnant leurs Poules, l'entouraient et se disputaient entre eux. Il faisait à ce moment presque jour et aucune méprise n'était possible.

Deux jours après on tuait sur le même baltz un Coq Tétrix et une Poule Urogalle en accouplement, la même Poule, probablement, qui avait été vue l'avant-veille ; ces deux Oiseaux étaient abattus du même coup et on put s'assurer que la Poule appartenait bien à

(1) Nilsson, Gloger, Tschudi, Schinz, Brehm, Gould, etc.
(2) Voyez Meyer in Mittheilungen des ornithologischen Vereins in Wien, p. 19, 1884.
(3) La Naumannia, p. 108-109, 1855.

l'espèce *urogallus*; elle pesait six livres et demie et le Tétrix trois livres seulement (1).

En outre, Nilsson raconte qu'entre Frosa et Skersta, dans le sud de Wisocken, existe un petit village près de la route nommée Orsäva, où tous les paysans sont chasseurs. Le Tétrix est très nombreux dans ces parages, l'Urogalle beaucoup plus rare; presque tous les ans on y tue le Rackelhane et la croyance des paysans est que cet Oiseau provient réellement du petit Coq et de la Poule de l'*urogallus*. Ceux-ci ont vu, du reste, et tué les Poules du grand Coq sur les jeux du Tétrix ; l'un d'eux, Nil Hauser d'Orsava, aperçut, lui-même un Tétrix sauter sur une Poule du grand Coq. Nilsson ajoute enfin qu'on peut être certain de trouver une Poule *urogallus* dans l'endroit où on a tué un Rackelhane, tandis qu'on ne trouve pas de Poules *tetrix* sur les baltz de l'*urogallus* (2).

Nous lisons chez d'autres auteurs des assertions semblables. Gloger, par exemple, rapporte qu'un chasseur de Kalmarlaen lui a assuré avoir vu un Tétrix ♂ cocher une Poule *urogallus*; tous les chasseurs, dit Gloger, sont unanimes à reconnaître que les poules de cette dernière espèce arrivent fréquemment sur les baltz des Tétrix. Ce n'est donc pas, disons-le en passant, « le mâle Tétras lyre qui, à défaut de femelle de son espèce, s'accouple avec celle de son congénère » comme l'ont écrit MM. Degland et Gerbe (3), mais la femelle Urogalle qui, faute de mâle, recherche les *tetrix* et vient dans ce but sur leurs baltz.

Nous trouvons un nouvel exemple de ce fait dans les Mittheilungen des ornithologischen Vereins (4). Il est raconté que, sur la route qui conduit de Svijan Podol à Sabotka s'étend sur les deux côté une forêt dont les broussailles sont richement peuplées par les Tétrix ; les Tétras urogalles se trouvent, au contraire, à une distance de quelques lieues de la forêt dans une grande plaine cultivée. Or depuis l'époque où, dit-on, une Poule Urogalle s'égara dans la forêt habitée par les Tétrix, on rencontre chaque année des Rackelhanes.

Déjà nous avons eu l'occasion de faire remarquer que, depuis l'introduction récente en Ecosse de l'*urogallus* dans les endroits où existait le *tetrix*, on aperçoit maintenant l'hybride de ces deux

---

(1) Ce récit se trouve dans *Skand. Fauna*, édit. de 1858, p. 84 et 85. On le trouve aussi tout au long dans Lloyd, *Game birds*, p. 105 et 106, en note, 1867.

(2) *Skand. fauna*, 1858.

(3) *Ornith. Europ.*

(4) Wien, 1883, p. 105.

espèces, « ce qui n'avait point lieu autrefois, » fait observer
M. Wilson (1). Mais le fait le plus probant, peut-être, est celui que
le prof. Collett a raconté (2). Des œufs pris dans le nid d'une Poule
urogallus mis sous une Poule domestique, donnèrent une couvée de
petits Rackelhanes; cette Poule avait donc été cochée par un Coq
tétrix.

Aussi le plus grand nombre des ornithologistes se sont montrés
partisans de l'hybridité chez le Rackelhane; ceux qui considèrent
cet Oiseau comme une espèce véritable sont bien rares. Voici du
reste la liste plus ou moins complète des auteurs qui ont admis
l'origine mixte de cet Oiseau. En premier lieu, C. A. Rutenskiöld (3),
qui parle d'après les chasseurs du Småland et du Vestergötland (4);
puis Linné qui s'exprime ainsi : Species hybrida a præcedenti
(*urogallo*) et sequenti specie (*tetrice*). « Ipse hanc vidi (5) ». Ensuite,
le Baron de Gleichen (6); Sparrmann (7), chez lequel on trouve :
« *Tetrao hybridus*, magnitudo feminæ majoris *T. urogalli*. Originem
ex *T. tetrice* ac *T. urogallo* matre trahere creditur ». Le Dr Latham,
qui parle d'après ce dernier (8). Cependant, dans *Allgemeine
Uebersicht der Vögel* (9), un avis contraire paraît être donné, mais
peut-être par l'éditeur ? Johan Beseke (10), Bechstein (11), Wildungen (12); A. Reztius (13), Nilsson (14). Celui-ci apporte un grand
nombre de faits très probants. L'abbé Bonnaterre (15), Fries (16),

(1) Proceedings of the royal Society of Edinburgh, I. p. 395, 1842-43.
(2) Forhandlinger Videnskaps selskabet. Christiana, 1872.
(3) Kongl. swenska Vetenskaps Academiens, V, p. 181, 182 et 183, 1744.
(4) On trouve encore son récit dans Der Kœniglichen Schwedischen Academie
des Wissenschaften abandlungen aus der Natur., etc. Hambourg et Leipzig, liv. V. 1751.
(5) *Fauna suecica*, n° 201, 1761.
(6) *Découvertes les plus récentes dans le Règne végétal*, CI, d'après Abhand. der
königl. schwed. Acad. der Wissensch., VI, p. 113.
(7) *Museum Carlsonianum*. Holmiæ, n° 15, 1786.
(8) *Supplement to the general synopsis of Birds*, p. 214, London, 1787, et *Index
ornithologicus* II, Londini, 1790.
(9) Voir IV, p. 669. Rurnberg.
(10) *Beyträge zur Naturgeschite der Vögel Kurlands*, p. 69, Mitau und Leipzig,
1792 ?
(11) *Gemein Natur. Deutsch.* p. 497 et suiv. Leipzig, 1793.
(12) *Neujarhsgeschenk* für 1795, p. 50, cité par Burdach et Bronn ; nous n'avons
pu nous procurer cet ouvrage.
(13) *Faunæ suecicæ a Carolo a Linné*, p. 208, Lipsiæ, 1800.
(14) *Ornithologia suecica*, Pars prior, p. 302 et 303, 1817 et *Skandinavisk
Fauna* (diverses éditions).
(15) *Tableau encyclopédique des trois règnes de la nature. Ornithologie*,
1re partie, p. 195 et 196, Paris, 1823.
(16) Tidskrift för Jägare, p. 54 et suiv. Stockholm, 1832, cité par A.B. Meyer, p. 58.

Naumann qui s'est convaincu par ses propres observations et ses longues recherches (1). Le d^r Constantin Gloger dans une remarque que l'on trouve dans l'ouvrage de Naumann, puis dans *Vollständiges Handbuch der Naturgeschichte der Vögel Europas* (2) et dans le Journal für Ornithologie (3) où le docteur s'étend encore assez longuement sur le même sujet. John Gould (4); R. Wagner (5) qui fait savoir que son opinion s'est formée d'après les écrits de Naumann et de Gloger (6). Yarrell (7); Temminck, seulement dans la quatrième partie de son *Manuel d'Ornithologie* paru en 1840, car dans l'édition de 1820 il déclarait, dans l'erreur les ornithologistes partisans de l'hybridité; les observations étendues de Nilsson l'ont ensuite fait changer d'opinion (8). J. H. Blasius (9); Pritchard (10) et G. S. Morton (11) qui citent tous deux Bechstein. Jaëckel probablement (12); James Wilson (13); Tschusi(14); H. Stevenson (15); le Dr Wurm (16); Isidore Geoffroy-Saint-Hilaire qui parle d'après Naumann et Gloger (17); le professeur Rudolph Wagner (18); Sundevall (19); L. Lloyd (20); C. D. Degland et Z. Gerbe (21); Adolf Karl Müller (22); Victor Fatio (23); de Quatrefages (24);

(1) *Naturgeschichte der Vögel Deutschlands,* 6. Theil, p. 304 et suiv. Leipzig, 1833.

(2) 1. Theil, p. 312 et suiv. Breslau, 1834.

(3) Mars 1854, p. 129 et suiv.

(4) *Birds of Europa,* IV, London, 1837.

(5) *Traité de Physiologie,* p. 183, 1838.

(6) *Lehrbuch der Physiologie,* 1. Abth., p. 12 et 26. Leipzig, 1839.

(7) *British birds,* II, p. 361.

(8) Voyez p. 318, édit. de 1840.

(9) *Reise in europäischem Russland in den Jahren 1840 und 1841.* 1. Theil, p. 260. Braunschweig, 1844.

(10) *Researches,* n° 42, p. 40.

(11) The american Journal of sciences, III, p. 203, 1847.

(12) La Naumannia, voy. pp. 108-106. Francfort-sur-le-Mein.

(13) Proceedings of the royal Society of Edinburgh, I, p. 395, 1842-43.

(14) *Les Alpes,* p. 374 et suiv. Strasbourg, 1857.

(15) Zoologist, p. 6244, 1858.

(16) Journal für Ornithologie, n° 43, p. 21, 1860.

(17) *Histoire des Règnes organiques,* III, p. 165. Paris, 1862.

(18) Der Zoologische Garten, Franckfurt, 1863, p. 82.

(19) *Svenska foglarna,* 1866.

(20) *The game birds and wild fowl of Sweden and Norway,* p. 104 et suiv. London 1867.

(21) *Ornithologie européenne,* II, p. 48 et suiv. 1867.

(22) Zool. Garten, p. 100, 1867.

(23) Bulletin Soc. vaudoise des sc. naturelles, IX, n° 58, p. 5 à 9, 1868.

(24) Revue des Cours scientifiques, 1868-1869, p. 122.

Collett (1); Brehm (2); Dresser (3); le Dr W. Wurm (4); le
prince Schwarzenberg (5); Pf. Jackel (6); le prince Rudolph, qui
a tué lui-même plusieurs exemplaires (7); le Dr A. B. Meyer,
de Dresde (8); Victor Gaffé (9); le baron V. A. Krudner (10);
Bogdanow (11); der Weidmann no 35, 1881, et le Journal de Chasse
de Vienne, p. 340, où l'on fait mention d'un individu tué par le
prince Clary ; le même journal, année 1884, p. 296, 327, 366, 434,
etc., où, à divers endroits, on trouve des articles de M. Sterger, de
M. B. et de M. Gaffé ; M. Wiebke (12); A. Dubois (13), le feu professeur Severtzow (14) de Moscou ; C. Parot (15). Enfin, M. Lorenz,
de cette ville, qui publie en ce moment un ouvrage sur les Tétras
et leurs hybrides (16).

La plupart de ces auteurs et presque tous les ornithologistes que
nous avons consultés, donnent au Rackelhane le Tétrix pour père,
l'Urogalle pour mère; quelques-uns, cependant, tout en reconnaissant la double origine de cet Oiseau, pensent qu'il peut tout aussi bien
provenir du croisement inverse ou même des deux croisements (17).

Les naturalistes qui voient, au contraire, dans le Rackelhane, une

(1) Förhandlidger Videnskabs Selskabet, Christiania, p. 155, 1877 et aussi dans
Nyt Magazin for Naturvidenskaberne, p. 155, 1877.

(2) Oiseaux, trad. par Gerbe.

(3) History. of the Birds of Europa, London, 1871-22.

(4) Zool. Garten, p. 175, 1880 et 115, 1884, ainsi que dans Das Auerwild, dessen
Naturgeschichte, Jagd und Pflege, Wien, 1885, p. 184 à 195 et Der Auerhahnjäger,
p. 27 à 29, Wien, 1888.

(5) Jagd-Zeitung, p. 657 et 658, 1882.

(6) Zool. Garten, p. 103, 1881.

(7) Mitth. orn. Ver. Wien, 1883, p. 105 et 106 et dans plusieurs autres numéros,
ainsi que dans Jagd Zeitung 1883, p. 125 et 1887, p. 342.

(8) Mitt. ornith. Ver. Wien, 1880, 1881 et 1884, et notamment dans son bel ouvrage
Unser Auer Rackel und seine Abarten, Wien, 1888, où il donne les descriptions et
les figures d'un grand nombre d'exemplaires.

(9) Jagd-Zeitung, p. 237, 1884.

(10) Même journal, même année, p. 296, et 1885, p. 502.

(11) Conspectus avium imperii Rossici, fasciculus I, p. 35 et 36, Saint-Pétersbourg,
1884.

(12) Journal für Ornithologie, p. 394 et suiv., 1885.

(13) Faune des Vertébrés de la Belgique, II, p. 36 à 50.

(14) Nouv. Mém. de la Société Impériale des Naturalistes de Moscou, XV, p. 161 et
162, 1888.

(15) Monatsschrift des deuts. Vereins, no 3, p. 87, 1890.

(16) Cette publication ne sera achevée, nous écrit-il, que l'hiver prochain.

(17) Nous ne pensons point nous tromper en nommant les docteurs Gloger, Wurm et
Meyer, ainsi que M. Wielke, le prof. Bogdanow, le docteur Fatio, et le prince
Schwarzemberg, Yarrel, Stevenson. Plusieurs auteurs n'ont point fait connaître leur
opinion.

espèce véritable ou une variété sont, nous l'avons dit, peu nombreux ;
il en est de même de ceux qui n'ont pas voulu se prononcer. Ce sont
principalement Brisson, qui fait mention du Rackelhane sous le
nom de Coq-de-Bruyères piqueté, *Urogallus minor punctatus* (1),
et probablement Buffon, qui à l'article *Pétit tétras à queue pleine*
semble en parler incidemment, mais d'une manière confuse et qui
ne permet pas de saisir si c'est bien l'hybride qu'il veut désigner (2).
Pennant (3), qui se contente de dire que le langage de Linné est
obscur ! Dans notre siècle, G. H. Langsdorff (4) s'exprime d'une façon
très nette ; après s'être procuré plusieurs exemplaires il s'est
convaincu, dit-il, que le Rackelhane n'est ni une variété ni une
production de deux espèces différentes, *mais une espèce particulière*
qu'il nomme Tétras intermédiaire ou *Tetrao (tetrix) intermedius*. Le
Dr Meyer d'Offenbach est moins affirmatif, néanmoins il pense que
le Rackelhane constitue une véritable espèce (5). Le pasteur Brehm (6)
est de cet avis. Lesson ne donne aucune explication (7).

Viennent ensuite : Schinz (8) qui laisse la chose indécise ; le
Dr J.-B. Jaubert, qui critique les raisons données par Gloger (9),
puis met en doute l'existence de l'hybridité, sans toutefois se prononcer d'une façon définitive (10) ; Ernest Faivre, qui écrit, sans
paraître bien au courant de la question, que les exemples que l'on
cite méritent confirmation (11). Godron, qui pense que le Rackelhane n'est qu'une variété du Tétrix parce que, dit-il, il ne s'en
distingue que par une taille un peu plus forte, et son plumage est
le même. James Starck, lequel, dans une communication lue à la
Société Zoologique de Londres (12), établit la curieuse hypothèse
suivante : « le *Tetrao medius* n'est point un hybride, il n'est point
non plus une espèce distincte, mais plutôt un mâle précoce
(immature). » Enfin, récemment, le colonel H. de Salis (13), qui

(1) *Ornithologia*, I, p. 191, Paris, 1760.
(2) Voy. *Œuvres complètes*, V, p. 191 et 192, édit. de 1844.
(3) *Arctic Zoology*, II, p. 314, London, 1785.
(4) Mém. de l'Acad. Imp. des Sciences de St-Pétersbourg, III, p. 286 et suiv., 1811.
(5) Magazin der Gesellschaft naturforschender Freunde zu Berlin, 3. Quartal,
p. 337 et suiv., 1811.
(6) *Handbuch der Naturgeschichte der Vögel Deutschlands*. Ilmenau, 1831.
(7) *Manuel d'Ornithologie*, II, p. 194. Paris, 1828.
(8) *Europäische Fauna*, I, p. 277, 1840.
(9) Journal für Ornithologie, 1854.
(10) Revue et Magazin de zoologie, de Guérin-Menneville, (2), VIII, p, 97, 1856.
(11) *De la viabilité des espèces et ses limites*, p. 119. Paris, 1868.
(12) Proceedings, p. 13, Part XIII, 1845.
(13) Jahresbericht der N. Graub., VIII, Chur. 1880.

pense que le Rackelhane est une véritable espèce, avouant cependant qu'il ne peut le démontrer.

Les raisons données par ces auteurs sont presque toutes sans valeur, nous allons le voir, car la plus grande partie des Rackelhanes qui ont été observés sont des mâles adultes qui diffèrent notablement de l'*urogallus* et du *tetrix*. Dans cette liste d'opposition nous n'avons point nommé Leisler, parce que nous n'avons pu nous procurer son ouvrage (1), mais nous pensons qu'il doit être compté parmi les adversaires de l'hybridité chez le Rackelhane. Faisons ici remarquer que ces derniers donnent, en général, peu de raisons pour soutenir leur opinion, tandis que des naturalistes de grande valeur et partisans d'une double origine, ont multiplié les leurs.

Nous avons parlé longuement des circonstances qui laissent à penser que le Tétrix est le père du Rackelhane ; nous n'avons rien dit de celles qui peuvent, au contraire, faire croire qu'il en est la mère.

Les ornithologistes qui admettent l'origine *T. urogallus* ♂ et *T. tetrix* ♀ se sont surtout fondés sur les caractères qui différencient les individus. Si presque tous les Rackelhanes mâles (2) ont un type uniforme, quelques-unes, cependant, offrent des différences dans la forme et le plumage ; aussi a-t-on cru pouvoir dire que ces différences étaient dues au renversement des termes père et mère. Nous ne répéterons pas ici ce que nous avons dit ailleurs, le renversement des deux facteurs ne change point toujours le produit. Chez les hybrides, *Amherstiæ picta*, par exemple, une différence, même notable, dans la forme et dans le plumage de l'hybride, n'indique point le rôle des deux parents.

Mais des observations du genre de celles que nous avons citées ont une toute autre valeur et nous devons reconnaître que plusieurs indications de cette nature ont été données en faveur de la paternité de l'Urogalle.

Nous les avons principalement trouvées dans l'ouvrage de Lloyd(3).

Ainsi, d'après M. Falk, les Rackelhanes suivent les Tétrix aussi bien pendant le *Lek* que pendant les autres époques de l'année, on ne les trouve que très rarement parmi les Urogalles, pour cette raison probable, ajoute M. Falk, qu'ils préfèrent la compagnie des Oiseaux avec lesquels ils ont été élevés. Pendant l'année 1830,

---

(1) *Beit. zu Bechstein's Naturg.*, Heft 2, p. 196.

(2) Ou mieux Rackelhanar (en suédois), mais nous pensons que le nom de Rackelhane, très usité, peut être francisé et emprunter la marque du pluriel.

(3) *The Game Birds and Wild Fowl of Sweden and Norway*, p. 105 et suiv. London, 1867.

M. Holm aperçut une couvée de Tétrix parmi lesquels se trouvaient deux hybrides. L'un, que l'on crut femelle, fut tué pendant la saison de la chasse ; le second, un mâle, qui fut de nouveau aperçu pendant l'automne dans la même couvée, fut tiré le printemps suivant. Ces jeunes oiseaux vivaient dans les chasses réservées de M. Holm, où on avait laissé un grand nombre d'*urogallus* ♂.

Quand à Lloyd, il avoue que « c'est un sujet qu'il ne saurait éclaircir. » Pour notre part, nous sommes porté à voir le plus souvent, dans le Rackelhane, le produit du *T. tetrix* ♂ avec *T. urogallus* ♀.

Les causes qui déterminent des croisements aussi fréquents sont-elles connues ? Plusieurs auteurs ont cherché à les expliquer, Nilsson, par exemple.

En Suède, dit-il, où la chasse est libre dans certains endroits, tout paysan, grand ou petit, est chasseur et chasse quand bon lui semble. Chacun tue autant qu'il peut sans se soucier de l'avenir ; il ne pense à retirer quelque profit que pour le présent. Or, le Coq *urogallus* se laisse tirer facilement pendant le temps de l'accouplement ; lorsqu'il est en amour les paysans sont à peu près sûrs de le tuer. Le petit Coq *tetrix*, plus agile, est, au contraire, difficile à approcher, aussi devient-il très abondant dans certains endroits où disparaît le grand Coq. Les Poules urogalles surnuméraires se trouveraient ainsi portées à rechercher le Coq tétrix faute de mâles de leur espèce. Une preuve en faveur de cette opinion, poursuit Nilsson, c'est que, dans le Herjedalm et dans beaucoup d'endroits du Nord de la Suède, le Rackelhane augmente en proportion du nombre des chasseurs ; ceux-ci sont devenus plus nombreux qu'autrefois et le Rackelhane est devenu de moins en moins rare. Pour l'Allemagne, où le Rackelhane se voit moins fréquemment qu'en Suède ou en Norvège, Nilsson cherche une autre explication. La chasse est soumise à certaines lois, elle est confiée à des personnes habiles qui la font avec méthode, celles-ci se gardent de trop détruire, et les Poules surnuméraires deviennent l'exception.

Gloger (1) a voulu aussi étudier cette question, il est même entré dans de nombreux détails.

Pour lui, ce sont principalement les jeunes Coqs *urogallus* qui, chassés par leurs aînés de la place du baltz, deviennent les pères des hybrides en s'accouplant avec des Poules du Tétrix. D'après le savant ornithologiste on s'est convaincu de ce fait en Suède et en

---

(1) Journal für Ornithologie, 1854.

Norvège par des observations très exactes et poursuivies longtemps. Les jeunes Coqs *urogallus*, continue-t-il, sont en effet plus forts que les Coqs *tetrix*, et, excités par une longue privation, ils ne tardent pas à devenir les seigneurs du baltz de ces derniers. Telle est, d'après lui, la règle générale qui donne lieu à l'hybridation des deux espèces; ce n'est que par exception qu'elle se produit dans le sens inverse. Si, par exemple, dans un endroit quelconque trop de Coqs *urogallus* sont tués (ce qui arrive plus facilement que les Coqs *tetrix*, bien plus rusés), les Poules urogalles, privées alors de leurs Coqs se rendent aux appels des Tétrix qui chantent dans le voisinage. Elles sont naturellement les bien venues. Cette opinion avait déjà été émise par Gloger dans: *Vollständiges Handbuch der Naturgeschichte*(1). On croit, disait-il que le Rackelhane ne se rencontre que dans les endroits où les Coqs urogalles ont été tués en grand nombre ou dans les petits districts, où ils ont été complètement détruits, etc. Gloger s'étendait très longuement sur ce chapitre. Une note du directeur du *Journal* qui suit le récit de Gloger (p. 133) fait remarquer que chez les Tétras, comme chez plusieurs autres Gallinacés qui vivent en polygamie, les mâles ne recherchent pas d'ordinaire les Poules, mais ils leur indiquent la place où elles doivent se rendre pour les parades d'amour. Ce sont donc les Poules qui, en quelque sorte, viennent s'offrir elles-mêmes. Rien donc d'impossible, ajouterons-nous, à ce qu'une Poule urogalle s'abatte dans le jeu d'un Coq tétrix et ne recherche ses avances puisque les mâles Urogalles se laissent tuer plus facilement que les Coqs tétrix.

Nous croyons cette explication bien préférable à la première; cependant la remarque que les jeunes Coqs sont chassés par les vieux aurait été faite, d'après Falke, par tous les chasseurs d'Urogalles (2). Ces jeunes mâles n'osent s'approcher des Poules et regardent à distance un spectacle qui les excite. Ils seraient ainsi poussés à contracter des alliances étrangères? Enfin, M. E. Dresser écrit (3) que le Rackelhane se voit surtout aux endroits où les mâles de l'*urogallus* ont été tués. La question n'est donc pas résolue.

Mais arrivons à la description de ce curieux hybride. Certains ornithologistes, bien peu nombreux du reste, ont prétendu que les caractères du mâle, dont nous parlerons seulement pour commencer, sont très variables. A en croire M. Falke (cité par Lloyd), sur vingt Rackel-Hanar, il n'y en aurait pas deux semblables.

(1) 1834.
(2) Cité par Lloyd.
(3) Proceedings of the Zool. Society, 1876, p. 345.

MM. Degland et Gerbe ont également dit qu'il était difficile de rencontrer deux individus semblables à cause de la grande variabilité des couleurs.

Nous pensons qu'il y a là erreur, à moins donc que ces auteurs n'aient voulu simplement parler de ces différences qui existent quelquefois entre les exemplaires d'une même espèce. Le Rackel-hane ♂ adulte, sauf de rares exceptions, forme un type bien carac-térisé, auquel il est facile de ramener la plupart des individus que l'on rencontre. Ainsi Naumann (1) fait savoir qu'un des mâles qu'il décrit ressemble parfaitement aux quatre exemplaires vus par Leisler, ainsi qu'aux sept exemplaires dont le Dr Meyer a donné une description (2). Sept autres individus conservés à cette époque dans diverses collections, soit en Allemagne, soit ailleurs, présentaient les mêmes caractères. John Gould dit qu'il a eu l'occasion de cons-tater le peu de diversité qui existe entre les divers Rackel-Hanar ; il ne croit point que ceux examinés par M. Yarell différaient les uns des autres par leur structure interne. Le spécimen tué dans les terres de Demira, en Écosse, se rapporte en tous points aux spéci-mens que l'on trouve en Norvège (3). Tous les caractères du *T. medius*, dit le prof. Severztow (4) sont extrêmement constants, sans variations individuelles; ils sont tous identiques. Ce qui est sin-gulier, remarque encore Brehm, c'est que le plumage du Rackelhane est régulier, c'est-à-dire qu'il ne varie pas d'un individu à l'autre. Enfin le prince Rudolph, qui a eu entre les mains, soit en chair, soit empaillés, une assez grande quantité de Rackel-Hanar, dit qu'il n'a jamais constaté des différences plus essentielles que chez les espèces pures.

Nous-même, qui avons pu examiner quinze Rackelhanes dans diverses collections et qui en possédons un exemplaire, nous n'avons trouvé que des Rackel-Hanar *typus*, et les renseignements qui nous sont parvenus de différents Musées d'Europe nous ont confirmé dans cette opinion. Nous pouvons citer l'individu conservé au musée de Görlitz, qui est conforme, par sa grandeur et sa couleur, aux descriptions qui ont été données sur les *Tetrao medius* par les auteurs anciens, tels que Brehm, Naumann, etc. ; les deux exemplaires du Musée de Francfort, qui correspondent parfaitement avec la des-

---

(1) *Natur der Vögel Deutschlands*, 6. Theil.
(2) Magasin der Gesellschaft naturf. Freunde zu Berlin, 1811.
(3) Voy. la communication de James Wilson à la Société royale d'Edimbourg· Proceedings, I, p. 395, 1842-43.
(4) Mém. des Nat. de Moscou.

cription donnée par Naumann ; le sujet qui orne la collection de la
Société d'Histoire naturelle de Colmar et qui se rapporte à la diagnose
de Schinz ; le Rackelhane de l'*Ufficio ornithologico* de Florence
(Museo dei Vertebrati), appartenant à la forme typique, ainsi qu'un
individu semblable du *Museo civico* de Trente ; puis, pensons-nous,
les exemplaires des Musées de Giessen, Darmstadt, Tubingue, Bergen,
Leide, etc.

Toutefois, nous l'avons dit il se rencontre plusieurs exceptions ;
déjà le prince Rudolph avait signalé (1) deux exemplaires qui s'éloignaient du Rackelhane typus (2) ; M. Paul Leverkühn nous écrit de
Strasbourg qu'il existe dans le musée de cette ville un spécimen
provenant de la Forêt-Noire, qui offre des analogies avec ce type ;
le Baron von Krudner a parlé (3) d'un sujet assez petit tué à Ranzen
(Livland), et qui, d'après la description qu'il en donne paraît
s'éloigner du type ordinaire du *T. medius*. Dans son bel ouvrage (4),
le Dr A. B. Meyer a rassemblé plusieurs exemples de ces exceptions. Le feu professeur Severtzow (5) a également mentionné des
types de *Tetrao tetrix*, présentant seulement quelques légères traces
d'hybridation, il a supposé, comme nous l'avons dit en commençant, que ces individus provenaient du croisement d'espèces pures
avec des hybrides en train de faire retour à l'une des deux espèces
mères ?

A part ces exceptions, les Rackelhanes ♂ adultes que l'on tue fréquemment, tout en offrant de légères différences entre eux, peuvent
être ramenés le plus souvent à un type dont les caractères principaux varient peu.

Nous avons réuni ici un grand nombre de descriptions du Rackelhane ♂ qui ont été données depuis un siècle et demi, nous avons
ajouté à ces divers renseignements les diagnoses plus ou moins

---

(1) Mitt. orn. Ver. Wien, p. 105, 1883.

(2) Voici en grande partie leur description : Bec fort gris jaune, cou bleu foncé,
poitrine à reflets violets, le dessous foncé avec peu de plumes brillantes. Sur les ailes
un miroir blanc. — Au croupion des taches blanches. Les couvertures supérieures
du croupion sont longues et marbrées de blanc. — Croupion forme de l'Urogalle, les
dernières plumes échancrées. Le dos à la façon de l'Urogalle, coloré brun. Les yeux
bruns. — 2e exemplaire : Bec jaune de l'Urogalle, cou gris de ce dernier, poitrine
verte, le dessous brillant, grisâtre avec beaucoup de plumes brillantes, pas de miroir
blanc sur les ailes. Croupion tout noir, très court ; comme chez les poules, les
dernières plumes sont échancrées. Dos à la manière de l'Urogalle, coloré brun, yeux
bruns (cet exemplaire diffère complètement du Rackelhane *typus*).

(3) Jagd-Zeitung, p. 501 et 502, année 1885.

(4) *Unser Auer-Rackel und Birkwild und seine Abarten.* Wien, 1888.

(5) Nouv. Mém. des Nat. de Moscou, 1888.

complètes d'individus non encore décrits. Afin de faciliter les rapprochements, nous avons mis en regard, à la suite les unes des autres, les parties dons nous donnons la description. La comparaison à établir entre les divers spécimens deviendra donc très facile, et on pourra examiner si les Rackel-Hanar présentent des différences très sensibles ou si, plutôt comme nous le pensons, il est possible de les ramener le plus souvent à une forme typique.

La plupart de ces descriptions ont été faites d'après nature, nous donnerons des extraits de celles qui ont été publiées successivement par Rutenskiold, Klein, Brisson, Linné, Pennant, Johann Beseke, Bechstein, Langsdorff, le Dr Meyer, d'Offenbach (1), Nilsson, Temminck, le pasteur Brehm, Naumann (2), Gloger, Schinz, Gould, Tschusi, le prof. Collett, Malm, Degland et Gerbe, Brehm, le prince Rudolph, Victor Gaffé, le Dr A.-B. Meyer, de Dresde (3), le feu professeur Severtzow, auxquels nous ajouterons les descriptions plus ou moins complètes : 1° d'un individu que nous possédons en peau ; 2° de trois autres individus que l'on voit dans les galeries du Muséum d'Histoire Naturelle de Rouen ; 3° d'un exemplaire conservé dans la riche collection ornithologique européenne de M. Noury, à Elbeuf-sur-Seine ; 4° d'un autre tué à Arkangel et dont M. A. Dubois, conservateur du Musée Royal de Bruxelles, a bien voulu nous envoyer la description ; 5° d'un septième conservé au Musée de Lausanne ; 6° d'un huitième faisant partie de l'*Ufficio ornithologico del Museo zoologico dei Vertebrati*, de Florence ; 7° d'un neuvième appartenant à M. Lemetteil, de Bolbec (S.-Inf.) ; 8° d'un dixième conservé au Musée de Genève ; 9° de trois individus du Muséum d'Histoire naturelle de Paris ; 10° d'un quatorzième offert cet hiver au Musée de Bergen, par M. Lárdal ; 11° d'un quinzième que nous avons vu chez M. Deyrolle, à Paris ; 12° de trois autres individus appartenant au Musée de Leyde ; 13° d'un dix-huitième spécimen que l'on voit au Musée de York ; 14° d'un dix-neuvième, tué en Écosse, à Sullzallan, en 1869, et envoyé au *Kelvingrove Museum* de Glascow en 1871 ; de deux autres de la Collection Marmottan ; 15° enfin, de deux derniers conservés au Musée de

---

(1) Nous ignorons si la description du Dr Meyer, d'Offenbach, a été faite d'après un grand nombre d'exemplaires ; on pourrait le supposer, toutefois il paraît ressortir d'un passage qu'il n'a vu que deux exemplaires.

(2) Nilsson et Naumann ont décrit plusieurs exemplaires. Nous ne nous occuperons point de tous.

(3) Le Dr A.-B. Meyer, de Dresde, décrit un grand nombre de sujets, nous ne parlerons que de sa description générale du *T. medius typus*.

Strasbourg, et sur lesquels M. Paul Leverkühn a bien voulu nous envoyer quelques indications.

Aspect général : Le plumage du corps, qui est presque d'une seule couleur lustrée et très peu variée, le rapproche du Tétrix *(Langsdorff)*; par sa couleur noire brillante il ressemble tout-à-fait au *tetrix* *(Johann Beseke)*; il ressemble au Tétrix *(Linné)*; par sa forme et sa couleur il ressemble aux deux espèces, néanmoins plus au Tétrix qu'à l'Urogalle, un observateur peu exercé le prendrait par consé-quent, pour un grand Coq tétrix d'une couleur un peu sombre et à la queue coupée *(Naumann)*; colore varie variat in variis *(Sparmann)*; il ressemble à un Tétrix dont la tête serait plus grande et la queue plus carrément coupée *(Tschusi)*; son plumage est noir à reflets bleus *(id.)*; sa couleur métallique est le violet-pourpre *(exempl. du Musée de Bergen)* (1) ; type du *T. tetrix (un exemplaire du Musée de Strasbourg)* ; il tient le milieu entre les deux espèces dont il provient *(Brehm)*; couleur du Tétrix *(Musée de Leide)*; à peu près strictement entre les deux pour les caractères plastiques et pour la coloration, seulement la couleur des reflets métalliques sur le noir de son plumage, qui sont violets, diffère des reflets verts de l'*urogallus* et des reflets bleus du *tetrix (Severtzow)*; (tous les exemplaires que nous avons vus tant empaillés que dessinés présentent ces carac-tères); par sa couleur il ressemble plus au *tetrix* qu'à l'*urogallus* *(Collett)* (2) ; il ressemble plus au Tétrix qu'à l'Urogalle *(exemplaire de M. Lemetteil)*; comme couleur ils ressemblent plus au Tétrix *(les 3 exemplaires du Musée de Rouen)* intermédiaire entre les deux espèces, mais l'aspect est plutôt celui de l'Urogalle *(exemplaire de la collection Noury)*; alternativement il se rapproche plus de l'un que de l'autre suivant le père qui lui a donné naissance *(Gloger)*; néanmoins Gloger constate que pendant longtemps on a trouvé la plupart des Rackelhanes semblables les uns aux autres.

Taille, dimensions et forme : Corps à peu près comme celui d'une vieille Poule urogalle *(Rutenskiöld)*; magnitudo feminæ *urogalli* *(Linné, Fauna suecica)*; Pennant répète Linné. Pour la grosseur il res-semble au Coq de bruyère *(Bechstein)*; il n'atteint pas la grandeur de l'*urogallus*, mais il est plus grand que le Tétrix ♂, il tient justement le milieu entre ces deux Oiseaux *(Naumann)*; il est plus grand que le *tetrix* et plus petit que l'*urogallus* ♀ *(Tschusi)*; la taille est au

---

(1) D'après la photographie qui nous est adressée, sa forme le rapproche de l'Urogalle.

(2) Cité par M. James Alpreig, curator. *Bergen Museum* (Norvège).

moins celle d'une vieille Poule urogalle (*exemplaire du Musée de Genève*); il tient le milieu entre le Tétrix et l'Urogalle par sa forme et sa grandeur (*Johann Beseke*); taille plus forte que celle de l'*urogallus* ♀ (*exemplaire de M. Lemetteil*); intermédiaire comme forme et comme couleur entre les deux espèces (*exempl. de M. Deyrolle*); par sa grandeur il tient le milieu entre le grand Coq et le Tétrix (*Langsdorff*); à peu près strictement intermédiaire entre les deux pour la taille (*Severtzow*); à peu près aussi grand que l'*Urogallus* femelle (*les trois exemplaires du Musée de Leide*); taille d'une belle belle Poule urogalle (*les trois exemplaires du Musée de Rouen*); taille d'une belle Poule urogalle (*collection de M. Noury*) (4).

Sa longueur ordinaire est d'environ 2 pieds 3 niches (*Lloyd*); taille 55 cent. (*exemplaire d'Arkangel*); 69 à 77 centimètres de long (*Brehm*); sa longueur depuis le bout du bec jusqu'à celui de la queue est de 2 pieds 2 pouces (*Langsdorff*); longueur 2 pieds 6 pouces, mesure de Paris, largeur 3 pieds 5 pouces (*Dr Meyer, d'Offenbach*); longueur 28 pouces, largeur 44 à 45 pouces (*Naumann*); longueur 2 pieds 3 pouces, largeur entre les ailes 3 pieds 3 pouces (*Nilsson*); longueur totale 698^{mm} (*Malm.*); ab extremo nostri ad caudæ et digiti medii exitum 2″4‴, Paris, (*Klein, Stem. Avi*); longueur totale 706^{mm} (*exempl. du Musée de Bergen*); depuis le bec jusqu'à l'extrémité de la plus longue plume rectrice 75,5, jusqu'à la plus courte 72 (*Exempl. décrit par A. Gaffé*).

Tête, dimensions : Un peu plus grande que celle du Tétrix (*Bechstein*); plus grosse que chez le Coq tétrix (*Naumann*); plus grande que celle du Tétrix ♂ (*Tschusi*); intermédiaire entre les deux (*les trois exemp. du Musée de Rouen*); intermédiaire entre les deux (*collection de M. Noury*) ; longueur de la tète, 100^{mm} (*exempl. Musée de Bergen*).

Tête, coloration : Comme celle du Tétrix (*Bechstein?*); d'un brun foncé lustré (*Langsdorff*) ; d'un noir à reflets bronzés et pourprés (*Temminck*); noire avec un reflet bleu d'acier tirant sur le violet (*Naumann*); noire avec des reflets métalliques et pourprés (*Yarrell*) ; d'un pourpre sombre, les plumes tachetées de blanc (*Gould*); d'un reflet pourpre et bronzé selon la lumière (*Nilsson*); tête bigarrée gris et noir (*un autre exemplaire*); d'un noir brillant (*Tschusi*); d'un noir bleuâtre à reflets (*Degland et Gerbe*); *un autre*

---

(4) Il est encore dit dans le Jagd-Zeitung de 1888, p. 244, en parlant du Rackelhane tué à Ratzeburg, que sa conduite sur les places d'amour était tout-à-fait celle d'un Tétrix. On ajoute qu'il ressemble plus par son plumage à cet Oiseau qu'il ne ressemble à l'*urogallus*.

exemplaire adulte : d'un noir à reflets orangés et pourprés (*Degland et Gerbe*) ; à reflets pourprés (*Brehm*) ; habituellement noire avec un beau reflet violet ou pourpré (*Gloger*) ; noire à reflets pourprés violacés (*notre exemplaire*) ; le dessus est pointillé de gris et couvert de fines ondulations en zigzags (*pasteur Brehm*) ; tête brune à reflets pourprés (*un exemplaire d'Archangel* (Russie) ; d'un noir profond à reflets métalliques (*exemplaire de M. Lemetteil*) ; comme coloration ressemblent beaucoup plus au Tétrix qu'à l'Urogalle, tête brune, presque noire (*les 3 exemplaires du Musée de Rouen*) ; la tête et les joues brun-noir avec un brillant de violet métallique (*Dr A. B. Meyer*) ; les plumes des joues ont plus ou moins les pointes blanches (*id.*) ; tête noire avec bel éclat violet ou pourpré (*Gloger*) ; d'autres, au contraire, (chez lesquels la ressemblance avec le Tétrix est plus accentuée), ont la tête plus noire, brillant d'un bleu d'acier (*Gloger*).

SIGNE CARACTÉRISTIQUE : Au-dessus des yeux, la peau est dénuée de plumes et pourvue de petits mamelons charnus d'un rouge très vif, ce qui forme un demi-cercle rouge ; au moment de l'accouplement, ces petites verrues, qui sont fines, allongées et plates, deviennent plus apparentes et se colorent davantage ; la bande a relativement une étendue moindre que celle du vieux Coq Tétrix (*Naumann*) ; deux taches rouges (*Rutenskiöld*) ; au-dessus de chaque œil une tache d'un pouce de long sans plumes (?) ; plaque rouge au dessus de l'œil (*Musée d'York*) ; la tache au-dessus de l'œil comme chez le Tétrix, grande et d'un rouge très vif, remplie de petites verrues (*Nilsson*) ; au-dessus des yeux une petite bande nue papilleuse rouge (*Degland*) ; notre exemplaire paraît être privé de cette petite tache rouge au-dessus des yeux que beaucoup d'ornithologistes ont constatée, peut-être une détérioration en est-elle la cause, l'Oiseau n'ayant point été monté. On sait, du reste, d'après les observations de Nilsson qui a possédé des Rackelhanes en captivité, que cette plaque verruqueuse diminue dès le mois de mai. Au Musée de Rouen, sur trois exemplaires, deux seulement ont cette plaque, le troisième en est dépourvu ; elle est moins grande que chez le tétrix ; plaque papilleuse au-dessus des yeux, rouge vif (*coll. Noury*).

L'ŒIL : L'iris est brun de noix (*Langsdorff*) ; brun clair, le bord des paupières gris foncé (*Dr Meyer, d'Offenbach*) ; sourcils rouges (*Temminck*) ; l'iris est d'un brun foncé, la paupière est sans cils, très rouge (Naumann) ; iris brun (*Nilsson*) ; l'œil brun foncé (*Brehm*).

BEC, FORME : Semblable à celui du Tétrix, sans courbure (*Rutenskiöld*) ; le bec étendu et un peu moins courbé que chez le Coq ou le petit Coq de bruyère? (*Meyer, d'Offenbach*); beaucoup plus petit, plus faible, mais plus redressé que chez l'*urogallus* et beaucoup plus grand, plus fort et plus élevé que chez le *tetrix* (*Naumann*); la mandibule supérieure bombée, la pointe un peu courbée, pas autant que chez le grand Coq de bruyère, mais le bec plus fort et plus long que celui du Tétrix (*Nilsson*); intermédiaire entre celui des deux Coqs (*les trois exemplaires du Musée de Rouen*); bec plus fort que chez le Tétrix (*Tschusi*); le bec, depuis la pointe jusqu'aux coins de la bouche, un pouce et demi (*Langsdorff*); le bec, un pouce et demi de long (*Meyer d'Offenbach*); rostrum ex angula 1″ 1‴ (*Klein*); bec fortement développé 4, 3 (*exempl. décrit par V. Gaffé*).

BEC, COULEUR : Nigerrimum (*Klein*); noir (*Langsdorff*); noir (*Temminck*); couleur de corne, noir à la partie antérieure (*pasteur Brehm*); couleur de corne (*Gould*); noir (*Schinz*); noir, mais le dessous plus ou moins pâle (*Nilsson*); noir (*prince Rudolph*, d'après deux exemplaires tués en 1880 et 1881); noir (*Brehm*); bec noir bleuâtre (*Degland et Gerbe*); bec noir de corne foncée (*exempl. de M. Deyrolle*); couleur de corne foncée sur toute la mandibule supérieure, les bords beaucoup plus clairs (*notre exemplaire*); bec gris noir, plus clair à la pointe de la mandibule supérieure et à la naissance de l'inférieure, la coloration claire s'étend plus ou moins (*A. B. Meyer*); chez deux exemplaires du *Musée de Rouen*, la couleur de corne est très foncée, chez le troisième elle est plus claire; tout le bec noir, en dessous plus ou moins de jaunâtre (*Gloger*); bec noir (*coll. Noury*).

GORGE : Plumes longues, en forme de barbe, beaucoup plus prononcées que chez le vieux *tetrix*, mais moins que chez l'*urogallus*, (*Naumann*); plumes un peu allongées (*Temminck*); la gorge à un épi (*Schinz*); l'avant-gorge noir avec un reflet bleu d'acier tirant sur le violet; sous la gorge toutes les plumes entourées et tachetées de gris blanchâtre (*Naumann*); plumes de la gorge plus longues que celle du tétrix, plus courtes que celles de l'Urogalle (*Degland et Gerbe*); sous la gorge, quelques plumes comme chez l'Urogalle, mais moins longues (*exempl. de M. Deyrolle*); gorge noire avec reflets violacés ou pourprés suivant le jour, peu de plumes longues (*notre exemplaire*); un des exemplaires de Rouen a des plumes sous la gorge.

COU, DIMENSIONS : La longueur et l'épaisseur du cou de l'*urogallus* (*Rustenskiold*); plus gros que chez le Coq Tétrix (*Naumann*); intermédiaire entre les deux Coqs (*les trois exemplaires du Musée de Rouen*); intermédiaire entre les deux (*collection Noury*).

Le cou, coloration : De la couleur du Tétrix (*Rustenskiöld*) ; collum iridis colorum ex nigro (*Klein, Stem. Av.*) ; semé de petits points rougeâtres (*Brisson*): colli color est in *urogallo* (*Linné, Fauna suecica*) ; de la couleur du Tétrix (*Bechstein*) ; à reflets pourprés et bronzés (*Temminck*) ; d'un pourpre sombre (*Gould*) ; d'un reflet pourpre et bronzé selon la lumière (*Nilsson*); noir brillant (*Tschusi*), cou pourpre, (*Musée d'York*); habituellement noir avec un beau reflet violet ou pourpré (Gloger); d'un noir bleuâtre à reflets (*Degland*) ; *un autre mâle adulte,* cou d'un noir à reflets orangés et pourprés (*id.*); noir brillant à reflets pourprés violacés (*notre exemplaire*); les côtés saupoudrés de gris et parfois tachetés de blanc (*Brehm*) ; cou d'un violet magnifique reflétant la pourpre, laissant voir du vert lorsqu'on s'approche de la lumière (*exempl. décrit par M. Victor Gaffé*) ; violet, d'un superbe éclat au soleil (*exempl. tué par le prince Clary*); cou brun à reflets pourpres (*exemplaire d'Arkangel*) ; cou d'un noir profond à reflets métalliques (*exemplaire de M. Lemetteil*) ; noir avec un bel éclat violet ou pourpré (*Gloger*); chez d'autres, cou plus noir, brillant d'un bleu d'acier (*id.*) ; les côtés du cou plus ou moins verdâtres, suivant la lumière (*Dr A.-B. Meyer*).

Cou, partie supérieure : D'un brun foncé lustré (*Langsdorff*) ; profondément noir avec un éclat d'acier (*Naumann*); tacheté de blanc (*Gould*) ; à reflets pourpres et bronzés très accentués (*Nilsson*); brun noir, tacheté de gris (*D. A.-B. Meyer*) ; noir avec des reflets bronzés violacés, parsemé de petites taches grises très fines (*notre exemplaire*).

Cou, devant : La couleur chatoie entre le violet et le pourpre, et est fortement brillante; cet éclat particulier, bleu, rouge ou pourpre foncé, dit Naumann, est aussi vif que l'éclat du vert de l'*urogallus* et contribue à orner vivement l'Oiseau ; il chatoie néanmoins dans une couleur de bronze cuivré. La partie inférieure du col est d'une couleur lustrée changeant en violet (*Langsdorff*) ; le devant du cou violet pourpre (*Schinz*); à reflets pourpres (*Brehm*); brun noir avec un brillant de violet métallique (*Dr A.-B. Meyer*); noir avec des reflets violacés (*les trois exemplaires du Musée de Rouen*) ; noir avec des reflets violacés (*notre exemplaire*).

Poitrine et flancs : Pectore nigro, parum ex albo maculato (*Klein*); semée de petits points rougeâtres (*Brisson*) ; la poitrine et la partie supérieure du ventre sont variées de taches blanches, les côtés sont d'un brun noirâtre, variés de points très fins roussâtres (*Langsdorff*) ; les côtés tachetés de brun avec quelques grandes

taches blanches aux extrémités, la partie postérieure de la poitrine
noire avec beaucoup de taches blanches (*Meyer, d'Offenbach*); d'un
noir à reflets bronzés et pourprés, flancs variés de grandes taches
blanches (*Temminck*); la partie inférieure et supérieure de la poitrine
et les flancs noirs d'un éclat faiblement bleuâtre, parsemés de nombreux petits points brunâtres au bout des plumes et aux barbules,
surtout sur le milieu de la poitrine, par-ci par-là parsemée de blanc
ou tachetée de blanc (*Naumann*); poitrine habituellement noire
avec un beau reflet violet ou pourpré (*Gloger*); quelques taches
blanches sur la poitrine (*id.*); poitrine d'un pourpre sombre ou
violet pourpré (*Gould*); poitrine violette (*exemp. de M. Deyrolle*);
d'un reflet pourpré et bronzé selon le jour (*Nilsson*); les côtés bigarrés gris et noir (*Nilsson*); poitrine violette (*prince Rudolph, deux
exemplaires tués en 1880 et 1881*); brune à reflets pourpres (*exempl.
d'Arkangel*); avec des reflets violacés (*exemplaire de l'Ufficio ornithologico de Florence*); poitrine et partie antérieure du sternum d'un
noir profond à reflets métalliques (*exemplaire de M. Lemetteil*);
flancs d'un noir de suie (*id.*); la poitrine violette avec un brillant
de métal (*A.-B. Meyer, d'Offenbach*); noire, avec un bel éclat violet
ou pourpre (Gloger); reflets métalliques violacés (*collection Noury*);
le plumage de la poitrine d'un violet magnifique reflétant le pourpre et laissant voir le vert lorsqu'on l'approche de la lumière,
(*exemp. décrit par M. Victor Gaffé*); poitrine violette brillant au
soleil d'un superbe éclat (*exempl. tué par le prince Clary*). Ces
différences s'expliquent en ce que la limite du devant du cou et de
la partie supérieure de la poitrine qui le suit immédiatement ne
sont pas assez limités. Noire avec un bel éclat violet ou pourpre
(*Gloger*).

VENTRE : Quelques taches blanches sur le dessous du corps
(*Brisson*) ; les plumes du bas-ventre noires ; la partie supérieure du
ventre variée de taches blanches, les côtés d'un brun noirâtre,
variés de points très fins et roussâtres (*Langsdorff*); tachetés de brun
avec quelques grandes taches blanches aux extrémités (*Meyer,
d'Offenbach*); le ventre d'un noir mat, l'abdomen varié de grandes
taches blanches (*Temminck*) ; noir d'un éclat d'acier faiblement
bleuâtre, parsemé de nombreux petits points brunâtres au bout des
plumes (*Naumann*); noir mat (*Schinz*); les côtés noirs tachetés de
blanc ainsi que le ventre (*id.*); le ventre d'un reflet pourpre et
bronzé selon le jour (*Nilsson*) ; sur le milieu du ventre on trouve
quatre ou cinq petites taches blanches (*id.*); ventre noir brillant
barré de blanc (*Tschusi*) ; noir (*Brehm*); abdomen noir, nuancé çà et

là de blanc (*Degland*); *autre exemplaire*, abdomen d'un noir mat, bas-ventre d'un blanc sale (*Degland*); bas du ventre blanc sale (*exemplaire de M. Lemetteil*); un peu de blanc au milieu de l'abdomen qui est brun pointillé de blanchâtre sur les flancs (*exemplaire d'Arkangël*); ventre très noir, d'un brillant plus ou moins violet, le milieu du ventre parfois blanc, la partie postérieure avec du blanc (*A.-B. Meyer*); flancs finement pourprés d'un gris cendré (*id*).

Dos : Prout tetraonis (*Klein*); tout le dessus du corps est tacheté de blanc (*Bechstein*) ; les plumes qui couvrent la partie supérieure du dos sont noires et variées de très petits points blancs et roussâtres qui sont à peine perceptibles, le dos est noir varié de brun (*Langsdorff*) ; le dos gris noir entouré et tacheté couleur de rouille, et la partie postérieure noire avec quelques taches blanches (*Meyer, d'Offenbach*) ; chez un second sujet on voit seulement une longue ligne blanche à la tige des plumes (*id.*) ; le sommet du dos est d'un noir brun parsemé de petits points noirs innombrables d'un brun clair comme du sable, qui se rangent quelquefois en zigzags (*Naumann*) ; dos d'un noir lustré parsemé de très petits points et de zigzags cendrés et bruns (*Temminck*) ; dos finement tacheté (ou poudré) de gris cendré (*Gloger*) ; noir brillant tacheté de gris (*Schinz*) ; noir lustré bleu (*Nilsson*) ; le bas du dos noir violet poin-tillé de blanc et chatoyant (*Tschusi*) ; dos noir, semé de points et de lignes grises très fines, en zigzags (*Brehm*) ; noir varié de roussâtre (*Degland et Gerbe*) ; noir à reflets orangés et pourprés *autre exem-plaire* (*id.*) ; d'un noir de suie, sablé de très fines stries gris perle au manteau (*exemplaire de M. Lemetteil*) ; brun presque noir, pointillé de roux et de blanchâtre (*exemplaire d'Arkangel*) ; finement pourpré d'un gris cendré (*Gloger*).

Epaules : Les plumes du dessous des épaules sont blanches (*Langsdorff*); même signalement chez notre exemplaire ; épaules d'un noir brun parsemé de petits points innombrables d'un brun clair comme du sable qui se rangent en zigzags (*Naumann*); la région des épaules est blanche, mais ceci ne se montre qu'à l'état de repos des ailes, et rarement, comme une petite tache triangulaire (*Nau-mann*); une petite tache blanche à l'épaule (*Gould*); les épaules noires (*Nilsson*); absence de tache blanche aux épaules (*Langsdorff*); une tache blanche sur l'épaule (*Dr A. B. Meyer*); de même sur notre exemplaire; absence de tache à l'épaule (*les trois exemplaires de Rouen*).

Ailes, conformation et dimensions : A l'état de repos, elles n'atteignent avec leur pointe qu'un peu au-delà de la racine de la queue, elles sont concaves, en forme de jatte ; étendues elles sont arrondies par devant et, à cause des régimes primaires, étroites, fendues comme les doigts ; vers l'extrémité les tiges sont très recourbées à l'intérieur (*Naumann*) ; la troisième ou la quatrième rémige est la plus longue, la première de deux pouces et demi plus courte que la quatrième (*id.*) ; d'une pointe de l'aile à l'autre 73^{cm} (*exempl. tué par le prince Clary*) ; largeur du vol, 103 (*exempl. décrit par M. V. Gaffé*) ; la première penne un peu plus courte que la septième, la deuxième comme la sixième et la troisième comme la cinquième, la quatrième est la plus longue (*Nilsson*) ; 312^{mm} (*Malm*) ; ailes 29,5 $^c/^m$ (*un exemplaire du Musée de Strasbourg*) ; 30 $^c/^m$ (*un autre exemplaire*) ; l'étendue des ailes d'un bout à l'autre est de 3 pieds 5 pouces (*Langsdorff*) ; longueur des ailes de leur naissance jusqu'à leur extrémité, 14 pouces 1/2 (*Naumann*) ; les ailes 33 centimètres (*exemplaire d'Arkangel*) ; l'aile 327^{mm} (*exempl. du Musée de Bergen*).

AILES, COLORATION : Semées de petits points rougeâtres (*Brisson*) ; noires avec des points gris et des lignes en zigzags (Schinz) ; noires, quoiqu'un peu moirées de brun, le lustre comme le dos, le dos, plus bleu (*Nilsson*) ; moirées d'un brun noir et gris (Brehm) ; d'un brun noirâtre, parsemées de petites taches roussâtres peu apparentes, rassemblées en zigzags (*Degland et Gerbe*) ; ailes brunes (*Musée d'York*) ; d'un brun foncé (*Tschusi*) ; noir brun, gris blanc et brun châtain avec des zigzags (*Meyer, d'Offenbach*) ; il existe une tache blanche plus ou moins visible dans le creux de l'aile et une autre à moitié ronde à la naissance de l'aile (*Nilsson*) ; il y a sur l'aile une tache blanche (*Tschusi*) ; on voit une plaque blanche au pli de l'aile (*Degland*) ; lorsque l'aile est ployée, il se forme une tache blanche (*Langsdorff*) ; une tache blanche au poignet de l'aile (*exemplaire de M. Lemetteil*) ; un large miroir blanc sur l'aile, souvent caché quand l'aile est fermée (*Dr A. B. Meyer*) ; les ailes ont la couleur de celles de l'Urogalle, quoique dans le haut elles soient un peu plus foncées (*exemp. décrit par M. V. Gaffé*).

Les plumes scapulaires sont rayées transversalement et en zigzags de brun et de roussâtre de la même manière que le Coq *urogallus ;* les deux premières grandes plumes de l'aile sont brunes, les autres sont de la même couleur ; mais leur côté extérieur est bordé irrégulièrement de points blancs ; leur tige est brunâtre. Les plumes moyennes sont jusqu'à la moitié blanches à leur racine, ce qui, lorsque l'aile est pliée, forme une tache blanche de cette couleur,

leur bout est brun et terminé par un petit bord blanc, une partie de leur côté extérieur est varié de brun et roussâtre, de la même manière que les plumes scapulaires ; les longues plumes de l'aile du dessous sont gris cendré et lustré (*Langsdorff*) ; les pennes alaires sont brunes et ont le bord de la barbe blanc (*Tschusi*) ; les scapulaires et les secondaires blanches à leur extrémité, les rémiges brunes, sur les bords d'un blanc grisâtre (*Gould*) ; les rémiges secondaires marquées vers le milieu d'une légère bande d'un blanc sale et à la pointe d'une même couleur (*Brehm*) ; les scapulaires noires, variées de roussâtre et bordées de blanc à l'extrémité (*Degland et Gerbe*) ; rémiges brunes, à baguette blanchâtre, les primaires variées de blanc et de roux de rouille sur les barbes externes, les secondaires blanches et maculées de brun de la base au milieu, ensuite tachées de roux et bordées de blanc à l'extrémité (*Degland et Gerbe, autre exemplaire*) ; les rémiges primaires d'un brun pâle, la barbe blanche en dehors ; les rémiges secondaires sont bordées de blanc à la pointe (*Dr A.-B. Meyer*).

Les couvertures des ailes : Sont rayées transversalement et en zig-zags de brun et de roussâtre de la même manière que l'Urogallus (*Langsdorff*) ; plumæ sub alis albæ (*Klein*) ; les couvertures d'un noir brun, parsemé de petits points innombrables d'un brun clair comme du sable qui se rangent quelquefois en zigzags (*Naumann*) ; *autre exemplaire* bigarrées d'un brun noir et de blanc (*id.*) ; noires et parsemées de points roux et blancs (*Tschusi*) ; les couvertures supérieures des ailes sont noires, variées de roussâtre (*Degland et Gerbe*) ; *autre exemplaire*, grandes couvertures supérieures terminées de blanc (*id.*) ; couvertures alaires d'un noir de soie, sablées de très fines stries gris perle (*exemplaire de M. Lemetteil*) ; couvertures des ailes brunes avec des points et des zigzags roux, rougeâtre, et plus ou moins bordés de blanchâtre (*exemplaire d'Arkangel*) ; les couvertures inférieures blanches et grises, parsemées de marques noires (*Dr A. B. Meyer*).

Queue, conformation et dimensions : Longueur, à peu près celle de l'*uragollus*. Cauda non furcata aut divisa (*Klein, Stem. Avi.*) ; cauda bifurca, structura est in *urogallo* (*Linné*) ; queue fourchue (*Pennant*) ; fourchue, mais plus faiblement que chez le Coq de bruyère (*Bechstein*) ; queue en éventail à la manière de l'Urogalle (*Johann Beseke*) ; dix-huit plumes, lesquelles étant déployées forment un éventail ; les deux extérieures de chaque côté sont les plus longues, elles ont huit pouces et demi de longueur, le bout un peu tourné en dehors, ce qui rend la queue en quelque façon four-

chue ; les autres vers le milieu en diminuant jusqu'à la septième et
huitième de chaque côté ; les dernières sont les plus courtes et
n'ont que 7 pouces 1/2 de longueur ; les deux du milieu augmentent
un peu (*Langsdorff*); queue bifurquée composée de dix-huit plumes
(*Meyer d'Offenbach*) ; presque fourchue et découpée (*pasteur Brehm*) ;
plus courte que chez les deux espèces (*Naumann*) ; elle est un peu
fourchue, car la découpure atteint à peine un pouce ; les rectrices
sont de longueur égale, leur bout est comme coupé avec le bout de
la tige s'avançant un peu et les coins un peu émoussés, semblables
à ceci——————————(*Naumann*). Nous avons remarqué cette particularité sur plusieurs rectrices de l'exemplaire qui est entre nos
mains. Queue bifurquée, les rectrices les plus extérieures sont
aussi contournées en dehors, mais pas autant que chez le Tétrix ♂
(*exemplaire du Musée de Genève*) ; queue un peu bifurquée (*Schinz*) ;
bifide (*Brehm*); queue bifurquée avec les rectrices les plus extérieures,
quelquefois contournées en dehors (*Degland* et *Gerbe*); queue bifurquée, toutes les rectrices du côté droit contournées en dehors, deux
ou trois seulement du côté gauche (*notre exemplaire*); la forme de la
queue comme celle du Tétrix ♂ consistant en dix-huit plumes grandes
et bien formées, les plumes de côté sont 1 pouce 3/4 plus longues
que les huit du milieu qui sont à peu près pareilles (*Nilsson*) ; queue
plus carrément coupée que chez le Tétrix ♂ (*Tschusi*); queue faiblement fourchue (*exempl. du Kelvingrove Museum*, Glascow) ; légèrement fourchue (*Tschusi*) ; queue fourchue (*les trois exemplaires de
Leide*); dix-huit rectrices (*Yarrell*) ; les deux plumes extérieures de
chaque côté ont 8 pouces 1/2 de longueur, les autres, vers le milieu,
diminuent jusqu'à la 7e et 8e de chaque côté, ces dernières sont les
plus courtes et n'ont que 7 pouces 1/2 de long (*Langsdorff*); plumes
de la queue au nombre de dix-huit, les plus extérieures un peu
courbées en dehors (*exempl. décrit par M. Victor Gaffé*): les rectrices
extérieures de la queue mesurent jusqu'à la pointe 8 pouces 1/2,
celles du milieu 7 1/2 (*Meyer d'Offenbach*) ; la queue mesure 15″
(*pasteur Brehm*) ; longueur de la queue 8 à 9 pouces, les plumes du
milieu sont plus courtes d'un pouce (*Naumann*); la 1re rémige 2
pouces 3/4 plus courte que la 4e (*id.*); la queue 9 pouces 1/2
(*Nilsson*); cauda 9″, caudæ pennæ 18 (*Klein*) ; queue 18 à 20 plumes ;
les rectrices du dehors sont plus longues de 6cm et plus ou moins
recourbées en dehors (*A.-B. Meyer*); queue un peu fourchue (*Musée
d'York*) ; les rectrices latérales beaucoup plus longues que les
médianes, ce qui donne à la queue une forme très fourchue différant de celle du Tétrix en ce que les rectrices externes ne sont pas

contournées, bien qu'elles paraissent avoir une propension à se retourner. Les sous-caudales sont moins frangées de blanc, et une blanche comme chez le tétrix, et ne dépassent pas les rectrices (*exemplaire de M. Lemetteil*) ; queue bifurquée, les rectrices les plus extérieures sont assez contournées en dehors, mais pas autant que chez le mâle tétrix (*Musée de Genève*) ; la queue étant ouverte ressemble à un éventail (*les trois exemplaires du Musée de Rouen*) ; dix-sept plumes, en éventail (*Coll. Noury*) ; longueur des rectrices extérieures 24,5, rectrices inférieures 20 (*exempl. décrit par A. Gaffé*).

QUEUE, COLORATION : Comme couleur ressemble à l'*urogallus*, les plumes sont finement tachetées en dessous comme les plumes de cet Oiseau (*Rutenskiöld*) ; caudæ pennæ 18 nigræ sub cauda pennæ ex nigro et albo variæ (*Klein*) ; queue noire, le croupion et les petites couvertures du dessus de la queue sont noirs, variées de brun, les grandes couvertures brunes... les couvertures du dessous noires tachetées de blanc (*Langsdorff*) ; la queue est noire, avec bordure blanche à l'extrémité (*Dr Meyer, d'Offenbach*) ; la queue noire avec les rectrices intermédiaires frangées de blanc à l'extrémité (*Gloger*) ; les couvertures du dessous blanches et noires, avec le bout blanc (*pasteur Brehm*) : les couvertures de dessous blanches et noires, au bout blanches (*notre exemplaire*) ; couvertures supérieures brun noir très accentué, parsemé de petits points brun noir (*Naumann*) ; couvertures supérieures brun noir parsemé de petits points brun gris (*notre exemplaire*) ; les couvertures inférieures de la queue, noires vers l'endroit où les plumes commencent, blanches au bout, beaucoup ont à leur tige une raie noire presqu'à la pointe ; ces parties sont donc blanches dans l'ensemble, avec des taches noires, néanmoins le blanc domine (*Naumann*) ; les rectrices sont profondément noires, d'un éclat bleu très faible, et couvertes toutes, presqu'au trois les plus extérieures, à la moitié de la racine, de taches blanches irrégulières comme chez l'*urogallus* ♂ (*Naumann*) ; la partie inférieure de la queue a un aspect gris noir, etc. (*id.*) ; croupion noir brillant, tacheté de gris, la queue noire (*Schinz*) ; la queue noire (*Nilsson*) ; le croupion noir (*id.*) ; couvertures inférieures noires avec des larges taches blanches aux extrémités, la queue noire, quelques plumes au centre légèrement blanches à l'extrémité (*Gould*) ; queue noire, les plumes les plus centrales et celles qui sont le plus en arrière bordées de blanc à la pointe. Toutes deux à leur racine, et surtout les dernières, quelquefois jusque vers le milieu, avec quelque peu de blanc couvert. Les pennes, en général, brun obscur et tachetées à l'extérieur d'une couleur blanchâtre et d'un jaune de rouille ; les plumes de la queue blanches , intérieurement noires (*Gloger*); les plumes du dessus de la queue et celles du milieu ont un tout petit bord blanc (*Nilsson*); croupion noir violet pointillé de blanc et chatoyant, queue noire (*Tschusi*); deux pennes médianes bordées de blanc (*id.*); les pennes alaires sont brunes et ont le bord de la barbe blanc (*id.*) ; queue noire, quelquefois bordée de blanc à l'extrémité des rectrices (*Brehm*); rectrices noires, terminées de blanc, à l'exception des deux médianes (*Deyland*); *autre exemplaire*, rectrices noires, les deux médianes bordées de blanc à l'extrémité (*id.*); six plumes médianes bordées de blanc à leur extrémité (*notre exemplaire*); rectrices noires finement liserées de blanc au bout (*exemplaire de M. Lemetteil*); queue noire, sous-caudales noires, mais largement terminées de blanc; rémiges brunes marbrées de blanchâtre sur la barbe externe (*exemplaire d'Arkangel*); 18 à 20 plumes, une partie tachetée faiblement de brun à la base, marquetée plus ou moins de blanc (*A. B. Meyer*); les plumes sous le croupion sont noires à leur base et blanches à leur extrémité ; lorsqu'elles sont pliées les unes sur les autres, le noir devient plus ou moins visible, les plus grandes sont d'un brun plus accentué et marquées plus fortement, parfois elles sont bordées de blanc (*id.*); queue noir brun (*les trois exemplaires de Rouen*); les rectrices de la couleur de celle de l'Urogalle (*coll. Noury*); couvertures supérieures, couleur de l'Urogalle (*id.*).

TARSES ET PIEDS, FORME, DIMENSIONS : la proportion du corps conservée, les pattes comme celles de l'Urogallus (*Rustenskiöld*); digitus medius 3″ (*Klein*); les pattes et les pieds pour la grosseur et la forme comme ceux de l'*urogallus* (*Bechstein*); le doigt médian à peine recourbé, le pouce fortement recourbé (*Dr Meyer, d'Offenbach*); aspérités des doigts très longues (*Temminck*); les ongles longs et plats (*pasteur Brehm*); relativement à la grandeur du corps, les tarses sont plus grandes que chez l'*urogallus* (*Naumann*); les ongles longs et très bien courbés (*Nilsson*); les doigts larges et plus longuement frangés sur les côtés que chez les deux autres espèces (*Tschusi*); la distance depuis le genou jusqu'au bout de l'ongle du grand doigt du milieu est de 6 pouces (*Langsdorff*); le doigt médian, l'ongle compris, mesure 2 pouces 3/4 (?); la patte 2 pouces 2/8, le doigt médian 3 pouces (*Nilsson*); tarses épais qui le rapprochent de l'Urogalle (*exemplaire de M. Lemetteil*); largeur du tarse 6,3, doigt médian, 7,2 (*exempl. décrit par A. Gaffé*).

TARSES ET PIEDS, DIFFÉRENTS CARACTÈRES ET COLORATION : Pedes villosi ad primum usque articulum digitorum (*Klein*) ; les jambes sont semées de petits points rougeâtres (*Brisson*) ; elles sont couvertes de plumes fines, brunes ou grisâtres, jusqu'à l'origine des doigts (*Langsdorff*) ; les tarses sont couverts de plumes fines jusque sur les doigts, ces plumes gris-noir sont à leur origine parsemées de petites taches longues gris sale (*notre exemplaire*) ; les doigts sont bruns et garnis de chaque côté d'appendices écailleux pectinés (*Langsdorff*); mêmes caractères chez notre exemplaire; les ongles sont noirâtres (*Langsdorff*) ; les ongles sont d'un noir brun très foncé (*notre exemplaire*) ; les tarses sont recouverts de plumes d'un gris brun clair (*Dr Meyer, d'Offenbach*); les tarses sont fortement emplumés jusqu'aux doigts et ce revêtement est si long dans le bas qu'il cache le pouce jusqu'à l'ongle (*Naumann*) ; la couleur des doigts gris brun, les ongles brun noir (*id.*) ; les pattes sont recouvertes d'un duvet long et épais, surtout dans le bas ; ces plumes légèrement blanches au-dessus du talon (*id.*) ; plumes des jambes blanc grisâtre et brun mélangés (*Gould*) ; pieds noirs (*id*) ; pattes fortement emplumées (*Tschusi*); ongles noirs (*exempl. de M. Deyrolle*); les jambes sont noires avec de petits points blancs moins nombreux à la cuisse (*Tchusi*); les plumes qui recouvrent les pattes sont blanches (*id.*); les plumes des tarses d'un gris noir (*Brehm*); les jambes d'un brun pâle tacheté de blanc sale, les doigts des pieds frangés (*Dr A.-B. Meyer*) ; les plumes des tarses d'un gris brun, strié de blanc (*Degland et Gerbe*) ; bas des jambes blanchâtre, plumes des tarses d'un cendré brunâtre, pointillé de blanchâtre (*exemplaire d'Arkangel*) ; tarses emplumés, les plumes sont brunes, beaucoup plus claires et même blanches dans le haut de la jambe (*les trois exemplaires du Musée de Rouen*, ainsi que *l'exemplaire de M. Deyrolle*) ; tarses fortement emplumés, de la couleur de l'Urogalle (*exemp. de la coll. Noury*).

Nilsson, l'ornithologiste suédois qui, nous l'avons dit, a le plus contribué à faire reconnaître l'hybridité chez le Rackelhane, a possédé vivants chez lui plusieurs de ces Oiseaux. Il a donc pu observer les changements qui s'opéraient dans leur plumage. Il nous a laissé des renseignements intéressants que nous reproduisons en partie (1) :

Du 5 au 8 mai commençait à disparaître le plumage luisant de l'hiver ; à la moitié de ce mois, le changement était en pleine activité, l'écaille des pattes était tombée et il existait une tache

_____

(1) La traduction française qui nous a été faite de ce passage ne précise point si Nilsson a voulu parler d'un seul exemplaire ou de plusieurs ; elle ne dit pas non plus si les observations de Nilsson ont été répétées pendant plusieurs années.

nue près des yeux ; les plaques des sourcils étaient diminuées sensiblement. Pendant tout l'été, du reste, l'Oiseau changeait de plumes ; d'abord tombaient les plumes du corps, puis celles de la queue ; le 17 juillet, il se trouvait sans queue. Mais, dès le 5 août, la nouvelle queue atteignait déjà quelques pouces de longueur. Pendant le mois de septembre, la livrée d'hiver se terminait et s'embellissait de jour en jour. Le 6 mars, le lustre du cou et de la poitrine était splendide à cause de ses reflets violacés et pourprés ; la plaque verruqueuse au-dessus des sourcils était rouge et gonflée ; au mois d'avril, l'Oiseau, dans toute sa beauté, commençait son jeu d'accouplement.

Voix du Rackelhane : Le Rackelhane chante sur les arbres ou par terre (1) ; sa voix n'a jamais été vantée. Le Dr Latham (2) trouve son chant plus grave, plus rude que celui du *Wood Groose*, dont il se rapproche, mais souverainement désagréable ; M. OEdmann (3) ne l'apprécie pas davantage : son cri désagréable, dit-il, est semblable à celui de la Grenouille. D'après feu M. Grill, un homme d'une grande compétence en histoire naturelle, dit Lloyd (4), la troisième note de son chant d'amour ressemble au grognement du Cochon. Rutenskiöld (5), tout en constatant que son chant n'a aucune ressemblance avec celui des deux espèces mères et qu'il est difficile à décrire, le compare néanmoins (qu'on nous pardonne l'expression), au bruit que fait une personne qui rote continuellement. De temps à autre, écrit le Dr Meyer, d'Offenbach, le *Tetras medius* fait entendre un cri pleureur, très fort, il n'a pas d'autre cri. Bechstein reconnaît aussi ce son pleureur et constate que le Rackelhane n'a ni le cri du Coq de bruyère, ni celui du petit Coq. Nilsson, qui a conservé en volière, pendant près de six ans, un Rackelhane vivant, parle de son cri comme d'un grognement ; il ajoute : « absolument comme s'il voulait le vomir. » Il s'étend longuement sur ce sujet lorsqu'il parle des Rackelhanes vivant en liberté et dont le cri, en dehors de l'époque des amours, est *farr farr farr — farr farr farr*. Feu M. Grill (6), en parlant du chant d'amour des Rackelhanes qui restent dans les forêts, dit qu'il ressemble beaucoup à celui de l'*urogallus*. Ses deux premières

(1) Voy. Jagd-Zeitung, page 225, 1883, et p. 237, 1884.
(2) *Supplement to the general synopsis* (il paraît parler d'après Sparrmann).
(3) Act. Upsal, V, p. 75, cité par Naumann, *op. cit.* p. 317, en note.
(4) *Game birds*, p. 109
(5) Kongl. swe. Vet. Acad.
(6) Voy. Lloyd, *op. cit.*

notes « *Knäppinger* et *Klunken* » renferment néanmoins plus de modulations, mais, au lieu de « *Sisningen* », la troisième ou dernière note produit un son appelé *Rackla*, de là probablement, ajoute-t-il, son nom de Rackel. Le prince Rudolph, qui a eu l'occasion d'entendre le chant d'amour du Rackelhane, en parle comme d'un chant étrange, mais étant toujours le même, très caractéristique, ne variant point. Les notes se suivent avec exactitude, plus vite que chez l'*urogallus* et sans interruption, le ton est aussi beaucoup plus clair que chez les deux autres espèces (1). Enfin, M. Victor Gaffé dit que le cri d'amour des Rackelhanes consiste en un grognement difficile à décrire, mais dont le rythme fait plutôt penser au Schildhalm qu'à l'Urogalle.

Peu de naturalistes ont disséqué des Rackel-Hanar, l'anatomie de cet Oiseau est à étudier. Le Dr Meyer, d'Offenbach (2), a cependant fait remarquer que la trachée artère du mâle n'est pas courbée comme chez l'*urogallus*, mais elle est droite. Wildungen (3), avait déjà fait cette observation. L'estomac du Rackelhane tué par M. Victor Gaffé (4) contenait une quantité de cailloux.

Plusieurs auteurs ont donné des figures du Rackelhane. Klein (5) a représenté les doigts de cet Oiseau, pl. XXXVIII ; Temminck (6) a figuré le bec, pl. IX, n° 3. On trouve des dessins ou des figures coloriés représentant tout l'Oiseau dans les ouvrages de Sparrmann (7) ; l'abbé Bonnaterre (8) ; Leisler (9) ; Naumann (10) ; Nilsson (11); Gould (12); Sundevall (13); Dresser (14); A. B. Meyer (15); enfin on verra encore, dans *Synopis of the Newcaslte Museum* une

(1) Voy. Mitt. orn. Ver. Wien.
(2) *Op. cit.*
(3) Cité par le Dr W. Wurm. Zool. garten, p. 152, 1880.
(4) Décrit in Jagd-Zeitung, 1884, p. 237-238.
(5) *Stemmata avium*, Lipsiæ, 1759.
(6) *Hist. nat. génér. des Pigeons et des Gallinacés*, t. III.
(7) *Museum Carlsonianum*. Holmiæ, 1786.
(8) *Tableau encyclopédique des trois règnes de la nature. Ornithologie*. Paris, 1823 (très mauvaise figure, probablement d'après Sparrmann), pl. 188, fig. 10.
(9) *Beiträge zu Bechstein's Naturgeschichte*. Taf. 2, cité par Naumann (*op. cit.*), p 305.
(10) *Naturgeschichte der Vögel Deutschlands*, 6. Theil, pl. 156, figure coloriée.
(11) Dans plusieurs éditions de *Skandiavisk. Fauna*.
(12) *British birds*, vol. IV ; la figure en couleur est de taille naturelle.
(13) *Svenska Flogarna*, pl. XXXIV, fig. 1, la figure est coloriée.
(14) *Birds of Europa*, pl. 489, f. 1.
(15) *Unser Auer Rackel und Birkwild*, un grand nombre de figures, notamment des exemplaires différents du Rackelhane *typus*.

figure gravée par Robert Beewick, d'après un dessin fait par son frère, Thomas Beewick.

Des dépouilles du Rakelhane sont conservées dans beaucoup de Musées et de collections particulières ; nous nommerons d'après les communications bienveillantes qui nous ont été adressées par MM. les docteurs ou professeurs Adam Kock, R. Peck, A. Dubois, James A. Grieg, H. Giglioli, Faudel, Calloni, J. Sparre Schneider, von Lorenz, Boulenger, Sordelli, E. Rey, Fr. Tieman, Brügger, Noury, Mis G. Doria, J. Büsikofen, A. von Pelzeln, H. Blaine, Lemetteil, Rechenbach, H. M. Plattaner, Taczanowski, Campbell, Lütken, Calpini, F. Smidt, Grant, Reichenau, Théel, Godefroy-Lunel, Handcoke, Oustalet, Sprengel, Th. Pleske, A. Knop, et aussi d'après les renseignements puisés dans les ouvrages ou mémoires de Sundvall, A.-B. Meyer, von Tschusi, Fr. v. Hauer, G. Niorh, Eimer, Dr Attum, Ch. Keller, Collett, de Salis, Lloyd, Malm, Bogdanow, Wiebke, V. Gaffé, W. Wurm, etc. :

En Suède, le Musée Zoologique de Stockolm qui posséderait soixante-deux exemplaires, le musée de Gothembourg, et le Musée d'Upsala ; en Norvège, la collection de l'Université de Christiana, le Muséum de Bergen ; en Russie, le Musée zoologique où, d'après M. Pleske, on conserve sept exemplaires ressemblant tantôt à l'*urogallus*, tantôt au *tetrix* (1), le Musée de Moscou(2) ; en Pologne, le Musée de Varsovie, trois individus, dont deux provenant de la Lithuanie; en Allemagne, les Musées de Giessen, de Francfort, de Breslau, de Mayence, de Gorlitz, de Darmstadt, de Braunschweig, la collection de l'Académie forestière d'Eberswalde, qui contient trois vieux mâles et un jeune coq; l'Institut zoologique de Tubingue, le Cabinet d'Histoire naturelle de Carlsruhe, le Musée de Dresde, où il existe un grand nombre d'individus, décrits par le Dr A.-B. Meyer, la collection de M. W. Wiebke, qui renferme également plusieurs exemplaires ; celles du Dr E. Rey, à Leipzig, de M. Schutt, à Fribourg ; en Alsace-Lorraine le Musée de Strasbourg, et la collection de la Société d'Histoire naturelle de Colmar ; en Autriche, les Musées de Vienne, de Prague, de Laibach et de Trente ; la collection de S. A. le prince Clary, et le Musée de chasse de Franenberg, où l'on voit un exemplaire tué par le prince Adolphe

(1) Cité par A.-B. Meyer, *op. cit.*, p. 58.
(2) Vers 1792, il existait un exemplaire dans la collection de John-Deseke. Voy. son ouvrage sur les Oiseaux de la Courlande, Mitau et Leipzig, p. 69. On voit aujourd'hui dans une autre collection de la Courlande, celle du D^r med. H. M., un Coq empaillé dont la description a été faite dans Jagd-Zeitung, p. 500, Vienne, 1881 .

Joseph de Schwarzenberg et un autre provenant, croyons-nous, de l'élevage de M. Kralik ; en Italie, les Musées de Florence, de Pavie, de Milan, de Gênes, de Turin (1) ; en Suisse, ceux de Lausanne, de Zurich, de Genève, de Coire, et les collections de Sion, du capitaine Vouga de Castaillard, de M. Challandes, à Berne ; en Danemark, le Musée zoologique de l'Université de Copenhague ; en Hollande, le *Museum van natuurlijke Historie* de Leiden ; en Belgique, le Musée royal de Bruxelles (trois exemplaires) ; en Angleterre, le *British Museum* de Londres, le Musée de Northumberland-Durham and Newcastle-on-Tyne, celui d'York, celui de Glascow, la collection de lord Wodehouse de Kimberly (2) et celle de M. Whitaker ; en France, enfin, le Muséum d'histoire naturelle de Paris, celui de Rouen, le Musée Noury, d'Elbeuf, le Muséum d'Arras, les collections de M. Lemetteil, à Bolbec, de M. Degland, à Lille, du D\r Marmottan, à Passy (3), de M. Deyrolle à Paris, qui possèdent un ou plusieurs exemplaires.

La Rackel-Hona

La description de la femelle présente certaines difficultés ; peu d'exemplaires ont été rencontrés, soit qu'on les confonde avec les deux femelles d'espèce pure qui présentent entre elles de grandes analogies, soit plutôt que le sexe mâle domine chez le Rackelhane comme chez tous les autres hybrides.

Brisson, qui considérait le Rackelhane comme appartenant à une véritable espèce, avait donné une description de la femelle, mais une description trop courte et trop vague pour qu'on puisse la reconnaître. Langsdorff a indiqué ses caractères d'une façon plus précise et beaucoup plus détaillée. Toutefois est-il qu'il se serait absolument mépris. D'après Temminck (4), sa description se rapporterait plutôt au jeune mâle qui ressemble plus ou moins dans sa première année à la femelle, comme c'est le cas dans toutes les espèces de ce genre ; le D\r Meyer, d'Offenbach, avait déjà fait la même remarque.

Le pasteur Brehm, et même Naumann, le grand ornithologiste

(1) M. le D\r A. Knop, de Carlsruhe, nous fait savoir qu'il connaît un exemplaire chez M. Witting, à Innsbruk (Tyrol).

(2) En outre, M. Philip Cartaug nous écrit de Londres qu'il vient de recevoir trois spécimens, dont un lui est envoyé de Russie.

(3) La collection du D\r Marmottan est aujourd'hui réunie au Muséum d'hist. naturelle de Paris.

(4) *Hist. des Gallinacés*, p. 136.

allemand, n'auraient pas été plus heureux. D'après le docteur A. B. Meyer, de Dresde, le premier décrit comme Rackel-Hona une Poule de Tétrix, et Naumann a commis la même erreur en reproduisant, sur un dessin qui orne son ouvrage, la soi-disant femelle du pasteur Brehm.

La description donnée par Fries (1) serait plus satisfaisante. Nous avons vu dans l'ouvrage de Sundevall (2) une figure coloriée de la Rackel-Hona. Un exemplaire femelle se trouve au musée de Prague, cette Poule fut élevée par Mme Kralik, d'Adolf en Bohême (3), un autre exemplaire est conservé au musée de Zurich. Pendant une chasse que le prince Rudolph fit en 1883, il vit à une distance de vingt pas tout au plus, près d'un Rackelhane, s'abattre deux Poules dont la couleur rougeâtre lui fit connaître aussitôt qu'il n'avait devant lui, ni des Poules Urogalles, ni des Poules Tétrix. Le cri d'appel de ces Poules était si différent de celui des deux parents qu'il en fut frappé et il ne douta plus qu'il se trouvait en présence de Poules hybrides (4). Le Dr A. B. Meyer (5), parle d'une femelle de Rackelhane tuée dans les environs de Dresde, dans le district de Rohrdorf, en décembre 1884. Le docteur a pu comparer trois femelles ; celles-ci ne se ressemblaient pas sur tous les points et ne tenaient pas justement le milieu entre les deux espèces. M. Antonin Wiebke, dans une réunion de la *Société ornithologique* tenue à Vienne en 1884, fit savoir qu'il avait reçu dans ces dernières années, de la part de différents ornithologistes, des Poules de tétrix annoncées comme des Poules de Rackelhane (6). On nous a offert à nous-même une femelle dont la description nous a laissé des doutes sur son hybridité.

Nous croyons donc pouvoir dire que, sauf quelques exemplaires, la plupart des individus que l'on conserve dans les collections sont fort douteux, ainsi que ceux dont on a donné la description. L'hybride femelle de deux espèces dont les Poules ont de grandes ressemblances sera toujours difficile à déterminer. Comme nous l'écrit avec beaucoup de raison M. Frédéric Eduardovitch, les femelles du Rackelhane que l'on rencontre se perdent dans la

---

(1) Tidskrift for jägare, Stockholm, cité par A. B. Meyer, de Dresde, p. 54-57.

(2) *Svenska Flogarna*.

(3) Communication de M. le docteur C. Moesch.

(4) Voy. Mittheil. ornithol. Ver. Wien, 1883, p. 108. Voy. aussi Jagd.-Zeitung, même année, p. 225.

(5) Même revue, année 1884, p. 19.

(6) Voy. Journal für Ornithologie, 1885.

masse, on les prend tantôt pour des femelles du petit Coq, tantôt pour des femelles du grand Coq.

Quoiqu'il en soit, nous reproduirons plusieurs diagnoses qui nous ont été envoyées ou qui ont été faites dans divers ouvrages, tout en reconnaissant que la plupart sont sans valeur.

ASPECT GÉNÉRAL : Gris, varié de taches noires, ressemble assez à la femelle du Tétrix (*Brisson*); tout le corps est d'un brun noirâtre, tacheté et varié de plusieurs couleurs (*Langsdorff*) ; un observateur peu exercé la prendrait pour une forte Poule tétrix ordinaire (*Naumann*) ; le plumage doit être varié de petites raies noires transversales sur un fond roussâtre (*suivant des données plus ou moins certaines reçues par Temminck*); d'un jaune de rouille avec des bandes noires transversales, d'un éclat plus clair à la gorge (*pasteur Brehm*); elle se distingue assez facilement de la Poule urogalle par sa queue fendue, et de la Poule du *tetrix* par sa grandeur et sa couleur (1); la femelle du Rackelhane ressemble tellement au Tétrix femelle qu'on pourrait facilement la confondre avec elle (*Naumann*); ressemble à la femelle du *T. urogallus*, mais elle est plus petite (*exemplaire du Musée d'York*); elle ne diffère pas considérablement de la Poule tétrix, quand elle est jeune on doit surtout la prendre pour cette dernière (*Lloyd*); elle ressemble tantôt à la femelle de l'Urogalle, tantôt à celle de la Lyrure des bouleaux (*Brehm*); couleur rougeâtre (*prince Rudolph*); partie inférieure du corps brun-jaune plus ou moins intense, les plumes ont des bordures blanches larges et brunes plus ou moins régulièrement formées (*Dr A.-B. Meyer*).

TAILLE : A peu près de la grandeur de la Poule du petit Tétras (*Langsdorff*); elle tient le milieu pour la grandeur entre les femelles du Tétrix et de l'Urogalle (2); beaucoup plus grande que la Poule tétrix (*Naumann*); bien plus petite que le mâle (*Lloyd*); tantôt ressemblant à la Poule tétrix à s'y méprendre, tantôt à la Poule urogalle (*Gloger*); les femelles en général sont prises pour des Poules tétrix (*id.*); longueur 21″ seulement sur 34″ de large (*pasteur Brehm*); un autre exemplaire, longueur 22 pouces (*id.*); sa longueur n'excède pas de beaucoup 1 pied 9 pouces (*Lloyd*); un quart plus petite que le mâle (*exemplaire du Musée de Zurich*).

TÊTE, COLORATION : Raies transversales rousses et noires, sur le côté de la tête et au menton existent des plumes rayées de noir et de blanc, formant des taches irrégulières de cette couleur

---

(1) Remarque du Dr Gloger, in Naumann.
(2) D'après les données plus ou moins certaines adressées à Temminck.

(Langsdorff); tête jaune de rouille avec des raies noires en travers (Nilsson); brun jaune avec des bandes noires larges et des taches blanchâtres jaunes sous les yeux, un peu plus foncées sur les joues et en-dessous les pointes des taches noirâtres (Dr. A. B. Meyer).

BEC, CONFORMATION ET DIMENSIONS : Un pouce, et à partir des narines, 6/8 *(Nilsson);* le bec gros et droit, mais le dessus plus bombé que celui de la Poule du grand Coq de bruyère ; *(id.)* le bec brun noir *(A. B. Meyer);* moitié plus court que celui du mâle *(exempl. Musée de Zurich).*

GORGE : Il existe à la gorge des plumes rayées de noir et de blanc, formant des taches irrégulières de cette dernière couleur *(Langs-dorff)* ; les plumes de la gorge plus longues que celle de la Poule urogalle *(Nilsson).*

COU : Ondulé comme la femelle *tetrix (exemplaire du musée de Zurich)*; raies transversales rousses et noires *(Langsdorff)* ; beaucoup de plumes sur les côtés, brunes variées et bordées d'un noir violet très éclatant et lustré, de la même couleur que celle du Coq de bruyère à queue fourchue *(id.)* ; le cou jaune de rouille avec des raies noires en travers *(Nilsson)* ; brun jaune avec des bandes noires larges et des taches blanchâtres jaunes *(A. B. Meyer)* ; les côtés du dessus noir brun avec des bandes en travers, et des bordures gris blanc, la bande en travers subterminale est jaune brun, rompue par des petites raies foncées *(id.).*

DOS : Beaucoup de plumes sont brunes variées et bordées d'un noir violet très éclatant et lustré, de la même couleur que celles du Coq de bruyère à queue fourchue *(Langsdorff)* ; sur le dos beau noir bleu avec des taches de rouille *(pasteur Brehm).*

AILE, DIMENSIONS: A partir de sa naissance, 11 pouces 2/8 *(Nilsson);* un autre exemplaire, 10 pouces 6 lignes *(id.).*

AILE, COLORATION : Les couvertures des ailes sont noires, variées de petites raies transversales grisâtres et rousses, quelques-unes sont le long de leur milieu blanches, ce qui forme des raies longitudinales blanches, les grandes plumes de l'aile sont brunes, le bord extérieur est varié de blanc, leur tige est de cette même couleur, les plumes moyennes de l'aile ressemblent assez à celles du mâle, elles sont blanches à leur origine, leur bout est brun, rayé transversalement de noir et terminé d'un bord blanc *(Langs-dorff)*; les pennes ? brun foncé en dehors, à leur extrémité bigarrées de brun rouge *(Nilsson)*; sur les ailes on voit deux bandes blanches (*pasteur Brehm*); les épaules sont tachetées de blanc (*A. B. Meyer*); les petites couvertures des ailes en partie marquées de petits points fins et noirs, la partie inférieure des ailes d'un jaune gris d'argent *id.*); les rémiges des ailes sont colorées comme chez la femelle (Tétrix?)avec des bordures blanchâtres (*exempl. du musée de Zurich*); miroir blanc sur l'aile (*id.*).

Poitrine : Colorée comme la ♀ Tétrix (*exempl. du musée de Zurich*); plumes noires rayées transversalement de petits points blancs : la tige de la plupart des plumes sont le long de leur milieu blanches, ce qui forme des raies longitudinales blanches (*Langsdorff*).

Ventre : Le bas-ventre est brun foncé (*Langsdorff*); on aperçoit sur le fond blanc du ventre des bandes brunes (*Brehm*); le dessous du corps tacheté de noir et de blanc et de jaune rouille, le bout des plumes orné d'un large bord blanc (*Nilsson*), les côtés gris d'argent devenant noirs vers la queue (*exempl. Musée de Zurich*).

Queue, dimension et conformation : elle est composée de 18 plumes, dont 10 du milieu sont beaucoup plus courtes et ne surpassent guère trois pouces et demi de longueur, tandis que les trois intérieures de chaque côté augmentent l'une après l'autre jusqu'à 5 pouces 1/2, étant à leur bout tournées en dehors, ce qui rend la queue très fourchue et si ressemblante à celle d'un mâle de Coq de bruyère, qu'il est très difficile et pardonnable de croire au premier coup d'œil que cet Oiseau est une variété du mâle du petit tétras (*Langsdorff*); queue moins fourchue que le mâle (*suivant des données plus ou moins certaines envoyées à Temminck*); ouverte dans le haut, les rectrices du milieu 1/2 pouce plus courtes que les extérieures, toutes très larges et bien garnies, le bout pointu (*Nilsson*); un autre exemplaire, les plumes de la queue, les 10 les plus courtes, longueur 6 pouces, les plumes extérieures les plus longues, 7 pouces (*Nilsson*); la Rackel-Höna peut être distinguée des Poules urogalles et tétrix par la forme de sa queue, qui, étendue un peu, est presque carrée, au lieu de présenter la forme ronde de la Poule urogalle, et la faible fourchette de la Poule tétrix (*Lloyd*); le croupion forme une faible saillie, presque droite en dedans (*A.-B. Meyer*); la queue est tantôt à peine découpée, tantôt au contraire elle l'est très profondément (*Gloger*).

Queue, coloration : Les couvertures du dessus de la queue et les côtés sont noirs, variés de petites raies transversales, grisâtres et rousses, les couvertures du dessous sont blanches, les plumes de la queue sont variées à leur racine de couleur rousse et terminées à leur bout de noir et d'un bord blanc étroit (*Langsdorff*) ; la queue est noire avec des reflets jaunes de rouille ; sur les côtés de la queue existent des bandes brunes (*pasteur Brehm*); queue moitié plus courte que celle du mâle (*Exempl. du musée de Zurich*); les plumes du croupion noires et bigarrées en travers d'un jaune de rouille et gris blanc, les couvertures du dessous de la queue jaune rouille, avec des raies en travers jaune rouille et de larges points blancs, les rectrices sont brun rouge, à la naissance rouge pâle et rayées (?); sur le croupion et la queue des bordures larges se changeant en gris-clair, avec un mouchetage noir, ainsi ces parties prennent une teinte grise (*A.-B. Meyer*) ; croupion brun-noir tacheté d'un brun clair rougeâtre avec une lisière, de liserés blancs aux rectrices ; le dessous du croupion plus pâle; les endroits de l'anus noirâtres avec des bordures blanc sale et des bandes en travers, petites couvertures sur le croupion blanc, grandes brun-clair, bordées de noir et avec des pointes blanches larges (*A.-B. Meyer*); les plumes du dessous de la queue sont plus blanches que chez le mâle, celles du dessus sont noires avec des bordures brunes (*exempl. du Musée de Zurich*).

JAMBES ET PIEDS : Ressemblent, ainsi que les doigts et les ongles, à ceux du mâle, excepté qu'ils sont beaucoup plus petits (*Langsdorff*); les ongles plus courts que ceux de la Poule urogalle et pointus (*Nilsson*); le duvet des pattes bigarré gris sombre (*id.*); le plumage des pieds brun pâle avec marque claire, les pieds brun noir (?); la patte deux pouces, le doigt du milieu 3 pouces 2/8 ; plumage des pieds plus clair que chez le mâle (*exempl. du Musée de Zurich*); les ongles moitié plus courts que ceux du mâle (*id.*).

CRI D'APPEL DE LA RACKEL-HONA : M. le comte Cerfitz Beckfries aurait entendu ce cri. Il le dit moins fort que celui de la femelle de l'Urogalle et plus fort que celui de la Poule du tétrix, mais il ne saurait dire auquel des deux cris il ressemble le plus (1).

Des dessins ou figures coloriées représentant des femelles de Rackelhane se trouvent dans Naumann (2) et dans Nilsson (3); Lloyd (4) a donné la disposition de la queue comparée aux queues de la Poule urogalle et de la Poule tétrix, d'après un dessin qui

(1) Lloyd, *op. cit.*, p. 111.
(2) *Op. cit.*, pl. CLVI.
(3) *Skand. fauna*, pl. IV, dessin de M. V. Wright.
(4) *Op. cit.*

lui fut envoyé par M. Malm, alors directeur du Musée de Gothembourg ; Sundevall (1) a donné un portrait en couleur représentant tout l'Oiseau ; le Dr A.-B. Meyer, de Dresde, une très belle planche coloriée.

On voit des exemplaires empaillés, mais plus ou moins authentiques, dans les Musées de Colmar, de St-Pétersbourg, de Lausanne, de Neufchâtel, de Stockholm, de Christiania, de Gothembourg, de Dorpat, de Vienne, de Munich, de Dresde et de Zurich, dans les collections de M. Henke, à Soupsdorf, de M. Walsckke à Annaberg (2), du comte de Mengden, au château de Mozahn (Livland) (3), etc. (4).

JEUNES MALES.

Nous n'avons que fort peu de renseignements à donner sur les jeunes du Rackelhane. Il en existe un dans la collection de l'Académie forestière à Neustadt d'Eberswalde (5). D'après le Dr Wurm (6), cet individu se trouve dans son habit de transition, il porte des plumes de couleur de rouille claire, lammelées de noir, tout le plumage est déjà très mélangé de noir (7). Nilsson a décrit un autre spécimen, dont le cou, le dos, le croupion sont de couleur gris-cendré fortement ombrée, les épaules et les ailes aussi fortement ombrées, mais d'un brun de rouille. Tels sont, dit Nilsson, les jeunes sujets. Citons encore un jeune mâle qui fut trouvé par M. Collett sur le marché à gibier de Christiana, le 3 octobre 1870.

RACKELHANES EN CAPTIVITÉ.

Nilsson posséda en captivité trois Rackelhanes. Le dernier, né pendant le printemps de 1834, mourut âgé de près de six ans. Ainsi Nilsson put faire des remarques sur les mœurs de cet Oiseau. Presque toute la journée, raconte l'ornithologiste suédois, ce Rackelhane restait sur son perchoir, ayant les yeux fermés, quelques plumes hérissées, et laissant tomber sa queue. Malgré sa longue captivité il était demeuré sauvage ; il devenait méchant lorsque de

(1) *Op. cit.*, pl. XXXIV, fig. 2.
(2) Pour ces deux collections, voy. A-B. Meyer, *op. cit.*
(3) Cité p. le baron A. v. Krudener, in Jagd-Zeitung, p. 206.
(4) Deux femelles viennent d'être vendues à Londres par M. J. Whitaker, esq.
(5) Communication de M. le Dr Altum.
(6) Voy. Zool. Garten, 1880, p. 176. C'est d'après Alsun que parle M. Wurm.
(7) *Skand. fauna.*

petits Oiseaux s'approchaient de sa cage pour manger sa nourriture.

Au printemps, c'est-à-dire au moment où il prenait son plumage de noces, il se montrait plus fier et jetait son grognement. Il faisait son jeu sur son perchoir ou au fond de la volière ; sa queue se levait alors et se déployait en éventail, les ailes se baissaient, les plumes de son cou se hérissaient. On l'entendait chanter tout le mois d'avril jusqu'aux premiers jours de mai ; il ne commençait jamais son chant de grand matin, mais il le continuait dans la journée lorsque le temps était beau ou après une petite pluie. Du 5 au 8 mai, il cessait ses chants ; parfois pendant l'automne on entendait sa voix, mais rarement.

Sa nourriture consistait en de petites baies, il mangeait aussi diverses graines telles que celles du genièvre et du blé (1).

Le Jardin Zoologique de Hambourg reçut en 1883 une Lyrure intermédiaire prise en Suède. Ses allures étaient bien plutôt celles du Tetras urogalle que celles de la Lyrure des bouleaux, elle avait la tenue majestueuse du premier. Cet hybride ne se montrait point querelleur. Un Coq tetrix qui partageait sa cage lui fit bientôt sentir sa supériorité ; dans ses accès de jalousie, il le maltraitait tellement que le malheureux Oiseau, dès qu'il apercevait son rival, se sauvait aussitôt et se cachait dans un buisson, restant ainsi tapi sans oser bouger (2). On a encore parlé (3), d'un Rackelhane vivant en captivité chez M. Sterger, à Krainburg (4). Mais d'après M. Victor Gaffé et autres (5), cet Oiseau ne serait qu'un *tetrix*. Le Jagd-Zeitung a publié plusieurs articles à ce sujet.

DE LA FÉCONDITÉ DU RACKELHANE.

Klein (6) parle des œufs de la Rackel-hona dans ces termes :

---

(1) *Skand. Fauna.* Edit. de 1858. Lund.

(2) Ces renseignements sont donnés par Brehm *(Hist. des Animaux, Oiseaux,* II, p. 3 et 4). Nous nous permettrons de faire remarquer que cette timidité du Rackelhane en captivité ne se rapporte pas au dire des naturalistes, qui prétendent au contraire que le Rackelhane est non-seulement victorieux dans les baltz des Tétrix, mais qu'il affronte même l'Urogalle dans ses jeux d'amour.

(3) Numéros 6 et 7 du Journal de Chasse de Vienne, 1884.

(4) Voy. Jagd-Zeitung, p. 237, 1884.

(5) Voy. Jagd-Zeitung, nº 11, p. 237, et nº 15, p. 434, 1884, entre autres la réponse faite par M. Sterger, qui prétend (peut-être avec raison) que son Coq est bien un Rackelhane.

(6) *Ova avium plurimarium,* Leipzig, 1766.

« *Urogallus hybridus*: ovum dilutis masculis majoribus. » D'après
le pasteur Brehm (1), Gmelin et Linné auraient dit que la Rackelhane pondait des œufs jaune-clair, tachetés de brun. Déjà le Dr Meyer
d'Offenbach (2) avait donné la même assertion d'après Klein, mais le
texte latin de ce dernier, que nous avons entre les mains, ne dit pas
cela. D'après Langsdorff, Klein aurait écrit que ces œufs ont des
taches plus grandes que celles des œufs de la femelle du grand
Tetras. S'agit-il de passages différents ? Schinz (3) prétend que les
œufs sont plus petits et plus courts que ceux du Coq de bruyère,
il n'indique pas la source où il a puisé ce renseignement.

Ces témoignages nous paraissent de peu de valeur. Nous croyons
pouvoir dire que les œufs de la Rackel-hona n'ont point été décrits
avec assez de précision. L'auraient-ils été, qu'il aurait encore fallu
les mettre en incubation pour s'assurer de leur fécondité. Nilsson,
Fries et Retzius paraissent avoir parlé d'un ovaire atrophié (4).
Cependant M. Hencke a trouvé dans l'ovaire d'une Poule qu'il tua
lui-même à Kohrsdorf un œuf grand comme un pois (5), et d'après
Severtzow, on aurait tué des femelles du *T. medius* avec des petits
qu'elles conduisaient (6) ; malheureusement le feu professeur ne
donne aucune autre indication et ne fait point savoir où il a puisé
ces renseignements.

Aussi les divers naturalistes qui se sont occupés du Rackelhane
donnent-ils des avis très opposés sur la fécondité de cet Oiseau. Le
Dr A.-B. Meyer, en parlant de la Rackel-Hona, décrite par Fries (7)
dit que cet auteur l'a donné sans fondement pour stérile. Bechstein
prétend que, comme beaucoup de *bastarden*, le Rackelhane ne doit pas
se reproduire. M. Bogdanow (8), tout en reconnaissant que la fécondité
de cet hybride n'a point encore été constatée, pense néanmoins
qu'elle est possible. Tschusi (9), a dit, au contraire, que son infécondité est probable.

Comme les deux espèces de Tétras qui engendrent le Rackelhane
ne sont pas éloignées, mais au contraire très rapprochées, surtout

(1) *Op. cit.*, p. 507 et 508.
(2) *Op. cit.*, 1811.
(3) *Op. cit.*, p. 130.
(4) Weidmann. p. 35 et 36, 1880, cité par A.-B. Meyer, Jagd.-Zeitung, p. 110, 1884.
(5) Voy. A.-B. Meyer, Jagd.-Zeitung. p. 110, 1884.
(6) Voy. Nouv. mém. des nat. de Moscou, XV, p. 161, 1888, *Étude sur les variations des Aquilinés.*
(7) Tidskrift for Jägar, 1832.
(8) *Conspectus avium*, etc., p. 36.
(9) *Les Alpes*, 1857.

par les femelles, tout nous porte à croire que ces dernières sont fertiles avec l'une des espèces pures. Pour le mâle, cependant, nous ne pensons point qu'il en soit ainsi, quoique M. Bogdanow, ayant disséqué un individu de ce sexe (1), ait trouvé les organes sexuels dans un état tout à fait normal. Nous avons vu, en effet, en parlant des Coquards ♂ (produits du *Phasianus colchicus* et du *Gallus domesticus*), que les organes sexuels d'un de ces Hybrides, reconnus inféconds, paraissaient bien conformés (2). Nous avons constaté le même fait chez une hybride stérile de *Ph. Reevesii* × *Th. mongolicus*.

La présence de Rackhelhanes ♂ dans les jeux d'amour n'est pas plus significative. Que d'hybrides cherchent à s'accoupler, s'accouplent même et ne fécondent jamais les femelles qu'ils cochent. Depuis longtemps nous possédons des mâles hybrides *T. auritus* et *T. risorius*. Ils ne cessent de roucouler près de leurs femelles, tout le jour ils leur font la cour. Les œufs n'éclosent jamais. Un Pigeon demi-ramier demi-ordinaire, accouplé tour à tour depuis trois ans avec diverses femelles d'espèce pure, reconnues fécondes avec leurs mâles, n'a jamais donné de produits. Il est cependant d'une ardeur extrême et, comme les Tourterelles ♂ hybrides, ne cesse de roucouler. Nous avons encore des hybrides de *T. risorius* et de *C. livia* accouplés avec des femelles *Columba livia*. Souvent nous les voyons cocher ces femelles qui pondent invariablement des œufs clairs. Ces mâles hybrides n'obtiennent pas plus de succès avec des femelles *T. risorius* (3). Les Tétrix, rencontrés par le feu professeur Severtzow avec de légères traces d'hybridation, proviendraient donc d'un mélange d'une femelle hybride avec un Coq d'espèce pure et non de l'union d'une femelle d'espèce pure avec un Rackelhane ♂.

Disons en terminant que Nilsson, afin de s'assurer de l'hybridité du Rackelhane, avait prié ses compatriotes du Nord de tenter des croisements entre le *Tetrao urogallus* et le *Tetrao tetrix* (4). On peut se demander pourquoi il n'a pas tenté lui-même ces croisements, car d'après Lloyd (5) le Tétrix s'apprivoise facilement. Dans les cantons ruraux de la Suède on voit souvent, dit cet auteur, des Black-cocks en cage aux maisons de la petite noblesse; Brehm dit aussi qu'en Scandinavie on a fait reproduire plusieurs fois

---

(1) Tué par le prince Galitzine près de Saint Pétersbourg.
(2) Voyez l'Éleveur, n° 238, 1889.
(3) Chose étonnante, nous avons pu constater la présence de spermatozoïdes bie développés dans les testicules de ces hybrides.
(4) Voy. *Skand. Fauna*, p. 17.
(5) *Game birds*, p. 84.

en captivité des Urogalles, on les aurait même croisés avec des Lyrures des bouleaux, mais le résultat paraît inconnu. Heureusement ces essais ont été tentés tout dernièrement par un industriel de Mégerswalden, M. Carl Kralik. Celui-ci a bien voulu nous faire savoir qu'il avait ainsi acquis la certitude que « le *Rackel-hahn* et la *Rackel-henne*, étaient bien le résultat d'un croisement entre *Tetrao tetrix* ♂ et *Tetrao urogallus* ♀. » M. Kralik ajoute dans sa communication que ses Rackelhanes s'étaient accouplés très fréquemment pendant le printemps qui suivit leur naissance, mais il ne fait mention d'aucun produit; du reste, ces Oiseaux moururent les uns après les autres.

Tous les faits que nous venons de rassembler nous autorisent donc à reconnaître une double origine chez le Rackelhane, qui peut être déclaré, croyons-nous, comme hybride authentique de *T. tetrix* et *T. urogallus.*

Genre Lagopus.

LAGOPUS SCOTICUS (1) et LAGOPUS MUTUS (2).

En 1878, à l'une des réunions de la Société Zoologique de Londres, M. le prof. Newton exposa la peau d'un Oiseau qu'il supposait être le produit du croisement de ces deux espèces. Ce curieux spécimen lui avait été donné pour le Museum de l'Université de Cambridge par le capitaine Honston, de Kintradwell, en Sutherland ; c'est dans cette contrée qu'il avait été tué le 1er septembre 1878.

Son plumage d'été, dit le professeur Newton, ressemble à celui de la poule Ptarmigan (*Lagopus mutus*), quoiqu'il paraisse plus sombre extérieurement. Les régines primaires tiennent beaucoup de celles du Lagopède d'Ecosse, la bordure blanche s'allonge davantage. Le professeur fit voir la peau de cet Oiseau à plusieurs ornithologistes de ses amis, qui confirmèrent son dire. Cette conjecture est d'autant plus fondée, ajoute-t-il, que la partie du terrain où cet Oiseau a été tué est voisine d'une localité fréquentée par le Ptarmigan. En outre, M. Newton est porté à croire, d'après certaines informations, qu'on a découvert, avec ce spécimen, d'autres exemplaires d'un croisement semblable.

---

(1) Ou *Bonasa scotica* ou *Tetrao scoticus.*
(2) Ou *Tetrao mutus* ou *T. lagopus* (var *alpina, minor),* ou *Lagopus vulgaris* ou bien encore *L. alpinus* et *L. montanus.*

LAGOPUS ALBUS et LAGOPUS MUTUS (1).

Dans les Proceedings of the Zoological Society (2), M. Collett fait savoir qu'il a examiné un hybride entre le *Lagopus mutus* et le *L. albus*, exemplaire tué à Röros, en septembre 1883, aujourd'hui conservé dans le Musée de l'Université de Christiana.

Ce spécimen, dit M. Collett, est un mâle dans son plumage d'automne, époque où la livrée des deux parents est la plus reconnaissable. Le plumage du *Lagopus mutus* prend alors une teinte particulière, gris-bleuâtre, où chaque plume, sur un fond cendré, est finiment tachetée de noir sans former des lignes bien tranchées ; le *Lagopus albus*, tout au contraire, porte sur chaque plume des taches brun-rougeâtre où on aperçoit distinctement des lignes croisées sur un fond noir. Or, chez le spécimen hybride, la couleur et la disposition (3) des plumes indiquent une fusion des caractères des deux espèces.

Sur le dessus du corps le plumage ressemble davantage au *L. mutus*, les plumes, ainsi que celles des flancs, sont finement tachetées de noir sur un fond un peu rougeâtre, quoique la couleur ne soit point aussi accentuée que chez *L. albus*. La disposition du plumage (4) est celle du *L. mutus*, et les longues plumes des flancs, ainsi que les couvertures supérieures de la queue, où il n'existe point de plumes croisées, diffèrent tout particulièrement de *L. albus* ; une ou deux plumes cependant ressemblent à ce dernier. Les bandes croisées de la tête ont également beaucoup de ressemblance avec celles du *L. mutus*, elles sont aussi plus fournies que chez *L. albus*, quoique plus confuses et irrégulières. Le plumage de dessous se rapproche de celui du *L. albus*, surtout comme coloration, les plumes sont rayées transversalement comme celles de *L. mutus*, mais leur couleur est rouge et ressemble beaucoup plus à celle de *L. albus*. En somme, la disposition (5) des plumes de cet Oiseau est celle du *L. mutus*, tandis que la coloration, notamment en-dessous, est celle de *L'albus*. Le bec est de grandeur intermédiaire.

(1) Ou *Tetrao saliceti*, ou *T. subalpinus*, ou *T. Lagopus*, ou *T. albus* et *lapponicus*, ou encore *Lagopus saliceti*.
(2) Pages 236 et 237, 1886.
(3) *Markings*.
(4) *The pattern on the feathers*.
(5) *The pattern*.

TETRAO TETRIX et LAGOPUS MUTUS

Yarrell parle de ce croisement (1) et donne la figure d'un spécimen qu'il remarqua dans la collection de M. Eskmark. Le comte Alphonse Auersperg de Laiback (Krain) (2) a donné également (3) d'intéressants détails sur les *T. tetrix* ♂ qui fréquentent les *baltz-platzen* du Lagopède des Alpes. Il aperçut à Debela, dans les derniers jours de mai 1882, et cela pendant trois matinées, un Coq tetrix qui venait régulièrement sur les baltz du Lagopède. Quelques jours après, se trouvant encore dans la forêt, il vit tout à coup le même Oiseau s'envoler avec des Poules de *Lagopus alpinus*. Le soir étant venu, il se porta dans les environs et vit bientôt le Coq revenir. Alors, imitant le cri de la Poule *alpinus*, il entendit le Coq lui répondre par son chant ordinaire ; il était à peine à cinquante pas de lui. Ayant pu s'en rapprocher davantage, il fut assez heureux pour le tuer ; ce Coq pouvait avoir deux ans.

Le Dr A.-B. Meyer pense que plusieurs exemplaires albinos du Tetrix ♂ doivent être des hybrides provenant des croisements de ces deux espèces ? M. Pleske aurait admis pour la Russie de pareils croisements, chose possible, car M. le professeur Taczanowski, de Varsovie, nous fait savoir que le Musée de cette ville possède un hybride de ce genre tué à l'état sauvage.

TETRAO TETRIX et BONASA BETULINA (4).

En 1876, M. Dresser présenta à la Société Zoologique de Londres (5), un hybride né d'un croisement entre le *Tetrao tetrix* et la *Bonasia betulina*. Cet individu appartenait alors à M. John Flower, Esq., qui l'avait acheté à M. Smithers, marchand d'Oiseaux, près de Cannon-Street, le 16 mai 1876, mais cet Oiseau avait déjà passé dans plusieurs mains. M. Dresser apprit cependant qu'il venait de la Norvège.

En le disséquant il reconnut que c'était un mâle. Les intestins étaient presque semblables à ceux de la Poule Tétrix, mais ils étaient plus courts de trois pouces, mesurés depuis le gésier jusqu'à la partie la plus basse du cæcum, la longueur entre ces points étant

---

(1) *Oiseaux de l'Angleterre*, II, p. 316 et 362.

(2) Cité p. A.-B. Meyer, *op. cit.*

(3) *Das Birkwild*, p. 12, 1885.

(4) Ou *Tetrao bonasia* ou *Bonasa sylvestris*.

(5) Voy. Proceedings, p. 345 et suiv.

pour la Poule tétrix de cinquante-quatre pouces. Le jabot était vide, le gésier contenait une quantité de petites pierres, pour la plupart de quartz blanc, et un grand nombre de tiges de matière végétale. M. Dresser versa le contenu du gésier dans un bassin rempli d'eau chaude, et ces matières exhalèrent une odeur assez douce. Pensant qu'il pourrait apprendre quelque chose sur la couleur des muscles pectoraux après la cuisson, il fit cuire les muscles de l'hybride et ceux de la Poule *grey* (1). « Ceux de la Poule *grey* présentèrent alors le contraste ordinaire caractéristique du *Black Grouse*, mais ceux de l'hybride étaient presque blancs, le muscle inférieur ayant à peine la couleur plus claire que le muscle supérieur. La chair de l'hybride était très inférieure comme saveur à celle du *tetrix*, elle était plutôt sèche et sans goût, comme celle du *Tetrao rufus*. »

M. Dresser remarqua, autant que son expérience pouvait le lui démontrer, et suivant ce qu'il avait entendu dire par les chasseurs suédois et russes, qui ont l'occasion d'étudier les habitudes de l'*Hazel Grouse*, que ce dernier est monogame et que, lorsqu'il s'accouple, il demeure fidèle à sa compagne. Il n'a donc jamais entendu dire qu'un Coq *Hazel* ait été supplanté par un *Black Grouse*. Il peut seulement soupçonner que le présent hybride provient d'un Coq *Hazel* qui se sera accouplé avec quelque Poule *grey* durant ses promenades solitaires?

D'après M. Bogdanow (2), les premiers hybrides de *T. tetrix* et *T. bonasia* auraient été découverts par M. Andreiewsky au mois de septembre 1860 ; deux exemplaires ♂ avaient été tués près du village Toxowo, non loin de St-Pétersbourg ; leur bec ressemblait à celui du *tetrix* et leurs tarses étaient emplumés comme chez cet Oiseau (3). Voici, du reste, leur description :

« Queue beaucoup plus longue que chez la Gélinotte et très fourchue. La forme des rectrices extérieures tient beaucoup de celle du *tetrix*. Les deux rectrices médianes colorées comme chez la Gélinotte ; les autres noires, parsemées de points cendrés sur les parties toutes bordées à leur extrémité de blanc étroit. La partie supérieure du corps entièrement d'un gris foncé avec des nombreux zigzags noir. Rectrices des ailes même couleur, mais nuancées de

(1) *T. tetrix*.

(2) *Conspectus avium imperii rossici*, fasciculus II, p. 36 et 37. Saint-Pétersbourg, 1884.

(3) Un de ces hybrides appartient au Musée zoologique de l'Académie Impériale des sciences de Saint-Pétersbourg, et l'autre est conservé dans le Cabinet zoologique de l'Université. Voy. Th. Pleske, Mém. Acad. des sc. de St-Pétersb., XXXV, n° 5.

brun, et des hauts blancs sur les tiges des plumes qui s'élargissent vers le bout en taches blanches. Plumes du vertex allongées comme chez la Gélinotte. Base du bec et gorge noir, mat, encadrées par une bande blanche. Derrière l'œil une tache blanche. Tout le dessous du corps coloré comme chez la Gélinotte, mais la couleur brune est remplacée par un noir brunâtre. Sous-caudales blanches avec des taches noires vers la base des plumes. Flancs colorés comme le dos et n'étant pas de la coloration de la Gélinotte. » En général, continue M. Bogdanow, la coloration des plumes conserve le type de la Gélinotte, mais les couleurs sont plus foncées, le brun remplacé par le noir, le cendré plus foncé; presque pas de roux. Les caractères plastiques, au contraire, ont conservé le type du *tetrix*. M. Bogdanow a appelé ces hybrides *Tetrao bonasia tetrix*.

On trouvera, dans les Mémoires de l'Académie des sciences de Saint-Pétersbourg (1), la description et une figure coloriée d'un mâle et d'une femelle hybrides. La femelle fut achetée au marché sans que l'on sache sa provenance; le mâle est un de ceux rencontrés par M. Andreiewsky en septembre 1860. M. Th. Pleske ne croit pas se tromper en désignant pour père des deux exemplaires qu'il représente la *Bonasa betulina* et pour mère le *T. tetrix*, parce qu'on ne peut guère, dit-il, admettre qu'une Gélinotte femelle se soit rencontrée sur les places des Coqs de bruyère lorsque ceux-ci sont en amour; il lui paraît plus vraisemblable qu'un Tétrix ♂, très porté à l'amour, ait recherché une Gélinotte?

M. le Dr Meyer, de Dresde, a également donné une description et une figure coloriée de l'exemplaire de M. Dresser (2). Il croit aussi (sans pouvoir le prouver, comme il le dit avec beaucoup de raison), que le Tétrix est le père et la Gélinotte la mère. Il a appris en 1886, par M. Lindner, de Salzbourg, qu'un spécimen de ce genre avait été tué dans les environs de cette ville, mais l'exemplaire ayant été vendu, on n'a pu le retrouver.

Dans les Nouveaux Mémoires des Naturalistes de Moscou (3), le feu prof. Severtzow parle du produit de *T. tetrix* avec *T. bonasia* comme présentant une prédominance décidée du type *bonasia*. Il dit qu'il a l'air d'une grosse Gélinotte, avec la coloration à peu près normale de *T. bonasia*, seulement les teintes sont plus foncées, la queue est plus longue et fourchue, les rectrices sont légèrement

(1) (7), XXXV, n° 5.
(2) Tableau XVI. Les mesures sont à la page 90 de son ouvrage déjà cité.
(3) XV, p. 162, 1888.

fléchies en dehors. D'après M. Kolthoff (1), le dessin des couleurs de la *Gélinotte tétrix* varie beaucoup.

LAGOPUS MUTUS et BONASA BETULINA.

M. le Comte J.-B. Cannozzi Vertova veut bien nous écrire de Bergame qu'il possède dans sa collection un hybride de *L. mutus* et *T. bonasia*; cet individu fut pris dans les Alpes de Bergame. M. le Comte Vertova crut d'abord qu'il avait affaire à un cas d'albinisme, mais le spécimen ayant été examiné avec soin par le feu prof. de Filippi, il fut jugé un vrai hybride de ces deux espèces, surtout par les pieds qui sont couverts de plumes laineuses parfaitement blanches à peu près jusqu'à l'extrémité des doigts, ayant cependant près des ongles un petit bout des doigts découvert comme dans les autres Tétraonidés; dans le *Bonasia betulina*, la partie inférieure du tarse et des doigts continue. D'autres caractères marquent encore ce croisement, mais ils sont moins saillants que ceux des pieds. Le comte ajoute dans sa communication que la *Bonasia* est maintenant très rare dans les montagnes de Bergame, tandis qu'on trouve encore facilement le *Lagopus mutus* et le *Lagopus albus*.

LAGOPUS ALBUS et BONASA BETULINA.

M. G. Kolthoff a donné dernièrement (2) des renseignements sur un Oiseau qu'il nomme *Lagopus bonasioides*, et qu'il croit provenir du *Lagopus albus* et la *Bonasa betulina*.

Le spécimen qu'il décrit est un mâle, aujourd'hui conservé dans le Musée d'Upsala. Il fut acheté en 1885, au marché de Disting de cette ville, à une personne qui vendait des Oiseaux du Nord et qui déclara que cet Oiseau provenait du Jemtland septentrional. M. Kolthoff pense qu'il avait été tué au mois de décembre 1884, puis mis dans la glace.

Dans le Musée on le classa, tout d'abord, comme provenant de la Gélinotte et du Tétras, avec un autre spécimen qui avait été acheté en même temps et qui lui était à peu près semblable.

Ce n'est qu'un an plus tard que M. le prof. Collet s'aperçut, après l'avoir comparé avec plusieurs hybrides Gélinotte-Tétras, qu'il ne pouvait leur être assimilé et émit l'opinion qu'il était plutôt produit

(1) Dont nous citerons bientôt l'ouvrage.
(2) Bihang till kongl. svenska Vetenskabs Akademiens Handlingar, XIII, Afd. IV. Stockholm, 1888.

par l'alliance du *Lagopus* avec la *Bonasa*. M. Kolthoff l'étudia alors de très près, le soumit à un examen détaillé, et reconnut par son squelette que l'assertion du professeur de Christiania devait être exacte. Les parties du squelette qui purent être examinées s'écartaient en effet de la conformation de la Gélinotte-Tétras et indiquaient une forme intermédiaire entre le *Lagopus* et la *Bonasa*.

La difficulté consistait à déterminer à quelle espèce de *Lagopus* il devait sa naissance, car, portant sa livrée d'hiver, il était difficile de préciser s'il provenait du *Lagopus mutus* ou plutôt du *Lagopus albus* ?

Comme certaines parties de son squelette sont plus fortes que chez le *L. mutus* et que le mode de vie de la *Bonasa* se rapproche bien plus de celui du *L. albus* que du *L. mutus*, qu'aussi le *L. mutus* se rencontre rarement dans les endroits habités par la Gélinotte, M. Kolthoff est amené à penser que cet Oiseau est hybride du *L. albus*. Voici en grande partie sa description :

« Les troisième, quatrième et cinquième plumes des ailes sont de la même longueur, la queue n'est pas entaillée, mais arrondie et se composant de seize plumes.... A première vue, cet Oiseau ressemble beaucoup au produit de la Gélinotte avec le Tétras ; la couleur dominante est le blanc. La tête est blanche en dessus, les plumes se prolongent jusqu'à la houppe et sont de couleur gris clair, mélangées de noir, ou avec une bande noire. Les côtés de la tête sont blancs ; la naissance du bec, ainsi que les coins, sont marqués de quelques taches noires.... Les plumes du cou rappellent beaucoup celles de la Gélinotte et sont gris clair avec trois rayures noires. Sous le menton existe une tache noire, la gorge est toute blanche par devant et sur les côtés, comme aussi toutes les parties inférieures du corps. Le dos est tacheté de gris clair, blanc, brun et presque noir. Les plumes de la partie antérieure du dos sont gris clair avec de larges raies brunes et noires et de gros points de la couleur primitive des plumes, lesquels points sont parsemés, à grands intervalles, de petits points bruns ou noirs. Sur la partie inférieure du dos les plumes sont brun foncé avec mélange de noir et de gros points blancs confus. Les plumes de l'épaule sont noirâtres à la naissance et blanches dans le reste. Les tiges des plumes des ailes sont noires, les troisième, quatrième et cinquième ont en outre des barbes blanches ; pour le reste, elles sont gris foncé avec de petits bords gris blanc sur la barbe des pointes. La première plume des ailes est aussi longue que la septième ; la seconde un peu plus longue que la sixième ; les troisième, quatrième et cinquième de la même longueur. La cinquième plume manque à l'aile droite.

» La queue est un peu arrondie ; les plumes, qui sont au nombre de seize, sont moirées de gris à la naissance et au centre et rappellent beaucoup celles de la Gélinotte. Les plumes de la queue sont noires dans la moitié extérieure, avec des pointes blanches, et le blanc des pointes est plus grand dans les plumes centrales.

» Le bec est noir ; les doigts, qui ressemblent beaucoup à ceux de la Gélinotte-Tétras, sont tout blancs comme les tarses. Le revêtement des plumes des orteils occupe les deux tiers de leur longueur. Les ongles sont plus petits que ceux de la Gélinotte-Tétras. L'ongle du doigt médian a 3 millimètres de largeur au milieu. Tous les ongles sont noirs à leur naissance ; vers l'extrémité, ils sont d'une teinte claire cornée comme les parties nues des doigts. Les lamelles des doigts sont plus grandes que chez les Gélinottes-Tétras et d'une teinte gris-blanc.

» Le squelette a aussi une forme intermédiaire entre le Lagopède et la Gélinotte, mais il se rapporte, comme l'extérieur de l'Oiseau, plus au Lagopède qu'à la Gélinotte. Ainsi, tout le squelette est seulement un peu plus petit que celui du Lagopède blanc (ou subalpin) et, dans certaines parties, plus grand que le Lagopède muet (ou alpin).

» La *crista-sterni*, qui a 70 millimètres de longueur est, par devant et à la partie inférieure, moins prolongée que chez le Lagopède blanc ; par suite, son bord antérieur est moins concave, et comme la *crista-sterni* chez la Gélinotte est encore plus en travers à l'avant, la Gélinotte-Lagopède est, à ce point de vue, entre les deux. La hauteur de la *crista* est contenue trois fois en longueur chez le Lagopède, deux fois et demie chez la Gélinotte, et deux fois trois quarts chez la Gélinotte-Lagopède.

» La partie de l'os de la poitrine le plus rapproché de la *crista* est, chez les deux, large de 12 millimètres à l'endroit le plus mince ; chez la Gélinotte elle n'a que 5 millimètres et 8 millimètres chez la Gélinotte-Lagopède. Le bord postérieur de l'os de la poitrine qui, chez le Lagopède, est faiblement arrondi, avec une insignifiante incision au milieu de l'avant de la *crista*, et qui, chez la Gélinotte, est fort arrondi ou presque en pointe, est ici plus arrondi que chez le Lagopède. La partie inférieure, impaire et plate, est triangulaire chez le Lagopède et presque aussi large que longue ; chez la Gélinotte, elle est deux fois plus longue que large et atteint sa largeur extrême au centre. Chez la Gélinotte-Lagopède, la largeur est comprise une fois et demie dans la longueur et le bord antérieur est arrondi, de sorte que la plus grande largeur est au centre.

» Le scapulaire, qui est long de 8 millimètres de plus que chez la Gélinotte et de 2 millimètres de moins que chez le Lagopède blanc, est, comme chez la Gélinotte, un peu plus courbé que chez le Lagopède, quoique insensiblement, et son élévation au milieu du bord supérieur est un peu plus forte et moins étendue que chez ce dernier, mais pas aussi forte que chez la Gélinotte. »

Comme le bassin était très défoncé, M. Kolthoff n'a pu en donner la largeur extrême, mais il est évidemment, dit-il, plus étendu que celui du Lagopède et se rapproche ainsi de celui de la Gélinotte.

A l'examen du sexe, on trouva que les organes génitaux étaient forts et bien prononcés, ce qui fit penser qu'on avait affaire à un vieil Oiseau, le développement des lamelles des doigts du pied semblait également l'indiquer.

Il serait intéressant de comparer cet Oiseau avec l'exemplaire que possède M. le comte Cannozzi et dont l'origine est, au contraire, attribuée au croisement de la Gélinotte avec le *L. mutus*. M. Walter Rothschild, de Londres, a acheté dernièrement à la vente faite par M. J. Whitaker, un Tétras indiqué sur le catalogue comme provenant de la Willow Grouse (*L. albus*) et de la Hazel hen (*Bonasa betulina*). Cet Oiseau viendrait de la Russie.

Tetrao tetrix et Lagopus scoticus (1).

La femelle du *T. tetrix* a la queue à peine fourchue et se rapproche, comme forme et comme couleur, de la femelle du Lagopède d'Ecosse; pour cette raison, dit Macgillivray (2), on croit que ces deux espèces produisent ensemble, du moins trois spécimens qu'il a vus présentaient des caractères intermédiaires. Il put examiner l'un d'eux qui était du sexe mâle. L'imperfection de ses organes génitaux lui laissa à penser que c'était un hybride.

Cet Oiseau, d'abord en la possession de M. Fenton, empailleur d'animaux à Edimbourg, passa dans les mains de M. W. Smellie Watson, de cette ville. Comme forme et comme proportions, il ressemblait à la femelle du Coq noir, et son bec était pareil à celui de cet Oiseau. Voici, en partie, la description que donne Macgillivray :

« La membrane, au-dessus de l'œil, comme celle du Coq noir, ayant cependant une mince bordure frangée, ce qui n'existe pas chez ce dernier. Les plumes, en général, oblongues, largement arrondies....

(1) Ou *Tetrao scoticus*, ou encore *Bonasa scotica*.
(2) *History of British Birds*, p. 162, London, 1837.

La queue à peine fourchue, comme celle de la femelle du Coq noir, mais composée seulement de seize plumes comme celle du Coq rouge... Les tarses recouverts de plumes sans espace dégarni par derrière. Les doigts couverts aussi de duvet, comme les membranes qui les séparent, le plumage de ces parties aussi épais que chez le Coq rouge. Les ongles très longs, arqués, comme ceux du Coq rouge et du *Ptarmigan grey*. Le bec d'un noir brun, la membrane au-dessus de l'œil écarlate ; les doigts bruns. La partie supérieure de la tête marquée de taches brun rougeâtre, noir brun et gris, le cou à la partie postérieure gris ; le reste du cou noir avec une légère teinte rouge pourpre à la gorge, les plumes ont le bord blanc et sur les côtés du cou elles sont barrées d'un rouge brun. En général, les plumes dans les parties inférieures sont noires, marquées de blanc ; celles des côtés ont une bande rouge ; celles de la partie inférieure de la queue noires avec un grand espace blanc... Les parties supérieures sont très ondulées ; elles sont noir brun et rouge brun avec des bandes blanches très étroites... On voit une tache blanche à l'aisselle, mais il n'y a pas de bande blanche sur l'aile, comme chez le Coq noir. La queue est noire, les deux pennes du milieu marquées de points rougeâtres, la huitième plume a une bande étroite blanche. Les plumes des tarses d'un blanc grisâtre, celles sur le côté extérieur pointillées de rouge. La longueur, comptée jusqu'à l'extrémité de la queue, 20 pouces 1/2 ; celle des ailes 31 pouces.

» En somme, cet Oiseau ressemblait par sa forme à une femelle ou à un jeune mâle de l'espèce du Coq noir ; il leur ressemblait aussi par son organisation interne, mais il avait le canal intestinal beaucoup plus court et à peu près de la même dimension que celui du Coq rouge ; comme plumage et couleur, il tenait des deux espèces. »

» En examinant le corps on put facilement se rendre compte de la cause de sa maigreur. Les bronches étaient très enflées, le poumon gauche parfaitement sain, mais le droit engorgé de sang. Le rectum s'était dilaté à sa partie inférieure de façon à atteindre 1 pouce 1/2 de diamètre et contenait une substance ressemblant à du mastic et composée principalement d'acide urique. Les rognons étaient dans leur état naturel, mais l'urèthre s'était empli d'une substance semblable à celle contenue dans le rectum, cependant plus molle. »

M. Yarrell (1), en septembre 1855, eut l'occasion de voir un bel exemplaire, dont le plumage ne laissait pas de doute sur son

_____

(1) *British Birds*, II, p. 360.

origine. Cet Oiseau avait été envoyé par lord Mosteyn de Galles à M. William, l'empailleur d'Oiseaux de la rue d'Oxford, qui permit à M. Yarrell d'en prendre un croquis.

« La tête, le cou, la poitrine et toute la partie inférieure du corps étaient recouverts d'un plumage semblable à celui d'un jeune Coq rouge ; le dos, les ailes, les couvertures supérieures de la queue et les plumes de la queue étaient aussi noires que le sont ces parties chez le Coq noir ; les plumes de la queue étaient allongées et fourchues, mais comme c'était un jeune Oiseau de l'année tué au commencement de la chasse, la plus grande partie des plumes latérales de la queue n'étaient pas encore recourbées à l'extérieur ; les jambes étaient couvertes de plumes jusqu'aux doigts, les doigts étaient nus et pectinés comme ceux du Coq noir. »

En outre, M. Collett (1) examina au Musée de M. Dresser, à Londres, un individu dont la forme lui indiqua un croisement entre le *T. Tetrix* et le *L. Scoticus*. Ce spécimen avait été tué en Ecosse, le 12 septembre 1876.

Il est, dit-il, de couleur noire brunâtre, « le dos a de belles taches brunes sur un fond presque noir ; la poitrine est noire, la tête et le cou noirs, avec des taches brunes. Le ventre a des bandes transversales d'un brun rouge ; les couvertures inférieures de la queue ont des arêtes blanches, ainsi que plusieurs des plumes sur les côtés du dessous du croupion. La queue est noire. La garniture des pieds tout à fait comme chez le *Ripe* hybride. »

Deux autres individus, examinés par M. Dresser, diffèrent peu de cet Oiseau, qui est actuellement en la possession de M. le Dr Meyer, de Dresde.

Un nouveau spécimen ♂ acheté la même année, le 15 décembre, au marché de Gothembourg, en Suède, a été décrit par le feu professeur Malm (2), qui l'avait reçu de M. E. Lignell, employé de la salle de vente (3). Les parties du squelette que l'on put recueillir en le préparant sont exposées au Musée d'Histoire naturelle de cette ville. On ignore dans quelle contrée il fut tué.

Cet Oiseau, dit Malm, a des ressemblances avec le petit Coq de bruyère, mais il diffère de ce dernier sous d'autres rapports qui

(1) Voy. Magazin for Natur., Christiania, p. 162, 1877.
(2) Öfversigt af kongl. Vet. Akad. Förhandlingar, 1880, n° 7, p. 17-31, Stockholm.
(3) On aurait rencontré jadis en Grande-Bretagne, dit Malm, des hybrides semblables, mais ils n'ont point été l'objet d'un examen complet. Malm fait sans doute allusion aux trois spécimens décrits par Macgillivray et peut-être aussi à celui dont a parlé Yarrell.

sont propres au Lagopède rouge; sa grandeur est presque celle de la femelle de Tétrix.

« Le bec et les ongles sont courts, ceux-ci ont des bordures intérieures blanchâtres. La grandeur du bec se rapproche de la femelle du Coq des bois; la forme, remarquable par la grosseur relative de la naissance du bec, ressemble, par contre, davantage à celle du Coq des bois mâle. Sous tous points de vue le bec s'écarte beaucoup du bec court et épaté du Lagopède rouge, et est presque deux fois plus grand en volume que ce dernier. La longueur des ongles dépasse, par contre, celle du Coq des bois; ceux-ci ressemblent aux ongles du Lagopède rouge, ils sont plus droits, ou moins recourbés que chez le Coq des bois.

» Il existe une plaque nue de couleur rouge au-dessus de l'œil, et remplie de papilles... Les plumes du vertex sont petites comme chez le Coq lagopède rouge, mais plus longues que chez celui-ci et chez le mâle du Coq des bois. Les ailes ont la même structure et la même forme que celles du Coq des bois et du Lagopède rouge.

» La longueur totale de l'Oiseau est environ celle du Tétrix ♂, attendu que les plumes centrales de la queue sont plus longues que chez ce dernier... La queue, qui comprend 18 plumes, est très peu arrondie; toutes les plumes ont une petite pointe, et sont droites au bord extérieur, mais les 2-3 extérieures sont moins arrondies. Les plus longues rectrices inférieures de la queue sont un ogondiameter plus courtes que les plumes centrales de la queue. Chez le Coq des bois ♂ et ♀, la queue est fourchue, et les plumes, comme celles de l'hybride, ont la pointe plus émoussée, mais les extérieures, surtout chez le Coq, sont très relevées et par suite très arrondies au bord extérieur, les tectrices inférieures les plus longues atteignent 1-2 ogondiametrar en plus des plumes centrales de la queue. Chez le Lagopède rouge, la queue est fortement arrondie, ce qui est aussi le cas pour chaque plume qui est relevée un peu à chaque bord extérieur. Les autres rectrices inférieures de la queue sont 1 1/2 ogondiam plus courtes que les centrales et sont aussi les plus longues de la queue, de même qu'elles ont 1/4 ogondiameter de plus long que les extérieures.

» Les plumes des doigts du pied, par exemple, entre les doigts, s'avancent jusqu'au commencement de l'avant-dernière partie du doigt de pied. Chez le Coq des bois, elles n'atteignent que la moitié du premier; chez le Lagopède rouge, elles ne vont que jusqu'à l'ongle. La longueur du pouce, comparée au doigt médian sans compter les ongles = 1 : 4 1/2; chez le Coq des bois cette proportion est de 1 : 3 1/2; chez le Lagopède rouge de 1 : 5 1/2.

Après avoir donné des détails sur la disposition et le nombre des franges des écailles, le professeur Malm décrit longuement la couleur de l'Oiseau qu'il compare avec celle du jeune Coq des bois tué à la même époque et à celle de Lagopède rouge.

De ce qui précède, ajoute-t-il, il semble que l'hybride qui vient d'être décrit est un intermédiaire entre les deux espèces.

Il ressemble au Coq des bois par :

1° La forme longue et grossière du bec ; 2° la tache sur l'œil ; 3° les franges des écailles à la partie extérieure des doigts ; 4° la couleur noire dominante, surtout dans les parties inférieures du corps ; 5° les plumes blanches de la partie inférieure du croupion, qui sont noires à la base.

Il tient surtout du Lagopède rouge par :

1° Le pouce du pied relativement petit ; 2° la queue relativement plus longue ; 3° les plumes de la partie inférieure du croupion relativement courtes, en comparaison de la longueur moyenne de la queue ; 4° les plumes uniformément foncées de la partie inférieure du bras, à l'exception des pointes ; 5° la marque chataigne sur le dos, sur le jabot ; 6° les plumes du vertex plus longues.

Le prof. Malm a donné à cet hybride le nom de *Lagopotetrix Dicksoni.*

Les divers individus dont nous venons de parler ne sont pas les seuls qui aient été rencontrés. M. Bussikofen, conservateur du Musée de Leide, nous fait savoir que la collection de cette ville possède, sans indication de sexe, un individu empaillé auquel il attribue une semblable origine. M. Bussikofen est porté à croire qu'il provient du croisement du *tetrix* ♀ et du *scoticus* ♂ ? M. R.-M. Traquair nous informe aussi qu'il existe au *Museum of Science and Art* d'Edimbourg un autre spécimen ; Herr Wiebbke, de Hambourg, auquel cet Oiseau a été envoyé pour être examiné, a émis l'opinion qu'il devait provenir du mâle *Red Grouse* et de la femelle *Black Grouse.* D'après une communication qui nous est faite par M. J. Machauglt Campbell, le *Kelvingrove Museum* de Glascow possède un hybride de ce genre, mais on ignore à quelle époque cet Oiseau a été reçu. Enfin, dans le Musée d'York on conserve deux autres exemplaires ♂ et ♀ ; la femelle seule est bien conservée, nous écrit M. Platnaner, elle a presque la grandeur du *tetrix*, le plumage est plus foncé, les jambes sont nues, le cou est long. Ajoutons qu'un nouvel exemplaire a été tué en Ecosse tout récemment, au mois d'août dernier, à un endroit appelé Glen-Mayeran, dans le comté d'Inverness. Nous tenons ce fait de M. J.-B. Burton, de Rossal, qui nous envoie une copie de l'Iverness Courier, du 6 novembre 1889, où l'on trouve de précieuses indications sur cet Oiseau. Le journal s'exprime en ces termes :

« Vendredi dernier, M. Macteny demanda à M. J. E. Burkley d'examiner un Oiseau qui avait été envoyé de Glen-Mayeran pour être empaillé et qui avait été tué par M. Laurence Hardy Esqre. L'Oiseau est un hybride mâle entre *T. scoticus* et *T. tetrix*.

Le cou et le dos sont de la couleur de la Grousse ordinaire, cependant le dos est peut-être un peu plus foncé. La poitrine, à l'exception de quelques plumes blanches, est d'un noir brillant. Le croisement se fait voir tout particulièrement dans la tête, la queue, les ailes et les pieds. Le dos est large, la crête est extrêmement rouge pour la saison. La queue est exactement celle d'un jeune Tetrix, mais les plumes ne sont pas recourbées en forme de lyre comme chez ce dernier. Les ailes sont marquées d'une manière curieuse et montrent plusieurs ressemblances avec le Coq *capercailie*, notamment sur les couvertures (mais M. Marling observe qu'il a aperçu cette cette couleur sur les ailes de poules *grey* qui semblaient être de très vieilles poules). Les jambes et les pieds sont forts comme chez le Tetrix, et disposés pour que l'Oiseau puisse se percher. Enfin ce spécimen est un peu plus petit qu'une poule *grey* et pèse 2 l. 1/2. C'est au milieu de buissons qu'il a été tué. »

Tetrao tetrix et Lagopus albus.

Après le Rackelhane, l'hybride le plus répandu parmi les Tétraonidés est le Ripe-Orre, produit par le croisement du *T. tetrix* et du *L. albus*.

Le premier auteur qui en parle, mais à titre de variété, est Sparmann, en 1788 (1). Bientôt après, en 1795, Sommerfelt (2), décrit deux exemplaires mâles qu'il considère comme hybrides. Ces deux auteurs paraissent être les seuls qui, au siècle dernier, aient fait mention de cet hybride.

C. P. Thumberg, en 1808 (3), en parle de nouveau ; Nilsson ensuite en 1817 (4), et dans les diverses éditions de *Skandinavisk Fauna*.

---

(1) *Museum Carlsonianum*, partie IIIe.
(2) Topographik Journal för Norge.
(3) Kongl. Vetenskaps-Akademiens nya Handlingar, XXIX, p. 195, 196 et 197.
(4) *Ornithologia suecica*.

L'édition de Lund, 1858, contient de longues descriptions de cet Oiseau (1).

Naumann en 1833 (2), écrit qu'on ne peut douter de l'hybridité du Ripe-Orre et que cette double origine apparaît même au premier coup-d'œil ; le célèbre ornithologiste allemand avait été assez heureux pour recevoir d'un ami un spécimen qu'il put comparer aux deux espèces pures.

Le Dr Constantin Lambert Gloger pense de même (3), R. Wagner (4), rappelle ce croisement, ainsi que Yarrell (5) et Bronn (6), ces deux derniers d'après Naumann. J. H. Blasius, dans un voyage qu'il fit en Russie (7), en 1840, le mentionne également ; puis Lewin (8), Sundevall (9), Lloyd (10), Lindbland (11), A. Müller (12). A Rasin (13), Degland et Gerbe (14), Isidore Geoffroy-Saint-Hilaire (15), Brehm (16), A.-W. Malm (17).

M. Collett en a donné une longue histoire et a fait connaître beaucoup de spécimens nouveaux (18). Citons encore Dresser (19) qui

---

(1) Quoique Temminck (*Manuel d'ornithologie*, 2e édit., 2e partie, Paris, octobre 1840) n'en ait pas parlé d'une façon directe de cet hybride, nous ne pouvons cependant passer sous silence ce qu'il dit, à l'article *Tetras birkan*, de l'Oiseau figuré par Sparmann *op. cit.*, fasc. 3. Il remarque en effet que cet Oiseau « porte des plumes sur les doigts » et que ses pieds sont ceux « du Lagopède ptarmigan. » Aussi, ne lui supposant pas une double origine, émet-il l'avis que l'individu qui a servi de modèle (*ayant été probablement mutilé*) on lui aura substitué des pieds de Lagopède ptarmigan « dont ces parties, ajoute-t-il, portent les caractères. » Cette remarque est assurément en faveur de l'origine hybride de l'Oiseau.

(2) *Natury. des Vögel Deutsch*, VI, p. 333.

(3) *Handbuch der Naturgeschichte der Vögel Europa's*, t. Theil, p. 532 et 533. Breslau, 1834.

(4) *Lehrbuch der Physiologie*, p. 12 et 26, Leipzig, 1839.

(5) *Britsh Birds*, II, p 361.

(6) *Hand. der Naturgeschichte*, p. 166.

(7) *Reise in europäischen Russland* in der Jahren 1840 und 1841. Braunswheig, 1844.

(8) Öfversigt af kongl. Ventenskaps-Akademiens Förhandlingar, 1847.

(9) *Srenska Foglarna*, p. 255, 1866.

(10) *Game birds*, 1867.

(11) Svenska Jägareförbundets nya, Tidskrift, XI, p. 243 à 260, 1873.

(12) *Der zoologische Garten*, 1867.

(13) Journal für Jagd und Pferdezucht, 1869.

(14) *Ornithologie européenne*, II, p. 48 et 49.

(15) *Hist. des règnes organiques*, III.

(16) *Oiseaux*, II, p. 334.

(17) Öfversigt af kongl. Vetens. Akad. Förhandlingar, 1876, n° 5, et arg 37, n° 7, p. 17 à 31, 1880.

(18) Das Forhandlingar Videnskaps-selskabet, Christiania, 1872, et Nyt Magazin for Naturwidenskaberne, p. 155, Christiania, 1877.

(19) Proceed. of the zool. Society, p. 345, 1876.

a vu plusieurs hybrides ; Tschusi (1), Bogdanow (2), A. Hugo (3), Wiebke (4), le Dr A.-B. Meyer (5), de Dresde, et le feu professeur Severtzow, de Moscou (6).

Le produit du *Tetras tetrix* avec le *Lagopus albus* que l'on désigne, nous l'avons dit, sous le nom de Ripe-Orre (ou simplement Riporre), a reçu les noms scientifiques suivants: *Tetrao-tetrix varietas* Sparmann, *Tetrao-hybridus lagopides* Nilsson, *Tetra-lagopidi-tetricides* Sundevall (7), *Tetrao-urugallo-tetricides* Collett, *Lagopotetrix lagopoides* Malm, *Tetrao-lagopodo-tetrix* Bogdanow.

On trouve des spécimens empaillés dans divers musées : la collection de l'Université de Christiania en possède un grand nombre, onze d'après Collett, dont deux femelles ; vient ensuite le Musée de l'Université (ou de l'Académie) de Saint-Pétersbourg qui en conserve huit environ (8), presque tous des mâles ; puis le Musée zoologique de Stockolm, quatre, dont une femelle, presque tous achetés au marché à gibier (9) ; le Musée d'Upsala (Suède), un mâle et trois femelles, également acquis en grande partie au marché à gibier (10) ; le Musée de Berlin (11), celui de Lund (12); la collection de M. Wiebke à Hambourg, plusieurs exemplaires (13); le Bergen's Museum (14) et celui du Tromsö, en Norvège ; les Musées de Darmstadt, de Halle, de Berlin en Allemagne (un ou plusieurs exemplaires)(15), le Musée de Dresde (16), le Musée de Moscou (17), la collection de M. le Baron Walter Rothschild, de Londres, le Musée zoologique de Milan

---

(1) *Bibliothek f. Jäger und Jagd-Freunde*, I, p. 248, 1878.

(2) *Conspectus avium imperii rossici*, fasciculus I, Saint-Pétersbourg, 1884.

(3) Jagd-Zeitung, Wien, p. 502, 1884.

(4) Journal für Ornithologie, p. 394 et suiv., 1885.

(5) *Unser Auer Rackel and Birkwild und seine Abarten*, 1887.

(6) Nouveaux Mémoires de la Société Impériale des Naturalistes, XV, p. 162, 1888.

(7) Sundevall avait déjà parlé du Ripe-Orre dans Öfversigt kongl. Vetenskaps-Academiens, 1844. Stockholm, 1845-46, p. 80 (ou 125).

(8) Communication de M. Pleske à M. Collett.

(9) Communication de M. Kolthoff à M. Collett.

(10) Même source.

(11) Voy. Naumann.

(12) Voy. Nilsson.

(13) Voy. le Dr J. A. B. Meyer, *op. cit.*

(14) Communication qui nous est faite par M. le curateur de ce Musée ; d'après M. Collett il y aurait deux exemplaires.

(15) D'après les communications qui nous sont adressées.

(16) Voy. A. B. Meyer, *op. cit.*

(17) Voy. Collett.

(collection Turati (1), enfin le Musée de Leide (2). Tous ces spécimens dans leur livrée d'hiver, sont plus ou moins authentiques, car il arrive fréquemment que l'on prend des Tetrix albinos pour des hybrides.

On trouvera des dessins ou des figures coloriées dans les ouvrages cités de Sparmann (3), Thumberg (4), Nilsson (5), Naumann, Yarrell (d'après ce dernier), Lindblad (6), Sundevall (7), A. B. Meyer (8).

Le Ripe-Orre se rencontre en Suède, en Norvège et en Russie, où habitent les deux espèces qui lui donnent naissance, s'accorde-t-on généralement à dire, M. Lewin (9) parle d'un jeune exemplaire qui fut tué lorsqu'il était perché sur un arbre ; l'endroit où il se trouvait, ainsi qu'un autre individu, était couvert de jeunes arbres dont la plupart se composaient de sapins, mais sans bruyères, au milieu d'étangs.

Le plus grand nombre de Ripe-Orre qui ont été pris en Suède l'ont été, d'après M. Collett, dans les contrées du nord (Helsingland-Jemtland-Horr et Wester-Botten); quelques-uns ont aussi été tués dans le sud (Delarre Wermeland). Herr Berbom, inspecteur des forêts, en tua un, le 30 novembre 1871, à Saltdalem, sur une petite colline couverte de bois de bouleaux et entourée de marais; l'Oiseau paraissait isolé, ne se mêlant ni aux Tétrix, ni aux Lagopèdes qui fréquentent la même contrée. En novembre 1881, un autre spécimen fut tué non loin de Christiana Fjord (10). Thumberg indique le Wermeland comme habitat de ces Oiseaux (11). M. Wiebke (12) parle d'un mâle tué à Helsingfors, d'un autre à Petrosavodsk, et d'une

(1) Communication qui nous est faite par M. le professeur Sordelli, directeur. adjoint de ce musée.

(2) M. Buttikofer, conservateur, nous a fait savoir qu'il existait dans cette collection un Oiseau (sans indication aucune) paraissant provenir du Lagopède ♂ et du Tétrix ♀, à l'exception de quelques parties du plumage blanc et gris du Lagopède et la grandeur de la femelle Tétrix.

(3) Pl. LXV.

(4) Tab. II.

(5) Pl. V.

(6) Svenska Jagar forbundets.

(7) Pl. XXXIV.

(8) Tabl. XIV et XV.

(9) *Op. cit.*

(10) Voy. Collett, *op. cit.*

(11) *Op. cit.*, p. 196.

(12) *Jour. für Ornith.*, 1886.

femelle à Rasan. Ces hybrides ne seraient point du reste extrêmement rares en Russie.

ORIGINE DE RIPE-ORRE

Le Ripe-Orre est-il le produit de l'union du *T. Tetrix* ♂ avec le
Lagopus albus ♀, ou de l'union contraire, ou même vient-il des
deux accouplements? Cette question n'a pu encore trouver de
solution.

Nilsson, Naumann, Gloger, Rasin, indiquent le premier croisement, mais M. Wiebke (1) et le Dr Meyer pensent que le Ripe-Orre
peut être produit par les deux accouplements (2). M. Collett, tout
en pensant qu'aucune certitude n'est encore établie, penche néanmoins pour l'opinion que Sommerfeet avait émise en 1823, à savoir
que le *Lagopus albus* ♂ doit être regardé comme le père de l'hybride.
Il lui paraît assuré qu'on ne peut attribuer l'origine du Ripe-Orre
qu'à une seule des deux unions parce que, dit-il, quand on tue cet
oiseau à une même époque de l'année, les divers spécimens obtenus
ne diffèrent ni en taille ni en couleur. (Nous verrons tout à l'heure
que le prof. Severtzow dit au contraire que les divers spécimens de
Ripe-Orre diffèrent considérablement par leur coloration) (3).

Les individus dont a parlé Lewin (4), suivaient une Poule qui fut
prise pour la femelle du petit Coq de bruyère; Naumann dit cependant avoir appris du grand veneur royal de Greiff que, pendant la
guerre de Finlande (1788-1790), on avait vu des Lagopèdes femelles
sur les baltz des Coqs tétrix (5). Le même auteur écrit encore (6),
que des chasseurs norvégiens lui ont assuré que souvent les Lagopèdes fréquentent les baltz du Coq Tetrix. Nilsson (7) écrit aussi
que plusieurs chasseurs expérimentés de la Norvège et de la Fin-

(1) Journal für Ornithologie, 1885, où trois exemplaires, dont deux mâles et une
femelle, sont considérés comme ayant pour père le *Lagopus albus*, et un quatrième
comme provenant du croisement en sens inverse.

(2) Le Dr Meyer (op. cit.) considère le Ripe-Orre de son tableau quatorzième comme
produits par l'accouplement du *T. tetrix* ♂ avec le *Lagopus albus* ♀. Ces exemplaires peints sont au nombre de quatre: deux Coqs de la collection Wiebke, un Coq
du musée de Dresde, donné par M. Collett, le quatrième une Poule, décrite par
M. Bogdanow.

(3) Il n'y a pas deux individus identiques, dit-il. Nouv. Mém. Soc. Nat. Moscou,
XV, p. 162, 1888.

(4) Öfversigt af kongl. Vetenskaps-Akademiens Förhandlingar, 1847.

(5) Voy. op. cit., p. 336.

(6) P. 336.

(7) Skand. fauna, 1858.

lande (1) savent qu'il n'est pas rare de voir la Poule de neige dans le
jeu du petit Coq de bruyère. Enfin, M. Pleske a adressé à M. Collett
l'analyse d'un rapport de M. Rasin (2), d'où il ressórtirait, d'après
le savant Russe que le *Tetrao tetrix* doit être réellement considéré
comme le père dans la production hybride dont nous parlons.

Cette analyse écrite en langue allemande est la suivante : « Dans
le district de Nowgorod, dans les lieux marécageux appelés Kone-
voschen, on rencontra une compagnie de Poules qui étaient conduites
par une femelle de *Lagopus albus*, laquelle fut tuée dans la suite. Les
deux petits qui furent pris avaient l'extérieur complet de jeunes
Tetrix ; ils étaient aussi grands que la mère, ils ne différaient des vrais
Tetrix que par quatre plumes caudales blanches ainsi que par deux
rémiges de l'aile droite ; l'un des deux avait l'aile gauche entièrement
marquée comme le *Lagopus albus* (3).

DESCRIPTION D'EXEMPLAIRES ♂

Caractères généraux : Pas deux individus identiques (*Severtzow*);
le type de la coloration des deux espèces pures s'équilibre parfois,
mais plus souvent c'est le blanc du *Lagopus* qui prédomine, quelquefois aussi le noir du *T. tetrix* (*id.*); intermédiaire pour la taille
et les caractères plastiques entre les deux espèces (*id.*); ce qui le
distingue des variétés accidentelles de l'espèce, c'est qu'il n'a pas
comme celle-ci la queue profondément échancrée, et que les rectrices
latérales sont très peu contournées en dehors (*Degland et Gerbe*);
noir sur le dos et chiné gris ou bordé de blanc dessous, le dessus du
cou et le dessus des ailes est blanc avec des taches noires et une
grande tache noire sous la gorge (*Nilsson*); on s'accorde à dire qu'ils
sont plus ou moins blancs, et plus ou moins marqués de taches
noires (*Thunberg*); de couleur blanche dans les parties inférieures,
tachetés de gris dans les supérieures avec des taches plus foncées
(*id.*); le troisième exemplaire décrit par M. Wiebke ressemble, par sa
couleur, à la Poule de neige ; une grande partie du plumage d'un
blanc luisant, chaque plume marquée au milieu d'une tache noire ;
cette tache prend la forme d'une poire sur le dos (*id.*); une grande

(5) Nous devons ici faire remarquer que, d'après Mela (*Vertebrata fennica*,
Helsingfors, p. 164, cité par Collett, *op. cit.*), on n'a point cependant signalé le Ripe-
Orre en Finlande.

(6) *Journal Ochotiji Konnosawodstwa*, p. 340 et 341, 1889.

(7) Dans le cas où le rapport de M. Bazin se bornerait à ces quelques détails, le
prof. Collett est porté à croire que ces deux jeunes sont des albinos et non point des
hybrides.

tache noire sur le devant (Dr *Gloger*); il est tellement intermédiaire entre le Tetrix et le Lagopède (livrée d'hiver et de mue?) qu'on pouvait le prendre à première vue pour un vrai assemblage artificiel des deux (*Gloger*); toute la partie supérieure noire, pointes des plumes finement tachetées de vert, et dessous blanches (*Sundevall*).

TAILLE, CONFORMATION : à peu près de la grandeur d'une poule tétrix, également la forme de cet oiseau (*Naumann*); le troisième exemplaire dont parle M. Wiebke a également la forme d'une Poule tétrix.

TÊTE, COLORATION : plumes noires dans le haut avec bouts bruns ou blancs (*Nilsson*); un autre exemplaire : au dessus des yeux une grande plaque rouge verruqueuse, etc. (*Nilsson*); autre exemplaire : dessus de la tête noir semé de taches blanches, avec une raie blanche en travers et derrière les yeux, les tempes noires avec des points blancs (*id.*); au-dessus des yeux une bande nue et rouge (*Sparmann*); sourcils couverts d'une grande quantité de petites verrues rouges. La hauteur des sourcils est environ 1/2 du diamètre de l'œil; la crête n'est pas très haute (*Collett*); plumes de la tête d'un noir fort luisant, bordure blanche à leur pointe, peu de plumes sont brunes (*Wiebke*); un autre exemplaire : plumes très luisantes et très noires (*id.*); un troisième exemplaire, (considéré par M. Wiebke comme provenant du croisement inverse Tétrix ♂ et Lagopède ♀), plumes de la tête brun jaune pâle, à la pointe noires, bordées d'une bande blanche (*id.*); une tache rouge verruqueuse au-dessus de l'œil (*Gloger*) ; le menton noir ou tacheté de noir (*Sundevall*); comme le *tetrix*, plaque verruqueuse (*Sundevall*).

BEC, CONFORMATION ET COLORATION : noir (*Sparmann*); noir, pareil à celui du *Lagopus albus*, mais un peu plus grand (*Nilsson*); un autre exemplaire : noir, semblable à celui du *Lagopus*, mais beaucoup plus grand (*id.*); large et également haut (*Naumann*); bec plutôt semblable à celui du Tétrix, bien construit, mais le culmen n'est pas si élevé que dans cette espèce ; sa longueur est à peu près double de celle du *Lagopus albus*, les branches de la mandibule fortement développées (*Collett*); bec noir, un peu plus grand que chez le Lagopède (*Gloger*).

COU : sur le cou, comme chez le Tétras lyre, mais le plus souvent les plumes sont variées de taches blanches confluentes(*Sparmann*)(1); plumes très luisantes et très noires (*Wiebke*); 2e *exemplaire*: plumes

---

(1) Cité par Degland et Gerbe, et ainsi pour les autres mentions concernant la description.

très luisantes et très noires ; 3e *exemplaire* : plumes du cou d'un brun jaune pâle, à la pointe noires, bordées d'une bande blanche.

DESSUS DU COU : noir finement ombré gris cendré (*Nilsson*); sur le derrière du cou, il y a une grande tache noir bleu luisant et haute de deux pouces, qui s'allonge des deux côtés jusqu'au joint de l'aile (*id*); sur le cou les plumes sont blanches, tachetées de noir (*id*.); les plumes du dessus du cou d'un noir fort luisant, bordure blanche à leur pointe, peu de plumes sont brunes (*Wiebke*).

GORGE : grande tache noire sous la gorge (*Nilsson*); entre la poitrine et la gorge, un anneau de taches noires et blanches, montant jusqu'au cou (*Thumberg*); la partie inférieure de la gorge noire ou tachetée de noir *(Sundevall)*.

DOS, COLORATION : noir, finement ombré gris cendré *(Nilsson)*; autre exemplaire : le haut du dos noir avec les bords blancs (*Nilsson*); le reste du dos brun noir avec des taches noires et d'étroits bords blanchâtres (*id.*); quelques plumes foncées d'un brun châtain avec des bandes en travers et des zigzags, toutes ces plumes sont finement bordées de blanc ; outre cela, le dos est mélangé de plumes noires (*Wiebke*); *un autre exemplaire :* partie supérieure du dos, plumes fort luisantes et très noires, sur la partie inférieure beaucoup de plumes sont colorées de châtain brun foncé *(id).*

POITRINE, COLORATION: poitrine blanche tachée de noir *(Sparmann)*; sur la première partie de la poitrine il y a une grande tache noir bleu luisant et haute de deux pouces, qui s'allonge des deux côtés jusqu'au point de l'aile *(Nilsson)* ; les flancs noirs ou tachetés de noir *(Sundevall).*

EPAULE, COLORATION : chaque plume se termine par une tache blanche qui, au milieu, est petite et étroite et qui, sur les côtés, est plus grande et plus large *(Nilsson)*; les plumes des épaules d'un noir très luisant, bordées de blanc à leur pointe, peu de plumes brunes *(Wiebke)*; un autre exemplaire : plumes très noires et fort luisantes *(id).*

AILE, CONFORMATION : plumes pointues, la première plus longue que la septième, la deuxième que la sixième, et un plus courte que la cinquième, la troisième est plus longue, la quatrième un peu plus courte *(Nilsson)*; les plumes des ailes ressemblent comme forme à peu près à celles de l'Oiseau décrit par Naumann *(Wiebke).*

AILE COLORATION : blanche, tachée de noir *(Sparmann)*; les petites plumes de l'aile blanches avec des taches noires *(Nilsson)*; sur les ailes coloration blanche avec des taches noires (*Naumann*); les plumes des ailes ressemblent comme couleur à peu près à celles de l'oiseau décrit par Naumann; ce qui est à remarquer c'est que beaucoup de ces plumes sont sur un côté de la tige blanches, de l'autre côté noires. Les rémiges brun gris noir, qui sont blanches à leur pointe, ne sont blanches qu'au milieu de la barbe, ailleurs elles sont tachetées de blanc (*Wiebke*); *le troisième exemplaire* : les plumes blanches des ailes, qui sont très courtes, ont des deux côtés de la tige une bande large brun gris (*id.*); aile tachetée de noir (*Thumberg*); ailes blanches avec des taches noires (*D*r *Gloger*); ailes noires avec de grandes taches blanches et de petites raies blanches aux tiges (*Sundevall*).

VENTRE : le dessous du corps blanc avec des taches noires en travers (*Nilsson*); les flancs et le ventre sont sans tache (*Wiebke*); *deuxième exemplaire* : ventre blanc marqué de raies noires transversales (*id.*); abdomen blanc, taché de noir (*Sparmann*).

QUEUE, CONFORMATION : elle consiste en dix-huit plumes, les rectrices les plus extérieures sont les plus longues et courbées, celles qui viennent ensuite se raccourcissent de plus en plus et sont plus droites jusqu'à celles du milieu, qui sont à peu près 6/8 plus courtes que celles de côté (*Nilsson*); queue un peu fendue (*Naumann*); queue moins fourchue que celle du Tetras tétrix (*Sparmann*); queue légèrement fourchue; dix-huit rectrices (*Collett*); les plumes les plus extérieures, très légèrement recourbées vers le bout, de 12 à 14 millimètres plus longues que les plumes du centre. La longueur de la queue est en proportion plus longue que celle du Tétrix et se rapproche plus de celles du *Lagopus* (*Collett*); couvertures inférieures de la queue légèrement plus courtes que les rectrices centrales (*id.*); queue légèrement fourchue (*Sunderall*); queue fendue (*Wiebke*); bien fourchue, mais moins recourbée que celle du Tétras (*Thumberg*); quelque peu fendue, composée de dix-huit plumes, dont les huit ou dix centrales sont d'égale longueur 3/4 de 2″ de degrés plus courtes que les huit extérieures qui sont quelquefois même légèrement recourbées vers l'extérieur (*Gloger*).

QUEUE, COLORATION : noire, rectrices médianes avec la pointe bordée de blanc; croupion noir, finement ombré gris cendré; couvertures supérieures noires bordées de blanc, le dessous tout blanc (*Nilsson*); *autre exemplaire* : queue dix-huit pennes noires, les plus extérieures sont les plus longues, les quatre suivantes un peu plus courtes, toutes un peu courbées ou presque droites, les huit

médianes presque de la même longueur, etc. (*id.*); le croupion brun
noir avec des taches noires et d'étroits bords blanchâtres (*Nilsson*);
sus-caudales noires, avec l'extrémité blanche, sous-caudales d'un
blanc pur, excepté la pointe, qui est noire, rectrices noires, les deux
médianes blanches au bout (*Sparmann*); la queue, ainsi que les
couvertures supérieures d'un noir pur, plumes bordées de blanc à
leur extrémité, surtout celles du milieu, les couvertures inférieures
blanches (*Gloger*); quelques plumes du croupion foncées, d'un brun
chatain avec des bandes en travers et des zigzags; toutes ces plumes
ont de fines bordures blanches (*Wiebke*); queue noire, à l'exception
de la rectrice extérieure qui est brun noir et une des rectrices du
milieu qui est pointillée de brun à sa pointe. Quelques plumes de la
queue en-dessous, très brillantes, sont bordées de blanc; ces bordures s'élargissent sur les plumes du milieu (*Wiebke*); *un deuxième
exemplaire*: parmi les dix-huit rectrices tout à fait noires, celles du
milieu ont des bordures blanches et très larges. Les tectrices en
dessous, comme toute la partie inférieure, d'une blancheur éblouis-
sante (*id.*); 3e *exemplaire*: quelques plumes de la queue, blanches,
sont, au milieu et sur toute la longueur, rayées de noir, ce qui
forme à la pointe une grande tache, etc. (*id.*); queue noire avec les
bords blancs aux extrémités.

PATTES : pattes couvertes de petites plumes blanches. Le bout des
pattes couvert d'écailles avec les bords dentelés (*Nilsson*) *un autre
exemplaire*: les pattes comme le précédent, etc. (*id.*); les plumes
sont d'un blanc sale un peu ombrées (*id.*); les jambes ont un
plumage semblable à celui du Lagopède (*Wiebke*); doigts à moitié
couverts de plumes, les ongles sont comme ceux du Lagopède
(*Sundevall*).

PIED, CONFORMATION ET COLORATION : Les ongles sont longs et
brunâtres avec les bouts plus tranchants et plus larges que ceux du
petit Coq de bruyère, mais plus étroits que ceux de la Poule de
neige (*Nilsson*); *un autre exemplaire*: les doigts sont intermédiaires entre ceux du petit Coq de bruyère et ceux du Lagopède;
pieds fortement emplumés, doigts couverts jusqu'à la moitié
(*Naumann*); doigts à moitié couverts de plumes épaisses, ressemblant
à des poils, l'articulation la plus intérieure entièrement recouverte de plumes, celle du milieu nue au dessus, mais couverte sur
les côtés, la plus extrême tout à fait nue (*Collett*); les ongles, comme
ceux du *Lagopus*, longs et larges et légèrement obliques, le bord
intérieur étant légèrement plus large que le bord extérieur. Ils sont
moins courbés que chez le Tétrix et leur couleur est moins sombre

que dans cette espèce *(id.)* ; le pouce court comme chez e *Lagopus*, proportionnellement beaucoup plus long que chez le *Tetrao (id.)*; un tiers des doigts est recouvert d'un plumage semblable à celui du Lagopède; pouce couvert entièrement; les ongles, larges, ressemblent plutôt à ceux du Tétrix *(Wiebke); le troisième exemplaire* : pieds couverts de plumes blanches semblables à des poils et qui ne s'élèvent que peu au dessus des doigts. Ces derniers ont de longues franges et les ongles ont la forme et la couleur de ceux du Lagopède *(id.)* ; ongles très longs peu recourbés, plus larges que ceux du *tetrix*, mais plus minces que ceux du Lagopède, d'un brun de corne *(Dr Gloger)*.

DIMENSIONS : Longueur totale 18 p. queue comprise, laquelle a presque 6 p. ; le bec depuis l'ouverture à 1 p. 1/8, depuis les narines 9/16; pattes 1 p. 6/8 de long; de la naissance de l'aile jusqu'au bout 9 p. 6/8; la patte 1 p. 6/8; le doigt du milieu, sans l'ongle, 1 p. 3/8; l'ongle 6/8; le pouce caché dans les plumes 11 p. 16 *(Nilsson)*; longueur environ 18 pouces *(Naumann)*; un exemplaire du Musée de Berlin, longueur 16 à 17 pouces, largeur 28 à 29 pouces ; longueur des ailes 8 pouces; longueur de la queue presque 5 pouces 3/4, le bec 5/8, à la racine 1/2 *(Naumann)*; le doigt médian (y compris l'ongle, qui a presque 8 lignes), un pouce 3/4 *(Naumann)*.

M. Collett a donné les dimensions de dix individus provenant de diverses contrées et tués pendant l'espace de douze années, depuis 1870 jusqu'en 1882, elles sont les suivantes : longueur totale du premier specimen tué à Gandrandsdalen 470 ᵐᵐ, du deuxième 480, du troisième (?), du quatrième 508, du cinquième 480, du sixième 499, du septième 505, du huitième 480, du neuvième 486, du dixième 530. L'aile 242 ᵐᵐ, 238, 237, 255, 252, 245, 232, 235, 235, 235 ; rectrice extérieure, 142ᵐᵐ, 147, 138, 142, 140 (?), 146, 135, 140, 150. Rectrice centrale 122, 117, 106, 125 (?), 130, 124, 115, 118, 125.

On voit qu'il règne des différences quelquefois assez sensibles entre les divers exemplaires décrits. M. le professeur Collett a donné aussi les dimensions des différentes parties du squelette d'un Oiseau ♂ venant de Saltdalen (Nordland). « Comme les squelettes des deux parents, fait remarquer l'auteur, se ressemblent tellement, qu'à part la différence de taille, il serait difficile de les distinguer, cet hybride n'a pas de trait distinctif dans la structure de son squelette en dehors de la différence de taille ».

Le deuxième exemplaire décrit par M. Wiebke a 52 centimètres

de longueur totale, le troisième a 46^{cm},5 (1). Longueur 430^{mm}
(*Sundevall*); aile 250^{mm}, plumes du milieu de la queue 140^{mm}, plumes
extérieures 35 ^{mm} plus longues et un peu courbées.

Voix : Les deux jeunes mâles dont M. Lewin a parlé avaient un
gloussement dur, tout à fait comme le grand Coq de bruyère (2).

Description de la femelle

M. Wiebke (3) a décrit une femelle hybride tuée à Kazan le
2 mars 1884. Partie inférieure du corps blanche, la poitrine tachetée
de noir, sur le milieu du ventre des plumes blanches sont bordées
de noir. La tête, le cou, la nuque sont d'un rouge brun jaune vif,
le reste du corps d'un rouge plus foncé, bordé et tacheté de noir,
larges bordures blanches sur les tectrices? les plumes brun gris
des ailes sont bordées et tachetées de blanc sur la barbe extérieure ;
deux larges bandes blanches traversent les ailes. Le noir de la partie
inférieure du dos brun luisant bleu d'acier, toutes les plumes sont
bordées de blanc. Les plumes de la queue rouge brun bordées de
noir avec des bordures très blanches et larges, de même sont les
tectrices qui, en dessous, sont blanches... A la gorge, une plaque
blanche ; bec allongé ; jambes blanches, partie inférieure tachetée
de brun gris ; doigts faiblement emplumés à leur racine, frange
courte et ongles plus tendus. La longueur de cet Oiseau est de 48 c.

D'après Nilsson, la femelle, dans son plumage d'hiver, est bigarée
et tachetée de blanc, noir, jaune rouille et gris cendré ; la tête a
des taches blanches, noires et jaune rouille ; sur le cou ces taches
sont transversales. Le dos, et surtout le croupion, plus gris et semés
de points noirs. Les épaules avec des taches blanches plus grandes et
plus rondes. Le dessous du corps blanc, avec les côtés tachetés
transversalement de noir et de jaune rouille, aucune grande tache
noire sur le devant du cou. La queue un peu ouverte, toutes les
plumes avec de larges points blancs ; les plumes extrêmes de la

---

(1) M. Wiebke considère cet exemplaire comme provenant du croisement du
Tetrix ♂ et du *Lagopus* ♀ et non du croisement inverse, pourquoi?

(2) Le Journal de Chasse de Vienne, 1884, p. 502, a donné une courte description
du Ripe-orre. Il résulte des observations qui ont été faites que la tête et le cou sont
d'un brun de rouille avec des taches noires, que le reste du plumage est gris et
blanc et tacheté d'une couleur de rouille, que le croupion est fortement arrondi, que
les plumes extérieures sont noires.

(3) Journal für Ornithologie, p. 396 et suiv., 1885.

queue sont noires, bigarrées de jaune et quelquefois aussi avec des points blancs, etc. (*exemplaire du Musée de Stockholm*).

Autre description de la femelle en hiver, d'après Sundevall : blanchâtre, bigarrée de noir, de brun-jaune et de blanc. Les plumes de toute la partie supérieure, ainsi que celles de la gorge, des côtés du corps, sont rayées de noir et de brun jaune avec la pointe large et blanche. Sur le dos et sur la partie inférieure du dos ces pointes sont plus longues, gris blanc tacheté de noir. Le ventre blanc, les plumes de la queue noires avec des pointes blanches plus larges et en dehors tachetées de brun jaune surtout, au centre. Longueur 380mm; ailes 120; plumes du centre 115, les plumes extérieures 110mm plus longues.

A en juger par les plumes d'été qui restent encore à l'automne ou pendant la mue, Sundevall ajoute qu'elle doit être pendant l'été jaune brun et tachetée de noir. M. Collett a également donné une description du Ripe-Orre ♀.

DES JEUNES

Il existe au musée de Christiana quatre exemplaires jeunes, changeant de livrée, celle d'hiver prédominant (1). Nilsson a décrit un jeune Coq pendant l'automne : Sur le cou, la partie (antérieure)? du dos et les épaules, les plumes du jeune âge se voient encore, elles sont jaune rouille avec des raies noires en travers sur le cou ; mais sur le dos ces raies sont plus larges, noires et jaunes de rouille. Le dessus des épaules est bigarré noir et jaune rouille, une grande tache noire au milieu, et une en longueur, étroite et blanchâtre jusqu'à l'extrémité du corps; une grande tache noire sur le devant du cou et une par devant à la hauteur des cuisses. Les plumes de l'aile sont d'un brun sombre avec de larges bords blancs. La queue est noire avec une pointe blanche aux grandes et aux petites plumes.

Cet Oiseau est conservé au musée de Stockholm.

Le Ripe-Orre peut-il se reproduire avec l'une des deux espèces mères? Le prof. Severtzow a pensé que, par suite de la grande diversité des exemplaires que l'on a rencontrés, cet Oiseau se mêle avec le *Tetrao tetrix* et le *Lagopus albus*.

M. Collett, qui a disséqué des individus de sexe mâle et de sexe femelle, s'exprime ainsi : « Dans tous les mâles disséqués en hiver, les testicules ont paru petits, bien que formés d'une façon normale. Leur couleur était d'un blanc grisâtre ; le testicule gauche était, en

(1) Voy. Collett, *op. cit.*

général, plus grand que le droit et mesurait, dans un spécimen,
5 millim. de long et environ 3 de large. Dans un autre, examiné
le 28 février, ils étaient petits et n'avaient que 2 millimètres
de long. Les Poules tuées en hiver avaient les ovaires visibles sur
le côté gauche comme un petit point blanchâtre ; on voyait difficilement les œufs.

Si les Ripe-Orre ♀ ou ♂ se reproduisent en se mêlant avec l'un des
deux types purs, les jeunes ainsi obtenus doivent reprendre, après
quelques autres croisements, les caractères propres aux ancêtres (1).

Phasianidés

Genre Gallus

GALLUS SONNERATI (2) et GALLUS BANKIVA (3).

D'après M. L. Magaud, d'Aubusson, on rencontrerait à l'état
sauvage des hybrides du *G. Sonnerati* et du *G. bankiva*; Jerdon
aurait fait cette remarque (4); dans ses *Birds of India*, à l'article
Gallus ferrugineus, p. 536, il est dit que la variété de Sykes se rencontre dans les Western Ghats, qu'elle a beaucoup plus de rouge
dans son plumage, mais qu'elle doit être considérée comme étant
de l'espèce du *ferrugineus*; Jerdon ajoute, p. 537, qu'un jour il tua
un Oiseau qui était un hybride certain *(undoubted)* entre les deux
races.

GALLUS TEMMINCKI

En 1849, M. C. R. Gray attira l'attention des membres de la Société
Zoologique de Londres sur deux spécimens de Gallinacés que l'on
ne trouve décrits dans aucun ouvrage ; on prétend que l'un d'eux
avait été rapporté de Batavia, cependant on ne savait rien de bien
précis sur son origine. Le deuxième se voyait dans les Jardins de la
Société ; il offrait une certaine ressemblance avec le premier, quoique se rapprochant du *Coq Œnas*. Des planches représentant ces
deux Oiseaux furent alors exécutées (5). On désirait en effet attirer

---

(1) Cet article était terminé lorsque M. Graf von Waldurg, d'Allgau (Suisse), a eu
la complaisance de nous faire savoir qu'il avait vu en Sibérie l'hybride vivant du
Coq des bois et de la Gélinate blanche.

(2) Appelé encore *Gallus indicus* ou *Phasianus gallus*.

(3) *G. ferrugineus* ou *G. gallorumon*.

(4) Voy. Bull. Soc. d'Acclimatation, p. 619, 1867.

(5) Pl. VII et VIII, p. 62.

l'attention des naturalistes à même d'étudier ces Oiseaux sur leur lieu d'origine et savoir ainsi si on se trouvait en présence d'une espèce particulière, ou si ces Oiseaux devaient être considérés comme hybrides.

M. Blith (1), et quelques autres savants se seraient montrés favorables à cette dernière opinion.

Nous reproduisons ici en partie la description qui a été faite par M. C. R. Gray (2), parce que, dernièrement, on a émis l'opinion que le *Gallus Temmincki* pouvait être un hybride (3).

Les plumes du dos allongées et étroites, noires, bordées d'une nuance fauve, les plumes de la queue d'un noir bronzé avec les couvertures allongées, noires, largement bordées de violet, les plus larges, violettes, étroites, bordées de noir et, dans quelques cas, d'une nuance fauve ; les moins larges, tout à fait fauves, les plumes de derrière étroitement bordées de blanc brunâtre et les plumes secondaires noires, bordées de châtain. Les plumes de la poitrine noires, plus ou moins bordées d'une nuance fauve. La crête large, s'étendant très en arrière est irrégulièrement dentelée sur le bord supérieur, la gorge est nue, les barbes larges et pendantes de chaque côté près de la base de la mandibule inférieure.

Dans le cas où le *Gallus Temmincki* serait un véritable hybride, il faudrait encore s'assurer s'il a été produit en liberté ?

Genre Euplocamus

Euplocamus lineatus (4) et Euplocamus melanotus

M. Magaud, d'Aubusson (5), dit que le Faisan de Reynaud, qui habite les forêts et les jungles de Ternasserim, du Pégou et de Siam, ainsi que l'Arakan et les contrées montagneuses de la Birmanie, rejoint l'Euplocome de Horsfield et s'unit à ce dernier: les deux types se fondent l'un dans l'autre à travers une suite de variétés qui existent à l'état sauvage dans la région qui relie leurs habitats respectifs.

Remarquons ici que l'origine des Euplocomes appelés *melanotus*,

(1) Cité par Darwin, *Variation des animaux et des plantes*, I, p. 249.
(2) Proceedings of the zool. Society, p. 62, Londres, 1849.
(3) Voyez le Bulletin de la Société d'Acclimatation, p. 609, 1887.
(4) Ou *Lineatus Reynaudii*.
(5) Bulletin de la Société d'Acclimatation, p. 425, 1887 ; voyez aussi le Bulletin de 1868, p. 274, et celui de 1888, p. 478.

Cuvieri, *albocristatus*, *leucomelanus* et *Horsfieldi*, variétés d'un même type, reste très confuse.

L'*E. Cuvieri* doit, selon nous, se confondre avec l'*E. melanotus*, cependant les *Illustrations zoologiques* de Deyrolle, publiées en 1874 et faites d'après les Faisans importés au Jardin d'Acclimatation, identifient le *Cuvieri* avec l'*albocristatus*, donnant pour patrie à cet Oiseau le nord-ouest de l'Hymalaya.

Dans la *List of the vertebrated Animals* (1), les deux noms *Cuvieri* et *Horsfieldi* désignent deux types provenant le premier de l'Arakan, et le deuxième du nord-ouest de l'Hymalaya; tout au contraire, dans le Bulletin de la Société d'Acclimatation (2), M. Touchard laisse à penser que l'*E. Cuvieri* et l'*E. Horsfieldi* ne sont qu'un seul et même type; la même manière de voir est exprimée dans une note de la Rédaction (3). Dans le même Bulletin (4), M. Rufz de Lavison fait du *Cuvieri* et de l'*albocristatus* deux variétés originaires de l'Asie centrale, principalement de l'Himalaya et du Népaul.

Ajoutons qu'au Muséum d'Histoire naturelle de Paris, nous avons trouvé, sous les noms de Leucomèle et d'*albocristatus*, deux types qui diffèrent légèrement entre eux ; nous sommes disposé à regarder le Leucomèle comme le produit de ce dernier avec le *melanotus*.

Du reste Elliot (5) nous apprend que, dans la province du Népaul, où le *melanotus* et l'*albocristatus* se rencontrent sur la ligne qui sépare leurs territoires respectifs, ceux-ci produisent un métis qui se distingue facilement de ses parents par la crête noire et le croupion. Or, si nos souvenirs sont exacts, la pièce indiquée au Muséum comme Leucomèle a précisément les teintes du croupion intermédiaires entre les deux variétés. Elliot ajoute que c'est à tort qu'on fait de ces métis une espèce particulière sous le nom de *leucomelanus*. Jerdon (6) avait déjà signalé ce fait dans ces termes : le White Crested Kalijpheasant (*albocristatus*) se trouve dans le nord-ouest de l'Himalaya, là il se croise avec l'espèce rapprochée, et des hybrides entre les deux ne sont pas rares; ceux-ci ont causé quelque confusion d'espèces, *P. leucomelanus* de Latham étant considéré comme un de ces hybrides, et *P. Hamiltoni* un autre.

Le Faisan Reynaud serait-il lui-même une variété de l'*E. mela-*

(1) Of the Garden of the Zool. Society, Eight Edition, p. 486, 1883.
(2) P. 307, 1865.
(3) P. 274, 1868.
(4) P. 175, 1864.
(5) *Monographie des Phasianidés*, octobre 1871.
(6) *The Birds of India, being a natural history*, by the late Jerdon, reprinted by Major Godwin-Auxten, VIII, p. 352, part II. Calcutta.

notus, comme l'a dit M. A. Geoffroy St-Hilaire (1) ; il est naturel de le supposer. Le croisement que nous indiquons ici sous le titre *Euplocamus lineatus* et *E. melanotus* devrait donc être reporté aux croisements entre variétés.

Genre Phasianus

Phasianus vulgaris et Phasianus Reevesi

D'après M. Dresser (2), les *Ph. Reevesi,* introduits dans les chasses en Ecosse, se sont croisés avec le Faisan ordinaire et le Faisan *versicolor* (variété de ce dernier). N'ayant pu consulter directement l'ouvrage de M. Dresser, nous ignorons dans quelles circonstances ces croisements se sont produits. Nous nous sommes informé en France, auprès de grands propriétaires qui avaient lâché des *Ph. Reevesi* dans leurs chasses, si les mêmes faits s'étaient produits ; les réponses que nous avons reçues sont toutes négatives. M. le prince de Wagram nous écrit que, depuis vingt ans, il possède dans ses bois des Faisans vénérés à l'état sauvage ; ces Faisans se sont très multipliés. Jusqu'à ce jour, le prince a tué quatre-vingt-dix Coqs, il en a repris et vendu cinquante-cinq paires, sans compter tous ceux qui, s'éloignant des réserves, se trouvent tués par les riverains qui abattent Coqs et Poules. Or, jamais un croisement n'a été constaté avec les Faisans communs qui vivent en grand nombre dans les mêmes lieux. Loin de se mêler avec ces derniers, ils les chassent ; souvent les deux espèces se livrent de furieux combats, jusqu'à ce qu'une mort s'en suive.

Dans le parc de Ferrières, où on avait également introduit des Faisans vénérés, aucun croisement n'a encore été signalé (3) ; deux exemplaires, tués dans ces bois, qui nous ont été présentés par un amateur comme ayant quelques marques de croisement, n'étaient autres que des Faisans ordinaires. M. Dably, de Saint-Germain-les-Corbeil, nous affirme également n'avoir jamais rencontré un seul hybride dans son parc où, depuis six ans, il a lâché des Faisans vénérés qui se sont rencontrés avec les Faisans ordinaires. Toutefois, contrairement à ce qui s'est passé dans les bois de M. le prince de Wagram, Faisans ordinaires et Faisans vénérés font bon ménage ; on a même trouvé un nid où une Faisane vénérée et une Poule faisane commune pondaient ensemble. — Nous ignorons

(1) Bulletin Société d'Acclimatation, p. 470, 1888.
(2) Cité par M. Dubois, in *Faune de la Belgique.*
(3) Communication qui nous est faite par le faisandier.

ce que sont devenus les *Reevesi* qui avaient été introduits dans la forêt de Saint-Germain, dans celle d'Ivry et dans la chasse du duc de Willington. Mais, quoique l'assertion de M. Dresser nous vienne de seconde main, nous ne voulons point la mettre en doute; il est très croyable que deux espèces de Faisans, telles que le Vénéré et le Faisan ordinaire de taille à peu près semblable, une fois mises en contact, se recherchent lorsque les sexes ne sont plus en équilibre, ce qui doit arriver fréquemment dans des chasses réservées. Du reste, un grand collectionneur, M. van Kempen, de Saint-Omer, nous apprend qu'il possède un hybride de *Ph. colchicus* et de *Ph. Reevesi*, trouvé à Lille, en décembre 1879, au milieu d'autres Faisans envoyés d'Angleterre pour la consommation. Cet Oiseau porte les marques du Vénéré ; le dessus du corps est maillé roux clair et noir avec reflets violets, et la tête a le type du *Reevesi*. Peut-on supposer que ce Faisan ait été produit en volière ? le gibier que l'on destine à la consommation provient généralement de battues faites dans les chasses. Du reste, en captivité, le croisement des deux espèces s'obtient rarement.

Phasianus versicolor et Phasianus Sœmmeringi

M. Maingonnat, naturaliste à Paris, nous a fait savoir qu'il avait reçu du Japon, parmi des Faisans *versicolor* et des Faisans *Sœmmeringi*, un individu présentant les caractères bien mélangés de ces deux espèces; l'Oiseau aurait été tué à l'état sauvage.

Variétés

Notre intention n'est point de parler dans cette étude des croisements entre variétés d'un même type. Nous rappellerons seulement que les variétés *mongolicus, colchicus, torquatus* et *versicolor*, se sont mélangées depuis leur importation en Europe et ont produit des métis féconds qui se sont propagés à leur tour.

Voici quelques exemples de ces croisements : il y a environ dix ans, dans une localité dépourvue de Faisans, M. le Baron Henri de Bussières introduisait quatre-vingts Poules de Bohême importées d'Autriche et sept Coqs de Mongolie importés de Chine; quelques années après on tuait un grand nombre de métis dans les chasses (1).

(1) Bulletin Société d'Acclimatation. Procès-verbaux, p. 73, 1885. L'empereur Napoléon III aurait remarqué que ces deux variétés, qui se croisent avec la plus grande facilité, ne peuvent cependant vivre ensemble. Bull. Soc. Accl., II, p. 288, 1865.

Dans les réserves anglaises le Faisan versicolor et le Faisan à collier se sont mélangés à un tel point qu'il est très difficile, si l'on n'a soin de les tenir soigneusement séparés, de trouver des exemplaires purs (1). Ces croisements se produiraient-ils aussi au Japon, patrie du *versicolor?* M. van Kempen nous fait savoir qu'il possède dans sa collection un métis mâle adulte du Faisan commun ♂ et du Faisan versicolore ♀, indiqué comme tué au Japon.

Le capitaine W.F. Hfeelton dit (2) que, dans l'île de Sainte-Hélène et dans la Nouvelle-Zélande, où on transporta, vers 1856, le *colchicus* et le *torquatus*, ces deux Oiseaux se sont très multipliés. L'abbé David rapporte également (3), que dans la chaîne des Tsintinz, le Faisan commun se mêle fréquemment au Faisan à collier. Enfin M. Dubois fait la remarque suivante (4) : « Le musée de Bruxelles possède un Faisan, (n° 1781 du catalogue), qui ressemble en tous points au *Ph. formosanus* figuré dans la *Monographie des Phasianidés* de M. Elliot. Cet Oiseau n'est cependant qu'un simple hybride, né au Jardin Zoologique de Bruxelles, ayant eu pour père un *Ph. torquatus* et pour mère un *Ph. versicolor*. Il y a donc lieu de croire, ajoute M. Dubois, qu'à l'île de Formose, située non loin de la Chine et du Japon, on a introduit primitivement des *Ph. torquatus* et des *Ph. versicolor*, propres à ces deux pays. Les métis nés dans cette île auraient fini par remplacer les types dont ils dérivent et à produire la race nouvelle connue aujourd'hui sous le nom de *Ph. formosanus?* » Pour vérifier cette assertion, il faudrait étudier les métis produits en si grand nombre à l'état sauvage en Angleterre et voir s'ils ont le type du *formosanus;* nous en doutons un peu.

Nous rappelons ici qu'il s'agit de variétés d'un même type, et non de véritables espèces ; c'est à ce titre que nous faisons mention de ces derniers croisements.

Genres *Euplocamus* et *Phasianus*

EUPLOCAMUS NYCTHEMERUS ET PHASIANUS VULGARIS

En 1875, M. W. B. Tegetmeier exposa, à la Société Zoologique de Londres, deux spécimens de Faisans hybrides nés dans le Surrey à l'état sauvage. Ces deux hybrides provenaient d'une Poule

(1) M. Magaud, d'Aubusson, in Bulletin Société d'Acclimatation, p. 418, 1886.
(2) Transactions of the New-Zeland Institute.
(3) *Oiseaux de la Chine.*
(4) *Faune de Belgique.*

nycthemerus qui s'était échappée et qui, suppose-t-on, s'était unie à un Faisan commun; ces Oiseaux paraissaient être mâle et femelle, cependant leur sexe n'avait point été bien déterminé par l'empailleur. L'exemplaire ressemblant à un mâle, dit M. Tegetmeier (1), etait très distinctement éperonné, la couleur générale de son plumage gris brun avec des reflets métalliques, mais pas de trace des irradiations du Faisan argenté sur la tête. La Poule sans éperons, sa couleur générale d'un brun clair tacheté; queue longue et pointue, avec des bandes transversales, ressemblant à celles du Faisan de Sœmmering.

Genres *Thaumalea* et *Phasianus*

THAUMALEA PICTA ♀ et PHASIANUS VULGARIS ♂

M. John W. G. Spicer a cité (2) deux hybrides nés dans un bois faisant partie de la propriété de M. Halsey, à Henly-Park, comté de Surrey. — Vers 1838, une Poule *Th. picta*, s'étant échappée dans les couverts, on remarqua, dans certaines parties des bois, que les Faisans ordinaires étaient toujours troublés; après avoir surveillé attentivement les endroits où ces Oiseaux prenaient leur nourriture, on découvrit la Poule faisane et deux autres Faisans à l'apparence singulière. Ils furent tués tous les trois et on acquit la preuve, dit le rapport, que les deux derniers étaient des hybrides. Leur plumage dévoilait leur origine mixte. Ils étaient petits et sans beauté, tenant des deux espèces.

L'auteur qui raconte ce fait dit qu'il mérite de fixer l'attention, car en Chine, où ces deux sortes d'Oiseaux sont sauvages, on ne les a jamais vus produire des hybrides. Mais ce fait perd de son importance si l'on considère que la femelle *Th. picta* qui s'était échappée se trouvait sans mâle de son espèce et dans un pays où il n'en existait aucun (3).

---

(1) Voy. Proceedings, p. 317, London.
(2) Proceedings of the Zool. Society.
(3) La lettre de M. Spicer, qui était adressée à M. Leadbeater, a été lue à la Zool. Society par M. Gould (p. 61, des Proceedings de 1851). M. Lowock avait déjà signalé ce fait, en 1860, dans les Neue Notizen aus dem Geb. der Natur, XIII, p. 250. Voyez aussi Bronn, *Naturg*., p. 172, 1843, et le Zoologist, p. 4295, May 1854.

Phasianidés et Tetraonidés

Genre Phasianus et Tetrao tetrix

PHASIANUS VULGARIS ET TETRAO TETRIX

Nous l'avons dit en commençant, un nombre assez considérable d'Oiseaux, que l'on suppose produits par le croisement de ces deux espèces, a été observé en Angleterre. Le premier spécimen est mentionné par White (1); la pièce avait été abattue dans un taillis à Holt et envoyée par Lord Stawell à White, qui ne put déterminer exactement son origine. Ce fut le Rev. William Herbert qui se prononça d'une façon décisive après l'avoir examinée dans la collection du comte d'Egremont, à Petworth. Une figure coloriée est donnée dans quelques éditions de l'ouvrage de White.

Le deuxième exemplaire fut tué au mois de janvier de l'année 1829, à Widey, près de Plymouth, par le Rev. Morshead. Le garde des bois où il fut abattu avait remarqué qu'un Faisan mâle et une Poule tétrix étaient souvent ensemble. On tua d'abord le Coq Faisan, puis, quelques jours après, le jeune hybride, mais la Poule *tetrix* échappa. Cet Oiseau fut envoyé à M. Drew pour être préparé; on croit qu'il passa ensuite dans les mains du capitaine Morshead (2).

En 1834, M. Sabine appela l'attention des membres de la Société Zoologique de Londres sur un troisième spécimen né dans le Carnwald, et qui était en la possession de M. William Call (3). L'année suivante, on lut devant la même société un rapport de M. Thomas C. Eyton esq. sur un Oiseau ayant une origine semblable. A la suite de cette lecture, on montra la peau de cet hybride ainsi qu'un dessin le représentant. « Il y a quelques années, disait le rapport, on avait observé dans le voisinage de Merrington, appartenant à Robert Haney, esq., une femelle de Tétras, mais on ne l'avait jamais vue avec aucun autre Oiseau de son espèce. Au mois de novembre 1834, un Oiseau tenant du Coq de Bruyère et du Faisan était tué sur les terres du manoir avoisinant Merrington et appartenant à M. Llyod, esq. ». Un autre spécimen qui offrait avec lui des ressemblances, quoique plus petit, fut abattu de nouveau au

---

(1) Histoire de Selbourne.
(2) The Magasin of natural history. 1, London, 1837.
(3) The Proceedings of the Zool. Society, part II, p. 52. London, 1834.

mois de décembre; il est conservé dans la collection de M. Eyton (1)
qui en a donné un dessin (2). D'après M. Yarrell, qui l'a également
figuré dans son ouvrage sur les Oiseaux de l'Angleterre (3), il serait
du sexe femelle. M. Eyton nous apprend que la couvée dont faisaient
partie ces hybrides se composaient de cinq Oiseaux. Les trois
derniers furent tués en même temps que la vieille Poule Tetrix (4).
D'après Yarrell, ils auraient été servis sur la table d'un fermier qui
les avait abattus. C'est avec raison que M. Eyton considère ces
cinq Oiseaux comme issus du T. tetrix ♀ et du Phasianus ♂ puisqu'ils furent tués en compagnie d'une Poule du Coq de Bruyère.
— Cet auteur aurait vu un autre spécimen tué près de Croweey
et conservé dans la collection de M. Rowland Hill, Bart (5).

En décembre 1836, un dixième exemplaire fut présenté à la
Société naturelle de Belfast, par M. William Thompson, vice-
président de la Société. Cet Oiseau, qui lui avait été envoyé par
M. Andrew Agnew du château de Lochnam, paraissait être du sexe
mâle; il avait été tué dans le Wigtonshire, à Lochnam, en 1835, où
les Coqs de bruyère et les Faisans étaient nombreux dans les plantations environnantes. Il avait été vu plusieurs fois et pris pour un
Dindon sauvage. M. Thompson pense qu'il provient de l'union de
Coq tétrix et de la Poule *phasianus*. M. Yarrell (6), en a donné un dessin. Celui-ci exposa, le 12 décembre 1837, devant les membres de la
Société Zoologique de Londres, un onzième hybride paraissant
provenir des mêmes espèces (7). Cet Oiseau, tué près d'Aluwick et
envoyé à M. Leadbeater par ordre du duc de Northumberland, est
actuellement au Musée Britannique (8). Le duc fit don au *Museum
of the Natural history Society of Northumberland, Durham and
Newcastle-on-Tyne*, d'un pareil spécimen tué à Aluwick martlur-
drich Castle, en novembre 1837 (9).

D'autres hybrides rencontrés dans le Devonshire sont mentionnés
dans Yarrell (10). C'est le Rev. W. S. Hore, de Stoke, près de Devonport, qui les lui fit connaître. L'un, mâle, fait partie de la collection

(1) Voyez Proceedings of the Zool. Society of London, p. 62, 1835.
(2) *History of british birds*, p. 1. London, 1836 (petite gravure).
(3) *British birds*, p. 357.
(4) Voyez William Thompson, in the Magasin of Zoology and Botany, I, p. 453, 1837.
(5) Voyez *British Birds* de Yarrell, p. 356.
(6) *British Birds*, p. 351.
(7) Voyez Proceedings of the Zool. Society, p. 135, 1837.
(8) Voy. Yarrell, *op. cit.*, p. 358.
(9) D'après une lettre qui nous a été adressée par M. Handcock.
(10) *Op. cit.*, p. 358.

de M. Hore ; l'autre est figuré à la page 359 des *British Birds* ; on croit qu'il se trouve dans la collection du Dr Roab de Trebartha en Cornwall (1). Yarrell mentionne, à la même page, un exemplaire, tué au commencement de décembre 1839, par Lord Howick, dans un grand bois appartenant au comte Grey, à quelques milles à l'est de Felton (Northumberland). Un dessin colorié de cet Oiseau se trouve dans l'ouvrage de Yarrell.

M. Handcock nous informe qu'en 1842, un autre spécimen fut tué à Belsay, par M. C. H. Cadosan esq., de Brienkburn ; on le conserve dans le Musée de la Société d'Histoire Naturelle de Northumberland. Cet exemplaire, ainsi que celui qui fut tué à Aluwick en novembre 1837, n'ont jamais été décrits (2).

En 1851, M. Gould appela de nouveau l'attention des membres de la Société Zoologique de Londres sur un Oiseau hybride qui avait été tué le 26 octobre à Henley Park, dans le comté de Surrey, par le garde de M. Hasley esq., dans une partie de sa propriété appelée « *The Peal Moor* ». Au retour de la chasse, cet Oiseau avait été pendu dans l'office avec les autres Faisans, et on se préparait à le plumer, lorsque M. John W. G. Spicer l'aperçut. Il demanda aussitôt à M. Hasley la permission de l'enlever et de le faire empailler, ce qui lui fut accordé. « Il n'y a pas de doute, écrivit-il à M. Leadbater, que cet Oiseau ne soit un hybride entre le Tétrix ♂ et la Poule faisane ; depuis deux ans un Tétrix fréquentait le couvert où cet Oiseau a été tué, il y prenait même sa nourriture avec des Faisans (3).

Trois ans plus tard, en 1854, M. John J. Briggs de King's Derby faisait savoir (4), qu'un Oiseau venait d'être tué dans un grand bois appelé « *Staunton Springs*, » près de Melbourne, par le garde au service du comte Ferrers. Depuis quelque temps on avait remarqué que cet Oiseau se nourrissait avec plusieurs Faisans qui fréquentaient les bois. M. Briggs crut reconnaître un hybride entre le Tétrix et le Faisan, quoique ce dernier fût tout à fait inconnu

(1) Dans le Zoologist de 1861, p. 7545, M. W. S. Hore s'exprime ainsi : « A la vente de la collection ornithologique de feu M. Cornelius Tripe, de Devonport, j'achetai un hybride entre le Coq noir et le Faisan, qui avait été acquis sur le marché de cette ville il y a dix ou douze ans. C'est un mâle en beau plumage, quoique commençant à muer près du bec. En 1839, j'obtins un de ces hybrides qui avait été tué dans le Cornwall, et qui se trouve dans les *British Birds* de Yarrell. »

(2) Nous en donnerons plus loin les descriptions qui nous ont été adressées par M. Handcock.

(3) Voy. les Proceedings de 1851, p. 61.

(4) The Zoologist, p. 4253.

dans ces régions. Le comte Ferrers en conserve la dépouille. On signale encore parmi le gibier tué le 19 décembre 1855, dans les couverts du comte de Stamford, à Enville, un très curieux et très bel Oiseau tenant du Coq de bruyère et du Faisan (1).

M. Hore, dans une communication adressée au Zoologist en 1861 (2), fait savoir qu'il avait vu, il y a plusieurs années, une femelle de cette sorte dans une collection d'Oiseaux appartenant au Rev. T. Johnes, de Brandstone Rectory, près Tavistock ; cette femelle était beaucoup plus petite que son exemplaire.

En octobre 1878, M. John Gatcombe remarqua, parmi le gibier exposé sur le marché de Plymouth, un hybride entre le Faisan et le Coq noir, tué depuis quelques jours sur les limites de Dartmoor, pense-t-il. C'était un jeune mâle, mais inférieur en grandeur au Coq Faisan et en pleine mue, notamment sur la tête et le cou. S'il avait vécu un mois de plus, dit M. Gatcombe (3), il aurait revêtu un magnifique plumage. Cet oiseau, qui faisait partie de la collection mise en vente par M. Whitaker, esq., le 22 mai dernier, a été acquis, nous écrit M. Stevens, par M. Lamb, de Londres.

En 1883, M. Burton exposait à la Société zoologique de Londres un hybride supposé issu du mâle Tétrix et de la Poule faisane. Cet Oiseau avait été acheté récemment au marché de Leaden ; un an plus tard, le 16 janvier, M. Edwards Harts, de Christchurch, Hants, rencontrait, dans une grande plaine remplie de broussailles, un autre individu qu'il conserve dans son Muséum, à Christchurch, Hants.

La même année, sur la propriété de M. John Jones de *The Groves*, près de Craven Arms (Shropshire), le major Gregory Knight, tuait lui-même un très beau croisement entre un Black Grouse et un Faisan. M. Montagu Brown, qui raconte ce fait (4), est enclin à penser que le père de cet oiseau était un Faisan, peut être un *ring-necked*, parce qu'on aperçoit quatre ou cinq plumes blanches sur le cou.

M. Hamon le Stranger a la bonté de nous écrire de Hunstanton Hall (Norfolk), qu'un exemplaire entre le *Phasianus colchicus* et le *Tetrao tetrix* fut tué, il y a une vingtaine d'années, dans un de ses bois ; son père y avait introduit quelques Tétrix, venant d'Ecosse.

(1) Voyez Yarrell, *op. cit.* p. 36.
(2) P. 7545.
(3) The Zoologist, p. 60, 1879.
(4) The Zoologist, pp. 26 et 27, 1885.

M. le Stranger possède encore cet Oiseau ; à première vue, nous dit-il, on reconnaît sa double parenté.

M. J. Turner, de Sutton Colfield, près Birmingham, nous fait également savoir qu'il tua, en 1888, un hybride femelle, dans le grand parc qui avoisine cette petite ville manufacturière. Les faisans couvent rarement dans ces bois, où pendant l'été viennent un grand nombre de promeneurs ; ceux que l'on rencontre viennent de la partie réservée qui appartient à un riche propriétaire. Pendant l'été de 1888, on avait aperçu un ou deux Tétrix. L'Oiseau tué par M. Turner ne laisse pas de doute sur son origine hybride. Aucune poule Tétrix n'ayant été vue, mais seulement un ou deux mâles Tétrix, M. Turner en conclut que ce jeune hybride avait eu pour mère une Poule faisane. Il n'était point isolé, et appartenait probablement à une couvée, car un deuxième exemplaire fut tué le même jour. Après avoir été empaillé, on le fit voir à une des réunions de la Société d'Histoire naturelle de Birmingham, il y excita un grand intérêt. Comme il serait difficile de décrire minutieusement les caractères qu'il présente, M. Turner se propose de le faire photographier dans deux ou trois positions différentes ; il veut bien nous promettre ces photographies.

C'est en 1884 que, pour la première fois, l'hybride du *Ph. colchicus* et du *T. tetrix* paraît avoir été tué sur le continent. Vers les derniers jours de novembre, on aperçut un Oiseau étrange qui était égaré dans le parc du château de Jeltech (1) ; il était venu probablement pour y chercher de la nourriture. Il fut tiré par le jardinier du pays sur une grange bâtie près du parc. Depuis cependant vingt-cinq ans, nous fait observer M. Johann Egsaurend, auteur de cette communication, aucun Coq de bruyère n'avait été tué en cet endroit, où existent seulement des Faisans. L'Oiseau, du sexe femelle, est conservé au château de Jeltech, chez M. le comte Saurma (2). En 1886, M. le comte Johann Karrark envoyait au Musée royal de Bohême un second spécimen de même provenance tué à Zèle, dans le district de Tahorer ; c'était un Coq de forte taille. Dans les environs de Zèle, dans une partie du bois où les Tétrix sont en grand nombre, on avait établi une faisanderie ; les Faisans se trouvèrent ainsi en contact avec les Coqs de bruyère, et l'on suppose qu'un Faisan se croisa avec un de ces derniers.

(1) Silésie.

(2) C'est M. Kusikel qui, le premier, nous a fait connaître ce fait ; M. Fipman, conservateur du Musée de l'Université de Breslau, nous a également adressé des renseignements sur cette importante capture.

M. le prof. Dr Ant. Fritsch, de Prague, qui raconte ce fait (1), croit même que le père de cet hybride est le Faisan, et le Tétras sa mère, mais le croisement inverse a pu aussi bien se réaliser, et le Dr A.-B. Meyer penche pour cette opinion.

Ce sujet devait être envoyé à la prochaine exposition ornithologique de Vienne ; un dessin en a été donné, dans les Mittheilungen des Ornithologischen Vereins de Vienne ; il existe aussi une magnifique planche coloriée dans l'ouvrage du Dr J.-A-B. Meyer (2).

Depuis soixante-dix ans environ, un grand nombre de spécimens hybrides entre le Tétrix et le Faisan auraient donc été rencontrés. Le premier que nous avons nommé fut tué dans un taillis à Holt ; le deuxième à Whidey, près de Plymouth, en 1829 ; le troisième dans le Cornwall, en 1834 ; le quatrième, le cinquième, le sixième, le septième et le huitième sur les terres de Merrington ou sur celles avoisinant le manoir, pendant l'année 1834 ; le neuvième près de Corwey, dans le Merionethshire, le dixième à Lochnam, dans le Wigtonshire, en 1835 ; le onzième près d'Aluwick, dans le Northumberland ; le douzième au même endroit, en novembre 1835 ; le treizième et le quatorzième dans le Devonshire ; le quinzième à quelques milles à l'est de Felton (Northumberland), en décembre 1839 ; le seizième à Belsay, en 1842 ; le dix-septième à Keulg Park, comté de Surrey, le 26 octobre 1851 ; le dix-huitième en 1854, dans un grand bois appelé Staunton Springs, près de Melbourne ; le dix-neuvième dans les couverts du comte de Stamford, à Enville, le 19 décembre 1855 ; nous ignorons la provenance du vingtième ; le vingt et unième fut tué probablement sur les limites de Dartmoor en 1878 ; le vingt-deuxième fut acheté au marché de Leaden ; le vingt-troisième rencontré dans les environs de Christchurch, le 16 janvier 1884 ; le vingt-quatrième fut abattu en 1883, près de Craven Arms, Shrosphire ; le vingt-cinquième dans le Norfolk il y a une vingtaine d'années ; le vingt-sixième en 1888 près de Birmingham ; le vingt-septième vers la fin de novembre 1884 au château de Jeltsch, en Silésie ; enfin le vingt-huitième à Zèle, en Bohême, en 1886. Si même nous en croyons M. le comte von Waldung Zeil Tranchbury, de semblables hybrides auraient été rencontrés en Moravie.

L'origine de ces Oiseaux a été attribuée, tantôt à l'accouplement du Faisan ♂ et du Tétrix ♀, tantôt au croisement inverse. Quatre de

(1) Mitt. ornith. Ver. Wien, p. 98 et suiv.
(2) Taf. XIII. Nous pensons, d'après les indications qui nous sont fournies par M. le Dr Rey, de Leipzig, que ce sujet a été tué par M. le comte Brenner.

ces assertions paraissent fondées, elles concernent le deuxième exemplaire, le quatrième avec ses frères ou sœurs, le dix-septième et le vingt-sixième.

On ne peut guère supposer que ces hybrides soient des oiseaux échappés de volière ; l'individu tué sur une grange chez M. le comte Saurma pourrait seul, à cause de sa familiarité apparente et des circonstances particulières que nous avons rappelées, laisser quelque doute sur son origine.

Les croisements entre espèces pures paraissent donc s'être accomplis à l'état sauvage, ils donnent lieu à quelques remarques :

Quelle tendance, en effet, peuvent avoir deux espèces éloignées à se rapprocher ? Le petit *Tetrao tetrix*, avec les séductions qu'il déploie et sa queue en forme de lyre, offre-t-il assez d'attraits pour conquérir les Poules faisanes ?

Nous l'avons vu souvent jouer le rôle de mâle dans les croisements des Tétras. Mais ici il n'en est plus de même, les Coqs faisans paraissent s'être accouplés avec ses femelles. Aussi l'inégalité dans les sexes nous semble-t-elle plutôt expliquer ces accouplements. A l'époque de la reproduction, qui suit, en général, la fermeture de la chasse, les Faisans et les Tétrix surnuméraires chercheront en vain des individus de leur propre espèce pour s'accoupler ; les influences du printemps aidant, ils se trouveront amenés à contracter ces unions bizarres qui se sont produites, nous devons le remarquer, dans les pays de chasse où l'introduction de nouveaux gibiers n'est pas une chose rare. Du reste, si le Tétrix est un Oiseau propre à l'Angleterre et à l'Europe, le Faisan est un Oiseau d'importation ; et quoique cette importation remonte à plusieurs siècles, le Faisan n'en a pas moins été mis par le fait de l'homme, et non par des causes naturelles, en contact direct avec le Tétrix ; puis les conditions de son existence ont été et sont encore tous les jours modifiées. Souvent lâché dans les chasses après sa reproduction en volière, son corps a pris à ce régime un volume qu'il n'avait pas originairement, il est devenu plus gros, plus massif, il est aussi devenu plus familier. Avec les soins qu'on lui procure, la nourriture échauffante qu'on lui donne, le Faisan s'est plutôt abâtardi. Ne voyons-nous pas tous les jours des Faisans blancs, isabelle, ou à plumage dépareillé, comme le sont nos Poules domestiques ? Buffon a remarqué, avec beaucoup de raison, que l'Oiseau captif devient lascif. Dans plus d'un cas, l'union du Faisan avec le Tétrix peut avoir été provoquée par ces changements divers, c'est au moins ce qui est arrivé à Zèle.

Mais si les causes qui amènent ces unions ne peuvent être déterminées d'une façon précise, on ne saurait nier l'existence des
hybrides qui en résultent; l'origine mixte des Oiseaux dont nous
venons de parler est acceptée par tous les naturalistes, quelques
cas seuls ne sont pas suffisamment prouvés. — Dans les listes des
vingt-huit spécimens énumérés, il ne se rencontre que cinq ou six
femelles; il est vrai que le sexe n'a point été déterminé chez beaucoup d'individus ; cependant, là où cet examen a été fait, ils ont
été presque tous déclarés mâles, ce qui est une forte présomption
en faveur de l'hybridité ; on sait que les hybrides de deux espèces
bien tranchées sont généralement mâles.

On pourra établir comme suit une comparaison entre plusieurs
des Oiseaux décrits :

Premier exemplaire : la description faite par White, à l'exception
des jambes dégarnies de plumes, s'applique admirablement, dit
Thompson, au spécimen qu'il a décrit (celui que nous avons catalogué sous le n° 10.). Le cinquième exemplaire ressemble au n° 4,
sauf qu'il est plus petit (Yarrell). Le dixième exemplaire offre également des ressemblances avec l'Oiseau de M. Sabine (n° 3), mais il
diffère beaucoup par les couleurs et par les dimensions du spécimen de M. Eyton (le n° 5 (1). Le onzième exemplaire, que décrit
Yarrell, avait plus de ressemblance, dit cet auteur, avec l'hybride
représenté par White (le n° 1), qu'avec l'un ou l'autre des spécimens
exposés à la Société Zoologique de Londres, c'est-à-dire avec les
n°s 3 et 5; le vingt et unième est très semblable au spécimen de
Shropshire figuré par Eyton et Yarrell, mais il laisse voir, à l'insertion de l'aile, le blanc sale comme on l'observe chez le Tétras; le
dix-huitième exemplaire, décrit par Briggs, ressemble presque
complètement, comme forme générale, à l'Oiseau représenté par
Yarrell, p. 311, c'est-à-dire à ce dernier (n° 11); le vingt quatrième,
dont parle M. Montagu Brown, ressemble aussi à l'oiseau de Yarrell,
p. 311 ; pour la couleur, cependant, il faut se reporter au spécimen
figuré à la page 310, (1re édition); enfin le douzième et le seizième,
conservés au Musée de Northumberland, n'ont pas de rapport avec
l'individu du *British Museum*.

Description

Aspect général. Premier exemplaire : sa forme, sa tournure et

---

(1) Tompson. Cette remarque a peu d'importance, puisque on a présumé que cet
Oiseau est du sexe mâle, tandis que l'Oiseau de M. Eyton est une femelle, ainsi que
l'a prouvé l'examen de ses organes génitaux.

ses habitudes, le cercle éclatant autour des yeux, lui donnent l'apparence d'un Coq faisan, mais la tête, le cou, la gorge, le ventre, sont d'un noir bistré; pas de plumes longues et recourbées, comme les a d'habitude le Coq faisan, et qui sont le caractéristique de son sexe (*White, cité par Thompson*).

Deuxième exemplaire : le jeune Oiseau porte des marques de l'un et de l'autre de ses auteurs, mais il tient surtout du Coq de bruyère ; la couleur, en général, excepté pour le cou, est celle du Faisan (*Montagu*).

Troisième exemplaire : tient plus en apparence du Coq de bruyère que du Faisan (*Yarrell*).

Quatrième exemplaire : tient plus du Coq noir que du Faisan (*Eyton*).

Cinquième exemplaire : Ressemble à ce dernier, mais plus petit (*Eyton*), il tient donc plus du Coq de bruyère que du Faisan (*remarque faite par Yarrell*).

Onzième exemplaire : intermédiaire, manifestant des caractères propres aux deux espèces (*Yarrell*).

Dix-neuvième exemplaire : tenant du Coq de bruyère et du Faisan, ressemblant davantage au premier qu'au second (*Yarrell*).

Vingt et unième exemplaire : pour la forme, l'Oiseau ressemble plus au Faisan qu'à la Grouse.

Vingt-troisième exemplaire : plumage pourpre violacé, sombre, mais très lustré.

Vingt-quatrième exemplaire : par la tête et la poitrine, il se rapproche du Coq noir ; il s'en éloigne par les ailes, la queue et les jambes qui ressemblent au Faisan.

Vingt-cinquième exemplaire : de la grandeur d'un Faisan ♀ ordinaire ; les parties supérieures ont la coloration de la femelle du Faisan, mais le bec est plutôt de la forme de celui du Tétras.

Vingt-huitième exemplaire : dans la couleur du plumage on ne remarque guère que deux teintes : un violet sombre foncé avec brillant rougeâtre doré et un brun gris jaune d'olive. Tout le plumage porte encore des traces du jeune âge (*prof. Fritsch*).

TÊTE : d'un noir lustré (1ᵉʳ *exempl.*); l'espace nu au-dessus de l'œil, qui existe chez le Coq de bruyère, est entièrement couvert de plumes comme chez le Faisan (2ᵒ *exempl.*); forme des plumes de la tête intermédiaire entre les deux espèces (10ᵉ *exempl.*); tête d'une belle couleur marron (11ᵉ *exempl.*); la tête noire, le tour des yeux comme chez le Faisan (12ᵉ *exempl.*); la tête et la plus grande partie du cou ressemblent au Faisan dans son jeune âge, quoique plus clairs (21e *exempl.*); derrière les yeux, deux taches écarlates (25e *exempl.*); tête, cou et haut de la poitrine, violet sombre foncé, avec un brillant rougeâtre doré, se changeant presque en noir sur le ventre; porte toutes les marques du Tétrix sur la moitié du devant, tandis que, par derrière, il montre la forme et le plumage de la Poule faisane (1), la peau nue autour de l'œil comme celle du Faisan (*id.*).

Bec : ressemblant à celui du Faisan comme couleur et comme forme (5e *exempl.*); tenant de la couleur jaune verdâtre de celle du Faisan et de la couleur noire de celle du *tetrix* (10e *exempl.*); de la forme du bec du Faisan (12e *exempl.*); bec comme celui du Faisan (23e *exempl.*).

Cou : D'un noir lustré (1er *exempl.*); tout le cou couvert de plumes noires, un peu bigarrées (ou tachetées) (2e *exempl.*); d'un noir luisant, tirant sur le brun (5e *exempl.*); forme des plumes, intermédiaire entre les deux espèces (10e *exempl.*); le cou d'une belle couleur marron (11e *exempl.*); cou noir avec reflets pourpres brillants (12e *exempl.*).

Poitrine : La forme des plumes, intermédiaire entre les deux espèces (10e *exempl.*); la poitrine d'une belle couleur marron (11e *exempl.*); poitrine noire avec reflets pourpres brillants (12e *exempl.*).

Ventre : De la couleur du Faisan, mais plus marbré de noir (5e *exempl.*); la forme des plumes intermédiaire entre les deux espèces.

Dos : La forme des plumes est intermédiaire entre les deux espèces (10e *exemp.*); les plumes qui se trouvent à la partie inférieure du dos laissent voir, à environ un demi-pouce de leur extrémité, une sorte de bande en forme de demi-cercle d'une couleur crème... ; la partie supérieure ressemble au Faisan, mais avec un mélange de gris-jaune tirant sur le brun et de noir formant de belles ondulations (*id.*); dos tacheté de gris noirâtre, comme cela se voit chez le Coq de bruyère après la première mue, mais avec un peu de brun (11e *exempl.*); la partie inférieure du dos et le croupion ombrés de noir violet (21e *exempl.*); dos tacheté (23e *exempl.*) ; sur le dos un brun gris jaune d'olive, mélangé de marques brunes (27e *exempl.*).

Épaules : Une tache blanche sur les épaules comme chez le Coq de bruyère (2e *exempl.*); une petite tache blanche (3e *exempl.*); tache blanche sur les épaules (18e *exempl.*).

---

(1) Une partie de ces remarques nous sont envoyées par M. Johann Gesaurend, du château même de Jeltsch, où l'Oiseau a été tué et où il est conservé.

AILE, CONFORMATION : La quatrième plume est la plus longue (10e *exempl.*); la forme des plumes, des scapulaires et des ailes se rapproche de celle du Tétrix ; pennes semblables.

AILE, COLORATION : Plumes d'une couleur roussâtre, bigarrées du'ne façon curieuse (1er *exempl.*); les ailes tachetées de gris noirâtre, comme cela se voit chez le Coq noir après la première mue, mais avec un peu de brun (11e *exempl.*) ; ailes tachetées (23e *exempl.*); sur les ailes un brun gris jaune d'olive, mélangé avec des marques brunes (28e *exempl.*); ailes et parties supérieures du dos plus sombres que chez le Faisan (21e *exempl.*).

QUEUE, CONFORMATION : Beaucoup plus courte que celle de la Poule faisane, carrée sans façon à l'extrémité (1er *exempl.*) ; non fourchue, mais en éventail et à moitié aussi longue que celle du Faisan (2e *exempl.*); les plumes du milieu allongées (3e *exempl.*) ; la queue, s'étendant à 5 p. 1/2 au delà de l'aile, s'arrondit en se déployant; elle se compose de dix-sept plumes, mais les plus longues, étant en tout semblables il est à supposer que l'Oiseau a perdu la dix-huitième (10e *exempl.*); la forme des plumes des couvertures inférieures de la queue intermédiaire entre les deux espèces (*id.*) ; les rectrices sont différentes de celles de l'une et de l'autre espèce; plumes de la queue plutôt courtes, mais droites, en pointes, ressemblant à celles du Faisan (11e *exempl.*); intermédiaire entre celle du Faisan et celle du Tétrix (12e *exempl.*); la queue tient de celle des deux Oiseaux, étant plus courte que celle du Tétrix (18e *exempl.*); queue très serrée (*weage*), les plumes les plus longues huit niches (23e *exempl.*); queue singulière, cunéiforme, semblable à celle d'une femelle de Faisan qui a atteint sa croissance (28e *exempl.*) ; la queue comme forme très semblable à celle d'une Poule faisane, mais pas aussi longue (21e *exempl.*); la queue ne s'allonge pas comme celle du Faisan, mais elle est large et plate (25e *exempl.*).

QUEUE, COLORATION : D'une couleur roussâtre, bigarrée d'une façon curieuse (1er *exempl.*); de la même couleur que celle du Tétrix femelle (5e *exempl.*); les plumes de la queue mélangées de noir et de jaune, tirant sur le brun et avec des barres transversales noires; les barres sur les plumes extérieures occupant autant d'espace que le plumage bigarré; leurs extrémités noires sur une largeur d'un pouce et demi; cette couleur va en diminuant vers les plumes du centre; les cinquièmes, les plus longues, étant tachetées à leurs extrémités. Elles présentent un singulier contraste avec les longues plumes de la queue du Faisan dans lesquelles les barres s'élargissent au bout, tandis que, dans cet Oiseau, elles

disparaissent à cet endroit (10e *exempl.*); les couvertures inférieures de la queue, noires, avec des taches d'un brun rougeâtre à leurs extrémités (*id.*); couvertures de la queue, grises, tachetées de même couleur plus foncée (12e *exempl.*); queue barrée comme le dos avec les pointes des rectrices noirâtres (25 *exempl.*); sur la queue, un brun gris jaune d'olive mélangé de marques brunes (28e *exempl.*).

JAMBES ET PIEDS : Aucune trace d'éperons (1er *exempl.*); les tarses ne sont pas emplumés, ils sont nus comme chez le Faisan (2e *exempl.*); jambes couvertes de plumes (3e *exempl.*); tarse à moitié garni de plumes, sans éperons, couleur du Faisan (5e *exempl.*); tarses et doigts de la forme du Faisan; tarses nus sur les côtés et derrière, mais garnis de plumes par devant jusqu'à la moitié de leur longueur (10e *exempl.*); partie supérieure du tarse couverte de plumes (11e *exempl.*); tarses nus à la manière du Faisan (12e *exempl.*); jambes en partie couvertes de plumes (18e *exempl.*); tarses à moitié emplumés (partie supérieure); pas d'éperons (28e *exempl.*); aucune ressemblance dans les doigts des pieds avec ceux du Tétrix (*id.*); sont comme ceux du Faisan (*id.*) (1); tarses et doigts nus, à l'exception de quelques plumes qui ressemblent au duvet et se montrent par devant, s'étendant un peu au dessous du genou (21e *exempl.*); les jambes et les doigts ressemblent à ceux du Faisan par la couleur, la forme et la grandeur (24e *exempl.*).

Thompson a donné une table permettant de comparer les dimensions du 10e *exemplaire* avec celles du Coq faisan et du Coq Tétrix. Gould a fait remarquer que le 17e *exemplaire* chantait en s'élevant lorsqu'il fut tiré, comme le fait habituellement le Faisan. M. Montagu Brown a donné les dimensions des principales parties de l'exemplaire tué par le major Gregory Knight. Eyton a trouvé dans le 5e *exemplaire* des ovaires très petits, les œufs à peine visibles, et en petit nombre. Il a donné quelques détails anatomiques qui sont les suivants :

Le sternum se rapproche plus de celui du Coq noir que du Faisan, mais l'os n'est pas si massif (ou dur), le bord antérieur du keel est plus festonné et l'os entre les petoncles postérieurs n'est pas si large que chez le Tetras. L'os furcatorium est le même que celui du Faisan, plus arqué que celui du Coq noir et ayant l'apophyse (*pro-*

---

(1) Nous n'avons point parlé du 16e exemplaire, parce que, nous dit M. Handcock, il ressemble au 12e qui a été décrit, cependant cet Oiseau laisse apercevoir quelques plumes blanches à l'angle de l'aile, comme chez le Tétrix.

cess) plat à l'extrémité et plus large près du sternum. Le bassin est exactement intermédiaire entre les deux, plus ferme, plus large et plus long que chez le Faisan en ce qu'il a deux apophyses de chaque côté de la vertèbre caudale qui servent pour les attaches des muscles levator et de la queue.

Au sujet du 27e *exemplaire*, M. le prof. Fritsch dit que : le tube intestinal est de la dimension de celui du Tetrix, la recherche anatomique lui prouva que l'exemplaire était mâle.

Tous ces caractères annoncent bien une double origine chez ces Oiseaux.

Comme on l'a vu, de nombreux dessins de l'hybride du *Ph. colchicus* et du *T. tetrix* ont été faits, ainsi que des figures coloriées. Presque toutes les dépouilles des Oiseaux tués ont également été conservées ; voici les noms des personnes qui les possèdent ou qui les ont possédées : le comte d'Egremont, à Petworth ; le capitaine Morschead, probablement ; William Call ; Eyton ; Rowland Hill ; le Rev. W. S. Hore, de Stock ; le Dr R. Rod de Treeben en Cornwall ; Leadbeater ; Rev. T. Jones, de Bradstone ; le comte Ferrers ; Buston ; M. Ed. Hart ; M. Stramon le Stranger ; M. John Gatcombe, M. Turner et M. Lamb.

Dans les collections publiques nous avons à nommer : le Museum of the Natural History Society of Northumberland, Durham and Newcastle-on-Tyne, le Musée de Leicester, le British Museum et le Musée royal de Bohème.

Genres *Lagopus* et *Phasianus*.

PHASIANUS VULGARIS ET LAGOPUS.

Le Journal de Chasse de Vienne (1) parle de trois hybrides de Faisan et de Lagopède (*Schneehuhn*) tués à Wales, pendant le cours de l'année 1872. Malheureusement, ce journal ne donne aucuns détails et cette simple mention ne nous paraît point suffisante pour attester que ce croisement se soit réellement produit.

Tels sont les croisements entre espèces sauvages de Gallinacés qui sont venus à notre connaissance.

Notre travail doit se terminer par une courte étude sur les croisements qui se sont produits entre espèces libres et entre espèces domestiques ou captives. Le nombre de ces croisements est très

(1) P. 601, 1872.

limité ; la plupart sont restés fort douteux ou n'ont pu être déclarés féconds ; l'un d'eux est même absolument fantaisiste, un seul est bien authentique et deux autres probables. Les espèces qui ont contracté des mélanges sont les suivantes : *Gallus Sonnerati, Gallus domesticus, Gallus Lafayettei, Lagopus albus, Perdix cinerea, Phasianus vulgaris, Meleagris*(var. *domesticus*) et hybride de *T. tetrix* × *T. urogallus*, s'alliant ainsi :

G. Sonnerati × *G. domesticus.*
G. Lafayettei × *G. domesticus.*
G. domesticus × hybride *T. tetrix* × *T. urogallus.*
G. domesticus × *L. albus.*
Perdix cinerea × *G. domesticus.*
Ph. vulgaris × *Meleagris.*
Ph. vulgaris × *Gallus domesticus.*

En tout sept croisements.

Il est à remarquer que le croisement fécond authentique est le deuxième indiqué, que les croisements féconds probables sont le premier et le septième, en sorte que tous les trois appartiennent à des espèces rapprochées ou à un genre peu éloigné.

Gallus Sonnerati et Gallus domesticus

Le *G. Sonnerati*, dit Darwin (1), se croise aisément dans l'Inde avec la Poule domestique. Aucune autre indication n'est donnée sur ce croisement et Darwin ne paraît pas avoir indiqué la source où il a puisé ce renseignement.

Gallus Lafayettei (2) et Gallus domesticus

Layard (3) dit que les *G. Stanleyi* ♂ se mêlent assez souvent aux volailles des villages isolés et qu'ils se croisent avec la race domestique, étant supérieurs en courage aux Coqs de basse-cour et armés d'éperons terribles. M. Milford, du service civil de Ceylan, lui montra, à Katnapoova, une Poule hybride ; sa tournure et sa forme générale étaient celles de l'Oiseau sauvage; ses œufs étaient tachetés.

(1) *Variation des animaux et des plantes*, p. 148. Traduction française.
(2) Ou *G. Stanleyi* ou *G. lineatus*.
(3) *Notes on the ornithology of Ceylon*, Annals and Magazine of natural history, (2), XIV, p. 57. London, 1854 ; Gloger, Journal für Ornithologie, 5 Heft, septembre 1854 ; et Darwin, *Variations des Animaux et des Plantes*, I, p. 249, ont donné le récit de Layard.

Mais M. Mitford essaya en vain d'en avoir des Poussins ; les œufs ne furent jamais fécondés. L'Oiseau se montra très bien apprivoisé au milieu des volailles près desquelles on le plaça, il fuyait en toute hâte à l'approche des étrangers. D'après les exemplaires qui sont exposés dans les Nouvelles galeries du Musénm, le Coq *Lafayetti* présente de grandes ressemblances avec le Coq *bankiva*. Jerdon (1), dit qu'il est quelquefois comme le Bankiva, mais rouge en dessous.

Hybride ♂ de T. tétrix × T. urogallus (*Rackelhane*) et Gallus domesticus ♀

Le prince Adolphe-Joseph de Schwarzenberg rapporte (2) qu'un Rackelhane, vivant dans le district du Tasin, réussit à croiser une Poule domestique contrefaite, qui ne pouvait lui échapper. Ce Rackelhane, que le cri de Poules domestiques paraissait exciter, fut tué par le prince pendant le mois d'octobre.

Genres *Lagopus* et *Gallus*

Lagopus albus et Gallus domesticus

M. Collett a fait savoir (3) que son ami, le prof. Frees remarqua, au printemps de 1857, dans l'une des fermes les plus élevées du Nordmöse (Bergen stift), une *Willow Grouse* qui rôdait pendant plusieurs jours de suite autour de l'habitation de la ferme, cherchant à s'accoupler avec une Poule domestique tachetée de blanc.

A ce sujet, le professeur de l'Université de Christiania fait remarquer qu'il peut y avoir, pendant l'été, excès de mâles chez la *Willow Grouse* (et chez le *Ptarmigan*) et que ceux-ci, parcourant les montagnes, contractent probablement des unions fortuites de quelque nature qu'elles soient? Néanmoins il ne cite aucun fait.

Gallus domesticus et Perdix cinerea.

Sir Georges Edwards (4) dit qu'on lui a assuré (et il est porté à

---

(1) Dans une note de la p. 539 de ses *Birds of India*.

(2) Zagd-Zeitung, p. 657, 1882.

(3) Proceedings of the Zoological Society, 1886. Voyez aussi : Forhandlingar. Videns-kabs-Selskabet, Christiania, p. 141, 1872, où le même fait est raconté et où on parle du *Ptarmigan*.

(4) Philosophical Transactions, LI, partie II, p. 833, London, 1761.

le croire), « qu'une espèce mixte a été produite entre nos Poules domestiques et les Perdrix qui séjournent dans le voisinage des fermes. » Quel est cet hybride, où a-t-il été élevé et par qui? Sir Georges Edwards ne le dit point avec raison.

PHASIANUS (VULGARIS?) et GALLO-PAVO (var. *domesticus*)

Un seul exemple de ce croisement paraît avoir été cité, encore est-il qu'il remonte au milieu du siècle dernier et qu'il n'est point parfaitement établi. En 1760 (1), le même sir Georges Edwards fit savoir au Rev. Dr Birk, secrétaire de la Société Royale, qu'il avait reçu du très digne Henri Seymour Esq., de Handford, dans le Dorsetshire, un Oiseau intéressant qui paraissait provenir d'un croisement accidentel entre un Faisan et un Dindon. Aussitôt après la mort de cet Oiseau, on constata que la peau autour des yeux était d'un rouge plomb pâle et les yeux comme ceux d'un Dindon. C'est en vain que l'on chercha à se procurer un autre exemplaire dans le bois où il avait été tué et où on avait aperçu deux Oiseaux semblables. La description que sir Georges Edwards a donné de cet hybride est la suivante :

« Sa taille est moyenne entre celle d'un Faisan et d'une Dinde, sa forme est à peu près celle de ce dernier Oiseau. Le bec, les jambes et les pieds sont noirs, formés comme ceux du Dindon : il a autour des yeux une espèce de peau nue, couleur de minium pâle, les yeux comme ceux du Dindon. La tête et la moitié du col sont recouverts de plumes très courtes, couleur d'argile blanchâtre avec des barres sombres transversales, quoique la gorge et la partie antérieure du col restent entièrement couleur d'argile claire. Ces courtes plumes occupent la tête et cette partie du col qui, chez le Dindon, est naturellement privée de plumes. Sur la partie inférieure du col, sur la poitrine et sur le ventre, ces plumes sont bien plus longues et de couleur noire avec un reflet pourpre et changeant. Les cuisses et les jambes, sur la partie antérieure, et un peu au-desssus des genoux, sont couvertes de plumes traversées de bandes noires et couleur d'argile. Le dos, les couvertures des ailes et de la queue sont de couleur mixte, avec des lignes fines transversales brunes et noires, quoique quelques-unes des plumes des couvertures des ailes et de la queue aient des bandes transversales plus larges de ces mêmes couleurs... » Sir Georges Edwards a compté seize plumes à la queue, les extérieures étant de deux pouces plus courtes

(1) Voyez Philosophical transactions, LI, part II, for the year 1760. London, 1761.

que celles du milieu : « leur couleur se compose de brun et de noir entremêlée par des raies transversales, comme sur le dos, mais leur couleur est plus sombre vers les bouts, ces bouts même étant d'un brun clair. Les bords extérieurs des plumes latérales caudales sont d'un bai clair, les plumes des couvertures en dessous de la queue sont de couleur orangée avec raies noires transversales ; autour de l'anus, les plumes sont blanches avec des taches sombres. Toute la partie ressemble à celle d'une Poule faisane, mais de coloration plus foncée. Toutes les plumes du corps sont doubles, c'est-à-dire qu'il y a deux plumes distinctes sur une seule tige, la plume extérieure large et de tissu ferme, la plume intérieure est plus petite et couverte de duvet. »

L'auteur de cette description est porté à croire que ce spécimen est plutôt le produit du *Phasianus* ♂ et du *Gallo paro* ♀ que le produit inverse, parce que, dit-il, la disproportion de taille entre ces deux Oiseaux est moins grande qu'elle ne l'est entre un *Gallo paro* ♀ et une Poule de *Phasianus* ; il reconnaît cependant que cette supposition n'est pas sans donner prise à une difficulté ; comment, en effet, un Oiseau domestique se serait-il réfugié de lui-même dans les bois et y aurait-il élevé son produit sauvage, chose contraire, paraît-il, aux habitudes des Dindes dans le Dorsetshire.

Buffon, qui a parlé assez longuement de ce fait (1), ne se sent pas porté à admettre l'origine qu'Edwards suppose à cet Oiseau, parce que ce prétendu hybride avait des caractères qui manquent absolument aux deux espèces primitives (les plumes doubles) et qu'il lui manquait, par contre, d'autres caractères qui se trouvent dans les espèces mères (les 18 plumes de la queue). Si l'on veut lui donner une origine double, il y aurait plus de fondement, croit Buffon, à supposer qu'il dérive du mélange du Coq de bruyère et du Dindon, qui n'a que seize pennes à la queue et qui a des plumes doubles, comme l'hybride en question.

Temminck (2) partage l'avis de Buffon. Nous n'avons point vu la gravure qui accompagne dans les *Philosophical transactions* la description de Georges Edwards, mais Yarrell, dans ses *British Birds*, en a donné une reproduction, et nous avouons que l'origine supposée de ce produit nous paraît assez probable. L'Oiseau, du moins, tel qu'il est représenté, paraît bien intermédiaire entre le Dindon et le Faisan.

(1) V, page 174. Edition de 1845.
(2) *Hist. des Gallinacés*, II, p. 389 et 390.

Reste encore à savoir si le Phasianus, père supposé de l'hybride
en question, était un Faisan vivant à l'état sauvage?

PHASIANUS VULGARIS ET GALLUS DOMESTICUS

A la dernière Exposition ornithologique de Stargard (Poméranie) (1), on voyait plusieurs hybrides provenant d'un, Faisan et
d'une Poule domestique (race Cochinchinoise). Ces Oiseaux avaient
été exposés par M. Adolph Meyer, qui les avait reçus d'un cultivateur des environs (2). La Poule, mère de ces hybrides, s'étant
écartée près de la forêt, avait été cochée par un Faisan de chasse.
Les hybrides exposés étaient au nombre de trois, un Coq et deux
Poules. Leur couleur est blanche, avec reflets jaunâtres, peu de
plumes sont tachetées. Le mâle a la poitrine légèrement brune.
La forme du corps est svelte, le cou est long et gracieux. La queue
courte, la pointe est légèrement arquée en dessous, se rapprochant
du genre *Cochin*, mais moins fournie.

Le 23 décembre, Son Altesse Royale le Prince Louis-Ferdinand
tuait, dans une chasse de la faisanderie de Moosach, un bel Oiseau
ayant la grosseur et l'aspect du Coq de bruyère; le croupion est
celui du Faisan, le plumage noir, semé de gris et de blanc. Cet
exemplaire se trouvait au milieu d'autres Faisans (3).

Comme on avait élevé, l'année précédente, dans une des volières
de Moosach, des hybrides du *Ph. colchicus* et des *Gallus domesticus*,
on suppose avec raison que l'Oiseau tué par le Prince Ferdinand
avait été produit en domesticité (4); aussi nous ne le décrirons pas.

A ce propos, rappelons que le Rev. Gilbert White (5) a raconté
qu'un Oiseau curieux fut trouvé dans un taillis par les épagneuls
d'un des gardes de Lord Stanwell. Cet Oiseau, qui avait été tiré à
l'aile, lui fut envoyé par ce dernier, afin qu'il l'examinât : « La
tournure, la forme extérieure et le cercle éclatant autour de l'œil
de cet Oiseau dénonçaient un Coq Faisan; mais la tête, le cou
et la poitrine étaient d'un noir lustré, et bien qu'il pesât le
poids d'un fort Coq Faisan, il n'avait pas d'éperons aux jambes,
comme en ont les Coqs Faisans. Les jambes et les pieds n'étaient

(1) Tenue les 16 et 17 novembre 1889.
(2) Voyez Zeitschrift für Ornithologie, Stettin, XIII, n° 12, 1889.
(3) Voy. Augsburger Abendzeitung, 24 Décembre 1889, n° 355, p. 6 (article Sport).
(4) Communication qui nous es adressée de Munich par M. C. Parrot.
(5) A Naturalist Calendar extracted from the papers of the late Rev. Gilbert
White. London, 1795.

point emplumés, il n'avait point non plus à la queue de longues plumes comme celles des Faisans; sa queue était beaucoup plus courte que celle d'une Poule Faisane, elle était carrée. Les plumes du dos et des ailes, de même que celles de la queue, étaient d'un roux pâle rayé d'une manière étrange et ressemblaient un peu à celle d'une Perdrix. »

Le Rev. Gilbert White n'indique point exactement la provenance de cet Oiseau étrange, il fait remarquer qu'il ne peut venir du Coq de bruyère parce que ni ses jambes ni ses pieds n'étaient emplumés, il pense que c'est un hybride probable entre le Coq faisan et quelque Oiseau domestique. Il ajoute que le garde lui avait dit que pendant l'été on avait vu des Paonnes fréquenter le taillis et les couverts où cet Oiseau avait été tué.

Montagu (1) a parlé du récit de White, mais il dit que White considérait cet hybride comme venant du Faisan et de la Poule domestique (*domestic fool* (2). Morton dit également que White a donné la description d'un hybride sauvage provenant du Faisan et de la Poule domestique (3).

N'ayant pu examiner la figure coloriée qui accompagne le récit de White, nous n'osons point nous prononcer.

Peut-être pourrions-nous ajouter à ces divers croisements celui de la *Bonasa betulina* et de la Poule domestique. L'Isis (4) dit en effet que M. Badeker a cité un exemple de ce croisement, mais on ne fait point savoir si cet accouplement a été suivi de fécondité, on n'indique point non plus l'état dans lequel vivaient les deux Oiseaux, c'est-à-dire si l'une des deux espèces était sauvage et l'autre domestique.

REMARQUE

Longtemps on a confondu dans un seul *Ordre* les GALLINACÉS et les PIGEONS. Cette classification est encore aujourd'hui maintenue dans plusieurs ouvrages. Cependant la manière particulière dont les Pigeons nourrissent leurs petits, qui naissent dépourvus de plumes, aveugles et presque nus, forme un contraste avec les Gallinacés dont les jeunes sont capables de quitter le nid aussitôt leur sortie de l'œuf et de chercher eux-mêmes leur nourriture.

(1) *Ornithological Dictionnary*, seconde édition, p. 369, London, 1831.
(2) Nous n'avons plus sous les yeux le texte anglais de White.
(3) The american Journal of science and litterature, (1), III, May 1847, p. 203.
(4) P. 25, 1828.

Les Pigeons sont aussi tous monogames, tandis que le plus grand nombre des Gallinacés est polygame; chez ces derniers le mâle ne partage point le soin de l'incubation. Autre particularité remarquée par Pline (1) : les Pigeons ne renversent pas le cou en buvant; ils ont aussi la faculté de développer leur œsophage. Au point de vue anatomique, la manière dont leur pouce est placé sur le tarse est encore un signe qui les distingue des Gallinacés; leur doigt inférieur est articulé au niveau même des doigts de devant, ce qui leur permet de se percher à la manière des Passereaux, ordre dans lequel ils ont été également classés. Les Gallinacés ont, au contraire, le pouce placé plus haut, ce doigt est court, quelquefois rudimentaire; cependant plusieurs espèces de Colombes sont constamment à terre.

Mais il existe aussi des caractères zoologiques qui sont communs aux deux; certains points d'organisation, certaines ressemblances dans les mœurs et les habitudes tendent à les faire rentrer dans un même ordre.

Or, l'hybridation à l'état sauvage est presque nulle chez eux; tout au moins nous n'avons pu découvrir qu'un seul exemple de croisement entre types distincts, c'est celui de la *Columba livia* et de la *Palumbœnas fusca*, décrit par M. N. Zaroudnoï dans ses *Recherches zoologiques dans la contrée Trans-Caspienne* (2). Les quelques autres faits que l'on cite ne se rapportent qu'à des variétés bien peu différentes; nous faisons ici allusion aux croisements des Bisets à croupion blanc et des Bisets à croupion bleu qui se reproduisent ensemble là où ils vivent de compagnie (3), ainsi qu'aux *Green Pigeons* de l'Inde qui se mélangent aussi entre eux (4). Nous avons cependant appris qu'il existait au Musée de Turin un individu tué au mois d'octobre 1870 dans le voisinage de cette ville et que M. le Comte Thomasso Salvadori n'avait pu déterminer, ne sachant s'il avait affaire à une variété de Colombe ou à une Colombe hybride. Cet Oiseau « a le cou, la poitrine et une partie de l'abdomen d'une belle couleur chair vineux comme cela se voit chez la *Streptopelia albiventris;* les deux taches noires sur les côtés du cou s'unissent par derrière et la couleur noisette du dos et des scapulaires est beaucoup plus sombre (5) ». M. le Comte Arrigoni degli

---

(1) X, 52.

(2) *Bull. de la Société impériale des Naturalistes de Moscou*, n° 4, p. 808, 1889.

(3) Voy. Degland et Gerbe, qui ont donné des indications sur ces croisements dans leur *Ornithologie européenne*, II, p. 11, Paris 1867

(4) Jerdon, *op. cit.*, p. 218.

(5) *Fauna d'Italia*, Parte seconda, Uccelli, par Thomasso Salvadori, p. 180, Milano.

Oddi est porté à croire (1) que cet Oiseau est un produit du *Turtur auritus* et du *T. risorius*, parce que, dit-il, les quelques détails que donne M. Salvadori s'adaptent merveilleusement à un sujet authentique obtenu entre ces deux espèces et conservé dans sa collection. Mais, en admettant que l'appréciation de M. le Comte degli Oddi soit juste, encore est-il que ce sujet ne peut être considéré comme un hybride produit à l'état sauvage, puisque le *T. risorius* n'habite pas l'Italie. Tout au plus peut-il être considéré comme provenant d'un croisement accompli en semi-liberté, à moins donc qu'un *T. risorius*, échappé de quelque volière et ne trouvant aucun individu de son espèce pour s'accoupler, n'ait contracté une alliance avec un *T. auritus* sauvage, chose très douteuse. Il est plus naturel de penser que, si l'individu en question n'est point une simple variété de *Turtur*, c'est un Oiseau échappé ; en captivité le croisement des deux espèces est en effet très fréquent.

Nous n'avons donc rencontré qu'un seul cas d'hybridation chez les Pigeons vivant à l'état sauvage. Pourquoi cette différence avec les Gallinacés dans l'ordre desquels ils ont été classés ? Cette différence provient-elle de leurs habitudes monogames, on serait tenté de le croire. On ne peut cependant alléguer ce motif, car chez les Passereaux et les Palmipèdes, Oiseaux essentiellement monogames, on a rencontré plusieurs fois des individus portant des traces d'hybridation. Il faut croire plutôt, si nos recherches ne sont point incomplètes, que l'aire de dispersion des Pigeons et leur manière de vivre ne leur donnent point l'occasion de se rencontrer, comme il arrive chez les Gallinacés qui vivent à terre et dont la destruction, au moins dans nos pays, s'opère sur une grande échelle.

---

(1) *Note sur un hybride artificiel issu du Turtur auritus et du T. risorius.* Rovigo, 1885.

DEUXIÈME PARTIE.

Les Palmipèdes.

Dans l'ordre des *Gallinacés* nous avons vu que l'hybridation qui se présente dans trois familles, les *Perdicinés*, les *Phasianidés* et les *Tétraonidés*, ne se manifeste d'une façon particulière que chez ces derniers. De même, dans l'ordre des *Palmipèdes*, l'hybridation ne se rencontre guère que dans une seule famille, celle des *Anatidés;* c'est à peine si l'on peut citer un ou deux croisements très hypothétiques chez les *Laridés*. Par contre, les espèces des Anatidés qui se mélangent sont très nombreuses, la plupart appartiennent au genre *Anas;* les croisements entre espèces de genres éloignés sont très rares, nous aurons l'occasion de citer seulement deux croisements entre les genres *Mergus* et *Clangula*, encore est-il que beaucoup d'ornithologistes considèrent comme véritable espèce l'un des produits supposés de ces deux genres (1).

Voici le tableau des hybridations que nous avons pu rassembler :

PALMIPÈDES LAMELLIROSTRES

Famille des Anatidés.

Genre Anas.

1o *A. penelope* × *A. crecca*,

2o *A. acuta* × *A. penelope*,

3o *A. boschas* × *A. acuta*,

4o *A. boschas* × *A. crecca*,

5o *A. boschas* × *A. streperea*,

6o *A. acuta* × *A. crecca*,

7o *A. obscura* × *A. boschas*,

8o *A. boschas* × *A. penelope*,

(1) L'hybride d'espèces appartenant aux genres *Fuligula* et *Anas* a, il est vrai été tué sur une pièce d'eau d'agrément en Angleterre, mais on peut supposer que ce croisement s'était opéré en captivité.

9° *A. clypeata* × *A. acuta*,
10° *A. acuta* × *A. strepera*,
12° *A. strepera* × *A. clypeata*,
14° *A. moschata* × *A. boschas*,
15° *A. casarka* × *A. falcata?*
16° *A. vulpanser* × *A. boschas.*

Genre Fuligula

17° *F. ferina* × *F. nyroca*,
18° *F. nyroca* × *F. cristata*,
19° *F. affinis* × *F. valismeria?* (ou *F. americana*).
20° *F. ferina* × *F. cristata*,
21° *F. cristata* × *F. marila.*

Genres Anas et Fuligula.

22° *Anas boschas* × *Fuligula ferina.*

Genres Mergus et Clangula.

23° *Mergus albellus* × *Clangula glaucion*,
24° *Clangula glaucion* × *Mergus cucullatus.*

PALMIPÈDES LONGIPENNES

Famille des Laridés.

Genre Sterna.

25° *Sterna paradisea* × *Sterna hirundo.*

Nous devons reconnaître que beaucoup de ces croisements ne sont rien moins que prouvés; s'ils se présentent plus nombreux que chez les Gallinacés, ils sont moins authentiques, plusieurs sont même vivement contestés ; de savants ornithologistes ont voulu faire de leurs produits supposés des variétés d'âge ou de climat; enfin, un certain nombre d'hybrides, quoique réellement tués ou pris à l'état sauvage, doivent probablement leur origine mixte à des croisements obtenus en domesticité : ce sont des échappés de captivité.

On a remarqué que l'espèce *boschas* est, parmi toutes, celle qui contracte le plus facilement des mélanges, cela tient probablement au grand nombre d'individus qui la composent ; vient ensuite l'espèce *acuta*, puis l'espèce *clypeata*. Les espèces *crecca, moschata, penelope, streperea, ferina, cristata* se mélangent dans les mêmes proportions, ainsi que *nyroca, marila, clangula, Casarka, vulpanser* et *obscura* n'ont été nommées qu'une fois.

Mais si l'on considère séparément les individus de ces divers espèces, leur mélange n'a plus lieu dans les mêmes proportions, c'est ainsi que l'on verra dans la suite que les croisements constatés le plus de fois sont ceux :

1° de l'*A. boschas* et de l'*A. acuta*,
2° de l'*A. boschas* et de l'*A. cairina*,
3° (probablement) ceux de l'*A. obscura* et de l'*A. boschas*,
4° de l'*A. boschas* et de l'*A. crecca*,
5° de la *F. ferina* et de la *F. nyroca*,
6° de l'*A. boschas* et de l'*A. clypeata*,
7°{ de l'*A. penelope* et de l'*A. crecca*, } dans les mêmes pro-
   { de l'*A. penelope* et de l'*A. acuta*, }   portions,
8° Enfin ceux de l'*A. acuta* et l'*A. crecca;* les autres hybrides que nous mentionnerons n'ont été observés qu'une fois ou deux.

Ces divers Oiseaux ont été tués ou pris en Palestine, en France, en Russie, en Suisse, en Belgique, en Allemagne, en Autriche, aux Etats-Unis, en Italie, en Angleterre et en Hollande. Ce sont ces deux derniers pays qui ont fourni le plus grand nombre d'hybrides ; la Hollande à elle seule entre en ligne de compte pour un tiers au moins. M. van Wickevoort Crommelin, de Harlem, a fait connaître beaucoup de ces Oiseaux ; nous reproduirons fréquemment ses savantes descriptions. En Italie, M. le comte Arrigoni degli Oddi, de Padoue, en a décrit lui-même plusieurs. Nous tenons à remercier ici ces messieurs qui se sont montrés d'une grande obligeance, mais nous ne devons pas oublier non plus M. le Bon Edmond de Selys-Longchamps qui, le premier, a donné une récapitulation très complète des hybrides observés chez les Anatidés (1) ; M. Paul Leverkuhn, de Munich, qui a droit tout particulièrement à nos remerciements; le Rév. Macpherson, de Carlisle (2), et M. J.H. Guerney, jun., dont la connaissance des hybrides est justement appréciée en Angleterre ; M. Johnes Handcok et son ami, M. le Dr Embleton, de Newcastle-on-Tyne ; M. van Bemmelen, directeur du Jardin Zoologique de Rotterdam, M. Edouard Hart, de Christchurch ;

(1) Bulletin de l'Académie des Sciences de Bruxelles, 1845 et 1856.
(2) Le rév. Macpherson a publié ses articles sur l'hybridité notamment dans le *Field*, le *Naturalist* et le *Zoologist*.

M. Charles Royer, de Langres; M. Weltermann, directeur du
Koninklijk zoologisch Genootshamps, d'Amsterdam ; M. Oustalet,
docteur ès-sciences, aide-naturaliste au Muséum ; M. Wiepken,
directeur du Musée ducal d'Oldembourg ; M. le professeur
H. Giglioli, de Florence (1); M. le professeur Sordelli, de Milan (2) ;
M. Lacroix, de Toulouse ; M. le professeur Newton, de Magdalene
College de Cambridge; M. Ridway, curateur de la collection ornithologique du Musée national des États Unis, à Washington ; M. Schutt
et M. le Dr A. Knop, de Kalsruhe ; M. Zaroudnoï, ornithologiste
d'Orembourg (Russie); M. Olphe Galliard, d'Hendaye (Basses-Pyrénées); M. le Dr Ch. Lütken, de Copenhague ; M. J. H. Seais,
assistant au Muséum de l'Académie des Sciences de Salem (États-
Unis); M. Manly Hardy, naturaliste de Brewer (Etats-Unis); M. le
Bon von Ritter von Tshusi, de Schmidoffen, l'ornithologiste et
le savant bien connu ; M. le Dr Radde, de Tiflis (3) ; M. Sclater,
l'éminent secrétaire de la *Zoological Society of London* ; M. Godefroy-
Lunel, directeur du Musée zoologique de Genève, M. Van Kempen,
de Saint-Omer, et bien d'autres assurément qui ont droit à notre
reconnaissance.

PALMIPÈDES LAMELLIROSTRES

Famille des Anatidés.

Genre Anas.

ANAS PENELOPE (4) et QUERQUEDULA CRECCA (5)

Nous citerons d'abord trois pièces hybrides auxquelles on attribue
cette origine. Elles se trouvent : la première dans le Musée de la
Faune néerlandaise, à Amsterdam, la deuxième dans la collection
de M. le comte Arrigoni degli Oddi, à Padoue, la troisième dans la
collection du feu Lord Malmesburg.

L'hybride du Musée de la Faune néerlandaise a été acquis récemment, il est adulte, de sexe mâle, et a été capturé à l'état sauvage.
L'hybride appartenant à M. le comte degli Oddi a été tué]au mois
de décembre 1882, par M. B. Dute dans la vallée de Salsa Morosina,

(1) Directeur du Musée des Vertébrés de cette ville.
(2) Directeur-adjoint au Musée.
(3) Auteur de l'*Ornis caucasica.*
(4) Autres noms scientifiques : *Mareca penelope, A. fistularis, A. kagolka.*
(5) Ou *Querquedula crecca,* ou *Querquedula minor.*

province de Padoue. Cet Oiseau se trouvait dans une bande de Canards Pénélope, il est de sexe mâle. Nous n'avons pu savoir à quelle époque a été tué le spécimen de Lord Malmesburg. M. Ed. Hart, de Christchurch, qui l'a vu il y a dix-huit mois environ dans la collection du feu Lord, nous écrit que c'est sur la rivière Stow qu'il a été abattu.

M. le comte degli Oddi a bien voulu nous adresser une description manuscrite de l'hybride qu'il possède. Il nous fait savoir que cette description est sous presse et qu'elle sera accompagnée d'une figure coloriée représentant l'oiseau :

« Longueur totale, 0m410; longueur du bec, 0m040; aile fermée, 0m230; queue, 0m045; tarse, 0m040; le doigt sans l'ongle, 0m040; le doigt avec l'ongle, 0m045.

« Bec et iris noirs; tête et cou d'un châtain ardent tirant sur l'isabelle. Une large bande entoure l'œil, passe au-dessus et se continue sur la tête et jusqu'à la nuque. Le bord de cette tache est jaune fauve, plus marqué auprès des yeux. A la partie centrale de la nuque il y a une raie noire d'un violet foncé. La gorge et le tour du bec, noirâtres, sont entourés par une couleur baie. A la naissance du cou, qui est violet, on voit des raies transversales noires en zigzags.

« La poitrine d'un rose violet avec beaucoup de taches noires irrégulières, le ventre blanc clair. Les plumes de côté en zigzags, blanches et noires. La partie inférieure du ventre blanche en zigzags avec un peu de gris, mais très peu visible et ayant la forme de petites stries transversales sur les plumes. Les plumes du dessous de la queue noires, un très petit nombre de celles de côté blanches, légèrement teintées de jaune, avec une bande noire à la base ; chez quelques-unes la matière spongieuse de la tige est noire.

« Dos, scapulaires, sur la queue et sur le croupion, plumes blanches ou gris perlé avec des stries en travers et en zigzags, noirs. Les couvertures grisâtres en zigzags noirs et blancs, quelques-unes des grandes couvertures ont l'extrémité plus claire et n'ont presque pas de zigzags ; une bande couleur noisette, qui devient plus foncée au fur et à mesure qu'elle se rapproche du corps, termine les grandes couvertures. Les rémiges sont grisâtres ; le miroir est d'un vert émeraude entouré de toute part de noir velouté, excepté les antérieures, où elle est limitée par une bande couleur noisette, et près du corps, où elle est bordée de brun ou gris perlé. Quelques-unes des grandes ouvertures des ailes sont cendrées, d'autres cendrées à l'intérieur, tandis que dans le vessillo extérieur des ailes elles sont cendrées à la racine, puis ensuite noires et bordées de blanc, l'isabelle entoure le tout, le cendré est sillonné de zigzags noirs. Les couvertures supérieures de la queue blanches autour avec zigzags noirs et blancs sur le reste, les latérales noires, les rectrices grisâtres bordées de blanchâtre, les médianes un peu plus longues que les autres et terminées en pointe ; pattes et ongles tirant sur le brun. »

« En observant attentivement ce spécimen, ajoute M. le comte Oddi, nous y trouvons des ressemblances évidentes avec ses parents. Plus élégant que le *Fischione* (Pénélope) et moins léger que l'*Algavola* (*A. crecca*), il a comme dimensions la moyenne entre les deux ; son bec, de la longueur de la tête, s'élève à la base presque droit à partir des narines, étroit, plus large vers l'extrémité qu'au milieu, il ressemble beaucoup à celui de l'*Algavola*, la tête et le cou avec la belle bande d'un vert brillant est commune aux deux espèces ; il faut noter également les taches de la poitrine et la coloration de la partie inférieure du ventre qui sont de l'*Algavola* comme disposition. »

Grâce à l'obligeance de M. Westerman, directeur du Koninklijk zoologisch Genootschap d'Amsterdam, nous pouvons donner aussi la description de l'hybride sauvage. *A. penelope* × *A. crecca*, acquis dernièrement par le Musée de la Faune néerlandaise : « Tête et grande partie du cou roussâtres, aux deux côtés autour et derrière les yeux et le long du cou une ligne de vert métallique, mêlée de brun. Jabot brun pourprâtre, chaque plume possédant une petite tache ronde de couleur noire ; poitrine et ventre blancs. Parties supérieures et flancs du corps avec des lignes transversales noires et blanches. Couvertures des ailes grises, petites rémiges ; celles au milieu avec tache oblongue, noire ; miroir vert, en avant avec bande brune comme chez *A. crecca*, en arrière avec bande noire, comme chez *A. penelope*. Grandes rémiges d'un noir brunâtre ; plumes de la queue brun grisâtre à marges blanchâtres ; sous-couvertures noires ; croupion brun noirâtre, mêlé de blanc. Bec noir grisâtre, yeux bruns ; pattes couleur de plomb foncé (1).

Un spécimen, faisant partie de la collection réunie par M. Whitaker, esq., vient d'être vendu à M. Dicks, de Creeve (2). Un autre

---

(1) Nous pensons que la description faite par M. Koller dans le Journal de Zoologie de 1890 d'un hybride entre l'*A. penelope* et la *Q. crecca* se rapporte au spécimen dont M. Westerman a bien voulu nous envoyer la description.

(2) Vente du 22 mai 1890, faite au Covent Garden de Londres. L'Oiseau au catalogue portait le n° 100. Le *Field* du 31 may en parle comme d'un très beau spécimen, intermédiaire en dimensions entre les deux espèces. Peut-être vient-il de la collection du feu Lord Malmesburg ?

exemplaire se trouverait chez M. le comte Ninni, à Venise; malheureusement nous n'avons pu obtenir aucune indication sur ce sujet.

Dafila acuta (1) et Anas penelope

M. Charles Royer, de Langres, nous écrit qu'il possède un sujet mâle qu'il considère comme produit par ces deux espèces; cet Oiseau a été tué dans une bande de Canards.

Sur notre demande il nous a adressé la description suivante : Tête rougeâtre, chaque plume marquée au centre d'une moucheture plus sombre ; cou, comme la tête ; poitrine rousse au sommet, mais s'éclaircissant rapidement et passant au blanc ; abdomen blanc pur ; dos grivelé comme dans le Pénélope, entremêlé de plumes plus rousses ; couvertures des ailes grises, rémiges comme dans le Penelope ; couvertures de la queue d'un brun grisâtre ; miroir vert bronzé plus voisin de l'*acuta* que du Pénélope, mais il est précédé d'une large bande blanche plus large même que dans le Pénélope ; bec intermédiaire, plus long que chez le Pénélope, moins long que chez l'*acuta*. Enfin, comme aspect général, il ressemble plus au Pénélope qu'à l'*acuta*, aussi bien par sa forme que par sa couleur.

Déjà M. van Wickevoort Crommelin avait décrit (2) un Canard qu'on supposait provenir des mêmes espèces. Cet Oiseau, pris à Frise le 20 janvier 1862, est conservé dans la collection du Musée de Leyde.

« Le dos, les ailes, y compris le miroir, la poitrine, le ventre et les flancs, le croupion et la queue sont comme ceux de l'*A. acuta*, mais les rectrices allongées un peu plus courtes que dans l'adulte de cette espèce et les taches noires sur les scapulaires plus étroites; le bas du cou et le jabot pareils à ceux de l'*A. penelope* mâle, mais la couleur rougeâtre y descend davantage, aussi sur les côtés; la gorge et le haut du cou d'un beau noirâtre plus sombre que dans l'*A. acuta*, se rapprochant davantage de la tache à la gorge de l'*A. penelope*. La coloration de la tête diffère de celle de ces deux espèces, une large bande d'un brun jaunâtre clair va, en se rétrécissant, du bec par le dessus de la tête jusqu'à l'occiput; des deux côtés de cette bande il se trouve une autre bande plus large d'un vert clair à reflets qui va de l'œil à la nuque en dessous de celle-ci, on en voit encore une autre également très large, d'un jaune brunâtre clair, semblable pour la couleur à celle du dessus de la tête de l'*A. penelope* et s'éten-

dant depuis le bec jusqu'à la nuque; le bec est noir et mesure
40 mill.; les pieds semblables à ceux de l'*A. acuta* ».

Dans un article publié dans les Archives néerlandaises (1),
M. van Wickevoort Crommelin avait émis quelques doutes sur la
descendance supposée de cet hybride, qui pouvait bien être aussi le
produit du Pilet avec la petite Sarcelle. Mais depuis le savant
hollandais est revenu à sa première opinion ; dans une lettre qu'il
nous a écrite le 14 février dernier, il nous fait savoir qu'il consi-
dèrera désormais ce spécimen comme descendant de l'*A. acuta* et
de l'*A. penelope*, l'expérience lui ayant démontré que les mâles
(non hybrides) de cette dernière espèce ont quelquefois une bande
verte plus ou moins apparente derrière l'œil.

Nous signalerons un troisième exemplaire hybride acheté au
Leaden hall market de Londres et conservé dans la collection de
M. Handcock, du Musée de Northumberland (2). Mais nous ignorons complètement si cet Oiseau, acheté sur le marché, avait été
tué à l'état sauvage ; M. Handcok n'a pu nous donner aucune indication sur son origine, il nous a seulement fait savoir par M. le Dr
Emellton, de Newcastle, que l'Oiseau était vraiment un hybride. En
voici la description :

« Ce spécimen a à peu près des caractères moyens entre les deux
parents ; la couleur chataigne de la tête et du cou est mélangée
avec le vert brillant du Pintail et le derrière du cou est très
sombre comme chez le Wigeon. Les couvertures des ailes sont d'un
blanc sale ; les scapulaires, les tertiaires et les plumes de la queue
ressemblent dans leur plus grande partie à celles du Pintail, mais
les deux plus longues plumes du milieu de la queue ne se voient
pas autant que chez le Pintail. »

Un quatrième exemplaire est encore à signaler. M. J. G. Millais,
de Seaforth Highlanders (Fort George), écrit dans le Field du
15 février qu'il a reçu dernièrement un Canard très étrange, qui
fut tué par son oncle, M. George Gray, sur la rivière Isla, près
Perth, en décembre 1889. M. J. G. Millais pense que c'est un
hybride entre un Wigeon (*A. penelope*) et un Pintail (*A. acuta*),
montrant les caractères des deux espèces. Le Pintail est assez rare,
dit-il, dans cette partie de l'Ecosse, mais il pense que cet oiseau,
comme le Gadiral (*Anas streperea*), s'y établit peu à peu. Il y a
quelques années cette espèce était presque inconnue ; jamais un hiver
ne se passe maintenant sans que l'on ne voie une paire des deux

(1) VII, p. 134.
(2) Natural history Transactions, VII, p. 133.

Oiseaux, particulièrement dans le Perthshire. Néanmoins M. Millais croit qu'ils ne se reproduisent pas dans cette contrée.

ANAS BOSCHAS (1) et ANAS ACUTA

D'après MM. Degland et Gerbe (2), il n'y a point d'espèce qui, à l'état sauvage, se croise plus facilement que l'*A. acuta* avec le *boschas*. Presque toutes les collections, disent ces auteurs, possèdent des hybrides provenant du croisement de ces deux espèces ; ils ajoutent que le Muséum d'Histoire naturelle de Paris en renferme un bon nombre ; ils en connaissent plusieurs autres qui, tous, ont été rencontrés sur les marchés de Paris.

Il est vrai que les hybrides du Pilet acuticaude et du Canard sauvage ne sont pas absolument rares ; cependant le plus grand nombre des Musées et des collections en sont dépourvus ; le Muséum de Paris n'en possède lui-même que deux exemplaires, encore est-il que l'un des deux provient de la Ménagerie et que l'autre ne porte aucune indication de localité, on ignore s'il a été tué à l'état sauvage, on sait seulement qu'il a été acquis sur échange à M. Perrot, le 15 mars 1854. C'est un exemplaire adulte, de sexe mâle. Ces renseignements nous sont fournis par M. Oustalet, docteur ès-sciences et aide-naturaliste au Muséum.

Les exemplaires, tués à l'état sauvage, qui nous ont été indiqués, sont les suivants : Musée royal de Florence, dans la collection centrale des animaux vertébrés d'Italie, deux exemplaires (3).

Musée zoologique de Milan, dans la collection du comte Turati, pensons-nous, un exemplaire (4).

Musée de la Faune Néerlandaise à Amsterdam, trois exemplaires (5).

Collection de M. van Wickevoort, à Harlem, trois exemplaires (6).

Collection de M. le baron Ed. de Selys-Longchamps, à Longchamps-sur-Ger (Belgique), un exemplaire (7).

---

(1) Autres noms scientifiques : *Anas fera, Boscas domestica.*
(2) *Ornithologie européenne.*
(3) Communication de M. le professeur Henri Giglioli, directeur du Musée.
(4) Communication de M. le professeur Sordelli, directeur-adjoint du Musée.
(5) Communication de M. G. F. Westerman, directeur du Koninklijk zoologisch Genootschap *Natura artis magistra.*
(6) Communication de M. van Wickevoort Crommelin, directeur de la Société des sciences exactes et naturelles de Harlem.
(7) Communication de M. le baron Ed. de Selys-Longchamps, sénateur, membre de l'Académie des sciences de Bruxelles.

Collection de M. Adrien Lacroix, de Toulouse, un exemplaire (1).

Collection de M. N. Zaroudnoï, d'Orenbourg (Russie), un exemplaire (2).

Collection de M. Daniel G. Elliot, de New-York, un exemplaire (3).

Museum of Northumberland, Durham and Newcastle-upon-Tyne, dans la collection de M. John Handcock, un exemplaire (4).

Collection de M. Reid, de Doncaster, un exemplaire (5).

Collection de M. Law, de Youghal, un exemplaire (6) ?

Nous signalerons encore deux exemplaires tués en janvier 1864 par M. Grantly F. Berkely sur la rivière Avon Christchurch (Hants) (7), et un autre spécimen rapporté de Palestine par M. Canon Stristram, de Durham (8).

Musée national des Etats-Unis à Washington, trois exemplaires (9).

Collection réunie par M. Whitaker, esq., et vendue à Londres le 22 mai 1890, plusieurs exemplaires (10).

Enfin, d'après M. de Rettner, il devrait se trouver dans le Cabinet d'Histoire naturelle de Karlsruhe (Allemagne), un hybride de cette sorte ; d'après le même, un deuxième individu aurait été pris en 1857 à Kniebrigen (11). Mais M. le dr A. Knop, directeur du Musée, nous écrit, que ces hybrides n'existent plus dans cette collection et qu'on ignore ce qu'ils sont devenus ; du reste, les hybrides dont il est question dans les *Beiträge zur rheinischen Naturgeschichte* (12) ne paraissent pas être de véritables hybrides sauvages (13).

Les deux exemplaires du Musée royal de Florence ont été tués : le premier à Comacchio, le 22 janvier 1882, il porte le n° 1886 du catalogue ornithologique, le second, qui paraît plus jeune, n° 2251,

(1) Communication de M. Lacroix.

(2) Communication de M. Zaroudnoï.

(3) Voy. Proceedings of the zool. society London, p. 437. 1859.

(4) Communication de M. John Handcock. Voy. aussi Magazine of Natural history and Journal. vol. VIII, p. 509. London, 1835.

(5) Le même Magazine, p. 107, 1836.

(6) Voy. *The fowler in Ireland*, by sir Ralp. Payne-Gallway, p. 35, London, 1886. Sir Ralp. Payne-Gallway ne dit pas cependant que l'Oiseau ait été tué à l'état sauvage.

(7) Communication de M. Ed. Hart, de Christchurch. Nous ignorons où sont conservés ces Oiseaux.

(8) D'après une communication de M. Macpherson.

(9) Communication de M. R. Ridway, curateur du Musée ornithologique de Washington.

(10) Voy. le *Catalogue de la vente*. Nous les supposons tués à l'état sauvage.

(11) Communication de M. Schutt, de Karlsruhe.

(12) Fribourg, p. 94, 1849.

(13) Voy. l'art. que nous n'avons pu consulter nous-même et dont M. Shür a bien voulu nous envoyer quelques extraits.

a été tué à Naples le 14 décembre 1884. Tous deux sont du sexe mâle.

L'exemplaire du Musée zoologique de Milan ne porte point d'indication sur son état. Il paraît, nous écrit M. le professeur Sordelli, avoir vécu en liberté. Il a été tué à Biewe (Allemagne), et provient de chez M. Otto Tunch. C'est un mâle; son père, d'après l'étiquette originale, serait le *boschas*. Ces renseignements n'affirment pas d'une manière parfaite l'origine sauvage de cet Oiseau.

Les exemplaires du Musée de la Faune Néerlandaise ont été tous les trois capturés à l'état sauvage, ils sont adultes, deux sont du sexe mâle, le troisième du sexe femelle.

Un des exemplaires, appartenant à M. van Wickevoort Crommelin, de Harlem, fut pris le 18 janvier 1862 dans les environs de Rotterdam, un autre le 26 janvier 1866, également en Hollande, et le dernier en 1866 dans une des canardières de la Hollande septentrionale; ce sont trois mâles (1).

L'exemplaire faisant partie de la collection de M. le baron Ed. de Selys-Longchamps a été pris, dit-on, à l'état sauvage, c'est un mâle adulte (2).

L'exemplaire de M. Lacroix, de Toulouse, a été capturé sur les marais de Grisolles (Tarn-et-Garonne), le 17 décembre 1868; il est de sexe mâle (3).

L'exemplaire de M. N. Zaroudnoï provient des environs d'Orenbourg (Russie), il est de sexe mâle.

L'exemplaire appartenant à M. Daniel G. Elliot, de New-York, fut tué (ou pris) sur la côte sud de Long Island (Etats-Unis d'Amérique). Cet Oiseau a été exposé à une réunion de la Société zoologique de Londres, le 22 novembre 1859. Sir Alfred Newton, qui l'avait reçu de M. Elliot, a contesté son origine supposée et ne pense point qu'il descende de l'*acuta* parce que, dit-il, il n'a aucun

---

(1) Voy. pour les deux premiers : Nederlandsch Tijdschrift voor de Dierkunde. I, p, 175, et III, p. 309; pour le troisième, voy. Archives néerlandaises des sciences exactes et naturelles de von Baumhauer, II, La Haye, 1867, ou le Bulletin de la Société nationale d'Acclimatation, p. 784, 1868.

(2) Voy. le Bulletin de l'Académie des sciences de Belgique, XXIII, 2ᵉ partie, nᵒ 21, 1856.

(3) D'après son *Catalogue raisonné des Oiseaux observés dans les Pyrénées françaises et les régions limitrophes*, p. 244, Toulouse et Paris, 1873 et 1875, car dans une lettre que M. Lacroix a bien voulu nous écrire le 9 mars 1888, l'Oiseau en question aurait été capturé en 1853 dans la banlieue de Toulouse, à Blagnac-sur-Garonne, à 13 k. nord, sur le bord du fleuve. S'agit-il de deux individus ?

signe qui puisse le rapprocher de cette espèce. Néanmoins le professeur de Cambridge ne paraît point avoir pu déterminer le second progéniteur (1).

L'exemplaire de la collection de M. John Handcock, au Musée de Northumberland, Durham and Newcastle-upson-Tyne, tué près de Newcastle-on-Tyne, lui fut offert par M. W. C. Trevelgan, c'est un Oiseau adulte et du sexe mâle (2). D'après le Magazine of natural History (3), c'est en février 1835 que l'Oiseau fut abattu. Il fut alors acheté et empaillé par M. Thomas Ellison, naturaliste, puis il passa dans les mains de M. W. C. Trevelgan.

On pense, dit Samuel Morton (4), que l'exemplaire de la collection de M. Reid, de Doncaster, a été produit à l'état sauvage; le Magazine of natural History (5), qui a parlé le premier de ce fait, ne donne cependant aucune indication. Il dit seulement qu'il provient du Pintail (*A. acuta*) et du common wild Duck (*A. boschas*). Nous ne savons ce qu'est devenu cet Oiseau après la mort de M. Reid.

Nous n'avons pu savoir si l'exemplaire qui se trouve dans la collection de M. Law, de Yonghal, est un Oiseau sauvage. M. Payne-Gallway, qui le cite (6), se contente de dire que c'est le plus bel hybride qu'il ait vu. Les trois exemplaires du Musée national des États-Unis sont mâles et ont été tués à l'état sauvage, mais M. R. Ridgway, curator department of birds, ne nous indique pas la localité où ils ont été rencontrés.

Deux des hybrides de la collection Whitaker furent achetés sur les marchés de Londres (7); l'origine des deux autres, catalogués sous le n° 99, est contestée par le rév. Macpherson; il pense qu'ils proviennent du Mallard (*A. boschas*) et du Wigeon (*A. penelope*). L'un d'eux, dit-il, montre sur la partie inférieure du cou et sur la poitrine les caractères propres au Wigeon.

Ainsi, sur trente hybrides de l'*A. boschas* et de l'*A. acuta* que nous venons d'énumérer, l'origine sauvage de dix-huit nous est seulement bien attestée. On doit remarquer que sur un nombre aussi étendu, il ne se rencontre que quelques sujets femelles.

(1) Voy. : 1° The Proceedings of the zoological society of London, page 437, 1859. 2° the Proceedings, etc., p. 336, 1860, *On some hybrids ducks*, by Al. Newton.

(2) Communication de M. John Handcock.

(3) P. 509, VIII, London, 1835.

(4) *Hybridity in animals*. The american journal of science and arts, May 1847.

(5) P. 107, IX, 1836.

(6) *The fowler in Ireland*, p. 36. London, 1886.

(7) Voy. : The Field, 31 mai 1890.

DESCRIPTION

Hybride tué à Comacchio, du Musée de Florence : « Bec cendré sur les côtés et noir au milieu ; pieds jaunâtres, membranes noirâtres, formes et teintes du plumage du ♂ *D. acuta*, mais la tête a le vert obscur du ♂ *A. boschas*, la poitrine est teintée de châtain clair, le collier est blanc et large de 3 centimètres (1) ».

Hybride tué à Naples, du Musée de Florence : plus jeune que le précédent et montre davantage les caractères de l'*A. boschas*, mais il est de moindre taille. La tête est d'un brun noirâtre sur un fond plus clair, il n'y a pas de trace de collier blanc ; la poitrine est marron foncé ; le dos est comme la tête, le speculum clair, bien marqué dans le précédent, l'est peu dans celui-ci. Les sous-caudales, qui sont noires dans le n° 1886, sont blanches lavées de marron. Le bec et les pieds ont les proportions du *D. acuta* (2). »

Hybride tué à Brême, Musée de Milan : « Le bec noir, un peu allongé, rappelle assez celui de l'*acuta*. Tête noirâtre, à reflets verts. Un collier blanc. Poitrine couleur de rouille en haut, d'un blanc rougeâtre en bas. Cette dernière couleur est celle de l'abdomen et des flancs, dont les plumes sont traversées par de très fines lignes brunes ondulées. Dos et couvertures supérieures (de la base) des ailes blanc-cendré, traversés de même par de fines brunes. Rémiges brun cendré, miroir vert métallique, bordé en-dessus de brun rougeâtre, et dessous (l'aile étant dans la position du repos) d'un double bord, noir foncé et blanc. Une partie des grandes couvertures des ailes est noire, de sorte que, les ailes étant fermées, on voit deux longues taches noires, à reflets violacés ; pennes extérieures de la queue cendrées, bordées de blanc ; les deux moyennes noir à reflets verts, plus longues, effilées, et courbées en haut. L'aspect général de l'oiseau paraît assez tenir le milieu entre les deux espèces (3). »

Hybrides ♂ du Musée d'Amsterdam, le premier : Tête brun-noirâtre avec reflets métalliques, au cou une bande blanche, montant aux deux côtés de la nuque ; jabot brun-pourpré, poitrine et flancs du corps avec des lignes transversales blanches et noir-brunâtre, les parties supérieures de la même couleur, mais plus brunes. Couvertures des ailes gris-brun, miroir vert avec bande brune comme

---

(1) Description faite sur nature par M. le prof. Henri H. Giglioli, et qui nous est adressée par ce dernier.
(2) Description faite pour nous par le même.
(3) Description faite également pour nous par M. prof. Sordelli.

2

chez l'*acuta*, plumes des épaules noires et blanches, celles en dehors
avec des taches noires. Couvertures de la queue roussâtres avec
marges blanches et lignes transversales ; celles du milieu noires et
recourbées, mais pas dans toute leur longueur. Sous-couvertures
de la queue brunes avec des marges blanches, croupion brun
noirâtre à marges plus claires. Bec noir au milieu, aux côtés bleu
grisâtre, yeux bruns, pattes roussâtres, palames plus foncées.

Le second : Tête brun noirâtre avec reflets métalliques, bande au
cou large et blanche, toutes les petites plumes avec des marges
brun-pourpré montant aux deux côtés de la nuque dans une
pointe, la nuque gris brunâtre. Jabot brun-pourpré, toutes les
plumes finissant en des marges brun-blanc. Partie antérieure de la
poitrine blanche, du milieu jusqu'au ventre, blanche, avec des
lignes transversales gris noir, ventre de la même couleur. Couvertures des ailes gris-brun avec des marges plus claires, miroir vert,
en avant avec bande brune comme chez *A. acuta* et finissant en une
bande noire et blanche ; rémiges gris-noir ; épaules grises. Plumes
de la queue, celles du milieu noir-grisâtre, un peu recourbées, les
autres gris-foncé avec marges blanchâtres. Sous-couvertures de la
queue noires à l'extérieur avec des marges blanches ; celles de
dessus et le croupion sont gris noirâtre avec marges brun-clair.
Bec, bleu foncé sur les côtés, le milieu noir, yeux bruns, pattes
roussâtres, palames plus foncées. »

Hybride ♀ du Musée d'Amsterdam : « Bec gris bleu foncé, à la racine
deux taches irrégulières bleu-clair. Couvertures des ailes gris-bleu
foncé avec marges plus claires, miroir comme chez les précédents.
Dessus et couleur des plumes comme chez *A. boschas*, mais cette
dernière couleur plus claire, excepté aux flancs, dont le dessus
ressemble à celui de l'*A. acuta*. Queue, forme coin de mire, les
plumes noir brunâtre avec marges brunes, claires et bandes transversales. Pattes gris bleu roussâtre, palames plus foncées, yeux brun
foncé (1) ».

*Exemplaire ♂ pris dans les environs de Rotterdam, collection de
M. van Wickeroort Crommelin :* « Il est presque aussi grand que le
Canard sauvage, et a le bec, les pieds et l'iris de cette espèce, la
tête et la partie supérieure du cou sont d'un vert foncé à reflets ; au
bas du cou se trouve un collier blanc : dos et scapulaires comme
dans l'*A. boschas*, plusieurs de ces derniers portent des zigzags
noirs très marqués, semblables à ceux du Canard Pilet ; croupion

---

(1) Ces trois dernières descriptions nous ont été gracieusement envoyées par
M. Westerman.

noir brunâtre à reflets verts ; couvertures supérieures de la queue brun cendré à larges bordures plus claires, deux de ces dernières sont allongées, effilées et recourbées au bout et d'un noir à reflets ; ailes pareilles à celles de l'*A. acuta*, mais les rémiges brunes ; les parties inférieures comme celles du Canard sauvage, mais le marron du jabot moins étendu et plus clair et les flancs rayés de zigzags noirs et blancs, pareils à ceux du Canard Pilet, rectrices semblables à celles de l'*A. boschas*, les deux du milieu sont brunes et dépassent un peu les autres.

« Cet hybride offre, quant à la construction de la trachée, les mêmes signes caractéristiques que le mâle de l'*A. acuta*. Cet organe est dans notre Oiseau de la même longueur que dans le Canard Pilet. Les anneaux sont tous d'un égal diamètre et les bronches sont disposées de la même manière ; la protubérance osseuse présente la même forme que dans l'*A. acuta*, mais offre des dimensions beaucoup plus grandes, et égale presque en·grosseur celle de l'*A. boschas* (1). »

Exemplaire ♂ pris en Hollande, collection de M. van Wickevoort-Crommelin : « Il se rapproche par la taille de l'*Anas boschas*, dont il a aussi le bec et les pieds ; le dessus de la tête, depuis le bec jusqu'à l'occiput, est d'un brun plus foncé que chez le Canard Pilet ; cette couleur ne descend pas au-dessous de l'œil, mais elle entoure le bec et s'étend aussi sur la gorge, où cependant elle est peu nuancée de reflets verts. Les côtés de la tête et du cou sont d'un vert foncé à reflets ; ainsi que chez le Canard sauvage ; la nuque est noire, à reflets verts, le collier blanc est très étroit et plus interrompu que dans cette espèce, mais le blanc s'avance un peu vers le haut en longeant la bande noire de la nuque ; cependant cette ligne blanche est loin d'être aussi prolongée que chez l'*A. acuta*. Le haut du dos et les scapulaires présentent en général la même coloration que ceux de l'*A. boschas* ; ces parties sont cependant plus nuancées de gris cendré, et se rapprochent par ce caractère, ainsi que par les raies en zigzag noir très prononcé, des mêmes parties du Canard Pilet ; quelques-unes des scapulaires sont noires comme dans cette dernière espèce, et l'on remarque comme chez celle-ci une grande tache d'un noir velouté formée par les plumes les plus rapprochées de l'aile ; les plus longues n'offrent point de noir ni de blanc, ainsi que chez l'*A. acuta* ; elles ne sont non plus aussi rétrécies et aussi allongées, cependant elles sont plus étroites et plus longues que celles du

---

(1) Description faite par M. van Wickevoort Crommelin et publiée dans Neder-landsch Tijdschrift voor de Dierkunde, I, p. 175.

Canard sauvage, dont elles diffèrent par le manque de brun marron, ainsi que par les raies en zigzag très prononcées, semblables à celles que l'on observe aux parties supérieures du Pilet. Le bas du dos est pareil à celui du Canard ordinaire, ainsi que le croupion. Les couvertures alaires ressemblent à celles de cette espèce; le miroir égale en grandeur celui de l'*A. boschas*, mais il est d'un beau vert lustré sans nuance pourpre ni violette; il est surmonté d'une bande rousse, et suivi d'une étroite raie noire et d'une bande blanche; les rémiges primaires ne diffèrent point de celles du Canard sauvage, le marron du jabot est plus foncé et plus étendu que dans l'hybride de 1862, mais plus clair que chez le Canard ordinaire type; le reste des parties inférieures est nuancé comme dans cette espèce, cependant le milieu de la poitrine est presque blanc, et les zigzags brun cendré sont moins distincts; les flancs présentent des raies en zigzag noires et cendrées semblables à celles de l'*A. acuta*, et plus foncées que chez la première variété, dans laquelle elles ne se prolongent pas aussi loin en arrière que chez notre présent individu. Les sous-caudales sont noires comme dans les deux espèces originelles, mais le triangle qu'elles forment est plus étroit que dans le Canard sauvage, et se rapproche ainsi de celui du Pilet; les couvertures supérieures de la queue ne sont pas pointues comme dans cette espèce; elles sont noires, à bordures d'un cendré roussâtre. La queue ressemble par la forme à celle de l'*A. acuta*, et s'y rapproche aussi par les couleurs, cependant les bordures blanches sont plus larges. Mais ce qui caractérise surtout cet oiseau et l'éloigne de l'hybride décrit dans le premier volume, c'est que ce ne sont pas les couvertures médianes du dessus de la queue qui sont recourbées ou bien allongées et effilées comme dans ce dernier individu ou chez l'*A. boschas* type, mais ici les deux rectrices médianes se rapprochent par la forme de celles du Pilet; elles sont cependant plus larges, moins effilées et moins longues, et leur couleur est d'un noir nuancé de cendré, enfin elles sont un peu relevées au bout. La trachée de cet hybride ressemble par la plupart des caractères à celle de l'*A. boschas*; les anneaux ont le même diamètre que ceux de cette espèce; la protubérance osseuse à la bifurcation de cet organe présente la même forme et la même dimension et les bronches sont disposées de la même manière; mais cette trachée diffère de celle du Canard sauvage par son extrême longueur; elle surpasse même à cet égard celle du Canard Pilet et du premier individu (1) ».

(1) Description faite par M. van Wickevoort-Crommelin et publiée dans Neder-landsch Tijdschrift voor de Dierkunde, III, p. 309.

Hybride ♂ tué dans la Hollande septentrionale, collection de M. van Wickevoort-Crommelin : « Ressemble en général, par les formes et les couleurs du plumage, au second des individus que nous venons de signaler ; il offre toutefois quelques modifications dans les teintes, d'ailleurs il porte encore des restes de la première livrée, les plumes se voient surtout au cou, aux scapulaires et aux flancs ; elles sont pareilles à celles du jeune Pilet. Mais ce qui caractérise surtout l'Oiseau, et le fait différer des deux individus cités plus haut, c'est qu'il a le bec formé comme celui du Canard ordinaire, coloré comme celui de l'*A. acuta*, et que les pieds qui, par la structure, rappellent ceux de l'*A. boschas*, ont cependant une teinte cendrée un peu mariée de jaunâtre. Ce Canard présente, quant à la conformation des diverses parties de la trachée, les mêmes signes caractéristiques que le Canard ordinaire ; les anneaux ont le même diamètre, la protubérance osseuse à la bifurcation de cet organe, et offre la même forme et la même dimension, et les bronches sont disposées de la même manière que chez cette espèce. Mais cette trachée n'égale même pas en longueur celle de l'*A. boschas* ; c'est donc encore par cette particularité que l'Oiseau se distingue de l'individu auquel on vient de le comparer, et qui se caractérise surtout par la longueur excessive de cet organe (1) ».

Hybride ♂ de la collection de M. le baron Ed. de Selys-Longchamps. « Bec de forme intermédiaire, ainsi que la queue, dont les deux rectrices médianes sont un peu plus longues que les autres et recourbées en haut. Plumage voisin de l'*acuta* par le dos, le ventre et les ailes, mais le miroir plus grand, plus brillant. Couleur de la tête comme le *boschas*, mais moins verte, ayant au bas et en avant du cou un demi-collier blanc plus large, remontant en s'amincissant sur les côtés vers la nuque, comme chez l'*acuta* ; haut de la poitrine sous le collier rappelant le *boschas* par des ondes brun roussâtre (2). »

Hybride tué sur la Garonne, collection de M. Lacroix, de Toulouse. « Tête et cou d'un gris de Souris, suivis d'un collier blanc d'argent étroit et en forme de bague ; haut de la poitrine d'un roux marron vif, grandes plumes des ailes d'un blanc pur, petites et moyennes couvertures d'un roux très-clair, miroir couleur lilas pâle, dessus

(1) Description faite par M. van Wickevoort Crommelin et publiée dans les Archives des sciences exactes et naturelles de von Baumhauer, II, p. 450-451, 1867, puis dans le Bulletin de la Société Nationale d'Acclimatation, p. 784, 1868.

2) Description faite par M. le baron de Selys-Longchamps et publiée dans le Bulletin de l'Académie des sciences de Belgique, XXIII, 2ᵉ partie, 1856.

du dos presque effacé, sous-caudales violet gris-clair, queue blanc
sale ; pieds rouge rose très pàle; bec gris, vineux. La forme générale est asez élancée, le cou est long et mince comme celui du
Canard Pilet (1). »

*Hybride tué près de Newcastle-on-Tyne, collection de M. John
Handcolk :* « La forme et la couleur sont plutôt celles de l'*A. acuta*
que celles de l'*A. boschas*. Par son bec et sa tète il a plus de rapport
avec l'*A. acuta* qu'avec l'*A. boschas*.

» Tète et cou bruns, derrière du cou brun et vert luisant, presque
tout à fait comme le cou de l'*A. boschas*. Il présente deux stries
blanches, une de chaque côté de la ligne médiane postérieure, qui
font voir le collier blanc s'étendant presque jusqu'sur le derrière
de la tète. Dos comme celui de l'*A. boschas*, poitrine et abdomen,
couvertures et rémiges, sous-caudales noires, la partie blanche
autour de l'anus, sont comme chez l'*A. acuta*. Les deux plumes de
la partie supérieure de la queue sont recourbées en haut, cependant
pas autant que chez l'*A. boschas* (2). »

Nous ne pouvons donner la description de l'exemplaire ayant
appartenu à M. Reid, de Doncaster, le Magazine of natural History
n'ayant rien publié à ce sujet. Les renseignements donnés par Sir
Payne-Gallway sur l'exemplaire appartenant à M. Law, de Goughal,
sont très incomplets. Le rév. Macpherson, de Carlishe, ne nous a
non plus fourni d'indications sur l'hybride rapporté de Palestine
par M. Carron Tristram, de Durham, hybride qui fut tué dans le
« Holy land » par un habitant du pays (3). Quant aux deux sujets
dont a parlé M. de Rettner, nous avons vu qu'on ne savait ce qu'ils
étaient devenus. Enfin les deux exemplaires tués sur la rivière Avon,
Christchurch, par M. Grantly F. Berkeley, ayant été vendus,
M. Ed. Hart peut seulement se rappeler que le mâle avait la tète
grise du *boschas* et le collier blanc, mais s'étendant derrière le cou
jusqu'à la tète; le reste du plumage ressemblait au *boschas*, le cou
était plus long; certaines plumes de la queue ressemblaient comme
forme à l'*acuta*. La femelle avait le cou plus long que celui de la
femelle *A. boschas* ainsi que les deux plumes centrales, elle ressemblait à cette dernière.

---

(1) *Catalogue raisonné des Oiseaux observés dans les Pyrénées françaises et
les régions limitrophes.* Toulouse et Paris, 1873-1875.

(2) Description faite pour nous par M. le Dr Embleton, de Newcastle.
En parlant de cet Oiseau, le Magazine of natural history avait dit seulement que
son plumage tenait du mâle de la première espèce (le Wild Duck) et de la femelle de
la seconde (le Pintal).

(3) Peut-être cet auteur donne-t-il le signalement de cet Oiseau dans son ouvrage
de la faune de la Palestine.

ANAS BOSCHAS et QUERQUEDULA CRECCA

Si l'on en croit sir Alfred Newton, l'*Anas bimaculata* de Keyserling et de Blasius, l'*Anas glocitans* de Gmelin (mais point celui de Pallas), descendent du Canard sauvage (*A. boschas* Linné) et de la Sarcelle (*Querquedula crecca*, Steph.). Le professeur Newton est arrivé à cette conclusion, non seulement à la suite d'observations répétées sur des spécimens décrits par Vigors (1), qui sont maintenant au British Museum, mais aussi parce qu'il a vu plusieurs oiseaux de cette sorte dans différentes collections (2). M. Thomes et M. Bartlett (3) avaient déjà émis cette opinion (4). L'avis du professeur Newton est encore celui de M. van Wickevoort Crommelin (5). Mais d'autres naturalistes ne partagent point cette manière de voir. M. de Selys-Longchamps, entre autres, pense que l'*A. bimaculata* et l'*A. glocitans* viennent du croisement de l'*A. penelope* et l'*A. boschas*. M. Grantley F. Berkely est de cette opinion (6), ainsi que le prince Bonaparte (7), Deglaud et Gerbe disent que la chose est probable (8), il n'y a même aucun doute d'après M. John Handcock (9).

Trois exemplaires décrits par MM. van Wickevoort Crommelin, van Bemmelen et Severtzow ne paraissent pas avoir été critiqués; nous donnerons la description de ces Oiseaux, ainsi que celle de trois autres que le Rev. Macpherson, de Carlisle, nous a indiqués.

Ces six exemplaires, tués ou capturés récemment, sont tous du sexe mâle.

Le premier capturé, en Hollande pendant l'année 1862, se trouve dans la collection de M. van Wickevoort Crommelin, à Harlem; le deuxième, abattu près de Leyde, est conservé dans les galeries du Muséum national des Pays-Bas; le troisième, tué en 1883 dans le gouvernement de Bjäsan (Russie), a été entre les mains du feu pro-

(1) Linn. Trans., XIV, p. 559.

(2) Voyez *On a hybrid Duck*. Proceed. of. the zool. Society of London, 1861.

(3) Cité par Newton. inop. cité.

(4) The zoologiste.

(5) Archives Néerlandaises des sciences exactes et naturelles. Harlem.

(6) Field, n° du 16 mars 1861.

(7) Cité par Olphe Galliard, *Contributions à la Faune ornithologique de l'Europe occidentale*, fascicule IV. *Anatidae*.

(8) *Ornithologie européenne*.

(9) « The Bimaculated Duck of Bewick and Gawell is a hybrid between the Wigeon and the Teal » History transactions, Northumberland, Durham, etc, VI, p. 153.

fesseur Severtzow, de Moscou; le quatrième, tué en Hollande deux ans plus tard, appartient à M. J. M. Pick de North Haven (Angleterre), mais il est actuellement chez M. Hart, de Christchurch, qui l'a préparé. Celui-ci conserve dans son Muséum le cinquième exemplaira qui fut tué dans les environs de Poole (Dorset) pendant le mois de janvier 1861. Enfin le sixième se trouve chez M. J. H. Guerney de Keswick, Novwick, il a été acheté par M. Hore au marché de Devonport; cet Oiseau avait été tué dans le Devonshire. Il a, nous dit son propriétaire, la poitrine d'un *Anas crecca*. Les autres parties de son plumage ressemblent beaucoup à l'*A. boschas* ♂.

Le Rév. Macpherson nous a bien indiqué un autre exemplaire trouvé par ses cousins, MM. Macpherson, dans une maison de ferme du Sussex, mais ce Canard, qui était dans une caisse avec d'autres Oiseaux, ne portait aucune indication de son lieu d'origine. L'aquarelle faite d'après nature par les cousins du Révérend, aquarelle que celui-ci nous a obligeamment envoyée, ne nous a point paru du reste prouver l'origine hybride de l'Oiseau.

L'exemplaire de M. Pike a été examiné lorsqu'il était encore en chair, par MM. Macpherson et Hart; tous deux pensent qu'il provient de l'*A. Boschas* et de l'*A. crecca*. Voici, du reste, les renseignements que M. Hart a bien voulu nous envoyer sur ces deux hybrides :

Exemplaire de M. Pick : tête et cou vert sombre avec plumes de couleur châtaigne sur chaque côté et au-dessus des yeux, avec des plumes vertes, une bande sombre traverse la poitrine comme chez l'*A. boschas*, mais chaque plume a une tache sombre; les flancs sont tachetés, le ventre brun; les speculum de la couleur du *crecca*; les jambes jaune ocre sombre.

Exemplaire de M. Hart : La couleur châtaigne des deux côtés de la face est plus prononcée que chez l'exemplaire de M. Pick, le speculum est comme chez le *crecca*. En parlant de la couleur de la poitrine et des plumes, M. Hart s'exprime ainsi : « It has the chesnunt band across the chest like *boschas*, and each feather spotted like *crecca*. »

Ces deux exemplaires paraissent donc se ressembler; ils ressembleraient aussi à l'individu décrit par le professeur Severtzow. Celui-ci, qui ne connaissait point les descriptions déjà faites de l'hybride de *A. crecca* × *boschas* et même aucune citation de cet hybride, est entré dans de nombreux détails sur la couleur et la conformation de l'Oiseau, qui avait été tué dans le gouvernement de Bjäsan en avril 1883. Après avoir donné les descriptions de MM.

van Wickevoort Crommelin et van Bemmelen, nous reproduirons en grande partie la description du feu professeur.

1º Mâle adulte, capturé le 13 mars 1868 et adressé à M. Crommelin : « Pour la taille, un peu inférieur au Canard ordinaire ; bec formé comme celui-ci, mais un peu plus court, coloré de noir en dessus et de vert foncé sur les côtés, à lamelles plus apparentes ; les pieds pareils à ceux de la même espèce. Le dessus de la tête est d'un roux de rouille pointillé d'une teinte plus foncée et un peu plus claire autour de l'œil ; au-dessous et derrière cet organe existe une bande d'un vert foncé à reflets, qui s'étend jusqu'à la nuque ; celle-ci est de même couleur, ainsi qu'un large collier qui entoure tout le bas du cou ; point de collier blanc. Les joues sont d'un roux ferrugineux, plus foncé à la gorge ; cette couleur couvre toute l'étendue qui se trouve entre les deux bandes vertes ; elle ne forme pas deux taches distinctes, comme c'est le cas dans les Canards célèbres, tués en Angleterre ; il existe cependant une raie entrecoupée, formée de quelques plumes d'un vert foncé, et traversant la grande tache rousse de haut en bas, réunissant ainsi la bande verte de l'œil au collier du bas du cou. La poitrine est colorée comme chez l'*Anas boschas*, mais d'une teinte plus claire et marquée de taches pareilles à celles de l'*Anas crecca*, mais moins distinctes. Les autres parties inférieures semblables à celles du Canard ordinaire, mais les raies en zigzags des flancs moins fines. Le dos, comme celui de cette dernière espèce, mais marqué de zigzags comme chez la petite Sarcelle, quoique plus fins. Le croupion et la queue semblables aux mêmes parties de l'*Anas boschas* ; cependant aucune des couvertures supérieures n'est recourbée en haut et les deux pennes médianes sont pareilles à celles de l'*Anas crecca*, un peu allongées et pointues comme chez cette espèce. Les ailes et les scapulaires formées comme chez le Canard ordinaire ; ces dernières ont cependant des raies en zigzags plus distinctes ; couvertures supérieures d'un gris de plomb comme chez la petite Sarcelle ; une bande noire surmontant le miroir, qui est noir comme chez la dernière espèce, le beau vert à reflets étant réduit à la partie supérieure de quelques plumes, seulement un peu de roux, au-dessus du miroir ; une large bande blanche borde le miroir en dessous ».(1)

2º Exemplaire conservé au Musée national des Pays-Bas à Leyde ; description faite par M. van Wickevoort Crommelin et M. van Bemmelen : « Les ailes, y compris le miroir, le dos et les autres parties supérieures pareils à ceux du mâle de l'*A. boschas* ; le dessous de la queue du mâle de la même espèce, mais les couvertures mitoyennes

(1) *Canards observés en Hollande*. Archives néerlandaises, p. 331 et 332.

moins recourbées ; le dessous de la queue comme chez la femelle de l'*A. crecca*, cependant pas autant de taches ; le jabot et le haut de la poitrine d'un brun marron, ainsi que dans le Canard ordinaire, mais varié de taches noires en croissants ; le collier, le bas de la poitrine, le ventre semblables à ceux du mâle de l'*A. boschas*, ainsi que les autres parties inférieures ; mais sur les flancs se trouvent de grandes taches brunâtres, telles qu'on en remarque chez la femelle de l'*A. crecca* ; le dessus de la tête comme dans l'*A. boschas* mâle, le vert à reflets plus pâles ; le reste de la tête et une raie étroite aux deux côtés du front comme dans la femelle de l'*A. crecca* ; la gorge et le devant du cou d'un brun rougeâtre clair ; le bec, mesurant 47^{mm}, est noir à la base ; les bords et une grande tache sur le devant de la mandibule supérieure de couleur orange, les pieds jaunâtres comme ceux de l'*A. boschas* ; taille moyenne entre celle des deux espèces citées, mais se rapprochant plus de celle du Canard ordinaire (1).

3° Exemplaire du professeur Severtzow, décrit par ce dernier (2) : « Mandibule supérieure gris-bleuâtre ; .... mandibule inférieure, presque noire ; la couleur jaunâtre du bec de l'*A. boschas* apparaît cependant à travers le gris de la mandibule supérieure et se montre autrement dans les lamelles des bordures... Les pieds sont d'un jaune rougeâtre, comme chez *A. boschas*, les membranes digitales sont cependant plus noirâtre foncé. Les plumes du front sont brun noir, leurs extrémités sont en partie jaune de rouille, en partie gris jaune blême. Les plumes du sommet de la tête sont aussi brun noir, vers les sourcils, elles chatoient en partie sur le vert, toutes larges à leur extrémité et d'un rouge de rouille foncé ; pareillement la nuque, les tempes. La moitié supérieure du cou, tout le collier (à la partie inférieure du cou) sont d'un vert métallique foncé. La tête et les côtés du cou sont rouge de rouille comme chez *A. crecca* ; la gorge noirâtre et brun châtain, les plumes sont finement bordées de rouille blanchâtre...... Dans leur ensemble les couleurs de la tête et du cou sont exactement intermédiaires entre les deux races d'origine.

La partie antérieure du dos, près du cou, d'un brun noirâtre peu accentué, avec des ondulations en travers d'un brun jaune pâle ; en avançant vers le milieu du dos, ces ondulations s'effacent peu à peu et la teinte des plumes devient uniforme tout en conservant de faibles traces de ces ondulations qui deviennent alors plus

(1) Tijdschrift voor de Dierkunde, II.
(2) Bulletin de la Société des Naturalistes de Moscou.

claires et bordées de brun mate et de gris jaunâtre peu accentué.
Les plumes des épaules sont en général marquées de fines raies
ondulant en travers qui forment des zigzags variant du brun noirâtre
au jaune rouille, excepté les plus intérieures vers le dos qui sont
brun mat, et les dernières et les plus longues qui sont gris-brun
clair ; toutes ces plumes de couleur uniforme sont fortement bordées de gris jaunâtre. Le derrière du dos est assez foncé, cependant
de couleur matte brun-noir, s'assombrissant peu à peu sur le croupion et présentant la teinte noir velouté des couvertures supérieures de la queue..... Les couvertures des ailes sont gris-cendré,
assez clair, tirant un peu sur le brun ; les petites couvertures de
derrière sont de couleur uniforme, celles du devant sont bordées
plus clair, mais couvertes aussi faiblement de rouge de rouille,
celles du milieu ont des bordures noir de velours, quelques-unes de
devant ont des bordures brun-châtain ; les grandes pareillement
bordées de noir de velours, mais beaucoup plus larges, se rétrécissant
sur celles de devant et se changeant en brun gris ; on aperçoit en
avant de l'extrémité foncée, une bande transversale assez large, de
couleur gris-blanchâtre, mais un peu masquée ; cette bande manque
aux grandes couvertures de derrière. Les quatre pennes tertiaires
de l'aile sont allongées et pointues, la plus longue a quatre centimètres, elle est à peine de trois centimètres plus courte que
les plus longues pennes primaires ; toutes les quatre sont gris brun
pâle, bordées de gris jaunâtre très clair ; les secondaires diminuent
dans leur longueur, les deux dernières sont encore effilées, elles
sont d'un gris cendré fin avec larges bordures noir velouté ; vers
l'intérieur cette couleur se change peu à peu en gris. Les six
pennes du milieu sont d'un magnifique vert d'émeraude, se terminant au tiers par du noir de velours ; toutes ont leurs barbes intérieures gris foncé, tirant un peu sur le brunâtre. Cette couleur des
pennes secondaires, s'accordant avec les extrémités noires des
grandes couvertures, forme de tous côtés un miroir bordé de noir
de velours dont la couleur est entièrement vert métallique, brillant aussi bien dans l'ombre que dans la lumière, comme cela
arrive chez le *crecca* : mais lorsqu'on place l'Oiseau dans une
lumière passagère, cette couleur verte se change en un violet métallique comme chez l'*A. boschas* ; sans lumière le miroir se montre
en partie vert, en partie violet. Quant aux pennes primaires, elles
sont, comme chez presque tous les Canards, gris d'oie bordées de
gris plus clair. En ce qui concerne les rectrices, les quatre
médianes sont gris d'oie, avec bordures gris jaunâtre ; les autres

gris clair, bordées largement de blanc jaunâtre. Près du corps, les couvertures inférieures des ailes sont blanches, à leur base elles sont gris brun clair...... Les plumes du jabot sont pour la plupart d'un rouge de rouille, toutes sont bordées assez largement en travers de brun noir.... Sur la partie antérieure du thorax, près du jabot, toutes les plumes portent des taches ovales ou demi-rondes de couleur foncée et des bordures entières n'ayant d'interruption qu'à la naissance des plumes. La couleur du fond est ici pâle rouille jaunâtre, le dessin est mat brun noirâtre, puis la couleur du fond, aussi bien que le dessin, deviennent peu à peu comme ceux de la partie postérieure de la poitrine, où la bordure foncée est remplacée par des ondulations plus fortes vers le devant et plus fines vers le ventre, et où la couleur claire se change en blanc..... Les plumes du ventre sont, à mi-partie de la racine, d'un blanc pur ; l'autre moitié, qui se dirige vers l'extrémité, est plus grisâtre et ondulée transversalement d'un gris foncé fin et bordée largement de blanc...Les couvertures inférieures de la queue entièrement noires de velours comme les supérieures. Sur toutes les parties du corps une couleur assez intermédiaire entre les deux espèces mères. Les bandes transversales du jabot, étrangères à ces dernières et changées par l'influence de l'*A. boschas*, se rapprochent aisément des marques typiques du jabot de l'*A. crecca*. Les nombreuses petites plumes variées (brun blanchâtre avec taches noirâtres) du devant de la tête qui entourent la racine du bec, et les quelques plumes des couvertures supérieures de la queue qui sont bordées de couleur claire, indiquent que cet hybride a revêtu l'habit de noces.

Le professeur Severtzow fait savoir que l'Oiseau, dont on vient de donner la description en grande partie, fut acheté peu de temps après sa mort, sur le marché à gibier de Moscou, le 15 (27) avril, par un habile préparateur qui prit soin d'examiner les testicules ; il les trouva aussi bien conformés et aussi forts que le sont ceux de l'*A. boschas* à l'époque du printemps. Le professeur pense que ce développement complet des parties génitales prouve que cet hybride était capable de se reproduire et que déjà il avait dû s'accoupler? Nous croyons qu'il n'en est rien. Nous avons examiné, avec M. le Dr Camille Dareste, des testicules d'hybrides de *Colombidés*. Ces testicules étaient parfaitement normaux, les hybrides n'avaient jamais pu cependant se reproduire, même avec les femelles des deux espèces pures auxquelles ils devaient leur naissance. Ajoutons que les testicules d'un des deux hybrides contenaient des spermatozoïdes entiers et *sans déformation*.

M. Severtzow fit l'acquisition de l'hybride *A. crecca* × *A. boschas* seulement au mois de mai, alors que l'Oiseau était déjà mis en peau; heureusement sa longueur et sa largeur avaient été mesurées lorsqu'il était encore en chair. Ces mesures en pouces anglais sont les suivantes : « Longueur totale (pointe du bec jusqu'à l'extrémité de la queue) 23″ 2 = 59cm ; ailes, mesurées de la courbure à la pointe 11″ 6 = 29cm,5, largeur 38″ = 96cm,4; queue 4′ 5; tarse, 1″ 8 ; doigt médian, 2″; sommet du bec, 2″ 1.

Le professeur pense que ces mesures peuvent indiquer le sens de deux facteurs, soit *A. crecca* ♂ et *A. boschas* ♀, parce que, ajoute-t-il, l'œuf de l'*A. boschas* ♀ est seul capable de produire un hybride aussi grand, l'œuf de l'*A. crecca*, beaucoup plus petit. ne saurait le faire.

Cette opinion ne nous paraît pas justifiée. Ne voyons-nous pas tous les jours des animaux ♀ de petite taille donner le jour à des produits de grande taille ?

Sans autres indications que celles développées par le feu professeur, le sens des deux facteurs dans cette production hybride ne nous paraît point pouvoir être déterminé.

M. van Wickevoort Crommelin nous fait remarquer que si l'on compare la description donnée par le professeur Severtzow avec celle faite par lui de l'hybride qu'il possède et qui paraît provenir des mêmes espèces, on s'aperçoit que les deux spécimens diffèrent l'un de l'autre, tout en présentant des ressemblances entre eux. En effet la coloration de la tête, du cou, du dos, de la queue, des ailes et des parties inférieures se ressemblent beaucoup dans les deux individus ; cependant le miroir du spécimen de M. van Wichevoort Crommelin est bordé en dessous d'une bande blanche qui manque chez celui de M. Severtzow, et les raies blanches propres au mâle de l'*A. crecca*, et qui se trouvent également aux côtés du cou de l'hybride de M. Severtzow, manquent totalement chez celui de M. Crommelin, cet exemplaire a le bec et les pieds presque pareils à ceux de l'*A. boschas*, tandis que ces mêmes parties de l'Oiseau de M. Severtzow ressemblent surtout à celles de l'*A. crecca*.

Dans ses *Additions à la Récapitulation des hybrides observés chez les Anatidés* (1), M. de Selys-Longchamps avait mentionné au titre *Anas boschas* × *Anas crecca*, un sujet également de sexe mâle, conservé au Muséum de Paris. Il en avait donné la description, sans indiquer si cet individu avait été tué à l'état sauvage.

Il nous est impossible d'indiquer sa provenance, car, nous écrit

(1) Bulletin de l'Académie des Sciences de Bruxelles, XXIII, 2e partie, 1856.

M. Oustalet, « cet hybride a dû être réformé, il y a plus de vingt-cinq ans, avant que M. Milne-Edwards ait fait dresser le catalogue méthodique de la galerie, ou bien il a été signalé par erreur par M. de Selys-Longchamps, car il n'en existe aucune mention sur les registres du Muséum ».

ANAS BOSCHAS et CHAULELASMUS STREPERUS (1).

Nous avons lu dans une brochure écrite par M. le comte Arrigoni degli Oddi qu'il existait dans la collection du comte Ninni à Venise un hybride d'*Anas boschas* et de *Chaulelasmus streperus*. M. Oddi remarque que c'est un très bel Oiseau qui fut tué dans l'estuaire de Venise au mois de mai (2).

DAFILA ACUTA et QUERQUEDULA CRECCA.

Deux individus ♂ et ♀ que l'on suppose provenir de ce croisement sont conservés dans la collection de M. van Wickevoort Crommelin à Harlem ; un troisième du sexe ♀ se voit dans la collection de M. le comte degli Oddi à Padoue (2).

C'est M. A. A. van Bemmelen, directeur du Jardin zoologique de Rotterdam, qui fit don à M. Crommelin du premier individu. Cet Oiseau, après avoir été pris vivant dans une canardière en Hollande, le 25 février 1868, vécut pendant près de trois ans dans l'établissement zoologique de Rotterdam et mourut le 26 décembre 1870 (3).

M. A. A. van Bemmelen l'inscrivit tout d'abord dans son premier *Annuaire* (4) comme hybride d'*A. acuta* et de *Querquedula circia*, erreur, paraît-il, qui fut corrigée dans le second volume (5) où on lui attribue l'origine *A. acuta* × *Querquedula crecca*. Cette manière de voir a paru à M. van Wickevoort Crommelin la plus rationnelle puisque ce sont, dit-il, les deux espèces auxquelles l'Oiseau semble le plus se rapprocher ; on ne saurait cependant, ajoute-il, l'identifier à aucune des deux, ni le rapporter à aucune autre espèce connue.

(1) Autres noms : *Chauliodus strepera, Querquedula strepera, Klinorhynchus strepera.*
(2) *Nota sopra uno ibrido artificiale*, p. 6. Rovigo, 1885.
(3) Voyez pour ces renseignements et les suivants : J. P. van Wickevoort-Crommelin, *Note sur quelques Canards observés en Hollande.* Archives néerlandaises, p. 134 et 135, 1872.
(4) Jaarb. Rott. Dierg., I, p. 150.
(5) Jaarb. Rott. Dierg., II, p. 97.

« Ce Canard est pour la taille, les formes générales, le bec et les pieds, intermédiaire entre le Pilet et la petite Sarcelle ; cependant il se rapproche plus de cette dernière. Le dessus de la tète est brun foncé, varié de petites taches noires comme chez l'*Anas acuta* ; les côtés de la tête, les joues, la nuque et le cou sont colorés comme chez l'*Anas crecca ;* toutefois il n'existe pas de raies blanches longeant la bande verte ; le rouge des joues est d'une teinte plus claire et traversée par une raie noirâtre. La poitrine est pareille à celle de la petite Sarcelle, mais les taches sont moins nombreuses et moins apparentes. Les flancs ressemblent à ceux du Pilet, cependant les zigzags sont moins fins. Les sous-caudales et les rectrices sont pareilles à celles de cette dernière espèce, néanmoins les deux pennes médianes sensiblement plus courtes ; les couvertures du dessus de la queue sont nuancées comme chez le Pilet, mais elles ont des bordures claires comme celles de la petite Sarcelle. Le dos et le croupion sont pareils à ceux de l'*Anas acuta,* les plus longues scapulaires sont formées comme chez cette espèce, mais colorées de gris-brun bordé d'une nuance plus claire. Les ailes, y compris le miroir, ressemblent à celle de l'*Anas crecca*, mais la bande blanche en-dessous de cette dernière partie est aussi large que chez l'*Anas acuta* (1). »

La femelle qui a été tuée le 2 octobre 1888, et que M. van Wickevoort Crommelin considère également comme provenant de l'*A. acuta* et de l'*A. crecca*, a été décrite par lui dans une lettre adressée à M. Paul Leverkühn. M. Crommelin a bien voulu nous envoyer une copie de cette description : « En·ce qui concerne le plumage et les couleurs, la longueur du cou, ainsi que la forme de la queue et du bec, elle ressemble presque entièrement à la femelle de l'*A. acuta*, cependant elle est d'un tiers plus petite ; les ailes sont plus courtes que celles de l'hybride mâle provenant de l'*A. acuta* et de l'*A. crecca* décrit dans les Archives néerlandaises (2), mais plus longues que celles de l'*A. crecca* ; on peut dire la même chose de la longueur du bec, qui, pour la forme et la couleur, ressemble à celui de l'*A. acuta* ; tandis que le bec du mâle déjà décrit se rapproche davantage de celui de l'*A. crecca*. La coloration du dessous de la tête se rapproche beaucoup de celle de la même partie de l'*A. crecca*, tandis que le miroir est en tout semblable à celui de l'*A. acuta*. Il est surtout intéressant de remarquer que les pieds et les doigts qui, quant à la couleur, ressemblent à ceux de

_____

(1) VII, p. 134.
(2) Archives néerlandaises, VII, p. 134 et 135, 1872.

l'*A. acuta*, sont pareils, quant à la forme, à ceux de l'*A. crecca* et qu'ils n'excèdent certainement pas en longueur ceux de cette dernière espèce. »

Voici maintenant la description de l'exemplaire appartenant à M. le comte degli Oddi :

« Le sujet en question est une femelle de l'année ; dans les scapulaires on y voit des traits couleur isabelle, les parties inférieures sont couvertes de taches. La couleur du fond tire sur le rouge, elle est plus apparente sur la tête, sur la gorge, et elle s'efface sur le ventre, les côtés et les autres endroits...... La physionomie, en raison peut-être de la longueur du bec, est plutôt celle du *Dafila acula* que celle de la *Querquedula crecca*. Les plumes du dos sont d'un brun noir, traversées par trois stries d'un isabelle clair, il en est de même des scapulaires, ici cependant l'isabelle s'accuse plus nettement. Sur le dos et la croupe les stries transversales vont en se rétrécissant. Les grandes plumes de la queue sont presque de la même couleur que celles de la *Querquedula crecca*. Les ailes sont brunes, les grandes couvertures largement bordées de couleur noisette claire. Les rémiges secondaires d'un vert émeraude comme celles de *Q. crecca*, celles qui touchent les premières sont de couleur noisette claire à leur extrémité, et celles qui se trouvent le plus près de celles du corps sont blanches, plus ou moins teintées de noisette. Cet Oiseau fut tué en janvier 1888, dans la vallée de Salsa Morosina (Padoue), par M. Bernardo Date. L'Oiseau présente les particularités suivantes : Bec brunâtre, iris marron, tête et cou d'un blanc rougeâtre (ou roussâtre), piqué de taches foncées plus larges et plus rapprochées sur la partie supérieure et le derrière de la tête, moins accusées sur les côtés, et à peine apparentes sur la gorge ; le dessus du corps brun, presque noir, avec deux ou trois stries transversales de couleur isabelle claire ou blanchâtre, plus dessinées sur le dos que sur la croupe. Les couvertures supérieures de la queue noires, blanches sur les bords, et au centre, où l'on remarque une petite tache triangulaire. La poitrine d'un blanc rougeâtre avec de grandes taches d'un brun noir au centre des plumes, taches qui se rappetissent graduellement en se rapprochant du ventre, où elles sont très épaisses sur un fond blanc sale. Le dessous de la queue légèrement rougeâtre avec de grandes taches presque noires. Les couvertures des ailes brun-cendré. Les grandes secondaires ont à la base quelques petites taches blanches et le bout orné d'une large bande fauve clair tirant sur le noisette. Les rémiges secondaires sont à l'extrémité d'un blanc fauve pour les plumes extérieures, d'un blanc légèrement teinté de fauve pour celles qui sont près du corps, noires sur les barbes extérieures de la 1re 2e, 3e, 4e, les suivantes d'un vert doré….. ; le miroir, composé par le vert et le noir, forme de longues bandes superposées séparées sur le devant, auprès des rémiges primaires, par une couleur noisette claire, puis de blanc légèrement fauve, et enfin par une bande fauve clair tirant sur le noisette. Les rémiges brunes, plus claires sur le bord extérieur, les grandes plumes de la queue brunes, blanches sur les bords. Les pattes bleuâtres, les ongles couleur de corne (1). »

ANAS BOSCHAS et ANAS OBSCURA.

L'hybride de ces deux espèces est mentionné par Morton. M. William Gambel aurait vu un produit chez M. J.-G. Bell, de New-York ; ce spécimen, dont le sexe n'est pas déclaré, a été tué dans les environs de cette ville.

M. J. H. Seais, assistant au Muséum de l'Académie des sciences de Salem (2), nous fait connaître deux Oiseaux de plumage semblable conservés dans cette collection ; ces Oiseaux furent capturés dans une bande d'*Anas obscura*. On crut tout d'abord avoir affaire à des Oiseaux albinos ; mais, de leur petite taille et de leur ressemblance générale à l'*Anas boschas*, M. J. H. Seais conclut qu'ils viennent de l'*A. obscura* et de l'*A. boschas*.

Des renseignements qui nous sont parvenus d'autres côtés, nous font croire que le croisement de ces deux espèces n'est pas absolument rare dans l'Amérique du Nord. Ainsi M. J. F. Whiteaves, du Geological Survey Department, nous écrit d'Ottawa, qu'il en a entendu parler ; M. R. Ridway, curateur du Musée ornithologique de Washington, nous fait aussi savoir que plusieurs exemplaires sauvages sont conservés dans cette collection. En 1888, un habile chasseur, M. Andrew Chichester, envoyait d'Amityrille, Suffolk Co., à M. William Dutcher, un très beau spécimen tué dans une bande de cinq canards. Enfin M. Meanly Hardy, de Brewer (Etats-Unis), nous écrit qu'il a eu entre les mains deux hybrides provenant du Black duck (3) et du Mallard (4).

(1) Estratto degli *Atti della Societa veneto trentina di Scienze Naturali*, XI, fasciculo II.
(2) Peabody Academy of Science, Salem, Mass., U. S. A.
(3) *Anas obscura*.
(4) *Anas boschas*. Cependant M. Brewer ne nous indique pas la provenance de ces oiseaux, et comme il nous fait connaître le sens des deux facteurs, *A. obscura* ♂ × *A. boschas* ♀ pour le premier, et *A. boschas* ♂ × *A. obscura* pour le second, nous pouvons supposer que ces deux hybrides sont nés en captivité ?

M. William Dutcher a donné dans le journal ornithologique
américain « The Auk » (1), quelques renseignements dus à M. F. M.
Champman sur l'Oiseau qui lui avait été envoyé par M. Andrew
Chichester (2).

« Cet hybride mâle, dit M. F. M. Chapman, présente dans tout
son ensemble les caractères mixtes des deux parents ; le dessus de
la tête, le derrière du cou et la nuque (3) sont comme chez le
boschas ; les côtés de la tête, la gorge et le cou ressemblent davantage à ceux de l'*obscura*, mais il existe comme un lavage de vert
sur la tête, le menton est noirâtre. Les couvertures les plus
petites, les médianes et les tertiaires sont semblables à celles du
boschas, tandis que le spéculum est comme chez l'*obscura*, avec le
bord terminal plus blanc que dans le *boschas*. Les couvertures
supérieures et celles de dessous ressemblent à celles du *boschas*,
la queue diffère très peu de celle de l'*obscura*. L'abdomen se
rapproche de l'*obscura*, mais la couleur châtaigne est répandue
sur toute la poitrine. »

On sait que l'hybride de l'*A. boschas* × *A. obscura* a été décrit
comme une espèce distincte sous le nom de Brewer's duck (*Anas
Breweri*).

ANAS BOSCHAS et ANAS PENELOPE

A l'article *A. boschas* × *A. crecca* nous avons eu l'occasion de
faire remarquer la divergence d'opinion qui existe au sujet de
plusieurs hybrides que divers ornithologistes supposent provenir
de ces deux espèces, tandis que d'autres les regardent comme
produits par *A. penelope* × *A. crecca*.

M. Westerman, dont nous avons eu l'occasion de parler déjà
plusieurs fois, nous signale un Oiseau ♂ conservé dans le Musée
d'Amsterdam, provenant du croisement de l'*Anas boschas* et de
l'*Anas penelope*. Cet individu, capturé à l'état sauvage, a le front et
le sommet de la tête bruns, avec des petites marges claires, les
joues et le cou jaune d'ocre avec des petites taches noires et reflets
métalliques ; les oreilles, l'occiput et le long du cou sont d'un vert
métallique, la gorge est noire ; entre les yeux et le bec supérieur
aux deux côtés une petite tache jaune blanchâtre. Jabot brun pour-
pâtre. Poitrine blanche, ventre avec petites bandes transversales
grisâtres. Parties supérieures et flancs du corps avec bandes trans-

(1) The Auk, VI, n° 2, p. 133 et 134, avril 1882.
(2) Un extrait de cet article nous a été gracieusement communiqué par M. Dutcher.
(3) « The troat hind-neck and nape »

versales gris blanchâtre. Couvertures des ailes gris blanchâtre, petites rémiges extérieures grises, miroir vert, grandes rémiges gris-noir. Plumes de la queue brun-grisâtre à marges blanches, celles du milieu pointues et un peu recourbées ; couvertures de la queue noires à marges claires. Croupion gris noirâtre avec petites lignes transversales blanches. Pattes roussâtres, palames gris noirâtre. Yeux bruns, bec bleu grisâtre à pointe plus foncée (1).

M. Ed. Hart, de Christchurch, veut bien également nous faire connaître un autre individu, de même origine, tué par Lord Chas Lennot sur le marais Douglas Lamark (Ecosse), le 9 décembre 1870. Ce spécimen fut envoyé à M. Ed. Hart par Lord Home, afin d'en faire l'examen. C'est indubitablement une femelle, nous écrit M. Hart, ressemblant plus à la femelle *boschas* qu'à la femelle *penelope*, mais le speculum et la tète sont comme chez cette dernière espèce et les pieds sont gris rougeâtre.

A la vente d'Oiseaux qui eut lieu le 22 mai 1890, au Covent Garden de Londres, on exposa deux hybrides entre le *penelope* et le *boschas*. Ils étaient inscrits sous les numéros 129 et 131 du Catalogue. Le Rév. Macpherson a donné sur eux quelques renseignements (2). Les Oiseaux étaient en mue lorsqu'ils furent empaillés, aussi on ne peut préciser quelle aurait été la couleur définitive de leur plumage. Leur dos et les couvertures des ailes révélaient le Wigeon d'une manière sensible, mais ils avaient la grandeur et la tournure du Mallard *(A. boschas)*.

Nous avons vu à l'article *A. boschas* × *A. acuta* que le Rév. Macpherson croit qu'une semblable origine doit être attribuée à un autre couple désigné sur le catalogue comme Pintails hybrides.

Nous pensons qu'il s'agit bien ici d'oiseaux sauvages, M. Withaker, esq., nous ayant fait savoir que tous les Oiseaux hybrides de la collection qu'il mettait en vente avaient été obtenus à l'état sauvage. Nous n'oserions cependant rien affirmer sur ce point.

Spatula clypeata (3) et Dafita acuta ?

M. le baron Ed. de Selys-Longchamps a donné (4) la description d'un Oiseau ♂ acheté par lui dans une collection à Ems, et présentant des caractères propres au *clypeata* et à l'*acuta*. Mais c'est

(1) Nous pensons que la description qui vient d'être donnée par M. Koller, dans le Journal de Zoologie, se rapporte à cet hybride.

(2) Field, 31 mai 1890.

(3) Autres noms : *Anas clypeata, Anas rubens, Rhynchaspis clypeata.*

(4) Bulletin de l'Académie des sciences de Belgique, XXIII, n° 7, 1856.

avec beaucoup de doute qu'il a présenté cet Oiseau comme un hybride. Il se fonde, dit-il, « sur la circonstance que, dans la collection où il l'a acquis, il était indiqué comme tué en Allemagne ; sur la forme intermédiaire du bec, même pour les lamelles, et sur le système de coloration, où la tête, la queue et les pieds rappellent si bien le *clypeata,* alors que les ailes, le ventre et les flancs sont presque comme chez l'*acuta.* » Il se fonde encore « sur le motif qu'il n'a vu cet Oiseau dans aucun Musée, bien qu'un ornithologiste illustre pense que c'est une espèce connue sans toutefois pouvoir se souvenir du nom. »

La description qu'il en a donnée est la suivante : « Bec dans le genre du *clypeata,* mais moins large. Tête de même, mais le dessus entre les yeux sans reflet vert ; les joues, la gorge et les côtés du cou blancs, un peu pointillés de noir ; région des oreilles et nuque vert foncé ; bas du cou et poitrine marron vermiculé de noir ; ventre et flancs comme l'*acuta,* ainsi que les ailes ; les scapulaires moins allongées en pointe, ne formant pas à leur base la grande tache noire de l'*acuta ;* dos, queue et croupion comme le *Clypeata,* pieds jaunâtres.

Depuis la savante communication de M. le baron Ed. de Selys-Longchamps à l'Académie des Sciences de Bruxelles, nous avons appris que la riche collection ornithologique de M. van Wickevoort Crommelin, à Harlem, renfermait un spécimen ♂, pris à l'état sauvage et que M. Crommelin attribue au même croisement. Cet oiseau ressemble sous beaucoup de rapports à l'hybride décrit par M. de Selys-Longchamps. M. Paul Leverkühn doit prochainement donner le signalement de cet Oiseau.

DAFILA ACUTA et ANAS STREPEREA

M. van Wickevoort Crommelin a le premier décrit l'hybride de ces deux espèces (1). Un seul exemplaire mâle paraît du reste être connu. Cet Oiseau fut pris dans les canardières de la Hollande et fait aujourd'hui partie de la collection ornithologique de M. Brown, pasteur à Rotterdam. Ce sujet offre des particularités qui ont autorisé M. van Wickevoort Crommelin à le considérer comme provenant de l'union de l'*A. acuta* et de l'*A. streperea.*

Voici la description de cet Oiseau : « Taille, formes générales, ainsi que le bec et les pieds, comme chez l'*Anas acuta ;* coloration

(1) Archives néerlandaises des Sciences exactes et naturelles, II, p. 451 et 452, 1867.

de la tête et du cou semblable à celle du Canard Chipeau ; cependant la teinte foncée au-dessus de la tête s'avance sur le front jusqu'à la base du bec, et le blanc, qui forme un demi collier au bas du cou, s'avance vers le haut des deux côtés de la nuque comme chez le Pilet ; la poitrine est d'un blanc sale, mais elle est marquée de quelques traits noirs qui ne rappellent que faiblement les écailles noires propres à l'*Anas strepereu*. Ventre blanc ; côtés du corps et abdomen rayés de noir sur fond blanchâtre ainsi que chez le Canard Ridenne ; les raies noires de la dernière de ces parties sont disposées irrégulièrement ou en zigzags comme chez cette espèce, mais elles sont beaucoup plus prononcées ; les traits noirs des flancs se distinguent de ceux du Chipeau, en ce qu'ils sont plus réguliers, et qu'ils forment de larges bandes alternatives noires et blanches dont la série se prolonge depuis les côtés de la poitrine jusqu'aux cuisses, ce qui donne ainsi à l'Oiseau un aspect tout particulier.

« Le dos et les plus courtes des scapulaires sont colorés comme chez l'*Anas strepereu* ; les plus longues de ces dernières sont plus pointues que chez cette espèce, mais elles ne sont pas allongées et aussi rétrécies que celles du Pilet ; elles sont cendrées comme chez le Chipeau, mais marquées au centre d'une tache noire comme chez l'*Anas acuta* ; les ailes et la queue sont pareilles aux mêmes parties de cette dernière espèce (1). »

M. van Wickevoort Crommelin, n'ayant pas eu l'occasion d'étudier les caractères anatomiques de cet hybride, n'a pu donner aucun détail sur la construction de la trachée.

CARINA MOSCHATA (2) et ANAS CLYPEATA.

M. Oustalet nous fait savoir que le Muséum d'Histoire naturelle de Paris possède un Canard offrant certains caractères du Canard de Barbarie et du Canard Souchet ; cet Oiseau a été tué par M. Dybowski, à la fin de l'hiver 1886, dans le parc de Grignon. M. Oustalet ajoute que c'est peut-être un Canard échappé de quelque basse-cour ?

ANAS STREPEREA et ANAS CLYPEATA.

On conserve dans la collection du Musée du grand duc d'Olden-

(1) Le Bulletin de la Société d'Acclimatation de Paris a reproduit cette description, p. 785, 1868.
(2) Autre nom : *Anas moschata*.

bourg un hybride mâle paraissant provenir de ces deux espèces (1). La forme du corps est celle de l'*A. clypeata,* au moins elle offre avec celle de ce dernier de grandes ressemblances. Le dessus de la tête et le derrière du cou sont brun foncé avec du vert brillant, les plumes du devant de la tête sont bordées de jaune clair brunâtre ; la gorge blanche est en partie tachetée de brun foncé ; ces taches deviennent si grandes devant le jabot qu'elles forment une large bande transversale d'un verdâtre brillant. Le haut de la poitrine brun clair, ainsi que le jabot, chaque plume est bordée largement de brun noir ; ventre blanc ; les flancs rayés et tapissés de brun ; couvertures inférieures de la queue noire ; le haut du dos brun ; chaque plume est bordée de brun plus clair ; le bas du dos est noir ; couvertures supérieures de la queue noires, avec vert brillant ; plumes de la queue brun gris, bordées de gris clair ; les ailes gris-cendré bleuâtre, comme chez *A. clypeata ;* le miroir gris cendré dans sa partie supérieure, vert métallique en dessous, devant lequel existe une bande transversale noire, bordée de blanc ; le vol brun noir, les pieds comme chez *A. clypeata ;* forme du bec également pareille à ce dernier, mais au bout encore plus étroite à la fin.

Cet hybride fut pris vivant dans le Mecklembourg ; il vécut en captivité pendant plusieurs années, on lui donna des Canes domestiques avec lesquelles il s'accoupla, néanmoins on ne put jamais obtenir d'œufs fécondés, quoique l'expérience durât pendant trois années.

M. F. Wiepken a eu la bonté de nous envoyer une aquarelle de l'Oiseau que son jeune ami, le peintre Müller-Känifl, de Berlin, a exécutée avec une rare habileté.

ANAS BOSCHAS et ANAS CLYPEATA.

Nous avons reçu de M. van Wickevoort Crommelin la description d'un Canard hybride tué près de Rotterdam, le 12 février 1861, et dont les caractères se rapportent aux deux espèces plus haut nommées (2). M. le B⁰ⁿ Fischer a fait connaître (3) un autre exemplaire tué par le comte Otto Sorewyi, pendant le mois de septembre 1884, sur le lac de Pomagy. M. le B⁰ⁿ von Ritter von Tshusi, de Schmidhoffen (Dalmatie) a parlé d'un troisième individu, tué

(1) Communication qui nous est adressée par M. Wiepken, directeur de ce Musée.
(2) Cette description a été publiée dans Nederlandsch Tijdschrift voor de Dierkunde, I, p. 175.
(3) Mitth. des Ornith. Ver. Wein.

à Frif, en janvier 1885, que M. le professeur Kolombatović, de Spalato, lui avait donné à examiner (1). Un quatrième spécimen avait été remarqué quelques années auparavant par le professeur Kolombatović (2). Il en existe un cinquième dans la collection de M. Ed. Hart à Christchurch ; cet Oiseau fut tué en 1862, parmi d'autres espèces de Canards sauvages (3). Enfin dans le Zoologist de cette année (4), M. G. B. Corbin de Ringwood, Hants, fait savoir d'après M. Mills, de Bisterne House, Ringwood, qu'en 1875, un hybride entre le Mallard (*A. boschas* ♂) et le Shoveller (*A. clypeata*) avait été tué dans cette contrée.

Mais il faut remarquer que plusieurs de ces exemplaires, quoique tués à l'état sauvage, paraissent provenir, d'après les caractères qu'il révèlent, de Canards domestiques. C'est au moins ce qui arrive pour les exemplaires de M. le baron von Ritter von Tshusi et de M. le baron Fischer.

La description de ces différents Canards et quelques renseignements sur leur origine ne manqueront pas de présenter un certain intérêt.

1º Exemplaire de M. von Wickevoort Crommelin : « Presque de la taille de l'*A. boschas*, il en a aussi les pieds ; il a le bec de la seconde espèce, mais un peu moins large et à lamelles plus courtes ; l'iris d'un jaune roussâtre ; la tête et le cou d'un vert foncé à reflets ; point de collier ni de blanc au jabot ; plumes du dos et scapulaires d'un brun cendré à bordures plus claires et quelques-unes portent des raies en zigzags très indistinctes, mais d'une teinte plus foncée que dans le Canard sauvage ; les plus longues des scapulaires marquées de blanc sale à la pointe ; croupion et couvertures supérieures de la queue noirs à reflets verts ; les deux plus longues plumes de ces dernières atteignent le bout de la queue et se relèvent un peu vers la pointe ; parties inférieures comme dans l'*A. boschas*, mais nuancées d'une teinte rousse, qui couvre aussi le jabot, cette teinte est plus claire au bas-ventre et se change en blanc sur les côtés de cette partie ; ailes à peu près comme celles du Souchet, mais les petites couvertures nuancées d'un peu de brun et le miroir bordé de deux étroites bandes blanches dont l'inférieure est précédée par un liseré noir

---

(1) *Bastard von Anas boschas L. (domestica) et A. clypeata L.* Zeitschrift für die gesammte Ornithologie von Madarasz, II. p. 523 et 524, Budapest, 1885. Cette description a été reproduite dans Deutsche Jäger-Zeitung, VII, nº 3, Neudmann, 1886.

(2) Ibidem.

(3) Communication qui nous est faite par ce dernier.

(4) XIV, p. 23, nº 157, janvier 1890.

qui se trouve entre elle et le vert du miroir ; rectrices et sous-caudales pareilles à celles de l'*A. boschas.* »

2° Hybride décrit par M. le baron von Fischer :

D'après la construction du bec et des ailes, l'Oiseau paraît n'être plus un exemplaire jeune ; quelques plumes vertes sur la tête font également croire que c'est un mâle. S'il avait été tué six semaines plus tard, on pourrait être plus sûr de sa provenance, on ne peut donc faire que de simples conjectures sur son origine.

Plumage brun gris cendré, les deux premières pennes rémiges de l'aile droite entièrement blanches ; le cou blanc montre très exactement les marques du ♂ *Löffel-Ente* (le Souchet). Cette ressemblance existe encore dans la forme du cou et dans le vert de la tête. Bec de la couleur de celui du *Stock-Ente* ou de quelque Canard de maison (race de Rouen, *Haus-Enten*). Les membranes interdigitales tachetées comme le dos des Salamandres de feu.

Le baron Fischer, ayant eu cet Oiseau entre les mains pendant quelques heures seulement, n'a pu examiner d'une façon suffisante la couleur jaune de la pupille. Il dit que les rémiges blanches des ailes prouvent que le père était un Canard domestique, il pense que la mère était sauvage ; dans le cas contraire l'hybride aurait été élevé dans quelque basse-cour. Malgré l'opinion de plusieurs ornithologistes qui pensent que le *Stock-Ente* n'est pas étranger dans cette production, M. Fischer croit que l'Oiseau est bien l'hybride du Canard domestique et du Souchet, attendu que : 1° Il est trop petit pour provenir du croisement du *Stock-Ente* et du *Haus-Ente,* il a à peu près la grosseur du *Löffel-Ente ;* 2° La forme est celle de ce dernier ; 3° La couleur blanche et la marque du cou sont aussi caractéristiques pour le *Löffel-Ente* que pour le *Spitz-Ente ;* 4° La couleur des membranes interdigitales, au moins la partie colorée en jaune, permet de distinguer les Canards *Stock* des Canards *Löffel ;* 5° La manière de vivre du *Löffel-Ente* se rapproche considérablement de celle du *Stock-Ente ;* 6° Enfin, si on objecte que le signe distinctif du *Löffel-Ente*, c'est-à-dire son large bec, fait défaut à l'hybride en question, d'un autre côté il possède la marque du cou et la couleur des membranes interdigitales de ce dernier.

A ce sujet M. van Wickevoort Crommelin nous adresse la réflexion suivante : « Je viens de lire la description que le baron Fischer a donnée d'un hybride supposé provenir d'un Canard domestique et d'une femelle sauvage du Souchet ; l'hybride de ces deux espèces, que j'ai dans ma collection, me paraît avoir des caractères plus marquants en faveur de son origine hybride : le blanc au jabot, auquel on reconnaît facilement le mâle du Souchet et sur lequel M. Fischer base surtout son raisonnement, pourrait bien, selon moi, provenir du père, vu que plusieurs Canards domestiques, du moins en Hollande, qui ont comme lui quelques rémiges d'un blanc pur, ont souvent un grand espace blanc au jabot. Le caractère le plus saillant qui pourrait être allégué comme preuve de l'origine hybride de cet Oiseau me paraît devoir être pris de sa taille et de son habitus, qui, selon M. Fischer, paraissaient correspondre entièrement avec ceux du *Souchet.* »

Exemplaire décrit par M. le baron von Ritter von Tschusi.

L'Oiseau n'offre point les caractères d'une espèce pure, il rappelle visiblement l'*Anas boschas*, cependant son large bec et ses marques d'un vert brillant le rapprochent du *clypeata*. On y trouve aussi des traces d'albinisme, qui, d'après l'opinion émise par le baron Fischer (1) et par le baron Steph. v. Washington, indiquent la provenance d'un Canard domestique. Le front, le vertex, le derrière de la tête et du cou, et une marque indécise qui part de la cavité buccale, sont d'un noir brun. La gorge, la tête, les côtés du cou dans le tiers supérieur, couleur de glaise foncée, la première partie plus fine, les deux autres marquées de noir brun. Un large collier blanc entoure la partie inférieure du cou, qui est coupée par les marques noir brun qui partent de la tête. Jabot, poitrine, ventre et côtés d'un noir brun, avec de larges bordures ou bandes d'un jaune de glaise dans les parties supérieures. Les couvertures inférieures de la queue noir brun, bordées couleur de glaise, semées de bandes et de taches irrégulières. Le dos, les épaules, et le derrière d'un noir brun, quelques plumes seulement sont légèrement tachetées de jaune glaise. Les ailes brun foncé, à l'exception des cinq premières pennes primaires qui sont d'un blanc sale, avec la tige d'un blanc pur. Le miroir vert brillant, bordé en dessus et en dessous de blanc sale, les rémiges sont d'un noir brun, bordées couleur de glaise. Enfin, le bec en avant est large et de couleur noire; les membranes interdigitales sont d'un brun jaunâtre, ainsi que les ongles bruns, à l'exception de l'ongle du doigt majeur, qui est noir (2).

Ajoutons, d'après M. Tschusi, que MM. von Pelzeln et Homeyer, qui

(1) Mittheilungen des Ornith. Verein in Wien, IX, p. 44, 1885.
(2) *Bastard von Anas boschas L. (domestica) et A. clypeata L.* Zeitschrift der esammten Ornithologie von Madarasz, II, pp. 523, 524. Budapest, 1885.

ont examiné cet hybride, pensent comme lui que ce Canard vient
de l'*A. boschas* et l'*A. clypeata*.

Exemplaire appartenant à M. Ed. Hart, de Chritschurch : « Ressemble aux deux, bec du *clypeata*, cou, collier blanc, speculum de
l'*Anas boschas* ; les couvertures les plus petites et les médianes du
clypeata, les flancs sont tachetés. »

En parlant de l'Oiseau tué à Ringwood M. G. B. Corbin dit seulement : « Il a le large bec du Shoveller (le Souchet), mais la coloration de son plumage ressemble plutôt à l'*A. boschas*.

CAIRINA MOSCHATA et ANAS BOSCHAS

Un certain nombre d'exemplaires auxquels on attribue cette
origine ont été tués à l'état sauvage, mais il est présumable que
plusieurs d'entre eux proviennent d'individus échappés de captivité.

Les premiers exemplaires ont été observés sur le lac de Genève
en avril 1815 et mars 1824, ils étaient en compagnie d'espèces
sauvages ; on en vit deux autres sur le lac de Constance (1) ; un
cinquième avait été recueilli à Abbeville en 1818. Depuis M. le baron
de Selys-Longchamps en tua un sixième, de sexe femelle, sur un
étang à Longchamps-sur-Geer, en décembre 1835 (2) ; M. von Beneden
lui en fit voir un autre provenant des environs de Louvain (3). Un
huitième, tué sur la côte sud de Long-Island (Etats-Unis d'Amérique), fut envoyé par M. Daniel G. Elliot à la Société Zoologique
de Londres et exposé dans un meeting de la Société tenu le
22 novembre 1859 (4). En 1863 on en tua un neuvième sur
l'Oder, à Rottennunden en Silésie (5), puis en 1873 un dixième sur
le fleuve Chram (neuf milles au-dessous de Tiflis) (6) ; enfin, deux
exemplaires ♂ sont conservés dans le Musée national des
Etats-Unis à Washington, plusieurs autres auraient été vus autrefois
sur les lacs de Lombardie (7). Tels sont au moins les exemplaires
qui nous sont bien connus (8).

(1) Schinz, *Europäische Fauna*, 1, p. 421, Stuttgart, 1840.
(2) *Faune belge* : 1ʳ Série, p. 140. Liège, 1842, et Bulletin de l'Académie des
Sciences de Bruxelles, 1845.
(3) Bulletin de l'Académie des Sciences de Bruxelles, 1845.
(4) Proceedings of the zoological Society, p. 437, 1859.
(5) Journal für Ornithologie.
(6) *Ornis caucasica*, p. 453. Cassel, 1884 ; voyez aussi : *Réponse à M. le prof.
Bogdanow*. Ornis, pp. 5 et 61, 1889.
(7) Voyez Bull. Acad. des Sciences de Bruxelles, 1845.
(8) Il existe cependant encore au Musée de Milan (collection Turati) un hybride
de ce genre acheté à M. Shilling par le feu comte. Malheureusement M. le profes-

Les deux premiers sont conservés au Musée de Lausanne ; M. le colonel Freh, à Aaron, possède un de ceux qui furent tués sur le lac de Constance (1). M. de Selys-Longchamps a vu chez M. Baillon l'individu ♂ recueilli à Abbeville, il a examiné au Musée de Lausanne ceux qui furent tués sur le lac de Genève. Ceux-ci sont mâles et absolument semblables à l'exemplaire de M. Baillon (2). Le dernier a été décrit par M. le Dr Gustave Radde dans son *Ornis caucasica* (3), où il donne un dessin colorié représentant l'Oiseau (4). Le Canard tué sur l'Oder, en 1863, est conservé dans le Musée de Breslau avec un autre individu qui date de l'année 1878, mais dont nous n'avons point parlé, ignorant s'il a été tué à l'état sauvage.

DESCRIPTIONS

Exemplaire tué en janvier 1873 : « Il surpasse en grandeur aussi bien le Canard ordinaire que le Canard musqué et ressemble à une petite Oie naine. Les caractères de l'*A. boschas* dominent dans toute la partie de devant. Le plumage du dos de couleur uniforme et la queue cunéiforme rappellent l'*A. moschata*. Les plumes recourbées en demi-cercle, propres à l'*A. boschas*, manquent chez lui. Les couvertures ainsi que le plumage du dos possèdent le vert bleu d'acier brillant tel qu'on le voit chez le *moschata* à l'âge typique. La tête et le bec sont comme chez l'*A. boschas*, le bec est cependant plus long et plus mince; l'onglet a une bande mince dans le haut, à sa naissance, il est couleur de corne, le reste est jaune, etc... La tête et la partie supérieure du cou sont de couleur uniforme

---

seur Sordelli, directeur-adjoint au Musée, n'a pu nous dire si l'Oiseau avait été tué à l'état sauvage; cet exemplaire ne porte aucune indication sur son état, on sait seulement qu'il vient du Chili. A titre de renseignement nous en donnons la diagnose : Tête d'un brun foncé sur le dessus; joues couleur de rouille avec de nombreuses mouchetures noirâtres; de petites plumes blanches près de la racine du bec; un petit espace nu triangulaire, derrière les yeux avec plumule blanche aux bords ; une étroite bande nue sur les yeux, encore bien distincte malgré la dissection. Cou et dessous de la tête blancs; poitrine d'un rougeâtre marron à taches noires. Abdomen blanc, avec quelques plumes latérales brunes derrière les jambes. Dos et couvertures des ailes bruns ; rémiges et pennes de la queue blanches, couvertures de la queue blanches, mêlées avec d'autres noirâtres. Le dos a de légers reflets violacés, tandis que les rémiges secondaires, d'un brun foncé, ont des reflets vert métallique.

(1) Schinz, *op. cit.*, p. 428.
(2) *Faune Belge*, p. 140.
(3) P. 453-454.
(4) Tab. XXV.

vert noir, le coloris n'est pas aussi clair et vert brillant comme
chez l'*A. boschas*, mais plus mat et il brille d'un foncé métallique
comme chez *moschata*; ensuite on aperçoit une large zone blanche
au cou, à laquelle se rattache le plumage brun de l'*A. boschas* ♂.
Cette couleur brune se change de plus en plus en gris à mesure
qu'elle s'avance vers le ventre et plus loin ; en dessous on voit une
place large de couleur blanche où se trouvent quelques plumes
qui ne sont pas tout à fait couvertes par des bordures brunes. Plus bas
suit de nouveau une zone blanche ; les couvertures de la queue
sont également blanches, au contraire les côtés des cuisses et les
plumes placées sur les côtés de la partie postérieure du ventre sont
largement tachetées de noir et de blanc, bien plus largement et
distinctement que cela se produit dans la couleur grise et noirâtre
des Canards mâles ordinaires. Les grandes pennes de l'aile sont
blanches; le miroir est d'un vert métallique très accentué. Les
pieds sont plus forts que chez l'*A. boschas*, mais conformés à la
manière de ce dernier et de couleur jaune-orange. »

Exemplaire tué en 1863 sur l'Oder : « De la grosseur de l'*A.
moschata*. Le bec, la tête, la queue et les pattes sont en tout semblables à ceux de l'*A. boschas*, mais ils sont plus grands. Pas de
pouce à la patte gauche, rien cependant n'indique que ce pouce ait
été perdu pendant la vie de l'animal. Le plumage est un heureux
mélange des couleurs des deux parents. La tête et le cou sont noirs
avec des marges d'un pourpre chatoyant. Le collier blanc de
l'*A. boschas* existe, mais il est un peu interrompu sur les
côtés du cou. La poitrine est brune comme chez l'*A. boschas*.
La couleur des plumes du croupion est un mélange de la
couleur de cette partie chez les deux mâles. Toute la partie supérieure de l'Oiseau est comme chez le mâle du *moschata*, les ailes
comprises, mais le miroir n'est pas blanc, il est d'un vert bleuâtre
brillant et la pointe des plumes est bordée de blanc. »

Ces deux descriptions ont été faites, la première par M. le D^r
Radde, directeur du Musée d'Histoire naturelle de Tiflis (1), la
seconde par M. Tiemann, conservateur du Musée zoologique de
Breslau (2).

Autres descriptions données par M. de Selys-Longchamps (3) :
« Mâle : tête et haut du cou vert foncé à reflets violet pourpré en
dessus. Un large demi-collier en dessous. Haut du dos marron

(1) *Ornis caucasica.*
(2) Journal für Ornithologie, p. 219, 1865.
(3) *Faune Belge.*

foncé ; le reste et les couvertures des ailes vert obscur à reflets pourprés; couvertures supérieures de la queue d'un vert foncé plus décidé ; la queue un peu cunéiforme, vert doré et pourpré au milieu, les rectrices latérales brun noirâtre. Poitrine marron rougeâtre, le centre des plumes noirâtre, la couleur marron s'étend sur les flancs avec des bordures blanchâtres aux plumes et de fines stries noires vermiculées. Le centre du ventre blanc, mêlé de grisâtre; couvertures inférieures de la queue rousses. Ailes brunes avec un large miroir vert doré bordé des deux côtés par une fine raie dorsale et basale noirâtres. Pieds jaune obscur, les ongles noirâtres. Iris jaune.

« Femelle : Elle diffère du mâle en ce qu'elle n'a pas de demi-collier blanc, le cou est brun, finement moucheté de noir et de gris en dessous, plus foncé en dessus avec des reflets vert foncé et pour-prés ; le dos est brun avec le centre des plumes noirâtre ; les couver-tures de la queue et celle-ci sont noirâtres à reflets verts ; le miroir des ailes est d'un vert moins vif; les flancs n'ont presque pas de roux et sont plus fortement vermiculés de noir et de blanc sale, le dessous de la queue est blanc saupoudré de noir. Le bec est d'un jaune sale et plus bordé de noir sur les côtés et près des narines. Les pieds jaune orange obscur avec quelques taches brunes.

« Taille un peu plus forte que celle de l'*A. boschas*, moins grande que celles de l'*Anas moschata*. »

A ces deux descriptions M. le baron Ed. de Selys-Longchamps a ajouté les caractères généraux suivants :

« Le mâle a en quelque sorte le bel aspect de l'*Anas tadornoïdes* de l'Océanie. Il tient du *moschata* par la forme et la dimension de la queue, des ailes et un peu par celles du bec et des pieds, mais il se rapproche du *boschas* par le port, l'absence de nudité à la base du bec, le miroir vert pourpré des ailes souvent bordé de blanc, l'absence de blanc à la base des ailes, la couleur de la tête et du cou. La femelle ressemble également à celle du *boschas* par ces mêmes caractères. Le marron domine chez le mâle, le fuligineux obscur chez la femelle (1).

Nous avons fait remarquer en commençant que plusieurs de ces hybrides, quoique tués à l'état sauvage, pouvaient provenir d'espèces domestiques échappées de captivité. Le croisement des deux espèces mères s'opère, en effet, sur une grande échelle dans bien des contrées et même en Amérique, patrie du *moschata*. On

---

(1) *Récapitulation des hybrides observés dans la famille des Anatidés.* Bulletin de l'Académie des Sciences. Bruxelles, 1845.

sait que cette dernière espèce n'a jamais été bien domestiquée ;
d'après Pallas (1) et Schlegel (2) elle serait même redevenue sauvage sur les bords de la mer Caspienne. Ce seraient donc des
moschata échappés qui se mélangeraient avec des *A. boschas*, car
comment supposer que les individus dont nous avons parlé soient
venus de l'Amérique du Sud ?

Il est curieux de remarquer que l'exemplaire envoyé par
M. Daniel J. Elliot, à la Société zoologique de Londres, ne diffère pas,
suivant le professeur Newton (3), de la variété apprivoisée connue
sous le nom de Canard du Labrador et vivant précisément en Amérique. M. le Dr Radde de Tiflis a aussi émis l'opinion que le Canard
hybride qu'il a décrit provient d'un *Anas boschas ferus* et d'une
femelle *moschata* échappée de captivité, fait, ajoute-t-il, qui arrive
dans le Caucase (4). Et du reste les hybrides mentionnés peuvent à
la rigueur avoir été eux-mêmes produits en captivité, puis s'être
échappés, ayant hérité du caractère sauvage du *moschata*. M. de
Selys-Longchamps (5) suppose cependant que ces Oiseaux sont produits par des *A. moschata* ♂ qui, sur les grands marais, recherchent
des *A. boschas* ♀ ; peut-être même par des *moschata* venus des
bords de la mer Caspienne, où, nous venons de le dire, ils seraient,
suivant Pallas et Schlegel, redevenus sauvages. M. Ridgway nous
fait remarquer lui-même que les deux Oiseaux conservés au Musée
National de Washington, quoique tués à l'état sauvage, sont probablement d'origine domestique.

Quoiqu'il en soit, la double origine de *A. moschata* × *A. boschas*
paraît probable au moins pour plusieurs. M. Tiemann, en parlant
de l'exemplaire tué en 1863, sur l'Oder, dit même que sa forme et
son plumage ne laissent aucun doute sur son origine hybride. M. A.
Pichler, assistant à l'Institut zoologique de l'Université d'Agram,
qui a eu l'occasion d'examiner un semblable individu produit en
domesticité, dit aussi, que dans tout l'ensemble, l'Oiseau décrit
par le Dr Radde, annonce un produit de l'*A. boschas* et de l'*A. moschata*. (6) D'après MM. Degland et Gerbe (7) les quatre exemplaires
décrits par Schinz sous le nom d'*Anas purpureo-viridis* sont certai-

---

(1) Cité par M. de Selys-Longchamps, Bull. Acad. des Sciences de Bruxelles, 1845.
(2) Cité par Olphe-Gaillard, *Contributions à la faune ornithologique de l'Europe.*
Fascicule IV, p. 109.
(3) Proceedings of the zoological Society, June 26, 1850. *On some hybrid. Ducks.*
(4) Voy. : *Réponse à M. le professeur Bogdanow*. Ornis, p. 5, 1889.
(5) Bulletin de l'Académie des Sciences de Bruxelles, 1845.
(6) Voy. Mittheilungen des Ornithologischen Vereins in Wien, p. 84 à 86, 1887.
(7) *Ornithologie européenne*, II, p. 471.

nement des hybrides de ces deux espèces. Schinz, il est est vrai,
les a placés dans son *Europäische Fauna* comme *race énigmatique*,
mais il reconnaît que beaucoup de ceux qui les ont vus les ont
considérés comme provenant de l'Oiseau domestique et du Bisa-
mente (*A. moschata*) (1). Enfin M. de Selys-Longchamps, tout en
admettant provisoirement comme espèce les six exemplaires qu'il
a examinés, a laissé penser qu'ils pouvaient être des hybrides (2).

Tadorna casarka (3) et Querquedula falcata ?

A la réunion du 14 janvier 1890 de la Société zoologique de Londres, M. Sclater fit voir un Canard singulier qui lui avait été envoyé
par M. Ch. Lütken, de Copenhague. Cet Oiseau avait été tué en 1877,
dans une localité de l'Asie orientale, au nord (4) par un fonc-
tionnaire télégraphiste (5) et envoyé sans autre indication. Regardé
à Copenhague comme une espèce nouvelle (6), il a été considéré
par M. Sclater, après un examen minutieux, comme devant être
un hybride, produit probablement par le croisement de la *Tadorma
casarca* et la *Querquedula falcata*. M. Sclater l'a décrit comme suit :
« Le front, la face, l'espace entre les yeux, tout le tour du cou,
blancs ; le sommet et le derrière de la tête, les plumes relevées qui
s'étendent derrière le cou et la ligne sous les yeux, noires, le dos
gris-brunâtre, avec de nombreuses barres transversales blanches
et étroites : les couvertures de l'aile d'un blanc très pur ; les premières noires ; les secondaires intérieures vert bronzé ; les secondaires extérieures grises, avec une large tache de couleur châtaigne
brunâtre sur les werbs extérieurs, la queue noire, la poitrine et
le ventre gris sombre avec de nombreuses barres blanches transversales ; le crissum rougeâtre ; les couvertures supérieures de la
queue blanches ; le bec brun ; les pieds jaunâtres ; dans toute sa
longueur l'Oiseau a 18 pouces ; l'aile 11'8, la queue 4' 4, le tarse 2(7). »
Une figure coloriée accompagne la description de M. Sclater.

---

(1) Voy. p. 421.
(2) Bulletin de l'Académie royale de Bruxelles, XII, 1845.
(3) Autres noms scientifiques : *Anas rutila*, *Anas rubra*, *Anas casarka*,
Casarka rutila.
(4) Près Wladivostok, N.-E., suivant les Proceedings.
(5) M. le lieutenant Fr. Irminger.
(6) Communication qui nous a été faite par M. Ch. Lütken.
(7) Proceedings of the zool. Society, 14 janvier 1890.

Tadorna Vulpanser (1) et Anas boschas

D'après les notes de Hele sur Aldeburgh (2), on tua, au mois de janvier 1884, près de cette place, deux hybrides provenant d'un Canard et d'un Drake (*T. vulpanser*), mais d'après une remarque faite dans le Field, ces Oiseaux avaient probablement été produits en domesticité, le croisement de ces deux espèces avait en effet été obtenu avec succès à Saxmundham.

Genre Fuligula

Fuligula ferina (3) et Fuligula nyroca (4)

Beaucoup d'auteurs ont parlé de ce croisement; mais plusieurs considèrent l'Oiseau que l'on suppose en provenir comme une véritable espèce ; un savant ornithologiste a même voulu en faire une variété d'âge ou de climat. Voici, du reste, les principales opinions qui ont été émises à ce sujet.

En 1847, M. Bartlett (5) a présenté comme une nouvelle espèce les trois exemplaires alors tués en Angleterre et les a désignés sous le nom de *F. ferinoides*, ou Paget's Pochard (6), parce que, dit-il, « ils semblent plus rapprochés du Pochard commun que de toute autre espèce (7). En parlant d'un couple tué en avril 1850 dans les environs de Rotterdam et conservé dans la collection du Jardin zoologique de cette ville, M. Baedeker s'exprime ainsi : « Ces Oiseaux tiennent le milieu entre la *Fuligula ferina* et la *Fuligula nyroca*. Leur ressemblance avec ces deux dernières pourrait faire penser qu'ils en proviennent, mais l'apparition à l'état sauvage d'hybrides naturels est tellement rare, qu'il est difficile de penser qu'il en soit ainsi, d'autant plus que ces Oiseaux, mâle et femelle, étaient vraisemblablement accouplés (8). » M. Baedeker

(1) Ou *Tadorna Belonii*, *T. familiaris*, *Anas tadorna*.

(2) Cité par M. J.-H. Guerney, juni, in Zoologist, p. 260, n° de juillet 1889.

(3) Ou *Anas ferina*, *A. Penelope*, *A. ruficollis*, *Aythya ferina*, *Aythya erythrocephala*.

(4) Ou *Anas nyroca*, *A. glaucion*, *Nyroca leucophthalmos*, *A. africana*.

(5) Voy. Proceedings of the zoological Society of London, p. 48, 1847.

(6) *Fuligula*.

(7) Paget à cause de feu E. J. Paget, esq., de Great-Yarmouth, gentleman bien connu comme un naturaliste éminent et l'un des auteurs de « Sketch of the natural History of Great Yarmouth. »

(8) Naumannia, Archiv für Ornithologie von Eduard Baldamus, p. 12 et 13, Stuttgart, 1852.

a donné à cette soi-disant espèce le nom de *Fuligula Homeyeri*, en l'honneur de M. le baron de Homeyer.

Ces deux Oiseaux furent dans la suite assimilés par M. Gould (1) au Pagets' Pochard.

Le Dʳ J.-B. Jaubert, qui paraît avoir connu quatre autres exem·plaires, capturés en France, voit en eux des produits hybrides. L'examen attentif des signes d'un Canard mâle, dont il donne la description, « fait voir, dit le docteur, tous les caractères de l'hybride, et malgré les quelques captures que nous en comptons, on ne saurait en faire une espèce (2). » Le célèbre professeur Naumann partage cette manière de voir. Après avoir parlé d'un exemplaire de la *Fuligula Homeyeri* « ce n'est pas une espèce, dit-il, mais un produit hybride (3). » Cependant le Dʳ Gloger est d'un avis tout opposé, parce que *F. Homeyeri* « n'est pas intermédiaire entre les deux espèces, qu'elle n'offre pas de ressemblances avec *nyroca*, et tient beaucoup plus de *ferina*. » C'est probablement, conclut-il, une variété d'âge ou de climat de cette dernière espèce, et non une espèce indépendante, comme le croit M. Baedeker (4). Mais M. le Bᵒⁿ de Homeyer n'admet pas cette manière de voir ; l'Oiseau forme une véritable espèce (5).

L'ornithologiste bien connu, M. Olphe Gaillard, trouve également inadmissible l'assertion du Dʳ Gloger (6) ; une vive discussion s'est engagée à ce sujet entre lui et le savant docteur.

M. le Bᵒⁿ Ed. de Selys-Longchamps, en parlant des quatre exem·plaires du Dʳ Jaubert, de la Fuligule de Homeyer et d'un jeune mâle, pris à Liège, en 1832, dit « qu'on ne peut affirmer avec certi-tude que ce Plongeur soit vraiment un hybride, mais que la chose est probable »(7). Le Dʳ Henri Blasius, après avoir examiné les diverses opinions qui ont été émises au sujet de la *F. Homeyeri*, et après avoir comparé à cette dernière un individu mâle qui fut présenté à la réunion des ornithologistes allemands, réunis à Halberstadt, pense aussi qu'il convient de conclure à l'hybridité (8).

(1) Cité par M. Alf. Newton, in Proceedings of the Zool. Society of London, 1860.

(2) Revue et Magasin de Zoologie, p. 118, 1853.

(3) Journal für Ornithologie, Extra-Heft, p. 7, 1853.

(4) Cette opinion a été de nouveau exprimée dans le Journal für Ornithologie, V, 1854, et p. 354, 1856.

(5) *Einige Worte über Art, bertaud und klimatische ausarthung Fuligula Homeyeri*, in Journal für Ornithologie, supplément LXVI, 1854. Voy. aussi Journal für Ornith. p. 434, 1870.

(6) Naumannia, V, pp. 402 et 403, 1855, et VII, p. 66 à 70.

(7) Bulletin de l'Académie des Sciences de Bruxelles, XXIII.

(8) *L'Histoire des Oiseaux de l'Allemagne, de Naumann*. XIII, p. 305 à 312, 1860.

En 1860, dans une réunion de la Société zoologique de Londres, le professeur Newton rappelle l'exposition faite par M. Bartlett en 1847, des trois Canards tués en Angleterre, présentés sous le nom de *F. ferinoides*, et de l'assimilation de la *F. Homeyeri* à ce dernier par M. Gould. Le professeur fait aussi mention des quatre hybrides mâles du Dr Jaubert, l'*Anas intermedia*, puis il fait connaître son opinion et déclare que les *F. ferinoides* et les *F. Homeyeri* lui paraissent issus du croisement qu'a suggéré M. Jaubert, sa croyance est confirmée, ajoute-t-il, par la parfaite analogie que l'on trouve avec l'hybride du Nouveau-Monde. »

Telle est l'opinion du savant directeur de la Société des sciences naturelles de Rotterdam, M. van Wickevoort Crommelin, d'une grande compétence en cette matière. Si ces oiseaux formaient une espèce particulière, dit-il, avec beaucoup de raison (1), celle-ci serait une espèce anormale car, les canards proprement dits, comme les Canards plongeurs appartenant à la même espèce, ne présentent que très exceptionnellement des variétés individuelles dans les teintes et dans les formes des différentes parties du corps, en dehors de celles produites par l'âge ou les saisons. » Or, les divers Milouins supposés hybrides, dons nous venons de faire mention « quoique se ressemblant sous plusieurs rapports, offrent néanmoins des différences très remarquables. Ainsi, à en juger par les mesures données, le type du *Ful. Homeyeri*, aussi bien que le sujet cité par M. de Selys, avait le bec et les pieds de la longueur de ceux du Milouin commun. Les mâles décrits par M. Jaubert auraient le bec se rapprochant de celui de cette même espèce, tandis que le torse et les doigts n'excéderaient guère ceux du *Ful. Nyroca*. » Enfin, l'individu de la collection de M. Crommelin ne surpasse que de très peu ce dernier Oiseau par la longueur du bec; les pieds sont égaux. Il faut noter aussi que « la coloration de la poitrine et celle des sous-caudales présentent des disparités notables « Le mâle décrit par Yarrell et Bartlett, ainsi que ceux pris en Provence, et celui de M. van Wickevoort Crommelin, « ont plus ou moins de noir à la première de ces parties », tandis que cette teinte « manque complètement chez les sujets de MM. Baedeker et Olphe Gaillard. » Cet exemplaire, comme ceux de M. Jaubert, semblent en outre avoir plus de blanc aux sous-caudales qu'il ne s'en trouve dans l'exemplaire de M. van Wickevoort Crommelin, ainsi que chez le

(1) *Notes sur quelques Canards observés en Hollande.* Archives néerlandaises, III, p. 138, 1872.

mâle adulte tué en Angleterre (le type de *F. ferinoides*) ; celui-ci aurait le dessous de la queue d'un noir brunâtre. Même le miroir, cette partie du plumage la moins sujette aux variations, observe encore M. Crommelin, présente chez les Oiseaux en question des différences toutes particulières. Chez les Canards tués en Angleterre, comme chez le mâle pris en Belgique et les sujets capturés en Provence, « le blanc, ainsi que les bandes noirâtres, propres au *Ful. nyroca*, seraient plus ou moins prononcés, tandis que chez ceux pris en Hollande, comme chez le mâle tué près de Lyon, le miroir présente plus de gris-cendré. Il manque à l'exemplaire de M. van Wickevoort Crommelin (1).

A ces judicieuses remarques nous ajouterons qu'il n'est point exact que l'hybridation soit nulle chez les Anatidés, comme le supposait M. Baedeker, les faits que nous venons de citer le prouvent abondamment ; les raisons alléguées par l'éminent ornithologiste ne peuvent donc servir à établir la thèse qu'il soutient. Quant à l'opinion émise par le Dr Gloger, à savoir que cette Fuligule ne peut être déclarée hybride parce qu'elle n'offre pas des caractères mixtes, déjà nous avons eu l'occasion de remarquer que les hybrides empruntent quelquefois presque exclusivement leurs caractères à une seule des espèces mères.

Nous sommes donc porté à croire que les Oiseaux dont nous avons parlé doivent leur origine au croisement des types *F. ferina* et *F. nyroca*; ainsi pensent un grand nombre de naturalistes que nous n'avons pu nommer tous.

Voici la récapitulation plus ou moins complète des exemplaires qui ont été pris ou tués pendant ce siècle :

Collection de M. J. H. Guerney, un exemplaire, capturé ou tué en Angleterre ; — collection de feu M. Doubleday d'Epping, un exemplaire pris ou tué en Angleterre ; —Musée du feu comte Derby à Liverpool, un exemplaire, même provenance. Ce sont ces trois Oiseaux qui ont fait le sujet de la communication adressée par M. Bartlett à la Société zoologique de Londres. —Collection du Jardin zoologique de Rotterdam, un mâle et une femelle adultes, tués en avril 1850, et décrits par M. Baedeker sous le nom de *Fuligula Homeyeri*, plus une jeune femelle(2). — Chez M. Olphe Gaillard, un exemplaire, celui qui fut, pensons-nous, présenté à la Société ornithologique allemande. — Musée de M. Éd. Hart, naturaliste à Christchurch (Hants), deux

(1) Ibidem, p. 138 et 139, 1872.
(2) Probablement tuée quatre ans plus tard. Nous supposons en effet qu'il s'agit de l'oiseau mentionné p. XIV, du Journal für Ornithologie (supplément), 1854.

exemplaires mâles, dont un tué par celui-ci le 12 février 1870; le second avait été tué plusieurs années auparavant. Musée d'Histoire naturelle de Genève, un sujet trouvé sur le marché de Montpellier. — Collection vendue par M. Whitaker, esq. à Londres (1) en mai 1890, un hybride, catalogué sous le n° 132 (sans indication d'origine). — Collection de M. van Wickevoort, à Harlem, un mâle. — Le British Museum, un ou plusieurs exemplaires. — Nous ignorons où sont conservés les quatre exemplaires décrits par le Dr Jaubert, le Canard pris vivant en février 1870 dans une canardière de la Hollande (2) ; et le jeune mâle capturé à Liège au mois d'avril 1832 (3).

Nous serions donc en présence de vingt individus environ, mais peut-être dans ce nombre plusieurs font-ils double emploi à cause du déplacement probable de certaines pièces (4).

La description de ces divers Oiseaux est la suivante :

Hybride ♂, tué le 12 février 1870 par M. Hart. — Aussi grand que *ferina*. Tête et poitrine riche châtaigne remplaçant la bande noire de *ferina*. Le dos brun sombre, finement vermiculé, avec des couleurs plus foncées, ventre lavande sombre.

Le second hybride de M. Hart. — Plus jeune que le précédent, teintes de toutes les parties du corps moins accuentées, sans quoi il lui serait semblable.

Mâle pris à Liège en 1832. — « Il se rapproche beaucoup du *ferina* par le bec, la tête, les yeux, les pieds. Il en diffère principalement par la coloration des ailes et surtout par la coloration de leur miroir, qui est d'un blanc sale terminé de noir avec une bordure extrême blanche ; l'intérieur du miroir est formé par quelques plumes d'un noir à reflet métallique verdâtre, mais moins prononcé que chez le *nyroca*. L'Oiseau se rapproche donc du *nyroca* par la couleur des ailes et de leur miroir, ainsi que par le roux de la tête et du cou, qui descend plus bas et se mélange insensiblement avec le brun de la poitrine (laquelle est noire chez le *ferina*). Le dos est presque comme celui de la *Naumannia*, le dos est gris, vermiculé de noir comme le *ferina* (5).

Exemplaire trouvé sur le marché de Montpellier, le 15 janvier 1850 (6). — Tête, cou et poitrine d'un rougeâtre et brillant comme chez

---

(1) Au Covent garden.

(2) Ce Canard vécut au Jardin Zoologique de Rotterdam depuis le 23 février 1870, jour de sa capture, jusqu'au 9 juin de la même année.

(3) Dont fait mention M. le baron Ed. de Selys-Longchamps.

(4) Le n° 132 de la vente Whitaker est peut-être dans ce cas.

(5) De Selys.

(6) La description suivante a été faite sur notre demande par M. Godefroy Lunel, conservateur du Musée d'Histoire naturelle de Genève.

F. nyroca, avec seulement quelques plumes noires éparses sur la poitrine ; croupion d'un noir mat ; queue brune ; ailes de cette dernière couleur avec quelques reflets pourprés. Dos, couvertures des ailes, flancs, cuisses et abdomen d'un brun roussâtre, un peu plus clair sur ces deux dernières parties ; toutes ces parties sont rayées de zigzags fins, nombreux et très rapprochés d'un brun noirâtre. Milieu du ventre d'un blanc pur comme chez *F. ferina*, miroir de l'aile blanc terminé, de noir comme chez *F. nyroca*. Iris d'un jaune orangé très clair. Bec d'un bleu noirâtre ; onglet noir. Tarses et doigts d'un cendré bleuâtre, comme chez *F. ferina*, membranes noires. Longueur 43 centimètres. »

L'examen que M. Godefroy-Lunel a pu faire, sur le frais, des parties internes de cet Oiseau comparées à celles de *F. ferina*, lui a montré certaines légères modifications résultant sans doute du croisement de ces deux espèces.

Hybride capturé dans une canardière de la Hollande, le 23 février 1870. — « Cet Oiseau a le bec conformé presque comme celui du *Fu. ferina*, mais guère plus long que celui de *Ful. nyroca* et mesurant 51 millimètres ; le tarse et les doigts se rapprochent également le plus de ceux de la seconde espèce, le doigt du milieu mesurant 60 millimètres ; les ailes égalent aussi en longueur celles du même oiseau. Le dessus de la tête comme chez le Milouin commun ; les joues, la nuque et le cou pareils à ceux du petit Milouin *(F. nyroca)*, mais avec moins de reflets au-dessus du petit collier brun, qui est moins apparent que chez celui-ci ; la poitrine est colorée également comme celle de la dernière espèce, mais le brun ne s'avance pas aussi loin que chez celle-ci et se termine en noirâtre comme chez le *F. ferina*. Les flancs, le ventre et le dessous de la queue, pareils à ceux de la dernière espèce ; cependant la teinte du ventre est un peu plus claire, et le noir des sous-caudales est varié de blanc. Le dos, le croupion et le dessus de la queue sont colorés, à peu près comme chez le Milouin commun : Les raies en zigzags semblables à celles de cette espèce, mais la teinte du fond, ainsi que les couvertures supérieures des ailes, tirant plus au brun que chez celle-ci. Le miroir est pour la largeur intermédiaire entre les miroirs des deux espèces citées ; il est d'un blanc sale, tirant au grisâtre, mais dépourvu des deux bandes noires propres à celui du *F. nyroca*. Les rémiges ne présentent que très peu de blanc et uniquement à la barbe interne ; le bord extérieur de l'aile est très clair, mais non pas d'un blanc aussi pur que chez les petits Milouins (1) ».

Un des trois Oiseaux tués en Angleterre avant 1867. — Il diffère de la

---

(1) Description de M. van Wickevoort Crommelin.

F. fuligula, espèce à laquelle il ressemble le plus cependant, par sa taille plus petite, sa coloration plus sombre, la couleur des yeux, par son miroir blanc apparent sur l'aile. La trachée artère est aussi plus longue et plus étroite que chez *F. ferina* (1).

Mâle en hiver décrit par Jaubert. — « Longueur totale : 43 centimètres, longueur du bec, 54^{mm}, le bec se rapproche de celui du Milouin par sa forme générale, par sa couleur, par l'onglet et par la disposition des narines. Iris orangé clair, tête et cou d'un roux rougeâtre comme chez le Milouin ; poitrine d'un roux marron comme chez le Nyroca. On remarque à la base du cou un petit collier noir qui se fond en avant avec les teintes de la poitrine et va former en arrière un espace noirâtre qui limite la partie supérieure du dos.

Région dorsale grise, forte, striée de brun, flancs, cuisses et abdomen d'un centre bleuâtre striés de brun, comme le dos, le ventre de même blanc jusqu'à la hauteur des cuisses, région anale noirâtre, couvertures inférieures de la queue blanches. Les ailes sont brunes avec un large miroir blanc, les tarses et les doigts bleuâtres, les membranes noires. »

Les deux Oiseaux appelés F. Homeyeri. — *Le mâle :* couleur du bec blanc noirâtre à l'extrémité antérieure, bande transversale au sommet du bec ; prunelle de l'œil de deux couleurs, le tour de la pupille blanc, le bord extérieur rouge-jaune. Au-dessous du bec, une ligne aiguë large de 3^{mm} (2) avec une tache ronde, dont les petites plumes sont rouge foncé. La tête et le cou, ainsi que le bord supérieur du dos, le jabot et le bord de la poitrine sont d'un rouge brun avec éclat. On aperçoit à la lumière, sur les côtés et sur le jabot, une teinte verte ou violette. Les plumes du jabot à la base, sont bordées de gris noir (mais ceci ne peut se voir que de près). Le dessus du dos, le croupion et la queue sont brun-noir, avec des reflets verdâtres. La poitrine est blanche avec des plumes rouge jaunâtre près du jabot. Les grandes pennes rémiges sont gris-brun avec un bord brun-foncé et une bordure inférieure. Le croupion est blanc, aussi mélangé de gris argenté jusqu'au gris noir et blanc aux extrémités. Les grandes plumes des ailes sont d'un vert brillant, mêlées de noir, le reste gris pointillé de blanc. La queue a quatorze plumes, celles-ci sont noir gris plus foncées à la tige et à l'extrémité, etc.

La femelle : Les pieds et le cou comme ceux du mâle, mais la tache grise au-dessus du bec est plus petite et presque indistincte. Tête et cou couleur de rouille avec reflets cuivrés sur le haut. Le jabot,

(1) Bartlett.
(2) Mesure de la Saxe.

le dos à la partie supérieure et les plumes de l'épaule brun foncé, chaque plume bordée de rouille, les plumes des épaules en partie pointillées avec des ondulations interrompues. La poitrine et le ventre jusqu'à l'anus sont couleur de rouille foncé. Le ventre est presque brun. Les plumes des côtés brunes avec de larges bords rouille et gris rouille. La partie inférieure de la queue est blanc jaunâtre. Dessous des ailes blanc comme chez le mâle avec une bordure de plumes grises pointillées de blanc et au nombre de quatorze, etc. (1).

RESSEMBLANCE DE LA *FULIGULA HOMEYERI* (2)

avec *F. nyroca*.

La tête, le cou, sans collier noirâtre, et le bouclier rouge de rouille foncé avec reflet de pourpre. Ce plastron descend moins profondément que chez *nyroca*.

Point de plastron noir, le milieu du ventre blanc. Les couvertures supérieures des ailes, grises noirâtres, moins foncées que chez *F. nyroca*, mais très distinctes de la couleur de ces parties chez *ferina*, où elles sont gris clair sur un fond blanchâtre. Elles ont outre cela des reflets faibles de bronze, qui rappellent la couleur de ces parties chez *nyroca*. Le miroir de l'aile presque tout blanc, quoique cette couleur soit moins pure que celle dans les mêmes parties chez *nyroca*. Il se distingue cependant beaucoup du miroir de la *ferina* qui est gris de cendres. Outre cela il est gris foncé d'ardoise avec un reflet peu sensible là où les mêmes parties sont vert bronzé chez *nyroca*. La partie extérieure et postérieure de derrière des rémiges du second rang, qui est vert de bronze chez *nyroca*, est ici gris d'ardoise, avec un léger reflet de bronze (gris chez *ferina*). La longueur totale surpasse très peu celle de *nyroca* et est bien inférieure à celle de *ferina*. Les mêmes relations pour le bec.

avec *F. ferina*.

Pas de collier noirâtre sous le cou; le rouge de la tête et du cou moins pourpré que chez *F. nyroca*, mais bien plus que chez *F. ferina*.

Les régions anales et le bas-ventre gris et formé de lignes. Les côtés sont en lignes grises (elles sont rouge brun chez *nyroca*). Le dos en forme de lignes grises, mais ces lignes sont moins fines que celles de *ferina* et sur un fond plus foncé.

---

(1) Baedeker.
(2) D'après Olphe Gaillard. *Naumannia*, VII, p. 66 à 70.

RAPPORTS DE LA F. *HOMEYERI* AVEC LES DEUX ESPÈCES MÈRES (1)

La tête, le cou, les environs du jabot et la nuque d'*A. Homeyeri* ressemblent à *A. nyroca*, il ne manque que la bande noire du cou. Le dos et les flancs s'accordent essentiellement avec *A. ferina.*

Le miroir gris pâle est essentiellement comme chez *A. ferina*, mais s'approche d'*A. nyroca*, par la couleur blanchâtre aux bordures des ailes et par le miroitant de la base. Egalement l'aile supérieure fait penser à *A. ferina.*

Les couvertures inférieures de la queue ressemblent davantage à celles d'*A. nyroca.*

CARACTÈRES DISTINCTIFS DES *ANAS FERINA* ET *NYROCA* ET *ANAS INTERMEDIA*, d'après JAUBERT

Anas ferina	*Anas intermedia*	*A. nyroca*
Long. totale, 45 cent.	Long. totale, 43 cent.	Long. totale, 40 à 41 cent.
Bec assez fort, mais à sa base et à son extrémité, bleuâtre dans son milieu.	Bec moins fort, de même forme et de même couleur, long. 54 millim.	Bec plus court, presque noir, à narines relevées, long. 46 milim.
Iris jaune orangé.	Iris orangé clair.	Iris blanc.
Tête et cou d'un roux rougeâtre et brillant; large bande ou ceinture noire s'étendant sur toute la poitrine et sur les parties supérieures du dos. Région dorsale d'un gris clair fortement strié de brun.	Tête et cou d'un roux rougeâtre plus terne : collier noirâtre se fondant en avant avec la nuance roux marron de la poitrine et formant en arrière un espace noir qui limite la partie supérieure du dos. Régions dorsale d'un gris plus foncé fortement strié de brun.	Tête et cou d'un roux marron ainsi que la poitrine ; à la base du cou est un petit collier noir qui va se fondre en arrière avec la couleur brune du dos. Région dorsale d'un brun noirâtre à reflets pourprés sans aucun strie chez l'adulte.
Flancs, cuisses et abdomen d'un cendré bleuâtre, finement strié. Milieu du ventre blanchâtre, varié de zigzags cendrés, presque imperceptibles. Région anale et couvertures inférieures de la queue noires, queue cendrée.	Flancs, cuisses et abdomen d'un cendré bleuâtre finement strié. Milieu du ventre blanc. Région anale noirâtre, couvertures inférieures de la queue blanches, queue brune.	Flancs, cuisse et abdomen d'un roux plus ou moins foncé. Milieu du ventre blanc. Région anale et couvertures inférieures de la queue blanches, queue noire.
Ailes d'un gris brun, avec un large miroir cendré.	Ailes brunes avec un large miroir blanc, terminé de brun.	Ailes d'un brun noirâtre avec miroir d'un blanc pur, terminé de noir.
Tarses et doigts bleuâtres, avec membranes noires.	Id.	Tarses et doigts d'un gris foncé, avec membranes noires.
Longueur du tarse, 33 millim.	30 millim.	Longueur du tarse, 28 millim.
Longueur du doigt médian, 70 millim.	51 millim.	Longueur du doigt médian, 61 millim.

(1) D'après Henri Blasius, *Histoire des Oiseaux de l'Allemagne, de Naumann,* p. 305 à 312, XIIIᵉ partie.

Tels sont les renseignements que nous avons pu rassembler sur l'intéressant hybride qui a fait le sujet de tant de discussions.

FULIGULA NYROCA et FULIGULA CRISTATA (1)

M. le baron Ed. de Selys-Longchamps nous fait savoir qu'il possède dans sa collection un hybride tué à l'état sauvage et paraissant être le produit de ces deux espèces.

On sait que l'*Anas Baeri*, décrit par Radde (2), a été considéré par plusieurs comme étant un hybride. MM. Newton (3), G.-R. Gray (4) et Th. V. Heuglin (5) seraient de cet avis. M. Eugène de Homeyer a émis des doutes à ce sujet (6). Nous n'oserions nous prononcer, n'ayant pu consulter les auteurs partisans d'une double origine. Il serait intéressant de comparer cet Oiseau avec l'exemplaire que possède M. le baron Ed. de Selys-Longchamps.

FULIGULA AFFINIS ou (FULIGULA COLLARIS)? (7)
et FULIGULA VALISMERIA (ou FULIGULA AMERICANA)?

En 1859, M. Daniel G. Elliot envoyait de New-York, à la Société Zoologique de Londres, un Canard considéré par lui comme hybride probable entre *F. affinis* et *F. Valismeria* (ou *F. americana* (8). M. Newton (9) a, l'année suivante, contesté l'origine supposée de cet Oiseau ; il croit qu'elle est due à un croisement entre *F. collaris* et une des espèces indiquées par M. Elliot, mais probablement *F. americana*. « On remarque, dit-il, une ressemblance avec la *F. collaris* à cause du miroir gris et de la tache blanche qui se trouve sous le menton, caractères que ne possèdent ni l'un ni l'autre des Scaup-Ducks, trouvés dans le Nouveau-Monde. » M. Newton accompagne son récit d'une belle planche coloriée représentant l'hybride dont l'origine n'est point assurée (10).

---

(1) Autres noms : *Anas fuligula, A. Glaucion, A. arctica, A. scandiana, Nyroca fuligula, Anas latirostra.*

(2) *Oiseaux de la Sibérie*, p. 376.

(3) The Ibis, p. 118, 1886, cité par M. van Wickevoort Crommelin. Archives néerlandaises.

(4) *Hand-List of Birds*, III, p. 86, cité par le même.

(5) *Oiseaux de l'Afrique*, II, p. 433, 1870, cité par Olphe Gaillard, *Contributions à la Faune ornithologique de l'Europe occidentale*, III, p. 100, 1888.

(6) Cabanis, Journal für Ornithologie, p. 433, 1870.

(7) Autres noms : *Fuligulata rufitorques, Anas collaris, Anas fuligula.*

(8) Voy. Proceedings of the Zool. Society of London, p. 437, 1859.

(9) Les mêmes Proceedings, p. 336, 1860.

(10) Pl. CLXVII.

FULIGULA CRISTATA et FULIGULA FERINA.

Nous ne connaissons que deux exemplaires provenant de ce croisement, le premier se trouve au Musée de la Société d'Histoire naturelle et philosophique de Belfast, le deuxième dans la collection particulière de M. le Dr Giovanni Piazza, de Padoue. L'exemplaire du Muséum de Belfast n'a jamais été décrit, il fut tué près de Dowimpatrick.

M. le comte Arrigoni degli Oddi a donné une description du second (1); cet Oiseau est adulte, du sexe mâle, on pense qu'il a été tué dans la vallée de Salsa dei Millecampi, province de Padoue.

On nous avait indiqué un troisième exemplaire au British Museum, mais M. Boulenger et plusieurs de ses collègues l'ont cherché en vain pour nous en adresser la description. Nous nous contenterons donc de décrire le premier exemplaire d'après les renseignements qui nous sont envoyés par M. J. Brown, puis nous donnerons la description du deuxième, d'après l'*Ateneo veneto*.

Premier exemplaire. — Bec plus court que celui de la *Fuligula ferina*, mais un peu plus large; ressemble beaucoup au bec de *cristata*, quoique plus long. Tête pourpre brun, avec un lustré métallique; huppe petite, mais bien caractérisée. Le cou de la même couleur que la tête. Poitrine très foncée, couleur pourpre, presque noire. Ventre blanc satiné, la partie postérieure faiblement tachetée de gris. Dos pourpre foncé comme la poitrine. Les couvertures des ailes gris sombre et tachetées. Queue pourpre foncé; même ton de couleur que chez *F. cristata*.

L'Oiseau est intermédiaire entre les deux espèces, mais ressemble plus à *cristata*.

Exemplaire de M. le Dr Giovanni Piazza, de Padoue (description de M. le comte Arrigoni degli Oddi). — « Tête et cou d'un noir violet à reflets pourprés; remiges secondaires grises, avec une bande blanche terminale, le gris formant un large miroir oblique sur l'aile fermée; flancs faiblement cannelés, à la différence des parties inférieures.

Bec d'un bleu foncé, avec la base et l'onglet noirs. Iris jaune doré. Tête et cou d'un noir violet à reflets pourprés tachetés de bai. Les plumes de l'occiput voutées et formant un petit toupet. Les plumes de l'échine du dos, des scapulaires, sus-caudales et sous-caudales noir violet. La gorge et le cou noirs avec un pointillé bai, la poitrine d'un noir changeant. Abdomen blanc. Flancs faiblement striés

---

(1) *Note sopra un ibrido non encora descritto.* Ateneo veneto, 1887.

de brun, les couvertures des ailes cendrées et noires. Rémiges primaires d'un brun grisâtre. Rémiges secondaires grises avec un liseré, le gris formant un large miroir oblique quand l'aile est fermée. Tarses, doigts et membranes interdigitales de couleur brune.

Longueur totale, 455mm ; longueur de l'aile, 220mm ; de la queue, 70mm ; du bec, 45mm ; du tarse, 30mm ; du doigt du milieu, avec l'onglet, 59mm ; sans l'onglet, 54mm.

FULIGULA CRISTATA et FULIGULA MARILA (1)?

M. le docteur Marmottan, dont la magnifique collection est aujourd'hui au Muséum d'Histoire naturelle de Paris, nous a fait savoir qu'il possédait un Palmipède qu'il a déterminé comme devant être l'hybride du Canard Morillon et du Canard Milouinan, toutefois le docteur ajoute dans sa communication que cet exemplaire aurait besoin d'être examiné de nouveau.

FULIGULA CLANGULA (2) et FULIGULA MARILA ?

Nous avions fait connaître (3) un Oiseau tout à fait extraordinaire, que M. de Selys-Longchamps conserve dans sa collection. Cet Oiseau vient certainement du Garrot, disions-nous, mais en désignant comme second progéniteur le *F. morila*. M. de Selys-Longchamps était loin d'être aussi affirmatif.

Aujourd'hui, M. de Selys-Lonchamps veut bien nous donner des détails très précis sur ce spécimen, qu'il a examiné de nouveau et qui probablement n'est pas un hybride, mais une aberration de couleur du *marila*.

Voici *in extenso* la note que le savant académicien a rédigée sur cet Oiseau :

« Au milieu de l'hiver de 1888, j'ai trouvé à l'un des marchés de Bruxelles, un Canard du genre *Fuligula*, qui est si singulier par les couleurs de son plumage et de ses pieds, que je ne puis le rapporter avec certitude à aucune des espèces connues. Il diffère de toutes celles qui sont décrites par les pieds (tarses, doigts et membranes) d'un beau jaune orangé, comparables sous ce rapport à ceux du

(1) Autres noms : *Anas freneta, Nyroca marila, Anas marila.*
(2) Autres noms : *Clangula vulgaris, Anas glaucion, Glaucion clangula, Anas clangula.*
(3) *Note sur les Hybrides des Anatidés*, p. 12, Rouen, imprimerie nouvelle de Paul Leprêtre, 1888, et Revue des Sciences naturelles appliquées, n° 21, novembre 1889.

Mergus mergauser ou du *Rhynchaspis clypeata*, et par les six premières grandes rémiges, entièrement blanches, caractères qui ne
se voient chez aucune espèce de *Fuligula*, dont ses pieds ont cependant la conformation, y compris la membrane du doigt postérieur,
très développée, caractère du genre.

« Par la taille, la stature et le reste du plumage, il ressemble
assez à une femelle ou au jeune âge du Milouinan (*Fuligula marina*),
mais le bec est en grande partie couleur de chair avec l'arête
obscure et l'onglet noir. Ce bec est moins élargi au bout que chez le
Marila. La tête et le cou sont noirâtres avec un large collier blanc ;
le dos gris brun, comme saupoudré de petits points blanchâtres,
passant au noirâtre aux couvertures supérieures de la queue. La
poitrine grisâtre, ainsi que les plumes ; le reste du dessous blanchâtre ; l'épaule mélangée de blanc.

« Il me paraîtrait être un demi-albinisme du *Marila*, si le bec
n'était moins élargi au bout, à moins que ce ne soit un hybride du
Marila et du *Clangula* ? (Le *Clangula* a les tarses et les doigts jaunes,
mais non la membrane).

« Le pouce, additionné d'une membrane, exclut l'hypothèse que
ce serait un hybride d'une *Fuligula* avec un *Anas* ou un *Rhynchaspis*,
genres chez lesquels il existe des espèces à pieds jaunes ou
orangés. »

L'origine de cet Oiseau restant incertaine, nous n'avons pu cru
devoir le faire figurer sur la liste des hybrides.

SOMATERIA MOLLISSIMA et SOMATERIA SPECTABILIS ?

A l'article *Eider vulgaire*, MM. Degland et Gerbe (1) font remarquer que « trois ou quatre individus reçus de Terre-Neuve, avaient
sous la gorge deux traits noirs comme en offre la *Somateria spectabilis*,
mais d'une teinte moins foncée. » Ces auteurs se demandent si ces
Oiseaux sont des hybrides de ces dernières espèces, avec la femelle
de l'Eider, ainsi que l'a supposé M. Hardy ?

Le prince Bonaparte et sir W. Jardine (2) ont eu l'occasion d'examiner d'autres exemplaires reçus de l'Amérique polaire, ils pensent
au contraire, dit M. de Selys-Longchamps, que c'est une espèce
distincte et l'ont décrite sous le nom de *Somateria-V-nigrum* (3).

(1) *Ornithologie européenne*, II, p. 555.
(2) Cités par M. de Selys-Longchamps, in Bull. Acad. Sciences, Bruxelles, 1856.
(3) On sait que la femelle de l'Eider n'offre presque pas de différence avec celle
de l'*A. spectabilis*.

C'est sous ce nom que l'a inscrite M. Sclater dans sa *List of the certainly known species of Anatidæ*(1) et beaucoup d'autres auteurs (2).

Genres : Anas et Fuligula

FULIGULA FERINA et ANAS CRECCA (ou ANAS BOSCHAS)?

En 1882, à l'une des réunions de la Société zoologique de Londres, M. Sclater montra, de la part de M. Peter Juchhald, F. Z. S., deux Canards curieux qui avaient été tués sur une pièce d'eau d'agrément, près Darlington, dans le pays de Durham. L'un d'eux parait être le produit d'un croisement entre le Pochard (*Fuligula ferina*) et un Canard d'eau douce, tel que la Teal (*A. crecca*) ou le Mallard (*A. boschas*) ; le deuxième présentait l'apparence d'une femelle Scoter (*Œdemia nigra*) mais il était au-dessous de couleur plus sombre (3). Ces deux Oiseaux doivent peut-être leur origine à un croisement ayant eu lieu en captivité (4).

Genres : Clangula et Mergus.

CLANGULA GLAUCION et MERGUS ALBELLUS (5)

Le *Mergus anatarius* d'Eimbeck, hybride supposé de ces deux espèces, n'a pas moins fait parler de lui que la *Fuligula Homeyeri* de Baedeker ; sa double origine a même été plus contestée que celle de cette Fuligule. Les exemplaires sont aussi beaucoup plus rares, on en compte quatre ou cinq seulement. Ils sont encore connus sous les noms de *Clangula angustirostris* Brehm, et *C. mergoides* Kjärbolling.

---

(1) Proceedings the Zoological Society of London, 1884.

(2) *The list of the vertebrated animals of the Zoological Society* porte aussi qu'on acheta, le 26 mars 1861, un hybride, supposé entre *Fuligula marila* (Linn.) et *Nyroca leucophtalma* (Bechst.), mais on ne dit pas si cet Oiseau avait été pris à l'état sauvage ou produit en domesticité. M. le professeur Sordelli, directeur-adjoint au Musée de Milan, nous a fait aussi savoir qu'il existait dans la collection Turati, réunie à ce Musée, un exemplaire d'*Oidemia fusca* × *C. glaucion* ; malheureusement il ne nous indique pas si l'Oiseau a été tué à l'état sauvage. Nous n'avons donc point cru devoir faire figurer ces deux hybrides sur notre liste.

(3) Proceedings of the Zool. Society, p. 134, 1882.

(4) M. de Selys mentionne, d'après Morton, l'hybride de l'*A. boschas* et de la *F. rufitorques*, observé aux États-Unis, mais il n'indique pas l'origine de l'Oiseau (Bull. Acad. des Sciences de Bruxelles, 1856).

(5) Autres noms : *Mergus minutus, M. asiaticus, M. glacialis, M. cristatus minor.*

Eimbeck a, le premier, fait connaître un de ces Oiseaux qui fut
tiré au printemps de 1825, sur l'Oker, dans le voisinage de Bruns-
wik, par l'inspecteur des forêts, M. Busch, un chasseur infatigable.
L'Oiseau fut tué dans une contrée où, pendant le passage des Canards,
il s'arrête plusieurs espèces différentes, même lors des froids rigoureux, le courant rapide empêchant l'eau de se congeler entièrement.
L'Oiseau tomba par bonheur dans les mains d'un amateur qui
l'empailla pour sa petite collection; puis il fut acheté, à la mort
de ce dernier, par Eimbeck, qui en donna la description suivante (1) :
« De la grosseur du mâle de l'*A. clangula*, il peut avoir 19 pouces de
long et 32 à 33 pouces en largeur, les ailes déployées; il ressemble aussi au *clangula* par la forme du corps et de la queue.
Cependant ses longues plumes en taillades à la partie postérieure de la tête, son bec et ses ailes pointues le caractérisent plutôt
comme un *Mergus albellus*, masc. Sa forme est intermédiaire entre
les deux espèces, elle montre, ainsi que sa couleur et la façon
dont les plumes sont marquées, des traces des deux espèces. Son
bec, depuis son extrémité jusqu'au coin de la bouche, mesure
1 pouce 10 lignes. Il est à la base plus haut que large; sur le devant,
il est tout plat, plus large que haut, et quand il est vu de côté, il
ressemble à celui du Harle, mais le bord supérieur, les dentelures
sont moins visibles. Les narines ovales et transparentes sont placées
au milieu du bec, lequel est rouge foncé, tirant sur le brun et au-
dessous d'une couleur corne claire. La forme particulière du bec
frappe au premier coup d'œil lorsqu'on regarde la tête d'en haut.

« Le fond de la couleur de l'Oiseau est le blanc; la tête et la nuque
vert foncé chatoyant à diverses places. Entre le bec et les yeux se
trouve une tache blanche dont les petites plumes blanches ne
touchent pas immédiatement le bec, mais sont entourées d'une
tache foncée large de deux lignes. Au-dessous se trouve une tache
semblable qui s'étend vers le bas et qui s'unit au cou d'un blanc
pur, sur les joues se trouvent de petites plumes dont le tuyau est
gris argenté jusqu'au milieu et la pointe seulement est vert et tout
cet endroit semble en être parsemé.

« Le dos est noir brillant et quelques plumes des épaules sont
blanches, mais la plupart à la poitrine sont bordées de noir
qui marque les deux traces des deux colliers comme chez
le *Mergus albellus*. Les grandes plumes des ailes sont d'un
blanc pur, sur les bords extérieurs deux lignes noires et larges
qui se réunissent sur le dos et forment une longue tache. Sur la

(1) Isis, XII, p. 299, Heft 1, Leipzig, 1831.

partie inférieure du dos, au-dessus des ailes, sont quatre plumes
rectrices d'une beauté particulière, celle de l'intérieur brun gris,
celles de l'extérieur blanches, avec la couleur pure des perles aux
extrémités et entourées, dans toute leur longueur, d'une bande noire,
de sorte que cet espace semble être divisé.

« Les plumes motrices du premier ordre, d'un brun noir avec des
tiges noires, celles de second ordre et les petites plumes rectrices
des ailes, au bout, d'un blanc clair avec l'extrémité noire, de sorte
que les ailes forment une double marque brillante. La queue a
seize plumes, dont les extérieures sont 1 pouce 3/8 plus courtes que
les deux du milieu, toutes sont d'un noir grisâtre, plus brillantes à
l'extrémité, les plumes inférieures blanches, les supérieures brun
noir. Les plumes des côtés et les plumes motrices des ailes blanches
et tachetées de points gris.

« Les pieds n'ont pas tout à fait la grosseur de ceux de l'*Anas clangula*, mais ils sont cependant façonnés de même ; couleur foncée de
rouille, la palme tirant sur le noir. Les ongles de couleur cornée.

« D'après son plumage brillant, bien coloré, on pourrait le prendre
pour un mâle du plus beau plumage. »

Un second spécimen femelle, tué quatre ans plus tard sur un
marais, est mentionné par Brehm. Un troisième individu, un jeune
mâle, fut trouvé par M. Kjäbolling, dans une collection d'Oiseaux
achetés par lui en 1853 à Copenhague. L'Oiseau fut d'abord pris
pour un jeune *Mergus albellus*, mais bientôt M. Kjärbolling s'aperçut
qu'il devait appartenir à la famille des Canards plongeurs appelés
Clangula. Il ressemble dans sa première livrée au mâle décrit par
Eimbeck, mais on voit que c'est un jeune Oiseau, surtout à la tête,
où la couleur rougeâtre et d'un brun olive n'est atténuée qu'en
partie par un noir chatoyant dans le vert (1).

Ce sont ces trois premiers exemplaires qui ont donné lieu à de
nombreuses discussions. Doit-on, en effet, les considérer comme
provenant des deux espèces nommées plus haut, ou plutôt comme
appartenant à une espèce régulière et bien définie ? Plusieurs ornithologistes, auxquels Eimbeck montra le premier exemplaire, mentionné dans l'Ibis (2) le prirent pour une production hybride ; le
pasteur Brehm l'a, au contraire, considéré comme une véritable
espèce, ainsi que la femelle qu'il décrit (3).

Naumann, sans se prononcer d'une façon définitive, partage visi-

---

(1) Naumannia, p. 328, 1853.
(2) Voy. p. 300 de ce journal, 1831.
(3) *Op. cit.*, pp. 930.

blement l'opinion de ceux qui voient dans l'Oiseau d'Eimbeck un
mélange des deux espèces ; l'*A. clangula* et le *M. albellus* (1). Pendant l'hiver et au même endroit on voit, paraît-il, ces Oiseaux
rassemblés, et les *Mergus* côte à côte avec les *clangula*. On aurait
même vu une fois un de ces derniers conduire une troupe de *Mergus* ? Schlegel (2) et Temminck partageraient l'avis du célèbre
ornithologiste allemand (3). Cependant Kjärbolling est plutôt porté à
croire à une véritable espèce ; la proximité où vivent les *Mergus*
et les *Clangula* ne prouve rien. Il observe avec raison que l'hybridation ne se manifeste pas là où diverses espèces se rassemblent en
foule, vivant longtemps les unes près des autres. D'après lui, le
pasteur Brehm paraît avoir le mieux jugé la chose (4). Gloger (5),
en parlant de l'exemplaire de Copenhague et de celui de Brunswick,
dit qu'il croit reconnaître, aux caractères que présentent ces
Oiseaux, l'origine indiquée par Eimbeck et Naumann. Degland et
Gerbe sont de cet avis (6).

A l'occasion d'un mémoire de M. Kjärbolling (7), qui possède le
jeune mâle, il y eut, dit M. de Selys-Longchamps (8), lors de la
réunion des ornithologistes allemands, tenue à Halbertstadt en
1855, une discussion très intéressante ; la majorité des membres
qui y prirent part se prononcèrent dans le sens de l'hybridité, ce
furent : MM. Hartlaub, Kirchkoff, Pauier, Naumann, Heine,
Baldamus, von Homeyer, Blasius ; MM. Kjärbolling, Cabanis,
Reichenbach, Hennecke se montrèrent d'un avis opposé ; M. von
Homeyer, continue M. de Selys, croit que le *Mergus anatarius*,
vieux mâle, est certainement un hybride, et que le jeune mâle, *Anas
clangula mergoïdes* (9) de M. Kjärbolling l'est probablement aussi.
M. Heine est du même avis, mais trouve que l'autre individu est
différent. M. de Selys, n'ayant pas vu ces Oiseaux, ne peut se prononcer-
cer sur l'identité entre les deux hybrides ; pour expliquer leur
diversité, il se demande si l'*anatarius* ne serait pas le produit du

---

(1) Voy. *Naturgeschichte der Vogël Deutschlands*, p. 195. Leipzig, 1844. Voy.
aussi p. 330, où la même opinion est exprimée.

(2) *Aperçu critique des Oiseaux européens*, p. 109, 1884, cité par Oscar
Wolschke. Siebenter Jahresbericht des Annaberg— Buchholzezt Vereins für Naturkunde, 1883-1885).

(3) Cité par Oscar Wolschke.

(4) Voyez Naumannia, p. 328, Stuttgart, 1853.

(5) Journal für Ornithologie, novembre 1853.

(6) *Ornithologie Européenne*, p. 471.

(7) Notice insérée dans la Naumannia de 1853, p. 137.

(8) Bulletin de l'Acad. des Sciences de Bruxelles, XXIII, 1856.

(9) Ainsi appelé par M. Kjärbolling.

Mergus albellus mâle et du *Fuligula clangula* femelle, et le *mergoïdes* (ou *angustirostris* Brehm), le produit du *clangula* mâle et de l'*albellus* femelle ou bien l'inverse ?

Enfin, M. Geoffroy Saint-Hilaire partage l'opinion de la grande majorité des ornithologistes allemands et il croit que le *Harle-Garrot* ne tardera pas à être inscrit, d'un accord unanime, sur la liste des hybrides authentiques (1).

Un nouvel exemplaire fut tiré à la fin de février 1865 dans le voisinage du Pöl, et un autre en 1881 à Kalmarsund. Le premier fut d'abord dans la possession de M. Frantz Schmidt, qui fit un rapport sur cet Oiseau (2), puis il passa dans les mains de M. Oscar Wolschke. Le second se trouve dans le Musée de l'Université d'Upsala, en Suède. Il fut tué le 20 novembre par M. Themström, M. le Dr Blasius eut l'occasion de le voir au mois de juin 1883, au retour d'un voyage en Scandinavie, il le mentionna dans ses notes de voyage comme un hybride du *Mergus albellus* et de l'*Anas clangula* (3). M. Gustave Kolthoff en a donné la description (4).

On trouvera des dessins ou des figures coloriés représentant ces divers Oiseaux dans les ouvrages ou publications d'Eimbeck (5), Kjärbolling (6), de Naumann (7) de Kolthoft (8) et de Blasius (9).

CLANGULA AMERICANA et MERGUS CUCULLATUS (10)

En 1854, à l'une des réunions de la Société d'Histoire naturelle de Boston, le Dr Cabot exposa un spécimen d'un hybride de Canard, un croisement probable entre le Golden eye (*C. americana*) et le Hooded merganser (*M. cucullatus*). Cet hybride, dit le rapport (11), possède les caractères distinctifs de chacun de ses progéniteurs.

(1) *Histoire des Règnes organiques*, pp. 156 et 160, III. 1862.
(2) Archiv des Vereins der Freunde der Naturgeschichte in Mecklemburg, pp. 145 et 146, 1875.
(3) Monatschrift des deutschen Vereins zum Schütze der Vogelwelt, no 14, 1887.
(4) Ofversigt af kongl. Vetenskaps-Akademiens Förhandlinger, p. 185. Stockholm, 1884.
(5) Op. cit.
(6) *Ornithologia Dania*, 1851, cit. par Wolschke.
(7) Op. cit.
(8) Op. cit.
(9) Op. cit.
(10) Autres noms : *Mergus fuscus, Merganser cucullatus*.
(11) Proceedings of the Boston Society of natural history, V, p. 57, 1854.

L'Oiseau fut tiré dans le voisinage de Scarborough par M. Caleb Loring, au mois de mai (1).

Le Dr Cabot en a fait une description; il conclut en disant que si cet oiseau doit être considéré comme appartenant à une véritable espèce, à cause de particularités et de dimensions des viscères, il l'appellerait *Clangula mergiformis*.

Les testicules de ce spécimen avaient été examinés au microscope par le professeur Wyman, et quoiqu'ils fussent très gonflés (ils avaient un demi-pouce de long), on n'avait pu cependant découvrir aucune particule spermatique.

CLANGULA GLAUCION et MERGUS MERGANSER

Pendant un violent ouragan de neige, M. l'Inspecteur des forêts de Negelin, d'Oldenbourg, aperçut pendant plusieurs heures deux *Anas clangula*, accompagnés d'un troisième Oiseau qui se comporta près de ces derniers comme un mâle; après l'avoir tué on reconnut que c'était un *Mergus merganser*. On ignore si cet accouplement fut suivi de fécondité, disons que l'observation de M. de Negelin avait été faite de loin, d'une fenêtre de la maison d'un garde forestier (2).

PALMIPÈDES LONGIPENNES

Famille des Laridés.

Genre Sterna.

STERNA PARADISEA (3) et STERNA HIRUNDO (4)

La Sterne paradis, disent MM. Degland et Gerbe (5), a été confondue jusqu'en 1819 avec la *Sterna hirundo*. Ces auteurs pensent que ces deux types se croisent quelquefois et donnent des produits ressemblant plus ou moins au père ou à la mère. M. Hardy (6) croit en avoir acquis la certitude.

« Les individus qui proviendraient de cette union, ont, les uns

(1) Voy. même revue, p. 118.

(2) Rapport du Dr Gloger, Journal für Ornithologie, p. 417, Heft VI, novembre 1850.

(3) Autres noms : *Sterna macroura, S. Nitzschi* ou *S. hirundo.*

(4) Ou *Sterna fluvialis*, ou *S. marina.*

(5) *Ornithologie européenne*, II, p. 459.

(6) Cité par Degland et Gerbe.

avec les pieds courts de la *Ster. paradisea*, le bec assez long de la *Ster. hirundo*; les autres, le bec grêle de la *Ster. paradisea*, et les tarses de trois à cinq millimètres plus longs que ceux de cette espèce. Toutes les fois que les pieds se rapprochent ainsi par leur longueur de ceux de la *Ster. hirundo*, il s'y joint un autre point de ressemblance; les couvertures de la queue ont une teinte d'un gris bleu dans celle-ci, tandis qu'en automne les *Ster. paradisea* jeunes et vieilles ont toujours ces parties d'un blanc pur. M. Hardy, profond observateur, reconnaît ces Oiseaux au vol, à ce dernier signe différentiel, tant il est frappant. »

Notons ici que le rév. Macpherson a émis l'opinion (1) que le Glaucous (*Larus glaucus*) et le Iceland Gull (*Larus leucopterus*) pouvaient s'entrecroiser parfois dans les régions lointaines du Nord, mais il ne cite aucun exemple.

C'est à peine si ce dernier croisement, qu'aucun fait n'a encore confirmé, peut être cité; aussi, comme nous l'avons dit en commençant, l'hybridation chez les Palmipèdes ne se manifeste réellement que dans une seule famille, celle des Anatidés.

Il nous paraît probable qu'elle ne se produit que fort rarement chez les Échassiers. Dans cet ordre, du moins, nous n'avons pu rassembler que deux exemples.

ÉCHASSIERS HERODIENS

Famille des Gruidés

Genre Ardea

ARDEA CINEREA et ARDEA PURPUREA

M. Lacroix, de Toulouse, nous fait savoir qu'il possède un hybride de Héron cendré et de Héron pourpré, tué (ou pris) dans les ramiers de Braqueville, 8 kil. sud de Toulouse, en février 1854.

M. van Kempen nous écrit aussi qu'il a dans sa collection un oiseau qui lui a été vendu comme un hybride de l'*Ardea purpurea* et de l'*Ard. cinerea*.

Ces croisements sont-ils bien authentiques? M. van Kempen ajoute que chez son Oiseau les jambes seules et les ailes sont rousses, tout le reste du plumage est de l'*Ard. cinerea*. Son sujet provient de l'Allemagne.

(1) Field, 31 mai 1890.

ÉCHASSIERS COUREURS

Famille des Charadridés

Genre Hæmatopus

Hæmatopus unicolor et Hæmatopus longirostris

Plusieurs collections de la Nouvelle-Zélande posséderaient des hybrides entre ces deux types. Sir Walter Buller, qui fait cette communication à M. Henry Seebohm, ajoute que ces hybrides sont probablement stériles (1).

REMARQUE

Un certain nombre des croisements que nous avons cités ont été répétés en domesticité.

Plusieurs des produits obtenus ont été mariés entre eux. Nous n'avons point besoin d'insister sur l'intérêt que présentent ces expériences qui permettent de fonder de sérieuses présomptions contre ou pour la fécondité des hybrides rencontrés à l'état sauvage. Malheureusement ces expériences n'ont point toujours été entreprises dans un but scientifique et bien souvent les auteurs qui les ont racontées ont négligé de faire connaître les diverses circonstances dans lesquelles ces accouplements se sont produits.

Ces expériences pourraient présenter un autre avantage si elles étaient faites avec des individus d'espèce bien pure, car elles permettraient, par l'étude des caractères des hybrides ainsi obtenus et leur comparaison avec les produits sauvages, de reconnaître l'authenticité de ces derniers, quoiqu'on ne puisse cependant obtenir un criterium absolu à cause de la plasticité des hybrides et la variabilité de leur coloration.

Dans les croisements que nous allons indiquer, l'*A. boschas* domestique paraît avoir été le plus souvent employé; les produits, ayant hérité des caractères des parents modifiés, ne pourront donc servir de point de comparaison.

Les hybrides obtenus en captivité, se rapportant aux croisements que nous avons indiqués, sont les suivants :

A. ACUTA et A. PENELOPE: Hybrides nés dans la ménagerie de

---

(1) « The rarity of the intermediate forms is presumptive evidence thay they are baren. » Voy. : *The geographical distribution of the Charadridæ*, p. 308.

Lord Stanley, d'une femelle *acuta* et d'un mâle *penelope* (1) ; hybride également obtenu au Jardin zoologique d'Amsterdam (2).

A. BOSCHAS et A. ACUTA : Hybride ayant vécu à la ménagerie de Schœnbrunn (3). Un autre mâle montré dans une réunion de la Société zoologique de Londres par M. Twiselton Fienes (4), origine *acuta* ♂ ; cet Oiseau appartenait à une couvée de six jeunes. Croisement encore obtenu au Jardin zoologique d'Amsterdam, origine *acuta* ♂ et *boschas* ♀ (5). M. Alf. Newton a parlé d'autres hybrides qui lui furent offerts par un ami (6). Enfin M. Pfaunenschmid, à Emden, aurait obtenu de nouveau le même croisement (7).

ANAS BOSCHAS et CHAULELASMUS STREPERA : Hybride vu par M. de Selys-Longchamps au Zoological Garden (8). Une femelle obtenue par M. Rogeron entre un mâle Chipeau et une femelle de Canard sauvage (9).

ANAS OBSCURA et A. BOSCHAS : Hybride obtenu aux Etats-Unis, par M. Elisa Slade (10).

A. PENELOPE et A. BOSCHAS : Hybride obtenu par M. Durham, de Bremly Grange, près de Ripon (Angleterre), (origine *A. penelope* masc. *A. boschas* fem.) (11).

A. BOSCHAS et CARINA MOSCHATA : Hybride obtenu journellement ; grand nombre d'auteurs l'ont mentionné dans leurs ouvrages.

FULIGULA NYROCA et F. CRISTATA : Hybride né au Jardin Zoologique de Londres (12).

ANAS CLANGULA et MERGUS MERGANSER : Ce croisement aurait été obtenu par M. Pfaunenschmid, d'Emden (Ostfriesland); celui-ci aurait élevé un hybride de ces deux Oiseaux (13).

---

(1) Voy. Montagu, *Ornithological dictionary*, 2ᵉ édit., p. 543. London, 1831.

(2) Communication de M. Westermann, directeur.

(3) C.-R. Académie de Vienne. Fitzinger, décembre 1853.

(4) Proceed. of the committe of science and correspondance of the zool. Society. Part. I, p. 156, 1830-1831.

(5) Communication de M. Weltermann, directeur.

(6) Proceed. of the zool. Society of London, p. 326, 1860.

(7) Voy : Neudam, XVI, nᵒ 21, p. 373, 11 décembre 1890.

(8) Bull. Acad. Sc. de Bruxelles, 2ᵉ partie, XXIII, 1856.. M. de Selys ne dit pas si l'Oiseau a été produit en domesticité, mais la chose nous paraît probable.

(9) Bullet. de la Soc. nationale d'Acclimatation, p. 569, 1883.

(10) Proceed. of the United States national Museum, p. 66.

(11) Alf. Newton, *On a hybrid duck*. Proceed., p. 392, 1861. Voy. aussi pour le même croisement John Handcok, *A catalogue of the Birds of Northumberland and Durham*. Natural Transact. Northumberland, p. 153, 1874.

(12) Bull. de l'Acad. des Sc. de Bruxelles, XXIII, 1856.

(13) Voyez Neudam, XVI, nᵒ 21, p. 373, décembre 1890.

ESSAIS DE REPRODUCTION EN CAPTIVITÉ

Lord Stanley fit savoir au colonel Montagu qu'une femelle Pintail (*A. acuta*) s'appparia dans sa ménagerie avec un mâle Wigeon (*A. penelope*), et produisit la première année neuf ou dix jeunes. La seconde année, cette Cane donna six petits (1). Les hybrides nés de cette union se montrèrent stériles (2). Il est fait mention dans les Proceedings de la Société zoologique de Londres (3) de plusieurs hybrides *A. acuta* ♂ et *A. boschas* ♀ qui, unis à l'*acuta* ♂ dont ils descendaient, produisirent avec celle-ci. M. Alf. Newton parle (4) d'une paire semblable qu'il mit, en 1856, sur un étang où il y avait des Canards des deux espèces. Le mâle hybride régnait en maître. A l'approche du printemps, il se montra de plus en plus jaloux, aucun Canard n'avait le droit de s'approcher de sa compagne. M. Newton ne fut jamais assez heureux pour assister aux noces, mais il a de fortes présomptions pour croire qu'aucun mâle ne trouva moyen de s'accoupler. Au mois d'avril, la femelle hybride fit son nid et couva ses œufs, d'où il sortit quatre jeunes, deux mâles et deux femelles. Pendant les années 1857 et 1858, M. Newton ne fut pas chez lui; mais, en 1859, ayant pu observer attentivement les nouveaux hybrides, il crut s'apercevoir qu'ils étaient infertiles. Après leur mort, il les disséqua et constata que ses présomptions étaient fondées. Cette stérilité, reconnue dès la deuxième génération, indique, comme le pense M. Newton, des hybrides demi-sang. Cependant la surveillance n'a pas été telle qu'on puisse assurer que les mâles d'espèce pure aient toujours été éloignés de la femelle hybride.

L'hybride *A. strepera* × *A. boschas*, vu par M. de Selys-Long-champs au Zoological Garden en 1851, s'étant accouplé au Canard siffleur, l'union fut féconde. Il en est résulté, dit M. de Selys, un Oiseau dans la formation duquel l'*A. penelope* entre pour la moitié, et les *A. boschas* et *A. strepera* chacun pour un quart (5).

M. Rogeron raconte (6) qu'une femelle (Chipeau ♂, Canard sau-

---

(1) Ornithological dictionary of british Birds, p. 543, London, 1831.
(2) Voy. Selby, *Illustrations of british ornithology*, II, p. 326, Edinburgh, 1833. Voy. aussi Yarrell. *British Birds*, p. 261.
(3) P. 158, 1830-1831. Ce fait est rapporté par Yarrell in *British Birds*.
(4) Proceedings of the zool. Society of London, p. 336, 1860.
(5) Bulletin de l'Acad. des sciences de Bruxelles, XXVI, 1856.
(6) Bulletin de la Société d'Acclimatation, 1883.

vage ♀), après avoir contracté une liaison avec un Milouin (1), fut trouvée dans une luzerne couvant neuf œufs tous fécondés et dont six éclorent. Cette Cane donna encore d'autres œufs fécondés les années suivantes, et, en 1884, M. Rogeron était en possession de douze hybrides (2). En 1886, les tentatives de reproduction des hybrides étaient restées sans résultat; pas un seul œuf n'avait été fécondé (3). Il en était de même en 1888 (4).

Une femelle croisée de Canard sombre et de Canard sauvage (Wild Duck), accouplée à un *obscura* pur, a produit une couvée au Jardin de la Société zoologique de Londres (5). En 1877, dans le comté de Bristol (Etats-Unis), raconte M. Elisa Slade (6), des jeunes Mallards sauvages (*A. boschas*) furent capturés et appariés avec des Canards sombres pris l'année précédente dans la même contrée.

M. Slade dit qu'il possède aujourd'hui dans sa cour un de ces Canards sombres et un mâle Mallard de 1877, le reste de ses Oiseaux descendent de cette paire. « Les hybrides sont fertiles *inter se* les Oiseaux s'apparient régulièrement sans se quereller.» Nous pensons donc que M. Slade a pris soin de séparer les espèces pures. Cependant il ajoute qu'il possède une « paire dont le mâle est trois quarts sang Mallard et un quart Duskey Duck, la femelle trois quarts Duskey Duck et un quart Mallard ». La fécondité *inter se* de ces Oiseaux n'aurait rien du reste de surprenant, car ils paraissent plutôt appartenir à une variété qu'à une bonne espèce.

M. John Handcok (7) parle d'une femelle *A. penelope* ♂ et *A. boschas* ♀ qui couva pendant un mois onze œufs dont l'éclosion n'eut pas lieu. M. Handcok avait reçu de M. Savage deux paires d'hybrides de cette sorte, un des mâles vivait encore en 1874.

Nous avons dit que le croisement de l'*A. boschas* et de l'*A. moschata* se produisait journellement dans les basses-cours. Les hybrides qui en naissent sont inféconds. Cette infécondité est tellement notoire que, dans les fermes où l'on élève les Mullards (8),

---

(1) Ce Canard avait eu, huit ou neuf ans auparavant, une aile brisée par un chasseur, et depuis il était resté sur les douves de M. Rogeron sans femelle de son espèce.

(2) Bulletin, p. 867, 1884.

(3) Bulletin, p. 310, 1886.

(4) Bulletin, p. 919, 1888.

(5) Sclater, *On some hybrid Ducks.* Proceedings of the zool. Society of London, p. 442, 1859.

(6) Proceedings of United States national Museum, p. 66.

(7) Natural History Transactions of Northumberland, p. 153, 1874.

(8) On nomme ainsi les produits de l'*A. boschas* et de l'*A. moschata.*

ceux-ci ne sont jamais conservés jusqu'au moment de la reproduction.

M. de Selys cite un hybride *Fuligala nyroca* et *F. cristata* qui
s'apparia avec un *nyroca* pur d'où il résulta un second croisement.

On se rappelle que l'hybride *A. clypeata* et *A. streperea*, pris vivant
dans le Mecklembourg, ne put féconder les Canes qu'on lui
donna.

En dehors de ces exemples, un grand nombre d'autres croisements chez les Anatidés ont été produits en domesticité ; nous
en tenant seulement aux genres *Anas*, *Fuligula* et *Mergus*, les seuls
qui, à l'état sauvage, aient contracté des mélanges, nous citerons :

A. casarka × *Tadorna vulpanser* (1)
A. boschas × *Tadorna vulpanser* (2)
Aix sponsa × *A. boschas* (3)
Querquedula brasiliensis × *Querquedula castanea* (4)
Aix sponsa × *Aix galericulata* (5)
Mareca chiloensis × *Dafila spinicauda* (6)
Dafila spinicauda × *Dafila acuta* (7), etc.

Or, un hybride de *Spatula clypeata* × *A. querquedula* fut conservé
sans résultat pendant un été sur un petit étang des jardins de la
Société Zoologique de Londres avec une femelle de Garganey

(1) Né en 1859 dans le Jardin de la Zoological Society of London, issu d'un
mâle du Common Shieldrake *(Tadorna vulpanser* et d'une femelle du Shieldrake
White fronted ou Montain-Goose of Southern Africa *(Casarca Cana)*. Cette femelle,
dit M. P. Lutley Sclater, avait été acquise par la Société à la vente de la collection
du feu Lord Derby en 1851.

(2) Croisement s'étant produit dans la basse-cour de M. Baillon, fait cité
par Buffon *(Oiseaux*, II, p. 518), puis rapporté par Bernardin de Saint-Pierre
(T. XII des Œuvres complètes, p. 54). Le même fait paraît s'être produit en
Allemagne (Voy. le prof. Dr Münter in Journal für Ornithologie, IV, p. 302, 1853.

(3) Examiné par M. de Selys-Longchamps au Muséum d'Histoire naturelle de
Paris *(Récap. des Hybrides chez les Anatidés.* Bull. Acad. sc. de Bruxelles, 1856).
Depuis, l'Oiseau, nous écrit M. Oustalet, a été réformé à cause de son mauvais état.
Il ne portait aucune indication, mais tout porte à croire que c'était un individu
domestique.

(4) Croisement s'étant produit au parc Beaujardin, à Tours, entre un *brasiliensis*
♂ et un *castanea* ♀.

(5) Croisement obtenu dans les deux sens par divers amateurs.

(6) Hybride présenté en 1878 par M. J. Charlton Parz, Esq. (Voy. *List of the
vertebrate animals in the garden of zool. Society of London*, p. 437, 1883).

(7) Obtenu par M. Bourgenil, de Nantes. Voy. Bull. Soc. Acclimatation, p. 574,
1884.

(*A. querquedula*), et une femelle de Shoveler (*Spatula clypeata*) (1).

Une femelle *Tadorna vulpanser* × *A. boschas*, gardée pendant trois ans par M. Baillon, n'a jamais voulu écouter ni les Canards ni les Tadornes (2).

Les produits de *A. spinicauda* × *A. acuticauda*, obtenus par M. Bourgeuil et envoyés par lui au Jardin d'Acclimatation de Paris, n'ont pas reproduit (3).

Les hybrides *Aix galericulata* × *Aix sponsa*, élevés notamment en Hollande, sont inféconds (4).

En concluant par analogie, il y a lieu de croire que les hybrides sauvages que nous avons cités sont incapables de se reproduire *inter se*, mais accouplés avec des espèces pures, plusieurs paraissent jouir de la fécondité. Dans ce cas, les jeunes retournent tôt ou tard au type dont le sang domine, c'est ce qui fut constaté par Yarrell : Les Pintails 3/4 sang *acuta* perdirent, dit cet auteur (5), « toute apparence du Canard commun. »

---

(1) Voy. Yarrell, *British Birds*, p. 251.
(2) Buffon, *Oiseaux*, VI, p. 558.
(3) Communication de M. le Directeur.
(4) Voy. Alfred Touchard, *Guide pour élever les Faisans*, p. 91.
(5) Op. cit.

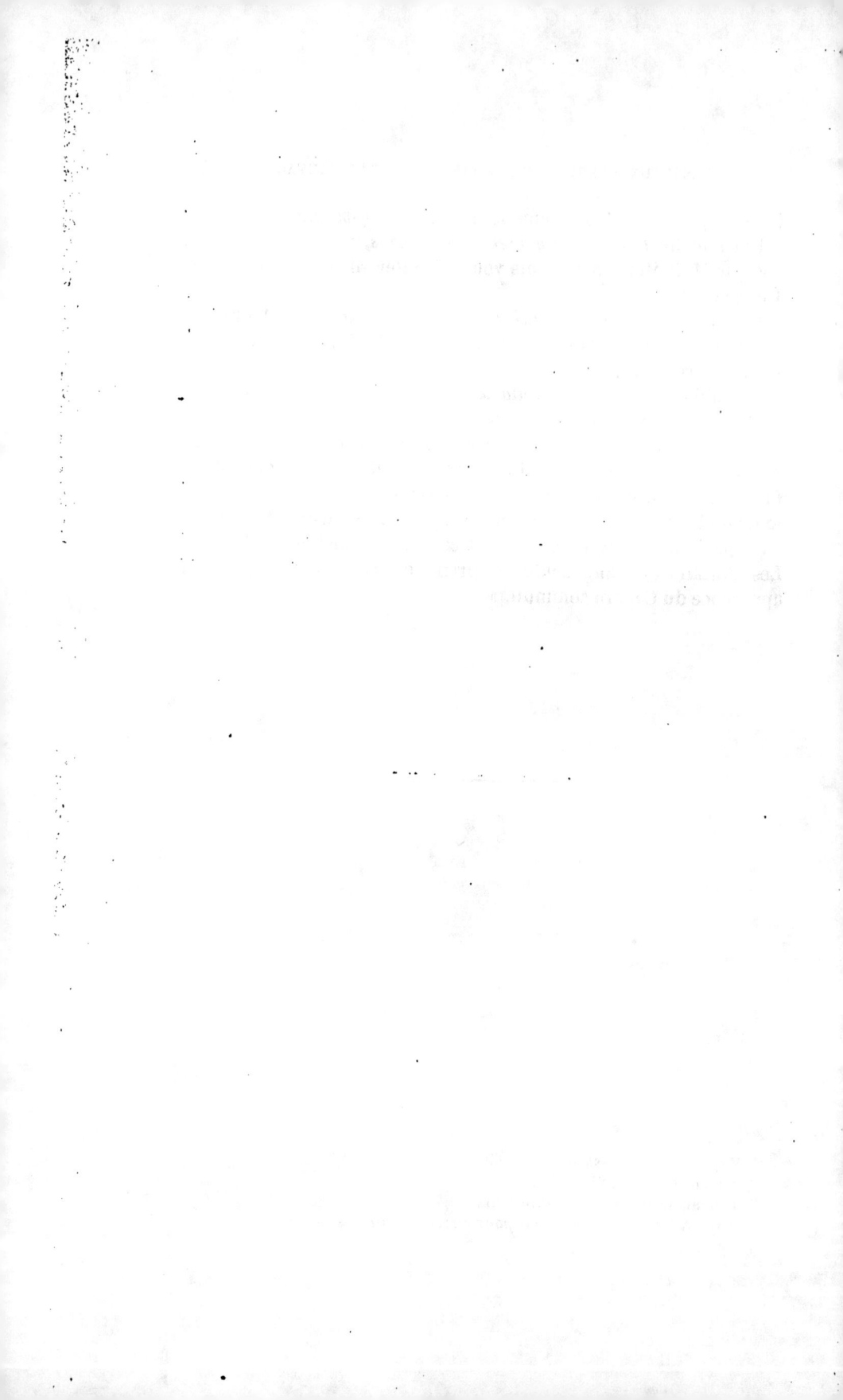

TROISIÈME PARTIE

Les Passereaux.

La plupart des croisements que nous nous proposons d'énumérer dans cette étude, ainsi que ceux qui ont été cités dans nos deux précédentes publications, les *Gallinacés* et les *Palmipèdes*, n'ont point été constatés *de visu*, ils ne sont, presque tous, que présumés ; souvent même ils demeurent très hypothétiques.

De l'examen de certains types anormaux, présentant des caractères propres à deux espèces ou à deux races distinctes, on a conclu que ces types empruntaient leur origine au mélange des formes dont ils présentent l'apparence ; mais *l'appariage des parents supposés n'a point été généralement observé.*

Il peut donc se faire que les exemplaires réputés pour hybrides, c'est-à-dire pour le produit de deux formes distinctes croisées, soient simplement des individus aberrants ayant subi dans la coloration de leur plumage des altérations ou des modifications les rapprochant de certaines formes, sans toutefois que leur origine soit imputable au croisement de ces formes.

Chez les variétés climatériques, ces variations peuvent sans doute se manifester d'une façon telle que le sujet qui les subit passera pour intermédiaire entre deux races sans que celles-ci se soient aucunement croisées.

Les mêmes phénomènes pourraient à la rigueur se produire chez certaines espèces ou du moins chez certains types auxquels, à tort ou à raison, les zoologistes appliquent cette dénomination. La chose, nous l'avouons, ne nous paraît cependant pas probable et, dans ce dernier cas, nous ne cacherons point nos préférences pour l'hybridation comme mode de formation beaucoup plus rationnel de ces types égarés.

C'est donc sous les réserves les plus expresses que nous citons *tous* les croisements qui font l'objet de ces études (1); nous croyons

(1) Les *Gallinacés* et les *Palmipèdes* ont été publiés dans les *Mémoires* de la Société (années 1890 et 1891).

qu'une très grande prudence s'impose à leur égard, car les observations faites jusqu'alors ne sont pas encore assez étendues, et n'ont
pas été assez de fois renouvelées, pour conclure d'une manière profitable à la science.

Une remarque d'un autre genre s'impose également : c'est que
beaucoup des types qu'on suppose avoir contracté les mélanges
qui vont être énumérés, le tiers environ, doivent être considérés,
non comme de véritables espèces fines, mais comme de simples
variétés ou races d'une même souche.

Nous insistons sur ce point, car si on n'établissait point de distinction formelle entre les espèces et les formes ou races locales, on
arriverait à grossir notablement le nombre des croisements. Et,
ici, on nous permettra de citer les savants travaux de M. Menzbier,
et même ceux de M. Seebohm, qui, dans les études qu'ils ont
faites de certains croisements, ont bien plutôt énuméré des mélanges
de races que des mélanges d'espèces (1). Il est un fait à remarquer,
c'est que depuis Linné, les naturalistes ont montré une tendance à
diviser le **Genre** en un nombre considérable d'espèces dont les différences sont parfois si minimes qu'il devient presque impossible de
les apprécier. Le nombre des espèces principales ou souches, suivant
la pensée d'un naturaliste éminent (2), devrait sans doute être réduit
et celui des groupes ou sous-genres augmenté; tandis qu'on devait
reléguer « au rang de races, ou mieux de formes locales, plusieurs
d'entre elles qui sont signalées comme espèces. »

Sous l'influence du climat, des conditions de l'habitat, de la
nourriture, de causes diverses, certains individus d'une même
souche se localisant, arrivent à contracter un faciès un peu
différent de leurs ancêtres, qui, peu à peu, devient constant ;
ils ne se séparent point pour cela de l'espèce à laquelle ils se
relient insensiblement, quelquefois par des croisements. Cela
ne constitue donc en aucune manière l'hybridation de formes

(1) Voir « *Du rôle du croisement dans l'extinction des espèces.* » Conférence
faite à la Société Zoologique de France par M. Michel Menzbier. Cette conférence a
été reproduite dans la Revue scientifique, n° 4, p. 515 et suiv., 26 avril 1884. Pour
M. Seebohm, voir différents ouvrages : *A History of british Birds, Siberia in
Asia, Siberia in Europa,* et notamment *On the interbreeding of Birds.* Ibis,
p. 546 et suiv., 1882.

Reconnaissons toutefois que M. Seebohm n'a point intitulé son travail « *Interbreeding of species* » mais « *Interbreeding of Birds* », ayant soin d'indiquer à
titre de *sous-espèces* la plupart des Oiseaux croisés ; M. Menzbier s'est servi du mot
espèce, comme on vient de le voir.

(2) De Selys-Longchamps, *Considérations sur le genre Mésange.* Bull. de la
Soc. Zoolog. de France, p. 32 et p. 25, 1884.

spécifiquement distinctes et ne peut entrer en ligne de compte dans les croisements que nous allons présenter et augmenter leur nombre. Si nous faisons mention de ces mélanges, c'est parce qu'ils ont été signalés ou qu'ils pourraient donner lieu à quelque méprise si nous les laissions dans l'oubli.

Enfin, l'observation attentive des faits qui vont être cités montrera que beaucoup de croisements ne sont pas suffisamment attestés parce que leur étude a été incomplète ou que les récits qui en ont été faits manquent de précision ; plusieurs sont certainement faux, au moins restent très douteux ; puis aussi la capture à l'état libre ou l'origine sauvage de toutes les pièces considérées comme hybrides n'est point certaine, la rencontre à l'état sauvage d'Oiseaux échappés de captivité n'étant pas absolument rare.

Sous le bénéfice de ces circonstances, nous avons dressé la liste suivante, qui est un résumé des faits dans le détail desquels nous entrerons bientôt.

Famille des Fringillidæ.

Genre Fringilla.

LIGURINUS CHLORIS et CANNABINA LINOTA, paraît très authentique à cause des caractères réellement intermédiaires que présentent les pièces observées.

LIGURINUS CHLORIS et CARDUELIS ELEGANS, même observation.

CHRYSOMITRIS SPINUS et ACANTHIS (espèce non déterminée) probable.

CARDUELIS ELEGANS, var. MAJOR et CARDUELIS CANICEPS, plusieurs spécimens intermédiaires entre ces deux types ont été décrits.

CARDUELIS ELEGANS et CANNABINA LINOTA, paraît aussi bien assuré.

CHRYSOMITRIS SPINUS et CARDUELIS ELEGANS, les exemplaires qui nous ont été montrés ne peuvent établir ce croisement.

FRINGILLA CANARIA et CARDUELIS ELEGANS, aurait été constaté.

FRINGILLA CANARIA et CANNABINA LINOTA, même observation.

LOXIA ORYZIVORA et FRINGILLA (espèce non déterminée) vague.

EMBERIZA BRASILIENSIS et PASSER DOMESTICUS n'est pas suffisamment attesté.

Ces cinq croisements ne sont pas à proprement parler des croisements naturels, puisqu'ils ont été contractés avec des hybrides élevés en captivité ou des Oiseaux exotiques importés, quoique constatés à l'état sauvage.

SERINUS HORTULANUS et CARDUELIS ELEGANS, n'est pas suffisamment attesté.

Serinus hortulanus et Cannabina linota, même observation, peut être à reporter au croisement du *F. canaria* × *Cannabia* ; les formes *F. canaria* et *F. hortulanus* appartiendraient du reste à la même espèce.

Chrysomitris spinus et Ligurinus chloris, nous laisse des doutes.

Acanthis linaria et Spinus pinus, hypothétique.

Acanthis linaria et Acanthis exilipes, douteux, en tous cas deux variétés ou races d'une même espèce.

Fringilla coelebs et Fringilla montifringilla, paraît très authentique.

Fringilla coelebs et Fringilla spodiogena, simple appariage hypothétique.

Genre Pyrrhula.

Pinicola enuleator et Carpodacus purpureus, semble bien certain à cause des caractères intermédiaires de la pièce capturée.

Genre Emberiza.

Emberiza citrinella et Emberiza schoeniclus, probable.

Emberiza citrinella et Emberiza pithyornus (id.), mais l'origine sauvage de l'Oiseau n'est pas absolument certaine.

Emberiza citrinella et Emberiza cirlus, vague, on ignore du reste si l'Oiseau a été pris à l'état sauvage.

Junco hiemalis et Zonotrichia albicollis, paraît authentique par ses caractères.

Zonotrichia leucophrys, Zonotrichia Gambeli et Zonotrichia Gambeli intermedia (trois variétés d'une même forme), douteux, peut-être dû à des variations climatériques ?

Spizella pallida et Spizella Breweri (n'a pas été contrôlé) ; notons que *Breweri* a été considéré comme race de *pallida*.

Genre Passer.

Passer domesticus et Passer montanus, semble assez probable.

Passer montanus et Passer Italiæ, nous n'oserions point nous prononcer, fait du reste double emploi si *Italiæ* est race de *domesticus*.

Passer domesticus et Passer Italiæ, probable, entre variétés si, comme on vient de le dire, *P. Italiæ* est race de *P. domesticus* ?

Passer salicicola et Passer Italiæ, pourrait être reporté au précédent si *salicola* est race de *domesticus; salicola* paraît lui-même n'être qu'une race d'*Italiæ*; nous ignorons même si la production des pièces intermédiaires est réellement due à un croisement.

Genre Loxia.

Loxia curvirostra et Loxia bifasciata, très vague, hypothétique, ne mérite pas sans doute d'être mentionné.

Loxia curvirostra et Loxia pityopsittacus, ne nous paraît pas suffisamment affirmé, sans doute deux variétés du même type?

Entre deux genres.

Emberiza brasiliensis et Passer domesticus (ce croisement a été mentionné plus haut, rappelé ici pour mémoire).

Ligurinus chloris et Passer Italiæ, n'est pas affirmé suffisamment, douteux.

Fringilla coelebs et Passer domesticus, faux certainement dans un cas, très douteux dans le second.

Chrysomitris spinus et Pyrrhula vulgaris, fort douteux.

Famille des Muscapidæ.

Genre Rhipidura.

Rhipidura flabellifera et Rhipidura fuliginosa, paraît bien attesté ; reste à savoir si *flabellifera* et *fuliginosa* doivent être considérées comme deux espèces distinctes l'une de l'autre ?

Famille des Hirundinidæ.

Genre Hirundo.

Hirundo erythrogaster, var. horreorum et Petrochelidon lunifrons, probable.

Hirundo erythrogaster et Petrochelidon Swainsoni, peut être exact, mais n'est pas suffisamment attesté; peut-être aussi fait double emploi avec le précédent si *Swainsoni* est le même que *lunifrons* ou variété de celui-ci.

Hirundo urbica et Hirundo rustica, paraît authentique d'après les caractères que présentent les hybrides supposés.

Famille des Paridæ.

Genre Parus.

Parus atricapillus et Parus Gambeli, sans doute exact.

Parus atricapillus et Parus bicolor, nous manquons de renseignements sur ce croisement qui peut n'être qu'un «*sport.*»

Parus cœruleus et Poecile communis, paraît bien établi.

Parus palustris et Parus cyanus, semble authentique, mais on ne spécifie pas si l'Oiseau a été réellement pris à l'état sauvage.

Parus palustris et Parus cristatus, paraît bien établi.

Cyanistes cyanus et Cyanistes cœruleus a été contesté.

Cyanistes cyanus et Cyanistes Pleskei, si le dernier type est race de *cœruleus*, ce croisement est à reporter au précédent.

Cyanistes cœruleus et Cyanistes Pleskei, n'est qu'une présomption.

Cyanus flavipectus et Cyanistes cyanus var. Tian-Schanicus, sans doute deux variétés d'un même type, assez obscur du reste.

Cyanistes cyanus et Poecile longicaudus, peut être exact?

Acredula caudata et A. Irbyi, deux variétés d'une même espèce.

Acredula rosea et Acredula Irbyi (id.). Y a-t-il eu véritable croisement dans ces deux cas; nous l'ignorons.

Famille des Motacillidæ.

Genre Motacilla.

Motacilla alba et Motacilla lugubris, semble certain, mais les deux types se rattachent plutôt à des variétés qu'à des espèces.

Budytes flava et Budytes melanocephala, probable, deux races d'un même type.

Budytes flava et Budytes campestris, paraît bien attesté, toujours variétés d'une même espèce.

Budytes flava et Budytes borealis, mêmes renseignements que pour le précédent, est peut-être le même que l'avant dernier? Des variations ou anomalies pourraient peut-être être invoqués pour expliquer les caractères intermédiaires des exemplaires attribués à plusieurs de ces derniers croisements.

Famille des Turdidæ.

Genre Sylvicola.

HELMINTHOPHAGA PINUS et HELMINTHOPHAGA CHRYSOPTERA, paraît bien affirmé.

HELMINTHOPHAGA PINUS et OPORONIS FORMOSA, moins authentique.

DENDRÆCA STRIATA et PERISIGLOSSA TIGRINA tout à fait hypothétique.

Genre Cyanecula.

CYANECULA WOLFI et CYANECULA LEUCOCYANEA.

CYANECULA SUECICA et CYANECULA LEUCOCYANEA.

CYANECULA WOLFI et CYANECULA SUECICA, ces trois types sont probablement des variétés d'une même espèce, et leurs croisements ne sont pas assurés.

Genre Philomela.

PHILOMELA LUSCINIA et PHILOMELA MAJOR, ne nous paraît pas suffisamment attesté, deux variétés du reste.

Genre Petrocincla.

PETROCINCLA CYANEA et PETROCINCLA SAXATILIS, a été bien étudié, n'est cependant pas positivement certain.

Genre Turdus.

TURDUS RUFICOLLIS et TURDUS ATRIGULARIS, nous ne pourrions nous prononcer.

TURDUS FUSCATUS et TURDUS NAUMANNI, n'est pas suffisamment attesté (plusieurs de ces quatre espèces sont facilement confondues).

TURDUS MERULA et TURDUS MUSICUS, sans doute quelques croisements se sont réellement produits.

TURDUS MERULA et TURDUS VISCIVORUS?

TURDUS TORQUATUS et TURDUS MERULA douteux.

Genre Regulus.

REGULUS SATRAPA et REGULUS CALENDULA hypothétique.

Genre Hydrobata.

CINCLUS CASHMIRIENSIS et CINCLUS LEUCOGASTER.
CINCLUS CASHMIRIENSIS et CINCLUS SORDIDUS, trois variétés d'un
même type.

Genre Copsychus.

COPSYCHUS MUSICUS et COPSYCHUS AMŒNUS, à peine si ces deux
types peuvent être appelés des variétés.

Famille des Laniidæ.

Genre Lanius.

LANIUS RUFUS et LANIUS COLLARIS, paraît avoir été bien étudié.
LANIUS EXCUBITOR et LANIUS MAJOR, sous ces deux dénominations
on doit peut-être entendre le même individu? En tous cas
deux simples variétés d'une même espèce.
LANIUS EXCUBITOR et L. LEUCOPTERUS, deux variétés?
LANIUS EXCUBIBOR et L. BOREALIS, n'a pas été suffisamment observé.

Famille des Garrulidæ.

Genre Cyanocorax.

CYANOCORAX CYANOMELAS et CYANOCORAX CYANOPOGON (ou CYANO-
CORAX CAYANUS) hypothétique.

Genre Garrulus.

GARRULUS GLANDARIUS et GARRULUS KRYNICKI, vague, du reste
deux variétés d'un même type.

Famille des Corvidæ.

Genre Corvus.

CORVUS CORAX et CORVUS CORONE, n'est point sans doute exact.
CORVUS CORONE et CORVUS CORNIX, bien établi, mais deux variétés
d'une même espèce.
CORVUS FRUGILEUS et CORVUS CORNIX, très vague mention, et probablement indiqué par erreur.

CORVUS CORONE et CORVUS FRUGILEGUS, invraisemblable, n'est pas
  sérieux.
CORVUS NEGLECTUS et CORVUS DAURICUS, probablement variétés,
  certains croient même que *neglectus* est un premier âge!
CORVUS CORNIX et CORVUS ORIENTALIS, deux variétés?

Famille des Certhidæ.

Genre Sitta.

SITTA EUROPEA et SITTA CAESIA, les quelques renseignements fournis
  ne nous permettent pas d'affirmer ce croisement.

Famille des Melliphagidæ

Genre Jora.

JORA TYPHIA et JORA ZEYLONICA, tout-à-fait hypothétique.

Famille des Paradisidæ

Genre Paradisea

PARADISEA APODA et PARADISEA RAGGIANA, paraît probable, à moins
  donc que *raggiana* ne soit sujet à des écarts de coloration le
  rapprochant de *P. apoda?*

Famille des Scenopiidæ

Genres Oriolus et Ptilorhynchus.

PTILONORYNCHUS HOLOSERICUS et SERICULUS CHRYSOCEPHALUS, contesté, reste indécis.

Famille des Coraciadidæ

Genre Coracias

CORACIAS INDICA et CORACIAS AFFINIS, a été contesté, en tous cas
  deux variétés d'un même type.
CORACIAS GARRULA et CORACIAS INDICA, n'est point entouré de
  toutes les garanties désirables.

Famille des Picidæ

Genre Colaptes.

COLAPTES AURATUS et COLAPTES MEXICANUS, ces deux formes sont
peut-être une seule espèce ?

COLAPTES CHRYSOÏDES et COLAPTES MEXICANUS, paraît avoir été bien
étudié, mais *chrysoïdes* est-il réellement espèce?

DRYOBATES NUTTALLII et DRYOBATES PUBESCENS, probable.

*   *Entre deux familles.*

Turdidæ et Fringillidæ.

Genres Ruticilla et Carduelis.

SAXICOLA RUBRICOLA et CARDUELIS ELEGANS, description insuffisante; très probablement, sinon assurément faux.

Si on déduit vingt-neuf ou trente croisements produits entre types
pouvant sans doute être considérés comme variétés ou races, et non
comme de véritables espèces zoologiques dans le sens propre du
mot, croisements qui sont même loin d'être prouvés tous, restent
soixante-deux croisements. Sur ce nombre, on l'a vu, trois sont
faux ou paraissent l'être ; huit sont hypothétiques ; sept sont douteux, ou méritent à peine d'être mentionnés; dix ne sont pas
suffisamment attestés ou ont été décrits trop vaguement; un n'est
qu'un simple appariage présumé, et non suivi de fécondité; quatre
dont la capture à l'état sauvage n'est pas certaine ; quatre aussi dont
le croisement, s'il a eu lieu, s'est effectué avec des hybrides ou des
espèces exotiques échappées de captivité ; trois font peut-être
double emploi, c'est-à-dire qu'ils sont à reporter à des croisements
déjà cités. Enfin onze semblent probables; sept paraissent bien
assurés et cinq sont sans doute authentiques. En résumé, **vingt à
vingt-cinq croisements d'espèces seulement** doivent être
retenus, si toutefois (notons-le bien encore) les hybrides pris à l'état
sauvage ont été réellement produits dans cet état et ne sont point
des échappés de captivité, dont la capture présente certainement
beaucoup plus de facilités que celle de leurs congénères sauvages.
Comme nous le disions en commençant, dans la plupart des cas,
on n'a point, en effet, constaté de *visu* l'appariage des parents suppo-

sés et suivi leur postérité (1). Les hybrides les plus authentiques, c'est-à-dire ceux dont les caractères affirment une double origine, se trouvent donc eux mêmes sujets à caution !

Faut-il dire maintenant que pour rassembler ces vingt à vingt-cinq croisements *probables*, nous avons dû nous livrer à des recherches très étendues, à épuiser pour ainsi dire, comme nous l'avions fait pour les Gallinacés et les Palmipèdes, toutes les ressources dont nous pouvions disposer : appel aux directeurs de Musées, aux propriétaires de collections particulières, aux ornithologistes, naturalistes, voyageurs, amateurs, éleveurs, marchands, etc., etc., sans compter de nombreuses recherches bibliographiques. Sans doute, si nous nous étions contenté des renseignements, plus ou moins vagues, qui nous arrivaient, toutes les réserves que l'on vient de lire n'auraient pas été émises ; mais nous avons voulu, dans l'intérêt de l'exactitude, éprouver tous les documents reçus, les contrôler sérieusement, et bien nous en a pris, comme on le verra dans la suite.

Nous ignorons quel peut être, dans la nature, le nombre des espèces appartenant à l'Ordre des *Passereaux*. Sous ce rapport le catalogue des Oiseaux conservés au British Museum fournit de précieuses indications. Malheureusement, cet ouvrage, en cours de publication, n'est point achevé. Combien de volumes sont encore à publier, nous ne pouvons le dire. Actuellement on en compte quatorze s'occupant du groupe qui fait l'objet de cette étude (2). Or ces volumes nomment déjà 6865 espèces existantes dont 55 956 spécimens (représentant 6064 de ces espèces) sont conservés dans les galeries du Musée. Tel est au moins le total auquel nous sommes arrivé en additionnant les chiffres donnés dans chaque volume. On sera peut-être surpris d'apprendre qu'après un examen attentif des pièces cataloguées, trois ou quatre seulement paraissent avoir été notées comme hybrides (3) ; cette proportion infime n'est même point celle qui existe dans les autres Musées d'Europe et d'Amérique, où, le plus souvent, aucun Passereau hybride sauvage n'est conservé. C'est cependant dans les collections que l'on doit s'attendre à trouver des pièces curieuses et anormales. Des naturalistes qui ont passé leur existence à chasser ou à collectionner nous disent n'avoir jamais rencontré aucun Oiseau hybride ; une

(1) Cette réserve n'est cependant pas applicable aux espèces qui ne peuvent supporter la captivité, mais c'est le petit nombre.

(2) Car nous comptons dans les Passereaux les *Picidæ (Scansores*, auct. plur.).

(3) Il y en a quelques autres, mais elles sont déclarées hybrides de variétés et suivies même souvent d'un point d'interrogation.

foule de marchands de zoologie, oiseleurs ou autres, que nous avons consultés, nous ont fait la même réponse. L'unanimité de leurs réponses négatives est réellement surprenante ; le dépouillement de leur correspondance mériterait d'être cité pour montrer la concordance qui y règne sur ce point (1).

Evidemment tout ceci prouve que l'hybridité à l'état sauvage est rare, fort rare, *si elle existe même*, puisque des gens du métier persistent à la nier, malgré les pièces que l'on a apportées en preuve.

Afin d'éclaircir un sujet si obscur nous faisons appel aux bonnes volontés, à tous ceux qui, croyant avoir observé quelques faits de cette nature, ne les ont point publiés ; à tous ceux particulièrement qui, s'étant aperçus de lacunes dans notre travail, voudront bien les combler en nous montrant nos oublis ou les erreurs que nous avons sans doute commises. Si beaucoup d'espèces, actuellement existantes, ne sont point encore tombées sous l'observation, à plus forte raison les rares croisements qu'elles peuvent contracter restent-ils ignorés. Mais ce chiffre est restreint nécessairement, et l'on ne peut espérer enrichir désormais nos catalogues ornithologiques d'un aussi grand nombre d'espèces que déjà ils en contiennent ; ainsi peut-on prévoir que les nouveaux faits d'hybridisme ne seront jamais nombreux et que les croisements d'espèce pourront toujours être réputés fort rares dans la nature.

Ce fait rare de l'hybridation mérite-t-il de fixer l'attention ? est-il de nature à intéresser le naturaliste et le philosophe, à apporter une solution aux problèmes graves et non résolus, qui se posent en face des œuvres de la Création ? Oui, certes, si ce que nous sommes convenus d'appeler l'*espèce* en éprouve quelques modifications assez importantes pour altérer son essence. Lorsque nous aurons énuméré et étudié dans leurs détails et dans leur

(1) M. Paul d'Hauterive, un naturaliste sagace, qui, depuis cinquante ans qu'il observe les Oiseaux, n'a jamais rencontré un seul croisement d'espèce parmi ceux qui vivent en liberté, nous cite le fait suivant qui peut, pensons-nous, être rapporté : Ayant remarqué la jalousie des Pinsons dont les mâles, au moment des amours, ne perdent jamais leurs femelles de vue, il eut l'idée un jour, après s'être approché d'un couple établi dans son jardin, de tuer le mâle pour voir comment se comporterait la femelle restée seule et savoir si, en recommençant plusieurs fois le meurtre des époux légitimes qu'elle rechercherait sans doute, elle ne se lasserait pas enfin et ne séduirait pas un étranger quelconque, notamment un Chardonneret dont le nid est établi presque toujours dans le voisinage de celui du Pinson. Dix minutes après la mort du premier Pinson mâle, la femelle revint avec un nouvel époux qui ut de nouveau abattu. Bientôt, même conquête, mais aussi même déception. Enfin un quatrième mariage fut contracté toujours avec un mâle de l'espèce, tandis que les Chardonnerets avaient été laissés de côté.

ensemble tous les faits qui font l'objet de ces études, nous nous permettrons d'aborder seulement cette question ; nous ne croyons point devoir le faire avant d'avoir réuni et mis sous les yeux du lecteur toutes les observations recueillies jusqu'à ce jour.

Avant d'entrer en matière, nous pensons aussi devoir lui présenter quelques remarques qui, si elles ne sont point à notre avantage, sont cependant utiles à faire connaître. Et d'abord si nous avons étudié de notre mieux les espèces ou types qui se sont croisés, si de tous côtés nous avons pris des renseignements à leur sujet afin de bien connaître leur nature, nous ne sommes point cependant un ornithologiste de profession ; nous avons donc pu commettre des erreurs de détail, peut-être même des fautes, surtout lorsqu'il s'est agi d'examens comparatifs entre les diverses parties du plumage ou de la forme des hybrides et de leurs parents supposés, étude qui demande une attention très soutenue et un matériel de comparaison que nous n'avons pas toujours possédé en quantité suffisante. Peut-être aussi, la plupart des documents que nous avions à consulter étant écrits en langues étrangères, s'est-il glissé quelques erreurs dans leurs traductions, pour les descriptions notamment (1). Puis nous devons reconnaître notre embarras, nos hésitations, pour le classement des différentes formes, à cause de la divergence d'opinions de ceux qui ont entrepris des classifications. Grande est la difficulté de préciser si le type que l'on envisage appartient à une espèce, à une race ou à une simple variété. Sa forme, son plumage, ses habitudes permettent souvent de le ranger indifféremment dans tel ou tel genre, même quelquefois dans telle ou telle famille ; il n'y a pas dans la nature de limites précises qui s'imposent et permettent de classer (suivant notre système) telle espèce dans tel genre, dans telle famille et même dans tel ordre ; la preuve en est dans les désaccords si fréquents que l'on constate dans presque tous les livres d'ornithologie. Il n'est pas besoin, croyons-nous, d'appeler l'attention sur ces divergences d'opinions ; elles sont malheureusement trop évidentes et trop connues.

En dehors de ces difficultés qui se présenteront tant que les espèces dureront, et tant que les naturalistes essaieront de les classer, viennent se placer les nouvelles découvertes, les nouvelles observations qui changent, modifient les opinions que l'on s'était for-

(1) Cette remarque s'applique plutôt à nos deux dernières études : les *Gallinacés* et les *Palmipèdes*, car, pour les *Passereaux*, nous avons eu soin de faire relire tous les passages dont la traduction présentait certaines difficultés ou nous laissait quelques doutes sur son exactitude.

mées. En voici un exemple entre mille : on sait quelle précision
les ornithologistes américains, constitués en comité, ont mise dans
l'étude de la faune de leur pays et avec quelle conscience, quelle
persévérance ils l'ont étudiée. Or, pendant l'intervalle de vingt-
deux années qui se sont écoulées depuis la publication du dernier
catalogue Smithsonian, des changements nombreux ont été
nécessités à cause de leur importance et il a paru utile à l'un de ces
ornithologistes, M. Robert Ridgway, de substituer une nouvelle
liste à l'ancienne. Si les modifications apportées ne portaient que
sur l'addition d'espèces nouvelles, cela n'aurait rien d'étrange
puisque chaque jour de nouvelles découvertes sont faites ; mais
elles portent aussi sur un point plus grave : l'élimination d'espèces
classées pour telles et qui ont dû être descendues au rang de sous-
espèces ou races. Si, six ans plus tard seulement, nous examinons
la liste officielle du comité, nous trouvons de nouveaux changements ; telle forme qui figure sur le catalogue de M. Ridgway est
rayée sur la nouvelle liste ou figure à un autre titre. Mais, sans
doute, on pourrait rencontrer entre cette liste et celle d'un
autre ornithologiste non moins éminent, M. Elliot Coues, des
divergences d'appréciations plus flagrantes. Chaque année du reste,
le Comité révise ses listes et y apporte des modifications (1).
Comme les croisements qui sont à énumérer se rapportent, en
Amérique principalement, à des types nouvellement connus et peu
étudiés, il ne serait point étonnant d'apprendre que nous ayons
commis des erreurs en les portant comme *croisements d'espèces ;*
nous verrons que les ornithologistes sont divisés sur des points
d'une haute importance quant au sujet qui nous occupe, les uns
faisant de deux types de coloration bien tranchée une seule espèce
à forme modifiée par climat, les autres au contraire donnant à ces
deux types une origine distincte et les reliant insensiblement les
uns aux autres à l'aide des croisements. Ne sait-on point encore
que, de jeunes, ou de femelles, on a fait des espèces ! Dans ce dédale,
nous demandons donc toute l'indulgence du lecteur.

Dans nos deux dernières études sur les *Gallinacés* et les *Palmi-*
pèdes nous n'avions point examiné les diverses pièces hybrides
qui ont été mentionnées, nous n'avions même point songé à les
voir, persuadé que le jugement que leurs possesseurs ou leurs
détenteurs portaient sur elles était exact ; du reste nous les citions

(1) Voir les deux suppléments, American Ornithologist's Union, New-York 1889 ;
the Auk, VII, 1. January, 1890.

pour ce qu'elles valaient, laissant à ceux qui les présentaient pour hybrides la *responsabilité entière de leurs appréciations*.

Cette fois notre curiosité s'est éveillée et nous avons désiré étudier nous-même en nature quelques-uns des hybrides ou des sujets réputés comme tels. Une grande difficulté se présentait, ces divers spécimens étant dispersés dans plusieurs collections européennes, américaines et même de l'Océanie. Un tel voyage autour du monde était impossible; nous avons donc demandé aux directeurs ou propriétaires de collections les plus rapprochées de nous la permission de faire sortir quelques instants de leurs vitrines les pièces curieuses y renfermées et de nous les adresser. Nous avons pu ainsi examiner de près un certain nombre d'exemplaires intéressants, dont quelques-uns cependant nous ont paru suspects. Nous avons donc été obligé de constater des erreurs (qui se sont sans doute produites déjà pour les Gallinacés et les Palmipèdes) et nous serons obligé de les signaler.

Mais merci, et grand merci, à ces personnes généreuses qui se sont montrées assez désintéressées et assez courtoises pour nous favoriser de leurs envois; notre reconnaissance leur est acquise et nous prions ceux que la nature de nos recherches intéressera de partager avec nous à leur égard ces sentiments de gratitude auxquels elles ont droit. Malheureusement ces envois ont été bornés à l'Europe; encore est-il que beaucoup de spécimens ne nous sont point parvenus, les uns n'existant plus, les autres étant dispersés çà et là, on ne sait plus où. Ajoutons que quelques collectionneurs n'ont point cru devoir se séparer de leurs pièces rares et se sont contentés de nous adresser des aquarelles, les unes suffisantes pour apprécier l'origine hybride du sujet qu'elles représentent, les autres trop vagues et à l'état de croquis, ne nous permettant pas d'acquérir une opinion formelle sur la nature de l'Oiseau dessiné. Disons enfin que, sans doute à tort, nous n'avons point osé adresser des demandes d'envoi à des naturalistes trop éloignés; aussi au moment de publier cette nouvelle étude, éprouvons-nous quelque regret de n'avoir point tenté davantage; si nous nous étions adressé *à tous* indistinctement, sans doute aurions-nous été plus complet. Nous espérons que cet appel indirect sera entendu et que de nouveaux envois nous seront proposés. Il nous sera facile, dans les *Additions* que nous nous proposons de faire à nos précédentes publications et à la présente étude, de rendre compte en supplément des pièces qui nous seront présentées et que nous serons toujours très heureux d'examiner.

En attendant, nous remercions ici pour leurs envois de pièces montées ou mises en peau : M. le Dr C. Kerbert, directeur du *Koninklijk zoologish Genootschap*, d'Amsterdam (Hollande) ; M. J. H. Gurney, esq., de Keswick Hall, Norwich (Angleterre); M. J. B. Nichols, esq., d'Holmwood, Dorking, Surrey(Angleterre) ; M.le commandeur, prof. Henrico Giglioli, directeur du *Museo zoologico dei Vertebrati*, de Florence ; M. Philipp B. Mason, esq., de Burton-on-Trent (Angleterre); M. R. Tancré, d'Anclam (Poméranie); M. le docteur Möbius, directeur du *königliches Museum für Naturkunde*, de Berlin ; M. le Dr Reichenow, directeur de la collection ornithologique et M. Paul Matschie, du même Musée ; M. Robert W. Chase, esq., de Southfield, Birmingham (Angleterre); M. le prof. Andrea Fiori, professeur au Lycée de Bologne (Italie) ; M. Antoine Valle, directeur adjoint du Musée d'histoire naturelle de Trieste(Autriche); M. Marion, correspondant de l'Institut, directeur du Musée d'histoire naturelle de Marseille ; M. le Dr Ricardo Ferrari, de Trente (Autriche) ; M. le comte T. Salvadori, du *Museo zoologico* de Turin ; M. Ad. Poggi, de Gênes (Italie) et enfin M. A. de Norguet, de Lille (Nord) et M. Gosselet, directeur du Musée d'histoire naturelle de cette ville. Puis pour leurs aquarelles ou leurs photographies exécutées à notre intention, M. le baron Edmond de Selys-Longchamps, sénateur, ancien président du Sénat belge, membre de l'Académie des Sciences de Bruxelles (1), et M. de Selys-Longchamps, son fils; M. le Dr Embleton, un des vice-présidents de la « *Natural History Society of Newcastle-upon-Tyne* » et le Comité de Direction du Muséum ; M. W. Oxenden Hammond, esq., de Saint-Alban-Court, près Wingham, Kent (Angleterre); M. le Dr de Romita, professeur à l'*Instituto tecnico* de Bari (Italie) ; M. Whitaker, esq., de Rainworth Lodge, Mansfield, Notts (Angleterre) ; M. le comte Arrigoni degli Oddi, de Padoue (Italie), et M. Francesco del Torre, de Cindale del Frioli (Italie).

Nous devons également des remerciements aux naturalistes qui nous ont fait des communications ou ont décrit les hybrides qui vont être mentionnés, ainsi qu'aux personnes qui nous ont fourni des indications bibliographiques ou d'autres renseignements ayant facilité considérablement notre tâche. Nous voudrions citer les noms de tous ceux qui ont répondu de la manière la plus gracieuse aux questions que nous leur avions posées, mais c'est chose impossible ; les personnes dont les noms ne sont point portés sur la liste suivante voudront bien sans doute nous excuser.

(1) M. le baron Ed. de Selys-Longchamps nous a adressé en outre une foule d'indications très précieuses pour nos études.

En *France :* MM. Oustalet, docteur ès-sciences, assistant au Muséum d'Histoire naturelle (1); Dr Penuetier, directeur du Musée d'Histoire naturelle de Rouen (2); Olphe Galliard, ornithologiste à Hendaye (Basses-Pyrénées); Charles van Kempen, de Saint-Omer (Pas-de-Calais); Noury, directeur et fondateur du Musée d'Histoire naturelle d'Elbeuf-sur-Seine (Seine-Inférieure) (3); A. Geoffroy-Saint-Hilaire, directeur du Jardin Zoologique d'acclimatation du Bois de Boulogne et président de la Société nationale d'acclimatation de France; L. Collot, directeur du Musée de Dijon; Deschamps, du Ouilly du Houley, près Lisieux (Calvados); de Beaurefons, château de Cerisay; l'abbé David, correspondant de l'Institut; le regretté M. Lemetteil, de Bolbec (Seine-Inférieure); Samuel Bonjour, de Nantes; Étienne Rabaud, de Montauban; Martin, avocat au Blanc; Alphonse Forest, naturaliste à Paris; le Dr Marchant, de Dijon; Ch. Fontaine, propriétaire à Marcq-en-Barœul, près Lille (Nord); Robert Fontaine, fils; Louis Pitot, naturaliste à Neuville, près Vire (Orne); l'abbé Coutelleau, à Chazé Henry (Maine-et-Loire).

En *Angleterre :* MM. le rév. Macpherson de Carlisle (4); James Hardy, secrétaire honoraire du Berwikshire Naturalist's Club; Mark Maunsell, *late captain to the Royal Dragons,* Oakly Park, Celbridge, Co. Kildare; P. L. Sclater, *secretary of the zoological Society of London ;* Stephen Salter, jun., *architect et surveyor,* à Pondwell, près Ryde; O. V. Alpin, de Bloxham (Oxon); Osbert Salvin, d'Hawks fold (Hoslemere); Thomas Jiffin, rédacteur du *Carlisle Journal;* Sir Alfred Newton, professeur à l'Université de Cambridge; M. Miller Christy, de Priors Broomfield, near Chelmsford; E. Dresser, le savant ornithologiste de Londres; A. Boulenger, du *British Museum ;* le regretté John Handcock, de Newcastle-upon-Tyne; A.-D. Bartlett, directeur du *Zoological Garden;* le Dr Frederic Dale, de Scarborough; W. Aldridge, de Londres (5); J. H. Verrall, de Lewes; Andrew Maughan, de Dumbarton (Ecosse); G. Smith, naturaliste, Larus house, Great Yarmouth; Edmond Hicks, de Liskeard, Cornwall; D. Houlton, d'Edimbourg; Chas. Houlton, de Saint Helens; H. Booth, d'Ipsevich; J. Kirkland, de Burton-on-Trent;

---

(1) M. Oustalet nous a obligé de mille manières.

(2) M. le Dr Pennetier a mis à notre disposition toutes les pièces dont nous avions besoin et, avec une grande courtoisie, nous a ouvert son laboratoire pour les étudier.

(3) M. Noury nous a donné accès dans sa magnifique collection qui renferme tous les Oiseaux d'Europe depuis l'œuf jusqu'à l'âge adulte.

(4) Le rév. Macpherson, d'une complaisance excessive, nous a fourni une foule d'indications très précieuses.

(5) Auteur de *Birds of Norwood,* etc.

S. Hayward, de Cambridge ; Percy E. Frecke, de Dublin ; S. Deny Hunt, de King's Linn ; G. Smart, de Durham ; Joseph Hartson, de Huddon-Rudley (York); W. Swaysland, de Brighton ; Cleaver, de Leicester ; Chatvin, de Douvres ; George Davis, de Glocester ; J. Funston, de Liverpool; George Bell et fils, éditeurs ; Stevens, commissaire-priseur ; G. W. Hill ; A. Cooper ; W. Cole, de Londres, etc.

En *Italie* : MM. le professeur Sordelli, directeur-adjoint du Musée de Milan ; Enrico Tissi, *sotto-ispettore forestale* de Belluno ; Eugène Bono, de Portogruaro ; Guiseppe Pauer, de Florence ; le docteur S. Brogi, directeur de la *Rivisita italiana di scienze naturali*, Sienne ; Isolo Turchetti, de Fuecchio ; Carlo Beni, de Stia ; Vententino Delaito, *sotto ispettore forestale*, à Feltre ; Madame la marquise Paulucci, au château de Cestaldo (Val d'Elsa); A. Ruggeri, de Messine ; le docteur Emery, professeur au Lycée de Bologne ; Desiderio Gargiolli, de Montifauna (Fiesole) ; professeur Lamberto Moschen, de Rome ; le M⟨is⟩ Doria, directeur du *Museo civico di storia naturale de Genova*, et M. R. Gestro, sous-directeur du même Musée ; le docteur Silvio Calloni, de Pavia ; Pistone, de Palerme (Sicile); le professeur Camerano, directeur du *Museo zoologico* de Turin ; le docteur S. Romanese, de Levico ; prof. docteur A. Varisco, directeur du *Museo zoologico* de Bergame ; Brancaleone Borgioli, préparateur au Musée zoologique de l'Université royale de Gènes ; Edoardo Ferragni, ornithologiste, de Cremone ; D. Niccolo Camusso, de Novi Ligure, *membro del Inchiesta ornithologica internazionale*, etc.

En *Suisse* : MM. Ch. G. Brügger, *professor der Naturgeschichte an der Kantonsschule und Verwalter des naturhistor. Landesmuseums in Chür;* Gustave Schneider, de Bàle ; le D⟨r⟩ J. Winteler, professeur à l'Ecole cantonale et président de la Société ornithologique d'Aarau; le D⟨r⟩ L. Larguier des Bancels, conservateur du Musée de Zoologie de Lausanne; Jacob Sprecher, de Coire ; Vegmüller, pharmacien, à Morat ; Louis Nicoud, de Chaux-de-Fonds; A. Dupuis, de Genève ; H. Fisher Sigwart, de Zofingen, etc.

En *Allemagne* : MM. le D⟨r⟩ Paul Leverkühn, de Munich (1); le baron R. Kœnig-Warthausen, du Wurtemberg; Carl Parrot, cand. med., de Munich; Ernst Hartert, auteur du *Katalog des Museum der Senckenbergischen naturforschenden Gesellschaft*, de Francfort-sur-le-Mein ; C. Kolde, *hauptleher* de Langenbielen, in Schl.; Friedländer et

---

(1) M. le D⟨r⟩ Paul Leverkühn s'est montré d'une très grande obligeance pour nous; qu'il reçoive donc ici en particulier tous nos vifs remerciements.

fils, libraires-éditeurs à Berlin; Krüger Vetthusen, de Brande-bourg; von Berlepsch, de Muenden (Hanovre); Dr E. Rey, de Leipzig; W. Heuch, de Kiel; H. L. Ohl, président de la Société ornithologique de Hanau-sur-le-Mein; Peske, de Schlawe; J. Renner, de Stuttgard; F. Eiters, inspecteur des forêts du district de Brunswig.; A. Hehre, de Brieg; Dr Ferd. Rudon, de Perleberg, Dr Paulstich, *realschullehrer*, Hanau-sur-le-Mein, etc.

En *Danemark* : M. A. von Klein, veneur, chevalier de l'Ordre de Dambourg, etc., membre de la Direction du Jardin Zoologique de Copenhague, etc.

En *Autriche* : MM. Ritter von Tschusi zu Schmidoffen, d'Hallein; le Dr Naupa, de Linz; Gustavo Ferrari, de Calceramica, province de Trente ; Josef Kramar, de Pilzen, Bohême ; D^r Lo. Lorenz, *custos adjunct* du Musée de Vienne, etc.

En *Russie :* MM. Th. Pleske, conservateur du Musée de l'Académie de Saint-Pétersbourg; M. Menzbier, professeur à l'Université de Moscou ; Zaroudnoï, d'Orenbourg; Th. Lorenz, naturaliste à Moscou, etc.

En *Belgique :* MM. Alfred Dubois, directeur du Musée royal d'Histoire naturelle de Bruxelles ; Emile Ruhl, de Verviers ; l'abbé Bruienne, vicaire à Sainte-Véronique de Liège, etc.

En *Hollande :* MM. A. A. van Bemmelen, directeur du Jardin zoologique de Rotterdam, F. E. Blaauw de Graveland (Noord Holland) ; le très regretté van Wickewoort Crommelin, de Harlem; A. C. Oudemans, directeur du *koninklijk zool. bot. Genootschap*, à la Haye, etc.

En *Amérique* : MM. Robert Ridgway, curateur du *Department of Birds* du Musée national à Washington ; Manly Hardy, naturaliste de Brewer (Maine) ; Georges L. Toppan, de Chicago ; J. F. Whiteaves, directeur du Muséum d'Ottawa (Canada) et M. John Macones; J. A. Allen, curateur l'*American Museum of Natural History*, New-York ; Franck M. Chapman, assistant curateur de ce Musée ; George N. Lawrence, de New-York ; H. H. Brimley, de Ralegh, N. Y. ; William L. Baily, architecte, de Philadelphie; W. E. Lewis, oologiste, d'East Liverppol (Ohio) ; Franck L. Burns, de Bewyn, Penn. ; R. G. Hazard, de Peace Dale, R. I. ; J. W. Sure, *acting Curator in charge of United States national Museum*, à Washington ; Ernest E. Thompson, ancien éditeur des *Proceedings of the ornithological subsection of the Canadian Institute*, de Toronto (Canada); Turner, d'Hammondeville ; S. P. Langley, secrétaire du Musée national des États-Unis, à Washington ; William Dutcher, de New-York ; Franklin Benner, de Minneapolis (Minn.); G. H. Ragsdale, de Ganiesville (Texas) ; Belding, de Stockton (Cali-

fornie) ; Brown Goode, *acting secretary of National Museum*, de
Washington, etc.

Enfin en *Océanie* : M. Ed. Ramsay, curateur de l'*Australian
Museum* de Sydney.

Famille des Fringillidæ

Nous citons en premier lieu les croisements des *Fringillidæ*, non-
seulement parce qu'ils sont les plus nombreux, mais surtout parce
que, grâce à l'obligeance des ornithologistes, des collectionneurs ou
des savants, dont la bienveillance pour nous vient d'être rappelée,
nous avons pu examiner un grand nombre des spécimens qui font
l'objet de cette étude.

Le Verdier (*Ligurinus chloris*) semble en quelque sorte pouvoir
être comparé chez les Passereaux au petit *tetrix* des Gallinacés ; du
moins son mélange avec deux autres espèces de son genre, le
Cannabina linota et le *Carduelis elegans*, est-il fréquent.

Cet Oiseau, en qualité de mâle, exerce-t-il autour de lui un charme
particulier, ou plutôt, comme femelle, se laisse-t-il captiver ? Son
rôle dans ses croisements avec les deux espèces nommées ne nous
est pas assez connu; cependant, dans les très rares circonstances
où l'appariage a été constaté, il représentait le sexe mâle.

Nous parlerons d'abord de son mélange avec le *Cannabina linota*.

Genre Fringilla.

LIGURINUS CHLORIS (1) et CANNABINA LINOTA (2).

Ce mélange est certes un des moins rares, il est sans doute aussi
un des plus authentiques si l'on en juge par les caractères non équivoques que présentent les hybrides supposés. En Angleterre (mais
là presque exclusivement), on a rencontré de nombreux exemples.
Les deux formes mères sont distinctes, il ne peut exister aucun
doute à ce sujet; reste à savoir si les hybrides observés à l'état
sauvage doivent être tous considérés comme originaires de cet état ?
C'est la seule question que l'on puisse se poser.

Le croisement en captivité du *Ligurinus chloris* et du *Cannabina
linota*, sans être un croisement recherché des éleveurs, comme l'est

---

(1) Autres noms scientifiques : *Loxia chloris, Fringilla chloris, Chloris, Serinus
chloris. Chlorospiza chloris, Chloris flavigaster.*
(2) Autres noms : *Fringilla cannabina, Fringilla linota, Cannabina, Linota
cannabina, Cannabina pinetorum et arbustorum.*

par exemple celui du *Pyrrhula vulgaris* et du *Carduelis elegans*, s'opère cependant de temps à autre. MM. Mackeley frères, de Norwich, et L. Curzon, de Londres, nous ont assuré que les hybrides exposés par eux au Cristal Palace pendant l'année 1888 étaient nés en captivité. MM. J. H. Verrall, de Lewes, W. II. Booth, d'Ipowich, et Crossly, de Kendal, nous ont écrit qu'ils avaient obtenu les mêmes hybrides. En France, nous pourrions citer aussi quelques croisements. Il peut donc se faire que plusieurs des spécimens pris à l'état sauvage soient des échappés de captivité, en voici un exemple :

En 1887, à l'Exposition du Palais de Cristal, M. G. Smart, de Durham, montrait sous le n° 1274, un hybride entre le Greenfinch (*L. chloris*) et le Brown Linnet (*Cannabina linota*). Cet Oiseau avait été réellement pris à l'état sauvage quatre ans auparavant à Durham, mais ayant été réclamé, on apprit qu'il avait été élevé dans le voisinage. L'Oiseau s'était échappé par une fenêtre de la maison à un mille de laquelle il fut pris (1).

Il serait néanmoins difficile d'admettre pour tous les exemplaires rencontrés une semblable origine, et la production à l'état sauvage de plusieurs d'entre eux, au moins, paraît s'imposer.

Grâce à l'obligeance de MM. le Dr Kerbert, J. H. Gurney, J.-B. Nichols et Philipp B. Mason, nous avons pu examiner en nature cinq de ces intéressants spécimens, MM. Oxenden Hammond, J. Whitaker, et le Musée de Newcastle-on-Tyne (par l'intermédiaire de M. le Dr Embleton) nous ont envoyé des aquarelles des hybrides conservés dans leurs collections. Ainsi neuf spécimens *chloris* et *Cannabina* nous sont bien connus. Nous croyons devoir réitérer à ces éminents naturalistes l'expression de notre gratitude, car, en exposant leurs pièces précieuses aux aventures d'un assez long voyage, ils ont fait preuve d'un véritable désintéressement; faut-il dire que les hybrides de MM. Gurney et Mason étaient sous verre et par conséquent ne pouvaient voyager sans inconvénient. L'examen de ces Oiseaux nous a permis de nous rendre compte de leur nature plus facilement que nous n'aurions pu faire par de simples descriptions.

Avant de décrire ces diverses pièces, nous énumérerons, à peu près dans l'ordre où ils se sont produits, les différents hybridismes qui feront le sujet de cet article.

1. Un hybride pris à Eaton, près de Norwich, par M. Edouard

---

(1) Cette communication nous a été adressée par M. G. Smart qui nous a fait savoir en outre que trois jeunes avaient été obtenus du même croisement ; on ignore ce que ces Oiseaux sont devenus.

Fontaine, pendant l'année 1851, aujourd'hui dans la collection de M. J. H. Gurney (1).

2. Un spécimen de sexe mâle, pris à Hellesdon, en février 1865 (2) par M. Carr, autrefois dans la collection de M. Stevenson, chez lequel il vécut en captivité.

3. Un exemplaire ♀, capturé près de Brigthon (nous ignorons la date), acheté à la vente de M. Whitaker, esq., par M. Ew. Janson, pour M. Philipp B. Mason, esq., qui le possède actuellement.

4. Un autre exemplaire ♂ de la même vente et chez ce dernier, pris à Londres en 1868. Cet Oiseau et le précédent avaient été la propriété de M. Frédéric Bond et durent être décrits dans le « Zoologist ». L'individu de Brigthon porte en outre la mention « Swaysland » (3).

5. Un hybride acheté il y a environ treize ans, par M. Stephen Salter, jun., architecte de Pondwell, à M. G. Miller, de Reading, qui prit cet Oiseau dans ses filets à quelques milles du Jown parmi une bande de Linottes. Ce spécimen, après avoir été exposé, fut vendu à M. Sleep, de Jackbroock street, London, l'un des juges aux expositions du Cristal Palace, lequel le revendit à son tour et ignore maintenant ce qu'il est devenu (4).

6. Un hybride pris en 1882 à Denes, Great Yarmouth, vendu en 1889 par M. G. Smith, de cette ville, à M. J. B. Nichols esq., qui le conserve empaillé dans sa collection (5). (L'Oiseau n'avait pas été gardé longtemps en cage, bientôt on l'avait tué pour l'empailler).

7. Un autre hybride de même origine, pris à l'état sauvage dans le comté de Cambridge (nous ignorons la date), actuellement chez M. J. Whitaker, esq. (6).

8. Un spécimen acheté en 1883 par M. Oxenden Hammond à un oiseleur du district de Wingham, qui l'avait obtenu depuis peu de temps (7).

9. Un exemplaire, que M. H. Koller a supposé provenir du Verdier et de la Linotte, pris à l'état sauvage à Harderwijk, pro-

---

(1) Voy. The Zoologist, p. 3388, janvier 1852. Voy. aussi *Birds of Norfolk*, by Stevenson, I, p. 220. Ce croisement a encore été rappelé par M. Gurney dans The Zoologist, VII, p. 3791, 1883.

(2) *Birds of Norfolk*, I, p. 220; voir aussi The Zoologist, n° 81, p. 379, 1883.

(3) Ces deux Oiseaux étaient portés au catalogue de la vente sous le n° 103.

(4) Communication de MM. Salter et Sleep.

(5) Cet Oiseau a été cité par M. J. H. Gurney, jun., de Norwich, dans le Zoologist, XI, n° 127, p. 396, 1887, et aussi dans le n° de Février 1890, p. 57.

(6) Cet exemplaire a été également indiqué par M. Whitaker, dans le Zoologist, VII, n° 79, p. 302, 1883.

(7) Zoologist, p. 83, 1883.

vince de Gueldre (Hollande), le 24 janvier 1885, conservé au Musée d'Histoire naturelle d'Amsterdam (1).

10. Un hybride ♀ (?) envoyé vivant le 15 novembre 1886 à M. Gurney père, de Norwich, par M. F. Dagget, de Cambridge (2), qui dit avoir possédé cinq ou six spécimens de ce genre pris à l'état sauvage (3).

11. Un individu, montré à l'exposition du Cristal Palace de 1887, sous le n° 1289, par MM. Hartson et Sidgwick, de Hulton Rudley, près Yarm (comté d'York), pris vers l'année 1887, à West Hartlepoo, sur la côte nord-est d'Angleterre, environ vingt milles de Yarm, depuis vendu à MM. Mackley frères, de Norwich (4).

12. Un hybride, entrevu le 29 juin 1887, à Aberdeen, dans les champs, par le révérend Macpherson et deux de ses amis (5).

13. Un exemplaire mâle pris à Kenton, près de Newcastle-on-Tyne, par M. Wardle, apporté le samedi 24 décembre 1887, à M. Handcock, au Musée de Northumberland, Durham and Newcastle-on-Tyne, où il vécut jusqu'au 22 octobre suivant (6).

14. Un autre exemplaire, exposé en 1887 au Cristal-Palace, comme « *Dark Linnet mule, wild caught* » (7), par M. Walter Swaysland, qui le prit lui-même, nous écrit-il.

15. Un individu, exposé aussi au Cristal-Palace, en 1890, par M. W. Cole, de Pembroke Gardens, Kensington, sous le n° 1812, et indiqué comme pris à l'état sauvage, affirmation que nous a renouvelée par lettre M. Cole, qui ajoute « pris dans les champs, pendant l'année 1889. » M. Cole, malheureusement, ne sait ce que cet Oiseau est devenu.

16. Un jeune individu tué à Beerchurch, près de Colchester, Essex, pendant le printemps de 1890, acheté à M. J. Pettitt, empailleur à Colchester, par M. J. Nichols esq. d'Holmwood, qui le conserve dans sa collection (8).

---

(1) Cet Oiseau nous avait été indiqué par M. F. C. Blaauw, de Graveland, Noord-Holland, et par le regretté M. van Wickevoort-Crommelin, de Harlem, il figure sur le *Naamlijst van in Nederland in den vrijen natuurstaat waargenomen Vogels,* dressé par M. H. Koller, conservateur adjoint et préparateur, p. 41, en note.

(2) The Zoologist.

(3) Communication récente de M. J.-H. Gurney dans le Zoologist, XI, n° 127, pp. 266 et 267, 1887. M. Gurney déclarait M. Dagget « familier avec ce genre d'hybrides ».

(4) Communication de M. Joseph Hartson.

(5) Voyez le Zoologist, XI, n°, 128, p. 99, août 1887.

(6) Communication du regretté M. Handcock.

(7) Voy. p. 36 du Catalogue.

(8) Communication de ce dernier, M. Nichols pense que l'Oiseau n'a été mentionné dans aucune revue.

17. Une femelle, prise près de Carlisle, pendant l'hiver de 1890-91, encore vivante chez M. Georges Dawson, de Carlisle (1).

18. Un ♂ exposé au Palace-Crystal en 1891 (2) par M. S. Hayward, de Cambridge.

19 et 20. Deux hybrides entre le « Green et le Grey Linnet » capturés avec leur mère qui était un Grey Linnet, c'est-à-dire un *Cannabina linota*, par M. Chatvin, à Douvres (3).

En outre, M. J. H. Verrall, de Lewes, nous assure que des Oiseaux de ce genre sont souvent pris près de Brighton et tués pour être empaillés, étant peu prisés des amateurs. M. Andrew Maughan, de Dumbarton (Écosse), nous écrit aussi qu'il a connu l'hybride du Verdier et de la Linotte pris à l'état sauvage. Enfin, M. W. Aldridge, de Londres, se rappelle que l'hybride, exposé par lui au Palais de Cristal en 1885, était un Oiseau sauvage, et qu'il avait été capturé par un *birdcatcher*, M. A. Subwit, de Londres. M. W. Aldridge croit que le même Oiseau fut exposé une seconde fois par son clerc, M. Lancaster, auquel il l'a donné. Ce spécimen, encore vivant, montre, nous dit M. Aldridge, distinctement le plumage des deux espèces.

Peut-être, si nos recherches avaient été plus étendues, aurions-nous pu citer d'autres croisements. Ce n'est cependant pas sans avoir pris de nombreuses informations, notamment en Angleterre, que nous nous sommes décidé à publier cette liste. Du reste, nous pensons encore faire connaître quelques autres faits. Ainsi, d'après une communation de M. J. H. Gurney, toujours très obligeant pour nous, il doit exister dans la collection de M. Seebohm, à Londres, un ou deux hybrides du *Ligurinus chloris* et du *Cannabina linota*; M. Gurney en avait vu un autre chez M. Gould il y a une dizaine d'années (4), à moins donc que cet Oiseau ne soit celui que possède actuellement M. Philipp. B. Mason, car peut-être, à notre insu, faisons-nous quelques doubles emplois; la chose est possible, les pièces changeant très fréquemment de mains. Toutefois il existe un assez grand nombre d'exemples pour montrer que le croisement du *Ligurinus chloris* et du *Cannabina linota* doit se produire de temps à autre, au moins en Angleterre.

(1) Communication du rév. Macpherson.
(2) Ou en 1889.
(3) D'après ce que celui-ci nous a écrit.
(4) Voy. Zoologist, p. 379, 1883.

Renseignements et Descriptions

1. — M. Gurney ne met pas en doute l'origine de cet Oiseau, mais, nous dit-il, ses ressemblances avec le *Cannabina linota* sont plus accentuées que chez l'exemplaire envoyé à son père par M. Dagget.

2. — M. Stevenson écrit de son hybride (1) qu'il montre de la manière la plus décidée les principaux caractères du plumage du Verdier et de la Linotte, tandis que le bec et la forme générale sont intermédiaires entre les deux types. » Ces doubles traits sont si bien marqués, dit-il, qu'à la première inspection qu'il en fit, il ne put douter de l'origine mixte de cet Oiseau. M. Fontaine, qui l'examina ensuite, y reconnut le *fac-simile* de son propre spécimen (le n° 1 de M. Gurney). La voix même participait des deux espèces, la note aigre du *chloris* se combinant avec les douces roulades de la *linota*. La description suivante fut faite au mois de mai, lorsque l'Oiseau était retenu en cage près d'une volière où se trouvaient, comme points de comparaison, des *Verdiers* et des *Linottes* en plein chant. « Bec couleur chair bleuâtre sur la mandibule supérieure, rose clair sur l'inférieure. La tête, le cou et le dos bruns, avec une teinte grisâtre sur les côtés du cou et autour des yeux. Iris brun clair. Couleur du dos châtain, moins riche que celui de la Linotte en été, mais aussi moins mélangé que chez le même Oiseau en hiver, la tige de chaque plume très foncée. Les couvertures de l'aile châtain foncé. Les primaires presque noires ; les bords extérieurs, qui sont blancs dans la Linotte, sont, dans cet Oiseau, jaunes comme dans le Verdier. Les secondaires brun noirâtre, largement bordées de roux. Les couvertures supérieures de la queue jaune soufre. Les plumes de la queue brun très foncé ; les deux du milieu, légèrement teintées de jaune, sur le bord extérieur jaune vif et les lames extérieures largement bordées de blanc comme dans la Linotte ; le jaune occupant la même proportion que dans le Verdier. La gorge, le menton et la poitrine blanc brunâtre, fortement teinté de jaune, devenant presque blanc pur sur les parties inférieures du corps et à l'anus. Les pattes et les doigts rose brunâtre, les griffes noires (2) ».

M. O. V. Alpin, de Bloxham, veut bien nous écrire qu'il a vu lui-même l'Oiseau dans la collection de feu M. Stevenson et qu'il n'a

---

(1) *Op. cit.*, p. 220 et 221.
(2) *Birds of Norfolk*, 1, p. 220. Dans le *Zoologist*, VII, n° 81, p. 379, septembre 1883, M. Gurney a rappelé les principaux traits de cet Oiseau.

aucun doute sur son origine hybride. Nous n'avons pu savoir ce que cette pièce était devenue.

3 et 4. — La vitrine dans laquelle étaient renfermés ces deux spécimens ne portait aucune indication nous permettant de les distinguer; nous avons supposé que l'individu placé le plus haut, à gauche, était la femelle prise près de Brighton (Swaysland) et que l'exemplaire placé plus bas était le mâle capturé près de Londres en 1868.

Ces deux Oiseaux nous ont paru avoir la taille du *chloris*; le plus foncé (celui du fond de la vitrine) ressemble même très fortement à ce dernier. Mais sa couleur peut passer pour un mélange de deux espèces. Son bec est intermédiaire. Sur la poitrine on n'aperçoit pas le jaune orangé roussâtre foncé et caillouté qui existe sur les exemplaires du Musée d'Amsterdam et de la collection Handcock. La femelle (du moins l'exemplaire que nous considérons ainsi), montre davantage le plumage de la Linotte, le bec est petit. Cet Oiseau nous a paru ressembler complètement à l'exemplaire dont M. Whitaker nous a envoyé l'aquarelle.

Ces deux spécimens, appartenant aujourd'hui à M. Mason, semblent avoir incontestablement l'origine qu'on leur suppose. Dans le Zoologist (1), M. Gurney avait déjà dit, en parlant d'eux, qu'ils montraient « de la manière la plus décidée le plumage de la Linotte et du Verdier. » M. J.-B. Nichols, d'Holmwood, les avait vus à la vente de M. Frédéric Bond qui les avait possédés, comme nous l'avons expliqué plus haut.

5. — M. Sleep n'a jamais, nous dit-il, rencontré de plus bel Oiseau de ce genre, « vol jaune, plumes jaunes à la queue, poitrine et tête rouges; tenant comme forme de la Linotte. » Lorsque M. Sleep s'en rendit possesseur, la capture du spécimen remontait seulement à quelques jours; il parut être à M. Sleep un croisement indubitable entre la *linota* et le *chloris*. Il ne portait pas alors de traces de captivité; ses plumes étaient bien conservées (2). Nous avons dit que M. Sleep ignore ce que cet Oiseau est devenu.

6. — En nous adressant des renseignements sur cet emplaire, M. J.-B. Nichols nous écrivait qu'il le croyait tout à fait un hybride entre le Verdier et la Linotte, dont il montrait clairement les caractères. C'était également l'opinion exprimée par M. J.-H. Gurney et celle de M. G. Smith de Great Yarmouth (3). L'examen que nous

(1) Page 379, 1883.

(2) Dans Transactions of Norfolk Society, part IV, p. 369, 1886-87, le rev. Macpherson fait allusion à cet Oiseau et rappelle que « sa poitrine était peinte ».

(3) Voy. Zoologist, XI, n° 127, pp. 266 et 267, juillet 1887.

en avons fait sur nature nous permet de partager complètement cette manière de voir. Lorsqu'on regarde l'Oiseau en dessus, la couleur du cou, du dos, des ailes (jusqu'à la moitié de la longueur), est celle de la *linota*, tandis que la couleur du *chloris* se montre sur le croupion, la queue et l'autre partie des ailes ; il y a là une démarcation très sensible et très curieuse de la coloration des deux espèces ; en sorte que l'on peut dire que l'Oiseau (vu en dessus) présente 3/5 de la coloration de la Linotte et 2/5 environ de celle du *chloris*. Ainsi, signe distinctif et très intéressant, les couleurs sur ces parties se heurtent sans se confondre, particularité qui se montre à d'autres places. La tête est fine et rappelle celle de la *Linota*; sur le front la couleur est brun roux mélangé de jaune ; la poitrine et le ventre roux jaune sont un mélange de la couleur des deux types. Le bec assez fort se rapproche par ce caractère de celui du Verdier ; lorsque les ailes sont soulevées on aperçoit sur les flancs de larges pastiches brunâtres foncés, rappelant la coloration de la Linotte, mais exagérant beaucoup, croyons-nous, cette teinte. En somme, plumage et conformation réellement intermédiaires ; il ne nous paraît pas possible de mettre en doute la provenance de cet Oiseau, elle éclate au premier coup-d'œil. Quant à sa capture à l'état sauvage, M. G. Smith nous l'a affirmée.

7. — L'aquarelle de ce spécimen, que M. Whitaker a été assez gracieux pour nous envoyer, étant de très petite dimension et seulement esquissée, nous ne pouvons faire une description détaillée de la forme et du plumage de l'Oiseau qu'elle représente. L'impression que ce dessin colorié nous a causée est que l'Oiseau est une Linotte avec la queue et les ailes rappelant par leur coloration jaune vif les ailes et la queue du Verdier. Les taches longitudinales du *Cannabina* sont très accusées; l'Oiseau paraîtrait femelle. Il nous a semblé bien authentique et ressemblant encore au spécimen de M. Oxenden Hammond, dont nous allons maintenant parler.

8. — M. Oxenden Hammond, qui n'est pas seulement un naturaliste, mais un peintre de talent, comme il nous l'a prouvé par la jolie aquarelle de son spécimen qu'il a exécutée à notre intention, nous a envoyé la description suivante de l'hybride acheté par lui à un oiseleur des environs de Wingham, et qu'il croit à bon droit, d'après ce que nous avons pu juger par son dessin, un produit réel du *Ligurinus chloris* avec le *Cannabina linota*.

« Bec brun rose, yeux bruns; front, menton, gorge et toutes les parties inférieures d'un brun clair jaunâtre, strié d'un gris brun. L'occiput, le cou et le derrière, le dos, les couvertures des ailes,

les petites et les grandes, d'un brun châtain foncé, strié partout gris noirâtre. Les six premières plumes des ailes, aussi bien que la petite aile bâtarde, noires, avec bordure d'un jaune vif. Les plumes tertiaires gris noir, bordées gris clair. La croupe, aussi bien que la couverture de la queue, brun jaunâtre. La queue gris noir, les quatre plumes extérieures bordées de jaune vif. Les tarses et les doigts bruns et les ongles noirs. Longueur de l'Oiseau empaillé du sommet de la tête au bout de la queue cinq pouces. En somme, l'Oiseau s'approche du Verdier par les plumes primaires de l'aile et les plumes extérieures de la queue, aux points des plumes tertiaires de l'aile ; tandis qu'il ressemble au *Cannabina* dans toutes les parties inférieures, aussi bien par la tête, le cou et le dos. Le croupion est intermédiaire, étant d'un brun jaunâtre. La forme est plutôt celle de la Linotte, quoique l'Oiseau soit légèrement fort, le bec est aussi plus fort et plus épais que celui de la *linota*. »

Lorsque M. Oxenden Hammond acheta cet Oiseau, probablement le lendemain même de sa capture, toutes les extrémités des plumes et de la queue étaient parfaitement bien conservées, aussi M. Hammond croit-il que l'Oiseau avait été sûrement pris à l'état sauvage (1).

9. — Nous avons quelques réserves à faire sur ce spécimen dont l'origine, nous l'avouons, nous a paru au premier abord suspecte. Longtemps même nous avons pensé que nous avions affaire bien plutôt à une variété qu'à un hybride. L'Oiseau, par sa forme et sa taille, n'a rien en effet du *Cannabina*, c'est un véritable *chloris* sous ces rapports ; le plumage est plus roux grisâtre que ne l'est habituellement la coloration du *chloris;* mais il n'existe *aucune trace* des taches longitudinales caractéristiques de la *linota*, tant sous la gorge que sur le devant du cou et sur les autres parties du corps.

L'envoi gracieux de M. le Dr Kerbert, directeur du Musée d'Amsterdam, nous faisait voir pour la première fois le produit présumé du *chloris* avec le *Cannabina*. Au moment où nous l'avions reçu, nous n'avions encore examiné aucun exemplaire authentique de ce croisement, nous n'avions même pas, étant en déplacement, la facilité d'examiner les deux espèces pures. Ces circonstances sont-elles la cause d'une erreur? nous n'oserions le dire. L'examen attentif, fait depuis sur d'autres pièces non douteuses, nous permet aujourd'hui d'établir une comparaison entre cet exemplaire et ces dernières, et d'y trouver réellement quelques ressemblances avec

(1) M. Hammond avait cité cet Oiseau dans le Zoologist, p. 83, 1883.

elles' dans la coloration roux brun orangé *martelé* de la poitrine, sans toutefois pouvoir, du trop vague souvenir qui nous en reste, affirmer d'aucune façon son origine hybride (1).

10. — L'Oiseau nous a paru tellement bien dévoiler sa double origine (quoique ressemblant beaucoup plus à *chloris* comme conformation et plumage), que nous avons noté seulement les caractères suivants : tête et bec intermédiaires, malgré la ressemblance de cette dernière partie avec *chloris* ; couleur du dos, et partie antérieure roux brun taché brun noir rappelant la *linota* ; sur les flancs, lorsque les ailes sont déployées, couleur de cette dernière (quoique plus accentuée). Par cette marque et la couleur du dos et de la moitié de dessus des ailes, ce Verdier indique son mélange avec la Linotte. La poitrine, comme chez plusieurs autres exemplaires, jaune brun. En parlant de cet exemplaire dans le *Zoologist* (2), M. J. H. Gurney jun., le comparait à celui que M. Gurney père reçut de M. Dagget, et le reconnaissait « légèrement plus foncé » que l'exemplaire de M. Stevenson, ainsi que « d'une taille un peu plus forte ».

13. — L'aquarelle de grandeur naturelle, très fine et très travaillée, que le Comité de direction du Musée de Newcastle-on-Tyne (sur la demande de M. le Dr Embleton, l'un de ses membres) a bien voulu faire exécuter pour nous, nous a paru établir d'une façon évidente la nature mixte de l'Oiseau qui faisait partie de la collection du très regretté M. Handcok. D'après cette aquarelle, ce

---

(1) Ce qui nous fait hésiter à déclarer purement et simplement l'oiseau en question une *variété*, c'est que, d'une part, nous lisons dans Stevenson (*Op. cit.*, p. 221) que « les variétés sont rarement rencontrées » et, de l'autre, dans Degland, que lorsqu'elles se rencontrent elles sont « blanches ou jaunâtres ou maculées de blanc et de jaune ». L'exemplaire exceptionnel que cite Stevenson (exemplaire pris à Hellesdon, en février 1862), est « de couleur gris clair, se changeant en brun sur les plumes de la queue et des ailes. Le dos, les couvertures des ailes, les côtés de la tête et de la poitrine, sont aussi plus ou moins teintés de jaune, enfin les bords extérieurs des primaires et les plumes de la queue avec les couvertures supérieures de la queue jaune vif ». Il n'y a donc lieu d'établir aucun parallélisme entre cette variété et l'exemplaire du Musée d'Amsterdam qui peut être réellement hybride ? Il figure comme tel, nous l'avons dit, dans « *Naumlijst van in Nederland naturirstaat waargenomen Vogels* ». L'auteur de ce travail, M. Koller, décédé il y a quelques mois, était, nous dit M. le Dr Kerbert, « un des meilleurs connaisseurs en Oiseaux ». Il est bon toutefois de noter que le même spécimen nous avait été indiqué comme croisement du « *Carduelis elegans* et du *Ligurinus chloris* » par M. F.-C. Blaauw.

Au moment de mettre sous presse, M. Verrall, de Lewes (Angleterre), nous apprend qu'il vient d'acheter un *cinnamon Greenfrinch*, c'est-à-dire un Verdier de la couleur de la cannelle ; cette communication renouvelle nos hésitations à reconnaître l'hybridité chez l'exemplaire du Musée d'Amsterdam.

(2) XI, n° 127, pp. 266 et 267, juillet 1887.

spécimen, pris au mois de décembre 1887, on se le rappelle, est,
comme forme et comme taille, un véritable *chloris* au bec plus petit ;
mais quelques plumes teintées de rouge cramoisi sur le devant de
la tête, sa poitrine martelée jaune orangé rouge, son dos et les couvertures de ses ailes montrent très suffisamment son mélange avec
le *Cannabina* dont il montre encore les marques sur diverses autres
parties du corps. Chose à noter, pendant sa captivité, c'est-à-dire
depuis le mois de décembre 1887 jusqu'au mois d'octobre 1888,
époque à laquelle il mourut, il ne mua pas (1) ».

Les onze spécimens dont nous venons de donner la description,
sauf l'exemplaire du Musée d'Amsterdan, pour lequel nous avons
fait quelques réserves, paraissent donc tous devoir être classés comme
hybrides probables. A notre regret, nous ne pouvons donner les
mêmes affirmations sur les spécimens 11, 12, 14, 15, 16, 17, 18, 19
et 20. Nous n'avons en effet reçu que fort peu d'indications sur ces
divers Oiseaux.

L'Oiseau de M. Hartson, d'après communication de ce dernier,
aurait été vendu à MM. Mackley frères, de Norwich, mais ceux-ci
ne nous ont point fait connaître la conformation et le plumage de ce
spécimen sur lequel ils paraissent du reste avoir peu de souvenirs.
Le spécimen aperçu par le rév. Macpherson n'a pu être tué ; il
fut vu dans un champ de navets, alors, il est vrai, que, mangeant
très avidement, il se laissait approcher (2) ; mais un examen aussi
superficiel ne peut établir son authenticité, au moins d'une façon
absolue. M. Swaysland ne nous a donné aucun détail sur l'Hybride
qu'il prit lui-même, il nous dit seulement qu'il n'était pas (autant
qu'on en pouvait juger) « un Oiseau échappé de volière. » M. Cole ne
nous a point fait connaître non plus les caractères de l'Oiseau exposé
par lui au Cristal Palace en 1890 ; indications qui nous manquent
pour le jeune hybride acheté par M. Nichols à M. Pettitt, pour l'exemplaire femelle vivant possédé par M. Dawson, pour le mâle exposé au
Cristal Palace par M. S. Hayward en 1891 (ou en 1889), dont on ne
connaît même pas le nom de l'acheteur, et pour les deux hybrides
pris par M. Chatvin, de Douvres. Sans mettre aucunement en doute
l'authenticité de ces diverses pièces, qui nous ont été indiquées si
gracieusement par leurs propriétaires, nous nous abstiendrons de
porter un jugement sur elles, puisque, nous le répétons, elles ne
nous sont ni décrites, ni connues (3).

(1) « *Il died* before *moulting* ». *Handcok Collection in the Museum of the
natural history Society of Northumberland, Durham and Newcastle-on-Tyne*.
(2) Voy. le Zoologist, XI, n° 128, p. 303, août 1887.
(3) Nous rappelons aussi que nous avons pu faire quelques doubles emplois.

Nous sommes cependant porté à croire que la plupart au moins de ces spécimens ont leur origine bien établie. Nous en dirons autant de l'exemplaire de la collection Gould, vu autrefois par M. Gurney (1) et qui, d'après ce dernier, « montrait de la manière la plus décidée le plumage de la Linotte et du Verdier. » Nous tenons cependant à faire remarquer que les hybrides de MM. Whitaker et Hammond furent pris pendant l'année 1883, c'est-à-dire pendant une époque où des hybrides de ce croisement avaient été obtenus en domesticité et où l'un d'eux, précisément, s'était échappé (2).

Nous nous sommes étendu un peu longuement sur les hybrides du *Ligurinus chloris* et du *Cannabina linota*, ces pièces présentant un véritable intérêt par leurs caractères mixtes et par leur nombre (3).

(1) Voy. the Zoologist, VII, n° 81, p. 379, 1883.

(2) M. J.-H. Gurney a cru devoir faire remarquer (Zoologist, VII, n° 81, p. 379, 1883), que beaucoup des hybrides *chloris* et *linota* portent des marques évidentes de captivité, ce qui, d'après les réflexions de M. Philipp (Zoologist, p. 301, juillet 1883) pourraient amener un naturaliste sceptique à penser que ces hybrides furent élevés en cage ; avis que ne partage pas M. Gurney qui pense, avec plus de raison peut-être que ces marques de captivité proviennent d'un séjour plus ou moins prolongé en cage après leur capture. En 1883, M. Gurney n'avait pas encore observé, dans les Oiseaux exposés à Norwich, d'hybrides de ce genre. Mais nous avons vu, d'après les affirmations de plusieurs éleveurs, que le croisement du *chloris* et de la *linota* s'obtenait aussi en captivité.

(3) Nous n'avons point parlé intentionnellement des hybrides que l'on dit avoir été pris à Norfolk et qui sont mentionnés par M. Gurney dans le Zoologist (III, n° 81, p. 379, 1883) parce que, comme le présumait M. Gurney, ces Oiseaux (au moins celui que nous avons reçu), n'ont point les origines qu'on leur suppose. Dans l'exemplaire que M. Gurney a eu la complaisance de nous adresser, nous n'avons vu qu'une *F. canaria* variété verte, échappé sans doute de quelque volière, pas même l'hybride vulgaire de la Linotte et du Serin. Nous n'avons point parlé non plus d'un hybride présenté vers 1880 à la Société zoologique de Londres par le rév. Macpherson, parce que nous n'avons pu savoir si cet Oiseau avait été pris à l'état sauvage ou produit en captivité.

LIGURINUS CHLORIS ET CANNABINA LINOTA OU FRINGILLA CITRINELLA

M. de Selys-Longchamps a vu autrefois dans la collection de M. Bory, à Louvain, collection qui n'existe plus, un hybride sur lequel il a pris la note suivante : « ♀ hybride du *chloris* avec *Cannabina* ou avec *Fringilla citrinella*? (espèce qui n'est pas belge). Queue du Venturon (*F. citrinella*), épaulettes de cet Oiseau, dos grivelé, une marque pâle comme *F. petronia*, les longues rectrices pâles en dehors (nullement jaunes ne dessous) ; bec moindre que le *chloris*. Nous ignorons tout à fait si cet Oiseau a été pris à l'état sauvage ; M. de Selys-Longchamps espère pouvoir obtenir quelques indications sur cette pièce intéressante.

LIGURINUS CHLORIS et CARDUELIS ELEGANS (1).

Ce croisement présente un grand intérêt parce que l'appariage des deux espèces a été plusieurs fois constaté *de visu*, observation exceptionnelle et qui n'a pas été faite, nous l'avons dit, dans la plupart des autres cas. Cependant, nous avouons l'avoir mis long-temps en doute. Le premier hybride reçu, et qui nous avait été envoyé gracieusement par M. le comm. prof. Giglioli, de Florence, rappelait en effet presque complètement, par sa couleur générale, le produit commun du *F. canaria* et du *Carduelis;* sa taille, seule, et son bec un peu plus forts le faisaient reconnaître. L'Oiseau cependant avait été pris à l'état sauvage, à Santa-Maria in Monte (Florence) pendant le mois de Septembre 1878, et M. Giglioli regardait comme digne de confiance la personne qui le lui avait remis.

Le deuxième exemplaire qui nous fut envoyé d'Angleterre par M. Philipp B. Mason, esq., de couleur plus foncée, de taille au moins aussi forte, montrant très visiblement au bord extérieur de l'aile, dans la partie haute, une teinte jaune vif, nous laissa un peu moins incrédule.

Mais nous n'étions pas convaincu. Les envois successifs de quatre spécimens vivants, que l'on nous a dit avoir été pris en Angleterre pendant ces dernières années, enlevèrent enfin nos doutes. Nous pûmes en effet étudier à loisir les mouvements, la voix, les manières, les gestes, le vol de ces Oiseaux, placés à côté de *canaria* × *Carduelis* et, peu à peu, les distinguant facilement de ces derniers, nous recon-nûmes que le *chloris* devait avoir concouru à leur production.

Le croisement du *Ligurinus* et du *Carduelis*, deux *Fringillidæ*, de forme et de couleur réellement bien distinctes, a été observé depuis longtemps et peut-être même est-il le premier, parmi ce genre d'Oiseaux, dont on ait fait mention. C'est à Vieillot que revient probablement l'honneur de l'avoir cité pour la première fois. Le célèbre ornithologiste raconte en effet (2) qu'il posséda pendant longtemps un Oiseau pris au filet et qui paraissait être, d'après sa taille, ses couleurs et son chant, « le résultat de l'union d'un Verdier et d'une femelle Chardonneret ». Ce métis, pris au mois d'octobre, resta toujours très sauvage et ne se familiarisa que peu

---

(1) Autres noms scientifiques : *Fringilla carduelis, Passer carduelis, Carduelis, Spinus carduelis, Acanthis carduelis.*

(2) *Nouveau Dictionnaire d'Histoire naturelle appliquée aux arts.*, XII, pp. 162 et 163. Déterville, Paris, 1817.

avec la cage. Malgré son caractère farouche, il céda cependant aux impulsions de l'amour et s'appaira avec une ♀ *canaria* ; mais cet accouplement demeura stérile.

Vingt ans plus tard, un auteur anglais, Macgillivray (1), faisait connaître un exemple remarquable d'une femelle de Goldfinch (Chardonneret) se croisant à l'état sauvage avec un mâle Green Linnet (Verdier). Ces deux Oiseaux, dit l'éminent naturaliste, bâtirent d'abord leur nid dans une haie d'épines d'un jardin qui avoisinait Bathgate, où ils nourrirent quatre petits ; mais bientôt les jeunes furent pris et élevés par une personne de la ville. Les parents construisirent alors un deuxième nid dans une vieille haie de hêtres sur les propriétés de MM. Marjoribanks, de Balbardie, et réussirent à élever une autre couvée, dont ils furent encore privés. Ces nouveaux jeunes furent donnés à un tisserand chez lequel ils vécurent plusieurs années.

Macgillivray dit avoir connu un autre exemple du même genre qui fut constaté cette fois dans la partie nord du jardin du château d'Edimbourg, propriété devenue la possession de MM. Eagle et Henderson. Un mâle Verdier et sa femelle, un Chardonneret, furent attrapés par un oiseleur, qui garda cette dernière pendant quelque temps pour s'en servir d'appeau. Macgillivray vit les deux parents (pendant l'année 1838?) et un jeune de leur couvée qu'un ébéniste d'Edimbourg acheta dans la suite.

Ni Macgillivray, ni Vieillot n'ont donné de détails sur la couleur du plumage et la forme de ces divers hybrides. Isidore Geoffroy Saint-Hilaire a rapporté le fait cité par Vieillot dans son *Histoire générale des Règnes organiques* (2), et le Rév. Macpherson a fait allusion aux exemples de Macgillivray dans le Zoologist (3). Le révérend cite du reste, dans la même revue, un autre exemple de cette sorte qu'il tient de M. Traviss, le gardien de la volière occidentale du Zoological Garden. Celui-ci lui a assuré avoir pris un nid de jeunes Chardonnerets placé près d'un autre nid de Verdiers. Dans la couvée de Chardonnerets, il se trouvait un intermédiaire entre le « *Carduelis elegans* et le *Ligurinus chloris* » que M. Traviss éleva et conserva un grand nombre d'années. L'Oiseau, dit le Rév. Macpherson, devait ressembler à un hybride obtenu en captivité possédé par lui au moment où il discutait sur ces faits avec le gardien de la volière de Regent's Park.

(1) *History of British Birds*, I, 1837.
(2) III, p. 164.
(3) VII, nº 8, p. 338, août 1883

Plusieurs autres hybrides sont mentionnés dans le récent ouvrage de M. le professeur Giglioli, de Florence (1). D'abord un exemplaire observé par M. Pauer dans le district de Florence, puis un deuxième cité par M. Ruggeri, de Messine, enfin un individu ♂ venant de S. Maria in Monte, celui que nous avons déjà indiqué et qui aurait été donné au Musée royal par M. Scaramucci (2). L'Oiseau dont parle M. Pauer avait été trouvé sur le marché de Florence et envoyé à la collection italienne, mais il paraît n'avoir jamais été remis à la Direction et sans doute a-t-il été perdu dans le laboratoire de taxidermie, car on paraît ignorer ce qu'il est devenu. Il était, nous écrit M. Pauer, très semblable à celui que l'on conserve aujourd'hui, tant par le plumage, les couleurs et la forme. Sa grosseur était celle du *L. chloris*, auquel il ressemblait par sa queue et la forme de sa tête ; mais les ailes et la queue montraient dans leur couleur des marques non équivoques du *Carduelis*. Cet Oiseau avait été pris dans les filets.

L'hybride indiqué par M. A. Ruggieri, de Messine, n'existe peut-être plus. Il avait été porté à un avocat de cette ville, M. Joseph Pagano, par un prêtre des environs, il y a déjà quatre ou cinq ans, et M. Ruggieri avait fait alors tout son possible pour l'obtenir, mais ses tentatives avaient échoué. L'Oiseau présentait des marques évidentes des deux espèces, il avait la forme grossière du *chloris*, qu'il rappelait encore par son bec gros et cylindrique. Son plumage était vert, plutôt foncé; sur les rémiges il portait une tache jaune comme le *Carduelis elegans;* son masque rouge était saupoudré de cendré. Nous ignorons tout à fait si M. Joseph Pagano a pris soin de conserver cet intéressant exemplaire.

D'autres exemples nous sont encore connus, ils concernent :

1. — Un individu exposé au Cristal Palace pendant deux années successives, 1884 et 1885, par M. J. H. Hillyer, de Leicester, qui nous affirme l'origine sauvage de cet Oiseau capturé par un oiseleur à quelques milles de Leicester.

2. — Un autre individu exposé également au Cristal Palace en 1887, par M. Arthur Waterman, de Londres.

3 et 4. — Deux hybrides du même croisement pris avec le précédent dans les environs de Londres.

5. — Un individu capturé, avec des Chardonnerets, dans les filets d'un oiseleur, M. J. Chatvin, de Douvres, pendant l'hiver de 1890-91,

(1) GIGLIOLI, *Primo resoconto dei resultati dell' inchiesta ornitologica in italia, parte terza ed ultima,* pp. 69 et 70, Florence, 1891.

(2) D'après une communication de M. Pauer.

et envoyé au mois de janvier par M. Salter jun., de Pondwell, au British Museum ;

6. — Un autre exemplaire ♀ pris au nid dans le comté de Dumbarton, exposé au Cristal Palace par M. Andrew Manchon, qui a bien voulu nous offrir cet Oiseau aujourd'hui empaillé. Dans le nid où le jeune fut pris existaient trois autres petits. Les parents auraient été eux-mêmes capturés, c'étaient un *Carduelis* ♀ et un *chloris* ♂ nourrissant leurs jeunes.

7, 8 et 9. — Trois hybrides du *Loxia chloris* et du *Carduelis*, vus au commencement de l'automne de 1891, par des tendeurs des environs de Verviers (Belgique), paraissant tous, d'après M. Emile Ruhl, qui nous cite ce fait, appartenir à une même couvée et avoir voyagé ensemble après la mue sans s'être jamais quittés. M. Ruhl possède vivant l'un de ces Oiseaux, les deux autres s'étant échappés (1).

10. — L'exemplaire pris près de Londres en 1868, appartenant aujourd'hui à M. Philipp B. Mason, de Burton, dont il a été parlé, hybride provenant de la vente faite au Covent Garden en 1890 par M. Whitaker.

11, 12, 13 et 14. — Enfin nos quatre exemplaires reçus vivants et sur lesquels M. W. W. Fowler, de Pontefract, qui nous les a vendus, nous a donné les indications suivantes. Le premier, arrivé à notre propriété d'Antiville le 10 octobre 1891, fut pris au sud d'Elcusal, à huit milles sud de Pontefract, il y a quatre ans. L'oiseleur qui l'attrapa avait vu ses parents le nourrir : c'étaient un Verdier et un Chardonneret. Le jeune Oiseau était en compagnie d'autres petits dont on ne put s'emparer. Il a une aile brisée et pendante, l'aile gauche. Le deuxième, reçu le même jour, quoique pris plus récemment, en 1889, avait les ongles tombés. Il fut capturé à la fin de l'année à Balue-Moor (7 milles de Pontefract) par M. G. Gildersome.

Les deux autres, reçus seulement le 17 octobre, seraient encore,

(1) M. Ruhl nous adresse les détails complémentaires suivants : « Les trois hybrides Chardonneret et Verdier ont été vus ensemble plusieurs fois. Deux oiseleurs du village, les deux frères, ont tendu leurs filets grands de 2ᵐ sur 1ᵐ. Les Oiseaux ont été tous les trois pris sur une plante de chardon, malheureusement le filet ne s'est qu'imparfaitement fermé et au moment de le baisser avec la main, les trois Oiseaux se sont envolés. Ils se sont dirigés en ligne droite sur les buissons de l'autre tendeur à cent mètres environ du premier endroit, mais celui-ci, en tirant son filet, ayant mis trop de lenteur, deux hybrides se sont échappés. On assure que c'étaient trois mâles ». Tout ceci, ajoute M. Ruhl, dans la nouvelle communication qu'il veut bien nous faire, s'est passé comme il nous l'explique. Au début on lui avait bien raconté que le tendeur conservait les deux plus beaux sujets, mais ce renseignement n'est pas exact, M. Ruhl et son fils ayant interrogé les deux frères.

d'après M. Fowler, deux mâles. L'un des deux est manchot, il ne possède que l'aile droite, la gauche ayant été enlevée par le fil télégraphique contre lequel l'Oiseau s'était frappé dans son vol. Il fut pris en effet le long de la ligne du chemin de fer d'Hensall, située près de Balue-Moor. Depuis sa capture, il était devenu la possession de M. J. Hygins, de Pontefract, qui, sur les sollicitations de M. W. W. Fowler, consentit à nous le vendre. Malheureusement, il mourut le lendemain de son arrivée à Antiville. L'Oiseau qui l'accompagnait avait été pris aussi dans le district de Balue-Moor, par un sieur Burton, avant l'exposition du Cristal Palace de 1890 où il fut montré sous le n° 1801. Ces trois derniers avaient été aperçus avant leur capture volant ensemble à la fin de l'année 1889 accompagnés d'un quatrième hybride femelle que M. W.-W. Fowler eut l'occasion de voir lorsqu'il était dans son premier plumage. Cette femelle avait été prise également par M. S. Burton, de Knostingley et au même endroit, c'est-à-dire à Balue-Moor. Depuis elle fut vendue au Leeds Market pour une livre sterling et six pence. On ignore ce qu'elle est devenue ; M. Fowler a bien voulu faire pour nous des recherches qui, malheureusement, n'ont point abouti.

En outre M. Geo. Davis, de Glocester, veut bien nous faire savoir qu'un hybride Verdier-Chardonneret fut pris par M. Cox à Newent, mais il y a de cela longtemps, et M. Gustave Caniot nous écrit de Lille que le métis du Chardonneret et du Bruant (1) a été pris au filet dans les environs de cette ville. Cet Oiseau, acheté par M. Courbe, son prédécesseur, a été revendu ensuite et on ignore qui le possède maintenant. C'est peut-être à cet Oiseau que fait allusion M. Chirez, de la même ville, qui nous informe qu'il a vu des « Vermontants (2) couver en plein air avec des Chardonnerets. »

Description de plusieurs pièces que l'on vient de citer. — Le plumage et la forme des quatre individus présumés mâles, aujourd'hui en notre possession, sont presque semblables, en sorte qu'une même description peut s'appliquer aux quatre exemplaires : taille du *chloris*, tout au moins bien plus forte que celle du *Carduelis* ; le plumage rappelle davantage ce dernier. Le bec est très fort, mais il est long ; il se trouve ainsi être un mélange des deux espèces. Le rouge de la tête est terne, plutôt orangé foncé. Le dessus de la tête, la nuque, le dessus du dos, brun gris assez uniforme, un peu de la teinte du Verdier çà et là. Devant et poitrine : mélange bien

(1) C'est ainsi qu'on nomme dans le Nord et dans beaucoup d'autres départements de la France le Verdier, appelé encore Vermontant.

(2) Se reporter à la note ci-dessus.

accentué des deux espèces. La manière dont la queue est colorée montre l'influence exercée par les deux facteurs ; la teinte jaune des rectrices du *chloris* y est bien visible.

Cette queue est plus forte que celle du *Carduelis*, elle nous a même paru assez longue. Le croupion est verdâtre, jaune doré. Le trait qui nous a le plus frappé, et qui a servi surtout à distinguer ces Oiseaux des hybrides *canaria* × *Carduelis*, est la tache jaune vif sur le bord supérieur de l'aile près de l'épaule. Sous les rectrices de la queue une teinte jaune, qui manque complètement aux *canaria* × *Carduelis*, s'aperçoit aussi facilement chez les hybrides *chloris* × *Carduelis*. Le dessus du dos de ces derniers, ainsi que la poitrine, sont d'une teinte plus uniforme ; on y sent l'influence du *chloris*.

M. Giglioli ayant été assez gracieux pour nous envoyer de nouveau l'hybride du Musée de Florence, pris à Santa-Maria in Monte en 1878, nous avons reconnu chez cet exemplaire, (dans un deuxième examen), sur le bord supérieur de l'aile, la teinte jaune vif à laquelle, on le voit, nous attachons une assez grande importance ; le bord supérieur des rectrices est également teinté de jaune ; enfin la barre jaune des rémiges est très apparente. Cet Oiseau, quoique de couleur générale pâle, nous a donc paru présenter des caractères propres aux deux espèces.

Sur la poitrine de l'individu de la collection Mason, existent des plumes jaunes assez nombreuses ornant cette partie, mais ressemblant aux plumes de nos hybrides *canaria* × *Carduelis*. Sans vouloir aucunement nier son origine *chloris*, nous ne voudrions point non plus l'affirmer d'une façon absolue. Il est regrettable que cette pièce nous ait été envoyée sous verre ; placée dans une vitrine avec d'autres Oiseaux, nous ne l'avons pu examiner aussi complètement que nous l'aurions désiré.

Nous n'avons point vu l'hybride (ou les hybrides, s'il s'agit de deux exemplaires différents) exposés par MM. Hillyer et Waterman en 1884, 1885 et 1890.

Au sujet de l'hybride envoyé par M. Salter au British Museum et pris à l'état sauvage par M. J. Chatvin, de Douvres, M. Sharpe nous fait savoir que l'Oiseau porte des marques évidentes de captivité « les ailes et la queue sont déjà sales ». M. Chatvin, près duquel nous avons pris des informations, nous assure cependant que cet hybride avait été capturé à l'état sauvage ; sauvagerie bien facile du reste à reconnaître, nous dit M. Salter qui posséda vivant cet Oiseau, car on ne pouvait réussir à le nourrir ; il n'acceptait que des graines de Chardon, et mourut au bout d'une semaine de cage.

Ces marques de captivité doivent donc être rapportées, non à une origine domestique, mais au court séjour que l'Oiseau fit dans sa prison.

Comparaison de plusieurs spécimens sauvages avec des hybrides obtenus en captivité. — Les caractères mixtes des hybrides du dernier croisement nous avaient paru si nettement accusés chez presque tous les exemplaires que nous avons examinés, que nous n'avions point trouvé utile de les confronter avec des spécimens obtenus en captivité, difficiles du reste à se procurer à cause de leur rareté et à cause aussi du prix excessif qu'en demandent ceux qui ont réussi à les élever. Quoique l'origine des supposés *Ligurius chloris* × *Carduelis elegans* nous parût également bien établie, nous avons néanmoins préféré nous confirmer dans notre opinion par l'examen de pièces nées en cage, par conséquent authentiques. M. Andrew Maughan, de Dumbarton, Ecosse, a bien voulu nous offrir un spécimen ♂, spécimen qui, exposé au Cristal Palace (soit par lui, soit par miss Howison) obtint, pensons-nous, le premier prix.

Nous avons acheté également un autre sujet (réputé ♀) à M. Dewar, d'Edimbourg, qui nous a dit connaître le *breeder* (éleveur). Or, après examen comparatif, si nous croyons devoir faire quelques réserves, au sujet du spécimen du Musée de Florence et de celui de la collection Mason, nous pensons pouvoir déclarer bien authentiques les quatre spécimens qui nous ont été envoyés vivants par M. W. W. Fowler, de Pontefract, ainsi que l'individu ♀, pris au nid, et que nous a encore offert M. Maughan.

M. Emile Ruhl, de Verviers, nous écrit qu'ayant reçu lui-même de M. Dewar, d'Edimbourg, un mâle hybride, né en captivité (le frère sans doute de la ♀ achetée par nous), et l'ayant comparé avec l'Oiseau pris par les tendeurs des environs de sa ville, il a reconnu de très grandes ressemblances entre les deux Oiseaux, à l'exception de la structure et de l'aspect plus robuste que présente l'exemplaire sauvage.

On est donc en droit de supposer une origine mixte chez ces six derniers spécimens.

Reste à savoir si beaucoup des individus rencontrés à l'état libre ne sont pas des échappés de captivité? Le croisement en cage du *chloris* et du *Carduelis* est en effet chose commune en Angleterre; nous pourrions citer un grand nombre d'exemples de ce genre. Il suffit d'ouvrir les catalogues de l'exposition du Cristal Palace pendant ces dix dernières années pour s'en convaincre. MM. T. Alvin, de Deptford; W. Booth, d'Ipswich; J. Brighton, du Yorkshire,

R. Freeman, de Hull ; G. Millersh (1), de Cheltenham ; S.-D. Hunt de King's Linn ; Mackley brothers, de Norwich ; Sargent et Hicks, de Liskeard ; W. Swaysland, de Brighton ; W. Veale, de Scarborough, nous assurent que les Oiseaux qu'ils exposèrent au Cristal Palace pendant les années 1884, 1885, 1886, 1887, 1888, 1889 et 1890, étaient nés en captivité. MM. Th. Funston, de Liverpool, Crossley, de Keudal, comme MM. Dewar d'Edimbourg et Mauchan de Dumbarton, nous ont encore parlé d'Oiseaux obtenus en cage.

En France, nous connaissons plusieurs exemples de ce croisement ; des amateurs ou éleveurs ont chez eux croisé le Chardonneret avec le Verdier (2). En Allemagne, le Dr Ferd. Rudon, de Perleberg (Prusse), nous dit avoir vu à Rosthock, en 1873, dans le magasin d'un marchand, un hybride *Carduelis* $\times$ *chloris* (3).

Du reste, le croisement du Verdier et du Chardonneret à l'état captif a été mentionné depuis longtemps. Lucas en parle dans son traité de physiologie (4) d'après le Dictionnaire des Sciences médicales (5). M. A. Geoffroy Saint-Hilaire a signalé aussi un exemple que lui a fait connaître M. de Lamangarny (6).

Le croisement des deux espèces est donc très fréquemment obtenu ; il paraît même, quoique de second ordre, assez recherché des amateurs ; par conséquent il peut se faire que plusieurs (ou peut-être même beaucoup) des hybrides rencontrés à l'état sauvage soient des échappés de captivité. Cependant cette hypothèse doit être écartée pour les exemples dans lesquels l'appariage de deux espèces mères a été constaté *de visu* ou chez lesquels les circonstances qui ont accompagné leur capture ont été telles qu'elles ne permettent pas de supposer une telle origine.

Quant à savoir si les pièces qui sont indiquées comme prises à l'état sauvage l'ont été réellement, nous ne pouvons rien affirmer ; les renseignements que nous donnons s'appuient sur la bonne foi de ceux qui nous les ont envoyés. Mais quel intérêt auraient-ils donc eu à nous tromper ?

(1) Pour miss Havison (défunte).

(2) Ce dernier (en cage) servant toujours, ou presque toujours, de femelle.

(3) Cet Oiseau aurait été au contraire produit par un *Carduelis* ♀ et un *chloris* ♂.

(4) *Traité philosophique et physiologique de l'hérédité naturelle*, II, p. 5, Paris, 1850.

(5) Voy. : *Bulletin de la Société d'acclimatation*, p. 789, 1875, XXVII, p. 264.

(6) M. A. Geoffroy-Saint-Hilaire a bien voulu faire rechercher par nous la correspondance qu'il avait échangée avec M. de Lamangaruy et nous l'a adressée. Celui-ci parle il est vrai d'un Jannin ♀ croisé avec un Chardonneret, mais il faut entendre par là le Verdier qu'on appelle aussi, mais improprement, *Bruant* dans beaucoup de départements de la France.

Lorsque nous avons demandé à M. W. W. Fowler, de Pontefract, des indications sur l'origine de l'hybride exposé par lui au Cristal Palace en 1889, il ignorait certainement alors nos préférences pour les hybrides sauvages. Avant son dernier envoi (si toutefois nos souvenirs sont exacts), nous lui aurions même manifesté le désir de posséder quelques spécimens nés en captivité pour examen comparatif. Quant à M. Andrew Maughan il nous a offert à titre gracieux le spécimen femelle pris à l'état sauvage dans le nid, ainsi que le mâle élevé en captivité (1). Ce n'est que sur des instances réitérées qu'il s'est décidé à accepter une faible somme d'argent. L'intérêt n'avait rien à voir dans cette affaire. Nous devons donc supposer que parmi les exemples, assez nombreux, du reste, que nous avons cités, il se trouve réellement des hybrides nés à l'état sauvage.

CHRYSOMITRIS SPINUS (2) et ACANTHIS (espèce non déterminée).

M. J.-H. Verrall, de Lewes, le « *fancier* » bien connu, annonçait le 23 octobre 1891, dans le « Feathered World, » la capture, par un oiseleur de Worthing (Sussex), d'un Oiseau qu'il croyait être certainement le produit du Redpoll et du Siskin, c'est-à-dire du *Sizerin* et du Tarin (*Linaria* × *Chrysomitris Spinus*). « Le Field » du lendemain publiait en ces termes la description de cet Oiseau : « Trifle larger than a Redpole, greenish grey colour over all the body, faint line of yellow on outside edges of wing feathers, faint yellow on sides of tail, greenish colour on rump, and withe on the abdomen and lowers parts, with the dark streaks on the sides like a Siskin, bill pointed and dark legs and feet also dark, but not so dark as a Redpoll's. » M. Verrall ajoutait : « It has the attitude of a Siskin with the Redpole call-note, and looks like a Redpole about the eyes (3). » Quelques jours après l'annonce de cette importante capture, M. Chas. Houlton, de S. Helens (Lancashire), demandait par la voie du journal, The feathered World (4), si M. Verrall connaissait un

(1) Cet Oiseau étant mort.

(2) Autres noms : *Fringilla spinus, Spinus viridis, Ligurinus, Linaria spinus, Acanthis spinus, Carduelis spinus.*

(3) C'est-à-dire : De la taille légèrement plus grande que celle du Sizerin, couleur verdâtre-gris sur tout le corps, faible ligne de jaune sur les bords extérieurs des plumes de l'aile, jaune peu accentué sur les côtés de la queue, couleur verdâtre sur le croupion, et blanche sur l'abdomen et les parties de dessous, avec des raies sombres sur les côtés comme chez le Tarin ; le bec pointu et sombre ; les jambes et les pieds foncés aussi, mais pas autant que chez le Sizerin. Il a le geste du Tarin, la note d'appel du Sizerin ; il ressemble à ce dernier autour des yeux.

(4) Page 298, 30 octobre 1891.

hybride de ce genre acheté par lui dernièrement et correspondant à la description donnée. A quoi M. Verrall répondait qu'il ne l'avait pas vu, mais qu'il écrivait à un gentleman en Ecosse pour savoir si l'Oiseau en question ne s'était point échappé de chez lui.

M. Fletcher crut bientôt devoir mettre en doute l'origine de l'hybride pris à Worthing et il écrivit (1) qu'il le pensait être, d'après la description donnée par J. H. Verrall, un Serin Finch (*Fringilla serinus*).

Après avoir pris des informations auprès de ce dernier, nous apprîmes que l'Oiseleur, qui avait capturé cette pièce, était un nommé C. Bacon, mais que l'Oiseau avait été vendu depuis à M. S. Jupp, de Worthing. Celui-ci a bien voulu nous faire connaître son opinion sur cet Oiseau qu'il considère comme un hybride réel du Tarin et du Sizerin, un Oiseau très rare et qu'il n'avait jamais encore rencontré. Après bien des pourparlers, que nous ne croyons point devoir aboutir, nous avons enfin obtenu ce spécimen qui nous est arrivé vivant à Rouen le 12 janvier dernier.

Une étude très minutieuse que nous en avons faite, en regard des espèces supposées parentes, nous a permis de reconnaître chez lui des caractères propres au Tarin et au Sizerin. Il possède, sur la croupe et les rectices, la teinte jaune verdâtre quoique très affaiblie du premier ; il a la couleur brune du second sur toutes les parties antérieures ; les ailes n'offrent point de différence avec celles du Sizerin cabaret.

Avant d'en donner une description détaillée, nous croyons utile de faire ressortir les différences que présentent les deux espèces pures et de faire connaître aussi leurs ressemblances.

Ayant pris dans notre main un Sizerin cabaret ♂ (*Linaria rufescens*) et un Tarin ♂ (*Chry. spinus*), tous deux vivants, nous avons remarqué que le bec du premier diffère de celui du Tarin en ceci : il est moins long, plus ramassé, mais aussi pointu et surtout beaucoup plus droit ; la mandibule supérieure du bec du Tarin est légèrement busquée. Cette partie, chez tous les deux, se termine à sa pointe en couleur foncée. Les deux becs peuvent surtout facilement être distingués par la couleur générale qui est blanc terne chez le Tarin, tandis qu'elle est jaune ocre (un peu chrôme) chez le Sizerin. Enfin le bec du Tarin est certainement plus épais à sa base. Les pattes de ce dernier sont noir violacé très foncé, celles du Tarin sont brunes.

Il y a, lorsqu'on regarde les deux Oiseaux de profil, une très grande

(1) The feathered World, p. 345, 13 novembre 1891.

ressemblance comme disposition du plumage, notamment dans la tête, le cou et les autres parties du corps, quoique la coloration soit différente.

Comme taille, les deux Oiseaux sont à peu près les mêmes, c'est-à-dire petits; peut-être le Sizerin l'est-il encore davantage; la queue de l'exemplaire examiné est plus longue que celle du Tarin (laquelle ne s'évase pas). Chez le Sizerin il n'existe *aucune* couleur jaunâtre, verdâtre, propre au Tarin; le liseré des plumes est brunâtre, tandis que le liseré des plumes du Tarin est jaunâtre verdâtre. Quant aux flammèches des flancs, elles sont longitudinales et se ressemblent, mais beaucoup plus accentuées, beaucoup plus nettes chez le Tarin.

En somme, la couleur générale du Sizerin est brun foncé, celle du Tarin, jaune verdâtre. Chez le premier il existe sur la tête, le front notamment, et sur la poitrine, une couleur rouge cramoisi ou sanguin, qui diminue considérablement d'intensité en hiver; cette couleur manque complètement chez le Tarin. Les rémiges de ce dernier sont traversées par une large bande jaune vif clair s'élargissant graduellement en approchant près du corps; chez le Sizerin rien de semblable. Cette barre manque complètement, les pennes des ailes sont uniformément brunes, sauf les petites, dont le bord de la barbe extérieure est brun clair. Les deux barres brun gris clair, mais peu apparentes, qu'on aperçoit sur l'aile du Sizerin sont la terminaison des couvertures; elles se présentent de la même manière, ou à peu près, chez le Tarin, en couleur jaune verdâtre foncé. Enfin, sur le dos, le Tarin n'est pas moucheté de taches longitudinales, son dos est beaucoup plus uniforme que celui du Sizerin cabaret dont les mouchetures longitudinales brun foncé sont réellement accentuées. Les deux espèces ont sur la gorge, directement sur le bec, une plaque noire.

Ce que nous venons de dire du mâle Sizerin peut s'appliquer à sa femelle, chez celle-ci cependant le rouge n'existe que sur la tête, mais elle conserve sous le bec la tache noire qui manque à la femelle Tarin; son ventre nous a semblé plus blanc que celui du mâle ainsi que la nuque et les joues.

Quant à la femelle Tarin elle diffère du mâle par ses couleurs jaunes beaucoup moins vives, elle est d'un aspect plus grisâtre; son ventre est blanc.

Notre exemplaire

a les ailes en tout semblables à celles du Sizerin (nulle trace de barre transversale sur les rémiges); son dos est moucheté de la

même manière, ainsi que sa tète ; mais son croupion est réellement
verdàtre. Les grandes rectrices (côté gauche), manquent; sur les
droites existantes on constate, le long de leurs bords, un liseré
jaune verdàtre très bien caractérisé. Les couvertures inférieures de
la queue sont blanc verdàtre pàle, l'abdomen et les flancs sont blancs,
mais, près des ailes, la teinte jaune verdàtre clair est visible. En
cela cet Oiseau est Tarin; du reste les marques longitudinales
brun foncé, se détachant sur le blanc des flancs, le rapprochent
peut-être encore de cette dernière espèce. Mais toute la couleur
des parties antérieures est Sizerin. Ses pattes ne sont pas aussi
foncées que celles du màle de ce dernier (1). En somme il porte les
caractères des deux espèces, il ne peut être classé comme Sizerin
cabaret à cause de la couleur jaune verdàtre que l'on a constatée
sur différentes parties de son corps, la forme et la couleur de son
bec et probablement de ses pattes ; il ne peut être classé comme
Tarin à cause de la couleur brune des parties antérieures du corps.

Ne voulant point cependant nous rapporter à notre propre
jugement, nous avons soumis cet Oiseau à l'examen de M. Oustalet,
l'ornithologiste éminent du Muséum d'Histoire naturelle de Paris ;
nous désirions du reste savoir si ce type nouveau ne pouvait être
rapporté à quelque forme étrangère ou inconnue de nous. M. Oustalet,
après l'avoir examiné, sous toutes ses faces, a bien voulu nous écrire
qu'il trouve comme nous : 1º qu'il a le bec du Tarin plutôt que
celui du Sizerin cabaret 2º que ses pattes sont moins foncées que
celles de Sizerin cabaret ♂ ; 3º que sa croupe, ses rectrices et ses
rémiges offrent des teintes jaunes qui semblent empruntées au Tarin;
4º que la partie postérieure des flancs est tachée à peu près comme chez
le Tarin. En revanche, la poitrine rappelle plutôt le Sizerin cabaret,
et les teintes rembrunies semblent empruntées à celui-ci. M. Oustalet
nous fait remarquer que le sourcil est très marqué, plus que chez
les diverses espèces de Sizerins, mais d'une couleur roussâtre et
non pas jaune comme chez le Tarin. En résumé, nous dit-il, il y a
dans cet Oiseau des caractères du *Chrysomitris spinus* et de l'*Ægiothus
rufescens* ou Cabaret (plutôt encore que du vrai Sizerin, ou *Ægiothus
linaria*).

Toutefois le savant naturaliste se garde d'affirmer que c'est un
hybride; on ne pourrait le faire, d'après lui, qu'en ayant la preuve
de l'accouplement des parents supposés. « *Il y a des probabilités,*

(1) Nous disons : les pattes du màle, ne sachant si les scutelles de la femelle sont
aussi foncées. Deux exemplaires ♀ que nous possédons vivants diffèrent sur ce point ;
l'un ayant à cette partie la couleur noire foncée que chez le ♂; le deuxième étant
au contraire de la couleur du ♂.

c'est tout ce qu'on peut dire. « Quant à savoir s'il doit être reporté à
à une espèce étrangère quelconque, M. Oustalet n'en voit qu'une
seule qui en approche, c'est la femelle d'une espèce américaine
Chrysomitris pinus Wils. ; mais celle-ci n'a de jaune qu'au bord des
rémiges, et point sur le croupion ni sur la queue ; en outre elle n'a
pas de sourcils roussâtres et sa poitrine est plus fortement rayée.

On remarque facilement que notre description ne concorde pas
entièrement avec celle qui a été donnée en premier lieu par M. Verrall
au mois d'Octobre 1891, puisque M. Verrall disait que l'Oiseau « *était
de couleur verdâtre gris sur tout le corps* ». Aussi nous nous demandons si son plumage ne s'est point modifié ? Aujourd'hui par sa couleur il est bien plus Sizerin que Tarin et il serait impossible de le confondre, comme l'avait fait M. Fletcher, avec un Cini (*Fringilla serinus*), auquel il ne ressemble aucunement. Cependant M. Jupp, auquel
nous avons signalé la contradiction qui existe entre la description
de MM. Verrall et la nôtre, nous assure que l'Oiseau n'a point changé
de coloration, excepté qu'il était plus brillant lorsqu'il fut pris.
M. Verrall nous informe lui-même que c'était en le comparant avec
un Sizerin que la couleur grise paraissait nuancée du verdâtre.
Quoiqu'il en soit, notre intention est de conserver cet Oiseau pour
voir s'il a acquis son dernier plumage, car il pourrait être à la
rigueur une femelle Sizerin dont la coloration aurait été modifiée
par la nourriture ; on sait que certaines graines ont la propriété
de changer les teintes du plumage chez diverses espèces d'Oiseaux
retenus en cage.

M. Verrall, répondant à une de nos questions, a bien voulu nous
faire savoir que l'hybride sur lequel il avait pris des renseignements en Ecosse était toujours en cage et vendu à M. Houlton.
L'Oiseau pris à Worthing est donc distinct de celui auquel il
faisait allusion et qui, du reste, ne correspond pas au nôtre par ses
caractères (1). Si l'Oiseau de Worthing était un échappé de captivité, la publication qui en a été faite dans les journaux l'aurait sans
doute fait réclamer, ce qui ne s'est point produit.

Cet individu n'est pas le seul de son genre. M. Gustave Caniot,
de Lille, nous a appris qu'un tel hybride avait été capturé au
filet dans les environs de cette ville et existait chez M. Fontaine,
propriétaire à Marcq-en-Barœul. Le renseignement était exact.
M. Robert Fontaine a bien voulu nous donner les indications
suivantes sur cet Oiseau : « Forme du Sizerin, un peu plus gros de
corps; bec du Sizerin, pattes de ce dernier; dessus du front jaune;

---

(1) Cet Oiseau porte sur la tête, les ailes et la queue une couleur typique verdâtre.

poitrine gris jaune ; le reste comme chez la femelle du Tarin, un peu plus gris toutefois. La queue est celle du Sizerin; c'est un mâle, il chante à peu près comme le Tarin. » Toutes les personnes qui le voient, ajoute M. Fontaine, le reconnaissent pour un mélange du Tarin et du Bougueron (c'est ainsi qu'on nomme dans le Nord le Sizerin cabaret). M. Fontaine ne met donc point en doute son origine.

En outre, M. Th. Lorenz, de Moscou, a donné (1) la description générale du produit du *Chrysomitris spinus* × *Acanthis linaria*, d'après trois individus ♂ qui furent tous pris pendant l'hiver dans le gouvernement de Moscou, pendant l'espace de huit années et dont un vivait chez lui en captivité en 1889 depuis trois ans.

Voici cette description : « Front brillant orange verdâtre ; raies supraciliaires d'un jaune sale ; le sommet de la tête, jusqu'à la nuque, noirâtre ; chaque plume bordée largement d'un vert jaunâtre ; les joues vert gris. Le dos supérieur et les plumes du manteau d'un vert grisâtre avec des taches foncées et nettes. La gorge et la poitrine supérieure brillant d'orange avec une très faible lueur verdâtre. Poitrine et côtés du ventre vert jaune, avec des (taches ?) foncées et minces. Flancs blancs, couvertures inférieures de la queue d'un blanc jaunâtre avec des taches foncées très fines. Les couvertures des ailes d'un noirâtre sombre avec lueur verte; sur celles-ci deux raies nettes d'un jaune sombre dont la deuxième est plus large. Les plus longues plumes des rémiges secondaires sont bordées à la barbe extérieure d'un jaune verdâtre. Les rémiges primaires gris brun, finement bordées aux barres extérieures d'un jaune verdâtre. Croupion jaune avec une légère couche d'orangé, chaque plume avec une raie foncée fine. Les rectrices brun noir, les barbes extérieures de celles-ci bordées d'un verdâtre mince; les extérieures sont bordées plus largement. La forme du bec incline davantage vers *Chrysomitris spinus*, cependant la couleur est celle d'*Acanthis linaria*, c'est-à-dire jaune, le sommet et la pointe du bec seuls sont foncés. »

Les trois individus de M. Lorenz étaient colorés à peu près d'une couleur constante. Deux mâles avaient la gorge noire, mais le troisième (celui possédé vivant pendant trois ans) ne portait pas de tache noire à la gorge. Chez un de ces Oiseaux, le sommet de la tête était beaucoup plus foncé, presque noir ; au contraire chez l'exemplaire vivant il était clair et ne reflétait que faiblement le noir à travers la bordure jaune verdâtre des plumes. On constatait égale-

_____

(1) Cabanis' Journal für Ornithologie, XXXVIII, n° 189, p. 98 et suiv., janvier 1890.

ment une petite différence dans les grandes proportions. Les deux premiers Oiseaux étaient un peu plus petits que celui retenu en captivité, tout en se montrant plus grands que *Chrysomitris spinus* ; le spécimen vivant était au moins la grandeur d'*Acanthis linaria* ♂. Son habitus penchait en général vers *Acanthis linaria* ; son cri de pipée était celui de ses parents d'origine. Son chant était tout-à-fait particulier, quoique rappelant le chant des deux parents, mais il était plus nourri, plus sonore. Il était encore remarquable en ce qu'on entendait au milieu le cri de pipée du *Turdus pilaris*. M. Lorenz ne saurait dire si ce chant caractéristique appartenait seulement à ce seul spécimen ou si tous chantaient ainsi, les deux premiers exemplaires ayant été disséqués aussitôt après leur arrivée. L'hybride vivant était très bien apprivoisé et se nourrissait facilement avec les grains qu'on donne aux Canaris (1). Malgré ses trois années de captivité, l'Oiseau chantait très assidûment, il commençait vers le milieu d'octobre et finissait seulement au commencement de juillet.

Les mesures d'un Oiseau qui fut tué le 23 décembre 1885 sont les suivantes : longueur de la pointe du bec jusqu'au bout de la queue 5-5″ pouce, le vol 8′ 3″.

Ajoutons que les trois hybrides de M. Lorenz furent pris en compagnie de *Leinzeisigen*, avec lesquels ils s'arrêtaient toujours. Ils sont actuellement répartis dans diverses collections. Le dernier, celui qui vécut en captivité, a été offert à M. Th. Pleske pour le Musée de l'Académie de St-Pétersbourg (2).

Le croisement en captivité de *Chrysomitris spinus* avec *Linaria* nous paraît exceptionnel. Nous n'en connaissons qu'un seul cas obtenu par une personne connue de M. Chas. Houlton, qui possède le spécimen, comme nous l'avons expliqué plus haut. M. Verrall l'aurait cependant entrepris avec succès, si nos souvenirs sont exacts (3).

Quoi qu'il en soit, le mélange de ces deux espèces paraît être peu recherché des éleveurs ; si donc les cinq spécimens dont nous avons parlé sont réellement hybrides, il existe des probabilités en faveur de leur origine sauvage.

Nous les avons réunis sous un seul titre : *Chrysomitris spinus*

(1) Cependant, dans la période de la mue, M. Lorenz avait soin de lui donner une nourriture spéciale (des œufs frais de Fourmis), ceci afin d'éviter le changement qui s'opère après la mue.

(2) Les deux autres se trouvent : l'un dans la collection de M. Severtzow (prof. Menzbier), le second en Suède, chez M. H. Lithorn.

(3) Le rév. Macpherson fait également allusion à ce croisement, *Op. cit.*, p. 369.

(*Linaria* × espèce non déterminée) car, quoique M. Lorenz ait désigné l'espèce du *Linaria*, nous pensons qu'il doit être bien difficile de reconnaître le produit d'un croisement de *Chrys. spinus* × *Linaria rufescens* du produit d'un croisement de *Chrys. spinus* × *Linaria borealis* ou même *Holbolli* (1).

Un sixième exemple de ce genre serait peut-être encore à enregistrer. M. Tissi dit avoir noté dans Cadore le croisement très rare de l'*Ægiothus rufescens* et du *Chrysomitris spinus* (2). L'hybride de ces deux espèces aurait été, d'après une communication que celui-ci veut bien nous faire, capturé dans le passage de la Mauria, commune de Lorenzago. Malheureusement les recherches que M. Tissi a entreprises pour nous procurer cet Oiseau n'ont point encore abouti, et jusqu'alors, au moins, il n'a pu se procurer des renseignements précis sur cette capture. Nous attendrons donc de nouvelles informations avant d'admettre l'authenticité de ce croisement, car les indications fournies par M. Tissi dans l'*Inchiesta ornithologia* italienne ont un caractère très vague, ainsi que celles qu'il a bien voulu nous envoyer.

CARDUELIS MAJOR et CARDUELIS CANICEPS

A l'une des séances de la Société zoologique de Londres, M. Henri Seebohm, esq., montra une série de formes intermédiaires entre *Carduelis caniceps* et *Carduelis major*, la forme orientale de notre Chardonneret *C. elegans*. Dans cette série obtenue à Krasnoyarsk, Sibérie centrale, entre le 25 octobre et le 2 janvier, on voyait, dit le rapport, toutes les formes intermédiaires entre l'une et l'autre espèce, le blanc sur les barbes extérieures des secondaires les plus cachées, augmentant proportionnellement avec la diminution du noir sur la couronne et la nuque. M. Seebohm suppose que les deux formes se croisent dans ce district et produisent des jeunes

___

(1) M. Verrall, qui est un connaisseur éminent, nous a déclaré avec raison qu'il lui était tout à fait impossible de déterminer chez l'exemplaire de Worthing l'espèce du Sizerin qui avait sans doute concouru à sa formation. On sait que les trois ou quatre types appartenant au genre Sizerin (quoique considérés comme espèces par plusieurs naturalistes) sont tellement rapprochés qu'il est difficile de leur assigner des caractères bien définis.

(2) *Primo resoconto*, etc., III, p. 68. Florence, 1891.

qui, à leur tour, sont fertiles dans tous les degrés (1) ? Il existe au British Museum un hybride de cette provenance et offert par M. Seebohm. Un jeune, venant de Shiraz, a paru à M. Sharpe être le résultat d'un croisement à cause de la quantité de blanc sur les secondaires intérieures. Une femelle obtenue par Sir O. Sh. John semble aussi intermédiaire (2).

Le *Carduelis caniceps*, signalé dans l'Afghanistan par le lieutenant Wardlaw-Ramsay (3), à Chamba par le major Marshall (4), à Quetta et aussi à Chamba par le lieutenant-colonel C. Swinhoë (5), à Gilgit par le major Biddulph (6) et M. J. Scully (7); à Kotegurh pendant l'hiver et à Kjeland pendant le mois de juin par M. von Pelzeln (8) et qui est le même que le *C. orientalis* d'Eversam (9) forme-t-il une espèce distincte de notre Chardonneret, le *C. elegans?*

Le prince Charles Bonaparte l'a bien indiqué comme espèce, mais il a rangé également à ce titre *C. orientalis* qui diffère fort peu du *caniceps* (10). M. de Selys-Longchamps possède dans sa collection de Longchamps un exemplaire indiqué comme provenant du Caucase asiatique. C'est, nous dit-il, une forme ou espèce différente de notre *Carduelis,* telle qu'on les admet maintenant. La coloration (absence du rouge et aussi du noir en partie de la tête) paraît constante, l'Oiseau ressemble ainsi beaucoup à un jeune *C. elegans*. M. Oustalet a vu un certain nombre de *Carduelis caniceps* de l'Inde et de l'Asie centrale et les a toujours trouvés assez distincts des nôtres pour mériter le titre d'espèce, mais il n'a jamais vu de formes intermédiaires. M. Seebohm, qui les a observés, n'assigne au contraire à *caniceps* que le rang de sous-espèce, *subspecies,* à cause, sans doute, des mélanges qu'il contracterait (11). Nous

(1) Proceedings of the zoological Society of London, p. 134, 1882. Voyez : aussi *On the ornithology of Siberia*. Ibis, 424, 1882.

(2) Pour ces derniers renseignements, voy. le *Catalogue of Birds Brit. Museum,* p. 189, 1888.

(3) *Ornithology Notes from Afghanistan*. Ibis, p. 67, 1880.

(4) *On the Birds of Chamba*. Ibis, p. 420, 1884.

(5) *On the Birds of Southern Afghanistan*. Ibis, p. 115, 1882.

(6) *On the Birds of Gilgit*. Ibis, p. 85, 1881.

(7) *On the Ornithology of Gilgit*. Ibis, p. 577, 1881.

(8) *On Birds from Thibet and Himalaya*, p. 318. Ibis, 1868.

(9) Voy. : Dresser. Ibis, p. 387, 1875, et J. Scully, même revue, p. 579, 1881.

(10) *Conspectus generum Avium*, I, p. 518, 1850.

(11) « This *subspecies*, dit-il, ranges southwards the to Altaï mountains and westwards Afghanistan, etc. ». *A History of british Birds*, II, p. 87. Il l'indique encore plus nettement *On the interbreeding of Birds*. Ibis, p. 547, 1882. Considérant que le *caniceps* se croise avec le *major*, M. Seebohm admet *a fortiori* son mélange avec le *C. elegans?*

avons vu au Muséum d'histoire naturelle de Paris quatre ou cinq
C. caniceps ; nous avouons que nous n'avons point songé à examiner
le blanc des secondaires dont ne parle point le prince Ch. Bonaparte,
mais qui est sans doute de quelque importance puisque M. Seebohm
et M. Sharpe s'en occupent. Dans l'ensemble général nous ne trouvons point chez *caniceps* de différence essentielle avec le *C. elegans.*
Caniceps se distingue d'*elegans* par l'absence du noir profond du
dessus de la tête complètement effacé et aussi par ses couleurs
grisonnantes remplaçant les teintes brunâtres du *C. elegans.* Mais
un manque de coloration servirait à expliquer facilement ces changements. Il n'y a pas là transposition d'une couleur en une autre,
mais atténuation du coloris par l'effacement des teintes foncées
devenant plus claires, plus blanches. Le masque rouge reste identique et le jaune vif des ailes existe nettement accusé. Autant un
changement ou une modification de cette sorte s'explique facilement
chez ces deux types, autant chez d'autres types dont nous avons
énuméré les croisements, par exemple chez *chloris* et *C. elegans,*
est-il impossible de saisir un passage graduel d'une teinte d'une
espèce à l'autre ; encore moins un passage de ce genre serait-il
explicable dans la disposition du plumage. Aussi reconnaissons-
nous volontiers *Carduelis elegans* et *Lig. chloris* (de structure et de
taille différentes), comme devant appartenir à deux espèces ; différences que nous n'hésitons point à reconnaître, quoique dans de
moindres proportions, entre *Linota cannabina* et *Lig. chloris,* de
même entre *C. carduelis* et *C. linota,* etc.

Mais on nous permettra de faire des réserves pour les deux formes
C. elegans et *C. caniceps* qui nous paraissent une simple modification
de coloration et par conséquent appartenir bien plutôt à deux
races d'une même espèce qu'à deux espèces distinctes.

Nous ne sommes donc point convaincu que les spécimens intermédiaires dont a parlé M. Seebohm soient de réels hybrides ; le
noir profond du dessus de la tête ou le brun du poitrail et du dos
pouvant s'atténuer peu à peu et devenir grisonnant sous l'influence
d'agents naturels, sans qu'un croisement des deux types soit
nécessaire pour arriver à ce résultat. Nous ne nions point cependant l'hybridité d'une façon absolue, nous disons seulement qu'elle
demeure hypothétique ; dans le cas où elle serait véritable, elle se
produirait alors entre types de conformation et de coloration très
rapprochés et, sans doute, parents.

CARDUELIS ELEGANS et CANNABINA LINOTA

Le croisement de ces deux espèces, assez rapprochées par les mœurs et la taille, aurait été constaté plusieurs fois à l'état sauvage. Le rév. Macpherson parle de tels croisements (1) et cite même un exemple dans son ouvrage sur les *Oiseaux de Cumberland* (2). L'Oiseau en question fut capturé à Cotehill, par M. Little, pendant le mois de novembre de l'année 1885, puis vendu. Deux autres (de la même couvée ?) avaient été pris au même endroit dans les haies aux environs de Carlisle, d'après une communication qui nous est adressée par M. Thomas Jiffin de cette ville. L'un de ces Oiseaux appartint à M. Addison avant de devenir la propriété de M. Jiffin, qui le revendit à son tour à un marchand d'Edimbourg, lequel ne le possède plus aujourdhui. M. Addison et M. Jiffin ont tous deux considéré ce spécimen comme devant être né à l'état sauvage d'un Chardonneret et d'une Linotte parce qu'il montrait d'une manière non équivoque, les caractères des deux espèces. Avant la mue, il ressemblait beaucoup au *Carduelis*, mais ensuite par sa tête et son cou il devint très semblable au *Cannabina linota*. Cet exemplaire fut montré à diverses expositions d'Oiseaux.

M. J. Whitaker, esq., de Mansfield, dont nous avons déjà parlé plusieurs fois, conserve un semblable hybride dans sa collection. Ce gentleman a bien voulu nous envoyer une aquarelle de son Oiseau, malheureusement à l'état de croquis, et de trop petite dimension, pour nous permettre de reconnaître l'origine attribuée à cet exemplaire qui, d'après lui (3), aurait été tué près de Mansfield. Les grandes rémiges des ailes nous ont bien paru avoir la teinte jaune or du Chardonneret ; sur le front on aperçoit faiblement une teinte rouge ; le reste du corps est le brun roux de la Linotte, beaucoup plus foncé, ce qui permet de supposer, à certaines places, un mélange du brun et du noir Chardonneret. Mais les taches longitudinales du *Cannabina* manquent complètement sur l'aquarelle. Ce qui nous semble tout particulièrement remarquable c'est la couleur jaune citron du bas du dos et du croupion qui rappelle les hybrides *canaria* × *Carduelis*. Ni la Linotte, ni le Chardonneret ne possèdent à ces places une couleur semblable ; en plus le dessous du ventre paraît brun foncé ? Nous avons fait part de ces remarques à M. Whitaker qui est plus apte à juger que nous puisqu'il possède l'original. Nous nous rappelons

(1) Field, 31 mai 1890.
(2) *The Birds of Cumberland*, p. 46 (en note). Carlisle, 1886.
(3) Voy. le Zoologist, VII, nᵒ 79, p. 302, 1883.

avoir eu vivant pendant plusieurs années un petit hybride brun très foncé du *F. canaria* dom. × *Carduelis* qui rappelait cet Oiseau.

Le fait suivant, concernant l'appariage à l'état libre d'un Chardonneret et d'une Linotte nous a été cité par M. Daniel Deschamps, de Ouilly du Houley, près de Lisieux (Calvados); celui-ci en a été le témoin. Il trouva dans un poirier de son jardin un nid de Chardonneret sur lequel une Linotte ♀ couvait, tandis qu'un Chardonneret ♂ voltigeait aux alentours. Les œufs des deux espèces étant semblables, nous dit M. Deschamps, aucune anomalie ne s'était produite. Quant à la forme du nid, c'était exactement celle du nid de Chardonneret, elle ne rappelait en rien la forme du nid de la Linotte qui, formé de brins de foin et garni à l'intérieur d'un peu de crin et de laine, est toujours placé dans une touffe d'ajoncs ou dans un buisson de ronces.

M. Deschamps fut assez heureux pour trouver quelques jours après les jeunes éclos. La femelle couvait toujours et le mâle Chardonneret apportait des Insectes au nid. Le départ de M. Deschamps de la campagne ne lui permit pas de suivre plus longtemps cette intéressante nichée, il ne put voir les jeunes arriver à l'âge adulte. Depuis, il a observé des couples semblables, mais jamais il ne trouva leur nid; M. Deschamps n'a donc pu compléter ses observations sur ce point.

Voici quelques autres exemples : M. Lougal, marchand d'Oiseaux, à Paris, 33, rue Charlot, nous dit avoir vu, il y a une dizaine d'années, « un Mulet de Chardonneret et de Linot » pris à l'état sauvage sur lequel il ne peut malheureusement nous donner aucun détail. La personne qui le posséda est morte depuis quelque mois. M. J. H. Hillyer, de Leicester (Angleterre), nous dit aussi avoir connu des hybrides sauvages de *Carduelis* et *Cannabina*. M. Emile Ruhl, de Verviers (Belgique), nous informe qu'un de ses amis, grand connaisseur, habitant la campagne près de Paris, lui a envoyé un Linot-Chardonneret pris au filet pendant l'année 1890; M. Ruhl conserve cet Oiseau vivant. M. Phillip B. Mason, de Burton-sur-Trent, nous a envoyé sous cette dénomination deux pièces empaillées qui furent autrefois possédées par M. Bond, puis vendues en 1890, au Covent-Garden par M. Whilaker, esq.

Ces deux Oiseaux, qui sont conservés dans une vitrine avec les trois autres pièces dont nous avons déjà parlé, sont les seuls exemplaires sauvages que nous ayons vus en nature, malheureusement ils ne portent aucune étiquette pouvant servir à les distinguer. D'après une note manuscrite, placée derrière la vitrine,

l'un des deux aurait été tué à Brighton Racecource, en 1868, par
M. Pratt; le second viendrait de Phœnix Park, Dublin ; en outre
on lit : William. On ne spécifie pas si ce dernier spécimen fut pris
ou tué à l'état sauvage.

L'individu placé au milieu de la vitrine dévoile nettement sa
double origine, car il présente des caractères communs avec quatre
spécimens *linota* × *Carduelis* nés en captivité que nous avons achetés
et dont trois sont encore vivants; donc pas de doute sur son hybridité. Mais l'exemplaire placé au-dessus (à droite) montre au contraire d'une façon bien évidente son origine *F. canaria* × *Carduelis
elegans*, du moins il est en tout semblable à une quantité d'hybrides
de cette origine que nous avons possédés, tandis qu'il ne ressemble
pas aux hybrides *Linota* × *Carduelis* dont on vient de parler (1).

Si le premier exemplaire de la vitrine de M. Mason présente
lui-même quelques ressemblances avec les hybrides sombres si
communs et si répandus du Chardonneret et du Canari, il indique
son origine *Cannabina* par le rouge cramoisi, et non orangé, du front,
puis aussi par le mélange du gris brun de la *linota* avec les teintes
du *Carduelis*, mélange qui existe sur le dos et tout particulièrement
sur la poitrine.

Quant au deuxième exemplaire de la même collection, il semble
montrer sa provenance *canaria*, dom × *Carduelis* par les marques
suivantes : le rouge du front, qui descend jusque sur la gorge, n'est
pas ce rouge cramoisi que possèdent sans doute, au moins à leur
première mue, tous les hybrides *linota* × *Carduelis* (2); c'est le rouge
jaune quelque peu grisâtre, mélange inévitable du jaune vert du

---

(1) Ces quatre hybrides ont été achetés par nous à M. J. Clarté, de Baccarat
(Meurthe-et-Moselle), qui les avait obtenus chez lui. Deux d'entre eux, qu'il suppose
avec raison ♂ et ♀ (cette dernière a pondu dans nos volières en 1890, mais ses
œufs étaient inféconds), sont nés en 1889 d'un Chardonneret ♂ et d'une femelle
Linotte, lesquels, nous dit M. Clarté, donnent chaque année, et ce depuis quatre
ans, une nichée de deux à quatre jeunes. En 1890, époque où nous achetions ces
deux exemplaires, M. Clarté possédait un troisième individu du sexe mâle, né en
1880. Depuis nous lui avons acheté les deux autres individus qui sont encore
♂ et ♀; le mâle a été envoyé empaillé, la femelle vivante; ils proviennent du
même couple que les précédents et sont nés chez lui.

(2) Nous disons « à la première mue », car, en captivité, nous avons constaté que
cette teinte de beau rouge sang s'amoindrissait. Du moins, ayant examiné cet hiver
un hybride de cette provenance, nous avons reconnu que le rouge du vertex était
devenu en quelque sorte presque orangé, changement dû peut-être à la saison? nous
nous proposons du reste d'examiner pendant le printemps le même Oiseau. Nous
savons que le rév. Macpherson a décrit un hybride ♂, exposé au Cristal Palace en
1887, comme ayant « *the forehead golden yellow as in many Goldfinches-Canary*

Canari avec le rouge du Chardonneret. Une quantité d'hybrides *canaria* × *Carduelis*, montrent tous cette couleur identique (1).

La provenance *canaria* de cet individu est encore indiquée, et d'une manière plus décisive, par les plumes jaune citron qui se montrent sur la poitrine, quoique faiblement, ainsi que cela se produit dans les hybrides des *canaria* × *Carduelis*. Le poitrail du Chardonneret brun foncé, et celui de la *linota*, brun rouge flamméché, pourraient-ils, dans leur mélange, aboutir au jaune citron ? Ce spécimen étant : 1° en tout semblable aux hybrides communs du *canaria* et du *Carduelis* ; 2° différent d'hybrides authentiques *Cannabina* × *Carduelis*, on doit logiquement conclure que son origine est due au premier croisement dont il porte les caractères.

Cependant comme cet Oiseau est aussi très semblable à trois spécimens pris à l'état sauvage qui nous ont été indiqués comme *Chrysomitris spinus* × *Carduelis elegans*, dont nous parlerons bientôt, nous avons prié M. Philipp B. Mason, esq., de bien vouloir permettre à une personne de sa ville, M. Kirkland, qui avait obtenu en captivité plusieurs fois le produit de ces deux dernières espèces, de l'examiner. Le résultat de cet examen confirme entièrement notre manière de voir. M. Kirkland a trouvé l'Oiseau beaucoup trop gros pour pouvoir être considéré comme né d'un Siskin (*Chry. spinus*), il lui manque aussi le jaune de la queue. M. Kirkland l'a donc déterminé comme provenant du *F. canaria* dom. et du Chardonneret.

Une pièce que l'on conserve au British Museum (2) comme hybride de *L. cannabina* × *C. elegans* ne serait encore autre, d'après le rév. Macpherson, qu'un « *Goldfinch canary mule* », c'est-à-dire un hybride du Canari et du Chardonneret.

---

mules ». (Voir Transactions of Norfolk Naturalist's Society, III, p. 368, 1886-1887). M. Verrall, que nous avons consulté, croit aussi que la couleur de la tête de l'hybride de la Linotte et du Chardonneret est plus rouge que la couleur safran de l'hybride du Canari avec le Chardonneret. Quant à savoir si cette teinte rouge apparaît sous la gorge, nous pensons qu'elle peut s'y rencontrer. Nous l'avons constatée chez l'exemplaire empaillé de M. Clarté, et M. Fontaine, de Marcq-en-Barœul, nous informe qu'un hybride Linotte-Chardonneret qu'il possède a « l'aurore au-dessous de la gorge en trois endroits, un rond à gauche, un rond à droite et une barre au milieu ». Le rév. Macpherson a décrit dans le Zoologist (p. 351, septembre 1888) de jeunes hybrides du même croisement, nés en captivité dans une des volières de M. Verrall.

(1) *Tous* les hybrides du Canari et du Chardonneret ne sont pas uniformément semblables; il existe des individus presque jaunes, d'autres presque blancs; nous en possédons un ainsi. Mais nous parlons des produits communs et très répandus qui naissent du croisement de ces deux espèces.

(2) Voy. p. 189, vol. VII, 1888.

Il est à remarquer que le croisement de la *linota* et du *Carduelis* a donné lieu à d'autres interprétations. En 1886, on annonçait dans le *Naturaliste* (1) qu'un oiseleur des environs de Montauban venait de prendre au filet un Linot-Chardonneret dont le plumage et le chant dévoilaient la double origine. Cet Oiseau n'était autre qu'un Sizerin (*Linaria*).

L'auteur de cette communication ayant bien voulu, avec une rare courtoisie, nous procurer l'hybride supposé, nous le fîmes voir à deux ornithologistes compétents de la Seine-Inférieure, M. Noury, directeur et fondateur du Musée d'Elbeuf, et le regretté M. Lemetteil, de Bolbec ; tous deux le reconnurent immédiatement pour appartenir au genre que nous venons d'indiquer (2).

Les erreurs qui se sont produites et que nous venons de signaler ne viennent pas cependant, croyons-nous, infirmer le fait du croisement réel du *Carduelis elegans* et du *Cannabina linota*, puisque l'un des individus que nous avons vus dans la vitrine de M. Philipp. B. Mason, présente les caractères de nos hybrides authentiques *Cannabina* × *Carduelis*. Reste à savoir si cet hybride, et les quelques autres dont nous avons parlé, c'est-à-dire les trois pris dans les haies à Carlisle, ceux que nous ont indiqués M. Lougal et M. Hillyer, et le spécimen de M. Ruhl pris aux environs de Paris, ne sont point des échappés de captivité ?

Le croisement en cage de la *Linota cannabina* et du *Carduelis* est fréquent; on nous a cité de nombreux exemples tant en France qu'à l'étranger. Les Oiseaux exposés au Cristal Palace, en 1884, 1885, 1886, 1887, 1888, 1890, 1891 par MM. Crossley, Parker, J. H. Verrall, miss Howison, Hunt, Mackley brothers, étaient tous des produits domestiques, plusieurs nés chez des personnes qui les avaient exposés, celui de M. Verrall entre autres (3). M. W. H. Booth, d'Ipswich, a également croisé les deux espèces. M. Fontaine,

---

(1) N° du 15 octobre, p. 351.

(2) Il y eut cependant divergence d'opinion quant à l'espèce, l'un le prit pour un Sizerin boréal (*Linaria borealis*); l'autre, avec plus de raison, pour un Sizerin cabaret (*Linaria rufescens*). On ne peut être surpris de cette contradiction, car les deux espèces (si espèce il y a) sont tellement voisines qu'en hiver on ne peut les distinguer que par la coloration du croupion, qui est de couleur blanche flammachée de brun noir chez la première, tandis que chez la seconde, cette couleur est plus roussâtre (voy. Degland). Nous avons eu l'occasion de parler de ce fait dans le Naturaliste de 1888, pp. 58 et 59.

(3) Blackston, de Sumberland, cité dans le livre de Cassel « *Cape Birds* » un hybride de ce genre ayant appartenu à M. John Brown, de Penrik. Cette communication nous est faite par M. Andrew A. Maughan, de Dumbarton; nous n'avons point consulté l'ouvrage en question.

de Marcq-en-Barœul, près de Lille (Nord), possède un exemplaire
vivant et un autre empaillé. M. Raymond fils, d'Angoulême, un
métis de Chardonneret ♂ et de Linotte ♀, provenance de ceux de
M. Clarté ; chez M. Emile Ruhl (Belgique) existent d'autres exemplaires du même croisement. Au Musée de Francfort-sur-le-Mein,
on conserve un individu *Cannabina* ♀ *Carduelis* ♂ etc. (1).

On pourrait donc encore prétendre, à la rigueur, comme pour
quelques-uns des croisements précédents, que les individus rencontrés à l'état libre sont des échappés de captivité ? Il semble
toutefois que l'on doive faire une exception pour la nichée observée
par M. Deschamps, de Ouilly, près Lisieux.

CHRYSOMITRIS SPINUS et CARDUELIS ELEGANS

Sous cette dénomination, nous avons reçu deux pièces, l'une venant
d'Italie, l'autre d'Angleterre. La première nous a été envoyée par
M. le comm. prof. Henrico Giglioli, de Florence, la seconde par
M. Robert W. Chase, esq., de Birmingham, qui l'avait reçue de
M. G. Smith, naturaliste à Great Yarmouth.

Ces deux Oiseaux ont en tout l'aspect de l'individu désigné
comme *Linota cannabina* et *Carduelis* de la collection Mason ; ils
ressemblent à cet exemplaire par la forme du corps, par la coloration générale et la disposition du plumage. Nous avons dit que
l'Oiseau de M. Mason, présenté à l'examen de M. J. Kirkland, avait
été reconnu par celui-ci comme étant un hybride de *canaria* dom.
et *Carduelis*, ainsi que nous l'avions déjà déterminé. Nous pensons
que les deux nouveaux spécimens reçus comme *Chrysomitris spinus*
× *Carduelis* ont la même origine.

Ces deux pièces, fort ressemblantes, ne diffèrent en rien des
hybrides *canaria* et *Carduelis*, déjà cités, à ce point que, placées près
de ces derniers, il est impossible de les en distinguer.

L'exemplaire du Musée de Florence fut obtenu à Salona,
Dalmatie, en mars 1879 (2) ; le second fut pris dans les filets en
1889 dans les environs de Great Yarmouth, en compagnie de
Ligurinus chloris. C'était, nous dit M. Smith, « un des plus *indomp-
tables* » Oiseaux qu'il ait rencontrés ; très farouche, il se laissait
voir difficilement dans sa cage, cherchant par tous les moyens à se

---

(1) *Katalog der Vogelsammlung in Museum*, p. 58, Franckfurt, 1891.

M. Ernst Hartet, auteur du catalogue, a trouvé cet Oiseau dans une collection ;
il ne doute pas que cet Oiseau ne soit né en captivité.

(2) *Primo resoconto*, etc., III, p. 70, 1891.

soustraire aux regards. Cette sauvagerie dura longtemps. Aussi M. Smith ne conserve aucun doute sur la nature de cet Oiseau véritablement intraitable ; il ne saurait être pour lui un échappé de quelque volière. M. Giglioli nous assure également que la personne qui lui a remis l'hybride de Salona est digne de confiance ; on peut être certain que l'Oiseau a été pris à l'état sauvage.

Ayant précisément à notre disposition plusieurs hybrides *canaria* et *Carduelis* (en tout semblables à ces deux Oiseaux), nous avons voulu faire examiner deux de nos spécimens par M. Kirkland qui, on le sait, obtint en captivité plusieurs fois le croisement du *Chry. spinus* et du *Carduelis*. Sans lui faire connaître aucunement l'origine de nos Oiseaux, nous lui avons demandé de bien vouloir en faire une comparaison avec les hybrides *spinus* et *Carduelis* qu'il avait possédés. M. Kirkland nous a répondu qu'il ne les croyait point le produit du *spinus* × *Carduelis*, mais plutôt des hybrides de *canaria* × *Carduelis*, opinion partagée par un de ses amis auxquels il les a montrés. Le jugement de M. Kirkland doit être juste, car il a su reconnaître le sexe dans nos deux exemplaires empaillés. Nous avons poussé notre curiosité plus loin. M. Kirkland ayant vendu un de ses hybrides à M. Cleaver, de Leicester (1), nous avons prié ce dernier de bien vouloir examiner à son tour l'un de nos spécimens, puis de nous faire connaître son appréciation. Or, M. Cleaver nous fait savoir que ce spécimen ne ressemble aucunement à l'hybride *spinus* et *Carduelis* qu'il a possédé (2). Même réponse de M. F. Funston, de Liverpool, après l'examen d'une de ces pièces.

Du reste il nous fut permis de nous livrer à un examen plus sérieux. Ayant pu, après de longues recherches, nous procurer deux exemplaires authentiques *Carduelis* et *spinus*, c'est-à-dire des Oiseaux nés et élevés en captivité, nous avons demandé à MM. Giglioli et Chase de bien vouloir nous envoyer une deuxième fois les deux spécimens déjà examinés. Ce nouvel examen, fait en regard des hybrides authentiques, nous a confirmé dans notre manière de voir ; il nous a été impossible de reporter au croisement *spinus* × *Carduelis* les Oiseaux pris à Salona et à Great Yarmouth. Ce sont, répétons-le, par la forme, la coloration, la disposition du plumage, de véritables *F. canaria dom.* × *Carduelis*.

Les deux hybrides *spinus* × *Carduelis* qui ont servi à notre examen nous ont été gracieusement envoyés par M. Ch. Fontaine,

---

(1) Propriétaire de l'hôtel Victoria.

(2) Cet hybride a été vendu au Palais de Cristal. M. Kirkland ne possède plus lui-même aucun de ses hybrides.

propriétaire à Marcq-en-Barœul, près Lille (Nord). M. Fontaine nous a donné sur ces deux spécimens ♂ et ♀ les renseignements suivants. Il les a reçus vivants et obtenus d'un prêtre des environs de Segré (Maine-et-Loire), qui possédait un *Chrysomitris spinus* ♀ familier lui servant d'appelant. Le passage des Tarins étant terminé, l'Oiseau ♀ fut mis dans une grande volière à air libre avec un *Carduelis elegans* ♂ apprivoisé. Ces deux Oiseaux s'apparièrent bientôt et pondirent quatre œufs dans un nid de Canari en fil de fer et garni d'une peau à l'intérieur. Les quatre œufs étaient fécondés, il en sortit quatre jeunes au bout de treize jours; donc nul doute sur leur origine. Deux seulement ont été conservés, ils sont empaillés (1). Or, ces hybrides *spinus*×*Carduelis* se distinguent des hybrides *canaria* × *Carduelis* par leur taille plus petite; leur corps est beaucoup plus court. Leur bec est faible, très mince, s'allongeant en pointe. La coloration générale est d'un noir brun *verdâtre*, très significatif et sans rapport avec le brun du *canaria* × *Carduelis*. En outre l'influence du Tarin est très apparente sur la tête, les joues, le derrière et les côtés du cou de l'exemplaire ♂. Les deux Oiseaux montrent sur les pennes des ailes la barre jaune vif très accentuée du *Carduelis*, barre bien moins apparente chez les hybrides *canaria* × *Carduelis*. Enfin les rectrices en dessus et en dessous, même celles de la femelle, ont les parties blanches couvertes d'une teinte jaune, et à l'anus existent les taches noires longitudinales du Tarin, très apparentes sur les couvertures inférieures de la queue de l'exemplaire ♀. Ce caractère mérite d'être remarqué.

L'hybride de Salona, mis en présence de ces deux pièces, en diffère par son bec conformé comme celui de nos hybrides *canaria* et par sa taille. Sur les pennes des ailes on n'aperçoit point cette barre large très étendue jaune vif qui affecte chaque penne des ailes des hybrides de Segré. Nulle trace de cette teinte noir verdâtre, mélange inévitable du vert du *spinus* avec le brun du *Carduelis*; c'est bien le brun propre aux hybrides *canaria*. La seule différence qu'on peut constater avec ces derniers consiste dans la coloration des rectrices et des remiges qui, chez lui, est noire.

Inutile de passer en revue les caractères du spécimen de M. Chase, esq., ce sont encore (à un second examen, et en présence des spécimens de M. Fontaine) les traits et la coloration des hybrides *canaria*; il s'éloigne totalement des *spinus* × *Carduelis* et ne peut être confondu avec eux.

(1) Nous avons possédé nous-même un hybride de cette origine, le frère de ces deux derniers; il nous avait été cédé par le même ecclésiastique de **Segré**.

Ces remarques s'appliquent à un troisième exemplaire appartenant à M. le comte Oddi de Padoue et dont nous avons reçu l'aquarelle. Cet Oiseau, pris à Crémone en 1887, a été décrit par le savant naturaliste comme *spinus* × *Carduelis ;* son aspect est celui des hybrides *canaria* × *Carduelis*, il ne diffère point de ces derniers.

En voici du reste la description telle que nous l'avait faite M. Oddi, avant l'envoi de son charmant dessin : « Bec jaunâtre, iris noir, masque jaune orange, tête et nuque grises avec le milieu des plumes brun noisette. Dos noisette avec le milieu des plumes noirâtre. Croupion et couvertures supérieures de la queue de couleur brune mélangée de quelques plumes jaunâtres ou d'un blanc jaune. Poitrail noisette, mélangé de jaune. Flancs et côtés du poitrail noisette avec une strie foncée au milieu des plumes et quelques traces de jaune; les parties inférieures blanches mélangées de jaune. Les ailes traversées de trois bandes jaune olivâtre, *formées par les couvertures.* L'angle de l'aile jaune olivâtre. Les rémiges noires bordées vers le centre à l'extérieur de jaune soufre clair et à l'extrémité en blanc isabelle qui couvre la plus grande partie au fur et à mesure qu'elles s'approchent du corps; rectrices bordées de blanc isabelle, pattes et ongles foncés. ».

Cette description répond très exactement à celle que l'on pourrait tracer de nos hybrides *canaria*, à ce point que si nous voulions décrire ceux-ci nous n'aurions qu'à copier la description de M. le comte Oddi.

Ces trois exemplaires sont les seuls qui nous ont été indiqués comme provenant du *spinus* et du *Carduelis*, à moins donc de parler d'un exemplaire que M. Tissi a mentionné (1), mais sur lequel l'inspecteur des forêts de Belluno n'a pu nous donner des renseignements satisfaisants et dont l'origine nous paraît douteuse si, comme celui-ci nous l'écrit, cet Oiseau (qui aurait été capturé dans le passage de la Mauria, commune de Lorenzo) présente une taille plus grande que celle de ses auteurs présumés.

Devons-nous cependant considérer les trois premières pièces comme produits réels du *canaria dom.* et du *Carduelis*? M. Giglioli accepte cette provenance pour l'hybride pris en Angleterre, mais il fait une exception pour le sien (applicable sans doute à l'hybride de M. le comte Oddi) : « En Italie, nous dit-il, le *Serinus hortulanus* et le *Carduelis elegans* sont également communs, vivent côte à côte et nichent dans les mêmes endroits ; qu'un de ces derniers s'unisse à *Serinus hortulanus* et l'hybride qui en résultera ne pourra différer

(1) *Primo resoconto*, etc. III. p. 68, Florence, 1891.

de l'hybride *canaria* dom. et *Carduelis* obtenu dans les volières.
Le *Serinus hortulanus* présente en effet de grandes ressemblances
avec le Canari vert, et son hybride ne peut, par cette raison, différer
sensiblement de celui du *canaria*, son très proche allié. »

Cette hypothèse pourrait assurément être soulevée. Cependant un
Oiseau aussi petit que le *Serinus hortulanus* (1) donnerait-il des produits de la taille de ceux des *Canaria* × *carduelis* ? Si on doit supprimer l'élément *canaria*, ne serait-il pas préférable de supposer comme
deuxième facteur le *Fringilla citrinella* (ou Venturon) de proportions plus fortes (2); toutefois, est-il que le Venturon n'existe pas
en Angleterre (3). Aussi, nous admettons plus volontiers que ces
trois individus et l'exemplaire de M. Mason (celui qui est désigné
comme *Cannabina* × *Carduelis*) ne sont autres que des échappés de
captivité. En maintes circonstances, des captures de ce genre ont
été faites ; nous aurons bientôt l'occasion de signaler plusieurs
exemples, nous apprenons même qu'en Suisse les éleveurs laissent
quelquefois et intentionnellement les *Canaria* × *carduelis* ♀ ou
les *Canaria* × *cannabina* ♀ s'envoler parce qu'elles sont, on le
sait, impropres à la reproduction et ne chantent point (4). Il est
très probable que cet exemple est imité par beaucoup d'amateurs
d'autres pays, puisqu'on ne voit pas en cage de mulets femelles.

Quoiqu'il en soit, il nous est impossible, d'après les motifs cités,
de rapporter ces quatre pièces au croisement du *spinus* × *Carduelis*.
Ce mélange s'est-il même réellement produit à l'état sauvage ? Le
rév. Macpherson, très versé dans la science des hybrides, nous dit
n'avoir jamais vu d'hybrides naturels de ce croisement. Tous ceux en
provenant, qu'il a examinés, avaient été produits en captivité ; les
renseignements qui nous sont parvenus d'Angleterre sur les nombreux spécimens *spinus* × *Carduelis*, exposés au Cristal Palace
pendant ces dernières années, confirment cette manière de voir,
c'étaient tous des individus nés en captivité (5). Cependant, M. E. Ruhl,

---

(1) Il est de la taille du Tarin (*Chrys. spinus*) : taille 0,11 centim. à 0,12 centim.;
grand diam. 0,015, petit diam. 0,01, d'après Degland qui assigne exactement ces
mêmes proportions au Tarin, que nous trouvons cependant décidément plus fort.

(2) Taille 0,13 centim.; grand diam. 0,018, petit diam. 0,014 d'après Degland.

(3) Il a été, d'après M. Seebohm, *Op. cit.*, II, p. 93, « *erroneously* included in
British list ».

(4) Ces indications nous sont fournies par M. A. Dupuis, de Genève.

(5) Ces renseignements nous ont été envoyés par MM. H. Booth, d'Ipswich;
J. Cleaver, de Leicester; T. Crossley, de Kendal; Th. Funston, de Liverpool , S.-D.
Hunt, de King's Linn; D. Houlton, d'Edimbourg ; J. Kirland, de Burton on Trent,
etc. Sur de semblables hybrides voir : Transactions of the Norfolk and Norwich
naturalist's Society, *Hybrid Finches*, par le rév. Macpherson, p. 368, 1886-1887 :
voir aussi Zoologist, p. 1770, 1870.

de Verviers, aurait vu des pièces prises à l'état sauvage, « mais *toutes*, indistinctement, *s'éloignant des produits communs* du *canaria* dom. × *Carduelis* et *ressemblant* aux *spinus* × *Carduelis* de M. Fontaine. »

CARDUELIS ELEGANS et FRINGILLA CANARIA

Le croisement que nous allons rappeler et les quatre suivants, quoique s'étant produits à l'état libre, ne peuvent être mis au rang des hybridismes naturels ; mais nous les citons pour confirmer ce que nous venons de dire : à savoir qu'à l'état sauvage on rencontre de temps à autre des échappés de captivité, hybrides ou non, s'appariant quelquefois avec d'autres espèces. L'exemple, qui fait l'objet de cet article, présente d'autant plus d'intérêt, qu'il a été observé en Angleterre, la terre par excellence des *Fringillidæ* hybrides.

Dans le courant de l'automne de 1838, un Oiseau ♂, issu d'un Chardonneret et d'une femelle de Canari, s'échappa de la volière de de M. George Cookson. L'Oiseau ne fut revu qu'au printemps suivant, mais alors il se trouvait en compagnie d'un Chardonneret avec lequel on le vit bientôt rassembler les matériaux nécessaires à la construction d'un nid. Le nid fut découvert, il était placé dans un Cèdre, près de la volière où l'hybride avait vécu. Quatre œufs furent pondus, ils furent recueillis avec soin par M. Cookson qui les plaça sous un Canari, mais ces œufs ne purent éclore. Quelques jours après leur désenchantement, les Oiseaux bâtirent un second nid dans le même arbre. Cette fois, on ne les dérangea point et le résultat fut plus favorable; cinq jeunes naquirent de leur union. M. Cookson, qui s'intéressait toujours vivement à ce croisement, retira les cinq petits du nid dix jours environ après leur naissance ; sur ce nombre deux mâles et deux femelles vivaient encore lorsqu'il publiait son récit en 1840 (1).

(1) Annals of Natural History or Magazine of Zoology, Botany and Geology, conducted by sir W. Jardine, P. d. Selby, esq. etc. V, p. 424, 1840.

Il ne sera pas sans intérêt de suivre les expériences que fit M. Cookson avec ces jeunes. Au commencement du printemps il accoupla un des mâles trois quarts sang Chardonneret et un quart Canari avec une femelle de Canari, mais le nid était mal fait et il fallut faire beaucoup d'efforts pour sauver les œufs qui furent placés sous un Canari. Un seul petit Oiseau vint au jour. Après cet insuccès, un second nid fut construit et eut le sort du premier. M. Cookson enleva alors le mâle et le mit dans sa volière. Celui-ci fit choix presque immédiatement d'un autre Oiseau des Canaries ♀ pour s'apparier avec elle. M. Cookson mit alors le nouveau couple dans une cage et un nid fut construit en moins d'une semaine ; quatre œufs furent pondus. L'expérimentateur avait eu soin d'entourer le nid de flanelle, de sorte que les œufs ne purent

Voici un autre exemple :

M. Jacob Sprecher, de Coire (Suisse), nous a raconté que l'on avait vu il y a peu de temps dans sa contrée, pendant l'automne de 1891, deux petits Oiseaux dont le corps était complètement blanc jusqu'à la tête, à l'exception de l'anneau rouge du Chardonneret. C'étaient deux hybrides qui provenaient d'un Chardonneret et d'une femelle de Canari. Cette dernière, retenue en cage, en compagnie de Chardonnerets, s'était un beau jour échappée et, après avoir vécu avec la nourriture que la Société ornithologique fait préparer pour l'hiver, elle s'était, au mois de mai, appariée dans la forêt avec un jeune Chardonneret. Elle avait couvé dans les bois et fait éclore ses œufs. Un des petits fut pris après la sortie du nid par un oiseleur qui le vendit à Saint-Gall.

FRINGILLA CANARIA et CANNABINA LINOTA

Dans un jardin situé près de la ville de Kiel (Allemagne), M. Heuch observa, il y a quatre ans, un nid que construisirent un mâle Canari et une femelle Linotte. Le nid était placé dans un arbre. L'observation de M. Heuch dura jusqu'au moment où les jeunes furent prêts à s'envoler, toutefois on ne les vit pas quitter le nid (1).

LOXIA ORYZIVORA et FRINGILLA? (espèce non déterminée).

M. de Beaurefons, du château de Cerisay, nous écrit qu'un couple de Calfats, s'étant échappé de ses volières, contracta un mélange avec d'autres Oiseaux, car il aperçoit maintenant trois ou quatre jeunes tenant surtout du Calfat, mais ayant le ventre rouge.

être détruits (quoique ce nid fût mis en pièces comme la première fois). Nous ne savons s'ils étaient fécondés ; au moment où M. Cookson écrivait son récit, la femelle pondait encore. Nous savons seulement que le mâle écarté une deuxième fois, « se raccommoda » avec sa première compagne qui pondit. On ne vit jamais aucun Oiseau aussi porté à la reproduction que cet hybride. Une deuxième expérience de reproduction fut tentée en accouplant le deuxième hybride ♂ avec une femelle du même nid ; il résulta de cette union trois œufs dont un vint à éclosion après avoir été mis en incubation sous un Canari. Le jeune nouvellement éclos présentait donc cinq parties Canari et trois parties Chardonneret. Ces divers produits n'étaient pas des hybrides à proprement parler, c'est-à-dire des Oiseaux nés du croisement de deux hybrides demi sang, mais, dans le premier cas, nés d'un hybride avec une espèce pure, et dans le second cas de deux hybrides trois quarts sang Chardonneret si, comme nous le pensons, M. Cookson entend par « femelle du même nid » la sœur de l'hybride.

(1) On croirait plus volontiers que le Canari était la femelle et la Linotte le mâle.

Malgré tous les pièges tendus, ces jeunes Oiseaux n'ont pu être capturés.

EMBERIZA BRASILIENSIS (1) et PASSER DOMESTICUS

M. Louis Pitot, de Vire (Calvados), nous fait connaître un fait du même genre. Un Bouton d'or (*Emberiza brasiliensis*) s'étant échappé se croisa dans son jardin avec une femelle Moineau. Assez fréquemment on aperçoit les jeunes, mais on n'a pu encore réussir à les prendre (2).

AUTRES EXEMPLES :

Nous avons eu l'occasion de parler (en note), à l'article *Ligurinus chloris* et *Cannabina linota*, d'un soi-disant hybride de ces deux espèces que l'on dit avoir été pris à Norfolk, et qui n'était autre, d'après ce que nous avons pu constater, qu'un Canari vert échappé de quelque cage (3). Nous avons également parlé, dans le même article, d'un *L. chloris* × *C. linota* authentique, pris à l'état sauvage, et qui n'était autre encore qu'un échappé de captivité ; nous venons de rappeler qu'en Suisse on laisse quelquefois les Mulets ♀ s'envoler. Dans la collection de M. Seebohm, il se trouve, d'après M. Gurney (4), une Linotte-Canari qui fut tuée à l'état sauvage près d'Amsterdam. M. Gurney suppose avec raison que cet Oiseau s'était échappé de quelque cage. Dernièrement, nous recevions d'une collection importante du Pas-de-Calais un Oiseau tué dans les environs de Marseille et que son propriétaire pensait être, d'après les renseignements qu'on lui avait adressés, un hybride du Tarin (*Chry. spinus*) et de Bruant melanocephale (*Emberiza melanocephala*). L'Oiseau montré par nous à M. Oustalet fut reconnu pour être un Tarin de l'espèce *Chrysomitris notata*, du Bus, c'est-à-dire un Oiseau exotique, échappé de cage ; car il n'est pas présumable qu'une espèce qui habite le Mexique et le Guatemala soit venue émigrer en Provence. M. Oustalet, par la même occasion, nous cite le fait des Perruches ondulées d'Australie tuées, dans les mêmes conditions, près de Marseille. Enfin, M. C. Kolde, *hauptlehrer* (maître principal) à Langenbielen i. Schl. (Allemagne),

---

(1) Autres noms : *Frinigilla brasiliensis, Passerina flava, Linaria aurifrons.*
(2) Pour plus de détails, voyez plus loin les croisements entre Oiseaux appartenant à deux genres.
(3) M. J. H. Gurney a eu la complaisance de nous envoyer cet Oiseau.
(4) Zoologist, VII, n° 80, p. 379, 1883.

se rappelle avoir rencontré sur sa route, en traversant un village, il y a de cela une trentaine d'années, un hybride de *Carduelis* et de *canaria* qui ne pouvait être autre qu'un Oiseau parti de quelque chambre. L'Oiseau n'avait pu être attrapé.

Notre but, nous l'avons dit, en citant ces exemples (1) est de montrer qu'on rencontre de temps en temps des Oiseaux échappés de captivité, vivant à l'état sauvage (et même quelquefois se reproduisant avec d'autres espèces) ; bien d'autres faits de ce genre pourraient sans doute être rappelés. Ainsi les trois hybrides qui nous ont été si gracieusement envoyés par MM. Mason, Chase et Giglioli, et l'exemplaire de M. le comte d'Oddi, dont nous avons reçu l'aquarelle, pourraient, à la rigueur, être considérés comme des *Canaria dom.* × *Carduelis elegans* échappés de captivité ou des hybrides dont l'un des parents au moins aurait vécu en domesticité. Toutefois, comme le savant professeur de Florence admet par son exemplaire l'origine *Serinus hortulanus*, nous indiquons, mais à titre d'hypothèse, le croisement du

Serinus hortulanus (2) et Carduelis elegans

Auquel nous référons, sous toute réserve, et nous l'avouons, avec une certaine hésitation, le spécimen du *Museo dei Vertebrati*, tué à Salona, en mars 1878. Du reste le croisement du *Serinus hortulanus* et du *Carduelis elegans* peut, à la rigueur, figurer sur notre liste, car, nous apprend M. Emile Ruhl, de Verviers, on rencontrerait des hybrides de ce genre dans le Wurtemberg (région de Stuttgart), et près de Francfort-sur-le-Mein, endroits où les Chardonnerets et ces petits Serins sont très communs, paraît-il. Dans cette dernière ville, un M. Gill, mort aujourd'hui, aurait pris vers 1865 de semblables spécimens.

Cependant, ayant écrit à divers marchands d'Oiseaux, amateurs ou oiseleurs de ces deux contrées, pour nous renseigner sur ces croisements, nous n'avons obtenu aucune indication à ce sujet.

---

(1) Qui ne sont pas absolument à leur place puisqu'ils n'appartiennent pas tous au genre *Fringilla*.

(2) Autres noms : *Fringilla serinus*, *Passer serinus*, *Loxia serinus*, *Serinus meridionalis*, *Serinus*, *Pyrrhula serinus*, *Fringilla islandica*, *Serinus flavescens*, *Serinus luteolus*, *Critaga serinus*, etc.

D'après M. Sharpe (*Cat. british Museum*, XII, p. 370), le *Serinus Canaria* n'est pas une espèce distincte du *Serinus hortulanus*, il n'en est qu'une race, ou plutôt une sous-espèce.

M. Ernst Hartet, un ornithologiste émérite (1) qui a habité deux ans Francfort, n'a jamais entendu parler de croisements de ce genre, il les met même fortement en doute; pour lui, un tel hybride est un mythe. M. D. Paulstich, *Realschullehrer*, d'Hanau-sur-le-Mein, se montre aussi sceptique que M. Hartet sur l'existence de ces produits. Nous aurions été heureux de pouvoir examiner quelques spécimens et de les rapprocher de ceux qui nous ont été indiqués comme *spinus* × *Carduelis*. M. Emile Ruhl, qui obtint en captivité le croisement du *Fringilla serinus* et du *Carduelis*, prétend qu'un œil exercé peut distinguer les produits qui en résultent de ceux du *Canaria dom.* × *Carduelis;* malheureusement M. Ruhl n'a point conservé ses Oiseaux empaillés ou quelque peinture permettant de les juger. Si l'hypothèse soulevée par M. Giglioli au sujet de l'hybride de Salona est vraie, elle pourrait être proposée pour les exemplaires de MM. Mason, Chase et Oddi, et tout particulièrement pour la *Linota* × *canaria* de la collection Seebohm, car un *Serinus hortulanus*, égaré en Hollande, pourrait de même s'être uni à une *Linota cannabina?*

Pour mémoire, nous ferons donc figurer sur notre liste le croisement toujours très hypothétique du

SERINUS HORTULANUS et LINOTA CANNABINA

Bien peu probable, nous l'avouons, et auquel nous préférons de beaucoup celui du *Fringilla canaria* dom. × *Linota cannabina* dans le cas où la Linotte hybride de M. Seebohm (que nous ne connaissons pas) ne serait point un Oiseau échappé de captivité? Du reste, comme on l'a fait pour le croisement du *Serinus hortulanus* × *Carduelis,* on peut laisser subsister ce titre pour un autre cas, car M. Pistone dit avoir eu à noter, mais alors en Italie, un hybridisme naturel entre *Cannabina linota* et *Serinus hortulanus*, pris en mars 1882 (2).

Ce spécimen, nous dit-il, fut pris au filet au Faro (Messina). C'est lui-même qui l'a acheté au marché et maintenant l'Oiseau fait partie de sa collection sicilienne. En outre, M. Pistone a pu constater son sexe qui est mâle (3).

Les indications que M. Pistone nous donne sur les caractères

---

(1) M. Ernest Hartet a écrit le *Katalog der Vogelsammlung in Museum, Frankfurt-am-Mein ;* il travaille en ce moment à Londres au Catalogue des Oiseaux du Musée Britannique.

(2) *Primo resoconto,* etc. p. 69, Florence, 1891.

(3) Les organes génitaux étaient très développés.

de cet Oiseau feraient volontiers croire que c'est un hybride de *Canaria* × *linota* échappé, car quoique la croupe, les ailes et quelques plumes de la tête aient toutes les couleurs du *Serinus hortulanus*, l'Oiseau ressemble à un *Cannabina linota* ♀.

Nous possédons vivant un hybride de ce dernier croisement et qui est également *linota* dans son aspect et même par la coloration.

M. le Dr Winteler, président de la Société Ornith. d'Aarau, nous décrit de la même façon trois hybrides *canaria* × *linota* qu'il a élevés.

Nous avons remarqué que M. Sharpe réunit au *S. hortulanus* le *F. canaria*, comme race ou sous-espèce (subspecies) (1). Dans le cas où une différenciation spécifique ne pourrait être établie entre le type insulaire et le type continental, le croisement de *F. canaria* × *Cannabina* serait à reporter à celui du *S. hortulanus* × *Cannabina*.

CHRYSOMITRIS SPINUS et LIGURINUS CHLORIS

Si le croisement du *Carduelis elegans* et du *Chrysomitris spinus*, basé sur les exemplaires de MM. Giglioli, Mason, Chase et Oddi, ne nous paraît pas supposable, le mélange du *Chrysomitris spinus* avec le *Ligurinus chloris* nous laisse aussi beaucoup de doutes. Nous ne connaissons, du reste, que deux exemplaires auxquels on attribue cette origine.

Le premier se trouve dans la collection de M. le baron Ed. de Selys-Longchamps, à Longchamps-sur-Ger ; le deuxième, pris avec quelques Tarins, à Taverhane, près de Norwich, le 12 décembre 1886, n'existe plus ; du moins il s'échappa et on ne le revit plus. Pendant sa captivité il fut, nous dit M. Gurney, montré par son possesseur, M. Mackley, à une réunion de la Société des Naturalistes de Norwich ; M. Mackley le considérait comme provenant du *Siskin* (Tarin) et du *Greenfinch* (Verdier).

Tout en ayant de fortes présomptions en faveur de l'origine *spinus* × *chloris* de son spécimen pris aux filets à Liège, M. de Selys-Longchamps n'a pas toutefois voulu nous affirmer cette origine d'une façon absolue, et reconnaît que la ressemblance de son Oiseau avec *chloris* pourrait, à la rigueur, s'expliquer par un croisement du *spinus* avec le *canaria* dom.

Le savant naturaliste belge a bien voulu nous faire connaître cet intéressant spécimen par une aquarelle, peinte par lui-même, et

---

(1) *Catalogue of Birds of British Museum*, XII, p. 370.

par une photographie exécutée par M. de Selys-Longchamps, son fils. En outre, il nous a adressé plusieurs descriptions, écrites à différentes reprises, en présence de l'original.

D'après l'aquarelle, l'Oiseau montre évidemment son origine *spinus*, mais il n'indique pas suffisamment le deuxième facteur présumé, le *Ligurinus chloris*. Le croisement du *Spinus* avec le Canari est si commun et si fréquent chez les éleveurs que nous nous demandons s'il ne s'agit pas, dans le cas présent, d'un hybride de ce genre, échappé de quelque cage? Il existe au Museum d'Histoire naturelle de Paris une pièce indiquée comme *spinus* ♂ × *canaria* ♀ qui ressemble étonnamment à l'aquarelle que nous avons reçue.

La première description que voulut bien nous adresser M. de Selys-Longchamps est la suivante : « Ressemble surtout à *spinus* par le dessus de la tête noirâtre, les deux bandes noirâtres des ailes, la nuance olivâtre du dos et celle jaunâtre du dessous du corps. Diffère du *spinus* par l'absence de la tache noire sous le bec, le manque de flammèches noires au dos et aux flancs et le bord clair des rémiges, qui est cendré foncé et noir jaunâtre. — Bec de forme intermédiaire entre les deux parents, en cône droit comme *Cannabina*, nullement renflé. Taille également intermédiaire. »

On remarque facilement qu'un hybride *canaria* et *spinus* pourrait reproduire les mêmes caractères. Nous avons présenté ces observations à M. de Selys-Longchamps qui nous a répondu de la manière suivante, après avoir longtemps examiné son exemplaire en présence de ses parents présumés et d'espèces voisines :

« Tient de *chloris* : A. bec *plus gros* que *spinus* ; B. *pas de noir* sous le bec ; C. le milieu du ventre *jaune*, de même que la gorge et le haut de la poitrine (la partie entre ces deux couleurs, d'un jaune verdâtre ; D. pas de flammèches noires *ni aux flancs* ni aux couvertures inférieures de la queue ; E. le dessus du croupion verdâtre, sans *aucune flammèche* noire (il est plus jaune à flammèches chez *spinus*); F. la nuance cendrée de la barbe extrême des secondes rémiges (légère indication dont on trouve les vestiges chez plusieurs *chloris*). »

En terminant cette description, M. de Selys-Longchamps ajoutait : « La provenance du *spinus* est évidente. Quant à celle qui serait la part de *chloris*, elle est moins certaine, d'une façon absolue ; mais elle paraît réelle, *à moins donc que l'Oiseau ne vienne d'un Canari verdâtre* échappé, mais la queue est courte comme chez *chloris* et *spinus* et bien colorée, sauf en dessous. »

« Cette queue *courte* semble donc plaider contre l'idée qu'un Canari échappé serait l'un des parents, la coloration de la tête et de la queue sont en faveur de *spinus*, comme la grosseur du bec et la taille semblent justifier aussi la provenance de *chloris*. »

C'est ainsi que, sans affirmer d'une manière positive l'origine *Lig. chloris*, le savant académicien la préfère à l'origine *canaria*.

Les dimensions de cet intéressant exemplaire sont les suivantes : Aile fermée, 75 à 76ᵐᵐ ; queue, plumes? et rectrices externes, 48ᵐᵐ ; bec, depuis la base de l'arête supérieure au front, 11ᵐᵐ ; mandibule inférieure, depuis la base non emplumée. 12ᵐᵐ ; tarse, jusqu'au doigt postérieur, 15ᵐᵐ ; doigt postérieur, sans l'ongle, 7ᵐᵐ.

La capture de l'Oiseau, qui paraît de sexe mâle, remonte à dix-huit ans environ. Le *Chrysomitris spinus*, nous dit M. de Selys-Longchamps, arrive en Belgique en octobre et part au printemps ; c'est un Oiseau d'hiver ; très accidentellement il reste des individus égarés. M. de Selys a cependant rencontré un nid de cette espèce. La production d'hybrides de ce type avec le *Lig. chloris* serait due, d'après lui, à ces exemplaires restés accidentellement pendant l'été dans cette région.

Si le spécimen décrit est un croisement réel du *chloris* et du *spinus*, il ne peut, en effet, être considéré comme un Oiseau échappé de cage, car un tel croisement en captivité est presque impossible à trouver. Nous ne connaissons qu'un seul exemple obtenu en cage par M. l'abbé Coutelleau, de Chazé-Henry (Maine-et-Loire) (1), quoique le rév. Macpherson ait cité un autre exemplaire né à Carlisle, en 1883 (2).

Au moment de mettre sous presse, M. Tissi, sous-inspecteur forestier à Belluno, nous signale un hybride *spinus × chloris* pris récemment en Italie ; mais M. Tissi, ne peut nous fournir aucun détail sur cette capture, il attend lui-même de plus amples informations (3).

---

(1) Cet honorable ecclésiastique aurait obtenu deux couvées, dont quatre jeunes. Un seul des petits survécut, les trois autres ayant été dévorés par des rats alirons. Le survivant fut cédé à un professeur de l'institution de Combrée. Il était de sexe ♀, de la grosseur du Chardonneret, bec court et gros, tête du Tarin, ailes du Bruant (Verdier), le ventre était jaune.

Nous sommes heureux d'apprendre que M. l'abbé Coutelleau se propose de tenter de nouveau ce croisement fort intéressant, car il permettra de juger plus aisément l'hybride de M. de Selys-Longchamps.

(2) Voy. *Hybrid finches*, op. cit., p. 369, et aussi Zoologist, p. 339, 1889.

(3) SERINUS HORTULANUS ET FRINGILLA CITRINELLA (*a*). — M. Bree cite (*b*), d'après Crespon, le croisement du Citril finch (*Fringilla citrinella*) et du Serin Finch

ACANTHIS LINARIA (1) et SPINUS PINUS (2)

M. Brewster (3) remarque que l'*Ægiothus Brewsteri* (Brewster's Linnet) est presque intermédiaire entre *Æ. linaria* et *Chrysomitris pinus*, et que cet exemplaire, le seul que l'on connaisse de ce genre, pourrait être considéré comme un hybride entre ces deux espèces. Ce n'est là qu'une supposition.

Le Brewster's Linnet est porté sur la liste hypothétique du « *Code of Nomenclature* » adopté par l'Union Américaine des Ornithologistes (4). Ce seul exemplaire fut tué dans une bande de *Æ. linaria*, dont cinq furent abattus par la même décharge. Il fut obtenu à Waltham, Mass. par M. William Brewster, de Cambridge. Aucun des quatre-vingt-dix spécimens préparés par celui-ci pendant l'hiver ne ressemble, disent les auteurs des « *Oiseaux de l'Amérique du Nord* (5), à cet Oiseau, qui en diffère complètement. Le type dont il s'approche le plus près est l'*Æ. flavirostris* ♀ d'Europe (6).

ACANTHIS LINARIA et ACANTHIS EXILIPES

M. Ridgway fait figurer, dans son Catalogue des Oiseaux du Nord, publié en 1880 (1), l'*Ægiothus exilipes* comme race ou sous-espèce de l'*Ægiothus canescens* (appelé aussi *Hornemani*). M. Leonhard Stejneger partage cette manière de voir (2). Dans la *Check-List*, adoptée par l'Union des Ornithologistes américains en 1886, l'*Acanthis exilipes* figure aussi comme variété de l'*Acanthis Hornemani* (3).

Or, si M. Stejneger ne fait point erreur, l'hybride de ces deux formes aurait été observé à Alarka par M. E. W. Nelson. M. Brooks a cité lui-même quatre exemplaires du genre *Acanthis* qui, avec toutes les apparences d'*exilipes* (sauf les plumes du croupion et celles de la queue de couleur un peu plus accentuée) paraissent être ou hybrides d'*exilipes* × *linaria*, ou d'une espèce distincte. Cependant les caractères intermédiaires que ces quatre individus présentent sont si faibles qu'il serait peut-être plus rationnel de les considérer comme des *exilipes*. Chez tous les adultes ♂ que M. Stejneger eut l'occasion d'examiner, un seul présentait des caractères légèrement intermédiaires, mais si faibles également, qu'il n'hésite pas à le considérer comme un vrai petit *linaria*. M. Stejneger fait remarquer à cette occasion qu'*exilipes* devient graduellement plus petit au fur et à mesure qu'on va de l'est à Alarka et au nord-est de l'Asie. La différence de taille est si graduelle que l'on ne peut séparer les Oiseaux de l'orient de ceux de l'occident, il est impossible d'accuser chez eux la plus légère différence dans la coloration (4).

La plupart des espèces du genre Sizerin (*Linaria*), peu nombreuses du reste, sont si peu distinctes les unes des autres qu'elles ont souvent donné lieu à diverses interprétations. Les faibles gradations qui existent entre *exilipes* et *linaria* ne sont donc pas une preuve du croisement de ces deux types ; ces gradations ne sont

---

ce Chardonneret venait du croisement de *A. pinus* × *A. psaltria*. M. Ridway, qui le reçut pour le Musée national, nous a appris depuis que cet Oiseau n'était ni un hybride, ni une variété. La couleur jaune qui avait pu le faire passer pour tel était due à son frottement contre des boutons de saule ; cette couleur ne tarda pas du reste à disparaître. (M. Belding aurait informé lui-même M. Ridway de cette particularité). Dans une lettre, reçue tout dernièrement, M. Belding nous confirmait cependant sa manière de voir !

(1) Proceedings of United States national Museum, p. 177, 1880.

(2) The Auk, 1, no 2, p. 146, avril 1884.

(3) Voy. *The Code of Nomenclature*, p. 259 et 260, New-York, 1886.

(4) Voy. The Auk pour ces renseignements.

peut-être dues qu'à des influences climatériques ou à l'âge des Oiseaux.

Dans l'ouvrage de M. Seebohm (1), l'*Ægiothus exilipes* est du reste synonyme de *Fringilla linaria*. D'après les observations que put faire le savant ornithologiste dans la vallée de la Petchora (2), il se convainquit qu'*exilipes* n'est que l'adulte de *linaria* en plumage complet d'hiver. Dans ce cas le croisement en question ne se serait jamais produit (3) !

Après avoir énuméré, en commençant le genre *Fringilla*, une série de croisements authentiques, peu à peu nous sommes tombés dans le domaine de l'hypothèse, nous avons cité tantôt des hybrides douteux, tantôt des croisements entre de simples variétés, revenons à des croisements mieux affirmés et entre espèces mieux définies, quoique encore fort rapprochées.

FRINGILLA COELEBS et FRINGILLA MONTIFRINGILLA

Si nous en croyons les nombreux exemples qui nous sont cités de divers côtés, le Pinson ordinaire (*Fringilla cœlebs*) et le Pinson des Ardennes (*F. montifringilla*) contracteraient fréquemment des alliances entre eux.

Nous avons pu examiner un certain nombre des exemplaires dont nous allons parler dans ce chapitre, plusieurs nous ont paru authentiques.

Voici les renseignements qui nous ont été communiqués sur cet hybridisme, nous donnons les faits dans l'ordre où ils se sont produits :

M. le baron Edmond de Selys-Longchamps a vu à Paris, il y a environ quarante ans, dans la collection du Maréchal Vaillant, un mâle hybride dont la coloration était celle d'un exemplaire qu'il possède actuellement et dont nous avons reçu la photographie.

M. Marion, directeur du Muséum de Marseille, nous a adressé

(1) *A History of british Birds*, II, p. 116.
(2) *Siberia in Europa*, p. 51. Cité par M. Brooks, Ibis, III, p. 382 et 383.
(3) Reconnaissons toutefois que M. Brooks conteste vivement l'assertion de M. Seebohm : *In Stray ornithological Notes* (Ibis, III, n° 12, p. 382, octobre 1885). M. Brooks indique les points de distinction entre les deux types. Ces points seraient : 1° différence de voix ; 2° croupion sans tache ; 3° couvertures sous les ailes non rayées de blanc ; 4° le peu de raies étroites sur les flancs ; 5° le rouge pourpre très pâle de la poitrine et du croupion faisant contraste avec le rouge vif de *L. linaria* ; 6° les très larges bordures blanches aux tertiaires et aux plumes de la queue ; 7° le ton beaucoup plus blanc ou farineux du plumage supérieur ; 8° le bec formellement plus court et plus petit.

deux exemplaires mâles provenant de la collection de M. Laurain et qui, nous dit M. Marion, paraissent avoir été achetés sur le marché de Marseille à une époque où l'on ne recevait sur ce marché que le gibier de la région (1).

Degland cite, dans sa collection, deux hybrides de Pinson ordinaire et de Pinson des Ardennes, l'un mâle, l'autre femelle, pris tous deux aux environs d'Anvers, le premier durant l'hiver de 1852, le second pendant l'automne de la même année (2).

Dans la collection du regretté M. van Wickwort Crommelin, se trouve un spécimen mâle, pris le 13 octobre 1859, dans des filets tendus aux Pinsons sur le versant oriental et boisé des dunes qui longent la côte maritime de la Hollande. Ces dunes se trouvent près du village d'Overvem, situé à un quart de lieue à l'ouest de Harlem.

Dans la collection de M. de Selys-Lonchamps on voit un individu ♂ dont la capture, d'après l'éminent naturaliste, remonterait à plus de dix-huit ans. Cet Oiseau avait été pris au filet dans les environs d'Anvers.

M. le comte Arrigoni degli Oddi, de Padoue, conserve un Pinson ♀ adulte, venant de Caoddo (Montfelice) 15 octobre 1875. M. Oddi a bien voulu peindre pour nous ce spécimen.

Pendant l'automne de 1879, M. le Dr Silvio Romanse, de Levico, prit un exemplaire mâle qui fut examiné et décrit par le Dr Lamberto Moschen (3).

En 1881, à Borgo S. Sepolchro (Italie), le 15 octobre, fut capturé un individu ♂, aujourd'hui conservé au Musée de Florence.

En 1884, à Fiesole, le 4 novembre, on prenait un autre mâle, également conservé au Musée de Florence.

Le 15 novembre 1885, à Palaia (Toscane), c'était une femelle qui orne aujourd'hui la même collection (4). Ces trois Oiseaux nous ont été envoyés par M. Giglioli.

Un mois plus tôt, en Hollande, on trouvait au milieu de milliers de

---

(1) Le Dr Jaubert (Magasin de Zoologie, mars 1873, p. 117) parle d'un hybride pris en octobre 1851 dans les environs de Marseille, il en donne la description. C'est sans aucun doute l'un de ces deux exemplaires, car, dit le docteur, cet Oiseau, mort en 1852, ornait la collection de son ami, M. Laurain. Degland et Gerbe (*Ornith. européenne*, I, p. 272) font mention de ce spécimen.

(2) *Ornith. européenne*, I, p. 272.

(3) Voy. Dr Lamberto Moschen, *Sopra un hybrido di Fringilla cœlebs e Fringilla monti/fringilla*. Bollettino della Società veneto trentina di Scienze naturali in Padova, pp. 99-103, 1880.

(4) Communication de M. le comm. prof. Giglioli.

Pinsons pris dans les dunes près de La Haye, deux hybrides ♂ ? dont un vécut au Jardin zoologique de cette ville jusqu'au commencement de 1891 ; l'autre mourut bientôt en captivité (1).

Également dans la même année de 1885, pendant l'automne, M. Ah. Poggi, de Gênes, tuait dans les collines de Bolzaneto, éloignées de cette ville d'environ 10 kilom., un sujet mâle qu'il trouvait dans un bois de Châtaigniers.

Cet Oiseau nous a été indiqué par M. Brancalione Borgioli, préparateur au Musée zoologique de l'Université de Gênes; M. Poggi a bien voulu nous donner les détails complémentaires que nous citons. L'Oiseau est aujourd'hui conservé dans sa collection.

L'année suivante, le 26 octobre, Madame la Marquise Paulucci, de Certaldo (Val d'Elsa) per Monte (Italie), prenait elle-même au Paretaio (chasse aux filets) un exemplaire ♂ qui fut préparé le même jour par M. Magnelli, de Florence, et que l'on voit aujourd'hui dans la collection ornithologique italienne de la Marquise dans sa propriété de Monte.

On conserve au Musée d'Histoire naturelle de Trieste (Autriche) une femelle prise à l'état sauvage dans une campagne près de cette ville, à Servola, le 6 octobre 1888. Cet Oiseau vécut jusqu'au 15 décembre de la même année (2). M. Antonio Valle, directeur-adjoint du Musée, a bien voulu nous adresser cet intéressant spécimen.

Pendant la première moitié du même mois d'octobre 1888, dans un petit roc situé près d'une colline de la vallée de l'Addige, à environ 220 mètres au-dessus du niveau de la mer, M. le dr Ricardo Ferrari, de Trente, prenait lui-même avec deux autres *Fringuelli communi* un hybride paraissant mâle. L'endroit où l'Oiseau fut pris, ajoute le docteur dans la communication qu'il veut bien nous faire, s'appelle Vadena, petite commune du district politique de Balzano (Bozen) éloigné de 58 kil. de Trente. Nous avons reçu à Rouen cet intéressant spécimen.

Deux ans plus tard, en 1890, M. D. Lougal, marchand d'oiseaux à Paris, 33, rue Charlot, achetait, moyennant une très faible somme (0 fr. 75 c.), au marché aux Oiseaux, « un *mulet* de Pinson ordinaire et de Pinson des Ardennes » qu'il conserva jusqu'au printemps de 1891, époque où l'Oiseau mourut.

(1) Communication de M. de Graaf, de la Haye, et de M. A.-C. Oudemans, de la Haye.

(2) Communication de M. G. Vallon, de Roverto (Trentin, Autriche) et de M. Antonio Valle, directeur adjoint du Musée de Trieste.

Egalement pendant l'année 1890, M. A. Cooper, de Penze (London) exposait au Cristal Palace, sous le n° 1799, un hybride de Bramblefinch (*P. cœlebs*) et de Chaffinch (*F. Montifringilla*) pris à l'état sauvage, nous dit-il, par un oiseleur de sa contrée. Après avoir passé par les mains de M. le Dr Dale de Scarborough, l'Oiseau fut vendu à M. S. Deny Hunt, de Kings' Linn, qui l'exposa de nouveau en 1891 au même Palais. Cet individu avait été montré à l'exposition de Northampton (22 et 23 octobre 1890).

En outre, M. Gustavo Ferrari, frère du docteur de ce nom, et habitant Calaranica (province de Trente), se rappelle avoir pris, il y a un an, à Valsugana, un très joli mâle hybride qu'il conserva en cage pendant quelque temps et qu'il remit ensuite en liberté. M. Gustavo Ferrari ajoute, dans la lettre qu'il veut bien nous adresser, que l'on prend dans son pays, à peu près tous les ans, quelques sujets hybrides.

Notons aussi, d'après M. Camusso, que le croisement de *cœlebs* × *montifringilla* ne serait pas absolument rare dans les montagnes de Novi Ligure. Un de ses amis, chasseur, mais digne de confiance, âgé aujourd'hui de quatre-vingts ans, observa deux fois cet hybridisme, mais, comme le fait lui était tout à fait étranger, il négligea de consigner ses observations.

M. Desiderio Gargiolli, de Montefauna (Fiesola), nous a cité lui-même deux individus hybrides qui furent en sa possession il y a longtemps et qui avaient été pris dans ses filets pendant le mois d'octobre, en compagnie de quelques *Fringilla cœlebs* avec lesquels ils voyageaient. Ces deux Oiseaux, mis en cage, vécurent ainsi pendant quelques mois (1).

M. Turchetti aurait observé un autre exemplaire dans le district de Fucchio (2), nous ignorons à quelle époque.

Au Musée de Bergame, on conserve trois individus, deux ♂ et une ♀ (3) et au Musée de Milan un autre exemplaire venant de la Ligurie (4).

Enfin M. D. Niccolo Camusso, de Novi Ligure, veut bien nous apprendre qu'un hybride *F. cœlebs* × *F. montifringilla* a été pris le 27 septembre dernier à Bleggio (Venise). On lit en effet dans le

---

(1) Une mention de ces Oiseaux a été faite dans *Primo resoconto dei resultati della inchiesta ornithologica in Italia* du prof. docteur Enrico Hillyer Giglioli, 3ᵉ partie, p. 69, Firenze, 1891.

(2) Voy. le même ouvrage, même page.

(3) Communication de M. le comte Arrigoni degli Oddi, de Padoue.

(4) Communication de M. le professeur Sordelli.

Bollettino dei Naturalisti de Sienne (1), qu'un tel Oiseau capturé en cet endroit par M. Giacomo Salvadori est conservé au Musée de Rovereto.

La plupart de ces Oiseaux ont donc été obtenus à l'état sauvage.

Cette indication nous manque cependant pour l'exemplaire vu par M. de Selys dans la collection du Maréchal Vaillant à Paris, l'individu acheté par M. Lougal au marché de Paris, en 1890, et les trois exemplaires du Musée de Bergame. M. le comte degli Oddi, qui nous a indiqué ces derniers spécimens, nous dit bien que, d'après une communication qui lui a été faite, ils furent tous pris à l'état sauvage, mais M. le professeur dr A. Varisco, directeur du Musée zoologique, « regrette de ne fournir aucun renseignement sur ces pièces qui furent originairement possédées par un collectionneur amateur, mort depuis près de trente ans. »

Comme rarement on a obtenu en captivité le croisement des deux espèces et que ce croisement ne paraît point être recherché des éleveurs, il y a lieu de croire que la plupart des Oiseaux cités ont été produits à l'état sauvage. Reste maintenant à savoir si toutes ces pièces sont bien authentiques, c'est-à-dire ont réellement l'origine qu'on leur attribue ?

M. le Dr Turchetti ne se rappelle que vaguement les caractères présentés par l'hybride dont il a fait mention dans *Primo resoconto* (2). Il l'a tué, nous écrit-il, à une époque où il ne faisait guère attention aux hybrides et où ceux-ci, jetés pêle-mêle avec les autres Oiseaux tués à la chasse, étant tous mangés.

M. Lougal n'a point pris non plus le soin de décrire soigneusement son hybride; comme le docteur italien, il parle de souvenir.

L'exemplaire exposé primitivement par M. Cooper au Cristal Palace en 1890 a, paraît-il, été critiqué dans une revue. On aurait mis en doute sa provenance hybride, d'après un renseignement que veut bien nous envoyer M. le Dr Dale qui posséda cet Oiseau pendant quelque temps. Pour le docteur toutefois, il ne peut être ici question de variété (3).

Sur les autres spécimens, nous possédons les descriptions et renseignements suivants :

Le spécimen appartenant à M. van Wickevort Crommelin : « Un peu plus grand que le Pinson, se rapprochant par la taille de *montifrin-*

(1) No du 15 mars 1892.

(2) Page 69.

(3) D'après le *Zoologist*, p. 106, Mars 1890, le rév. Macpherson a parlé d'un intéressant spécimen de *Brambling* et *Chaffinch*, sans doute le spécimen en question ?

gilla dont il a le bec plus fort, les jambes plus faibles que celles du Pinson, la poitrine de la belle teinte propre au Pinson, mais plus intense, le dessus de la tête d'une teinte bleue comme ce dernier, à laquelle est mêlée, surtout vers le devant, une teinte rousse comme chez le *Fr. montifringilla* ; les plumes du front sont noires, bordées de roussâtre comme chez cette espèce en automne ; la nuque, le derrière du cou, le dos et le croupion comme chez le Pinson, mais le châtain du dos a une teinte roussâtre qui rappelle celle des bordures des plumes de *Fr. montifringilla*, et le vert du croupion est moins intense que chez le Pinson ; la queue et les couvertures sont, tant par la forme que par la coloration, pareilles à celles du *Fr. montifringilla*, toutefois la tache blanche sur les deux rémiges externes (propre au Pinson) s'y retrouve, mais presque nulle ; les ailes rappellent par la forme, ainsi que par la teinte des plumes surtout, le *Fr. montifringilla*, particulièrement aux scapulaires et aux secondaires, mais on y retrouve les deux bandes caractéristiques du Pinson, lesquelles, toutefois, sont d'une couleur *rousse*, ce qui rappelle l'Oiseau des Ardennes ; sur les rémiges, on remarque une faible teinte verdâtre qui manque chez cette dernière espèce ; le ventre et l'abdomen sont d'un blanc pur comme chez le *Fr. montifringilla*, mais on ne retrouve pas sur les flancs la teinte roussâtre ni les taches noires qui distinguent cette espèce » (1).

Hybride de M. le baron Ed. de Selys-Longchamps (2) : « Tout le dessus du corps et les ailes comme *montifringilla* (le dessus de la tête noirâtre, plumage d'été), mais le croupion noirâtre sans blanc en dessus. Tout le dessous du corps jusqu'au cuisses rappelant *cœlebs* par sa nuance uniforme, mais d'un roux ferrugineux plus foncé, moins vineux, sans aucun vestige de flammèches obscures des flancs du *montifringilla*. Chez *montifringilla* le roux de la poitrine est clair, plutôt jaune chamois, et ne descend pas bas sur la poitrine, qui est blanche. La première bande des ailes est blanche comme chez *cœlebs*, à peine salie sur son extrême base ; bec intermédiaire. » La double provenance de cet Oiseau paraît évidente à M. de Selys-Longchamps qui ajoute à cette description les renseignements suivants : « Le *montifringilla* arrive ici en octobre et part au printemps, c'est un Oiseau d'hiver. Très accidentellement il reste des individus égarés ; la production des hybrides de cette espèce semble due à ces exemplaires restés accidentellement en été. »

(1) Cette description nous avait été envoyée, il y a quelques années, par M. van Wickevoort Crommelin.

(2) La description suivante a été faite pour nous par le savant académicien.

M. de Selys-Longchamps fils a bien voulu exécuter pour nous une photographie de cet Oiseau; malheureusement, comme on nous le fait observer, dans la photographie le jaune et le verdâtre sont transformés en noir et se confondent avec les parties qui sont réellement noires. Nous ne pouvons donc aucunement nous rendre compte de la coloration du plumage.

Hybride ♀ *de M. le comte Arrigoni degli Oddi* de Padoue (1) : « Bec jaune fort avec la pointe foncée ; iris noir ; plumes de la tête, nuque, dos, gris olivâtre moins chargé que celui de la femelle du *F. cœlebs* ; croupion et couvertures de la queue vert jaunâtre assez terne. Quelques couvertures gris brun. Gorge, gosier et poitrine gris, légèrement clair. Le reste blanc teinté de jaune. Les couvertures des ailes clair vif. Les rémiges brunâtres bordées nettement de jaune verdâtre. Les rectrices noires, les deux latérales blanches portant un petit trait auprès de l'extrémité de l'éventail externe et une tache allongée à la base interne, les deux suivantes ont une tache blanche à l'extrémité de l'éventail interne. Tarse, pied, ongles brunâtres. »

Hybrides du Jardin zoologique de la Haye : « L'un de ces individus avait la stature d'un *Fringilla montifringilla*, mais le plumage d'un *Fringilla cœlebs*, avec cette exception que la tête entière avait la couleur de la poitrine, et que les deux bandes transversales sur les ailes étaient d'un roux orangé, comme chez le *Fringilla montifringilla*.

Le second avait la grandeur, la stature, le bec et le cri d'appel du *Fringilla cœlebs*, mais portait le plumage d'hiver du *Fringilla montifringilla*, avec cette exception que le croupion blanc était entremêlé de plumes vertes et que la première bande transversale sur les ailes était d'un blanc pur ». (2)

Hybride de Madame la Marquise Paulucci : « C'est un *Fringilla cœlebs* ♂ pour tout ce qui se rapporte à la coloration générale de la poitrine, de la tête et du dos, y compris le vert jaunâtre près de la queue. Le dessus de la tête, les joues et la partie supérieure et latérale du cou présentent des taches ondulées noirâtres, propres au *Fringilla montifringilla*. Quant aux ailes, elles ont la coloration fauve du *F. montifringilla*, de sorte que, vu en dessous, cet Oiseau représente un *F. cœlebs*, vu en dessus, il a tous les caractères d'un *F. montifringilla*, la tache vert jaunâtre de dessus de la queue exceptée ».

_____

(1) Description faite pour nous par M. degli Oddi.

(2) Ces renseignements nous sont envoyés par M. A.-C. Oudemans, mais la description du deuxième exemplaire a été faite par M. de Graaf, de la Haye.

Cette description faite par la marquise elle-même nous est confirmée en tous points par M. Magnelli, préparateur au Musée de Florence.

Hybrides de M. Desiderio Gargiolli : Ces deux spécimens, confondus d'abord avec *F. montifringilla* ♀ à cause de la parfaite ressemblance de leur couleur et de leur forme avec cet Oiseau, furent mis en cage pour servir de pâture à des oiseaux de proie; mais leur chant, qui ressemblait à *F. cœlebs*, les fit reconnaître; M. Gargiolli s'aperçut bientôt de son erreur et se convainquit que les deux exemplaires étaient certainement des hybrides provenant des deux espèces ci-dessus indiquées. C'est alors que, par une curiosité bien naturelle, il voulut conserver près de lui les deux prisonniers afin de faire quelques observations sur leur nature. Pendant leur captivité qui fut courte, car ils moururent après quelques mois de cage, M. Gargiolli n'observa d'autre changement que dans la couleur des plumes qui devinrent un peu plus sombres après la mue du printemps. Ils ne changèrent pas leur chant pendant la saison des amours.

Ces Oiseaux ne purent malheureusement être envoyés après leur mort au Musée royal d'Histoire naturelle de Florence, leur état ne permettant pas de les empailler.

Nous voyons, par ces quelques renseignements que M. Gargiolli a eu la complaisance de nous envoyer, qu'ils ne différaient point par leur couleur et leur forme du *Fringilla* ♀, leur chant seul les faisait distinguer de cette espèce. Est-ce suffisant pour établir leur origine hybride? M. Gargiolli, qui les a étudiés en captivité, ne la met pas en doute cependant.

Hybrides du Musée de Bergame : Individu ♂ adulte : « Tête, nuque et côté du cou mélangés de noir, de grisâtre et de jaunâtre. Dos chatain olivâtre. Croupion noir, à l'extrémité jaune verdâtre vif. En dessous comme le *Fringilla cœlebs*. Ailes et queue presque semblables à *Fr. cœlebs* ».

Autre individu ♂ adulte : « Comme le précédent avec le croupion beaucoup plus jaune soufre et jaune verdâtre. La tête plus teintée avec rosace. Les ailes avec les bords et les séparations, au lieu d'être blancs, sont d'une couleur plus claire vineuse. Les rémiges plus petites avec le bord couleur soufre. »

Troisième individu : « Bec allongé ressemblant à celui de *Fr. montifringilla*, corné foncée, iris noir. Front gris rosâtre. La tête de même couleur tachetée de noir à la base des plumes.

« Une bande noire passant au-dessus des yeux descend sur les côtés du cou en se rapprochant vers les épaules. L'espace, compris entre la nuque, verdâtre mélangé de gris rosâtre. Dos noir, teinté de bai foncé sur les bords et à l'extrémité.

« Croupion jaune soufre mélangé de noir et de noir bordé et tacheté de gris rosâtre sur les couvertures supérieures de la queue. Côtés de la tête gris rosâtre mélangé de vert jaunâtre. Côtés du cou plus verdâtres. Gorge et poitrine couleur de lion, mélangé de jaune légèrement soufre. Abdomen blanc et soufre mélangés. Flancs lion soufre, sous-code blanc mélangé de soufre et d'isabelle lion. Scapulaires et petites couvertures noires avec l'extrémité lion soufre, les médianes noires, avec l'extrémité largement entourée de blanc soufre, avec la tige de la coloration noire qui continue en noir sur la coloration blanc soufre ; les grandes noires, bordées de bai, plus particulièrement et plus largement sur l'éventail externe. Les rémiges et les rectrices bordées de jaune serin çà et là légèrement, coloration plus vive sur les rémiges près du corps. La première rectrice à la base jusqu'à la moitié de la longueur bordée à l'extérieur de blanc avec pénombre serin brunâtre dans la partie médiane vers l'extrémité, chose peu visible. La coloration de cet individu est celle de *Fr. montifringilla* ♀ excepté la couleur soufre du poitrail et celle de la croupe. Il n'y a rien de remarquable, à l'exception peut-être des deux timonières qui sont semblables à celles de *montifringilla* comme l'est généralement l'Oiseau (1). »

Hybride autrefois dans la collection Laurin (2) : « Demi-collier bleuâtre, exactement comme chez le Pinson ordinaire ; dos d'une teinte rouillée à peu près uniforme ; croupion vert jaunâtre ; couvertures supérieures de la queue gris plomb. La tête ressemblerait assez à celle d'une femelle, sauf quelques teintes verdâtres sur les joues ; le bec, unicolore comme chez le Pinson ordinaire, se rapprocherait, par sa forme, de celui du Pinson d'Ardennes. La coloration de la poitrine est d'une nuance intermédiaire entre le rouge vineux du *cœlebs* et le jaune du *montifringilla* ; seulement, cette teinte ne s'arrête pas au poitrail, comme chez celui-ci, elle envahit une partie de l'abdomen ainsi que les flancs qui tournent au gris. On ne remarque pas sur les flancs ces lunules noires qui caractérisent le mâle du Gros-Bec d'Ardennes ; la queue et les ailes ressemblent à celles de cet Oiseau, mais les taches blanches y occupent un

---

(1) La description de ces trois exemplaires, faite par M. le comte Degli Oddi de Padoue, nous a été envoyée gracieusement par celui-ci.

(2) La description suivante, donnée par le Dr J.-B. Jaubert dans le *Magasin de Zoologie* (mars 1853, p. 117), se rapporte, sans aucun doute, à un des deux exemplaires aujourd'hui au Musée d'histoire naturelle de Marseille et venant de cette collection.

espace plus grand. » Le cri de cet hybride, que le docteur Jaubert a
eu l'occasion d'entendre à diverses reprises, était identique au cri
bien connu du Pinson ordinaire.

Exemplaire ♀ du Musée de Milan : L'Oiseau est noté sur le catalogue comme *Fringilla media* Jaub. M. le prof. Sordelli a cru inutile
de nous adresser cette pièce qu'il a bien voulu examiner lui-même
et comparer avec *F. montifringilla* et avec les deux sexes de *cœlebs*.
Le résultat de cette étude, que le savant professeur a faite à notre
intention, a été que l'indication : « *Fr. montifringilla* hybr. *cum
cœlebe* », également inscrite sur l'étiquette, n'est pas exacte et que
l'Oiseau en question n'est qu'une femelle de *cœlebs* dout les couleurs
diffèrent en partie seulement de celles qui caractérisent cette espèce.

En effet « la coloration qui distingue *montifringilla* n'apparaît nulle
part. Les dimensions de la forme du bec, ainsi que celles de toutes
les autres parties du corps, sont les mêmes que chez les femelles de
cœlebs. Le vertex a les deux raies brunes qui se rejoignent sur l'occiput ; rémiges brunes, liserées de jaune et de blanc ; bande blanche
étroite, scapulaires roussâtres là où *cœlebs* ♀ les montre blanches,
pennes de la queue exactement les mêmes que chez le Pinson ordinaire, y compris les deux plus externes avec leurs parties blanches.
Tout le reste est d'un roussâtre qui rappelle tout à fait celui de la
poitrine et des joues de *cœlebs* ♂ ; cette couleur tourne un peu au
vert olivâtre sur le dos ; croupion roussâtre, ainsi que la poitrine,
ventre plus pâle avec quelques taches brunes, ainsi que cela se voit
chez la ♀ de *cœlebs*. »

Il s'agit donc, ajoute M. Sordelli, d'un simple *cas d'allochroïsme.*
M. le comte Arrigoni degli Oddi, de Padoue, qui connaît ce sujet,
nous avait prévenu également qu'il ne devait pas être un hybride,
mais plutôt une anomalie de couleur. Cette nouvelle appréciation
confirme les renseignements que veut bien nous envoyer M. le prof.
Sordelli.

Exemplaire du Musée de Rovereto (Italie). Nous ne pouvons reproduire que les quelques indications données sur la couleur et la
forme de cet Oiseau par le Bollettino del Naturalisti de Sienne, car
notre article sur le croisement du *F. montifringilla* et *F. cœlebs* est
sous presse au moment où M. D. Camusso, de Novi Ligure, nous
fait connaître ce nouvel hybride. « Les parties supérieures de cet
exemplaire, dit le Bollettino (1), ressemblent à celles du *montifringilla*, les inférieures à la ♀ du *cœlebs*, mais plus jaunâtres. Le blanc
des ailes est remplacé par du jaune clair. »

(1) N° 3, 15 mars 1892.

Hybride de M. le Dr Silvio Romanese, de Levico : « C'était, nous écrit le docteur, un très bel Oiseau, avec le bec, les côtés du corps, le cou, la poitrine et le ventre d'une couleur caractéristique et semblable au *montifringilla* ; tandis que la partie supérieure de la tête, du dos, la croupe et les plumes des ailes et de la queue étaient du *cœlebs*. M. le Dr Romanese conserva en cage pendant un an l'Oiseau qu'il avait pris en automne; son chant était celui du *cœlebs*, au printemps, au contraire, il chantait comme le *montifringilla* et aussi un peu comme le *cœlebs*. L'Oiseau, n'ayant pu être apprivoisé et ses plumes se détériorant, fut tué; M. Romanese ne se rappelle plus ce qu'il en fit. Voici sa description détaillée d'après le Dr Moschen (1).

« Des trois caractères qui servent à la diagnostique des deux espèces, un appartient à la Pepola *(F. montifringilla)* : croupe blanche ; les deux autres du *cœlebs* ; rémiges bordées de jaune ver- dâtre ; les deux timonières externes tachées de blanc vers l'extré- mité. Certaines parties de la tête ont une couleur semblable à celle de la partie correspondante de la *Pepola ;* les côtés du cou et le dos sont comme dans le Pinson ordinaire ; les reins, la gorge, le gosier et la partie antérieure de la poitrine, les scapulaires et les couver- tures comme chez la Pepola, enfin les pattes comme celles du Pinson. »

Afin de faire ressortir les caractères mixtes de cet Oiseau, M. le Dr Moschen a cru devoir donner sa description en regard de celle que M. G. Perini donne des deux espèces pures (2). Nous nous con- tenterons de reproduire la diagnose de l'hybride : « Croupe blanche, rémiges bordées de verdâtre jaunâtre, les deux rectrices extérieures tachées de blanc vers l'extrémité. Bec jaunâtre (3) à la base, couleur turquoise vers l'extrémité et le long des bords. Iris assez foncé; front noir; dessus de la tête, nuque, joues et région auriculaire noires avec bords grisâtres et jaunâtres, sans reflets métalliques. Les deux côtés du cou, couleur de cendre turquoise. Dos châtain rougeâtre clair, tirant légèrement sur l'olivier, avec quelques rares pointillés en noir sur les côtés. Croupe blanche tirant un peu sur le jaune sur les côtés et avec quelques plumes de couleur vert clair. Reins, gorge, gosier et partie antérieure de la poitrine, jaune fauve strié ; ventre et sous-queue blancs ; scapulai-

(1) Bollettino della Societa Veneto-Trentina.
(2) *Ornithologie veronèze.*
(3) On fait observer ici que la couleur jaunâtre de la base du bec dépend de ce fait que l'Oiseau (lorsqu'il fut décrit) n'avait pas encore revêtu entièrement le plu- mage du printemps et par suite on doit considérer ce caractère et quelques autres encore comme un reste de la livrée d'automne.

res et faces transversales sur les ailes jaune fauve ; autre face blanche en dessous de celle-ci ; petites couvertures des ailes blanches et
rémiges brunes légèrement tachées d'un jaune verdâtre, avec tache
blanche à la base de celles-ci entre les trois premières. Timonières
brunes ; la première externe noire à la base et aux extrémités avec
tache blanche le long de l'éventail, la seconde avec tache semblable
mais plus petite, les suivantes noires. Pieds brun gris couleur
chair. »

« De ce qui précède, dit le docteur, il résulte clairement que,
dans cet Oiseau, il existe des caractères propres au Fringillo
(*F. cœlebs*) tandis que d'autres appartiennent à la Pepola ; on ne peut
expliquer ce fait, suivant les lois de l'hérédité, qu'en admettant
que cet Oiseau soit un hybride descendant des deux espèces. »

L'Oiseau avait du reste été arraché au sort de ses nombreux compagnons (*Fringilli et Pepole*) grâce à son plumage qui différait de
celui de tous les autres. En automne, les deux espèces traversent
en grand nombre, en effet, les vallées du Trentin à la grande joie et
au divertissement des oiseleurs qui les attendent au passage avec
leurs filets. Au moment où M. le dr Moschen donnait la description
de l'hybride de son ami, M. S. Romanese de Levico, l'Oiseau vivait
en captivité chez ce dernier.

Venons maintenant aux exemplaires que nous avons pu examiner
en nature : ce sont les trois exemplaires du Musée de Florence et
envoyés gracieusement pour nos études par M. le prof. Giglioli ;
celui du Musée de Trieste, que nous a communiqué très obligeamment M. Antoine Valle, directeur-adjoint de cette collection ; les
deux individus du Musée de Marseille reçus dernièrement grâce
à la bienveillance de M. Marion, directeur ; le spécimen supposé
c de M. le dr Ricardo Ferrari, de Trente ; l'exemplaire appartenant à M. Ah. Poggi de Gênes et les deux pièces de la collection
Degland aujourd'hui au Musée de Lille. En tout neuf pièces.

*L'individu ♂ de Borgo S. Sepolcro, Arezzo (Toscane), 15 octobre
1881*, nous a paru être un véritable hybride ; nous avons noté les
caractères suivants : Bec brun clair violacé, sans noir à l'extrémité
des mandibules. Le dessous du corps, la gorge et la poitrine sont un
mélange de roux violacé bien intermédiaire entre le roux vineux
du *cœlebs* et le roux orangé du *montifringilla*. Le dessus de la tête
et du cou est un mélange de brun gris, de noir et de bleuté ; le dos
est marron gris, la première bande transversale de l'aile (la plus
haute) blanc pur, la seconde blanc sale, gris jaunâtre ; les bandes
extérieures des rémiges sont bordées de verdâtre pâle comme dans

cœlebs, enfin les rectrices les plus extérieures sont en partie blanches. L'Oiseau nous a donc semblé intermédiaire entre les deux espèces.

Croyant posséder la description de l'*exemplaire de Fiesole (4 novembre 1884)*, nous ne l'avons point faite, mais l'impression que cet Oiseau nous a causée est bien celle d'un hybride. Les ailes le prouvent d'une façon évidente, et la couleur du dessus de la tête semble être aussi un mélange de celui des deux espèces?

L'exemplaire ♀, *pris le 15 novembre 1885 à Palaia* : ne paraît point montrer aussi clairement sa double origine. Il tient en effet presque exclusivement du *cœlebs* ♀, s'il a le croupion blanc gris, et non verdâtre comme ce dernier, cette couleur pourrait à la rigueur provenir d'un albinisme partiel ; si encore la deuxième barre de l'aile est presque rousse comme chez *montifringilla*, on ne doit pas oublier que l'Oiseau a été tué à l'automne, à cette époque de l'année où la deuxième barre de l'aile du *cœlebs* ♀ prend aussi cette teinte. Toutefois le dessus de la tête et du cou, le dos (mélange des deux espèces?) nous a paru montrer l'influence exercée quelque peu par *montifringilla*, influence qui se reconnaît encore sur les côtés des flancs colorés en roux presque orangé.

La femelle du Musée de Trieste est aussi très semblable à une ♀ *cœlebs*. Nous avions entre nos mains, pour la comparer à cette dernière, deux femelles *cœlebs*, tuées pendant le mois d'octobre, époque de l'année où elle fut capturée (1). Voici les notes que nous avons prises : Quoique ressemblant presque entièrement à une ♀ Pinson ordinaire, elle montre sa provenance du *montifringilla* par sa tonalité plus rousse en général ; sur le dos supérieur, sur le dessus du cou et sur la couronne de la tête, on aperçoit un mélange des deux espèces ; à l'épaule une teinte franchement rousse, en dessous (couvertures inférieures) les plumes jaune citron indiquent manifestement l'influence du *montifringilla* ; le croupion est aussi un mélange des deux types. Malgré ses faibles ressemblances à *montifringilla* et ses très grandes ressemblances avec *cœlebs* ♀, nous supposons néanmoins qu'elle provient d'un mélange des deux espèces, origine que l'on peut aussi, sans doute, attribuer à l'exemplaire ♀ du Musée de Florence? Les femelles hybrides auraient-elles une propension à ressembler presque exclusivement à une seule des deux espèces? par la description qui nous a été envoyée par M. degli Oddi de son exemplaire ♀, nous voyons les mêmes particularités se reproduire ;

(1) Elle ne vécut, nous l'avons dit, que jusqu'au 15 décembre de la même année; son plumage ne dut donc pas changer.

cependant l'aquarelle, que le savant naturaliste a bien voulu faire pour nous semble dévoiler l'origine mixte de l'Oiseau.

Les deux exemplaires du Musée de Marseille : La description donnée plus haut (1) se rapporte évidemment, comme on a eu soin de l'indiquer, à l'une de ces pièces, à celle, sans aucun doute, qui présente d'une manière assez tranchée les caractères du *montifrin- gilla* et du *cœlebs,* quoique l'Oiseau ne reproduise que très faible- ment les traits de ce dernier. Nous ferons néanmoins connaître notre impression sur ce spécimen. Quant au second, provenant de la même collection (collection Laurin), quoique étiqueté comme hybride, il nous a paru être un exemplaire *douteux* parce que les caractères propres aux *cœlebs* ne sont pas assez appréciables. Sauf quelques particularités de peu d'importance, c'est un *montifringilla.* Le produit de deux types distincts n'offrant quelquefois que peu de ressemblance avec l'une des espèces dont il tire son origine, l'indi- vidu en question, presque entièrement *montifringilla,* pourrait, il est vrai, provenir d'un croisement de ce dernier type avec le *cœlebs* ; mais, n'ayant point la preuve de l'union des deux parents, nous ne pouvons le déclarer hybride : c'est tout ce que nous voulons dire. Ainsi la couleur de sa poitrine roux orangé ne porte aucun mélange du roux vineux du *cœlebs* ; cependant, nous le reconnaissons, cette teinte roux orangé descend plus bas qu'à l'ordinaire, elle affecte même les flancs en se fonçant presque en bleuté ; si encore quel- ques parties de la croupe sont verdâtres, elles sont très mélangées de gris, à la rigueur blanc sale. Les rectrices ne sont point fran- gées comme elles le sont chez tous les *montifringilla* que nous avons examinés (quoique ce caractère ne nous paraisse pas abso- lument fixe chez cet Oiseau, car il existe au Musée de Rouen un exemplaire *montifringilla* ♂ dont les rectrices sont noires, presque toutes sans bordures). Nous avons oublié de constater si une ou deux des rectrices extérieures étaient tachées de blanc (2) ; la forme des rectrices nous a paru se rapprocher de *cœlebs ;* sur les côtés du cou la teinte bleutée semble aussi empruntée à ce dernier ? Le seul caractère remarquable de cet individu, presque entièrement *monti- fringilla,* consiste dans l'absence de taches noires aux flancs. Est-ce suffisant pour déclarer son hybridité? Deux naturalistes prépara- teurs de notre ville, auxquels nous avons fait voir le spécimen, ne supposent point une double origine chez cet Oiseau.

(1) D'après le Magasin de Zoologie, p. 117, mars 1853.
(2) On sait que deux rectrices latérales de *cœlebs* portent une large tache blanche, le blanc n'affecterait qu'une seule des rectrices latérales du *montifringilla* (d'après Degland).

Revenons au premier : dans son ensemble l'Oiseau est encore plus *montifringilla* que *cœlebs*, mais le roux de la poitrine est franchement vineux, et la croupe est jaune verdâtre clair, très nettement accusé. Vu en dessus, la partie supérieure, le dos au moins, et le croupion peuvent passer pour un mélange des deux types, la croupe seulement cependant est réellement intermédiaire entre le blanc du *montifringilla* et le vert jaunâtre du *cœlebs*. Les rectrices sont encadrées d'un petit liseré blanchâtre ou jaunâtre que n'a pas *cœlebs*; la forme paraît se rapprocher davantage de celui-ci. Vu en dessous, l'Oiseau est bien plus *cœlebs* par sa coloration, presque de la couleur roux vineux de celui-ci, quoique l'on sente faiblement le roux orangé du *montifringilla*, mais cette couleur rosé vineux ne s'arrête point sur la poitrine comme le roux orangé du *montifringilla*; à la manière du *cœlebs*, elle s'étend sur le ventre et jusque sur les flancs qui deviennent gris bleuté foncé, ce que ne présente d'aucune manière *montifringilla*. Absence aussi sur cette dernière partie des taches foncées longitudinales de ce dernier. Il n'existe point sous les couvertures des ailes, près des épaules, c'est-à-dire dans la partie haute, de couleur jaune chrôme orangé propre au *montifringilla*. Enfin la couleur du bec paraît être plutôt celle de *cœlebs*. La première barre blanche des couvertures des ailes est plus apparente que chez *montifringilla*, du moins le brun orangé roux du haut de l'aile ne la recouvre pas autant, cette couleur caractéristique du *montifringilla* est peu accentuée chez ce spécimen. Nous pouvons encore noter que chez cet Oiseau on aperçoit sur les côtés du cou un demi collier bleuté, mélangé de noir assez large, qui pourrait aussi montrer l'influence du *cœlebs*?

Exemplaire de M. le Dr Ricardo Ferrari, de Trente : presque *montifringilla* pur; le seul caractère qui l'en distingue consiste dans les taches blanches de deux rectrices externes. Le bec de couleur gris bleuâtre l'éloigne aussi sans doute de *montifringilla*, car c'est au mois d'octobre qu'il fut tué et à cette époque le bec du *montifringilla* a, pensons-nous, sa couleur jaune brillant à la base des mandibules et brun foncé ou noire à leur extrémité. Le roux foncé de la poitrine descend plus bas qu'à l'ordinaire, il se prolonge jusque sur les flancs; peut-être aussi est-il quelque peu, quoique très légèrement, vineux.

Ces caractères permettent-ils d'affirmer l'hybridité de cet intéressant Oiseau? Nous n'oserions le prétendre. Cependant les deux rectrices externes, tachées à la manière de *cœlebs*, et la couleur gris bleuâtre du bec, nous laissent dans l'indécision.

Nous avons cru devoir faire part à M. le Dr Ferrari de l'impression que nous avait causée son Oiseau ; celui-ci ne partage pas nos hésitations. La couleur des plumes de la gorge et du croupion, nous dit-il, sont deux marques bien distinctives, très caractéristiques, non équivoques. Sans être un savant (ce que le docteur nous permettra de contester), comme oiseleur et amateur, il connaît assez le caractère des Oiseaux de passage pour discerner les anomalies et les variantes de l'une et de l'autre espèce. Sur ce point, nous dit-il, la pratique vaut mieux quelquefois que la théorie (nous sommes complètement de cet avis). Or, trois oiseleurs, parmi les meilleurs connus du docteur, ont déclaré que le sujet en question était un hybride. Quant à lui, il le considère comme tel *sans aucun doute*, « la couleur des plumes, le chant et le maintien de l'Oiseau » lui en donnent la certitude.

Si, comme M. Riccardo Ferrari le pense, son sujet est bien le produit des deux espèces nommées, cette circonstance prouve qu'un hybride peut quelquefois emprunter la plupart de ses caractères à une seule des espèces mères.

Exemplaire appartenant à M. Al. Poggi, de Gênes. Avant de nous envoyer son spécimen, M. Poggi avait eu la complaisance d'écrire pour nous une description que nous traduisons littéralement : « mâle, de la taille de *F. cœlebs*; tête tachée de noir mélangé de chatain foncé; côtés du cou gris verdâtre; dos de couleur noisette olivâtre; les grandes rémiges *F. cœlebs*, les rémiges secondaires et les petites couvertures *F. montifringilla;* le croupion vert taché de noir; queue et sopracoda *F. cœlebs;* sottocoda fauve clair; gorge fauve; poitrine fauve clair; abdomen blanc; ascellari à peine teintées de jaune clair. »

La double origine de ce spécimen s'impose à première vue, nous voulons dire par là que ses caractères sont tellement intermédiaires entre les deux types purs qu'il semble tout naturel d'assigner à un tel Oiseau une double parenté, l'une *cœlebs*, l'autre *montifringilla*. Mais ce qui nous a surpris, ça a été de constater sur le croupion, de couleur verdâtre jaunâtre foncé, un mélange de noir ! Les plumes de cette partie sont, à leur base, de cette couleur. (Nous croyons cependant, si nos souvenirs sont exacts, avoir constaté la même particularité chez un des premiers exemplaires que nous avions examinés).

Quoique l'exemplaire de M. Poggi soit plutôt *cœlebs* que *montifringilla*, le mélange des deux types est visible sur presque toutes les

parties du corps. C'est un des meilleurs spécimens, sinon le meilleur, que nous ayons eus à examiner. (La mandibule supérieure
manquait; l'inférieure nous a paru *cœlebs* ainsi que les deux rectrices
externes).

Les deux pièces du Musée de Lille de la collection Degland.
M. Degland n'avait point donné la description de ces deux Oiseaux
qu'il avait seulement signalés comme hybrides (1).

En demandant à M. Gosselet, directeur du Musée de Lille, l'autorisation de nous les faire parvenir, M. A. de Norguet, dont les
connaissances ornithologiques sont justement appréciées, nous prévenait qu'ils différaient peu à première vue du *cœlebs* et que leur
origine hybride lui paraissait quelque peu suspecte. La femelle,
en effet, est un véritable *cœlebs*, sans aucune trace de *montifringilla* ;
c'est un Oiseau plus pâle que le *cœlebs* ♀ ordinaire, aux teintes
quelque peu décolorées, c'est tout. Nous ne pouvons donc nous
expliquer quelles sont les raisons qui ont pu déterminer un ornithologiste, aussi distingué que l'était M. Degland, à déclarer hybride
un tel sujet. L'étiquette que porte cette pièce lui était-elle destinée ?

Nous ne ferons point toutefois la même critique de l'exemplaire
indiqué comme ♂. Quoique, dans son ensemble, il ressemble plus
à *cœlebs* qu'à *montifringilla*, il est réellement intermédiaire entre
les deux espèces. Le roux de la poitrine est un exact mélange des
deux teintes propres à chaque type, le dos est plus *cœlebs* que
montifringilla. Les rectrices, prises dans leur ensemble, semblent
être elles-mêmes intermédiaires, quoique les deux externes soient
cœlebs. Le croupion est verdâtre gris sale, quelque peu blanchâtre,
c'est bien encore un mélange des teintes propres à chacune des
deux espèces. La coloration du bec est sans doute également
empruntée aux deux parents. La large bande blanche des
couvertures des ailes est *cœlebs*, à peine si on aperçoit au-dessus
et la recouvrant un peu des couvertures de *montifringilla ;* la seconde
barre est réellement jaune brun roux, plus roux peut-être que chez
montifringilla et moins blanc que chez *cœlebs*. Pas de taches longitudinales foncées sur les flancs, ceux-ci sont recouverts par la
couleur roux vineux propre à *cœlebs* ; en somme, si l'hybridité doit
se reconnaître à des caractères intermédiaires, elle ne fait pas de
doute chez ce sujet.

Il nous reste à parler d'une pièce dont M. del Torre a fait
mention dans l'ouvrage de M. Giglioli (2). M. del Torre a été assez

(1) *Ornith. européenne*, I, p. 272, 1867.
(2) *Primo resoconto*, etc., p. 68, Firenze, 1891.

aimable pour nous envoyer l'aquarelle de cet Oiseau peinte par lui-même ; mais, en nous l'adressant il nous prévenait que cet exemplaire, pris dans les environs de Cindale il y a quelques années et ayant vécu longtemps en captivité, pouvait bien n'être qu'une variété de *Fr. cœlebs*. D'après ce que nous avons pu voir, il s'agit en effet d'un *albinisme partiel*, nous n'hésitons pas à le déclarer ; beaucoup des parties du plumage sont blanches, toute la tète et le cou notamment, ce que n'ont ni *cœlebs* ni *montifringilla*. L'Oiseau du reste chantait tout à fait comme *cœlebs*, nous dit M. del Torre.

Nous avons vu, dans une collection particulière de Rouen, un Oiseau semblable à ce dernier spécimen qui avait été présenté par erreur comme hybride à l'une des séances de la Société des Amis des Sciences naturelles de notre ville, mais qui n'est encore autre qu'un *albinisme partiel* (1).

Enfin, M. Ed. de Selys-Longchamps a la bonté de nous envoyer la description d'un exemplaire de Pinson que l'on pourrait croire, par sa coloration, hybride du Pinson d'Ardennes avec une autre espèce ; ce qui est blanc chez l'espèce normale est ici d'un jaune citron brillant. Nous ferons savoir à M. de Selys-Longchamps que nous avons reçu du Musée de Trieste la même variété ; nous ignorons à quelles causes ce changement de couleur est dû, toute pensée d'hybridisme nous paraît devoir être éloignée.

Ainsi si quelques pièces sont certainement fausses, si la double origine de quelques autres reste douteuse, ou n'est point suffisamment apparente, pour la plupart des exemplaires que nous avons cités l'hybridisme s'impose et nous croyons pouvoir dire que le croisement du *F. cœlebs* et de *F. montifringilla* à l'état sauvage se produit quelquefois, ne pouvant, *à cause de la rareté de ce même croisement en domesticité*, supposer que ces divers exemplaires hybrides soient des échappés de captivité. Il est, en effet, croyons-nous, extrêmement rare de trouver des hybrides *cœlebs* et *montifringilla* nés en cage (2).

_____

(1) Voy. Procès-verbal de la séance du 2 juillet 1891. L'Oiseau avait été tué à Gerville (Seine-Inférieure), vers 1885 ou 1886. Le membre, qui le présentait, n'indiquait pas toutefois le *montifringilla* comme deuxième facteur qu'il s'abstenait du reste de déterminer.

(2) M. Verrall, de Lewes, nous assure cependant avoir vu l'hybride des deux espèces né en captivité. Deux spécimens, maintenant montés, ont figuré à l'Exposition du Palais de Cristal en 1872 ; ils paraissaient être conservés chez M. T. Monk, de Lewes (Voir *The Field*, 22 mars 1890). M. Georges Davis, de S. Aldule Street 16, Gloucester, nous fait aussi savoir qu'il a maintenant en sa possession un Oiseau né en captivité du croisement du *montifringilla* et du *cœlebs*.

M. D. Niccolo Camusso, de Novi Ligure, *membro de l'Inchiesto ornitologica internazionale,* nous a fourni du reste des indications très-précieuses sur l'appariage constaté *de visu* des deux parents supposés. C'est la seule fois que nous ayons rencontré pour le croisement du *F. cœlebs* et du *F. montifringilla* une observation de ce genre ; M. Niccolo Camusso ne l'a point encore publiée (ce qu'il se propose de faire dans un prochain ouvrage); nous pensons donc qu'elle sera d'un grand intérêt pour nos lecteurs (1).

C'est au mois de juin 1870, à Rochetta-Ligure, que M. D. Camusso fit cette observation. Dans un arbre (un *Ulmus*), à la hauteur de cinq mètres du sol, dans l'enfourchure d'un tronc, était placé un nid de la forme commune *F. cœlebs,* de la même composition et de la même configuration que ce nid tant à l'intérieur qu'à l'extérieur. Il renfermait quatre jeunes âgés d'environ six jours, plus un œuf qui n'était pas éclos ; cet œuf était de la couleur de celui du *cœlebs,* quoiqu'avec beaucoup de taches obscures sur sa partie obtuse. Seule la femelle couvait; elle fut reconnue pour un *montifringilla;* le mâle était un beau *cœlebs.* Malheureusement des gamins avaient aperçu M. Camusso grimpant à l'arbre et cette couvée intéressante fut prise ; l'œuf lui-même fut détruit. La femelle néanmoins resta encore quelque temps près du nid désert, quatre jours environ, puis disparut.

L'hybridisme *cœlebs* × *montifringilla,* comme on le voit, présente un réel intérêt, l'examen des caractères des deux espèces mères mérite donc de fixer l'attention. Ces caractères sont-ils assez tranchés, assez distincts, pour permettre de déclarer *cœlebs* et *montifringilla* spécifiquement séparés, nous soumettons la question aux ornithologistes.

FRINGILLA COELEBS et FRINGILLA SPODIOGENA.

Un beau mâle *F. spodiogena,* en plumage de noces, que M. Degland examina dans la collection de M. Laurin, au moment où l'Oiseau venait d'être dépouillé et monté, avait été vu avec une femelle de Pinson ordinaire (*F. cœlebs*) avec laquelle il paraissait accouplé. Il arrivait toujours aux cris de cette dernière et la suivait constam-

(1) Elle n'a point été publiée dans *Primo resoconto dei resultato della inchiesta ornithologica in Italia* (parte terza) Florence, 1891, parce qu'elle fut faite hors du district que M. Camusso s'était assigné dans cette enquête ornithologique (Voir II, part. du *Resoconto* du prof. Giglioli, p. 38 et suiv.).

ment (1). On ne dit pas cependant que les Oiseaux construisirent un nid; du reste, le mâle fut tué au mois d'avril 1861. C'est un appariage présumé.

Genre Pyrrhula.

PINICOLA ENUCLEATOR (2) et CARPODACUS PURPUREUS (3)

M. Ridgway a vu chez M. Ernest E. Thompson, de Toronto (Canada), un Oiseau mâle adulte paraissant provenir, malgré la grande disparité de taille qui existe entre les deux espèces (4), du *Pinicola enucleator* et du *Carpodacus purpureus*. Le savant curateur du Musée national de Washington ne met même point en doute sa provenance.

Le Dr J. A. Allen, le directeur de l'Auk, a vu également ce spécimen et l'a déclaré de même : « *a clearly hybrid between common Purple Finch and the Pine Grosbeak. It is certainly*, ajoute-t-il (5) *a most interesting capture, combining equally the characters of the Pine Grosbeak and the Purple Finch. It is just half way between them in size and, very nearly so, in all other features.* »

Cet hybride fut pris dans une bande de Pine Grosbeaks *(Pinicola enucleator)* le 22 janvier 1890. M. Ernest E. Thompson, qui le possède dans sa collection privée à Toronto en a donné une description dans les Proceedings de la section ornithologique de l'Institut canadien (6), revue dont il fut le directeur. Celui-ci, en ce moment à Paris, n'ayant pu nous communiquer un exemplaire de son journal, nous nous bornons à reproduire la description de M. W. Cross (7).

« Mâle ad. 16,75, ailes 3'75, queue 4'25 pouces ; couleur géné-rale comme celle du *Pinicola* dans son plus beau plumage, le rouge sur la poitrine étant riche tout particulièrement. Le dos, les ailes, les côtés de la poitrine et le ventre se rapprochent de la couleur

(1) DEGLAND et GERBE, *Ornithologie européenne*, I, p. 274.

(2) Autres noms scientifiques : *Loxia enucleator, Corythus enucleator, Coccothraustes canadensis, Strobilophaga enucleator, Loxia psittacea, Loxia flamengo, Pyrrhula enucleator, Fringilla enucleator.*

(3) Autres noms scientifiques : *Fringilla purpurea, Pyrrhula purpurea, Erythrospiza purpurea.*

(4) Les deux facteurs ne pourraient être considérés comme races d'une même espèce, ils appartiendraient plutôt à deux genres?

(5) In The transactions of the Canadian Institut, Second meeting, I, p. 2, 28 Janvier 1890.

(6) Proceedings of the Ornithological subsection of the Canadian Institute.

(7) In Transactions of the Canadian Institute, I, p. 2, 1890.

chaude du *Carpodacus*, sans les teintes schisteuses du *Pinicola*, et rayé comme dans les espèces les plus petites; les couvertures inférieures sont doublées *(lined)* comme dans *Carpodacus Cassinii;* le bec avec ses plumes *antrorse* est intermédiaire en dimensions et en couleur, mais il est plus large que celui de quelques *Pinicola* adultes. »

Il nous paraît difficile, après l'avis de MM. Ridgway et Allen, de mettre en doute la double origine de cet Oiseau. Reste à savoir s'il n'est point un échappé de captivité. M. Ernest E. Thompson veut bien nous communiquer les renseignements suivants : « le *Pinicola* est très rare dans les *aviares* (volières), le *Capodacus* y est très commun, on élève facilement cet Oiseau en cage. Le *Pinicola* visite Toronton seulement pendant l'hiver ; ce n'est pas un visiteur régulier. Pendant la saison de 1889-1890 l'espèce était très abondante. »

Genre Emberiza

EMBERIZA CITRINELLA (1) et CYNCHRAMUS SCHŒNICLUS (2).

Dans la collection des Oiseaux d'Angleterre de feu M. Handcock, collection réunie aujourd'hui au Musée de la Société d'Histoire naturelle de Northumberland, Durham et Newcastle-upon Tyne, on voit un hybride entre le Yellow Bunting (*Emberiza citrinella*) et le Reed Bunting (*Emberiza schœniclus*). D'après les renseignements qui nous ont été communiqués par M. Handcock, cet Oiseau fut pris à Whitley Bents (Northumberland) le 30 janvier 1886. Il vécut en captivité au Musée jusqu'au 11 juin 1887; il mua une fois pendant ce temps. Après sa mort il fut envoyé à M. Handcock à Oatlands et préparé par celui-ci. Sur la tête, le cou et le dos il présente les caractères du *Reed Bunting*, le reste du plumage se rapproche du *Yellow Bunting*.

Depuis nous avons appris par M. Salter, jun., architecte à Pondwell (Angleterre), que M. Miller, de la « Brewery », à Reading, prit près de cette ville un Oiseau qui lui parut être le croisement entre l'*E. citrinella* et le *C. schœniclus*. Cet Oiseau, qui fut envoyé à M. Salter, jun., ressemblait aux deux espèces ; il mourut, il y a douze ans environ, chez M. Salter. Malheureusement celui-ci

---

(1) Autres noms : *Emberiza sylvestris, Emberiza septentrionalis, Citrinella, Citrinella, Emberiza Emberiza.*

(2) Autres noms : *Emberiza schœniclus, Emberiza passerina, Hortulanus arundinaceus, Chyncramus stagnalis et septentrionalis, Emberiza Durazzi, Buscarla pityornis,* etc.

n'attachant poiut à cette époque une grande importance aux hybrides ne fit point préparer la malheureuse bête amaigrie par la diarrhée et peu acceptable pour le montage; mais il ne conserve, nous dit-il, aucun doute sur son authenticité.

Nous croyons qu'il serait impossible de reconnaître un hybride *E. citrinella × schœniclus* d'un autre hybride de *E. citrinella × palustris*, car, sauf par la taille et par le cri qui les distingue, ces deux espèces sont pareilles. Il existe dans le genre *Emberiza* certains types qui offrent de grandes ressemblances de coloration, de taille et de conformation; qu'ils viennent à se croiser entre eux, ou avec *E. citrinella*, il sera sans doute impossible, en maintes circonstances, de déterminer leurs produits.

EMBERIZA CITRINELLA et EMBERIZA PITHYORNUS (1)

L'hybride de ces deux espèces a été signalé par M. Th. Pleske (2); il fut pris le 8 mars par le professeur Eversmann aux environs de Kasan et est aujourd'hui conservé au Musée Zoologique de l'Académie de Saint-Pétersbourg. « D'après son caractère varié, dit M. Pleske, cet Oiseau est incontestablement le produit d'*Emberiza citrinella* et d'*Emberiza leucocephala*. » Le savant naturaliste croit même pouvoir affirmer avec certitude que son père fut l'*Emberiza citrinella* et la mère le *leucocephala*. Nous ne suivrons pas l'éminent académicien dans cette voie.

En outre M. Pleske remarque que le plumage assez usé de cet Oiseau porte à croire qu'il a été retenu prisonnier pendant quelque temps? (Ne serait-ce pas plutôt un Oiseau échappé de captivité, état dans lequel il serait né)? Le sexe n'a pas été constaté, mais il paraît mâle par les traits particuliers de sa couleur.

Voici les principaux caractères qu'il présente : « Sommet de la tête gris blanc, avec des traits noirs plus nombreux au front et aux côtés de la tête, formant une espèce d'encadrement foncé qui s'étend du côté jusqu'au derrière du cou et prend à cette place une tonalité brunâtre.... Bande superciliaire intense s'étendant jusqu'aux côtés du cou. Les joues et la gorge blanches, les joues encadrées de deux raies d'un gris foncé et toutes les parties avec de rares taches noires. On remarque nettement des traces de la

---

(1) Autres noms : *Emberiza leucocephala, Fringilla dalmatica, Emberiza Bonapartii, Buscarla pithyornus, Passer sclaronicus*, etc.

(2) *Beschreibung einiger Vogelbastarde*, von Theodor Pleske, conservator am Zoologischen Museum der kaiserlichen Akademie der Wissenschaften (Mémoires de l'Académie impériale des Sciences de Saint-Pétersbourg, (7), XXXV, n° 3, 1887).

bande rouge de rouille de l'*Emberiza citrinella* ♂. Tout le côté inférieur est blanc, cette couleur ne se montre pure que sur le milieu
du ventre, tandis qu'elle est marquée sur la poitrine supérieure par
des taches larges d'un gris de cendre et sur la poitrine inférieure
par des taches pareilles rouge de rouille et par des raies d'un brun
foncé. Les marques de la poitrine inférieure s'étendent sur le côté
du ventre et sur les plumes tectrices du dessous de la queue, cependant les taches ainsi que les raies sont plus minces.

« Le derrière du cou est d'un gris de cendre avec quelques taches
d'un rouge de rouille. Les plumes du dos et des épaules sont rouille
brunâtre avec des raies d'un brun foncé ; le croupion d'un rouge
de rouille, chaque plume bordée de blanc. Toutes les parties sans
trace d'une teinte jaunâtre. Les tectrices supérieures des ailes d'un
brun foncé ; les petites et les grandes bordées de brun pâle et munies
d'une teinte jaunâtre à la bordure extérieure. Celles du milieu avec
des bordures rouge de rouille. Les primaires d'un brun foncé,
bordées d'un jaune mince. Les secondaires d'un brun foncé, bordées
largement d'un rouge de rouille. La courbure (le pli) des ailes d'un
jaune assez intense ; les tectrices inférieures des ailes d'un blanc
jaunâtre.

» Les plumes rectrices d'un brun foncé, les extérieures avec
des bordures blanchâtres et avec la barbe intérieure presque
blanche, la deuxième avec une tache blanche sur la barbe intérieure qui ne renferme qu'un quart de la longueur de la plume
de la queue, les autres sont bordées pâlement sans teinte
jaune des bordures. Le bec noir de corne sur le dessus, bleu de
corne en dessous (d'après Eversmann). Culmen, 12^{mm}. Les pieds
couleur de chair brun clair (d'après Eversmann). Longueur des
ailes, 88^{mm} » (1). M. Pleske donne une figure coloriée de l'Oiseau (2).

Cette figure, quoique bien dessinée, ne nous paraît pas assez
finie, assez précise, pour juger de la nature de l'Oiseau d'une façon
absolue, quoique sur le sommet de la tête on aperçoive le blanc qui
caractérise le vertex du *pithyornus* ; le large collier roussâtre qui
orne le devant du cou et la gorge du *pithyornus* fait complètement
défaut chez l'hybride représenté, le reste du corps paraît se rapporter
à *E. citrinella*.

_____

(1) Cette description se trouve dans les Mémoires cités.
(2) Fig. 4 de la planche coloriée.

EMBERIZA CITRINELLA et EMBERIZA CIRLUS (1).

M. le Bon Ed. de Selys-Longchamps se rappelle avoir vu autrefois dans la collection de M. Bovy, à Louvain (collection qui n'existe plus aujourd'hui), un Oiseau hybride d'*Emberiza citrinella* et d'*E. cirlus*. M. de Selys-Longchamps ne peut toutefois préciser si l'Oiseau avait été pris à l'état sauvage ou obtenu en captivité.

C'est par la face que les mâles de ces deux espèces se distinguent principalement, mais ils offrent sur les autres parties du corps de très grandes ressemblances; quant aux femelles, un œil exercé peut seul les différencier. Un produit ♂ entre les deux types serait donc assez difficile à reconnaître, à moins donc qu'il ne soit franchement intermédiaire dans ses parties supérieures ; quant à un hybride ♀ nous nous demandons comment on pourrait affirmer sûrement sa double origine. Cependant si nous en jugeons par un individu ♀ du Musée de Rouen indiqué comme *cirlus* et un *citrinella* ♀ authentique que nous possédons, il existerait dans cette collection un sujet quelque peu intermédiaire entre les deux espèces. Cet individu, étiqueté comme *E. citrinella*, a les dimensions de cette espèce ainsi que la longueur des pennes de la queue. Vu de dos, c'est un *citrinella* ♀ à cause de son croupion brun rougeâtre. Sur le front, le jaune du *citrinella* est également visible; mais vu de face, par la finesse du dessin et un peu par la coloration, il présente certaines ressemblances avec l'individu du Musée de Rouen désigné comme *cirlus* ♀. Toutefois, ayant mis ce sujet en présence de nombreux spécimens conservés au Musée d'Histoire naturelle de Paris et dans la collection Marmottan, ses caractères intermédiaires ne nous ont plus paru aussi sensibles et nous n'oserions le présenter comme hybride.

(1) Appelé aussi : *Emberiza sepiaria* ou *Emberiza clœathorax*.

EMBERIZA INTERMEDIA. — Les auteurs de l'*Ornithologie européenne* n'admettent point comme espèce l'*Emberiza intermedia* de Michahelles. Ils n'ont vu jusqu'ici, « dans un assez bon nombre d'exemplaires déterminés *Emb. intermedia* que *Cynchr. pyrrhuloïdes* au bec un peu moins fort que chez les vieux individus, ou des *Cynchr. scharniclus* dont le bec, un peu plus arqué et un peu plus obtus, sortait de la forme ordinaire. L'hybridité a-t-elle produit quelques-unes de ces formes intermédiaires ? Il n'y aurait rien là d'impossible, » disent-ils ; toutefois, ils remarquent, et peut-être avec plus de raison, que « l'âge est certainement pour beaucoup dans les modifications qu'éprouve le bec de ces Oiseaux. » MM. Degland et Gerbe ont observé et tué très souvent, dans le Midi de la France, les *scharniclus* et les *pyrrhuloïdes* en compagnie de tous leurs intermédiaires possibles; aussi ils ne craignent pas d'affirmer qu'il n'y a eu entre ces Oiseaux aucune différence de mœurs, d'habitudes. Quant aux œufs, ils sont

Junco hiemalis (1) Zonotrichia albicollis (2).

Le 12 décembre 1882, M. William Baily tua près de Haverford
College, Montgomery County, Pa., un Oiseau qu'il soupçonna être le
fruit d'un croisement entre le White-Throated Sparrow (*Z. albicollis*)
et le Snow Bird (*Z. hiemalis*). Il le remit à M. Charles H. Townsend
pour en faire l'examen. Celui-ci, après l'avoir comparé avec des
spécimens des deux espèces pures, a pensé, comme M. William
Baily, que cet Oiseau est bien un hybride parce qu'il porte fortement
accentués les caractères de ces deux espèces. M. J. A. Allen, le directeur de l'Auk, examina aussi ce spécimen « qui joint, dit-il, à un
degré presque égal, les caractères de *Junco hyemalis* et de *Zonotriachia
albicollis*. Les bandes noires de chaque côté du haut de la tête sont
plus étroites et moins distinctes que dans le dernier et la ligne
superciliaire est simplement représentée par une tache blanche au-
dessus des *lores*. Il y a une faible tache blanche maxillaire. Les raies
noires de la région interscapulaire sont beaucoup plus étroites que
dans *Z. albicollis* et les bordures frisées des plumes sont couvertes de
gris ardoisé ; il y a aussi moins de frisé sur les ailes et sur le croupion et les couvertures supérieures de la queue sont plus olivâtres
et la queue plus foncée. »

Voici du reste la description qu'en a donnée M. Charles H. Townsend : « Taille intermédiaire entre *Z. albicollis* et *J. hiemalis*. Bec
presque de la grandeur de *Z. albicollis*, mais coloré comme celui de
Z. hiemalis. La gorge comme dans *albicollis*, la poitrine et le ventre
comme dans *hiemalis*. La queue de dix plumes, la paire intérieure
blanche, avec le tiers de la base foncé, la seconde paire avec une
petite tache blanche sur la vane intérieure ; autres plumes de la
queue foncées, bordées de clair au-dessus. Le plumage supérieur
principalement comme celui de *Z. albicollis*, mais couvert d'une
nuance ardoisée de *J. hiemalis* ; tache blanche des narines aux

tellement semblables que, si on les mélange, on s'expose à les confondre. Une très
légère différence de volume, différence qui n'est point générale, n'est pas toujours
propre à les faire distinguer (*Op. cit.* I, p. 326 et 327). M. Salvadori fit savoir à
M. de Selys-Longchamps (*On various Birds observed in Italian Museums*, Ibis,
p. 450, 1870) que dans le Piémont on ne rencontre ni l'*Emberiza pyrrhuloïdes* ni
l'*Emberiza schœniclus*, mais seulement l'*E. intermedia « with the bill swollen,
rather variable, and often passing into that of E. schœniclus. »

(1) Autres noms : *Fringilla hudsonica, Passer nivalis, Emberiza hyemalis,
Fringilla hyemalis, Emberiza hyemalis, Niphœa hyemalis, Struthus hyemalis.*

(2) Autres noms : *Fringilla albicollis, Fringilla fusca, Zonotrichia pennsylvanica, Fringilla pennsylvanica, Spiza pennsylvanica.*

yeux. Les couvertures des ailes marquées légèrement de blanc comme dans *Z. albicollis*, et le bord des plumes légèrement jaunâtre. Longueur 7,50 ; aile et queue 3. »

L'Oiseau fut tué en compagnie des espèces mères qui étaient très communes dans le Montgomery pendant l'hiver de 1882-1883. Ce spécimen est du sexe mâle (1).

M. R. L. Hazard, de Peace Dale, R. I., qui nous a indiqué ce croisement, nous dit qu'il n'a peut-être rien de surprenant, attendu que les deux espèces vivent dans les mêmes endroits, et que souvent on a trouvé leurs nids tout près les uns des autres. Ces Oiseaux sont à peu près de la même grosseur, mais d'un plumage bien différent ; l'un porte des taches noires, l'autre est tout à fait uni.

L'hybride tué par M. Lloyd Baily a reçu, comme on le voit, la sanction d'ornithologistes autorisés (2).

ZONOTRICHIA LEUCOPHRYS (3) ZONOTRICHIA GAMBELI (4) et ZONOTRICHIA GAMBELI INTERMEDIA (5).

Le nombre des Oiseaux de ces trois types, reçus en 1889, au Musée national des États-Unis à Washington, a montré une série de formes passant d'un type à l'autre. Aussi, dit M. Ridway, curateur du Musée, « devient-il nécessaire de les considérer comme de simples races géographiques d'une espèce. En même temps, continue le savant naturaliste, on a vu quelques exemples vraiment intermédiaires entre *Z. intermedia* et *Z. leucophrys*, mais en considérant le grand nombre de spécimens de ces deux formes qui ont été réunis dans différentes parties de l'Ouest, la proportion relativement faible de tels spécimens est étonnante. Il est possible que ces Oiseaux soient hybrides, mais il est encore plus probable qu'ils indiquent une vraie *intergradation* entre les deux espèces supposées (6). »

Dans le Catalogue que M. Ridgway a dressé en 1880, *Z. leucophrys* et *Z. Gambeli* figurent à titre d'espèce (7), toutefois ces

---

(1) Pour tous ces renseignements, voy. Bulletin of the Nuttal ornithological Club, VIII, pp. 78 et 79, avril 1883.

(2) Ce croisement a été aussi mentionné dans Forest and Stream, où il est dit que l'Oiseau fut présenté aux membres de l'Académie de Philadelphie (N° du 30 avril 1883, p. 84).

(3) Ou *Emberiza leucophrys*.

(4) Ou *E. leucophrys*, var. *intermedia*.

(5) Ou *Fringilla Gambeli*.

(6) The Auk, VII, n° 1, p. 196, 1890.

(7) Proceedings of United State National Museum, p. 177, 1880.

Oiseaux auraient été auparavant considérés comme variétés (1).
Dans le Catalogue des Oiseaux du British Museum, M. Sharpe,
après avoir indiqué *Z. leucophrys* comme bonne espèce, y réfère
Z. intermedia tout en reconnaissant que ce type diffère un peu du
précédent. *Z. Gambeli intermedia* est aussi identifié à *Z. leucophrys*.
M. Sharpe ne voit pas de raison de séparer les deux races.

Spizella pallida (2) et Spizella pallida var. Breweri (3)

M. Gro. L. Toppan, de Chicago (Illinois), nous écrit que pendant
un voyage qu'il fit au Nouveau Mexique, il tua un Oiseau qui lui
parut être le croisement de la *Spizella pallida* avec la *Spizella Breweri*. L'Oiseau fut abattu le 15 mai 1885 dans la contrée de San
Miguel et fait aujourd'hui partie de la collection de M. Toppan où
il porte le n° 580.

M. Gro. L. Toppan a eu la bonté de nous en faire une description
très détaillée que nous traduisons littéralement :

« Sommet de la tête gris cendré foncé ou nuancé argile avec des
raies noires rapprochées devenant d'un brun légèrement jaunâtre
sur le bord des plumes. Les raies sont clairement définies, beaucoup plus que dans *S. pallida*. Les lignes au-dessus des sourcils pas
aussi distinctes que dans *S. pallida*, mais plus que dans *S. Breweri*.
Les marques et les couleurs sur toutes les parties supérieures
ressemblent de près à celles de *S. pallida*, mais elles sont plus sombres
et aussi plus foncées. La gorge d'un blanc pur, ombrée sur la
poitrine, tandis qu'elle balance sur les parties inférieures dans un
blanc cendré, la poitrine sur les côtés est de couleur baie.

« La queue uniformément plus sombre que dans la plupart
des spécimens de *S. pallida*, les plumes remarquablement bordées de blanc. Le bec d'un brun noir et tout à fait resserré. Le
tarse brun. L'iris était brun clair et l'estomac contenait de petites
graines et un peu de gravier. Les mesures en pouces et centimètres
sont : longueur 5.20, étendue des ailes 7.20, longueur de l'aile 2.50,
queue 2.35, tarse 69, culmen 30. » Nous pensons que cette description
n'a point encore été publiée et nous ignorons complètement si
d'autres ornithologistes partagent les vues de M. Toppan sur l'intéressant spécimen qui vient d'être décrit. Nous croyons devoir faire

---

(1) Voy. Bulletin of the Essex Instilut, V, p. 198, décembre 1873, où on lit :
« *Zonotrichia leucophrys*, var. *intermedia*, » (d'après *the Check-List* de 1886,
p. 271.)

(2) Le même que *Emberiza pallida*, ou que *Spizella Breweri*.

(3) Appelé aussi : *Zonotrichia (Spizella) Breweri.*

remarquer que la *Spizella Breweri* figure dans Elliot Coues à titre de variété de la *Spizella pallida* dont elle a les mêmes mœurs, ainsi que M. Elliot Coues a pu l'observer dans le sud-est (1).

MM. Baird, Brewer et Ridgway (2) observent aussi que cette race est très semblable à *S. pallida* et réclame une comparaison critique et très serrée pour l'en séparer (3). Les différences, disent-ils, sont peut-être celles d'une race plutôt que celles d'une espèce, quoique elles soient très-appréciables. Ils ajoutent cependant : « This species hears a very close to the *S. pallida* in external appearance, but there are certain constant differences which, with their pecularities of their distinctive distributions and habits, seem to etablish their specific separation ». Les œufs différeraient un peu de ceux de *S. pallida* : « the ground is more of a green than in those of *S. pallida.* »

Nous n'avons point vu en nature ces deux Oiseaux, mais les deux têtes dessinées (4) sont tellement semblables qu'il est presque impossible de les distinguer l'une de l'autre. Les marques de *pallida* sont un peu plus foncées sur le front et sur la tête que chez *Breweri*. La *Spizella Breweri* figure à titre d'espèce dans la *Check-List* (5) ainsi que dans le Catalogue des Oiseaux de l'Amérique du Nord dressé en 1880 par Robert Ridgway (6), également aussi dans le Catalogue des Oiseaux du Musée Britannique, quoique M. Sharpe, en parlant d'un mâle adulte, s'exprime ainsi : « *very similar to S. pallida* » (7).

Genre Passer

PASSER DOMESTICUS (8) et PASSER MONTANUS (9)

Le regretté M. Lemetteil, de Bolbec (Seine-Inférieure), abattit, le 10 décembre 1868, un Moineau qui, « par la taille, les caractères zoologiques et le mode de coloration, » lui parut être un intermédiaire remarquable entre le *Passer domesticus* et le *Passer montanus*.

(1) *A history of North american Birds*, II, p. 13, 1874.

(2) *Birds of the Northwest*, Washington, 1874.

(3) « *Requires close and critical comparaison to separate it.* »

(4) Pl. XXVII, nᵒˢ 3 et 4.

(5) *The code of Nomenclature of North american Birds adopted by the american Ornithologists' Union*, p. 173, New-York, 1886.

(6) *Proceedings of United States national Museum*, p. 78.

(7) Page 668, 1888.

(8) Appelé aussi : *Fringilla domestica* ou *Pyrgita domestica*.

(9) Autres noms scientifiques : *Fringilla montana*, *Passer montanus* et *campestris*, *Pyrgita montana*, *Passer montannica*.

Il l'a considéré comme hybride (1) et en a donné la description suivante : « Taille 15 centimètres ; bec moins gros que celui du Moineau domestique, plus fort que celui du Friquet, avec une teinte jaune à la base comme chez ce dernier ; rémiges tertiaires étagées comme celle du premier ; tête roux vineux sur les côtés, lavée de cendré olive au vertex ; une petite raie blanche partant du front et s'étendant sur l'œil ; gorge d'un noir pur, bordé de cendré sur le haut de la poitrine ; une tache noire peu apparente et comme effacée sur la joue ; point de demi-collier, seulement un peu de blanc plus pur que chez le Moineau franc ; manteau comme chez le Friquet ; bandes blanches de l'aile tenant plutôt du Moineau commun ; rectrices brun noir comme celles de ce dernier. »

Le cri particulier de cet Oiseau avait frappé M. Lemetteil, c'est pourquoi il l'avait tiré. En le ramassant il le prit tout d'abord pour un Moineau commun, mais à un second examen il crut avoir affaire à un Friquet en remarquant toutefois, à chaque inspection, qu'il avait dans le faciès quelque chose d'insolite dont on se rendait compte difficilement.

M. Lemetteil tua alors un Oiseau de chacune de ces deux espèces afin de les comparer au premier dans la livrée de la même époque, et, après avoir trouvé entre eux « les différences et les rapports » qui viennent d'être signalés, il crut devoir mentionner dans son ouvrage ce très-rare métis. C'est en effet le seul que nous ayons à citer. Nous n'en avons point trouvé d'autres exemples à l'état libre. Une vague mention de ce croisement a cependant été faite par le rév. Macpherson, de Carlisle, mais le révérend ne peut rien affirmer à ce sujet (2).

Lorsque M. Lemetteil nous avait fait voir son exemplaire, nous nous occupions alors des Gallinacés hybrides et nous n'avions donné que peu d'attention à cet Oiseau, cependant fort intéressant. Depuis nous avons demandé à la veuve de M. Lemetteil la permission de l'examiner de nouveau, nous étant préparé à cet examen par l'étude des caractères des deux espèces pures supposées parentes. Malheureusement, l'habile collectionneur de Bolbec n'ayant point étiqueté les pièces de sa collection qu'il préparait lui-même,

---

(1) *Catalogue raisonné des Oiseaux de la Seine-Inférieure*, II, p. 83.
(2) Voy. *The sparrow in the lake district*, The Naturalist, pp. 92 et 93, Londres, 1890. Voici ce que dit le révérend : « Whether the two species interbreed in a wild state, I cannot positiveley say. I saw in Eigg one Bird that might be a hybrid ; on the Rhine I once met with a Bird that I felt quite satisfied was a half breed ; but the day being a Sunday, I had left my gunt at home, and could only scrutinise him through a glass. » Voir aussi Field, 31 Mai 1890.

l'hybride ne porte aucune mention. Nous avons cru cependant le reconnaître parmi plusieurs spécimens ♂ du genre *Passer* et nous ne pensons point avoir fait erreur.

Dans son aspect général, il nous a paru bien plus *P. domesticus* que *P. montanus;* il est presque de la grosseur du *P. domesticus.* Il se distingue de ce type spécialement lorsqu'on regarde le dos ; vu ainsi il présente le manteau du *montanus* (tant par la coloration que par la disposition du plumage) (1) ; il est aussi plus court que le *P. domesticus.* Sur les joues on remarque en effet une tache noire effacée, et son bec (la mandibule inférieure au moins) rappelle par sa coloration le *P. montanus?* Nous le croirions donc volontiers hybride à cause de ses caractères propres aux deux espèces.

Il existe quelques exemples du croisement en domesticité du Moineau domestique et du Friquet. Bechestein l'aurait déjà mentionné (2). En 1880, un P. House Sparrow, dit le révérend Macpherson, s'appariait avec une ♀ Tree Sparrow dans une volière des Jardins de la Zoological Society; les œufs furent reconnus inféconds. Mais M. Otty, de Norwich, fut plus heureux et obtint un bel hybride entre ces deux espèces (3). Nous supposons que c'est ce spécimen qui fut montré par M. Gurney à un meeting de la Société Zoologique de Londres (4). Nous même avons obtenu, dans une volière d'Antiville, de semblables produits entre un ♂ *P. montanus* et une ♀ *P. domesticus,* du moins ayant laissé ensemble dans un vaste compartiment ces deux Oiseaux, nous nous aperçûmes un jour de la présence de quatre jeunes déjà forts et volant facilement (5).

Deux de ces jeunes ont disparu quelques années après leur naissance ; nous ignorons ce qu'ils sont devenus. Peut-être se sont-ils échappés et depuis se sont-ils appariés avec des Moineaux domestiques? L'individu rencontré par M. Lemetteil pourrait à la rigueur être un Oiseau échappé de cage comme se sont sans doute envolés les deux exemplaires que nous ne retrouvons plus.

(1) Si nos souvenirs sont exacts.
(2) Voy. *Hybridily in Birds,* by rév. Macpherson. Field, 31 Mai 1890.
(3) Voy. *The tree Sparrow in the lake district,* by rév. Macpherson, Naturalist. p. 93, Mars 1890.
(4) *Op. cit.,* même page.
(5) Quoique nous n'ayons point vu les parents les nourrir ni même trouvé le nid, et que d'aspect ils soient de véritables petits *P. montanus,* il nous paraît difficile de mettre en doute leur origine car, en admettant à la rigueur qu'ils aient pu, à cause de leur jeune âge et de leur petite taille, s'introduire dans le parquet, d'où seraient-ils venus, l'espèce *montanus* ne nichant pas, pensons-nous, dans la contrée.

Passer montanus et Passer Italiæ (1)

M. Odoardo Ferragni, de Crémone, nous écrit qu'il tua pendant l'hiver l'hybride de ces deux espèces. Ce spécimen, ayant été cédé à M. le comte Salvadori del Meyes, du Musée de Turin, nous avons demandé à celui-ci de bien vouloir nous l'adresser, ce qui nous fut accordé très gracieusement.

Mis en présence des deux espèces mères, l'Oiseau nous a paru être presque entièrement *P. Italiæ*. C'est dans sa face et à son bec peut-être qu'on pourrait reconnaître l'influence du *P. montanus*, ainsi que dans la tache noire de la gorge. Cette tache ne s'étend point très en avant sur la poitrine et ne s'arrête pas brusquement à son extrémité inférieure comme chez *P. montanus*, elle se mélange en quelque sorte, et par quelques degrés, avec le gris blanc sale de la poitrine. La teinte marron du dessus de la tête est celle du *P. Italiæ*, en sorte que si l'Oiseau est réellement un produit de *P. montanus* et d'une autre espèce de *Passer*, ce serait bien le *P. Italiæ* qui devrait être reconnu pour être le deuxième facteur et non le *P. domesticus*. Mais peut-il être déclaré hybride, nous n'oserions, pour notre part, le prétendre.

Cependant M. T. Salvadori ne met pas en doute sa provenance, et le croit réellement hybride de *P. Italiæ* et de *P. montanus*. Ce qui nous a surpris, c'est que M. Salvadori, et M. Ferragni du reste, trouvent à cet exemplaire plus de ressemblance avec le *P. montanus* qu'avec le *P. Italiæ*. Ce n'est point notre avis, autant que nous avons pu en juger par les quelques spécimens *Italiæ*, conservés au Musée de Rouen. « La tache obscure sur les plumes des oreilles et le manque de couleur châtain sur le dos, prétend le savant comte, sont bien les caractères du *Passer montanus*; le noir de la gorge, qui s'étend plus bas que dans cette dernière espèce, mais qui n'arrive pas sur le haut de la poitrine comme dans les *P. Italiæ* et aussi la couleur de la tête et des couvertures des ailes plus vives que dans les *P. montanus*, mais, pas autant que dans les *P. Italiæ*, sont encore des caractères intermédiaires entre ceux des deux espèces nommées. Enfin l'Oiseau a les dimensions plus grandes que celles du *P. montanus*, mais plus petites que celles du *P. Italiæ*. »

On voit que notre manière de voir ne concorde pas en tous points avec celles de l'éminent ornithologiste italien, puisque nous trou-

---

(1) Synonymie : *Passer Italiæ, Passer domesticus* var., *Passer domesticus cisalpinus, Fringilla cisalpina, Fringilla Italiæ*.

vous que la couleur marron du dessus de la tête est plutôt celle du *P. Italiæ* et non celle du *P. montanus* (qui nous paraît avoir cette couleur plus violette) ; puis aussi que l'Oiseau est plus *P. montanus* par la disposition de son plumage que *P. Italiæ*.

Nous avons probablement fait erreur dans notre appréciation, et nous en déférons volontiers à l'autorité de M. Salvadori.

Le produit du *P. montanus* et du *P. Italiæ* aurait été aussi observé par M. le Dr Turchetti de Fuecchio (Italie), tout au moins le docteur cite un fait de ce genre dans l'ouvrage de M. Giglioli (1). Mais cette mention, faite de souvenir, est très vague. M. Turchetti, auquel nous avons écrit à ce sujet, nous a répondu qu'avant d'être appelé à travailler à la statistique de l'ornithologie italienne il ne faisait aucune attention aux hybrides, et que ceux-ci, s'il venait à en rencontrer, étaient mangés avec les autres Oiseaux que l'on prenait.

Ce croisement aurait-il eu lieu qu'il pourrait se rapporter au précédent si le *P. Italiæ* n'est qu'une race du *P. domesticus*?

PASSER DOMESTICUS et PASSER ITALIÆ

M. le professeur Giglioli a eu la complaisance de nous envoyer un Oiseau obtenu à Udine (Vénétie) au mois d'avril 1887, actuellement en peau et non encore catalogué dans le Musée de la Faune italienne. Cet Oiseau, d'après l'éminent professeur, proviendrait du *P. domesticus* et du *P. Italiæ*; il lui avait été donné par M. Vallon.

N'ayant point, au moment où nous l'avons reçu, de sujets de comparaison, c'est-à-dire des *P. domesticus* et des *P. Italiæ* tués à la même époque, nous n'avons pu nous rendre compte de ses caractères intermédiaires; on sait, en effet, que la coloration du plumage de ces deux Oiseaux, très rapprochés, varie plusieurs fois dans l'année.

Le témoignage de M. Giglioli nous suffit du reste, et, pour le savant naturaliste de Florence, l'hybridisme n'est d'aucun doute, l'Oiseau étant mâle et dans son habit d'été. M. Giglioli a vu ensemble dans les rues d'Udine les deux espèces.

Reste à savoir si le Moineau cisalpin doit être détaché du Moineau domestique?

MM. Degland et Gerbe semblent l'inscrire comme race du *P. domesticus*; Temminck, après l'avoir considéré ainsi, l'a admis cependant comme espèce dans la deuxième édition de son *Manuel* (2). C'est aussi l'avis du prof. Giglioli (3). Pour notre part, nous le croi-

(1) *Primo resoconto*, etc , III, Florence, 1891.
(2) Voy. Degland et Gerbe, *op. cit.*, I, p. 244, 1874.
(3) Voir : *Avifauna italica*, p. 25, Firenze, 1886.

rions bien plus volontiers race qu'espèce, car à certaines époques de l'année, son plumage diffère peu du *P. domesticus*, en sorte que, de l'aveu même de M. Giglioli, on ne pourrait toujours reconnaître les hybrides des deux formes.

PASSER ITALIÆ et PASSER SALICICOLA (1)

M. C. A. Wright, après avoir rappelé (2) que le principal caractere qui, d'après les auteurs, sert à différencier les deux types, consiste dans la présence chez *P. salicicola* de barres noires transversales qui manquent chez *P. Italiæ*, fait connaître, dans une collection de l'île de Malte, où vivent les deux variétés, quatorze ou quinze spécimens intermédiaires qui présentent plus ou moins ces raies transversales et forment, pour ainsi dire, une série à gradations tellement peu sensibles qu'il serait difficile de tracer bien nettement une ligne de démarcation entre chaque spécimen.

Aussi, pour M. Wright, on ne saurait porter au rang d'espèce ces deux formes dont les habitudes sont essentiellement les mêmes, qui vivent associées dans les mêmes localités et dont les femelles ne peuvent être distinguées.

Une collection nombreuse de peaux d'Oiseaux, obtenus par le Dr Leith Adams et M. Wright à diverses époques de l'année, dans différentes parties de Malte et de Gozo, montrant ces gradations, fut soumise à sir William Jardine.

Celui-ci, après les avoir comparées très soigneusement avec une quantité de spécimens venant des différentes parties du monde, aurait émis une opinion confirmant celle que M. Wright s'était déjà formée (3).

M. Wright observe en outre qu'après la saison des amours un changement de couleur affecte le plumage du Maltese Sparrow, lequel, dit-il, « becomes sprinkled with a greyish or sand colour, the deep black of the beak changes to born colour with a tinge of yellow about the base, much of the black about the throat and flanks disappears and the whole plumage is duller ».

Quelques années plus tard (4), M. Wright rappelait que le véritable Moineau de Malte était le *P. salicicola* avec peut-être une « admixture of P. Italiæ ».

---

(1) Autres noms : *Fringilla hispaniolensis*, *Fringilla salicicola*, *Passer hispaniolensis*, *Passer salicarius*.

(2) *List of Birds observed in the islands of Malta and Gozo*, Ibis, p. 51, 1864.

(3) Voy. Ibis, p. 52, 1864.

(4) *Third appendix to a list of Birds observed in Malta and Gozo*, Ibis, p. 250, 1869.

Les spécimens présentant les gradations, que nous avons citées d'après M. Wright, ne donnent point une preuve formelle du croisement des deux types, car le *P. salicicola* peut être sujet à ces variations et se rapprocher ainsi presque complètement de *P. Italiæ* dont sans doute il n'est qu'une simple variété. Lorsque deux formes sont aussi voisines et peuvent, dans une série de spécimens, se rallier l'une à l'autre, il nous paraît difficile d'établir entre elles une distinction spécifique.

Du reste, si nous en croyons M. Tommasso Salvadori (1), il n'existerait à Malte d'autre espèce que le *P. salicicolus*, ainsi qu'en Sardaigne et Sicile. Aussi, d'après M. Salvadori, « les individus que M. Wright désigne comme présentant des caractères de transition d'une espèce à l'autre ne seraient autres probablement que de jeunes sujets du *P. salicicolus* ».

Cependant dans un ouvrage plus récent (2), le même ornithologiste parle de quelques individus passant le détroit de Messine et se croisant en Calabre avec le *P. Italiæ* qu'ils rencontrent à cet endroit. M. Salvadori a même vu des individus qui semblent hybrides entre les deux espèces. Une allusion à cet hybridisme est faite par M. Giglioli d'après le prof. A. Fiori (3).

M. Sordelli nous demande si *P. domesticus*, *P. Italiæ* et *P. salicicolus* diffèrent autrement que par la coloration ? Nous ne saurions lui répondre. Nous avons vu que M. Wright assigne à *P. Italiæ* et *P. salicicolus* les mêmes mœurs et les mêmes habitudes ; mais il considère *P. domesticus* comme forme distincte, ainsi que sir Jardine.

Si l'on en juge par les exemplaires conservés au Musée d'Histoire naturelle de Rouen, le Moineau ordinaire *(Passer domesticus)* diffère du Moineau espagnol *(Passer hispaniolensis)* par la couleur du dessus de la tête qui est brun chocolat très accentué chez le dernier et gris foncé bleuté chez le premier. Le noir du dessous de la gorge chez *P. hispaniolensis* s'étend plus bas que chez *P. domesticus*, il descend sur la poitrine qu'il couvre en largeur ; peut-être aussi les marques noires longitudinales du dessus du dos sont-elles chez lui plus accentuées que chez *P. domesticus*. A l'œil on remarque chez ce dernier une barre blanc jaune peu étendue, quoiqu'assez large ; elle est plus mince et plus longue chez *P. hispaniolensis*.

(1) Voy. *Fauna d'Italia*, p. 148, 1874.

(2) *Elenco degli Uccelli italiani* compilata da Tommasso Salvadori, *membro del Comitato ornitologico internazionale*. Annali del Museo civico di storia naturale di Genova publicati per cura G. Doria et R. Gestro, (2), III, p. 87, 1886.

(3) Voy. *Avifauna italica*, p. 25, Firenze, 1886.

Si maintenant on compare avec ces deux types le *P. Italiæ*, on le trouve en quelque sorte intermédiaire; la couleur du dessus de la tête louvoie entre le bleuté gris du *P. domesticus* et le marron du *P. hispaniolensis*. Chez un des trois exemplaires de ce dernier type, le marron est même très répandu et affecte presque entièrement le dessus de la tête, mais il est moins vif que chez *P. hispaniolensis* et laisse voir quelque peu de la teinte bleutée du *P. domesticus*. Chez tous les individus de cette dernière espèce que nous possédons, nous avons remarqué indistinctement à cette place cette teinte bleutée sans mélange aucun de marron.

Dans la collection Noury (Musée d'Histoire naturelle d'Elbeuf), nous avons examiné deux sujets *hispaniolensis* l'un ♀ et l'autre ♂ exactement semblables; ils nous ont paru très caractérisés et s'éloignant du type *domesticus* par leurs joues franchement blanches, le dessus de la tête chocolat; la teinte noire de la gorge s'évase sur la poitrine de chaque côté et s'étend en taches jusque sur les flancs. Un ♂ *Italiæ* de la même collection, se montre intermédiaire entre les types *hispaniolensis* et *domesticus*, se rapprochant davantage de *P. domesticus*; le dessus de la tête est marron chocolat comme dans *hispaniolensis*, mais ses joues ne sont pas profondément blanches comme chez celui-ci, et la plaque noire ne s'étend guère plus que chez *P. domesticus*; en somme *P. Italiæ* différerait *peut-être* moins de *P. domesticus* que de *P. salicicolus*.

Chez les exemplaires *P. salicicolus* du Muséum d'Histoire naturelle de Paris, les taches noires longitudinales qui affectent les flancs sont également très prononcées, se détachant sur le blanc gris sale de la poitrine. Les taches brunes du dos se détachent aussi assez nettement de la couleur du fonds. Nous avons remarqué ces mêmes caractères chez plusieurs spécimens de la collection de M. Lemetteil à Bolbec (Seine-Inférieure). En somme, il nous semble difficile de porter au rang d'espèce, les trois formes *P. domesticus*, *P. Italiæ* et *P. hispaniolensis*. Ceux-ci paraissent bien plutôt races ou variétés d'un même type.

Genre Loxia

Loxia curvirostra (1) et Loxia bifasciata (2)

En parlant de la *Loxia rubrifasciata*, MM. Degland et Gerbe s'expriment ainsi (3) : « L'on ne saurait mieux se faire une idée de

(1) Ou *Curvirostra pinetorum*, ou *Loxia*, ou *Crucirostra abietina*.
(2) Ou *Crucirostra bifasciata*, ou *Loxia tænioptera*.
(3) *Op. cit.*, I, p. 269.

la *Loxia rubrifasciata*, dont M. Schlegel donne une excellente figure (1), qu'en supposant une *Loxia bifasciata* dont la double bande et la pointe des rémiges seraient rougeâtres, au lieu d'être blanches ; en sorte que, si les deux Oiseaux ne différaient pas par les proportions, on serait tenté de rapporter la *rubrifasciata* à la *bifasciata* plutôt qu'à la *curvirostra*. Peut-être même, la *Loxia rubrifasciata* est-elle le produit d'un accouplement fortuit du Bec-croisé ordinaire et du Bec-croisé bifascié. » Néanmoins les auteurs de l'*Ornithologie européenne*, après avoir considéré que « le prince Ch. Bonaparte, qui en avait d'abord fait une espèce (2), n'y a plus vu en dernier lieu (3), qu'une race de la *Loxia curvirostra*, » terminent en disant qu' « elle ne constitue probablement qu'une variété accidentelle, à laquelle il n'y a par conséquent aucun rang à assigner. »

Ce croisement reste donc tout à fait hypothétique. Les deux facteurs supposés doivent-ils même être considérés comme appartenant à deux espèces distinctes ? Certains l'ont pensé à cause des deux barres blanches de l'aile qui différencient *bifasciata* de *curvirostra*, chez laquelle ces bandes blanches font défaut (4). Mais M. le Dr Baron Richard Kœning Warthausen ne reconnaît qu'une seule véritable espèce de Becs-croisés (5).

LOXIA CURVIROSTRA et LOXIA PITYOPSITTACUS (6)

Christian Ludwig Brehm dit que parfois les deux espèces s'accouplent et produisent des hybrides fertiles, lesquels, par la grandeur et la forme, tiennent le milieu entre les deux espèces. Mais il n'indique pas dans son ouvrage (7) si ces croisements se produisent à l'état libre.

(1) *Monographie des Loxiens*, Pl. 3.
(2) *Consp. Gen. Av.*, p. 527.
(3) *Cat. Parzud.*
(4) Trois exemplaires *curvirostra* adultes et en plumage de noces de la collection Noury, d'Elbeuf, ont la couleur rouge du corps différente de celle de *bifasciata*, qui est plus rosée cramoisie chez ce dernier. Chose étonnante, nous n'avons point trouvé parmi les nombreux exemplaires *Loxia* du Muséum d'Hist. nat. de Paris, une seule pièce étiquetée *bifasciata* ; un individu portant deux barres blanches sur l'aile est indiqué comme *leucoptera*. Même particularité au Muséum de Rouen.
(5) Le savant baron a bien voulu nous envoyer son travail : *Die Kreuzschnabel und ihre Fortpflanzung* in Jahresheften des Vereins für vaterl. Naturkunde in Stuttgart, 1889, où, page 10, il indique les variétés ou races diverses des Becs-croisés.
(6) Ou *Loxia curvirostra major*, *Crucirostra pityopsittacus*, *Crucirostra pinctorum*.
(7) *Lehrbuch der Naturgeschichte aller europäischen Vögel*. Erster Theil, p. 168, 1823.

La chose est possible, car dans un autre livre (1) auquel il renvoie,
il écrit (2) qu'il a eu en sa possession un véritable Oiseau nain de
Curvirostra pityopsittacus, un ♂ agé d'un an qu'il considère comme
un hybride de *Loxia curvirostra*, et qui fut tué au milieu d'une
bande de Becs-croisés *(Curvirostra pityopsittacus)*. Dans sa forme
l'Oiseau ressemblait à ce dernier dont il avait la tête et les pieds, mais
non entièrement le bec et la grandeur, car il ne pesait que 2 1/2 d'une
sonde (3) et avait seulement 7 pouces 1/2 de long, dont 3 1/8 pour la
queue et 12 1/2 de largeur ; la plus longue penne était de 3 1/6 pouce.

M. Jacob Sprecher nous écrit aussi de Coire (Suisse) qu'on a cru
apercevoir dans la forêt de Föhrenwald des *Loxia pityopsittacus* appariés avec des *Loxia curvirostra*, cependant comme les deux types se
ressemblent beaucoup, l'observation n'est pas absolument certaine.
Nous rappelons ici la remarque du précédent article : à savoir que,
d'après M. le baron Kœning Warthausen, il n'existe qu'une seule
véritable espèce de Becs-croisés ; du reste il nous paraît difficile de
séparer spécifiquement *pityopsittacus* de *curvirostra*. Si, en effet, le
premier n'était de taille plus forte et ne présentait un bec plus
gros (4) que celui de *curvirostra*, comment distinguerait-on ces deux
types dont le plumage est à 'peu près identique, tant par sa disposition que par sa coloration. Dans la collection Marmottan, aujour-
d'hui réunie au Muséum d'Histoire naturelle de Paris, tous les *Loxia*
sont étiquetés sous un même nom : *curvirostra* (5).

Entre deux genres.

EMBERIZA BRASILIENSIS et PASSER DOMESTICUS

Nous rappelons ici pour mémoire cet hybridisme déjà cité (p. 240)
parce que les deux espèces croisées appartiennent à deux genres
différents, le genre *Emberiza* et le genre *Passer*, il est vrai, très
rapprochés.

M. Louis Pitot, de Neuville, qui nous a signalé cet exemple, n'a

(1) *Beiträge zur Vögelkunde.*
(2) Page 614.
(3) La sonde était un poids d'une demi-once.
(4) La mandibule inférieure notamment est plus épaisse, et la supérieure ne la
dépasse pas autant que chez *curvirostra*.
(5) M. de Selys-Longchamps (*Notice sur les Becs-croisés leucoptère et bifascié.
Bulletin de l'Académie royale de Belgique*, XIII, n° 5), considère *pityopsittacus*
comme espèce (voir p. 12); toutefois il reconnaît la grande affinité des différentes
espèces de *Loxia* (p. 9).

jamais pu savoir où les Oiseaux avaient fait leur nid, ni attraper les jeunes qui en proviendraient.

Cependant, il ne doute nullement de la provenance de la nichée qu'il a observée. « Les Oiseaux sont presque tous bigarrés, nous dit-il, et ont les couleurs vives soit du père, soit de la mère. L'un d'eux a la tête et les ailes de la couleur du Moineau, tout le reste du corps est jaune; en sorte qu'on ne saurait se tromper ». Depuis la neige dernière M. Pitot n'a plus revu que deux ou trois de ces hybrides dans son jardin. Que sont devenus les autres, sont-ils morts, ont-ils été tués, ou ont-ils changé de quartier? il l'ignore. Il se propose de les observer attentivement. On se rappelle que l'un des deux parents était un Oiseau exotique échappé de cage, par conséquent un Oiseau importé ne pouvant rencontrer pour s'apparier aucune femelle de son espèce. Néanmoins, on nous permettra de faire des réserves sur la provenance des jeunes Oiseaux observés tant qu'ils n'en auront pu être capturés, l'albinisme qui affecte souvent le plumage du Moineau pouvant se traduire par une couleur jaune et non blanche, comme cela arrive chez les Perruches inséparables ou les Pinsons d'Ardennes.

LIGURINUS CHLORIS et PASSER ITALIÆ.

M. Eugène Bono, de Portogruaro (Venezia) a fait connaître (1) un Oiseau rappelant le Verdone (*Ligurinus chloris*) et le Passero (*Passer Italiæ*): grandeur d'un Canari, couleur des plumes (pennes) ressemblant de loin à celles d'une femelle de Verdier; la partie supérieure vert grisâtre, la tête et la gorge jaune olivâtre bordé de gris sombre, ventre blanchâtre, queue et ailes gris très foncé; bec et pattes du Moineau et la structure générale du Verdier. Les plumes jaunes du Verdier adulte faisaient défaut. Cet Oiseau avait été pris au filet dans les premiers jours du mois d'octobre 1890; mis en cage il commença à chanter aussitôt. Son chant ni varié, ni agréable rappelait celui du *Passera scoparola* (2). Comme particularité, il avait l'habitude de chanter la nuit.

Ce singulier spécimen, qui servait d'appeau à l'oiseleur qui l'avait pris, vécut en cage environ deux mois et ne fut envoyé qu'après sa

---

(1) *Bollettino del Naturalista collettore, alleratore, collivatore*, nᵒ 6, p. 71, 5 guigno, 1891. Sienna.

(2) Nous ignorons quel peut être cet Oiseau, nous ne le trouvons pas dans la Synonymie du prof. Giglioli (*Arifauna italica*); nous supposons qu'il existe une faute d'impression et qu'il faut lire *Scopaiola*, qui est l'*Accentor modularis* Linn.

mort à M. Eugène Bono ; il avait été si mal empaillé qu'il ne tarda pas à se détériorer et il fut impossible de le conserver.

Les quelques notes sur sa conformation et sa couleur que nous venons de transcrire ont été prises par M. Bono lorsque l'Oiseau était encore vivant. Un professeur de sciences naturelles qui vit ce spécimen empaillé chez M. Bono, à Portogruaro, le considère comme hybride du Verdone et du Passero, c'est aussi l'avis de ce dernier qui le suppose même provenir d'un Verdone ♂ et d'un Passero ♀.

Il est regrettable que cet exemplaire ait été perdu, car, pensons-nous, c'est le seul spécimen de ce genre que l'on connaisse. Le croisement des deux espèces supposées mères nous paraît cependant difficile à admettre. Elles n'ont, en effet, ni les mêmes mœurs, ni la même nidification. Une description beaucoup plus détaillée nous paraît nécessaire pour affirmer l'origine que M. Bono a déclarée ; nous remercions néanmoins ce dernier des renseignements qu'il nous a très obligeamment envoyés. Si l'Oiseau était réellement un hybride des deux genres nommés, ce dont nous doutons vivement, son origine devrait, dans ce cas, être attribuée à un croisement accompli sans doute en captivité, la femelle Verdone couvant assez facilement en cage.

Fringilla cœlebs et Passer domesticus.

M. H. L. Ohl, Président de la Société ornithologique d'Hanau-sur-le-Mein, a bien voulu nous faire savoir qu'on avait tué dans la localité, il y a quelques années, un « *Bastard* » de *Fringilla cœlebs* et *Passer domesticus*.

M. le Dr Paulstich, maître à la Realschule (Realschullehrer), nous a communiqué les renseignements suivants : « L'Oiseau en question, fut pris il y a environ vingt ans, il fut considéré comme provenant des deux espèces nommées par un ornithologiste très capable, mort depuis déjà une dizaine d'années. Malheureusement le spécimen n'a point été conservé dans le Musée d'Hanau et M. Paulstich ne peut nous dire quels étaient ses caractères. Peut être était-il simplement une anomalie de coloration ?

Nous avons peu de confiance dans ce genre d'hybrides, les deux espèces ayant des mœurs différentes et leur mode de nidification n'étant point surtout le même. Un exemple, semblable à celui qui nous a été cité par M. L. Ohl, nous a été indiqué à Paris, et, l'affirmation était telle que l'on aurait pu supposer qu'elle fût vraie.

Cependant un examen de ce sujet nous a permis de reconnaître chez lui, non le fruit d'un croisement des deux espèces nommées, mais un albinisme partiel, affectant notamment les grandes pennes des ailes. Cet Oiseau, qui vit encore dans une maison du boulevard Voltaire, avait été ramassé, il y a quatre ans, dans un jardin dépendant de l'hôtel Sully, près la place des Vosges; il était alors tout jeune et on l'avait élevé à la becquée. Jusqu'à de nouvelles observations, nous croyons donc devoir mettre en doute le croisement à l'état sauvage du *F. cœlebs* et du *P. domesticus.*

CHRYSOMITRIS SPINUS et PYRRHULA VULGARIS (1)

Sous la dénomination de Siskin-Bullfinch, M. Geo. Davis, de Glowcester, exposait en 1890 au Cristal Palace un Oiseau capturé à l'état sauvage. L'Oiseau avait été pris dans un grand filet près de Newcastle (Glowcestershire) par un *birdcatcher* (2) nommé Cox. Ce spécimen se trouvait en compagnie d'autres petits Oiseaux avec lesquels il prenait sa nourriture.

M. G. Davis pensa tout d'abord avoir affaire à un *Siskin-Greenfinch*, c'est à dire à un Tarin-Verdier; mais après l'avoir comparé quelque temps avec d'autres croisements, il arriva à cette conclusion que c'était un produit du *Chrysomitris spinus* et du *Pyrrhula vulgaris.* M. Geo. Davis, après l'avoir exposé, le vendit donc comme Oiseau hybride à M. Cook, de Barton Street, Glowcester, lequel le revendit à son tour à M. Manning, de Portsmouth. Nous ignorons si cet Oiseau est encore entre les mains de ce dernier acheteur; quant aux renseignements que nous avons pu obtenir sur sa conformation et la couleur de son plumage, M. Davis s'est contenté de nous dire qu'il était de plus petite taille qu'un hybride Verdier-Bouvreuil qu'il avait élevé et ressemblait davantage au Tarin; en outre ce soi-disant hybride portait sur le dos des plaques bleues comme le Bouvreuil ♂.

C'est la première fois que nous voyons le *Pyrrhula* contracter à l'état libre un mélange avec une autre espèce. Aussi comme le *Chrysomitris spinus*, qu'il aurait choisi pour se croiser, diffère notablement de son genre, il faudrait, il nous semble, pour établir la réalité de l'hybride exposé au Cristal Palace, des indications beaucoup plus précises que celles qui nous ont été communiquées; à moins donc, chose fort possible, que l'Oiseau capturé ne soit un échappé de captivité; on sait qu'en Angleterre, les éleveurs (*breeders*) emploient

(1) Appelé aussi : *Loxia pyrrhula, Pyrrhula Europœ, Pyrrhula rubricilla.*
(2) Oiseleur.

très fréquemment pour leurs croisements la femelle *Pyrrhula vul-garis*, celle-ci, comme le Verdier ♀, couvant assez facilement en cage (1).

Les croisements à l'état sauvage de Passereaux appartenant à deux genres différents ne sont donc pas prouvés par ces quatre exemples que nous venons de présenter, nous les mettons même fortement en doute.

Famille des Muscicapidæ (2).

Genre Rhipidura.

RHIPUDURA FLABELLIFERA et RHIPUDURA FULIGINOSA.

D'après M. Thomas H. Potts, les Gobe-mouches noirs et les Gobe-mouches bigarrés de la Nouvelle-Zélande (*Black* and *Red Flycat-chers*) se croisent ensemble fréquemment (3).

Cet auteur dit qu'il trouva le 1er octobre 1870, sur un jeune Fagus, un nid d'union (*union nest*) sur lequel était un mâle *R. flabellifera* ;

---

(1) *Emberiza melanochephala* et *Chrysomitris spinus*. — Ainsi que nous avons eu l'occasion de le dire (p. 240), il nous a été envoyé, d'une collection importante du Pas-de-Calais, un Oiseau considéré comme étant l'hybride de ces deux espèces. L'Oiseau avait été tué à l'état sauvage dans les environs de Marseille ; mais il fut reconnu par M. Oustalet, auquel nous l'avons montré, comme appartenant à l'espèce *Chrisomitris notata* du Bus : c'est sans doute un Oiseau échappé de quelque volière après son exportation du Guatemala ou du Mexique en France.

Fringilla linota et *Loxia curvirosta*. — M. Tissi, sous-inspecteur forestier de Belluno, nous écrit de Zolto Alto, à la date du 31 Septembre 1891, que l'on a pris, il y a peu de temps, un *Fringilla linota* dont le rouge est celui de *Loxia curvi-rosta*. M. Tissi se demande *avec hésitation* si cet Oiseau peut être considéré comme hybride de ces deux espèces ? Cette hypothèse n'est pas vraisemblable. Nous n'avons point cru devoir faire figurer ces deux derniers exemplaires sur notre liste.

Peut-être pourrions-nous encore mentionner, au seul titre de curiosité, un Oiseau assez extraordinaire de la grosseur d'un Pinson de hêtre (*Fringilla montifringilla*)? qui fut apporté à M. Jakob Sprecher de Coire. Ce spécimen avait, paraît-il, quelque chose du Bouvreuil, les ailes étaient jaune doré, la tête noir de velours, la poitrine rouge, le dos et la queue brunâtres.

L'Oiseau, mort bien vite en cage, n'a point été empaillé. M. Jakob Sprecher n'avait pu déterminer l'espèce à laquelle il appartenait et avait supposé qu'il avait peut-être une origine hybride. Ne serait-ce point encore un Oiseau exotique échappé ?

(2) Il est bon de noter que Lesson a classé les Muscicapidées dans les Denti-rostres, tandis qu'il place les Hirondinidées dans les Latirostres. Bonaparte met les unes et les autres dans la même tribu, celle des Oscines.

(3) *On the Birds of New-Zeland by* Th. Potts, Transactions and Proceedings of the New-Zeland Institute, Vol. II, Part. II, p. 63, 1869.

le 2 octobre on aperçut une femelle *R. fuliginosa*. Ce nid, et les trois œufs qu'il contenait, furent pris. La femelle était si familière qu'elle se laissa enlever avec le nid et ne se retira que lorsqu'elle fut poussée avec le doigt; son compagnon bigarré voltigeait auprès d'elle en gazouillant vivement, semblant ainsi protester contre cette cruauté.

Le 7 janvier il fut trouvé un autre nid d'union dans lequel était de jeunes Oiseaux ; le père était une *R. fuliginosa*.

Le 10, les petits avaient quitté le nid et volaient avec grande vivacité autour de l'arbre dans lequel le nid avait été construit; ils ressemblaient exactement aux petits de *R. flabellifera*. Cette couvée de Gobe-mouches fut la plus vigoureuse que M. Potts eut à noter durant la saison ; ce grand développement d'énergie était-il dû au croisement des parents? M. Potts remarqua que le mâle *R. fuliginosa* était aussi assidu dans ses attentions envers la jeune famille que la mère, quoique les Oiseaux fussent d'un plumage différent du sien (1).

Vers le 20 octobre 1872? le même observateur paraît avoir vu un Oiseau, qu'il prit pour une *R. flabellifera*, donnant ses soins à trois jeunes qu'elle surveillait et qui semblaient cependant en état de se nourrir seuls. Ces jeunes, selon toute apparence, étaient des *R. fuliginosa* noirâtres ou d'un brun olivâtre sombre ; la tête était d'un noir nuancé de gris, les poils à la base de la mandibule étaient gris (2) ou d'un noir argenté (3).

Enfin le 28 et le 29 août, à Ohinitaki, pendant le printemps de l'année suivante, il put observer deux nids d'union, la fondation de la construction étant établie. Dans le premier cas l'Oiseau noir allié, *R. fuliginosa*, se distinguait par sa tache blanche sur chaque oreille, dans le second exemple l'Oiseau foncé n'avait aucune tache blanche. Comme les nids avaient été bâtis simultanément, la saison n'avait rien à faire, ajoute M. Potts, avec la supposition de la chute des plumes blanches (4).

Plus tard, en 1884, l'Ornithologiste australien envoyait à la Société zoologique de Londres, afin qu'on put l'examiner, un nid trouvé le 10 septembre au matin. Ce nid contenait trois œufs. Avant de l'emporter, M. Potts avait vu le mâle et la femelle s'occuper de l'incubation en se remplaçant tour à tour à de rares intervalles. Le ♂

---

(1) *On the Birds of New-Zeland*, même journal, III, p. 80, 1870.
(2) Ou grisonnants.
(3) Mêmes *Proceedings*, V, p. 182.
(4) Vol. VI, p. 145, n° 37-8, des mêmes transactions pour 1873.

était une *R. fuliginosa* aux plumes de l'oreille très petites, mais très distinctes, la femelle était une *R. flabellifera* (1).

Des nids-joints (*joint-nests*) se trouvent dans la collection du musée de Cantorbery. Ils présentent, dit M. Potts (2), des caractères d'un grand intérèt pour tous ceux qui s'intéressent à l'architecture des Oiseaux. Dans le nid-joint dont la femelle était une *flabellifera*, la structure du nid montrait l'influence exercée par la femelle (3). Les trois œufs faisant partie du nid pris le 2 octobre 1870, seraient, d'après M. Buller (4), semblables à ceux de *Rh. fuliginosa*, ayant une ceinture (*zone*) très distincte de taches brun pourpré près du gros bout. Les œufs des deux espèces sont, d'après le mème, pareils en dimension et forme.

Diggles, dans son ouvrage illustré sur les Oiseaux de l'Australie, ne parle pas de ces deux espèces; Gould nomme seulement *flabellifera*. *Fuliginosa* est-elle une bonne espèce? ce type n'est représenté au British Museum que par un seul individu ♀. M. Sclater, que nous avons consulté à ce sujet, ne voit aucune raison de mettre en doute la distinction spécifique établie par Buller qui a rapporté leurs croisements d'après M. Potts; M. Oustalet nous dit aussi que les deux types sont très distincts par le mode de coloration : *fuliginosa* porte une livrée beaucoup plus sombre et n'a pas comme *flabellifera* les pennes caudales externes en majeure partie blanches, etc. Le Muséum d'Histoire naturelle de Paris possède l'une et l'autre de

---

(1) Voy.: *A case of cross-breeding between two species of Flycatchers of the genus Rhipidura* by Thomas, H. Potts of Ohinitaki, in Proceedings of the Zoological Society of London, p. 530, 1884.

(2) Trans. of New-Zeland. V, p. 182.

(3) M. Potts avait dit cependant (Vol. II, p. 63) que les deux espèces couvaient dans des conditions tellement semblables que la description d'un nid d'une des deux était suffisante : « Le nid de la *flabellifera*, très bien construit et très compact, varie légèrement en forme. Les matériaux sont feutrés ensemble, la mousse, les herbes, les racines fibreuses avec des toiles d'araignées, etc. La construction est fixée sur quelque branche ou branchage, la fondation commence très fréquemment avec des copeaux de vieux bois... Les œufs, au nombre de quatre, sont légèrement blancs avec des taches brunes vers le plus gros bout, ils ont 8 lignes de longueur sur 6 de large. »

Le rédacteur des Proceedings de la Société Zoologique de Londres, en rapportant la note de M. Potts, remarque que les faits cités par ce dernier ne sont pas mentionnés dans le *Manual of the Birds of New-Zeland*, publié en 1882 par ordre du *Colonial Museum and geological Survey Departement*.

M. Potts aurait encore parlé des croisements des *Rhipidura* dans *New Zeland Journal of Science*, Juillet 1884.

(4) *A History of the Birds of New-Zelands*, p. 147, 1873.

ces espèces, mais aucune forme intermédiaire ou résultant en apparence d'un croisement.

La *Pied-fantail* ou Piwakawaka (*flabellifera*) habite, d'après Buller (1), les deux îles ; la Black-fantail ou Tiwakawaka (*fuliginosa*) habite au contraire « south island Chatham island ». Nous nous proposons d'étudier, en terminant, ces deux types qui nous paraissent plutôt appartenir à des variétés qu'à de véritables espèces.

Famille des Hirundinidæ

Genre Hirundo

HIRUNDO ERYTHROGASTER var. HORREORUM (2) et PETROCHELIDON
LUNIFRONS (3).

Le 22 mai 1878, M. C.-D. Wood tuait à Linwood, Delaware County, Pa., une Hirondelle présentant, dit M. Spencer Trotter (4), les traits bien distincts de l'*Hirundo horreorum* et du *Petrochelidon lunifrons*. Cet Oiseau, examiné par plusieurs ornithologistes compétents, aurait été reconnu comme un hybride incontestable.

Malheureusement son sexe n'a pas été déterminé par la dissection, M. C.-D. Wood le prit cependant pour un mâle (4). M. Spencer Trotter, qui l'a décrit pour la première fois, lui a donné le nom d'*Hirundo horreori-lunifrons*.

Description : « Bec semblable à celui de la Barn Swallow (*Hirundo erythrogaster*, var. *horreorum*, mais un peu plus fort. Les narines s'ouvrant latéralement en partie avancée près de la membrane, quoique pas autant que dans l'espèce citée ci-dessus. Le tarse environ aussi long que le doigt du milieu sans l'ongle, couvert de plumes à l'intérieur de l'extrémité supérieure. Les doigts divisés comme dans *horreorum*. La queue fourchue jusqu'à environ un quart de sa lon-

(1) *Manual of the Birds of New-Zelands*, 1882.
(2) Autres noms : *Hirundo rufa*, *Hirundo americana*, *Hirundo rustica*, ex Amer., *Hirundo cyanopyrrha*. D'après Sharpe (*Cat. Brit. Museum*, X, p. 137, 1885), l'*H. erythrogaster* d'Amérique ne serait qu'une race ou sous-espèce de notre *rustica* d'Europe. La var. *horreorum* est chez lui la même que *H. erhytrogaster*. Ce dernier type nous a paru différer très peu de *rustica*.
(3) Autres noms : *Hirundo lunifrons*, *Hirundo respublicana*, *Hirundo pacciloma*, *Hirundo opifex*, *Hirundo fulva*, *Herse fulva*, *Petrochelidon Swainsoni*, *Hirundo cyanopyrrha*, *Hirundo pyrrhonota*.
(4) *Description of a hybrid Hirundo horreori-lunifrons between two north americanan Swallows*, in Bulletin of the Nuttall ornithological Club, III, p. 135, 1878.
(5) *Op. cit.*

gueur avec des taches blanches sur les pennes rectrices, mais point aussi fortement marqués que dans *horreorum* et les plumes extérieures ne sont pas prolongées et linéaires comme dans cette espèce. Les ailes, quand elles sont ployées, atteignent presque le bout de la queue. La tête et le dos bleu acier avec un bandeau chàtain foncé comme dans *horreorum*, l'étendue chàtain plus en arrière sur la tête que dans cette espèce. La croupe blanc rougeàtre, la nuance plus pàle que dans le Cliff Swallow (*Petrochelidon lunifrons*). Les ailes semblables à celles de *horreorum*.

« La gorge et la poitrine chatain foncé avec une légère partie centrale noire comme dans *lunifrons* et une bande pectorale comme dans *horreorum*. Les côtés sous les ailes et les parties au-dessous généralement d'une nuance variant entre celle de *horreorum* et celle de *lunifrons*. Crissum blanc rougeàtre avec une légère teinte fumée. *Lores* brun sombre; rictus légèrement hérissé. Les joues bleu acier comme dans *horreorum*, mais avec une légère tendance de chàtain, comme dans *lunifrons*. Dimensions (de la peau sèche) : longueur 5.88, aile 4.63, queue 2.69. »

Hirundo erythrogaster et Petrochelidon Swainsoni

M. Elliott Coues semble identifier au *Petrochelidon lunifrons*, nommé dans l'article précédent, le *Petrochelidon Swainsoni* (1). Le croisement que nous allons citer se rapporterait donc au précédent. Cependant MM. Baird, Brewer et Ridgway, dans leur ouvrage sur les Oiseaux de l'Amérique du Nord (2), parlent de ce dernier comme une espèce alliée (*allied species*). M. Philipp Lutley Sclater, qui l'a décrite pour la première fois, l'a considérée comme une bonne espèce (3).

Au mois de mai 1885, M. Gaumer tuait, sur l'île Cozumel, un Oiseau offrant certaines particularités avec *Hirundo erythrogaster* et *Petrochelidon Swainsoni*. Cet Oiseau qui réunit, parait-il, les caractères des deux types, pourrait bien être un hybride, d'après le capitaine Salvin (4).

(1) Voy. *Birds of the Northwest, A Hand-Book of the Ornithology of the region drained by the Missouri river and tributaries*, p. 89, Washington, 1874.

(2) *North American Birds*, p. 334, 1874.

(3) *List of Birds collected by M. A. Boucard in the State of Paxaca in South-Western Mexico, with description of new specimens*. Proceedings of the Zoological Society of London, p. 290, 1858, et *On some new or little Known species of Tanagers from the collection of M. Verreaux of Paris*, mêmes Proceedings, p. 376, 1859.

(4) *Ibis*, p. 356, 1888. Cit in *Monograph. Hirundinidæ*, by Sharpe, part. XIII, XIV. Nous n'avons point nous-même consulté l'ouvrage du savant ornithologiste, ouvrage en cours de publication; un extrait nous a été obligeamment envoyé par le rév. Macpherson, de Carlisle.

Celui-ci en a donné la description suivante : « les couvertures de l'oreille et le collier sont bleu acier comme dans *H. erythrogaster*, la queue est aussi fourchue, quoique moins étendue, et les plumes latérales ont les taches blanches caractéristiques ; les ailes sont aussi longues que celles de l'*H. erythrogaster*, et les couvertures du dessous de la queue sont teintées de roux. Les caractères avec *P. Swainsoni* sont : le coloris de la surface inférieure, comprenant la plaque noire, le croupion gris roux. »

M. Sharpe a reproduit cette description (1) en ajoutant « que la couleur du plumage participe des deux espèces caractéristiques, les traits généraux du *Petrochelidon* étant conservés, pendant que la queue, légèrement fourchue, et par dessus tout les taches blanches sur le dernier, sont les caractères d'une vraie *Hirundo*.

Nous remarquerons que la distinction entre l'hybride *P. Swainsoni* × *P. erythrogaster* et le produit de *P. lunifrons* × *P. erythrogaster*, doit sans doute présenter des difficultés, puisque *P. lunifrons* a été identifié avec *P. Swainsoni* (2). M. Salvin est du reste loin de se montrer affirmatif : « *a little doubt is a hybrid* », dit-il en parlant de l'Oiseau tué par M. Gaumer sur l'île Cozumel.

Hirundo urbica (3) et Hirundo rustica (4)

Sept exemplaires de ce croisement paraissent seuls observés jusqu'alors. Grâce à l'obligeance de ceux qui les conservent, nous avons pu examiner en nature quatre d'entre eux ; le cinquième nous est connu par deux aquarelles qui ont été exécutées à notre intention, l'une montrant le sujet de face, l'autre permettant de le voir sur le dos ; le sixième nous est également connu par une fort jolie peinture représentant l'Oiseau de profil ; le septième n'a pu être conservé ni décrit. Tous nos remerciements à M. le prof. Giglioli, de Florence, à M. R. Tancré, d'Anclam (Poméranie), à M. le Dr Fiori, de Bologne, à M. Paul Matshie de Berlin (5), qui ont bien voulu nous envoyer leurs spécimens empaillés ; à M. le prof. Romita, de Bari (Italie), qui a été assez complaisant pour faire exécuter à ses frais les deux aquarelles dont nous venons de

---

(1) *Monograph. Hirundinidæ*.

(2) Nous ne connaissons pas cette dernière espèce.

(3) Le même que *Chelidon urbica, Hirundo minor seu rustica, Chelidon fenestratrum* et *rupestris*.

(4) Autres noms : *Hirundo domestica, Cecropis rustica, Cecropis pagorum*.

(5) Ce dernier avec l'autorisation de MM. les docteurs Möbius et Reichenow.

parler ; enfin à M. le comte Arrigoni degli Oddi, de Padoue qui a
agi d'une manière aussi gracieuse.

1° *Exemplaire du Musée de Berlin*, le plus anciennement connu.
C'est pendant l'été de 1825, alors que Gloger se trouvait par hasard
dans son village natal, à Kasischka, près de Neisse (Haute Silésie),
que cet exemplaire fut pris. Voici dans quelles circonstances : le
16 septembre, pendant une courte absence de ce dernier, le frère
cadet du savant ornithologiste, désirant nourrir son Épervier, retira
d'un nid d'*Hirundo rustica*, construit dans l'étable aux brebis de
l'exploitation, deux jeunes Hirondelles prêtes à s'envoler et dont
les frères ou sœurs étaient déjà partis. Un seul œuf restait dans le
nid, c'était un œuf clair. Déjà l'un des Oiseaux capturés avait servi
de pâture à l'Épervier, lorsque le jeune frère de Gloger s'aperçut, à
son grand étonnement, que le deuxième Oiseau qui restait était de
couleur blanche sur le croupion. Tout d'abord il pensa qu'il avait
affaire à une jeune *urbica*, entrée par hasard dans le nid d'une
rustica. Cependant, ayant remarqué que la coloration de la partie
inférieure ressemblait entièrement à celle des autres Hirondelles
de cheminée, il crut devoir conserver cet Oiseau pour le faire voir à
son frère aîné aussitôt le retour de celui-ci. Il enferma donc sa pré-
cieuse trouvaille dans une cage qu'il accrocha au mur de l'étable.
Mais les parents qui veillaient sur leur jeune prisonnier parvinrent
à le faire sortir et à l'emmener avec eux ; heureusement le cri inac-
coutumé de ce dernier le fit bientôt reconnaître parmi les autres
Hirondelles ; on le suivit, et ayant été découvert sur les branches
d'un arbre où ses parents le nourrissaient (à la manière des *rustica*) (1), on le tira et il fut abattu. Sa voix, bien différente de celle
du père et de la mère présumés, ressemblait presque complètement
à la voix d'appel du Chardonneret (2).

La description de cet intéressant spécimen, donnée par Gloger (3),
est la suivante : « Plumage du nid, forme et couleur intermédiaires
entre les jeunes du même âge des deux espèces pures. A la partie
inférieure, même aux ailes, il est, par la couleur, entièrement Hirondelle de cheminée, à peine un peu plus clair à la gorge. Par le
sommet et sa forme un peu plus élancée, il ressemble à l'Hirondelle
urbica, cependant il lui manque les bords blanchâtres des bouts

(1) L'*urbica* ne se perche que rarement.
(2) Pour ces détails, voy. Naumann (*Naturgeschite der Vögel deutschlands*,
Sebester theil p. 52 et 73, Leipzig, 1833), auquel fut envoyé cet Oiseau avant de
devenir la possession du Musée de Berlin.
(3) *Boustandiges Handbuch der Naturgischichte der Vögel Europa's* von
dr Constantin Lambert Gloger, ester theil, p. 417, Breslau, 1834.

des pennes propres à l'*Hirundo urbica*. La partie blanche, où se placent les ailes, est recouverte d'une légère teinte rouge, comme chez *rustica*. Les doigts des pieds sont également intermédiaires par leur forme ; sur la partie supérieure ils sont nus et noirâtres, mais sur les parties intérieure, extérieure et inférieure, ils sont emplumés de blanc comme chez *urbica* ; la queue, sous tous les rapports, est comme chez cette dernière. Par conséquent, pris dans son ensemble, cet Oiseau hybride est presque plus ressemblant à l'Hirondelle domestique ♂ qu'à l'Hirondelle de cheminée ♀. »

Ainsi que nous venons de le dire, le précieux spécimen de Berlin nous a été envoyé par M. Paul Matshie avec l'autorisation gracieuse de MM. les docteurs Möbius et Reichenow. La pièce est aujourd'hui en très mauvais état, la barbe des plumes du dessous du corps est tellement usée qu'il est difficile de reconnaître sa couleur primitive ; toute la poitrine et le ventre sont gris sale jaune brun, paraissant mélangé de blanc, c'est-à-dire d'une couleur que ne possèdent ni l'*urbica* ni la *rustica* (le blanc a presque complètement disparu). Cependant, sous la gorge, on aperçoit quelques restes d'une teinte roussâtre devant avoir été encadrée de noir sur le devant de la poitrine à la manière de *rustica*, mais le roux descendait sans doute beaucoup plus bas que d'habitude, s'entremêlant avec le noir ? Sur les couvertures inférieures de la queue, sur les côtés notamment, on aperçoit aussi la même teinte roussâtre. Quelques plumes du croupion restent mélangées de blanc (une grande quantité de plumes a sans doute disparu). Tout le dessous du corps, la tête, le dos, les ailes, la queue, sont presque bruns, à peine si sur le dos inférieur et sur la tête on aperçoit cette teinte noire bleutée propre aux deux espèces, surtout, pensons-nous, à *rustica*.

Ainsi, par cette teinte brune, l'Oiseau se rapprocherait davantage d'*urbica* ? dont il nous paraît bien plutôt avoir la forme (1) que la forme de *rustica*. Les rectrices, par leur conformation, nous ont paru plutôt celles de l'*urbica*, et n'ont ni en dessous, ni en-dessus, la tache blanche de *rustica*. Cependant les rémiges ne se terminent pas en blanc comme sont celles des jeunes de cette dernière.

Les pattes de cet hybride semblent avoir été en dessous couvertes de duvet et n'ont point été probablement de couleur noire comme celle de *rustica* ; elles sont actuellement jaune sale. La mandibule inférieure du bec manque.

Le spécimen, par ces caractères, semble donc hybride et a bien l'aspect d'un jeune Oiseau ; mais son très mauvais état ne nous a

_____

(1) Régimes ? rectrices au moins.

pas permis de nous livrer à un examen sérieux, et certes, si nous n'avions les affirmations de Gloger et Naumann, nous n'aurions pu reconnaître facilement sa double origine.

A quelles causes expliquer la naissance de ce produit ? Les parents qui le nourrissaient, et dans le nid desquels il fut trouvé, étaient de purs *H. rustica*. Aussi Gloger suppose que sa production est due à une circonstance fortuite ; la mère, une *rustica*, laissée dehors par la fermeture inopinée des portes et des fenêtres de l'étable, se serait glissée dans un nid d'Hirondelle *urbica* habité et se serait trouvée cochée par le propriétaire du nid (l'accouplement des *urbica* a lieu généralement dans le nid) ; aux murs extérieurs de l'étable existaient en effet des nids d'Hirondelles *urbica*. On peut supposer qu'il en est ainsi, à moins donc qu'un ♂ *urbica* n'ait été enfermé dans l'étable et, ne pouvant rentrer dans son propre nid, ne se soit accouplé avec une *rustica* ♀ ?... La première hypothèse nous semble la meilleure (1).

2 et 3. *Exemplaires de M. le Dr Vincent de Romita de Bari, et du Musée zoologique de Florence.* — Le premier spécimen, nous écrit M. de Romita, fut pris aux filets à la fin d'avril 1872, le second aux filets également, au même endroit, à la même époque, mais l'année suivante (2). Le savant naturaliste de Bari les reconnut tous les deux pour appartenir au sexe mâle ; leurs organes étaient du reste bien développés. M. de Romita a donné au Musée d'Histoire naturelle de Florence l'un des deux exemplaires, il n'en possède donc plus qu'un seul chez lui. La description de l'exemplaire qu'il a conservé est la suivante : « Bec et iris noirs ; sur le front une ligne très étroite brun marron, comme la gorge, jusqu'à la poitrine. Sur la poitrine, quelques taches noirâtres ; poitrine, abdomen et sous-caudales blanches tirant légèrement sur le roussâtre aux flancs et aux sous-caudales, parties supérieures du corps noires à reflets violets ; croupion blanc avec petites taches noires, tarses couverts dans la face interne de rares petites plumes blanches très étroites. Long. 0,147 ; rectrices externes dépassant les médianes de 0,035.

Les deux aquarelles que M. de Romita a eu la bonté de faire exécuter pour nous ne nous laissent aucun doute sur l'origine hybride de cet Oiseau.

---

(1) B. Wagner *(Lehrbuch der Physiologie*, p. 26 (en note), Leipzig, 1839 ; J. Geoffroy Saint-Hilaire, *Histoire naturelle générale des Règnes organiques*, III, p. 182, De Quatrefages Revue des cours scientifiques, p. 738, 1867-68, ont fait mention de cet hybride.

(2) Ces Oiseaux sont mentionnés dans l'*Avifauna pugliese, Catalogo sistematico degli Uccelli osservati in Puglia*, nel dott. Vincenzo de Romita, p. 18, Bari, 1884.

Dans la lettre qu'il a bien voulu nous écrire, M. de Romita nous dit que le sujet de Florence est très semblable à l'exemplaire de sa collection. Cependant, d'après les couleurs des dessins que nous avons reçus, les caractères intermédiaires nous paraissent s'affirmer davantage chez le sujet de Bari que chez celui de Florence que nous avons pu examiner en nature, M. le comm. prof. Giglioli ayant consenti à nous l'adresser. Ce dernier spécimen ressemble en effet en beaucoup de points à une Hirondelle de cheminée, dont elle diffère cependant : 1° par l'absence du collier noir qui encadre ordinairement le brun roux du dessous de la gorge, (cette couleur brun roux descend directement sur la poitrine, remplaçant le noir qui manque totalement); 2° par le croupion qui est blanc chez lui, mais non point d'un blanc pur, comme chez *rustica;* ce blanc est très mélangé de plumes noir bleuté. (Chez l'exemplaire de M. de Romita, l'aquarelle montre un croupion *presque blanc!*). Les rectrices peuvent passer aussi pour intermédiaires, quoique se rapprochant beaucoup plus de celles de *rustica* dont elles ont la couleur blanche sur leurs barbes, mais non aussi fortement marquée que chez cette dernière, cette couleur est plus confuse.

L'Oiseau nous a paru adulte. Cette *Hirundo rustica,* par ses caractères, quoique faibles, qu'elle présente avec *urbica,* peut passer pour hybride des deux types; toutefois, elle n'indique pas sa provenance aussi nettement que l'exemplaire de M. Tancré et dont nous allons maintenant parler. Disons toutefois auparavant que M. Giglioli nous fait observer que lorsque l'exemplaire en question lui avait été envoyé par le professeur de Romita, on apercevait quelques petites plumes sur les deux tarses que le préparateur a malheureusement fait tomber en le montant. *H. rustica* étant dépourvue à cette place des plumes qui existent chez *urbica,* ce caractère dévoilerait encore l'origine mixte de l'Oiseau (1).

4° *Exemplaire de M. Tancré d'Anclam (Poméranie).* — M. E. F. Homeyer a mentionné et décrit cet Oiseau qui fut observé le 15 mars 1876 par un naturaliste d'Anclam dans les environs de cette ville (2). L'aspect particulier qu'il présentait engagea ce dernier à s'en emparer et à l'offrir à M. Tancré, possesseur d'une

---

(1) Le spécimen est indiqué dans *Primo resoconto,* III, p. 190, Florence, 1891; il porte la date du 25 avril 1872, mais nous pensons que c'est par erreur, puisque, d'après M. de Romita, ce serait l'exemplaire pris l'année suivante qui fut envoyé au Musée.

(2) Journal für Ornithologie, p. 203 et 204, 1876. Il est aussi cité par le Dr R. Blasius dans *Monatschrift des deutschen Vereins zum Schutze der Vogelwelt,* p. 242, numéro d'octobre 1884.

collection importante d'Oiseaux. « A première vue, dit M. Homeyer,
on reconnaît un hybride (bastard), ce que confirme un examen minutieux. Cet Oiseau tient le milieu entre les deux parents. L'ensemble
le fait plutôt ressembler à une Hirondelle de cheminée, tant par les
marques des ailes que par la forme de la queue. Cette queue est
cependant un peu plus courte et sans taches blanches sur les plumes
extérieures. Par contre, la partie inférieure du dos, les tarses et les
côtés postérieurs sont blancs, les côtés antérieurs et la moitié
supérieure blanc châtain. La partie supérieure de la tête et les
petites plumes des parties supérieures des côtés sont bleu d'acier,
sur les côtés vert d'acier. Les ailes et les grandes couvertures noir
brunâtre, la queue de même avec les couvertures bleu d'acier,
mais sans taches blanches. Le derrière blanc avec les bordures de
plumes noires. La gorge est blanchâtre et rouge de rouille, comme
l'est à la première saison celle des Hirondelles de cheminée qu'une
bande d'un brun noirâtre de 5^{mm} traverse à cette place. Les parties
inférieures du côté sont blanchâtres. Les couvertures inférieures de
la queue couleur de rouille. Les plus longues plumes ont 8^{mm} ; en
avant de la pointe de la plume une tache de couleur passée. Sur
les côtés du ventre, près de la queue, une tache noire couverte en
partie par les pointes blanches des plumes. La partie inférieure
de l'aile est gris rouille. Longueur des ailes 118^{mm}, queue 74^{mm},
tarse 12^{mm}, la forme de fourchette de la queue 30^{mm} ».

Cet Oiseau nous ayant été envoyé très gracieusement par son
propriétaire, M. R. Tancré, nous avons noté, à notre tour, les caractères suivants : ailes, longueur de celles de *rustica*, croupe avec du
blanc mélangé de brun, mais plus de blanc que d'autre couleur,
ainsi le croupion se rapproche d'*urbica*. La queue nous paraîtrait,
comme forme et longueur, un mélange des deux espèces, cependant
plus du côté d'*urbica* ; il n'existe pas de petites taches blanches sur
les rémiges. Gorge rousse, mais de couleur moins vive que celle
de *rustica* ad. (ce roux est moins foncé et plus mélangé de blanc) ;
le collier noir mélangé du brun propre à *rustica* est également
moins apparent ; néanmoins, par ces caractères, le sujet de M. Tancré
se rapproche de *rustica*. Les couvertures inférieures de la queue
sont blanc *roux très clair* comme chez *rustica*, ainsi que les couvertures du dessous des ailes, et les parties qui longent les côtés.
En somme, c'est un intermédiaire entre les deux espèces *très bien
caractérisé*.

5° *Exemplaire de M. Andrea Fiori, de Bologne*. — Cette pièce fort
intéressante, et qui ne paraît avoir été décrite dans aucun ouvrage
d'ornithologie, fut tuée au printemps de 1884 par M. Fiori lui-

même. L'éminent professeur du Lycée de Bologne était aller chasser par un temps pluvieux au bord de la mer lorsqu'il fut assez heureux pour faire cette rencontre ; l'*Hirundo* hybride volait dans une bande composée d'*H. rustica* et de deux ou trois *urbica* seulement.

Voici la description que nous avons faite sur la pièce montée : gorge roux orange descendant jusque sur la poitrine, pas d'encadrement noir, particularité déjà constatée chez d'autres spécimens, couvertures inférieures des ailes et de la queue blanc gris, point roux. Sur le croupion quelques plumes blanc sale. Coloration du dos noir ardoise très accentué comme *rustica*. Forme de la queue plutôt celle de *rustica*, mais l'influence d'*urbica* est visible ; les deux rectrices extérieures, et les autres pennes de la queue, du reste, nous semblent affecter une forme intermédiaire. L'Oiseau doit être adulte.

6° *Exemplaire de M. Arrigoni degli Oddi*, de Padoue. — Par une belle journée d'octobre 1886, dans la matinée, pendant que le savant comte était posté pour tirer des Alouettes dans la plaine de Caoddo, près de Monselice, tout à coup apparut une petite bande de six Balestrucci (*Chelidon urbica*). Comme ces Oiseaux continuaient à tourner autour de ses Chouettes (*Athene noctua*), le chasseur leur envoya un coup de fusil. Un seul tomba, et la surprise de M. Oddi fut grande lorsqu'il se trouva en présence d'un Oiseau d'une coloration anormale : « Bec et iris noirs, plumage général noir pâle, non dégradé sur la tête, encore moins sur le dos ; croupe noire à la base des plumes, rouge blanchâtre à l'extrémité. Gorge rouge améthyste, plus bas un petit espace foncé. Parties inférieures d'un blanc sale. Ailes et queue du *Ch. urbica*. Pattes foncées avec un peu de duvet blanc. La taille de celle de l'*urbica*. La manière dont il volait et sa voix étaient celles de cette dernière ; c'était un jeune Oiseau. »

Telle est la description que M. le comte Arrigoni degli Oddi a bien voulu faire pour nous du sujet qu'il conserve. L'aquarelle qu'il nous a adressée montre l'Oiseau, dans sa coloration générale, plus *rustica* qu'*urbica*, quoique le croupion, brun rougeâtre vers le dos et gris brun clair vers la queue, laisse voir sur le milieu une teinte blanchâtre sale ; mais la queue et les ailes sont davantage *urbica* ; ces dernières sont exactement de la longueur de celles d'une *urbica* que nous possédons empaillée ; le bec, par sa forme, nous paraît de cette dernière espèce. Les tarses et les doigts laissent apercevoir le duvet blanc propre à *urbica*, quoiqu'en moins grande porportion Si la figure est exacte, le spécimen se présente comme intermédiaire entre les deux Hirondelles; nous le croirions volontiers hybride dans ce cas.

Nous regrettons de ne pouvoir décrire d'une manière satisfaisante le septième exemplaire qui nous a été indiqué avec beaucoup de complaisance par M. D. Niccolo Camusso, membre de l'*Inchiesta ornithologica internazionale*. Cet hybride ♂, tué à Pozzolo (Novi) le 14 octobre 1869, était trop abîmé par le coup de fusil pour que l'on pût le conserver. C'était un jeune individu de l'année, avec les deux plumes de la queue longues, à peu près comme celles de *rustica*, la gorge roux marron et les pieds couverts de petites plumes comme chez les *Chelidon urbica*.

Nous n'avons point fait mention, dans cet article, de l'exemplaire cité par M. Carlo Beni, de Stia (1), et observé dans le Cosentin (Arezzo) parce que M. le prof. Giglioli nous a fait savoir que cet Oiseau n'était autre qu'une *Cotile (Clivicola) riparia* indiquée par erreur comme hybride. Nous n'avons point non plus mentionné de soi-disant croisements qui nous ont été indiqués par un naturaliste de Bordeaux. Les sujets examinés par ce dernier étaient, paraît-il, très abîmés et difficiles à reconnaître, ils ne nous ont point du reste été communiqués malgré la promesse qu'on avait bien voulu nous faire; il y avait probablement erreur sur leur origine.

Restent donc sept exemplaires; cependant M. le comte degli Oddi se rappelle avoir vu un hybride du même genre dans la collection de M. Gallo; malheureusement il lui été a impossible, malgré les recherches faites, de savoir ce que ce spécimen était devenu.

Famille des *Paridæ*

Genre Parus

PARUS ATRICAPILLUS (2) et PARUS GAMBELLI (3)

Le Musée national des États-Unis à Washington possède un hybride sauvage paraissant provenir du *Parus atricapillus* et du *P. Gambelli*. « Cet Oiseau, nous écrit M. Ridgway, est sous chaque rapport exactement intermédiaire entre ces deux formes. »

Ne connaissant point ces deux formes américaines, nous avons prié M. Ridgway de bien vouloir nous donner son opinion sur leur valeur spécifique : « Le *P. atricapillus* et le *P. Gambelli*, nous a-t-il

---

(1) In *Primo resoconto*, etc., III, p. 69. Florence, 1891.

(2) Autres noms : *Pœcila atricapilla, Parus hudsonicus, Parus palustris*, var.

(3) *Parus montanus* ou *Pœcile montanus*.

·répondu, appartiennent à deux types bien définis, le premier ayant des bordures blanches visibles sur les grandes couvertures des ailes, aux secondaires et aux rectrices, bordures qui manquent chez *Gambelli*, lequel se distingue en outre par une raie blanche superciliaire qu'on ne trouve point dans les autres espèces de ce genre.

PARUS BICOLOR (1) et PARUS ATRICAPILLUS

M. Ridgway (2) a rappelé la capture, par M. Christophe Wood, de Philadelphie, d'une Mésange à gorge et huppe noires, et supposée provenir de la crested Titmouse (*Lophophanes bicolor*) et de la black-cap Titmouse (*Parus atricapillus*).

Aucuns détails n'étant donnés sur cet Oiseau, M. de Selys-Longchamps (qui a rapporté aussi cet exemple) (3) se demande si la réunion des deux caractères cités ne donne pas l'idée du *Wolweberi*, du Texas, qui aurait pu s'égarer accidentellement jusqu'en Pensylvanie. M. de Selys-Lonchamps remarque que cette capture ne serait pas plus étonnante que celle faite, en Belgique, du *Parus Pleskei* de Sibérie.

Nous n'avons pu, à notre regret, nous procurer le numéro de l'American Sportman (4) où cet exemple a été cité pour la première fois, nous ignorons si M. Christophe a donné des détails précis sur la forme et la coloration de son exemplaire et si l'Oiseau peut être réellement considéré comme hybride ; nous pensons qu'il existe quelques doutes sur sa véritable origine, car M. Ridgway en parle ou comme d'un croisement ou simplement comme d'un « *Sport.* »

PARUS CŒRULEUS (5) et POECILE COMMUNIS (6).

Degland dit que cette dernière espèce « s'allie quelquefois avec la Mésange bleue et que de leur union résultent des métis très remarquables. » Pendant deux années il a possédé vivant un exemplaire qui avait été pris dans les environs de Paris, vers la fin de septembre de l'année 1851. Cet Oiseau portait le cachet de sa

---

(1) Ou *Lophophanes Missouriensis* ou *Lophophanes bicolor*.

(2) In *Ibis*, VI, 3ᵉ série, p. 169, 1876 (en note).

(3) *Considérations sur le genre Mésange*, Bulletin de la Société Zoologique de France, p. 51, 1884.

(4) 12 décembre 1874, p. 117.

(5) Autres noms : *Cyanestes cœruleus*, *Parus cœrulescens*.

(6) Autres noms : *Perus palustris*, Temn. nec Linné, *Parus cinereus communis*, *Parus fruticei*, *Parus salicarius*.

double origine, quoique la forme Nonnette dominât manifestement·
chez lui ; ses couleurs ne furent pas modifiées par les deux mues
qu'il subit pendant sa captivité (1). La description que M. Degland
en a donnée est la suivante :

« Tout le dessus du corps d'un gris lavé de brun ; les rémiges et
les rectrices brunes, bordées de roussâtre ; une bande transversale
blanche à l'aile, passant sur l'extrémité des grandes couvertures
secondaires ; une tache noire à la gorge ; les joues blanches ; toutes
les parties inférieures blanchâtres, un peu lavées de roussâtre sur
les flancs ; le sommet de la tête noir, circonscrit par une couronne
blanche couvrant le front, la région sourcilière, l'occiput ; une
large bande d'un noir bleuâtre passant à travers l'œil et s'étendant
du bec à la nuque, où elle formait, par sa réunion à celle du côté
opposé, un collier interrompu, dont les branches latérales s'avançaient à quelques millimètres seulement sur les côtés du cou ; enfin
des pieds bleuâtres. »

Ainsi, fait encore observer M. Degland, « cet hybride ne rappelait donc le *Parus cœruleus* que par la bande blanche de l'aile ; par
ses pieds bleuâtres ; par la bande noire à travers l'œil, se réunissant, sur la nuque, à celle du côté opposé, et par la couronne
blanche encadrant le noir du sinciput. Par tout le reste de son
plumage, il ressemblait à la Nonnette vulgaire (2) ».

(1) *Ornithologie européenne,* par Degland et Gerbe, I, p. 567, Paris, 1867.
(2) Voy. pour cette description pages 567 et 568, *op. cit.*

Parus major (*a*) et Pœcile palustris (*b*)

(*a*) Autres noms : *Parus fringillago, Parus robustris.*

(*b*) *Parus palustris* Linn., *Parus cinereus montanus, Parus borealis, Pœcile
borealis, Parus alpestris.*

M. Samuel Bonjour, de Nantes, nous écrit qu'il se rappelle avoir vu un croisement
de ces deux espèces, mais il y a fort longtemps, et il ne saurait, à notre regret, en
faire une description exacte. Tout ce dont il peut se souvenir, c'est que le jaune
faisait complètement défaut chez le sujet et que sa taille était intermédiaire entre
celle des deux espèces. L'Oiseau était alors en peau, dans un état déplorable, et est
sans doute maintenant perdu.

Nous nous demandons si ce croisement ne doit point être rapporté au précédent.
M. Bonjour ajoute, en effet, dans sa lettre, que cet hybride n'est pas le seul connu,
et que MM. Degland et Gerbe (dans les suppléments de leur Ornithologie européenne) donnent une description détaillée d'un hybride *identique* observé en cage.
Or, nous venons de voir que M. Degland a rapporté son hybride, non au croisement
du *Parus major* avec la *Pœcile palustris,* mais au *Parus cœruleus* × *Pœcile
communis.* Du reste, M. Bonjour ne sait si l'Oiseau avait été pris ou tué à l'état
sauvage.

PARUS CYANUS et PÆCILE BOREALIS (1).

M. Julius V. Madarasz dit avoir vu, chez M. Menzbier, un hybride
très intéressant qui ne serait autre que le produit du *Cyanistes
cyaneus* et de la *Pœcile borealis*. « Toute la partie supérieure des
côtés de cet exemplaire, écrit M. Madarasz (2), est gris cendré avec
une légère teinte bleue. Les ailes sont comme celles de *cyanistes
cyaneus*. Le dessus de la tête est blanc de neige avec une tache noire
ovale au milieu. La bande du bec qui va jusqu'à la partie de l'occiput est noire, tout le dessous du corps est blanc. La queue est
comme chez *P. borealis*, mais de couleur un peu moins nette. La
longueur de cet Oiseau, de sexe mâle, est de 12,5^{cm}; les ailes 6,8;
les pattes 1,8; le bec 1/2^{cm}. »

L'Oiseau a-t-il été pris à l'état sauvage ? M. Madarasz ne l'indique
pas, il dit seulement qu'il a été trouvé près de Moscou le 5 septembre,
par le savant professeur lui-même. Nous pensons cependant qu'il
ne s'agit point ici d'un Oiseau né en captivité.

PARUS CRISTATUS (3) et PARUS BOREALIS (4)

M. Pleske a fait connaître (5) un hybride ♂ de *Parus borealis* et de
Loph. cristatus acheté le 15 septembre 1880 sur le marché aux
Oiseaux de Saint-Pétersbourg, cette pièce est aujourd'hui devenue la
possession du Musée zoologique de l'Académie impériale des sciences.

Nous ne savons point exactement si le spécimen avait été pris ou
tué à l'état sauvage; l'éminent conservateur du Musée de l'Académie n'a pu nous fournir d'indications précises sur ce sujet
qui, suppose-t-il, n'est point né en captivité. D'après une communication de M. Menzbier, il aurait été pris dans les environs
de Saint-Pétersbourg (6). M. Pleske en a donné une description

---

(1) La même que *P. palustris*, dont les autres noms scientifiques viennent
d'être donnés.

(2) *Deutsche ornithologische Gesellschaft*, Journal für Ornithologie, p. 296, 1884.

(3) Autres noms : *Parus mitratus, Lophaphanes cristatus*.

(4) Le même que *Pœcile palustris*, Linn.

(5) *Beschreibung einiger Vogelbastarde* in Mémoires de l'Académie impériale
des Sciences de Saint-Pétersbourg, VII° série, XXXV, n° 5, 1887. Cet Oiseau aurait
été cité plusieurs fois par M. Pleske. Voy. Büchner n. Pleske, *Beitr. z. Ornith. de
St Petersb. Gouv. Beitr. z. Kermin. A. Russ.* II, Folge, Bd IV, p. 58 et
Бихнеръ, Итиии. C-Петерб. губ. Тр. Спб. Общ. Ест. XIV, стр.
419. Nous n'avons pu consulter ces deux ouvrages.

(6) Nous n'avons point consulté Büchner et Pleske, *Beitr. z. Ornithologie de
St-Pétersbourg gouv.* p. 45, où, peut-être, cette indication a été donnée ?

détaillée en comparant ses rapports avec les deux types purs. Nous nous contenterons de signaler ses caractères : Plumes recouvrant le nez blanches tachetées de noir. Sommet de la tête et devant noirs, chaque plume avec pointe blanche. L'occiput, la nuque et le derrière du cou (cervix) d'un noir pur. La huppe manque complètement. Bandes superciliaires d'un blanc pur, sur un côté, tacheté de noir clairsemé. Joues blanc pur ; vers les côtés du cou, claires, colorées de brun. Gorge et devant du cou noirs, la gorge d'un noir pur ; le cou plus bas avec pointes d'un gris blanc. Le champ noir de la gorge est considérablement plus grand que chez *P. borealis* et plus petit, notamment à la partie antérieure du cou, que chez *L. cristatus*.

Dos (partie supérieure et parties inférieures), ainsi que le croupion, brun de terre, cependant avec une teinte nette de gris, en quoi la couleur devient un peu moins intense. Rectrices supérieures des ailes gris de cendre, chaque plume est bordée de brun. Poitrine et ventre blancs, les côtés sont fortement colorés de brun.

M. Th. Pleske fait suivre sa description d'une planche coloriée représentant seulement la tête et le cou de cet hybride (1). C'est, en effet, par ces deux parties, que les deux espèces se distinguent à première vue ; sous ces rapports, on peut dire que le dessin colorié (2) présente des caractères mixtes entre les deux types. Point de huppe, quoique les plumes soient teintées comme chez *cristatus*, sur la nuque et le dessous du cou la teinte noire propre à *P. palustris*, l'iris est du brun roussâtre du *cristatus*. Nous aurions été heureux de voir l'Oiseau dans son entier, quoique la distinction du reste du corps entre les deux espèces soit bien moins tranchée que dans les deux parties représentées.

P.-S. — M. Menzbier veut bien nous écrire qu'un autre hybride de la même provenance, capturé aux environs de Moscou, fait partie de sa collection.

Cyanistes cyanus (3) et Cyanistes cœruleus (4).

En 1877, M. Severtzow adressait à la Société Zoologique de France (5) la description d'un Oiseau qu'il disait être « un hybride inédit de *Parus cyanus* et de *P. cœruleus*, » acquis en chair à Saint-Pétersbourg, mais mort en cage : « Sommet de la tête d'un

---

(1) Fig. 3.
(2) Mémoires de l'Académie.
(3) Autres noms : *Parus cœruleus major, Cyanistes cyaneus*.
(4) Appelé aussi *Parus cœruleus*, ou *Parus cœrulescens*.
(5) Voy. le Bulletin p. 320 et p. 321, procès-verbaux, séance du 20 juillet 1877.

bleu pâle grisâtre ; une marque bleuâtre sur la gorge, comme chez
le *P. cœruleus*, mais pâle ; une teinte jaunâtre, à peine sensible sur
la poitrine, tout le bas du corps blanc, comme chez le *Parus cyaneus* ; dos gris bleu, comme celui de ce dernier ; ailes et queue
intermédiaires entre les deux espèces, ayant plus de marques blanches que le *cœruleus*, mais beaucoup moins que le *cyaneus*. »

M. de Selys-Longchamps a contesté l'origine de cet Oiseau (1).
Pour lui la diagnose donnée par M. Severtzow désigne sans le
moindre doute le *P. Pleskei*.

CYANISTES CYANUS et CYANISTES PLESKEI.

Dans une conférence faite à la Société Zoologique de France
en 1884 (2), M. le professeur Michel Menzbier fit savoir qu'il avait
recueilli une série d'exemplaires qui, d'une part, présentaient
« les produits du croisement des *C. Pleskei* et et des *C. cyanus*, »
et, d'une autre, « ceux du croisement de ces hybrides et des *C.
cyanus*». M. Menzbier trouvait inutile « de donner la description
de tous ces exemplaires », (quatre, pensons-nous), (3) il mentionnait seulement qu'ils avaient été capturés « dans la contrée où les
C. cyanus et les *C. Pleskei* nichent ensemble et disait qu'ils présentaient une série de formes intermédiaires entre les *C. cyanus*
et les *C. Pleskei* ». Après avoir fait connaître que, sur cinq cents
exemplaires à coloration normale, se trouvaient dix exemplaires
C. Pleskei et cinq de ceux que l'on peut envisager comme hybrides,
le savant conférencier continuait ainsi : « Comme je possède des exemplaires intermédiaires entre les hybrides de *C. Pleskei* et de *C. cyanus*
et de ces derniers, et que je connais la relation numérique entre les
C. cyanus et les *C. Pleskei*, je me vois en même temps obligé de convenir que les *C. Pleskei* s'accouplent avec les *C. cyanus*, en formant
des hybrides qui, à leur tour, se croisent avec les *C. cyanus*, et, après
plusieurs générations successives, se confondent complètement
avec les *C. cyanus*. »

Disons tout de suite qu'un naturaliste de Russie, qui reçoit dans
ses magasins un grand nombre d'Oiseaux, ne partage point cette
manière de voir et ne croit point aux hybrides de *C. Pleskei*
× *C. Cyanus*. Nous ne contesterons point cependant, jusqu'à de
nouvelles observations, l'assertion de M. Menzbier ; ce qu'il indique

---

(1) Voy. *Sur le genre Parus*, Bull. Soc. Zoolog. de France, 1884.
(2) Voy. : Revue scientifique, p. 515 et 516, n° du 26 avril 1884.
(3) Voir : *Mémoires sur les Paridæ*, I. *Le groupe des Mésanges bleues*. Bulletin
de la Société zoologique de France IX, 1884 (p. 28, 29 et 30 du tirage à part.)

est peut-être très exact, nous ignorons absolument ce qui se passe dans la nature à ce sujet. Mais si l'éminent professeur base son assertion sur les quatre exemplaires uniques décrits dans son *Mémoire sur les Paridæ* (1), ce chiffre est-il suffisant pour prouver que les deux types purs se croisent d'une manière constante d'abord entre eux, puis dans la suite avec leurs produits ? Il faudrait, il nous semble, recueillir un très grand nombre d'exemplaires croisés pour que cette opinion fût probable ; peut-être M. Menzbier les possède-t-il aujourd'hui ? En 1884, M. Zaroudnoï, ornithologiste distingué d'Orenbourg, disait avoir dans sa collection un hybride *C. Pleskei* × *C. cyanus* (2), ce qui portait à cinq les exemplaires hybrides décrits et sans doute alors seuls connus.

En effet, sur le tableau des formes décrites des Mésanges bleues, tableau récapitulant, pensons-nous, toutes les Mésanges que M. Menzbier a vues dans les divers Musées d'Europe, quatre formes hybrides de *Cyanus Pleskei* (celles qu'il possède) figurent *seules*. M. Menzbier les a déterminées ainsi : une ♀ (16 avril Moscow), croisement direct, soit *Cyan. cyano* × *Pleskei* ; une autre femelle (22 oct., Moscow) l'origine *Cyan. cyano* × *Pleskei* × *C. cyanus;* un ♂ (16 avril, Moscow) également *C. cyano* × *Pleskei* × *C. cyanus;* enfin un autre individu ♂ *C. cyanus Pleskei* × *C. cyanus* × *C. cyanus* (3).

Si les caractères des hybrides suivaient des règles fixes, c'est-à-dire si les demi-sang étaient de plumage et de forme mixtes, si les trois-quarts sang n'étaient plus dans leur aspect extérieur qu'un quart d'une espèce et trois quart de l'autre, et ainsi de suite, il serait certainement possible de déterminer la part des facteurs qui les ont produits. Mais les caractères des hybrides sont-ils invariables ? leur coloration et leur forme peuvent-ils servir à indiquer sûrement le rôle des deux parents ? nous ne voudrions le dire, car un individu réellement demi-sang, ayant eu pour parents deux types d'espèce pure, peut se rapprocher sensiblement d'un seul de ses auteurs ; au contraire un individu trois quarts sang pourra demeurer mixte, entre

---

(1) *Le groupe des Mésanges bleues*, in Bulletin de la Société zoologique de France, IX, 1884.

(2) Voir *Remarques complémentaires pour connaître la Faune ornithologique du pays d'Orenbourg*. Bulletin de la Société des Naturalistes de Moscou, n° 4, 1888. Cette communication nous a été faite directement par M. Zaroudnoï, car nous n'avons pu consulter son mémoire écrit en langue russe, pensons-nous.

(3) *Mémoires sur les Paridæ*.

1. *Le groupe des Mésanges bleues*, où ces quatre exemplaires sont décrits avec beaucoup de détails que nous regrettons de ne pouvoir reproduire ici, à cause de l'étendue de la description. (Voir p. 28, 29 et 30 du Bull. de la Soc. Zool. de France).

les deux espèces pures ; nous avons observé ces phénomènes. On se tromperait donc en attribuant la naissance du premier à un hybride avec l'espèce pure ; la production du second à un croisement de deux espèces pures. Les caractères que présentent les hybrides ne peuvent indiquer toujours la part des parents ; nous revenons souvent sur ce point parce que nous le croyons d'une certaine importance.

Ainsi les trois derniers exemplaires, sur lesquels se fonde M. Menzbier pour indiquer « les résultats du croisement de plusieurs générations de l'hybride avec l'espèce pure », ne sont peut-être que les frères et sœurs du premier et descendus directement d'un couple composé d'un *Cyanus* et d'un *Pleskei*?

Quant à l'extinction des *C. Pleskei* par leurs croisements avec les *C. cyanus* et les hybrides qui résultent de cette union, nous admettons fort bien avec M. Menzbier que, si ces croisements se répétaient constamment, ils élimineraient peu à peu le premier type pour faire place enfin et définitivement au second. Il est certain que le mélange répété d'hybrides (féconds) avec des individus d'espèce pure doit aboutir fatalement à l'effacement complet des caractères du type dont le sang n'entre plus que dans d'infimes proportions. Toutefois, dans le cas présent, il faudrait encore, pour aboutir à l'extinction des types purs *C. Pleskei*, que ces derniers ne s'alliassent jamais entre eux (1).

Et, du reste, les *C. Pleskei* forment-ils une véritable espèce ?

Dans un mémoire très étendu sur le genre Mésange *(Parus)* (2), M. Edm. de Selys-Longchamps, après de savantes considérations et de très compétentes observations sur les races nombreuses des espèces souches de ce genre, conclut que le *Cyanistes Pleskei*, observé, on le sait, pour la première fois, par M. Th. Pleske, sur le marché de Saint-Pétersbourg au printemps de 1876, n'est qu'une race de *C. cœruleus*. Il est persuadé que c'est, en effet, une race constante, mais en l'examinant de près, en considérant la similitude absolue de la stature et des dessins avec ceux du *cœruleus* et de ses races *persicus* et *Teneriffæ*, il est d'avis que ce n'est qu'une race *climatérique*, remplaçant le *cœruleus*, précisément dans ces contrées, où habite le *Parus cyanus*, avec lequel elle aura toujours été

---

(1) M. Menzbier a intitulé sa conférence : « *Rôle du croisement dans l'extinction des espèces* », c'est pourquoi nous nous permettons ces réflexions.

(2) Bulletin de la Société zoologique de France, p. 34 à p. 80, 1884.

confondue (1). M. Alf. Dubois veut bien nous dire qu'il considère également *C. Pleskei* comme simple race ou variété climatérique.

Nous pensons qu'il ne peut en être autrement si nous en jugeons par deux individus que nous possédons et qui nous ont été adressés de Moscou; à moins donc que *C. Pleskei* ne soit un hybride de *C. cyanus* × *C. cœruleus* comme nous l'expliquerons plus loin.

Il ne sera pas sans intérêt de rappeler ici brièvement dans quelles circonstances le type nouveau *C. Pleskei* fut érigé au rang d'espèce.

L'Oiseau obtenu, comme on vient de le dire, au marché de Saint-Pétersbourg, n'avait vécu chez M. Pleske qu'un seul soir et, comme il venait d'être pris, il était impossible d'imputer à un aussi court séjour en cage un changement de couleur qui permettait de le distinguer de *P. cœruleus*.

En 1877, le docteur Cabanis crut donc devoir attirer l'attention de ses collègues sur ce spécimen, disant qu'il s'agissait probablement d'une nouvelle espèce destinée à enrichir la faune ornithotique du Nord-Est de l'Europe et du Nord-Ouest de Sibérie (2).

Les captures du nouveau type depuis cette époque paraissent toujours rares, plus rares mêmes nous dit M. Menzbier que les hybrides *Cyan. Pleskei* × *C. cyanus*. En 1884, celui-ci ne mentionne encore sur son tableau des dimensions des Mésanges bleues, que six exemplaires, un seul de la variété A se trouvant à Paris au Muséum d'Histoire naturelle; les cinq de la variété B répartis ainsi : un au Musée britannique, un autre à Vienne, et les trois derniers dans sa collection. Nous avons appris par M. Paul Matschie (qui considère *Pleskei* comme une *subspecies*) que le Musée de Berlin conservait deux seuls exemplaires (3). M. Alfred Dubois nous dit que le Musée de Bruxelles n'en possède point, mais que les deux sujets figurés dans le dernier fascicule de son ouvrage appartiennent

---

(1) *Sur le genre Parus.* — On se rappelle qu'à propos d'un exemplaire acheté sur le marché de St-Pétersbourg et signalé par M. Sewertzow comme hybride de *cœruleus* et de *cyanus*, M. de Selys avait dit que la diagnose très claire que celui-ci en donne désignait sans le moindre doute le *P. Pleski*. In Bull. de la Soc. Zool. de France, p. 330, 1877.

() Voy. *Journal für Ornithologie*, p. 213, avril 1877, rapport pour février, où une figure de l'Oiseau a été donnée pour la première fois.

En 1881, M. Menzbier, dans la *Revue comparative de la Faune ornithologique du Gouvernement de Moscou*, indique *C. Pleskei*, Cab. à titre d'espèce. Voy. Bulletin de la Société des Naturalistes de Moscou, n° 3, p. 212, 1881.

(3) Ces deux exemplaires sont sans doute ceux dont M. Dubois a parlé dans le Journal für Ornithologie 1877, et dans le même journal, p. 109, 1878.

à M. le baron de Selys-Longchamps (1). Le Muséum de Paris ne s'est point enrichi de nouveaux exemplaires, il n'en conserve qu'un seul, rapporté il y a quelques années du gouvernement de Moscou par M. Ujfalvy. Le catalogue des Oiseaux du British Museum ne mentionne que le sujet ♀ déjà indiqué par M. Menzbier. M. Taczanowski ne fait point figurer *C. Pleskei* dans la liste des Oiseaux observés depuis cinquante ans en Pologne (2). Dans la liste des Oiseaux des gouvernements de Saint-Pétersbourg (3), M. Eug. Büchner dit que ce type n'a été observé qu'en petit nombre. C'est en vain que nous avons cherché des mentions de nouvelles captures de *C. Pleskei* dans les grands journaux ornithologiques européens, l'Ornis, le Journal für Ornithologie, l'Ibis n'en parlent point ou fort peu (4). Nous pensons que la plupart des collections ornithologiques ne possèdent pas encore ce nouveau type. Le Musée de Vienne (Autriche) en serait même dépourvu (5)? M. Lorenz, naturaliste de Moscou, nous a cependant signalé trois pièces en sa possession; nous lui avons acheté deux de ces pièces. Dans une nouvelle communication que M. le prof. Menzbier a la bonté de nous adresser, nous apprenons que le *Cyan. Pleskei*, type toujours rare, se rencontre actuellement en Russie dans les trois localités suivantes : environs de Saint-Pétersbourg, environs de Moscou et environs d'Orembourg ; c'est à Moscou qu'on le voit le plus souvent, tandis que c'est à Orembourg qu'il est le plus rare.

Dans cette communication M. Menzbier nous dit qu'il est maintenant d'avis que la variété B est le résultat d'un croisement d'un hybride *Cyan. Pleskei* × *C. cyanus* avec un *C. Pleskei* typique ; dans ce cas on aurait trois sortes de formes :

A) *Cyan. Pleskei* typique.

B) Première génération des hybrides *C. Pleskei* × *C. cyanus* et génération résultant du croisement de ces hybrides avec les *Cyan. cyanus*.

C) Première génération des *Cyan Pleskei* × *C. cyanus* et génération provenant du croisement de ces hybrides avec les *Cyan. Pleskei*.

Ceci pourrait expliquer, d'après Menzbier, pourquoi les carac-

---

(1) Le ♂ vient de Moscou, la ♀ a été prise en Belgique (Liège).

(2) Ornis, p. 465, 1888.

(3) Journal für Ornithologie, p. 196, 1885.

(4) Nous ne voyons guère figurer qu'un seul sujet, encore douteux, parmi les sept *Parus ugareus* tués par M. Alexandre Nichalovits. *Ornithologische Gosellschaft zu Berlin*. Voir Cabanis-Journal für Ornithologie, p. 98, 1885. Voir aussi le même journal, p. 267, 1880, où une vague mention de *Pleskii* a été également faite.

(5) D'après une communication de M. le Dʳ L. Lorenz, Custos-adjunct.

tères distinctifs de la variété B sont moins constants que ceux de la forme typique et pourquoi aussi cette même variété est moins fréquente que les hybrides *Cyan. Pleskei* × *Cyan. cyanus.*

L'étude du type *Pleskei* est donc d'un grand intérêt pour les zoologistes; mais M. Menzbier nous permettra de lui rappeler respectueusement qu'il n'est pas prouvé, comme nous le disions tout à l'heure, que les produits demi-sang revêtent nécessairement des caractères intermédiaires entre les deux espèces mères desquels ils tirent leur origine; pas plus qu'il n'est prouvé que dans un produit trois quarts sang ces caractères intermédiaires s'affaiblissent aussitôt. Il ne viendra à l'idée d'aucun ornithologiste, pensons-nous, d'attribuer la naissance des hybrides *Lig. clhoris* × *Linota cannabina* ou *Fringilla cælebs* × *F. montifringilla*, rencontrés à l'état sauvage, les uns à un croisement direct, les autres à un mélange de l'espèce pure avec un hybride; l'origine de tous indistinctement est imputée à un croisement d'espèces pures. Or, si nos souvenirs sont exacts, tous les hybrides que nous avons vus ne sont pas absolument semblables; pour le dernier croisement, nous avons vu des individus revêtant presque entièrement les caractères d'une seule des deux espèces pures. Nous possédons un hybride trois quarts sang (*Columba*) qui ne présente pas de différence avec d'autres produits demi-sang de la même origine.

Les jeunes provenant du croisement des *Rhipidura* ressemblent tantôt à l'un des parents, tantôt à l'autre; si le mélange des espèces mères n'avait été constaté *de visu*, il n'aurait donc point été possible de les déclarer demi-sang. Chez les Léporides (si toutefois ces hybrides existent réellement?) on constate toujours une forte ressemblance au type Lapin (*L. cuniculus*). M. Gurney a cité des cas curieux parmi les Palmipèdes et les Oiseaux de cage où des individus hybrides demi-sang ne tenaient, pour ainsi dire, que d'une seule espèce.

Le renversement des termes père et mère est-il même capable d'opérer un changement dans les caractères des produits. Nous possédons deux ♂ demi-sang *Euplocamus melanotus* ♂ × *Lineatus Raynaudii* ♀ semblables entre eux et semblables aussi à un autre ♂ provenant d'une *melanotus* ♀ et d'un *E. Raynaudii* ♂. Si quelques légères différences existent, elles sont plus sensibles entre les deux exemplaires du premier croisement qu'entre ceux-ci et l'exemplaire du second mélange. Au contraire, un ♂ demi-sang *E. Swinhoi* ♂ × *E. nycthemerus* ♀ diffère en une certaine manière d'un ♂ provenant d'un *E. Swinhoi* ♀ × *E. nycthemerus* ♂.

L'étude des caractères des hybrides demi-sang, trois quarts sang, cinq huitièmes, etc., obtenus en captivité, s'impose donc d'une manière toute particulière ; car lorsque deux espèces se mélangent accidentellement dans la nature, leurs produits ne peuvent sans doute emprunter exactement autant de parties à une espèce qu'ils en empruntent à l'autre. Un des types purs qui se croise aura, dans certaines circonstances, une action plus grande que son conjoint n'en aura une sur lui, d'où il s'en suivra que son influence sera prépondérante.

CYANISTES CŒRULEUS et CYANISTES PLESKEI

Dans sa conférence faite à la Société zoologique de France, M. Menzbier dit encore que les *C. cœruleus*, d'après leurs stations et leurs habitudes, « se rapprochent à un tel point des *C. Pleskei* » que l'on ne devra point s'étonner si des observations ultérieures « prouvent que ces Mésanges se croisent entre elles et produisent des hybrides. » M. Menzbier remarque toutefois que ces deux formes sont si voisines dans les traits typiques de leur coloration, qu'il est souvent très difficile d'indiquer les caractères d'après lesquels on pourrait distinguer les hybrides. « C'est la comparaison seule de ces exemplaires avec ceux des *C. cœruleus* qui pourrait faire remarquer peut-être que le dos est d'un bleu plus intense, les parties inférieures plus pâles et le blanc de l'abdomen plus développé. » M. Menzbier possède dans sa collection un exemplaire ♀ de ce genre recueilli près de Moscou 26/14 janvier.

M. Menzbier ne dit pas par là que les *C. cœruleus* se croisent certainement avec les *C. Pleskei*, c'est une hypothèse qu'il émet ; elle est du reste possible (et même probable) si le *C. Pleskei*, comme le croit M. de Selys-Longchamps, n'est qu'une race de *C. cœruleus*. Semblant confirmer cette opinion, M. Zaroudnoï nous écrit qu'il possède dans sa collection d'Orembourg (Russie), un exemplaire auquel il attribue l'origine *C. cœruleus* × *C. Pleskei* × *C. cœruleus* (1).

CYANUS FLAVIPECTEUS (2) et CYANISTES CYANUS VAR. TIAN-SCHANICUS.

D'après M. Menzbier (3), le prof. Severtzow possédait dans sa collection des exemplaires de *Cyanistes* du district limithrophe de la région des *C. flavipectus* et des *C. cyanus tian-schanicus* « avec dé-

---

(1) Nous pensons que la description de cet Oiseau a été donnée dans le Bull. de la Société des Naturalistes de Moscou, n° 4, 1888.

(2) Ou *Parus flavipectus*, ou encore *Cyanestes flavipectus*.

(3) *Les Mésanges bleues*. Bull. de la Soc. zoolog. de France, 1884.

veloppement plus ou moins faible de jaune sur la poitrine et avec tous les autres caractères de la forme typique des *C. flavipectus* ». M. Menzbier se demande si ou ne doit pas admettre que ces exemplaires, de même que ceux des *C. cyanus tian-schanicus* à couleur jaune sur la poitrine, soient des hybrides des *C. cyanus tian-schanicus* et des *C. flavipectus*? » C'est une simple conjecture à laquelle se livre l'éminent naturaliste ; du reste s'il admet à titre d'espèce *C. flavipectus* (considéré comme race de *cyanus* par M. de Selys-Longchamps), il reconnaît que *C. tian-schanicus* n'est qu'une variété ou race de *C. cyanus*, il s'agirait donc ici du croisement hypothétique de *flavipectus* avec *cyanus*, ainsi que cela résulte, du reste, de l'opinion que M. Menzbier a émise dans sa conférence faite à la Société Zoologique de France (1).

Or, pour M. de Selys-Lonchamps, le *flavipectus* est encore au *cyanus* ce que le *cœruleus* est au *Pleskei*. Il ne trouve chez *flavipectus* aucun caractère assez important pour le séparer de *cyanus*. Il en donne la raison et cite, à l'appui de son opinion, un exemplaire femelle de *cyanus* du Nord de la Russie faisant partie de sa collection « chez lequel les flancs, depuis la base de la poitrine jusqu'à la queue, sont très légèrement, mais distinctement, lavés de jaune pâle (2) ».

Un exemplaire obtenu à Ferghanah, provenant de la collection Sewerztow, actuellement en notre possession, ne diffère que par le jaune de *cyanus* dont il se rapproche par tous les autres points, ce qui nous fait partager la manière de voir de M. de Selys-Longchamps.

Remarque.

Le présent croisement *C. flavipectus* × *C. cyanus*, et le précédent *C. cœruleus* × *C. Pleskei*, se produiraient donc entre variétés et non entre espèces. Nous devons toutefois ici faire mention d'une opinion émise par M. Vian. Dans une communicition que celui-ci avait bien voulu nous adresser il y a quelques années, il disait « qu'il était convaincu que les deux formes *Pleskei* et *flavipectus* sont des métis de la Mésange bleue (*cœruleus*) et de la Mésange azurée (*cyanus*). Il possède quelques exemplaires qui tiennent plus ou moins de ces deux types, variant dans leurs emprunts qui leur font et sont *Pleskei* ou *flavipectus* suivant qu'ils ont pris plus ou moins à *Parus cœruleus* ou à *Parus cyanus* ; enfin ils sont rares partout ».

(1) Voy. Revue scientifique, p. 516, 1884.
(2) P. 72.

En 1884, alors que cinq exemplaires *Pleskei* paraissaient seuls connus, M. Menzbier (1) disait d'eux que le plus grand nombre étaient des mâles et présentaient deux variétés : l'une à bec bleu, à tache d'un jaune très prononcé sur la poitrine, plus voisine de *cœruleus;* l'autre, plus pâle, a la tête d'une coloration bien moins prononcée se rapprochant de *cyanus*. Si les observations faites depuis confirment ces renseignements (ce que nous ignorons), il y aurait quelques probabilités à admettre les *Pleskei* à titre hybrides, peut-être même pourrait-on attribuer leurs deux variétés au renversement de termes père et mère dans le croisement des espèces pures, si toutefois ce renversement est capable d'accomplir des changements dans la coloration des produits, chose, nous l'avons vu, très discutable. Aussi, nous ne voudrions aucunement soutenir cette thèse, et le *C. Pleskei*, comme le dit M. Selys-Longchamps, qui a étudié longuement ce sujet, n'est probablement autre qu'une race locale de *cœruleus*, tandis que *flavipectus* se rattache à l'espèce souche, *cyanus*. C'est tout à fait notre avis.

Les derniers croisements que nous venons d'énumérer restent donc très obscurs, puisqu'on ignore la véritable origine de *Pleskei* et de *flavipectus*, et qu'on ne sait s'ils sont de bonnes espèces, des races ou des hybrides? Qui sait encore si les pièces considérées comme hybrides ne sont point des variétés de coloration ?

Il serait très désirable qu'un amateur d'Oiseaux insectivores voulût bien entreprendre dans ses volières le croisement du *Cyanistes cœruleus* et du *Cyanistes cyanus*, on verrait ainsi si, du croisement présumé, naissent les *C. Pleskei* et même les *C. flavipectus;* ainsi serait tranché le débat. En cas de négative, il faudrait voir dans ces deux derniers types des races ou variétés des espèces souches.

CYANISTES CYANUS et PŒCILE LONGICAUDUS (2)

M. le prof. Menzbier dit (3) qu'il possède dans sa collection un exemplaire de Mésange bleue recueilli près de Moscou, lequel « ne peut être qu'un hybride de *C. cyanus* et de *Pœcile longicaudus*.» Voici la description de cet Oiseau d'après le savant professeur de Moscou:

---

(1) P. 515 de sa Conférence, in Revue Scientifique.

(2) Autres noms : *Parus caudatus, Parus longicaudus, Mecistura vagans, Ægithalus caudatus, Acredula caudata, Mecistura caudata, Paroïdes caudatus* et *longicaudus*.

(3) *Mémoires sur les Paridæ. 1. Le groupe des Mésanges bleues.* Bullet. Soc. Zool. de France, IX, 1884.

« La coloration de cet hybride est d'un gris pâle, intermédiaire entre la coloration du *C. cyanus* et celle du *Pœcile longicaudus*. Le sommet de la tête est entouré d'une large bande blanchâtre; une bande noire prend son origine à la base du bec, traverse l'œil et se prolonge jusqu'à la nuque, comme dans les *C. cyanus*, mais elle n'y forme point les deux embranchements. Le dos et les scapulaires d'un gris pâle, moins intense sur la partie supérieure du manteau, à l'endroit où nous observons une tache blanche chez les *C. cyanus*. Les couvertures alaires d'un bleu grisâtre foncé. Les grandes couvertures, un peu plus foncées que les autres, sont terminées par du blanc pur, qui forme une bande transversale sur l'aile. Les rémiges primaires noirâtres, blanches sur les pages externes; les rémiges secondaires d'un gris noirâtre, avec bordures blanches plus larges sur les pages externes et avec pointes ressemblant à celles des *C. cyanus*. Les rectrices sont noires, à teinte d'un gris bleuâtre, la plus latérale à page externe et à pointes blanches; la seconde liserée de blanc sur la page externe; la troisième un peu moins lisérée; sur les quatrième, cinquième et sixième, le blanc disparaît tout à fait et c'est le gris pâle qui le remplace. Le dessous du corps, d'un blanc pur, excepté la gorge, qui est marquée d'une tache noire comme chez le *Pœcile longicaudus*.» M. Menzbier note encore « que le bleu propre au *C. cyanus* est très faible dans l'exemplaire cité et qu'il est remplacé par le brun du *Pœcile longicaudus*. La teinte si pâle de la couleur bleue du *C. cyanus* est pour ainsi dire effacée par le brun plus prononcé du *Pœcile longicaudus*. »

ACREDULA CAUDATA et ACREDULA IRBYI

Ce croisement ayant été cité par M. H. Giglioli, à titre hypothétique (1), dans la lite des cas d'hybridité de l'Avifauna italienne représentés dans la collection centrale des Animaux vertébrés de Florence (2), nous croyons devoir en faire mention; il ne peut toutefois être question ici que d'un croisement entre l'espèce souche et une variété locale, le genre *Acredula* (ou Orite) n'étant représenté en Europe que par une seule espèce : l'*Acredula caudata*. Dans la variété *Irbii* qui se trouve en Espagne, dans l'Italie centrale et

---

(1) La citation de M. Giglioni est précédée d'un ?

(2) *Primo resoconto dei Resultati della Inchiesta ornithologica in Italia*, Parte terza ed ultima, *Notizie d'Indole generale*, compilata dal dottore Henrico Hillger Giglioli, p. 70, Florence, 1891.

méridionale, dans la Sicile, la couleur violette des scapulaires est remplacée par le gris (1).

Le sujet du Musée de Florence provient de Turin et fut pris (ou tué) le 19 octobre 1884. M. H. Giglioli se contente de dire que « la tête est presque blanche » et place devant sa citation, comme nous l'avons dit, un point d'interrogation.

ACREDULA ROSEA et ACREDULA IRBYI

D'après M. Seebohm, l'*A. Irbyi* se mélangerait en Lombardie avec l'*A. rosea*, la forme britannique de l'*A. caudata* (2).

Le Dr Gadow (3) parle de trois exemplaires du Piémont, conservés dans la collection du British Museum, intermédiaires entre *A. Irbyi* et *A. rosea* (4).

M. Tommasso Salvadori dit également (4) qu'en Piémont, en Lombardie et en Toscane on trouve des exemplaires intermédiaires entre *A. rosea* et *A. Irbyi*, lesquels ont le dos cendré en grande partie, mais taché de noir. « Probablement, ajoute le savant comte, ce sont des hybrides. »

Que sont les deux types ? Jusqu'en 1886, dit M. Alphonse Dubois, tous les ornithologistes ont considéré les différences de coloration que présente l'espèce *A. caudata*, soit comme un caractère sexuel, soit comme une distinction d'âge ou de saison.... Plusieurs auteurs anglais viennent d'admettre trois espèces aux dépens du *Parus caudata*. Pour eux, les individus à tête blanche appartiennent seuls au type de Linné, tandis que ceux pourvus d'une bande sourcilière forment deux espèces : *A. rosea* et *A. Irbyi* (5).

L'éminent conservateur du Musée royal de Bruxelles ne partage pas cette manière de voir ; tout en reconnaissant l'existence de ces trois formes de Mésange à longue queue, il ne les admet qu'à titre de races ou variétés climatériques (6). D'après cela, si les deux

---

(1) Voy. Seebohm. *A history of britsh Birds*, I, p. 487. M. Odoardo Ferragni la signale dans son *Avifauna cremonese*, p. 90. Cremone 1885. Il dit l'avoir trouvée en compagnie de sa proche alliée *A. caudata*. Il en fait une espèce.

M. Tommaso Salvadori ne la mentionne point dans sa *Fauna d'Italia*.

(2) Que l'on voit aussi dans le nord de la France et l'Allemagne occidentale, (d'après le même.) *Op. cit.* I, p. 487.

(3) *Catalogue of Birds of British Museum*, VIII, 1883.

(4) Nous en trouvons seulement deux indiqués dans la liste.

(5) *Elenco degli Uccelli italiani*, p. 90, 1886-87.

(6) *Remarques sur les Mésanges du genre Acredula*, Bulletin de la Société zoologique de France, p. 437, 1883.

croisements assez hypothétiques que nous mentionnons se sont réalisés, ils seraient donc produits entre types appartenant à une même souche.

Famille de *Motacillidæ*.

Genre Motacilla.

MOTACILLA ABBA (1) et MOTACILLA LUGUBRIS (2).

Temminck (3) dit avoir « acquis la certitude que, dans nos contrées occidentales, la *Bergeronnette lugubre* s'accouple avec la *Bergeronnette grise* et produit des individus tapirés de noir et de cendré clair. » Serait-ce parce qu'elle ne trouve pas toujours à s'unir avec des individus de son espèce, se demande le célèbre ornithologiste ? Quoiqu'il en soit, ajoute-t-il, le fait est certain.

Le rév. Macpherson dit qu'il a vu lui-même les deux espèces appariées (4). Un des Musées d'Histoire naturelle d'Angleterre renferme un individu qui proviendrait de ces deux types ? (5)

Pour M. Degland, la Hochequeue grise *(Motacilla lugubris)* n'est qu'une race de la *Motacilla alba*, ainsi que pour beaucoup d'ornithologistes. M. Sharpe l'a portée cependant au rang d'espèce (6). M. Sclater la distingue également de *M. alba*, mais il ne précise pas à quel titre (7). Ces deux Bergeronnettes sont assurément deux types bien rapprochés et leurs hybrides, (si hybrides il y a), doivent être difficiles à reconnaître. D'après ce que nous avons pu juger par l'examen de plusieurs exemplaires, *M. lugubris* ne se distingue d'*alba* que par son aile présentant moins de blanc, et par son dos plus noir. Aussi de si faibles différences sont-elles suffisantes pour ériger ces deux types au rang d'espèce ?

(1) Autres noms : *Motacilla cinera*.
(2) Ou *Motacilla Yarrelii*, ou *Motacilla alba*, ou *Motacilla alba lugubris*.
(3) *Manuel d'Ornithologie ou Tableau systématique des Oiseaux qui se trouvent en Europe*, I, p. 254, 1820-1840.
(4) « Paired together ».
(5) « A case of Pied Wagtails at the Natural Museum, dit le Révérend, contains, as one of the parents, a Bird which competent authorities have decid, I belive, to be a White-Wagtail », Field, 31 mai 1890.
(6) *Ornithologie européenne*, I, p. 384.
(7) *Catalogue des Oiseaux du Musée britannique*, p. 460, 1885.
(8) Voy. : Ibis, p. 173, 1874.

BUDYTES FLAVA (1) et BUDYTES MELANOCEPHALA (2)

M. Th. Pleske a figuré (3) une Lavandière jaune qu'il croit provenir de la *Motacilla flava* Lin. et de la *Motacilla melanocephala* Lichtn.
Cet Oiseau fut pris le 8 avril 1854, près de Gurgew. M. Pleske présume que la *Motacilla flava* est le père de cet exemplaire « parce
que ses régions molaires sont toutes blanches ». Le sexe n'a pu être
distingué, M. Pleske croit cependant cet Oiseau mâle, ses couleurs
étant très vives.

Le savant académicien en a donné une description détaillée en
ayant soin d'établir ses rapports avec les deux types purs; nous
nous contenterons de noter les caractères suivants : « dos, plumes
des épaules et croupion d'un vert foncé olive; petites tectrices des
ailes brunâtres, bordées largement d'un vert jaune d'olive, celles du
milieu et les grandes d'un brun foncé, bordées largement de jaune
verdâtre, les plumes axillaires d'un jaune vif. Plumes rectrices les
plus extérieures, toujours deux ensemble, blanches avec taches
noires, la troisième plume rectrice noire, les autres plumes de la
queue sont noires. Bec et pieds noirs. La nuque, le derrière du
cou, la tache de l'oreille d'un gris noirâtre. Joues rougeâtres avec
quelques plumes noirâtres et jaunâtres. Gorge blanche, mélangée
de jaune vers le cou. Culmen 13mm, ailes 76mm.

La *Budytes melanocephala* n'est, d'après Degland, qu'une race
de *B. flava* (4). La *menocephala* nous paraît différer de *flava* par le
dessus de la tête qui est noir, par ses joues et le dessus du cou qui
sont de cette couleur, ce noir descend sur les épaules en forme de
collier. Chez la femelle *melanocephala* le bleu cendré est à ces parties aussi plus foncé que chez la femelle *flava*. La *flava* variant
beaucoup suivant l'âge et les saisons (5), comme sans doute la
menocephala, il doit être difficile de reconnaître l'hybridation
lorsqu'elle se présente.

---

(1) Autres noms : *Motacilla flava. Motacilla flaveola, Motacilla verna, Motacilla neglecta.*

(2) Autres noms : *Motacilla melanocephala, Motacilla flava melanocephala,
Motacilla flava* var. *borealis.*

(3) Mémoires de l'Académie des Sciences de St-Pétersbourg, T. XXXV, n° 5,
VII° série.

(4) *Op. cit.*, I, p. 381.

(5) D'après une communication verbale de M. Noury et d'après de nombreux
exemplaires formant série exposés dans les vitrines du musée d'Elbeuf et que nous
avons examinés.

BUDYTES FLAVA et BUDYTES CAMPESTIS (1)

La *Budytes flava* s'accouple encore avec son autre variété *B. Rayi*.
« Il paraît hors de doute, dit Degland (2), que la *Budytes flava* et ses
variétés s'apparient entre elles. » On a tué près de Lille, ajoute
cet auteur, un mâle de *Budytes flava*, des mieux caractérisés, accouplé avec une femelle de *Budytes Rayi*.

. M. Zaroudnoï nous écrit d'Orembourg qu'il connaît lui-même des
hybrides entre ces deux types; il en connaît aussi entre *B. flavus*
et le changement de *B. Rayi* que M. Sewertzow a marqué comme
B. flavifrons. Il croit pouvoir attribuer à certains individus l'origine
suivante : *B. flavus* × *Rayi typica* × *B. flavus*, *B. flavus* × *B. Rayi flavifrons* × *B. flavus*. Ces divers Oiseaux, tués au milieu du cours de
l'Oural, ornent sa collection.

Nous regrettons de ne pouvoir donner une analyse du mémoire
de M. Zaroudnoï dans lequel ces divers croisements sont relatés et
où l'auteur parle aussi de *Budytes flava*, var. *beema* × *Budytes C. flavifrons*. Le mémoire de M. Zaroudnoï est écrit en russe. Il s'agit du
reste tout au plus de croisements entre variétés; nous devons cependant reconnaître que si *campestris* est cité à titre de race de *flava*
par Degland, M. Sharpe la porte au rang d'espèce. Ces caractères
intermédiaires pourraient peut-être également être attribués à des
variétés de coloration ; les traits qui distinguent ces deux types
n'étant pas considérables.

BUDYTES FLAVA et BUDYTES BOREALIS

M. Zaroudnoï nous a encore indiqué le croisement de *B. flava* ×
B. borealis, qu'il se propose d'étudier ultérieurement. Il a tué un
exemplaire de ce genre au milieu du cours de l'Oural. Dans la
Collection centrale des Animaux vertébrés d'Italie, à Florence,
il existe un individu ♂ indiqué comme *flavus* × *borealis* obtenu à
Fana le 26 avril 1887 (3).

M. Sharpe (4) inscrit *borealis* comme bonne espèce, M. Degland (5)
en fait, au contraire, une simple variété de la race *melanocephala*
à laquelle même il semble l'identifier de sorte que, si son opinion

(1) Autres noms : *Budytes Rayi*, *Motacilla flava*, *Motacilla campestris*, *Motacilla flava Rayi* et *Motacilla flaveola*.
(2) *Op. cit.*, I, 379.
(3) *Primo resoconto dei resultate*, etc., Florence 1891.
(4) Catalogue des Oiseaux du British Museum, Pl. VII, fig. 1 et 3, 1885.
(5) *Op., cit.*, I, p. 380.

est juste, ce croisement devrait être rapporté à eclui de *flava* × *melanocephala* dont nous avons déjà parlé.

M. Sharpe constate lui-même (1) que quelques spécimens de la Bergeronnette jaune de la Méditerannée se distinguent peu de la vraie *M. borealis*. Les appariages ou accouplements des deux races auraient sans doute besoin d'être constatés pour déclarer hybrides les individus à coloration mélangée.

Famille des Turdidæ

Genre Helminthophila

HELMINTHOPHILA PINUS (2) et HELMINTHOPHILA CHRYSOPTERA (3)

Si le *Colaptes aurato-mexicanus*, que nous étudierons plus loin, doit être considéré comme une variation climatéripue et non comme un hybride, voici peut-être l'hybridisme le plus intéressant et le plus curieux dont nous ayons à parler pour l'Amérique du Nord, quoiqu'il n'existe encore, reconnaissons-le, que de *simples conjectures* sur la véritable nature des hybrides supposés et que la double origine de la plupart de ceux-ci soit même contestée.

Le 18 mai 1870, M. William Brewster tuait à Newtonville, Mass., un Oiseau du genre *Helminthophaga*, mais d'une espèce jusqu'alors inconnue. L'Oiseau était en plein chant lorsqu'il fut surpris et voltigeait çà et là dans un fourré marécageux planté de chênes et d'érables. Autant M. Brewster peut se le rappeler, il ne différait pas

(1) *Op. cit.*, X, p. 257.

(2) Synonymie : *Certhia pinus, Sylvia pinus, Sylvia solitaria Helmitherus solitarius, Helinaia solitaria, Vermivora solitaria*, etc.

(3) Autres noms : *Motacilla chrysoptera, Sylvicola chrysoptera, Motacilla flavifrons, Sylvia flavifrons, Helmitheros chrysoptera, Vermivora chrysoptera, Helinaia chrysoptera*, etc.

Les deux espèces *pinus* et *chrysoptera*, quoique présentant un air de parenté indisculable, offrent cependant des caractères différentiels assez tranchés. Ainsi on ne trouve point dans *pinus* la gorge noire de *chrysoptera*. *Pinus* est d'un beau jaune chrome sur toutes les parties inférieures; chrysoptera est gris blanc sombre à ces parties; ce dernier n'a point non plus l'œil entouré de noir à la manière de *pinus*, mais la conformation du corps et la taille est la même chez les deux espèces. Sur le dos il existe un rapprochement entre les teintes des deux types, car le dos de *chrysoptera* est lavé de jaune verdâtre gris dans le genre du dos de *pinus*. On voit donc que certaines relations unissent les deux formes, mais aussi certains caractères différentiels semblent les séparer.

sensiblement, soit dans la voix ou dans ses mouvements de *H. chry-soptera* (1).

Qu'était cet oiseau ? M. Brewster n'osa rien décider sur son origine. Les différences du coloris avec le type ordinaire étaient si grandes et de telle nature que toute théorie de variation accidentelle (ou de variation due à la saison) lui parut impossible à émettre; l'hypothèse d'un hybridisme ne lui parut point non plus devoir être prise en considération, vu la grande rareté des hybrides à l'état sauvage. La nouvelle espèce, dépourvue de noir ou de cendré sur les joues et sur la gorge, reçut donc un nom particulier, celui de *H. leucobronchialis*, du gr. λευχος blanc et βρογχος bronches ou poitrine.

Voici sa description, telle que l'a faite M. William Brewster : « Mâle adulte, plumage d'été ; sommet de la tête jaune vif légèrement teinté d'olive sur l'occiput. Les plus grandes et les moyennes couver'ures de l'aile jaune, au sommet moins vif. La ligne sourcilière, les joues, la gorge et toutes les parties inférieures, blanc soyeux, avec une légère teinte de jaune pâle sur la poitrine. Surface dorsale, à l'exclusion de la nuque, qui est cendré clair lavé de jaune, comme sont aussi les bords extérieurs des secondaires. Une étroite ligne de noir clair passe de la base de la mandibule supérieure à travers et à une petite distance derrière l'œil, interrompue cependant par la paupière inférieure qui est distinctement blanche. Aucune trace de noir sur les joues ou sur la poitrine, même sur les plumes naissantes. Bec noir, les pieds brun foncé. Dimensions : Longueur, 5.19 ; étendue, 7.88 ; aile, 2.45 ; tarse, 71 ; queue, 1.86 ; culmen, 53. On verra, d'après la description ci-dessous, continue M. Brewster, que cet Oiseau ressemble de plus près à la Fauvette à aile dorée (Golden Winged Warbler ou *Helminthophaga chrysoptera*. L'absence entière de noir ou de cendré sur les joues et la gorge, le caractère particulier de la ligne sourcilière, et le blanc de la paupière inférieure présentent cependant des différences qui ne s'accordent avec aucune variation connue accidentelle ou de saison de cette espèce. La ligne restreinte du noir sur l'œil donne à la tête une similitude remarquable à celle de *Helminthaphaga pinus*, mais la ressemblance ne va pas plus loin. »

M. Ridgway, le savant curateur de la collection ornithologique

(1) Voy : *Description of a new species of Helminthophaga*, by W⸱. Brewster, in Bulletin of the Nuttall ornithological club, I, n° 1, pp. 1 et 2, avril 1876, et the American Sportman, VI, p. 23 Journal dans lequel cette capture a été mentionnée pour la première fois, mais que nous n'avons pu consulter.

du Musée de Washington, eut bientôt l'occasion de parler de ce nouveau type (1), mais, comme M. Brewster, il ne voulut point se prononcer sur sa nature, tout en éloignant cependant la possibilité d'une hybridation, cet exemplaire ne présentant aucune combinaison de la coloration des deux espèces les plus rapprochées, *chrysoptera* et *pinus*, mais simplement un développement imparfait pour ainsi dire de la coloration d'une seule des deux (2).

Sept ans se passèrent sans qu'on rencontrât aucun spécimen du même genre ; dans l'après-dînée du 12 mai 1877, dans une localité très éloignée de celle où le premier exemplaire avait été obtenu, près de Clifton (Delaware County, Pa), M. Christophe D. Wood aperçut dans un pommier un deuxième Oiseau qu'il fut assez heureux pour abattre. Comme le précédent il était mâle, et correspondait à la description donnée par M. Brewster, ce qui semblait confirmer la validité de l'espèce. Ce fut du moins l'avis qu'exprima à son sujet M. Spencer Trotter, de Philadelphie (3). Bientôt, du reste, celui-ci ne tarda pas à découvrir un troisième spécimen, tué sans doute depuis longtemps, mais qui était demeuré inaperçu pendant plus de quinze ans dans la collection de l'Académie des Sciences de Philadelphie. M. Trotter était occupé un jour à examiner des Fauvettes (*Sylvicolidæ*), lorsque, par hasard, il aperçut parmi elles un spécimen de l'Oiseau à gorge blanche, le White Throated Warbler ou *Helminthophaga leucobronchialis* de Brewster. L'inscription que cette pièce portait était la suivante : « *J. C. 20 octobre 1862, Not. of Bill,* » autant qu'on pût lire, car les trois derniers mots étaient très effacés. Les initiales *J. C.* furent reconnues pour être celles de John Cassin, montrant ainsi qu'il posséda autrefois ce spécimen, au moins qu'il s'en occupa (4). Malheureusement cette étiquette ne portait aucune indication de la localité où l'Oiseau avait été obtenu, non plus aucune indication ni de son sexe ni de son espèce ; toutefois, à cause des ressemblances qu'il montrait avec les deux premiers spécimens, on pouvait le supposer mâle.

Informations ayant été prises par M. Lawrence auprès de M. Bell, celui-ci déclara se rappeler avoir tué, vers 1832, pendant le prin-

(1) *Ibis*, VI, p. 188, 1876.

(2) Le noir de la région jugulaire et de la région auriculaire propre au mâle *chrysoptera* est en effet supprimé et ces parties sont entièrement blanc pur aux racines des plumes.

(3) Voy. Bulletin of the Nuttal ornithological club, II, n° 3, pp. 79 et 80, juillet 1877.

(4) Celui-ci était en effet alors chargé du soin de la collection.

temps, à Rockland, N. Y., un spécimen à ailes dorées (*Golden wings*) qu'il avait fait remarquer à son jeune frère à cause de l'absence de noir à la gorge et qu'il pensait être, vu cette particularité, un jeune mâle. L'attention de M. Bell avait été attirée vers cet Oiseau par son chant qu'il n'avait pas encore entendu (1). L'Oiseau en question fut conservé longtemps à cause de sa rareté, puis il fut vendu à une personne de Philadelphie. C'est ainsi, sans doute, qu'il parvint dans les collections de l'Académie ; il y a tout lieu de le supposer.

Quant à l'inscription portant la date du 20 octobre 1862, elle peut s'expliquer, d'après M. Trotter, par le dépôt, à cette époque, de l'Oiseau entre les mains de M. John Cassin (2). Ce troisième Oiseau, qui correspondait à la description faite par M. Brewster et par conséquent à l'exemplaire de M. Wood, confirma décidément M. Trotter dans sa manière de voir. Celui-ci admit donc *H. leucobronchialis* comme bonne et valide espèce(3).

Un quatrième exemplaire ♂ fut ensuite tué à Wauregan, Conn., le 25 mai 1875, par M. Charles M. Carpentier ; puis un cinquième, que M. William Brewster décrivit, fut obtenu près de Suffield le 3 juillet suivant par M. E.-J. Shores, c'était encore un mâle adulte. Dans chaque détail essentiel cet Oiseau, dit M. Brewster, s'accorde avec son type de l'espèce, quoique montrant certaines particularités de coloris qui ne se trouvent dans aucun des spécimens primitivement examinés, particularité que M. Brewster fait connaître (4).

Trois autres individus sont cités par MM. A. Purdie, de Newton, Mass. (5). D'abord un exemplaire très typique tué par M. Samuel Jillson à Hudson, Mass., en mai ou juin 1858, étiqueté comme *H. pinus* ♂ et placé dans la collection de M. Williams College, Williamstown, Mass., puis envoyé à M. Ridgway par le professeur P. A. Chadbourne ; deuxièmement un mâle, en la possession de M. William W. Coc, de Portland, Conn., capturé en cet endroit le 22 mai 1875; enfin un beau mâle, pris le 30 mars 1879, et obtenu par M. J. N. Clarck, de Sagbrook, Conn.

Dans le premier exemplaire la surface inférieure est nette, d'un blanc soyeux, sans trace de jaune en aucun endroit, le dos

(1) M. Bell avait coutume, dans ses jeunes années, de reconnaître les diverses espèces à leur chant.

(2) Pour tous ces détails, voir les Bulletins du Club ornithologique, III, n° 1, p. 44. janvier 1878 et IV, n° 1, p. 59, janvier 1879.

(3) Le même Bulletin, III, n° 1, p. 44, 1878.

(4) Bull. III, n° 4, p. 199, octobre 1878.

(5) Bull. IV, n° 3, p. 184, juillet 1879.

cendré pur. Le deuxième s'éloigne du type dans la marche du jaune sur les parties supérieures et inférieures. Sur la poitrine existe une large bande ou tache de cette couleur avec légère *suffusion* sur le menton. Tout le plumage dorsal, depuis le sommet de la tête, est faiblement recouvert de la même teinte. Le troisième est exceptionnel, il montre unn plaque jaune vif sur la poitrine, depuis la courbure des ailes. M. Clark pensa avoir affaire à un *pinus*, lorsqu'il le tua, l'Oiseau avait les notes et les habitudes de cette espèce.

Le neuvième exemplaire, *H. leucobronchialis*, tué par M. Gunn, à Ottawa, Conn., a été décrit par le Dr Gibbs dans les « Grand Rapids Daily Democrat (1) » comme nouvelle espèce d'*Helminthophaga*, sous le nom de *Gunnii*. Présenté ensuite comme appartenant à *leucobronchialis* par M. J. H. Purdie (2), il fut envoyé à la Smithsonian Institution à M. Ridgway qui l'examina et déclara (3) que la validité de l'espèce *H. leucobronchialis* pouvait être considérée comme définitivement acquise à la science, cette nouvelle forme, dans tous ses degrés, se distinguant réellement par l'absence totale de noir ou de gris sombre sur la gorge (4), ainsi que par l'absence de la plaque auriculaire gris sombre ou noire. L'année suivante, le savant curateur du Musée dé Washington portait à ce titre *H. leucobronchialis* sur son catalogue (5).

A ces neuf captures viennent, pendant les années 1879 et 1881, s'ajouter trois nouvelles, toutes trois obtenues par M. A. K. Fisher, de Sing-Sing, N. Y., dans les circonstances suivantes :

(1) 1er juin 1879, cit. par M. H. A. Purdie.

(2) Bull. IV, n° 3, juillet 1879, p. 185.

(3) Bull. IV, n° 4, octobre 1879.

(4) Les bases des plumes étaient quelquefois grisâtres.

(5) *Cat. of the Birds of North America*, Proceedings of U. S. National Museum, p. 163. 1880. M. Ridgway (Bull. Nutt. ornith. club, IV, n° 4, p. 233, octobre 1879), avait fait les remarques suivantes sur le spécimen décrit d'abord dans les « Grand Rapids ». Le specimen recueilli par M. Gunn est, dans tous ses rapports essentiels, comme type de *H. leucobronchialis*, à l'exception de la poitrine sur laquelle existe une grande plaque jaune gomme gutte vif bien définie, tandis que les parties supérieures sont moins vivement colorées, le jaune du sommet de la tête et le gris bleuâtre de la nuque, le dos et les ailes étant obscurcis par un recouvrement de vert olive. La plaque jaune de la poitrine, qui est très fortement définie antérieurement contre le blanc pur du pirulum, ne s'étend pas en arrière aux flancs et à l'abdomen, mais est strictement limitée au milieu de la poitrine, dont les côtés sont d'un gris bleuâtre foncé, presque aussi sombre que le dos. La partie supérieure de la gorge (pas le menton) est fortement teintée de jaune pâle. Les mesures sont comme suit : ailes, 2,40; queue, 2,10; bec, de la narine, 35; tarse, 65; doigt du milieu, 142.

Celui-ci était en train de collectionner dans un lieu bas et maré-cageux, un fourré composé d'Aunes, de petits Érables et d'autres essences, lorsqu'il remarqua parmi diverses Fauvettes un *H. leu-cobronchialis*. L'Oiseau, un mâle adulte, fut abattu. « Il ressemblait au spécimen de M. W. W. Coe (cité par M. Pardie) ayant la bande jaune sur la poitrine et une très légère *suffusion* à la gorge, caractère différent des autres spécimens en ayant les barres des ailes blanchâtres, plus blanches même que dans *H. pinus*. Le dos comme celui de *leucobronchialis* typique (1).

Les deux autres individus furent tués, le premier, paraissant femelle, le 14 juillet 1881, au milieu de Pins, alors qu'il s'envolait à la poursuite d'un Insecte (2); le second, le 3 août de la même année dans quelques petits buissons bordant un cours d'eau, près de l'en-droit où M. Fischer avait tué son premier exemplaire deux ans au-paravant, le 24 août 1879. Il ressemblait à ce spécimen ayant une bande jaune pectorale, mais différant par les bandes des ailes qui sont jaune normal, non blanches (3).

C'est alors que M. Brewster, ayant reçu de M. le Dr A. Mearns et de M. Eugène P. Biknell plusieurs spécimens douteux paraissant être des individus égarés de *H. pinus* et de *H. chrysoptera*, crut devoir émettre des doutes sur la validité de l'espèce présumée *H. leucobronchialis*, et considérer les spécimens sur lesquels elle s'appuyait comme hybrides des deux espèces qu'on vient de nommer.

Avant d'exposer les vues de M. Brewster sur ce sujet, nous devons parler d'un autre type douteux d'*Helminthophaga*, le *H. Lawrencii*, dont l'histoire se trouve intimement liée à celle de son congénère *H. leucobronchialis*.

Dans les Proceedings de l'Académie des Sciences naturelles de Philadelphie, il est en effet question d'un Oiseau d'un type nouveau qui fut trouvé par M. Herold Herrik dans la collection de son ami M. D. B. Dickinson, de Chatham, New-Jersey, et dont voici, d'après M. Herrick, la description : « Parties supérieures et croupion d'un vert olive, teinte plus foncée que dans *pinus*. Ailes d'un gris bleuâtre avec deux bandes blanches, mais la supérieure pas aussi nettement définie que dans *pinus*. Queue d'un gris bleuâtre, trois plumes extérieures de cette queue ont la plus grande partie de leur palmure blanche, il existe aussi une petite place blanche

(1) Bullet. IV, no 4, 1879, p. 234.
(2) Il diffère des autres ayant une plaque noire auriculaire.
(3) Bull. Nutt. ornith. club, VI, no 4, p. 245, octobre 1881.

sur l'extrémité de la quatrième plume. Couronne et parties inférieures de la poitrine de couleur orange. Une large marque noire
s'étend du bec à travers l'œil et par derrière. Menton, gorge et
partie située en avant de la poitrine noirs. Une raie jaune, commençant sous le bec, s'étend en arrière entre l'œil noir et les taches
de la poitrine et augmente en largeur sur l'épaule. Longueur 4.50,
aile 2.50, queue 2, mesures prises sur l'Oiseau monté. » Une
planche, habile dessin de M. Ridgway, montre l'Oiseau (1).

« Ce spécimen, évidemment un mâle adulte, disait M. Herrick,
est marqué d'une manière si nette et si tranchée qu'il exclut la
possibilité de son classement parmi les formes rares de *pinus* ou
chrysoptera, ses alliés les plus proches, ou parmi les hybrides. Si
son apparence générale est à première vue celle de *pinus* avec l'œil
noir et les taches de la gorge de *chrysoptera*, en l'examinant attentivement on aperçoit de petites particularités qui n'existent ni dans
l'une ni dans l'autre des deux espèces.» Aussi M. Herrick, qui le faisait
connaître pour la première fois, lui donna un nom particulier :
celui de *H. Lawrencii* (2). Sa capture, autant il pouvait se le
rappeler, avait eu lieu en mai 1874, sur les rives du Passaic, près de
Chatham, New-Jersey, section complètement explorée au point de
vue ornithologique.

En janvier 1877, M. Herrik mentionnait un second spécimen,
obtenu d'un marchand pendant l'automne de 1876; ce marchand
l'avait reçu au printemps précédent de Hoboken, N. J., dans un lot
varié de Warblers (Fauvettes).

Si les partisans de l'hybridité avaient élevé quelques doutes sur
la validité de la nouvelle espèce *H. lawrencii*, ce second spécimen,
s'accordant avec le premier, devait, d'après M. Herrick, faire cesser
toutes les hésitations.

Nous voyons, en 1880, M. Ridgway lui-même porter *Lawrencii*
à ce titre sur son Catalogue des Oiseaux de l'Amérique de Nord (3),
après toutefois, quelques années auparavant, l'avoir soupçonné
d'être un hybride entre *pinus* et *chrysoptera* à cause de sa coloration
« exactement intermédiaire entre les deux (4). »

M. Herrick a décrit le second spécimen de la manière suivante :
« Parties supérieures et croupion vert olive, d'une couleur plus

(1) Pl. XV.
(2) En reconnaissance de plusieurs faveurs qui lui furent rendues par M. Georg.
W. Laurence, esq.
(3) Proceedings of the U. S. National Museum.
(4) *Ibis* VI, p. 168, 1876. Un seul exemplaire, le premier, était alors connu,

foncée que dans *pinus*. Les ailes gris bleuâtre, avec deux bandes blanches, la supérieure pas aussi clairement définie que dans *pinus*. La queue gris bleuâtre, les trois plumes extérieures de la queue avec plus de blanc sur les lames, une petite tache blanche aussi sur le bout de la quatrième plume. Le sommet de la tête et les parties inférieures de la poitrine à l'issue orange. Une large plaque noire s'étend du bec sur l'œil et derrière cet organe. Le menton, la gorge et la partie avant de la poitrine noirs. Une raie jaune, commençant sous le bec, s'étend entre les plaques noires de l'œil et de la poitrine et augmente en largeur sur l'épaule. Longueur 4.50 ; aile 2.50 ; queue 2.00 ; mesures de l'Oiseau monté. »

Les choses en étaient là, c'est-à-dire douze spécimens *H. Leucobronchialis* et deux spécimens *H. Lawrencii* étaient connus et considérés comme appartenant à deux espèces bien définies, lorsque M. Brewster, nous venons de le dire, crut devoir, sur la présentation de quelques types égarés, placer au rang d'hybrides les deux espèces présumées. M. Brewster appuie ses raisons, en ce qui concerne *H. leucobronchialis*, sur cinq spécimens dont quatre de la collection Fischer, et un de sa collection ; en ce qui concerne *H. Lawrencii* sur deux spécimens lui appartenant.

Les quatre spécimens *H. leucobronchialis* de M. Fischer, Nᵒˢ 1235, 605, 1210, 1208, se décomposent ainsi : deux mâles, une femelle et un Oiseau, qu'on pense de ce sexe, obtenus le premier ♂ le 3 août 1881, le deuxième ♂ le 24 août 1879, le troisième ♀ le 24 juillet 1881, et le quatrième (♀ ?) également le 24 juillet 1881. Le spécimen (♀ ?) de M. Brewster, daté de mai 1878, fut présenté par M. Eugène E. Bicknell et obtenu à Nyack, New-Jersey; il est indiqué sous le Nᵒ 2620. Les spécimens *H. Lawrencii* sont les suivants : une femelle de Highland Falls, New-York, 7 juillet 1879, présentée par M. le Dʳ Mearns, Nᵒ 4667 ; un jeune Oiseau dont la capture et l'origine ne sont pas indiqués, Nᵒ 4668 (1).

M. Brewster indique de la façon suivante les caractères de ces divers Oiseaux :

Nᵒ 1208 « en tout genre semblable au type *leucobronchialis*, à l'exception des *lores* plus noires dans leur largeur et de l'endroit noir post-oculaire qui s'étend en arrière et en bas entourant presque toute la région auriculaire. » Nᵒ 1235 « diffère du type *leuco-*

---

(1) D'après un mémoire publié en 1885 par M. Ridgway (the Auk, II, nᵒ 4, p. 361, octobre 1885), ce jeune Oiseau aurait été capturé par M. le Dʳ E. A. Mearns, également à Highland Falls. N. Y. le jour même où fut pris le précédent.

bronchialis seulement par une plaque jaune pâle sur la poitrine. (Beaucoup de spécimens montrent cette particularité.) » N° 605 « montre une faible teinte jaune citron sur la gorge, tandis qu'un large espace traversant la poitrine est d'un jaune doré foncé, les bandes des ailes sont blanc pur. » N° 2620, « menton d'un jaune franc; la gorge, les joues et un petit espace sur l'abdomen blancs, le reste des parties inférieures jaune doré, les bandes des ailes blanches, la nuque d'un cendré teinté de vert, l'occiput, le dos, les ailes d'un vert olive aussi pur que dans *pinus*. » N° 1210 « tout entier jaune verdâtre pâle en dessous; dos semblable à celui de *pinus*, mais la nuque est très cendrée et les bandes des ailes sont aussi jaunes que chez *chrysoptera*; la raie brun sombre de l'œil est restreinte aux *lores* et à l'endroit post-orbitaire » (1).

M. Brewster considère le n° 605 comme probablement plus important parce qu'avec ses barres blanches des ailes, son dos cendré, sa poitrine et sa gorge blanches, il réunit les caractères respectifs de *leucobronchialis* et de *pinus*.

Viennent ensuite les nos 2620 et 1210 qui se rapprochent même de plus près de *pinus*, mais le premier a « la gorge et les joues blanches de *leucobronchialis* », le second a « la nuque cendrée, les bandes jaunes aux ailes, et est, en général, d'une couleur plus pâle en dessous » (2). Le n° 1208 montre une variation plus importante dans un autre ordre : « l'étendue de la raie de l'œil indiquant une *increased affinity* avec *chrysoptera*. » Enfin le n° 1235 est « apparemment semblable au type de Gibbes, le *H. Gunni*. » Ainsi, prise dans son ensemble, la série *H. leucobronchialis* « joint parfaitement *leucobronchialis* à *pinus*, tout en faisant voir une tendance du premier vers *chrysoptera*. »

Quant à *Lawrencei*, le n° 4667 (d' Mearns) a « le dessus de la tête jaune; le dos et les ailes d'un cendré foncé teint de vert olive; les bandes des ailes jaunes; les joues et la gorge cendrées; le menton et les côtés de la gorge ainsi que le reste des parties inférieures marquées fortement de jaune verdâtre. En considérant que le plumage de cet Oiseau est considérablement passé et terni, il présente presque les caractères de relation que l'on cherchait dans *Lawrencii* ♀, les marques de la gorge et des joues sont celles de

---

(1) Remarquons que le Docteur Fischer n'a mentionné qu'une seule femelle tuée le 24 juillet 1881 (avec plaque auriculaire). M. Brewster parle cependant d'une deuxième femelle tuée le même jour et au même endroit, à Sing-Sing. Les deux mâles furent tués aussi à cette place.

(2) « An asky nape, yellow wing-bands and generally pale coloring beneath. »

chrysoptera ♀, tandis que le reste des plumes est coloré presque comme chez *pinus*. Les bandes des ailes sont cependant jaunes au lieu d'être blanches, et le dos n'est pas vert olive pur, mais les variations sont de près parallèles à celles que l'on rencontre chez *leucobronchialis*.

D'après cette analyse, il semble tout à fait naturel à M. Brewster de rapporter le présent exemplaire qui a les bandes des ailes jaunes au *Lawrencei*, comme le spécimen n° 605 avec les bandes des ailes blanches au *leucobronchialis*. Cette supposition étant faite, M. Brewster passe au jeune Oiseau (le n° 4668) de sa collection. Son plumage est suffisamment développé pour montrer « que le gris des parties inférieures est remplacé, au travers de la poitrine et le long des côtes, par des plaques de plumes jaune vif, tandis que la pousse du second plumage de la gorge est blanc pur, les *lores* sont noires, mais les quelques secondes plumes qui apparaissent sur les auriculaires sont, comme celles de la gorge, blanches. Cette individu aurait certainement montré après la mue des « *lores* noires, la gorge blanche, les côtés et la poitrine jaune, c'est-à-dire un état presque semblable au n° 605. »

Or, M. Brewster explique la parenté du jeune Oiseau avec le n° 4667 en supposant que la femelle, portant ce numéro, s'est appariée avec un ♂ *H. pinus* ou avec un ♂ *H. chrysoptera* car « si la femelle avait été ou *Lawrencei* ou *chrysoptera*, les plaques noires de la gorge et du cou auraient été inévitablement reproduites. »

En associant les uns aux autres ces différents cas, M. Brewster trouve « 1° que les caractères dominants de *Lawrencei* et de *leucobronchialis* ne sont pas originaires, mais essentiellement empruntés à leurs alliés; 2° que les caractères de *leucobronchialis* sont inconstants, et que cette espèce se relie à *pinus*; 3° que les caractères de *Lawrencei* sont aussi inconstants, que celui-ci se croise avec quelque allié inconnu, probablement *H. pinus*, produisant des descendants qui ressemblent aux spécimens peu connus de *leucobronchialis*. Les conséquences que l'on peut tirer de tout ceci, ajoute-t-il, ne sont pas équivoques. Les affinités des races ne peuvent expliquer les caractères particuliers de *leucobronchialis* ou de *Lawrencei*, car la région où l'on rencontre tous les spécimens jusqu'alors connus est occupée par l'une ou l'autre espèce, ou les deux espèces auxquelles ils sont le plus intimement alliés. Ils ne peuvent être non plus considérés comme des exemples anormaux ou prématurés, ceci étant rejeté par le fait que tous les premiers plumages des deux alliés sont connus pour être grandement différents; puis aussi parce que les spécimens très semblables qui sont venus à sa connaissance sont nombreux.

« En conséquence une seule solution semble possible à M. Brewster. » C'est qu'il existe des hybrides entre *Helminthophila pinus* et *Helminthophila chrysoptera.* »

M. Brewster croit même pouvoir avancer que le rôle joué par les deux facteurs n'a pas été le même pour chaque production. Les combinaisons très différentes des marques et de la coloration dans les deux formes supposées hybrides sont pour lui une preuve incontestable du renversement des termes père et mère dans chaque cas « *a reversal of the parents in each case* (1) », c'est-à-dire que l'une des formes a été produite par le croisement de *H. pinus* ♂ avec *H. chrysoptera* ♀ ; l'autre, au contraire, par le mélange de *H. chrysoptera* ♂ avec *H. pinus* ♀. Toutefois M. Brewster se garde d'indiquer lequel des deux croisements produit tel ou tel type, quoique *H. leucobronchialis* lui semble être le descendant du premier croisement, c'est-à-dire de *H. pinus* avec *H. chrysoptera* ♀, puisque dans le cas du n° 4668 la gorge noire et les plaques des joues caractérisant *Lawrencei*, également avec *chrysoptera,* sont éliminées par un croisement attribué avec le mâle *pinus*. Ailleurs encore, ou plutôt dans le cours de son travail, M. Brewster laisse à penser que la coloration de certains spécimens est due, non à un croisement direct des deux espèces pures, mais au croisement de l'hybride avec tel ou tel type pur. M. Brewster a-t-il raison ? les caractères des hybrides 1/2 sang ou 3/4 sang étant très variables et le croisement de terme père et mère, croyons-nous, ne déterminant pas toujours des modifications appréciables, au moins régulières, la coloration ou la forme du produit hybride ne sauraient laisser deviner son mode réel de création. Du reste, M. Brewster s'empresse de dire que de nombreuses observations doivent être rassemblées avant que l'on puisse considérer comme règle cette partie de la questoin.

Sous le bénéfice de cette remarque, nous reconnaîtrons avec lui que le produit de deux espèces, aussi rapprochées que le sont *pinus* et *chrysoptera,* peuvent se montrer fertiles, sinon entre elles, au moins avec les individus de l'une ou l'autre des espèces pures, et engendrer d'autres hybrides 3/4 sang qui, eux-mêmes, se croiseront de nouveau entre eux ou avec les espèces parentes et donneront sans doute ainsi, par une répartition inégale des deux sangs, une descendance qui, tôt ou tard, reviendra aux types pri-

(1) Voyez p. 222.

mitifs? Nous ignorons ce qui se passe dans la nature sous ce rapport.

Les vues émises par M. Brewster sur le croisement d'*H. pinus* et *chrysoptera* produisant *H. Lawrencei* et *H. leucobronchialis* ne tardèrent pas à être adoptées. Dès 1882, nous voyons M. Robert Ridgway se rallier à la théorie de son savant collègue (1). La manière de voir de l'éminent ornithologiste fut aussi acceptée par M. Charles H. Townsend en 1883 (2), et sans doute par bien d'autres. Cependant M. Robert Ridgway revint bientôt sur l'adhésion qu'il avait donnée, en passant, du reste, à la théorie de M. Brewster et, en 1885, alors que plusieurs spécimens *H. leucobronchialis* étaient de nouveau observés, il fit paraître une étude (3) dans laquelle il maintient *H. leucobronchialis* à titre d'espèce, tout en laissant *H. Lawrencei* au simple rang d'hybride.

Avant d'exposer les vues de l'éminent curateur de la collection ornithologique du Musée de Washington, nous devons faire connaître les nouveaux exemplaires observés depuis l'impression du mémoire de M. Brewster jusqu'à la publication du travail de M. Ridgway en 1885, M. Rigdway ayant parlé de plusieurs de ces dernières captures; ce sont :

1° Un exemplaire *H. leucobronchialis* du Connecticut, tué par M. Harry W. Flint, de Deepriver, le 18 mai 1880, examiné d'abord par M. John H. Sage, de Portland (4), puis par M. Brewster (5).

« Cet Oiseau, dit M. Sage, a une légère *suffusion* de jaune sous chaque œil et sur les côtes du menton, et la région pectorale est recouverte de la même couleur qui s'étend sur l'abdomen presque jusque sur la queue. Les bandes des ailes sont très restreintes, et le blanc est teinté de jaune. » D'après M. Brewster, « il diffère du type (aussi bien que tous les autres exemples qu'il a vus), en ayant le jaune du front partiellement obscurci par une marque d'olive verdâtre, dans le peu d'étendue des bandes des ailes, et dans l'apparence généralement jaune du plumage. » En outre M. Brewster observe que les traits caractéristiques de ce spécimen sont tout-à-fait ceux que l'on supposait dans la femelle de *leucobronchialis*; aussi ne doute-t-il pas que la marque ♀ du collectionneur soit exacte.

(1) *On the Generic name Helminthophila*. Bulletin of the Nuttal ornithological Club, VII, n° 1, p. 53, 1882.
(2) Même Bulletin, VIII, n° 2, p. 78, avril 1883.
(3) In the Auk, II, n° 4, p. 359 et suiv., octobre 1885.
(4) Voy. The Auk, I, n° 1, p. 91, janvier 1884.
(5) Même Revue, même numéro, même page.

2° Un spécimen *H. leucobronchialis*, vu à Saybrook, Conn., pendant le printemps de 1880, mais non capturé (1).

3° Un autre, du même genre, tué dans la Virginie le 15 mai 1885
par M. William Palmer, près du Fort Meyer, Arlington, Alexandrie
Co. Va. (2). L'Oiseau, raconte M. Palmer, s'agitait vivement dans les
broussailles d'un bois bas et humide lorsqu'il le tira, il sautait de
haut en bas à la manière de *H. chrysoptera*. M. Palmer n'entendit pas
son chant, l'ayant tiré aussitôt après l'avoir aperçu, car il pensait
que c'était une Fauvette à aile dorée (Golden Winged Warbler) très
rare en ces lieux. Cet individu, qui est un mâle, s'accorde de près
avec la description du type qui fut donnée pour la première fois par
M. Brewster (3), à l'exception de l'olive mélangé avec le jaune sur
le sommet de la tête lequel se trouve en plus grande quantité. Ce
spécimen est aujourd'hui la propriété du Musée national des Etats-
Unis et porte le n° 104,684.

4° Un nouvel exemplaire *H. leucobronchialis*, du Connecticut,
présenté encore à M. Jno. H. Sage par M. Harry W. Flint qui tua cet
Oiseau à New-Haven, le 19 mai 1885. C'est un mâle, « il montre un
léger recouvrement de jaune sous chaque œil et sur le menton,
aussi bien qu'une légère barre de la même couleur sur la poitrine;
le reste des parties inférieures est blanc. Les barres des ailes sont
très restreintes, et le blanc est teinté de jaune, sur le dos existe une
tache de la même couleur (4).

Telles sont les nouvelles captures qui eurent lieu depuis la publication du mémoire de M. Brewster jusqu'à l'impression du travail
de M. Ridgway.

Or celui-ci, tout en constatant qu'aucune explication ne peut être
présentée comme certaine, soulève une hypothèse qui, selon lui,
contient une solution plus acceptable sous certains rapports que
celle qui reconnaît comme suffisant l'hybridisme de *chrysoptera* et
pinus pour expliquer la formation du type *H. leucobronchialis*.

Dans son mémoire sur « *la parenté d'H. Lawrencei* et de *H. leucobronchialis* (5) », M. Brewster, après avoir montré parallèlement les
caractères les plus tranchés des quatre types, *pinus*, *chrysoptera*,
Lawrencei et *leucobronchialis*, avait fait remarquer que les deux

(1) *Helminthophila leucobronchialis* by J. Clark. Random notes of Natural
History, Record published by South-Wick and Jencks of Providence. P. 1, 1884-1885.
Cit. in the Auk, n° 2, p. 270, 1886.

(2) Cité in the Auk, par M. Palmer, II, n° 3, p. 304, juillet 1885.

(3) I, n° 1, p. 1 et 2 du même Bulletin.

(4) The Auk, II, n° 3, p. 304, juillet 1885.

(5) Voy. le Bulletin of the Nutt, Ornith. Club, VI, n° 4, p. 218 et suiv., octob. 1881.

derniers ne possèdent aucun caractère distinctif important : *Lawrencei* n'ayant aucune marque ou coloris particuliers, unissant simplement le noir de la gorge et les raies principales de *chrysoptera* avec les bandes blanches des ailes et la couleur générale de *pinus* ; *leucobronchialis* empruntant son dos cendré et les barres jaunes des ailes à *chrysoptera*, sa raie restreinte de l'œil à *pinus*, tandis que la valeur différentielle de sa gorge blanche et les deux parties inférieures est matériellement affectée par la présence ordinaire de plus ou moins de jaune sur la poitrine : en somme simplement une combinaison spéciale de caractères d'emprunt dans l'un et l'autre cas.

Or, M. Ridgway a fait observer que si on a cru devoir refuser à *H. leucobronchialis* et à *H. Lawrencei* des caractères originaux importants, ceci n'est exact que pour *Lawrencei* qui est d'une façon très évidente un hybride entre *pinus* et *chrysoptera* ; mais la remarque n'est pas vraie pour *H. leucobronchialis* qui, « dans sa gorge blanc pur, en opposition très frappante avec la gorge gris foncé ou noir de l'un et la gorge jaune vif de l'autre des parents supposés, présente certainement un caractère original très important qu'on ne peut imputer au croisement des deux espèces en question. »

Quant à l'objection qui a été avancée contre la validité de *H. leucobronchialis* en tant qu'espèce distincte, et qui consiste à dire « que les spécimens types constituent une faible proportion parmi ceux qui ont été obtenus, ceux restant se rapprochant dans un rapport ou dans un autre de *H. pinus* » (1), M. Ridgway répond que « si au lieu de prendre deux éléments en considération, c'est-à-dire *H. pinus* et *H. chrysoptera*, on en ajoute un troisième, *H. leucobronchialis*, la disproportion devient moins importante. »

En conséquence, M. Ridgway suppose que *H. leucobronchialis* est lui-même une espèce distincte qui s'hybridise avec ses alliés. Ainsi s'expliquerait l'origine de la série des spécimens embarrassants. Aussi croit-il que M. Brewster avait raison lorsque, avant d'émettre sa théorie nouvelle, il déclarait (2) que *H. leucobronchialis* constituait une espèce distincte bien caractérisée.

La classification suivante des spécimens rapportés à *H. Lawrencei* ou à *H. leucobronchialis* exprime les vues de M. Ridgway quant à leur nature et à leur origine. Cet arrangement, purement supposé, donne, d'après lui, une solution beaucoup plus satisfaisante du

----

(1) Sept des vingt-deux exemplaires qui ont été rapportés (y compris le *Lawrencei*) sont seulement du véritable type *H. leucobronchialis*.

(2) Bull. III, p. 99.

problème que ne donne la théorie qui admet la série entière des spécimens comme provenant par hybridisme de *H. pinus* et *chrysoptera* seuls ou de leur progéniture *inter se*.

Spécimens typiques de H. leucobronchialis : Le ♂ adulte de Newtowille, Mass., 18 mai 1870; le ♂ ad. obtenu près de Clifton, Delware Conn. Penn., 12 mai 1877; le ♂ de la collection de l'Académie des Sciences de Philadelphie, que l'on suppose avoir été tué par M. J. G. Bell à Rockland ; le ♂ ad. tué à Wauregan, Conn., 25 mai 1875, N.-Y., par M. Carpentier; le ♂ ad. obtenu à Suffield, Conn., 5 juillet 1875, par M. Shores ; le ♂ ad. (coll. W. College) obtenu à Hudson, mai ou juin 1858; le ♂ ad. tué près d'Orlington, Va. 15 mai 1885, par M. Palmer.

Hybrides supposés entre H. leucobronchialis et pinus, ou ce dernier avec l'hybride pinus et chrysoptera = Lawrencei, de trois genres :

A. *Wing-band or patch yellow.* Le ♂ ad. pris à Portland., Conn., le 22 mai 1885, par M. Coc; le ♂ ad. pris à Saybrook, Conn., le 30 mai 1879, par M. Clark; le jeune Oiseau (sexe inconnu) pris à Highland Falls, N. Y., le 7 juillet 1879, par M. Mearns; l'adulte (sexe non reconnu) obtenu à Sing-Sing N. J., 3 août 1881, par M. Fischer; le ♂? ad., obtenu à Ottawa. Co., le 25 mai 1879, par M. Gunns; le ♂ ad. pris à Sing-Sing N. J., 3 août 1881, par M. Fischer; la ♀ adulte, prise au même endroit et par le même, le 14 juillet 1881.

B. *Wing-bands white.* La ♀ adulte, recueillie à Sing-Sing le 24 août 1879, par M. A. K. Fischer; la ♀ ? adulte, recueillie à Nyack, N. J., en mai 1878, par M. Bicknell.

C. *Wing-bands mixed white and yellow.* Le ♂ ad. tué à New-Haven, Conn., le 19 mai 1885, par M. Flint.

Hybrides présumés entre H. leucobronchialis et H. chrysoptera. La ♀? adulte obtenue à Sing Sing. N. Y., le 24 juillet 1881, par M. Fischer; la ♀ adulte obtenue au même endroit, le même jour et par le même.

Hybrides supposés entre H. chrysoptera et H. pinus = Lawrencii, Herrick, de deux genres :

A. *Wing bands white.* Le ♂ adulte (le type) obtenu à Passaic, N. J., en mai 1874, par M. Herrick; le ♂ ad. de M. Haboken, N. J., pris au printemps de 1876.

B. *Wing-bands yellow.* La ♀ adulte prise à Higland Falls, N. J., 7 juillet 1879, par M. Mearns.

A ces quatre catégories, M. Ridgway a assigné les caractères suivants, à la première : « *Throat and cheeks pure white; postocular black or dusky streak very narrow, not involving the auriculars; breast*

*white, or but very faintly tinged with yellow; wing patch, or bands
yellow* ». A la deuxième : « *Throat white, sometimes faintly, tinged
with yellow; breast yellow; gray of upper parts tinged with olive
green* ». A la troisième : « *Entireley with beneath (except on sides)
as in H. leucobronchialis, but with black auriculars of H. chrysoptera.* » A la quatrième : « *Black or gray throat and auriculars of
chrysoptera, with rest of head and the cower parts yellow, as in
pinus ; upper parts olive, green as in pinus, wing-bands or white.* » (1).

Nous remarquerons ici que dans les vingt-deux spécimens énumérés
figurent trois femelles obtenues à Sing Sing, N. Y., le 24 juillet 1881,
par M. le Dr A.-R. Fischer, et deux mâles tués le 3 août au même
endroit et par le même, tandis qu'une seule femelle et un seul
mâle sont mentionnés par ce dernier (2); deux femelles et un ♂
avaient été cités par M. Brewster (3). Il n'est point question de
l'exemplaire ♀ ? tué par M. Harry W. Flint, à Deep River, le
18 mai 1880 (4). Nous ignorons si M. Ridgway a examiné en nature
tous les spécimens dont il parle, ou s'il les a classés d'après la
description qui en a été faite.

La contradiction qui existe entre la manière de voir de
M. Ridgway et celle de M. Brewster au sujet de *H. leucobronchialis*
ne nous permet pas de donner une solution satisfaisante concernant
la nature de ce type, d'autant plus que M. Brewster a persisté dans sa
manière de voir, après la publication du mémoire de M. Ridgway (5),
manière de voir qui semble aussi partagée par M. Spencer Trotter (6).
Le comité de l'Union des Ornithologistes Américains n'a point voulu
trancher le débat et, portant sur la liste hypothétique de son
« *Code of Nomenclature* » *H. leucobronchialis*, il l'a fait suivre de
cette remarque : « *Supposed to be a hybrid betwen H. pinus and
H. chrysoptera, but possibily a distinct species* », renvoyant aux deux
mémoires opposés de MM. Brewster et Ridgway.

Dans ces dernières années, c'est-à-dire depuis 1885 jusqu'en
1891, un bon nombre de spécimens *H. leucobronchialis* typiques ou
variétés, ainsi que quelques *H. Lawrencei*, ont été de nouveau ren
contrés. Mais les observations les plus intéressantes sont assurément celles qui portent sur l'appariage constaté *de visu* de *H. pinus*

(1) Tous ces renseignements sont donnés in Auk 1885, II, n° 4, pp. 369 et suiv.
(2) Bulletin of the Nutt. ornith. club, VI, n° 4, p. 218, octobre 1881.
(3) In the Bulletin of Nuttal. ornith. club, VI, n° 4, p. 245, octobre 1881.
(4) Mentionné par M. Jno H. Sage, in the Auk, I, n° 1, p. 91, janvier 1884.
(5) Voy. The Auk, III, n° 3, p. 411, juillet 1886.
(6) Voy. *The signification of certains phases in the genus Helminthophila*,
by Spencer Trotter. The Auk, IV, n° 4, p. 308, octobre 1887.

avec *H. leucobronchialis* et sur l'appariage supposé de *H. leucobron-chialis* avec *H. pinus.*

Voici les faits : 1º Le 4 juillet 1885, pendant que M. A. K. Fis-cher, de Sing-Sing, New-York, était occupé à recueillir des Fau-vettes dans un épais taillis, il surprit une femelle à ailes dorées à la poursuite d'insectes. Comme il la surveillait attentivement, il la vit s'envoler vers un cèdre du voisinage, où elle donna de la nourri-ture à un jeune Oiseau. Aussitôt M. Fischer fit feu et abattit le jeune tandis que la mère s'enfuyait. Au bruit que fit la décharge, un autre petit s'envola des buissons qui étaient proches et fut rejoint par la femelle. M. Fischer ne réussit pas à tuer celle-ci du premier coup, il la blessa seulement, mais bientôt revue à quelque distance, elle fut abattue d'une seconde décharge. En revenant sur ses pas, M. Fischer fut assez heureux pour apercevoir le jeune qui ressemblait de très près à sa mère, il n'avait point de jaune sur la poitrine, tandis que le premier tué, avec sa poitrine jaune et ses barres blanches sur les ailes était « *l'exacte copie d'un jeune de Fau-vette jaune à ailes bleues.* » Selon toute probabilité, dit M. Fischer, le père de cette intéressante couvée était un *pinus* (1).

2º Le 26 juin 1887, M. Franck M. Chapmann, du Museum de New-York, venait à peine de capturer à Englewood une femelle *leucobronchialis*, que son attention fut attirée par les cris de jeunes Oiseaux qui étaient au-dessus de sa tête et qu'un mâle typique *pinus* nourrissait.

M. Frank M. Chapmann ayant observé attentivement cette fauvette pendant une heure (entre quatre et cinq heures) crut s'apercevoir que l'Oiseau qui manquait était sans doute le spé-cimen qu'il venait de capturer. Il prit trois des jeunes, tous *pinus*, le quatrième lui échappa. En considérant que le plumage de la femelle est usé par l'incubation (l'abdomen est dénué de plumes), on peut dire qu'il s'accorde avec le type *leucobronchialis*. Cet Oiseau orne aujourd'hui, sous le nº 903, la collection de M. Chapmann (2).

3º Au mois de mai 1888, M. Edwin H. Eames, de Seymour (Connecticut), fut attiré vers un Pommier par le chant d'un *H. leuco-bronchialis* qu'il trouva seul dans cet arbre. La localité où cet arbre était planté était aride aux alentours, un maigre pâturage avec peu de terrain boisé. Le 29 mai, le chant de l'Oiseau s'étant de nouveau fait entendre, M. Eames le découvrit dans les branches

(1) *Evidence concerning interbreeding of Helminthophila chrysoptera and H. pinus.* The Auk, II, nº 4, p. 379, octobre 1885.

(2) *Captures additionnelles de Helminthophila leucobronchialis*, the Auk. IV, nº 4, p. 348, octobre 1887.

d'un Noyer blanc (ou Noyer d'Amérique) (1) ; il paraissait timide,
mais peu désireux de quitter sa position. Le 31 l'Oiseau fut encore
aperçu alors qu'il se nourrissait et chantait dans le même arbre.
Une patiente surveillance pendant trois heures ne révéla rien autre
chose que des vols courts et apparemment dirigés vers plusieurs
petits *Hickories* croissant autour d'un taillis de Coudriers. La curiosité de l'observateur, étant de plus en plus attirée par les gestes de
cet Oiseau, qui paraissait bien plus occupé à quelque chose
d'insolite qu'au propre soin de sa nourriture, le 3 juin, après s'être
assuré de sa présence, il se cacha et attendit patiemment. Plusieurs
fois la petite bête vint dans son voisinage, mais sans intention que
l'on pût préciser, toutefois elle faisait certainement des rondes
autour des jeunes Noyers. Enfin, avec plus de vivacité qu'à l'ordinaire, elle descendit et disparut dans les buissons où *apparemment*
elle remplaça sur son nid une *H. pinus* qui s'envola en toute hâte.
Ce *pinus* était le premier que M. Edwin Eames rencontrait dans le
voisinage. Tout ceci se passait au coucher du soleil et l'obscurité
arriva sans que *leucobronchialis* se fît voir de nouveau.

Plusieurs jours s'étant écoulés, le sagace observateur visita le
taillis aussi consciencieusement qu'il le pût ; une fois il aperçut un
pinus, mais sans avoir l'heureuse chance de découvrir son nid. Il
vit aussi *leucobronchialis* (en compagnie de ce dernier) s'approcher avec précaution et le considérer un instant, puis les Oiseaux
s'envolèrent sans crainte apparente. Lorsque M. Eames faisait
quelque mouvement, *leucobronchialis* venait en reconnaissance,
puis, satisfait sans doute, il reprenait ses occupations comme
auparavant.

M. Edwin H. Eames ne put visiter de nouveau l'endroit que le
17 juin ; il n'y rencontra plus *leucobronchialis*, mais il trouva une
couvée de plusieurs petits qui étaient nourris par *H. pinus*, le
résultat possible, dit-il, entre les deux Oiseaux qui étaient, du
reste, les seuls de leur genre qu'il ait jamais vus dans la localité (2).

4° Jusqu'alors le croisement de *H. pinus* avec *chrysoptera* d'une
part, de *H. leucobronchialis* avec *pinus* de l'autre, n'est encore que
présumé, mais, dans l'exemple qui va suivre, l'appariage de *H. pinus*
avec *chrysoptera* est constaté *de visu*.

M. Jno. H. Sage, de Portland, Conn., raconte en effet (3) que
M. Samuel Robinson, qui collectionna avec lui pendant plus de

(1) *Hickory*.
(2) Pour tous ces détails, que nous avons reproduits *in extenso*, voy. *Notes on
Helminthophila leucobronchialis*, The Auk, V, n° 4, p. 427, octobre 1888.
(3) The Auk, VI, n° 3, p. 279, juillet 1889.

quinze ans, observa un jour un ♂ *H. pinus* qui disparut au
pied d'un petit Aune en tenant de la nourriture dans son bec.
Bientôt après il aperçut une ♀ *H. chrysoptera*, également avec
de la pâture dans son bec, qui fut perdue de vue au même
endroit où le premier Oiseau était entré. En s'approchant de
l'arbuste, M. Robinson vit cinq jeunes Oiseaux s'envoler du nid ;
ces cinq Oiseaux s'abattirent dans le voisinage le plus proche, où
les deux parents continuèrent à les nourrir. M. Robinson tua les
deux vieux et prit les jeunes Oiseaux avec le nid qui, tous, sont
aujourd'hui dans le cabinet de M. Jno. H. Sage, de Portland.

« L'endroit où ce fait se passait était un terrain s'abaissant vers
un fourré marécageux, quelques Erables croissaient dans le voisinage. Le nid était sur la terre au pied du petit Aune dont on vient
de parler ; et se trouvait caché en partie par des Fougères et de
mauvaises herbes qui le recouvraient ; il était entièrement composé de feuilles de Chêne et entouré d'écorces de Vigne, aucune
autre matière n'avait été employée. »

Le mâle *pinus*, d'après ce qu'écrit M. Sage dans l'*Auk* (1), « est un
très brillant spécimen avec les barres blanches des ailes bordées de
jaune. La femelle *chrysoptera* est fortement marquée de jaune en
dessous, les barres des ailes exceptionnellement riches de la même
couleur. Les jeunes, deux mâles et trois femelles, sont tous semblables, et ont la tête, le cou, la poitrine, les côtés et le dos vert olive ;
l'abdomen jaune olive, les rémiges comme *pinus* à l'âge adulte ; deux
barres visibles de l'aile olive clair bordé de jaune. » M. Sage ayant
négligé de dire s'ils représentent le type *H. Lawrencei*, (ceci étant du
plus haut intérêt), nous lui avons écrit à ce sujet. M. Sage a bien voulu
nous répondre que les jeunes ne sont pas assez avancés en âge pour
qu'il soit possible de déterminer leurs caractères. L'un d'eux
cependant est tout-à-fait jaune en dessous et pourrait être référé à
Lawrencii.

5° Au commencement de juin 1889, M. J. K. Averville, jun., de
Seymour, rencontra un *leucobronchialis* en train de chanter. L'ayant
cherché deux jours après, il ne put le trouver. Le 24 juin, M. Edvin
H. Eames l'ayant accompagné, ils eurent bientôt le plaisir d'observer l'Oiseau à une très courte distance de la place où ils se
trouvaient, trois à dix pieds : leur observation dura tout le temps
qu'ils le désirèrent. L'Oiseau, du sexe mâle, nourrissait des petits ;
on ne put voir combien, un seul probablement. Il fréquentait le
même massif par intervalles de une à cinq minutes, chaque fois

(1) VI, n° 3, p. 179, juillet 1889.

tenant un ou deux petits vers de trois quarts de pouce de longueur, allant d'abord en reconnaissance, puis s'approchant avec précaution, quittant ensuite le fourré. Les observateurs ne purent découvrir quel était l'objet de ses soins, mais M. Eames pense que c'était un jeune *Cowbird*, le reste de la couvée devant être nourri par un *pinus* (une femelle), le seul de ce genre qu'on trouva dans le voisinage. A cette date, les Oiseaux étaient assez forts pour voler et trouver facilement eux-mêmes leur nourriture. Ils montraient, dit M. Eames, une ressemblance générale aux jeunes *pinus*. Le vieux mâle *leucobronchialis* fut tué le 8 août et aussi un des jeunes ; les autres, observés attentivement, ressemblaient à celui qui fut tué ; celui-ci présentait des ressemblances trop accentuées avec l'Oiseau adulte pour qu'on pût douter de la paternité de ce dernier (1).

Ces cinq exemples étant les seuls, pensons-nous, qui aient été rapportés sur l'appariage des types qui font le sujet de cet article, il n'y a, comme on le voit, que des présomptions en ce qui concerne le croisement de *pinus* avec *leucobronchialis*.

De nouvelles captures de ce dernier type sont devenues assez nombreuses ; en dehors de celles que nous venons de citer, voici les principales, sinon toutes : un spécimen tué à environ dix milles de Morristown ? (New-Jersey), par M. Auguste Blanchet, vers la fin de mai 1859. « Tout le plumage dorsal de cet Oiseau, dit M. E. Charleton Thurber, qui rapporte le fait (2), est teinté de jaune verdâtre ; la gorge et les joues sont blanc pur, très légèrement teintées de jaunâtre, le haut de la poitrine grisâtre ; la poitrine jaune s'étendant vers le crissum, une petite ligne noire sur l'œil droit, une grande plaque grisâtre derrière le gauche ; les barres des ailes jaunes. En outre M. Thurber fait observer que tout le plumage ressemble quelque peu à celui de la femelle *chrysoptera*, toutefois le grisâtre de la poitrine n'est point aussi foncé.

Dans la collection du Dr A. K. Fischer, M. Frank M. Chapmann cite encore (3) une femelle, n° 2646, 15 mai 1886, ayant le « croupion et les inter-scapulaires comme chez *pinus* ; les barres des ailes intermédiaires entre *H. chrysoptera et pinus*. Une bande pec-

(1) *Notes sur la Fauvette à ailes bleues (Blue winged Warbler) et ses alliés (Helminthophaga pinus, H. leucobronchialis, H. Lawrencii et H. chrysoptera), dans le Connecticut*, par M. Edwin H. Eames, the Auk, VI, n° 4, p. 305 et suiv., octobre 1889.

(2) The Auk, VII, n° 3, p. 291, juillet 1890.

(3) *Captures additionnelles*, The Auk, IV, n° 4, pp. 348 et 349, octobre 1887.

torale jaune et une légère apparence de la même couleur existe sur les parties inférieures. »

Dans la collection de M. Chappmann, sous le n° 932, figure un mâle, capturé le 31 juillet 1887 : « surface dorsale et les barres des ailes comme chez *pinus*, avec un collier cervical d'un grisâtre extrêmement faible. La poitrine jaune, réapparition de la même couleur sur le blanc de la gorge et de l'abdomen. » Cet Oiseau fut pris dans le voisinage de celui qui figure dans la même collection sous le n° 908 et qui était né incontestablement dans cet endroit ; il peut être considéré, dit M. Chappmann, comme le quatrième Oiseau manquant dans la couvée mentionnée ci-dessus.

Dans la même revue et dans le même numéro (1), M. E. Carleton Thurber, de Morristown, signale un beau spécimen mâle *H. leucobronchialis*, tué près de cet endroit le 15 mai 1877 ?, différant du type par une tache jaune citron sur la poitrine et par une légère teinte de la même couleur sur l'abdomen et sur le dos.

Le 31 août 1887, dans la partie centrale de Chester. Co. Penn., sur le bord d'un marais rempli de broussailles, on prenait un autre spécimen s'écartant du type *H. leucobronchialis* « étant plus lavé de jaune en dessous et d'olive en dessus (2). » Le Dr Fischer, auquel M. Witmer Stone, de Germantown, Pa., envoya l'Oiseau, fit savoir à ce dernier qu'il ressemblait à son spécimen d'Englewoud. N. J. (3).

Cinq exemples sont rapportés par M. Edwin H. Eames, de Seymour, Connecticut (4). Le 26 mai 1888, celui-ci prenait un mâle *leucobronchialis* qui lui parut typique après l'avoir comparé avec l'original ; long. 4.80, grandeur 7.60. Les testicules avaient 5.16 de longueur, l'estomac contenait seulement des insectes.

Pendant le temps que dura l'observation de M. Eames sur la nichée qui a été décrite plus haut, celui-ci vit quatre autres *leucobronchialis*. D'abord le premier juin un individu entrevu un seul instant dans un Noyer d'où il s'envola vers un Aune du marais voisin ; puis un deuxième observé plus longtemps sur le bord d'un terrain boisé et aride. Le 14 juin M. Eames et un de ses amis aperçurent les deux autres, le premier parmi les branches de hauts arbres plantés dans un pâturage situé près d'un bois de maigre apparence, revu le 19 juin et le 7 juillet ; le second à trois quarts de mille plus loin et qui fut encore aperçu le 22 juin, toujours en plein chant, ce qui permit

(1) P. 349.
(2) The Auk, V, n° 1, p. 115, janvier 1888.
(3) Se reporter à the Auk, IV, p. 348.
(4) Notes sur *Helminthophila leucobronchialis*. The Auk, V, n° 4, p. 427, octobre 1888.

de le découvrir. M. Eames a entendu parler d'un autre *leucobron-chialis* pris en 1888 dans le Connecticut par M. Hayt.

Pendant le printemps de cette même année, d'après ce que rapporte M. Louis B. Bishap, de New-Haven, Connecticut (1), M. Flit vit un exemplaire à New-Haven, le 15 mai ; M. Clark un autre à Saybrak, le 13 mai ; le 10 mai M. Sage avait capturé un mâle à Portland.

Pendant la saison de 1889, M. Eames eut à enregistrer de nouvelles captures ; préparé par les observations qu'il avait faites l'année passée sur le chant de *leucobronchialis*, il reconnut d'abord, le 6 mai, un Oiseau typique qu'il aperçut dans un Pommier dont les branches touchaient presque à sa maison. L'Oiseau était si familier qu'il aurait presque pu être saisi dans un filet à main. Quoique plusieurs fois dérangé, il ne manifestait aucun désir de prendre sa nourriture autre part que dans les Pommiers. Puis le 14 mai, dans la matinée, M. Eames tua un mâle *leucobronchialis* en plein chant. Le 17, il ne fit que blesser un troisième individu qui ne put être rapporté, quoiqu'on vit distinctement la place où il était tombé. Cet Oiseau était bien marqué de jaune sur le devant de la poitrine et d'un lavis plus pâle partout ailleurs, à l'exception du bas de la poitrine qui était d'un blanc pur, sans quoi il aurait été typique. Le 22, M. Eames vit un autre *leucobronchialis* qui, malheureusement, était hors de son atteinte, se trouvant dans un terrain conservé par le gardien des machines hydrauliques de la ville. Toutefois, ayant obtenu de ce dernier la permission de le tirer, le lendemain l'Oiseau tombait en sa possession.

C'était un très beau spécimen du type. M. Eames n'en prit qu'un autre le 11 juin, ce dernier se trouvait très ressemblant à *pinus* (2).

Le 11 mai 1890, M. Franck Chappman crut voir à Englewood un individu typique d'*Helminthophila leucobronchialis*. Se trouvant heureusement sans fusil, la tentation de le tirer lui fut épargnée, et pendant les dix ou quinze minutes que l'Oiseau demeura sous son observation, il put l'entendre chanter, le voyant même, particularité qui mérite d'être notée, ouvrir son bec lorsqu'il faisait entendre son chant. Ce chant ressemblait exactement aux notes élevées et aux notes basses de *H. pinus*, mais il était moins fort que le chant moyen de cette espèce (3).

(1) The Auk, VI, n° 2, p. 193, avril 1889.

(2) *Notes sur la Fauvette à ailes bleues*, etc., déjà cité. The Auk, VI, n° 1, p. 305 et suiv., octobre 1889.

(3) The Auk, VII, n° 3, p. 291, juillet 1890.

Au printemps de 1891, un *Helminthophila leucobronchialis* fut encore observé à Mandeville, La. Ce spécimen, dont le sexe n'a pas été déterminé, mais qui paraît mâle, s'accorde comme marques (1) avec *Helminthophila pinus*. Par sa coloration, il est intermédiaire entre *pinus* et *leucobronchialis typus*, les parties inférieures sont blanches avec une plaque jaune sur la poitrine, il existe une plus ou moins grande quantité de cette couleur sur le menton et l'abdomen ; les parties supérieures sont bleuâtres avec un lavis verdâtre. Les bouts des couvertures de l'aile sont plus fortement marqués de jaune que dans les spécimens normaux de *pinus*.

Enfin MM. H. H. Bimley, de Ralegh, nous ont fait savoir qu'ils avaient pris un spécimen du *White throated Warbler*, qui fut vendu depuis ; mais ils ne nous indiquent ni le lieu ni la date de la capture ; peut-être est-ce un des exemplaires que nous avons nommés ?

Les nouveaux spécimens *H. Lawrencei*, observés depuis 1877, sont beaucoup plus rares. C'est à peine si on en compte quelques-uns. M. Elliot Coues, en 1884, se bornait à signaler (2) les deux exemplaires que nous avons mentionnés. Cependant, si nous en croyons M. Louis B. Bishap, de New-Haven, Conn. (3), trois beaux spécimens *H. Lawrencei* auraient été pris dans le Connecticut pendant le printemps de 1889 : une femelle, capturée à New-Haven le 21 mai par M. Flint, une autre femelle à Stamford, le 23 mai, par M. Hogt, et un mâle, le 25 mai, au même lieu et par le même? M. Jno. Sage nous dit qu'il prit lui-même à Portland, Conn., un mâle le 14 mai 1887. M. Bishap fait observer que « le jaune des parties inférieures de la femelle prise par M. Hogt s'approche du jaune gomme-gutte du *H. pinus*, et est beaucoup plus vif que celui des parties correspondantes du spécimen de M. Flint. » Un septième exemplaire ♂ *Lawrencei* paraît encore avoir été obtenu le 16 mai de l'année suivante dans le Connecticut méridional, tout au moins M. Edwin H. Eames mentionne dans sa collection cet individu qu'il avait entendu chanter une heure ou deux dans un petit marais très boisé.

Sans dire précisément à quel type il appartenait, M. William Brewster avait parlé, dès 1886 (4), d'un spécimen intéressant du genre *Helminthophila* qui lui avait été envoyé par M. E. Carleton Thurber, de Morristown, et qu'il supposait être l'hybride de *H. Lawrencei* et du *H. pinus* typique. Cet Oiseau avait été tué, le 15

---

(1) « As pattern of marking. »

(2) In *the Key*, éditée en 1884.

(3) Voy. the Auk, VI, n° 2, p. 193, avril 1889.

(4) The Auk, III, n° 3, p. 411, 1886.

mai 1884, à deux milles de Morristown (New-Jersey), à quatre milles
et demi de l'endroit où le type de *Lawrencei* avait été obtenu. Le
sexe n'a pas été déterminé, mais l'Oiseau serait incontestablement
un mâle, d'après M. Brewster. En voici la description : « Presque
semblable au mâle *pinus* adulte, les marques des ailes et de la
queue et le coloris général au-dessus et au-dessous sont essentiellement les mêmes. Mais à travers le jugulum il y a une large bande de
taches noires épaisses, et la raie noire de l'œil, courte et bien définie
dans *pinus*, est dans cet Oiseau limitée antérieurement et postérieurement à une simple ligne qui s'étend jusqu'aux *auriculars* formant
une plaque sombre ou noirâtre plus ou moins rompue ou recouverte
par un mélange abondant de jaune. L'espace tacheté de noir sur le
jugulum est plus large dans le milieu, se rétrécissant graduellement en approchant des côtés ; sa plus grande largeur est d'un peu
plus d'un quart de pouce. Les taches sont sous-terminales, toutes
les plumes étant couvertes et beaucoup se trouvant bordées par le
jaune riche ordinaire des parties inférieures. Ici, dit M. Brewster,
le noir tend à se cacher naturellement, mais aucun arrangement
des plumes ne peut l'absorber complètement ; aussitôt les plumes
dérangées on aperçoit un trait visible. L'effet n'est pas différent de
celui qui se produit chez les jeunes mâles d'automne de *Dendroica
virens*, lesquels ont le noir de la gorge et du jugulum recouvert plus
ou moins de la même façon de jaune. En un mot, on peut dire que cet
intéressant Oiseau est à peu près intermédiaire en marques et
couleur entre le typique *pinus*, avec sa barre courte et étroite de
l'œil et le jaune semblable des parties inférieures, et entre le *H.
Lawrencei* qui a une large plaque noire s'étendant du bec sur l'œil
et derrière cet organe, et dont le menton, la gorge et la partie antérieure de la poitrine sont bien noirs. »

Avant de clore cet article il ne sera pas sans intérêt de reproduire les remarques faites par M. Edwin H. Eames sur le chant de
leucobronchialis (1).

M. Edwin H. Eames a cru en effet utile, pour ses observations, de
chercher à reconnaître les divers types d'*Helminthophila* par leur
chant ; une grande partie des succès qu'il a obtenus est due à cette
étude.

Sept Oiseaux typiques *H. leucobronchialis* ont exprimé leur
quarte par le chant de *H. chrysoptera*, à l'exception d'un point peu
important. (Le chant de *chrysoptera* consiste généralement en

(1) *Notes sur la Fauvette à ailes bleues*, etc., déjà cit. The Auk, VI, n° 4, pp. 305
et suiv., octobre 1889.

quatre notes : *Shree-e-e, zwee, zwee, zwee*, la première note d'environ deux tons plus haut que les trois suivantes, ceux-ci se prolongeant légèrement. Quelquefois il est un peu varié, avec la seconde note semblable à la première; il se réduit encore, dans d'autres circonstances, à trois, à deux, ou même à une seule note). Un autre spécimen *H. leucobronchialis* faisait entendre, en plus du chant ordinaire, quelques variations originales.

Un autre individu, offrant de proches ressemblances avec *H. pinus*, répétait le chant de *H. chrysoptera*, mais d'une façon désagréable et dure (1). Un Oiseau enfin, parfaitement typique, ne répétait qu'une seule note (ou ton); cette particularité surprit vivement M. Eames, le chant se trouvant être précisément le même que celui de *H. pinus*. M. Eames cite encore un individu (avec une faible couleur jaune verdâtre sur le dos, une forte plaque jaune sur la poitrine et un lavis sur les parties inférieures), qui employait exclusivement ce dernier chant.

Le seul *H. Lawrencei* que M. Eames entendit avec certitude, pendant près de deux heures, ne varia jamais son chant dans les moindres détails ; c'était le chant caractéristique du *pinus*, consistant en deux notes entraînantes *see-e-e-e, zwee-e-e-e-e*, avec un son *z* bien arrêté.

Ces détails, pensons-nous, ne sont pas sans utilité pour les recherches de *H. leucobronchialis* (même de *H. Lawrencei*), recherches qui, sans doute, se poursuivront.

Remarquons en terminant que, nulle part, on n'a encore constaté *de visu* l'appariage de *H. leucobronchialis* avec *pinus* ; lorsqu'on l'a supposé, et qu'on a pu saisir les jeunes, ceux-ci étaient de vrais *pinus* (2). Seul l'appariage de *pinus* avec *chrysoptera* semble mis hors de doute.

Les uns ont considéré *H. leucobronchialis* comme espèce ; les autres, au contraire, les plus nombreux (3) l'ont considéré comme hybride.

Il est constaté, à maintes reprises, que ce type ne présente pas de caractères absolument fixes, et aussi que sa gorge blanche le diffé-

(1) Cet Oiseau est celui dont on parle dans l'Auk, V, pp. 427-428.

(2) Voir l'exemple cité par Chappmann (The Auk, IV, n° 4, p. 348, octobre 1887) et l'exemple cité par M. Eames (The Auk, VI, n° 4, p. 305, octobre 1889).

(3) D'après les documents que nous avons consultés et aussi la correspondance que nous avons reçue.

Dans *The Key to North american Birds by Elliot Coues*, édition de 1884, nous lisons encore à l'article *H. leucobronchialis* : « *Doubtless* hybrid between *H. pinus* and *H. chrysoptera* » (p. 293).

rencie totalement des deux types *chrysoptera* et *pinus* auxquels il
ne peut être rapporté à cause précisément de ce caractère qui lui
est particulier.

Pourrait-on donc soutenir cette nouvelle hypothèse : à savoir que
leucobronchialis, peu rare, quelquefois plus commun que *chrysoptera* (1), est une espèce distincte, *mais sujette à variations*? Dans ce
cas l'hybridisme supposé et si complexe ne reposerait que sur quelques rares types *H. Lawrencei*, ceux-ci précisément (à cause de leur
rareté) méritant d'être considérés seuls comme hybrides réels.

Cette solution est-elle acceptable ? Il est sans doute préférable de
se ranger à l'avis de M. Ridgway, disant que *leucobronchialis typus*
est bonne espèce, mais se mélange avec ses alliés. L'avenir sans
doute résoudra le problème (2).

(1) Voir le rapport de M. Edwin H. Eames, *Notes sur les Fauvettes à ailes
bleues*, etc. The Auk, VI, n° 4, p. 305, octobre 1889.

(2) Sous ce titre : « *The signification of certains phases in the genus Helminthophila* » (The Auk. VI, n° 4, pp. 305 et suiv.). M. Spencer Trotter, partisan de
l'hybridisme chez les formes *H. leucobronchialis* et *H. Lawrencei*, a cru pouvoir
présenter quelques explications sur les circonstances qui amèneraient les deux types
H. pinus et *H. chrysoptera* à se croiser. Après des considérations générales basées
sur les données évolutionistes, et posé en principe que, par exemple, « la rareté
dans les espèces et les individus indique la dégénérescence, l'expression de l'im-
puissance du groupe à maintenir ce qui lui est propre, et que l'hybridisme dans
la nature est aussi une expression de décadence, le résultat d'une rareté arrivant
chez les individus qui composent une espèce, etc., » il recherche comment ces
principes peuvent s'appliquer au genre *Helminthophila*, groupe formé de huit
espèces, dont aucune de ces espèces n'est très abondante quand on les compare à
certains autres groupes, tel celui des *Dendroicæ*.

Chacune des espèces *Helminthophila* a comme habitat une surface plus ou
moins bien définie, l'habitat des deux types *chrysoptera* et *pinus* et de leurs
alliés est le plus restreint de tous. Or, c'est précisément dans cette dernière section
que l'on trouve l'évidence de la décadence. « Strictement insectivores, dit l'éminent naturaliste, les *Helminthophila* sont entrées en concurrence directe avec
les autres formes insectivores, et parmi elles, sont leurs proches alliés et le
genre dominant *Dendroica*, composé de plus de trente espèces bien définies, dont
les habitudes et la nature ressemblent de près aux Swamp Warblers (Fauvettes
des marais). La pression exercée par *Dendroica* serait beaucoup plus grande dans
l'Est que dans l'Ouest, à cause de la prépondérance de ces individus et des espèces
dans leur première surface, par conséquent les espèces orientales plus restreintes
de *Helminthophila* se ressentiraient fortement de cette rivalité. » Les *Dendroicæ*,
toujours d'après M. Trotter, sont plus habiles à capturer les mouches que le
Swamp Warblers (elles le font avec plus de promptitude et de persistance) et
comme cela a lieu dans la même localité, les *Helminthophagæ*, moins bien
adaptées, doivent nécessairement leur céder le pas et diminuer en nombre, tandis
que les deux autres augmentent. L'espèce *H. Bachmani* en serait un exemple
frappant; elle se montre excessivement rare dans la limite d'extinction, quoiqu'elle
existe encore dans les localités favorables à sa propagation, par exemple, les

HELMINTHOPHILA PINUS et OPORORNIS FORMOSA (1).

M. Frank. W. Langdon a décrit (2) comme espèce nouvelle, sous le nom de *Helminthophaga cincinnatiensis*, un spécimen jusqu'alors inconnu du genre *Helminthophaga* qu'il tua le 1er mai 1880 à Madisonville, Hamilton County, Ohio. Cet Oiseau, disait-il, diffère de *H. pinus*, son plus proche allié, par sa taille plus grande, le noir taché du vertex, les parties auriculaires noires, l'absence totale de barres blanches sur les ailes bleu cendré au-dessus ainsi que la queue, par les taches blanches de cette dernière partie, etc. Il s'éloigne d'O. *formosa* (avec laquelle il semble *a priori* nécessaire de le comparer) par sa taille plus petite, ses proportions, son tarse court, son front jaune, le bord blanc aux plumes extérieures de la queue.

Ainsi, tout en éloignant la pensée d'hybridisme, M. Langdon avait soin de comparer le nouveau type avec *H. pinus* et *O. formosa*, comme si sa parenté avec ces derniers se faisait soupçonner.

M. Ridgway a signalé (3) chez cet Oiseau d'autres marques qui le rapprochent de ces deux espèces. « A première vue, dit le savant ornithologiste de Washington, le coloris paraît unique, mais en le regardant de plus près on y trouve une combinaison du plumage de *Helminthophaga pinus* et d'*Oporornis formosa*. « Les ailes et la queue sont de couleur unie, comme chez la dernière, mais les ailes montrent un faible rapport avec les bandes de l'aile du premier dans l'olive plus pâle des bouts jusqu'au milieu et les plus grandes couvertures. Le front est jaune, comme dans *H. pinus*,

vastes marais des Etats du Sud. Le mythe *carbonata* est peut-être le dernier représentant d'une autre forme? M. Spencer Trotter est cependant obligé d'avouer que *chrysoptera* et *pinus* « restent néanmoins *très abondants*. » Nous ne voyons donc quelle raison peut forcer ces deux formes « à se croiser *évidemment ensemble*, » comme il le dit. De la théorie que pose M. Trotter (si elle est vraie), il doit ressortir tout le contraire. Ce serait chez les espèces restées peu nombreuses, telles que *bachmani*, que l'on devrait constater l'hybridisme et non chez *pinus* ou *chrysoptera*, très abondants au dire de M. Trotter.

(1) **Autres noms** : *Sylvia formosa, Myiodioctes formosus, Oporornis formosus, Sylvania formosa.*

(2) *Description of a New Warbler of the Genus Helminthophaga*, by Frank W. Langdon. Journal of the Cincinnati Society of Natural History, pp. 119 et 120, juillet 1880.

L'article de M. Langdon a été reproduit tout au long, avec son autorisation, dans le Bulletin of Nuttall ornithological Club, V, n° 4, pp. 208, 209 et 210, octobre 1880.

(3) In the Bulletin of the Nuttall Ornithological Club, V, n° 4, pp. 237 et 238, octobre 1880.

mais derrière et le long du bord postéro-latéral de ce jaune on voit
une portion du couronnement qui caractérise *O. formosa*. Les
marques noires du côté de la tête sont intermédiaires en étendue
entre la raie étroite du lorum et post-oculaire de *Helminthophaga* et la
plaque plus large du lorum avec continuation sous-orbitaire, comme
on le voit chez *Oporornis*. En forme, l'Oiseau est presque intermédiaire entre les deux types, le bec incline davantage vers *Oporornis*,
les pieds se rapprochent de ceux d'*Helminthophaga*.

Toutefois M. Ridgway ne le déclare pas sûrement un hybride ; il
peut avoir une double origine, mais aussi il peut appartenir à
une véritable espèce? Ce qui engage à croire que la première
hypothèse est vraie, c'est que dans beaucoup, sinon dans la
plupart des parties de la vallée du Mississipi, notamment dans
la latitude de Cincinnati, les deux espèces produisent abondamment dans les mêmes lieux, et toutes deux nichent sur le sol ayant
souvent leurs nids situés à quelques pieds de distance les uns des
autres.

L'hypothèse de l'hybridisme, soulevée par M. Ridgway, est
acceptée par M. William Brewster (1) et sans doute aussi par
M. J.-A.-A. Allen (2). M. Elliot Coues ne s'est pas prononcé, au
moins d'une manière significative (3). Le *cincinnatiensis* figure dans
le *Code of Nomenclature* (4) sur la liste hypothétique.

Voici sa description d'après M. Frank W. Langdon : « Toutes les
parties supérieures, excepté le front, claires, les plumes et les
rectrices d'un brun plombé foncé, leurs lames extérieures frangées
de vert olive comme celle du dos. Au-dessous, y compris le crissum
jaune cadmium brillant et presque la même nuance partout. Le
front jaune brillant, cette couleur reliée antérieurement par une
ligne très étroite noire du *lorum*, et derrière se fondant graduellement
dans le vert olive clair du haut de la tête ; les plumes du vertex
avec une surface au milieu, cachée de noir. Le lorum noir velouté,
auriculars noirs, parsemés de vert jaunâtre, leur donnant une
apparence mélangée. Une surface jaune au-dessous de l'œil sépare
le noir du lorum de celui des *auriculars*. Les plus grandes couvertures des ailes ainsi que les plus petites garnies de jaune verdâtre formant deux barres indistinctes aux ailes ; les primaires
extérieures bordées de blanchâtre. Les lames extérieures des deux
plumes extérieures de la queue étroitement bordées de blanc près

(1) Voy. Bulletin, VI, p. 225 (en note), 1881.
(2) Même Bulletin, VII, n° 2, p. 78 (en note), avril 1883.
(3) Voy. *The Key to North American Birds*, p. 293, London et Boston, 1884.
(4) Edit. de 1886.

de l'extrémité. Le bec noir, excepté l'extrémité du bout et la base
de la mandibule inférieure qui sont couleur corne bleuàtre; le
culmen légèrement *decerved*, avec la trace d'une entaille au bout.
Le rictus avec les soies bien développées (1) s'étendant presque tout à
fait aux narines, différant ici des autres espèces. Les yeux brun
foncé, tarses et doigts d'un pâle brunàtre; griffes plus pâles.
Dimensions : Longueur, 4.75; aile 2.50; queue 1.85; culmen 44;
de la narine 34, tarse 70 » (2).

On trouve une planche représentant l'Oiseau dans le Bulletin of
the Nuttall ornithological Club (3).

DENDROECA STRIATA (4) et PERISSOGLOSSA TIGRINA (5)

Dans l'état du Kentucky, pendant le mois de mai 1811, le célèbre
ornithologiste américain Audubon tua, près du village d'Henderson,
les deux Oiseaux dont nous allons donner la description. Audubon
dit que lorsqu'il les tua, ils étaient, tous deux, très occupés à
chercher des insectes le long des branches et parmi les feuilles d'un
Cornouiller (Dog-wood); leurs mouvements étaient ceux de toutes
les espèces du genre *Sylvia*. En les examinant, on constata qu'ils
étaient du sexe mâle. L'opinion d'Audubon est qu'ils n'avaient
vraisemblablement aucune partie de leur plumage complet, sauf
la tête. Ce sont les seuls de ce genre qui furent tués (6).

Depuis aucun autre Oiseau de leur espèce n'a encore été observé.
Ils furent dessinés après leur mort et reçurent le nom de *Sylvia
carbonata* ou Carbonated Warbler (7).

Dans le Catalogue des Oiseaux de l'Amérique du Nord, dressé en
1880 par M. R. Ridgway, la *Sylvia carbonata* d'Audubon figure à
titre de bonne espèce sous le n° 91 (8) et est appelée *Perissoglossa
carbonata*.

(1) M. Landgon observe ici que la présence de ce caractère « wouldbe by some
anthors be deemed sufficient reason for the institution of a new genus or sub-
genus, • avis que ne partage pas M. Landgon.

(2) Journal of the Cincinnati Society of Natural History, p. 119, 1880.

(3) Plate IV, vol. V, n° 4, octobre 1886.

(4) Appelée aussi : *Sylvia striata, Mniotilta striata, Sylvicola striata, Rhio-
namphus striatus*, etc.

(5) Ou *Dendroicai tigrina* ou *Motacilla tigrina*.

(6) Voy. *Biol. ornitho.*, p. 308, Philadelphia, Dessin LX, le mâle; *Check-List*,
p. 336, 1886, et *North american Birds* by Baird Brewer and Ridgway, p. 214,
I, 1874.

(7) Proceeding of United states National Museum, p. 163.

(8) Voy. p. 172; voy. aussi p. 164.

Comme cet Oiseau réunit certains caractères propres à la *D. striata* et à la *P. tigrina* (trait de la tête noir, bandes doubles des ailes et le dos rayé de *D. striata* avec le coloris général de *P. tigrina*) et qu'en plus « il ne possède aucun caractère individuel qui ne puisse avoir été tiré d'une telle parenté », M. Brewster a cru pouvoir émettre l'opinion (1) qu'il provenait peut-être de ces deux espèces. M. Spencer Trotter s'est au contraire demandé si « le mythe Carbonata » ne pourrait être considéré comme « le dernier représentant d'une forme inconnue. »

On voit que rien n'est certain sur l'origine de cet Oiseau, c'est sur la « *Liste hypothétique* » qu'il a été inscrit dans le « *Check-List* » adoptée par l'Union des Ornithologistes américains (2).

Description d'après Audubon: « Bec de longueur ordinaire, presque droit, subulato conique, aigu, presque aussi profond (3) que large à la base, les bords aigus, la ligne d'interstice légèrement déclinée à la base. Les narines basales, latérales, elliptiques, à demi fermées par une membrane, tête un peu petite, cou court. Corps mince, pieds de longueur ordinaire, grêles; tarse plus long que le doigt du milieu couvert antérieurement par quelques scutelles aigues en pointe derrière; doigts scutellate au-dessus, l'intérieur libre ; le doigt de derrière de taille modérée ; les ongles minces, comprimés, aigus, recourbés. Plumage mélangé et touffu. Ailes de longueur ordinaire, aigues ; les secondes plumes plus longues, queue courte. Bec brunâtre, noir au-dessus, bleu clair au-dessous, iris brun clair. Pieds couleur de chair claire. Les parties supérieures de la tête noires. Le dos supérieur, les plus petites couvertures de l'aile et les côtés, foncés, tachetés de noir. Le bas du dos gris jaunâtre, sombre comme la queue. Bouts du second rang des couvertures blancs, de la première rangée jaunes; plumes foncées, leurs lames extérieures teintées de jaune, les côtés du cou et de la gorge, jaune vif. Une ligne sombre derrière l'œil. Le reste des parties inférieures jaune sombre, excepté les côtés. Longueur 4 pouces 3/4 ; bec le long du sommet 5/12 ; le long de l'interstice 7/12 ; tarse 3/4. »

(1) In Bulletin of the Nuttal Ornithological Club, p. 221, Cambridge (Mass.), 1881.
(2) *The code of Nomenclature*, p. 356, New-York, 1886.
Déjà, mais sans soulever l'hypothèse d'un hybridisme, les auteurs des *Oiseaux de l'Amérique du Nord* avaient dit, en parlant de cette prétendue espèce, connue seulement par la description et le dessin d'Audubon « *its claims to be regarded as a good and distinct species are involved in doubt* » North American Birds, I, p. 218, 1876.
(3) Auk, IV, n° 4, p. 308, 1887.

Genre Cyanecula (1)

CYANECULA WOLFI et CYANECULA LEUCOCYANEA

D'après M. le professeur Menzbier (2) on trouve des individus aux caractères intermédiaires entre les *C. Wolfi* et les *C. leucocyanea*; ces individus intermédiaires ne se rencontrent que dans les régions où les deux types séjournent ensemble. « En France, de même que dans l'Europe occidentale, en général, dit le professeur, on trouve les formes typiques des *C. Wolfi* et des *C. leucocyanea* de même qu'un grand nombre de formes intermédiaires ; mais ces dernières ne se rencontrent point dans les endroits qui ne sont habités que de l'une des espèces typiques. »

CYANECULA SUECICA (3) et CYANECULA LEUCOCYANEA

D'après le même (4) on trouve également des individus intermédiaires entre les *C. leucocyanea* et les *C. suecica* et là encore seulement où les deux formes séjournent. » Dans la Russie centrale, par exemple, existent les représentants typiques des *C. leucocyanea* et des *C. suecica*, et ceux-ci exceptés, on y trouve un grand nombre d'individus intermédiaires, à commencer par ceux chez lesquels la tache blanche sur le fond ocreux roux est à peine à remarquer et à finir par ceux chez lesquels la bande rousse au bas de la tache blanche disparaît tout à fait. »

CYANECULA WOLFII et CYANECULA SUECICA.

M. le prof. Giglioli, de Florence, indique dans la liste des Oiseaux hybrides du Musée (4), (en ayant soin de le faire précéder d'un point d'interrogation), un ♂ adulte *Cyanecula Wolfi* × *C. suecica* de Prato, 3 mai 1885, avec les plumes de la tache de la gorge blanche rouges à leur extrémité, et un autre mâle adulte du 10 avril 1883, Montépulciano, semblable au premier.

M. Menzbier envisageait autrefois les *C. Wolfi*, les *C. cyanecula* et les *C. suecica* comme des variétés d'une seule et même

---

(1) Appelé aussi : *Motacilla, Sylvia, Cyanecula, Sylvia*, etc.
(2) Conférence faite à la Société Zoologique de France, *Revue Scientifique*. p. 517, 26 avril 1884.
(3) Ou *Sylvia cyanecula*, ou *Saxicola suecia*, ou encore *Ficedula suecica*.
(4) Même Revue, même page.
(5) *Primo resoconto dei resultati*, etc., p. 70, Florence, 1891.

forme, mais aujourd'hui il croit qu'elles ne peuvent être réunies en une seule espèce, attendu que « ces trois variétés occupent, dit-il, pendant la période de leur nidification, chacune une région tout à fait distincte. »

Tel n'est l'avis de MM. Degland et Gerbe qui les considèrent « non pas même comme des races locales, mais comme de simples variétés dépendant de l'âge et du sexe » (1). M. le baron R. Kœning-Wathaüser nous écrit qu'il ne reconnaît aussi qu'une seule espèce de Gorge-bleue (*Cyanecula*) thème qu'il se propose de développer plus tard. Nous croyons que *Wolfi* et *leucocyanea* sont encore regardées généralement comme des variétés.

Nous ne pouvons nous expliquer comment les types *Wolfi*, *leucocyanea* et *suecica* trouvent moyen de se croiser, puisque, d'après M. Menzbier, on vient de le dire, ces trois formes occupent chacune, pendant la période de nidification, « une région tout à fait distincte. »

Les croisements indiqués par le savant professeur (et que toutefois nous ne voulons point nier) ne paraissent point avoir été constatés, ce sont plutôt des mélanges présumés. Se sont-ils réellement produits ? Des variations de coloration ne pourraient-elles pas produire chez certains individus ces colorations mixtes ?

Sur une *Blankelchen* (Gorge bleue) tirée près de Munster et indiquée comme appartenant au type *Cyanecula Wolfi*, la tache blanche ou la tache couleur canelle manque sur l'étendue bleue de la gorge ; seule la moité des racines des plumes qui ne sont pas visibles est blanche. Or, les Drs Konig et Hartert croient que ce n'est pas la *Wolfi* avec la coloration bleu profond de la gorge, mais au contraire une variété de *Cyanecula leucocyanea* (2).

Dans l'Ibis on semble encore faire allusion à une autre variante (4).

M. Tommasso Salvadori dit (3) qu'il a vu des individus pris en Italie et d'autres exemplaires sur lesquels on peut observer le passage d'une forme à l'autre, c'est-à-dire avec la tache blanche argentée plus ou moins grande et plus ou moins apparente, avec le bord blanc autour de la tache centrale fauve plus ou moins étendue, avec la tache fauve plus ou moins vivement colorée, si vivement affectée qu'elle devient presque blanche.

(1) Op. cit. I, p. 434, 1867.

(2) Voy. in *Journal für Ornithologie*, XVII, p. 200, 1889, l'article : *Allgemeine deutsche. Ornithologische Gesellschaft in Berlin*.

(3) *Notes on the Birds of Cashmere and the Dras District*. By Lieut, W. Willrid Bordeaux (Queen's Bays). The Ibis, VI, pp. 220-221, 1888.

(4) In Fauna d'Italia, p. 94, 1874 (à l'article *Cyanecula Wolfii*).

Reconnaissons toutefois que si ces observations avaient tout d'abord amené M. Salvadori à conclure que les *C. leucocyanea* aussi bien que les *C. leucocyanea* ne sont que des états divers de *C. suecica*, plus tard celui-ci est revenu sur son opinion (1). Ayant reconnu que la forme *Wolfi* domine dans l'Europe orientale et se trouve peut-être seule en Asie, tandis que la forme à tache blanche domine dans l'Europe centrale et orientale, on doit maintenant, d'après lui, « considérer les deux formes comme distinctes. » M. Giglioli, après une visite au musée de Florence, aurait lui-même reconnu la nécessité d'admettre la distinction des deux formes. Nous voyons cependant encore en 1887 (2) *Wolfi* figurer comme variété de *leucocyanea*, c'est à ce titre qu'elle figure souvent dans l'Ornis (3).

Genre Philomela.

PHILOMELA LUSCINIA (4) et PHILOMELA MAJOR (5).

Degland a fait de ces deux types deux espèces, tout en remarquant que des ornithologistes ont considéré le *Ph. major* comme simple race du *Ph. luscinia*, sans doute avec raison, car il ne se distingue de ce dernier que par sa taille un peu plus forte, sa coloration modifiée légèrement par le climat, et l'une de ses rémiges différant en longueur de celle du Rossignol proprement dit (6).

(1) *Elenco degli Uccelli italiani*, etc., p. 121, 1886-87.

(2) In Journal für Ornithologische, p. 515, Jahresbericht, 1885, des *Aunchunes für Beobachtungsstationen der Vögel Deutschlands.*

(3) Nous regrettons beaucoup de ne point connaître le rapport de M. A. Müller, qui avait été annoncé dans le *Journal für Ornithologie* (p. 111, janvier 1881), mais que nous avons cherché en vain dans ce journal. M. A. Müller devait discuter sur la coloration des formes *C. suecica*, *Wolfi*, *leucocyanea* et *orientalis*.

On sait que M. Bernard Altun (cité par Degland, *op. cit.*, I, p. 436), avait récusé les six variétés qu'on avait voulu établir parmi l'espèce souche *C. succica* (*Naumania*, p. 166, 1855). Il avait obtenu des individus, pris en mars et avril, chez lesquels le bleu de la gorge et du cou encadraient une grande tache blanche ou roussâtre; d'autres chez lesquels la tache blanche était plus étroite ou presque effacée; d'autres chez lesquels la gorge et le devant du cou étaient entièrement bleus; d'autres, enfin, dont le hausse-col bleu offrait, au centre, une tache rousse qui, elle-même, est circonscrite par un cercle blanc. Toutes ces variétés correspondent à des espèces ou sous-espèces admises par quelques auteurs.

(4) Synonymie : *Motacilla luscinia, Sylvia luscinia, Curruca luscinia, Luscinia philomela, Lusciola luscinia, Erythacus luscinia.*

(5) *Luscinia major, Motacilla luscina major, Sylvia philomela, Motacilla aedon, Lusciola philomela, Erythacus philomela.*

(6) M. T. Salvadori (*Fauna d'Italia*, p. 96 et 97) fait cependant deux espèces du *Philomela luscinia* et du *Philomela aedon*. M. Giglioli (*Avifauna italica*, pp. 104 et 105), semble également les distinguer spécifiquement.

Nous ignorons si le croisement de ces deux types se trouve mentionné dans quelques ouvrages d'ornithologie (1). Il nous a été
indiqué plusieurs fois. M.A.Hehre,de Brieg,entre autres, nous a fait
savoir qu'on prit, il y a trois ans, un « *bastard* » provenant d'un
Sprosser (*Ph. major*) et d'un Rossignol ordinaire (*Nachtigall*), lequel
fut vendu à Neisse à un M. Bahnbcamter. M. Josef Kramar, de
Plzen, en Bohême, nous dit également qu'il a tiré souvent des
Rossignols hybrides de la Hongrie, et un marchand d'Oiseaux de
Neustadt nous a cité des faits de ce genre. Il faut croire qu'il y a
quelque chose d'exact dans ces dires ; des renseignements plus
précis nous semblent cependant utiles pour affirmer le croisement,
d'autant plus que, si nous en croyons M. Kramer, ces hybrides
sont très difficiles à distinguer car ils ressemblent beaucoup au
Sprosser (le gros Rossignol). La couleur serait un peu plus claire
et le corps plus effilé. Ces hybrides supposés ne sont peut-être
que des variétés du Sprosser ?

Genre Petrocincla

PETROCINCLA SAXATILIS (2) et PETROCINCLA CYANEA (3).

Le 28 décembre 1840 fut tué, sur le Mont-Saint-Loup (près de
Montpellier), un Merle qui était toujours en société d'un autre
Oiseau lui ressemblant en beaucoup de traits. Le berger qui
le tua cherchait depuis plus de quinze jours le moyen de l'approcher, car il se montrait très méfiant. Au milieu du jour, il faisait
entendre, lorsque le soleil brillait, un petit ramage cadencé comme
celui des Fauvettes (4).

M. Crespon en a donné la description suivante : « Le front, le
dessus de la tête et toutes les parties supérieures d'un bleu mêlé de
brun ; mais les plumes du haut du dos jusqu'au croupion et les
couvertures des ailes sont presque toutes terminées de blanc ;
les côtés de la tête et les joues blanchâtres, teintés d'azur ; gorge,

---

(1) Bechstein (*Naturgeschichte der Stubenthiere*, p. 807, 1807), parle cependant
du *Bastard-Nachtigall* (le Rossignol hybride). Nous ignorons de quel Oiseau il
veut parler.

(2) Autres noms : *Turdus saxatilis*, *Saxicola montana*, *Lanius infaustus*,
Petrocossyphus saxatilis, *Merula saxatilis*, *Monticola saxatilis*.

(3) Nommé encore : *Merula cœrulea*, *Turdus solitarius*, *Turdus cyanus*, *Petrocossyphus cyaneus* ou *cyanus*, etc.

(4) Ce récit a été fait à M. Crespon par M. Lebrun, de Montpellier. Voy. *Faune
méridionale*, par Crespon, I, p. 179, 1844.

devant et côtés du cou blancs, avec une légère nuance de bleu d'azur, une large plaque sur la poitrine d'un cendré bleuâtre; mais sur le milieu de cette partie cette couleur est mélangée de blanc ; parties inférieures blanches avec de petites taches de la couleur de la plaque qui recouvre la poitrine, les flancs portent également de grandes et de petites taches d'un cendré bleuâtre ainsi que quelques teintes couleur de rouille; les couvertures supérieures et inférieures de la queue sont de cette même couleur avec une tache noire vers le bout de toutes les plumes qui sont terminées de blanchâtre ; rémiges noires; les pennes de la queue sont d'une couleur de rouille vive, surtout près de leur base, mais entourées et terminées de noir ; bec et pieds bruns ; iris brun clair. Longueur 25 centimètres ; mâle. »

M. Crespon pense, comme M. Lebrun, qui lui envoya l'Oiseau, que c'est un hybride. « Plus on l'examine, dit-il, plus on est convaincu qu'il est le produit de deux Oiseaux différents ; il a d'ailleurs toutes les formes du Merle bleu et son plumage supérieur se rapproche de celui du jeune mâle de cette espèce, tandis que sa queue et les couvertures de celles-ci, de même que la teinte couleur de rouille des flancs, lui donnent les plus grands rapports avec la femelle du Merle de roche. Il a encore, ajoute M. Crespon, beaucoup de ressemblance avec ces deux Saxicoles par sa manière de vivre. »

M. Crespon lui a donné le nom de Merle azuré, *Turdus azureus*. La femelle est inconnue, il ne suppose pas du moins que l'Oiseau avec lequel il vivait de compagnie pût être sa femelle (1).

MM. Degland et Gerbe (2), qui ont vu dans l'intéressant Musée de M. Doumet, à Cette, le *Turdus azureus*, disent qu'il est bien certainement un hybride du Merle bleu (*Petrocincla cyanea*) et de la Petrocincla de roche (*P. saxatilis*).

Le prince Charles Bonaparte ne partage pas cette manière de voir (3), car il s'exprime ainsi (4) « *minime hybridus! cum saxatili! sed jun.* » (du *Turdus cyaneus*). Cependant le prince serait entré dans une véritable contradiction avec lui-même, il aurait dit (5)

---

(1) *Op. cit.*, p. 179.
(2) *Ornithologie Européenne*, I, p. 448, Paris, 1867.
(3) *Conspectus generum avium.*
(4) P. 207.
(5) In *Catalogue Parzudaki*, p. 5, que nous n'avons pu consulter.

(d'après MM. Degland et Gerbe : « *Hybridus cum monticola saxatili* » (1).

Genre Turdus.

Turdus ruficollis (2) et Turdus atrigularis. (3).

Dans un récent travail (4) M. Th. Pleske a fait connaître plusieurs hybrides du *Turdus ruficollis* et du *T. atrigularis* qui se trouvent dans les collections de M. N. M. Przewalski. « L'hybridité doit arriver très fréquemment, dit M. Pleske, chez ces deux espèces dont les descendants ressemblent tantôt plus à *Merula ruficollis*, tantôt plus à *M. atrigularis*. Les hybrides en question sont cependant de deux types, soit qu'ils s'approchent davantage de l'une ou de l'autre espèce. Dans la collection Przewalski il se trouve des exemplaires de ces deux types. »

Les individus qui, d'après le savant académicien, peuvent être considérés comme ayant une double origine, sont les suivants :

Type de Merula ruficollis, unique exemplaire. « Ne se distingue de *Merula ruficollis* typique que par la couleur de sa poitrine qui n'est point rouge de rouille mais de couleur beaucoup plus foncée, presque châtain. Si le dessin ressemble davantage à celui de *Merula atrigularis*, il s'en éloigne par la couleur. Ce sont les seuls signes qui le distinguent du *Merula ruficollis* typique. Dimensions : Culmen 24^{mm}, ailes 135^{mm}, queue 105^{mm}, tarsus 34^{mm}. Cet Oiseau, de sexe mâle, fut acquis par M. Przewalski dans le premier voyage qu'il fit en 1872 au Muni-ula. Il porte le n° 10,749.

---

(1) Le Merle bleu ♀ et le Merle de roche ♂ jeune offrent de notables ressemblances ; ce sont principalement, d'après deux échantillons conservés au Musée de Rouen, les pennes de la queue brun roux du mâle jeune *saxatilis* (différant de celles de la ♀ *cyanea*, qui les a de couleur noir bleuté) qui peuvent servir principalement à différencier les deux types, ainsi que les flancs plus roux du premier, lesquels sont gris clair bleuté chez la femelle. Il serait donc sans doute difficile, si l'on venait à rencontrer soit un jeune mâle hybride, soit une femelle hybride, de reconnaître positivement leur double origine. Devant plusieurs exemplaires exposés au Musée de M. Noury, à Elbeuf, nous avions également noté qu'un « hybride jeune de ces deux espèces paraîtrait difficile à décider. »

(2) Ou *Turdus erythrurus*, ou *Merula ruficollis*, ou *Planesticus ruficollis*.

(3) Autres noms : *Merula atrigularis*, *Planesticus atrigularis*, *Sylvia atrigularis*.

(4) *Wissenschaftliche Resultate der von N. M. Przewalski nach Central-Asien auf kaiserlichen Hoheit dem Grössfürsten Thronfolger Nikolai Alexandrowitsch gespendeutem Summe herausgegeben* von der kaiserlichen Akademie der Wissenschaften. II, p. 9, 10, 11, 12, 13, 14 et 15.

Exemplaires types de Merula atrigularis. « Le n° 11,271 est un jeune Oiseau qui ressemble dans tout son *habitus* à *Merula atrigularis*, il possède cependant deux marques qui font reconnaître chez lui l'origine *ruficollis*. Les plumes de la poitrine et celles des parties latérales du cou ont à l'extrémité des taches noires, chez les exemplaires de *Merula atrigularis* du même âge ces plumes sont largement bordées de noir. Par la détérioration de cette bordure grise, le noir du thorax s'aperçoit davantage de jour en jour. Le même rapport existe également chez *Mer. ruficollis*, avec la différence que les taches chez celui-ci sont rouge de rouille. Chez les exemplaires présents, les taches en forme arrondie comme une goutte manquent sur beaucoup de plumes des côtés du cou et sont remplacées par de plus petites taches rougeâtres, qui, cependant, ne sont pas si intenses que chez les jeunes *Merula ruficollis* ». M. Pleske n'a pu remarquer un tel phénomène chez les *Merula atrigularis* typiques. « La seconde marque distinctive est visible, ajoute-t-il, aux plumes de la queue, dont les deux extrèmes de chaque côté laissent voir un ton de couleur de rouille rouge et ont au haut des tiges? plus claires que chez les autres plumes ».

« Ex. n° 11272, plus âgé que l'exemplaire précédent, par conséquent le bouclier pectoral est plus visible. Les plumes tectrices sont de nouveau caractéristiques, les trois extrèmes de chaque côté sont assez fortement rouge de rouille vers les pointes. Les tiges de ces mêmes plumes sont plus claires que celles des autres et à la barbe extérieure des parties (*Basaltheile*) des rectrices se fait voir un coloris rouge de rouille foncé. »

Ex. n° 11273, du même âge que le précédent ; se montrerait, d'après M. Pleske, comme descendant direct d'un couple mélangé ! « Les côtés des bordures sur tout le bouclier pectoral (*Brustchild*) possèdent un coloris brun rouge qui apparaît de là sur tout le thorax. Les plumes rectrices sont, pour la plus grande partie, rouge de rouille ; celles du milieu possèdent cette couleur à la base, les autres dans la partie moyenne mélangées plus ou moins d'une couleur foncée ; les rectrices extérieures sont presque uniformément rouge de rouille. Plus les rectrices sont couchées vers l'extérieur, plus le haut du tuyau est clair.

« Ex. n° 11.274, vieux mâle de couleur presque monochrome à la gorge, mais dont le coloris ne paraît pas de couleur aussi mate que chez les exemplaires typiques. On y remarque aussi, bien davantage, une teinte brunâtre légère sur le thorax. Les barbes extérieures des parties voisines du tuyau des plumes rectrices sont ou bien monochromes (couleur brun-rouge), ou bordées du même coloris. Les rectrices les plus extérieures, plus brunes par rapport aux autres, sont légèrement effleurées d'un rouge de rouille et leurs tuyaux sont plus clairs ».

« Ex. n° 11.275, très ressemblant au précédent, principalement en ce qui concerne la couleur définitive de la queue ; mais il diffère de celui-ci en ce que le thorax n'est pas aussi uniforme, et les bordures blanchâtres de son habit de jeunesse sont encore bien conservées. Les bordures latérales des plumes du thorax ont ici pareillement une couleur foncée brun de rouille, mais assez passées cependant et s'aperçoivent par là moins bien. »

Ex. N° 11276. Oiseau très intéressant, dit M. Pleske, et ayant déjà attiré l'attention de M. N.-M. Przewalski. « Cet exemplaire est dans sa livrée de couleur passée de printemps, de là la couleur noire du bouclier pectoral peu vive. Par contre s'étale partout, parmi les plumes noirâtres de la gorge et de la poitrine, sur les paupières et des deux côtés du lorum, un coloris clair rouge isabelle. Les plumes caudales sont colorées d'un rouge de rouille moins vif que chez les exemplaires précédents, elles montrent cependant encore des traces de cette couleur, qui s'annonce surtout comme bordure rouge de rouille vif aux barbes extérieures des rectrices. Outre cela, on remarque aux barbes internes de toutes les plumes rectrices, à l'exception des deux du milieu, un ton de couleur de rouille rouge plus ou moins intense. »

« Ex. N° 11277 est de nouveau presque revenu au type *Merula atrigularis*, tandis qu'il n'y a que sur les barbes extérieures de la partie basaltique de quelques plumes rectrices de petites bordures de couleur de rouille rouge, et les tiges des deux plumes rectrices extrêmes de chaque côté paraissent plus claires que chez les autres, une faible trace de couleur de rouille se reconnaît facilement à leurs barbes intérieures. »

« Ex. N° 11278 est un jeune Oiseau qui possède seulement dans la partie interne des barbes des rectrices une couleur rouge de rouille assez intense. Hors cela, les tiges de quelques-unes des rectrices sont entièrement claires ou en partie. »

Le sexe de tous ces Oiseaux est le sexe mâle, sauf le n° 11278, qui est femelle ; M. Pleske a dressé un tableau comparatif de leurs dimensions (1).

_____

(1) Voir pour ces descriptions et renseignements le mémoire de M. Pleske, p. 11 à p. 14. La traduction qui nous a été faite n'est certainement point parfaite, et peut-être s'y est-il glissé quelques erreurs. Cette réflexion peut, sans doute, s'appliquer à plusieurs autres traductions.

En outre, M. Pleske a fait connaître les endroits où M. Przewalski a découvert les huit derniers numéros, c'est-à-dire les hybrides se rapprochant du type *Merula atrigularis*. « Trois de ces exemplaires furent observés probablement en même temps que cette forme pendant le voyage de Lob-nor dans le Tjan-Schan, auprès du Lob-nor et dans le Altyn-Tagh. Une pièce fut tirée en mars 1884, près du village de Bamba, dans la province de Gaussu, et dans le commencement d'octobre de la même année on rencontra dans le Zaidan méridional quelques exemplaires, soit isolés, soit par paires ». Quatre de ce nombre, et qui se trouvent dans la collection, ont été reconnus hybrides; par conséquent, dit-il, il faut admettre que M. Przewalski a rencontré toute une couvée d'hybrides. »

L'éminent conservateur du Musée de l'Académie de St-Pétersbourg fait, en outre, au sujet de ces croisements présumés, les réflexions suivantes :

Si l'on admet qu'un hybride 1/2 sang se croise avec un exemplaire typique, et que ses descendants s'accouplent de nouveau avec des exemplaires typiques de la même espèce, il ne restera plus à la fin que de faibles traces de la descendance des deux espèces ; à la quatrième génération, par exemple, il ne reste plus que 1/16 de sang de l'une des espèces mères. De là vient, ajoute-t-il, que beaucoup d'exemplaires de la même origine se ressemblent extrêmement, tandis qu'ils portent à peine quelques traces de la couleur de l'autre espèce (1).

Ici nous prions le lecteur de bien vouloir se reporter aux remarques que nous avons déjà présentées à l'article des Mésanges *C. Pleskei × C. cyanus* (p. 310). Nous ne pensons point que l'on puisse toujours déterminer (par les caractères de coloration et de la forme) l'origine des hybrides. Le croisement de deux espèces pures donne quelquefois, nous l'avons dit, des produits presque en tout ressemblant à une seule des deux espèces, en sorte que l'on pourrait supposer que ces produits proviennent d'un mélange d'hybrides déjà en train de faire retour à l'un des ancêtres, ce qui n'est pas. Nous pouvons rappeler l'exemple déjà cité de deux hybrides demi-sang *Fring. canaria* dom. × *Card. elegans* dont la coloration et la forme ne rappellent presque en rien celles de cette dernière espèce.

Dans son important mémoire, M. Th. Pleske disait (2) que le Dr Dybowski avait déjà (probablement pour la première fois) appelé

(1) *Op. cit.*, p. 9.
(2) *Voy.* p. 10 et 11.

l'attention sur le changement de forme entre *Merula ruficollis* et
M. atrigularis et que celui-ci considérait une partie de ces exemplaires comme étant des hybrides (à cause de leurs marques mélangées reconnaissables), tandis qu'il prenait les autres pour une
espèce qu'il a nommée *Turdus hyemalis*.

Le savant académicien ajoutait que de pareils exemplaires furent
trouvés plus tard en Chine par l'abbé David, et à Gilgit par le
major Biddulph.

Dans les « Stray Feathers » (1) le major Biddulph constate, chez
plus de trente spécimens *ruficollis* chinois qu'il possède (2), une
coloration qui ne lui paraît point régulière (3).

(1) IX, n°s 5 et 6, pp. 318 et 319, septembre 1881 (*Reprinted from the Ibis*).

(2) Origine : Anam, Munipar, Sikline, le Bhutan, Duars, etc.

(3) « Je ne puis comprendre comment il se fait, dit l'officier anglais, que dans
aucun de ces trente spécimens, ni la gorge ni la poitrine ne soient brun van Dyck
foncé avec une couleur ferrugineuse et les étroites bordures ferrugineuses aux
bouts des plumes; pas un seul ne possède une gorge foncée uniforme. Dans les
vieux mâles adultes, le menton, la gorge et la poitrine sont tout à fait d'un roux
uniforme rouille, plus vif dans quelques spécimens et d'une teinte brune plus
claire chez les autres. Chez quelques jeunes mâles, il existe de chaque côté de la
gorge une seule raie étroite mal définie de petites taches sombres. Cependant chez
ceux qui sont moins âgés ces raies sont plus larges et plus visibles. Les plus jeunes
Oiseaux sont semblables aux femelles (le Major doute toutefois que les jeunes
mâles aient toujours des taches sombres sur la poitrine). Les femelles adultes ont le
centre de la gorge nuancé crème ou blanc roux, tacheté de roux de rouille, et les
lignes maxillaires sont bien marquées, presque noires, dans beaucoup de spécimens,
et se continuent derrière les couvertures de l'oreille qu'elles entourent. La poitrine est
d'un roux de rouille plus sombre que dans les mâles ; les plumes sont plus ou
moins frangées de nuance crème ou blanc chamois, et la poitrine est plus ou moins
fortement pointillée de taches brun noirâtre en forme de flèche. Dans les plus
jeunes femelles, encore, le roux de la poitrine est très faible et mélangé avec le brun
cendré de la surface supérieure. Les taches rousses sur la gorge manquent presque
complètement, et les taches plus sombres sur la poitrine sont plus ou moins fanées.
Quant à la queue, on ne peut supposer qu'elle soit tout entière d'un roux pur,
même dans les mâles les plus âgés les deux lames des plumes du centre sur la
longueur d'un pouce sont brun cendré aux bouts, et sur les trois ou quatre paires
de plumes voisines, il existe une plus ou moins grande quantité de cette couleur, au
moins sur les lames extérieures vers les bouts. Quelques mâles tout à fait adultes
ont les deux plumes du centre entièrement brun cendré. Dans beaucoup de jeunes
Oiseaux toutes les lames extérieures de toutes les plumes de la queue, excepté les
deux ou trois extérieures tout à fait à leur base, sont de ce même brun ; mais à
tous les âges les lames intérieures des plumes extérieures de la queue sont d'un
roux généralement pur, quelquefois un peu ombrées de brun cendré et, quand les
Oiseaux sont un peu plus vieux, la totalité des lames intérieures des plumes latérales de la queue dans les mâles deviennent d'un beau roux rouillé pur. Dans les
femelles une certaine quantité de brun cendré semble toujours rester, même sur
les lames intérieures des plumes latérales de la queue vers les bouts. »

L'année suivante dans la même revue indienne (1) et dans le journal ornithologique anglais « l'Ibis » (2), le major, après avoir comparé avec un grand nombre de spécimens du Musée britannique et d'autres collections, le spécimen, classé comme *ruficollis* dans sa précédente publication (3), pense que cette pièce ne peut conserver cette dénomination, les marques étant essentiellement les mêmes que celles de *T. ruficollis* et de *T. atrogularis*, à l'exception de la couleur de la poitrine et de la queue. Cette dernière partie est rousse, à peine aussi brillante que dans les spécimens du type *T. ruficollis*, mais beaucoup plus brillante que chez les exemplaires *T. atrogularis*; la poitrine est d'un beau brun van Dyck foncé, beaucoup plus sombre que chez *T. ruficollis*, que l'on distingue aisément de celle de *T. atrogularis*. Ce serait en définitive un spécimen *T. hyemalis* (Dybowski) que le major abandonne toutefois à l'appréciation de M. Seebohm, afin que celui-ci le range à son choix ou dans la classe des hybrides ou bien dans celle des espèces pures (4).

Est-ce parmi les trente spécimens à coloration difficile à expliquer que M. Pleske a vu des hybrides, ou plutôt a-t-il constaté l'hybridisme seulement dans le dernier exemplaire que n'a pu classer le major, nous l'ignorons.

De même dans les Oiseaux de la Chine (5) nous ne voyons aucune mention concernant les croisements de *T. ruficollis* et de *T. atrigularis*, dernière espèce que les auteurs ne mentionnent même pas. Nous lisons seulement (6) que M. l'abbé David possède un mâle adulte de *T. ruficollis* dans lequel, « par un phénomène de mélanisme analogue à ceux que l'on observe également dans le *T. Naumanni*, les teintes rousses du cou et de la poitrine sont remplacées par du noir, la queue et le dessus des ailes conservant la même couleur rousse que dans l'Oiseau normal. C'est peut-être dans cet exemplaire que M. Pleske croit reconnaître l'hybridisme?

Cependant, le savant missionnaire, que nous avons consulté, n'ayant jamais rencontré le *T. atrogularis* en Chine ne pense point

(1) X, nº 4, pp. 262 et 263, juillet 1882. *Furter notes on the Birds of Gilgit.*

(2) Ibis, p. 271, 1882.

(3) Ibis, p. 53, 1881.

(4) La collection de M. Seebohm contient un spécimen semblable provenant du lac Baïkal et un autre ayant encore été tué par le major dans le Yarkand, Mais M. Seebohm ne fait allusion à aucun hybride dans son *Catalogue of Birds of British Museum.*

(5) *Les Oiseaux de la Chine*, par l'abbé Armand David, correspondant de l'Institut, et F. Oustalet, docteur ès-sciences, avec atlas, p. 157, Paris, C. Masson, 1877.

(6) P. 157.

avec raison que le cas de mélanisme du *ruficollis* qu'il cite puisse être pris pour une marque certaine de croisement avec *atrigularis*. Néanmoins, il avoue qu'il conserve quelques doutes à cet égard ; et il admet que les ornithologistes qui ont en main d'abondants éléments de comparaison puissent trouver les deux formes typiques passant facilement de l'une à l'autre « ces formes, en définitive, n'étant peut être que des manières d'être de races géographiques d'une seule et même espèce. »

M. Taczanowski, en rendant compte des recherches ornithologiques du Dr Dybowski dans l'Est de la Sibérie (1), dit « que le *T. ruficollis* montre de nombreuses variétés de couleur ; ces couleurs ne sauraient être attribuées ni à l'âge ni aux saisons, car à toute époque on trouve les variétés les plus distinctes. Ces distinctions ne se remarquent en général et pour la plus grande partie que sur l'écusson de la poitrine. Celle-ci est chez quelques Oiseaux mâles d'un brillant jaune de rouille dans tout son contour, sans une seule trace de taches ou d'autres changements ; d'autres individus, au contraire, ont sur chaque côté de la gorge de petits traits formés par un assemblage de petites taches noires. D'autres sont plus ou moins distinctement tachetés au cou ; les uns possèdent cette parure seulement sur la poitrine supérieure, d'autres l'ont sur l'écusson entier de la poitrine et d'une manière plus ou moins visible. Les plumes jaunes de rouille sont encadrées chez quelques individus par une bandelette blanche, ce qui fait paraître toute la partie supérieure plus ou moins écaillée ; chez quelques individus cet encadrement est tellement grand que le fond rouge de rouille disparaît presque devant la couleur claire avec ses différentes taches. La couleur du fond rouille rougeâtre de l'écusson de la poitrine est plus blême chez quelques individus, chez d'autres plus ou moins foncée, la couleur du trait de l'œil y est analogue aussi, chez quelques-uns elle est partout couleur de chocolat. Il y a des exemplaires qui, sur un fond clair ou foncé, possèdent des taches brunes en forme de nuages, assombrissant le fond plus ou moins fortement. Chez quelques mâles, le devant du corps est également plus ou moins ressemblant à celui des femelles, c'est-à-dire clair tacheté de cette teinte foncé qui se présente de différentes façons. De tels mâles sont probablement de jeunes Oiseaux... »

« Parmi les nombreuses variétés, la plus intéressante de toutes

(1) Journal für Ornithologie, III, Heft. VII, p. 437 à p. 440, novembre 1872. L'article est intitulé : *Bericht über die ornithologischen Undersuchungen in Ost-Siberien des dr Dybowski* von T. Taczanowski.

est un exemplaire mâle avec le devant du corps comme chez l'Oiseau typique du *T. fuscatus*. Il a une gorge d'un clair jaunâtre, une large bande en forme d'arc ; le manteau entier, les côtés et la queue sont au contraire comme à l'ordinaire. Les femelles ne montrent pas moins de variétés, soit par la couleur du fond, soit par celle des taches ; cependant ces variétés ne sont pas groupées comme chez les mâles... Un jeune Oiseau, recouvert de son dernier? habit, tué dans les monts de Chamardaban, le 15 juillet 1870, ressemble au petit du *T. pilaris*, seulement la queue est jaune de rouille, à part les deux rectrices médianes qui sont olivâtres. Quant aux autres, la partie externe de la bordure est couleur olive et l'extrémité brune. La couleur principale du dos est gris olivâtre, mais sans taches de rouille, seulement tachetée de blanc comme chez *T. pilaris*. Les taches toutefois sont plus courtes, plus larges et comme faites au pinceau. Des taches analogues se retrou· vent sur les couvertures des ailes. La partie inférieure des côtés du corps est comme chez la jeune Grive. »

Enfin, dit toujours M. Taczanowski (1), « le dr Dybowski considère la variété avec l'écusson foncé en forme de nuage comme une espèce ou race distincte sous le nom de *T. hyemalis* en faisant remarquer ce qui suit : cette espèce vient ici en hiver et séjourne durant cette saison sur les bords des ruisseaux et des sources, où elle se nourrit en abondance de larves de Diptères et de Névroptères ; au milieu d'avril elle s'envole. Par contre, le Dr Dybowski et le Dr Cabanis considèrent comme hybrides les variétés qui se distinguent des Oiseaux typiques, et cela par la queue, qui est à sa partie supérieure brun foncé, même presque noire, par le dessous de la gorge, le devant du cou et la raie des yeux (*augenstreif*) presque noirs, comme le spécimen cité plus haut et qui a une bande (ou raie) analogue à celle de *T. fuscatus*.

Des renseignements qui nous ont été fournis, il paraît ressortir que les exemplaires obtenus par M. Dybowski près du lac Baïkal se trouvent au Musée de Berlin. Or, plusieurs d'entre eux se rapporteraient : les uns au croisement du *Turdus fuscatus* avec le *T. Naumannii*, les autres, au contraire, au croisement du *Turdus ruficollis* et du *T. atrogularis*. C'est du moins la communication que nous a faite M. le Dr Reichenow et M. Paul Matschie. On trouve une indication de ce genre dans l'ouvrage de M. Seebohm (2). « Le plus proche allié du Black throated Ouzel (*T. atrigularis*), dit cet

(1) P. 439.
(2) *A History of British Birds*, I, p. 251.

auteur, est indubitablement le Red throated Onzel (*T. ruficollis*) ; les espèces sont si *proches parentes* qu'il y a des raisons de croire qu'elles se croisent ; dans le Muséum de Berlin, il existe une série complète de formes intermédiaires, de l'une à l'autre forme, montrant les deux extrêmes, toutes collectionnées par M. Dybowski sur les rivages méridionaux du lac Baïkal, en avril et mai. »

Il n'est pas sans intérêt de remarquer que *T. ruficollis* se rapproche aussi de très près de *T. Naumanni* ; les deux espèces n'ont même pas toujours été distinguées l'une de l'autre ; M. Radde (1), si l'on en croit M. Severtzow (2), les aurait confondues.

Les produits du *T. ruficollis* × *Naumanni* seraient donc sans doute faciles à confondre avec les hybrides *T. atrigularis* × *Naumanni* si de tels hybrides venaient à se produire.

Les explications données par le major Biddulph nous ont paru assez confuses ; celles de M. Taczanowski ne nous ont pas paru absolument précises ; cela vient sans doute de ce que nous ne connaissons point d'une façon suffisante les types purs. Du reste, lorsque deux espèces sont aussi voisines que le sont *T. atrigularis* et *T. ruficollis* et que ces espèces sont sujettes à des variations, il serait peut-être utile, pour déclarer sûrement hybrides les individus à coloration mélangée, de constater *de visu* les croisements des espèces pures ? Nous avons vu dans le laboratoire de M. Oustalet un jeune *ruficollis* rapporté des voyages du prince Henri d'Orléans

(1) *Reis in Sud von Ost. Sib.*, VIII.

(2) *Extrait des Notes de Dresser sur la Faune du Turkestan*, par Severtzow, Ibis, n° 104, p. 334, 1875.

Le seul caractère qui apparaît constant à tous les âges, d'après Seebohm, *Catalogue of the Birds on the British Museum*, v. p. 270, 1888, est la couleur « *of the underparts below the breast.* » Les *T. Naumanni* sont toujours « *more or less marked with chesnut whilst they are never so in M. ruficollis.* » Pour M. l'abbé David, *Oiseaux de la Chine*, p. 136, le *T. ruficollis*, c'est-à-dire la Grive à col roux, se distingue de la Grive de Naumann par la teinte cendrée de ses parties inférieures ; elle n'a pas, comme cette dernière, les flancs lavés d'une teinte rousse. D'après Severtzow (cité par Dresser), *T. ruficollis* a toujours les flancs gris, *T. Naumannii* les a marqués de brunâtre ou de roux, et dans les vieux mâles les flancs sont roux comme la gorge qui, « *connecting with the entire flanks* », forme une surface continue colorée de roux sur la gorge, la poitrine et les côtes, tandis que chez *T. ruficollis*, la gorge, et une plaque circulaire couvrant la poitrine au-dessus, sont rousses. M. Dresser ajoute à ces remarques que dans *T. Naumannii* les lames intérieures des tuyaux des plumes sont roux pâle, jusqu'à presque les deux tiers de leur longueur de la base, tandis que, même dans de très vieux exemplaires de *T. ruficollis*, les lames intérieures sont seulement très faiblement teintées de chamois roux pâle vers la base des plumes.

Le jeune *ruficollis* a la gorge tachetée comme le jeune *atrigularis* ; à l'âge adulte ils sont cependant bien distincts (Oustalet).

et de M. Bonvalot. Ce jeune *ruficollis*, par sa coloration noir brun sous la gorge, présente des caractères réellement intermédiaires entre les deux types. C'est probablement une phase pendant laquelle le jeune *T. ruficollis*, en train de se transformer, revêt momentanément des caractères propres aux deux espèces. Lorsque la gorge prend le ton rouge de rouille qui caractérise l'adulte, il reste nécessairement quelques plumes noires du jeune âge, mélange qui laisse croire à un croisement du *T. ruficollis* avec le *T. atrigularis* dont la gorge est noire. Dans un croisement réel, le produit serait de l'aspect de ce jeune individu dans la phase qu'on vient de décrire. On se rappelle qu'E. Blyth suspectait fortement *T. atrigularis* et *T. ruficollis* de n'être que deux phases parallèles *(two parallel phases)*, « plusieurs exemplaires du premier type ayant, notamment, la queue plus ou moins rousse comme cela se produit chez le dernier (1). » Nous avons vu aussi que M. l'abbé David admet que ces deux formes soient des manières d'être de races géographiques d'une seule et même espèce.

Turtus fuscatus (2) et Turdus Naumanni (3)

Nous avons remarqué qu'entre *T. ruficollis* et *T. Naumanni* il existe des marques profondes de parenté ; il en existe aussi entre le *T. Naumanni* et le *T. fuscatus*. Cependant on aurait pu distinguer, parmi les exemplaires que le Dr Dybowski rapporta de son voyage au lac Baïkal, un hybride entre les deux types. M. le Dr Reichenow, du Musée de Berlin (où paraissent se trouver les Oiseaux du Dr Dybowski) nous a, en effet, fait savoir qu'il existe dans cette collection un indivividu auquel on peut attribuer cette origine. « Cet hybride *supposé*, nous écrit-il, ressemble en général par la couleur au *T. Naumanni*, seulement il a la poitrine mélangée de taches noires (une partie des plumes sont à la base d'un brun rouge, vers le bout elles sont noires et sur le bord blanchâtres). Le savant docteur nous prie du reste de nous reporter au texte de Taczanowski, « n'ayant point d'autres renseignements à nous communiquer sur ce spécimen. »

Des erreurs sans doute assez nombreuses se sont produites au sujet du *Turdus fuscatus* et du *Turdus Naumanni*. D'après le Dr

---

(1) Ibis, p. 355, 1868.
(2) Autres noms scientifiques : *Turdus obscurus, Turdus Naumannii, Cychloselys fuscatus, Turdus eunomus.*
(3) Ou *Turdus dubius*, ou encore *Turdus ruficollis.*

Sclater (1), M. Schrenck qui, paraît-il, se montre très réservé lorsqu'il s'agit d'admettre de nouvelles espèces, mentionne (2) la rencontre à Amoorland du vrai *T. Naumanni* de Temminck (*T. dubius*,
Naum. nec Bechst) et établit sa distinction du *T. fuscatus* de Pallas.
Mais M. Sclater fait aussi observer que le *T. fuscatus* a été représenté par M. Gould : comme *T. Naumanni* dans ses « *Oiseaux d'Europe* » (3), comme *T. fuscatus* dans ses *Oiseaux d'Asie* (4), et
comme *T. eunomus* par Temminck (5). Or, M. Sclater est porté à
croire que Gould a eu tort d'unir ces deux espèces. M. Tommasso
Salvadori reconnaît aussi avoir indiqué par erreur dans son catalogue des Oiseaux de Sardaigne un *T. fuscatus* sous le nom de
T. Naumanni ; le prof. Filippi aurait, au congrès des savants
italiens à Naples, désigné sous la même dénomination le même
individu ; mais le prince Bonaparte a montré qu'il ne s'agissait que
du *T. fuscatus* (6).

M. Seebohm remarque (7) qu'il existe une variation de couleur
très considérable dans la couleur des peaux du *T. fuscatus* qu'il
rapporta de Jen-e-say, spécialement dans la couleur montante noire
de la poitrine et la couleur rouge du plumage supérieur. Plusieurs
spécimens ont plus ou moins sur les plumes de la queue du rougeâtre les rapprochant de *T. Naumanni*. Celui-ci varie lui-même
beaucoup dans les couleurs de son plumage (8).

Taczanowski (Dybowski) en parlant des deux espèces (9) dit que,
d'après beaucoup d'ornithologistes, elles sont différentes d'aspect,
mais que cette différence réside dans la couleur qui est si chan-
geante et si variable qu'il n'est pas possible de se servir de ce
diagnostic pour poser des règles de différenciation certaines. Dans
beaucoup d'exemplaires, ajoute-t-il, c'est avec beaucoup de peine
qu'on a pu déterminer l'espèce à laquelle ils appartiennent. Aussi
doute-t-il de la différence spécifique appuyée seulement sur ces
simples bases.

M. l'abbé David (10) dit lui-même qu'en comparant de nombreux

(1) Ibis, p. 278, 1861.
(2) *Amur reise*, p. 253.
(3) II, p. 79.
(4) Part. IV.
(5) Pl. col 514.
(6) Voy. : *Fauna d'Italia*, par T. Salvadori, p. 85, 1874.
(7) Ibis, 1879.
(8) L'abbé David, *Op. cit.*, p. 154.
(9) *Bericht über ornithologische Untersuchungen.*
(10) *Op. cit.*, pp. 155 et 156.

spécimens de *T. fuscatus* et de *T. Naumanni*, il a pu remarquer
« des transitions presque insensibles entre ces deux espèces ou *ces
deux races* qui vivent côte à côte, dans les mêmes conditions, qui
ont les mêmes mœurs et le même cri d'appel. » Il croit pouvoir
cependant établir que « dans la plupart des cas, le *T. fuscatus* diffère
de *T. Naumanni* : 1º par une taille un peu plus faible ; 2º par la
couleur de la queue qui est noirâtre dans la plus grande partie de
son étendue ; 3º par les taches de ses parties inférieures qui sont
brunes et non pas rousses. » Il ajoute que les deux Oiseaux doivent
se croiser avec une grande facilité.

Le Musée d'Histoire naturelle de Paris conserve un assez grand
nombre d'exemplaires *T. ruficollis*, *T. atrigularis*, *T. fuscatus* (1) ;
on peut constater de très grandes variations de coloration chez les
individus d'un même type.

Si l'hybridité à l'état sauvage n'était affirmée que par les deux
derniers croisements que nous venons de citer, elle resterait,
pensons-nous, très problématique. Et du reste les quatre formes
que nous venons de nommer peuvent-elles être considérées comme
des espèces ; ne sont-elles point plutôt de simples races d'une
même souche ?

TURDUS MERULA (2) et TURDUS MUSICUS (3)

Depuis cinquante ans, on a cité dans les livres d'histoire naturelle
un certain nombre de faits concernant l'appariage de la Grive et du
Merle et la naissance de leurs produits. Cependant, la plupart de
ces exemples ont été critiqués, et l'existence des hybrides n'est
point suffisamment attestée.

M. Miller Christy, esq., de Priors Broomfield, a, paraît-il, dans un
mémoire très étendu, parlé d'un grand nombre de faits de ce genre.
Nous regrettons vivement de n'avoir pu lire son travail qui a été
publié dans les Transactions of Norfolk and Norwich Naturalist's
Society (4) ; malgré les demandes que nous avons faites successivement au président de cette Société, au secrétaire de la même
Société, à l'auteur lui-même, nous n'avons pu nous le procurer ;
notre libraire n'a pas été plus heureux. Les Transactions ne sont
point reçues à la Bibliothèque du Muséum d'Histoire naturelle, elles
ne sont point davantage envoyées à la Bibliothèque nationale, à la

(1) *T. Naumannii* n'est représenté que par trois exemplaires.
(2) Synonymie : *Sylvia merula, Merula merula.*
(3) Autres noms : *Turdus pilaris, Sylvia musica, Turdus philomelos.*
(4) *On the interbreeding of Blackbird and Thrush*, III, p. 588, 1884.

Sorbonne ou à la Société zoologique de France. Nous aimons cependant à croire qu'elles ne sont point la propriété exclusive des membres qui la rédigent et que quelques Sociétés correspondantes étrangères peuvent les consulter, satisfaction qui ne nous a point été accordée. Nous craignons donc d'être très incomplet, car M. Miller Christy aurait cité dix-huit cas (plus ou moins satisfaisants) de croisements entre le Merle et la Grive. Nous sommes loin d'arriver à ce chiffre, tout en ayant mis à contribution le « *Supplementary article* » (1) de l'auteur, que celui-ci a eu la gracieuseté de nous adresser.

Nous pensons que c'est Henry Berry, de Bootle, près Liverpool, qui a parlé, pour la première fois, du croisement de la Grive et du Merle; le fait qu'il cite dans le Magasin of Natural History (2) de 1834 et qui, deux ans plus tard, a été rappelé dans la même revue (3), est devenu en quelque sorte classique. On le trouve rapporté dans une quantité d'ouvrages (4). M. H. Berry raconte que dans le jardin de James Hankin (5), jardin situé à Orniskisk, dans le Lancashire, une Grive et un Merle s'accouplèrent et que pendant deux années successives, ces Oiseaux élevèrent des jeunes qui avaient bien les caractères d'hybrides ; ce fait, dit Henry Berry, était connu de bon nombre de personnes. »

Macgillivray, quelques années plus tard, rapporte un exemple du même genre, d'après une communication qui lui fut faite par M. Weir.

M. Russel de Moss-Nide, voisin de campagne de ce dernier, et son frère, firent savoir à M. Weir que, vers la fin de l'hiver de 1836, un Merle mâle et une Grive femelle, après avoir pris *par hasard* leur nourriture ensemble, s'attachèrent l'un à l'autre au commencement du printemps et finirent par s'unir. Après une assez longue délibération, le couple se résolut à construire un nid. M. Russel ne vit pas leurs œufs, car lorsque le nid fut découvert, il contenait déjà quatre petits. Ces jeunes Oiseaux étaient alors presque en état de voler, lorsqu'un dimanche, dans l'après-midi du 3 juillet, durant les heures du service divin, ils furent enlevés

---

(1) Mêmes Transactions, IV, pp. 528 et suiv., 1888.

(2) VII, nos 57 à 44, pp 598 et 599, London. 1834.

(3) Nos 57-64, p. 616, 1836.

(4) *Histoire naturelle générale des Règnes organiques*, III, p. 182, par J. Geoffroy-Saint-Hilaire ; prof. Newton, in *garrell' British Birds*, I, p. 282, 4e édit.. Gürney, in Zoologist VII, n° 78, p. 226, 1883; the Field, p. 589, n° du 19 avril 1890; . M. Christy in Norfolk ad Norwich Naturalist Society, III, p. 88, 1884, cit in the Zoologist., VIII. n° 88, p. 146, avril 1884, peut-être aussi in The American Journal of Science and arts, 1re série, vol. III, p. 203, mai 1884 ?

(5) *A nursery-mans* (un pépiniériste).

par de jeunes dénicheurs de nids, malgré toutes les précautions que l'on avait prises pour les conserver.

En avril 1850, M. Robert M. Austin faisait connaître à M. Thompson le fait suivant dont il fut le propre témoin : « A Waterloo Cottage, un mille d'Ayr, une femelle *T. musicus* et un mâle *T. merula* s'apparièrent pendant l'été de 1849, bâtirent un nid dans un petit arbrisseau, et donnèrent trois jeunes en juin, lesquels étaient *parti-coloured, having some black spots, the size of a six pence, on their breasts* ». Les cris (notes) de ces jeunes Oiseaux étaient souvent entendus et différaient de ceux du Merle et de ceux de la Grive en étant plus détachés. On constate que les parents avaient nourri et accompagné leurs jeunes. » L'attention de M. Austin fut appelée sur ce fait par le rév. W. M. Ilwaine, de Belfast, qui était venu rendre une visite à un ami en cet endroit (1).

« Pendant le printemps de 1853, on trouva dans un laurier un nid de Grive sur lequel une Grive (supposée femelle) couvait assidûment. Elle était nourrie par un Merle mâle, on ne vit aucun Merle de l'autre sexe. Les petits furent élevés. Lorsqu'ils eurent quitté le nid, la Grive se mit à chanter et attira un autre compagnon, mais de sa propre espèce ; elle éleva encore deux couvées dans le même jardin pendant ce même printemps. Le Merle ♂ et sa compagne perdirent tant de temps par ces procédés de la part du premier (2), qu'ils furent très troublés durant toute la saison. Pour élever leur première couvée ils prirent possession d'un vieux nid de Grive de l'an passé.

Leur second nid était également très pauvrement construit et le troisième encore plus mal. Le dernier ne contenait que deux œufs dont un seulement vint à éclosion (3).

---

(1) *Natural History of Ireland.* III (Appendix), p. 456. Nous n'avons pu nous procurer cet ouvrage, il est cité par M. Robert Miller Christy, in Zoologist, IX, n° 98. p. 69, Février 1885. M. Christy doit cette indication à M. J. H. Gurney, jun. de Keswick Hall, Norwich. Il avait omis, paraît-il, de parler de ce fait dans son premier mémoire sur « *The interbreeding of Blackbird and Trush* » que nous nous n'avons pu, nous l'avons dit, consulter.

(2) Nous avouons que nous ne comprenons point bien ce que cela veut dire, voici le texte : « *The cock Blackbird and his mate lost so much time by these proceedings on the part of the former...* »

(3) Nous trouvons ce récit dans *On the interbreeding of Blackbird and Trush, Supplementary article* by Miller Christy esq., que celui-ci a eu la complaisance de nous envoyer. Il a été donné par M. Edwards Newman in Zoologist, XVII, p. 6722, 1859, revue que nous n'avons point consultée. M. Miller Christy remarque à ce sujet que le récit de ces faits, donné par M. Edward Newman, n'est point à proprement parler un cas de croisement, quoique s'y rapportant.

Le Rév. J.-C. Atkison rapporte qu'en 1859 il vit un Merle s'envoler d'une haie où un nid typique de Merle garni d'herbes fut observé par le révérend. Ce nid contenait quatre œufs également typiques mais incontestablement de Grive (1).

En novembre 1861, M. le Dr Thomasso Salvadori acheta à Florence un Oiseau vivant ayant l'apparence d'une Grive (*Thrush*) et dont la taille, la couleur du bec, les pattes, les pieds et les parties supérieurs étaient tout à fait semblables à la Song Thrus (*Turdus musicus*). Les parties inférieures étaient presque noires, excepté le bord de chaque plume, qui était d'une couleur claire; cette Grive avait autour du cou un collier étroit de plumes d'un blanc jaunâtre, sur le ventre étaient deux ou trois plumes blanches tachetées de noir comme celles de la Song Trush; les plumes sous la queue étaient tout à fait blanches. Peu de temps après l'avoir acheté, M. Salvadori constata que le cercle jaunâtre avait disparu. En juillet 1863, l'Oiseau commença à changer de plumes dans les parties inférieures; et en septembre il ressemblait déjà de très près à la Song Thrush, gardant seulement quelques plumes noires sur la poitrine qui, bientôt, disparurent. M. Salvadori attendait d'autres changements, quand, au commencement d'octobre, l'Oiseau s'échappa. Au printemps il ne chantait pas, son *zit* était semblable à celui de la Song Thrush M. Salvadori a supposé que c'était un croisement entre la Song Thrush et le Black-bird (*Turdus merula* (2).

Le Rév. J.-C. Atkison trouva, en avril 1875, dans son jardin, un nid typique de Merle garni d'herbes. Ce nid était bâti dans un lierre garnissant un mur. L'attention du révérend avait été attirée vers ce nid par les gestes d'un Oiseau de l'espèce Merle. Trois œufs de Grive y avaient cependant été pondus et étaient en effet couvés par une Grive. Ce fait est rapporté par M. Christy dans son *Supplementary article*.

En 1885, M. J.-H. Mayes, de Streatham, exposait sous le n° 1214 « un hybride de Blackbird et de Thrush. » Il nous a été impossible d'avoir des renseignements sur ce spécimen.

Le 22 mai 1888, M. F. W. Frohawk dit (3) avoir trouvé sur le bout d'une branche basse d'un If un nid d'où un Merle se leva faisant entendre son cri d'alarme. En regardant dans le nid, M. F. W. Frohawk fut surpris de voir qu'il contenait deux œufs en toute apparence d'une Grive, car ils ne différaient aucune-

(1) The Zoologist, XVII, p. 6564, cité également par M. Miller Christy dans son « *Supplementary article* ».
(2) Ce récit a été fait par le comte lui-même dans le journal ornithologique anglais, l'Ibis, de 1863 (*Letters, Extracts from Correspondance, Notes*, etc., p. 237).
(3) In the Field, cité encore par M. Miller Christy (supplementary article).

nement de ceux de cette espèce. Le nid était entièrement composé d'herbes fines et communes, racines, petites branches et mousse, avec un essai de garniture boueuse d'un seul côté.

M. F. W. Frohawk pense qu'on ne peut supposer que les œufs avaient été déposés à dessein dans ce nid qui était placé loin de tout passage fréquenté. Le 6 juin, le même observateur avait trouvé un nid de Merle avec un œuf sans marque et de couleur légèrement bleu clair. Cette variété d'œuf, remarque-t-il, déjà mentionnée par M. Saunders (1), pourrait être le résultat d'un croisement entre un Merle et une Grive.

Il existe au British Museum un Oiseau que l'on suppose être le produit des deux espèces. Cette pièce obtenue à l'état sauvage, dans les environs de Londres, pensons-nous, avait été présentée par M. Bartlett. Celui-ci veut bien nous faire savoir qu'elle avait été examinée non seulement par lui, mais aussi par M. Edward Blyt et d'autres ornithologistes qui l'avaient déterminée comme un hybride entre les deux espèces désignées (2). M. Gurney, en parlant de cette pièce (3), dit aussi que les parties claires de son plumage sont bien définies.

En 1890, à l'exposition du Cristal Palace, M. G.-W. Hill, de Londres, montrait un hybride du même genre qui, nous dit-il, fut pris avec quatre autres jeunes dans un nid trouvé dans les New Forests à Hamsphire. Cet Oiseau fut le seul qu'on réussit à élever. M. G.-W. Hill n'a pu savoir ce qu'il était devenu. Le Zoologist de mars 1892 mentionne un nouveau spécimen qu'on croit hybride.

M. l'abbé Bruienne, de Liège (Belgique), nous a parlé d'un croisement de Grive et de Merle qui se serait produit en pleine liberté dans un petit bois de Tilleuls. On aurait vu les parents nourrir la nichée, mais cet ecclésiastique n'a pu nous donner de renseignements précis sur les jeunes.

Pendant l'année 1889, il y eut dans le jardin de M. Mark Maunsell, esq., situé à Oakley Park (Celbridge, co. Kildare), un véritable fléau de Merles. Le propriétaire, devant s'absenter, détruisit avec son jardinier tous les nids qu'il put trouver. En rentrant chez lui il eut l'occasion de voir un Oiseau qu'il prit pour une Grive, et qui couvait assidûment dans un buisson. M. Maunsell apprit alors par son jardinier qu'un Merle nourrissait cet Oiseau et quatre jeunes, ce qui dura jusqu'à ce que ceux-ci s'envolassent du nid.

(1) *Manual of British Birds*.
(2) Nous ne nous rappelons pas l'avoir vue figurer dans le *Catalogue of Birds of British Museum*.
(3) In the Zoologist, VII, n° 78, p. 136, juin 1883.

Le jeudi (17 avril ?) 1890, le jardinier appela l'attention de son maître sur un Merle et *apparemment* une Grive qui occupaient le même buisson, situé à vingt mètres environ du fumoir du gentleman, et où, l'année précédente, les deux Oiseaux avaient déjà construit leur nid. Leurs mouvements dénotaient qu'ils étaient appariés. Au moment où ces lignes paraissaient (1), M. Maunsell se proposait de surveiller très attentivement le résultat de cet appariage.

M. Maunsell a bien voulu nous écrire depuis que le nid avait été dérobé, comme il l'avait été déjà l'année précédente, en sorte qu'on ne sait si les nids avaient été construits à la manière du Merle ou comme le fait la Grive. M. Maunsell n'a jamais vu les jeunes Oiseaux lui-même, il ignore même si en 1890 les parents ont reproduit; ce qu'il a fait connaître dans le Field a été écrit d'après le dire de son jardinier, qu'il croit du reste digne de confiance, l'ayant à son service depuis plusieurs années.

Enfin, tout dernièrement, M. J. C. Wheeler faisait savoir (2) que dans les pépinières de Kingsholm (*Kingsholm nurseries*) dans un buisson, haut de quatre pieds environ, on avait trouvé un nid sur lequel se tenait généralement un Merle, mais où une Grive venait aussi couver à son tour lorsque celui-ci quittait le nid, sans doute intentionnellement. Ceci dura quelques jours, mais la Grive finit par abandonner le nid, et laissa le Merle seul couver à son aise. Le nid contenait six œufs, dont quatre œufs de Merle et seulement deux de Grive.

Il ne peut être évidemment question ici d'un appariage d'un Merle ♂ et d'une Grive ♀, ou *vice-versa*, il s'agit d'un Merle ♀ et d'une Grive du même sexe qui, toutes deux, avaient pondu dans un même nid, particularité qui n'est pas absolument rare chez certains Oiseaux (3).

En est-il de même pour les autres faits qui ont été cités? Cela paraît assurément possible pour plusieurs, sinon pour beaucoup d'entre eux.

Parmi les exemples dont parle M. Miller Christy, dans son « *Supplementary article* », certains faits nous paraissent rentrer dans cette catégorie. Ainsi, en avril 1886, d'après M. Philippe H. Hardfield, de Moraston House, près de Ruue (Herefordshire), un

---

(1) Field, p. 587, 19 avril 1890.
(2) In Field, p. 675, 9 mai 1891.
(3) M. le Dr Paul Leverkühn a dû mentionner des exemples de ce genre dans un ouvrage important : *Freunde eier in Nest, Ein Beitrag zur Biologie der Vögel* on Paul Leverkühn, Berlin, Londres, Paris, etc., 1891.

Merle et une Grive prirent possession d'un même nid où ils pondirent l'un et l'autre. Il y eut trois œufs de Grive et trois œufs de merle. Par accident les œufs furent détruits en grande partie, il ne resta plus qu'un œuf de Merle et un œuf de Grive, lesquels furent couvés quelque temps encore par le Merle, puis furent abandonnés (1).

En avril 1887, M. F. R. Fitzgerald trouva dans un buisson de Houx sur la Savage Farm, à Harrogate, un nid typique de Grive contenant quatre œufs de Merle et d'où un Merle s'envola en effet. Un voisin informa celui-ci qu'un de ses fils avait, l'année précédente, rencontré un exemple semblable près du même endroit. Un fait de ce genre a encore été signalé à Nidderdale (2).

Les deux exemples dont a parlé le rév. J. C. Atkison ne nous semblent point être non plus de véritables croisements, mais plutôt rentrer dans cet ordre de faits.

De nombreuses objections se sont du reste produites sur ces croisements présumés. M. J. H. Gurney (3), un connaisseur émérite en fait d'hybrides, « ne croit que faiblement aux hybrides de la Grive et du Merle » et pense qu'en beaucoup de cas les mélanismes partiels dans la Grive ont été pris pour des hybrides. » Il cite l'exemple « d'une Grive qui devint presque noire en captivité, à ce point que le possesseur pensa que, pendant une absence qu'il fit de chez lui, on avait changé son Oiseau; cependant, avec une nourriture convenable, cette Grive reprit sa couleur ordinaire. » M. Gurney a vu aussi « un Merle, tué à Reigats, et qui portait de larges plaques brunes, marquées d'une manière très singulière (4). Un Merle ♂, dit-il, peut parfois conserver les marques de la première livrée jusqu'au printemps qui suit sa naissance, ainsi pourrait-on supposer qu'un Merle dans cet état fût un hybride ? »

La manière de voir de M. Gurney a été partagée par M. Cambridge Philipps, qui semble tout à fait disposé à douter des hybrides T. merula et T. musicus. Il voudrait, comme preuve de leur authenticité, autre chose que la simple couleur brune du Merle, par exemple les plumes tachetées de la poitrine et la queue plus courte de la Grive (5).

(1) Field, p. 570, 1er mai 1886 (cité par M. Miller Christy).

(2) Zoologist, p. 194, 1887 (cité par M. Miller Christy).

(3) Voy. Zoologist, VII, n° 78, p, 256, juin 1883, et n° 79, p. 301, juillet de la même année.

(4) Le brun n'était cependant pas le brun mélangé de la Grive.

(5) The Zoologist, VII, n° 79, p. 301. Juillet 1883.

Le rév. Macpherson a fait les mêmes réserves que ces derniers (1) et a déclaré n'avoir jamais trouvé un hybride de telle sorte, ni vu quelqu'un qui en ait obtenu.

Si nous en jugeons par les critiques de son « *Supplementary article* », M. Miller Christy a sans doute, dans son premier mémoire, critiqué également beaucoup des faits cités par lui. Dans l'exemple relaté par Thompson (celui qu'il avait omis de citer), il est encore incliné à penser que c'est un de ces cas dans lesquels une femelle Merle peut avoir été prise pour une Grive (2) ; chose bien possible, nous l'avouons, et qui probablement s'est réalisée dans plus d'un des exemples que nous avons rappelés.

M. Miller Christy fait la même remarque au sujet de l'appariage rapporté dans le Zoologist (3). Peu de personnes, sauf les ornithologistes de métier, dit-il, savent que la poule Merle n'est pas entièrement noire comme le mâle. Or, dans ce cas encore, une femelle *T. merula*, avec son plumage brun et sa poitrine tachetée, peut avoir donné lieu à une méprise ; le récit des faits n'est pas du reste concluant. Comme nous il pense que le cas cité par M. Fitzgerald (4), s'explique par la ponte d'un Merle ♀ dans un nid abandonné de Grive. Il cite à cette occasion l'exemple rapporté par M. T. O. Hall (5) de deux *T. merula* qu'on aperçut dans un nid où déjà une Grive avait pondu et qui continua à couver. M. Miller Christy a lui-même publié un livre où il fait connaître les résultats qu'il a obtenus en changeant de nid les œufs et les petits des différentes espèces (6). Il rappelle (7) qu'à Marly, il y a peu de temps, trois œufs de Merle, ayant été placés dans un nid de Grive, furent couvés avec succès par cette dernière.

Cependant il admet (quoique l'évidence soit bien faible) que, dans quelques cas, on peut supposer que des Merles et des Grives se soient croisés, et tout en critiquant beaucoup d'exemples, il croit qu'une certaine présomption existe en faveur de l'hybridisme dans certaines circonstances (8).

Depuis la publication de son travail, le rév. Macpherson semble

(1) The Zoologist VII. n° 80, p. 338. Août 1883. Remarquons cependant que MM. Gurney et Philipps et le rév. Macpherson écrivaient avant la publication du mémoire de M. Christy.

(2) Même revue, IX, n° 98, p. 69. Février 1885 (n° 99, p. 112, 1885?)

(3) XVIII, p. 6722, 1859.

(4) Zoologist, p. 194, 1887.

(5) Field, 10 juin 1876.

(6) Proceedings of the Essex Field Club, III, p. XCIV, 1883.

(7) D'après la « Essex County Chronicle » du 25 mai 1888.

(8) Cette opinion avait déjà été émise par lui dans le Zoologist, IX, 1885.

lui-même être revenu sur sa première opinion (1) et, tout en admettant que dans les exemples cités par l'auteur il y ait « plus de mythologie que d'histoire » il se sent porté à admettre la réalité d'hybrides entre le Merle et la Grive.

Pour notre part, et en attendant des faits mieux avérés, nous préférons ne point nous prononcer. De tels appariages toutefois ne devraient point nous surprendre, les Grives et les Merles sont dans les jardins l'objet de fréquentes poursuites, beaucoup de leurs couples se trouvent ainsi dépareillés. Les deux espèces ont aussi les mêmes mœurs, les mêmes habitudes et à peu près la même nidification (2).

Turdus Merula et Turdus torquatus (3)

Le rév. Macpherson cite (4) un Turdus fort intéressant que lui donna dernièrement M. Gurney pour le Musée de Carlisle. Si, dit le révérend, l'Oiseau est un hybride, et non une variété, il provient d'un croisement entre le Ring Ouzel *(T. torquatus)* et le Blackbird *(T. merula)*.

Le fait que les axillaires sont comme couleurs auxiliaires intermédiaires entre le Merle ordinaire et le Merle de montagne, semble pour le révérend, favoriser l'opinion d'une hybridation, « car dit-il, si c'était seulement une anomalie du Merle, les axillaires devraient être conformes à celles de cette espèce. » Le révérend ajoute dans une communication qu'il veut bien nous adresser, que M. Stevenson, qui était un naturaliste perspicace et auquel appartenait cet Oiseau tué dans le Norfolk, pensait qu'il était indubitablement un hybride entre les deux espèces mentionnées; cependant M. Gurney le considère comme une variété du *merula*. L'origine reste donc douteuse.

Turdus merula et Turdus viscivorus (5)

Un individu ♂ que M. Vallon croit provenir du *Turdus merula* et du *T. viscivorus* fut pris le 25 octobre 1885, près d'Udine.

---

(1) Voy. Field, 31 mai 1890, *Hybridity in Birds.*

(2) Le nid de la Grive est cependant enduit intérieurement de boue.

(3) Autres noms : *Merula montana, Copsichus torquatus, Sylvia torquata, Merula collaris et alpestris.*

(4) *Hybridity in Birds,* Field, 31 mai 1890.

(5) Synonymie : *Turdus major, Turdus arboreus, Sylvia viscivora, Ixocossyphus viscivorus.*

« L'hybride, dit M. Vallon (1), tient du premier les parties inférieures du corps et sa taille, quoique celle-ci soit légèrement plus
petite. Il tient du second la marque des ailes, ou pour mieux dire,
les bordures claires des pennes des ailes et des couvertures et les
plus petites plumes claires et caractéristiques de la région de
l'oreille. La couleur des parties supérieures du corps est très
sombre mais rappelle, sous certains rapports, celle des Grives, comme
aussi le coloris des plumes de la tête, coloris qui ressemble à celui
du *viscivorus*, mais la coloration sombre en fait la différence. Le
front, le devant de la tête et l'occiput et toutes les autres parties
supérieures, sans en excepter les plumes recouvrant la queue, sont
d'un noir brun gris avec une apparence presque imperceptible de vert
jaune... Le dessin (ou le coloris) rappelle sous ce rapport celui du
T. viscivorus, à l'exception des couleurs beaucoup plus sombres. Les
parties inférieures du corps, les couvertures de la queue comprises,
sont d'un noir brun, presque noir, avec des bordures très étroites (à
peine visibles), lesquelles sont d'un brun gris et manquent à la
gorge, aux parties supérieures de la poitrine et à la région postérieure. La partie postérieure est d'un blanc sale touchant au jaune.
Il existe encore une raie qui est de la couleur de la partie inférieure ;
cette raie, qui commence aux narines et enclot les yeux, se dirige
vers les régions de l'oreille ; et à cette place elle s'étend considérablement, en sorte qu'elle s'unit à la couleur des parties inférieures
et se termine à la région des épaules. Les régions des oreilles
rappellent dans leur ensemble le *T. viscivorus* ; il existe à cette
place des petites plumes claires ; çà et là apparaissent également
quelques plumes claires sous les couvertures supérieures des premières pennes des ailes. La couleur de l'anneau de l'œil ressemble
aussi à celle de la grande Grive (*viscivorus*), mais il est beaucoup
plus étroit.

« Les couvertures des ailes du premier et du second rang ont les
mêmes couleurs que les parties supérieures du corps, avec de larges
bordures un peu rouge jaune et contrastent fortement avec les bordures claires par la couleur sombre du fond. C'est sur ce point que
l'hybride se rapproche le plus du *T. viscivorus*.

« Les pennes des ailes ont en général la couleur sombre des
couvertures des ailes, mais les bordures sont également beaucoup
plus étroites. Les plumes anguleuses des ailes sont brun presque
noir avec de larges bordures jaunes touchant sur le rouge.

(1) Monatschriften, p. 211, 1885. Nous n'avons pu nous-même consulter cette
revue, c'est M. le Dr Paulstich, maître à la Realschule, qui a été assez aimable pour
nous adresser une copie de l'article de M. Vallon.

« Les plumes qui recouvrent les parties inférieures des ailes sont d'un noir brun ; les pennes des ailes en-dessous sont, à la base, d'un blanc d'argent et, vers les pointes, d'un noir gris ; les plumes des épaules d'un blanc pur soyeux. L'œil est noir brun, la mandibule supérieure brun de corne, les pattes jaune couleur de chair, les ongles bruns. »

M. Vallon n'a pu donner la description des rectrices parce que la queue, ayant été arrachée, ne repoussa pas tant que l'Oiseau vécut en cage.

Nous pensons que ce spécimen est conservé au musée d'Udine. M. Vallon paraît en avoir fait une étude très attentive et très sérieuse, mais l'Oiseau est-il réellement un hybride ?

Genre Regulus.

REGULUS SATRAPA et REGULUS CALENDULA.

Le spécimen dont nous donnons la description ci-dessous fut obtenu le 7 juin 1812, par Audubon, dans les plantations de Fatland Ford, sur la rivière Schuykill, en Pensylvanie, plantations appartenant à son beau-père, M. William Bakerrell. L'Oiseau fut tué sur une branche de *Kalma latifolia*, au moment où il cherchait des insectes et des larves au milieu des feuilles et des fleurs de ce végétal. Le célèbre ornithologiste, en le tirant, croyait avoir affaire à un simple Roitelet à huppe rouge (*Ruby crested Wren*) ; c'est en le ramassant qu'il s'aperçut de son erreur. Nulle part il ne rencontra d'autre Oiseau de ce genre qui peut être pris pour le *Ruby crow Wren* dont il paraît avoir les habitudes.

Le prince Charles Lucien Bonaparte, ami d'Audubon, ayant vu ce curieux spécimen à Londres, proposa de l'appeler *Regulus carbunculus*, mais Audubon préféra lui donner le nom de *Regulus Cuvieri*, par un sentiment de reconnaissance envers le savant baron dont il avait reçu des marques d'attention, et surtout pour rendre hommage à celui qui était alors sans rival dans l'étude de la zoologie générale (1).

MM. Baird, Brewer et Ridgway, en faisant observer que cette « espèce » continue à être connue par le seul exemplaire d'Audubon, remarquent qu'elle diffère principalement du *Regulus satrapa* par deux bandes noires visibles sur le vertex (2), lesquelles sont séparées par une autre bande blanchâtre, l'extrémité du front étant noire au lieu d'être blanche, comme chez *satrapa*.

(1) *Biol. Ornith.*, p. 288, 1831.
(2) *Crown anteriorly.*

Dans le Catalogue des Oiseaux de l'Amérique du Nord, de M. Ridgway (1), le *Regulus Cuvieri* figure toujours à titre d'espèce sous le n° 32 ; mais M. Brewster, considérant « la plaque vermillon du sommet de la tête bordée de raies noires, la raie noire de l'œil et les bandes blanches des ailes, qui reproduisent de très près les caractères dominants du *Regulus calendula* et du *R. satrapa*, » a émis l'opinion qu'il pouvait être un hybride de ces deux espèces (2).

Cet Oiseau figure sur la liste hypothétique du *Code of Nomenclature* (3), M. Elliot Coues l'a identifié au *Regulus satrapa*, il a cependant eu soin de faire suivre son assertion d'un point d'interrogation (4).

Voici sa description d'après Audubon (5) : « Les parties supérieures sont d'un olive grisâtre, monotone (ou sombre); la partie supérieure de devant de la tête (du front) est lorée, avec une ligne noire derrière l'œil ; il y a une bande d'un blanc grisâtre à travers le front sur l'œil; une bande semi-lunaire de noir sur le devant et les côtés de la tête, bande qui renferme un espace de vermillon ; les ailes et la queue sont sombres, bordées d'un jaune verdâtre; les plumes secondaires et la première rangée des petites plumes sont garnies de blanc grisâtre. Dimensions : 4 ¼ 6 ».

La véritable origine de cet Oiseau paraît donc ignorée, peut-être est-ce un hybride, mais peut-être appartient-il aussi à une espèce qui ne compte que peu de représentants ou qui est disparue depuis l'arrivée des Européens en Amérique?

Genre Cinclus

CINCLUS CASHMIRIENSIS et CINCLUS LEUCOGASTER.

D'après M. Seebohm (6) on trouverait vers le nord des Monts Altaï des individus intermédiaires entre ces deux formes. Dans l'Est de la Sibérie chaque forme intermédiaire se rencontre entre le *C. Cashmiriensis* et le *C. leucogaster* (7).

Le *Cinclus cashmiriensis* fut rapporté par M. Przewalski avec le

(1) Proceeding of the United states national Museum, p. 163. Voir aussi p. 164.
(2) Bulletin of the Nuttal ornithological Club, VI, p. 224 et 225, 1881.
(3) Adopted by the American ornithologist's Union, 1886.
(4) *Birds of the Northwest*, p. 17. Washington, 1874.
(5) *Synopsis of the Birds of North America*, p. 82, n° 131, pl. LV, ♂, 1839.
(6) *On interbreeding of Birds*. Ibis, p. 546 et suiv., 1882. La même affirmation est donnée dans *A History of british Birds*, t. I, p. 255, et dans l'Ibis, pp. 190 et 191, 1880 (*On the Ornithology of Siberia*).
(7) *On the ornithology of Siberia*, pp. 190 et 191. Ibis, 1880.

C. leucogaster de ses voyages récents dans l'Asie (1), mais le savant voyageur ne paraît pas avoir observé de croisements.

Les deux types en question forment-ils deux véritables espèces ?

M. Pleske remarque que « si ces deux Oiseaux n'avaient un habitat différent et si les parties du ventre d'un des exemplaires de *cashmiriensis* qui furent rapportés par M. Przewalski, ne laissait voir des plumes sombres (2), il serait difficile de dire avec ce dernier, que le jeune appartient à des espèces différentes (3).

Du reste M. Seebohm ne voit lui-même dans le « Palæartic Dipper » qu'une seule espèce se subdivisant en races locales (4).

CINCLUS CASHMIRIENSIS et CINCLUS SORDIDUS

M. Seebohm a eu, il y a quelques années, l'occasion d'examiner une grande quantité de Dippers (Merles plongeurs) envoyés des Monts Altaï par un collectionneur sibérien, Herr Tanere, d'Anclam; il apprit que dans l'extrémité de ces monts le *Cinclus cashmiriensis* est en contact avec le *Cinclus sordidus*, avec lequel il paraît s'unir, car on rencontre, dit-il, aussi bien les formes intermédiaires que les formes extrêmes (5).

Le *Cinclus sordidus* ne figure point dans le *Conspectus generum Avium*. On sait que M. Przewalski le rencontra dans le Tibet en compagnie du *Cinclus cashmiriensis*, mais M. Przewalski ne fait mention d'aucuns croisements. Le *C. sordidus* ne peut être qu'une race du *cashmiriensis* (6).

Genre Copsychus

COPSYCHUS SAULARIS (7), var. MUSICUS et COPSYCHUS SAULARIS, var. AMÆNUS

Chez les Oiseaux de Dhayal la transition d'une espèce supposée à une autre est si graduelle, et les caractères spécifiques sont si

---

(1) *Wissenschaftliche resultate der von N. M. Przewalski nach Central-Asien*, bear beitet von Th. Pleske, II, Vögel. Saint-Pétersbourg, 1889.

(2) (ou foncées).

(3) *Op. cit.*, p. 52.

(4) *A History British of Birds*, Ibis, pp. 346 et suiv., 1882. Voy. aussi : *A History of British Birds*, où la même affirmation est donnée.

(5) *On Interbreeding of Birds*, Ibis, pp. 346 et suiv., 1882. Voy. aussi : *A History of British Birds*, où la même affirmation est donnée.

(6) Voy. Seebohm : *A History of British Birds*, p. 254.

(7) Synonymie : *Gracula saularis* Linn., *Turdus amænus* Horsf., *Lanius musicus*, *Gryllivora saularis* Swain, *Gryllivora brevirostra*, *Gryllivora magnirostra*, *Copsychus mindanensis*, *Copsychus pluto*, *Copsychus amænus*, etc., etc.

incertains, que M. R.-B. Sharpe a jugé utile (1) de ne reconnaître qu'une seule espèce, quoique dans la liste des spécimens du British Museum il ait pu indiquer des races ou variétés. « L'Oiseau indien de Dhayal, dit-il, peut être distingué de son congénère l'Indo-Malayan par les axillaires d'un blanc pur et par trois plumes extérieures de la queue généralement blanches, la quatrième blanche aussi en grande partie. Dans l'Indo-Malayan les axillaires ont les bandes noirâtres très visibles, en sorte que dans la plupart des Oiseaux la couleur dominante des axillaires est noire avec un large bord blanc ; les deux plumes extrêmes de la queue sont blanches, la troisième a une large marque basane sur la lame intérieure, tandis que la quatrième a seulement une plaque blanche à l'extérieure. Cependant, ajoute M. Sharpe, les marques ne sont pas suffisamment constantes pour donner toujours un criterium absolu. M. Sharpe donne encore quelques indications pour reconnaître ces deux variétés et dit avoir vu seulement une femelle de Tenasserim en mauvais état qu'il n'a pu préciser; est-elle C. saularis (race qui descend à Tenasserim), ou C. musicus (qui remonte à cet endroit de la péninsule de Malayan); il ne saurait le dire.

Dans les îles de (Java et de Bornéo?) C. musicus rencontre le noir C. amœnus; plusieurs espèces du British Museum paraissent un croisement incontestable entre les deux formes, M. Sharpe indique comme tels : une femelle de Java (provenance Horsfield) Indian Museum ; un mâle, une femelle et un jeune de Java (provenance E. C. Buxton. F. Nicholson); enfin un mâle et une femelle de Laberan (provenance H. Low. R. B. Sharpe) (2).

Si des croisements se sont réellement produits entre les deux types, il ne peut être question ici que de croisements de variétés d'une même espèce, et de variétés sans doute bien peu tranchées.

Famille de Laniidœ

Genre Lanius

LANIUS RUFUS (3) et LANIUS COLLURIO (4)

« Au commencement de Mai 1865, dit M. le Dr Depierre (5),

---

(1) *Catalogue of the Birds of British Museum.* VII, p. 63.

(2) Pour tous ces détails, voy. le *Cat. of the Birds.*

(3) Autres noms : *Lanius pomeranus, Lanius rutulus, Phoneus rufus, Enneoctonus rufus, Lanius nulanotes,* etc.

(4) Autres noms : *Lanius dumetorum, Enneoctonus collurio, Lanius spinitorquus.*

(5) Bulletin de la Société ornithologique Suisse. T. I, 2ᵉ part., p. 31 et suiv., 1866.

M. Bastian, préparateur du Musée de Lausanne, tua, dans une localité où il trouvait habituellement le *Lanius rufus* (1), une Pie-grièche qu'il prit d'abord pour un jeune de cette espèce. Mais en la considérant avec plus d'attention, il lui trouva des différences si notables avec cette dernière, qu'il s'empressa de la monter, sans toutefois prévoir tout l'intérêt qu'elle pourrait exciter plus tard. Il négligea malheureusement de constater le sexe et de noter exacte-ment la couleur des pattes et de l'iris ».

L'Oiseau ne fut point montré aussitôt après sa mort à M. De-pierre. Celui-ci, après l'avoir examiné avec la plus scrupuleuse attention, et espérant toujours pouvoir le déterminer d'une façon un peu certaine, dut se contenter des conjectures les plus plausi-bles, « tout en laissant le champ parfaitement libre aux recherches et aux opinions ultérieures. » Quoique les diverses colorations bien assurées donnent à cet Oiseau un faciès caractéristique, il paraît difficile au docteur d'admettre que cet exemplaire isolé appartienne à une espèce non décrite. Un *Lanius*, à première vue si différent de ses congénères, n'aurait pu en effet échapper à l'atten-tion de ceux qui s'occupent d'ornithologie. Il ne semble pas davan-tage probable à M. Depierre que cette Pie-grièche soit une simple variété, il la croirait plus volontiers un hybride de *Lanius rufus* et de *Lanius collurio*, les *Lanius excubitor* et *minor* qui vivent en Suisse ne présentant aucun rapport ni de taille, ni de coloration, avec le sujet en question, tandis que cet exemplaire possède des caractères communs avec les deux autres petites espèces, le *L. rufus* et le *L. collurio.* « Avec le *Lanius rufus*, le large bandeau frontal, le trait sourcilier blanc, les traces de rougeâtre à la nuque et derrière la tête, le cendré foncé du bas du dos, le miroir blanc des ailes, enfin la bordure extrême des rémiges secondaires. Avec le *Lanius collurio*, l'absence de blanc au bas du front, le gris du vertex, le gris du croupion et le large liséré brun roux des couvertures et des rémiges. » On y remarque en outre « certaines colorations qui ne peuvent être regardées que comme intermédiaires. Ainsi, le brun bronzé qui occupe la nuque et le sommet du dos rappelle un peu la couleur de ces parties de la femelle du *Lanius rufus*, et semble parfaitement un mélange, à doses égales, du brun clair du *Lanius collurio* et du noir de *Lanius rufus* dans ces parties. Le gris clair de ses couvertures supérieures provient aussi probablement

---

(1) Cette localité serait, d'après une communication de M. le Dr J. Larquier des Ban-cels, les bords du lac Léman. C'est également au milieu d'avril que l'Oiseau aurait été tiré.

d'un mélange de brun nuancé de gris du *Lanius collurio* et du *Lanius rufus*. La teinte brun noirâtre de ses pennes et de ses rémiges paraît encore un composé du brun foncé de ces parties chez le *Lanius Collurio* avec le noir du *Lanius rufus*. Enfin, la distribution du noir et du blanc sur les pennes externes de la queue du *Lanius* (en question) tient parfaitement le milieu entre ces répartitions dans nos deux espèces.

« Le seul *caractère spécifique* que l'on pourrait attribuer à cette curieuse Pie-grièche, remarque en terminant le docteur, est donc sa coloration d'un roux foncé à la poitrine et aux flancs. »

La présence de ce caractère particulier a engagé M. Depierre à donner un nom à ce *Lanius;* il l'a appelé *dubius*, malgré ses preuves d'hybridité, dit-il, mais plutôt pour attirer l'attention des ornithologistes sur cette forme que pour en faire une espèce nouvelle. Il en a donné la description détaillée suivante :

« Un large bandeau noir profond occupe tout le front depuis la base du bec, sous forme de forte moustache, en dessous de l'œil, pour venir se perdre dans la teinte foncée du bas de la nuque. Le sommet de la tête, ou vertex, est d'un gris bleuâtre assez foncé. Le tour de l'œil est blanc, ainsi qu'un large sourcil qui se prolonge passablement en arrière. L'occiput, la nuque et le sommet du dos sont d'un brun foncé et légèrement bronzé. Derrière la tête et à la nuque se remarquent quelques stries transversales d'un rouge brique. Le bas du dos est d'un gris bleuâtre foncé; le croupion est plus clair, mais de même couleur. La queue est d'un brun noirâtre foncé avec un liseré blanc au bord des pennes les plus externes. De ces deux dernières, la première est blanche sur les deux tiers environ de sa longueur à partir de sa base, et la seconde, sur la moitié seulement. L'aile possède une teinte fondamentale d'un brun-noirâtre, sur laquelle se détache, soit le gris-clair des couvertures supérieures, soit le liseré roux des scapulaires, des rémiges secondaires et de quelques rémiges primaires. Un assez fort miroir d'un blanc pur occupe le sommet des rémiges primaires ou externes, et quelque peu de la même couleur borde encore l'extrémité des secondaires. La gorge et le milieu du ventre sont d'un blanc-jaunâtre; et les côtés du cou, la poitrine et les flancs sont d'un roux-jaunâtre assez foncé. Le bec est noirâtre; les pattes semblent avoir été d'un brunâtre foncé. »

L'Oiseau mesure à peu près toutes les dimensions du *Lanius rufus* mâle. M. Depierre le considère comme un mâle adulte.

M. le Dr J. Larquier des Bancels, directeur du Musée de Zoologie de Lausanne, nous informe que ce curieux Oiseau est encore aujourd'hui conservé dans la collection particulière de M. Ch. Bastian.

LANIUS EXCUBITOR (1) et LANIUS MAJOR

Sous ces deux noms il ne ne faut, sans doute, comprendre qu'une seule espèce, tout au plus deux variétés d'un même type. Sur ce thème les ornithologistes se montrent dans un grand désaccord. Le *L. major* de Pallas a même été, dans ces dernières années, porté au rang d'espèce ! Sa différence spécifique de *L. excubitor* ne paraît cependant pas soutenable ; l'étude du sujet mène involontairement à cette conclusion. L'étendue des documents que nous avons consultés ne nous permet pas d'entrer dans tous les détails des observations qui ont été faites de part et d'autre, mais de l'analyse que nous présentons il nous paraît ressortir que *L. excubitor* et *L. major* ne sont même point deux races. *L. excubitor*, type unique, serait sujet à des variations plus ou moins caractérisées, peut-être même au dimorphisme, ce qui a donné lieu à de fausses interprétations. *L. major* (variété de *L. excubitor* suivant les uns, espèce ou sous-espèce suivant les autres) ne présente point, en effet, comme nous allons le voir, des caractères absolument fixes et assez différentiels de *L. excubitor* pour permettre d'en faire une race ou une espèce.

Ces soi-disant caractères différentiels, sur lesquels s'appuient les partisans d'une origine spéciale chez *L. major*, reposent généralement sur l'absence, chez ce dernier, d'une double barre blanche sur l'aile, que possède *L. excubitor*.

M. le Dr Gadow (2) donne ainsi la *Key* (la clef ou signe distinctif) des deux espèces : *excubitor*, « speculum divisé en deux barres lorsque l'aile est pliée, flancs teintés de gris » ; « *major*, base des barbes de toutes les secondaires noirâtre, plumage blanc ; un très petit speculum » (3). En somme, d'après ce dernier, le *L. major* diffère du *L. excubitor* par le bas du dos et les couvertures supérieures de couleur blanche, par la diminution très sensible de cette couleur blanche à la base des secondaires, diminution qui aboutit à un seul speculum.

D'après M. le Dr Jean Cabanis, qui paraît, après Pallas, avoir attiré

(1) Autre nom scientifique : *Lanius cinereus.*

(2) *Catalogue of the Passiformes or perching Birds in the Collection of the British Museum,* p. 233, VIII, 1883.

(3) « *Alar speculum broken up into two alar bars in the folded wing : flanks tinge with grey. Base of the webs of all the secondaries blackish, plumage white : very small alar speculum.* »

l'attention des ornithologistes sur le *Lanius major*, presque tombé dans l'oubli, cette forme diffère complètement de *L. excubitor* (avec lequel il n'aurait rien de commun), « par son miroir qui est simplement blanc et qui ne se montre que par le miroitement de la main. »

Pour M. Seebohm, qui s'est occupé aussi de cette question, le *L. major* (ou Pallas'grey Shrike) diffère du *L. excubitor* (ou Great grey Shrike) « *par son croupion blanc et la base blanche des primaires d'une moindre étendue, tandis que la base blanche des secondaires manque complètement* (1). » La quantité de blanc sur la base des deux lames des secondaires ne lui paraît pas devoir être rapportée à l'âge, ce qui lui semble suffisamment prouvé par le caractère que présente un jeune Oiseau de Bade (de la collection Dresser), dans lequel la barre sur les secondaires est aussi développée que dans les faux types de *L. excubitor* (2). Deux exemplaires semblables sont dans le Museum britannique (3).

M. Seebohm croit le Lanier gris de Pallas aussi distinct du grand Lanier gris que la Corneille mantelée l'est de la Corneille noire ; il ajoute que sa différence avec ce dernier, si elle est niée en Angleterre, est reconnue par presque tous les ornithologistes du continent. Nous ne voudrions pas être aussi affirmatif. En tous cas si le Pallas grey Shrike n'est point plus distinct du Great grey Shrike que le *C. corvus* ne l'est de *cornix*, il n'y a point lieu, dans ce cas, d'établir une différenciation spécifique, comme nous le verrons.

Voici, d'après lui, quelques indications sur l'habitat en Europe de la Pie-grièche grise de Pallas.

Le Pallas grey Skrike ou *L. major* serait un hôte accidentel de l'Ouest de l'Europe, il s'y montre cependant assez pour qu'il puisse être considéré comme un voyageur régulier, quoique rare. Plusieurs exemplaires sont conservés au Musée d'Edimbourg. Gray (4) aurait vu « au moins deux douzaines » de Lanier gris tués en Ecosse « ayant seulement *une barre sur l'aile*. » Dans la collection de M. Borrer existent deux exemplaires tués dans le Sussex. Il en a été aussi abattu près de Cardiff. M. Backhouse, ami de M. Seebohm, possède un spécimen dans sa collection qui fut obtenu près de York, tandis que dans le Musée Britannique on conserve un individu tué dans le même pays. Autant que M. Seebohm a pu le savoir, tous ces

---

(1) *A. history of british Birds*, p. 597.

(2) Ibis, IV, p. 185 et 186, 1880. Consulter Journal für Ornithologie (p. 96, Janvier 1878) sur la recherche, par M. Tschusi, d'exemplaires *L. Major*.

(3) *A. History british Birds*, p. 595.

(4) *Oiseaux de l'Ouest de l'Ecosse*, cit. par M. Seebohm.

exemplaires ont été pris en automne, en hiver ou au commencement du printemps. Sur le continent il en a été trouvé à Sarepta en Mars ; dans la Crimée en décembre, dans les provinces Baltiques à la fin d'août, près de Stockholm en automne ; près de Bergen en octobre ; outre beaucoup de localités d'Allemagne, d'Autriche, etc. (1).

Le Lanier gris de Pallas se reproduirait dans tout le Midi de la Sibérie 65° lat.), où il est un émigrant partiel hivernant en Turkestan (2). M. Severtzow a donné des indications sur l'habitat du *L. major* dans cette contrée (3). Le *L. major* se rencontrerait aussi au Japon (4). Benoist Dybowski l'a rencontré au Kamtschatha ; on le verrait aussi à l'île de Behring (5).

Voyons maintenant ce que, contrairement aux opinions émises par M. M. le Dʳ Cabanis, Seebohm et Dʳ Gadow sur la distinction du *L. major* et de *L. excubitor*, pensent d'autres ornithologistes et en premier lieu M. E. von Homeyer qui a pu comparer entre elles, et sans doute simultanément, cinquante et une pièces de différentes provenances. M. von Homeyer dit en effet avoir reçu de M. l'Inspecteur Meves, de Stockholm, vingt-trois belles pièces empaillées. *L. excubitor* et *L. major*, et onze autres de la collection de M. Tancré d'Anclam, lesquels, avec les dix-sept qu'il possède, passèrent entre ses mains et purent être examinées avec les spécimens du Musée de Berlin, sans compter les autres nombreuses pièces vues auparavant et déjà étudiées.

Ce nouvel examen a complètement confirmé M. von Homeyer dans sa première manière de voir, à savoir que la distinction de *L. excubitor* de *L. major* n'était point possible, « attendu que le miroir du bras qui consiste chez le *Lanius excubitor* typique en une grande tache blanche, diminue peu à peu chez un nombre d'Oiseaux, à ce point que, finalement, il se change en une petite tache mélangée de blanc et de noir qui se trouve près de la

---

(1) Tous ces exemples sont cités dans *A History of British Birds*, p. 595.

On signale également dans une petite collection de Granwürger, envoyée de la Hongrie upérieure à M. von Tschusi, un *Laninus major* Pall. qui serait le onzième constaté par M. Tschusi. Egalement, dans cette petite collection, se trouve une autre pièce se rapprochant de *L. Homeyeri* Cab. (Journal für Ornithologie, p. 360, octobre 1878).

(2) *A History of British Birds*.

(3) Dresser, Ibis, p. 184, 1876,

(4) Même revue, p. 34, 1884. Voir aussi p. 195.

(5) Bulletin de la Société Zoologique de France, p. 361, 1883.

Sur l'habitat de *L. major*, on pourra encore consulter Dʳ Gadow, *Catalogue Passeriformes*, p. 239, 1883.

racine des plumes, tache qui, chez maints Oiseaux, disparaît
presque totalement, en sorte qu'on ne peut distinguer à laquelle
des deux espèces l'Oiseau appartient. » En outre, M. von Homeyer remarque que certains vieux mâles montrent les mêmes
degrés successifs de blanc et de transition très parfaites, et
d'autres marques de vieillesse. Les cinquante et une pièces dont on
vient de parler, et qui proviennent des pays les plus divers, com-
prennent, en outre des types rapportés à *L. excubitor* et à *L. major*,
d'autres individus rapportés à la forme *L. Homeyeri*. Il ne serait point
sans utilité de les passer tous en revue, comme M. von Homeyer a
eu soin de le faire, mais cette étude nous entraînerait trop loin ;
remarquons seulement que parmi huit pièces de la Laponie et
de la Suède, qui ont la tache plus ou moins cachée, se trouvent des
Oiseaux chez lesquels il est difficile de remarquer la trace d'une
tache sur l'humérus ; à ce genre se rattachent encore trois Oiseaux
de la même contrée parmi lesquels un vieux mâle sur lequel
on ne découvre guère qu'une plume montrant un endroit marbré
de blanc et de noir. Tout à fait semblable est un Oiseau de Baïkal
reçu de M. Dybowski comme *Lanius mollis*. Les Oiseaux du Volga,
L. homeyeri, ressemblent tellement à certains vieux mâles de
L. excubitor, ajoute M. von Homeyer, qu'on ne saurait établir entre
eux et ce dernier type une différence spécifique. Chez bon nombre
de *L. major* leur maintien seul indique si on doit les classer comme
L. excubitor ou *L. major*, etc., etc. ; bref, aucune distinction solide
ne permet d'établir la valeur spécifique des uns et des autres, tel
est l'avis du savant ornithologiste (1).

Le professeur Collett, de Christiania, qui n'a pas moins étudié le
sujet que M. von Hemeyer, a cru devoir critiquer aussi, et très
vivement, le Dr Gadow (2) d'avoir rangé à titre d'espèces de simples
variétés ou races climatériques de *Lanius* qui, en somme, après
avoir présenté des degrés variés de transition, finissent par s'identifier complètement en une seule espèce, pouvant servir de type ;
parmi ces variétés se trouvent le *L. major*, Pall. Le professeur de
Christiania a essayé de montrer (3) « que la présence ou l'absence
des bases blanches sur les secondaires ne fournit *aucun moyen de
direction, et qu'ainsi L. major ne peut être distingué de L. excubitor
par des caractères méritant quelque confiance.* » Chez des indi-

(1) L'étude de M. E. F. von Homeyer a paru dans le Journal für Ornithologie du
prof. Dr Jean Cabanis sous le titre *Die Europäischen grossen Würger*, pp. 148,
149, 150 et 151.

(2) Voy. : Ibis IV, n° 13, p. 30, 1886.

(3) Archiv. f. Mathematiek, og Naturvidenskab, 1879.

vidus des districts méridionaux de la Norwège, comprenant également les spécimens les plus typiques de *L. major*, les secondaires ne montrent aucunes traces de bases blanches ; chez d'autres les premières indications de cette marque ont fait leur apparition ; chez d'autres enfin ces indications sont étendues à une tache distincte d'environ 15ᵐᵐ de largeur. On pourrait avec une parfaite indifférence nommer de tels individus *L. major* ou *L. excubitor*. On peut trouver une série non interrompue de transition jusqu'à ce que la tache extérieure sur les secondaires devienne la marque blanche dans *L. excubitor* typique. M. Collet fait en outre savoir que M. Meves, de Stockholm, a dans sa collection deux jeunes Oiseaux, tous deux tués le 12 août à Quickjock, en Lapmark, probablement de la même couvée, dont l'un est un mâle à double tache *L. excubitor*, l'autre une femelle avec une seule tache, *L. major*.

Afin, du reste, de montrer les variations auxquelles est sujet *L. excubitor*, M. Collett énumère vingt-six spécimens de la Norwège conservés dans le Musée de l'Université de Christiania, la plupart tués ou réunis par lui, ce qui lui permet d'indiquer pour presque tous le sexe, la date de la capture et la localité où elle eut lieu. Ces spécimens pourraient être rangés aussi bien en sept catégories qu'en deux seules. Nous remarquerons parmi les spécimens en plumage de printemps : un mâle typique *L. excubitor* sans vermiculations, avec tache basale de 29ᵐᵐ sur les secondaires. Deux femelles du même type, l'une sans vermiculations, l'autre possédant de faibles marques basales normales sur les secondaires ; (♀ petits 18-20ᵐᵐ), le blanc sur les premières plumes mélangé de noir. Puis un mâle presque typique *L. major*, avec vermiculations comparativement distinctes ; l'indication de la tache basale sur les secondaires montre comme une petite tache gris blanchâtre (10ᵐᵐ) sur la troisième plume. — Un autre mâle typique *L. major*, sans aucunes vermiculations, la tache basale sur les secondaires manque absolument. — Une femelle du même type, également sans aucunes vermiculations, la tache basale sur les secondaires est seulement indiquée par un pointillement presque imperceptible de blanc sur une seule plume.

Parmi les spécimens en plumage d'été, M. Collett parle d'un mâle typique *L. excubitor*, abdomen blanc de neige, le croupion presque d'un blanc pur, la plume de la queue la plus extérieure presque entièrement blanche ; la marque basale sur les secondaires normale. Ensuite une femelle typique *L. major* (s'étant alliée avec le deuxième spécimen) qui présente de faibles traces de vermiculations ; la plume la plus extérieure de la queue a une grande et large tache noire ; la tache basale sur les secondaires manque absolument. — Comme spécimens en premier plumage, le savant professeur cite encore deux mâles, type *excubitor*, couvés ensemble, avec taches basales normales sur les secondaires ; une femelle type *L. major*, de la même couvée, dont la tache basale sur les secondaires manque totalement. — Puis, comme spécimens en plumage d'automne, un mâle typique *excubitor* sans vermiculations, avec grande tache sur les secondaires, plume la plus extérieure de la queue presque entièrement blanche ; quatre autres spécimens avec traces de vermiculations et tache basale sur les secondaires normale. Un mâle presque typique *L. major* avec des traces de vermiculations et une faible indication de tache basale sur la seconde plume des secondaires, etc., etc. — Enfin nous noterons parmi les spécimens en plumage d'hiver, deux mâles, types *L. major*, avec traces de vermiculations ; dans un de ces spécimens la tache sur les secondaires manque absolument, dans l'autre elle est indiquée par un point blanc.

Nous ne pourrions rendre compte de toutes les savantes observations que cite le professeur, et nous renvoyons, pour plus de détails, à son étude(1).

On trouve encore de précieuses indications sur le même sujet dans un travail de M le Dr Otto Finsh qui, avec les matériaux du Musée de Berlin, s'est livré à une étude du génre de celle de MM. von Homeyer et Collett. Après avoir rappelé que l'absence des taches blanches ptérygoïdes sur les plumes des ailes propres à *L. excubitor* caractérise *L. major*, il observe que cette marque distinctive est très variable. Deux spécimens sibériens ont la base de l'omoplate des ailes blanche sur les deux côtés des plumes, mais ce blanc est tout à fait caché chez l'un par les plumes brunâtres et pointues quand les ailes sont croisées ; ce blanc devient visible chez le second dont les bordures brunes de l'extrémité sont déjà émoussées ; celui-ci devrait donc être classé comme *L. excubitor* et celui-là comme *L. major*. Le *L. major* n'est aux yeux de M. le Dr Otto Finsh qu'un *excubitor* dans la livrée d'automne après la sortie de la mue. Un *L. Homeyeri*, Cab. (*L. leucopterus*, Severtz.), unique spécimen rapporté par le docteur, pourrait ne représenter qu'un *L. excubitor* dans la livrée usée du printemps(2), etc.

(1) Ibis IV, uº 13, p. 30. Janvier 1886.
(2) Voir : *Reise nach West-siberien in jahre 1876*, p. 188.

La série presque complète d'un *L. major* jeune de l'Amor à
L. excubitor a été constatée par M. Seebohm lui-même (1). M. le
Dr Finsh aurait aussi rencontré des séries de transition entre les
deux types (2).

Sous le bénéfice de ces observations, nous parlerons des soi-disant
mélanges que l'on a cru constater. D'après M. Seebohm, un grand
nombre de spécimens *L. major*, obtenus à Hiligoland et près de
Constantinople, à l'époque de la migration, sont le résultat d'un
croisement avec la Great grey Shrike (*L. excubitor*), croisement ayant
pu s'opérer dans le Nord-Est de l'Europe. Il est cependant possible,
ajoute le savant ornithologiste, que les Oiseaux, se reproduisant
dans le Nord-Est de l'Europe, ou même dans le Nord occidental
de la Sibérie, soient de race intermédiaire, mais les deux exemplaires obtenus par Finsh dans la vallée de l'Obb paraissent être l'un
demi-sang et l'autre quarteron. En thèse générale, M. Seebohm
admet que les deux types se croisent « là où leurs ordres (*ranges*)
géographiques se rencontrent (3). »

M. Collett a cité des faits beaucoup plus précis. Lorsque, en 1884,
il était à Dovre-Fjeld, il rencontra, le 30 juin, dans une forêt de
sapins, à une haute altitude, près de Hjerkin, une famille de
Laniers comprenant, avec les parents, toute une couvée de petits
venant d'avoir leurs plumes et revêtus en conséquence de leur premier plumage. Il tua trois de ces petits; le reste s'envola en compagnie des parents. Or, deux de ceux qui furent tués étaient
des mâles et se rapportaient en tout à des spécimens typiques de *L. excubitor;* la tache sur les secondaires était très grande
et blanc de neige avec la longueur normale de 26^mm, dans un
de ces jeunes elle était même de 27^mm. Le troisième exemplaire, une
femelle, était au contraire un individu typique de *L. major*
n'ayant pas la plus légère marque de bases blanches sur les secondaires. Sous d'autres rapports les différences entre ces trois individus étaient extrêmement légères. Pendant l'été de 1885, M. Collett
fit une observation semblable en Finmark ; il tua dans une nichée
un mâle et une femelle dont le premier était, sous tous rapports, un
spécimen typique de *L. excubitor* ; la femelle, au contraire, avait
une seule tache *L. major*, sans trace d'aucune tache intérieure sur
les secondaires. Le 30 juin, en compagnie de M. Landmark, M.

(1) Voy. : Ibis, IV, pp. 114 et 185, 1880.
(2) Verk k. k. zool. bot. Ges., p. 188. Vienne, 1879, cit. par le prof. Collett. in Ibis, 1886.
(3) *A History of British Birds*, I, p. 595 et 596. Londres, 1883.

Collett trouva encore, près le Lana-Elv, un nid de Pie-grièche contenant six petits. Ce nid était placé dans un Bouleau à environ
quatorze milles de l'embouchure de la rivière. On voyait facilement
le nid, dit M. Collett; il était construit de rameaux secs et unis
avec de la paille, fortement garni de plumes blanches du Willow-
Grouse, et aussi d'un peu de laine et de coton de *Salix lanata.* Les
petits étaient environ de la taille du Moineau et nus, quelques
plumes poussaient. Les parents qui montraient une grande anxiété
furent tués facilement. Le mâle était un *L. excubitor* normal, de
couleurs très pures, il n'avait aucune trace de vermiculations sur
l'abdomen blanc ; la femelle était, au contraire, *L. major* typique et
montrait dans son ensemble des couleurs un peu plus foncées que
le mâle, le croupion était seulement un peu plus clair que le dos ;
dans le mâle cette partie était d'un blanc pur.

Ces exemples (1) qui montrent que la forme à une seule tache et
la forme à deux taches peuvent se trouver simultanément dans une
même couvée, et aussi que les deux types se croisent, sont avec
raison, pour M. Collett, une preuve que *L. major* ne peut être considéré comme une espèce distincte de *L. excubitor.* Mais peut-être,
comme nous avons eu soin de l'indiquer en commençant, n'existe-t-il
même point une variété ou race stable ; on est en droit de supposer
plutôt que *L. excubitor,* sujet au dimorphisme, offre deux variantes
dans les taches blanches des ailes, particularité ayant été la cause
des erreurs qui se sont produites.

Il n'y aurait donc point, dans ces divers exemples, de croisement
à proprement parler, même entre deux variétés d'un seul type !

Nous n'avons pu, dans cet article, donner une analyse du mémoire,
également très important, de M. J. Reinhardt (2), la traduction qui
nous avait été faite du texte danois ayant été perdue. Du reste,
nous croyons nous être assez étendu sur un sujet qui, certes, ne
mérite pas une étude plus longue et avoir fait suffisamment connaître
L. major que certains ornithologistes ont encore considéré, mais à
tort sans doute, comme un état d'âge ou simplement une femelle
de la Pie-grièche grise (3). Si nous voulions en terminant faire connaître l'opinion de MM. de Selys-Longchamps, Alf. Dubois et von
Zschuzi de Schmidoffen (4), ce serait pour nier de nouveau la

---

(1) Tous rapportés par M. le prof. Collett (Ibis, IV, n° 13, p. 30, janvier 1886.
(2) *Om Lanius major,* Pall. *Kog deus Fore Komst herilandet* of J. Reinhardt
(Meddelt den 5⁰ marts 1888, pp. 387 à 396) in Videnskabelige fra Naturhistorisk
Foreing i Kyolenhaven, III, 1879-80.
(3) Voy. sur ce sujet Degland et Gerbe, *Ornithologie Européenne.*
(4) D'après leurs communications reçues.

valeur *spécifique* de ce type que M. Sclater qualifiait dernièrement, dans une lettre qu'il voulait bien nous adresser, de « *doubtful species* » (espèce douteuse), et que M. Blasius a sans doute bien déterminé en l'appelant « un caprice de la nature » (*ein natursspiel in dieser variation*) (1).

LANIUS EXCUBITOR et LANIUS LEUCOPTERUS

M. Seebohm dit (2) que dans le sud-est de la Russie, les lignées (the ranges) du White-winged grey Skrike (*L. leucopterus*) et du Great-grey Skrike (*L. excubitor*) se rencontrent (3), et que sur le bas du Volga (4), le plus grand nombre des exemplaires sont des formes intermédiaires. Ces types ont été décrits comme une nouvelle espèce sous le nom de *Lanius homeyeri* et se trouvent rarement en Sibérie. Il y a tout lieu de croire, ajoute M. Seebohm, que ces formes intermédiaires sont le résultat d'un croisement.

Il ne faut voir encore dans le *leucopterus* qu'une race du *L. excubitor* (si race il y a). Ce *Lanius*, d'après M. Seebohm, a le blanc de l'aile plus développé que chez le grand Lanier gris ; ceci serait principalement remarquable sur les plumes secondaires qui ont la moitié de la base des deux barbes, et presque la barbe intérieure, entièrement d'un blanc pur. Le Dr Gadow a donné une description détaillée de ce type qui prête, sans doute, à quelque confusion, car M. Dresser parle d'un *Lanius leucopterus* devant être assimilé au *Lanius Homeyeri* (5).

Les croisements indiqués par M. Seebohm ne le sont du reste qu'à titre hypothétique.

LANIUS EXCUBITOR et LANIUS BOREALIS (6).

D'après M. Seebohm, le *L. excubitor* paraît (7) se croiser en Asie avec le *L. borealis* Viell, sur toute la ligne de démarcation qui le sépare de ce type et qui devint la forme dominante dans l'est de la Sibérie. « En Amérique probablement, ajoute M. Seebohm, la race

(1) Journal für Ornithologie, p. 46, janvier 1882.
Voir sur le même sujet la note qui termine l'article *L. excubitor* et *L. borealis*.
(2) *A History of British Birds*, par H. Seebohm, t. I, p. 97.
(3) *Impinge*.
(4) Lower Walga by far. *Catalogue of Birds of British Museum*, VIII.
(5) Voy. Dresser, *Notes on Severtzow*, etc. Ibis, VII, pp. 183 et 184, 1876.
(6) Synonymie : *Lanius excubitor*, Fort. Wils. Aud.
(7) Ibis, IV, pp. 185-186, 1880.

pure *borealis* se rencontre seule, tandis qu'en Asie existent non seulement des Oiseaux de pure race des deux espèces, mais aussi des hybrides de leurs croisements et entre-croisements ».

Quoique le *borealis* diffère de l'*excubitor* par la coloration de son poitrail maculé de gris, ce n'est encore là, sans doute, tout au plus, qu'un croisement entre variétés d'une même espèce, si même ce croisement existe? car si le *borealis* est relié à l'*excubitor* par des gradations insensibles servant de passage du type européen au type américain, il paraît plus naturel d'attribuer ces modifications aux influences climatériques qu'à de véritables mélanges de deux types purs.

Dans ces dernières années, on a érigé au rang d'espèces bon nombre de formes douteuses de *Lanius* qui, certes, ne méritent pas ce titre. Aussi, est-ce probablement avec raison que M. Seebohm, considérant que les parcours géographiques de tous les Laniers gris (Grey shrikes) sont reliés les uns aux autres, dit qu'il ne serait pas surpris d'apprendre qu'en beaucoup de cas où ces formes habitent les mêmes districts, elles se croisent habituellement. Dans ce cas, d'après lui, une ou plusieurs des formes ainsi croisées, devraient être descendues au rang de sous-espèces ; mais, ajoute-t-il, on ne pourrait les réunir comme MM. Sharpe et Dresser paraissent l'avoir fait (1).

L'article de M. O. V. Alpin, de Blowham, publié dans le Zoologist (2), et que nous reproduisons en note, montrera, les difficultés qui se présentent lorsqu'on veut déterminer certains types, vu sans doute le peu d'importance ou même le peu de stabilité des caractères de ces derniers, ce qui vient encore en faveur de l'unité spécifique (3).

(1) Ibis IV, pp. 184 et 185, 1886.

(2) P. 28, 1890.

(3) M. O. V. Alpin, après avoir rappelé que le Dr H. Gadow dit quele *L. excubitor* est d'un gris blanchâtre sur le croupion et les couvertures supérieures de la queue, et que le *L. major* en diffère par le blanc du bas du croupion et des couvertures supérieures de la queue, remarque que le gris blanchâtre pâle décrit bien la couleur de ces parties dans *L. excubitor*, quoique la tonalité varie dans certains spécimens. Mais il est fort surpris d'apprendre que *L. major* ait les couvertures de la queue blanc plus pâle que chez *L. excubitor*. Dans ses deux spécimens approchant du type *L. Homeyeri* (chez lequel type le blanc sur les secondaires et la queue est beaucoup plus étendu que chez *L. excubitor*), les couvertures supérieures de la queue sont blanc pur, le croupion plus pâle que dans cette espèce. Sans doute faut-il reconnaître quelque chose suivant l'âge ou le sexe. Ainsi *L. borealis* dans le plumage d'été (adulte) est décrit par le Dr Gadow comme ayant un croupion et les couvertures supérieures de la queue blanc pur, mais les jeunes Oiseaux apparaissent, d'après ces descriptions, avoir ces parties colorées. Dans le spécimen de Massachusetts de M. Alpin, un jeune Oiseau apparemment en plumage d'hiver, elles sont gris pâle, avec une forte étendue de brun clair. Ce qui fait penser

Famille des Garrulidæ

Genre Cyanocorax

CYANOCORAX CYANOMELAS (1) et CYANOCORAX CYANOPOGON (2)
ou CYANOCORAX CAYANUS (3).

Comme le spécimen décrit par M. Genty sous le nom de *Cyano-corax Heilprini* semble rester unique, comme aussi M. Genty dit dans sa description qu'il unit les caractères des deux groupes dans

à M. Alpin que peut-être *L. major* n'acquiert le croupion blanc que lorsqu'il est tout à fait adulte, car il a possédé pendant quelque temps un exemplaire de Norfolk de cette forme (évidemment un jeune Oiseau) qui avait le croupion et les couvertures supérieures de la queue gris, tout aussi foncés que ces parties le sont chez ses trois peaux les plus foncées de *L. excubitor*, ainsi que chez deux Oiseaux intermédiaires entre cette forme et *L. major*. Pendant l'hiver de 1889-1890, il a cependant obtenu un *Lanius* de Pallas, tué à Wardington, Oxon, en novembre, qui, autant il a pu le voir, est entièrement adulte, mais a encore le croupion et les couvertures supérieures de la queue gris. Les vermiculations, toujours présentes dans cette espèce, ne se continuent pas aux joues et au bas de la gorge, comme dans son jeune spécimen, et quoiqu'il y ait une légère teinte de brun vif sur les joues et la poitrine, et plus apparente aux côtés du dernier, celle-ci est très faiblement développée, sinon sur la tête et le dos. Cet Oiseau de Wardington est le Lanier gris de la couleur la plus foncée que M. Oxon ait jamais vu ; sur la tête et le dos, le gris plombé est aussi foncé que la couleur de *L. meridionalis*, mais la nuance bleue fait défaut. Le croupion est du même gris foncé que le dos, et les couvertures de la queue sont plus foncées que celles de tout autre Lanier gris qu'il ait, mais elles sont légèrement teintées d'une couleur brunâtre. M. Seebohm dit que le ♂ *L. major* adulte diffère du grand Lanier gris par son croupion blanc, M. Oxon désirerait savoir si cela est exact, car s'il en est ainsi, à quelle forme, se demande-t-il, ces deux Oiseaux avec leur croupion et les couvertures de la queue gris (un au moins qui ne peut être nommé un jeune et qui s'accorde avec la description de *L. major* par le blanc presque fané à la base des secondaires) doivent-ils être rangés ? Dans ses spécimens, un examen minutieux permet seul de découvrir quelque peu de blanc près du tuyau des plumes à leurs bases extérieures. Si ces Oiseaux ne sont pas de purs *L. major*, ils doivent être intermédiaires entre cette forme et *excubitor*. Et s'il est réellement vrai que *L. major* avec le blanc presque fané sur les secondaires a le croupion et les couvertures de la queue blancs, alors, assurément, dit M. Alpin, les Oiseaux intermédiaires entre cette forme et *excubitor* à croupion pâle ne doivent pas avoir ces parties plus foncées que dans le dernier, comme ils les ont certainement, si ses Oiseaux sont intermédiaires et non pure race *major*, ainsi qu'il incline à penser qu'ils le sont. « D'un autre côté, ajoute-t-il, si ces Oiseaux à croupion gris sont intermédiaires, alors à fortiori, *L. major* aurait un croupion gris et non blanc. Et si ses Oiseaux sont de pure race *L. major*, alors cette forme a un croupion gris. » — Si nous en croyons

(1) Synonymie : *Pica cyanomelas, Corvus œnas, Pica cyanomelana.*
(2) *Pica cyanopogon, Corvus cyanopogon.*
(3) *Garrulus cyanensis, Garrulus mystacalis, Pica albicapilla, Pica carvata, Cyanocorax mystacalis.*

lesquels l'espèce peut être classée (1), M. Witmer Stone (2) se demande si on ne serait pas en présence d'un cas semblable à celui d'*Helmintophila leucobronchialis* qu'il considère comme hybride. « Un hybride entre des espèces comme *Cyanocorax cyano-melas* et *C. cyanopogon* ou *C. cayanus* se rapporterait en effet de très près, pense M. Stone, du *C. Heilprini*, et la rareté extrême, au moins en apparence, de ce dernier, favorise la théorie de l'hybridation. »

Ce ne sont là que des conjectures (3).

Genre Garrulus

GARRULUS GLANDARIUS (4) et GARRULUS KRYNICKI (5)

M. Nordmann aurait vu en Crimée, pendant le mois de septembre, des spécimens tenant le milieu entre le *G. glandarius* et le *G. Kry-nicki*. MM. Degland et Gerbe, qui citent ce fait (6), ne disent point cependant que M. Nordmann attribue ces individus intermédiaires entre les deux types à un croisement de ces derniers. Ils se deman-

le Journal für Ornithologie (XIII, p. 97 et 98, janvier 1885), le croupion blanc serait la marque caractéristique du *Lanius Homeyeri*. Dans ce numéro, on dit que M. Schalow accepte comme douteuse l'existence de la forme *Homeyeri* en tant que considérée comme genre à part, tandis que M. Reichenow n'admet pas qu'on refuse à *L. excubitor* un vêtement de vieillesse. On pourra encore consulter une note de M. Shadow dans l'Auk (I, n° 3, p. 189, 1884), où des erreurs de classement de *L. borealis* sont signalées. Voir aussi un article de MM. Dresser et Sharpe (Proceeding of zoological Society of London, pp. 591 et suiv., 1876, etc.). Dans le journal für Ornithologie (p. 247, avril 1884), on parle d'un *Lanius borealis* mentionné dans un travail dont on rend compte et qui pourrait probablement être classé comme *L. major* Pall., M. Cabanis ayant été d'avis qu'un Oiseau présenté par M. Hartlaub comme *L. borealis* (J. f. O., 1882, p. 270) appartient encore à l'espèce de Pallas. Enfin sur le même sujet, lire le Journ. für Ornit., avril 1884, p. 251, où on verra les difficultés que présente le classement du *L. major*, et où M. Cabanis dit que si *L. major* doit être référé à une espèce, ce doit être à l'espèce *L. borealis* Vieill. et non à *L. excubitor*. Nous avons vu au Musée d'Histoire naturelle de Paris un individu rapporté de Chine par l'abbé David et étiqueté comme *L. major*. Cette pièce nous paraîtrait en effet mieux classée comme *borealis*, avec lequel il présente de nombreuses affinités.

(1) Proceedings Philad. Acad., p. 90, 1885. Il a sur les parties supérieures, pour la plus grande partie, la couleur pourpre sombre et la queue a une bande terminale blanche.

(2) Proceedings of the Academy of Nat. Sc. of Philadelphia, p. 443, 1892.

(3) C'est M. Robert Ridgway, de Washington, qui a eu la complaisance de nous indiquer ce croisement, tout à fait hypothétique, comme on le voit.

(4) Autres noms : *Corvus glandarius, Glandarius pictus, Lanius glandarius*.

(5) Autres noms : *Corvus glandarius*, var. *pileo nigro, Corvus iliceti, Garrulus glandarius nulanocephalus, Corvus iliceti*.

(6) Ornithologie européenne, I, p. 216, 1857.

dent au contraire s'ils ne seraient pas des jeunes de l'année. Du reste, M. Nordmann, qui a pu comparer un grand nombre de Geais à tête noire et de Geais ordinaires, s'est convaincu que les premiers ne sont qu'une variété de ceux-ci, opinion que partagent MM. Degland et Gerbe. « Lorsqu'on examine, écrit à son tour M. de Selys (1), ce que dit M. Seebohm des *Garrulus glandarius*, *atricapillus, Krynicki, Anatoliæ, caspius, syriacus*, qui sont cantonnés dans le sud de l'Europe et dans les parties avoisinantes de l'Asie, on constate que ces formes passent de l'une à l'autre et l'on reste persuadé que le système qui les considère comme des races locales dépendant toutes de l'espèce linnéenne, *G. glandarius*, est l'expression de la vérité. »

M. Sharpe n'aurait donc pas eu raison de porter le *Garrulus Krynicki* à titre d'espèce dans le catalogue d'Oiseaux du British Museum.

Famille de Corvidæ

Genre Corvus

CORVUS CORAX (2) et CORVUS CORONE

Est-il présumable que ces deux espèces se réunissent? Aucun fait positif ne le prouve. On trouve cependant dans divers ouvrages une mention de ce croisement. Ainsi, dans le Dictionnaire de Dupiney de Vorepierre on lit cette phrase : « Parmi les Oiseaux, *tout le monde* connaît les hybrides... du Corbeau et de la Corneille. » Gérard, dans le Dictionnaire d'Orbigny (3), répète la même assertion : « Le Corbeau s'accouple avec la Corneille. » Mais très certainement ces auteurs, qui n'ont point employé pour désigner le Corbeau le mot scientifique *C. corax*, ont voulu parler du croisement du *C. corone* et du *C. cornix*, croisement, on va le voir, très commun et connu des ornithologistes depuis longtemps. Cette remarque peut aussi s'appliquer à un article de l'Isis où l'auteur se sert, il est vrai, du mot *Rabe* (Corbeau) (4), mais il ressort évidemment du texte que les deux espèces envisagées sont la Corneille mantelée et la Corneille noire.

Le prof. Severtzow a cependant, croyons-nous, mentionné en Sibérie l'existence d'hybrides de *C. corax* et de *C. corone;* malheu-

---

(1) *Mémoire sur le genre Mésange.* Bulletin de la Société Zoologique de France, p. 75, 1884.

(2) Ou *Corvus maximus*.

(3) Au mot Espèce, p. 445.

(4) Voy. : p. 25, Leipzig, 1828.

reusement nous ne saurions dire dans quel ouvrage cette mention a été faite, les notes que nous avions prises ayant été égarées. Aussi, n'ayant pu nous assurer positivement de l'affirmation du savant naturaliste (que nous lui prêtons peut-être à tort), nous la donnons sous toutes réserves ; d'autant plus que le rév. Macpherson, de Carlisle, qui a cité quelque chose de semblable dans le Field (1), nous informe que les renseignements qu'il fournit n'ont point été puisés chez ce dernier auteur. Ils l'auraient été plutôt dans les Proceedings of the Berwick shire Naturalist's Club (2). Le révérend se montre du reste très sceptique à cet égard et ajoute : « *not proven* » non prouvé.

Toutefois il nous faut citer un exemplaire que M. van Kempen, de Saint-Omer (Pas-de-Calais), conserve dans sa collection et qu'il suppose provenir de ces deux espèces. Cet exemplaire a été acheté par lui en Allemagne, en 1885, à M. le Dr Schaufuss, de Dresde, qui, lui-même, l'avait obtenu d'une autre collection privée. L'Oiseau adulte, de couleur noire, tué à l'état sauvage. nous dit M. van Kempen, est presque aussi grand que le *C. corax*, et a notamment le bec plus fort que les hybrides *C. corone* × *C. cornix*, ce qui fait penser à M. van Kempen qu'il est bien hybride de *C. corax* et de *C. corone* ?

Corvus corone et Corvus cornix (3).

Le croisement de ces deux formes se produit fréquemment en Allemagne, en Autriche, en Ecosse, en Sibérie et peut-être aussi en Italie. En France et en Hollande on a tué ou capturé quelques exemplaires. Voici, sur ce sujet, les renseignements que nous avons obtenus ou que nous trouvons consignés dans divers ouvrages :

Allemagne : M. F. Eiters, inspecteur des forêts du duché de Brunshwig, a remarqué à Grashben, près de Harmstadt, un couple composé d'un *C. corone* et d'un *C. cornix*, toutefois ce couple n'aurait pas eu de jeunes, M. Eiters l'observait avec soin chaque jour (4). Le docteur Ferd. Rudou, de Perleburg, Prusse, observa pendant

---

(1) *Hybridity in Animals*, 31 mai 1890, où on lit : « La Carrion Crow » a été signalée comme s'appariant dans ce pays (la Sibérie) avec le Raven (Corbeau).

(2) Le Secrétaire honoraire de la Société, M. James Hardy, après avoir bien voulu faire des recherches pour nous dans cette revue, nous assure cependant qu'il n'a trouvé aucune note de ce genre, mais seulement un article de M. G. Balam concernant les *Corvus corone* et *Cornix*.

(3) Autres noms : *Cornix cinerea* et *Corone cornix*.

(4) Cette communication nous a été faite directement par M. Eiters.

les années 1887 et 1889 trois exemplaires croisés. L'un de ces Oiseaux fut tué par lui, depuis les autres ont disparu (1).

M. Carl Bieber (2) tua au vol dans la plaine de Ramstadt, près de Gotha, un jeune Oiseau dont les parents avaient niché dans la plaine de Brühheim, également près de Gotha. Suivant les observations qu'a pu faire M. Carl Bieber, le père de ce métis était un *cornix* et la mère un *corone*. Cet Oiseau nous a été envoyé par M. Bieber. Celui-ci tua deux autres exemplaires du même nid qui sont encore aujourd'hui en sa possession.

M. Paul Matschie observa, pendant l'été, un Nebelkrähe(*C. cornix*), qui s'accoupla avec un *C. corone*. La première fois le Nebelkrähe était un ♂ ; la seconde fois cet Oiseau était une ♀ (3). M. Matschie a publié (4) une liste d'observations faites sur les territoires suivants et d'où il résulte qu'on aurait observé : à Munich, deux couples hybrides (5); à Münnersdat, près Kisseingen, en 1883, une couvée (6); à Zwischenahmer, 1871 et 1872, parfois une famille; à Beckedorf, près Hermannsbourg, deux couvées en cinquante ans ; à Husum une couvée.

Dans le territoire de l'Elbe, habité par les deux espèces, on connaît aussi des hybridations dans plusieurs stations (7). En 1881, il a été remarqué dans le district de Wittenberg et de Seehausen (8) un couple avec quatre jeunes dont le père était visiblement un *C. cornix* et la mère un *C. corone* (9). En 1887, dans une excursion faite au mois de juillet dans la région de l'Elbe, M. Herman Schalow ne trouva vers l'est de Clöwen qu'un petit nombre de couples purs et observa que le *C. corone* et le *C. cornix*

---

(1) Communication du Dᵣ Rudon. Dans *Monatsschriften* (1887, pp. 175 et 176), le docteur parle d'un spécimen qui lui fut apporté comme étant un Oiseau étranger, Il en donne une description que nous reproduisons plus loin.

(2) Conservator (préparateur naturaliste) à Gotha.

(3) Voir le *Journal für Ornithologie*, p. 647. 1887 (Par erreur, le nom *Nebelkrähe* figure deux fois).

(4) In Jahresbericht, 1885, des Auschusses für Beobahtungs tationen der Vögel deutschland, pp. 620 et 621.

(5) D'après Hellerer.

(6) D'après Reigel.

(7) *Op. cit.* M. J. Renner, président de la Société ornithologique de Stuttgard, nous confirme ces renseignements. Les *corone*, nous dit-il, ne se tiennent que de l'autre côté de l'Elbe et au sud de la même rivière; tandis que les *cornix* se trouvent au nord et à l'est de l'Elbe. Or, on trouve, mais seulement dans le voisinage de l'Elbe, sur les deux rives, des mélanges des deux types.

(8) Près de l'Elbe.

(9) Journal für Ornithologie, p. 73, janvier 1882.

étaient pour la plupart appariés (1). Citons encore, d'après Jackel (si cette observation ne fait pas double emploi) un exemplaire tué en Bavière pendant l'année 1882 (2). Enfin, au musée de Milan (collection du comte Turati), existe un spécimen obtenu en Poméranie (3); M. Tancré, d'Anclam, c'est-à-dire de cette province, aurait lui-même tué des hybrides de ce genre (4).

La collection de l'Ecole supérieure d'agriculture de Berlin et la collection de M. Schutt, à Fribourg, possèdent des croisements semblables, mais nous ignorons la provenance de ces Oiseaux (5).

Naumann, à la suite d'observations personnelles, aurait pu citer un très grand nombre de faits de ce genre; son père, un naturaliste chasseur, avait lui-même recueilli une foule d'observations qu'il avait communiquées à son fils. Le célèbre ornithologiste allemand raconte (6) qu'ayant tué la femelle d'un couple Rabenkräken (*C. corone*), qui avait bâti son nid dans ses bois, il vit le mâle s'accoupler à une Corneille mantelée. Un nouveau nid fut construit sur un arbre très élevé; cette fois les deux Oiseaux ne furent point dérangés et purent couver tranquillement leurs œufs. Lorsque les petits eurent grandi, ils furent pris; la mère elle-même, accourue aux cris de sa progéniture, fut tuée; le mâle ne put être atteint. Naumann trouva beaucoup d'autres couvées semblables; une fois ce fut une Corneille mantelée mâle qui s'accoupla avec une Rabenkräben femelle, dont les œufs donnèrent cinq jeunes.

Ces métis s'unissent avec les Corneilles mantelées et avec les Corneilles noires de pure race et demeurent ensemble toute l'année. Pendant plusieurs années, Naumann observa un couple composé d'une Corneille noire et d'une Corneille mantelée dans l'endroit où ces Oiseaux s'étaient établis; ils ne se séparèrent jamais l'un de l'autre, suivant les habitudes des deux espèces.

Le croisement des *C. corone* et des *C. cornix* dans le Nord de l'Allemagne, notamment dans le voisinage d'Ahbsdorf, a été aussi mentionné par Christian Ludwig Brehm (7).

(1) *Neue Beiträge zur Vogelfauna von Brandenburg.* p. 27. Naumberg.

(2) *Matériaux pour l'Ornithologie de la Bavière* et *Catalogue des collections de l'Ecole polytechnique Furth.* Cet ouvrage nous est cité par M. Parrot, cand. méd. de Munich.

(3) Communication de M. Sordelli, directeur adjoint du Muséum.

(4) D'après une communication qu'il veut bien nous faire.

(5) Ces deux communications nous sont faites par M. le Dr Emstdchaff et M. Schutt.

(6) *Histoire des Oiseaux de l'Allemagne,* zweiter Theil, pp. 62, 63 et 64, 1822.

(7) *Handbuch der Naturgesch. aller Vögel deutschlands,* p. 161. Ilmenau, 1831.

Le Dr Altum (in *Forstzoologie,* II, Vogel, p. 331) donne des détails intéressants sur l'habitat en Allemagne des deux types. Il résulte de ces informations que dans le

A l'époque où le pasteur écrivait son ouvrage, le Dr Constantin Gloger s'exprimait ainsi : « Là où la Corneille noire et la Corneille grise sont voisines, comme dans beaucoup de contrées de l'Allemagne, toutes deux s'accouplent très souvent sans la moindre difficulté. Elles paraissent aimer ces mariages car elles se croisent sans aucune nécessité ; néanmoins les petits ressemblent d'ordinaire à l'un des deux parents, ceux qui sont d'une nuance intermédiaire sont rares. On aurait même trouvé, en Saxe notamment, des Oiseaux de coloration mélangée, qui ne provenaient pas d'un croisement des deux types, mais qui sortaient d'une paire pure de Corneilles entièrement noires ; malgré les recherches faites dans tous les environs on n'avait pu en effet découvrir aucune Corneille mantelée.

AUTRICHE : M. le Dr Naupa nous écrit que le croisement de deux Corneilles a été observé à Linz (1).

En 1867, M. Victor Ritter von Tschusi aperçut sur un vieil Aune un nid de Corneilles (*Kräkennest*) sur lequel se tenait un *C. corone* ♂. Bientôt il vit venir un *C. cornix* ♀ qui se percha sur un arbre du voisinage. La femelle ne se montra point sauvage pendant tout le temps que dura l'incubation, mais lorsque ses petits furent éclos, il ne fut plus possible de l'approcher ; elle s'éloignait aussitôt qu'on s'approchait du nid en poussant de grands cris et revenait bientôt accompagnée du mâle qui voltigeait avec elle au dessus de l'arbre où le nid était établi. Lorsque les petits furent élevés, M. Tschusi les fit prendre ; pendant ce temps le mâle et la femelle ne cessèrent de voler autour de l'arbre en faisant entendre des plaintes, mais peu à peu, une bande de Corneilles s'étant élevée haut dans les airs, les parents disparurent et on ne les revit plus. Parmi les quatre petits il y avait un Rabenkrähe (*C. corone*), les trois autres ressemblaient à la Nabelkrähe (*C. cornix*), toutefois, les parties grises qui se rencontrent d'ordinaire chez celles-ci étaient noirâtres chez ces sujets. En outre, M. von Tschusi fait remarquer qu'en 1869, aux environs d'Arnsorf, il n'existait plus de *cornix* purs, tous portaient

Nord de cette contrée le *corone* occupe le côté ouest, le Nebelkrähe le côté oriental. Lorsqu'on est en chemin de fer ou en bateau à vapeur, dit le professeur de Neustadt, on peut quelquefois avoir l'occasion de remarquer la séparation des deux races ou variétés, suivant la région qui sert de limites à leur habitat et à leur propagation. Une pareille séparation de frontière se trouve par exemple entre Braunschwelz et Magdebourg ; plus loin, entre Berlin et Hambourg, auprès de Wittemburg-sur-l'Elbe ; plus loin encore, entre Linz-sur-le-Danube et Vienne. Or, là où les deux variétés se touchent, il arrive souvent que les deux parents d'un même nid appartiennent l'un à une race et l'autre à une autre.

(1) La lettre du docteur ne renferme toutefois aucun détail.

des marques de *C. corone ;* cependant, en 1863, on voyait encore
un grand nombre d'individus d'espèce pure (1).

M. Michel Menzbier, pendant un séjour qu'il fit en Styrie,
constate lui-même « que le nombre des *C. cornix* à sang impur
surpassait de beaucoup le nombre de *C. cornix* typiques. » Le
savant naturaliste de Moscou pense qu'on ne peut les considérer
comme produits par le croisement direct du *cornix* et de *corone* « *à
cause des caractères qu'ils présentent* »; ce ne sont pas donc seulement les formes typiques qui se croisent, mais aussi les hybrides
produits de ce croisement, lesquels « se croisent de nouveau avec
l'une ou l'autre des formes typiques, aussi bien qu'entre eux », ce
que confirme ses observations sur la nidification. Le croisement
illimité de ces deux formes, c'est-à-dire des formes typiques, de ces
dernières avec les hybrides, et le croisement des hybrides entre
eux, n'aurait lieu, d'après lui, que dans l'Autriche occidentale,
parce qu'à l'Occident, en Italie et en France, les hybrides *C. cornix*
et *C. corone* ne se rencontrent que bien plus rarement (2).

Écosse : Le rév. Macpherson dit que le croisement de la Corneille
à charogne et de la Corneille à manteau est un fait connu de beaucoup de garde-chasse écossais. Rien, du reste, ne serait plus
commun dans le Nord de cette région « que de voir la Corneille
mantelée appareillée avec la Corneille noire » (3). M. J. H., d'Edimbourg, fut témoin pendant quatre années successives de l'appariage de ces deux Corneilles (4).

Deux spécimens de ce croisement sont maintenant à Carlisle.
L'un d'eux appartient à M. Taylor Scott, l'autre à M. J. Barnes (5).

Sibérie : Pendant ses voyages en Sibérie, en 1877, M. Seebohm
eut l'occasion d'étudier les croisements des deux Corneilles. « La
ligne de démarcation entre la colonie très considérable des *cornix*
de la Russie et de la Sibérie occidentale, dit le voyageur, et la
colonie non moins nombreuse des *corone* de la Sibérie orientale,
s'étend entre les villes de Tomsk et de Krasnovarsk, lesquelles sont
à une distance de 350 milles l'une de l'autre. En laissant Tomsk et

---

(1) Journal für Ornithologie, dirigé par le Dr Cabanis, (2) II, p. 240, Leipzig, 1869.
(2) *Conférence faite à la Société zoologique de France,* Revue scientifique,
pp. 516 et 517, n° du 26 août 1884.
(3) Voy. Field naturalist Magazine, I, p. 279, cit in Magazine of Natural History;
n°⁵ 57-68, p. 65, 1836.
(4) Field Naturalist, p. 239, cit. par le même Magazine.
(5) Communication du Rév. Macpherson.
Au British Museum, l'hybride de *C. corone* et *C. cornix* est aussi conservé, mais
nous ignorons le pays d'origine de ce croisement.

en avançant vers l'Est, on ne voit sur les bords de la route, pendant près de 120 milles, que des *cornix*, et pendant les 120 derniers milles, avant d'atteindre Krasnovarsk, on ne trouve que des *corone*. Mais pendant les cent et quelques milles intermédiaires, il se présente un fait assez bizarre; à peu près un quart des Corneilles se compose de Hooded Crows (*C. cornix*) pur sang; un autre quart de Carrions-Crows (*C. corone*) également pur sang; tandis que la moitié restante est composée d'hybrides de toute classe, quarterons, octoroons et ainsi de suite *ad infinitum.* » M. Seebohm raconte qu'il fut témoin du fait suivant: « Au cercle arctique, dans la vallée de Yenesay, pendant que la terre, aux premiers jours de mai, était encore recouverte de six pieds de neige, un couple de Corneilles hybrides s'appareilla et bâtit un nid presqu'au sommet d'un pin. Le 11 mai, le nid contenait un œuf; le 21, M. Seebohm monta de nouveau à l'arbre, et trouva cinq œufs; il en prit deux. Le 31, un œuf était éclos et les deux autres fendillés, prêts à éclore. Le 26 juin enfin, étant encore grimpé à l'arbre, M. Seebohm vit que l'un des petits était mort ou s'était enfui; il tua la mère et prit les deux jeunes ». Cet exemple prouve, ajoute-t-il, la fertilité des parents métis.

M. Seebohm remporta avec lui de Ku-ray-i-ka un certain nombre de Corneilles se décomposant comme suit : *cornix* pur sang (2 ♂ et 1 ♀); dix *corone* (9 ♂ et 1 ♀); et quinze hybrides (7 ♂ et 8 ♀) (1).

Les hybrides rapportés de Sibérie par M. Seebohm, se trouvent au Musée d'Histoire naturelle de Kensington (2). Il en existait probablement aussi dans la collection vendue par M. Whitaker esq. au Covent Garden, à Londres, en 1890, car le catalogue indiquait, sous le n° 136, un hybride de M. Seebohm (3).

(1) De ces chiffres, M. Seebohm a cru pouvoir conclure que l'élément femelle des *corone* était en train de couver, dispersé çà et là dans les bois, tandis que les femelles hybrides se montraient presque toutes stériles! c'est pourquoi il était aussi facile de tirer sur un sexe que sur l'autre (*a*). Il nous semble que le renseignement que vient de donner M. Seebohm sur le couple réellement fertile et observé par lui-même, et bien d'autres observations de ce genre qui ont été citées, ne sont pas de nature à confirmer cette manière de voir. Nous ajouterons, du reste, que la stérilité des parents n'est point toujours un obstacle à la nidification, au moins dans le cas où la stérilité vient du parent mâle. Nous avons eu l'occasion de citer des exemples de ce genre dans nos précédentes publications,

(2) Communication du Rév. Macpherson ; voy. aussi Field, 31 mai 1890.

(3) Cet Oiseau a été acheté par M. Hutschinson, nous a écrit M. Stevenson, commissaire-priseur.

(*a*) *History of British Birds*, I, pp. 547 et 548.

Sur l'hybridation en Sibérie. On pourra encore consulter du même auteur « *Siberia in Europa* » et « *Siberia in Asia.* »

ITALIE : Nous signalerons les captures suivantes : un mâle obtenu à Grève (Toscane), le 15 février 1880 ; un autre mâle venant de Turin, décembre 1882 ; une femelle obtenue à Caneo (Coni), décembre 1883 ; un troisième mâle, mars 1887, d'Oristano (île de Sardaigne), exemplaire fort intéressant, nous fait remarquer M. Giglioli, qui nous communique ces renseignements, « attendu que le C. corone est extrêmement rare au sud des Appenins, dans l'Italie péninsulaire et insulaire. » Ces quatre exemplaires sont conservés au Musée de Florence (1).

Madame la marquise Paulucci veut bien nous faire savoir également que sa collection renferme un exemplaire pris à Sandalo (Wattelline).

FRANCE : Deux individus tués dans la Côte-d'Or, l'un près de Nuits et l'autre dans les environs de Dijon, figurent aujourd'hui au Musée de cette ville (2). L'exemplaire de Nuits fut abattu par M. Lacordaire (3). M. Magand-d'Aubusson a représenté (4) l'hybride tué dans les environs de Dijon.

HOLLANDE : Il y a quelques années, un exemplaire, observé pendant toute la durée de l'hiver et visitant journellement le Jardin zoologique d'Amsterdam, fut pris au mois de mars. Il vécut en captivité jusqu'au mois de mai. Monté, il orne aujourd'hui la collection d'Oiseaux sauvages hollandais du Jardin zoologique (5).

Caractères des hybrides

Jeunes provenant d'un couple C. corone ♂ et C. cornix ♀ (observation de Naumann) : deux noirs comme le mâle, deux autres gris et tout à fait semblables à la mère.

Autres jeunes du même croisement (observation de M. Ritter von Thusi) : un ressemblait au Rabenkrähe (C. corone), les trois autres au Nebelkräke (C. cornix), mais les parties grises qui se rencontrent d'ordinaire chez ceux-ci étaient noirâtres.

Jeunes provenant d'un couple C. cornix ♂ et C. corone ♀ (observa-

(1) L'hybride de Grève et celui de Turin ont été cités dans *Primo resoconto dei resultati*, etc., p. 70, Florence, 1891. Les deux autres sont inscrits depuis peu au Catalogue, c'est pourquoi l'ouvrage de M. Giglioli, édité en 1891, n'en fait pas mention.

(2) Communication de M. E. Collot, directeur actuel du Musée.

(3) Ces renseignements nous sont envoyés par le Dr Louis Marchant, mais ils ont été consignés dans le *Catalogue des Oiseaux de la Côte-d'Or*, publié par le Dr Marchant en 1869, p. 231. Voir aussi le *Catalogue des Oiseaux du Doubs et de la Haute-Saône*, par M. Lacordaire, publié par M. Marchant en 1877.

(4) *Monographie des Corvidés*. Nous n'avons point consulté cet ouvrage.

(5) Communication de M. A. van Bemmelen. Le Journal de la Société zoologique Néerlandaise a fait mention de cette capture.

tion de Naumann) : deux complètement semblables à la mère, deux
tout à fait semblables au père, le cinquième tenant des deux parents
par son plumage.

Autres jeunes du même croisement(observation de Paul Matschie) (1):
trois d'un même nid presque tout noirs comme la ♀, la quatrième
tout comme la Corneille mantelée.

Autre jeune du même croisement? Un individu acheté par nous à
M. Carl Bieber, de Gotha, ne nous paraît point pouvoir être différencié d'un *corone*, il est noir et ne montre pas de traces du manteau
gris de *C. cornix. Les deux exemplaires* (que possède encore M. Bieber
et qu'il suppose du même nid) ne se distingueraient que peu du nôtre.

Un exemplaire (présenté à M. le Dr Rudon) (2): « grosseur du
Corvus corone (plus petit habituellement que *Corvis cornix*!) Vu
de devant, la couleur est celle du *corone ;* la tête, le dos, les ailes,
la queue d'un noir bleuâtre; sous les ailes, plusieurs plumes grises
qui se trouvent cachées lorsque l'Oiseau est en repos. La poitrine,
au contraire, ressemble plus à celle de *cornix*, la gorge est de
couleur gris noir ; de la gorge jusqu'à la queue s'étend une teinte
gris clair, au milieu de laquelle une large tache noire.... La couleur grise se sépare sans transition de la couleur noire du dos, les
jambes ont aussi la couleur foncée du *cornix*. »

Hybride (de la collection de Madame la marquise Paulucci, à
Certaldo, Val d'Elsa, par Monte); couleur générale noire, mais la
poitrine, au-dessous du collier noir, est entourée d'une large bande
gris cendré nuancé de noir (3).

Les deux exemplaires (conservés au Musée de Dijon), de la taille de
la Corneille ordinaire, ont, sur le cou et à la naissance du dos,
un manteau de plumes mi-parties brun foncé et grises, rappelant
le manteau gris de la Corneille mantelée (4). Le Musée de Chür
possède, d'après M. Brügger, un exemplaire de *cornix* qui, par sa
couleur foncée, rappelle le Rabenkrähe *(C. corone)*; M. Brügger est
porté à croire que cet Oiseau est un hybride. La Corneille hybride ♀
que tua M. Seebohm dans la vallée de Yenesay le 26 juin, « paraissait être aux trois quarts une Corneille *corone*. Les plumes de
chaque côté du cou et de la partie inférieure de la poitrine (gosier)
et du ventre étaient grises avec des centres de couleur foncée. Le
mâle, qu'il ne put tuer (mais qui fut examiné au travers de son téles-

(1) Journal für Ornithologie, p. 647, 1887.

(2) Décrit dans *Monatschriften*, p 175, 1888.

(3) Ces renseignements nous sont envoyés par Mme la marquise Paulucci et sont
confirmés par M. Magnelli, préparateur au Musée de Florence.

(4) Renseignements de M. L. Collot, directeur actuel du Musée.

cope), avait plus de sang de *cornix* que n'en avait la femelle, ayant autour du cou un grand anneau gris et montrant beaucoup de gris sur la gorge et sous les ailes (1).

Le spécimen de la collection Turati (porté au catalogue comme hybride) « ne diffère pas de *corone*, soit par les proportions de toutes les parties du corps (autant on peut relever sur le sec) et la forme de la tête, soit par la coloration noire à reflets violacés ; la région ventrale est seulement un peu plus pâle que dans le type, cette particularité est due aux plumes qui sont noirâtres lè long de la tige seulement. Le dessous de la queue est presque noir (2). »

Les quatre exemplaires (du Musée de Florence), le ♂ de Grève : « Dos presque entièrement noir; le gris se voit à la marge de quelques plumes et à la base de toutes; plumes des parties inférieures d'un gris noirâtre et largement tachetées de noir au centre. Prévalence de *C. corone*. » — Le ♂ de Turin : « Les plumes grises du dessus et du dessous ont simplement une tache noire plus ou moins grande au centre. Prévalence. *C. cornix.* » La ♀ de Cuneo « ressemble beaucoup à ce dernier, mais le gris sur le dos et sur le ventre est plus clair, les taches noires centrales étant plus petites, sur le dessus simplement des traits longitudinaux. Prévalence *C. cornix.* » — Le ♂ d'Oristano : La partie inférieure du dos, de l'abdomen et les sous-caudales sont noires. Le gris au milieu du dos et du ventre est clair, mais les plumes de la nuque sont terminées de noir. Prévalence *C. cornix* (3) ?

L'Oiseau (pris au Jardin zoologique d'Anvers) est de petite taille (entre *C. cornix* et *C. corone* !) noir à l'exception du haut du dos qui est plus ou moins gris varié de noir, les côtés du corps (les flancs) au dessous de la poitrine et du ventre qui sont gris avec quelques raies noires éparses. Bec et pattes noirs (4).

Enfin, d'après Naumann, on trouve « des hybrides tout à fait noirs, mais le noir est différent des espèces pures, il n'a pas de brillant; sur quelques autres la couleur grise apparaît seulement un peu sur la poitrine et sur le dos; chez d'autres encore sur la poitrine seulement; chez quelques-uns enfin seulement sur le dos et alors, dans ces parties, les plumes sont noires au bout. Il en

(1) *A History of British Birds*, I, p. 548.

(2) Cette description nous est envoyée par M. Sordelli, directeur adjoint du Musée de Milan.

(3) Ces renseignements nous sont adressés par M. le comm. prof. Henrico Giglioli, directeur du *Museo zoologico*.

(4) Description faite pour nous par M. van Bemmelen.

existe aussi dont la couleur est beaucoup plus sombre que celle des Corneilles mantelées, tandis qu'elle est plus claire que celle des *C. corone* chez d'autres exemplaires. Puis on rencontre des individus complètement semblables à la Corneille mantelée, sauf la partie inférieure du dos, les épaules et le ventre qui sont noirs. Les différents mélanges de ces deux couleurs, ajoute Naumann, peuvent varier indéfiniment, et il est presque impossible de trouver deux hybrides complètement semblables. » Un hybride figuré dans l'ouvrage du célèbre ornithologiste (1) « présente un mélange à peu près égal de la couleur des deux parents ; il est presque complètement noir, seulement un demi-collier grisonne sur le devant du cou. »

Quant à la conformation de ces divers produits, ils ne diffèrent pas par la grosseur de leurs parents ; de même que l'on rencontre parmi les deux races pures des individus très forts et d'autres extrêmement petits, de même les hybrides sont très forts ou très petits. Naumann vit des sujets « dont le bec était complètement uni ou qui n'avaient aucune trace de dentelures (bien que les becs des deux espèces soient armés de pointes très aiguës), » mais il vit aussi « des hybrides dont le bec était dentelé et trouva des Corneilles mantelées et des Corneilles noires de race pure avec un bec presque uni. »

Naumann fait ici une remarque très importante : on pourrait croire, dit-il, que les hybrides qui s'unissent fréquemment entre eux donnent naissance à des Oiseaux fort divers ; il n'en est rien : « les petits de ces hybrides ressemblent toujours aux parents ou aux grands parents. » Le feu prof. Severtzow s'est montré de cette opinion (2). M. Seebohm parle « d'hybrides présentant les caractères de mulâtres, de quarterons, d'octoorons, etc. » Il n'admettrait donc point un retour au type ancestral aussi subit? Quant au prof. Menzbier il dit « qu'une différenciation des caractères est produite par le croisement des hybrides entre eux. » Enfin le Dr Altun prétend (3) que lorsque les parents d'un même nid appartiennent l'un à une race, le deuxième à l'autre variété, les jeunes sont alors

---

(1) Tab. 54, fig. 2.

(2) « Ce qui paraît positif, écrit-il (in Nouveaux Mémoires de la Société impériale des Naturalistes de Moscow), XV, p. 163, 1888), c'est que la coloration intermédiaire n'est pas héréditaire chez ces hybrides qui prennent vite les couleurs des deux espèces pur sang, dès la deuxième génération au plus tard, plus souvent dès la première. » Il est vrai qu'il déclare n'avoir pas eu l'occasion d'étudier les hybrides en nature.

(3) *Forstzoologie*, II, Vögel, p. 331.

nettement de l'une ou de l'autre sorte et la couleur moyenne doit être regardée comme une exception » (1).

Quoi qu'il en soit de ces opinions le croisement du *Corvus cornix* et du *Corvus corone* nous paraît évident. Quelques auteurs, mal informés sans doute, ont cru cependant pouvoir émettre quelques réserves à son sujet. Ainsi, on lit dans le Magazin of Natural History (2) que « les cas d'union supposée entre la Corneille noire et la Corneille mantelée ne sont pas concluants ; dans Godron (3) que ces faits, « quoique possibles, sont loin d'être démontrés ; » dans Faivre (4) « que ces exemples exceptionnels méritent confirmation. » Pour nous nous ne le mettons point en doute ; mais que chaque type ait une valeur spécifique réelle, ceci ne nous paraît point admissible. Nous croyons, tout au contraire, d'après les examens faits sur les deux formes, que celles-ci doivent être rattachées à une seule espèce ; cette opinion semble du reste prévaloir aujourd'hui en zoologie. Sans s'occuper de leur plumage, Naumann, voulant absolument trouver quelques marques sûres pour les distinguer, ne put y arriver. Voici le résultat de ses recherches pendant plusieurs années.

Si on laisse, dit-il, la couleur des plumes, la conformation du corps est identique dans les deux espèces, aucun signe de leur structure ne peut les différencier, et si on fait porter ses observations, non seulement sur des pièces de cabinet, mais sur les Oiseaux qui vivent à l'état sauvage, on remarque la parfaite ressemblance de ces deux Corneilles dans leur manière de vivre, dans leurs mœurs, dans leur voix, dans leurs œufs (5), bref, dans leur

(1) Nous ignorons toutefois si le docteur parle d'après des observations personnelles ou d'après Naumann ?

(2) I, p. 81, 1837.

(3) *De l'espèce*, p. 181.

(4) *De la variabilité des espèces*, p. 129.

(5) Ceci est confirmé par M. Seebohm, qui dit *(History British Birds*, I, p. 542), qu'il est impossible de distinguer les œufs de la Carrion-crow et de la Hooded-crow. Nous avons vu dans la collection ornithologique du Musée d'Histoire naturelle d'Elbeuf-sur-Seine un certain nombre d'œufs des deux espèces que M. Noury, le directeur et le fondateur de cette splendide collection, avait choisis parmi un grand nombre d'œufs récoltés par lui-même. Il nous a paru presque impossible de les différencier par la couleur ; il existe, sous ce rapport, plus de différence entre certains œufs de *corone*, qu'il n'en existe entre les œufs des deux types. Reconnaissons toutefois que M. W. R. Nathusius, dans un mémoire très étendu *(Nachweis des Species-Unterschiedes von Corvus corone und Corvus cornix, und ihrer häufigen Verbastardirung an den Eischalen*. Journal für Ornithologie, janvier 1874), a cru pouvoir distinguer les œufs du *C. cornix* des œufs de *C. corone*. Il a indiqué le moyen de les reconnaître : le planimètre lui paraît être le meilleur mode de

nature tout entière; enfin le croisement journalier des deux types, et la fécondité de leurs produits, portent indubitablement à croire qu'ils appartiennent à une seule espèce, uniquement variable quant à la coloration.

M. le professeur Sordelli, de Milan, sur notre demande, a bien voulu faire un examen attentif des deux formes. Ayant comparé un certain nombre de Corneilles *cornix* et *corone*, il n'a pu, pas plus que le célèbre ornithologiste de l'Allemagne, découvrir des caractères bien marqués pour les distinguer, abstraction faite de la couleur. Tandis que *frugilegus* s'en éloigne par plusieurs bons caractères, les deux autres espèces, admises jusqu'alors par les naturalistes, se ressemblent *entièrement :* ce sont les mêmes proportions, la même forme de la tête et du bec, les mêmes mœurs, les mêmes habitudes. En outre, les plumes foncées ont, chez les deux, les mêmes reflets bleu violacé. Aussi, M. Sordelli partage-t-il l'opinion de M. Martorelli, un des meilleurs ornithologistes d'Italie, à savoir que *corone* n'est peut-être qu'un mélanisme du *corvus cornix ?*

La Corneille mantelée, remarque M. Sordelli, varie souvent (quoiqu'assez faiblement) dans les parties cendrées ; ainsi le noir s'étend plus ou moins sur le cou et sur la poitrine. La plupart des individus tués en Lombardie ont les plumes du dos plus foncées au milieu, presque noirâtres à bord cendré ; celles de la gorge marquées de même d'une tache longitudinale noire. En cela ils paraissent s'éloigner du type et établir un passage au *C. corone* tout noir (1). D'après Degland le *C. corone* offre même des

mensuration. L'auteur de ce travail a reçu un grand nombre d'œufs de différents côtés, les uns sous le le nom de *corone*, les autres sous le nom de *cornix;* d'après les mesures et la différence qu'offrent les œufs des deux types purs, il croit pouvoir dire que quelques-uns de ces œufs étaient hybrides; seul M. von Tschusi lui a envoyé une ponte indiquée comme hybride. Les œufs hybrides sont de couleur vert olivâtre foncé. M. Paul Matschie (Journal für Ornithologie, p. 647, 1887) dit aussi que dans le nid d'un *corone* ♂ et d'un *cornix* ♀ les œufs étaient plus beaux que ceux du *corone* (Rabenkrähe), le fond plus clair, la couleur et les points plus éclatants. Ces œufs, dénichés de ses propres mains, ornent aujourd'hui sa collection. M. Paul Matschie établirait-il une distinction entre les nids des deux types? Il dit que « ce nid était tout semblable à celui de la Rabenkrähe, quoique un peu moins étendu, et paraissait être construit plus négligemment. »

(1) M. Sordelli n'admet pas, comme certains auteurs, que la différenciation spécifique puisse s'établir par les rapports de longueur des rémiges ; il n'a point poussé ses recherches jusque-là, mais il doute fort, et à bon droit, que d'aussi minimes différences soient capables de fournir de bons caractères de différenciation. Nous avons fait voir à M. Sordelli l'exemplaire jeune hybride acheté par nous à M. Carl Bieber, de Gotha. Après avoir comparé cet individu, dès son arrivée, avec les *C. corone* et les *C. cornix* du Musée de Milan et avoir tout récemment

variétés à plumage presque noir. Le Dr Altun (1) dit connaître des spécimens de Syrie et d'Egypte qui se distinguent des Nebelkrähen (*C. cornix*) ordinaires par leur taille un peu moindre et aussi *par la trace remarquable du manteau gris qui se change chez elles en couleur de rouille d'argile rouge.* Lorsque M. de Selys-Longchamps visitait les musées d'Italie (2), M. Salvadori lui fit aussi remarquer que des spécimens de *C. cornix* sont souvent noirs avec du gris sur la poitrine seulement, tandis que d'autres ont du gris sur le dos, les couvertures supérieures et inférieures de la queue étant noires. Au musée de Rouen il existe un exemplaire de *cornix* dont le manteau gris s'étend peu avant sur le dos. Enfin on sait que le plumage du fond de la Corneille noire est gris cendré, à l'exception des pennes rectrices et des rémiges. Mais la remarque la plus importante sur ce sujet est celle faite par le Dr Gloger : *à savoir que d'une paire de Corneilles entièrement noires, et par conséquent pur sang, il peut naître des Oiseaux à coloration mélangée.*

Par toutes ces raisons, on ne saurait donc toujours considérer les individus présentant des traces de mélanges comme de vrais hybrides; très probablement bon nombre de sujets conservés dans les Musées, et considérés comme tels, ne sont que des variétés de *corone* ou de *cornix*. D'un autre côté, puisque beaucoup d'hybrides réssemblent à l'une des deux espèces pures (3), bien des individus considérés comme étant de cette sorte, peuvent être des hybrides. Quant à la valeur spécifique de chaque type, elle ne nous paraît point établie; toutefois il serait difficile de dire s'il faut écrire *C. corone* var. *cornix* ou plutôt *C. cornix* var. *corone*, car si *cornix* peut être considéré comme albinisme partiel de *corone*, *corone* peut sans doute tout aussi bien être considéré comme un mélanisme de *cornix*.

renouvelé son examen pour faire de notre Oiseau l'objet d'une étude plus attentive, M. Sordelli nous écrit que « malgré tous ses soins » il n'a pu découvrir aucune différence entre lui et les soi-disant espèces *corvus* et *cornix*. « La coloration noire à reflets bleuâtres est bien celle de *corone* et des parties foncées de *cornix*; les plumes du cou sont les mêmes et la forme du bec ne diffère aucunement de celle du *C. cornix*. » Aussi, ajoute M. Sordelli, « la conclusion de tout ceci est, pour moi, que *corvus* et *cornix* ne sont que deux races d'une même espèce. »

(1) *Op. cit.*, I, p. 200.

(2) *On various Birds observed in italian Museums.* Ibis, p. 450, 1870.

(3) D'après le même ornithologiste.

CORVUS FRUGILEGUS (1) et CORVUS CORNIX

On lit dans le *Journal fur Ornithologie* (2) : « Il y a une cinquantaine d'années, un propriétaire de Neu Ruppin importa le Freux dans ce pays. Cette Corneille y est devenue très commune et a donné des hybrides avec le Nebelkrähe. » L'auteur de cette communication, M. C. Niessing, n'est point certain toutefois du fait qu'il cite, car il a cru devoir prendre des informations pour savoir s'il n'y avait point confusion avec le *corone*. Sa demande est malheureusement restée sans réponse.

Le renseignement donné par le *Journal für Ornithologie* n'établit donc point d'une façon bien certaine le croisement des deux espèces. Cependant M. Ant. Hauptvogt, instituteur à Aussig, prétend qu'il y a trois ou quatre ans on tua à Pömmerle, près d'Aussig (Bohême), un hybride de *C. cornix* et de *C. frugilegus*, dont les parents avaient établi leur nid près du talus du chemin de fer. C'est M. Joseph Heller, propriétaire à Pömmerle, qui le tira lui-même, et en présence de M. Hauptvogt. L'Oiseau étant devenu notre possession, nous l'avons montré à M. Oustalet qui, disons-le, n'a guère trouvé chez lui de ressemblance avec *C. frugilegus* : « il n'a ni le bec dénudé à la base, ni le plumage uniforme, à reflets pourprés très accentués, ni la première penne plus longue que les secondaires du *C. frugilegus* ; il ressemble au contraire à *C. cornix* par son bec assez épais, garni de cires horizontales, par son plumage tacheté et par les proportions de ses rémiges, si bien qu'on pourrait le prendre pour une Corneille mantelée à plumage anormal, M. Hauptvogt est-il absolument sûr que le parent noir soit un *frugilegus* et non un *cornix* ?

CORVUS CORONE et CORVUS FRUGILEGUS

Buffon a dit quelque part (3) que la Corneille mantelée n'est peut-être qu'une race métisse produite par le mélange du Freux (*Corvus frugilegus*) avec la Corneille (*C. corone*) ; les anciens n'ayant ni connu, ni nommé la Corneille mantelée, il en concluait que cette race n'existait pas de leur temps.

Nous croyons que la donnée du grand naturaliste ne repose sur aucune base sérieuse. Nous n'avons point encore vu de croisements,

(1) Autres noms : *Corvus frugilega, Corvus agrorum, granorum et advena, Coleus frugilegus.*
(2) Page 145, 1870.
(3) Nous n'avons pu retrouver l'endroit.

produits à l'état de nature, procréant de nouveaux types durables ; on ne peut croire, du reste, que le mélange du *corone* et du *frugilegus*, deux types de coloration noire, ait abouti à la formation d'un troisième type à manteau gris.

Corvus neglectus et Corvus dauricus

M. Swinhoë second, dit (1) qu'il s'est procuré à Shanghei un hybride entre le *C. daurius* et le *C. neglectus*. D'après le savant voyageur, le *C. neglectus* chinois, que l'on rencontre de Mingpo à Pékin (et que l'on rapporte à *L. monedula*) a la mandibule inférieure du bec beaucoup plus petite que la supérieure et ne possède point de gris sur les côtés de la tête et du cou.

M. Swinhoë remarque que le *Corvus (Monedula) neglectus* Schl. est très nombreux à Pékin et qu'il s'associe souvent avec le *Corvus (Monedula) dauricus* Pall. Rarement, dit-il, on voit une bande de l'une ou de l'autre espèce sans quelques individus de l'espèce analogue. Dans leurs habitudes les deux types sont remarquablement semblables aussi bien dans le vol que dans le choix des lieux où ils se perchent (2).

De son côté M. Seebohm s'exprime ainsi en parlant du Choucas (*Corvus monedula*) : « Dans la Sibérie centrale, entre Krasnoyarsk et Irkutsk, une nouvelle forme apparaît, en moyenne légèrement plus petite que nos Choucas et ayant la nuque, les côtés du cou, la partie inférieure du gosier (de la poitrine) et le ventre blancs. Cette espèce. (*C. dauricus*) s'étend vers l'est aussi loin que le nord de la Chine, et partout se trouve en compagnie du *C. neglectus ;* on trouve avec cette espèce les formes intermédiaires entre les deux types, lesquels proviennent *sans doute* d'un croisement. La forme noire, pur sang, diffère en couleur aussi bien qu'en grandeur de notre Choucas, le gris de la tête et du cou étant presque entièrement passé » (3).

En outre M. Seebohm remarque (4) que la collection du capitaine Blakiston renferme un exemplaire (nᵒ 2701) obtenu à Osaka, dans la partie méridionale de l'île principale du Japon, et qui paraît

---

(1) *Catalogue of the Birds of China*, by the late Swinhoe's second, Proceedings of the Zoological Society, p. 383, 1871.

(2) Notes de M. Swinhoë sur l'Ornithologie entre Takao et Pékin, au nord de la Chine. Ibis, p. 337 et 338, 1867.

(3) *A History of British Birds*, I, p. 557.

(4) Ornithologie du Japon, Ibis, p. 180, 1884.

appartenir à une forme intermédiaire entre le *Corvus dauricus* et le *Corvus neglectus*.

M. Styan (1) dit aussi « que ces deux espèces, distinctes dans leurs formes extrêmes, se croisent si facilement » qu'il croit devoir les ranger ensemble *(deal with together)*. M. l'abbé David a vu lui-même plusieurs exemples de ce croisement (2).

Les ornithologistes ne paraissent pas d'accord sur la valeur spécifique des deux types. Middendorff et Dybowsky (3) considèrent la forme foncée (*C. neglectus*) comme étant un Oiseau prématuré. M. Dybowsky, qui a trouvé cette forme en train de couver, déclare qu'elle n'obtient le plumage complet qu'au bout de la troisième année. D'un autre côté, M. Swinhoë (4) dit avoir enlevé du nid de jeunes Oiseaux ayant les signes caractéristiques de l'âge adulte, et il existe dans sa collection, d'après M. Seebohm, un exemple qui prouve ce qu'il affirme. Aussi M. Seebohm croit que Dybowsky s'est trompé.

Il paraît probable à M. de Selys-Longchamps que le *dauricus* de Chine n'est qu'une race de *monedula*, comme sont plusieurs races de notre Geai, *G. melanocephalus*, *Krynicki*, *japonicus*, etc. qui sont des races locales (5). M. Sharpe fait une espèce à part du *Colœus dauricus* (*Monedula daurica* ou *Corvus capitalis*) (6) ; de même il érige au rang d'espèce *Colœus neglectus* (7). Il faut remarquer que le British Museum ne possède comme point de comparaison qu'un seul exemplaire ♂ de ce dernier type, provenant de Sang-Haï (Chine).

Il nous sera peut-être difficile d'établir entre le *Corvus neglectus* de la Chine et notre *Corvus monedula* une distinction spécifique ; cette distinction doit-elle être établie entre le premier (*C. neglectus*) et *C. dauricus ?*

D'après les exemplaires que nous avons vus, *C. neglectus* pourrait être un mélanisme de *dauricus*, ou plutôt ce dernier un albinisme incomplet de *neglectus ;* il existe au Muséum de Paris des *monedula* tout blancs. Il y a certainement de grandes relations entre *C. neglectus*

(1) Ibis, juillet 1891. Nous n'avons point consulté nous-même ce numéro, il nous a été indiqué par le rév. Macpherson.

(2) *Oiseaux de la Chine*, p. 370.

(3) Cités par M. Seebohm.

(4) Egalement cité par M. Seebohm.

(5) Communication de M. de Selys.

(6) Ou encore *Lycus dauricus*, *Corvus monedula*.

(7) Le même, d'après lui, que *Corvus dauricus*, jun., Schl., *Corvus neglectus*, *Monedula neglectus*, *Lycus neglectus*.

et *C. dauricus*. Ce n'est pas sans raison, sans doute, que M. Radde a appelé ce dernier : *C. monedula* var. *daurica* (1).

Cependant, M. l'abbé David, qui constate que la couleur bicolore qui caractérise *dauricus* « se rencontre déjà chez les jeunes Oiseaux qui sont encore dans le nid, » porte au rang d'espèce *Lycos dauricus* et *Lycos neglectus*, tout en reconnaissant que M. Taczanowski n'admet même pas comme race distincte de *L. neglectus*. M. Oustalet nous dit qu'il considère les deux types comme des races et non comme des espèces.

CORVUS CORNIX et CORVUS ORIENTALIS (2)

Le Dr Severtzow dit (3) avoir recueilli en hiver, dans le Turkestan russe, un grand nombre d'hybrides entre *C. cornix* et *C. orientalis*, dont M. Seebohm a étudié les nichées dans les forêts près du Yénessi, sous le cercle polaire.

D'après le feu professeur, les affinités de ces hybrides avec les deux espèces pur sang seraient tout autres que celles des *C. hybricorone* (4). « Parmi les *C. hybricornix*, dit-il, les colorations intermédiaires sont au moins très prédominantes, sinon exclusives ; de plus, elles sont héréditaires, et il faut plusieurs générations de croisements avec les espèces pur sang, *C. cornix* ou *C. orientalis*, pour effacer les traces d'hybridation. » M. Severtzow a recueilli une belle série d'exemplaires très graduellement nuancés, depuis le noir presque pur du *C. orientalis*, à peine mêlé de gris foncé au haut du dos et de la poitrine, jusqu'au gris clair du *C. cornix*, sur lesquels les traces d'hybridation se réduisent à quelques petites taches noires aux flancs et au bas du dos. Après un examen comparatif des individus de cette série, M. Severtzow pense « que la coloration intermédiaire des *C. hybricornix*, passant héréditairement au noir ou au gris par des croisements successifs avec des *C. orientalis* ou des *C. cornix* pur sang, se maintient plus ou moins, *au moins pendant deux ou trois générations*; » il pense aussi « que l'hérédité

(1) *Reise in S. O. Sib.*, II, p. 207, cit. in *Oiseaux de la Chine*.
(2) Synonymie : *Corvus corone*, Pall., Schrenk, Radde et Przen, *Corvus sinensis, Corvus colonorum, Corvus japonicus*.
(3) *Études sur les variations d'age des Aquilinés paléartiques et leur valeur taxonimique*, II° partie. Œuvres posthumes publiées par M. Menzbier, in Nouveaux Mémoires de la Société impériale des Naturalistes de Moscou, XV, p. 163, 1888 (Ce travail nous a été adressé, sur notre demande, par M. Menzbier ; nous l'en remercions).
(4) M. Severtzow appelle ainsi les hybrides de *C. cornix* et de *C. corone*, tandis qu'il donne le nom de *C. hybricornix* aux hybrides de *C. cornix* × *C. orientalis*.

de la coloration hybride doit encore se prolonger parmi les unions des hybrides entre eux.» Enfin, dit-il, en Sibérie, où les *C. hybricornix* naissent en nombre considérable dans les grandes colonies mixtes de *C. orientalis* et de *C. cornix*, les croisements des hybrides avec les espèces pures, et leurs unions entre eux, doivent plus ou moins alterner dans la série des générations successives. »

Nous ne suivrons pas le savant docteur dans ses spéculations, nous pensons que pour étudier d'une manière profitable les phénomènes ou les lois qui président à la production des hybrides et à leur propagation, il faut les étudier en captivité, les croisements qui se produisent à l'état sauvage ne pouvant être suivis d'une manière convenable, au moins pendant plusieurs générations. Nous nous contenterons de faire remarquer que les *C. hybricornix* ne peuvent, pas plus que les *C. hybricorone*, être considérés comme des produits de deux espèces véritablement distinctes, mais des métis provenant du mélange de simples variétés. M. Severtzow nous apprend lui-même que les caractères de *C. orientalis* sont si variables qu'il existe des individus dont la distinction avec *C. corone* est presque impossible à faire.

M. Oustalet a bien voulu nous montrer une pièce de son laboratoire, *C. sinensis*, rapportée par M. l'abbé David. Nous avons constaté uniquement chez ce sujet une différence dans son bec avec celui du *corone* et une teinte peut-être un peu plus verte sur la gorge que chez ce dernier. Aussi nous le soupçonnons fort de n'être qu'une simple variété climatérique de *C. corone* qui, lui-même, nous l'avons dit, présente de telles affinités avec *C. cornix* que l'on doit considérer les deux types comme appartenant à une seule espèce (1).

Famille des Certhidæ

Genre Sitta

Sitta europæa (2) et Sitta caesia (3)

M. le professeur Menzbier croit pouvoir considérer quelques

_____

(1) Remarquons cependant que M. l'abbé David, qui, cette fois, ne se montre pas d'accord avec son savant collègue, semble séparer le *Corvus sinensis* du *C. corone* « dont il diffère, dit-il, par sa taille plus forte, son bec beaucoup plus gros et plus convexe en dessus, par les plumes de sa gorge acuminées et par le reflet vert de son plumage. » *Oiseaux de la Chine*, p. 368.

(2) Autres noms : *Sitta sericea, Sitta uralensis, Sitta asiatica, Sitta sericea.*

(3) Autres noms : *Sitta europaea, Sitta affinis.*

exemplaires de Sittelles provenant de la Russie centrale, qu'il possède, comme produits par le croisement de *Sitta caesia* et *S. europœa*, et de ces deux formes typiques avec leurs hybrides (1). Le professeur fait remarquer que les Sittelles, pareilles à celles qu'il possède, ne se trouvent que dans les endroits habités par les deux formes typiques; il ne les a point décrites à notre regret (2).

Il nous paraît difficile d'établir une différence spécifique entre la *Sitta europœa* et la *Sitta caesia* (3), le principal caractère de coloration qui les distingue, consistant, pensons-nous, dans la couleur des parties inférieures, qui est blanche, dans *europœa*, et rousse, dans *caesia*. Or cette couleur blanche se colore déjà quelque peu en roux vers l'anus chez *europœa*. Que cette couleur rousse gagne peu à peu le blanc de la poitrine, elle pourra faire supposer un croisement entre les deux types. Mais nous ignorons complètement si c'est à ce signe que M. Menzbier a cru reconnaître des mélanges (4).

Famille des *Melliphagidœ*

Genre Jora.

JORA TYPHIA (5) et JORA ZEYLANICA (6)

Blyth (7) a émis l'opinion que le *Jora typhia* et le *Jora zeylanica* pouvaient se croiser, il ne cite néanmoins aucuns exemples; c'est une simple hypothèse émise par le savant naturaliste.

(1) *Conférence faite à la Société zoologique de France,* Revue scientifique, 1884.

(2) Ces exemples ont été remis, il y a fort longtemps, nous écrit M. Menzbier, à feu M. Taczanowski. Celui-ci aurait fait mention de ces formes intermédiaires dans un article publié dans le Bulletin de la Société Zoologique de France vers la fin de 1822 ou de 1883. Nous avons en vain feuilleté les volumes correspondant à ces deux années.

(3) Beaucoup d'ornithologistes, notamment Blasius, sont de cet avis. Voir Salvadori (Fauna d'Italia, p 71, 1872), qui, toutefois, ne partage pas cette manière de voir.

(4) Le roux de *caesia* serait sujet à certaines variantes. Voir un exemple cité par L. Taczanowski : *Contribution à la faune ornithologique du Caucase.* Bull. Soc. zool. de France, p. 621, 1880.

(5) Autres noms : *Ficedula bengalensis, Jora scapularis, Motacilla subviridis.*

(6) Autres noms : *Ægithina quadricolor, Muscicapa cambayensis? Motacilla zeylonica, Jora typhia,* var., *Jora melaceps.*

(7) Journal of the asiatic Society of Bengal, XIX, p. 222.

Famille des Paradisidæ

Genre Paradisea

PARADISEA APODA (1) et PARADISEA RAGGIANA

Il nous paraît utile de dire quelques mots sur le *Paradisea apoda* et le *Paradisea raggiana* avant de parler de leurs croisements présumés. Le *Paradisea apoda* est une espèce d'Afrique connue depuis longtemps. Si les observations de M. d'Albertis sont exactes, cette espèce habiterait les îles Ara, et la Nouvelle Guinée au sud des montagnes Charles-Louis (2). Elle est ainsi décrite (3) : « ♂ adulte. A peu près de la taille du Geai, mais les formes plus élancées. Longueur totale : 0ᵐ38 à 0ᵐ40. Dos, cou, ailes, queue et dessous du ventre couleur marron foncé uniforme. Tête garnie de plumes courtes, très denses et d'aspect velouté, front, lorums et gorge d'un beau vert foncé, brillant et lustré, à reflets d'émeraude ; nuque d'un jaunâtre brillant. Plumes des flancs, dans la saison des noces, prolongées en deux grands panaches latéraux, très allongés de plumes molles d'un jaunâtre rouillé éclatant à la base, blanches vers leur extrémité, qui se termine par un rachis nu à la pointe ; les deux rectrices médianes prolongées en deux filets, ou currhes allongées et très fines, décrivant un arc très étendu et dépassant de trois fois au moins la longueur de la queue. Iris brun, presque noir. Le ♂, en hiver, perd ses longues et belles parures des flancs, qui ne se produisent que durant la saison des noces. Femelle adulte. Couleur générale d'un brun marron, plus foncé sur la tête, le cou et la poitrine. Plumes de la tête serrées et veloutées, teintées de jaunâtre paille, sur la nuque. Plumes des flancs lâches et un peu allongées, de la couleur du ventre. Les deux plumes du centre de la queue plus pointues que les autres, mais non terminées en filets subulés. La livrée du jeune âge ressemble tout à fait à celle de la vieille ♀ ; les deux Oiseaux ne peuvent être distingués que par la taille. Après la première mue, on voit apparaître le jaune du dessus de la tête, le vert émeraude et les grandes couvertures des flancs ; en même temps, les deux plumes du centre de la queue commencent à s'allonger en filets. »

(1) Ou *Paradisea major*.
(2) Voy. : *Oiseaux provenant de l'exploration de d'Albertis sur le fleuve Fly, traduction et notes de T. Salvadori. Annali Museo civico di storia naturale di Genova*, XI, pp. 15 et 16, 1877.
(3) In *Annuaire du Musée d'Histoire naturelle de Caen*, p. 21, 1880.

Le *P. raggiana* est, au contraire, une espèce nouvellement observée.
Elle fut découverte à Orangerie Bay, en 1873, par M. d'Albertis, pendant ses explorations sur le fleuve Fly ; cette espèce habiterait la
partie centrale et la péninsule orientale de la Nouvelle Guinée (1). Sa
description est la suivante (2) : « ♂ Taille du précédent, 0m36. Tête
et cou de couleur corne jaunâtre, avec les plumes de texture serrée
et veloutée ; une bande frontale, joues, couvertures des oreilles et
gorge d'un vert brillant, métallique, foncé ; menton d'un noir verdâtre velouté. Parties postérieures brun châtain rougeâtre ; les ailes
de même couleur, un peu plus pâles. Petites couvertures des ailes
bordées de couleur de buffle paille. Queue brun rougeâtre, avec les
deux plumes médianes disposées en filets minces très allongés et
filiformes. Plumes des flancs formant deux larges touffes d'un cramoisi brillant; les antérieures plus pâles et d'un brun blanchâtre.
Pieds brun rougeâtre. Iris jaune. La femelle plus petite que le ♂.
Couleur générale du dos, ailes et queue rouge brun. Parties postérieures de la tête et cou couleur jaunâtre. Côtés de la face, gorge et
poitrine brun pourpre. Parties inférieures brun pourpre très pâle. Iris
jaune. *Jeune* ♂, semblable de couleur à la ♀, mais de taille un peu
plus grande et de nuances un peu plus vives. A la seconde mue, les
plumes vertes de la tête commencent à apparaître. »

Le point suivant est à noter; il existe aussi, d'après M. d'Albertis (3),
« une ressemblance notable entre les jeunes mâles et les femelles
des deux espèces. » Les jeunes *P. raggiana* se distinguent seulement
par la teinte jaune de l'occiput et de la tête. Après la première mue
cette distinction s'établit par une étroite bande jaune traversant les
couvertures supérieures des ailes et aussi par un collier jaune qui
se trouve dans la région qui, chez les adultes, partage le vert de la
gorge et la couleur châtain purpurin foncé de la poitrine, c'est
seulement après la première mue que le jaune de la tête et le vert
de la gorge se trouvent complètement développés. » Cependant chez
un jeune individu (*P. raggiana*) on n'a point trouvé de traces de la
bande jaune des ailes, et il eût été impossible de le distinguer d'un
autre individu de *P. apoda*, du même âge, s'il n'eût possédé un
commencement de collier jaune. En outre, M. d'Albertis a aperçu
chez un *P. apoda*, également du même âge, une légère teinte de
jaune décorant les extrémités des couvertures des ailes. Chez un

---

(1) Voy. : Annali museo civico di storia naturale, XI, p. 15 et 16, 1877.
(2) D'après l'*Annuaire du Musée de Caen*, pp. 14 et 15, 1880.
(3) Voy.: Annali museo, etc., pp. 15 et 16, 1877.

autre individu plus jeune de la même espèce, la teinte du dessus de la tête tournait légèrement au jaunâtre.

Ces observations montrent évidemment la très proche parenté des deux types, dont nous nous sommes rendu compte plusieurs fois en examinant très attentivement les divers spécimens conservés au Muséum d'Histoire naturelle de Paris (1).

Du reste les quatre types *minor*, *apoda*, *raggiana* et *rubra* ont entre eux les plus grandes relations, mais *apoda* et *raggiana* sont les deux types les plus rapprochés ; *rubra* s'éloigne davantage des trois autres.

On peut trouver chez les quatre formes de véritables gradations de couleur. Toutefois ces gradations ne suivent point toutes un ordre régulier. — Trois couleurs notamment caractérisent les quatre types, le brun violacé, le jaune et le vert.

Le brun violacé est la couleur générale de tous et à peu près identique chez les quatre formes. Il affecte tout le corps et les ailes, sauf la tête. Le jaune se voit aux parties supérieures : chez *apoda* il couvre la tête, les joues et le dessus du cou, il se termine brusquement à la naissance du dos ; chez *minor*, après avoir teinté les mêmes parties, il descend sur le dos en se mélangeant avec le brun violacé, il apparaît aussi sur les couvertures des ailes en deux barres indistinctes et confuses ; chez *raggiana* il est limité comme chez *apoda* à la tête, aux joues et au dessus du cou, ne s'étendant pas sur le dos, mais il forme collier en venant se montrer sur le devant de la gorge en une raie fine. Sur les couvertures des ailes la barre jaune est distincte, bien définie, non confuse comme chez *minor*. Enfin, chez *rubra*, le jaune se trouve placé de la même façon que chez ce dernier, mais il s'élargit beaucoup, quoique très nettement, sur le devant du cou (où il forme un très large collier), la barre des ailes est également très agrandie.

Le vert émeraude brillant garnit chez les quatre le devant de la gorge, mais chez *rubra* il monte davantage au dessus du bec et couvre le front.

Quant à la couleur des parements la transition d'un type à l'autre est on ne peut mieux accusée ; on le voit de *minor* à *rubra* par *apoda* et *raggiana* et cette fois d'une manière très régulière. D'abord blanc crème avec quelques taches brunes chez *minor* (au moins d'après les

<hr/>

(1) Voy. aussi d'Albertis, *On Birds collecting during the Exploration of the Fly river*, Ibis, pp. 369 et 370, 1877. M. Stone, qui pénétra dans l'intérieur du Port Moresby (environ 25 milles), est le premier qui, après Wallace, aurait tué le *Paradisea raggiana*. Ibis, p. 344, 1882.

exemplaires conservés au Museum de Paris, car sur la planche colorée, publiée par Gould, les parements sont déjà quelque peu brun violacé chez *minor* et ressemblent à ceux d'*apoda*), ils prennent chez *apoda* à leur extrémité un ton brun violacé au vineux, ils deviennent complètement rouge vineux chez *raggiana*. Chez *rubra* ils sont d'un brun rouge brique très vif ou même cramoisi ; c'est une transition réelle, au moins à partir d'*apoda*.

C'est donc le jaune seul qui suit une marche irrégulière quoiqu'il soit possible de suivre ses modifications, mais alors il faut commencer par *apoda* (jaune seulement sur la tête, les joues et le dessus du cou), puis suivre par *raggiana*, présentant en outre une barre jaune sur les ailes, en venir ensuite à *rubra* où le jaune, aux mêmes parties, s'élargit considérablement, quoique très nettement, et terminer enfin par *minor*, où le jaune formant collier n'existe plus, et où la même teinte s'atténue progressivement sur les barres des ailes en s'étendant et en se mélangeant sur le dos avec le brun violacé. Quoique dans ces marques jaunes on reconnaisse assez facilement une même empreinte, leurs modifications s'expliquent beaucoup plus difficilement, on le voit.

A part cela chez les quatre : une même couleur générale qui est le brun violacé (très foncé sur le poitrail d'*apoda* et de *raggiana*) ; un même vert émeraude brillant garnissant le devant de la gorge disposé d'une même façon chez tous ; une gradation très nette et très accusée dans les teintes du parement passant du blanc crème de *minor* (peut-être déjà un peu brun vineux comme chez *apoda*), au rouge brun cramoisi de *rubra*, ou si l'on aime mieux (en commençant par *rubra*) descendant du brun rouge cramoisi de ce dernier au blanc crème quelque peu vineux de *minor* ou d'*apoda*.

Nous constatons toutefois que *rubra* est visiblement plus petit que les trois autres types qui sont à peu près d'égales dimensions, et se sépare d'eux quelque peu par sa physionomie particulière ; signe caractéristique : ses filets sont surtout beaucoup plus larges et plus longs.

Néanmoins, lorsqu'on peut établir de tels rapprochements entre certaines formes d'Oiseaux, quand au moins ces rapprochements sont tels, qu'entre *apoda* et *raggiana* les différences qui les séparent ne consistent plus que dans l'absence chez le premier d'un collier jaune et d'une barre que possède le second, doit-on séparer *spécifiquement* ces deux types? Nous ne le pensons point.

Certes il peut exister, il existe sans doute, en dehors de ceux que nous avons constatés, d'autres petits caractères différentiels qu'un œil exercé reconnaîtra facilement, mais ces caractères ne sont point si importants qu'ils s'imposent à première vue.

Sous le bénéfice de ces observations, nous reproduirons la description que M. Salvadori donne de nombreux exemplaires rapportés par M. d'Albertis de son voyage au fleuve Fly et qui, d'après le savant comte, « présentent les caractères qui peuvent les faire considérer comme des hybrides des deux espèces. »

Nous pouvions penser que ces exemplaires, au nombre de dix-huit, portant tous des numéros d'ordre, étaient conservés au Musée de Gênes ; mais M. le Dr B. Gestro, sous-directeur du Musée, en l'absence de M. le marquis Doria, directeur, nous a fait savoir que la collection génoise ne possédait que douze des spécimens décrits par M. L. M. d'Albertis et Tommasso Salvadori. Ce sont les n°s 553, 554, 388, 309, 75, 545, 450, 466, 763, 479, 600 et 383. M. le Dr B. Gestro n'a pu nous procurer d'indications précises sur les six spécimens manquant, nous supposons qu'ils sont répartis dans les musées de Turin, de Milan, de Paris, car d'après MM. Oustalet, Sordelli et Camerano, ces trois collections en possèdent. Voici la description de ces dix-huit pièces telle qu'elle a été faite par le comte Salvadori :

Mâles adultes à constitution parfaite, comprenant les n°s 601, 384, 383, 307 et 359, tous mâles :

« Yeux jaune tirant sur le vert » (d'A). Tous ces exemplaires ressemblent aux mâles adultes du *P. apoda* par les longues plumes jaunes des flancs ; outre qu'ils ont les bords marginaux (margini) des couvertures des ailes légèrement dorés, ils ont une sorte de collier jaunâtre. »

N° 600 ♂ : « Yeux jaune vert (d'A). Les bords marginaux dorés des couvertures des ailes sont plus apparents que chez les individus que l'on vient d'énumérer et le collier est aussi plus distinct, bien qu'interrompu dans le milieu. »

N° 466 ♂ : « Yeux jaunes (d'A). Individu semblable aux précédents avec une bande large et bien marquée sur les couvertures des ailes, bien que moins large et moins distincte que chez le *P. raggiana*. »

N° 763. ♂ : « Yeux jaunes tirant sur le vert » (d'A.). Semblable au précédent mais avec les longues plumes des flancs de couleur jaune orange plus vif. »

N° 560. ♂ : « Yeux jaune verdâtre » (d'A.). Semblable au précédent, mais avec le collier jaune sans interruption, étroit, surtout dans le milieu ».

N° 479. ♂ : « Yeux jaunes tirant sur le vert » (d'A.). Semblable au précédent, mais avec les longues plumes des flancs de couleur orange rouge; collier jaune, presque aussi large que dans les exemples pur sang du *P. Raggiana;* mais la bande sur les couvertures des ailes est moins apparente que chez les précédents.

N° 450 ♂ : « Yeux jaune tirant sur le vert » (d'A). Les longues plumes des flancs de couleur rouge orange très vif; collier jaune parfait, bande jaune sur les couvertures des ailes très apparente. Les cinq individus mentionnés en dernier lieu présentent une parfaite gradation pour ce qui est de la couleur des longues plumes des flancs, depuis le jaune du *Paradisea apoda* jusqu'à la couleur *presque* rouge du *P. Raggiana;* il y a aussi une gradation pour le collier jaune qui n'a qu'une bande dans le premier individu, et qui va toujours en s'élargissant jusqu'à devenir dans le cinquième aussi large que dans le *P. Raggiana* pur sang. La bande jaune sur les couvertures des ailes présente une certaine variété. La couleur de l'iris est jaune verdâtre et se rapproche davantage de la couleur de l'iris du *P. apoda* que de celle de la *P. Raggiana;* toutefois, le n° 466, la couleur est indiquée jaune comme dans cette espèce. Pour ce qui est des dimensions, elles tiennent le milieu entre les exemples pur sang des deux espèces. »

M. le comte Salvadori décrit ensuite les mâles adultes à constitution (abito) imparfaite.

N° 545 ♂ : « yeux jaune tirant sur le vert » (d'A.). Semblable aux deux premiers spécimens hybrides, mais sans les longues plumes des flancs. Ressemble à quelques individus du *P. apoda* dans le stade correspondant, mais en diffère par les bandes du collier qui sont jaunes.

N° 75 ♂ : « Yeux jaunes » (d'A.). Semblable au précédent, mais avec les bandes du collier non apparentes. Puis les mâles jaunes ayant la constitution des adultes.

N° 309 ♂ : « Semblable au n° 543, mais avec deux rectrices moyennes incomplètement développées et terminées par de longues barbes vers le sommet, ce qui leur donne la forme de spatule ou de rame. Le jaune de la nuque est mélangé de châtain. »

N° 553 ♂ : « Yeux jaune verdâtre » (d'A.). Individu jeune, front et gorge vert : un peu de jaune apparaît dans le châtain du sommet (*vertice*). Les deux rectrices moyennes de même forme que les latérales, mais un peu plus larges et plus pointues. Il a une bande du collier jaune et les yeux jaune verdâtre, ce qui fait croire que c'est un hybride.

Femelle n° 618 ♀ : « Yeux jaunes » (d'A.). Semblable à la femelle du *Paradisea apoda* de laquelle elle diffère seulement par une bande peu apparente de jaune sur l'occiput et aussi par les yeux qui sont jaunes. »

N° 388 ♀ : « Yeux verdâtres (d'A.). »

N° 546. ♀ : « Yeux jaune verdâtre » (d'A). Ces deux exemplaires, avec les bandes du collier non apparentes, sont tout à fait semblables aux femelles du *P. Raggiana*, il n'y a que la couleur des yeux qui les a fait considérer comme hybrides ».

N° 554. ♀ : « Yeux jaune verdâtre » (d'A.). Individu semblable aux précédents, mais avec le collier formé de points jaunes, large et bien apparent. »

M. le comte Salvadori qui considère ces individus à caractères mélangés comme une preuve de croisement des deux types, s'est demandé si ces hybrides étaient féconds, et a répondu affirmativement en considérant les différences qu'ils présentent entre eux, attribuant (probablement) ces différences au croisement des hybrides avec les espèces mères. Il a même émis cette opinion que le résultat final du croisement entre les deux espèces pourrait être « une forme avec des caractères constants, c'est-à-dire la formation d'une nouvelle espèce » (1).

Jusqu'alors cette nouvelle espèce avec des caractères mixtes constants n'a pas encore été constatée, tout au contraire, comme on vient de le voir, M. Salvadori n'a rencontré chez les hybrides supposés que des formes non stables et variables.

Nous ne connaissons qu'un seul de ces exemplaires, celui qui est conservé au Musée d'Histoire naturelle de Paris. Nous avouons bien franchement que nous ne sommes point convaincu de sa double origine, il nous a paru, à bien peu de chose près, un véritable *apoda*. Du reste, cette coloration mélangée, qu'indique M. le comte Salvadori, n'est peut-être qu'une transition, un commencement de passage d'un type à l'autre, dû entièrement à des causes naturelles et non à un croisement des deux formes. Nous allons voir bientôt à l'article *Colaptes auratus* et *C. mexicanus* des exemples bien plus étonnants de ces gradations presque insensibles d'une coloration à une autre, changements qu'on explique aujourd'hui sans croisements (2).

(1) Voy. Op. cit , t. XIX, p. 406, 1877.

(2) Le *raggiana* paraît, du reste, sujet à quelques variantes. MM. les docteurs O. Finsh et A.-B. Meyer citent des exemplaires de Milne Bay, qui semblent avoir « the brownish-violet brest shield rather darker and the parts immediatly below, also darker than the exemple from Astrohale mountains, etc. Voir « On some new Paradise Birds, » Ibis, p. 251, July, 1886.

Les Oiseaux supposés hybrides, dont on vient de faire mention, présentent néanmoins un grand intérêt scientifique. Nous ignorons si de nouvelles découvertes de ce genre ont été faites depuis le voyage de M. d'Albertis au fleuve Fly. Nous n'avons trouvé, dans les divers journaux d'ornithologie que nous avons consultés, aucune mention de ces formes intermédiaires, mais quelques spécimens *raggiana* sont seuls cités (1).

Les collections d'Oiseaux de la Nouvelle Guinée envoyées au Musée de Gênes par M. le Dr L. Loria, depuis les voyages de M. d'Albertis, ne contiennent également que des *raggiana*; M. le Dr Gestro nous écrit qu'il n'y a point vu d'hybrides.

EPIMACHUS MAGNIFICUS et SELEUCIDES ALBA. — En 1890, M. Alphonse Forest, naturaliste plumassier à Paris, en réponse à une demande que nous lui avions adressée, nous faisait savoir qu'il possédait un exemple remarquable de croisement d'Epimaque promefil (Epimaque gorge d'acier du commerce *(Epimachus magnificus* Vieill. et de Seuleucides multifil. *(Seuleucides alba* ou *resplendens)*, deux espèces de la Nouvelle-Guinée. La description qu'il voulait bien nous donner alors était la suivante : « le dos de l'Epimaque, les ailes et la queue du Seleucides; la gorge et la poitrine ni de l'un ni de l'autre, tout en reproduisant les caractéristiques des deux Oiseaux; le ventre et les flancs comme chez l'Epimaque. » M. Alphonse Forest ajoutait qu'il était tout disposé à nous laisser étudier à loisir ce produit et qu'il nous le confierait, si nous le désirions, avec des sujets purs des parents supposés, ce qui nous permettrait sans doute de reconnaître les traces du croisement.

Nous n'avions point accepté son offre parce qu'à cette époque nous nous occupions principalement des croisements des Gallinacés. Mais, cette année, ayant appris que M. Forest conservait encore cet Oiseau à titre de curiosité, nous lui avons manifesté notre désir de l'examiner.

La pièce, préparée en peau plate, est incomplète, elle manque de pattes. En nous l'adressant, M. Forest nous disait qu'afin de se rendre compte de son authenticité et de savoir si des parties n'avaient point été rajustées (les Papous sont très habiles au raccommodage d'Oiseaux mutilés, mais s'inquiètent peu de mettre un membre d'une espèce d'Oiseau à un sujet d'une autre espèce), il lui avait arraché une aile et avait reconnu qu'elle lui appartenait réellement; la queue, que l'on pouvait croire collée, ne l'était aucunement; bref, l'Oiseau pouvait être considéré entier, à l'exception des pattes manquant. M. Forest appelait également notre attention sur les rectrices externes, ayant la forme de celles de l'Epimaque (tandis que celles du milieu ou de couverture de couleur roux brun le rapprochaient comme forme du Seuleucides), puis aussi sur l'aile, qui présentait dans sa forme les caractères de l'Epimaque, étant, par son coloris, un amalgame des deux genres. En outre, il nous indiquait un sujet rappelant cet Oiseau et donné recemment au

(1) Voir : *On a small Collection of Birds from the Lousiade and d'Entrecasteaux Islands*, by H. B. Tristram, Ibis, I, p. 553, 1889. Voir aussi *Notes on the Paradise Birds of British New Guinea*, by A. P. Goodwin of Lismore. The Ibis, II, p. 151, 1890.

Muséum par M. Mantou, sujet qui avait été désigné par M. Oustalet sous le nom de *Mantoui*.

Ne pouvant apprécier nous-même la nature de ce curieux spécimen, nous avons cru devoir le communiquer à plusieurs savants ornithologistes. M. Oustalet étant alors en vacances et absent de Paris, nous l'avons d'abord envoyé à M. le prof. Giglioli, de Florence, qui n'a pas voulu se prononcer à cause du mauvais état de la pièce, tout en reconnaissant qu'elle présentait des caractères embarrassants. M. Ridgway, de Washington, qui l'a vue ensuite et l'a examinée avec une grande attention, ne la croit nullement hybride, « mais une espèce distincte de *Ptilorhis*, alliée à *P. magnificus*, pouvant être facilement reconnue par ses caractères. » M. Paul Matschie, qui l'a vue également en compagnie de M. le Dᵣ Reichenow, du Musée de Berlin, ne la croit pas davantage hybride de *Seleucides* × *Epimachus*, mais « un vrai *Craspodophora (Epimachus)* différent du *Cr. magnifica intercedens*, appartenant à une espèce *nouvelle* très bien caractérisée. » (M. Paul Matschie constatait la présence, sur le corps, de quelques plumes indiquant un état de jeunesse, comme M. Forest l'avait déjà reconnu). Enfin, M. Oustalet s'est convaincu que l'Oiseau appartient à l'espèce du spécimen donné au Muséum (au mois de juillet 1891) par M. Mantou, espèce nouvelle qu'il a décrite dans le *Naturaliste* (1) sous le nom de *Ptilorhis* ou plutôt de *Craspodophora Mantoui*.

Nous avons fait connaître à M. Forest les appréciations de ces quatre ornithologistes, néanmoins M. Forest persiste dans sa première manière de voir et considère l'Oiseau comme produit par le mélange des deux espèces qui ont été nommées. Il est persuadé que si des voyageurs ou des négociants habitués à manipuler et connaissant les Oiseaux de la Nouvelle-Guinée le voyaient, ils seraient de son avis. Nous n'avons point cru néanmoins devoir faire figurer sur notre liste le croisement de l'*Epimachus magnificus* et du *Seulecides alba*, quoique cette liste, remarquons-le encore, contienne bien d'autres croisements qui, sans doute, n'ont pas plus de valeur.

Famille des Scenopiidæ

Genres Oriolus et Ptilorhynchus

SERICULUS CHRYSOCEPHALUS (2) et PTILORHYNCHUS HOLOSERICEUS (3)

Nous avons éprouvé un réel embarras pour reconnaître la famille d'Oiseaux à laquelle appartiennent les deux espèces *Sericulus chrysocephalus* et *Ptilorhynchus holosericeus;* la difficulté du classement a été d'autant plus grande que divers ornithologistes placent les deux espèces dans deux familles distinctes. Ainsi, le prince Charles Bonaparte classe le genre *Ptilorhynchus* dans la famille des Garruliens; Lesson, au contraire, le place dans la famille des Corvidés, et Gould (ainsi qu'Elliot) dans celle des Paradisidés.

(1) Nᵒ du 1ᵉʳ novembre 1891, pp. 260 et 261.
(2) Autres noms : *Oriolus regius, Oriolus regens, Meliphaga chrysocephala, Sericulus magnirostris, Turdus mellinus, Sericulus mellinus.*
(3) *Corvus squamulosus, Pyrrhocorax violaceus, Ptilorhynchus macleayi, Ritta holosericea.*

Le genre *Sericulus*, à son tour, est admis par le prince Bonaparte parmi les Oriolidés, tandis que Lesson le range dans la famille des Turdusinées ; mais Gould le croit appartenir à la famille du *Ptilorhynchus*, c'est-à-dire aux Paradisidés.

Il est bon de noter ici que, d'après Degland, les Garruliens et les Corvidés sont des Déodactyles cultirostres, alors que les Oriolidés et les Turdidés sont des Déodactyles subulirostres. Or, les Paradisidés appartiendraient aux Tenuirostres suspenseurs. M. Sharpe, comme M. Gould, a rangé les deux genres qui nous occupent dans une seule famille, toutefois dans une famille différente de celle choisie par le célèbre ornithologiste australien, dans celle des *Timeliidés* M. Ramsay, curateur du Muséum de Sidney, qui s'est occupé du croisement des deux espèces, *S. chrysocephalus* et *Pt. holosericeus*, veut bien nous faire connaître sa manière de voir. Il ne voit aucune raison de les assimiler aux Paradisidés, il les met au nombre des *Scenopiidæ* (1).

Ceci montre les divergences d'opinions dans le clasement des espèces, divergences que nous avons signalées en commençant et malheureusement trop fréquentes parmi les naturalistes. Mais passons à l'hybride hypothétique que plusieurs ont supposé provenir des deux espèces nommées, et dont le classement a donné lieu lui-même à des opinions contraires.

Ce remarquable spécimen fut envoyé à M. Gould par M. H.-C. Rawnslay, esq. de Brisbane, en Queensland. Depuis deux ans déjà l'Oiseau était devenu d'un grand intérêt pour les Ornithologistes d'Australie, qui discutaient sur sa nature. D'après les lettres que M. Gould reçut alors, MM. Coxen et Rawnslay le supposaient hybride.

Après avoir soigneusement comparé le spécimen avec les exemples du Satin Bird (*Pt. holosericeus*), M. Gould ne put arriver à une conclusion satisfaisante, quoique inclinant vers l'hybridisme. Comme le Regent Bird (*S. melinus*) et le Satin Bird ont tous deux des endroits de divertissement (2) et habitent les mêmes taillis, il pouvait en effet se faire que les lieux de réunion des premiers aient été visités par les seconds, d'où l'origine de l'Oiseau soumis à son examen ?

---

(1) Famille qui comprend d'après lui les genres : *Scenopacus* Ramsay, *Amblyornis* Elliot, *Ailurædus* Cabanis, *Sericulus* Swaison, *Ptilonorhynchus* Kuhl, *Prionadura* de Vis et peut-être aussi *Cinemphius* de Vis, mais ce dernier n'a pas été examiné par Ramsay.

(2) Sorte de berceau où les individus de races différentes se rencontrent et où les mâles combattent, pendant que les femelles coquettent.

Les circonstances dans lesquelles il fut tué sont les suivantes (1).
Un grand nombre de Satin Birds prenaient leur nourriture
dans le jardin de la maison de M. Rawnslay, située à Wilton,
près de Brisbane, le 14 juillet 1867, et M. Rawnslay venait de
tuer un mâle noir adulte, quand son attention fut attirée
sur un autre individu qui s'était abattu sur un arbre à une courte
distance. Chargeant son fusil aussi vite qu'il put, il fit feu et fut
assez heureux pour abattre le nouveau venu. Lorsqu'il tomba, la
partie jaune de son plumage attira son attention et l'étonna vivement, car il avait cru tirer sur un Regent Bird. L'Oiseau était mort
sur le coup; en soulevant sa paupière le gentleman de Brisbane
trouva que l'iris était d'un vert pâle de mer, sans aucune trace de
cette belle teinte magenta qui entoure la pupille du Satin Bird et
rayonne autour de cette pupille. M. Rawnslay, fort surpris, porta
l'Oiseau chez M. Gregory, esq., inspecteur général de Queensland,
qui le reconnut immédiatement comme une espèce vue déjà par lui
vers le mois d'octobre 1856, sur la route du golfe de Carpentaria, à
la baie Moreton. La localité, où cette espèce avait été vue,
était la rivière Sutter, une branche du Burde Kine. M. Rawnslay
note ici que M. Gregory prit toujours un grand soin de distinguer les différents chants des Oiseaux ou les cris divers des animaux de buissons, sachant que les indigènes les emploient fréquemment pour leur propre usage, soit comme appât ou signaux de
communication. Aussi l'attention de celui-ci fut-elle attirée vers la
nouvelle espèce à cause de son chant particulier, qui était un *Ohou*
répété plusieurs fois très distinctement... M. Gregory avait observé
si soigneusement le plumage de cette espèce qu'il put discuter avec
M. Elsey, le chirurgien et le naturaliste attaché à sa compagnie, sur
la question de savoir si on devait la placer dans le genre *Ptilorhynchus* ou bien dans le genre *Sericulus*. Cette espèce, toutefois, ne fut
point observée par M. Helsey, qui s'imagina un moment que
M. Gregory avait vu simplement le Regent Bird. Mais M. Gregory
ne doute pas de son assertion et est persuadé de n'avoir fait aucune
méprise ayant eu tout d'abord son attention attirée par le chant
inusité de l'Oiseau (2).

Diggles a décrit ainsi, dans son ouvrage sur les Oiseaux d'Australie (3), l'hybride supposé. « La tête, la gorge, le cou, la poitrine,

(1) Elles ont été racontées par M. Rawnslay.
(2) Tout ceci se trouve dans Gould, *Birds of Australia*, que nous n'avons fait
que traduire. Voy. partie XVI et pl. 23 pour la figure coloriée de l'hybride
supposé.
(3) *Companion to Gould's Handbook or Synopsis of the Birds of Australia* by
Silvester Diggles, Brisbane, 1868.

l'abdomen, le dos, les couvertures inférieures et supérieures de la
queue, d'un beau noir bleuâtre luisant, les couvertures de l'aile
et la fausse aile noir jais, bordées de la première couleur, les
primaires noires, à l'exception d'une petite partie des lames
extérieures et une grande partie des lames intérieures près de la
base qui sont d'une couleur jaune vif ; les secondaires sont
orange brillant pour la grande partie de leur longueur, les
parties de la base étant bordées de noir, elles ont une grande
plaque noire arrondie ou ovale près des bouts, une étroite raie
d'orange foncé s'étend dans une forme ondulante à travers le
centre des lames extérieures des tertiaires, les lames intérieures
étant entièrement noires ; les deux plumes du milieu de la queue,
noir jais, le reste, de même, légèrement tacheté de brun doré, les
pieds, noir olive, le bec de même, mais plus clair au bout, les
irrides, bleu verdâtre. Longueur 11 ¼ pouces ; aile 6, queue 4,
tarse 1¾, bec ¼. »

« Cette splendide espèce nouvelle, dit cet auteur, doit être considérée comme une addition fort intéressante à la faune de Queensland. La forte ressemblance de couleur au Satin Bird commun et
aussi à l'Oiseau Regent pourraient faire supposer qu'il s'agit d'un
hybride, mais l'important témoignage de l'explorateur, M. Gregory,
est d'un grand poids et amènera le naturaliste à une juste conclusion. » Diggles rejette donc l'hypothèse d'une double origine, mise
également en doute, quoique avec un peu d'hésitation, par M. Gould.

M. Ramsay a repris la question pendante, et n'a pas hésité à se
déclarer partisan de l'hybridité chez le *Ptilorhynchus Rawnslayi* (1) ;
il a adressé à la Société zoologique de Londres plusieurs remarques
sur ce curieux Oiseau (2) où il conclut que tout naturaliste sans
prévention doit admettre un hybridisme. Le *Ptilonorhynchus
Rawnslayi* est si intermédiaire en forme, en taille et en couleur
entre les mâles adultes Regent et Satin Bower Birds, dit-il, qu'on
ne peut avoir de doute sur sa descendance. La forme et le contour
du bec notamment, la couleur de l'iris, la manière dont l'Oiseau
est marqué, la forme même de ces marques tendent toutes à prouver
son origine mixte. M. Ramsay rappelle en outre que l'Oiseau fut
tué dans une bande de Satin-Bower Birds dans le voisinage des
Oiseaux Regent, à quelques milles de Brisbane, circonstances qui
l'amènent à penser que c'est un produit des deux espèces. Si le

(1) C'est ainsi que Diggles appelé cette nouvelle espèce en l'honneur de M. Rawnslay
esq.

(2) *Notes sur le spécimen original Ptilonorynchus Rawnslayi*, par E. P. Ramsay.
Proceedings of the scientific meetings of the zoological Society.

Ptilonorhynchus Rawnslayi était réellement une espèce valide, dit-il, d'autres exemples auraient assurément été trouvés près de la même localité ; mais d'après ce que M. Ramsay a pu apprendre, jusqu'à présent aucune preuve sérieuse n'est donnée sur l'existence en Australie d'une semblable espèce. Aussi a-t-il cru devoir attirer de nouveau l'attention sur le plumage de *Pt. Rawnslayi* qu'il a décrit ainsi :

« Tout entier d'un noir bleuâtre brillant intermédiaire en teinte entre celui de l'Oiseau mâle Regent (*Sericulus chrysocephalus*) et celui de l'Oiseau satin (*Phtilorhynchus holosericeus*); sur les primaires est une large bande de jaune doré brillant commençant à 2-5 pouces du bord supérieur de l'épaule ; cette bande ou plaque jaune s'étend aux bouts des secondaires ; les lames extérieures des plumes de la septième primaire sont divisées comme dans l'Oiseau mâle adulte Regent. Les deux plumes extérieures de la queue sont marquées de jaune pâle sur leur bord extérieur ; les trois proches de chaque côté sont marquées de la même manière, excepté les deux du centre, qui sont marquées d'une teinte jaune orange plus foncé ; les plumes extérieures sont bordées sur leurs lames intérieures d'un pâle jaune brunâtre. Les plumes de la tête sont courtes, ressemblant à celles de l'Oiseau mâle adulte Regent, les plumes sur le haut de la tête et celles s'étendant du derrière de la tête à la nuque ont une plaque de couleur orange près du centre du bout de chaque plume ; le bord extérieur de cet endroit, où il joint le bord étroit bleu noirâtre, est d'une teinte orange plus foncée, quelques plumes ayant une ligne noire bleuâtre jusqu'au centre le long de leurs tuyaux, divisant par moitié l'endroit couleur orange ; l'extrême bord étroit de toutes ces plumes est d'un noir bleuâtre, de même teinte que le reste des plumes de la tête et du cou » (1).

Ici M. Ramsay observe que les marques couleur orange de ces plumes ne sont point visibles, à moins donc qu'on ne soulève les plumes du bout de la tête, ainsi on les aperçoit facilement. Il est tout surpris de constater que cette très importante marque d'hybridisme a été apparemment négligée par M. Gould (2) et par M. Diggles (3), qui ont tous deux d'écrit l'Oiseau d'après cette même peau qui lui fut apportée.

Gould a donné une gravure coloriée du *Ptilonorhynchus Rawnslayi* et deux autres gravures représentant l'une, le *Sericulus melinus*,

(1) Proceeding of the Zoological Society.
(2) *Suppl. B. Aust.*, pl. 34.
(3) *Ornith. Aust.*, pl. 52.

la deuxième le *Ptilonorhynchus holosericeus;* une comparaison peut donc être établie entre les facteurs supposés et leur produit hypothétique, mais des gravures, si exactes qu'elles puissent être, ne permettent de fonder un jugement que lorsque les espèces qu'elles représentent ont été longuement étudiées et par conséquent sont déjà bien connues. M. Bowdler Sharpe, le savant ornithologiste du British Museum, en parlant incidemment du *Ptilonorhynchus* si controversé, s'est exprimé ainsi dans le catalogue de cette immense collection : « This supposed species, which is like a Satin Bower-bird with the wings of a Regent Bird, appears to be a *undoubted* hybrid between these two species » (1). M. Newton, en signalant dans l'Ibis (2) cet Oiseau, décrit par Diggles pour la première fois, le considérait comme une espèce difficile à classer (3), mais il ne posait point la question d'hybridisme (4). Le *Ptilonorhynchus Rawnslayi* serait-il un des derniers représentants d'une espèce, maintenant disparue, nous ne le supposons point ; mais nous attendrons aussi de nouvelles observations pour le déclarer un véritable hybride. L'albinisme se traduisant quelquefois en jaune pourrait à la rigueur avoir affecté les plumes qui le rapprochent d'une des deux espèces supposées mères; mais peut-être aussi d'autres marques, dont nous ne pouvons nous rendre compte, viennent-elles aussi en faveur d'une hybridation ? Ce qui nous a vivement surpris, ça a été de constater sur la queue la présence du jaune qu'aucun des *melinus* conservés au Muséum de Paris ne porte à cette place. Ceci semblerait indiquer que cette marque n'est point due à un croisement. La couleur non violacé du *melinus* n'est point non plus rappelée. La taille toutefois est plus faible que chez *violaceus* et l'iris est moins bleu que chez cette dernière espèce. (Nous parlons ici de la figure donnée dans l'ouvrage d'Elliot).

Famille des Coraciadidæ.

Genre Coracias

CORACIAS INDICA (5) et CORACIAS AFFINIS

M. Blyth a obtenu dans le voisinage de Calcutta, avec un ou deux

---

(1) *Catalogue of the Birds in the British Museum*, VI, p. 381, 1881.

(2) *Notices on recent Ornithological publications*, Ibis, 1868, p. 348.

(3) If should be referred to *Phtilonorhynchus* or *Sericulus* seem at present doubtful.

(4) Elliot. *Monographie des Paradisidæ*, 1873, a publié une planche (pl. XXIX) représentant le *Pt. Rawnslayi*, et paraît favorable à la théorie de l'hybridation. Le *Pt. Rawnslayi* avait été encore signalé dans l'Ibis de 1870, p. 119.

(5) Autres noms : *Coracias pilosa*, *Coracias naevica*, *Coracias affinis*.

individus ayant le plumage pur de l'*affinis*, plusieurs spécimens présentant une gradation de coloration entre ce type et le *C. indica*. M. Blyth conclut de là que dans les lieux où ces exemplaires furent trouvés, les deux formes *C. affinis*, *C. indica* s'accouplent assez souvent et tendent à se fondre dans une race particulière mêlée. M. Blyth n'a jamais rencontré un exemple de vrai *C. affinis* avec la large bande pourpre à la queue qui caractérise l'adulte *C. indica*, mais il a trouvé cette bande développée dans la race mélangée (1). Dans plusieurs districts des contrées situées à l'Est, il est difficile, dit encore Blyth, de se procurer des *Coracias affinis* ou des *Coracias indica* avec la coloration tout à fait typique (2).

Ces croisements ont été signalés par le capitaine L. H. Orby, qui indique dans le Museum de Calcutta des spécimens « évidemment hybrides (3) ». Legge (4) constate aussi que « les deux formes *C. indica* et *C. affinis* se fondent tellement l'une dans l'autre, qu'il est impossible de dire où l'*indica* finit et où l'*affinis* commence (5). » Enfin M. L. Hume (6) remarque que c'est dans le Terai, entre Darjiling et le Bengal, que les deux races commencent à s'accoupler (7).

Sommes-nous ici en présence d'un véritable croisement (qui tout au plus s'opérerait entre deux variétés d'une même espèce)? Il n'est point certain que ces spécimens à plumage intermédiaire entre les deux types soient de véritables hybrides (8); certains considèrent que la diversité des nuances doit plutôt être attribuée à la séparation incomplète des espèces dans les lieux où ces variétés se rencontrent ainsi que cela se produit chez les Euplocomes : *E. lineatus* et *E. horsfieldi* (9), ou bien encore chez les *Colaptes C. auratus* et *C. mexicanus* (10). Ce n'est pas dans une collection, remarque-t-on dans la

---

(1) *Notices and Descriptions of various new or little known species of Birds*. Journal of the asiatic Society of Bengal, XIV, p. 190, 1845.

(2) Même journal, vol. XIX, p. 228.

(3) *On the Birds observed in Oudh and Kumasn*. Ibis, p. 228, juillet 1861.

(4) *History Birds of Ceylan*, p. 282, London, 1880.

(5) Le *Coracias indica*, qui se trouve, dit Legge, dans presque toutes les parties de l'Inde, ne va pas jusqu'à Burmah où il est remplacé par la race *C. affinis*.

(6) Cité par Legge, *op. cit.*, même page.

(7) Voy. sur les mêmes croisements : SHARPE, *On the Coraciadidæ of Ethiopan Region*, Ibis, p. 185, 1871.

(8) Voy : Ibis, p. 186 (en note), 1871.

(9) Sclater, in Proceedings of the zoological Society of London, p. 120, 1863.

(10) Baird, *Birds of North America*, p. 122.

même revue, que l'on peut chercher la preuve de l'hybridisme (1).
Peut-être beaucoup de croisements supposés, répétons-le, ne sont
autres que des variations de coloration. Il faudrait constater l'accouplement des deux types pour affirmer sûrement leur mélange, même
chez les variétés.

Coracias garrula (2) et Coracias indica

Dans une réunion de la Société asiatique du Bengale (3), M. Bell
exposa, avec plusieurs autres Oiseaux pris dans le voisinage de
la mer Rouge et dans l'Arabie, une espèce de Roller (*Coracias*), distincte de l'espèce indienne et de l'espèce européenne. Cet Oiseau,
disait le rapport, se rapproche de cette dernière espèce, mais il
en diffère par quelques détails de plumage. « D'une façon générale,
il a une coloration plus adoucie, et le bleu violet des couvertures
inférieures des ailes ne se continue pas comme dans *C. garrula* sur
les épaules. La tête et le cou sont aussi d'un gris sale, plutôt d'un
gris bleuâtre. » L'auteur de cette communication notait qu'il
n'avait point eu le temps de s'assurer si ce spécimen appartenait à
une espèce connue.

M. Blyth semble l'avoir considéré comme un hybride de *C.
garrula* et *C. indica* (4); le savant ornithologiste cite en outre un
spécimen de *Coracias garrula*, obtenu dans le Kashmire, et sur
lequel on aperçoit « une trace de croisement très visible avec
C. indica; ce qui montre, ajoute-t-il, que le *C. indica* s'unit à
C. garrula dans l'Ouest comme il s'unit au *C. affinis* dans l'Est. »

M. Blyth n'avait point cependant osé affirmer ce croisement lors
de sa première publication (5), faite en 1845, dans le journal de
la Société asiatique du Bengale. M. Seebohm le conteste (6);

(1) Le Burmese roller, c'est-à-dire le *Coracias affinis*, diffère de l'*Indian roller*
(*C. indica*) « in the upper part benig greener; the neck and breast without any
reddish brown, being dusky purplish, varied with bright purple, and in the wing
being dup purple; it also wants the broard terminal purple bard of the tail. » Mais
il n'en diffère pas « in its habits or voice. » The *Birds of Indian being a natural
history of all the Birds know to inhabit continental indica*, etc., by the late
T. C. Jerdon, reprinted under supervision of major H. H. Godwin-Austen. I, p. 214,
Calcutta, 1877.

(2) Autres noms : *Galgulus garrulus, Coracias loquax, Galgulus galgulus.*

(3) Voy. *Proceedings of the asiatic Society of Bengal*, p. 249, 1871.

(4) Voy. *Addenda to the Avifauna of India*. Ibis, p. 80, 1873.

(5) Voy. en effet vol. XIV, p. 190, et aussi vol. XIX, p. 228.

(6) *A History of British Birds*, II, p. 328.

Jerdon (1) n'en a pas parlé, mais nous lisons dans Legge (2) que
« la classe de cet Oiseau *(C. indica)* s'étend à travers la Perse jusqu'à
l'Asie Mineure, se mélangeant avec son allié d'Europe *C. garrula*. »
Dans ce croisement il s'agirait plutôt du croisement de deux espèces,
que du croisement de deux variétés, comme cela s'est produit dans
le précédent exemple ; ce mélange, toutefois, ne nous paraît pas
entouré de garanties suffisantes pour établir son authenticité.
Notons aussi que la différence de coloration entre le *Coracias benga-*
lensis et le *C. garrula* n'est pas très considérable quoique cette coloration ne soit pas absolument la même en plusieurs points ; ainsi,
chez le premier, la gorge et la poitrine, au lieu d'être vert veronèse
bleuté clair comme elles le sont chez *garrula*, sont brun roux clair
(rosé) taché longitudinalement de raies jaunes déterminées par la
couleur de la tige de la plume principalement blanc jaune. Les pennes
de la queue, dans le *bengalensis* sont aussi, en dessus et en dessous,
terminées transversalement par du bleu foncé qui fait barre, ce qui
n'existe pas chez *garrula*. Il existe encore quelques autres différences
de teintes sur ces plumes. Enfin le bleu de la tête s'arrête à la
nuque chez *bengalensis* et ne descend pas sur le cou comme chez
garrula. Telles sont les caractères différentiels principaux qui, on
le voit, ne sont pas très considérables.

Famille des Picidæ

Genre Colaptes

COLAPTES AURATUS (3) et COLAPTES MEXICANUS (4)

Il existe dans l'Amérique du Nord plusieurs formes de Piverts
(Wood peckers) : parmi elles sont le *Colaptes auratus* et le *Colaptes*
mexicanus (5). Le premier habite le Nord-Est (6), le second le Nord-

---

(1) *Birds of India*. I, pp. 228 et 219, Calcutta, 1877.

(2) *History of Birds of Ceylan*, p. 282.

(3) Autres noms scientifiques : *Cuculus auratus*, *Pinus auratus*, *Geopicus*
auratus.

(4) Ou : *Picus cafer*, *Picus Lathanii*, *Picus mexicanus*, *Picus rubricatus*,
Colaptes rubricatus, *Colaptes collaris*.

(5) Du grec χολαπτής, ciseau à tailler, marteau.

(6) « Eastern United States West to Great Plains, and North to Hudsoni Bay
and Alaska, occuring occasionally on the Pacific slope of the Rockey Moutains
from California Northwards » (d'après Edward Hargitt).

Ouest (1). Entre ces deux formes, quelque peu différentes l'une de l'autre par la coloration du plumage (2), se trouve toute une série d'Oiseaux intermédiaires offrant une réelle gradation de teintes.

Longtemps on a pensé que ces formes de transition devaient leur origine à l'hybridation. Si cela est, on se trouverait en présence du plus curieux et du plus intéressant hybridisme naturel qu'il soit possible de constater.

Mais si nous en croyons des naturalistes d'une grande compétence en pareille matière, le croisement ne jouerait aucun rôle dans cette affaire. Ce serait au climat que l'on devrait attribuer le passage graduel insensible d'un plumage à l'autre ; dans les lieux où habitent ni *auratus* ni *mexicanus* se rencontrent, en effet, des formes de transition. Que d'hybrides supposés doivent peut-être être rapportés aux mêmes causes et, parmi eux, bien des exemplaires que nous avons cités !

M. Elliot Coues traite ainsi le sujet (3) : D'abord il remarque que le professeur Baird, d'après les nombreux exemplaires du Dr Hayden, qui lui ont permis de suivre la gradation insensible qui joint une forme à l'autre, a adopté sans restriction l'hypothèse de l'hybridation. C'est ainsi que le professeur renferme sous le nom d'*hybridus* une série remarquable de Piverts des régions du Missouri supérieur et de Yellow-stone, lesquels portent à la fois les marques caractéristiques du *Colaptes auratus* et celles du *C. mexicanus* dans des proportions variables suivant les individus. Il a tracé les voies nécessaires de départ des types *auratus* au type *mexicanus*, et a fait saisir les gradations à l'aide d'un tableau comparatif qui indique les variations des caractères. La première déviation consiste dans l'apparition des plumes rouges dans les endroits noirs maxillaires (4), ces plumes augmentent

---

(1) « Mexico (generally), except the Eastern portion North of Vera-Cruz, south into Ooxaca ; north through the Western United states of Sitka ; also found in Guadalupe Island, Lower California (d'après le même).

(2) Leur analyse par Elliot Coues (in « *the Key* ») se résume ainsi : MEXICANUS : « *Red moustaches in ♂ ; no red on nape in ♀ ; wings and tail orange-red underneath ; cap lilac-brown : throat asky ; no yellow on belly ; back umberbrown.* » AURATUS : *Black moustaches in ♂, red nuchal cresent in ♂ wings and tail golden yellow underneath : cap asky ; troat lilac-brown ; yellow on belley, back olive-brown.* »

(3) *Birds of the North-West,* etc., p. 202 et suiv., 1874.

(4) Ici M. Elliot Coues fait observer que les places noires sont supposées manquer complètement chez la femelle. Mais M. W. D Scott aurait dit (Pr. Bost. Soc. Acad., 1872), une femelle non adulte (sexe reconnu dans une dissection minutieuse) avait une marque noire à la joue, différant seulement de celle du mâle adulte en ce qu'elle avait des plumes grises mêlées de noir. Chez la femelle adulte, les contours de la marque de la joue se voient nettement.

jusqu'à ce qu'elles dominent et finissent par exclure les noires et se transforment complètement en la marque rouge du type *mexicanus*. Ceci a lieu conjointement avec la diminution et l'extinction de la huppe écarlate de la nuque, où l'on trouve la marque caractéristique du jaune doré à l'aile et à la queue passant par la couleur intermédiaire de l'oranger en celle du rouge *mexicanus*, changement accompagné d'une autre modification qui affecte la couleur du brun lilas particulière à la gorge et celle du brun olive du dos, couleurs qui se fondent respectivement en couleur cendrée et en gris purpurin.

Si cet hybridisme existe, il s'étend, nous venons de le dire, sur une très vaste échelle. Mais M. Elliot Coues croit prudent de suspendre son jugement, les récentes recherches sur la question de variation climatérique « ayant jeté une grande lumière sur ce sujet et discrédité ainsi la plupart des hybridismes supposés de moindre importance. » La circonstance suivante qui est affirmée dans « *the Key* » et que lui a fait connaître M. Allen (1) l'a amené à des considérations opposées à celles du prof. Baird. En effet, les exemplaires *Colaptes auratus* de la Floride portent quelquefois des marques rouges sur les endroits maxillaires noirs. M. J. H. Bathy lui a parlé d'un spécimen de la Nouvelle-Jersey, obtenu il y a quelques années, qui montre à la joue des endroits mélangés de rouge et de noir. Comme le *Colaptes mexicanus* ne se rencontre jamais dans ces régions, M. Elliot conclut que l'hybridité n'y est pas possible et ce fait semble prouver que le *Colaptes auratus* peut tendre vers les caractères de *mexicanus* par sa propre inhérence aux changements qui s'opèrent sous l'influence du climat.

Cette explication semble aussi à M. Allen (2) bien autrement satisfaisante que celle de l'hybridisme lorsque l'on songe que la transition des formes embrasse un parcours de plusieurs centaines de milles et qu'il existe une gradation similaire dans les conditions de l'entourage. Aujourd'hui, en effet, les lois inflexibles qu'imposent les variations climatériques, sont si bien établies, que l'on peut prévoir que telle espèce adoptera un caractère donné sous certaines conditions ou influences climatériques spéciales.

Ainsi, si ce raisonnement est juste on ne devra plus écrire : *Colaptes auratus* × *mexicanus* = *hybridus*, mais *Colaptes auratus* var. *mexicanus*. Cependant certaines objections peuvent encore être soulevées, dit M. Elliot.

(1) Page 198. (Nous n'avons point consulté cet ouvrage).
(2) Cité par M. Elliot.

A notre regret, nous n'avons rencontré que peu d'études sur ce sujet, dans les divers ouvrages que nous avons consultés. Nous pensions voir cette question traitée souvent dans le Bulletin du « *Nuttal ornithological club* » ou dans l'*Auk*, publication spéciale du Comité ornithologique américain ; mais est-ce insuffisance de nos recherches, nous n'avons pu nous éclairer sur ce chapitre. Nous pensons toutefois que la manière de voir de M. Allen et de M. Elliot est partagée ; nous en trouvons une preuve dans une lettre qui nous a été écrite récemment par l'éminent curateur de la Collection des Oiseaux du Musée national de Washington, M. Ridgway. Dans cette lettre, en parlant des nombreux spécimens du Musée appelés hybrides, M. Ridgway terminait ainsi : « On ne doit point les considérer comme tels, mais simplement comme des séries graduelles entre deux races géographiques d'une seule espèce *(as merely the connecting series between two geographical races of one species)*. Dès 1880, dans son Catalogue des Oiseaux du Nord (1), M. Ridgway avait inscrit sous un même numéro (le n° 378) *C. auratus, C. auratus hybridus* et *C. auratus mexicanus)* semblant ainsi considérer ces trois types comme appartenant à une seule espèce, dont les deux derniers ne seraient que des modifications.

Nous reconnaissons cependant que dans un récent ouvrage (2) M. Elliot Coues a écrit cette phrase : « *C. hybridus, perhaps it is a hybrid, and perhaps it is a transitional form* ». Le savant académicien semble donc ne point considérer comme absolue l'opinion qu'il avait émise en 1874, opinion partagée, nous l'avons dit, par M. le Dr Allen.

Également dans une publication toute nouvelle (3), M. Edward Hargitt a maintenu l'hypothèse de l'hybridation. La variété *C. ayresi*, étant intermédiaire entre *C. auratus* et *C. mexicanus*, lui paraît devoir être classée comme hybride; toutefois les individus composant la race ne sauraient être considérés comme descendants immédiats du vrai *C. auratus* et du vrai *C. mexicanus*, la race de vieille date aurait subi des mélanges avec les pur-sang du dehors. M. Edward Hargitt (4) s'est étendu longuement sur ce sujet. Mais M. J. A. Allen, après avoir analysé le travail de M. Hargitt (5), a cru

(1) Proceedings of United states national Museum, p. 163.

(2) *The Key to north american Birds*, 1884.

(3) *Catalogue of the of the Picariæ in Collection of the british Museum*, XVIII. Londres, 1890.

(4) Voir son introduction, pp. 7 et 9, voir surtout, p. 22, où l'auteur parle de la fécondité nécessaire de *C. ayresi*.

(5) In the Auk, VIII, I, p. 93, janvier 1891.

devoir remarquer que la manière dont l'auteur a traité le sujet semble « *hardly consistent with the author's avowed tenets, above quoted* » (1).

Le *Code of Nomenclature* (2) ne semble faire aucune mention de *C. hybridus*; il porte à titre d'espèces *C. auratus* et *C. cafer* (*mexicanus*).

Dans les Oiseaux de l'Amérique du Nord, par MM. Baird, Brewer et Ridgway, les influences climatériques comme agent de modification ne sont pas invoquées, et on suppose que le changement graduel d'une forme à l'autre est due aux croisements des deux types. Dans le *Conspectus avium Picinarum* de Sundevall, on lit (3) cette phrase : « AURATO-MEXICANUS » *Avis à P. aurato et P. mexicano hybridæ notas ab utroque gerens*. Mais Sundevall écrivait son ouvrage en 1866, celui de MM. Baird, Brewer et Ridgway, date aussi de 1874.

A la rigueur on pourrait supposer que, dans les endroits où les individus intermédiaires *C. ayresi, C. hybridus* ou *C. aurato-mexicanus*, remplacent les types purs, ils ont été originairement produits par le croisement de ceux-ci, puis qu'ils les ont absorbés étant devenus prépondérants par leur nombre. Quant à leur variabilité, elle pourrait s'expliquer par le mélange de la race hybride avec les espèces pures. Cette supposition présenterait surtout quelque vraisemblance si les variations concordaient très exactement avec le mélange opéré, c'est-à-dire si les hybrides tendaient décidément vers *auratus* dans le Nord-Est et vers *mexicanus* dans l'Ouest.

Nous ignorons si les caractères des soi-disant hybrides capturés confirment cette manière de voir ? Encore est-il qu'un partisan de la variabilité climatérique se servirait des mêmes arguments pour démontrer sa thèse, car, si le climat change insensiblement *C. auratus* en *C. mexicanus* (ou vice versâ), les phénomènes que l'on aurait à constater dans ce cas se rapporteraient entièrement à ceux de l'hybridisme, tels que nous les avons exposés.

_____

(1) Il ne sera peut-être pas sans utilité de faire remarquer que M. Edward Hargitt, partisan de l'hybridité en ce qui concerne *C. aurato-mexicanus*, rapporte à l'influence du climat les formes variées du *C. mexicanus*; ceci dit, il pense que ces formes « ne sont pas confinées à quelque surface géographique particulière. » Un examen d'une très grande série de spécimens l'a convaincu qu'ils ne pouvaient être séparés. La proche ressemblance de couleur entre les Oiseaux de Vancouver et ceux de l'État de Guerrero, et aussi un exemple de Nevada et un de Jalapa, exclut la possibilité de reconnaître aucune des formes comme des sous-espèces occupant une surface fixe. »

(2) Édit. de 1886.

(3) p. 72.

Il régnera sans doute pendant longtemps une grande obscurité en cette matière; nous croyons cependant que l'opinion qui voit dans *aurato-mexicanus* un changement climatérique tend à se généraliser.

CAPTURES DE C. AURATO-MEXICANUS. — Des captures de *Colaptes auratus mexicanus* ont été mentionnées fréquemment. Nous nous bornerons à citer quelques spécimens décrits dans ces dernières années. M. L. Bérier, de Fort Hamilton, Long Island N. Y., indique plusieurs spécimens (*a*). Un individu pris par lui-même au Fort Hamilton, dont les moustaches noires parsemées de plumes rouges et le dos différaient d'*auratus* typique; les barres noires très étroites et la couleur du fond plus olivâtre, correspondaient presque à la figure de *C. Ayresi* donnée par Andubon, (*Birds of America*, VII). Pendant l'automne de 1880, M. Bérier tua deux Higtholders ayant quelques plumes rouges mélangées aux plaques noires des joues. M. Bell, taxidermite de New-York, a préparé quelques Oiseaux de ce genre dans l'espace de plusieurs années. Il se souvient tout particulièrement d'un exemplaire qui était remarquable par la couleur saumon foncé des parties qui sont au contraire jaune doré chez *auratus* normal. Presque la moitié de chacune des plaques maxillaires de ce spécimen était rouge. Cet Oiseau avait été tué à Orange ou dans le pays voisin. M. Wallace a également fait savoir à M. Bérier qu'il possède un certain nombre de ces variétés et parmi elles le cas le plus étrange dont il ait entendu parler. Un côté du spécimen était *auratus* et l'autre *mexicanus*, c'est-à-dire qu'une des moustaches était noire et l'autre rouge, et les plumes, ainsi que les surfaces intérieures des ailes et de la queue sur les côtés correspondant, étaient respectivement jaunes et rouges.

M. Ridgway (même Bulletin, VI, n° 2. p. 121. Cit. par M. de L. Bérier) fait aussi savoir que, sur deux cents *auratus* pris dans le voisinage du Mont-Carmel et examinés par lui, il découvrit un Oiseau aberrant montrant quelque trace du *mexicanus*. Chez les trente exemplaires qui furent tués dans une chasse faite au Fort-Hamilton et qui furent examinés par M. de L. Bérier, deux individus montraient cette variation.

M. Elliot Coues, de Fort-Philippe (Arizona) a cité (même Bulletin, VI, n° 3. p. 183, 1881) un cas très remarquable de *C. mexicanus-auratus* pris à cet endroit le 20 février 1881. L'Oiseau était *mexicanus*, sauf la première, deuxième, troisième et cinquième plumes de la queue du côté gauche, qui étaient *auratus*, le jaune doré en contraste frappant avec le rouge orange du reste de la queue. Cet Oiseau montrait aussi la rare anomalie consistant dans la symétrie bilatérale en coloris; il est un de ceux qui figurent au Muséum national de Washington.

M. A. Mearns mentionne un *Colaptes auratus-mexicanus* ♂ ad., 15 juin 1876, obtenu par le lieutenant Willis Wittich au Fort-Klamath, Oregon; il l'indique, cependant comme Red-Shafted Flicker! (*Bull. of the Ornith. Club*, VI, n° 4, p. 195, octobre 1879. (Voir encore sur *Colaptes hybridus*, ou *auratus-mexicanus*, le même Bulletin, p. 67, 1878; p. 128, 1881; pp. 8 et 143, 1885, etc.).

(*a*) In Bulletin of the *Nuttall ornithological club*, V, n° 1, p. 46 et VI, 1881, n° 4, p. 247.

COLAPTES CHRYSOÏDES (1) et COLAPTES MEXICANUS

Un jour que M. Herbert Brown collectionnait des Oiseaux dans le voisinage de Trenton, notamment des Piverts dorés (*chrysoïdes*) (2), il tua un Oiseau qui présentait les marques de cette espèce et celles de *C. mexicanus*. D'abord, M. Brown le crut appartenir au type *chrysoïdes*, mais en le ramassant, il s'aperçut que, tout en portant quelques marques caractéristiques de cette espèce, l'Oiseau, dans son ensemble, ressemblait davantage au Pivert à plumes rouges, c'est-à-dire au *C. mexicanus*. En effet, ce spécimen possédait « tous les traits caractéristiques d'un mâle adulte *C. mexicanus*, à l'exception des plumes secondaires d'une des ailes, de quatre plumes dans l'autre aile, et des trois plumes extérieures de chaque côté de la queue, qui étaient identiques en couleur et en caractères généraux avec celles du Pivert doré. » Aussi, M. Brown vit qu'il avait devant lui le produit de *C. chrysoïdes* et de *C. mexicanus*. Plusieurs raisons l'empêchent en effet de référer cet exemplaire au Pivert hybride, le *Colaptes hybridus* : « D'abord, parce que *C. chrysoïdes* et *C. mexicanus* vivent côte à côte dans la saison des amours, les deux espèces nichant dans le Cactus géant sur le haut Misas, environs de Tusson. Secondement, parce que le spécimen en question ne montre aucune fusion de couleur sur les tuyaux ou les barbes des plumes de la queue; il n'existe aucun mélange de plumes noires sur la plaque des joues, ce qui, d'après M. Brown, est le trait caractéristique d'*hybridus*. Les quelques plumes que l'on vient de nommer, et qui sont semblables à celles de *chrysoïdes*, sont aussi claires et du jaune le plus brillant que l'on puisse trouver, tandis que le reste des plumes des ailes et de la queue sont celles de *mexicanus* d'une manière typique, étant rose rougeâtre et ne montrant aucune tendance à la nuance orange ou jaunâtre. De même et très exactement les plumes de *chrysoïdes*, que porte cet Oiseau, ont bien les dimensions de celles de ce type et forment ainsi un vif contraste avec les plumes auxquelles elles sont associées et qui sont beaucoup plus grandes. (M. Herbert Brown remarque ici que, peut-être, ces plumes ne sont pas arrivées à leur pleine croissance, quoique cela ne soit pas très vraisemblable, le reste de la mue étant accompli et la saison très avancée). Enfin le reste du plumage, même la nuance de la tête, est d'une manière typique celle de *mexicanus*. » Ces notes ont été prises par M. Brown,

(1) Appelé aussi *Geopicus chrysoïdes*.
(2) Du grec χρυσος et ειδος.

après avoir comparé ensemble deux spécimens appartenant aux deux espèces (1).

Le *Colaptes chrysoïdes* figure à titre de bonne espèce dans divers ouvrages (2) ; MM. Baird, Brewer et Ridgway, tout en remarquant qu'il est intermédiaire entre *auratus* et *mexicanus* (3), que sa parenté avec *mexicanoïdes* est encore plus accentuée (4), et qu'un hybride entre cette dernière espèce et *auratus*, dans quelques variétés, rappellerait de très près le *chrysoïdes*, pensent néanmoins qu'il n'y a aucune raison de le considérer comme tel, attendu que *mexicanoïdes* n'appartient pas à sa région (5) et qu'il n'existe aucune transition d'une espèce à l'autre dans aucuns spécimens (6).

D'autre part Charles J. Sundevall a écrit au sujet du *Picus chrysoïdes* : « *inventus in California*, Malh ; *ad limites mexicanos*, Baird. « *Incertum videtur an hœc etiam avis sit hybrida. Corpus P. auratum, P. mexicanum refert.* »

L'analyse de C. Chrysoïdes se résume ainsi (7) « red moustaches in ♂ ; non red on nape in ♂♀ ; wings and tail golden yellow underneath ; cap lilac-brown ; throat asky ; yellow on belly, back umber brown. »

---

(1) *Oiseau mulet.* Forest and Stream, p. 484, 15 juillet 1884. Nous supposons que c'est le même Oiseau qui a été cité sous le titre : *A cross between Colaptes mexicanus and C. chrysoïdes*, in the Arizona Daily Star Tucson, 16 décembre 1884, et aussi in Forest an Stream, 31 janvier 1884, cités tous deux in the « Auk » et que nous n'avons point consultés.

(2) Voy. par exemple : *The catalogue of the Birds of North America* de M. Ridgway, 1880 ; *the Key to North American Birds*, by Elliot Coues, p. 493, Boston, 1884 *The Code of nomenclature and Check List of North American Birds*, adopted by the American Ornithologist's Union, p. 218, New-York, 1886.

(3) Parce qu'il a les tuyaux et les barbes jaunes du premier, une plaque rouge mauve, la gorge cendrée et le croissant de la nuque comme chez le dernier.

(4) Puisque les deux sont roux brun sur le dessus de la tête.

(5) *C. chrysoïdes* habite le Colorado, le fleuve Gila, le Nord du fort Mohave. Les auteurs of *North american Birds* assignent à *C. chrysoïdes* l'habitat suivant : « *Colorado and gila River north to fort Mohave, south to cape St Lucas.* »

(6) Qu'est-ce que *mexicanoïdes*? Un auteur très compétent, M. Elliot Coues, rapporte le *Colaptes mexicanoïdes* de Woodh. au *C. mexicanus*, MM. Baird, Brewer, Ridgway (*North american Birds*) disent (p. 579) que le *Mexicanus « is distinct from the C. mexicanoïdes* de Lafresnaye. Le *C. mexicanoïdes* n'est point mentionné dans la *Check List* (1886) ni dans Elliot Coues (*The Key*, 1884).

(7) D'après Elliot Coues (*The Key*, p. 492, 1884).

DRYOBATES NUTTALLI (1) et DRYOBATES PUBESCENS GAIRDNERI (2)

D'après M. Robert Ridgway (3) le n° 39,456 de la collection ornithologique du Musée National des Etats-Unis, indiqué comme *Picus Nuttallii*, a toujours passé pour tel. Mais il résulte d'un récent examen critique des nombreuses pièces de cette espèce et de ses différents alliés, que cet individu ne peut être rapporté à ce type et ni à aucune autre espèce connue à cause des nombreux caractères anormaux qu'il présente. M. Ridgway ne pense point cependant qu'il appartienne à une nouvelle espèce non encore décrite, parce que chaque fois qu'il s'éloigne du *D. Nuttalli* il se rapproche de *D. pubescens*, « chaque trait de taille, de forme, était exactement intermédiaire entre les deux espèces ».

D'après lui, cet Oiseau est donc un hybride entre les deux espèces mentionnées.

Afin de faire ressortir ses caractères mélangés, M. Ridgway a dressé un tableau comparatif où l'hybride et les deux espèces pures, supposées parentes, sont décrites parallèlement ; nous nous contenterons de donner la description de l'hybride.

« Sommet de la tête noir avec quelques raies blanches près de la partie rouge de l'occiput. Dos irrégulièrement barré et transversalement tacheté de blanc, les barres blanches beaucoup plus larges que les noires et à la partie antérieure rompues ou modifiées en larges taches dont quelques-unes ont une direction longitudinale. Couvertures moyennes de l'aile entièrement noires. Les plus grandes couvertures, les trois ou quatre plumes du milieu, chacune avec une petite tache blanche, le reste noir. Tertiaires, irrégulièrement tachetées de blanc, aucune des taches ne touchant le tuyau. Côtés de la poitrine, marqués d'un très petit nombre de raies noires presque indistinctes. Côtés, rayés de place en place et indistinctement comme les côtés de la poitrine. Flancs, tachetés indistinctement et rayés de noirâtre. Couvertures inférieures de la queue, les plus longues plumes, plus étroitement barrées de noir que chez *Nuttallii*, les plus courtes marquées de taches.

(1) Le même que : *Picus Nuttalli.*
(2) Le même que : *Picus Gairdneri*, Elliot Coues rapporte à cette variété : *Picus meridionalis* Nutt., *Picus turati* Malh., *Picus homorus* Cab. et Heine, *Picus (Dryobates) homorus* Gray.
(3) *On a probable hybrid between Dryobates Nuttalli* (Gamb) *et D. pubescens Gairdnerii* (Aud.) *by Robert Ridgway.* Proceedings of U. S. national Museum, pp. 521 et 522, 1886.

Le *D. Nuttalli* a été mentionné par Gambel pour la première fois en 1843 : « Je tuai cette espèce, dit l'éminent ornithologiste, dans un taillis de Saules, près de Pueblo de los Angelos, dans la haute Californie, le 10 décembre. L'Oiseau était vivement occupé à donner des coups de bec dans un des arbres, jetant de temps à autre un cri singulier que je n'ai jamais entendu d'aucun Woodpecker » (1). Le *P. Nuttalli* est porté dans le *Code of nomenclature* (2) à titre d'espèce.

Elliot Coues la mentionne du reste dans son nouvel ouvrage (3). Quant au *P. pubescens* on le divise généralement en deux races, le *P. pubescens*, proprement dit, et le *Picus Gairdneri.* Les deux formes passent de l'une à l'autre par une graduation insensible (4) ; M. Hargitt (5) fait du dernier une *subspecies* du *P. pubescens.*

Entre deux familles Turdidæ et Fringillidæ.

Genres Saxicola et Carduelis

Saxicola rubricola (6) et Carduelis elegans

M. Anatole Carteron, auteur du *Guide pédestre de la Bourgogne aux Pyrénées* (7), attribue l'origine de « beaucoup » de variétés à des croisements à *l'état libre!* Il affirme avoir vu à Tarsul (Côte-d'Or), chez le sieur Couturier, garde chef de M. le marquis de Courtivron, « un Oiseau très curieux », et qu'il suppose provenir « du croisement du Chardonneret et du Traquet pâtre! Le nid établi sur un Poirier et que l'on pensait être celui d'un Chardonneret, raconte M. Carteron, avait été déniché, au mois de juin 1866, à la ferme Jument de Courtivron. Les petits ressemblaient du reste « à de jeunes Chardonnerets, et en avaient le rappel caractéristique » ; mais « avec l'âge », le plumage des quatre Oiseaux se modifia d'une manière étonnante, « à peu près d'une façon identique chez les quatre frères ou sœurs. » Trois

---

(1) Proceedings of the Academy of National Sciences Philadelphia, p. 279, avril 1883.

(2) Ed. de 1886.

(3) *Key to North America Birds*, p. 482, London et Boston, 1884.

(4) Voy.: Elliot Coues, *A Hand-book*, p. 283.

Audubon *(Synopsis of Birds,* p. 180) semble avoir considéré *P. pubescens* et le *P. Gairdneri* comme des formes distinctes, ce serait une erreur.

(5) *Catalogue of Picidæ,* XVIII, p. 241, 1890.

(6) Autres noms : *Motacilla rubricola, Sylvia rubricola, Pratincola rubricola* etc.

(7) *Causeries sur l'histoire naturelle, Oiseaux et Papillons,* Paris, 1868.

moururent pendant l'hiver de 1867 ; aussi l'écrivain ne put décrire que le survivant, quoiqu'il l'ait vu au moment de la mue, alors que les plumes de la queue étaient en partie salies ou tombées.

« Le bec, les pattes et les ailes à miroir jaune doré, étaient, dit-il, ceux du Chardonneret. Le masque, au lieu d'être rouge, était complètement noir avec reflet marron sous la gorge ; le collier blanc, très peu large, se prolongeait comme chez le Traquet, jusqu'à la naissance de l'aile ; le dos était brun foncé, et la poitrine terreuse était lavée de noir. » Je n'ai pu entendre, ajoute M. Carteron, le chant de cet Oiseau qui était un mâle ; le garde m'a assuré que c'était le chant du Chardonneret, un peu moins éclatant et avec d'assez fréquentes suspensions (1). » M. Anatole Carteron ne revendique pas la découverte de ce métis. « Albin et Brisson, dit-il, ont tous les deux indiqué le Chardonneret à Capuchon noir comme une variété accidentelle du Chardonneret en liberté.... Albin appelle son Chardonneret *the Swallow 'Gold-finch* (le Chardonneret Hirondelle). » C'est là effectivement et sans connaître la dénomination d'Albin, continue l'auteur, l'impression que m'a produite ce singulier Oiseau, à cause des reflets marron de la gorge, qui rappellent celle de l'Hirondelle de cheminée ; mais, en réfléchissant que le rouge et le noir produisent le marron et en comparant la différence de mœurs et de constitution, le bec, la queue et les pattes du Chardonneret de l'Hirondelle, on reste parfaitement convaincu de l'impossibilité d'une pareille supposition, et de la vraisemblance beaucoup plus grande, justifiée par les formes, d'un croisement avec le Traquet. »

Nous ignorons quelle est la variété *Carduelis* que M. Alpin a nommée Swallow-Goldfinsh, mais certainement dans l'exemple que cite M. Carteron il ne s'agit que d'une variété. On sait que le plumage du Chardonneret est sujet à de nombreuses variations ; on connaît des variétés à tête noire, d'autres marquées de raies oblongues (2) ; on a même décrit comme espèce nouvelle, sous le nom de *C. albogularis*, sans doute une simple variété à poitrine blanche (3). Dans le Musée Noury, à Elbeuf-sur-Seine, il existe un Chardonneret marron auquel M. Carteron aurait certainement attribué la même origine qu'au spécimen qu'il décrit. Dans la même collection on en voit un autre entièrement blanc, à l'exception du masque rouge et de la barre jaune de l'aile. Les hybrides Chardonneret-Hirondelle

---

(1) Voy. pp. 59 et 60.
(2) Voy.: Degland et Gerbe, *Op. cit*, 1, p. 230.
(3) Voy.: Seebohm., *Op. cit.*, II, p. 88.

ne sont pas du reste absolument rares, car M. Vegmüller, pharmacien à Morat (Suisse), dans une communication qu'il veut bien nous adresser, nous apprend qu'un paysan de sa contrée lui vendit autrefois, sous cette dénomination, un Oiseau, en effet assez curieux « dont la tête, le dos et une bonne partie de la gorge étaient entièrement noirs. » On s'étonnait beaucoup en voyant cet Oiseau ; mais peu à peu ses couleurs se modifièrent et dès le commencement du printemps qui avait suivi sa capture, on apercevait de petites plumes rouges à la tête, et insensiblement, il devint « un Chardonneret d'une grande beauté (1). »

Mêmes familles : **Genres Ruticilla et Carduelis.** — M. A. Bonvin-Chappuis, de Sion (Suisse), nous a écrit, il y a quelques années, qu'il avait observé (ou qu'on avait observé) dans son canton « un Chardonneret croisé avec un Rouge-queue » dont tout le plumage était presque complètement du dernier, tandis qu'il avait toutes les formes du premier.

Nous avons prié M. Bonvin-Chappuis de bien vouloir nous donner quelques plus amples renseignements et de nommer l'espèce de *Ruticilla* qui se serait croisée, mais nous n'avons point reçu de réponse (2). Quand et par qui l'Oiseau a-t-il été tué, a-t-il été soumis à un examen sévère, sa description détaillée a-t-elle été faite, nous l'ignorons. Nous ne pouvons donc enregistrer à aucun titre un Oiseau sur lequel d'aussi vagues indications nous ont été données et dont l'origine n'est pas vraisemblable.

Ces deux exemples sont les seuls qui nous ont été indiqués comme mélanges de Passereaux appartenant à deux familles différentes, à moins donc de parler d'un autre fait qui ne mérite davantage de fixer l'attention, et que nous a fait connaître un marchand de gibier de Dunkerque. Pendant l'hiver, au moment du passage des Alouettes, on trouverait quelquefois, parmi les Oiseaux pris, des spécimens « paraissant avoir du Vert-Linot et de l'Alouette. Corps de cette dernière, bec et pattes du premier, parfois brunes. » Des indications aussi peu précises ne, nous permettent pas de prendre au sérieux des mélanges de ce genre qui sont, sous tous rapports, peu croyables.

(1) M. le Dʳ Winteler, d'Aarau, avait bien voulu nous indiquer ce fait.
(2) On sait qu'il existe en Europe trois espèces de Rouge-queue, le Rouge-queue tithys *(Ruticilla tithys)*, le Rouge-queue de murailles *(Ruticilla phœnicura)* et le Rouge-queue à ventre roux *(Ruticilla erythrogastra)*; mais ce dernier paraît n'habiter que l'Europe orientale.

CONCLUSIONS

Les croisements entre Passereaux de famille différente, même de famille peu éloignée, comme le seraient les deux derniers cités, ne sont donc pas prouvés, ils ne sont même pas vraisemblables.

Les mélanges entre deux genres distincts, fort peu nombreux, ne sont pas non plus suffisamment attestés ; celui qui paraît avoir été constaté a été contracté avec une espèce exotique échappée par hasard de captivité (1).

Si l'hybridité se manifeste quelquefois chez les Passereaux à l'état libre, c'est donc parmi les espèces rapprochées qu'il faut la chercher et principalement parmi les variétés d'une même espèce. — Tel est le résultat auquel amènent les études que l'on vient de présenter.

Deux ordres de faits s'en dégagent : ou les hybrides sont accidentels, dus à des circonstances qui ne se reproduiront pas dans la suite ; ou, au contraire, leur production semble, si non régulière, du moins assez fréquente et devoir se continuer.

Dans le premier cas, les hybrides, ainsi formés, sont à négliger, ils ne sont d'aucune importance ; en supposant (hypothèse peu probable) leur fertilité, leur mélange forcé avec les espèces pures ferait bientôt retourner leur progéniture au type des ancêtres. Dans le second cas, ils doivent attirer sérieusement l'attention du naturaliste, car ils semblent dus à une sorte de nécessité, provoqués par des causes naturelles.

Pour se rendre compte de ces faits, il est utile de classer dans deux catégories les croisements qui ont été énumérés et dont on vient de parler en détail. On a en effet, cité : 1° des croisements entre types que les zoologistes considèrent presque unanimement comme des espèces ; 2° des croisements entre types que l'on peut sans doute ranger au nombre des variétés climatériques ou des

(1) Nous ne venons point dire par là que le croisement de Passereaux appartenant à deux genres distincts soit nécessairement infructueux. En captivité, on parvient à obtenir de tels mélanges. Le Mentor agricole, de Bruxelles, donnait dernièrement la chromolithographie d'un hybride né au Jardin Zoologique de Copenhague du croisement du Verdier ordinaire avec le Bruant jaune, hybride qui nous avait été déjà signalé par M. A. von Klein, veneur, membre de la direction du Jardin Zoologique. Nous serions à même de citer bon nombre de faits de cette catégorie. La femelle *Bouvreuil (Pyrrhula vulgaris)*, entre autres, se croise volontiers avec d'autres *Fringillidæ* d'un genre un peu différent du sien, tels que le *Carduelis elegans*, le *Cannabina linota*, l'*Acanthis linaria*, etc., etc., mais tous ces croisements se sont produits en captivité.

races locales et qui, du reste, ont été classés ainsi, quoique les ornithologistes se montrent souvent en désaccord à leur sujet, vu la tendance actuelle à séparer spécifiquement les individus sur lesquels on ne rencontre quelquefois que de très légères différences de coloration.

Il y a lieu aussi de retrancher, dans ces deux classes, les mélanges qui sont, ou trop douteux, ou peu vraisemblables, ou très hypothétiques, car il n'est pas nécessaire de tirer des conclusions de faits qui ne se sont peut-être jamais produits.

Parmi les types considérés presque unanimement comme espèces, nous trouvons les croisements probables suivants, quelques-uns même paraissant authentiques :

1 *Ligurinus chloris × Cannabina linota,*
2 *Ligurinus chloris × Carduelis elegans,*
3 *Chrysomitris spinus × Linaria* (sp. ?),
4 *Carduelis elegans × Cannabina linota,*
5 *Fringilla cœlebs × Fringilla montifringilla,*
6 *Pinicola enucleator × Carpodacus purpureus,*
7 *Emberiza citrinella × Emberiza schœniclus,*
8 *Junco hyemalis × Zonotrichia albicollis,*
.9 *Passer domesticus × Passer montanus,*
9bis *Passer montanus × Passer Italiæ,*
10 *Hirundo erythrogaster × Petrochelidon lunifrons,*
11 *Hirundo rustica × Hirundo urbica,*
12 *Parus atricapilus × Parus Gambeli,*
13 *Parus cœruleus × Pœcile communis,*
14 *Parus palustris × Parus cristatus,*
15 *Cyanistes cyanus × Cyanistes Pleskei,*
16 *Cyanistes cyanus × Pœcile longicaudus,*
17 *Helminthophaga pinus × Helminthophaga chrysoptera,*
18 *Helminthophaga pinus × Oporomis formosa,*
19 *Petrocincla cyanus × Petrocincla saxatilis,*
20 *Turdus merula × Turdus visivorus,*
21 *Lanius rufus × Lanius collaris,*
22 *Colaptes chrysoïdes × Colaptes mexicanus;*
23 *Dryobates Nuttalli × Dryobates pubescens.*

Ne sont donc point mentionnés dans cette liste, quoique appartenant à de bonnes espèces :

1° *Carduelis elegans × Fringilla canaria, Cannabina linota × Fringilla canaria, Loxia oryzivora × Fringilla* (sp. inc.), *Emberiza brasiliensis × Passer domesticus,* parce que ces croisements, s'ils se sont réellement tous produits, ne sont point, à proprement parler, des mélanges d'espèces vivant à l'état sauvage.

2° *Chrysomitris spinus* × *Carduelis elegans*, *Serinus hortulanus* × *Carduelis elegans*, *Serinus hortulanus* × *Cannabina linota*, *Chrysomitris spinus* × *Ligurinus chloris*, *Ligurinus chloris* × *Passer Italiæ*, *Hirundo erythrogaster* × *Petrochelidon Swainsoni*, *Parus atricapillus* × *Parus bicolor*, *Turdus merula* × *Turdus musicus*, *Turdus torquatus* × *Turdus merula*, *Coracias garrula* × *Coracias indica*, parce que ces mélanges supposés ne sont pas suffisamment prouvés et que quelques-uns même sont très douteux.

3° *Acanthis linaria* × *Spinus pinus*, *Dendrœca striata* × *Perissiglossa tigrina*, *Regulus satrapa* × *Regulus calendula*, *Cyanocorax cyanomelas* × *Cyanocorax cyanopogon* (ou *Cyanocorax cayanus*), *Jora typhia* × *Jora zeylanica*, parce que ceux-ci sont tout à fait hypothétiques.

4° *Fringilla cœlebs* × *Fringilla spodiogena*, parce qu'il s'agit d'un simple appariage présumé.

5° *Emberiza citrinella* × *Emberiza pithyornus*, *Emberiza citrinella* × *Emberiza cirlus*, *Parus palustris* × *Parus cyanus*, parce que la capture à l'état sauvage des hybrides rencontrés n'est pas absolument certaine ou que ce renseignement n'a pas été donné.

6° *Loxia curvirostra* × *Loxia bifasciata*, *Cyanistes cyanus* × *Pœcile longicaudus*. *Corvus frugileus* × *Corvus cornix*, parce que la mention qui en a été faite est trop vague.

7° *Fringilla cœlebs* × *Passer domesticus*, *Chrysomitris spinus* × *Pyrrhula vulgaris*, *Corvus corax* × *Corvus corone*, *Corvus corone* × *Corvus frugilegus*, *Saxicola rubricola* × *Carduelis elegans*, parce que ces croisements ne sont pas probables et restent fort douteux, l'un d'eux est même certainement faux

8° *Cyanistes cyanus* × *Cyanistes cœruleus*, *Pthilonorynchus holosericus* × *Sericulus chrysocephalus*, parce que ces mélanges ont été contestés.

9° Enfin *Colaptes auratus* × *Colaptes mexicanus*, parce que ces deux types appartiennent probablement à une seule espèce et que les hybrides supposés ne sont que des modifications climatériques.

Parmi les types que nous rangerons parmi les races ou variétés, on trouve :

24 *Spizella pallida* × *Spizella Breweri*,
25 *Passer domesticus* × *Passer Italiæ*,
25bis *Passer salicicola* × *Passer Italiæ*,
26 *Loxia curvirostra* × *Loxia pityopsittacus*,
27 *Cyanus flavipectus* × *Cyanistes cyanus* var *tian-schanicus*,
28 *Acredula caudata* × *Acredula Irbyi*,
28bis *Acredula rosea* × *Acredula Irbyi*,
29 *Motacilla alba* × *Motacilla lugubris*,
30 *Budytes flava* × *Budytes melanocephala*,
30bis *Budytes flava* × *Budytes campestris*,
30ter *Budytes flava* × *Budytes borealis*,
31 *Cyanecula Wolfi* × *Cyanecula leucocyanea*,
31bis *Cyanecula succica* × *Cyanecula leucocyanea*,

32 *Cinclus coshmiriensis* × *Cinclus leucogaster*,
32bis *Cinclus cashmiriensis* × *Cinclus sordidus*,
33 *Lanius excubitor* × *Lanius major*,
33bis *Lanius excubitor* × *Lanius leucopterus*,
34 *Corvus neglectus* × *Corvus dauricus*,
35 *Sitta europea* × *Sitta cæsia*,
36 *Coracias indica* × *Coracias affinis*.

N'ont donc point été nommés dans cette liste :

1° *Acanthis linaria* × *Acanthis exilipes*, *Zonotrichia leucophrys*, *Zonotrichia Gambeli* et *Zonotrichia Gambeli intermedia*, *Garrulus glandarius* × *Garrulus Krynicki*, parce que leurs croisements restent trop douteux.

2° *Philomela luscinia* × *Philomela major*, *Copsychus musicus* × *Copsichus amœnus*, *Lanius excubitor* × *Lanius borealis*, parce que ces mélanges ne sont pas suffisamment affirmés.

3° Enfin *Cyanistes cœruleus* × *Cyanistes Pleskei*, parce que ce n'est qu'une présomption.

4° *Cyanecula Wolfi* × *Cyanecula suecica*, parce que la mention qui en a été faite est très vague et que la citation est du reste suivie d'un point d'interrogation.

Par les motifs qui ont été expliqués dans le cours de ce travail, nous croyons devoir faire rentrer dans cette liste, et non dans la précédente, les croisements suivants oubliés à dessein :

37 *Carduelis elegans* var. *major* × *Carduelis caniceps*,
38 *Rhipidura flabellifera* × *Rhipidura fuliginosa*,
39 *Corvus corone* × *Corvus cornix*,
39bis *Corvus cornix* × *Corvus orientalis*,
40 *Paradisea apoda* × *Paradisea raggiana*,
41 *Turdus ruficollis* × *Turdus atrigularis*,
41bis *Turdus fuscatus* × *Turdus Naumanni*.

Ainsi y aurait-il nécessité d'augmenter quelque peu le nombre des croisements entre variétés que nous énumérions en commençant (1).

Or, sont tout à fait accidentels : les n°s 6, 7, 8, 9, 9bis, 10, 12, 13, 1 , 16, 18, 19, 20, 21, 22 et 23 appartenant à la première catégorie ; les n°s 24, 25, 30 de la seconde catégorie. Ces mélanges n'ont été

(1) Nous serions même autorisés à ajouter à cette liste *Cyanistes cyanus* × *Cyanistes Pleskei* : car *cœruleus*, dont *Pleskei* est variété, peut aussi être considéré comme race de *cyanus*. Un ornithologiste de très grand mérite, que nous avons eu l'occasion de citer bien des fois dans le cours de cet ouvrage et avec les plus grands éloges, M. Oustalet, dont l'autorité ne sera certes point contestée, ne voit dans *C. cyanus*, *C. cœruleus*, *C. Teneriffæ*, *C. ultramarinus*, que des races ou formes dérivées d'un même type.

constatés qu'une seule fois ; ils sont donc, comme nous l'avons dit, à négliger, n'étant d'aucune importance.

Plusieurs des croisements portés sous les autres numéros pourraient encore être considérés comme accidentels, quoique observés plusieurs fois, parce qu'ils l'ont été à de très rares intervalles ; quelques autres semblent se produire de temps à autre, plusieurs même appartenant spécialement à la dernière catégorie d'une façon assez régulière, tels sont ceux du *Corvus corone* et du *Corvus cornix*. Nous porterons plus particulièrement notre attention sur les nos 1,2,3,4, 5, 11, 15 et 17 de la première catégorie ; sur les nos 25bis, 29, 31, 31bis, 32, 32bis, 33, 36 de la deuxième ; ainsi que sur les nos 37, 38, 39, 40, 41 et 41bis qui ont été indiqués en dernier lieu et que nous croyons devoir rattacher à la dernière classe. — *On remarque que c'est parmi les races ou les variétés, presque exclusivement, que l'on rencontre des croisements en quelque sorte suivis, quoique beaucoup restent très problématiques.*

Les mélanges se produisant entre races ou variétés n'ont rien de surprenant ; il paraît même naturel que des individus appartenant à une même espèce souche, quoique différant par la coloration, se croisent lorsque leurs *ranges* (suivant l'expression anglaise) se rencontrent. On n'est point certain, du reste, nous l'avons dit, que les sujets à coloration mélangée soient toujours et nécessairement des produits d'un croisement. Dans les variétés où les races des changements de coloration peuvent être produits par des causes naturelles, notamment par les influences du milieu, quelquefois par la propre inhérence des Oiseaux aux variations. On se rappelle que Gloger a cité un couple de Corneilles entièrement noires, d'où sortirent des jeunes à coloration mélangée et qui, certainement, auraient été considérés par tous les ornithologistes comme réels hybrides de *C. cornix* si ces Oiseaux se fussent rencontrés dans les environs.

Mais le croisement de types auxquels nous attachons l'idée d'espèce nous frappe davantage, nous choque même en quelque sorte. A leur sujet, nous présenterons les remarques suivantes :

Les nos 1, 2, 3, 4, appartiennent à des espèces dont beaucoup de représentants vivent en captivité où ceux-ci se reproduisent quelquefois en se mélangeant les uns avec les autres, en sorte, on l'a vu, qu'on ne peut point être absolument sûr que tous les hybrides rencontrés à l'état sauvage soient nés dans cet état. Mais, y seraient-ils nés, comme cela est vraisemblable pour plusieurs, qu'ils ne paraissent pas devoir s'y reproduire *inter se* à cause de leur petit nombre, de leur éloignement les uns des autres, et

surtout de leur infécondité probable, si l'on en juge par leurs semblables retenus en captivité.

Du reste, il n'a jamais été parlé dans ces croisements de produits
trois quarts sang, cinq huitièmes, etc., mais simplement d'hybrides
directs ; et en effet, lorsque dans quelques rares occasions l'appariage
des parents a été constaté, c'était entre espèces pures. Si fréquents
qu'ils puissent être, ils ne sont donc point appelés à modifier les
types établis. Il en est de même du n° 5, soit *F. cœlebs* × *montifringilla*;
on n'a jamais rencontré de couples appariés de leurs hybrides qui
vivent isolés çà et là et sont comme perdus au milieu des espèces
pures sans les altérer (1).

Il faut en outre remarquer que beaucoup de croisements peuvent
être provoqués par l'action de l'homme; les mélanges du *Ligurinus*
chloris × *Cannabina linota*, du *Ligurinus chloris* × *Carduelis elegans*
et de ce dernier avec *Cannabina linota*, sont surtout constatés en
Angleterre, où, si l'on en juge par la fréquence des expositions ornithologiques, les oiseleurs doivent être fort nombreux et désapparier
une quantité de couples établis.

Tous les hybrides du croisement portant le n° 11, *H. rustica* × *H.*
urbica, que nous avons vus en grande partie et qui ne dépassent pas
le chiffre de sept ou huit, sont, dans leur physionomie, sauf l'exemplaire appartenant à M. Tancré, de véritables *rustica* à croupion
mélangé de blanc (2). La large bordure noire qui encadre sur la
poitrine le roux de la gorge fait généralement défaut chez elles;
cette absence de coloration et le blanc du croupion seraient-ils dus
à un albinisme partiel? Non point que nous cherchions à mettre en
doute leur double origine qui semble s'annoncer par d'autres
caractères, notamment par le duvet blanc qui garnit les pattes de
plusieurs échantillons. Mais les croisements d'espèces pures ont pu
encore être déterminés par des circonstances fortuites. Ces deux
espèces, construisant leurs nids dans les lieux habités par l'homme,
sous le toit et contre le mur des maisons, tout particulièrement
dans les corps de ferme où fréquemment elles se trouvent dérangées, peuvent être amenées à contracter des mélanges qui ne se
produiraient point si leurs nids étaient toujours établis le long des

(1) Nous aurons, du reste, à examiner ultérieurement la distinction spécifique
qu'on a établie entre *montifringilla* et *cœlebs*; nous ne pouvons le faire dès
aujourd'hui, parce qu'il nous manque des renseignements sur les mœurs, les habitudes, la nidification, les œufs de ces deux types, présentant déjà de grandes affinités en ce qui concerne la manière dont leur plumage est disposé.

(2) Nous n'avons pu toutefois apprécier l'exemplaire du Musée de Berlin, très
détérioré.

côtes, sur les rochers, les falaises ou autres lieux déserts. C'était, on se le rappelle, l'opinion du savant Gloger sur le premier exemplaire observé.

On ne peut sans doute attribuer aux mêmes causes les croisements supposés des deux Mésanges, *Parus cyanus, Parus Pleskei* (n° 15). Si nous considérons *Pleskei* comme race de *cœruleus* dont il diffère fort peu (1), *cœruleus* s'éloigne réellement de *cyanus* quoique encore très proche allié de cette espèce. Nous avons conservé longtemps devant nous des échantillons de ces deux types, les regardant fréquemment et les examinant avec soin. Certaines dispositions de la coloration nous ont paru difficiles à expliquer par de simples modifications graduelles dues à l'albinisme qui affecte certainement une grande partie du plumage de *cyanus* et le différencie ainsi de celui de *cœruleus*. Toutefois *cyanus* pourrait être dérivé de *cœruleus* (2) et par conséquent ne point s'en séparer spécifiquement. Les croisements de ces deux mélanges peuvent aussi ne point s'étendre sur une grande échelle, comme l'a supposé M. Menzbier. Nous n'avons pu enregistrer jusqu'alors que cinq spécimens présentant, d'après le savant professeur et M. Zaroudnoï, des caractères mélangés. Probablement depuis la publication du mémoire de M. Menzbier et de celui de M. Zaroudnoï, peu de nouveaux hybrides sont venus grossir le nombre très restreint indiqué dans ces travaux; nous n'avons point trouvé de mentions de ce genre dans les revues ornithologiques. On se souvient en outre que ces quelques exemplaires, quoique différant les uns des autres, ne prouvent point pour cela l'existence de croisements des espèces pures avec les hybrides ou des hybrides entre eux; ils peuvent provenir de mélanges directs des deux types. L'origine que M. Menzbier leur attribue est du reste niée par un naturaliste qui croit à l'infécondité du type *Pleskei*.

En ce qui concerne *H. pinus* et *H. crysoptera*, qui sont maintenus dans la première liste, quoique plusieurs des traits distinctifs chez *chrysoptera* puissent s'expliquer, les uns par un albinisme, les autres par un mélanisme, nous remarquerons que l'origine de leur produit supposé *H. leucobronchialis* n'est pas certaine, elle a été et est encore vivement contestée, *H. leucobronchialis* pouvant

---

(1) Le jaune des parties inférieures de *cœruleus* est très atténué chez *Pleskei*, il n'y est guère visible que sur les flancs et à la région de l'anus; le reste du dessous du corps est blanc gris. Sur le dos de *Pleskei* la couleur bleu verdâtre grisâtre de *cœruleus* se change en bleu grisâtre. Nos exemplaires *Pleskei* ont la queue un peu plus longue que chez *cœruleus*.

(2) C'est l'avis de M. Oustalet, comme on vient de le dire à la page précédente.

être lui-même une race ou une espèce (1) s'hybridisant avec eux. Il est donc prudent d'attendre de nouvelles observations pour conclure, puisque *Laurencei*, leur hybride plus certain, est accidentel.

Telles sont les explications que nous croyons devoir donner sur les huit croisements entre types de la première catégorie, c'est-à-dire entre formes considérées unanimement comme espèces, quoique, nous l'avouons, les types se rattachant aux croisements 3, 5, 15 et 17 nous laissent des doutes sur leur valeur spécifique. Suivant notre manière de voir, nous ne voyons guère, méritant bien le titre d'espèces, que *Ligurinus chloris*, *Cannabina linota*, *Carduelis elegans*, *Hirundo urbica* et *Hirundo rustica*, car il existe de grandes affinités entre *Chrysomitris spinus* et les races du genre *Linaria*, et la disposition du plumage de *Fringilla cœlebs* et de *Fringilla montifringilla* est identique quoique la coloration des pigments diffère notablement.

Au sujet des croisements de la seconde catégorie, il est tout naturel, on l'a dit, que deux variétés, provenant d'une même espèce, se mélangent lorsqu'elles se rencontrent ou lorsqu'elles ne trouvent point, pour s'apparier, des individus de leur propre variété ; ces croisements ne se rapportent pas du reste directement au sujet que nous désirons traiter : le mélange des espèces.

Toutefois, comme les types que nous avons nommés en dernier lieu, et que nous rattachons à cette dernière catégorie, ont été jusqu'alors considérés comme espèces par beaucoup de ceux qui en ont parlé, il est bon de présenter quelques remarques sur leurs croisements qui ont été constatés ou supposés plusieurs fois.

Ces mélanges concernent principalement les n°s 38, 40, 41 et 41 bis, car la forme *Carduelis caniceps*, indiquée au n° 37, a été portée comme *sub-species* par M. Seebohm, et la valeur spécifique de *Corvus cornix* (n° 39) n'est plus guère reconnue, d'où il résulte que *C. orientalis* (n° 39bis) devient au même titre variété de *C. cornix* puisqu'il l'est déjà de *C. corone*.

Rappelons d'abord que les formes *Turdus atrigularis* et *Turdus ruficollis* ne sont peut-être, suivant la pensée d'un savant, que « des manières d'être de races géographiques d'une seule et même espèce, » et, d'après le même ornithologiste, que *T. fuscatus* et *T. Naumanni* « présentent des transitions insensibles les reliant les uns aux autres. »

On connaît du reste les grandes affinités de ces quatre formes, la

_____

(1) Nous n'avons point vu *H. leucobronchialis*.

difficulté qu'il y a à les reconnaître ainsi que leurs aptitudes aux variations. Les produits des croisements et entre-croisements des quatre espèces, s'ils existent, ne sont donc pas à proprement parler des hybrides dans le sens où nous les entendons, ne prenant en considération que les hybrides d'espèces.

Quant aux croisements des *Rhipidura flabellifera* et des *Rhipidura fuliginosa*, certains puisqu'ils ont été constatés *de visu* (à moins donc qu'il ne s'agisse encore dans ce cas de parents des deux espèces couvant tour à tour dans un même nid comme cela a été vu chez les Grives et les Merles), M. Potts remarque que les jeunes qui naissent de leurs croisements ne sont pas de coloration mélangée, mais tantôt d'un type, tantôt de l'autre (1) ; ils ne sont donc pas appelés à modifier l'espèce, même dans le cas où ils seraient aptes à la reproduction.(2).

Du reste, nous nous étions réservé de présenter quelques observations sur les relations de coloration et de forme qui existent entre ces deux types. Ce sont des Oiseaux de même taille et de même conformation ; la forme même des plumes de la queue, qui est en éventail, est identique chez les deux. C'est le fond de la coloration qui diffère, non point cependant d'une façon essentielle comme on va le voir. Le plumage de *fuliginosa* est très sombre, très foncé, d'un aspect triste ; mais c'est le plumage assombri de *flabellifera* dont on reconnaît facilement les teintes. Ou bien, si l'on aime mieux, *flabellifera* est une dégradation des teintes éclaircies de *fuliginosa*. Il y a cependant chez *flabellifera* quelques caractères qui ne se trouvent point représentés chez *fuliginosa*. Ce sont : la couleur blanche des barbes intérieures de la plupart des rectrices, puis le sourcil blanc, le demi-collier de la même couleur et le miroir blanc de l'aile. La teinte blanche des rectrices pourrait s'expliquer par un défaut de coloration, par un albinisme, c'est-à-dire l'absence de pigment. Le demi-collier se comprend moins facilement et différencie quelque peu les deux espèces assurément proches parentes. Mais ces caractères de coloration ne sont point tels qu'ils puissent servir à établir une distinction spécifique absolument sérieuse, car, on le voit, ils ne sont dus chez *flabellifera* qu'à un manque de coloration en plusieurs endroits et à un éclaircissement de la tonalité générale. Néanmoins, en attendant de nouvelles

(1) Voir page 288.
(2) La remarque de l'ornithologiste australien nous surprend cependant si aucune confusion n'a été commise de sa part dans le sexe des parents, comme il y a lieu de le supposer.

observations sur les mœurs et les habitudes de ces Oiseaux, nous ne les ferons point rentrer dans le cadre des variétés.

Le croisement du *Paradisea apoda* et du *Paradisea raggiana*, deux types considérés comme espèces par M. Salvadori, offre-t-il plus d'intérêt et mérite-t-il enfin de fixer l'attention ? Après l'examen que nous avons fait de ces deux formes, il paraît très difficile de les séparer spécifiquement. Elles semblent n'être qu'une série de gradations de teintes, modifications qu'il est aisé de suivre dans les tonalités de leurs parements et même à la rigueur, dans le dessin du jaune des parties supérieures, comme il a été expliqué plus haut. La coloration de chaque forme respective pourrait elle-même être sujette à des changements analogues, rapprochant des uns et des autres certains de leurs produits aberrants. Et, du reste, quelques mâles ou femelles surnuméraires de couples désappariés par suite des chasses dont les *Paradisidæ* sont l'objet de la part des indigènes, se sont-ils trouvés dans la nécessité de contracter des mélanges et ont-ils donné naissance aux individus que M. le comte Salvadori a considérés comme hybrides ? Il sera très utile d'examiner les *raggiana* ou les *apoda* que l'on importera dans la suite pour voir s'il se rencontrera parmi eux des formes intermédiaires, ce qui jusqu'alors n'a été constaté que chez les individus rapportés par M. d'Albertis de son voyage au fleuve Fly.

La coloration des pigments, disons-le en terminant, n'est pas un guide sûr pour différencier les espèces. M. le Dr Raphaël Blanchard, qui s'occupe très activement depuis quelques années d'une monographie des Hirudinées, nous montrait dernièrement trois individus de ce groupe appartenant à une seule et même espèce, ainsi qu'il s'en est convaincu, et différant tellement par leur coloration qu'une séparation spécifique entre eux semblait s'imposer. Tout le monde sait aujourd'hui ce que l'élimination du bleu a fait dans la couleur verte des Perruches ondulées; elle a rendu ces Oiseaux complètement jaunes et par conséquent très différents de leurs semblables. Une modification encore plus remarquable s'est produite par l'élimination du jaune, leur plumage est devenu bleu (1).

MM. Nichols et Snow viennent, paraît-il, dans un travail important, d'étudier l'influence de la température sur la couleur des pigments (2);

(1) Consultez Bull. Soc. d'Acclimatation p. 308 et p. 314, 1881. Extrait d'une lettre de M. Florin au directeur du Jardin d'Acclimatation.

(2) Une courte analyse de cet ouvrage a été faite dans la Revue générale des Sciences pures et appliquées, dirigée par M. Louis Olivier, Docteur ès-sciences.

il y aurait fort à dire sur ce sujet qui intéresse la zoologie et en particulier l'ornithologie.

Malgré les restrictions que nous apportons dans presque tous les croisements cités à cause de l'incertitude de l'origine des hybrides supposés et surtout de la véritable nature des parents qu'on leur attribue, un fait semble se dégager de ces études : c'est que l'hybridation se manifeste quelquefois chez les Passereaux vivant à l'état sauvage, comme elle a été reconnue chez les Gallinacés et les Palmipèdes. Rien ne prouve cependant qu'elle soit capable de modifier les espèces zoologiques actuellement existantes en les transformant en de nouveaux types. A côté de quelques sujets mélangés, rencontrés à de rares intervalles, ne formant pas souche, s'épuisant bientôt dans leur isolement et leur stérilité, les types purs demeurent ; c'est au moins le résultat auquel aboutissent les croisements les plus avérés ; nulle part du reste on n'a rencontré d'exemples, d'espèces pures bien distinctes, se mélangeant sur une vaste échelle avec leurs hybrides et pouvant ainsi être considérées comme en train d'accomplir des transformations. *C. aurato-mexicanus (hybridus)* et *C. mexicanus*, les seuls que l'on pourrait citer contre cette manière de voir, ne sont sans doute que des variations climatériques de *C. auratus*, duquel, reconnaissons-le, ils ne diffèrent que par quelques marques de coloration. Nous réservons toutefois le cas d'*H. leucobronchialis* si celui-ci est réellement hybride de *pinus* et *chrysoptera*, ce que paraît contredire la tache blanche de la gorge qui n'est point un caractère d'emprunt.

Des études ultérieures, provoquées par de nouvelles observations, feront sans doute mieux connaître les hybrides naturels que, pour la première fois, on a essayé de grouper, en même temps qu'elles permettront, espérons-le, de donner une solution satisfaisante aux problèmes intéressants soulevés par les croisements des types classés à tort ou à raison comme espèces.

QUATRIÈME PARTIE

Accipitres

Nous n'avons guère rencontré parmi les *Accipitres* (ou Oiseaux de proie) d'hybrides méritant une mention ; cela tient peut-être à l'insuffisance de nos recherches, nous pensons cependant que les observations faites jusqu'à présent sont peu nombreuses.

Les croisements que nous nous proposons de citer se rapportent en effet, presque tous, à des croisements entre variétés ou entre individus appartenant à de mêmes espèces, celles-ci sujettes au dimorphisme ; encore est-il que ces croisements sont très hypothétiques.

Quoique nous en énumérions plus de douze, un seul nous a paru sérieux, parce qu'il se serait produit entre deux types considérés unanimement comme espèces et qu'il présente certains caractères d'authenticité, mais nous l'avouons, il n'est point encore exempt de critique. Il est du reste du nombre de ceux que l'on peut considérer comme *accidentels* et par conséquent sans portée. Un deuxième présente quelque intérêt, mais il n'est pas suffisamment affirmé ; un troisième doit être déclaré faux ; un quatrième reste douteux. Tous les autres, on vient de le dire, se sont produits entre variétés ou types très rapprochés, ou entre espèces sujettes au dimorphisme. L'existence d'hybrides sauvages chez les *Accipitres* reste donc problématique, ceux-ci étant sujets à de grandes variations.

En somme, et jusqu'à nouvel ordre, l'hybridation paraît pouvoir être déclarée nulle dans cet ordre. L'assertion de Willugby (1), à savoir : « que les Oiseaux de diverses espèces s'accouplent quelquefois et *que ceci a lieu surtout entre les Oiseaux de proie* (2) » n'est

---

(1) *Ornithology*, London, 1678.

(2) Dans l'édition latine on lit : « Les *Accipitres* et les autres Rapaces et espèces diverses s'accouplent, soit que leur aspect les rende semblables à eux-mêmes, soit parce qu'ils sont très portés à l'amour. »

donc pas exacte; une assertion à peu près semblable émise par Rudolphi (1) doit être également rejetée. Les grandes variations et le dimorphisme qu'on constate chez les diverses espèces de ce genre d'Oiseaux (phénomènes qui n'ont point toujours été connus), sont sans doute la cause de ces erreurs.

Le tableau suivant résume les croisements dont nous avons à parler et indique la valeur que nous leur attribuons.

Famille des Falconidæ.

Genre Aquila.

AQUILA FULVA et AQUILA CRYSAËTOS, deux variétés.
AQUILA NOBILIS et AQUILA DAPHNEA,   (id.)
AQUILA PENNATA et AQUILA MINUTA, dimorphisme.

Genre Falco.

FALCO TINNUNCULUS et FALCO LITHOFALCO, paraît authentique.
FALCO ELEONORÆ et FALCO ARCADICUS, dimorphisme.
FALCO FELDEGGII et FALCO TANYPTERUS, simple appariage supposé entre deux variétés.
FALCO HOLBOELLI (ou F. ISLANDICUS) et H. CANDICANS, observation portant sur quatre spécimens décrits par M. Gurney.

Genre Buteo.

BUTEO VULGARIS et BUTEO VULPINUS (deux espèces très rapprochées), le croisement existe-t-il ?
BUTEO AVIPORUS et BUTEO VULGARIS, inexact.
BUTEO VULGARIS et BUTEO (LAGOPUS?) simple conjecture, plutôt une anomalie.
CIRCAËTUS GALLICUS et CIRCAËTUS HYPOLEUCOS, ces deux noms désignent une même espèce.

Genre Accipiter.

ACCIPITER NISUS et ACCIPITER BREVIPES, deux variétés, hypothétique.
ASTUR ATRICAPILLUS et FALCO COOPERI, peut être exact.

(1) In *Beiträge zur Anthropologie*, p. 162.

Famille des Falconidæ.

Genre Aquila.

AQUILA FULVA (1) et AQUILA CHRYSAËTOS (2).

La plupart des ornithologistes qui, on le sait, ne se montrent point d'accord sur le nombre des espèces que doit renfermer le genre Aigle (3), considèrent, de l'aveu même du professeur Severtzow (4), l'*Aquila fulva* et l'*Aquila chrysaëtos* comme appartenant à une seule espèce (5).

Cependant le feu professeur, qui a étudié un grand nombre d'*Aquila chrysaëtos* et d'*Aquila nobilis*, a cru reconnaître des différences de coloration (6) dans chaque type pris séparément. Cette étude paraît très difficile et très compliquée, vu notamment les variations d'âge de chaque espèce. Un exemplaire examiné chez M. Russow (7), préparé par celui-ci pour la collection de M. Koch à Saint-Pétersbourg, serait peut-être un hybride entre les deux espèces mentionnées. M. Servertzow s'exprime ainsi dans sa note : « Quelques scapulaires à base d'un gris pâle, variées de bandes onduleuses brunes, comme celles de *A. chrysaëtos;* le reste des scapulaires, toutes les plumes du dos, les petites et les moyennes couvertures de l'aile, toutes les plumes des parties inférieures, en un mot, tout le reste du menu plumage à bases blanches, ce blanc occupant au moins la moitié de chaque plume. Rectrices blanches sur toute la moitié basale, ensuite grises sur un quart de leur longueur, jusqu'à la bande terminale noire, très large; le gris marbré de noir sur les deux rectrices médianes, largement vermiculé, sur les latérales, de raies noires, obliques, irrégulières et sinueuses, dont l'ensemble

---

(1) Synonymie : *Aquila nobilis, Aquila regia, Falco fulvus* et *melanaetos,* etc.

(2) Ou *Falco chrysaëtos.*

(3) Voir DEGLAND et GERBE, *Ornithologie européenne,* I, Paris, 1867.

(4) Voir : *Études sur les variations d'âge des Aquilinés paléarctiques et leur valeur taxonimique.* IV, *Œuvres posthumes de M. le Dr N. A. Severtzow.* publiées par la Société Impériale des Naturalistes de Moscou, rédigées par M. N. M. Menzbier, Nouveaux Mémoires de la Société, XV, 3e livraison, Moscou, 1888.

(5) C'est, entre autres, l'avis du Dr Radde, de Tiflis, qui n'a pu déterminer la séparation des deux espèces que Naumann, le jeune, a essayé d'établir. Voir Radde, *Reisen in Süden von Ost Siberien,* II, p. 83, 1863.

(6) *Aquila fulva chrysaëtos* dans *Die Vogelsammlung des Bosnich-Herzegovinischen Landesmuseums in Serajevo* de M. O. Reiser, custos. Voir p. 11. Budapest, 1891.

(7) *Op. cit.*

forme à travers toutes les cinq rectrices latérales de chaque côté, une bande ondulée noirâtre, très interrompue, outre la grande bande noire terminale (1). Rémiges primaires 8-10 à moitié basale du pennon interne blanche, transversalement ondée de brun ; les autres primaires, et toutes les secondaires, à barbes internes d'un gris sombre, transversalement ondées de noir, comme les rémiges de *A. chrysaëtos*. Les plus petites couvertures de l'aile, et les plumes du côté du jabot et du haut de la poitrine sont largement bordées de fauve; quelques scapulaires antérieures blanches, à l'insertion de l'humérus (2). »

L'hybridité de cet individu se montre, d'après M. Severtzow, « dans la combinaison des caractères de *coloration normale* de *A. nobilis* et de *A. chrysaëtos*. Les rectrices sont complètement celles de *A. nobilis* (quatrième livrée); trois rémiges, 8-10, présentent une coloration intermédiaire entre les deux espèces ; toutes les autres rémiges sont de la coloration normale de *A. chrysaëtos*. Dans le même plumage quelques scapulaires à bases de la couleur normale de *A. chrysaëtos;* tout le reste de *A. nobilis*. Au contraire, les albinismes partiels de *A. chrysaëtos* n'ont pas une seule plume marquée de blanc comme celle de *A. nobilis;* toutes sont anormales, relativement à cette espèce et *paraissent* caractéristiques pour un albinisme partiel de *A. chrysaëtos* de race pure et nullement hybride. »

Le docteur observe ici que le type même d'albinisme est différent dans les deux espèces. Il remarque aussi, mais en note, que le type de *A. nobilis* prédomine cependant dans cet individu qui, tout bien considéré, lui paraît être « le produit d'un *A. nobilis* pur sang et d'un hybride *Chrysaëto-nobilis*, plutôt qu'un hybride *Chrysaëto-nobilis* direct, produit par l'union de parents pur sang des deux espèces », quoiqu'il hésite encore « à décider cette question d'après les seuls caractères de coloration ». M. Servertzow a vu chez M. Russow un autre individu qui serait également hybride ? Il est cité à la page 153 ; nous n'avons point bien compris le passage s'y rapportant (3), nous y renvoyons le lecteur ; du reste M. Severtzow parle d'hybridation *hypothétique* (4) ne pouvant être, en effet, cons-

---

(1) M. Severtzow renvoie à la fig. 2 de son ouvrage, troisième ou quatrième rectrice à droite, les médianes étant 1-1 ; reproduction exacte d'une figure esquissée d'après nature dans son livret de notices.

(2) Page 160.

(3) Peut-être parce que nous ne connaissons point ces types.

(4) Page 161.

tatée que sur le plumage. Plus loin (1), le docteur cite un autre
A. nobilis portant certaines traces d'hybridation très légères ;
puis il énumère plusieurs Aigles qu'il croit croisés d'hybrides, c'est-
à-dire provenant de l'hybride avec l'espèce pure, puis enfin d'autres
individus n'ayant plus que des traits d'hybridation considérablement affaiblis (2).

Nous ne pouvons reproduire toutes les descriptions et les nombreux détails qu'a donnés M. Severtzow sur les hybrides supposés.

Si celui-ci s'est étendu longuement sur ce sujet, c'est que, dit-il,
ces hybrides sont les premiers découverts dans l'ordre des Rapaces
et qu'ils ne sont pas encore connus par les naturalistes. Nous
prions donc qu'on veuille bien se reporter à son mémoire.

On nous permettra cependant de dire que l'hybridation nous
semble très douteuse chez ces divers Aigles, puisqu'elle ne s'aperçoit que par de légères différences de coloration très peu sensibles,
souvent des albinismes partiels qui pourraient être dus à d'autres
causes qu'à celles provenant de croisements. *Chrysaëtos* est du reste
race ou variété de *A. nobilis* et non une espèce indépendante.

Au sujet de ces croisements présumés et de plusieurs autres cités
dans son travail, le feu professeur s'est livré à de nombreuses
spéculations sur les caractères que doivent présenter les hybrides,
soit qu'ils descendent de deux types purs, soit, au contraire, qu'ils
proviennent d'hybrides croisés d'espèces pures. Laquelle des deux
espèces pures, *A. nobilis* ou *A. chrysaëtos*, a-t-elle une influence
prédominante sur les caractères distinctifs des hybrides ? L'espèce
prédominante est-elle *A. chrysaëtos* ou, au contraire, *A. nobilis*.
L'influence de deux espèces pures sur la coloration de leur hybride
ne s'équilibre-t-elle pas et ne se contrebalance-t-elle pas de façon
qu'aucune des deux ne soit prédominante? Telles sont, et beaucoup
d'autres, les questions qu'il se pose. Pour nous, on ne se rendra
compte de l'influence exercée par les deux facteurs sur leur descendance qu'en étudiant leurs croisements en captivité, l'appariage en
liberté des parents présumés ne pouvant toujours être constaté et
leur progéniture suivie d'une manière régulière. Comme le reconnaît
du reste, avec beaucoup de raison, M. Severtzow, « pour résoudre
positivement cette question d'hybridation, il faudrait trouver un
nid d'*A. nobilis*, celui-ci étant accouplé à un *A. chrysaëtos*, tuer et
déterminer exactement le vieux parent, surtout celui dont la queue
aurait du blanc, et élever les jeunes jusqu'à l'âge adulte, chose plus

(1) Page 167.
(2) Pages 169, 170 et 171.

facile à dire qu'à faire, ajoute-t-il, « la nidification normale de *chrysaëtos* étant encore inconnue. »

Aussi, l'éminent ornithologiste disait-il, dans le cours de son travail, que si l'hybridation lui paraît bien établie par l'analyse comparative des caractères individuels dans la série passée par lui en revue, « la détermination des résultats de ce fait, des exemplaires hybrides et croisés d'hybrides. n'en reste pas moins bien incertaine ». Il avouait même que « l'hybride direct *chrysaëto-nobilis* doit être difficile, sinon impossible à distinguer, du produit d'un *A. nobilis* croisé d'hybride et d'un *A. chrysaëtos* croisé d'hybride. » Nous le croyons sans peine. Nous pensons également avec lui que l'ensemble de tous ces croisements (s'ils se sont réellement produits, comme on peut, après tout, le supposer, vu les faibles distinctions des deux types) présente probablement les combinaisons les plus variées et que ces mélanges répétés aboutissent tous au même résultat définitif, c'est-à-dire à l'absorption des descendants d'hybrides par les deux espèces pures et à l'effacement complet des caractères diagnostiques d'hybridation. Ils n'aboutiraient donc pas, dans ce cas, au résultat supposé par M. Menzbier dans le croisement des *C. cyanus* × *C. Pleskei*, c'est-à-dire à l'extinction d'un des deux types purs. Ils auraient, au contraire, un effet tout différent. Tout cela, sans doute, est très hypothétique et ne prouve aucunement, disons-le en passant, le mélange, sur une vaste échelle, de deux espèces réellement distinctes, la seule hybridation sérieuse dans ses conséquences.

Aquila nobilis et Aquila daphnea.

Dans le même travail, M. Severtzow a parlé « d'*Aq. nobilis* très ressemblants aux croisés d'hybrides *chrysaëto-nobilis*, se trouvant aussi en Asie centrale, sur le Tian-schan et les bords du Syr, loin en dehors de l'habitat de *A. chrysaëtos*. » Il considère ces Oiseaux comme des produits de l'hybridation de *A. nobilis* avec *A. daphnea*, Hodgs, l'Aigle indigène de la Haute-Asie, c'est-à-dire comme des hybrides directs *daphnea-nobilis*, et aussi comme des *A. nobilis* croisés d'hybrides *daphnea-nobilis*. Ces derniers, dit-il, se distinguent des *A. nobilis* de race pure : « le vertex est, en partie d'un brun pur, pas de bouts roux, beaucoup de roux au jabot, des tarses fauve pâle ou d'un blanc mêlé de fauve pâle ; plus de gris et moins de blanc aux rectrices, les vermiculations noirâtres et rétriculaires sur fond gris, caractéristiques pour *A. daphnea*. D'autres à vertex d'*A. nobilis* normal, sans roux au jabot, ont le tarse, en revanche,

d'un fauve roux brunâtre presque aussi intense que *A. daphnea;*
dès la deuxième livrée, ils ont autant de gris aux rectrices que les
vieux *A. nobilis* en possèdent à ses parties, mais ce gris est encore
sans taches noirâtres, comme celui de la deuxième livrée normale
de *A. nobilis.* » Quant à l'hybride direct *daphnea-nobilis,* il ressemblerait beaucoup à un *A. daphnea* en plumage imparfait : « même
vertex d'un brun intense, même roux brillant de la nuque et du
jabot, seulement le roux fauve du tarse et des sous-caudales plus
pâle et plus terne, surtout aux tarses; mais les rectrices plutôt
du type *A. nobilis,* leurs bandes transversales noirâtres très irrégulièrement sinueuses, beaucoup plus larges que celles de *A. daphnea.*
Toutes les rectrices à bases blanches, ce blanc moins étendu que
chez *A. nobilis,* et la distribution du blanc et du gris très irrégulièrement inégale. »

Dans le Turkestan russe, les *A. nobilis,* que M. Severtzow croit
croisés d'hybrides *daphnea-nobilis,* lui ont paru plus nombreux
que ceux d'espèce pure; au moins, en est-il ainsi dans sa collection.
Il a, en tout, recueilli au Turkestan, six *A. nobilis,* dont un de race
pure, un autre avec des traces d'hybridation *chrysaëto-nobilis,* un
troisième vraisemblablement hybride *daphnea-nobilis,* les trois derniers croisés *daphnea-nobilis,* dont deux échappés de captivité, ce qui
lui fait croire que *A. nobilis* n'est pas indigène dans ces contrées, surtout dans les montagnes. M. Severtzow remarque ici que les Kirgliiz,
amateurs passionnés d'Aigles dressés à la chasse, importent beaucoup d'*A. nobilis,* en partie pris au piège dans la steppe, surtout
en hiver, en partie achetés aux Baschkirs des Monts Ourals. Il se
demande aussi si les *A. nobilis,* sédentaires dans le Turkestan, et qui
y nichent d'ailleurs en petite quantité, ne seraient pas des échappés
de captivité, s'accouplant comme ils le peuvent, et, à défaut d'*A.
nobilis,* à des *A. daphnea,* composant l'espèce indigène et beaucoup
plus nombreux? Cette conjecture lui paraît la plus vraisemblable.
L'importation du reste continue; en dehors de ces Aigles fugitifs,
et de leurs descendants, chaque année de nouveaux Oiseaux parviennent à s'échapper et une partie des jeunes *A. nobilis,* hivernant
au Turkestan, peuvent également s'y fixer. Cette circonstance
expliquerait le métissage des *A. nobilis* croisés d'hybride *daphnea-
nobilis,* si toutefois, observe-t-il, avec raison, « on peut en juger
d'après les matériaux insuffisants de sa collection. »

Remarquons ici que *A. daphnea,* type peu connu, n'est qu'une race
ou une variété de *nobilis;* que les croisements contractés par cet
Oiseau avec *A. nobilis* sont le résultat d'importations; que les hybrides observés paraissent être des échappés de captivité.

AQUILA PENNATA (1) et AQUILA MINUTA.

Le pasteur Brehm, qui, si l'on en croit Degland (2), a établi
« sur des caractères *en général fictifs* et souvent sur des différences
d'âge » bon nombre d'espèces ou sous-espèces, a cru pouvoir reconnaître chez l'Aigle botté (*Aquila pennata*) deux types bien distincts
méritant d'être séparés *spécifiquement* : une variété, dit M. Bureau (3),
de grande taille, munie d'épaulettes, à laquelle il conserva le nom de
A. pennata, l'autre de taille plus petite, à laquelle il donna le nom
de *A. minuta*.

Or, les deux types s'accouplent fréquemment (4). M. Bureau a
lui-même constaté leurs alliances (5). Mais doit-on considérer leurs
unions comme des croisements d'espèces séparées?

Sous les deux dénominations de *A. pennata* et de *A. minuta*, il
ne faut entendre, d'après ce dernier, qui a étudié longuement le
sujet, qu'une seule et même espèce présentant deux types de coloration indépendants de l'âge (6).

Il ressort des mémoires (7) de l'éminent naturaliste de Nantes
que «l'Aigle botté possède deux types parallèles, l'un blanc, l'autre
nègre, et chacun de ces types comprend la livrée de l'adulte et celle
du jeune âge en premier plumage ; de là quatre livrées (8). Tantôt,
observe M. Louis Bureau, il y a alliance entre sujets d'une même
livrée, tantôt croisement des deux types. De l'une ou l'autre de ces
unions naissent habituellement des jeunes d'un seul type, plus
rarement on trouve dans une même nichée des jeunes de l'une ou
de l'autre race. Le plumage des deux types se modifie parallèlement
avec l'âge; mais les changements sont plus accusés dans le type
ordinaire que dans le type nègre. Les sujets de tous deux, depuis
le jeune âge jusqu'à l'âge adulte, se développent en conservant les
caractères de leur type (9). Un nid pris par M. Bureau et M. de

(1) Synonymie : *Falco pedibus penoctis, Falco pennatus, Hieratus pennatus.*
(2) *Ornithologie europénne*, I, p. 37, 1867.
(3) *L'Aigle botté, d'après des observations recueillies dans l'Ouest de la
France.* Association française pour l'avancement des Sciences, Congrès de Nantes,
1875 (p. 5 du tirage à part).
(4) Michel MENZBIER, *Conférence faite à la Société Zoologique de France.*
Revue scientifique, p. 519, N° du 26 Avril 1884.
(5) Voir l'*Aigle botté*.
(6) Bulletin de la Société Zoologique de France, 1877.
(7) Publiés dans le Congrès de Nantes, 1875, et le Bull. de la Soc. Zool. de France,
1876. Voir aussi le même Bulletin, 1877.
(8) Page 9 du tirage à part (Congrès de Nantes).
(9) Page 22 du même tirage.

l'Isle contenait deux jeunes, l'un blanc roussâtre, l'autre brun de suie, et le couple qui avait donné naissance à ces jeunes se composait d'un mâle brun de suie et d'une femelle en livrée blanche (1) ! »

Le dimorphisme se fixe, du reste, chez d'autres Oiseaux de proie, il y affecte la forme mélangée et atteint si souvent quelques espèces qu'il s'y développe un type nègre, aussi fréquent, parfois, que le type primitif. Les mâles ou les femelles revêtent indifféremment la livrée de l'un ou de l'autre type (2).

L'opinion que s'est faite M. Louis Bureau sur les deux Aigles en question n'avait point été partagée par M. Severtzow (3); elle ne l'est point encore par M. Menzbier (4). Le savant professeur de Moscou reconnaît néanmoins que la manière de voir de M. Bureau, à savoir que l'*Aq. pennata* et l'*Aq. minuta* ne représentent qu'une seule et même espèce, est maintenant adoptée par les zoologistes (5).

Le jour même, du reste, où Brehm avait créé l'*Aquila minuta*, cet Oiseau avait été l'objet de violentes critiques et les défections sont devenues de plus en plus nombreuses dans le parti du célèbre ornithologiste allemand (6).

Nous ne croyons donc point faire figurer au nombre des croisements d'espèces, pas même au nombre des croisements de variétés, les alliances de l'*Aq. pennata* et de l'*Aq. minuta*.

Genre Falco.

FALCO TINNUNCULUS (7) et FALCO LITHOFALCO (8).

On lit, dans les comptes-rendus de Berwickshire Naturalist's

---

(1) Page 11 du même tirage.

(2) Voy. M. Louis Bureau, p. 21 et 22 du mémoire cité.

(3) *Faune des Vertébrés du Turkestan*, par N. A. Severtzow. *Les Oiseaux*, traduction de M. Olphe Galliard, p. 30. Budapest, 1888. Voir les discussions qui ont eu lieu à ce sujet dans le Bulletin de la Société Zoologique de France, année 1877, pp. 25, 53 et 320.

(4) *Conférence faite à la Société Zoologique de France.*

(5) Même Conférence, p. 519 de la Revue scientifique de 1884. On sait que tel est l'avis du Dr Radde, de Tiflis. D'après lui (Voir son *Ornis caucasica*, p. 87), dans la deuxième édition de la *Thierleben*, de Brehm, la distinction des deux espèces établie dans la première édition, n'existerait plus, tout au moins on n'y trouve mentionné qu'un Aigle nain « *Zwergodler* ». Nous n'avons point consulté la deuxième édition de l'ouvrage du savant ornithologiste allemand.

(6) Voy. Degland, *op. cit.*

(7) Autres noms scientifiques : *Accipiter alaudarius, Falco brunneus, Cerchneis tinnuncula, Tinnunculus alaudarius.*

(8) Synonymes : *Litho falco* et *Æsalon, Falco regulus, Falco smirullus, Falco cæsius, Æsalon litho falco.*

Club (1), qu'au printemps de 1886, une chose sans exemple arriva aux Barra-Crags, situés sur la rivière Coquet, au dessus du petit village d'Alwington (Northumberland), dans les monts Cheviot. « Un mâle Faucon Emerillon (*Falco Æsalon*) s'apparia avec une femelle Crécerelle (*F. tinnunculus*). Le résultat fut une couvée de quatre jeunes. La Crécerelle fut tuée par le garde-chasse Taylor, résidant à Angraghaugh Taln, sur le Coquet ; il avait trouvé l'Oiseau en train de nourrir ses petits avec des souris et des rats d'eau. Quelques jours après, l'Emerillon fut lui-même pris, il nourrissait au contraire les jeunes avec des Coqs de bruyère et des Perdrix. » L'auteur du récit dit en terminant que « M. Mather d'Alwinston obtint trois jeunes Oiseaux et les garda jusqu'à ce qu'ils pussent voler ».

M. James Hardy, secrétaire du Club, qui a eu la bonté de nous envoyer une copie des Proceedings où ces faits sont racontés, a bien voulu également nous donner les renseignements complémentaires suivants : M. Mather était, en 1887, maître d'hôtel à Alwington, près Rotbury Mospeth (Northumberland) ; la personne qui a fait la communication qu'on vient de lire est M. Thompson, résidant à Rothburg, où il possède une collection d'Oiseaux préparés par lui-même. Le Club, un jour d'orage, s'était réfugié dans sa maison pour éviter une ondée de pluie, c'est alors qu'on avait. obtenu les notes qui font le sujet de cet article.

Nous avons donc interrogé M. William Thompson, et nous avons appris que l'Oiseau capturé dans les pièges tendus autour du nid par M. Taylor, garde-chasse de M. Selby de Biddlestene Hall, était la femelle Crécerelle. L'Emerillon aurait été tué trois ou quatre jours après cette capture, sur le nid même et d'un coup de fusil. Les Oiseaux furent apportés à M. Thompson pour les préparer, mais au moment où ils furent remis chez lui, il était absent. En attendant son retour ils se gâtèrent et devinrent en trop mauvais état pour être préparés. Un des jeunes cependant put être élevé pendant trois mois (2) ; malheureusement, ce petit s'échappa et on ne le revit plus. Son plumage était semblable à celui de la Crécerelle, mais de couleur un peu plus claire. Ce qui porte à croire qu'il s'agissait bien d'hybrides dans ce cas, ajoute de nouveau M. Thompson, c'est que la femelle (la Crécerelle) nourrissait ses petits avec des souris et des campagnols aquatiques, tandis que le

---

(1) XII, n° 1, pp. 128 et 129, 1887. *Natural history, Notes from Upper Coquet dale* by William Thompson.

(2) Nous supposons donc que les jeunes avaient été apportés vivants.

mâle (l'Emerillon) les nourrissait avec des jeunes Grouses et des Perdrix.

Quoique la communication de M. Thompson ne concorde pas tout à fait, on le voit, avec le récit des Proceedings, ce croisement présente certains caractères d'authenticité et mérite d'attirer l'attention. Il faut cependant remarquer que le plumage du jeune Oiseau conservé, ressemblant à celui de la Cresserelle, ne prouve point son origine hybride (1).

FALCO ELEONORÆ et FALCO ARCADICUS (2).

Ces deux noms, pour les ornithologistes, désignent une seule espèce. Si l'on en croit M. Menzbier, ils s'appliqueraient, au contraire, à deux formes, l'une plus foncée que l'autre, toutes deux se distinguant à tous les âges, mais se croisant si fréquemment qu'on ne peut plus les séparer, car les deux types se trouvent dans le même nid. Le savant professeur dit qu'il fut un temps où le *F. Eleonoræ* et le *F. arcadicus* étaient deux espèces fort distinctes l'une de l'autre et ne se croisant pas ; aujourd'hui elles sont prêtes à disparaître, aptes à donner des hybrides (avec lesquelles elles se croisent de nouveau) et se confondront complètement dans la suite sous l'influence de conditions plus favorables. Comme nous ignorons absolument ce qui s'est produit dans le passé au sujet de ces deux formes, comme nous savons au contraire qu'elles appartiennent aujourd'hui à une seule espèce, nous ne saurions envisager leurs accouplements réguliers et sans doute nombreux comme de véritables croisements (3).

(1) C'est le Rév. Macpherson, de Carlisle, qui nous a signalé ce croisement, sans quoi il nous aurait sans doute échappé.

(2) Autres noms scientifiques du même Oiseau : *Falco concolor, Dandro falco Eleonoræ, Hypotriorchis Eleonoræ.*

(3) FALCO PERIGRINUS et FALCO LANARIUS

M. le Dr J. Winteler, président de la Société ornithologique d'Argovie (Suisse), nous fait remarquer que Gesner (*Thierbuch*, p. 131, Heidelberg, 1606), a cité le croisement du *Falco lanarius* et du *Falco perigrinus* en donnant quelques indications sur les produits qui en résultent. Dans une autre communication, le docteur nous parlait, au contraire, d'hybrides du Faucon pèlerin ♂ avec le Gerfaut femelle, sans doute le *Hierofalco gyrfalco*, dont les Fauconniers se servaient pour la chasse ? Nous n'avons point consulté le texte allemand du vieil auteur ; mais qu'il s'agisse d'une espèce ou d'une autre, il ne saurait être question ici, pensons-nous, que de croisements accomplis *en domesticité* pour les plaisirs cynégétiques.

Falco Feldeggi (1) et Falco tanypterus.

M. J. H. Gurney veut bien nous informer que, pendant un voyage qu'il fit en Egypte en 1875, il tua à Esné un *Falco Feldeggi* qui paraissait accouplé à un *Falco tanypterus*. M. Gurney ne doute pas que, de cette union, seraient nés des hybrides si les deux Oiseaux n'avaient été tués par lui.

Ce fait du reste a été rapporté dans l'*Ibis* de 1882 (2) par M. Gurney père, dans les termes suivants : « In connexion with the occurence of specimen of an intermediate character in Egypt, I may refer to the circumstance of my son and a fellow traveller having shot and adult pair of these Falcons at Esné, in that country, which were sitting together on the same tree, and of which the female was a typical pale *F. Feldeggii*, and the male sufficiently dark to merit the title of *tanypterus*, being very little less intensely coloured that the darker individuals from Abyssinia and Sennaar. »

Il n'y a donc là qu'un appariage supposé entre deux variétés d'une même espèce, appariage non suivi de fécondité.

Falco Holbœlli (ou F. islandicus) et H. candicans.

M. Gurney dit encore (3) avoir vu quatre Faucons qui lui paraissent être, à cause des marques blanches de leurs plumes, des hybrides entre *H. Holbœlli* (ou *H. islandicus*) et *H. candicans*. Trois de ces individus seraient des jeunes de l'année; mais le quatrième a revêtu le plumage complet de l'adulte. Ce dernier et très curieux exemplaire lui a été obligeamment offert par le colonel Radcliffe, qui avait reçu cette peau du Maharajah Dhuleep Snigh, lequel l'avait lui-même obtenu en Islande quand l'Oiseau était encore dans son premier plumage. Cet intéressant spécimen avait vécu en captivité chez le Maharajah assez longtemps pour compléter sa première mue.

Les trois jeunes sont conservés : l'un (4) au Muséum de Norwich, les deux autres dans la collection du regretté M. Haudcook au Musée de Newcastle-on-Tyne, où M. Gurney les a examinés, grâce à la bienveillance de ce dernier.

D'après les renseignements fournis par le colonel Radcliffe, le vieil Oiseau ayant appartenu au Maharajah Dhuleep Snigh

(1) Synonymie : *Falco lanarius, Linarius cinereus, Gennaja lanarius.*
(2) Page 441. *Notes on M. R. B. Sharpe's Catalogue of Accipitres.*
(3) In Ibis, 1882, p. 588, *Gurney's Notes on M. Sharpe's Catalogue of Accipitres.*
(4) Que l'on dit provenir du Grœnland.

était plutôt, dans son jeune âge, un spécimen brun foncé d'un Faucon du Nord et, avant sa mue, les plumes du Groënlandais étaient plus visibles que maintenant. Sa ressemblance avec *H. candicans* se montre sur quelques-unes des scapulaires placées sur le côté gauche du dos, sur les couvertures et les rémiges de l'aile gauche; ces dernières, fait observer M. Gurney, sont malheureusement dans un état incomplet, toutes les primaires n'existant plus, à l'exception de la première et de la partie basale de l'autre. La plupart des plumes des couvertures de la queue et les rectrices extérieures du côté droit de la queue le rapprochent encore de *H. candicans*. Toutes les parties du plumage que l'on vient de nommer ressemblent, en effet, aux mêmes parties des adultes de *H. candicans*, parties mieux accentuées, tandis que le reste du plumage s'accorde avec celui des adultes plus gris de *H. Holbœlli*.

C'est ainsi que M. Gurney se trouve amené à penser que ce Faucon était éclos dans le Groënland et fut capturé dans l'Islande au moment de sa migration. M. Gurney remarque encore que son bec est d'une teinte intermédiaire entre celle qui est ordinaire au bec des Gerfalcons blancs et la couleur plus foncée des becs de la race grise, quoiqu'on ne doive point oublier que les becs de coloris intermédiaire soient assez fréquents dans les spécimens de *H. candicans*, spécialement chez les jeunes Oiseaux plus foncés.

En ce qui concerne le plumage du jeune Oiseau du Musée de Norwich, il est, d'après le même ornithologiste, celui d'un jeune Oiseau foncé de l'une des races grises, à l'exception des rémiges et de la plupart des couvertures de l'aile gauche ; les tertiaires de l'aile droite, la rectrice extérieure du côté gauche de la queue et les quatre rectrices qui sont contiguës à cette dernière plume ressemblent toutes à celles des *H. candicans* de couleur claire et du même âge. Chez ce spécimen le bec est encore plus foncé que dans le Faucon du colonel Radcliffe et ne diffère point du coloris ordinaire qui se voit dans le bec du Faucon gris.

Quant aux deux jeunes de la collection Handcook, si les notes de M. Gurney sont exactes, l'un d'eux aurait toutes les rectrices du côté gauche blanches, excepté la dernière, mais deux, parmi elles, auraient les bouts bruns et deux plumes semblables du côté droit de la queue. Cet individu possède encore, parmi ses scapulaires du côté gauche, une plume ressemblant au plumage de *H. candicans*. Le second est un Oiseau très brun, dont l'hybridité apparaît dans une seule plume primaire qui ressemble à celle de *H. candicans* (1)!

(1) Tous ces renseignements sont donnés dans l'Ibis à l'article mentionné plus haut.

Ajoutons que M. Gurney père était porté à croire que le *Falco gyrfalco* et le *Falco Holbœlli* hybridisaient à Alaska.

Genre Buteo.

BUTEO VULGARIS (1) et BUTEO VULPINUS.

D'après M. Menzbier, deux Buses, le *Buteo vulgaris* de l'Europe occidentale et le *Buteo vulpinus* de l'Europe orientale, luttent pour la possession d'une certaine région de l'Europe centrale. « Dans ces dernières années, dit-il, on a rencontré plus souvent le *B. vulpinus* en Allemagne et, à en juger par quelques exemplaires, on trouve des produits du croisement des *B. vulgaris* avec les *B. vulpinus* dans les parties limitrophes des régions de leur distinction (2). »

Le nom de *Buteo vulpinus* ne figure point dans Degland, nous ne le trouvons point non plus dans le *Conspectus generum Avium* du Prince Charles Bonaparte. Il est, d'après M. Sharpe, synonyme de *Buteo desertorum*, lequel Oiseau a, on le sait, de grandes analogies avec le *B. vulgaris*. M. Menzbier ne paraît pas, du reste, avoir décrit les intermédiaires qui auraient été observés.

BUTEO AVIPORUS (3) et BUTEO VULGARIS.

M. Anatole Carteron, auteur du *Guide pédestre de la Bourgogne aux Pyrénées* (4), ouvrage que nous avons eu l'occasion de critiquer à la fin de notre étude sur les Passereaux, remarque, après avoir rappelé les principaux caractères de la Bondrée (*B. aviporus*), que la Buse commune (*B. vulgaris*) est sujette à de nombreuses variations. Certaines Buses ont la poitrine, le ventre et le dessus des ailes plus ou moins bruns ; les autres ont ces mêmes parties du corps blanchâtres à mouchetures brunes plus ou moins apparentes. Or, M. Anatole Carteron qui, nous l'avons dit, croit à tort que beaucoup de variétés proviennent de croisements à l'état libre, attribue cette dernière variété de *Buteo vulgaris* à des mélanges avec l'espèce

---

(1) Autres noms scientifiques : *Falco vulgaris, Buteo, Buteo albus, Falco variegatus cinereus, obsoletus* et *versicolor, Accipiter buteo, Buteo mutans* et *fasciatus, Buteo pojana.*

(2) *Conférence faite à la Société Zoologique de France,* in Revue scientifique, p. 517, N° du 26 Avril 1884.

(3) Synonymie : *Falco apivorus, Falco poliorynchos, Pernis aviporus, Accipiter lacertarius.*

(4) *Causeries sur l'Histoire naturelle,* pp. 37 et 58, Paris, 1868.

voisine, la Bondrée, dont Degland fait un genre à part sous le nom de *Pernis*. Nous sommes persuadé qu'il n'y a rien de fondé dans le dire de M. Carteron. La distribution des couleurs est si variable chez la Buse vulgaire, dit l'auteur de l'*Ornithologie européenne* (1), « qu'il est presque impossible de trouver deux individus absolument semblables. » Les vieilles femelles seules, selon M. de Selys-Longchamps (2), deviendraient blanches ou blanchâtres. Aucun ornithologiste sérieux n'a, pensons-nous, envisagé l'hybridation comme cause de ces variations. Si nous citons ce croisement, c'est donc dans le but seul de le réfuter et montrer qu'il est purement hypothétique.

BUTEO VULGARIS et ARCHIBUTEO LOGOPUS (3)?

Dans le tome V des *Bulletins de l'Académie de Belgique* (4), M. le Baron de Selys-Longchamps a signalé, sous le nom de « *Buteo variegatus* variété? *plumipes* Selys (5), » un exemplaire de Buse (ordinaire?) pris près de Liège en Novembre 1858, et faisant partie de sa collection. » L'ensemble est celui d'une Buse ordinaire commune adulte (généralement brun chocolat foncé en dessus); mais on voit avec surprise que *toute la partie externe des tarses jusqu'au niveau du doigt postérieur est revêtu de plumes fines*, obscures, analogues à ce qui existe chez la Buse pattue (*Buteo logopus*); seulement, chez cette dernière, *le devant des tarses*, en outre, est également emplumé jusqu'à l'origine des doigts, comme chez les Aigles.

« Est-ce un hybride des deux espèces, est-ce une espèce étrangère égarée en Belgique, une race, ou bien une simple variété accidentelle? » C'est ce que M. de Selys-Longchamps se proposait d'examiner dans la notice qu'il annonçait. Depuis, il n'a rien publié sur ce sujet.

Mais le savant naturaliste veut bien ajouter, dans une communication qu'il nous fait (Août 1892) et qu'il nous autorise à publier, que « peu d'années après cette publication, dans une de ses excursions à Leyde, feu le docteur Schlegel lui a montré, au Musée des

(1) I, p. 54, Paris, 1867.
(2) Cité par Degland.
(3) Synonymie : *Falco logopus, Falco sclavonicus, Falco plumipes, Buteo logopus,* etc.
(4) N° 4, 1859.
(5) Ne point confondre, nous fait observer M. de Selys-Longchamps, avec *Buteo plumipes* (Hodgson, 1844) de l'Inde, qui n'a pas les pieds pattus et dont il ignorait le nom en 1859, quand il a nommé la var. *plumipes* de la Buse commune.

Pays-Bas, un exemplaire semblable à sa Buse var. ? *plumipes*, tué
en Hollande.

M. de Selys pensait à une espèce exotique de Buse plus ou moins
pattue ; cette Buse n'ayant été signalée nulle part depuis trente-
quatre ans, il est persuadé aujourd'hui qu'elle n'existe pas comme
espèce. On l'eût trouvée dans l'une ou dans l'autre des régions
arctiques ou asiatiques des deux mondes, actuellement bien explo-
rées. M. de Selys penche donc pour une *anomalie* individuelle.
« Pour considérer ces deux exemplaires comme hybrides de la
Buse commune avec la Buse pattue (*Archibuteo logopus*), il faudrait, en effet, admettre (ce que du reste il n'accepte ni ne refuse)
que l'hybridité ne se montrerait que par la présence de ces plumes
garnissant le côté externe des tarses. Mais les *Archibuteo* ont la
queue et les ailes plus longues que la Buse de nos pays, et, au
contraire, les doigts un peu plus courts, surtout le doigt médian.
Tandis que l'exemplaire en question, sous ces rapports et sous
tous autres rapports, a les dimensions du *Buteo vulgaris* ; il n'existe
point non plus de vestige de blanc du dessus du croupion de la
Buse pattue.

« Dans le cas où il serait un hybride, il pourrait encore, nous fait
remarquer M. de Selys-Longchamps, provenir de l'*Archibuteo stra-
phiutus* du Népaul et du Thibet ou du *logopus* d'Europe. » En outre,
M. Sharpe (1) ne parle pas de la variété *plumipes* à l'article *Buteo*.

Nous sommes loin de dire que cette variété soit un hybride ;
néanmoins, ayant vu des hybrides demi-sang présentant presque
entièrement tous les caractères d'un seul des parents, ne rappelant le deuxième progéniteur que par des traits bien faibles,
l'Oiseau de M. de Selys-Longchamps peut, à la rigueur, avoir été
produit par le croisement des deux espèces nommées. Mais s'il n'est
point permis de nier une telle descendance, il serait bien osé de
l'affirmer, et M. de Selys a sans doute raison en laissant la chose
très indécise ; une simple anomalie pouvant produire la déviation
constatée.

CIRCAËTUS GALLICUS (2) et CIRCAËTUS HYPOLEUCOS (3)

M. Menzbier (4) dit que les deux formes désignées par ces deux

---

(1) *Catalogue des Oiseaux du British Museum*, I, 1874.
(2) Autres noms : *Aquila pygargus, Falco gallicus, Falco leucopsis, Aquila
leucamphoma, Aquila brachydactyla, Accipiter hypoleucos*, etc.
(3) Appelé aussi *Circaetus orientalis*.
(4) Conférence citée, Revue scientifique, p. 519, 1884.

noms sont distinctes à tous les âges, bien que cette différence en soit pas grande. Elle consiste chez le *gallicus* en ce que la gorge est foncée, tandis que chez l'*hypoleucos* elle est pâle ; de plus, les dimensions de celui-ci sont moindres que celles de *gallicus*.

Ces deux Buses sont éloignées l'une de l'autre par les conditions de leur distribution géographique ; *C. gallicus* est plutôt l'Oiseau du district des forêts-îlots ; *C. hypoleucos*, l'Oiseau du district des steppes. Mais dans l'Europe occidentale, dans les districts du littoral méditerranéen, ces deux formes habitent ensemble. Or, d'après l'éminent professeur, à en juger par les exemplaires qu'il a vus, ces deux types produisent ensemble, ce qui donne, d'après lui, le droit de prétendre que, vu leur grande ressemblance, ils se confondront complètement et ne formeront, avec le temps, qu'une seule espèce aux caractères intermédiaires.

Si nous en croyons Degland (1), le *Circaetus hypoleucos* (le même Oiseau que l'*Accipiter hypoleucos* de Pallas), indiqué par le comte de Keyserling et le professeur Blasius, ne serait, à en juger par la description que donne ce dernier, qu'un jeune de notre *Jean-le-Blanc:* il n'en diffère, en effet, remarque Degland, « que par de petits appendices pénicilliformes intercalés entre les plumes de la nuque, appendices qui ne sont, ainsi que le fait observer Schlegel, que des restes du duvet de l'enfance, dont l'usure ne s'est opérée qu'imparfaitement. »

M. Sharpe a rendu *hypoleucos* synonyme de *gallicus;* M. Oustalet, que nous avons consulté, ne reconnaît également qu'une seule espèce de *Jean-le-Blanc;* il n'y aurait donc aucun croisement possible.

Genre Astur

ASTUR NISUS et ASTUR BREVIPES

M. Vian pense que plusieurs espèces, considérées comme nouvelles par M. Severtzow dans sa *Faune du Turkestan,* sont des métis ou des variétés accidentelles. D'après la description que celui-ci donne de l'*Astur cenchroïdes,* M. Vian est porté à croire que cet Oiseau est un métis de l'*Astur nisus* dont la distribution géographique se termine vers le Turkestan et de l'*A. brevipes* qui commence à se montrer à cet endroit pour se répandre vers l'est de l'Asie. Ce n'est là, toutefois, qu'une simple conjecture.

(1) *Op. cit.,* p. 49 (en note).

Genre Astur

ASTUR ATRICAPILLUS (1) et FALCO COOPERI (2)

M. Manly Hardy, naturaliste à Brewer-Maine (Etats-Unis), posséderait l'hybride de ces deux espèces tué par lui-même. M. Manly
Hardy a bien voulu nous adresser les indications suivantes sur cet
Oiseau, aujourd'hui empaillé, et dont les mesures, par conséquent,
ne peuvent être prises exactement. La taille est d'environ celle
d'un jeune mâle Grebawk. La queue est longue de 6 pouces 1/4,
légèrement couverte de brun sombre, suivie d'une bande foncée
d'un pouce de largeur avec quatre bandes étroites au dessus, devenant plus pâles à mesure qu'elles s'avancent. Le dos est brun terre
d'ombre avec les bords d'ocre et blanc à la base des plumes. Les
primaires et les secondaires foncées avec les bords plus clairs ; les
scapulaires et inter-scapulaires aussi brun foncé, mais laissant voir
du rougeâtre sur les bords des plumes. Chaque plume du cou et de
la tête chamois avec le bout brun foncé, d'apparence générale rayée.
Les plaques auriculaires chamois clair avec des taches plus foncées.
La couleur fondamentale de toutes les parties inférieures est d'un
blanc chamois, varié aussi. La gorge a une seule ligne de brun
foncé jusqu'au centre, avec des plaques sombres de chaque côté de
la mâchoire. La poitrine a cinq raies longitudinales formées par
l'arrangement des plus longues plumes, dont chacune a, à son
bout, une tache brun foncé en forme de poire de même taille. Les
taches du ventre et des parties inférieures sont plus petites et en
forme de lance, chacune ayant une même flèche étroite se continuant jusqu'à la nervure du milieu de la plume. Les couvertures
inférieures de la queue sont blanc jaunâtre.

En somme, le spécimen de M. Manly Hardy, un jeune de l'année,
ressemble beaucoup aux petits des deux espèces, qui se ressemblent
plus entre eux qu'ils ne ressemblent aux vieux Oiseaux de leur
propre espèce. Remarquons ici que les deux parents supposés,
quoique classés dans un seul genre par certains ornithologistes, ont
été considérés par d'autres auteurs comme appartenant à des genres
différents ; ils seraient donc bien distincts.

(1) Synonymie : *Falco regalis, Dædalion pictum, Sparvius atricapillus,
Falco atricapillus, Hierofalco atricapillus, Falco palumbarius, Astur palum-
barius, Falco regalis,* etc.
(2) Autres noms scientifiques : *Astur Stanleyi, Astur Cooperi, Accipiter
Cooperi, Falco Stanleyi, Nisus Cooperi, Accipiter mexicanus, Nisus pileatus,
Astur pileatus, Accipiter gundlachi,* etc.

Malheureusement, le spécimen observé par M. Manly Hardy n'a pas atteint l'âge adulte, il est donc difficile d'apprécier ses caractères mixtes d'une manière formelle.

ORDRE DES SCANSORES

Famille des Psittacidæ

Doit-on faire mention d'hybrides dans cet ordre ? Les observations manquent complètement. Cependant, si nous en croyons M. Ramsay, curateur de l'Australian Museum à Sydney, le *Platycercus* de Masters (cité dans les Proceedings of the Linnean Society of New South Wales (1), serait le produit d'un croisement entre

PLATYCERCUS EXIMEUS et PLATYCERCUS PENNANTII.

C'est du moins l'opinion que le savant naturaliste émet dans une lettre qu'il veut bien nous écrire, ajoutant que quelques spécimens se sont rencontrés, mais ne sont point exactement semblables. Deux pièces sont, en effet, citées dans les Proceedings of the Linnean Society of New South Wales.

Dans la même lettre, M. Ramsay nous parle aussi d'un hybride entre :

APROSMICTUS SCAPULATUS et PLATYCERCUS PENNANTII,

mais il ne nous donne aucune indication sur ce croisement, que nous n'avons, du reste, trouvé mentionné nulle part et que nous citons donc avec grande réserve. Nous espérons, et nous avons tout lieu de croire, que M. Ramsay voudra bien nous envoyer des notes complémentaires que nous nous empresserons de transmettre à nos lecteurs.

Celui-ci, après avoir donné dans les Comptes-Rendus de la Société Linnéenne des Nouvelles-Galles du Sud la description du *Platycercus masterseanus* s'exprime ainsi :

.... « My attention was drawn to this species some two years ago by Mr. George Masters, the late Assitant Curator of the Australian Museum ; and although the Bird could not in any way be referred to any known member of the genus I had great doubts of its proving to be a good species, being rather inclined, from the great variegation and ununiformity of its markings, to consider it

(1) Voir V. II, fasc. I, p. 27.

a hybrid, or cross between some of the smaller species. However, having lately found another, although immature, but having the same characteristic red front, and upper tail coverts, blue wings and yellowish-green under surface, I have hesitated no longer to describe it as new, and in compliment to Mr. George Masters, who first drew my attention to it, have named it after that gentleman. The adult specimen above described is one of the few relies of our early explorers that I found left in the Museum. The young Bird referred to has been recently obtained in the interior northern portion of New Sout Wales. »

On sait qu'on obtient souvent dans les volières des croisements de Perruches de diverses espèces ; mais ceci n'intéresse pas le sujet que nous traitons. Nous nous abstiendrons donc d'indiquer ces hybridations.

Cependant, nous ne pouvons passer sous silence le croisement de l'*eximeus* avec le *Pennantii*, car ces hybrides, obtenus fréquemment en captivité, peuvent être d'une grande utilité dans le cas présent, et nous souhaitons vivement qu'on les compare avec les exemplaires rencontrés à l'état sauvage. Nous possédons deux de ces hybrides ; nous les mettons volontiers à la disposition de M. Ramsay.

CINQUIÈME PARTIE

Additions, Corrections et Examens d'après nature.

———

AVANT-PROPOS

Pendant que nous publiions des études sur les hybrides rencontrés à l'état sauvage (*Gallinacés* et *Colombes*, 1890; *Palmipèdes* et *Echassiers*, 1891; *Passereaux*, 1892; *Oiseaux de proie* et *Perroquets*, 1893) (1), plusieurs nouveaux cas d'hybridisme étaient mentionnés dans les revues ou les ouvrages d'ornithologie, des observations étaient faites de divers côtés.

Puis, malgré les recherches très étendues et très laborieuses auxquelles nous nous étions livré, plusieurs omissions se sont glissées dans notre travail.

Enfin, des faits cités, mais mal avérés, ont été reconnus faux, au moins trop douteux pour leur donner quelque considération.

Nous avons donc pensé qu'il serait profitable de préparer des ADDITIONS, en même temps qu'une révision générale des pièces dont on avait parlé. Du reste, notre désir était d'examiner nous-même et de décrire les hybrides observés chez les Gallinacés, les Colombes, les Palmipèdes et les Échassiers, ce que nous n'avions pu encore faire. On se rappelle que les Passereaux seuls avaient fait l'objet d'examens.

En vue de ce travail, nous avons étudié pendant longtemps les espèces pures supposées mères dont avons voulu posséder, non-seulement les dépouilles, mais les représentants vivants, afin d'observer leurs manières et leurs gestes et les changements qui s'opèrent dans le plumage au moment des diverses mues de l'année.

La chose était difficile pour les Gallinacés, car les Tétraonidés,

(1) Mémoires de la Société Zoologique de France.

chez lesquels les hybrides sont le plus répandus, ne peuvent guère supporter la captivité ; mais elle était beaucoup plus aisée pour les Palmipèdes, dont les Anitidés, qui forment presque tous les hybrides de cet Ordre, sont facilement domestiqués.

Les Gallinacés hybrides qui, suivant la règle établie, doivent être décrits les premiers, excitent un intérêt beaucoup plus vif que ne peuvent le faire les hybrides des Palmipèdes. Si, en effet, on envisage la Famille des Tétraonidés, dans laquelle, on vient de le dire, les hybrides se rencontrent le plus fréquemment, il paraît difficile de supposer que ces produits soient des échappés de captivité, les espèces parentes étant difficilement domestiquées et rarement appariées dans les parcs d'agrément ou les jardins d'acclimatation.

Il en est tout autrement des Palmipèdes, des Anatidés, notamment. On retient un grand nombre de ces derniers sur les cours d'eau, les lacs, les petites rivières, les bords mêmes des grands fleuves ; les basses-cours à air libre, les cours de fermes en sont remplies, sans compter tous ceux qui vivent dans un état de plus complète réclusion sur les bassins ou les étangs artificiels des jardins.

Puis, beaucoup des individus qui appartiennent aux diverses espèces comestibles très pourchassées, se trouvent blessés à la chasse et ne peuvent rejoindre leurs compagnons dans les régions où d'habitude ils se rencontrent à l'époque de la reproduction. Ils contractent ainsi forcément, dans les eaux où ils séjournent, des alliances avec d'autres espèces, d'où naissent probablement ces produits bizarres qui nous surprennent.

Le « Forest and Stream » (1), de New-York, a attiré, il y a quelques années, l'attention de ses lecteurs sur ce sujet. Il attribue la naissance de la plupart des hybrides à ces individus blessés, désaccouplés, qui ne peuvent plus rejoindre les leurs. « Tous les exemples qui me sont connus, disait M. Thos. S. Esty, dans un numéro de ce journal (2), me portent à croire que les hybrides de Californie proviennent toujours de Canes couvant dans le Nord, lesquelles sont estropiées et incapables de se rendre au lieu ordinaire de leurs couvées. Elles se trouvent en contact avec les mâles de quelques-uns de ces Canards restant dans ces parages, comme le Mallard, le Gadwall, la Redhead, le Wood-Duck, la Blue-Winged Teal (3). » Un autre correspondant de la même revue, M. Perdrix,

(1) Journal de Sport.
(2) Vol. 5, p. 388.
(3) L'auteur désigne sous ces noms : l'*Anas boschas*, l'*Anas streperus*, l'*Aythya americana*, l'*Anas sponsa* et l'*Anas discors*.

de Saint-Louis, partage la même manière de voir ; il rappelle (1) que plusieurs centaines d'Oiseaux appartenant aux deux variétés, le Mallard et le Gadwall, sont annuellement abandonnés dans les marais à la fin de la chasse, après avoir été blessés à l'aile. Il ajoute que des hybrides bien connus dans ces localités proviennent vraisemblablement du mélange de ces deux espèces.

En outre, on connaît des exemples d'Oiseaux sauvages venant fréquenter les espèces retenues en semi-liberté. Il est non moins incontestable que des hybrides obtenus en domesticité reconquièrent leur liberté : les produits de l'*Anas boschas* et de la *Cairina moschata* sont tous des échappés de basse-cour ; il en est de même d'autres métis.

Cependant M. le B^on d'Hamonville ayant constaté, dans une excursion faite au lac de Valenczé, lors du deuxième Congrès international d'Ornithologie tenu à Budapest (2), l'association très curieuse de deux espèces différentes par la taille, l'*A. nyroca* et l'*A. fernia*, qui n'auraient souvent qu'un nid commun, pense que c'est à cette association d'élevage entre espèces différentes que l'on doit les croisements et les hybrides si communs chez les Canards (3). Le savant conseiller général de Meurthe-et-Moselle a même bien voulu recommander cette constatation, faite encore pour d'autres espèces (4), à son collègue de la Société Zoologique, celui qui écrit ces lignes. Nous le remercions vivement de son souvenir pour nous et de son attention ; nous serions loin de le contredire dans ses appréciations. Mais nous croyons que la demi-domesticité, si répandue chez les Anatidés, explique, au moins pour beaucoup d'entre eux, les mélanges que ces Oiseaux contractent.

Nous avons voulu, avant d'entrer en matière, donner ces quelques indications parce que si l'hybridation constatée chez les Anatidés n'eût jamais été provoquée, elle eût, vu le nombre élevé des hybrides rencontrés à l'état sauvage, acquis une importance beaucoup plus considérable et plus sérieuse qu'elle n'a en réalité.

Nous sommes fort heureux de pouvoir annoncer qu'un grand nombre de pièces qui avaient été mentionnées dans nos précédentes publications nous ont été adressées en communication, souvent.

(1) Vol. I, p. 374, 1874.
(2) Mém. de la Soc. Zool. de France, V, 1892, p. 16.
(3) Dans un de ces nids, il y avait cinq œufs de *Milouin;* à quelques centimètres plus loin quatre œufs de *nyroca,* jetés dans l'eau, repoussés peut-être par la couveuse qui avait trouvé la ponte trop abondante.
(4) Voy. p. 139.

de pays fort lointains, malgré les difficultés des transports, les hasards du voyage, les précautions que nécessitent les transports et toutes les peines, enfin, qui devaient résulter de ces déplacements.

Ainsi avons-nous pu examiner à loisir ces pièces curieuses, les décrire soigneusement et les faire peindre.

Faut-il le dire, bon nombre d'entre elles ne nous ont point paru déterminées convenablement. Chez les Gallinacés, entre autres, beaucoup de femelles se revêtant de l'habit du mâle, ou, le plus souvent même, de jeunes Oiseaux non encore en livrée parfaite, ou encore des mâles en mue, ont été pris pour des produits hybrides. Nous nous félicitons donc d'avoir demandé à examiner ces diverses pièces qui, sans doute, seraient encore aujourd'hui considérées à tort comme hybrides.

Nous n'aurions certainement pu faire des examens aussi profitables en visitant les collections, pour la plupart très éloignées les unes des autres; ou bien, il aurait fallu emporter avec nous notre matériel de comparaison et nous faire touriste perpétuellement.

Aussi, nous tenons à nommer, en débutant, les musées publics ou les collections particulières d'où ces nouveaux envois nous ont été faits; ce sera témoigner notre grande reconnaissance aux naturalistes, aux savants, aux collectionneurs, à toutes les personnes qui ont ainsi facilité considérablement notre tâche.

Ces Musées et ces Collections sont :

1° En France, les Musées publics de Rouen, de Lille, de Marseille, d'Arras, du Hâvre, de Caen, de Douai, de Grenoble; les collections privées de M. van Kempen, à Saint-Omer (Pas-de-Calais); de M. Robert Fontaine, à Marcq-en-Barœul, près Lille (Nord); de feu M. Lemeitteil, à Bolbec (Seine-Inférieure); de M. Ch. Royer, à Langres (Haute-Marne).

2° En Angleterre, les Musées publics d'York, de Douvres, de Cambridge (Musée de l'Université), de Liverpool, de Carlisle, de Glascow (Kelvingrove Museum), d'Édimbourg, de Dublin, de Belfast; les collections privées de M. J. H. Gurney, du Keswik Hall (Norwich); de M. J. B. Nichols, d'Holmoowd, Dorking (Surrey); de M. O. V. Aplin, de Bloxham; de M. E. Dresser, de Londres; de M. Turner, de Sutton Colfield (Birmingham); de M. Hamon l'Estrange, de l'Hunstanton Hall (Norfolk); de M. D. Loshthorpe, de Carlisle; de M. le capitaine Pretyman, d'Orwell Park (Ipswick); du Révérend Macpherson, de Carlisle; du Rév. Julian Tuck, de Postock Rectory, Bury St Edmunds (Suffolk); de M. Miller-Christy, de Priors,

Broomfields (n^r Chelsmford) ; de M. J. Blackhouse, des Nurseries
(York); de M. Robert W. Chase, de Southfield (Birmingham) ; de
M. le lieutenant-colonel Butler, de l'Herring fleet Hall, Lowestoft
(Suffolk).

3° En Italie, les Musées publics de Florence, de Pavie, de Gênes
(Museo C°); les collections privées de M. le Comte Luca Gajoli
Boidi, de Molare ; de M. le Comte Arrigoni degli Oddi, de Padoue; de
M. le Comte J. B. Camozzi, sénateur à Bergame ; de M. le Dr G. M.
Bertholdo, à Turin.

4° En Allemagne, les Musées de Francfort-sur-le-Mein, de Breslau, de Berlin, de Dresde, de Munich, de Darmstadt, de Brunswick,
de Strasbourg, de Hanovre; le cabinet d'Histoire naturelle de son
Altesse Royale le Grand-Duc de Hesse-Darmstadt; les collections
de M. R. Tancré, d'Anclam (Poméranie); de M. le pasteur Lindner,
d'Osterweich; de M. le Dr Paul Leverkühn, de Munich (1); de M.
le professeur Doderlin, de Strasbourg ; de M. Otto Bock, de Berlin.

5° En Belgique, le Musée royal de Bruxelles; la collection de
M. le B^{on} Ed. de Selys-Longchamps, à Longchamps-s.-Geer.

6° En Hollande, les Musées de Leyde, d'Amsterdam ; les Collections de la Société Zoologique de Rotterdam.

7° En Suisse, les Musées de Genève, de Lausanne, de Fribourg
(École cantonale), d'Aarau (id.), de Saint-Gallen.

8° En Autriche, les Musées de Vienne, de Prague (Bohême), la
collection de Son Altesse Royale le Prince Philippe de Cobourg-
Gotha à Vienne et celle du Prince Alain de Rohan à Schirow
(Bohême du Nord.)

9° En Hongrie, le Musée de Budapesth.

10° En Suède, les Musées publics de Stockolm et d'Upsala.

11° En Norvège, les Musées de Christiana et de Tromso.

12°. En Danemark, le Musée de l'Université de Copenhague.

13° En Russie, la collection de M. Hugo J. Stjernvall, d'Heinola,
Passa (Finlande).

14° En Amérique, le Musée national de Washington ; la collection
de M. Ernest E. Thomson, de Torento (Canada).

15° Aux Indes, le Musée de Calcutta.

---

(1) Maintenant à Sophia (Bulgarie).

ORDRE DES GALLINACÉS

Perdicinés

Genre Francolinus

FRANCOLINUS VULGARIS et FRANCOLINUS PICTUS

(Se reporter p. 5, ou p. 258 des Mémoires de la Soc. Zool. de France, 1890).

Ce croisement avait été mentionné d'après MM. Hume et Marschall, qui avaient fait connaître (1) plusieurs hybrides tués par le capitaine Butler. Le capitaine Butler, aujourd'hui lieutenant-colonel, a bien voulu nous donner lui-même des indications sur ces Oiseaux, au nombre de six ou sept, qu'il tua à Deesa, dans le Guzeral (Présidence de Bombay). Pour lui, ces pièces proviennent, sans aucun doute, d'un croisement opéré entre « la Black et la Painted Partridges » (*Francolinus vulgaris* et *Francolinus pictus*). La première espèce, nous dit-il, compose la race septentrionale et la seconde la race méridionale; une ligne traversant la carte de l'Inde du Run de Cuth (sur la côte occidentale) à Gwalior, et de Gwalior à Ganjan, indique sommairement les limites géographiques des deux races. Deesa se trouve précisément là où les deux types se rencontrent et les deux espèces sont communes dans les localités où les hybrides furent découverts.

M. A. O. Hume, qui examina la dépouille de l'un de ces hybrides supposés, partage la manière de voir du lieutenant-colonel, car, d'après lui, cette peau diffère des spécimens *pictus* qu'il a vus usqu'alors par différents caractères nettement accusés (2).

(1) *Game Birds of India*, II, p. 25.

(2) Par : 1° une ligne noire marquée des narines à l'angle intérieur de l'œil et encore de l'angle postérieur en arrière sur les couvertures de l'oreille ; 2° une partie noire sur la poitrine; 3° des traces distinctes d'un large collier brun clair ; 4° une taille plus forte, particulièrement le bec plus grand; et 5° la gorge fortement tachetée de noir. En outre, tout autour du cou, sur la poitrine (en dehors de la partie noire) et sur l'abdomen le noir est plus considérable. D'un autre côté, l'Oiseau est plus *pictus* que *vulgaris*, non seulement l'ensemble du plumage est celui du *pictus*, mais encore il a les lorums (en dehors de la ligne foncée), les joues, les couvertures des oreilles et la large bande ou raie du cou, de la couleur rouge fauve et brillant de cette espèce.

La pièce, ainsi décrite, est figurée dans l'ouvrage de MM. Hume et Marschall. La

Nous avons demandé à ¯M. Butler communication de ses hybrides; celui-ci n'a pu satisfaire notre curiosité qu'en partie. Un seul de ses Oiseaux est conservé au British Museum et le colonel n'a lui-même en sa possession que la tête et le cou d'un autre spécimen servant de poignée à un essuie-plume.

Cette petite pièce nous a donc seule été adressée, car les règles du British Museum s'opposent à tout envoi extérieur; mais nous avons fait peindre sur deux faces l'exemplaire conservé en peau au Musée anglais.

Nous n'avons pu établir *aucune* distinction entre la tête et le cou de l'Oiseau monté en essuie-plume et la tête et le cou d'un *F. vulgaris* pure espèce; le dessin et la coloration des plumes sont *identiques* chez l'hybride et chez le type pur, la taille seule diffère, elle est plus petite chez le premier; le bec suit la même règle. Cependant, d'après M. Butler, le corps et la queue étaient pur *pictus*, donnant à l'Oiseau l'apparence d'un spécimen de cette espèce ! Les autres exemplaires ressemblaient, ajoute-t-il, tantôt plus au *vulgaris*, tantôt plus au *pictus* (1).

Quant à l'Oiseau en peau du British Museum, dont nous possédons deux aquarelles le représentant vu de côté sur l'une, et vu en dessous sur l'autre, nous avouons bien franchement que nous n'avons pu lui reconnaître les caractères mélangés qu'on lui prête. C'est, du reste, avec beaucoup de peine que nous nous sommes procuré une ou deux peaux de *pictus* ♂ pour notre examen; l'espèce *pictus*, très rare, manque même au Muséum d'histoire naturelle de Paris.

Dans les deux figures en question, on voit bien un Oiseau plus petit qu'un *vulgaris*, à peu près de dimensions intermédiaires entre le *pictus* et le *vulgaris;* mais ce signe a peu d'importance, puisque nous sommes informé par M. Ogilvie Grant (2) que les spécimens

même description est faite dans « Stray feathers, v, p. 211 ».'La figure coloriée paraît tout à fait insuffisante pour juger des caractères de l'Oiseau qu'elle représente.

Les Oiseaux tués à Deesa avaient, la partie haute d'une espèce, ou la partie basse de l'autre et n'étaient point par là intermédiaires dans leur ensemble.

Les dimensions de deux mâles tués le 2 août 1876 sont les suivantes :

Longueur	Aile	Queue	Bec à F.	Bec à G.	Vol.
13.25	5.75	4	87	1.06	20
13.75	6.12	4	1	1.06	20

(1) Il faut noter que dans une première lettre, le colonel avait reconnu que le spécimen dont on s'occupe ressemblait au *vulgaris*. Cette contradiction proviendrait d'une erreur.

(2) *Catalogue of the Game Birds of the British Museum*, p. 134, t. XXII.

de l'Inde (d'où provient cet hybride) sont considérablement plus petits en taille que ceux de Chypre, d'Asie-Mineure et de Perse. Puis le plumage du corps est presque entièrement, sinon totalement, du *vulgaris*. Toutefois, le noir à la gorge fait défaut, ainsi qu'à la grande ligne des yeux (1). C'est peut-être par là que le mélange est appréciable ?

Sans vouloir aucunement mettre en doute l'assertion du lieutenant-colonel Butler, nous tenons à faire savoir que les aquarelles du spécimen conservé au British Museum ont été montrées à plusieurs éminents ornithologistes. Ceux-ci ont cru reconnaître un jeune *vulgaris*. Dans son *Catalogue of the Game Birds*, M. Ogilvie-Grant dit du même spécimen qu'il ressemble « *most nearly F. pictus.* » Nous ne pouvons nous expliquer une telle contradiction. Nous reconnaissons néanmoins que, dans le cas où, comme plusieurs l'ont pensé, la peau en question serait celle d'un jeune *vulgaris*, il faudrait admettre que les jeunes de cette espèce commencent à prendre la livrée de l'adulte, d'abord par le corps qui se recouvre à beaucoup d'endroits d'une teinte noirâtre perlée de clair, tandis que la partie haute, la tête, demeure longtemps jaunâtre, ne devant prendre que plus tard la teinte foncée, caractère de l'adulte. Cela est peu vraisemblable.

Nous ne pouvons croire, du reste, que des ornithologistes expérimentés comme MM. Hume et Marschall, ou M. Ogilvie-Grant, se soient trompés dans leurs appréciations, alors surtout qu'au British Museum on conserve un grand nombre d'exemplaires *vulgaris* et *pictus* à tous âges (2).

Nous ne terminerons point cet article sans adresser à M. le lieutenant-colonel Butler nos plus vifs remerciements pour son excessive courtoisie. L'éminent officier a toujours répondu avec un grand empressement aux nombreuses demandes que nous nous sommes permis de lui adresser au sujet des Oiseaux qu'il rencontra à Deesa.

Il serait d'un vif intérêt de savoir si de nouvelles pièces ont été depuis obtenues ou si l'hybridisme en question n'était qu'accidentel. Jusqu'alors les recherches que nous avons entreprises à ce sujet n'ont point encore amené aucun résultat.

(1) L'espace blanc jaune chez le *F. vulgaris* existe sous et entre cette longue raie noire ; le noir de la gorge semble ainsi manquer.

(2) Les jeunes *vulgaris* que nous avons eus entre les mains étaient peu avancés en âge et ressemblaient assez à des femelles, en sorte qu'il nous a été impossible de nous rendre compte de la marche progressive de la livrée de l'adulte.

CALLIPEPLA GAMBELI (1) et COLINUS CALIFORNICUS (2)

(Se reporter p. 6, ou p. 259 des Mém. de la Soc. Zool. de France, 1890).

Les indications que nous avions données sur le croisement de ces deux Cailles américaines étaient assez vagues, nous n'avions point cité de faits précis. Nous trouvons dans la revue ornithologique, l'*Auk* (3), mention de deux hybrides tués dans une même localité, dans le voisinage de San Gorgonio (Pass.). M. H. W. Henshaw, qui a donné une longue description de ces deux Oiseaux, dit que leurs caractères intermédiaires ne laissent aucune hésitation ; on aperçoit au premier coup d'œil leur mélange. Mais il est permis de se demander si ces Oiseaux sont de véritables hybrides ou simplement des intermédiaires ordinaires? A cette question, M. Henshaw répond que lorsque des espèces habitent deux régions assez différentes pour produire à leurs extrémités une variété ou race, les chaînons montrant que les deux formes « *intergrade* » doivent venir des terrains intermédiaires. Or, dans le cas présent, aucun terrain de ce genre n'existe. La Californica Valley Quail est abondante jusque sur le bord même du désert, à portée et en vue des terrains habités par la Caille de Gambel. Des individus qu'il a tués à la distance de quelques milles du désert ne diffèrent par aucuns rapports des individus des vallées intérieures de la Californie et ne montrent aucun indice de rapprochement avec les caractères de la *Callipepla gambeli*. Pour cette bonne raison, M. Henshaw conclut que les spécimens en question ne sont autres que des hybrides.

L'hybridation est-elle fréquente entre les deux espèces? Nous ne saurions le dire, on manque encore de renseignements sur ces croisements qui, peut-être, ne sont dus qu'à des causes fortuites. Depuis qu'ils ont été observés, M. F. Stephens, de Santa Ysabel, veut bien nous faire savoir qu'il a visité le même désert; il n'a pu trouver d'autres exemplaires, quoiqu'il y ait rencontré des bandes de chaque espèce volant ensemble. Il est convaincu que l'hybri-

(1) Appelée encore : *Callipepla venusta*.
(2) Autres noms scientifiques : *Perdix californicus, Ortyx californica, Callipepla californica, Lophoportix californica, Callipepla picta, Oreortyx pictus, Ortyx plumifera*, etc.
(3) II, nº 3, p. 247, Juillet 1885.

dation arrive rarement, même sous d'aussi favorables circonstances, et comme la *C. californica* couve dans les montagnes,
tandis que la *C. gambeli* niche dans les plaines, il suppose que
les bandes mixtes qu'il a observées se sont rassemblées après la
reproduction.

Les deux hybrides en question, après avoir été dans les mains
de M. Stephens et de M. Herron, sont aujourd'hui conservés au
British Museum. Nous les avons fait peindre de grandeur naturelle,
l'un vu de côté, l'autre vu en dessous.

Il est difficile, lorsque des espèces sont aussi rapprochées que
sont *gambeli* et *californicus*, de juger leur hybride au moyen d'aquarelles ; au moins faudrait-il avoir le portrait des Oiseaux sur toutes
leurs faces. Aussi, n'ayant point vu les dépouilles de ces deux sujets,
sans doute fort intéressants, nous abstenons-nous de les décrire
minutieusement, ce qui, du reste, a été fait par M. Henshaw (1).
On peut cependant se rendre compte des caractères vraiment intermédiaires que présente la pièce vue en dessous. Ces caractères consistent dans le dessin très affaibli des plumes à écailles et dans la
tonalité de la plaque du ventre. Le dessin écaillé du cou paraît lui-

(1) Dans les termes suivants : No 1. Ressemble davantage à la Caille de Californie ;
le brun de la tête tire sur le marron, la bande blanche antérieure du front est
mélangée de noir ; les plumes sur le côté et le derrière du cou ne sont point
marquées de blanc, excepté sur les côtés du cou où les taches apparaissent,
quoique moins marquées que dans la partie correspondante de *californicus* ;
ces parties par conséquent sont presque comme dans *gambeli*. La tache abdominale
couleur vin de *californicus* existe, mais les plumes de l'abdomen, au lieu d'être
marquées d'une large bande noire, sont seulement étroitement bordées ; ainsi
elles sont dans leur partie basse ; pendant qu'au-dessus, spécialement dans
la surface nuancée de chamois (qui est aussi foncée dans ce spécimen que dans
californicus), les bords noirs se réduisent à une frange noire excessivement étroite.
L'Oiseau a les côtés et les flancs marron, comme dans *gambeli*, mais le marron
n'est pas aussi foncé. Le bord des tertiaires est pâle, comme dans ce dernier ».

No 2. Ressemble presque à *gambeli*. La partie du sommet de la tête est marron,
quoique aussi claire que dans le *gambeli* typique. Les plumes soyeuses du front
sont beaucoup plus sombres que dans *californicus* et presque comme dans *gambeli*.
Les plumes des côtés et derrière le cou montrent des traces de blanc, mais ressemblent, ainsi que cela se produit dans l'autre spécimen, beaucoup plus à *gambeli*.
Dans la tache abdominale la couleur vin de *californicus* n'est que faiblement
visible, elle est couverte pour ainsi dire de noir. La tache sur la partie supérieure
de l'abdomen est chamois jaunâtre, mais plus pâle même que dans *gambeli*. Les
larges bordures noires aux plumes de l'abdomen et la poitrine de *californicus* sont
dans ce spécimen, comme dans l'autre, principalement restreintes aux parties inférieures, laissant les parties supérieures presque sans taches. Le marron sur le côté
et les flancs est semblable à celui de *gambeli*. Les bords des tertiaires sont très
pâles. »

même mixte entre celui des deux espèces, c'est-à-dire qu'il est moins prononcé que chez *gambeli* et plus vif que chez *californicus*.

Dans la pièce vue de côté, le roux des plumes lamées de *gambeli* est visible, mais il est très atténué; par sa teinte bleu ardoise, l'Oiseau paraît intermédiaire. Le dessus de la tête, roux clair, rappellerait beaucoup plus *gambeli*.

Le *Lophortyx gambeli* est une espèce nouvellement découverte. Elle paraît avoir été observée pour la première fois vers 1842 ou 1843, dans le mois de novembre, à quelque distance ouest de la Californie, dans des plaines très arides et touffues, couvertes d'une espèce de *Chenopodium*. Là où l'existence semble impossible, on vit ces Oiseaux courir en petites bandes de cinq ou six individus, jetant de temps à autre leur cri d'appel ou de reconnaissance, cri très différent de celui de l'espèce commune (1).

Les Ornithologistes américains considèrent les deux types comme séparés spécifiquement, quoique les deux formes présentent entre elles de très grandes analogies. Si on doit les classer ainsi, ce sont deux espèces proches parentes. C'est surtout par la disposition du dessin des parties de dessous que s'établit leur distinction. *Californica*, en effet, laisse voir sur la plus grande partie du dessous du corps, depuis le ventre et s'étendant presque sur la poitrine, un espace de couleur jaune clair, lequel espace est parsemé de plumes à aspect d'écailles; sur le ventre au milieu de cet espace, se trouve une tache foncée et rousse. Or, chez *gambeli*, le même espace jaune existe; sur le milieu du ventre se voit également une large tache brune plus accentuée et surtout beaucoup plus foncée, mais les plumes à écailles font complètement défaut. Sur les côtés, les plumes, lamées de blanc vers le milieu, sont roux vif chez *gambeli;* elles sont, au contraire, gris de plomb (c'est-à-dire de la teinte du devant de la gorge) chez *californica*. On peut dire que ces deux traits : 1° le manque d'écailles dans les parties de dessous, 2° le roux des plumes lamées de blanc des côtés, sont les deux marques distinctives et, à proprement parler, les seules qui divisent les deux types, car ailleurs la disposition et la coloration du plumage sont les mêmes, seulement la tonalité s'affaiblit très notablement chez *gambeli*. On retrouve encore chez celui-ci, mais d'une manière très peu visible, le dessin des écailles du cou de *californica*. Il est

(1) Proceedings of the Academy of sciences of Philadelphie, 1, p. 260, 1843. D'après Baird, Brewer et Ridgway (*North american Birds*, III, p. 482, 1874). La nouvelle espèce a été obtenue par le D' Kennerby, près de San Elizana (Texas), et sur la rivière Colorado (Californie), par le même docteur et M. A. Schutt.

donc très remarquable que *gambeli*, qui est plus clair dans sa tonalité générale, devient tout à coup plus foncé, mais seulement à deux places : sur le milieu du ventre et sur les plumes des côtés. C'est là, pour ainsi dire, une irrégularité, une déviation qui se produit et qui est vraiment curieuse.

Ajoutons que les femelles de ces deux Oiseaux nous ont paru d'aspect plus dissemblable que ne le sont les mâles entre eux, lorsqu'on prend soin de les examiner en dessous. Cela tient sans doute à l'absence du plastron qui ne peut être rappelé chez elles, puisque le sexe femelle en est privé.

CALLIPEPLA SQUAMATA (1) et COLINUS VIRGIANUS (2)

(Se reporter p. 6 ou p. 259 des Mém. de la Soc. Zool. 1890).

Ce croisement ne figure point sur la liste que nous avions dressée, parce que les Proceedings de la Linnean Society de New-York, dans lesquels l'Oiseau avait été annoncé, ne faisaient point connaître sa provenance.

M. Geo. B. Sennett nous a écrit qu'il avait été pris pendant l'année 1889 dans le pays de Concho (Texas), dans un endroit désert situé à une altitude de 1500 à 2000 pieds au-dessus du niveau de la mer, où les Oiseaux et les Mammifères sont abondants. Dans le voisinage s'élèvent de hautes montagnes. Le chasseur qui l'obtint est M. Lomies, propriétaire à Rauch. C'est un homme instruit, grand amateur de chasse et possédant une connaissance approfondie de la faune ornithologique de l'Amérique. M. Lomies est absolument certain d'avoir vu dans la bande où l'hybride fut tué d'autres individus également hybrides. Cependant, jusqu'à ce jour, aucun nouveau spécimen de cette catégorie n'a encore été rencontré. L'exemplaire obtenu dans les plaines de Concho reste donc unique.

Au moment où M. Geo. B. Sennett nous envoyait ces renseignements, il se trouvait éloigné de son appartement du Musée de New-York, où le spécimen en question est précisément conservé, en sorte que M. Sennett n'a pu nous donner que de mémoire le signalement suivant : « Sur le sommet de la tête existe une touffe composée de quelques plumes verticales différant de celles de

(1) Synonymie : *Ortyx squamata, Callipepla strenua, Tetrao cristata.*
(2) Autres noms : *Tetrao virgianus, Perdix virgina, Ortyx virgianus, Tetrao marilandicus, Tetrao minor, Perdix borealis,* etc.

C. squamata, elles sont larges, et plates comme les plumes qui ornent la tête du *Colinus virgianus* (1). La poitrine est comme chez *C. squamata*; le ventre, au contraire, comme chez *virgianus*. Le dos et les couvertures sont un mélange des deux espèces; la gorge est blanche. Le dessin de la queue, autant qu'il peut s'en souvenir, est mélangé, mais la forme dominante doit être celle de *C. squamata*, quoique M. Sennett ne puisse absolument l'affirmer. Le sexe est mâle. Le spécimen a été très bien préparé et en plumage parfait (2).

MM. Baird, Brewer et Ridgway (3) rangent la *Callipepla squamata* et l'*Ortyx virgianus* dans deux genres différents. Cette classification est peut-être exagérée, elle montre néanmoins que les deux types sont bien distincts et doivent être classés comme appartenant à deux bonnes espèces. D'après les spécimens que nous avons fait venir d'Amérique, le *C. virgianus* diffère de la *C. squamata* beaucoup plus que *C. californa* et *C. Gambeli* ne diffèrent entre eux. La taille, le dessin des plumes, le ton de ces mêmes plumes, tous ces caractères sont différents; le *C. virgianus* rappelle un peu sur le dos inférieur notre Caille d'Europe, tandis que la *C. squamata*, par sa teinte gris ardoisé et davantage en écailles, rappelle les espèces dont il vient d'être parlé.

Le mâle et la femelle diffèrent peu dans chaque espèce, notamment chez *squamata*. La gorge du mâle *virgianus* est blanche, entourée de foncé; elle est jaune roux chez la femelle et n'est point encadrée. Rarement chez les Oiseaux, la femelle se revêt d'une teinte différente de celle du mâle; la femelle *virgianus* fait donc exception.

PERDIX CINEREA et PERDIX SAXATILIS (4)

(Se reporter p. 6, ou p. 259 des Mém. de la Soc. Zool., 1890.)

En citant ce croisement, rapporté par Dureau de la Malle, mais demeuré très problématique, on faisait remarquer que c'était à peu près le seul exemple connu, que cependant deux ou trois autres spécimens auraient été vus en Suisse.

Renseignements pris, il existe réellement un individu adulte au

---

(1) Cette particularité surprend vivement M. Sennett.
(2) Une nouvelle mention de cet Oiseau a été faite, depuis la publication de notre travail, dans les mêmes Proceedings (Linnean Soc. of New-York), 2 March 1892).
(3) *North american Birds*, III, 1887, pp. 467, 468 et 487.
(4) Appelée aussi : *Tetrao rufa*, Pall., *Cacabis græca*, Kamp. ou *Chacura græca*, G. R. Gray.

Musée de Sion et un jeune dans la collection de Bex, tous deux tués par le capitaine Bonvin-Chappuis, dans le Valais, pendant les années 1878 et 1879. Mais ces Oiseaux ayant été soumis à l'examen de M.V. Fatio, aucun indice certain de mélange de la Bartavelle avec la Perdrix grise n'a pu être découvert par l'éminent zoologiste de Genève. Celui-ci a même désigné ces Oiseaux sous le nom de « *variété* », dont il a ainsi tracé le portrait (1) : « Le bec n'est point rond, court et convexe, comme chez la Perdrix grise ; le tarse et les doigts sont plus longs que dans cette espèce, le pouce porte jusqu'à terre, comme chez la Bartavelle, et les ongles sont bien recourbés. L'espace nu derrière l'œil n'est pas aussi grand que chez la Perdrix grise, les plumes des flancs sont fortement élargies au lieu d'être allongées comme chez cette dernière. Les rémiges sont, en outre, aussi échancrées au bord externe que chez la Bartavelle, il n'existe pas de trace du fer-à-cheval de la *P. cinerea*, pas plus, du reste, qu'il n'existe de jaune roux à la tête ou de traits clairs sur le dos. » M. Fatio, ayant ensuite comparé cette variété avec le *Tetrao bonasia* et la *Perdix rubra* (2), remarque, qu'abstraction faite de la présence de plusieurs bigarrures sur le dos, elle ne montre aucune analogie avec la Gélinotte, ni dans les formes, ni dans les couleurs, pas plus au corps ou à la tête, qu'aux membres ou à la queue. Il n'y a pas de vestiges, chez elle, du pointillé noir qui orne le bas du cou et le haut de la poitrine de la Perdrix rouge, pointillé qui se retrouve cependant plus ou moins chez les hybrides de celle-ci avec la Bartavelle ; presque toutes les plumes de ses flancs portent deux bandes noires transversales, comme chez cette dernière, tandis que les parties correspondantes ne présentent qu'une barre chez *rubra*.

Bref, il n'est point possible d'expliquer par un mélange de ces deux espèces, soit la calotte noire qui recouvre la tête, soit l'étrange bigarrure du dos des jeunes (3).

Quelle est donc, se demande M. Victor Fatio, la raison de l'apparition de cette gracieuse mais bizarre livrée ? Pourquoi ces deux Oiseaux, d'âges différents, sont-ils à la fois semblables entre eux

---

(1) Journal la « Diana », n° du 1ᵉʳ octobre 1890. M. Fatio a bien voulu nous adresser un extrait de ce Journal.

(2) Espèces avec lesquelles on avait sans doute soupçonné un croisement?

(3) Il faut noter que le jeune faisait partie d'une compagnie de huit Bartavelles dont cinq furent tuées ; seul de ces dernières il différait du type de son espèce. L'adulte (de sexe femelle) se trouvait dans une famille de cinq individus (dont trois tués) ; seul aussi, il présentait une bizarre livrée. Notons encore, d'après M. Fatio, qu'à part quelques légères différences provenant de l'âge, les deux sujets portent une livrée quasi identique.

et plus différents du type de leur espèce que d'autres Perdrix dans le même genre? M. Bonvin, qui a beaucoup chassé dans la même localité, n'a pas revu de semblable variété.

« La présence du noir sur la tête et en diverses places sur le dos pourrait faire supposer une tendance au mélanisme, résultant d'une alimentation particulière; mais comment les autres membres de la famille n'auraient-ils point partagé la même nourriture. Puis aussi pourquoi cette prédominance de tons jaunâtres? Il n'existe pas de teintes nouvelles, c'est plutôt un développement et une transposition en diverses places des couleurs de l'espèce, sans doute *un défaut d'équilibre dans la répartition ordinaire des matières colorantes,* un désordre d'autant plus curieux qu'il a pu se produire identique chez deux sujets et n'est point, par conséquent, purement accidentel. »

Après être entré dans ces considérations, M. V. Fatio a donné une très longue et très savante description de cette variété qu'il a appelée *Perdix saxatilis,* varietas *melanocephala.* Nous ne reproduisons point cette description, puisqu'elle ne concerne point un hybride, mais nous nous empressons de rectifier l'assertion qui avait été émise par nos honorables correspondants à propos de de cette variété. En outre, nous signalerons à M. Fatio, (s'il ne la connaît déjà), une Perdrix qui existe au Musée de Marseille et qui a été considérée par M. Barthélemy La Pommeraye comme un métis de *rufa* et de *saxatilis,* mais qui n'est autre qu'une monstruosité de coloration pouvant peut-être entrer dans la catégorie de la variété qui vient d'être étudiée? — Le croisement de la *P. cinerea* × *P. saxatilis,* ne reposant plus que sur l'exemple cité par Dureau de la Malle, demeure donc toujours très problématique. Tenté en captivité, au Jardin zoologique de Copenhague, entre une *P. cinerea* ♂ et une *P. saxatilis* ♀, il est demeuré sans résultat (1).

Perdix cinerea et Perdix rubra

(Se reporter p. 7 ou p. 260 des Mém. de la Soc. Zool., 1890).

Le mélange de ces deux espèces n'est pas plus certain que le précédent, malgré les faits nombreux que l'on cite. On se rappelle qu'il avait été mis en doute; nous signalerons néanmoins quelques exemples nouveaux et plusieurs autres que nous avions omis de mentionner.

(1) Ces renseignements nous sont envoyés par M. A. von Klein.

1° D'après M. Howard Saunders, qui a revu et corrigé la quatrième édition des « *British Birds* » de Yarrell (1), Temminck a cité un exemple (2);

2° Stevenson en mentionne un autre observé à Holverstone en octobre 1850 (3);

3° En 1887, on informa M. Sackett que l'espèce *Caccabis rufa* s'était croisée avec l'espèce ordinaire dans les marais est de Dilbury, où elle est tout aussi commune que celle-ci.

4° M. Stacey, de Dunmow, posséderait un couple paraissant croisé;

5° M. Miller Christy tua lui-même, à Bromfield, en 1887, un jeune Oiseau du même genre (4);

6° M. Colburn, de Birmingham, vit, un jour qu'il se promenait suivant son habitude devant les marchands de gibier de sa ville, une Perdrix étrange qui se trouvait dans un lot de *P. cinerea*. Il la reconnut, quoique fort abîmée par le coup de fusil, pour le produit de la *C. rufa* et de la *P. cinerea*. Quelques jours après, le même observateur remarqua un autre spécimen qui avait été tué dans la même chasse et sans doute dans la même compagnie (5);

7° Enfin, tout récemment, en 1891 (6), M. Miller Christy montrait, dans un meeting de la Société Linnéenne de Londres, un jeune Oiseau tué à Melbourne, près de Stratford, pendant l'année précédente et qui paraissait être un croisement entre les deux Perdrix.

Tels sont les sept exemples de croisement que nous n'avions point rappelés; quoique peu probables, nous avons à les examiner.

1. Il nous a été impossible de trouver dans les ouvrages de Temminck le fait que le célèbre ornithologiste aurait cité. Nous avons lu dans son *Histoire générale des Gallinacés* (7) les pages qu'il a écrites sur la Perdrix grise et sur la Perdrix rouge. Loin de parler de rapprochements entre ces deux espèces, il rapporte en entier le passage de Buffon qui rappelle leurs inimitiés (8). Ce passage est

(1) Le vol. III.
(2) Voy, p. 120. (M. Saunders a sans doute copié Stevenson).
(3) *Birds of Norfolk*, I, p. 419, 1866.
(4) Voy, pour ces exemples, *Birds of Essex*, p. 120, ouvrage qui nous a été indiqué avec beaucoup d'obligeance par M. Carl Parrot, cand. méd. à Munich (Bavière).
(5) The Zoologist, p. 384, 1890.
(6) Ou en 1890, nous n'avons pu nous procurer les Transactions de la Société Linnéenne, dans lesquelles l'exemple est cité.
(7) *Hist. nat. générale des Pigeons et des Gallinacés*. III, Amsterdam et Paris, 1815.
(8) P. 374. La Perdrix grise.

trop connu pour qu'il soit besoin de le reproduire. Nous n'avons point été plus heureux en parcourant le *Manuel d'Ornithologie* (1) du même auteur. Cependant, dans la quatrième partie d'une nouvelle édition (2), Temminck (ou son éditeur plutôt), oubliant ce qui avait été écrit précédemment sur la *Perdix montana*, considérée avec raison comme une simple variété de la Perdrix grise, la dit cette fois « *un métis possible entre la Rouge et la Grise* », opinion qui n'est point acceptable (3). C'est sans doute à cet exemple que M. Stevenson, d'abord, et M. Sounders, ensuite, font allusion (4), mais certes, ces éminents écrivains ne peuvent partager une telle manière de voir.

2. Stevenson n'a donné qu'une très courte description de l'Oiseau qu'il croyait être « un croisement certain entre la Perdrix française et la Perdrix anglaise.» Il dit seulement de ce sujet (qui n'a pu être empaillé) (5) : « *Feathers on the flanks and wing coverts, the legs* » *and part of the head decidely French, tail and upper part of the* » *head English* (6). » Cette description n'est point, sans doute, suffisante pour permettre de porter un jugement sur l'Oiseau tué à Holverston par l'un des parents de l'ornithologiste de Norfolk.

3. On ne possède point d'indications précises sur le plumage des Oiseaux tués dans les marais est de Dilbury.

4. Sur le couple qui appartiendrait à M. Stacey, il est dit seulement que « les traces de croisement sont visibles sur le dos, » indications très vagues et que nous n'avons pu vérifier, M. Christy nous ayant fait savoir que le propriétaire de cet Oiseau est maintenant en voyage et qu'il est inutile de le lui demander.

5. M. Miller Christy ne paraît point lui-même avoir décrit le jeune qu'il tua à Bromfield, ni celui, pensons-nous, qui fut présenté à la Société Linnéenne de Londres. Il n'a conservé du premier d'autres parties que les ailes, mais ces parties nous ont été gracieusement envoyées ; bientôt nous allons en parler.

6. M. Colburn a donné la diagnose assez complète des deux Perdrix qu'il avait aperçues à la boutique d'un marchand de gibier; ces pièces provenaient du Lincolnshire. M. Harting, qui les a

(1) Seconde Edition, IIᵉ part. Dufour. Paris, 1820.
(2) Paris (Cousin), 1840.
(3) Voy. notre premier Mémoire (p. 9 ou p. 262 des Mém. de la Soc. Zool., 1890).
(4) Dans leurs ouvrages respectifs.
(5) Il avait été conservé trop longtemps en chair et s'était détérioré.
(6) P. 419.

examinées, a reconnu qu'elles appartenaient à l'espèce *rufa* et qu'elles n'étaient autres que des jeunes de ce type (1).

7. C'est également l'impression que nous avons ressentie en voyant les ailes du jeune tué par M. Miller Christy à Bromfield. Il existe réellement sur les tertiaires des dessins qui rappellent étonnamment *cinerea* ; mais *rufa* jun., ainsi que nous nous en sommes assuré, montre aussi les mêmes marques ou dessins. Nous avons, en effet, fait venir vivants du centre de la France plusieurs jeunes *rufa* sur lesquels les traits dont il s'agit étaient très visibles. Peu à peu, à mesure que les Oiseaux vieillissaient, ce dessin disparaissait.

Cette mue paraît être ignorée de beaucoup d'ornithologistes. Un maître dans la science de l'ornithologie, auquel nous avons montré les ailes du jeune Oiseau de M. Miller, a cru pouvoir constater que ces ailes présentaient évidemment des caractères de *cinerea*, il ne soupçonnait pas que tous les jeunes *rufa* montrent cette particularité. Disons, pour confirmer notre dire, que, depuis l'observation faite sur les jeunes *rufa* reçus vivants, nous avons eu l'occasion de voir plusieurs fois chez des marchands de gibier de jeunes Perdreaux de cette espèce présentant la même particularité. La supposition que le jeune tué à Bromfield était une vraie *rufa* avait été déjà faite par M. Miller Christy.

Il est bien rare, en effet, de rencontrer des produits de la Perdrix rouge et de la Perdrix grise, ou plutôt cette rencontre n'a jamais eu lieu. M. Harting, directeur du *Zoologist*, qui, certainement, aurait eu connaissance de tels faits, s'ils avaient été observés, n'en a jamais entendu parler, et M. Bond a confirmé son dire par quarante années d'expérience. Ceci porte à croire que les Perdrix tuées dans le marais est de Delbury, comme celles de M. Sackett, ne sont elles-mêmes que de jeunes *rufa*. M. Miller Christy les suppose du reste ainsi. Le Rév. Macpherson dit lui-même que les

_____

(1) Voy. dans le Zoologist, p. 466 (ligne 7), la réfutation qu'il en fait. La description écrite par M. Colburn est cependant la suivante :

Première pièce : « primaires et secondaires montrant un mélange de la couleur des deux espèces, mais les tertiaires presque entièrement de celles du jeune *cinerea*. Grandes, moyennes et petites couvertures de cet Oiseau, quoiqu'avec un mélange de *rufa*. Sur le cou et sur la tête mélange également, mais avec prédominance du type *rufa ;* pas de hausse-col et les marques noires de la gorge et de la poitrine en petit nombre. Flancs *rufa*, mais à travers de la poitrine traces de *cinerea* queue de *rufa*, etc ! »

La deuxième pièce : « Prédominance visible de *rufa*, P. *cinerea* se fait seulement sentir sur les primaires et les tertiaires. »

Les deux Oiseaux sont petits et très en retard dans leur mue, ajoute M. Colburn.

« reports » d'hybrides entre la Perdrix grise et la Perdrix rouge qui lui furent faits du Nord de Cumberland ne furent point certifiés par la production, nécessaire en pareille circonstance, de spécimens du croisement supposé.

Parfois, cependant, on trouve dans un même nid des œufs de Perdrix grise et des œufs de Perdrix rouge. M. l'abbé Savatier, curé de la Bussière, par Saint-Savin (Vienne), a reçu dernièrement un nid de Perdrix dans lequel se trouvaient douze œufs de *P. cinerea* et trois de *P. rufa*. Mais ceci n'implique aucunement le croisement des deux espèces, croisement qui restera longtemps problématique.

PERDIX RUBA × PERDIX SAXATILIS

(Se reporter p. 8 ou p. 261 des Mémoires de la Soc. Zool. 1890).

Nous avons appris par M. Brancaleone Borgioli, préparateur du Musée de l'Université de Gênes, que M. le comte Luc Gajoli Boidi, de Pegli, possédait deux produits de la Perdrix rouge et de la Bartavelle. Le comte a bien voulu nous adresser en communication ces deux spécimens; il a même été assez gracieux et assez désintéressé pour nous abandonner un de ces Oiseaux sur lesquels il nous a donné les renseignements suivants. Les deux hybrides tués par lui furent rencontrés au mois d'octobre 1884, sur les montagnes, entre Tenda et Briga (Alpes-Maritimes), province du Cuneo. Ces deux individus étaient adultes et de sexe opposé (1); ils étaient accompagnés de cinq jeunes, dont trois furent tués; la livrée de ces jeunes était absolument pareille à celle de la mère. Dans la même localité, M. le comte Boidi a rencontré une autre bande de ces hybrides, mais, à cause du brouillard, il n'a pu abattre qu'un jeune qui ne présentait aucune différence avec les individus tués précédemment. Ces hybrides, ajoute M. Boidi, sont bien connus des chasseurs des Alpes Liguriennes, qui les appellent *Muneghetti;* on les rencontrerait fréquemment dans toutes les montagnes, entre Tenda et Albenga. Il y a deux ans, M. Boidi en a vu cinq près de Tenda ; il lui a été impossible de rapporter chez lui quelques-uns de ces spécimens, mais il les a reconnus facilement par les plumes qu'ils avaient laissées dans l'endroit où ils avaient dormi. En 1887, le marquis Pinella rencontra lui-même sept ou huit individus près de Gavi (Appennins liguriens); il en tua deux qu'il montra au

(1) Celui que nous avons conservé est le mâle.

comte Boïdi : c'étaient, paraît-il, deux jeunes absolument semblables aux Oiseaux obtenus à Tenda ; ces Oiseaux ne purent
malheureusement être conservés.

M. Boïdi est convaincu que ces hybrides peuvent se reproduire
entre eux, par cette raison qu'il n'a jamais vu dans un vol de ces
Perdrix ni une Bartavelle, ni une Perdrix rouge. Les adultes présentent les caractères que l'on aperçoit chez les jeunes, et tous les
chasseurs qu'il a interrogés les croient une variété de Perdrix
et *non des hybrides*.

Nous ne saurions assez remercier M. le Comte Luc Gajoli Boïdi
d'une communication aussi intéressante.

On se rappelle que M. Bouteille avait d'abord regardé ces
hybrides supposés comme formant une véritable espèce et ce, à
l'exemple de tous les chasseurs du Dauphiné. Nous avons reçu du
Musée de Grenoble deux de ces pièces que l'ornithologiste avait
décrites sous le nom de *P. labatiei*. Nous avons été en outre revoir
les deux exemplaires qui se trouvent encore dans la collection du
regretté M. Lemetteil, à Bolbec (Seine-Inférieure). Nous avons
examiné de nouveau l'échantillon du Muséum d'Histoire naturelle
de Paris ; en sorte que sept sujets parfaitement authentiques sont
passés entre nos mains. Après les avoir examinés avec soin, nous
n'oserions partager l'opinion des ornithologistes qui font de ces
produits une véritable espèce ou une race. Et cependant nous ne
voudrions point non plus les déclarer positivement hybrides. On
jugera par les descriptions qui vont être faites avec détails de la
difficulté que l'on éprouve pour se prononcer :

1° et 2°. *Les deux vieux appartenant à M. le comte Boïdi*. Le mâle
est très fort, il atteint par sa taille une belle Perdrix *saxatilis*. La
teinte roux clair du ventre, des plumes de l'anus et des couvertures
inférieures de la queue, peut passer pour intermédiaire entre celle
des deux espèces. La teinte du dessus du dos antérieur, des deux
côtés de la poitrine, près du cou, de la croupe, du dessus de la
queue, est plutôt de la teinte de *saxatilis;* le dessus de la tête est
d'un ton intermédiaire.

Les taches ou perles du cou sont peu abondantes, elles n'existent
que sur le devant; sur les côtés elles sont presque nulles. Par là
encore l'Oiseau est intermédiaire.

Les plumes des flancs sont rayées de deux barres noires comme
chez *saxatilis*, mais la dernière barre est bordée largement de brun
roux comme chez *rubra;* la partie inférieure, de couleur perle ou
lilas, est sans roux clair, et rappelle la première espèce.

Le second échantillon, beaucoup plus petit, a plutôt les teintes supérieures de *rubra* ; le dessus du dos, les côtés antérieurs de la poitrine, le dessus de la tête indiquent bien aussi les tons de cette espèce, mais ils sont éclaircis. Le bas du dos et le dessus des couvertures de la queue se rapprochent des teintes bleutées ou cendré clair de *saxatilis*. Le roux du dessin du ventre, de l'anus et de la queue est tout à fait de la teinte du précédent ; cette teinte est donc intermédiaire. Les plumes des flancs sont pourvues de deux barres noires, la dernière de ces barres est bordée largement de roux ; en outre, les plumes rappellent *rubra* par le ton de la partie basse avoisinant le tuyau, ce qui n'existe pas chez la première pièce. Le cou est également peu perlé ; il ne l'est que sur le devant, car, sur les côtés, il ressemble au cou du premier exemplaire. Cet Oiseau est donc plus *rubra* que le précédent par sa taille petite, par le ton roux du dessous du corps et la partie roux clair de la partie basse des plumes des flancs.

Ces distinctions sont assez considérables pour dire que les deux pièces ne sont pas identiques dans leurs caractères essentiels, ce qui semble être en faveur d'une hybridation ?

3º *Une des Perdrix du Musée de Grenoble*, portant le nº 964, indiquée comme *P. labatiei* et de sexe femelle, provenant de l'Isère.

Les plumes des flancs ont les deux barres noires de *saxatilis*, barres très bien marquées sur toutes les plumes sans exception. (Sans cette particularité, l'Oiseau serait tout à fait *rubra*). Il est, en effet, de petite taille, à peu près de la taille de l'exemplaire ♀ de M. Boidi. Les perles ou points du collier sont très développés et abondants. Ils le sont, pour ainsi dire, tout autant que chez *rubra*, quoique moins foncés. Les plumes des flancs, dont on vient de parler, sont même rousses à leur extrémité ; la partie blanche, qui est encadrée par les deux raies noires, est lavée de jaunâtre ; sous le ventre, les plumes sont jaune nankin foncé, ainsi que sous les couvertures de la queue ; la plaque blanche des joues est très lavée de violacé roussâtre, le dessus de la tête est foncé. Notons encore que, sur les parties de dessus, cette pièce est foncée comme chez *rubra*.

La présente description montre évidemment qu'elle diffère des deux spécimens du comte Boidi (1).

(1) On remarque chez elle (mais nullement comme caractère d'hybridité) une teinte rousse très large entourant complètement le collier. Les échantillons *rubra* que nous possédons sont bien moins roux à cette place, et nos *saxatilis* ne le sont aucunement ; sans doute cette particularité est l'apanage des vieux échantillons des deux espèces, au moins des *rubra*.

4° *Le deuxième échantillon du Musée de Grenoble* (1) nous a paru plus fort que le précédent, de ton plus clair, par conséquent se rapprochant de *saxatilis*.

La gorge est remplie de petits points ou de perles presque en aussi grande quantité que chez *rubra;* par ce caractère, il se rapproche du n° 964. Mais, particularité très remarquable, ces perles ou pointillés ne s'observent que du côté gauche. Par ses pointillés nombreux, il diffère donc encore des spécimens de M. Boidi. Par devant, sur le poitrail, la teinte rousse constatée (mais non comme un signe d'hybridité) chez le précédent fait défaut; toute cette partie de devant est seulement bleutée. Le blanc de la gorge est assez violacé. Les plumes des flancs sont deux fois barrées. L'aspect est plus brun roux que chez *saxatilis*, et par là l'Oiseau se rapproche de *rubra*, mais la plume des flancs est, à sa naissance, à peine rousse; sous ce rapport, elle est comme la plume de *saxatalis*. Le roux jaune du dessous de la queue est en outre assez foncé.

5° *L'échantillon ♂ du Musée d'Histoire naturelle de Paris* (provenant aussi de Grenoble et indiqué comme *labatiei*), ressemble, par l'étendue des taches du cou, aux deux derniers exemplaires. Les deux barres transversales existent sur les plumes des flancs. Les barbes, au début, c'est-à-dire près du tuyau, sont jaunes. Lorsque nous l'avons examiné au Muséum, le jour faisait défaut et nous n'avons pu apprécier la teinte générale de son plumage, mais M. Oustalet veut bien nous faire savoir que cette teinte est plus grise que dans la Perdrix rouge commune.

Ainsi, les trois échantillons du Dauphiné se ressemblent assez entre eux, au moins par les taches du collier et les barres transversales des plumes des flancs ; mais ils diffèrent, précisément par l'étendue des taches, des exemplaires obtenus par M. le comte Boidi.

6° et 7° *Échantillons de la collection Lemetteil.* Chez l'un d'eux, le ton du plumage est intermédiaire ; la taille est de la Perdrix rouge. Du côté gauche, sur les plumes des flancs, on aperçoit une seule barre noire, tandis que sur le flanc droit les deux barres sont visibles quoique la deuxième soit toujours peu distincte. Les taches du collier sont comme chez les exemplaires de M. Boidi, c'est-à-dire peu étendues, le tour uni du collier est très large. Le dessous du ventre clair roux ; sous la queue, le ton roux assez foncé. Au début

_____

(1) Au moment où nous l'avons reçu, le premier exemplaire avait été renvoyé déjà depuis quelque temps, en sorte que les comparaisons que nous établissons ne sont faites que de souvenir.

des barbes des plumes des flancs on trouve du jaune en assez grande
quantité.

Chez l'autre spécimen, le tour uni du collier est bien moins
large, mais les perles sont plus détachées, quoique toujours en
très petit nombre. Sur le dessus du dos, la teinte est intermédiaire
entre celle des deux espèces, quoique plus foncée que chez le
dernier. Sur les plumes des flancs les deux barres noires sont bien
visibles, la deuxième barre est cependant très mince. Plusieurs de ces
plumes sont roux prononcé au début, d'autres plumes ne le sont que
faiblement. En dessous du corps, la teinte jaune est assez claire.

Il est bien facile de voir par ces descriptions qu'il ne peut être
question ici de pièces appartenant à une espèce fixe, puisque les
échantillons décrits diffèrent les uns des autres par le dessin de
leurs plumes. Ce que Degland dit de l'irrégularité des caractères
dans les cinq Oiseaux (vus sans doute par lui) confirme notre ·
dire (1). Il semble donc que la *P. labatici* soit le produit de *rufa*
et de *saxatilis*. Mais peut-être doit-on la considérer comme une
simple variété, fort bizarre, dans ce cas, il faut le reconnaître.

Inutile de rappeler la proche parenté des deux espèces supposées
mères, divisées seulement : 1° par le collier garni de perles chez
rubra, sans perles, mais plus large, chez *saxatilis* ; 2° par les
barres noires des plumes des flancs, doubles chez celle-ci, simples
chez celle-là ; 3° et par la teinte nankin des parties inférieures,
plus claire chez *saxatilis*, plus foncée chez *rubra*. (*Rubra* est encore
de taille moindre que *saxatilis*, quoique l'on trouve de petits échantillons chez la Bartavelle).

Aussi considère-t-on ces deux types, au moins dans certains
pays où ils habitent, non comme deux espèces distinctes, mais
comme deux races d'une même espèce. Le type *rufa* serait lui-
même susceptible d'autres variations constantes (2).

C'est avec beaucoup de plaisir que nous avons appris par
M. Zollikofer, préparateur à Saint-Gallen (Suisse), que M. le
Dr Biedermann de Sonnemberg, à Winterthein, avait obtenu plu-

(1) Degland constate des différences très notables « sous le rapport du nombre
et de l'étendue des taches du cou. »

(2) Il existe notamment une variété aux îles Canaries, appelée *australis*, très
rare et qui diffère du type; la diagnose suivante a été donnée par M. Anatole Cabrebra
Y. Diaz (*Catalogo de las Aves del Archipielago Canario*, Madrid, 1893, p. 27) :
« C. rostro quarte parte robustiore et longiore quam in *C. rufa*; tarsis robustioribus
et dimidio pollicis longioribus; dorso cinereo, nec rufescenti-fusco fascia nigra
circum gutturi latiore quam in *C. rufa* ».

sieurs fois en captivité le croisement de la Bartavelle et de la Perdrix rouge et qu'un des produits de ces deux Perdrix existait empaillé au Musée de Saint-Gallen. Cette pièce, qui porte l'étiquette suivante, « Bastard von *P. saxatalis* et *P. rubra*, vieux ♂, élevé par le Dr Biedermann, janvier 1892 », nous a été envoyé en communication; nous en avons fait la description suivante : « d'une belle taille, mais n'égalant pas celle d'une forte Bartavelle, n'est point même aussi grand que l'hybride ♂ du comte Boidi que nous avons conservé. Tout le dessus est aussi foncé que chez la Perdrix rouge, ainsi que le jaune nankin des parties tout à fait inférieures, mais les flancs sont complètement de *saxatilis*, c'est-à-dire qu'ils montrent les deux raies noires transversales ; point de couleur jaune au début des barbes vers le tuyau. Quant au collier, il est intermédiaire entre celui des deux espèces ; toutefois, beaucoup plus *saxatilis* que *rubra*, attendu qu'il est large ; il existe très peu de plumes noires; les pointillés sont plus nombreux du côté gauche. Notons encore qu'entre les deux barres noires des plumes des flancs, le blanc est très jaunâtre. En somme, l'Oiseau est bien plus *saxatilis* que *rubra*.

On voit par là que cet hybride authentique diffère de ceux que nous avons examinés par le très petit nombre de taches du cou, les plumes des flancs sont cependant rayées de deux barres noires. Mais les indications qu'il peut fournir sont insuffisantes pour permettre de déclarer hybrides les pièces sauvages que nous avions examinées.

Nous avons voulu savoir s'il provenait réellement du croisement direct des deux espèces, ou plutôt s'il n'avait point été produit par un hybride demi-sang accouplé avec une *saxatilis* pure, car il présente de grandes ressemblances avec cette dernière. M. Zollikofer nous a répondu que, si ses souvenirs sont exacts, le Dr Biedermann n'a obtenu que des produits de la même et vieille paire, c'est-à-dire d'une *saxatilis* ♂ (1) et d'une *rubra* ♀ ; peu de jeunes ou plutôt aucuns ne seraient nés des hybrides. En sorte que M. Zollikofer pense que la pièce que nous avons examinée est bien un hybride demi-sang.

Il nous reste à citer un autre fait de croisement constaté à l'état sauvage, mais en quelque sorte provoqué. Il nous a été raconté par M. Jacques Guichard, régisseur du domaine de Sivry-Courtry (Seine-et-Marne). Celui-ci se trouvant, en 1881, au château de Guebar-bou-Aoun, province de Constantine, avait fait venir, avec

(1) Acheté, croyons-nous, à un marchand d'animaux de Proppan, un nommé Zuira. L'Oiseau proviendrait de l'Asie-Mineure.

plusieurs couples de Faisans, quatre couples de Bartavelles. Trois Poules de ces dernières étant mortes après une année passée en volière, M. Guichard résolut de lâcher les Perdrix avant le retour de l'été et les abandonner dans les orges vertes environnant le château, où pullulaient des Perdreaux rouges autochtones. Il eut la satisfaction de voir les Coqs Bartavelles s'apparier avec les Poules indigènes et l'automne suivant on rencontra plusieurs compagnies de métis parfaitement venus et faciles à reconnaître à leur coup d'aile du départ et même à leur plumage lorsqu'on les rencontrait au milieu d'autres bandes. M. Guichard n'a pu suivre que les mâles ; il n'a jamais revu l'unique Poule qui, seule, avait survécu. Il est regrettable que les métis n'aient point été conservés. Ces Oiseaux avaient certes un intérêt scientifique que, sans doute, on ne leur soupçonnait pas alors.

Faisons remarquer, en terminant, que nous avions cité, dans notre première publication (d'après les indications que M. Biémer, naturaliste à Paris, avait bien voulu nous fournir), un hybride *P. saxatilis* × *P. rubra* comme devant se trouver dans la collection du Dr Marmottan, collection, on le sait, remise au Musée d'Histoire naturelle de Paris. Des recherches ont été faites dans cette collection, mais aucun hybride n'a été découvert.

Nous avions aussi, d'après MM. Jaubert et Barthélemy la Pommeraye (1), signalé au Musée de Marseille un semblable hybride. L'Oiseau avait été décrit par ces auteurs comme ayant « la tête, le cou et la poitrine de la Bartavelle, et les flancs maillés de la Perdrix rouge. » Nous sommes vraiment surpris d'une telle confusion. Il s'agit simplement d'une monstruosité de plumage et non d'un hybride, comme nous nous en sommes assuré par l'examen de cette pièce qui nous a été adressée en communication par M. Ch. Pénot, aide-naturaliste, sur les instructions de M. Marion, directeur. Cet Oiseau montre, en effet, au-dessus des ailes et même sur le dos, une seconde rangée de plumes des flancs de *rubra*, véritable anomalie ou plutôt monstruosité, comme on vient de le dire. Il est vrai qu'il ne porte pas au cou un collier de perles nombreuses et foncées disposées comme dans cette espèce, mais les croissants ou lunules qui ornent cette place ne se rapportent aucunement à un mélange. L'Oiseau est du reste tout à fait différent des nombreux hybrides que nous avons examinés et que nous avons décrits minutieusement. Rien n'annonce chez lui une double origine, c'est une simple variété roux jaunâtre ou isabelle, avec

(1) *Richesses ornithologiques du Midi de la France*, p. 416. Marseille, 1859.

double rangée de plumes des flancs et collier spécial, sans rapport aucun avec ce que l'on peut attendre d'un mélange entre *rubra* et *saxatilis*.

Nous avons lu sur l'étiquette qu'il porte qu'il avait été acheté au marché de Marseille par M. Laurin ; nous savons en outre qu'il était de sexe mâle (1). Constatons qu'il n'est point étiqueté « hybride de *P. rufa* et de *P. saxatilis* », mais simplement « métis mâle » ; c'est déjà trop.

Il existerait encore au Muséum d'Histoire naturelle de Lyon un hybride de la Perdrix *saxatilis* avec la Perdrix *rubra*? M. Reydon Neyreneuf, ayant eu la bonté de visiter soigneusement à notre intention quelques-unes des vitrines de ce Musée, a remarqué une Perdrix étiquetée seulement : « *Caccabis saxatilis* », mais cette Perdrix lui a paru être un métis. Voici les notes qu'il a prises : « Bec de la Perdrix rouge, pattes plus élevées que chez cette dernière, semblable à celles de la Bartavelle. Collier bien net de la Bartavelle ; plumes des flancs, la moitié environ de cette Perdrix, une dizaine de plumes avec la coloration de la Perdrix rouge. » Nous ignorons ce que peut être cet intéressant Oiseau ; nous regrettons qu'il ne nous ait point été communiqué (2).

Supprimant de notre liste le croisement de la *Perdrix rubra* avec la *Perdrix cinerea* comme n'étant point prouvé, laissant, mais avec beaucoup de doute, celui de la *Perdrix cinerea* avec la *P. saxatilis*, qui ne repose plus que sur le fait cité par Dureau de la Malle, nous ne trouvons donc plus chez les Perdicidés que les croisements problables suivants :

1° *Francolinus vulgaris* × *F. pictus*, représenté par six ou sept

(1) *Op. cit.*

(2) M. le Directeur du Musée avait bien voulu cependant nous en promettre l'envoi. Nous n'avions reproduit que très incomplètement les renseignements donnés par M. Bouteille sur les pièces hybrides décrites par lui sous le nom de *P. labatiei*. Ces indications pouvant être utiles, nous les reproduisons : « D'habitude, dit cet auteur, le mâle a plus d'affinités avec la Bartavelle qu'avec la Perdrix rouge ; le contraire se produit chez la femelle. Ces hybrides, que les chasseurs nomment improprement « Bartavolles, » se distinguent surtout par leur taille un peu plus grande que celle de la Perdrix rouge et un peu plus petite que celle de la Bartavelle, par le collier noir qui est comme celui de cette dernière, mais suivi de quelques taches noires comme dans la première espèce et toujours moins longues, moins nombreuses ; par les flancs rayés de deux bandes noires comme chez la Bartavelle, mais dont la supérieure est peu marquée, assez souvent interrompue dans son milieu ». Enfin, d'après Bailly, on reconnaît ces produits à leur plumage qui a moins de gris cendré et plus de rouge que l'une (espèce), plus de gris cendré et moins de roux que l'autre (espèce). »

échantillons; 2° *Callipepla gambeli* × *Colinus virgianus*, représenté par deux pièces; 3° *Callipepla squamata* × *Colinus virgianus*, connu par une seule pièce; et 4° *Perdix rubra* × *Perdix saxatilis*, représenté par plusieurs spécimens, dont sept ont été examinés par nous (1).

Tetraonidés.

Les additions aux Tétraonidés font connaître bon nombre de Rackelhanes (hybrides du *Tetrao tetrix* et du *T. urogallus*); quelques

(1) Coturnix coturnix × Coturnix japonica. — En 1892, dans les « Annals and Magazin of Natural History (X, pp. 166-173), M. Ogilvie Grant a étudié le genre *Coturnix*. Il trouve qu'aucune espèce de gibier n'a peut-être été plus confondue que la *Coturnix coturnix* avec son alliée du Japon, la *Coturnix japonica*. M. Ogilvie Grant se plaît à dire qu'il a enfin découvert les caractères définitifs et bien marqués qui peuvent servir à différencier les deux types, aussi bien chez le sexe mâle que chez le sexe femelle. Il lui paraît en outre que les formes intermédiaires sont le résultat d'un croisement entre les deux formes.

Les caractères qui servent à M. Ogilvie Grant pour leur distinction étant très minimes, on ne saurait faire tout au plus, de ces deux formes, que deux races ou deux variétés.

Mais M. Leonhard Stejneger, dans ses « *Remarks on Japanese Quails* » Proceed. United-States Museum, 1894), critique la manière de voir de son collègue. Pour lui, les conclusions de M. Grant ne sont point fondées, tout au moins les raisons alléguées ne sont point suffisantes pour permettre de vérifier l'exactitude des conclusions prises. Ayant jeté un coup d'œil sur son matériel d'observation, M. Stejneger ne se voit point obligé d'avoir recours à un hybridisme pour expliquer les variations de plumage que présentent ses Cailles. M. Stejneger n'a pu toutefois offrir des explications positives sur la signification exacte des plumes allongées de la gorge de *C. japonica*, lesquelles plumes servent, pour M. Grant, de différenciation entre ce type et le type *C. coturnix*.

Nous avons examiné seulement quatre *Coturnix* indiquées comme *japonica*, que nous a envoyées M. Boucard. Nous les avons comparées à trois *C. coturnix* du Musée de Rouen. Malheureusement le sexe n'était indiqué sur aucun de ces échantillons. Nous avons remarqué, sur trois *C. japonica*, qu'il existe en effet sur la gorge de petits dessins en forme de lances, ce qui ne se verrait point chez *C. coturnix* ordinaire. Mais, nous le répétons, cette particularité ne peut acquérir une valeur spécifique. L'une des *C. japonica* était tout à fait semblable, par sa gorge blanche et ses très petites marques allongées, à une *Coturnix coturnix*. Serait-ce un individu croisé?

Disons aussi que, pour M. Ogilvie Grant, *C. coturnix* se croise aussi avec la race résidant dans l'Afrique du Sud, la *C. capensis* au cou rouge. Il ne s'agit là encore que de mélanges possibles entre deux simples variétés.

Nous avons remarqué, non sans surprise, que dans le *Catalogue of the Game Birds* of the *British Museum*, publié en 1893, M. Ogilvie Grant n'appelle point hybrides les douze échantillons intermédiaires *C. coturnix* et *C. japonica* et les treize autres échantillons intermédiaires *C. coturnix* × *C. capensis*, qui y sont catalogués (p. 238 et 240); il les appelle seulement intermédiaires.

T. scoticus × *T. tetrix*, assez douteux, du reste; plusieurs *T. albus* × *T. tetrix*, dont l'origine n'est peut-être pas mieux démontrée, une nouvelle pièce, *Bonasa betulina* × *T. tetrix* et deux croisements: celui de *T. urogallus* × *T. albus* (que nous mentionnerons encore sous réserves), et celui, sans doute plus certain, de la *Cupidonia cupido* × *Pediocœtes phasianellus*, qui paraît s'être renouvelé plusieurs fois.

D'un autre côté il y a lieu, si, comme on l'expliquera, le *Lagopus scoticus* est la même espèce que le *Lagopus albus*, de faire figurer sous une même dénomination et dans un même article les hybrides *T. scoticus* × *T. tetrix* et *T. albus* × *T. tetrix*; de même les hybrides *T. scoticus* × *T. mutus* et *T. albus* × *T. scoticus* ne sauraient être différenciés. Du reste, ces deux derniers croisements, quoique signalés par des naturalistes éminents, ne paraissent point s'être réellement produits. Il en serait de même du mélange entre le *T. tetrix* et le *T. mutus*, au moins en ce qui concerne la pièce qui a été citée dans la *Diana*. Le nombre des croisements entre *Tetraonidæ* se trouve donc à peu près égal à celui que nous indiquions dans notre premier mémoire, quoique la nomenclature des espèces concourant à ces croisements ait subi quelques modifications.

Genre Tetrao

TETRAO TETRIX et TETRAO UROGALLUS

(Se reporter p. 10 ou p. 263 des Mémoires de la Soc. Zool., année 1890).

Dans notre article sur le Rackelhane, nous disions avoir vu quinze sujets mâles, nous disions aussi que ces quinze exemplaires se ressemblaient parfaitement entre eux. Nous ajoutions que les renseignements reçus de différents Musées nous laissaient supposer que l'Oiseau qui provient du mélange du *tetrix* et de l'*urogallus* est toujours d'un même type. De nouvelles et très nombreuses informations nous confirment dans cette manière de voir.

Depuis la publication de notre travail, grâce à l'obligeance excessive de directeurs de Musées publics ou de propriétaires de collections privées, nous avons obtenu en communication quarante autres spécimens mâles et huit femelles. Nous avons pu, par conséquent, étudier à loisir ces pièces; plusieurs ont même été peintes. Or, les descriptions qui ont été faites de ces quarante spécimens mâles, venus de toutes les parties de l'Europe où l'on tue le Rackelhane, montreront que l'opinion que nous avions émise est fondée, car, bien que ces Oiseaux aient été obtenus dans des contrées diverses et sous des climats différents, trois seulement diffèrent du type ordinaire (1).

Si le Rackelhane avait le pouvoir de se reproduire, si ses unions, soit avec les Poules *tetrix*, soit avec les Poules *urogallus*, étaient suivies de fécondité, on rencontrerait fréquemment des individus non typiques, c'est-à-dire présentant des traces évidentes de mélange avec l'espèce pure, et, par cette raison, se rapprochant tantôt de l'*urogallus*, tantôt du *tetrix*. Il n'en est rien.

Faut-il donc admettre que le Rackelhane engendre avec ses propres Poules et donne avec elles de nouveaux Oiseaux, doués eux-mêmes de fécondité, ne variant pas dans leurs caractères plastiques et de coloration ? Cette hypothèse mérite d'être considérée. Mais elle est réfutée par ce fait que les Poules hybrides sont excessivement rares. Le nombre de celles qui ont été observées est très restreint, et encore, beaucoup de doutes existent sur leur véritable nature. Nous verrons bientôt qu'elles ne présentent pas des caractères certains d'hybridité, comme en montrent seuls les mâles. Dans l'hypothèse d'unions fécondes, elles seraient donc en nombre tout à fait insuffisant pour permettre une reproduction régulière et suivie ; on a vu du reste que les Rackelhanes n'ont point de baltz propres et qu'ils ne se rencontrent que sur les lieux fréquentés par les deux espèces pures.

Nous n'avons rien ou presque rien à ajouter aux généralités qui commençaient notre article et qui faisaient connaître l'histoire de ces très curieux Oiseaux. Nous n'avons point non plus à citer de nouveaux faits, observés à l'état sauvage, venant attester la double origine qu'on leur suppose avec raison. Nous nous sommes borné à enregistrer de nouvelles captures, à examiner et à décrire de nouvelles pièces.

Cependant, nous voulons revenir sur un fait fort intéressant et que nous avions raconté brièvement. Nous avions rapporté (2). d'après M. le Prof. Collett, que des œufs pris sous une *urogallus* ♀ et que l'on fit couver par une Poule domestique, donnèrent de jeunes Rackelhanes. Nous apprenons par M. F. A. Smitd, du Musée Zoologique de Stockolm, que l'un de ces Oiseaux, arrivé à l'âge adulte, est encore bien conservé dans les collections du Musée et que ce Rackelhane *ne présente aucune différence sensible* avec les autres Rackelhanes obtenus à l'état sauvage.

(1) Un quatrième diffère complètement, c'est un vrai *urogallus*. Mais, pour cette raison, nous ne le considérons point comme hybride.

(2) P. 18 et p. 271 des Mémoires de la Soc. Zool.

Le fait que nous signalons de nouveau est, on le voit, très important, parce qu'il prouve d'une manière décisive l'origine que l'on attribue au Rackelhane. On doit supposer, toutefois, qu'aucune confusion n'a été commise dans la détermination de la femelle *Tetrao* qui avait pondu les œufs et que cette Poule appartenait réellement à l'espèce *urogallus*. Elle n'a point malheureusement été conservée, d'après ce que nous fait savoir M. Smitd (1).

Nous avons encore relevé, dans la *Deutsche Jager Zeitung* (journal de chasse allemand), publié à Neudamm (2), un récit qui a trait aux mœurs du Rackelhane et qui, par conséquent, présente un réel intérêt.

En 1885, pendant la saison de la reproduction du *Tetrao*, un chasseur découvrit deux Rackelhanes sur les lieux d'accouplement des Spielcoqs ou Coqs de combat. Il put les observer fréquemment, il les vit défier et chasser les uns après les autres des *tetrix* ♂, puis il entendit leur chant d'amour. Les deux Oiseaux s'accouplèrent avec les Poules presque immédiatement, contrairement, paraît-il, à ce qui se passe d'habitude (3).

Le même chasseur observe que lorsqu'il imitait le cri de la Poule de bruyère (*urogallus*), les deux Rackelhanes se rendaient très attentifs, mais n'avançaient pas; tandis que sur l'appel de la Birkenne (*tetrix* ♀), leur ardeur s'allumait; la voix du Coq de cette espèce les excitait au plus haut degré. Au moment de l'appariage ils devenaient tout à fait hors d'eux-mêmes, ébouriffant leurs plumes et traînant à terre les pennes de leurs ailes. Il vit en outre l'un des deux Rackelhanes fondre sur un *tetrix* qui était près d'une Poule et bientôt le chasser. Mais, quoique le perturbateur fût bien visé, il ne put être tué. Au bruit de la détonation, deux Poules s'étaient envolées; celles-ci paraissaient être des Rackelhennen, à cause du cri aigu et élevé qu'elles firent entendre; leur taille, plus grande que celle de la Poule *tetrix*, mais plus petite que celle de la Poule *urogallus*, semblait encore indiquer leur origine mélangée (4).

---

(1) Sept œufs avaient été pris; ils donnèrent naissance à des jeunes. Mais ces jeunes ne parvinrent pas jusqu'à leur complète croissance. L'exemplaire adulte avait été tué après sa mue et offert au Musée en 1835, le 22 septembre, par le Procureur fiscal, M. A. Roman. (Ces indications se trouvent dans l'ouvrage de Sundevall, *Svenska-Foglarna*, p. 255, cahier 20, 1849), dont M. Smitd a été assez complaisant pour nous faire une traduction et nous adresser une copie.

(2) N° 20, 16 août 1885, pp. 433-434.

(3) Le Rackelhane, avant de s'accoupler, laisserait entendre d'autres notes bien différentes.

(4) P. 433 et 434, *op. cit.*

Le rôle des espèces mères dans la production du Rackelhane a été étudié dans un autre numéro du même Journal des chasseurs (1). Dans notre premier article nous avions laissé penser que le *tetrix* devait être considéré comme le père des hybrides et l'*urogallus* comme leur mère; tel n'est pas l'avis de M. Büchsenmach, de Berlin, qui base principalement son raisonnement sur ce fait : que le Rackelhane est toujours d'un même type, comme il a pu l'observer sur vingt exemplaires qui lui ont passé par les mains et qui ne présentaient entre eux aucune différence. Or, pour lui, de tels Oiseaux ne peuvent provenir que d'un même croisement, parce que (dit-il), le renversement des termes père et mère produirait d'autres caractères, comme il l'a, paraît-il, observé dans les croisements du Chardonneret et du Serin ou de celui-ci avec la Linote, croisements qu'il a obtenus l'un et l'autre, dans les deux sens et qui n'ont pas donné les mêmes produits (2).

Quant au rôle du mâle attribué à l'*urogallus* et non au *tetrix*, M. Büchsenmach se trouve amené à cette conclusion par les raisons suivantes : la saison des amours commence plus tôt pour les *urogallus* que pour les *tetrix*; ce sont les vieux Coqs qui éprouvent les premiers le besoin de s'apparier; ils écartent les plus faibles. Ceux-ci repoussés, et chez lesquels la passion de l'amour ne s'éveille que plus tard, rencontrent les balz des *tetrix*; bientôt ils ont raison des Coqs, à cause de leur plus forte taille, et contractent des alliances avec leurs femelles. Ce qui le prouve, c'est que le Rackelhane se rencontre de préférence dans les endroits où abonde le gibier Birk (*tetrix*), suit les Poules de cette espèce et en prend les allures. M. Büchsenmach reçut d'un Anglais, qui les avait tirés lui-même, deux jeunes Rackelhanes « *lesquels avaient été rencontrés au milieu d'une bande de jeunes Birkhuhns.* » Un marchand de gibier de ses amis lui a communiqué ce fait que les Rackelhanes sont toujours tirés en société des *tetrix*. C'est dans les mêmes circonstances, fait-il remarquer, que le Kronprinz Rudolph avait tué ses Rackelhanes, c'est-à-dire que ces Oiseaux se trouvaient dans des endroits fréquentés par des *tetrix*.

Enfin, il semble inadmissible au même écrivain que la Poule *urogallus*, dont l'époque d'accouplement a lieu plusieurs semaines

---

(1) Voy. N° du 25 octobre 1885.

(2) Il est fort rare que le Chardonneret ♀ et la Linote ♀ reproduisent en captivité. Les mulets de ces espèces avec le Canari ont presque toujours ce dernier comme mère. L'assertion de W. Büchsenmach nous surprend donc.

avant l'appariage des *tetrix*, recherche pour cette raison les Coqs de cette espèce.

Une observation qui nous est communiquée par Hugo J. Stjernvall, (Can. phil. de Borga, Finlande), tendrait à confirmer le dire de M. Büchsenmach. Il y a cinq ans, on a tiré, dans le district de Mâityharju, contigu au district de Paasa, un Rackelhane qui avait toujours pris son vol en compagnie de Poules de bouleau (Birkhühnen). Or, nous dit M. Stjernwall, si l'on admet qu'un Oiseau suit sa mère et les parents de cette mère, il faut admettre que le père de cet hybride est un *urogallus* ♂, et non point, comme on le pense communément, un *tetrix* ♂.

Malgré ces observations, nous sommes enclin à penser que le *tetrix* doit toujours être considéré comme le père des Rackelhanes que l'on rencontre à l'état sauvage.

Si le rôle des parents dans le croisement qui produit le Rackelhane est, comme on le voit, encore discuté, les raisons qui déterminent les mélanges des espèces pures sont encore demeurées beaucoup plus obscures. La destruction des espèces mères, qui s'opère sur une grande échelle et à des époques où les deux sexes se recherchent, peut amener une perturbation assez grande pour que les mâles et les femelles surnuméraires de l'une ou de l'autre espèce soient amenés à contracter des croisements. Il est bien évident que si le grand Coq de bruyère se laisse tuer plus facilement que le *tetrix*, doué, dit-on, d'une grande agilité, les Poules du premier, restées ainsi sans Coqs, rechercheront les *tetrix* plus abondants, au moins s'en laisseront approcher. Mais ce n'est là qu'une hypothèse. Ce qui est probable, c'est que la chasse rompt l'équilibre des sexes et amène de vrais perturbations dans le mode de reproduction. Il semble que l'on soit autorisé à dire, sans être taxé d'exagération, que les unions entre les deux espèces sont le résultat d'un défaut d'équilibre dans les sexes. M. Hugo, J. Stjernvall, dont nous venons de parler, confirme entièrement notre manière de voir. Il appelle le Rackelhane « une production de chasse », parce qu'au printemps, les Coqs de bruyère se trouvant décimés par suite du tir sur le « Spiel » (jeu d'accouplement), leurs Poules acceptent les *tetrix* qui ont été repoussés par leurs rivaux (1).

_____

(1) M. Stjernwall tient les indications qu'il nous transmet de chasseurs lapons, parmi lesquels il a vécu pendant cinq étés ; ces indications sont donc précieuses puisqu'elles ne proviennent point de lectures faites dans des livres d'ornithologie et qu'elles concordent avec les observations déjà faites dans ces livres.

Nous ajouterons du reste que si les raisons qui déterminent la production du Rackelhane provenaient de causes purement naturelles, celui-ci aurait des femelles en nombre suffisant pour qu'il puisse se reproduire régulièrement, comme cela a lieu chez les autres espèces d'Oiseaux ; il serait en outre doué du pouvoir de féconder ces femelles (1).

En achevant notre article, nous demandions que l'on voulût bien entreprendre des expériences pour la production en captivité de cet hybride si commun à l'état sauvage, afin de démontrer scientifiquement l'hybridisme que l'on suppose avec raison.

Nous avons éprouvé une vraie satisfaction lorsque nous avons appris qu'en dehors des essais déjà tentés chez M. Kralik, en Bohême, le Jardin zoologique de Copenhague (Danemark) et un établissement de plaisance, le Tivoli, près de Stockolm (Suède), avaient renouvelé les mêmes expériences.

Malheureusement ni les unes ni les autres n'ont réussi. A Tivoli on a conservé en cage pendant deux années un *tetrix* ♂ et un *urogallus* ♀. La Poule pondit six œufs, mais ne les fit point éclore (2). A Copenhague, cinq jeunes furent obtenus, mais ils ne vécurent que peu de temps ; on n'a pu les suivre jusqu'à leur complet développement. Un des exemplaires, mort quelque temps après son éclosion, est conservé au Muséum de l'Université ; il ne saurait, nous dit M. le Dr Lutken, l'éminent professeur de zoologie, fournir aucuns renseignements de la nature de ceux que nous cherchons.

Au Jardin de Copenhague, on n'avait point toutefois été découragé par ce premier insuccès et de nouveaux Oiseaux d'espèce pure avaient été importés pour continuer les expériences. Mais trois couples ayant été perdus successivement, on renonce maintenant, nous informe M. A. von Klein, à poursuivre ces essais fort dispendieux et dont le résultat est trop incertain.

Désirant nous-même tenter le croisement de deux espèces qui présente un si grand intérêt scientifique, nous avons fait venir des spécimens mâles et femelles des deux espèces pures, c'est-à-dire des

(1) Dans notre premier article, nous nous étions posé cette question : « Le Rackelhane est-il fécond ? », Et nous donnions un résumé des opinions qui s'étaient produites à ce sujet. Nous faisions aussi connaître quelques examens microscopiques (encore très peu nombreux) qui ont été faits sur les organes génitaux de cet hybride. Nous avions omis de dire, d'après M. A. B. Meyer, que le Professeur de Kœlliker avait examiné au microscope les parties sexuelles d'un Rackelane et avait trouvé des « fils de semence » (spermatozoïdes, supposons-nous) parfaitement développés. Mais ceci prouve-t-il que l'Oiseau puisse féconder un autre hybride ?

(2) Ce renseignement nous est fourni par M. Smitd, qui ajoute que trois des œufs sont encore conservés.

Coqs *tetrix* et des Poules *urogallus*. Les deux premiers Oiseaux pris en Suède, envoyés en Danemark au Jardin zoologique de Copenhague, ensuite réexpédiés en France par chemin de fer, n'ont vécu que quinze jours environ dans le vaste parquet où ils avaient été placés. Lors de leur mort ils se trouvaient dans un état de grande maigreur ; ils n'avaient voulu, pendant leur séjour en captivité, prendre presqu'aucune nourriture. Deux nouvelles pièces nous ont été envoyées par voie de mer ; nous pensions être plus heureux, vu les soins qui pouvaient être facilement prodigués à ces Oiseaux sur le steamer. Nos espérances ont été vaines. Les Oiseaux, après un voyage qui avait duré plus de dix jours, ont succombé à leur arrivée à Antiville.

Restent donc seules les expériences de M. Kralik. Mais ces expériences, nous l'avons remarqué, ont donné des résultats.

Nous avons reçu à leur sujet les indications complémentaires suivantes : Une femelle empaillée existe au Musée royal de Prague, une autre (montée ou en peau) dans la collection de chasse de Frauenberg, appartenant au prince de Schawrzemberg. Un sujet mâle fut envoyé par M. Kralik à M. le chevalier von Tschusi de Scmidhoffen ; l'Oiseau arriva en si mauvais état qu'il ne put être préparé. Son squelette doit figurer au Musée impérial de Vienne, tout au moins y avait-il été envoyé à cette intention. Un dernier mâle que M. Kralik prit soin de faire empailler, remis à l'instituteur d'Adolf, sa ville, est maintenant chez M. Aloïs de Nedobity, maître principal des forêts, à Wirtemberg (Bohême).

M. Kralik a obtenu de celui-ci l'autorisation de faire peindre pour nous ce très rare échantillon. Nous nous plaisons à reconnaître que c'est un vrai *T. medius* à poitrine et à gorge avec reflets violets, à queue demi-échancrée, à bec foncé, aux caractères, enfin, qui constituent le type ordinaire du Rackelhane, quoique l'Oiseau nous ait paru un peu plus fort que les Rackels ♂ tués à l'état sauvage. M. le chevalier von Tschusi veut bien nous informer que le mâle qu'il reçut était exactement, en couleur et en forme, semblable aux autres *Tetrao medius* du type commun et que l'on tue si souvent à l'état sauvage. En outre, M Tschusi nous a envoyé gracieusement plusieurs aquarelles représentant des hybrides ♂ et ♀ à différents âges, provenant du même élevage et parmi lesquelles le portrait d'un jeune mâle né le 13 juin 1884, mort le 13 décembre, complètement en couleur et identique par son plumage à celui de M. de Nedobity, mais de taille très inférieure (1).

(1) Les deux Oiseaux sont tellement semblables que nous nous demandons s'il ne s'agit point d'un même sujet?

Ces indications sont extrêmement précieuses à retenir et confirment complètement la double origine que l'on suppose aux Rackelhanes. On ne saurait trop reconnaître l'importance de l'expérience qui fut entreprise à Adolf; sans elle l'hybridité du Rackelhane serait encore sujette à controverse.

Quant aux femelles, dont les caractères sont moins bien définis, l'examen que nous en avons fait ne nous a point donné le résultat que nous attendions. M. le prof. Fritsch a été assez complaisant pour nous adresser en communication le sujet du Musée de Prague; nous avons donc pu le décrire complètement et le rapprocher des rares individus de ce sexe rencontrés à l'état sauvage et dont nous avons obtenu huit exemplaires. Mais nous devons avouer qu'il existe de sérieuses difficultés pour déterminer convenablement les caractères des hybrides de ce sexe. Nous étudierons du reste plus loin ces caractères en parlant aussi de la Poule conservée au Musée de chasse de Frauenberg et sur laquelle M. le prince de Schawrzemberg a bien voulu nous adresser des indications très utiles.

Voici la liste des Rackels ♂ et ♀ qui nous été envoyés en communication. Ces Oiseaux sont inscrits suivant l'ordre de leur réception. (Nous ne faisons figurer que les sujets qui nous ont paru authentiques, car bon nombre d'autres individus, qui ne sont que de jeunes mâles, nous ont été adressés sous la dénomination fausse de Rackelhanes).

Exemplaires males :	Nombre de pièces
Du Musée d'Histoire naturelle de Lille (Nord)	1
— — d'Arras (Pas-de-Calais)	1
Du Musée Zoologique de Stockolm (Suède)	1
— de Christiana (Norwège)	1
— de Francfort-sur-le-Mein	2
Du Musée d'Histoire naturelle de Genève (Suisse)	1
Du Musée royal de Dresde (Saxe)	2
Du Museum d'York (Angleterre)	1
De la collection de M. van Kempen, Saint-Omer (Pas-de-Calais) . . .	5
Du Musée de Breslau (Prusse)	1
Du Musée Zoologique de l'Université de Pavie (Italie)	1
Du Musée Zoologique de Lausanne (Suisse)	3
Du Kelvingrove Museum de Glasgow (Écosse)	1
Du Musée royal d'Histoire naturelle de Bruxelles	1
Du Musée royal de Munich (Bavière)	4
Du Musée Zoologique d'Upsala (Suède)	5
Du cabinet de Son Altesse Royale le Grand-Duc de Hesse-Darmstadt (Allemagne)	1

EXEMPLAIRES MALES :	Nombre de pièces
Du Musée impérial de Vienne (Autriche)	1
De chez M. Otto Bock, naturaliste à Berlin (Prusse)	1
Du Musée de Douvres (Angleterre)	1
De Son Altesse Royale le prince Philippe de Saxe-Cobourg-Gotha. . .	1
De la collection de l'Institut Zoologique de Strasbourg.	1
De M. le prince Alain de Rohan (Bohême).	2
De M. Hugo J. Stjernvall, d'Heinola, Passa (Finlande)	1
	40

EXEMPLAIRES FEMELLES :	
Du Musée Zoologique de Christiana (Norwège)	2
Du Musée Zoologique de Dresde (Saxe)	1
De la Collection de M. van Kempen, à Saint-Omer (Pas-de-Calais). . .	1
— de M. le Baron Selys-Longchamp (Belgique).	1
Du Musée de Prague (Bohême)	1
Du Musée Zoologique d'Upsala (Suède)	2
	8

Soit quarante-huit échantillons.

Nous venons de dire que nous avons reçu, sous le nom de Rackelhanes, un assez grand nombre de jeunes mâles *urogallus*. Cette confusion qui se commet souvent, car elle s'est produite dans des Musées français, anglais, allemands, suisses, est à signaler. Quelle peut en être la cause? Sans doute la rareté des *urogallus jun.* dans les collections. D'après les pièces que nous avons examinées, les couleurs de l'adulte se montrent alors que la taille des jeunes mâles est encore très minime. Tous les jeunes prenant couleur que nous avons reçus n'étaient guère plus gros que des *tetrix*, ils n'atteignaient même point la taille d'aucun Rackel ♀. Cette apparition des couleurs définitives avant que l'Oiseau n'ait atteint son complet développement nous a surpris.

Confondrions-nous ces pièces avec des femelles stériles se revêtant de l'habit des Coqs? La chose est possible pour certains échantillons. Cependant les cas où les femelles prennent la livrée du mâle forment une exception; cela laisse supposer que nous avions plutôt affaire à des sujets *urogallus jun.* Un ou deux, cependant, semblaient être de vieilles Poules.

Avant de décrire les hybrides qui nous ont été envoyés et que nous venons d'énumérer, nous signalerons encore d'autres pièces que nous n'avions point citées dans notre première publication. Le nombre des Rackelhanes conservés dans les collections européennes est certainement très élevé, et sans doute, bon nombre de pièces qui ont été exposées sur les marchés sans attirer l'attention de l'ornithologiste, ont été livrées à la consommation.

M. le veneur A. von Klein nous fait savoir qu'un naturaliste de Copenhague a depuis quelques années obtenu chez un marchand de sa ville quatre pièces venant de Suède ou de Norwège. M. J. E. Harting dit avoir eu entre ses mains un hybride bien conservé qui lui avait été remis par M. Ed. Jackson, du Poultry Market, à Smithfield (1). L'hiver dernier M. Smitd, du Musée de Stockolm, avait bien voulu nous proposer d'acheter pour nous quelques-uns de ces Oiseaux qu'il ne manquerait, disait-il, de trouver chez les marchands de gibier de sa ville. Tout dernièrement un licencer-dealar in Game, du Leadenhall market de Londres, M. Philip Castang, nous offrait un Rackelhane en chair. On vient d'en vendre un dans la ville d'Abo (Finlande). Parmi les *Tetraonidæ* exposés par M. P. Oospenky, lors de l'International Exhibition qui eut lieu en 1862, figuraient quelques exemplaires intéressants du *Tetrao medius* (2). L'année suivante, M. H. Stevenson, de Norwich, avait l'occasion d'examiner un *urogallus* hybride dans une collection de Grouses rapportées de Russie par lord Wodehouse de Kimberly, Grouses qui avaient été collectionnées pendant l'ambassade du lord à Saint-Pétersbourg (3). Le rév. Macpherson parle dans le Field d'un beau mâle qu'il vit, l'Oiseau ayant été nouvellement écorché (4). M. Beimer, naturaliste à Paris, se rappelle avoir empaillé un exemplaire provenant de Russie, et M. Zollikofer, de Saint Gallen (Suisse) a préparé trois pièces pendant l'année 1893, toutes obtenues dans son pays. Enfin M. Richard Stadlober, taxidermiste à Mariakoff-Steirmeark, nous informe qu'un Oiseau de ce genre avait été remis à M. le curé S. Blasius Kauf.

Dans les collections, en dehors des pièces qui figurent sur notre liste, il faut encore noter : au Musée de l'Université de Cambridge, d'après M. Gadow, directeur de ce Musée, le tronc d'un hybride mâle *T. urogallus* × *T. tetrix* ; dans la collection d'Harmannstadt un ♂ *T. medius* signalé par MM. C. G. Daxford et Harwie Brown ; dans la collection de M. Bund Adams, d'après les mêmes, un sujet de sexe femelle (5) ; au Musée d'Osbersund (Suède), deux exemplaires

(1) Zoologist. p. 349 et 350, N° de septembre 1878.

(2) Ibis, p. 289, 1862.

(3) The Zoologist, p. 6243, octobre 1863.

(4) 31 mai 1892 (*Hibridity in Birds*).

(5) Ceux-ci ajoutent qu'en Transylvanie, le *T. medius* se rencontre quelquefois (Ibis, 1875, p. 417).

de la province (1); au château de Sichrow, appartenant à M. le prince Alain de Rohan un Rackelhane du type « *birk* » (?) et deux autres du type ordinaire (2) ; au Musée d'Innsbruck, un *Tetrao medius* jun., décrit et figuré par M. von Tschusi dans l'Ornis (3). Notons encore quatre autres pièces, dont deux femelles, qui figuraient au catalogue de la collection vendue par M. Whitatker au Covent-Garden en 1890.

Les collections étrangères à l'Europe ne sont point dépourvues de ce genre d'hybrides, car un exemplaire est conservé au Musée national des Etats-Unis à Washington (4) et un autre au Musée d'Auckland (Nouvelle-Zélande) (5).

Voici maintenant, d'après les récits qui ont été faits dans diverses revues, journaux de chasse ou autres, et d'après les communications qui nous ont été adressées, quelques captures que nous n'avions point annoncées : un Rackel mâle obtenu dans les chaines de Glatzer vers la fin de l'année 1860 par un ami de M. Hepe, inspecteur des forêts royales à Putt, près Gross-Chrstmemberg (Allemagne) ; une femelle tuée au commencement de novembre 1872 près de Campbelton, prêtée par M. Martin, de l'Exchange-Square, à M. James Lumsden, qui l'a présentée à l'une des réunions de la Société naturelle de Glasgow (6); un mâle montré par ce dernier à la même Société le 9 janvier 1877 (7); un autre Rackelhane tué le 15 avril 1881, par le prince Clary, dans son domaine de Brauddorf; cet Oiseau avait été observé depuis le 28 mars précédent (8); un superbe spécimen, grand perturbateur paraît-il, abattu en 1885 par le chasseur Joseph Pernegger (9); un autre exemplaire tué en 1887 par M. Walm de Meinerhagel (Westphalie) sur un review où se rencontrent habituellement le *tetrix* et l'*urogallus* (10); une nouvelle pièce tuée sur le review de Razebourg par M. l'Inspecteur des

(1) Cette indication nous est donnée par M. le Dr P. Olsson, directeur.
(2) Communication de M. le Dr L. Deutshinger.
(3) 1888, p. 517-526. Taf. IV.
(4) Communication de M. Ridgway.
(5) Communication de M. le Prof. Giglioli, qui a lui-même offert au Musée cet exemplaire d'origine allemande.
(6) Voy. Proceedings de cette Société, p. 195, vol. II, part. II, Glascow, 1876 (Séance du 26 novembre 1875). Plusieurs autres hybrides de ce genre paraissent avoir été montrés à la même Société (Voy. p. 263 du même volume).
(7) Mêmes Proceedings, p. 127, vol. III, part II, 1877. Deux pièces, obtenues en 1886, l'une prise (trapped) sur le Black Mount, l'autre tuée sur les bancs du Loch Lomond, ont été lithographiées (vol. 1.).
(8) Weidmann, N° 35, 1881.
(9) Deutsche Jäger Zeitung, p. 136, N° 9, 1887.
(10) Même journal, pp. 201 et 202, N° de juin 1885.

forêts Nitche, qui, on se le rappelle, avait déjà, les années précédentes, obtenu deux autres Rackelhanes (1) ; un remarquable hybride abattu à la fin de décembre de la même année près de Reichenhall (2) ; un hybride de *T. urogallus* et *T. tetrix* reçu le 23 novembre par M. V. Dalvero, de Verone, le premier rencontré par celui-ci sur le territoire de Vérone (3) ; un exemplaire signalé en 1890 par M. G. V. Haguenon (4) ; un autre obtenu sur le Revier Posneck (fin novembre 1893), Saschen-Meiriengen (5) ; un Rackelane tué dans la forêt de Hesse-Oldenwold, par M. Köhler, garde-forestier en chef à Beerfelden (6) ; un Rackelhane avec type Auer (*urogallus*), tué en Bavière le 25 avril 1894 par M. Grünwald junior, propriétaire et brasseur de bière à Walfratshausen ; enfin un Rackel ♂ du type ordinaire, abattu près de Sonnenfeld, dans la Marche, au mois de juin 1894 (7).

Les renseignements que nous avons pu obtenir sur ces pièces sont les suivants :

C'est chez son ami, le comte de Frenkenberg, à Kaiserswalde, en Autriche-Silésie, que M Hepe vit le Rackelhane qu'il nous a signalé, mais il ignore si le comte est encore vivant.

M. Lumsden fait savoir que la femelle *urogallus*, ayant donné naissance au Rackel ♀ qu'il a montré à la Société de Glascow, est sans doute un de ces Oiseaux importés dans l'île d'Arran, où ils se sont acclimatés.

Les deux sujets de sexe femelle de la collection vendue par M. Witaker paraissent avoir été achetés par M. de Rothschild ;

(1) Même revue, p. 172, mai 1889.
(2) Monaschrift, N° 3, p. 87, 17 février 1890.
(3) Communication de M. Dalvero.
(4) Deutsche Jäger Zeitung, N° 8, p. 134, N° du 27 avril.
(5) St Hubertus XI, 1893, p. 854, cit. par Tschusi (in Ornith. Monath. 1895, n° 1, p. 4).
(6) Leschmann : N. D. Jagd XII, 1892, p. 244-245 (cit in Ornithologische Monatsberichte, sept. 1894, N° 9, p. 141).
(7) Ornithologische Monatsberichte herausgegeben von Dr Ant. Reichenow, N° 7, juli 1894, p. 109.

M. Delaito avait rapporté (sous réserves) quelques cas d'hybridation survenus, lui avait-on dit, dans le district de Feltre, entre le *Tetrao urogallus* et le *Ligurus tetrix*. (Voy. *Inchiesta Ornith.* p. 68). Ayant interrogé M. Delaito à ce sujet, celui-ci a bien voulu nous écrire que les personnes qui lui avaient donné ce renseignement étaient des chasseurs auxquels il avait demandé la communication de quelques sujets. Mais ces sujets, ayant été examinés par lui, ne paraissent être que de véritables *T. tetrix*, à l'exception de la taille et de la grosseur du corps de moindres dimensions qu'à l'ordinaire, particularités imputables, non à un croisement, mais à l'influence de conditions spéciales de l'habitat de ces Oiseaux.

sur le catalogue de la vente ils étaient indiqués comme venant l'un de Norwège, l'autre de Russie. M. Rothschild en posséderait un autre provenant de chez M. Lorenz, de Moscou. Ces Oiseaux sont, paraît-il, intermédiaires entre les deux espèces.

Le spécimen vu par M. J. S. Harting avait la crête et la barbe du Capercaillie (Coq de Bruyère), les plumes lisses du Coq noir et les tertiaires semblables à celles du Capercaillie. La queue paraissait intermédiaire entre les deux espèces (1). L'Oiseau avait été reçu de Norwège et reconnu parmi un lot de Tetras.

Quoique la pièce abattue près de Reichenhall ait les marques propres au genre d'hybrides que nous décrivons, M. E. Parrot, de Munich, a cru devoir en donner une description (2) de laquelle il résulte que la couleur générale est noire avec un reflet pourpré à la partie antérieure du col et à la tête. Sur les ailes se trouve une bande blanche formée par les plumes du bras. Les couvertures inférieures de la queue sont blanches avec marques noires ; le bec noir, la base inférieure rougeâtre.

La description de l'hybride examiné par M. Stevenson correspond si exactement, dit-on, à celle d'un spécimen montré par M. Gould à la Société zoologique de Londres en 1830, qu'il suffit de se reporter aux Proceedings pour la connaître (3).

Le Coq tué par M. Wahn de Meinerhagen fut d'abord pris pour un Auerhahn (*urogallus* ♂), mais en l'examinant de près on reconnut que c'était un Rackelhane d'une longueur de 75 centimètres ; « la tête et le cou bleu noir, la poitrine avec un éclat violet, sur le derrière du cou se trouvent quelques plumes grises. Les plumes des ailes de couleur brune portent une bande blanche. La poitrine est d'un bleu profond, à la courbure existe une tache blanche. Les plumes de la queue sont noires et ne sont point recourbées en forme de lyre, mais les plumes latérales sont un peu plus longues que celles du milieu » (4).

La tête et le cou de l'individu tué par l'élève garde forestier Niederlansitz sont « d'un bleu d'acier, le cou est sans barbe, le dos est d'un brun sombre noir. Le ventre est noir avec une tache blanche au milieu, le dessus de l'aile est brun et gris avec une bande transversale blanche au milieu ; le dessous de l'aile est blanc : le croupion est noir, les plumes du bord de la queue plus longues que celles du

(1) Zoologist, pp. 349 et 350, N° 7*, 1878.
(2) In Monatschrifft.
(3) Zoologist, p. 6243, octobre 1863.
(4) Deutsche Jäger-Zeitung, N° 9, mai 1887.

milieu. Le dessous du croupion est couvert de taches noires et blanches » (1).

M. Richard Stadlober veut bien nous faire savoir que M. le curé Blasius Kauf était un ornithologiste distingué; il ne peut y avoir erreur par conséquent sur la nature de l'Oiseau qui lui fut remis. En Bohême, ajoute M. Stadlober, on tirerait chaque année une ou deux paires de ces Coqs hybrides, tandis que dans la contrée qu'il habite le croisement des deux espèces réputées mères est excessivement rare.

Les trois Rackelhanes que M. Zollikofer a reçus sont encore dans son atelier ; l'un de ces Oiseaux est destiné à une collection particulière, les deux autres à des Musées publics, ceux de Saint-Gallen et de Chür. Tous sont du même type et paraissent être issus d'une même couvée ; ils furent du reste tués à la même époque, pendant le mois de septembre. L'un diffère quelque peu des deux autres par l'indication plus nette du miroir ; chez lui le miroir est visible, même lorsque l'aile n'est qu'à moitié ouverte. Chez les deux autres cette particularité ne s'observe pas, même lorsque les ailes sont ouvertes ; pour l'apercevoir, il faut soulever les couvertures. Chez les trois, les rectrices extérieures sont légèrement en faucille ; elles dépassent les médianes de sept centimètres. Le poids de chacun de ces exemplaires atteignait à peine deux kilogrammes et demi ; le plumage est en mue.

M. Otto Grashen a donné (2) sur le Rackelhane avec type *auer* tué à Wolfratshausen (Bavière), les indications suivantes : d'après M. Grunwald, qui l'abattit, on n'aurait point tué de Coqs de bruyère dans les environs de Wolfratshausen depuis une quinzaine d'années ; dans la matinée du jour où il fut obtenu, le garde-chasse s'était rendu dans le domaine d'Euertshausen, appartenant à M. le Directeur Lechner, afin d'y rencontrer des Spielhähne (Coqs de jeu). Il observa là plusieurs Oiseaux qui se courtisaient entre eux, mais au milieu de leurs cris il entendit un chant tout particulier qui lui était inconnu. M. Grünwald s'approcha alors et eut la bonne fortune d'abattre l'Oiseau qui chantait et qui était sur un Pin ; il le prit pour un petit Coq de bruyère. Après examen, M. Otto Grashen s'assura que c'était un réel spécimen de *Tetrao hybridus* avec type *urogallus*. Comme, depuis longtemps, on ne voit plus à Wolfratshausen de Coqs de bruyère au moment de l'appariage, M. Grashen suppose qu'ils ont tous été tués successivement et

(1) In Deutscher Jäger-Zeitung, p. 109, novembre 1888.
(2) In Deutsche Jäger Jagd-Zeitung.

qu'une de leurs Poules, à défaut de Coq de son espèce, s'est rendue à l'endroit où se rassemblent les Spielhähne dont on vient de parler. Il a décrit ainsi ce rare exemplaire :

Apparence générale d'un Coq de bruyère de petites dimensions ; bec noir, forme et couleur du bec du Coq de Bouleau (Birkhahn ou *T. tetrix*) ; plumes de la tête et de la gorge de la forme de celle de *l'urogallus*. Au cou, le plumage, au lieu d'être parsemé comme chez l'Auer de pointillés noirs gris, est bleu d'acier avec l'éclat métallique du Birkhahn. Cette couleur bleue ne se perd point dans le bouclier vert de la poitrine, elle se continue jusqu'au ventre qui est blanc et noir. Les pieds correspondent à ceux du Coq de bruyère ordinaire. Le plumage du dos ressemble à celui de *l'urogallus ;* les couvertures des ailes ressemblent également à celles de cette espèce, mais elles ont les bandes transversales blanches du *tetrix* faiblement marquées. Les plumes de la queue sont de la couleur de celles du *tetrix*, mais proportionnellement elles ne sont que de la moitié de la longueur de celles de l'Auer ; les deux rectrices extérieures sont un peu plus longues que celles du milieu : elles ont une propension à se recourber extérieurement. Les couvertures inférieures ressemblent à celles de l'Urogalle, elles sont blanches et noires, le blanc domine. M. Grünwald n'ayant point entendu jusqu'alors le cri d'accouplement du *Tetrao urogallus* n'a pu comparer ce cri avec les notes de l'Oiseau qu'il entendit chanter ; M. Otto Grashen, ayant fait connaître à M. Grünwald le chant de l'Auer, M. Grashen croit cependant que les notes du Rackelhahe en question n'étaient point rhythmées, mais imitaient un gémissement ou un croassement indéterminé et mêlé d'effroi.

Le Rackelhahe *typus*, tué dans la Marche, fut tiré sur un reviere (lieu de chasse) composé exclusivement de gibier Birk (*tetrix*) et éloigné des Coqs de bruyère d'une distance de cinq lieues. L'Oiseau possède, d'après M. Nauwerck, tous les caractères du Rackel ♂ ordinaire. Il est surprenant, ajoute celui-ci, qu'il ait été rencontré dans la Marche, car aucun hybride de son genre n'y avait encore été observé ; il suppose donc qu'un Coq de bruyère, étant venu de la Silésie et s'étant apparié avec une Poule de bouleau (Birkenne), a donné naissance à une couvée de ces hybrides.

Le Rackelhahe tué par M. Köhler, garde-forestier en chef à Beerfelden, n'avait point, paraît-il, de localité fixe d'accouplement, il se montrait sur les lieux d'amour des *urogallus* aussi bien que sur les parades des *tetrix*, tantôt sur un arbre, tantôt à terre, mais il préférait surtout les endroits fréquentés par les derniers.

Étant le plus fort, il chassait les Coqs, en sorte que ceux-ci se trouvaient tous les matins à des endroits différents. Sa longueur totale est de 74 cm., son poids était de 2 k. 240 (1).

Nous donnerons maintenant quelques autres indications sur des Rackelhanes déjà cités dans notre premier mémoire, mais non décrits. Le *Tetrao medius* du Musée de Berlin est, nous dit M. le Dr Reichenow, l'hybride ordinaire du *T. urogallus* et du *T. tetrix*. Celui du Musée de Turin est encore semblable aux exemplaires communs qui se trouvent dans presque tous les Musées. Les sept exemplaires ♂ que possède le Musée de Stockolm (et non les soixante-douze Oiseaux, comme on l'avait dit par erreur), sont tous, d'après M. Smitd, à reflets violacés ; ainsi se présentent les hybrides ♂ du Musée de Christiania, qui sont d'un même type. M. le Prof. Collett, de ce Musée, n'a, du reste, jamais vu de Rackelhanes, soit avec la poitrine verte de l'*urogallus*, soit avec la poitrine bleue du *tetrix*. M Alexandre Kortchaguine, conservateur de la section ornithologique du Musée de Moscou, nous fait savoir (de la part de M. Anatole Bogdanow) que cette collection ne possède qu'un seul exemplaire typique du *Tetrao medius*, mais que, d'après des observations faites à Moscou sur près de trois cents exemplaires, la couleur est le plus souvent uniforme, la poitrine ayant toujours les reflets violacés, parfois bronzés, que l'on connaît. On n'a jamais observé, ajoute-t-il, chez le *T. medius*, ni la couleur verte, ni la couleur bleue.

M. Th. Pleske, de Saint-Pétersbourg, nous informe que les deux seuls mâles adultes conservés au Musée de l'Académie ont la poitrine violacée. Il y aurait en outre dans ce Musée un mâle en costume d'été et un jeune mâle. Ce jeune possède lui-même les reflets violacés sur la poitrine et a la queue échancrée comme le le *T. medius* ♂ adulte (2).

D'après M. le D^r von Lorenz, quatre Rackelhanes existent dans le Musée impérial de Vienne. L'un, portant le n° 709, a la poitrine d'un vert violet chatoyant ; les rectrices extérieures sont faiblement recourbées, les couvertures des ailes sont brunes. Un autre, portant le

(1) Leschmann : N. D. Jagdz. XII, 1892, p. 244-245; cit in Ornithologische Monatsberichte, sept. 1894, N° 9, p. 141.

(2) Il paraît qu'une grande partie de son plumage appartient encore à la livrée des poussins. Nous aurions été fort heureux de voir un semblable échantillon. Il en existe fort peu. L'Académie forestière d'Eberswalde (prof. Altun) serait cependant en possession d'un même individu (moins âgé) ; et l'exemplaire du Musée d'Insprück (décrit par M. Tschusi in Ornis, 1888) porte aussi des plumes de la femelle.

n° 10897, a la poitrine d'un vert noir avec un chatoiement un peu rouge violet ; les plumes extérieures de la queue sont légèrement recourbées, les ailes d'un brun sombre. Un troisième, n° 407, a la poitrine violet rouge, queue avec plumes fortement tordues, ailes d'un brun sombre. Le dernier, n° 408, est plus grand que le précédent, poitrine violet rouge, queue avec plumes droites, ailes et rectrices d'un brun noir. M. le D^r von Lorenz a été assez gracieux pour nous adresser le n° 10897 venant de la Russie ; il sera décrit en son temps.

M. Hugo J. Stjernval, de Borga (Finlande), nous écrit que les Rackelhanes que l'on rencontre dans son pays sont toujours d'un même type.

L'individu du Musée de la Faune des Vertébrés de Florence est aussi revêtu de l'habit typique du *medius.* « Les couleurs correspondent parfaitement à celles du mâle adulte *urogallus*, seulement les plumes allongées sous le bec et le plastron de la poitrine, au lieu d'avoir des reflets vert bouteille, ont des reflets d'un beau violet ; les deux taches blanches sur les épaules manquent ; les plumes de la queue, laquelle est légèrement fourchue, sont entièrement noires ; la taille est moindre que celle de l'*urogallus*, intermédiaire entre celle des deux espèces » (1).

Nous avons voulu revoir les exemplaires du Musée de Paris (coll. Marmotan), ceux du Musée de Rouen et l'exemplaire de M. Noury, à Elbeuf. Nous n'avons pas à modifier nos premières appréciations, ces divers Oiseaux étant tous du même aspect.

Voici, avec quelques détails, les descriptions des exemplaires ♂ qui nous ont été adressés en communication :

Le Rackelhane du Musée de Lille. — Sur l'étiquette, on lit : « *Tetrao hybridus*, ♂, métis du Coq de bruyère et du Tetrao lyre, Suède, 1845 » : Par sa taille, cet Oiseau peut passer pour intermédiaire entre les deux espèces, quoiqu'il soit plus du côté de l'*urogallus*. Sa poitrine est d'un violacé brillant ; les ailes, brunes, ne sont pas parsemées de petits points blancs, la couleur est unie, pas de miroir blanc. Sous la queue, les taches blanches sur fond noir sont celles de l'*urogallus*. La queue est fortement échancrée, surtout du côté gauche, les rectrices étant plus longues de ce côté. Les médianes sont bordées finement de blanc, elles affectent à leur bord extrême la forme suivante ⎯⎯⎯⎯, propre surtout au *tetrix*. Les pattes sont emplumées ; le duvet est brun gris et ne s'avance

(1) Communication de M. le Prof. Henrico Giglioli.

presque pas sur les doigts; au haut du tarse existe une large touffe
de plumes blanches. Au-dessus de l'œil, un espace nu et rouge. Le
bec est couleur cuir de botte foncé; intermédiaire par sa forme,
quoique se rapprochant davantage de celui de l'*urogallus*. Ventre
violacé brun, avec quelques petits points blancs; il existe une petite
tache de chaque côté des flancs qui sont brun uni; l'anus blanc. La
croupe violacée comme le haut du dos, ainsi que le cou; le dessus
de la tête est moins brillant et se brunit. Les pattes et les doigts
sont de dimensions intermédiaires entre celles des deux espèces.
Cet Oiseau a été peint.

Musée d'Arras. — Sur l'étiquette, on lit : « Hybride de Tetrao
urogalle et de Lyre, ♂, *Tetrao hybridus* Linn. » : C'est un superbe
spécimen fort bien empaillé; il est posé sur une branche, il est de
taille intermédiaire. Au menton pend une barbiche. Les tarses
sont fortement emplumés, du duvet gris déborde sur les doigts. Le
dessous de la queue est à la manière de l'*urogallus*. Le bec est
foncé; la queue à peine échancrée, les rectrices se terminent par la
coupe ⌒ et sont bordées de blanc. Les ailes, de couleur
brun marron, sont saupoudrées finement de blanc. Le devant de la
poitrine est violacé; un petit miroir blanc existe sur l'aile. Le dessus
du dos est brunâtre, saupoudré vers la queue, dont les couvertures
supérieures sont elles-mêmes saupoudrées finement. Les rectrices
sont d'une teinte marron foncé noir uniforme. Anus blanc, ventre
brun noir, joues et tête foncées avec quelques reflets violacés; un
peu de peau rouge au-dessus de l'œil. Les doigts sont gris brun
foncé. Au haut des tarses une petite touffe de plumes blanches.

Musée de Stockholm. — (Exemplaire ♂ en peau qui nous a été gracieusement offert par M. Smitd) : c'est un très fort Oiseau, presque
de la longueur de celle de l'*urogallus*. Croupe noire; queue très
large et fortement échancrée, les rectrices se recourbent même extérieurement; on croirait voir la queue du *tetrix*. Les deux médianes
sont bordées finement de blanc comme plusieurs autres qui les
suivent; à leur extrémité elles se terminent ainsi ⌒ .
Les plumes des couvertures de la queue sont également bordées
finement de blanc. Les rectrices sont grandement marquées de
blanc sur les barbes près du tuyau (partie de la plume la plus rapprochée du corps). Le miroir blanc de l'aile est étroit, mais bien
défini; les couvertures des ailes assez sombres, mais piquetées. Les
plumes des couvertures inférieures de la queue comme chez l'*urogallus*, c'est-à-dire noires et blanches, le blanc formant l'extrémité;
toute la région de l'anus blanc sale; ventre noir brun, quelques

plumes blanches vers le milieu. Gorge, cou et poitrine violacés très vivement, ainsi que le dessus de la tête, qui est cependant plus foncé.

Musée de Christiania. — (Exemplaire ♂ tué pendant la saison de l'hiver en Norwège) : c'est un petit spécimen si on le compare avec le précédent. Par leur nuance et leurs pointillés, les ailes rappellent vivement celles de l'*urogallus* que la couleur de la croupe rappelle encore. Sans que les rectrices extérieures se recourbent extérieurement, l'échancrure de la queue est néanmoins prononcée, mais la queue est moins large que chez l'exemplaire de Stockolm. Les plumes médianes sont bordées finement de blanc et la plupart des rectrices accusent à leur fin la coupe ordinaire. Elles sont noires en dessus et en dessous. Les couvertures inférieures de la queue sont celles de l'*urogallus*, c'est-à-dire marquées de taches noires et de taches blanches. La croupe violacée diffère du ton de la croupe noire du dernier. Les couvertures des ailes sont aussi plus claires que chez le précédent. Poitrail et gorge du violacé ordinaire; sur les joues plusieurs plumes sont terminées par un petit liseré gris piqueté. Le dessus du cou et du dos antérieur est piqueté gris cendré. Dessous du ventre noir. Les tarses sont fortement emplumés, de petites plumes brunes recouvrent un peu le commencement des doigts. Bec foncé et fort; au-dessus de l'œil, une petite partie de peau dépourvue de plumes a dû exister.

Musée de Francfort-sur-le-Mein. — L'étiquette est ainsi libellée : « *Tetrao tetrix* ♂ × *T. urogallus* ♀ provenant du Coq de bouleau et de la Poule de bruyère. — *Rackelhahn* (Coq de Rackel), tiré par le Conseiller de Justice, le Dr Blum, Allemagne, 1876. » : superbe exemplaire, magnifiquement empaillé; les ailes sont un peu ouvertes, il repose sur une branche. Nous l'avons fait peindre sur toile par M. Charpentier. L'Oiseau est très fort, il rappelle, en quelque sorte, par ses dimensions, la taille de l'*urogallus*. Au haut des tarses a dû exister la touffe ordinaire des plumes brunes et blanches; cette touffe est maintenant rappelée par quelques plumes blanches et grises. Le violet des parties hautes (poitrine, jabot, cou et joues) est très vif. Un seul arc rouge (peau nue) se montre au-dessus des yeux. Le bec est fort et foncé; la pointe de la mandibule supérieure dépasse la mandibule inférieure d'une manière assez prononcée en formant une courbure. Les doigts sont bordés de lamelles, le tout bordé de brun gris-noir, les ongles sont foncés. La barbe extérieure des rémiges est beaucoup plus claire que la barbe inférieure des mêmes plumes, laquelle est brun uniforme. Sur l'aile, un petit miroir blanc, mal défini. Point de tache blanche à l'épaule ; de la barbe au menton. La queue ouverte forme l'éventail ; les rectrices (dont aucune n'est bordée de blanc) se terminent par le trait caractéristique ⌒⌒⌒⌒⌒. Les grandes couvertures supérieures de la queue sont bordées finement de blanc, elles sont noires comme les rectrices. Ces dernières sont en dessous très luisantes. Sur la croupe se voit une teinte violacée. Les plumes du dessous de la queue sont tachetées de noir et de blanc à la manière de l'*urogallus*, mais il existe plus de blanc que de noir, quelques-unes sont entièrement noires. Les couvertures de l'aile brun piqueté.

Le second exemplaire. — Sur l'étiquette, on lit : « *Tetrao tetrix* ♂ × *T. urogallus* ♀ mâle. » En allemand, « Bastard provenant du Coq de bouleau et de la Poule de bruyère. *Rackelhahn* mas. Europe, de la collect. de Meyer, 1818. » : bel et fort exemplaire comme celui du même Musée qui vient d'être décrit. Cet Oiseau, qui est dans la position où se trouve le Rackelhane de Lille, présente beaucoup d'analogie avec ce dernier ; cependant la barbe du menton est plus prononcée et l'arc rouge au-dessus de l'œil est plus développé. Sur l'épaule existe une tache blanche. Le bec n'est pas de couleur absolument foncée, il est assez long. Au haut des tarses se voit un petit plumet gris blanc sale et les tarses sont emplumés, mais les plumes sont très courtes, comme râpées, de la couleur ordinaire gris souris ; des lamelles entourent les doigts, elles sont peu prononcées. Dessous de la queue composé de plumes blanches et noires, à la manière de l'*urogallus ;* queue assez échancrée ; presque toutes les rectrices sont terminées par le trait caractéristique, elles sont noires brun en dessus, noir brillant en dessous. Pas de miroir blanc à l'aile, du moins ce miroir n'est pas visible, l'aile étant au repos. Les couvertures des ailes brun gris foncé, peu piqueté. La barbe extérieure des rémiges beaucoup plus claire que la barbe intérieure des mêmes plumes ; elle est piquetée, tandis que l'intérieure, d'un brun pâle, est uniforme. Le dessus de la queue brun noir. Poitrine et cou de couleur violacée à reflets ; dessus de la tête foncé, comme est le dessus du cou ; des reflets violacés se voient sur le cou.

Musée de Genève. — Étiquette : « Tetras moyen, *Tetrao hybridus*, Arkangel, M. Schmidely fils. » La pièce est mal montée, l'Oiseau paraît ainsi de très chétive apparence, il est étroit de corps ; ce sont là sans doute des défauts du montage. Les plumes ont sans doute perdu leur ancien éclat et leur fraîcheur. Dos et dessus des ailes complètement bruns, la dernière partie un peu piquetée. Sur la croupe la couleur devient plus foncée ; les couvertures

de la queue, de même couleur, sont aussi finement piquetées.
Rectrices noires en dessus et en dessous, le dessous luisant. Les
couvertures de la queue, formées de plumes avec taches noires et
blanches; dans leur plus grande partie, elles sont cependant
blanches. La queue est échancrée, mais légèrement. Les rectrices
médianes sont seulement bordées très finement de blanc et se
terminent, pour la plupart, par la coupe ordinaire, sauf les deux
extérieures. Pas de barbe au menton; poitrine, gorge et autres
parties violacées comme à l'ordinaire; dessus de la tête foncé
comme le dessus du cou. Pas de tache à l'épaule, pas de miroir
blanc à l'aile; les grandes rémiges brun très clair; la barbe extérieure étroite, piquetée ou tachetée, et beaucoup plus claire que la
barbe intérieure. Le haut du tarse est couronné par une petite
touffe de plumes gris blanc et brun, les tarses sont emplumés
jusqu'aux doigts, les doigts sont entourés de lamelles très prononcées, ils sont de couleur brun clair; les ongles sont foncés. Le bec,
assez fin, semble allongé; il est aussi de couleur foncée.

Musée de Dresde. — *Rackelhane du Tyrol* : semblable, nous dit le
Dr A. B. Meyer, à celui figuré à droite sur la planche XII de son
ouvrage; l'Oiseau n'a pas encore été peint, ajoute-t-il. Sous le
socle, on lit : « Gries in Selbrainthal bee Junstruche, 10 Mai 1887
erlegt. »

Ce Rackelhane, dont les ailes et la queue sont déployées, est du
type ordinaire. Il ne paraît point très fort de taille. Les parties
supérieures sont violacées, la croupe montre les mêmes reflets; sur
le devant, l'Oiseau devient bronzé suivant les reflets; sur l'œil on
voit l'arc rouge; le bec est foncé. Le haut des tarses est pourvu d'une
touffe de plumes blanches, mais collées à l'os. Les couvertures
inférieures de l'aile sont blanches; l'aile est traversée par un miroir
blanc. De légers pointillés se voient sur le dos et sur les couvertures
des ailes, ainsi que sur les couvertures de la queue; ce pointillé,
brunâtre, est très accentué et se change en blanc. Rectrices noires,
en dessous brunâtres, avec la coupe terminale ⌣⌣⌣
ordinaire très accentuée. La queue fait bien l'éventail lorsqu'elle
est largement ouverte; fermée, elle doit, pensons-nous, se montrer
échancrée, car les rectrices extérieures sont beaucoup plus longues
que les médianes. Ongles et doigts foncés, petites plumes des tarses
très foncées. Couvertures inférieures de la queue tachetées comme
chez l'*urogallus*; mais presque toutes sont noires et à bouts blancs
des deux côtés des barbes.

Rackelhane du Livland (déjà figuré sur la planche XI de l'ouvrage du Dr Meyer, en bas et à droite). — Voici un Oiseau qui diffère du type, mais est-ce bien un hybride ? Il est de taille un peu plus fort que le *tetrix*, il est plus long notamment, sans atteindre les dimensions d'une Poule Urogalle. Le bec, dont la mandibule supérieure est assez arquée, est, pour la grosseur, entre le bec du *tetrix* et le bec de la femelle *urogallus* ; il paraît avoir été de la couleur de cette dernière espèce. Tout le dessus du dos inférieur, (autant qu'on peut en juger dans le très mauvais état où se trouve le spécimen), a, par sa teinte cendrée, plus d'analogie avec l'*urogallus* qu'avec le *tetrix* ; les couvertures supérieures de la queue sont aussi dans ce cas ; les inférieures sont pur *urogallus*, c'est-à-dire blanches tachetées de noir (sur le côté interne de la plume et à la base). L'Oiseau, en dehors de son épaulette blanche, montre sur l'aile un miroir peu apparent. Les rectrices sont noires, quelques-unes, les médianes, légèrement cendrées en dessus ; en dessous, elles ne sont pas d'un noir franc. Le devant du jabot est à reflets verts ; il existe de la peau nue et de couleur rouge au-dessus des yeux affectant la forme de l'arc. Les couvertures supérieures sont à la manière de l'*urogallus*. Bref cette pièce devient très embarrassant, et on se demande si on n'est point en présence d'une simple variété de l'*urogallus* ? Remarquons en outre que la queue, sans être de forme arquée, n'est point non plus véritablement *échancrée*, elle est indécise entre les deux formes ; il serait difficile de préciser la ligne qui forme son extrémité, quoiqu'au milieu les rectrices médianes soient réellement plus courtes que les extérieures. On trouve à la fin de quelques rectrices le trait ⎯⎯⎯⌣⎯⎯⎯ rarement rappelé. Il faut noter, en terminant, que la partie des joues descendant vers le cou, est tachetée fortement de blanc, ce qui donne un aspect particulier et annonce sans doute le plumage d'été. — On se rappelle que cet Oiseau, obtenu en juillet 1884 sur la propriété de Rauzen (où déjà on avait tué un Rackelhane), a été offert par le baron von Krüdener. M. Th. Lorenz qui, à première vue, l'avait pris pour une Poule Urogalle stérile, pense aujourd'hui que c'est un Rackelhane typus ; la couleur verdâtre du jabot ne serait produite que par la mue ! (1) — M. Lorenz a-t-il raison ? Nous décrirons bientôt d'autres exemplaires en plumage d'été, c'est-à-dire avec des pointillés blancs sur les joues et sur le cou, et qui sont parfaitement violacés. — D'après le *Jagd Zeitung* de 1885, la pièce

(1) Voy. : Jour. für Ornith. 1894, p. 416. *Wierderun Einiges über Rackelwild und Hahenfedrigheit.*

en question fut obtenue dans un district de chasse où il n'existait aucun *urogallus*.

Musée d'York. — L'Oiseau est du type ordinaire, mais il en diffère cependant par la couleur brune très claire des ailes ; ses doigts sont blanc jaune ainsi que ses ongles. Le bec n'est pas foncé, il est long, assez fort. Les flancs, les ailes, le dessus de la queue rappellent l'*urogallus* parce que ces parties sont saupoudrées finement de blanc. La queue est assez claire, elle est bien échancrée, très longue comparativement à la taille de l'Oiseau ; les rectrices se terminent par le trait ordinaire, les deux extrêmes semblent vouloir se recourber. Dessous de la queue à la manière de l'Urogalle, mais les plumes sont très blanches, le noir n'affecte qu'un petit côté de la barbe extérieure. Ce Rackelhane de petite taille rappelle donc l'*urogallus* par les parties brun clair de ses flancs, de ses ailes, du dessus du dos et de la queue et par le dessin piqueté de ces parties. Il est sans doute peu avancé en âge ; dans le cas contraire, les parties claires de son plumage et sa coloration brune le différencieraient du type ordinaire. M. Plataner, qui a bien voulu nous adresser cette pièce, avec un jeune mâle *urogallus* (1), nous fait savoir qu'il ne connaît rien sur son origine.

Collection de M. van Kempen, à Saint-Omer. — N° 496, porte l'indication suivante : « Tétras croisé, *T. medius* ♂ ad. Sibérie ; » on lit encore : *T. urogalloïdes* ou *medius* ♂ (Reg.). — Intermédiaire par sa taille, quoique plus du côté de l'*urogallus* ; ongles fins et longs. Bec entre celui des deux espèces, très pointu, peu foncé ; les ailes attirent l'attention par leur couleur brune assez claire et très piquetée de blanc. Un grand miroir blanc les traverse, mais ce miroir est caché par les couvertures de l'aile. Pas d'épaulette blanche, un arc rouge sur l'œil. Le dessus du dos est très pointillé de gris, ainsi que la croupe, qui est de couleur assez claire. Également le dessus du cou et la partie près du dos sont pointillés finement. Poitrine et partie haute, joues, cou, etc., violacés comme d'habitude. Dessous de la queue à la manière de l'Urogalle, mais le blanc domine ; le noir est généralement d'un seul côté des plumes et sur la barbe intérieure. Anus blanc, tarses gris souris ; les pattes, étant rentrées dans le corps, la touffe du haut des tarses disparaît. Rectrices noires en dessous et luisantes ; claires en dessus. Queue peu échancrée, point de rectrices extérieures recourbées ; les médianes liserées de blanc fin et terminées à la manière ordinaire.

(1) Considéré à tort comme Rackelhane.

N° 497 de la même collection. — On lit : « Tétras hybride. — *T. medius. T. urogalloïdes* ad. ♂ Europe. Collect. Oursel, mars 1881. » Ce Rackelhane est tout petit si on le compare avec le précédent ; la couleur brune des ailes est très vive, très éclatante, piquetée comme est la croupe. Le dessus du cou et la poitrine violacés ; du rouge sur l'œil ; bec fort et long, de couleur corne claire, de dimensions intermédiaires. Miroir blanc, pas d'épaulette. La queue n'est pas absolument échancrée, quoique les rectrices extérieures dépassent notablement les autres, mais les médianes sont plus longues que celles qui les suivent ; presque toutes sont terminées par la coupe ⌐‿⌐, et la majeure partie, sauf les extérieures, liserées finement de blanc. Dessous de la queue à la manière de l'*urogallus*, plus de blanc que de noir ; le noir se trouve sur la barbe intérieure et ne se prolonge pas vers l'extrémité ; ongles fins et foncés, assez petits ; tarses brun souris, etc.

N° 499 de la même collection. — On lit : « *T. hybridus, tetrix* × *urogallus*, ♂ ad. Ecosse. 14 novembre 1879, Franck. » Forme intermédiaire ; aile brune, piquetée mais assez foncée ; pas de miroir blanc quoique l'on suive çà et là une trace de blanc à la place qu'occupe généralement le miroir. Ongles intermédiaires, tarses gris souris uni, touffe de plumes dans le haut. Arc rouge sur l'œil ; bec couleur corne assez fort, quoique intermédiaire, entre les deux espèces. Parties hautes foncées, tête et poitrine violacées. Queue assez bien échancrée, mais pas de rectrices en forme de lyre, deux ou trois médianes seulement bordées finement de blanc et avec le trait ⌐‿⌐ ; croupe à reflets violacés et saupoudrée de gris. Dessous de la queue comme chez l'Urogalle, barbe intérieure des plumes tachetée de noir à la base ; quelques plumes sont de même tachetées de noir des deux côtés dans leur partie haute, le blanc les termine toutes. Rectrices noires, bien luisantes en dessous.

N° 498, même collection. On lit : « *T.* Hybride *urog.* × *tetrix* ♂ ad. Ecosse, 14. 9. 1879. Franck ». C'est toujours le type du Rackelhane comme dimensions et coloris. Aile brune et pointillée, miroir blanc pas très prononcé, épaulette blanche, croupe saupoudrée comme le dessus du dos ; poitrine violacée, arc rouge sur l'œil, ongles foncés intermédiaires ; bec un peu effilé, de couleur corne assez claire, de taille moyenne entre les deux, plus du côté du *tetrix* ; queue échancrée ; médianes bordées d'un liseré blanc, toutes les plumes se terminent par la coupe caractéristique ⌐‿⌐. Rectrices noir brun luisant en dessous ; dessous de la queue à la manière de l'Urogalle, le noir principalement du côté gauche, la plume finit en blanc. Tarses emplumés gris souris, touffe au-dessus blanc mélangé, ventre brun violacé, etc.

N° *495, même collection.* On lit : « *Tetrao urogalloïdes* ♂ ad. Sibérie. Frank Amsterdam ». Splendide exemplaire, plus fort, nous semble-t-il, que l'*urogallus*. Beaucoup plus de ce type que du type *tetrix* tant par ses dimensions que par ses formes et sa coloration. C'est un Oiseau tout à fait à part. Que peut-il être ? La forme de la queue est *en tous points* celle de l'*urogallus* ; aucune rectrice ne se termine ainsi ⌒. En dessous la couleur est brune, cette teinte est très nette ; sur les couvertures supérieures on aperçoit des taches blanches. Les plumes des tarses sont très brunes, ainsi que la touffe placée au dessus, particularité que nous n'avons point encore rencontrée ni chez l'*urogallus* ni chez le *tetrix*. Sur les ailes existe un double miroir, tout au moins un espace blanchâtre à la place accoutumée, puis quelques taches blanches bien au-dessus posées transversalement, ce que ne possèdent encore ni *urogallus* ni *tetrix*. Mais le violacé qui se mêle au vert de la poitrine et qui domine sur le cou, sur les joues, qui s'aperçoit même en quelque sorte sur le dos (laquelle partie est noire et brun foncé), les ailes brunes qui ne sont point piquetées, le bec qui est foncé et qui n'est point aussi fort que celui de l'*urogallus*, tous ces points rapprochent l'Oiseau du Rackelhane, et ces particularités sont suffisantes pour montrer qu'il s'agit bien encore de l'hybride du *tetrix* et de l'*urogallus*, mais bien différent du type ordinaire. Peut-on croire que ce magnifique Oiseau doive sa naissance à un croisement dans lequel le renversement des termes père et mère s'est accompli ? Nous l'ignorons : nous serions plutôt porté à croire que c'est un Rackelhane croisé d'*urogallus*, soit le produit d'une Poule *urogallus*, fécondée par un Rackelhane, soit au contraire le descendant d'une Poule hybride unie à un Coq Urogalle. Cette pièce est certainement la plus intéressante de toutes celles que nous avons décrites jusqu'alors parce que son hybridité n'est pas douteuse, tandis que dans le Rackelhane à poitrine verte représenté dans l'ouvrage du Dr A. B. Meyer, l'origine hybride n'est pas démontrée suffisamment. Aussi nous avons fait peindre de grandeur naturelle l'Oiseau de la collection van Kempen.

Musée de Breslau. — Le Rackelhane ♂ qui nous a été envoyé de ce Musée nous ramène à la description du *typus* si connu, c'est-à-dire : queue échancrée, dessous de la queue à la manière de l'Urogalle, épaulette blanche, tarses brun souris, poitrine violette à reflets bronzés, arc rouge sur l'œil, bec intermédiaire, etc. Remarquons que les rectrices extérieures, qui sont droites, ne sont pas bordées par un liséré blanc : ce liseré est seulement visible sur quelques médianes au bout desquelles on aperçoit la coupe ordinaire. La taille est celle des exemplaires du Musée de Lausanne dont nous allons bientôt parler. Sur l'étiquette que porte cet Oiseau, on lit : « T. *medius* Tem. Ober. Forstmeister von Pannewitz. Schlesien ».

Musée zoologique de l'Université de Pavie. — M. le prof. Pietro Pavesi, qui a eu la bonté de nous adresser l'exemplaire de cette collection, n'a pu nous donner aucune indication à son sujet. L'Oiseau avait été acheté avant qu'il ne fût nommé directeur du Musée de l'Université. C'est, du reste, le *T. medius* ordinaire, mais de grandes dimensions. La teinte violacée est très accentuée et peut-être plus étendue qu'à l'habitude ; la queue est très échancrée, le dessous des couvertures à la manière de l'Urogalle. Tache blanche à l'épaule, miroir blanc sur l'aile ; couvertures de l'aile et de la queue piquetées de blanc, mais très finement. Arc rouge sur l'œil, bec fort, plumes au-dessus des tarses, pieds grands, ongles longs, très foncés. Sur le socle qui soutient la pièce on lit la date de 1866.

Musée de Lausanne. — *Deux premières pièces* : du type et très semblables entre elles : poitrine violette, pas de miroir à l'aile, au moins ce miroir n'est pas visible ; du rouge au-dessus de l'œil ; l'épaulette blanche manque ; queue échancrée chez l'un, rectrices médianes bordées de blanc peu étendu et terminées suivant la forme ordinaire ; touffe de plumes blanches et brunes au haut des tarses. Les deux Oiseaux paraissent être de taille intermédiaire entre l'exemplaire que nous avons reçu du Musée de Stockolm et un exemplaire de notre collection dont nous avons parlé dans notre premier mémoire. Bec de la grosseur du premier. Rien de particulier à noter chez ces deux Rackelhanes.

Un troisième individu est différent, c'est celui que M. le Dr A. B. Meyer a représenté sur la Pl. XII de son ouvrage. Le bec est, en effet, *blanc* et très fort, la queue est en éventail comme celle de l'*urogallus*, en sorte que les rectrices médianes sont plus longues que les extérieures ; elles sont terminées par une bordure blanche assez large sur laquelle la terminaison ordinaire ——⌄—— ne se montre point. Ce sont ces caractères qui distinguent l'Oiseau du *typus*; il faut encore noter que le dessus du cou et le camail rappellent quelque peu l'*urogallus*; on aperçoit difficilement, çà et là, quelques reflets violacés ; plusieurs plumes des joues se terminent par un liseré blanc fin. A part cela, l'Oiseau est bien un Rackelhane.

Nous avons noté que l'épaulette blanche fait défaut et qu'il n'existe
pas de miroir blanc ; on voit cependant sur l'aile une raie transversale blanchâtre, vague, très indécise, rappelant sans doute
le miroir qui manque. La barbe des trois rémiges primaires est
presque blanc uniforme partout. Il faut, en outre, remarquer que
les petites taches des joues rappellent faiblement celles qui existent
sur l'exemplaire à poitrine verte du Musée de Dresde et annoncent sans doute un reste ou un commencement du plumage de
l'été. Nous avons peint de grandeur naturelle ce curieux échantillon. Nous remercions vivement M. le Dr Larquier des Bancels
d'avoir bien voulu nous le communiquer. On se rappelle que ce
Rackelhane avait été supposé provenir du croisement du *Tetrao urogallus* ♂ × *Tetrao tetrix* ♀. Est-ce avec raison ? Cette opinion ne
peut être vérifiée expérimentalement.

Kelvingrove Museum de Glascow. — Nous rappelons que cet exemplaire, qui fut reçu au Musée en 1871, avait été tué à Jullgallan,
Clarkmannanshire (Écosse) en 1869. Plusieurs autres exemplaires
paraissent avoir été obtenus dans la même contrée (1). Lorsque
nous avons retiré cette pièce de la boîte où elle était enfermée, sans
doute se trouvait-elle alors dans un jour spécial, car au lieu des
reflets violets ordinaires que l'on observe chez le Rackelhane, nous
avions aperçu des reflets verdâtres qu'il nous a été difficile, dans
la suite, de retrouver. L'Oiseau, néanmoins, est plutôt d'une teinte
bronzée que violette ; ces reflets bronzés et métalliques sont ceux
qui brillent le plus ordinairement à l'œil. Il présente, en outre, un
faciès étrange : barbe au menton très abondante, croupe très large,
pieds très foncés, tarses noirs ou brun très foncé ; touffe au-dessus
entièrement blanche, ce qui ajoute au contraste. Tout l'individu dans
son ensemble est du reste très foncé, quoique son plumage soit légèrement saupoudré. Sur l'aile pas de miroir apparent, le blanc qui
existe est comme nébuleux et se cache sous les plumes des couvertures. La queue est très fournie, très large et très noire, elle n'est
pas échancrée quoiqu'elle forme comme une apparence de lyre. Les
grandes couvertures de la queue sont bordées de blanc, les rectrices
n'ont aucune bordure. Le bec est assez fort, court mais très arqué,
il est large et élevé au commencement de la mandibule supérieure.

Musée royal de Bruxelles. — L'Oiseau porte le n° 1929 ; c'est le seul
Rackelhane que l'on conserve dans ce Musée. Sa tonalité brune le
rapproche de l'*urogallus* dont il a les sous-caudales, mais il est
petit, bien plus court que ne le sont les exemplaires de Lausanne ;

(1) Voy. p. 13 (ou p. 266 des Mémoires) et p. 510 (en note).

le bec est lui-même mince, quoique long : la tête et les doigts sont de faibles dimensions. Quelques rectrices seulement dépassent les autres pennes, en sorte que la queue se trouve à peine échancrée. Néanmoins c'est bien un *typus* sur lequel on remarque, en le plaçant dans un certain jour, des reflets verts bronzés au lieu de reflets violacés.

Musée royal de Munich; quatre pièces. — L'une, indiquée comme venant de Suède, est très petite, le violet se voit faiblement sur la poitrine et sur les parties hautes. Les ailes sont brun très foncé mais piquetées. La queue est assez échancrée, le bec est de couleur de corne, les ongles sont foncés, la barbe intérieure des rémiges est d'un brun uniforme grisâtre.

La deuxième pièce de Hohen Schwangen est d'un violacé très foncé et très métallique ; la queue est très large, les rectrices extérieures semblent vouloir se courber, les deux médianes sont bordées de blanc. Dessus des ailes foncé ; quatorze pennes rectrices ; doigts assez foncés ; barbe naissante. C'est à peine si le plumage est pointillé. On aperçoit tout autour du cou, dans le noir violacé, des taches en croissants formant comme une espèce de damier.

La troisième pièce, avec cette mention : « Bayr Wald. Forstrat Kock. 1842, » provient des forêts de la Bavière et a été offerte par le Conseil du prince. Elle est de taille ordinaire, plutôt petite. Le bec est foncé, plus long que celui de la pièce précédente, mais moins bombé. Le bout des rémiges secondaires est clair et piqueté, les doigts sont clairs, les ongles sont foncés ; on aperçoit de beaux reflets violacés sur la poitrine. Cet Oiseau a sur les joues quelques petites taches blanches du plumage de l'été, mais en bien moins grande quantité que le suivant. On compte dix-sept rectrices foncées à la queue qui est très échancrée.

La quatrième pièce avec cette étiquette : « Wilhelm, 28 avril 1873. Forts. V. Lips », est encore le *typus ;* chez elle le costume de l'été (1) paraît très prononcé. On remarque en effet sur le cou une teinte grisâtre, tandis que sur les joues, sur le devant du cou, sur la gorge principalement, les plumes sont fortement martelées ou,

(1) Nous avons été longtemps sans connaître cette mue; c'est M. Th. Pleske, du Musée de l'Académie de Saint-Pétersbourg, qui nous l'a fait connaître Dans ce Musée, on possède dix *Tetrao tetrix* avec la gorge ondulée de blanc, et M. Pleske a l'occasion d'en classer chaque année en été plusieurs autres. Nous lui avons envoyé une aquarelle représentant la tête et l'encolure du sujet de Munich et il nous a répondu que c'était bien un sujet en mue. On conserve du reste au Musée de l'Académie de Saint-Pétersbourg un Rackelhane en costume d'été, c'est-à-dire ayant la tête ondulée de blanc, comme chez le mâle du *Tetrao tetrix.*

pour mieux dire, terminées de blanc à la manière de l'exemplaire à poitrine verte du Liveland (Musée de Dresde). Nous remarquons aussi que la poitrine n'est point aussi violette qu'à l'ordinaire, il y a même des tons bleu d'acier comme chez le *Tetrao tetrix*. A part cela on retrouve chez cet Oiseau les traits propres au Rackelhane. La queue est légèrement échancrée, le dessous de cette partie est très clair, tacheté à la manière de l'Urogalle ; le bec est foncé (plus fort que chez les deux derniers exemplaires) ; les doigts sont assez foncés, les ongles le sont beaucoup. On compte dix-neuf rectrices. Nous avons fait peindre en aquarelle la tête et le cou, qui, nous venons de le dire, sont seuls remarquables par les marques terminales blanchâtres des plumes (1).

Musée zoologique d'Upsala (Suède).— Cinq échantillons. Le premier est indiqué comme venant du Jemtland, le deuxième de la même province, le troisième de celle d'Upland, 1/10 1880, le quatrième et le cinquième du Nordland, 1846 ; ce dernier porte la date du 28 janvier 1860, mais nous ignorons si c'est la date de sa capture ou de son entrée au Musée (2).

Quatre de ces pièces sont presque de la même taille, la cinquième est plus grande.

Vus de dos, les cinq exemplaires sont identiques par leur couleur générale ; chez tous, les ailes sont brunes avec les plumes terminées de blanc, ces parties sont de ton plus clair que le reste du corps. Chez tous encore, les rectrices sont foncées, de teinte noire, et les médianes, à leur extrémité, sont liserées de blanc fin en plus ou moins grande quantité. Les couvertures supérieures de la queue sont d'un brun mélangé de petits points roux et blancs ; notamment vers l'extrémité, cependant, chez le plus grand spécimen, ces couvertures sont presque entièrement noires. Chez le n° 1, les rectrices sont très allongées, chez le n° 2, elles le sont moins (ou les médianes se prolongeraient davantage?) ainsi que dans le n° 3. Chez un autre numéro les rectrices extérieures dépassent de beaucoup les médianes. Les cinq pièces ont l'épaulette et le miroir blancs, mais le miroir n'existe guère que sur deux pennes de l'aile du grand exemplaire, c'est-à-dire du n° 5. Tous enfin ont des taches blanches

---

(1) Nous avons reçu du même Musée, on l'a vu sur notre liste, une cinquième pièce ; mais elle nous a paru être un jeune *Coq urogallus* ayant dans son plumage quelque ressemblance avec la Poule de cette espèce ; du reste si, sous le socle qui le porte, on lit : *Tetrao hybridus* Linn., au crayon on a ajouté : « peut-être *Coq jun.* »

(2) Le quatrième paraît avoir été en possession de M. G. Y. V. Yhlem.

sur les barbes supérieures des rectrices ; ces taches ne se voient que lorsqu'on soulève les plumes. Les reflets violacés de la poitrine s'aperçoivent sur les parties supérieures, mais d'une manière bien moins prononcée. Dans la partie haute de la poitrine et de chaque côté du cou chatoient des reflets verts, chez le n° 2 et chez le n° 1 principalement. Comme forme, les becs sont à peu près identiques ; leur mandibule supérieure dépasse par sa pointe l'inférieure. Ceci est moins prononcé chez le grand exemplaire. C'est peut-être le n° 1 qui a le bec le plus élevé ; cet Oiseau a également les doigts très forts. — On peut dire que ces Rackelhanes tiennent, par leur taille, le milieu entre les deux espèces mères, sauf celui qui est très fort. Il est remarquable que chez les n°s 1 et 5 les doigts, quoique nus, soient garnis à l'intérieur de plumes qui s'allongent notablement. Chez le n° 5 le commencement des doigts se trouve recouvert par les plumes.

Cabinet d'Histoire naturelle de S. A. R. le grand duc de Hesse-Darmstadt. — Son Altesse Royale, le Grand-Duc, ayant consenti à nous faire adresser un magnifique exemplaire *typus* tué récemment dans ses chasses, nous avons pu admirer les proportions et le plumage de cet Oiseau monté d'une manière tout exceptionnelle. Il est dans la position d'un Rackelhane sur les baltz d'amour. Le bec est largement ouvert, car l'Oiseau fait entendre son cri ; le cou est gonflé, rasant la terre comme les grandes rémiges des ailes qui sont largement déployées ; la queue redressée se déploie en roue. Une forte touffe de plumes pend au menton : c'est un *typus* splendide au bec arqué, au plumage foncé, sans doute un vieux mâle, mais rentrant dans le genre général.

Musée impérial de Vienne, N° 408, venant de la Russie, porte l'indication : « Fundort Stadhwald Phiew Datum ». L'Oiseau est très fort, la poitrine, la gorge, les parties supérieures ne sont pas absolument du violet ordinaire. Elles ont des reflets bronzés très accentués et quelque peu mélangés de vert. Le bec est fort et noir, mais peu long pour sa largeur. Rien de particulier n'est à noter sur cet exemplaire qui diffère seulement un peu du type commun par les reflets violacés qui sont chez lui peu apparents.

Exemplaire appartenant à M. Otto Bock. — C'est un véritable *typus* dont il serait superflu de faire la description ; disons seulement que le miroir de l'aile n'est pas visible, qu'il existe une épaulette blanche, que la queue est échancrée ; (les sous-caudales restent à la manière de l'*urogallus*) ; enfin la taille est petite.

Musée de Douvres (Angleterre). — Cette pièce ne porte aucune indication, mais M. Oxenden Hamon, qui nous l'a signalée, nous fait savoir qu'elle avait été offerte au Musée par M. Thompson, ancien résident en Russie; celui-ci l'avait rapportée de ce pays avec un jeune *urogallus* (désigné à tort comme Rackelhane). Nous ne devons point nous attarder à décrire cette pièce qui, par son plumage, sa poitrine violette, et le dessous de sa queue tacheté à la manière de l'Urogalle, est encore du type ordinaire. Sa taille est assez petite, mince, un peu allongée, rappelant assez bien celle de l'exemplaire du Musée d'York, mais le montage joue un si grand rôle dans la forme, qu'il modifie considérablement, qu'on ne saurait attacher quelque importance aux caractères plastiques d'une pièce empaillée. Il est à noter que peu de rectrices se terminent ainsi ⎯⎯⎯⌣⎯⎯⎯.

Collection de Son Altesse Royale le Prince Philippe de Saxe-Cobourg-Gotha. — Nous avons dit que Son Altesse Royale avait bien voulu nous faire adresser le soi-disant Rackelhane, figuré pl. X de l'ouvrage de M. le Dr A. B. Meyer, exemplaire qui avait été déjà signalé par le Kronprinz Rudolph comme Rackelhane avec type de l'Auer (*urogallus*) (1). En examinant la magnifique planche coloriée qui orne l'ouvrage du Dr Meyer, de nombreux doutes s'étaient présentés à notre esprit sur la réalité d'une double origine chez cet Oiseau, vrai Coq *urogallus* par son aspect, sa forme, le dessin et la coloration de ses plumes, etc. L'examen fait sur nature, aussi minutieusement et aussi consciencieusement que possible, nous a confirmé dans ces doutes. Il nous est impossible, même après de longues recherches, de trouver chez cet Oiseau quelque trait décisif en faveur de son hybridité soupçonnée par le Dr Meyer. Pendant plus de quinze jours, la pièce empaillée est restée entre nos mains. Nous nous sommes torturé l'esprit afin de reconnaître les traits mixtes indiqués par le savant docteur saxon; nous n'avons pu les saisir. Les Oiseaux d'espèce pure, (3 *urogallus* ♂ ad., 1 jeune ♂ ad., 5 Rackelhanes, et quantité de *tetrix* ♂), qui nous servaient de points de comparaison, étaient tous, il est vrai, des sujets empaillés; peut-être nous eût-il fallu des individus en chair pour reconnaître l'exactitude des remarques faites par l'auteur du grand album. — Nos premières observations auraient pu favoriser quelque peu l'idée d'hybridité. Ainsi, la couleur générale roux brunâtre nous avait paru différer de la coloration plus grisâtre d'un bel exemplaire *urogallus* de race pure de notre collection; mais bientôt nous avons trouvé, au Muséum de Rouen, un autre

(1) Jadg. Zeitung 1883, N° 8, 30 avril, pp. 225 226 et Mith des Ornith. Vereines in Wien, juni 1883, N° 6, p. 105 et suiv. (Description A, p. 108).

exemplaire *urogallus*, depuis plus longtemps empaillé que le nôtre, et qui offre cette teinte brunâtre. Nous avions remarqué aussi que le devant de la tête, d'un ton assez noirâtre, rappelait, pour ainsi dire, la teinte que le Rackelhane présente à cette place. Mais cette même teinte foncée existe très visiblement sur un jeune *urogallus* dont nous avons fait l'acquisition en Italie. Enfin, nous avions cru observer que la barbe extérieure de quelques pennes de l'aile est très claire, tout aussi claire que celle d'un Rackelhane que nous possédons; la même particularité se trouve reproduite sur deux des *urogallus* de pure race que nous avons examinés. L'Oiseau du prince de Cobourg a bien le sommet de la mandibule supérieure du bec, près de la pointe, marqué de brun très accentué; reste à savoir si les *urogallus* ne montrent pas quelquefois cette particularité. N'ayant donc pu trouver quelque signe bien caractérisé indiquant une parenté, (même déjà ancienne avec le *tetrix*), nous rappellerons les traits qui ont fait penser au Dr A. B. Meyer que la pièce, qu'il a examinée avec tant de soin et décrite avec une si grande précision, a vraiment du sang du *tetrix*. Néanmoins, si l'on tient à prétendre avec lui que cet Oiseau est un Rackelhane, (ce que nous n'aurions jamais soupçonné), il faut, pour donner une vraisemblance à cette opinion, faire remonter très loin sa parenté avec le *tetrix*, parenté tellement éloignée et effacée que l'œil du vulgaire est incapable de la saisir. Les raisons du docteur sont les suivantes (1) :

1° L'impression, dit-il, que cause l'ensemble de l'Oiseau, est celle d'un très petit Auerhahn ayant la queue du Rackelhane (!); 2° la teinte pointillée des plumes du cou est plus grossière (2); 3° la couleur grise sur le fond brun noir est distribuée de telle façon que les plumes des côtés et les plumes postérieures du cou laissent voir des bandes transversales plus ou moins distinctes, foncées et étroites, ce qui, chez l'*urogallus*, ne se trouve sur ces plumes qu'isolément et moins distinctement; 4° le dos et le croupion sont, sous ce rapport, plus grossièrement parsemés; 5° les plumes du nez, du front et des joues sont d'un noir brun foncé avec des bords paraissant bleus, les plumes du menton ont un bord métallique plus large; ces bords ou bordures sont d'un vert sombre, quelques-unes ont un reflet luisant et violet; 6° le devant de la tête est assez foncé et finement piqueté, le dos supé-

---

(1) Nous les cataloguons sous des numéros d'ordre parce que nous désirons répondre à quelques-unes qui nous paraissent critiquables.

(2) Que chez le premier, supposons-nous.

rieur ne tire que peu sur le brunàtre ; 7° les plumes des épaules
montrent aussi la moucheture en forme de bande d'une manière
plus grossière que chez l'*urogallus* ; 8° les plumes intérieures sont
teintées de brun, les extérieures sont teintées de gris vers la pointe
et surtout sur la barbe extérieure ; celle-ci est munie d'une
tache en forme de (?) et excessivement blanche ; 9° les grandes
tectrices des ailes, pennes secondaires extérieures (1), ne sont
marquées et mouchetées de brun que sur les barbes extérieures, et
là elles sont munies d'un bord clair et blanc d'une largeur attei-
gnant jusqu'à 1-5 mm. La couche suivante qui les recouvre est
brune, plus grise vers la pointe, mouchetée assez grossièrement et
en forme de bande (ou 'de lien) ; les plumes reviennent peu en
arrière, point au milieu.

Bref, aux yeux du descripteur, les différences principales qui
distinguent cet Oiseau du grand Coq de bruyère sont : 1ᴬ sa
petitesse (!) ; 2ᴬ la forme de la queue du Rackel (!) ; 3ᴬ l'absence
de coloration brune sur le dos supérieur ; 4ᴬ les grandes plumes
tertiaires à la manière du Rackel ; 5ᴬ des taches blanches sur les
plumes des épaules et des pennes secondaires ; 6ᴬ le dessin plus
fortement nuancé de brun et de gris ; 7ᴬ le chant du Rackel (décrit
par le Kronprinz Rudolph) (2).

Nous ne saurions critiquer la plupart de ces distinctions, ne les
ayant point saisies ; nous répondrons donc seulement à quelques-
unes. Au sujet des observations indiquées sous les nᵒˢ 1, 1ᴬ et 2ᴬ,
nous dirons : que l'Oiseau ne frappe aucunement par sa petitesse,
car il paraît aussi fort que certains *urogallus* ♂ ad. (3) ; en outre,
sa queue n'est aucunement celle du Rackelhane. Au sujet du n° 2 :
la teinte pointillée des plumes du cou, loin d'être plus grossière
que chez l'*urogallus*, est, au contraire, plus fine que chez un
urogallus de notre collection. Au sujet du n° 5ᴬ : nous pensons
que l'*urogallus* montre, comme l'Oiseau étudié par le Dʳ Meyer,
des taches blanches sur les plumes des épaules et des pennes secondaires (4). Enfin, au sujet du n° 6ᴬ : un *urogallus* du Muséum de Rouen
est, comme les pièces en question, d'une tonalité générale brunàtre.

(1) Ce passage a été traduit d'une manière obscure, nous ne le comprenons que
difficilement.

(2) Il nous paraît ressortir de la lecture du Jadg Zeitung (1883, p. 225), que c'est
le Prince de Cobourg, (beau-frère du Kronprinz), qui aurait entendu ce cri, et non
point le Kronprinz.

(3) Le montage aurait-il augmenté son volume ?

(4) Nous ne pouvons point nous expliquer le passage auquel nous répondons ;
serait-il mal traduit ?

Cependant, d'après le Prince de Cobourg, l'Oiseau faisait entendre le son du Rackel (1) ; ses gestes, sa manière d'agir n'étaient point non plus comme chez l'*urogallus* (2) ; pour le prince l'Oiseau n'est donc point uniquement de cette dernière espèce.

Il y aurait grande importance à obtenir des preuves d'un croisement ancien des parents de cet Oiseau avec le *tetrix*, car la fécondité du Rackelhane serait ainsi établie, au moins avec l'une des espèces pures. Mais, le retour des hybrides, ainsi mélangés, vers l'un des deux types purs serait aussi manifeste (3).

Collection de l'Institut Zoologique de Strasbourg. — Le Rackelhane

(1) Nous ferons remarquer ici, d'après le Kronprinz Rudolph, qu' « à part quelques petites nuances, le Rackelhane s'annonce comme l'*urogallus.* » Il est donc aisé de confondre les deux cris.

(2) D'après communication qui nous a été faite par M. François Bossinsky

(3) Un second spécimen, à peu près semblable à ce dernier échantillon, avait, paraît-il, été tué, le 3 mai de la même année, par le Kronprinz Rudolph, dans l'Oeberl Hofjagdbezirk Neuberg (haut district de chasse de Neuberg) Seiermark. L'Oiseau, en chair, avait été envoyé au D\r Meyer afin qu'il l'examinât. On le conserve aujourd'hui dans le Musée impérial de Vienne. Avant de décrire ses caractères, le docteur rappelle dans quelles circonstances il avait été tué. Se trouvant au premier affût, dit-il, le Kronprinz entendit immédiatement le « *Jhni* » du Rackelhane, qui lui était si connu en Bohême. Il ne dérangea point, en conséquence, deux autres Coqs (Nioles) qui appelaient les femelles, mais il essaya de s'approcher de l'arbre d'où partaient les appels du Rackelhane. Il aperçut, tout à fait au haut de l'arbre, l'Oiseau qui faisait entendre le son propre au Rackel ; il était trois heures du matin. Un coup bien ajusté l'abattit. A première vue, continue le docteur, ce Rackelhane fait l'impression d'un Coq de bruyère avec un bec un peu plus petit et un plumage ébouriffé ; mais, en l'examinant, on voit que c'est un Rackelhane avec type d'Auerhähn. La description de M. Meyer est fort longue ; il en résulte que ce nouvel Oiseau ressemble beaucoup à un *urogallus* et, par conséquent, à la dernière pièce décrite. « Pour la grandeur, les deux hybrides supposés ne sont pas très dissemblables ; cependant, l'individu de la Seiermark est un peu plus grand. Chez le premier, la Rackelstoss (la queue du Rackel) est plus accentuée, c'est-à-dire que les plumes de la queue sont relativement plus courtes ; mais on ne peut juger les caractères de la forme de la queue avec sûreté, attendu qu'il n'existe que treize plumes. Les deux Oiseaux ont la même bordure noire et régulière du cou, bordure qui peut exister chez les Auerhähne d'une manière plus ou moins accentuée, à la place de la moucheture ordinaire qui, tout en existant (chez l'Auer), paraît cependant être propre à ces formes rares de Rackel (voir aussi le Rackelhane du Musée de Prague). Le dessin régulier à bandes, (ou mieux ? les marques régulières des bandes) des plumes tectrices des ailes et des épaules sont également semblables par leur forme, ainsi que par leur couleur brun rougeâtre, etc. »

M. Meyer ajoute qu'on ne peut regarder cet exemplaire comme un petit Coq Auerhähn chétif, parce que la conformation des os se prononce contre sa jeunesse ; ses os correspondent à un Oiseau ayant plusieurs années. La formation du tuyau de la plume de la queue, qui a été particulièrement examiné, s'oppose aussi à cette manière de voir. Et, du reste, les Auerhähne, fait-il observer, ont, avec les

que nous avons reçu (1) est tout à fait du type ordinaire. Ce qui pourrait le distinguer légèrement, c'est son bec assez jaune blanchâtre; néanmoins, il est aussi fortement teinté de brun. La queue est très échancrée, l'aile est traversée par une barre blanche; à l'épaule existe une tache de même couleur. Enfin, le violet couvre largement la poitrine, le cou, et les autres parties qui en sont généralement teintées.

Collection de M. le prince Alain de Rohan. — Deux pièces. — On lit sur une plaque de cuivre, fixée sur le socle de l'une de ces pièces montées et aux ailes étendues, les mots suivants : « Wurde am 23 April 1883 von Sr K. Hokeit Kronprinz Rudolf erlegt. » — Ce qui veut dire : « Tué le 23 Avril 1883, par son Altesse Impériale le Kronprinz Rudolph. » Cette mention nous intrigue beaucoup, car le Kronprinz ne parle que de deux Rackelhanes tués le 23 Avril 1883, à Svijan Podol, l'un au cou bleu, abattu par lui-même (2) et qui est aujourd'hui au Musée de la cour à Vienne, l'autre avec type.*Auer* tué par son beau-frère, le prince Philippe de Cobourg (3), c'est-à-dire l'exemplaire qui a été critiqué.

Les deux Oiseaux sont du type ordinaire, mais celui, sur lequel la mention en question est attachée, aurait la queue en éventail, sans aucune apparence de la forme de la lyre ! Ceci nous surprend, à ce point que nous nous demandons si la queue n'a pas été disposée de cette façon par l'empailleur ? Du côté gauche, il est facile

derniers restes du jeune âge, une queue déjà complètement développée. Le docteur envisage encore la question de dépérissement qui pourrait être soulevée comme cause déterminante de l'état dans lequel l'Oiseau se présente. Mais cette hypothèse n'est pas admissible d'après lui, car une telle cause aurait affecté tous les organes également. Enfin, ce qui prouve en faveur de la nature Rackel, ce sont pour lui : la courte queue (stoss), les proportions des plumes tectrices droites, la coloration brune et plus rouge, l'indice du miroir de l'aile, le dessin des bandes du dessus (du côté supérieur), le bec plus droit et, ce qui est le plus important, la conduite que tenait cet Oiseau lorsqu'il était en vie, ainsi que le son qu'il faisait entendre. Enfin, son poids n'atteignait que 3 k. 375, poids très minime, paraît-il.

On voit par là que l'origine de ce soi-disant nouveau Rackelhane n'est point à l'abri de tout soupçon puisqu'il présente de nombreux points de ressemblance avec celui que nous critiquons.

(1) Deux autres pièces nous ont, il est vrai, été adressées, mais ce sont de vieilles Poules revêtant la livrée du mâle; l'une d'elles, du reste, était étiquetée comme Poule stérile.

(2) Signalé in Jagd-Zeitung, n° 8, p. 225, 30 avril 1883; décrit sous lettre A. p. 108, Mitth. des Ornithol. Vereins in Wien, 1883; puis représenté par le Dr A. B. Meyer (op. cit.) pl. XI.

(3) Signalé (même journal de chasse), décrit (même revue ornithologique), représenté (même ouvrage).

de voir qu'elle n'est plus dans son état naturel, plusieurs plumes dont l'extrémité est absolument carrée ont été, semble-t-il, coupées au ciseau. Le coup de fusil ayant porté dans cette partie, le préparateur aura raccommodé de son mieux les plumes détériorées? Cependant si la position que les pennes occupent maintenant est naturelle, il faut voir là une influence prépondérante du type *urogallus* ; ce serait un signe probable de mélange avec cette espèce. Vu le mauvais état du côté gauche, nous n'osons nous prononcer. Nous remarquons en outre que la couleur du bec est assez claire. Cette couleur, qui rappelle l'*urogallus*, serait donc en corrélation avec la queue ?

Le deuxième échantillon, dans la pose du Spiel, tué par le Dr Ehming au même endroit (1), et dont les plumes de la gorge, arrondie et baissée, se hérissent en brosse, présente les pennes extérieures de la queue plus allongées que les médianes et légèrement recourbées. Il est *typus* par tous ses caractères; sa queue est très courte.

La poitrine de ces deux pièces, est d'une teinte violacée très accusée, la terminaison ⎯⎯⎯⎯⎯ des rectrices est peu accentuée et rare ; aucune des deux n'a d'épaulette blanche, mais l'aile est traversée par un miroir plus ou moins blanc.

Le Rackelhane de M. Hugo J. Stjernvall, d'Heinola (Finlande), est tellement semblable aux exemplaires de la forme connue qu'il est inutile de le décrire; ce devait être un superbe spécimen au bec excessivement foncé, presque noir ; les rectrices extérieures dépassent les autres pennes ; l'épaulette blanche manque ; l'aile est traversée par un miroir.

Cet Oiseau a été obtenu par M. Stjernvall d'un marchand qui achète du gibier aux chasseurs paysans. M. Stjernvall a dû préparer lui-même la peau qu'il nous a gracieusement offerte, car il n'existe aucun naturaliste dans la contrée et il faisait, au moment de l'achat, trop chaud pour l'envoyer chez un préparateur d'Helsingfors. M. Sternjvall n'a pu savoir où on avait tiré l'Oiseau que le marchand avait acheté comme un vrai *urogallus* ; mais il est supposable qu'il a été tué dans le district d'Heinola, gouvernement de St-Michels. En ouvrant l'estomac, M. Stjernvall a fait sortir beaucoup d'aiguilles de *Pinus sylvestris* Linn., (sapin forestier), un bourgeon de ce même arbre, quelques baies de genièvre (*baccæ Juniperi communis*), enfin quelques feuilles ou baies de « Breissel »,

---

(1) Cet endroit de Svijan Podol s'appela Jèhrow (d'après une communication de M. le Dr L. Dertschinger); mais nous répétons qu'une confusion doit certainement avoir été commise.

(*folia* et *baccœ Vacceinii Vitis idaeae* (1). Comme ce Rackelhane a
été tué par un coup de fusil et non point pris dans un piège
(ou trappe), on peut tirer peut-être de cette particularité la conclusion suivante : qu'il vivait avec des *tetrix* (2).

Les exemplaires qui viennent d'être décrits et dont. trente-six,
on l'a vu, ne présentent point entre eux de différences appréciables, nous permettent, en rapprochant leur description de
celle des quinze autres spécimens déjà examinés lors de notre
première publication, de tracer ainsi le portrait du Rackelhane
typus : L'aspect général est sombre, l'Oiseau, au premier abord,
paraît noirâtre, mais bientôt on aperçoit sa teinte générale grisâtre
et brunâtre mélangée de violacé ; puis, sur le devant notamment, se
moutrent des reflets violacés très brillants et métalliques. En
l'examinant de plus près, on aperçoit sous le ventre une partie
blanche ; le dessous de la queue est très clair. Les couvertures de
l'aile sont en général brunes ; les parties supérieures sont saupoudrées finement, tandis que les rectrices restent profondément
noires ; celles-ci, au moins les médianes, sont presque toujours
bordées de blanc. La tache blanche de l'épaule est quelquefois
absente et le miroir blanc de l'aile plus ou moins visible ; un arc
rouge domine souvent l'œil. Le bec est couleur de corne comme
sont les ongles. La queue est échancrée, c'est-à-dire que les
rectrices extérieures sont plus longues que les médianes, mais
rarement elles se recourbent extérieurement, au moins d'une
manière sensible. Les tarses, gris souris, sont toujours garnis,
dans leur partie haute, d'une touffe de plumes brunes, grises ou
blanches. Aux rémiges des ailes, la barbe intérieure est toujours
large et de couleur unie, tandis que la barbe extérieure, est étroite,
plus claire et tachetée. Le plus ou moins de saupoudré et l'intensité
des tons du plumage sont, avec la taille, les deux caractères qui
varient le plus d'individu à individu. La taille est généralement
assez intermédiaire entre les deux espèces, mais elle se rapproche

---

(1) Cette nourriture composerait le manger ordinaire de l'*urogallus* pendant
l'hiver. Pendant la même saison, le *tetrix* mange de préférence le bourgeon ou
bouton du Bouleau, *gemmœ Butulœ alliœ* (Communication de M. Stjernvall).

(2) M. Stjernvall nous donne ses raisons et a la complaisance de nous adresser
une communication très intéressante sur la manière dont on chasse les *tetrix* chez
lui. Nous regrettons vivement de ne pouvoir reproduire ici les très intéressants
détails qui nous sont adressés avec tant de bienveillance par le jeune et savant
étudiant finlandais.

davantage de celle de l'*urogallus* qu'elle n'atteint jamais. Ce sont les parties hautes qui sont les plus foncées, au menton pend quelquefois une barbiche. Ajoutons que les couvertures inférieures des ailes sont d'un blanc très pur, mais les couvertures de la queue, très blanches aussi, sont toujours tachetées de noir, principalement dans la base de la tige.

Tel est le portrait que l'on peut faire du *Rackelhane mâle*.

Nous regrettons de n'avoir pu réunir simultanément les quarante échantillons mâles qui, pendant l'espace de six mois environ, sont passés entre nos mains. Il eût été extrèmement intéressant de les ranger tous les uns à côté des autres et par ordre de taille. On aurait pu se rendre compte ainsi si les légères différences qu'ils présentent entre eux sont dues à l'âge ou, au contraire, à l'hybridation. Ces différences peu considérables consistent principalement, on vient de le voir, dans la forme des rectrices, le pointillé du plumage, le coloris général plus ou moins foncé, comme aussi dans la taille.

Les rares individus présentant des différences appréciables sont ceux des Musées d'York, de Munich, de Glascow, de Dresde, de Lausanne, de la collection de van Kempen. Mais l'individu du Musée d'York est peut-être un jeune dont les couleurs ne sont point encore complètement développées ; celui de Munich n'est autre qu'un mâle en plumage d'été ; et l'exemplaire de Glascow diffère seulement du type ordinaire par sa tonalité plus bronzée. Restent donc comme extraordinaires : l'exemplaire de Lausanne au bec blanc, l'exemplaire de Dresde à poitrine verdâtre (1). le grand Rackelhane de M. van Kempen, à la haute stature et aux reflets bleus; ces trois échantillons n'ont point la queue échancrée.

Ils suffiraient seuls, avec leurs caractères mélangés qu'ils empruntent tantôt à une espèce, tantôt à l'autre, pour prouver l'origine hybride du Rackelhane. Mais le Dr A. B. Meyer a, en outre, représenté (pl. XI de son ouvrage) un quatrième sujet à poitrine fortement bleutée et à queue non échancrée; l'Oiseau fut tué à Svijan Podol par l'archiduc Rudolph (2). M. le chevalier von Tschusi a aussi représenté un jeune exemplaire mâle dont la gorge paraît bleu verdâtre,

_____

(1) Si c'est réellement un hybride ?

(2) Nous supposons toutefois que le peintre a colorié la poitrine d'un bleu trop apparent, car la description que le Kronprinz a donnée de cet exemplaire sous la lettre A (Mitth. Ornith. Ver. Vienne, 1883) indique seulement le cou bleu foncé et la poitrine brillante tirant sur le foncé.

le cou bleu et la poitrine à reflets verts (1). Enfin, on vient de tuer
en Bavière un individu qui se rapprocherait de l'*urogallus* (2).

Les partisans d'une espèce chez le Rackelhane, (s'il en existe
encore après les observations qui ont été présentées), diront peut-
être que ces quelques pièces extraordinaires sont dues précisément au croisement du Rackelhane même (bonne espèce) avec des
urogallus ou des *tetrix* ♂ ou ♀. Ce croisement, que l'on indique
hypothétiquement, est assez vraisemblable. Mais, depuis les célèbres
expériences faites chez M. Kralik, (on peut qualifier de ce nom des
expériences qui ont jeté tant de jour sur une question aussi intéressante), il serait vraiment malaisé de soutenir que le Rackelhane est
une bonne espèce.

Il nous reste à examiner les femelles :

C'est M. le prof. Collett, de Christiania, qui, le premier, nous a
adressé une Poule de Rackel, tout au moins un individu présumé
de sexe femelle. Cet Oiseau, nous dit le savant professeur, avait été
tué pendant la saison d'hiver. Il est beaucoup plus *tetrix* qu'*urogallus* d'aspect et de taille. La gorge, les joues et la poitrine sont
réellement du beau jaune de l'Urogalle ; il existe aussi à cette
dernière partie de larges plumes jaunes avec de grandes raies brunes

---

(1) Autant que nous pouvons en juger par la chromo-lithographie de l'Ornis,
(IV, p. 517-526, 1888) ; peut-être ces teintes devaient-elles se modifier avec l'âge ?

(2) Cet Oiseau est celui qui a été signalé in Der deutsche Jäger, N° 13, 1894, et
décrit dans le N° 15 de la même année, p. 135. Nous avons dit que c'est M. Grünwald,
propriétaire et brasseur à Wolfratshausen, qui l'abattit ; il l'avait pris pour un
petit Coq Auer. M. Otto Grashey le considère comme « un rare et parfait spécimen
de Rackelhane avec un type net d'Auer (grand Coq de bruyère), tel que les deux
Rackelhanes, dit-il, que le Kronprinz Rudolph tua autrefois en Bohème et qu'il
a signalés. Voici comment il le décrit : « L'apparence générale est celle d'un jeune
ou d'un faible Coq de bruyère (Auerhähn). Le bec, noir, a la forme et la couleur
du bec d'un Coq de bouleau (Birkhähn) ; la tête, les plumes de la tête et la barbe
qui pend à la gorge sont celles du Coq de bruyère par leur forme. Les roses (nous
ne savons ce que le descripteur veut dire par cette expression) s'approchent également de celles de cette espèce. A la place du plumage du cou, parsemé de noir gris
comme chez l'Auerhähn, ce Rackelhane a l'ornement acier bleu du *tetrix* ♂ avec
l'éclat métallique qui ne se perd pas dans le bouclier vert de la poitrine de
l'Auerhähn, mais qui continue jusqu'au ventre, laquelle partie est éclatante de blanc
et de noir. Les pieds correspondent très bien à ceux du Coq de bruyère ordinaire. Le
dos ressemble au plumage de cette espèce ; les ailes sont aussi celles de cet Oiseau,
mais elles possèdent les simples bandes transversales blanches du Birkhähn (*tetrix*)
faiblement marquées, tandis que le miroir blanc à l'épaule est du grand Coq. Les
plumes de la queue sont de la couleur de celles du *tetrix* et en ont la texture ;
mais elles ne sont que moitié de la longueur de celles de l'Auerhähn. Les deux
plumes extérieures de la queue dépassent un peu celles du milieu et tendent à se

rappelant encore *urogallus* ♀, quoique plus foncées. Egalement, sur les joues, se voient de petits pointillés neigeux propres à cette espèce. Quant aux ongles, ils sont foncés, courts, assez recourbés et les doigts sont noirs. Les rectrices, à leur bordure extrême, indiquent vaguement la coupe du *tetrix* ⎯⎯⎯⌣⎯⎯⎯ (1), mais la bordure blanche est très large, comme chez l'*urogallus* elle est aussi bien nette ; cette bordure est précédée par une raie fine (2).

Si la femelle *tetrix* ne montre jamais la couleur beau jaune que nous constatons sur les parties supérieures, si elle ne montre point davantage le pointillé que nous avons constaté sur les joues, ni la large bordure blanche sur la queue qui vient d'être signalée, l'Oiseau que nous étudions peut être considéré comme intermédiaire entre les deux types, quoique, par sa taille, il soit beaucoup plus *tetrix* qu'*urogallus*. En faveur d'une hybridation, on peut encore noter : le manque d'échancrure de la queue qui se termine en éventail. On peut aussi, pour le même motif, considérer ces trois points : 1° la barbe extérieure des rémiges qui est largement tachetée, comme chez la grande espèce ; 2° plusieurs plumes des couvertures de la queue qui sont terminées largement de blanc formant comme des flocons de neige sur la queue ; 3° la raie blanche de l'aile qui est à peine prononcée, pas davantage que

recourber extérieurement. Le duvet blanc de dessous ressemble davantage au duvet du grand Coq ; il est étincelant de noir et de blanc, et les rayons blancs dominent. » Nous n'avons pu obtenir en communication ce rare spécimen.

Peut-être l'individu décrit par M. Victor Gaffé diffère-t-il quelque peu du type ordinaire ? M. le prof. Müllner, directeur du Musée de Laibach, où se trouve cet Oiseau, veut bien, en effet, nous le décrire. Il ressortirait de cette description que la queue serait en éventail, quoique les quatre premières plumes soient un peu courbées ; puis le cou serait rayé de noir et de blanc.

Nous avions laissé croire (Voy. p. 26 ou p. 179 des Mém. de la Soc. Zool.) qu'il existait encore à Strasbourg un spécimen non *typus*. C'est là une erreur ; cet Oiseau nous a été adressé en communication et nous avons reconnu qu'il n'était autre qu'une vieille Poule *urogallus* se revêtant de l'habit du mâle.

(1) Au sujet de cette coupe terminale des rectrices, sur laquelle nous revenons si souvent, peut être sera-t-il bon de donner une courte explication. Nous sommes loin de dire que les rectrices de l'*urogallus* ne se terminent point ainsi ; nous avons souvent constaté chez lui la même coupe terminale, *mais d'une manière moins accentuée que chez le tetrix.* Ajoutons que cette dernière espèce peut en être elle-même privée parfois ; on voit au Musée de Rouen une femelle *tetrix* dont les rectrices n'ont point cette terminaison.

(2) Nous ne saurions juger les dimensions du bec, car il est plus fort que celui d'un mâle *tet ix* que nous avions dans les mains au moment où nous nous livrions au présent examen, quoique de la taille de celui d'une Poule *tetrix* de notre collection !

chez l'*urogallus*. — Malgré ces probabilités en faveur d'un hybridisme, nous n'apercevons pas de preuves certaines du mélange
des deux espèces.

M. le prof. Collett a été assez gracieux pour nous adresser un deuxième spécimen ♀ provenant de la Norwège, tué en octobre 1880
à Eldskogen. Cette femelle n'est guère plus grosse qu'une Poule
de *tetrix*, mais, par son plumage, elle paraît être une petite Poule
urogallus. La femelle qui vient d'être décrite et qui était en peau,
(celle-ci est montée), nous paraissait apporter, quoique dans une
faible mesure, plus de traits décisifs en faveur de son hybridité.
Après avoir examiné le nouvel Oiseau sur toutes ses faces et après
l'avoir comparé avec des spécimens d'espèce pure, il nous a été
impossible de rencontrer aucune marque de croisement avec le
tetrix, sauf la petitesse du corps. Mais on sait que les *urogallus*
varient par la taille. C'est à peine si la queue est échancrée, elle ne
rappelle aucunement la forme de la lyre ; toutefois reconnaissons-
le, elle n'est point en éventail comme celle de l'Urogalle qu'elle
rappelle tout à fait par la disposition et la coloration du dessin.
Il faut encore noter : 1° que le dessus du cou est moins blanc,
mais plus terne que chez l'*urogallus*; 2° que le bec est foncé, (à
peine gros comme le bec d'un *tetrix* ♀ que nous avons possédé),
très effilé et bien moindre que celui de la grande Poule de bruyère.
A part cela, tout est de l'Urogalle, jusqu'aux petits pointillés qui se
trouvent près de la gorge. Cette pièce, qui a été peinte à l'huile
par M. Prévôt, a été montrée à M. J. B. Nichols d'Holmwod, qui l'a
cependant désignée sous le nom de « *T. tetrix* × *T. urogallus* »
hybrida. Nous connaissons, il est vrai, des hybrides ♀ de *Th.
amrshtiæ* × *picta* qui rappellent à peine cette dernière espèce et
sont presque purs *amrshtiæ*; nous ne nions donc point absolument
l'hybridité chez cette Poule, nous voulons dire seulement que rien
ne la prouve.

Quelque temps avant de recevoir cette pièce, M. le Dr A. B. Meyer,
de Dresde, avait bien voulu nous communiquer une Poule figurée
en front, pl. XIII de son ouvrage, Poule ayant de grands rapports
avec celle que l'on vient de décrire, et présentant le même facies.
La double origine que le docteur a supposée à cet Oiseau nous
a encore paru très difficile à démontrer. La taille, il est vrai, n'est
guère plus forte que celle d'une grande Poule *tetrix*; la queue, sans
former une véritable échancrure, n'est point non plus en éventail
et le bec est foncé; mais, en dehors de ces caractères, qui rappellent
le *tetrix*, on ne saurait distinguer le plumage de celui d'une femelle
Urogalle. Peut-être de tels hybrides ne peuvent-ils se reconnaître

que par la démarche, la pose, l'allure ou le geste, ainsi que cela arrive chez certains produits mélangés ? En examinant une deuxième fois cette pièce, qui nous a été si gracieusement prêtée, nous avons remarqué qu'elle diffère peut-être de l'*urogallus* ♀ par les marques du ventre qui rappellent le *tetrix*, et que la queue est un peu plus échancrée que nous ne l'avions remarqué tout d'abord ; mais tout cela nous paraît encore insuffisant pour prouver clairement sa double origine.

M. van Kempen, toujours très aimable et désireux de nous rendre service, nous a fait en outre l'envoi d'un *Tetrao medius* femelle adulte, indiqué comme provenant de Wjatka (Silésie) et acheté au Dr Rey. Cet Oiseau présente certains caractères d'authenticité, d'abord par sa queue complètement carrée, c'est-à-dire ni échancrée comme celle du *tetrix*, ni en éventail comme celle de l'*urogallus*, puis par sa taille, plus forte que celle de la première espèce, et enfin par son encolure, rappelant l'encolure de la dernière. Il est vrai qu'un empailleur, peu consciencieux, pourrait gonfler dans le montage la peau d'une Poule *tetrix* et exagérer ainsi ses proportions véritables, puis aussi disposer les rectrices extérieures à l'unisson des médianes et donner ainsi à une simple Poule *tetrix* un semblant de croisement avec l'*urogallus*. Mais il ne nous est point permis de faire une telle supposition, et si, comme nous voulons le croire, le préparateur a conservé scrupuleusement la forme et les dimensions de l'Oiseau, ainsi que la disposition des plumes de la queue, il faut reconnaître que cette Poule présente des traits mélangés. Nous avons fait voir la peinture que nous possédons à MM. Gurney, Vian et d'Hamonville ; tous trois nous l'ont retournée avec cette mention : hybride d'*urogallus* et de *tetrix*. Il y a en outre, dans le dessin piqueté des joues, dans les marques blanches terminales de plusieurs plumes du bas du cou, dans le gris des plumes du cou, probablement aussi dans les dimensions des doigts, d'autres marques de croisement, quoique moins certaines que les premières ; enfin le bec nous a paru d'un jaune plus clair que celui du *tetrix*.

Après l'envoi de M. van Kempen nous est arrivée, de la part de M. le Baron de Selys-Longchamps, une autre femelle achetée, il y a vingt-cinq ans environ, par le savant académicien chez M. Näger, chef forestier au Saint-Gothard. M. Näger, qui est mort maintenant, était, paraît-il, un bon naturaliste; c'est lui qui aurait découvert (si les souvenirs de M. de Selys-Longchamps sont exacts) le *Sorex alpinus* et l'*Arvicola nageri*. M. de Selys a oublié la provenance de l'Oiseau ou ne l'a pas demandée, mais, nous dit-il, cette pièce avait été certainement tuée à l'état sauvage. Voici la description que nous en avons faite : bien plutôt *tetrix* qu'*urogallus*, néanmoins ayant l'apparence d'un véritable hybride. Si, comme nous venons de le faire remarquer au sujet du spécimen appartenant à M. van Kempen, aucune supercherie n'a été commise dans la disposition que présente actuellement les plumes rectrices, la coupe de la queue est un vrai mélange des deux espèces. En outre, l'Oiseau présente une largeur telle qu'on ne peut le présumer pur *tetrix;* puis il montre dans la disposition et la teinte des parties supérieures du plumage un rappel évident de l'*urogallus;* ceci s'annonce principalement sur les joues, sur le dessus du cou et même sur la poitrine. Cette dernière partie est franchement rousse, barrée largement en travers, et les petites plumes du cou se terminent en blanc, à la manière de l'Urogalle. (Ce caractère s'observe chez l'Oiseau de M. van Kempen, mais d'une manière bien moins accentuée). Le bec, quoique long, est plutôt moins fort que celui du *tetrix;* il n'est pas très foncé. Les pieds et les doigts sont également petits. Les rectrices, qui se terminent sans échancrure, sont frangées de blanc, le petit point qui forme l'extrémité terminale est insignifiant.

Nous venions d'examiner et de faire peindre ce curieux échantillon, lorsque du Musée de Prague (Bohême) nous a été envoyé un Oiseau bien précieux pour nos études et nos examens, une des femelles obtenues en captivité, chez M. Kralik, du croisement d'un mâle *tetrix* et d'une Poule *urogallus.*

Cette pièce diffère des précédentes; quoique bien authentique, elle n'est point plus grosse qu'une femelle de *tetrix.* Elle ne montre guère son hybridité que par la forme de la queue, qui paraît avoir été carrée, par le roux vif du poitrail, le dessin des joues et du dessus du cou, la couleur du bec, plus claire que chez le *tetrix ;* peut-être aussi le dessin des flancs indique-t-il encore quelque peu son mélange? A la rigueur même, sur le dos, le dessin pourrait passer pour intermédiaire. (On doit noter que quelques rectrices sont bordées de blanc ; les autres plumes de la queue ne portent point cette bordure, mais cette absence de blanc est peut-être due à l'usure des barbes). Le bec paraît plus faible que chez *tetrix;* les pieds et les ongles semblent avoir été de teinte claire. L'iris est brun verdâtre clair ; était-ce la couleur primitive ? Néanmoins, l'Oiseau est bien plus *tetrix* qu'*urogallus*, qu'il ne rappelle que par quelques marques. Ses plumes, qui ont été froissées ou mutilées, manquent en plusieurs endroits ; ces détériorations se produisent forcément chez les Oiseaux vivant en réclusion.

Nous avons dit que Son Altesse le prince de Schawrzenberg possède dans son Musée de chasse de Frauenberg la seconde femelle obtenue du même élevage. Nous avons adressé au prince l'aquarelle de l'Oiseau qui vient d'être décrit. Celui-ci, ayant comparé les deux pièces, a bien voulu nous faire savoir que la légère différence qui existe entre son sujet et l'individu qui est représenté consiste : 1° dans la teinte un peu plus grise des plumes qui, chez le premier, bordent le dessous du dos ; 2° dans les taches blanches plus nombreuses des plumes rectrices. A part cela, l'effet général est à peu près le même.

Le croisement du T. urogallus ♀ avec le T. tetrix ♂ obtenu chez M. Kralik n'a donc pas donné des produits femelles exactement semblables aux Poules sauvages considérées comme hybrides. Mais ceci ne prouve pas que les Poules sauvages soient d'espèce pure. La captivité change la forme, l'allure, la teinte, les caractères des Oiseaux qui la subissent, surtout lorsque ceux-ci naissent en cet état, et les modifications qu'ils y subissent sont de nature à tromper l'œil lorsqu'il s'agit d'examens aussi difficiles, puisque ces examens lorsqu'ils sont faits sur des sujets empaillés, ne portent en général, que sur des différences de ton et de dessin très légères. Il en est tout autrement pour les mâles en couleur. Chez ceux-ci les teintes sont assez tranchées, assez bien définies et nettement accusées pour qu'on puisse établir entre les produits sauvages et les produits domestiques d'utiles parallèles. Du reste, si l'aspect général et la taille des deux Poules de M. Kralik ne sont pas les mêmes que chez les Poules sauvages, il faut reconnaître que ces Poules présentent néanmoins certains points de ressemblance, tels que : le roux vif du poitrail, la couleur claire du bec, les dessins des joues et du cou.

Deux autres femelles, tuées à l'état sauvage, nous ont encore été adressées du Musée d'Upsala par M. Tycho Tulberg. Elles étaient renfermées dans une caisse qui contenait les cinq mâles envoyés du même Musée ; nous n'avons pu nous empêcher de remarquer leur taille très petite en comparaison de celle des mâles ; il existe entre elles et ces derniers, sous ce rapport, une véritable disproportion.

L'une d'elles a beaucoup d'analogie avec la Poule achetée par M. de Selys-Longchamps à M. Näger, non-seulement par le plumage (coloration et dessin), mais même aussi par le montage. Toutes deux se trouvent dans une position semblable ; on croirait voir les deux mêmes Oiseaux ; cependant, dans la partie du dos, l'aspect du dessin n'est pas tout à fait le même. — Chez cette Poule, la queue ne s'arrondit pas du côté droit, comme elle s'arrondit chez l'*urogallus* ♀ pure espèce, car ses rectrices extérieures dépassent quelque peu celles du milieu. Par ce caractère, l'Oiseau paraît réellement hybride, quoique différent de celui de M. Kralik. Il est malheureusement détérioré à la tête et assez mal empaillé (1).

L'autre femelle ne paraît être qu'une petite Poule *urogallus* ; elle pourrait passer facilement pour telle. Néanmoins nous l'avons fait peindre, comme la précédente, afin de pouvoir nous la rappeler, lorsque notre matériel d'observation aura pu être augmenté. Quoique nous ayons examiné attentivement bon nombre d'échantillons des deux espèces mères, nous n'avons point vu tous les types et variétés qui se produisent chez elles, types et variétés diverses qu'il serait cependant utile de connaître toutes pour que nos examens laborieux puissent devenir tout à fait parfaits. Le trait qui nous a paru différencier cet Oiseau d'une femelle *urogallus* pure, c'est la petitesse des taches du cou et la taille moindre ; mais peut-être trouverait-on des traits semblables sur d'autres Poules *urogallus* ? Notons encore que son bec est uniforme de ton et point extrêmement foncé.

Nous ne terminerons pas ces descriptions sans faire savoir qu'au Muséum d'Histoire naturelle de Paris existe une femelle de *Tetrao*, étiquetée « *tetrix* », mais qui, par sa grosseur et par le jaune roux du devant du corps, pourrait passer pour hybride de « *tetrix* et d'*urogallus*. » M. le Dr Paul Leverkün nous a aussi adressé une Poule *urogallus* indiquée comme « prenant le plumage du mâle », mais qui se laisserait prendre volontiers pour un hybride des mêmes espèces, si l'on considérait le dessus de la croupe et de la queue. En outre, on pourrait croire la mandibule du bec empruntée à *tetrix* ; le bec est lui-même petit, et l'Oiseau, dans sa longueur, n'atteint pas tout à fait les dimensions d'une autre femelle de la même espèce qui l'accompagnait. Il faut cependant reconnaître que la queue est complètement en éventail, comme chez l'Urogalle ; du reste, nous sommes loin de dire que ces Oiseaux soient des hybrides.

M. Smit a eu la bonté de nous écrire du Musée de Stockholm que deux femelles de Rackel, qui existent dans cette collection, sont

---

(1) Une des deux femelles conservées au Musée de l'Académie de Saint-Pétersbourg ressemble tout à fait paraît-il à cette Poule, tandis que la seconde se rapproche du type de la femelle du *tetrix*. (Communication de M. Th. Pleske auquel nous avons adressé l'aquarelle du sujet dont nous nous occupons).

très différentes l'une de l'autre. Dans sa visite au Musée de Saint-Pétersbourg, M. J. H. Gurney (1) constate que les femelles hybrides. conservées dans ce Musée, paraissent exactement semblables à de petites femelles Capercaillie (*urogallus*).

Ces dernières remarques sont faites pour montrer la difficulté qui se présente lorsque l'on cherche à distinguer les Poules hybrides des femelles d'espèce pure. Peut-être bien que des sujets qui ont une double origine passent inaperçus dans les collections, ou plutôt encore prend-on pour hybrides des Poules qui n'ont point une origine mélangée. La chose est fort possible ; le croisement des espèces mères tenté en domesticité est, on l'a vu, incapable de résoudre la question.

Faisons observer, en terminant ce trop long chapitre sur le Rackelhane, que c'est probablement à tort que nous avons indiqué une femelle de Rackel au Musée de Colmar (2). M. le Dr Faudel, directeur, nous informe en effet qu'il n'existe pas de Poule de ce genre dans ce Musée ; nous aurions commis une erreur du même genre en indiquant une autre Poule hybride dans le Musée de Lausanne (3), car aucun hybride ♀ *tetrix* × *urogallus* ne paraît être conservé dans cette collection.

Tetrao albus et Tetrao urogallus

M. James A. Grieg, conservateur du Muséum de Bergen (Norwège), a décrit, pour la première fois, le produit de ces deux espèces (4).

Tout d'abord, paraît-il, l'Oiseau avait été pris pour une variété albinos de l'*urogallus* qu'il rappelle par ses marques caractéristiques. M. Grieg n'avait point songé à la possibilité du croisement de l'*urogallus* avec le *Lagopus albus*, quoique la taille fût plus petite qu'à l'ordinaire. Ce détail n'avait pu retenir l'attention de l'ornithologiste parce que, on le sait, les Poules *urogallus* diffèrent beaucoup les unes des autres par leurs dimensions. Une inspection plus minutieuse fit voir qu'il ne pouvait être question d'un *urogallus* affecté d'albinisme.

Cet hybride avait été trouvé dans un lot de Coqs de bruyère et de Poules de neige qu'un marchand de gibier avait reçus, au

(1) *Rambles of a naturalist.* p. 17.
(2) Voy. p. 50 du tirage à part et p. 303 des Mém. (1890).
(3) Voy. mêmes pages.
(4) In Bergens Museum Aarsberetning, for 1889.

commencement de mars 1889, de Mo-Ranen (Nordland). M. Grieg pense que l'Oiseau a été attrapé dans les derniers jours de janvier ou au commencement de février, car il était encore très frais à son arrivée à Bergen. Il croit aussi qu'il a été pris au lacet ; on remarque en effet, sous la peau, à la place même des plumes qui manquent, une forte empreinte rouge; sans doute l'Oiseau, voulant s'échapper, ses plumes ont-elles été enlevées par le frottement.

La description que M. James A. Grieg a donnée de cet intéressant spécimen (1) est la suivante : « La première penne des ailes est plus longue que la septième, la seconde plus longue que la sixième, la troisième et la quatrième sont d'égale longueur, la cinquième un peu plus courte que ces dernières, mais plus longue que la seconde. La queue, qui avance au-delà de la pointe des ailes d'une longueur de 120ᵐᵐ, est légèrement arrondie. Les pennes rectrices sont au nombre de dix-huit. Le doigt de derrière est comme chez la Poule de neige, c'est-à-dire tout à fait court. Comme couleur, le plumage ressemble à celui du Lagopède dans la saison d'hiver. Une large bande à raies grises et noires passe en travers du front ; cette bande (ou ceinture) devient, sur la tête et le long du cou, plus uniforme en couleur. Entre cette division et l'œil se trouve une bande blanche qui s'étend, à partir du bec, jusqu'à une certaine partie du cou, où elle devait se rencontrer avec la bande blanche de l'autre côté de la tête. Toutefois, on ne peut pas préciser ce détail avec certitude, la plupart des plumes du cou et de la queue ayant été, comme on l'a observé, enlevées par le lacet. Entre les yeux et les coins du bec, de même sous le menton, on aperçoit un espace noir; autour des narines une petite partie est noire parsemée de blanc. Le cou inférieur est d'un blanc très pur, mais sur les côtés il passe plus ou moins au gris ; quelques plumes isolées sont en outre marquetées de noir ou rayées.

« Les plumes du dos sont, comme chez le Coq de bruyère, gris noir et parsemées de brun, mais les bordures sont blanches ; quelquefois ces bordures ne sont que très petites, à ce point que l'extrémité seule des plumes est teintée de blanc, mais en général, elles sont assez larges, et par là le dos est d'un très bel aspect. La partie supérieure du croupion est de la même couleur que le dos. La poitrine porte un grand bouclier noir qui correspond à celui du grand Coq de bruyère, sans être toutefois aussi grand que chez ce dernier ; ce bouclier laisse voir un éclat métallique vert, mais point

(1) In op. cit. (*Cetologiske notiser. En zoologisk exhursion til Husoen*).

aussi vif que chez l'Urogalle (1). La partie inférieure et les côtés sont blancs, lès tuyaux des plumes rémiges de la main sombres; la barbe extérieure blanche, la barbe intérieure d'un brun noir avec des taches blanches et des points blancs. Les plumes rémiges du bras ont une pointe très large et blanche ; au-dessus de cette pointe elles sont colorées comme la barbe intérieure des plumes rémiges de la main, tandis que les plumes tectrices de cette partie sont presque complètement blanches et celles du bras presque colorées comme celles du dos. Les tectrices inférieures sont blanches, les rectrices ou caudales noires avec une pointe blanche ; cette pointe est, comme chez la Poule Schnee-Birkhuhn, très large sur les plumes du milieu, mais elle diminue de chaque côté et, sur les plumes les plus extérieures, elle apparaît comme un petit point à l'extrémité des plumes. Les plumes les plus hautes des couvertures de la queue sont colorées comme le dos et le haut du croupion, cependant la couleur blanche domine. Au contraire, les plumes les plus basses des couvertures de la queue ont la couleur des rectrices médianes, elles sont noires avec large pointe blanche. Les plumes rectrices du dessous sont blanches ; les jambes et les doigts de la même teinte. Comme la Schnee-Haselhuhn, cet hybride n'a qu'une partie des doigts couverts de plumes ; la partie placée près des ongles est tout à fait nue. Cette partie nue est, comme chez le Coq de bruyère, recouverte en haut d'anneaux cornus et sur les côtés d'une rangée de scutelles (ou écailles) rondes sous lesquelles se trouvent les petites lames caractéristiques du genre *Tetrao*. Ces petites lames, colorées d'un gris blanc, sont considérablement plus grandes que celles de la Schnee-Birkhuhn, mais elles n'ont cependant pas la grandeur de celles du Coq de bruyère. Les ongles ressemblent plus à ceux de la Poule de neige qu'aux ongles du Coq de bruyère : ils sont longs et larges, légèrement courbés, de couleur corne sombre, pas autant prononcée que chez le Coq de bruyère. L'ongle du doigt du milieu a 5 mill. de large à la racine. »

M. Grieg décrit ensuite le bec, les yeux, les bourses, l'estomac, le jabot, l'os de la poitrine, les flancs, le bassin, etc. Nous regrettons de ne point entrer dans tous ces détails, cependant intéres-

---

(1) L'auteur remarque ici que le Schnee-Birkhuhn porte aussi un semblable bouclier sur la poitrine, mais son éclat métallique est quelque peu violet, de sorte que s'il n'existait point d'autres différences entre ces deux hybrides, on pourrait encore les distinguer facilement par l'éclat métallique qui est différent.

sants, mais qui nous mèneraient très loin. On pourra, pour se
rendre compte des dimensions de la tête et du cou, consulter
une planche ornant le travail de M. Grieg et où figurent en
contraste les têtes des deux espèces mères et celle de leur produit
supposé.

Autant que le conservateur du Musée de Bergen le sait, « la Moors-
chneehuhn ou Lagopède des Saules n'a jamais été vue, pas plus que
la Birkhuhn (*T. tetrix*) dans les localités où l'Auerhähn (*T. urogallus*)
s'apparie; on est cependant fondé à croire, dit l'éminent naturaliste, que l'hybride qu'il décrit (1) descend du Lagopède des
Saules, car il n'est guère probable, sinon impossible, ajoute-t-il,
que l'Alpenschneehuhn se rencontre dans les localités où le Coq de
bruyère habite. Par contre, on a souvent rencontré des familles du
Lagopède des Saules sur le terrain où habitent des familles de Coqs
de bruyère, ainsi que cela a été plusieurs fois mentionné dans la
littérature zoologique. » M. Grieg cite, pour trouver un exemple, la
chasse aux Coqs de bruyère mentionnée par Bath (2).

Mais on ne saurait déterminer, d'après lui, d'une manière certaine, si cet hybride descend d'un *Tetrao urogallus* mâle et d'un
Lagopus albus femelle ou du croisement inverse. Néanmoins, comme
on admet maintenant que le *Lagopus-tetrici-albus* descend de
l'*urogallus* ♀, il est fort probable qu'il en est de même chez son
exemplaire. Il lui paraît difficile d'admettre qu'un *albus* ♀ ait
produit un si gros Oiseau.

M. Grieg s'est livré, comme on le voit, à une étude minutieuse
et à un très sérieux examen du sujet fort rare conservé dans la
collection qu'il dirige. Il faut certainement un œil exercé et une
connaissance approfondie des deux types purs dans leurs différentes
livrées pour discerner entre un *urogallus* à demi-albinos et un
hybride de cette espèce avec le Lagopède des Saules; mais M. Grieg
a certes ces qualités.

Celui-ci a bien voulu faire exécuter pour nous une peinture à
l'huile, grandeur naturelle, de cet unique exemplaire. Nous ne
saurions contredire l'éminent naturaliste dans ses appréciations.
Par le vert que l'Oiseau montre sur les régions pectorales, il est aisé
de voir, comme le disait le descripteur en commençant son examen,
qu'on n'a point affaire à un hybride de Lagopède et de *tetrix*,
hybride beaucoup plus commun et qui, du reste, n'atteint jamais

(1) De même que la Schnee-Birkhuhn (*tetrix* × *albus*) et la Schnee-Haselhuhn
(*albus* × *bonasa*).
(2) *Norges Fuglewild*, p. 435.

uue taille aussi grande. La queue arrondie est encore une preuve que le *tetrix* ne peut être considéré comme progéniteur. — Certes, une peinture ne permet pas de se rendre compte de tous les caractères qu'a considérés M. Grieg, mais elle permet de juger l'Oiseau par son aspect général. Or, tel que l'Oiseau se présente, il donne bien l'aspect d'un croisement du *Tetrao urogallus* avec le *Lagopus albus*.

Nous ne doutons point (si l'origine qu'on suppose est réelle) que le *Lagopus* ne soit le véritable père et non la mère ; cette manière de voir paraît beaucoup plus rationnelle. Mais, toutefois, quelle disproportion de taille entre les deux espèces réputées mères ! L'*urogallus* est grand comme un Dindon et l'*albus* petit comme une Poule cayenne. Ce croisement surprend donc vivement au premier abord. Toutefois, il ne faut pas perdre de vue que le *Tetrao urogallus* et le *Lagopus albus* sont, à part leur taille, deux espèces bien voisines et de mœurs semblables. Puis, ne l'oublions pas, l'authenticité de l'hybride n'est pas absolument démontrée ; un albinisme produisant les résultats constatés n'est point insoutenable.

Nous regrettons que M. Grieg, qui a écrit une description si minutieuse de toutes les moindres parties du plumage du corps et des proportions de l'Oiseau, n'ait point fait ressortir les caractères qui font ressembler cette pièce tantôt à une espèce, tantôt à une autre. Une démonstration de ce genre aurait eu son utilité. Si elle a été établie pour certaines parties, elle ne paraît point, autant que nous pouvons en juger (1), avoir été faite pour toutes.

LAGOPUS SCOTICUS et LAGOPUS MUTUS
LAGOPUS ALBUS et LAGOPUS MUTUS

(Se reporter pp. 54 et 55 ou pp. 307 et 308 des Mém. de la Soc. Zool., 1890).

Sous ces deux titres, nous avions cru devoir désigner deux croisements différents ; mais le *Lagopus albus* serait le même Oiseau que le *Lagopus scoticus*, ce dernier étant simplement la race anglaise du *T. albus*, répandu sur le continent européen. Il y aurait donc lieu de réunir sous un même titre les deux croisements qui ont fait l'objet de deux articles séparés. M. John Handcock, le regretté

(1) La description de M. Grieg est écrite en Allemand ; notre traduction peut être incomplète.

ornithologiste du Northumberland, s'est étendu longuement sur ce sujet (1) et a conclu à l'identité des deux espèces. C'est l'avis de M. de Sélys-Longchamps, et M. Oustalet n'émet point de doutes à cet égard ; si notre opinion avait quelque poids, ce serait aussi la nôtre. Nous sommes donc surpris de trouver encore les deux types figurant à titre d'espèce dans des livres d'ornithologie d'un grand mérite. « Le red Grouse (*L. scoticus*), dit avec raison M. Handcock, est si près du *L. saliceti* (ou *albus*), que les deux espèces peuvent à peine être distinguées dans leur plumage d'été ; elles s'accordent par leur taille, dans la couleur et les marques du plumage. M. Handcock avait en outre appris de M. Norman-Cookson que le cri du *L. saliceti* est exactement semblable à celui de la forme britannique. Cependant le bec du premier est ordinairement un peu plus fort que celui du second. Le changement en blanc qui s'opère dans l'hiver, chez le *L. saliceti*, est le seul point distinctif de quelque importance, quoique *L. scoticus* soit lui-même trouvé dans la même saison avec beaucoup de blanc sur les parties inférieures. La collection de M. Handcock possède un exemplaire tué en Northumberland et « chez lequel le blanc s'étend de la poitrine à l'anus et de flanc à flanc, le plumage du ventre étant un peu rompu de brun. Les plus grandes et les plus petites couvertures sont pointillées de blanc, les couvertures inférieures blanches et les couvertures de la queue largement pointillées de blanc. » Un autre exemplaire, autrefois dans la même collection, « montre une grande quantité de blanc sous le ventre et les couvertures inférieures de la queue ; le bord des ailes et les couvertures inférieures sont blancs aussi ; les plus grandes et les plus petites couvertures sont pointillées de la même couleur. » M. Handcock conservait encore la dépouille d'un spécimen tué en Weardale et ayant « les primaires, les couvertures primaires et la fausse aile d'un blanc pur, comme sont les tuyaux des grosses plumes. » Cependant, d'après la remarque de l'éminent ornithologiste, dans le *L. saliceti*, « les tuyaux des grosses plumes sont ordinairement sombres sur la surface supérieure. » Ajoutons, pour confirmer ces exemples, qu'au Muséum d'Histoire naturelle de Paris existe un *Lagopus scoticus* en partie blanc (2).

(1) *A. Catalogue of the Birds of Northumberland and Durham*, in Natural History Transactions of Northumberland, Durham, etc., VI, p. 88, 1874.

(2) M. Handcock pense aussi que le Ptarmigan d'Écosse et le Rock Grouse d'Islande, du Groënland, de Laponie, de Norwège et de Russie sont races d'un seul type. Nous ignorons quel est l'Oiseau désigné par M. Handcock sous le nom de « Rock Grouse. »

LAGOPUS SCOTICUS et LAGOPUS MUTUS

(Se reporter p. 54 ou p. 507 des Mém. de la Soc. Zool., 1890).

L'individu montré par le prof. Newton à l'une des réunions de la Société Zoologique de Londres pendant l'année 1878 et supposé produit par le croisement de ces deux espèces a été, nous informe le savant professeur, critiqué par M. Millais, dans son ouvrage : « Game Birds and Shooting Sketches », où l'Oiseau est représenté. M. Newton s'était promis de nous le communiquer, mais il n'a pu le retrouver dans le Musée de l'Université. Nous le regrettons vivement, car nous ne connaissons l'ouvrage de M. Millais que par quelques extraits qui ont été publiés dans le Zoologist (1). La petite figure en noir qui y est reproduite ne peut, quoique bien lithographiée, donner une idée exacte de la coloration et même du plumage de l'Oiseau douteux. Voici ce que nous lisons :

« One would imagine that from the close association and similarity of structure of two species, Grouse and Ptarmigan would frequently be found breeding together ; but such is for from being the case. There is no perfectly authenticated instance of such a hybrid, and I have only given the illustration of this supposed cross because it is believed to be such by more than one eminent ornithologist. The bird possesses all the points that such a hybrid should have, the head and neck closely resembling the head of an autumn hen Ptarmigan, and the tail and the tail-coverts being also alike, so that the bird is as likely as not to be a genuine hybrid the two species. It was shot, ajoute M. Millais, on the 1 st Sept. 1878, by Mr W. Houston, a well-known veteran Highland sportsman. He killed it on the Ptarmigan ground above his house at Kintradwell, Brora, Sutherland, as it was flying with a covey of Grouse. Afterwards he sent it to Professor Newton, of Cambridge, who placed it in the museum of that town. »

Nous n'avions point parlé d'une autre hybridation que feu François Day avait mentionnée dans ses Notes parues dans le Cotteswold Naturalist's Field Club (2). Ce fait nous avait échappé, quoique cité encore dans le Field (3). Le jeune Coq, soi-disant hybride, avait été tué le 16 août sur les Garth Noors, par sir Donald Currie et désigné dans cette dernière feuille sous le titre de variété

(1) Numéro de Septembre 1894, n° 313, p. 354 et suiv.
(2) Notes sur l'hybridation. Proceedings de ce Club, IX, part IV, p. 342, 1888-89.
(3) Numéro du 29 Août 1888.

« *Curious variety of the red Grouse* (1); » l'auteur (dont nous n'avons pu connaître le nom), imaginait cependant, « si une telle chose était possible, » un croisement entre la Grouse et le Ptarmigan.

L'Oiseau ayant été adressé à M. Malloch, de Perth, nous avons écrit à ce dernier pour obtenir quelques indications au sujet de cette capture, mais nous n'avons pas reçu de réponse. Nous ignorons donc si le spécimen figure actuellement dans quelque collection particulière ou dans quelque musée. Il était, paraît-il, accompagné de la mère et de cinq jeunes, dont aucun « ne montrait la même particularité. »

Voici son signalement : « The back is nearly white, slightly speckled with light brown, with a small patch of dark Grouse feathers on either side, close to the pinious of the wings. A couple of corresponding dark patches lie immediately below the wings, on the body, while the breast is of a very light colour, in which white feathers predominate, with a dark line down the centre. The tail is white, shading off to a pale slate colour at the tip, and the outer feathers of the wings are pure white, faintly tipped with grey. The feet are like those of other Grouses, but the pads are distinctly yellow, instead of the usual green-grey colour of the ordinary young Birds on these moors. »

LAGOPUS ALBUS et LAGOPUS MUTUS

(Se reporter p. 55 ou p. 308 des Mém. de la Soc. Zool., 1890).

Nous avions cité d'après M. le prof. Collett, de Christiania, un individu mâle, produit supposé de ce croisement. Le savant professeur nous informe qu'il est maintenant enclin à voir dans ce produit, non l'hybride qu'il avait tout d'abord supposé, mais simplement une variété curieuse de plumage dont le *Lagopus* se revêt quelquefois à la fin de l'été.

Le croisement du *Lagopus albus* avec le *Lagopus mutus* est donc à rayer de notre liste, comme il y a lieu sans doute de rayer le produit du :

TETRAO TETRIX et LAGOPUS MUTUS

(Se reporter p. 56 ou p. 309 des Mém. de la Soc. Zool., 1890).

Tout en parlant en général de ce croisement, que le même pro-

(4) Voy. p. 279.

fesseur croit peu probable parce que les deux espèces habitent des lieux différents (1), nous n'avions point cité de faits précis, ni donné la description d'aucun hybride. La « Diana (2) » a fait mention d'un tel produit, tué en octobre 1889, dans les montagnes de l'Entlebuch, canton de Lucerne. Mais ce curieux Tétras ne serait, pour M. Fatio (3), « ni un bâtard du *Tetrao tetrix* × *Lagopus alpinus*, comme l'avait d'abord supposé, avec quelques réserves, M. A. Schwgtzer, de Buonas, ni un simple albinos de la première de ces espèces, ainsi que l'avait déterminé M. H. Sutermeister-Rahn. »

De minutieuses comparaisons avec de nombreux individus de *Tetrao tetrix* et de *Lagopus alpinus*, ♂ ad. ♀ et jeunes à différents âges, ont amené le naturaliste de Genève « à la conviction qu'il y avait ici plus qu'un simple cas d'albinisme et qu'il importait de faire entrer dans la discussion des éléments nouveaux et plus complexes .»

M. Fatio croit que l'on a souvent considéré à tort comme hybrides de *Lagopus* des Tétras « qu'un examen plus circonstancié eût démontré simples variétés albines du *Tetrao tetrix*. » (Cet aveu est utile à retenir). Les principales raisons qui, pour lui, militent contre l'idée d'un produit hybride, sont : que le Tétras de l'Entlebuch emprunte tous ses caractères au *Tetrix*, aucun trait au *Lagopus alpinus*, et qu'il se rapproche bien plus du *Tetrix* que du jeune mâle de cette espèce.

Quant à savoir si on a affaire à une bizarre variété albine mâle ou à une femelle en partie albinos qui devrait à un défaut de développement de l'ovaire à la fois la stérilité et certains apanages du mâle, il eût fallu, au préalable, pour résoudre cette question, un examen anatomique très minutieux.

« N'étaient, dit le docteur, quelques petites plumes à axe pâle, mais très usées (dont il a discuté l'importance), on pourrait presque croire à une vieille femelle prenant, sous l'influence de la stérilité, le plumage et les attributs du mâle. La stérilité pouvant être de naissance, on doit se demander aussi si la couleur du plumage et la forme de la queue ne pourraient pas être ainsi affectées dès la seconde année de vie. Mais comme l'albinisme peut être également ou de naissance, ou accidentel, ou de vieillesse, on ne saurait guère voir là une indication certaine de l'âge de l'individu. »

(1) Voy. « *On hybrid. Grouse* », Proceedings of the scientific meeting of the Zoological Society of London, XVI, p. 233 (en note), 1886.

(2) Numéros du 1er au 15 Juillet 1890.

(3) *Le curieux Tétras de l'Entlebuch*, par V. Fatio. Journal « La Diana » Berne, 15 Août 1890.

Que d'hybrides supposés ne sont peut-être autres que des sujets de ce genre, empruntant leurs caractères bizarres à des anomalies et non à un croisement de leurs auteurs!

TETRAO TETRIX et BONASA BETULINA

(Se reporter p. 56 ou p. 309 des Mém. de la Soc. Zool., 1890).

Nous n'avons pu, à notre regret, examiner l'hybride que M. Dresser montra, en 1876, à la Société Zoologique de Londres, hybride représenté par M. le Dr A. B. Meyer dans son grand ouvrage sur les Tétraonidés. Madame V. Flower, qui le possède, n'a point consenti à nous l'adresser en communication. Nous n'avons point été plus heureux en demandant les hybrides conservés au Musée de Saint-Pétersbourg. M. Th. Pleske, auquel nous nous étions adressé, n'a pas cru devoir nous les envoyer, la douane paraissant mutiler les Oiseaux à leur retour. Mais M. Tycho Tulberg a bien voulu nous faire parvenir une pièce nouvelle qu'il vient d'acquérir pour le Musée Zoologique d'Upsala, l'hybride précisément décrit par M. Kolthoff (1).

Autant que nous avons pu nous en rendre compte, cet exemplaire ressemble d'une manière étonnante à l'Oiseau peint par le Dr Meyer, ainsi qu'au mâle représenté par M. Pleske (2); cependant ces trois hybrides ne sont point absolument les mêmes.

Voici sa description (3): la taille n'est point intermédiaire entre les deux espèces, elle atteint presque celle du *tetrix*. La queue, très échancrée, rappelle encore ce type, toutefois les rectrices ne se recourbent pas autant en arrière (4). Par sa forme et même sa coloration (elle est pointillée vers le milieu), elle rappelle celle du *Lagopus-tetrici-albus* si connu. Le bec est bien noir (noir d'ébène) ; au-dessus de l'œil se voit un peu de peau nue et rouge. Rien de particulier en ce qui concerne les plumes qui couvrent les tarses, les tarses des deux espèces réputées mères étant emplumées de la même manière. Ces plumes sont de couleur blanchâtre traversée de brunâtre.

Si l'Oiseau n'était point aussi fort, on pourrait, au premier

(1) In Bihang Till K. Svenska Vet-Akad. Handlingar, Band 17, Afd. IV, n° 2. Stockholm, 1891.

(2) In Mém. de l'Acad. des Sc. de Saint-Pétersbourg, XXXV, n° 5.

(3) Sur l'étiquette qu'il porte, on lit : « *Tetrao bonasio-tetrix*, Bogdanow — Habo, Vestergieoland 7/11 1890. Gustaf Kolthoff. »

(4) Elles sont presque noires et celles qui se rapprochent du milieu sont largement frangées de blanc.

abord, le prendre pour un *Tetrao canadensis* qu'il rappelle par ses plumes en écailles devant et sous la poitrine, aussi et surtout par la disposition de la gorgette blanche en forme d'arc. On se demande même comment il se fait que la collerette blanche, qui descend de la ligne des yeux et forme un collier comme chez le *Tetrao canadensis*, puisse être si régulière sous la gorge et rappeler si bien cette espèce, car le type *Bonasa* duquel on le pense provenir ne présente pas une telle régularité ? Tout en constatant que les plumes du devant de la *Bonasa* peuvent, dans un mélange avec le *tetrix*, produire l'effet que l'on aperçoit chez cet hybride, tout en constatant aussi que le noir qui, chez la même espèce, commence sous le bec et s'étend devant la gorge, peut déterminer la séparation de la partie que nous nommons gorgette du reste du plumage, on doit néanmoins reconnaître qu'il se produit dans cet hybride un phénomène étrange : à savoir que le croisement de la Gélinotte et du *tetrix* peut donner un produit rappelant si bien l'espèce *canadensis* ! Nous avons fait peindre l'Oiseau de grandeur naturelle. Le portrait est très exact en tous points.

LAGOPUS MUTUS et BONASA BETULINA

(Se reporter p. 59 ou p. 312 des Mém. de la Soc. Zool., 1890).

Nous avions signalé une pièce ; nous ne l'avions point décrite. Depuis notre publication, le comte Arrigoni degli Oddi a fait une étude très sérieuse du sujet (1), et le comte J. B. Camozzi Vertova, sénateur de Bergame, auquel l'Oiseau appartient, a bien voulu nous l'adresser en communication. Afin d'en garder le souvenir, nous l'avons fait peindre, comme le précédent, de grandeur naturelle ; on trouve en outre une lithographie coloriée de demi-grandeur dans le mémoire de M. degli Oddi.

Nous avons remarqué, à notre surprise, que l'Oiseau est presque aussi fort, sinon même aussi fort, que le *Lagopus albus*. (On sait que les deux espèces, *B. betulina* et *L. mutus*, sont deux Tétras de petite taille). Aussi, dans l'hypothèse d'un croisement, nous sommes-nous aussitôt demandé si on ne devait point référer cet hybride au mélange du *L. albus* avec la *Bonasa*? On nous avait dit, en effet,

(1) *Notize sopra un ibrido di Lagopus mutus e Bonasa betulina appartenente alla collezione ornithologica del conte G. B. Camozzi-Vertova. Nota del Dott. Ettore Arrigoni degli Oddi* (con una tavola colorata). Estratto dagli Atti della Società italiana di Scienze naturali Milano, 1892.

que le *L. albus* se rencontre aussi facilement que le *L. mutus* dans les montagnes de Bergame, et que, dans l'endroit où l'Oiseau avait été obtenu, la *Bonasa* seule est maintenant devenue très rare. Mais, si nous en croyons M. le comte Oddi, le *L. albus* n'existe pas en Italie (1).

Néanmoins, vu la taille de l'Oiseau, nous avons voulu procéder à son examen avec des pièces *mutus* et *albus;* la description et les comparaisons que nous avons faites en présence de ces deux espèces et du type *betulina* se résument ainsi : la pièce est montée très haut sur pattes ; elle est d'aspect plus *albus* (ou même *mutus*) que *Bonasa.* Le dessus du corps et la coloration grise, non rouge, rappelle le *mutus* (2). L'iris (artificiel) est brun. Les pennes rectrices, qui sont toutes largement bordées de blanc, paraissent très courtes. Le sont-elles effectivement ? L'effet produit n'est dû peut-être qu'aux plumes de recouvrement qui s'avancent très avant sur la queue. C'est surtout par le dessin de ces plumes rectrices que l'Oiseau montrerait son mélange avec la *Bonasa.* En effet, toute la partie supérieure n'est pas uniforme de ton, comme chez le *Lagopus,* ou chez le *L. mutus ;* mais elle est piquetée comme chez la *Bonasa.* Toutefois la partie inférieure foncée ne dessine pas complètement une frange comme chez cette dernière espèce ; cette partie est plus irrégulière et plus étendue en hauteur. Puis, chez *Bonasa,* les deux rectrices médianes, qui recouvrent légèrement les *rectrices,* sont privées de cette frange ou barre transversale. Or, sur l'exemplaire du comte Camozzi, une seule plume médiane est privée de cette barre (3). En outre, on remarque que le pointillé des rectrices n'est que du côté extérieur, la partie uniforme se montre même déjà le long de la tige dans les parties extérieures et couvre complètement la barbe intérieure.

Les pieds, eux-mêmes, tendraient à rappeler *Bonasa,* car ils ne sont point entièrement recouverts de petites plumes blanches ; ces petites plumes cessent avant la naissance de l'ongle, laissant ainsi

(1) Voy. la note p. 6 de son travail.

(2) La coloration du *Lagopus albus* en été est rouge ; elle est grise chez *mutus.*

(3) Du reste un des exemplaires *Bonasa* de notre collection n'en a qu'une aussi ; peut-être la deuxième plume manque-t-elle ? Nous comptons, en effet, chez nos divers exemplaires, tantôt 16, tantôt 17, tantôt 15, tantôt même seulement 13 rectrices, et précisément l'exemplaire qui ne présente qu'une barre est de ce dernier nombre. Il semble que l'on puisse en trouver 15 chez le spécimen de M. Vertova ? — Chose bizarre, sur l'aquarelle que nous avons fait exécuter de grandeur naturelle et qui est très fidèle, les deux rectrices médianes sont sans trace de barre ! Nous serions-nous trompés, ou est-ce le peintre qui a commis une erreur ?

l'extrémité des doigts à découvert. (On sait que les doigts de *mutus* et d'*albus* sont entièrement recouverts de plumes). Enfin, la façon dont le plumage blanchit ne semble rappeler ni le *mutus* ni l'*albus*. — Constatons encore que le bec du *Lagopus albus* est plus fort que celui du *L. mutus* ; le bec de l'exemplaire de M. Camozzi est plus fort que celui du *L. mutus*. Si ce dernier spécimen n'a pas pour parent le *L. albus*, il tiendrait donc, par l'ampleur de son bec, de la *Bonasa* chez laquelle, il faut le faire remarquer, le bec est plus fort dans l'espèce *mutus*.

Toutes ces particularités indiqueraient donc un Oiseau mélangé ou pour mieux dire un hybride. Mais la taille, beaucoup plus forte que celle de la *Bonasa* ou celle du *mutus*, rend, nous l'avons dit, la supposition d'un croisement entre ces deux espèces peu vraisemblable.

Cependant pour M. le comte Oddi, l'Oiseau est bien un hybride ; ses pattes, sa queue, les parties inférieures en sont de suffisants indices. Le feu prof. de Filippi (1) l'aurait considéré comme tel, se basant sur le caractère des plumes des pieds. Nous n'oserions nous prononcer ; il nous paraît étrange, répétons-le, qu'un *mutus* et une *bonasa* (les deux plus petites espèces européennes du genre *Tetrao*), puissent procréer un individu de taille beaucoup plus forte que la leur ; puis les caractères mixtes ne sont pas assez tranchés, assez nets, pour permettre, il nous semble, une conclusion aussi absolue. Nous demeurons dans l'hésitation.

LAGOPUS ALBUS ET BONASA BETULINA

(Se reporter p. 59 ou p. 312 des Mém. de la Soc. Zool., 1890).

L'Oiseau décrit par Kolthoff, peint par Mme Gunilda Kolthoff, et dont nous avions déjà parlé dans notre première publication, nous a été gracieusement envoyé en communication du Musée d'Upsala par M. Tycho Tulberg.

Nous avons peint nous-même de grandeur naturelle ce charmant Oiseau fort bien empaillé et plein d'intérêt.

Contrairement à ce qui arrive chez le dernier exemplaire, cette pièce représenterait bien plutôt le mélange du *mutus* avec la *Bonasa* que le mélange de l'*albus* avec le même Oiseau, mélange qui a été soupçonné par M. Kolthoff. Mais quelques-unes de ses parties foncées sont d'un roussâtre rouge, notamment sous la queue, et

(1) Cité par M. Oddi, p. 6.

semblent rappeler la couleur rouge du *Lagopus albus*. Toutefois, comme l'espèce *Bonasa betulina* est roussàtre elle-même, on peut tout aussi bien attribuer le ton roux à l'influence de cette dernière. (On sait qu'en hiver l'*albus* et le *mutus*, blanchis tous deux, se ressemblent à tel point, qu'on ne peut les distinguer que par la taille) (1).

En terminant notre premier article, nous faisions comprendre tout l'intérêt qu'il y aurait à établir une comparaison entre cet hybride et l'exemplaire de M. le comte Vertova. M. le comte Oddi a tenté ce rapprochement à l'aide de la peau du premier et de la lithographie coloriée du second. Pour lui, l'Oiseau représenté est bien déterminé, attendu, dit-il, « qu'il a sur les parties supérieures une teinte très nette de châtaigne tirant sur le rouge (2) ».

Nous nous permettrons de faire observer à notre savant collègue, que ce châtain tirant au rouge pourrait tout aussi bien provenir du plumage de la *Bonasa betulina*. En outre, l'Oiseau possède peut-être une moins grande quantité de parties foncées qu'il en existe sur la chromo-lithographie de Mme Gunilda Kolthoff; d'aspect, il nous a paru un peu plus blanchâtre.

Cependant, comme certaines parties du squelette sont, d'après M. Kolthoff, plus fortes que chez *L. mutus*, l'opinion émise par celui-ci, puis par M. le Comte Oddi, est peut-être bien fondée; la même manière de voir est du reste exprimée par M. Collett.

Mais, quoique sa double origine paraisse beaucoup plus assurée que celle du précédent, (soit qu'il provienne du *mutus* et de la *Bonasa*, soit qu'il soit, au contraire, le produit de l'*albus* et de la *Bonasa*) (3), il ne saurait sans doute être déterminé sûrement.

Après avoir conservé longtemps entre nos mains cette pièce très intéressante, après l'avoir étudiée soigneusement, fait peindre deux fois, l'avoir peinte nous-même, nous l'avons décrite ainsi : Quoique blanche d'aspect, elle a tout à fait la tournure de la *Bonasa*; elle est plus forte que celle-ci sans atteindre la taille du *Lagopus*. Elle pourrait à la rigueur passer pour intermédiaire entre les deux espèces. Le dessin de la joue se montre comme dans le genre *Bonasa*. En soulevant légèrement les plumes du dessus de la tête, on voit une petite huppe se former. Sous la gorge, on aperçoit la

---

(1) Nous avons examiné, dans le Musée Noury, à Elbeuf, une collection de *mutus* et d'*albus* entièrement blancs. Ces Oiseaux, rangés les uns près des autres, ne pouvaient être différenciés que par leur taille.

(2) P. 9. *Op. cit.*

(3) Dernière question que nous laissons indécise.

tache foncée de *bonasa* ♂ ad. Derrière et sur le cou existent de petites barres foncées transversales qui paraissent encore être celles de cette espèce, qui la rappellent au moins. Le bec noir luisant est intermédiaire par ses dimensions entre le bec de l'*albus* et celui de la *betulina*, mais on sait que les becs de ces deux espèces ne diffèrent guère (3). Les ongles sont très grands, longs, et blanchâtres au bout, ce qui indique le genre *Lagopus* ; les doigts sont recouverts de plumes blanches très fines et les tarses sont très emplumés et blancs. La barbe intérieure des rémiges est foncée, d'un brun gris presque uniforme, l'extrémité blanche, sauf à la première penne extérieure. Sur le corps on aperçoit très facilement des reflets bleuâtres disséminés çà et là par plaques, cette particularité est due à ce que beaucoup des plumes foncées se trouvent recouvertes par des plumes blanches transparentes. C'est là un caractère spécial, propre à cet Oiseau unique, et qu'on ne voit point, ce semble, chez le *Lagopus albus* en costume de transition. Nous avons dit qu'il était difficile de déterminer si les parties foncées du plumage (qui sont brun roussâtre) appartiennent à la *Bonasa* ou à l'*albus*. Par leur disposition, elles paraissent être plutôt du côté de la *Bonasa* ; les grandes rectrices extérieures ont cependant la teinte foncée et uniforme du *Lagopus albus*.

Quelque temps après avoir fait cet examen, nous en avons recommencé un autre. Nous croyons devoir publier nos nouvelles notes en supprimant les redites sans intérêt. Par sa forme et sa petitesse, l'Oiseau se montre du type *Bonasa*. La tête bombée, la huppe qui se forme naturellement lorsqu'on relève quelques-unes des plumes de la tête, le front arqué, la croupe élevée et la queue en forme d'arc, rappellent bien plutôt cette espèce que le *L. albus*. Mais il est plus blanc que foncé et les pieds sont complètement couverts de plumes aussi fines que du poil ; ce n'est aucunement le duvet court et ras du *Lagopus*. Les grandes pennes de la queue (brun foncé uniforme) sont largement terminées de blanc ; dans les couvertures, la couleur brun roux se trouve tachetée. La découpure de la queue est plutôt carrée que ronde ; néanmoins, de chaque côté terminal, la queue s'arrondit. Les ongles sont assez clairs, notamment à leur extrémité. Le bec est petit et foncé ; l'iris (artificiel) est d'un châtain verdâtre grisâtre et clair ; une tache noire existe sous la gorge. Nous avons ajouté sur nos notes cette phrase : « on peut croire volontiers que cet Oiseau provient des deux espèces, le *L. albus* et la *B. betulina* qu'on lui a données comme parents. »

(2) Ils ne sont, du reste, pas tous de même grosseur dans une même espèce.

TETRAO TETRIX ET LAGOPUS SCOTICUS

(Se reporter p. 62 ou p. 315 des Mém. de la Soc. Zool., 1890).

Nous avions cité :

1° Trois exemplaires vus par Macgillivray et dont un de ces Oiseaux avait été étudié par le vieil ornithologiste;

2° Un autre exemplaire vu par Yarrell et sur l'authenticité duquel, disait cet auteur, aucun doute ne pouvait subsister;

3° Un cinquième examiné par M. Collett, au Musée Dresser, à Londres;

4° Deux autres individus examinés par M. Dresser;

5° Un huitième sujet décrit par le prof. Malm;

6° En outre, nous parlions d'un neuvième au Musée des Pays-Bas, à Leyde;

7° D'un dixième au Kelvingrove Museum de Glascow;

8° D'un onzième au Museum of Science and Art d'Edimbourg;

9° D'un douzième (et même d'un treizième ?) au Musée d'York ;

10° Nous ajoutions encore, d'après l'Inverness Courier, qu'un nouvel hybride, soit un quatorzième, avait été tué récemment en Ecosse.

. Depuis ces mentions, M. van Kempen, le savant collectionneur de St-Omer, a bien voulu nous faire savoir qu'il possédait trois spécimens dans son Musée ; M. William Stewart, clerk of senat, (the University of Glasgow), nous informe que deux pièces sont conservées à l'Hunterian Museum; puis nous avons lu dans les ouvrages du Rév. Macpherson qu'un hybride, qui passe pour avoir été tué dans le Cumberland, se trouve chez M. E. H. Horrocks d'Edenbrows, à Carlisle; qu'un autre individu se laissa voir sur les rochers de St-Bees-Head (H. Nott, M. S.); et qu'un troisième aurait été tué sur le Crossfiellrange, en 1877 (1). Le Zoologist de 1893 (2), mentionne lui-même deux pièces, l'une abattue près de Brecon, présentée par M. L. Cambridge Phillips à la Société Linnéenne de Londres, la seconde, obtenue à Balmannock (Kikcowan N. D.) et montrée par M. Tegetmeier à la Zoological Society (3). Enfin le Field vient de signaler un dernier « hybrid Grouse and

(1) Voy. the *Birds of Cumberland* by the Rev. H. A. Macpherson and William. Duckworth, Carlisle, 1886, p. 24, et *A Vertebrate Fauna of Lakeland*, p. LXXXII, Édimbourg 1892.

(2) N° de Janvier, p. 32.

(3) N° de Décembre 1893, p. 463.

Blackgame » tué par M. A. Doughty, de Renagour, Aberfoyle (Perthshire), le 24 août 1894.

En sorte que vingt-cinq hybrides seraient connus, si toutefois il n'y a pas de redites dans notre classement.

Ces captures présenteraient beaucoup d'intérêt.

Mais, de renseignements minutieux pris sur ces Oiseaux, il résulte que l'origine sauvage de beaucoup d'entre eux n'est pas établie et que chez d'autres l'hybridité ne joue aucun rôle, à ce point que nous nous sommes demandé s'il existe des produits du *Tetrao tetrix* :< *Lagopus scoticus* obtenus à l'état sauvage ?

Voici nos raisons :

La pièce du Musée d'Edimbourg représente, à n'en pas douter, l'un des deux Oiseaux obtenus en captivité chez Sir Colquhoun et dont celui-ci parle dans son ouvrage « *The Moor and the Lock* », car, nous dit le keeper du « Natural history departement » du Musée, le spécimen est indiqué sur le vieux registre de 1830-31 comme ayant été offert par le père du baronet (1).

Une des deux pièces de l'Hunterian Museum de Glascow est aussi cataloguée comme ayant la même provenance.

Ces deux Oiseaux sont donc à écarter.

Le soi-disant hybride du Kelvingrove Museum, de la même ville, est seulement indiqué comme ayant été offert par M. Ingrand de la Benfieldstreet ; M. Paton, directeur de ce Musée, ne sait rien autre chose sur son compte. Cet Oiseau diffère du reste par plusieurs caractères du premier échantillon authentique ayant appartenu à Sir Colquhoun.

La provenance du seul exemplaire du Musée d'York, (et non les deux exemplaires, comme nous l'avions dit par erreur) (2), n'a pu nous être indiquée par l'expéditeur ; cet Oiseau diffère encore du produit obtenu en captivité; il en est de même de l'Oiseau tué au mois d'août dernier par M. A. Doughty.

Nous sommes certain que la pièce conservée au Musée national

(1) Il est dit dans l'ouvrage en question (New edition, Edimburg, 1888, pp. 94 et 95), que le garde de la faisanderie à Roosdhu possédait un Black-Cook et une Grouse qui faisaient bon ménage; que la Grouse, qui était une femelle, produisit deux ans de suite. La première année les jeunes moururent ; l'année suivante, deux hybrides ♂ purent être élevés avec beaucoup de soins, ils se revêtirent du plumage de l'adulte. Ces deux Oiseaux, il est vrai, auraient été donnés par le père de Sir Colquhoun aux Musées de Glascow (voy. p. 95, 7ᵉ ligne), mais c'est là sans doute une erreur, et l'un de ces Oiseaux dut être offert au Musée of Science and Art d'Edimbourg, ainsi que les vieux registres l'indiquent.

(2) Le deuxième est un Hackelhane !

des Pays-Bas n'est autre qu'une vieille femelle stérile revêtant l'habit du mâle, car elle ressemble étonnamment à deux des échantillons de la collection de M. van Kempen qui sont aussi de vieilles Poules prenant l'habit du Coq. Ayant, en effet, envoyé l'un de ces deux exemplaires à M. Keulmans pour le faire peindre, celui-ci, doutant de l'origine attribuée, a cru devoir le montrer à M. Oustalet qui lui a fait remarquer de vieilles Poules *tetrix* correspondant à ce faux hybride.

Quant au troisième de la même collection, qui y figure sous le n° 506 et qui est indiqué comme femelle, nous le croyons une simple anomalie de ce sexe et de l'espèce *tetrix*, sans aucun mélange avec le *scoticus* (1).

Or, en présence de ces erreurs, de ces confusions, sans doute fréquentes, nous avons le droit de nous demander si beaucoup des pièces citées et que nous n'avons point examinées (comme l'ont été les précédentes) ne rentrent point dans la même catégorie ?

Il nous a été impossible d'obtenir des indications sur le soi-disant hybride tiré par M. Laurence Hardy et dont a parlé « l'Inverness Courier ». Nos lettres adressées au chasseur et au directeur du journal nous ont été renvoyées. M. Tegetmeir, qui montra à l'une des réunions de la Société Zoologique la pièce abattue à Balmannock (Kikcowan), n'a plus l'Oiseau entre les mains et il ignore la demeure de celui qui le possède. La Grouse hybride, présentée par M. E. Cambridge Phillips à la Société Linnéenne de Londres, ne serait autre qu'une variété singulière de « Common Grouse (2) ». M. Horroks, de Carlisle,

(1) La jambe gauche de cet Oiseau est moins couverte de duvet que la droite ; ce duvet est gris tacheté longitudinalement de rayures brunes. Ce caractère, et d'autres traits que la pièce présente, ne prouve aucunement son hybridité ; du reste, si elle porte une mention ainsi conçue : « Métis Tétras lyre et d'Ecose », elle en porte aussi une autre, qui indique seulement et avec beaucoup plus de raison, un *Lagopus tetrix* ♀ variété. L'Oiseau a été acheté à la maison Verreaux, de Paris ; nous ignorons à quelle date. Les deux premières proviennent de chez M. Franck, de Londres.

(2) M. E. Cambridge Phillips a bien voulu nous envoyer la note qu'il a communiquée au *Club* en présentant son Oiseau et la réponse qui lui a été faite par M. W. C. Ashdown. Dans cette note, intitulée : « *A supposed Hybrid Grouse* », M. E. Cambridge Phillips rappelle que l'Oiseau en question fut tué à la fin du mois d'août 1891 sur le Friddyllt Grouse Hill, Merthyv Cynog, par M. Rees Williams, de Brecon. Lorsque l'Oiseau volait, il laissait apercevoir du blanc sous les couvertures de l'aile. A première vue, il lui fit l'effet d'une Grouse curieusement colorée ; mais après un examen attentif, il arriva à cette conclusion que c'était un hybride, à cause principalement de la largeur des ailes et de la queue, qui différait de celle d'une Grouse normale. M. Ashdown, naturaliste à Hereford, empailla l'Oiseau et se prononça pour un croisement entre la Perdrix et la Grouse ; M. Phillips,

que nous avons interrogé sur l'hybride qui doit se trouver chez lui, n'a pas répondu à notre demande. L'hybridité de cette Grouse vient du reste d'être critiquée très vivement dans le Zoologist (1). L'Oiseau, qui aurait été tiré à Crossfield, était trop abîmé, paraît-il, pour pouvoir être monté, et il n'a pas été conservé. Quant à l'individu qui se laissa apercevoir sur les rochers de St-Bees-Head, son apparition fut trop courte sans doute pour qu'on pût le juger sûrement.

L'origine sauvage des trois pièces vues par Macgillivray ne paraît pas avoir été établie. Peut-être l'ornithologiste fait-il allusion aux Oiseaux obtenus par M. Colquhoun ? Yarrell n'écrit point davantage que la pièce qu'il examina ait été obtenue en liberté, mais seulement qu'elle avait été envoyée par lord Mosteyn, de Galles, à un empailleur d'Oiseaux, ce qui ne dit rien. Enfin, les deux exemplaires que M. Dresser étudia sont peut-être du nombre de ceux qui viennent d'être cités ; dans ce cas, ils feraient double emploi.

Nous ferons une exception, toutefois, pour l'exemplaire en peau qui se trouve dans le Musée de M. Dresser. Cette pièce, nous informe l'éminent ornithologiste, fut trouvée dans un lot de Red Grouses au Leadenhall market ; il y a donc lieu de supposer qu'elle avait été obtenue à l'état sauvage. Puis, comme elle ressemble en beaucoup de points au spécimen du Musée d'Edimbourg,

au contraire, l'avait déterminé comme hybride du Faisan et de la Grouse : attendu que la tète se rapproche de celle d'une femelle Faisan et que la couleur rouge de la poitrine rappelle la coloration que l'on voit chez les vieilles femelles stériles. M. Phillips possède un sujet de ce dernier genre qui porte la même teinte sur la poitrine. Les ailes, qui sont longues et pointues, et même aussi la queue, rappellent encore le Faisan. — L'Oiseau fut ensuite montré à la Linnean Society de Londres et les ornithologistes présents se prononcèrent pour un hybride de Blackgame (*T. tetrix*) et de Grouse, sentiment que ne put partager M. Phillips. La note de M. Phillips fut critiquée par M. W. C. Ashdown dans le « Hereford Times » (N° du 14 Janvier 1890). M. Ashdown est convaincu que l'on a affaire à un mélange de Red Grouse (*L. scoticus*) et de common Partridge (*Perdix cinerea*). Nous ne ferons point connaître toutes les raisons que celui-ci développe ; nous dirons seulement, d'après lui, que la carcasse ressemblait de très près à celle d'une Redlegged Partridge (*P. rubra*), et que la chair était blanche. Cette dernière particularité arrête principalement l'attention de M. Ashdown. — En présence de cette divergence d'opinions, M. Cambridge Phillips crut devoir montrer l'Oiseau extraordinaire au professeur Newton, puis à Lord Lilford, qui, finalement, ne virent dans cette Grouse qu'une aberration de couleur de *Lagopus scoticus.*

(1) N° de Janvier 1895, p. 20 ; ce numéro nous arrive au moment où nous corrigeons nos épreuves d'imprimerie, mises déjà en pages, en sorte que nous ne pouvons reproduire la critique qui vient d'être faite par M. Henry H. Slater, lequel considère la Grouse en question comme une « barren grey-hen assuming mal · plumage » ; ce que ne conteste pas du reste le Rév. Macpherson.

obtenu en captivité, il est fort probable que l'origine qu'on lui suppose est bien établie.

Nous voulons croire aussi que l'exemplaire décrit par le professeur Malm sous le nom de *Lagopotetrix* est bien nommé. Nous ne l'avons cependant pas vu. Il avait été acheté, on se le rappelle, le 15 décembre 1876, sur le marché de Gothenbourg (Suède), et avait, paraît-il, été rencontré dans une localité où l'espèce *scoticus* avait été introduite plusieurs années auparavant (1).

Ainsi, des vingt-cinq exemplaires que nous avons cités en débutant, l'authenticité d'un très petit nombre est reconnue ; et combien ont été obtenus à l'état sauvage ? nous l'ignorons. Nous devons néanmoins des renseignements plus complets sur les pièces qu'on a bien voulu nous laisser examiner. Et d'abord, nous donnerons le signalement très précis de l'exemplaire de M. Colquhoun, c'est-à-dire de l'exemplaire qui est conservé au Museum of Science and Art d'Edimbourg, car, on le voit, il est pour nos études d'une très grande utilité.

Exemplaire du Museum of Science and Art d'Edimbourg. — La couleur générale est le violacé luisant, teinté de roux ; ceci forme comme le fond de la couleur. Mais tout le corps est tacheté de petits points blancs donnant quelque peu l'aspect de légers flocons de neige répandus sur le plumage. Ces gouttes blanches apparaissent surtout sur les ailes, sous le ventre et plus légèrement au cou et sur le dos, où elles deviennent très fines. Elles se forment à l'extrémité de la plume qui se trouve ainsi comme bordée de blanc. Le devant de la poitrine, qui est roux violacé, est dépourvu de ces taches blanches ; un plastron uni se forme ainsi et s'étend jusqu'au dessus des ailes. La queue est presque absolument carrée ; du côté droit seulement, les rectrices les plus extérieures s'allongent quelque peu. Au bout des plumes on aperçoit le trait terminal ⎯⎯⎯⎯⎯ propre au *tetrix ;* les plumes des pennes sont bordées à leur extrémité de blanc fin.

Les couvertures de la queue sont assez rousses, les inférieures sont blanc mélangé de taches rousses en petite quantité, dans le

(1) Cette indication, qui est donnée dans un mémoire de M. Collett : « *Hybrid Grouse* », Proceed. of the Zool. Soc. of London, pp. 224-240, 1886, était passée pour nous inaperçue. Elle est cependant très importante, car elle confirme l'opinion que nous avons émise souvent : à savoir, que beaucoup de croisements sont déterminés par des changements introduits par l'action de l'homme dans l'habitat des espèces mères qui contractent des mélanges.

genre du plumage du Rackelhane. Les couvertures inférieures des
ailes sont tout à fait blanches. La barbe extérieure des pennes
rémiges est tachetée; elle n'est point d'un ton uniforme comme se
trouve la barbe intérieure. Les ailes sont plutôt gris roux que
violacé brillant, le fond de la couleur est le roux; cette couleur est
aussi celle du corps.

Le bec est foncé, les ongles et les doigts *sont très clairs*; la plume
des tarses est d'un gris souris blanchâtre, *elle recouvre les doigts
dans le premier tiers de leur longueur.* Nous comptons six ou sept
rémiges primaires, dix-neuf rectrices, (les plus extérieures sont, on
l'a dit, du côté gauche), la barbe est malheureusement usée. La
première penne de l'aile est longue, (cette première penne nous
paraît plus longue relativement que chez le *Lagopus*).

Longueur totale de l'Oiseau : 0,467 jusqu'au bout des rectrices
médianes et 0,476 jusqu'au bout des rectrices extérieures les plus
étendus. L'aile mesure 0,245, mais les plumes paraissent usées
à leur extrémité.

On peut dire que ce spécimen est un véritable intermédiaire entre
le *Tetrao tetrix* et le *Lagopus scoticus*; le mélange des teintes des
deux espèces est très accusé. Cet hybride, authentique, puisqu'il a
été produit en captivité, rappelle le *scoticus* : par l'absence complète de la barre blanche qui traverse l'aile du *tetrix*, par la coupe
presque carrée de la queue, par le ton roux qui forme le fond de la
couleur, par le bec un peu plus faible et moins noirâtre que celui
du *tetrix*, par la couleur blanche de ses ongles (1) et de ses doigts,
par le dessin piqueté du dos, de la croupe et des couvertures supérieures de la queue. Néanmoins son aspect fait songer au *Tetrao
tetrix*. — Nous avons fait peindre cet échantillon précieux qui peut
servir de type.

Exemplaire appartenant à M. Dresser, de Londres. — Cette pièce
est en peau; nous n'en avons point fait faire le portrait, d'abord
parce qu'il est difficile pour le peintre de reconstituer les formes
d'un Oiseau dont l'aspect n'est pas connu, puis aussi parce que
M. le Dr A. B. Meyer, de Dresde, en a publié une lithographie coloriée
dans son grand album : « *Unser Auer-Rackel-und Birwild* (2). » Cette
lithographie qui est de dimensions moindres que l'Oiseau, (elle le
représente seulement aux deux tiers de sa grandeur), nous paraît assez
exacte. Cependant la couleur de la plume qui couvre les tarses est
trop claire, celle des ailes est trop claire aussi. Puis la queue n'est

---

(1) Un *L. scoticus*, du Musée de Rouen, a cependant les ongles foncés.
(2) Wien, Verlag von Adolph W. Künast, 1887.

point assez échancrée ; les rectrices extérieures dépassent davantage, dans l'original, les pennes médianes ; les couvertures sont aussi chez le même plus nettement bordées.

La pièce, nous l'avons dit, présente beaucoup d'analogie avec celle que l'on conserve au Musée d'Edimbourg ; elle nous paraît toutefois plus forte ; la queue est aussi plus échancrée, tout au moins les rectrices les plus extérieures s'avancent davantage en pointe ; la coloration générale est plus foncée et les points blancs neigeux sont moins accusés, notamment à l'extrémité des plumes ; nous croyons encore le bec et les doigts plus foncés, surtout ces derniers (1).

A part ces légères différences, on ne saurait sans doute se représenter plus exactement l'hybride des deux espèces *tetrix* et *scoticus*. Un caractère principal, la grande taille de l'Oiseau, s'explique difficilement ; dans l'hypothèse d'un croisement, on préférerait rencontrer un produit de taille intermédiaire. Mais le bec est beaucoup plus faible que chez le *tetrix* ; puis, il n'existe point, à la manière de cette espèce, de blanc à l'épaule ni en travers de l'aile ; il faut noter encore que le pointillé roux du plumage indique complètement le *scoticus* ; ce pointillé ne rappelle même pas le plumage du jeune *tetrix* en mue, point davantage la plume du sexe femelle de cette espèce.

Exemplaire du Kelvingrove Museum de Glascow. — L'Oiseau est aussi fort qu'un *tetrix* dans tout son ensemble ; le bec est cependant plus faible et de couleur moins noire, il est corne foncée. Sa teinte générale est le brun violacé, les plumes sont toutefois parsemées de blanc à leur extrémité ; cette particularité se produit en abondance sur l'aile, et aussi sous la gorge, sur la croupe, sur les côtés et sous le ventre. Le dessus de la tête et du cou est finement piqueté de blanc grisâtre. Le tour de la poitrine est foncé et tire sur le brun bleu. Une tache blanche existe sur l'épaule ; on n'aperçoit pas sur l'aile le miroir transversal propre au *tetrix*. La queue est presque carrée, quelques rectrices extérieures dépassent seulement un peu les autres pennes. On n'aperçoit point, sauf sur une ou deux pennes, la coupe terminale des plumes du *tetrix* ——————. Le dessous de la queue est blanc comme chez cette espèce. La plume des tarses, qui est de couleur brun souris, descend sur les doigts, mais elle ne les recouvre que très faiblement, environ d'un tiers de leur longueur. Les doigts sont de couleur corne, et non noirâtres comme

(1) Nous ne possédons plus, au moment de notre examen, l'exemplaire d'Edimbourg qui a été renvoyé.

chez le Tetras lyre ; les ongles sont bruns. Une touffe de plumes blanchâtres couronne le tarse. Au-dessus des yeux, l'empailleur a indiqué un espace nu et rouge, mais d'une manière peu naturelle, trop accentuée.

L'espèce *scoticus* semble être rappelée, chez ce grand exemplaire, par la teinte brun chocolat qui se laisse voir sur le violacé, par les petits points très fins et de couleur blanche qui terminent les plumes, surtout par les plumes du dos et la forme presque carrée de la queue. La même espèce est encore rappelée par les plumes qui descendent sur le premier tiers des doigts, peut-être aussi par la deuxième rémige de l'aile, qui semble être, comparativement, de la longueur de celle correspondante du *scoticus* (1). Malgré le rappel évident de cette dernière espèce, ce spécimen s'éloigne de celui du Musée d'Edimbourg, aussi il nous laisse quelques doutes sur l'origine qu'on lui suppose.

Exemplaire du Musée de York. — Voici une pièce qui nous déroute complètement ; non seulement elle diffère notablement de l'Oiseau produit en captivité et qui nous sert de type, mais elle s'éloigne aussi du dernier exemplaire qui vient d'être décrit ; elle ne se rapporte pas non plus au sujet tué par M. Alex. Doughty, et dont la description va suivre. — Par sa taille, l'Oiseau est intermédiaire entre le *tetrix* et le *scoticus*, les dimensions de son bec sont aussi intermédiaires. Les doigts sont nus et de couleur cuir de botte ; les jambes ne sont que légèrement emplumées ; sur le devant cependant ces dernières parties sont bien garnies, mais les plumes sont très courtes et comme râpées. La forme de la queue annonce le *tetrix*, quoique les rectrices extérieures ne soient pas très longues ni recourbées absolument ; l'échancrure se trouve très large vers le milieu. Les rectrices extérieures allongées ne sont pas égales, d'un côté elles paraissent usées.

Sous la gorge le dessin des plumes affecte la forme d'écailles, elles sont grises avec du brun et du blanc ; sur les joues on voit encore quelques-unes de ces écailles, mais celles-ci sont de couleur jaune. Sur la nuque il y a des reflets noir bleu ; ces mêmes reflets se voient, dans de moindres proportions, sur le dos et sur le devant de la poitrine. Tout le plumage de l'Oiseau est un mélange de gris, de brun et de noir ; le brun domine. Les rémiges sont claires, surtout sur leurs barbes extérieures. Le dessous de la queue est blanc pur ; il n'existe pas de peau rouge au dessus de l'œil.

Cette fois, l'Oiseau est plus *scoticus* que *tetrix*, cependant ses

(1) L'espèce *tetrix* paraît la porter plus courte (relativement).

doigts nus et sa queue échancrée rappellent bien la dernière espèce.
Il faut encore remarquer qu'il possède des épaulettes blanches,
l'épaulette droite est même très bien accusée.

Serait-ce une vieille poule stérile *tetrix*? Nous ne saurions le juger.
Exemplaire abattu par M. Alexandre Doughty (de Liverpool). — Cet
exemplaire est au moins de la taille d'un beau *tetrix*, les ailes sont
très petites, comparativement au corps, mais nous pensons que
chez l'espèce *tetrix* l'aile est également petite. Le cou et la tête sont
bruns, le dessin peut aussi bien être du *tetrix* (femelle) que du
scoticus, il représente peut-être mieux le dessin de la première
espèce. Tout le dessus du dos, de la queue, des ailes, sont d'un
brunâtre noir et les flancs sont quelque peu d'un noir violacé.
Souvent les plumes se terminent, à leur extrémité, par ces taches
neigeuses que nous avons déjà signalées. Le devant de la poitrine
rappelle par sa teinte métallique le plumage du *tetrix*. Les plumes
des tarses descendent légèrement sur les doigts ; une touffe de
plumes couronne le haut du tarse. Un arc rouge domine l'œil;
le bec est moins fort que chez le petit Coq de bruyère, moins
foncé aussi, et la plume s'avance très en avant sur la mandibule
supérieure; les doigts et les ongles sont brun foncé. La forme de
la queue est très échancrée, mais comme les rectrices s'étagent
en s'allongeant dès le milieu, la queue ne donne aucunement l'aspect de la lyre, comme chez le *tetrix*. A peine si on aperçoit au
bout des rectrices la forme suivante ⌒. Il n'existe
aucune raie blanche sur les ailes, qui sont étendues chez le sujet
empaillé. — Cet exemplaire est très intéressant, on le voit; mais
il s'écarte, comme celui du Kelvingrove Museum de Glasgow, de
l'individu que nous avons pris pour type. Si ses ongles et ses
doigts étaient clairs, comme le sont les doigts et les ongles de ce
dernier, ou bien si la plume couvrait davantage les pieds, si encore
la queue était carrée, ces traits, avec ceux qu'il possède déjà,
seraient de bons indices du mélange du *scoticus* avec le *tetrix;*
mais les caractères que nous signalons manquent. Il est donc bien
difficile de se prononcer sur la véritable nature de cet Oiseau.

Nous avons remarqué que les plumes des couvertures inférieures
de la queue sont blanches tachetées largement de foncé, dans le
genre de celles de l'*urogallus*, mais la barbe tachetée est brune
et non noire. Ceci n'existe ni chez le *scoticus* ni chez le *tetrix*. Cette
particularité se comprend néanmoins facilement si l'on songe que
les couvertures dont nous parlons sont blanches chez le *tetrix*,
rousses chez le *scoticus*. Nous remarquons qu'il n'y a pas de touffes

mélangées des deux couleurs, mais division et partage (ce qui montrerait que la fusion des caractères des espèces pures ne s'établit pas par l'hybridation ?) La particularité dont nous nous occupons serait un signe réel du croisement des deux espèces, car une femelle *tetrix* stérile, prenant la livrée du mâle, ne rappellerait pas sans doute la teinte rousse du *scoticus*, ainsi que cela se produit dans le cas présent.

Le taxidermiste qui a dépouillé cette Grouse prétend, du reste, qu'elle est de sexe mâle et que son examen lui permet de faire cette affirmation (1). La seule différence qu'il ait trouvée est que le développement des organes est moindre que dans les espèces pures.

Les vieilles Poules de la collection de M. van Kempen ont la queue complètement en lyre : c'est l'indice le plus certain de leur nature *Tetrao tetrix* ; ce caractère éloigne toute idée de mélange avec le *scoticus*. Cependant M. van Kempen nous assure qu'il possède d'autres vieilles Poules qui n'ont aucun rapport avec ces dernières ; elles ont, nous dit-il, l'apparence du Coq *tetrix* et n'ont en aucune façon leur plumage mélangé à la manière de celles que nous critiquons. Les vieilles Poules stériles que M. le Dr A. B. Meyer a représentées diffèrent aussi de ces dernières. M. van Kempen a donc catalogué les deux échantillons en question comme hybrides de *scoticus* ou *tetrix*, et les a indiqués de nouveau sous cette dénomination dans un travail récent (2) ; mais c'est à tort, pensons-nous.

Nous n'avons point reçu, à notre grand regret, les deux exemplaires qui sont conservés à l'Hunterian Museum de Glascow (Collection de l'Université). Un de ces deux exemplaires provient, comme nous l'avons indiqué, de chez sir Colquhoun et, vraisemblablement, du croisement obtenu en captivité (3).

M. le professeur Young, directeur du Musée, auquel nous les avons demandés à diverses reprises, n'a pas cru devoir nous les communiquer, parce que ces pièces sont montées. Un intérêt considérable s'attache à ces deux Oiseaux, car si l'individu abattu à l'état sauvage ressemble à celui qui a été obtenu en captivité, l'hybridisme libre du *Tetrao tetrix* et *Lagopus scoticus* peut être affirmé. — Nous disons « l'individu abattu à l'état sauvage », car nous supposons qu'il s'agit bien de la Grouse mentionnée dans les

---

(1) D'après notre correspondance avec M. Alexandre Doughty.
(2) Mém. de la Soc. Zool. de France.
(3) Racontés *in* « *The moor and the lock* ». p. 95, new edition, 1888.

Proceedings de la Société d'Histoire naturelle de Glascow (1),
c'est-à-dire de la Grouse qui fut présentée en 1874 à l'une des
séances de cette société (2) par M. James Lumsden et qui fut tuée
dans le « South Ayrshire » au commencement du mois de Décembre
de l'année précédente. — Nous pouvons faire erreur cependant,
car M. Willam Stewart, clerk of senate, nous indique l'Oiseau comme
ayant été offert par M. Brown, ce qu'une lettre de M. Paton,
(directeur du Kelvingrove Museum) paraît en outre confirmer.
Notre embarras est d'autant plus grand que M. le professeur
Young nous indique l'hybride d'Ayrshire comme devant être reporté
au croisement du *Tetrao tetrix* ♂ × *T. urogallus* ♀ ! — Il y a certainement confusion dans les renseignements qui nous ont été donnés.

N'ayant même pu obtenir la peinture des deux Grouses en question (3), nous nous sommes décidé à adresser à M. J. A. Paton, (dont
nous connaissons la grande obligeance), l'aquarelle du second
hybride obtenu en domesticité et conservé au Museum of Art
d'Edimbourg, le priant de bien vouloir nous faire savoir : 1° si cette
aquarelle est conforme à l'autre sujet de même provenance et
conservé à l'Hunterian Museum ; 2° si l'hybride présenté par
M. James Lumsden (ou par M. Brown ?) lui ressemble.

M. Paton, en réponse à notre demande, nous a adressé les indications suivantes :

« L'aquarelle est d'une couleur trop rouge pour se rapporter à
l'un et à l'autre.

» L'Oiseau empaillé de sir Colquhoun mesure actuellement 46ᵐᵐ(4).
Les tarses sont emplumés jusqu'au milieu des doigts ; les parties
supérieures du corps sont de la couleur de la Red Grouse, mais
elles sont plus foncées ; les parties inférieures sont semblables à la
Black Grouse, on y aperçoit les demi-lunes caractéristiques de
la rouge. Le cou par devant est muni de ces taches qui sont blanches et fines ; la queue est très visiblement fourchue (ou plutôt
échancrée) (5).

» La pièce tuée dans le South Ayrshire est longue de 51ᵐᵐ (6).
Toutes les parties supérieures ressemblent au plumage assombri de

(1) Page 263, vol. II, part. II. Glascow, 1876.
(2) Séance du 1ᵉʳ Décembre 1874.
(3) Qui cependant auraient été peintes autrefois, d'après une communication que
veut bien nous faire parvenir M. F. H. Newbery (of the Glascow School of art).
(4) Nous supposons que M. Paton a voulu dire 46 centim.
(5) M. Paton se sert de l'expression « *forked* ».
(6) Nous supposons encore que M. Paton veut dire 51 centim.

la Red Grouse. Le haut de la poitrnie est d'un brun sombre ; le ventre
est plus foncé avec une ligne blanche à son milieu. Les couvertures
supérieures et inférieures de l'aile sont très tachetées de blanc ; le
gosier est d'un rouge de rouille très accentué. Les tarses sont
couverts de plumes serrées en plus grand nombre que chez le
précédent (dont les plumes sont plus lâches et plus flottantes),
mais ils couvrent, comme chez celui-ci, le milieu des doigts.
Enfin la queue est noire, plus large et plus fourchue que chez le
premier. »

Il est facile de voir, par ces quelques indications, que l'Oiseau
sauvage est encore plus grand que l'Oiseau domestique et que sa
queue rappelle plutôt celle du *tetrix* que celle du *scoticus* : deux
marques, au moins la première, qui caractérisent les autres pièces
(tuées ou non) à l'état sauvage que nous avons décrites.

Des examens que nous avons faits, ainsi que de la description
qui nous est adressée par M. Paton, il résulte que celles-ci présentent évidemment des analogies avec les hybrides de sir Colquhoun ;
les demi-lunes ou points blancs que l'on aperçoit à l'extrémité de la
plume les en rapprochent notamment. Nous n'osons néanmoins,
(à l'exception du spécimen de M. Dresser), les déclarer de véritables
hybrides vu la grandeur de leur taille, l'échancrure de leur queue
et la nudité de leurs doigts. Le spécimen de South Ayrshire a
cependant les doigts à moitié recouverts de plumes. Il est donc
désirable que M. le professeur Young revienne sur sa détermination
et qu'il se décide à nous communiquer les deux pièces de son
Musée. Peut-être, s'il eût consenti à nous faire cet envoi, nos
hésitations eussent-elles cessé.

LAGOPUS ALBUS et TETRAO TETRIX.

(Se reporter p. 67 ou p. 320 des Mém. de la Soc. Zool., 1890).

Quoique bon nombre d'exemples du croisement de ces deux
espèces aient été cités, plusieurs omissions ont été faites ; quelques
cas nouveaux sont encore à signaler.

M. le Dr Günther nous informe en effet qu'au British Museum on
conserve la dépouille d'un *T. tetrix* × *L. albus* en costume d'hiver,
dont nous n'avions point parlé, et M. N. Nazzonow, de Varsovie, nous
signale au Musée Zoologique de l'Université de sa ville un exemplaire
sur lequel est écrit de la main de M. Tatchanowsky l'indication

« *Lagopus-tetrici-lagopus* » (1). M. le baron Ed. de Selys-Longchamps a bien voulu nous communiquer aussi un exemplaire qu'il a obtenu en échange, vers 1842, de son ami le prof. Carl. Sundevall, à cette époque directeur du Musée de Stockholm. M. van Kempen nous a encore adressé deux autres pièces, mais l'une d'elles, achetée en Allemagne, nous laisse des doutes sur l'origine qu'on lui suppose.

Enfin, M. E. Dresser, de Londres, nous a fait parvenir un Riporre ♂ en peau, obtenu à Roros en 1882. Nous avons du reste reçu, pour les examiner, un grand nombre d'hybrides dont nous ferons bientôt la description.

Disons encore que M. Hugo J. Stjernvall, de Borga, a bien voulu nous fournir des indications sur ces hybrides dont l'existence est, paraît-il, très rare en Finlande ainsi qu'en Laponie, car il n'a jamais vu qu'un seul spécimen, bien qu'il ait passé cinq années dans ce dernier pays, où il s'est occupé de questions d'histoire naturelle. L'oiseau qu'il a vu avait été obtenu à l'aide d'un lacet qui sert d'habitude à prendre les espèces de *Lagopus*. Les couleurs de ce spécimen étaient très bariolées comme chez le *Lagopus* en mue, mais beaucoup plus sombres.

Le montage ayant été mal pratiqué, les mesures n'ont pu être prises que très incomplètement. Les paysans, qui sont tous d'excellents chasseurs, n'avaient jamais entendu parler d'un tel Oiseau. C'est inutilement que M. Stjernvall a demandé dans la suite des renseignements sur ce genre d'hybrides ; cette rencontre est tout à fait extraordinaire, ce qui, ajoute-t-il, n'est point surprenant, les parents ayant des habitudes très différentes. M. Sundevall avait déjà fait part à M. de Selys-Longchamps de la rareté de cet Oiseau en Laponie (2).

Il est remarquable que le mélange du *Lagopus albus* et du *Tetrao tetrix*, constaté sur différents points de l'Europe, l'ait été également en Amérique depuis l'introduction de la dernière espèce à Terre-Neuve. Le « *Forest and Stream* » de New-York, a mentionné, au mois de décembre 1888, la capture d'une Grouse paraissant croisée de gibier noir (Black Game) et de Ptarmigan de Terre-Neuve, le *Lagopus alleni*, Stejn., qui n'est autre que la variété du *Lagopus albus* ou plutôt le même Oiseau, comme nous avons pu le constater sur

---

(1) Serait-ce à l'occasion de cet exemplaire que feu M. Tatschanowsky nous avait parlé d'un hybride « *tetrix* × *mutus* » (p. 56 et p. 309 des Mém.), mais que M. Nazzonow n'a pu rencontrer nulle part dans ce Musée ?

(2) Communication de M. de Selys-Longchamps.

un spécimen que nous a procuré M. A. Worthen, naturalist-dealer à Warsaw (Illinois). La description de l'hybride supposé, envoyé de Trépassez et qui avait attiré l'attention de M. Marc et d'autres personnes, a été donnée avec quelques détails par le journal sportique de New-York (1) ; il résulte de cette description que la queue est bifurquée, que le bec est court et courbé à la manière de celui du gibier noir, tout-à-fait différent de celui du Ptarmigan ; que les ongles sont du *T. tetrix*. Le plumage du dos est un mélange des plumes des deux espèces ; la couleur est brune avec des taches noires ou des barres (à cette époque de l'année les Ptarmigans de Terre-Neuve sont devenus tout à fait blancs). Le poids de l'Oiseau atteignait presque le double de celui d'un Ptarmigan de la même saison. Le descripteur ajoute que tous les chasseurs qui ont examiné cette pièce reconnaissent qu'elle est croisée de Ptarmigan et de Blackgame. — Si cette assertion est vraie, on ne doit voir dans ce produit que le résultat de l'importation d'un nouveau gibier qui, dépourvu de femelles de son espèce, cherche des Poules ailleurs pour se reproduire.

Le *Forest and Stream* a donné sur l'importation des *tetrix*, faite en deux envois composés de vingt spécimens, d'intéressants détails que nous croyons devoir reproduire. Ils étaient envoyés d'Ecosse, trois moururent en route, les autres arrivèrent le 21 octobre et le 3 décembre 1886. Les premiers reçus furent transportés entre Halgrood et Salmouxer, les seconds à quelques milles de cet endroit. Bientôt on apprit, par de nombreux rapports, qu'ils prospéraient et se multipliaient; plusieurs avaient été vus à Bay Saint-Georges et à Trépassez, sur la côte méridionale de l'île. Il est à noter que c'est à cette place précisément que fut obtenu le Ptarmigan croisé qui fait l'objet de cet article.

Nous avons dit que bon nombre de pièces, référées au croisement du *Lagopus albus* et du *T. tetrix*, nous ont été gracieusement adressées. Les examens que nous avons faits de ces Oiseaux, presque tous montés, nous ont laissé quelques doutes sur leur réelle origine hybride, quoiqu'elle se laisse cependant supposer par divers caractères intermédiaires; mais ces caractères ne sont pas assez nets pour entraîner une entière conviction. L'hybridité de quelques-uns est à rejeter complètement.

Voici quels ont été ces envois :

	Mâles	Femelles
Collection de M. van Kempen, de Saint-Omer.	2	»
Musée de Stockholm (par M. Smidt)	1	1

(1) N° du 27 Décembre 1888, p. 455.

	Mâles	Femelles
Musée de Christiania (par M. Collett)	1	1
Musée d'Upsala (par M. Tycho Tulberg)	1	3
Musée de Dresde (par M. A. B. Meyer)	3	1
Collection de M. de Selys-Longchamps	1	»
Musée.de Leyde (par M. Jentinck)	1	»
Collection de M. Dresser, de Londres	1	»
Musée de Tromso (par M. J. Sparre-Scheider)	2	1

En tout vingt échantillons, dont treize mâles et sept femelles.

DESCRIPTIONS.

Collection van Kempen. — N° 764. Sur l'étiquette, on lit : *Tetrao hybridus*, *Tetrix* cum *Lagopo albo*, mâle adulte, Archängel, 1879 (Collection de Givenchy).

L'Oiseau est plus fort et plus long que l'*albus*; les pattes sont emplumées, très fortes ; les ongles sont très longs. Le bec est à peu près des dimensions de celui du *tetrix*. Il n'existe point au-dessus de l'œil de peau nue. Les pattes et les pieds sont très fortement emplumés, les plumes sont blanches sur le devant des tarses; près du pied on aperçoit un peu de gris mélangé. Les parties inférieures du corps sont blanches, ainsi que le dessus du cou ; le dessus du dos, du croupion et de la tête est d'un noir gris foncé. Cette teinte semble indiquer l'influence du *tetrix*. Une particularité se laisse voir à la queue : les rectrices extérieures du côté gauche semblent manquer, tandis que les droites sont fort longues. Si la queue, au lieu de suivre l'inclinaison du dos, avait été relevée par l'empailleur, l'échancrure du milieu se trouverait très prononcée ; les rectrices extérieures n'auraient pu toutefois s'arrondir assez pour former la lyre. Là encore l'influence du *tetrix* est très visible. En somme, l'Oiseau paraît être un bon intermédiaire entre les deux types. Nous avons peint de grandeur naturelle ce bel échantillon.

Exemplaire de la même collection, N° 700, acheté chez le Dr Rey.— Cette pièce est montée comme la précédente. A la patte pend une étiquette sur laquelle on lit : « *Tetrao lagopides* (hybrid) Nilson, september. Weliki-Ustyng, Wologodrch Govern.» Les mots : «(Sibérie) ♂ ad. » figurent sur une autre étiquette.

L'Oiseau est de toute petite taille, comme *mutus* ; on l'aurait considéré comme provenant de cette espèce avec l'*albus* que la supposition eût été très vraisemblable. Cependant il faut reconnaître que la queue est échancrée; les rectrices, sans se recourber extérieure-

ment en lyre, dépassent très visiblement les médianes (et sans
doute sont plus longues que celles correspondantes de l'*albus*); mais
est-ce bien leur disposition naturelle? — Il semble que l'on aperçoive
au dessus des yeux un commencement de peau nue et rouge. Dans
les parties foncées, le plumage n'est pas aussi roux que celui de
l'*albus* ; çà et là existent quelques plumes presque entièrement
noires. Les pattes sont emplumées, les plumes sont blanches ; les
doigts ne sont pas couverts, il n'existe de plumes qu'à leur début. Les
grandes rectrices de la queue sont noires, sauf les plus extérieures;
elles sont bordées assez largement de blanc, bordure qui n'existe
pas chez le *tetrix*; deux ou trois rectrices seulement présentent
cette terminaison ⌒. Les autres bordures terminales
se rapportent bien à l'*albus*.

La petitesse de cet exemplaire, très intéressant, nous empêche de
le croire *tetrix* × *albus*; on le supposerait plus volontiers hybride
de *bonasa* et d'*albus*. Mais comment alors expliquer la forme de la
queue, qui est échancrée? — Nous en conservons une aquarelle
exécutée de demi-grandeur par M. Prévot.

Musée de Stockholm. — Pièce montée; sur l'étiquette, on lit :
« *Tetrao tetrix lagopides* Nils♂. Jemtland. Déc. 1835 (Juk) Riporre,
n° 1. » (C'est sans doute une pièce ayant déjà servi aux ornithologistes suédois pour leurs descriptions du Riporre). Elle offre
beaucoup d'analogie avec le n° 764 de la collection van Kempen;
le plumage est à peu près du même ton, quoique un peu moins
foncé et plus parsemé de blanc; elle est aussi notablement plus
forte. Chez elle encore, les rectrices extérieures sont plus longues
d'un côté que de l'autre, mais cette particularité se montre du côté
gauche; puis on n'aperçoit point de larges taches blanches. Les
pattes sont bien emplumées, ainsi que les ongles : les plumes sont
d'un blanc sale jaunâtre; sur le devant des tarses se montre du
brun jaune piqueté de blanc. Les ongles à leur extrémité sont blancs,
ils sont foncés vers leur racine, le bec est fort, mais n'atteint pas les
dimensions de celui du *tetrix*. L'Oiseau paraît donc un bon intermédiaire entre *albus* et *tetrix*.

Musée de Christiania. — Riporre ♂, (tué en Norwège pendant
l'hiver, nous dit M. le prof. Collett). Cette pièce est fort jolie, bien
empaillée, très agréable d'aspect. De forte taille, presque *tetrix*; bec
également fort ; doigts en partie emplumés. Les plumes sont de
couleur blanche comme elles le sont sur les tarses ; elles sont très
fines et d'une grande épaisseur. Les rectrices extérieures sont
d'égales dimensions des deux côtés; la queue, comme chez le Coq

lyre, est échancrée ; les couvertures sont bordées largement de croissants blancs, les rectrices médianes bordées de blanc. Plusieurs
rectrices montrent cette terminaison ⌐‾‾‾⌐‾‾‾‾⌐. La barbe
extérieure des rémiges est blanche, tandis que la barbe inférieure est
d'un brun clair grisàtre et tacheté. Pour faire une description
complète de cet Oiseau, il faudrait décrire, pour ainsi dire, chaque
plume, et ce d'une manière minutieuse. Dans son aspect général
il est plutôt blanc que noir. C'est sur le dos, la tête, la croupe et
aux couvertures de la queue qu'il est davantage marqué de
grisâtre et de noir. Les ongles des doigts sont longs et colorés. Le
pouce est complètement caché par les plumes des pattes qui sont
fortes et blanches. Le dessus de la queue est très blanc, tandis que
les grandes rectrices sont noires en dessus et en dessous. Il n'existe
point de tache blanche sur l'épaule ; un commencement de miroir
blanc se montre sur l'aile.

Musée d'Upsala (Suède). — Sur le socle, on lit : « *Tetrao Lagopides* ♂
Riporre, Mus. Thumberg. » On voit par là que l'Oiseau a appartenu
au naturaliste de ce nom, ce que nous confirme l'expéditeur
M. Tycho Tulberg. Ce spécimen est encore très fort, au moins très
long, aussi long que le *tetrix*, sauf les rectrices extérieures, lesquelles ne sont nullement recourbées, quoique la queue se trouve
fortement échancrée. Quelques rectrices médianes ne montrent
point la coupe terminale du *tetrix* ; celles qui affectent cette forme
la montrent irrégulière et très peu sensible à l'œil. Beaucoup
de rectrices sont largement bordées de blanc à la manière de
l'*albus* ; toutes sont d'une couleur chocolatée, d'un brun difficile à
définir, où l'on aperçoit un mélange de violacé, mais terne.

Toutes les parties foncées de l'Oiseau sont du reste de ce brun
chocolat violacé terne et sale ; on ne découvre point une seule
plume noire. Les barbes des rectrices sont de couleur uniforme ; la
croupe brune est parsemée de petits points blancs. La couleur
blanche et la couleur foncée des plumes sont à peu près réparties
dans une égale mesure. Les tarses ne sont pas très emplumés ; les
plumes descendent sur les doigts sans couvrir les ongles ; mais les
ongles, qui sont très blancs dans leur plus grande partie et vers leur
extrémité, paraissent en avoir été autrefois recouverts, car les pieds
sont encore emplumés en dessous. L'iris (artificiel) est rouge. Le
bec n'atteint pas les dimensions du bec du *tetrix* ; il n'est pas de
couleur foncée, néanmoins il est moins clair que celui du Lagopède.

Quoique cette pièce soit presque de la forme du *tetrix*, quoique
les rectrices extérieures soient longues et la queue échancrée, elle

annonce bien un hybride. Elle a été peinte à l'aquarelle de demi-grandeur par M. Jules Adeline.

Musée de Dresde (Saxe). — M. le Dr A. B. Meyer a eu la bonté de nous envoyer une autre pièce qui n'a point encore été décrite et qui diffère uniquement du *L. albus* par quelques taches noires sur le poitrail et plusieurs autres taches très effacées sur le devant du cou. Les rectrices extérieures sont noires, mais la queue n'est nullement échancrée ; du reste, ces plumes sont bordées de blanc, à la manière du *L. albus* ou du *L. mutus*, et celles du dessus de la queue sont entièrement blanches. Comme dimensions, l'exemplaire est de la taille du *L. albus ;* le bec n'est pas plus fort que dans cette espèce. Tout le reste du plumage est blanc, ainsi que les plumes des pattes. Les pieds sont en outre fortement emplumés jusqu'aux ongles qui sont blancs comme *albus*. En sorte, on le voit, que l'hybridité de cet Oiseau ne pourrait être présumée que par les quelques rares taches noires de devant. Ces taches noires (causées peut-être par un mélanisme) sont-elles suffisantes pour affirmer sa double origine ? Nous ne le pensons point. Mais l'Oiseau est peut-être le descendant d'un hybride croisé plusieurs fois d'espèce pure ; cette supposition est toute gratuite. — Il provient, nous dit M. Meyer, de la Norwège.

Le savant docteur a bien voulu nous adresser en communication un autre spécimen, non encore décrit et semblable à celui qui est figuré à droite sur la pl. XIV de son ouvrage. Cet Oiseau provient aussi de la Norwège, du Wermeland ; il porte la date du 15 janvier 1886. Il est petit, relativement à d'autres pièces ; il est moins fort que *tetrix*, mais plus grand que *Lagopus*. Les plumes des tarses descendent jusque sur les doigts, les plumes ne sont point aussi serrées que chez *albus*, les ongles sont assez foncés. La queue est échancrée, les rectrices extérieures ne se recourbent point, cependant elles ne dépassent pas de beaucoup les médianes. Détail à noter parce qu'il pourrait prouver l'hybridité de cet Oiseau : les deux rectrices médianes (et même les autres rectrices qui sont rapprochées de ces plumes) n'ont point la terminaison du *tetrix* ; elles sont rondes ou carrées comme chez le *Lagopus*, en outre bordées de blanc (1). Si cet individu était de l'espèce du *tetrix* et de sexe femelle, cette particularité ne se produirait point sans doute ; du reste, la queue, quoique échancrée, est loin de l'être autant que celle du *tetrix*. Notons, sur le devant de la poitrine, directement sous le cou, un beau plastron de forme allongée

---

(1) Deux ou trois seulement se terminent ainsi

formé de plumes noires en forme d'arc. Au-dessus de l'œil la peau
est nue, mais il n'existe point de rouge. Dans le plumage des
parties inférieures, le blanc domine ; le dessus du dos est noir,
piqueté de blanc ; les couvertures des ailes sont en partie blanches.
Dans les rémiges, c'est la barbe extérieure qui est blanche. Les
rectrices de la queue sont noires, les couvertures supérieures de
cette partie le sont aussi, mais légèrement bordées de blanc. La
croupe est, comme le dos, piquetée de blanc. Le dessus de la tête
et l'espace sous les yeux sont en partie noirs, le front et le cou
blancs. Le bec est très noir : il n'est guère plus fort que celui
du *Lagopus*. L'iris (artificiel) est noir. Les tarses, fortement emplumés, sont de couleur grise ; au-dessus, les couronnant, deux
touffes de plumes. Cet exemplaire est indiqué sous les numéros
9815 et 12659.

Un troisième spécimen nous a été communiqué très gracieusement par le même naturaliste. C'est le Coq Tetrix anormal représenté sur la pl. V de son ouvrage, aux deux tiers de sa grandeur
et vu de dos. Le portrait est très exact et donne une excellente
idée de l'original. Mais, pour nous, un tel Oiseau ne saurait être
considéré comme « *bastard* ; » c'est plutôt, il nous semble, un
albinisme de *tetrix*. Non-seulement il est de la taille du Coq de
cette espèce, mais en outre les ongles sont foncés (1), le bec est de
la forme de celui du *tetrix* et la queue échancrée est très exactement
de cet Oiseau : les pennes rectrices les plus extérieures dépassent
en effet très fortement les médianes et se recourbent en lyre,
puis se découpent comme à l'ordinaire ⎯⎯⎯⎯⎯⎯. Seulement,
elles sont en partie blanchies et se terminent en noir ; si l'on
examine de très près, on aperçoit cependant la petite bordure
blanche ordinaire. En somme, c'est un *tetrix* « sous tous les
rapports, » mais se blanchissant d'une manière très régulière et très
bien ordonnée. En parlant de cet Oiseau, M. Meyer a soin de citer
bon nombre de cas d'albinisme signalés par Nilsson, Beichstein,
Lloyd, Bogdanow, Gloger, Yarrel et autres ; il fait remarquer en
outre que le professeur Collett (auquel il est redevable de ce
spécimen) le considère lui-même comme un albinos. Mais M. Meyer
croit à une forme de « bastard » et donne ses raisons qui sont,
entre autres, « qu'un Oiseau albinos n'est point ordinairement
tacheté de blanc d'une manière aussi régulière. »

Musée de Leyde. — Pièce montée comme les précédentes. On lit
sur le socle : « *Tetrao lagopides*, Nills. *Hybridus* por *Tetrao lagopus*

_____

(1) Les doigts le sont moins cependant.

en *tetrix*. Sept. 1861. Jemtland (Zweden).» L'Oiseau est presque de la taille du *tetrix*, légèrement plus faible. Les plumes des tarses ne descendent point sur les doigts. La queue, par sa forme, indique un commencement de lyre, cependant les rectrices extérieures sont moins recourbées que chez le *tetrix* et bien moins prolongées en avant; l'échancrure est donc moins sensible. On retrouve au bout des plumes la coupe suivante ⌒‿⌒, mais la bordure blanche terminale est très large, à la manière du *Lagopus*. L'Oiseau est long et présente l'aspect d'un jeune *tetrix* en mue ou d'une Poule stérile frappée d'albinisme. Nous doutons donc un peu de son hybridité. Nos raisons sont : 1° qu'il est presque de la taille du *tetrix* ; 2° que le duvet des tarses ne se prolonge pas sur les doigts; 3° que le bec est lui-même plus fort que celui du *Lagopus;* 4° enfin, que les plumes, qui sont colorées de jaune, représentent bien plutôt la teinte jaune du jeune ou de la femelle *tetrix* que la teinte véritablement jaune roux et rouge du *Lagopus*. Nous reconnaissons cependant qu'on retrouve le même ton sur les plumes d'un exemplaire qui nous a été adressé par M. Dresser et dont l'hybridité, on le verra, paraît bien démontrée.

Collection de M. de Selys-Longchamps. — On se rappelle que cet hybride avait été obtenu, en 1842, du prof. Carl. Sundevall. Les parties foncées de son plumage sont d'un brun violacé ; cette teinte est presque uniforme à la queue, devant le cou (partie de la poitrine) et un peu sur le dos, quoique les plumes brunes soient terminées de blanc. Il existe dans l'ensemble du plumage autant de parties foncées que de parties blanches et les deux teintes sont réparties dans d'égales proportions. Tout le devant du cou est blanc uniforme, ainsi que le large plastron qui garnit le devant de la poitrine ; les flancs, dans leur partie inférieure, c'est-à-dire dans la partie la plus rapprochée de la queue et tout le dessous de la queue le sont aussi. Le dos, les couvertures des ailes, les scapulaires sont piquetés. Tel qu'il est monté, l'Oiseau est plutôt de la taille du *Lagopus albus* que de celle du *Tetrao tetrix*, toutefois, il est long et fin; il est élancé aussi et haut sur pattes (1). Le bec, quoique beaucoup plus mince que chez le *tetrix*, est de couleur cuir. Beaucoup de plumes rectrices de la queue se terminent comme chez le *tetrix* ⌒‿⌒, à l'exception de celles du milieu, qui sont bordées de blanc. La queue est échancrée, sans que les pennes extérieures soient recourbées. Les ongles sont très longs et blanchâtres ; les plumes (ou le

(1) Ceci tient sans doute du montage.

duvet) qui couvrent les tarses se terminent vers la moitié des
doigts; elles ne recouvrent donc aucunement les ongles desquels
elles n'approchent point, mais le pied est emplumé en dessous. Les
doigts sont bordés de lamelles espacées comme chez le *tetrix*. Dans
les plumes des pattes, qui sont de couleur jaune, se mélange çà
et là un peu de gris, surtout vers le bas des tarses.

Cet Oiseau paraît donc vraiment un intermédiaire entre les deux
espèces supposées mères : le *tetrix* et l'*albus*. Il se rapproche de la
première espèce par sa queue échancrée, son bec plus long que
chez *lagopus*, ses taches foncées, ses doigts qui ne sont point complètement emplumés. Il se rapproche de la seconde par sa petite
taille, ses ongles blanchâtres, la faiblesse des mandibules, la couleur
blanche de son plumage, ses rectrices extérieures qui ne sont
point recourbées.

Collection de M. Dresser.— La pièce est en peau (1). Sur l'étiquette
on lit : « E. Mus. Univ. Reg. Fred. *Lagopus tetrix albus* ♂, Roros,
10 oct. 82. »

Cet Oiseau nous a vivement intéressé parce qu'il nous a semblé
que plusieurs des plumes jaunes qu'il porte sont celles du *Lagopus
albus*. Si cette remarque est juste, on serait obligé forcément
d'admettre l'origine qu'on lui suppose, car sa queue, très échancrée,
ses plumes noires qui abondent sur son corps, ses doigts en partie
nus vers leur extrémité, sont des caractères propres à l'autre espèce.
Mais, après avoir examiné attentivement un jeune *tetrix* de notre
collection sur lequel les plumes du jeune âge s'aperçoivent encore,
nous avons cru rencontrer des plumes jaunes semblables à celles
de l'hybride de M. Dresser.

En dehors de cette particularité, fort intéressante (que l'on
retrouve du reste, mais dans une plus faible mesure chez l'exemplaire du Musée de Leyde), l'Oiseau ressemble à tous les autres
Riporres que nous avons reçus; il en possède le type et le caractère.
Son dos est très finement piqueté de blanc sous le ventre ; des
plaques noires tachent le poitrail (2) ; les ongles ne sont ni foncés,
ni clairs. Le bec est plus fort que celui de l'*albus*; les rectrices
sont d'un noir uniforme, les médianes sont bordées de blanc ; on
voit, sur toutes, sauf sur celle du milieu, la terminaison que l'on
connaît ; enfin la taille est intermédiaire entre celle des deux

---

(1) C'est le seul exemplaire que nous ayons reçu dans cette préparation, tous
les autres sujets sont montés.

(2) C'est-à-dire que les plumes sont en grande partie noires à cette place et
manquent de blanc.

espèces (1). Nous remarquerons encore que les barbes de la troisième, de la quatrième, de la cinquième et de la sixième rémige primaire sont blanches complètement, ce qui ne se produit pas sur la barbe des premières rémiges, ni sur la barbe des autres pennes. La troisième paraît la plus longue, mais elle ne dépasse guère la quatrième (examen fait du côté gauche). Les marques jaunes (du *Lagopus?*) devaient être assez nombreuses sur le dessus de la tête qui est généralement foncé ; malheureusement cette partie est endommagée et on ne peut la décrire complètement. Toute la gorge est blanc pur, ainsi que la partie du poitrail qui avoisine le ventre ; ainsi en est-il encore de la partie de l'anus et des couvertures inférieures de la queue. Les plumes des tarses et des doigts sont complètement blanches.

La description qui vient d'être faite nous engage à faire les réflexions suivantes :

Si cet Oiseau n'était qu'un simple albinisme de *tetrix*, on ne pourrait expliquer la direction droite des rectrices extérieures ; le *tetrix* a en effet les pennes toujours fortement recourbées ; même chez un jeune *tetrix* de notre collection, la queue se recourbe déjà, quoiqu'on aperçoive encore des marques de jeunesse sur le corps. Enfin, la deuxième penne de l'aile est chez l'exemplaire en question presqu'aussi longue que la troisième, ce qui ne paraît pas exister chez l'espèce *tetrix*.

Musée de Tromso (Norwège). — Deux pièces de sexe mâle nous ont été adressées. Ces deux pièces sont la reproduction, presque exacte, de beaucoup de celles que nous avons examinées jusqu'alors ; leur plumage est seulement plus noir et plus blanc et on ne voit pas de roux. Cependant leur taille diffère considérablement ; l'une d'elles est plus grande que le *tetrix*, l'autre est d'une taille plus ordinaire. Leurs doigts sont en partie emplumés, tandis que leur queue est fourchue. Les rectrices extérieures sont droites, elles ne se recourbent pas en s'allongeant et sont plus courtes que chez le *tetrix*. La queue affecte donc la même forme que chez les exemplaires déjà vus.

Description de l'exemplaire le plus fort (2). —De la taille d'un beau *tetrix* ; bec foncé, (noir) comme chez cette espèce, mais la mandibule supérieure ne dépasse pas la mandibule inférieure. Les pennes

(1) Presque tous les *Riporres* que nous avons examinés sont, en général, de taille plus forte. Par ce point, il en diffère donc.

(2) Cet Oiseau semble provenir de St-Ljdishaet, mois de Mai. Sur le socle on lit : « Grashoppen og Myren En Gras hoppe kom i den strenge, etc. ».

rémiges primaires, au nombre de sept, si nous comptons bien, sont (1) : la première plus courte que la deuxième, celle-ci plus courte que la troisième, la troisième plus courte que la quatrième. Cette dernière est la plus longue. La cinquième diminue ensuite, puis la sixième et la septième. Les barbes extérieures de la première et de la deuxième sont piquetées de blanc : les barbes des autres plumes sont beaucoup plus blanches. Quant aux barbes intérieures, elles sont toutes marquées de la même façon ou à peu près : couleur lisse uniforme près de la tige, puis se pointillant. Les rectrices, noir uniforme, sont presque toutes terminées à leur extrémité par une bordure blanche. Nous avons cherché en vain la terminaison ⌒‾‾‾‾‾ des rectrices du *tetrix*. L'absence de cette coupe terminale serait peut-être un indice d'hybridité, c'est-à-dire de parenté avec le *Lagopus*, puisque les pennes des rectrices de *Lagopus* n'affectent point cette forme ou coupe terminale. En outre ces mêmes plumes sont bordées de blanc comme chez le *Lagopus albus*. Si ces faibles marques peuvent être considérées comme des caractères d'hybridisme, ce sont les seules que nous ayons à relever avec les plumes des doigts, à moins qu'on invoque encore la forme de la queue.

Le deuxième échantillon porte l'indication suivante : « *Lagopus tetrix albus*. Coll. Riporre ♂, Raben, Osterdalen » ; en dessous, au crayon, on lit : « ♂ Aalen 21/10 28/10 18$\frac{21}{10}$ 51 ».

Les plumes foncées ou noires ont un reflet quelque peu brunâtre, reflet qu'on n'aperçoit point sur les plumes de l'exemplaire qui vient d'être décrit. Les ongles sont aussi plus clairs que chez celui-ci ; ils paraissent plus emplumés et leurs plumes sont d'une blancheur plus grande. Le bec est de dimensions moindres, moins noir, plus de couleur corne. Peut-être peut-on voir, dans ces caractères, un indice de mélange avec le roux du *Lagopus*.

Les rectrices noir brun uniforme avec un fond violacé très prononcé sont bordées de blanc, au moins les médianes, mais presque toutes sont terminées ainsi ‾‾‾⌒‾‾‾. L'Oiseau dans son ensemble est moins blanc que le précédent, il est plus foncé en dessus (le premier est pointillé de blanc sur le dos supérieur). On aperçoit du roux particulièrement dans la partie foncée des barbes intérieures des rémiges. Les tiges des troisième, quatrième et cinquième rémiges sont très jaunes. Cette pièce fort mal montée accuse davantage, on le voit, son hybridité que la précédente.

Néanmoins, lorsque nous avons reçu les deux spécimens qui nous

(1) Du côté gauche qui a été examiné.

produisent l'effet de *tetrix* albinos, nos doutes sur l'origine qu'on suppose aux *Riporres* se sont réveillés et nous nous sommes demandé de nouveau si nous avions réellement affaire à des hybrides. Par quels caractères, en effet, les *Riporres*, qui portent tant de marques du *tetrix*, se rapprochent-ils de l'autre espèce qu'on lui donne pour parents, le *Lagopus albus*? Principalement par les plumes des doigts. Mais le *Tetrao tetrix*, blanchissant, ne pourrait-il, pour la même raison, se recouvrir de plumes aux mêmes endroits tout le temps qu'il se trouverait affecté d'albinisme? Nous voyons tous les exemplaires supposés hybrides provenir de régions froides. Il est vrai qu'il faudrait encore expliquer la cause de l'absence chez eux de la courbure dans les rectrices. Trouverait-on aussi une explication de ce phénomène dans l'action du froid? Ou bien les doutes que nous exprimons sont-ils de nature à faire penser que les *Riporres* appartiennent à une véritable espèce d'Oiseaux ?

DESCRIPTION DES FEMELLES

Musée de Stockholm. — On lit sur l'étiquette que porte l'Oiseau : « Riporre, *Tetrao tetrix lagopides*, Nillss. ♀, vinterdr. Helsingland hósten, 1883 (Juli S^t hm $\frac{16}{22}$ 43) Mesh. Riporre n° 4 ».

Cette femelle, la seule qui existe encore dans cette collection, n'est pas aussi forte qu'une Poule *tetrix*, mais elle est plus grosse qu'une Poule *Lagopus albus*. Le bec atteint cependant à peine les dimensions de celui de cette dernière espèce ; la tête est petite. Les pattes et les pieds sont fortement emplumés, les plumes sont de couleur blanche ; les ongles sont aussi de cette couleur.

Le plumage est comme tacheté de neige, la couleur foncée étant parsemée de taches blanches, à l'exception du ventre et du dessous de la queue et même du commencement de la poitrine, lesquelles parties sont entièrement blanches. Sur les plumes foncées le dessin du *tetrix* est plus reconnaissable que celui de l'*albus*. Si bien qu'au premier abord, nous avions cru avoir affaire à une Poule *tetrix* blanchissant; la coupe de la queue est en effet celle de la queue du *tetrix* ♀.

Nous ne nous permettrions point de contester l'origine qu'on a supposée à cet Oiseau, et qui sans doute a été déterminée par d'éminents ornithologistes suédois, car, tout bien considéré, un croisement des deux espèces *tetrix* et *albus* pourrait aboutir à ce même résultat ; néanmoins il nous paraît bien osé de l'affirmer d'une manière positive.

Musée zoologique d'Upsala (Suède). — Ce musée est plus riche que le précédent en spécimens femelles de Riporre, car il en possède trois. Ces trois Oiseaux nous ont été adressés très gracieusement par M. Tulberg. L'une des Poules, étrange par sa grande taille, son allure et sa longueur, paraîtrait plutôt de sexe mâle ; elle est cependant étiquetée comme femelle. Très certainement elle a été montée trop haut sur jambes. L'indication qu'elle porte est ainsi formulée : « *Tetrao lagopides* ♀. Augermanland Natra Jùk. i Upsala, Jan. 1861. »

Les doigts, à l'exception du doigt médian, sont garnis de longues plumes jusqu'aux ongles, le pouce se trouve complètement caché. Les doigts ne sont cependant point emplumés aussi fortement que chez le *Lagopus*, puis les plumes ne présentent point l'aspect du duvet de cette espèce, lequel est beaucoup plus serré, beaucoup plus tassé et de moindre longueur ; en plus les ongles sont foncés, et n'atteignent point les proportions de ceux du *Lagopus*.

Ce spécimen montre dans son plumage plus de blanc que de couleur foncée ; c'est sur le dos que le gris brun mélangé domine. Le bec est foncé, il n'est guère plus fort que celui de l'*albus*. La teinte et le dessin du dos rappellent cet Oiseau. La queue est bien échancrée ; cependant les rectrices externes ne dépassent pas autant les pennes du milieu que chez le *tetrix* ♀. Elles sont dans leur moyenne partie brun foncé uniforme. Les médianes sont beaucoup plus mélangées ; toutes sont largement bordées de blanc. Sur une plume seulement on remarque la terminaison du *tetrix*, et cela, presque d'une manière imperceptible. Cet exemplaire n'a pas été peint.

Les deux autres femelles se ressemblent étrangement : on croit voir deux sœurs ; mais l'une est plus foncée que l'autre. Nous décrirons d'abord celle-là. Sur le socle qui la soutient on lit : « *Tetrao lagopides*, Riporre ♀. Inkopt pa Dislûgen, Upsala 1885 fr Jemtland Kff ». A la jambe pend une étiquette ainsi conçue : « Tunnen i fogellaso fr Jemtland Aggstaken tydlig Kff ».

Cet oiseau est court de jambes, les doigts sont recouverts jusqu'aux ongles par des plumes d'un blanc sale qui ne représentent point le duvet épais et court du *Lagopus albus*. Les plumes qui garnissent les tarses sont mélangées de gris brun sale. Les ongles sont foncés et n'atteignent point les dimensions de ceux du *Lagopus*. La couleur dominante de l'Oiseau est le brun, barré de jaune et piqueté çà et là de blanc. Sur la poitrine et à l'anus, le blanc s'étend davantage. Il existe comme une grande raie blanche fort large sur les ailes ; ce sont les plumes les plus rapprochées du corps, les rémiges, pensons-nous, qui, recouvertes à leur naissance par d'autres plumes, produisent cet effet. Le bec est moins fort que chez le *tetrix*. L'Oiseau dans son aspect et dans sa pose paraît plutôt *albus* que *tetrix* ; il n'est point allongé, mais ramassé ; sa queue est très courte et foncée. Les rectrices extérieures brunes sont de ton uniforme, non bordées, ou bordées très légèrement de blanc ; les médianes le sont au contraire davantage. La queue est peu échancrée, les rectrices extérieures dépassent seulement un peu celles du milieu. On ne remarque pas à l'extrémité de ces diverses plumes la terminaison du *tetrix*, sauf sur la rectrice la plus extérieure du côté gauche et encore d'une manière assez faible ; les autres pennes ont la terminaison ronde ou carrée de l'*albus*. Cette pièce a été peinte à l'aquarelle et de grandeur naturelle par M. Prévot.

La *troisième femelle* porte encore l'indication du Jemtland ; elle est datée de février 1886. (Est-ce la date de l'achat ou de la capture?). Elle est plus blanche que la précédente, tout en présentant, on vient de le dire, beaucoup d'analogie avec elle. Elle est aussi un peu plus haute sur jambes et sa queue est plus carrée, quoique ne paraissant pas échancrée ; la queue ne tourne point cependant à la manière du *Lagopus*. Les ongles sont foncés, mais très longs. Les plumes qui recouvrent les doigts n'indiquent point le duvet court et épais de l'*albus ;* ce sont de petites plumes, comme les précédentes, longues et fines. Sur les tarses, le plumage est quelque peu mélangé de brun. On n'aperçoit la terminaison du *tetrix* sur aucune des rectrices. C'est encore sur le dos que la couleur foncée brun jaune se trouve très répandue. Il existe des rectrices médianes bordées de blanc, la bordure est peu étendue. Le bec, qui est foncé, n'est pas très fort. L'iris (artificiel) est assez clair. L'Oiseau est ramassé et est plus d'aspect *albus* que *tetrix* ; il est un peu plus fort que *Lagopus*, moins fort que *tetrix*.

Musée de Christiania. — Nous avons examiné en trois fois différentes l'intéressant Oiseau ♀ tué à Roros en 1876 et que le professeur, M. Collett, a bien voulu nous adresser. Comme dimensions, cette Poule est un peu plus faible que le *tetrix* ♀, par conséquent plus grande que le *Lagopus*. Les tarses et les doigts, à leur naissance, sont fortement emplumés, mais les plumes sont loin de recouvrir les ongles et laissent la dernière phalange des doigts très visible. En dessous, le pied est bien emplumé. Les ongles ne sont point blancs. Le bec ne dépasse guère les dimensions de celui du *Lagopus* ; par contre il est foncé. L'échancrure de la queue n'est point aussi prononcée que celle du *tetrix*. Néanmoins les rectrices extérieures dépassent les médianes, mais elles sont droites; elles sont en outre marquées de blanc à leur extrémité dans le genre de celles du *Lagopus*. Les couvertures du dessous de la queue sont entièrement blanches.

Nous n'osons point nous prononcer sur l'origine de cet Oiseau qui pourrait être un *tetrix* albinos. Nous avons fait part de nos hésitations à M. Collett. Le savant professeur nous a répondu qu'il avait la certitude que cette Poule était réellement un hybride et non un albinisme ♀ de *tetrix*.

Nous avons donc procédé à un deuxième examen qui est le suivant. Comparativement aux femelles *Riporre* qui nous ont été envoyées du Musée d'Upsala, l'Oiseau se montre très fort d'encolure, mais on ne doit point attacher une grande importance à ce caractère qui pourrait provenir du montage. On n'aperçoit point, (remarque que nous n'avions point faite dans notre premier examen), la coupe ⎯⎯⎯⎯⎯⎯ terminant les rectrices ; toutes les pennes au contraire finissent avec la large bordure blanche propre au *Lagopus albus*. Ainsi l'Oiseau ne se montre plus *tetrix* par ce caractère ; il s'éloigne encore de cette espèce par le dessous de ses pieds qui sont emplumés, et sa queue, qui est réellement moins échancrée que celle du *tetrix*. En présence de ces traits, nous nous sommes demandé s'il ne pourrait pas être complètement référé à l'espèce *Lagopus*. Mais ses ongles foncés, les fortes dimensions de son corps, sa queue quelque peu échancrée, le coloris foncé et la disposition du plumage, qui sont du *tetrix*, empêchent cette supposition. En sorte que ce deuxième examen est plus favorable à l'hybridité que le premier, l'Oiseau se montrant intermédiaire en bien des points.

Un troisième et dernier examen, qui nous a prouvé qu'aucune des rectrices ne se termine comme celles du *tetrix*, que toutes sont invariablement et largement bordées de blanc, nous a permis d'accepter la supposition d'un hybridisme, quoique l'Oiseau soit très fort et qu'il atteigne presque les dimensions d'une Poule *tetrix*. M. Jules Adeline a peint pour nous cette pièce intéressante.

Musée de Dresde. — La Poule, presque *tetrix*, que nous avons reçue, est semblable, nous a fait savoir M. le Dr A. B. Meyer, à une autre Poule figurée comme « *abnorme* » dans son grand atlas. A cause de cette dénomination, nous étions autorisé à supposer qu'elle avait été considérée comme variété, et non comme hybride. Aussi, nous n'avons point pris la peine de l'examiner minutieusement et de la décrire. — Il n'en serait point ainsi : « L'anomalie qu'elle présente, nous écrit le docteur, est justement le sang de l'*albus*, qui apparaît au deuxième ou au troisième degré. » L'Oiseau est, d'après lui, le descendant d'un hybride *tetrix* × *albus* croisé deux ou trois fois avec le *tetrix* pur. Les caractères d'*albus* sont visibles, ajoute t-il, « dans les tarses emplumés. » Néanmoins, M. Meyer veut bien nous dire que si nous trouvons une « explication plus plausible de cette anomalie », il cèdera. Cette gracieuseté ne peut être agréée, puisque nous n'avons point pris soin d'examiner la pièce en question. Nous avons noté seulement que le plumage est d'une couleur violacée et brunâtre, neigeuse çà et là, sale dans son ensemble. Ce que nous pouvons objecter à la remarque faite à propos de la garniture des tarses, c'est que la femelle de l'espèce *tetrix* a les tarses emplumés et cela jusqu'à la naissance des doigts. Mais M. Meyer sait cela tout aussi bien que nous ; sa remarque porte donc sur un autre point.

Musée de Tromso (Norwège). *Un spécimen* (1). — Sur l'étiquette on lit, parmi d'autres mots : « 1. 1893, Skarslad H. Hotto » ; et plus loin : « Skjovsalti sids se Haloder afe Desemben 1891 ».

Cet Oiseau (qui paraît mâle par son aspect) rappelle tout à fait les Riporres que nous avons vus. C'est un vrai *tetrix* albinos, de la taille et de la forme de cette espèce et avec le bec foncé ; mais il faut reconnaître que les doigts sont en partie emplumés, que les ongles sont de couleur corne assez claire, quoique non blancs, que les pieds sont petits (plus petits même que ceux de l'*albus*), que les rectrices ne sont point terminées à la manière du *tetrix* (2), mais bordées de blanc. En outre, les plumes noires sont barrées de raies jaunes, et semblent être un mélange du plumage des deux espèces. Enfin on peut considérer la couleur blanche répandue sur le corps, non comme un effet d'albinisme, mais comme provenant du *Lagopus*. Dans ce cas, l'Oiseau ne paraîtrait plus un *tetrix* frappé d'albinisme. Nous restons néanmoins un peu hésitant sur son hybridité.

Ces ADDITIONS nous fournissent l'occasion de mentionner un article de M. K. G. Henke sur le *Tetrao albo-tetrix* ♀ du Musée de Dresde, article publié dans le « Zeitschrift für Ornithologie » (3) et qui contient une figure coloriée de l'Oiseau (4). La mention de cet

(1) Nous avons oublié de relever l'indication du sexe ; nous pensons cependant qu'il est indiqué comme ♀.

(2) Il faut noter ici que cette terminaison, à laquelle nous faisons souvent allusion, s'aperçoit peu chez la femelle de cette espèce : ce que nous n'avons point encore dit.

(3) 1885. *Uber selten vorkommende Vogel.*

(4) Taf. III.

article, omise dans notre première publication, vient ici très à
propos, car M. Henke s'occupe précisément des marques auxquelles
on peut reconnaître l'albinisme dont nous craignons la présence
chez les échantillons considérés comme hybrides. Après avoir cité
plusieurs exemplaires *Tetrao albo-tetrix* conservés dans des Musées,
le savant ornithologiste remarque qu'on ne pourrait émettre des
doutes sur l'origine des hybrides réputés femelles de ce croisement,
comme il en a été émis à propos des sujets supposés femelles du
T. tetrix $\times$ *T. urogallus*, attendu que le *Tetrao albo-tetrix* diffère
d'une manière frappante de la Poule de neige et encore bien davantage de la *Poule tetrix* (1). On se rappelle que le professeur Collett,
de Christiania, avait déterminé comme albinisme partiel, issu d'une
Poule des bois (Birkenne), l'Oiseau que M. Henke avait au contraire
décrit comme hybride d'*albus* $\times$ *tetrix* (2) et que, d'après le même
professeur, plusieurs Oiseaux semblables se trouvent au Musée de
cette ville. Or, d'après M. Henke, cette manière de voir n'est pas
acceptable ; autant que celui-ci a pu se rendre compte de l'albinisme
partiel chez quelques espèces de Poules, il a trouvé « que le blanc
du plumage chez les hybrides du Lagopède des neiges n'a rien
de commun avec l'albinisme », ainsi, du reste, que la couleur qui
représente la livrée d'hiver du *L. albus*. Ce qui lui permet de
conclure à l'hybridisme avec le plus de probabilité, c'est que « la
forme et la couleur reviennent· régulièrement, c'est-à-dire dans
une mesure égale. » M. Henke, admettant la fertilité des
hybrides, croit à la grande variabilité de leurs produits qui
reviennent, après un certain temps, à la forme des parents. Ce
sont des hybrides « retournant en arrière », et comme la différence
de grandeur est ici très petite, même insignifiante, qu'elle offre
peu de fixité, il devient très difficile d'indiquer avec sûreté les
diverses et nombreuses bigarrures des « Poules des bois. » La
manière dont M. Henke reconnaît les hybrides, est la suivante:
« Déjà, dit-il, dans leur ensemble, ces Oiseaux présentent un aspect
étrange, particulier, qui étonne; puis la marque régulière est, chez
quelques spécimens, un tracé excessivement prononcé ; la tête et
le cou sont plutôt aussi de couleur uniforme. » Mais c'est surtout
par ce fait : « que plusieurs parties du plumage, qui sont claires
chez la Poule des bois (Birkenne), se trouvent noires chez les

(1) Voy : *Scheehuhn bastard oer partieller albinismus der Birkhenne*, in
Zeitschr. f. d. gesammente Ornithologie, pp. 267-69, III, Jahg. 1886.

(2) Voy. encore à ce sujet: Proceedings of the Zool. Society of London, 1886, p. 419.

hybrides. » M. Henke ne tient pas, en effet, comme possible, qu'à côté de l'albinisme il puisse se présenter un mélanisme.

Les observations comparatives de M. Henke sur l'albinisme partiel se rapportent aux Faisans, aux Haselhühner et aux Rebhühner. De ces dernières, il a élevé quatre jeunes, toutes devenues marquetées de blanc ; il a même pu constater une régularité frappante dans la manière dont les marques blanches formant tache étaient posées ; malgré cela, ces marques ne produisaient point l'impression que l'on éprouve à la vue des hybrides.

Nous ne terminerons pas cet article sans mentionner les deux planches représentant des hybrides « tetrix × albus » que le professeur Collett a publiées dans les Proceedings of the zoological Society of London (1), planches que nous avions omis de citer. La fig. 1 de la planche XXI représente un mâle en costume d'hiver et la fig. 2 une femelle dans la même livrée. Au contraire on voit sur la planche XXIII un jeune mâle « in early autumn dress » (fig. 1) et une jeune femelle « in late autumn dress » sur la fig. 2.

TYMPANUCHUS AMERICANUS (2) et PEDIOCŒTES PHASIANELLUS (ou PEDIOCŒTES P. CAMPESTRIS (3) ou PEDIOCŒTES P. CULUMBIANUS)

Les espèces de Tétraonidés propres à l'Amérique contracteraient des mélanges comme le font les espèces européennes.

M. G. Fream Marcom, de Chicago (Illinois), nous informe qu'il a dans sa collection un produit du Pediocœtes phasianellus et du Tympanuchus americanus. Cet hybride, qui est de sexe mâle, fut tué à l'état sauvage dans l'État de Vebrarka, puis envoyé au marché avec beaucoup d'autres Grouses. M. Marcom en connaît un second chez son ami, le Dr Rowe, éditeur de l'American Field, à Chicago. M. J. H. Gurney a mentionné (4) un Oiseau ♂ semblable trouvé dans la boutique d'un marchand de volaille à Brighton (Angleterre), chez lequel il avait été envoyé d'Amérique. En outre le Catalogue of the Game Birds de M. Ogilvie Grant indique dans les collections du British Museum un mâle adulte en peau, provenant de l'Amérique du Nord (5).

(1) 1886, p. 224.

(2) Autres noms scientifiques : Tympanuchus cupido americanus, Cupidonia americanus, Tetrao cupido, Cupidonia cupido, Cupidonia americana.

(3) Synonymie : Pediocœtes phasianellus, Tetrao phasianellus, Pediocœtes kennicotti.

(4) In Auk., n° 4, p. 391, Octobre 1884.

(5) Vol. XXII, p. 80, 1893.

Avant de procéder à l'examen d'une de ces pièces qui nous a été gracieusement communiquée, nous donnerons quelques indications sur les parents supposés dont les variétés sont nombreuses et dont la connaissance est fort utile dans le cas présent.

Baird, Brewer et Ridgway classent les deux espèces dans deux genres différents (1). Dans le « *Code of Nomenclature* » (2), on partage cette mánière de voir. — Cette séparation nous paraît excessive.

On compte trois espèces chez le *Pediocœtes phasianellus*, c'est-à-dire 1° : le *P. phasianellus* proprement dit (ou Sharp tailed Grouse); 2° le *Pediocœtes p. Columbianus* (ou Columbian Sharp tailed Grouse); 3° le *Pediocœtes p. campestris* (ou Prairie Sharp tailed Grouse). — Le *tympanuchus americanus* aurait lui-même ses trois types, mais ceux-ci sont érigés en espèces dans le *Code of Nomenclature*; ce sont : le *Tympanuchus americanus* (ou Prairie Hen), le *Tympanuchus pallicidinatus* (ou Lesser prairie hen) et le *Tympanuchus cupido* (ou Heat hen), propre seulement à l'île Martha's Vineyard, Mass. (3).

Or, ces divers types présentent de très grandes analogies entre eux et il paraît difficile, en cas de mélange de deux espèces, de déterminer sûrement les variétés qui se sont croisées.

M. J. H. Gurney, toujours d'une très grande cómplaisance pour nous favoriser l'étude des hybrides, a bien voulu nous adresser en oommunication le spécimen qu'il a décrit. Nous n'avions, au moment où nous l'avons reçu pour la première fois (4), qu'un mâle et une femelle *Tympanuchus americanus* et une ♀ *P. phasianellus*, pièces montées au Musée de Rouen, et que M. le Dr Pennetier avait eu l'obligeance de nous faire parvenir ; mais depuis, afin de rendre profitable l'examen que nous avions commencé, nous avons fait venir d'Amérique les divers types qui viennent d'être signalés (5).

De la comparaison, faite de l'exemplaire hybride de M. Gurney avec les pièces du Musée de Rouen, sont nées de fortes présomp-

---

(1) Voy. leur ouvrage : *North American Birds*, 1874.

(2) Edition de 1886.

(3) Nous ne connaissons point ce dernier type, fort rare, paraît-il; peut-être diffère-t-il réellement des autres formes par des caractères sensibles. Mais nous ne voyons point, puisque le « *Code of Nomenclature* » ne fait qu'une variété du *Pediocœtes p. campestris*, ce même *Code* érige en espèce le *Tympanuchus pallidicinatus* qui, si nous en jugeons par un exemplaire qui nous a été envoyé par M. Worthen, diffère certainement moins du T. *americanus* que le *P. p. campestris* ne diffère du *P. phasianellus*. Notons que M. Ogilvie Grant (*Cat. of Game Birds*, XXII) réunit le *P. phasianellus columbianus* au *P. phasianellus campestris*.

(4) On verra plus loin que M. Gurney a eu la complaisance de.nous le retourner une seconde fois.

(5) A l'exception de celui qui habite l'île Martha's Vineyard, la Heat hen Grouse.

tions en faveur de la double origine que l'on suppose à ce produit. Quoique plus *Tympanuchus* (dont il porte au cou la fraise et les touffes de plumes allongées) que *Pediocœtes*, le dessin du plumage, étudié de très près, se montre intermédiaire entre celui des deux espèces. Puis l'influence du *Pediocœtes* se voit encore autour de la gorge. Le poitrail et la gorge ne sont point non plus barrés transversalement à la manière de *T. americanus*. Les barres transversales ont subi un changement et se montrent comme de petites barres formant de larges zigzags, particularité due encore, sans doute, à l'influence du *T. phasianellus*. Sur le dessus des couvertures des ailes on voit facilement les taches blanches de ce dernïer ; c'est même par ce trait que l'Oiseau doit attester plus particulièrement sa double origine. Le plumage du dos pourrait aussi passer pour un mélange des deux espèces. Quoique les rectrices soient de teinte presque uniforme, comme chez *T. americanus*, et bordées largement de blanc, les deux médianes dépassent les autres plumes ; ces plumes se prolongent toutefois peu en avant. Ce dernier caractère nous paraît être encore l'indice d'un mélange, puisqu'il est étranger au *T. americanus*. Ajoutons que lorsque les plumes des flancs recouvrent les ailes, cet hybride paraît plus *T. americanus* que *P. phasianellus*; mais lorsqu'on dégage l'aile de ces plumes de recouvrement, on reconnaît l'Oiseau pour un vrai intermédiaire. Nous avons été surpris de trouver son bec de dimensions plus fortes et de couleur plus foncée que dans les deux espèces.

C'est longtemps après avoir fait cet examen que nous avons reçu d'Amérique (de chez M. Worthen, de Warsaw, Illinois), les différents types purs des deux espèces. Ayant demandé à M. Gurney à revoir son exemplaire, ce qu'il nous a accordé très facilement, nous avons cru reconnaître que dans l'hypothèse d'un croisement la variété *Pediocœtes p. campestris* conviendrait mieux que la variété *Pediocœtes p. phasianellus* (si toutefois les échantillons reçus sont convenablement déterminés). C'est en effet avec le *P. p. campestris* que cet hybride présente le plus de ressemblance tant par le dessus du corps que par le ton du plumage. Les couvertures supérieures des ailes sont précisément de cette variété ; les couvertures inférieures de la queue sont aussi d'un bleu clair à leur début, comme un de nos échantillons *P. campestris*. Enfin *P. campestris* (paraissant avoir le bec plus fort que ses autres variétés ?) se rapproche par là de l'hybride.

Toutefois, on vient de le dire, la Sharpe tailed Grouse, la Columbian sharp tailed et la Prairie scharp tailed, présentant de grandes ressemblances entre elles (1), comme en présentent la Prairie her et le Lesser prairie, il serait assez difficile de préciser nettement les variétés qui ont donné naissance à ce curieux Oiseau ; à moins donc peut-être de connaître l'endroit précis où il a été rencontré si les diverses variétés ont chacune un habitat bien séparé (2).

C'est encore à ce type *(P. campestris)* que M. William Brewster a reporté une Grouse hybride achetée dernièrement à Cambridge et dont nous allons maintenant parler.

M. William Brewster trouva en effet, le 15 janvier 1893 (3), sur les marchés de Cambridge, un spécimen d'une Grouse hybride que le vendeur avait reçu avec beaucoup d'autres Grouses d'un marchand en gros de Boston. Toutes ces Grouses étaient du type *Tympanuchus americanus.* L'hybride paraissait avoir eu le cou tordu.

La peau fut préparée pour la collection privée de M. William Brewster, et le corps, mis dans l'alcool, fut envoyé à M. R. W. Schufeldt pour un examen anatomique. M. Brewster n'avait point aperçu, même avec une loupe, quelque trace d'organes générateurs.

Le tronc offre, d'après M. Schufeldt, plusieurs points d'un grand intérêt pour les ornithologistes. Celui-ci, ayant déjà étudié au point de vue ostéologique les Grouses américaines, avait remarqué que parmi elles, ce sont les deux types *Pediocœtes* et *Tympanuchus* qui, par la structure, sont les plus proches alliés (4). Voici, d'après les mesures prises, les relations de plusieurs os de ces deux espèces et de leur hybride :

Spécimens ad.	Sternum	Coracoid	Scapula	Pelvis	Femur.
Tympanuchus americ. . .	115	55	75	85	72
Hybride	114.5	48	70	72	66
Pediocœtes p. camp. . . .	101	48	66	71	64

(1) A ce point, on le sait, que M. Grant confond *campestris* et *columbianus.*

(2) Nous supposons que *tympanuchus* jeune montre, sur la poitrine et la partie de dessus, les barres transversales à la manière des adultes et non rompues ou rappelant les dessins ovales de *Pediocœtes.* car, s'il montrait ces derniers caractères, on pourrait dire que l'Oiseau de M. Gurney est un jeune en mue. Mais ceci n'est pas probable. M. Elliot Coues, qui l'a vu, a reconnu un véritable hybride. L'Oiseau avait été décrit dans l'Auk (déjà cité). Voici comment M. Gurney s'était exprimé : « La fraise du cou existe, mais elle n'est longue que d'un quart de pouce ; la queue, qui est brune chez le *P. phasianellus* et blanche chez le *C. cupido,* est grise dans l'hybride ; les côtés des doigts ne sont que légèrement emplumés ; la couleur générale du plumage est intermédiaire entre les deux espèces. »

(3) Voy. *The Auk,* July 1890, pp. 281-285, vol. X. *(Note on the trunck skeleton of a Hybrid Grouse* by R. W. Schufeldt).

(4) Voir la 12e année du *Report of U. S. Geological and Geographical Survey, Washington,* Octobre 1882, p. 700.

Nous extrayons encore de l'article publié par l'*Auk* les indications suivantes :

Les côtes vertébrales de l'hybride rappellent plus le *Pediocœtes* que le *Tympanuchus*. Le pelvis est tout à fait intermédiaire entre celui des deux espèces (1).

Vu de profil (laterally), le caractère le plus sensible est, sur chaque côté, la partie « post-acetabular » de l'ilium, qui dépasse de beaucoup la surface latérale du pelvis et de l'ischiocforamen. Ceci est apparent, il est vrai, jusqu'à un certain point, sur le pelvis du *Pediocœtes*; néanmoins on trouve cette marque beaucoup plus prononcée chez l'hybride, sans l'être toutefois autant que chez la Prairie hen.

M. Schufeldt examine encore d'autres caractères appréciables sur le même os et conclut au parfait accord du pelvis de sa pièce avec le pelvis des deux parents. Une telle observation peut aussi s'appliquer au sternum qui paraît différer tant soit peu du sternum du *Tympanuchus*, mais qui en diffère par un petit caractère insignifiant en ce que « l'antero-superior produced portion of either costal process » chez l'hybride est quelque peu allongée, très rétrécie et se dirige directement en avant (2). Dans tous (3), fait encore remarquer M. Schufeldt, les éléments de la voûte pectorale ou de la ceinture de l'épaule (shoubdergirdle) sont très ressemblants, bien que les os de l'hybride simulent davantage les os correspondants dans les squelettes des Prairies Hens. Plus extraordinaire est ce qui concerne la forme de l'hypocleidium très étendu dans les os furcula, leur étendue étant considérée comme réellement moindre « antero-posteriorly » chez le *Pediocœtes* qu'elle ne l'est ·chez le *Tympanuchus*, ou chez l'hybride, ainsi que leur diamètre l'indique. Ce diamètre est, chez les deux derniers, de 12 millimètres, tandis que chez la Sharpe-tailed-Grouse il ne mesure que 9 ou 10 millimètres. Enfin, les caractères du fémur sont, à l'exception de leur longueur, dans un exact rapport avec ceux des fémurs des espèces parentes. Il faut cependant noter que le « calibre of its shaft » est relativement (4) plus gros qu'il ne l'est chez le *Pediocœtes*. « A part

---

(1) M. Schufeldt fait remarquer qu'il est d'autant plus facile d'apercevoir les caractères intermédiaires qu'il présente, qu'on trouve chez le *Pediocœtes* un pelvis qui diffère d'une manière frappante de cette même partie dans le squelette de tous les autres genres de Grouses de l'Amérique. C'est le pelvis du *Pediocœtes* qui s'en rapproche le plus, mais il n'en approche pas d'une manière aussi marquée que celui de l'hybride.

(2) (To the front).

(3) Les Oiseaux, pensons-nous (ou chez toutes les Grouses américaines)?

(4) (As well as actually).

ce petit détail, conclut l'ostéologue, « the femur of this hybrid fills the ideal place in a series of three that otherwise insensibily intergrade in all particulars. »

L'Oiseau, si minutieusement examiné au point de vue ostéologique, est, comme plumage, paraît-il, « presque intermédiaire entre *T. americanus* et *Pediocœtes p. campestris* par sa couleur, ses marques et le développement de ses plumes. Il a les touffes du cou (1) du premier et les plumes centrales de la queue allongées du dernier (2). »

Nous avons encore à signaler une Grouse hybride que M. William Brewster possède dans sa collection et qu'il a déterminée comme provenant du *Cupidonia cupido* et du *Pediocœtes phasianellus* var. *columbianus* (3). Les caractères distinctifs que possède cet Oiseau sont les suivants, d'après l'éminent ornithologiste :

« Size and general proportions of *Pediocœtes phasianellus* var. *columbianus*. Tail of sixteen feathers exclusive of *two central projecting ones*. Tarsi feathered as in *Cupidonia*. *Neck-tufts* 1.50 inches long. Upper tail-coverts *coextensive* with the rectrices. Above similar to *Cupidonia cupido;* wing-coverts (but not the scapulars) white-spotted, as in *Pediocœtes*. Breast and sides barred transversely, as in *C. cupido;* abdomen *white,* sparsely covered with obtuse V-shaped spots of brown. Head, neck, and throat-markings precisely as in *C. cupido.* Neck-tufts dark brown; the longer ones not so stiffs as those of *C. cupido*, the shorter dull yellow. Tail generally similar in shape and color to that of *C. cupido*, but with a central pair of elongated feathers « with parallel edges and truncated ends, » which project. 52 of an inch beyond the next pair. These projecting feathers are tipped with light brown like the other rectrices ; subterminally for the space of about an inch they are solidly black, — anteriorly, with ragged rusty-yellow bars. The outer webs of the outer pair of rectrices are irregulary white. The measurements, taken from the dried specimen, are as follows : Wing, 8,57 ; tail, 3,25, — two central feathers, .52 longer ; bill, depth, .40, length from nostril, .50 ; tarsus, 2.03 ; middle toe, 2,75. »

De cette description, il ressort, (fait remarquer le descripteur), que cet Oiseau combine dans d'égales proportions les caractères du *Pediocœtes* et du *Cupidonia*. Dans l'apparence générale du plumage,

---

(1) Longueur d'un « nich » seulement.
(2) Tous ces renseignements sont extraits de l'Auk., pp. 281-285, July 1890.
(3) Voy. Bulletin of the Nuttall ornithological Club, N° de Juillet 1877, pp. 67 et suivantes.

il ressemble davantage à *C. cupido*, mais l'abdomen est, tacheté comme la poitrine du *Pediocœtes*, et les couvertures des ailes sont marquées comme dans cette espèce. Il possède les touffes du cou de *Cupidonia* et les plumes avancées de la queue de *Pediocœtes*, ces deux caractères sont cependant visiblement modifiés. Un trait remarquable apparaît dans l'étendue des couvertures supérieures de la queue qui s'allongent jusque près des pointes des rectrices.

Dans l'article que nous reproduisons, M. Brewster disait en outre qu'il connaissait trois spécimens de ce genre dans des collections privées et qu'il avait entendu parler de plusieurs autres, sans doute ceux que nous avons déjà mentionnés ?

L'hybridisme *Pediocœtes* ✕ *Cupidonia* n'est donc point absolument rare en Amérique.

Famille des Phasianidés

Genre Euplocamus

EUPLOCAMUS HORSFIELDI et E. LINEATUS, et EUPLOCAMUS ALBOCRISTATUS et E. MELANOTUS

(Se reporter pp. 81 et 82 ou pp. 334 et 335 des Mém. de la Soc. Zool., 1890).

De nombreuses confusions, pensons-nous, se sont produites au sujet de plusieurs types très rapprochés du genre Euplocamus ; nous en avons rappelé quelques-unes.

Les formes les plus voisines de ce genre sont, sans contredit : l'*E. melanotus*, l'*E. leucomelanus*, l'*E. albocristatus*, l'*E. cuvieri*, l'*E. horsfieldi* et l'*E. lineatus*.

Les autres espèces, c'est-à-dire l'*E. swinhœi* et l'*E. nycthemerus*, d'une part ; l'*E. prœlatus*, l'*E. mobilis*, l'*E. vieillotii*, d'autre part, sont assez séparées pour être facilement reconnues.

Il n'est point, du reste, question de mélanges pour elles ; mais, si nous en croyons des ornithologistes de l'Inde, plusieurs parmi les premiers types contracteraient entre eux des croisements.

C'est ainsi que Jerdon dit que l'*E. horsfieldi* « grades into the Burmese *E. lineatus*, specimens from Arrakan being apparently hybrids betwen the two species (1). » Blyth répète cet auteur ; parlant de ces deux Oiseaux, il écrit (2) : « They complety pass one

---

(1) Jerdon, *Birds of India*, vol. II, part. II, p. 535, Calcutta, 1864, In-8°.
(2) Mais vraisemblablement d'après Jerdon, et non d'après ses observations personnelles.

into the other in the province of Arrakan ; il ajoute même que
« some living specimens have been received by the Zoological
Society. » Pour lui, l'*E. cuvieri* de Temmink représente la race
hybride référée aux croisements de l'*E. lineatus* × *E. horsfieldi !* (1).

Le même ornithologiste nous apprend que l'*E. albocristatus* et
l'*E. melanotus* « interbreed in the intermediate province of Nepal.
E. melanotus being the species inhabiting Siskin and Butam, where
most assuredly *E. lineatus* is unknown, the latter inhabiting South-
ward of the range of *E. horsfieldi*, in Pegu and the Tenasserin provinces, » ou, ajoute-t-il : « *I have personnaly observe it in the
forests* (2).

Nous avons donc à examiner quelle est la valeur de ces dernières
formes. Toutefois, il sera bon de faire remarquer préalablement
que les croisements indiqués par Jerdon et par Blyth n'ont point
fait l'objet de nouvelles observations ; nous n'avons même pu découvrir aucun fait les confirmant. Les Musées indiens de Calcutta et
de Lucknow nous ont fait savoir qu'ils ne contenaient aucun
hybride de ce genre ; dans le *Catalogue of Game Birds of British
Museum* (3), pas un seul n'est cité et nous avons été nous assurer
qu'au Muséum d'Histoire naturelle de Paris on n'en voit pas non
plus. En outre, les correspondances que nous avons reçues de
l'Inde et de l'Indo-Chine ne nous ont fourni aucune indication sur
ces croisements que l'on paraît ignorer et auxquels MM. Hume et
Marschal n'ont fait aucune allusion dans leur important ouvrage
sur les Oiseaux de chasse de l'Inde (4), ce qui nous surprend, si de
tels hybrides existent. Les formes intermédiaires dont parlent
Jerdon et Blyth ne sont du reste peut-être point le résultat d'un
croisement. Un écrivain anglais paraît suggérer qu'elles doivent
seulement être attribuées « à la séparation incomplète des espèces
dans les lieux où ces variétés se rencontrent (5). »

(1) Blyth. *Commentary on Dʳ Jerdon « Birds of India ».* The Ibis, vol. III,
1867, p. 153, et aussi « *Cat. Museum A. S. B.* p. 244, cité par Sclater : in Proceed.
Zool. Soc. of London, 1863, p. 120. — Elliot a lui-même rapporté l'assertion de
Blyth. In « *Monograph of the Phasianidæ.* » Vol. II. New-York, 1872, in fol.
(2) *Commentary on Dʳ Jerdon*, etc. The Ibis, II, 1867, p. 153. Ceci a encore été
rapporté par Elliot (*A monograph of Phasianidæ*, 1872).
(3) De M. Ogilvie Grant, London, 1893.
(4) *The game Birds of India*, Calcutta, 1879-1882.
(5) The Ibis, p. 186, 1876. Nous avons lu dans le Bull. de la Société d'acclimatation de Paris, 1888, p. 478, que M. Geoffroy Saint-Hilaire a, dans une séance de
cette Société, rappelé que dans l'Hymalaya, des espèces intermédiaires se sont
formées entre les trois Faisans : L'*Euplocamus albocristatus*, l'*E. melanotus* et
l'*E. lineatus*, qui occupent trois régions différentes ; puis que ces espèces interm-
diaires ne sont absolument que des variétés des trois autres. Nous supposons que
M. Geoffroy Saint-Hilaire fait ici allusion aux exemplaires cités par Jerdon et Blyth.
M. Geoffroy Saint-Hilaire oublie toutefois de nommer l'*E. horsfieldi.*

Quoiqu'il en soit, nous allons donner quelques indications sur
les types purs du genre *Euplocamus* ou plutôt sur les types qui
sont les plus semblables et parmi lesquels on a supposé des
mélanges.

Nous avons possédé vivants l'*E. melanotus*, l'*E. horsfieldi*,
l'*E. nycthemerus*, l'*E. swinhœi* et l'*E. prœlatus* ♂ et ♀. Les trois
premiers types présentent actuellement quelque intérêt. Or,
l'*E. horsfieldi* ♂ diffère réellement, par les teintes de son plumage,
de l'*E. lineatus* du même sexe ; les mêmes différences s'observent
dans le sexe opposé. Néanmoins, ces types ont un air de parenté
très rapprochée. La femelle de l'*E. horsfieldi* se rappelle à ce
point la femelle *melanotus* qu'on confondrait aisément les deux
Oiseaux (1). L'*E. melanotus* ♂ est lui-même très voisin de l'*E.
horsfieldi* ♂ (2).

Au Muséum d'Histoire naturelle de Paris, les individus étiquetés
melanotus montrent le croupion foncé et les pattes bleuâtres; le
poitrail est panaché de barres grises sur les flancs. Ceux qui sont
nommés·*horsfieldi* ont le croupion gris blanc, les pattes grises et le
poitrail bleu uni. Les exemplaires indiqués comme *albocristatus*
ont au contraire le croupion panaché comme les côtés du poitrail,
mais les pattes rouges (3). Il paraît y avoir un intermédiaire entre le
leucomelanus et l'*albocristatus*. Nous laissons de côté l'*E. diardi*,
l'*E. vieilloti*, l'*E. swinhœi* et l'*E. nycthemerus*, qui sont également
conservés dans ce Muséum, puisqu'il n'est pas question de mélanges pour eux.

M. Ogilvie Grant classe comme espèces : l'*albocristatus*, le *leucomelanus*, l'*horsfieldi*, le *lineatus* et l'*andersoni* d'Elliot (4), types très
rapprochés les uns des autres. Mais le même ornithologiste fait de
cuvieri une sous-espèce de l'*horsfieldi* ; il en fait une seconde avec

(1) Si toutefois les sujets que nous avons achetés sont bien déterminés.

(2) Nous avons croisé l'*E. melanotus* avec l'*E. horsfieldi* et avec l'*E. lineatus*.
Nous avons possédé des hybrides d'*E. swinhœi* × *E. nycthemerus*, d'*E. nycthe-
merus* × *E. melanotus*, d'*E. swinhœi* × *E. melanotus*, d'*E. prœlatus* ×
E. nycthemerus, et même des hybrides d'*E. swinhœi* × *nycthemerus* ×
E. melanotus × *lineatus*. Malheureusement ces croisements ne correspondent
point avec ceux que Jerdon et Blyth ont fait connaître. (Nous avons parlé de ces
croisements dans un Mémoire présenté au Congrès des Sociétés savantes à la
Sorbonne en 1894).

(3) Le plumage de l'*E. leucomelanus* doit être plus terne, moins bleu ardoise.
L'obscurité est telle, parfois, dans les galeries de ce magnifique Muséum, qu'on ne
peut se rendre compte de la couleur des Oiseaux qui sont renfermés dans certaines
vitrines.

(4) P. Z. S. 1871, p. 137 et *Mon. Phas.* ii, pl. XXII, (Le *crawfurdi* de Hume et
Davison).

l'*E. andersoni* Anderson (nec Elliot) (1). Il donne encore comme sous-espèce du *lineatus* un type qu'il nomme « *oatesi* » et qui corres-pond au *Loph. cuvieri*, Hume (nec Temm.), à l'*E. cuvieri*, Oates et à l'*E. lineatus*, Feilden. Enfin l'*E. nycthemerus* et l'*E. swinhœi*, tous deux distincts, sont sans sous-espèces. De tous ces types M. Grant fait un seul genre qu'il nomme *Gennæus*. Remarquons en passant qu'il éloigne de ce genre l'*E. vieilloti*, l'*E. nobilis* et l'*E. prœlatus* (ou *diardi*), espèces dont il fait un genre à part, qu'il désigne sous le nom de *Lophura*. En outre il sépare ces deux genres par les genres *Lobiophasis* et *Crossoptilon !* Nous avions toujours pensé que le *Crossoptilon* est beaucoup plus éloigné de l'*Euplocamus* que ce qu'il nomme *Lophura*. Nous sommes donc surpris de cette classification.
— Quoiqu'il en soit on va voir facilement par ses propres descrip-tions qu'*albocristatus, leucomelus, melanotus, horsfirldi* et *cuvieri*, ne peuvent être cons'dérées tout au plus que comme des variétés d'une même espèce.

Voici, en effet, à peu près les seuls caractères qui les distin-guent aux yeux de l'éminent ornithologiste : *Albocristatus*, crête « blanche », chez *leucomelanus* et *melanotus* « lustrée de bleu pourpre.» Le manteau et les couvertures de la queue, chez les trois, « noir lustré de pourpre et de bleu d'acier » (plus intense chez *melanotus*). Le menton et la gorge « noirs» chez les trois. Les cou-vertures supérieures de la queue « bordées légèrement (narrowly) de blanc sale chez *albocristatus*, avec des « bandes terminales géné-ralement plus étroites (narrower) chez *leucomelanus* (et sans doute chez *melanotus*). L'arrière-dos et la croupe « bordés étroitement de blanc sale, mais « avec une bande terminale blanche et large « chez *albocristatus*. Chez *leucomelanus*, ces bandes terminales sont « généralement plus étroites, » tandis que chez *melanotus* les mêmes parties sont « lustrées profondément de bleu pourpre uni-forme sans bandes terminales. » Le bec « blanc verdâtre, » les pieds et les jambes « blanc vif teinté de brun » chez les trois types. *Leuco-melanus* serait un peu plus petit qu'*albocristatus* et aurait la tête d'un pourpre « moins intense » que *melanotus*. — Ce sont là de faibles distinctions (2).

Quant à l'*horsfieldi*, M. Grant le dit « noir lustré de pourpre et de bleu d'acier; » les couvertures supérieures de la queue « avec bandes blanches terminales très étroites, » l'arrière dos et la croupe

(1) La même, d'après lui, que l'*E. lineatus*, Anderson (nec Vig).

(2, Nous les avons établies ainsi en faisant l'analyse des descriptions de chaque type, descriptions écrites séparément par M. Ogilvie Grant.

également avec « une bande terminale blanche, » l'Oiseau étant de la même taille que les autres espèces.

D'après le même, la sous-espèce *cuvieri* ressemble à l'*horsfieldi*, mais toutes les plumes des parties supérieures sont finement pointillées « avec des lignes blanches irrégulières et ondoyantes » et les barbes intérieures « of the centre pair of tail-feathers » sont « noires sur les bords. » Même taille que la précédente.

Quant au *davisoni*, il diffère du *cuvieri* en ayant les lignes blanches des plumes des parties supérieures « plus grossières et moins régulières » spécialement sur le manteau, sur les scapulaires et sur les couvertures des ailes. Les plumes de ces parties ont « une ligne extérieure qui est blanche vers le bord, cette ligne est parallèle au bord, et, dans l'espace de cette ligne et de ce bord, se trouvent quatre ou cinq lignes irrégulières plus ou moins parallèles (1). Sous ce rapport, cette sous-espèce s'approche de l'*andersoni*; mais les lignes blanches sont « plus étroites » et les « black interspaces broader than in the former. »

Au sujet des femelles de ces types, M. Grant dit le « *leucomelanus* ♀ parfaitement semblable à la femelle de l'*albocristatus*, quoique plutôt plus foncée. » Il ajoute que la femelle *melanotus* ne saurait être distinguée de cette dernière. Également le *horsfieldi* ♀ ressemble à la femelle du *leucomelanus* ou du *melanotus*, seulement dans les vieux spécimens la paire centrale des plumes de la queue devient châtaigne foncée et uniforme, au lieu que chez les deux dernières, il existe toujours à cette place quelques petites marbrures noires (2). Enfin la femelle *cuvieri* ressemble encore à la femelle *horsfieldi*, mais toutes les plumes de la queue sont plus ou moins mélangées avec du roux marbré ou bigarré (mottled) de noir, les paires extérieures étant seulement noires vers leur extrémité. La femelle *davisoni* n'est pas décrite (avec raison sans doute).

On voit à quelle minutie de distinctions il faut arriver pour reconnaître ces diverses Poules.

Nous avons toujours cru *lineatus* (*renaudii*) bien plus distinct des autres types (3) que ceux-ci ne sont distincts entre eux. La femelle surtout a dans le dessin de son plumage des traits tout particuliers et qui lui sont propres.

(1) « An outer submarginal white lines paralled to the edge, within which are four or five irregular but more or less parallel lines. »

(2) « Black mottling ». « As a rule, dit encore M. Grant, the rump is paler and more olive brown, and contrasts rather strongly with the middle pair of tail-feathers. »

(3) Les derniers qui ont été décrits.

Quant à *nycthemerus* et à *swinhœi*, quant aussi à *vieillotti*, *nobilis* et *prælatus*, ces espèces, nous l'avons dit, s'éloignent vraiment des précédentes ; mais ce sont toujours pour nous des Oiseaux du genre *Euplocamus*, que nous négligeons de décrire pour les raisons que nous avons données.

Remarquons en terminant que M. Grant (1) réfère à l'*E. cuvieri* l'Oiseau que Mac Clell avait décrit comme hybride de *lineatus* et de *leucomelanus* (2).

Genre Phasianus

PHASIANUS VULGARIS et PHASIANUS REEVESI

(Se reporter p. 83 ou p. 336 des Mémoires de la Soc. Zool., année 1890).

Nous n'avions pu consulter nous-même l'ouvrage de M. Dresser, « *A History of the Birds of Europe* », qui, au moment où nous écrivions notre premier mémoire sur les Gallinacés hybrides, n'avait point encore été acquis par la Bibliothèque du Muséum à Paris. Cet ouvrage très important ayant été acheté depuis, nous avons lu à l'article *Ph. colchicus* le passage suivant :

« Other species have also been introduced into Scotland as for instance *Phasianus versicolor* and *Phasianus reevesii;* and both these have crossed with the present species (*Ph. colchicus*) so that it is, as elsewhere, most difficulte to find a pure blooded *Phasianus colchicus.* » (3)

Nous sommes persuadé que M. Dresser a voulu parler seulement de mélanges entre le *Ph. versicolor* et le *Ph. colchicus*, et non entre le *Ph. reevesi* et le *Ph. versicolor*.

Nous pensons, en effet, ces derniers mélanges fort rares, s'ils se produisent même à l'état sauvage, car nous n'avons encore trouvé aucun fait bien authentique à citer. M. Walter de Rotschild nous avait fait savoir que dans son Musée de Tring se trouvait une pièce représentant le croisement du *colchicus* et du *reevesi*; nouvelles informations prises, l'Oiseau paraît avoir été obtenu en semi-domesticité (4).

Nous avons lu aussi dans le « *Catalogue of the Game Birds* » de

(1) Même Catalogue, vol. XXII, p. 303.

(2) In Calcutta Journal, N° II, p. 147, 1842. En nous reportant à ce journal, nous ne voyons aucune mention du *lineatus*, mais de *fasiatus* croisé de *leucomelanus*. *Fasiatus* est-il donc le même que le *lineatus* ?

(3) Voy. : Vol. VII, p. 85.

(4) Renseignements qui nous sont envoyés par M. Hartert.

M. Ogilvie Grant (1) que l'on conserve dans les galeries du British Museum trois spécimens ♂ hybrides, un *imm.* et un *pull.* provenant de la Société Zoologique et un adulte envoyé de Suffolk par Lord Lilford. On aurait pu croire que la dernière pièce avait été obtenue à l'état sauvage. Mais l'auteur du Catalogue nous fait savoir qu'à l'exception des *Ph. colchicus* × *T. tetrix*, tous les autres hybrides qu'il a cités sont nés en captivité (2).

Enfin, le Prince de Wagram, tout en constatant que le Faisan vénéré, qui, au début de son introduction dans son parc, s'était montré peu sociable, est devenu peu à peu moins farouche, remarque néanmoins qu'aucun croisement ne s'est encore opéré entre les différentes espèces qui vivent en commun (3).

Cependant, M. Petit aîné, naturaliste à Paris, nous informe qu'il a acheté aux Halles centrales des hybrides du Faisan vénéré et du Faisan ordinaire, et M. van Kempen nous assure que l'hybride, acheté à Lille (4) dans un lot de Faisans communs et provenant d'Angleterre, paraissait avoir été tué au fusil dont il portait des traces. C'est le seul échantillon parvenu entre nos mains ; on ne peut douter de ses caractères mélangés ; mais cet Oiseau, et ceux dont parle M. Petit, ont pu être produits en volière, puis lâchés dans les bois. — Quoiqu'il en soit, nous avons fait du premier une description très détaillée, après l'avoir fait peindre de grandeur naturelle.

Sur une étiquette placée sous le socle qui le supporte on lit de la main de M. van Kempen : « 153, Métis *Phasianus colchicus*, trouvé en chair à Lille, 1er Décembre 1879, tué en Angleterre (Pauqueret). » Puis au crayon : « Épicerie parisienne », (semblant indiquer la maison où il a été acheté ?). En outre, dans le *Catalogue des Oiseaux hybrides* de la collection de M. van Kempen (5), les renseignements suivants sont donnés : « Mâle adulte trouvé au milieu de Faisans communs envoyés d'Angleterre. »

La pièce, fort bien montée, de forte taille, de celle du *reevesi*, rappelle par la coloration de tout son corps, le Faisan commun, à l'exception de la tête, des joues, du cou et de la queue. Mais le dessin du plumage est un mélange des deux espèces. Il diffère

---

(1) Vol. XXII, p. 324.
(2) Bull. Sc. nat. appliquées, N° du 20 mai 1874, p. 468.
(2) Il y a cependant des exceptions, car les hybrides de *Tetraonidés* sont tous certainement des hybrides sauvages.
(3) Voy. les renseignements donnés p. 83 ou p. 336 des Mém.
(4) Voy. p. 84 ou p. 337 des Mémoires de la Société Zoologique.
(5) Publié in Mém. Soc. Zool. de France, 1890, p. 104.

tout spécialement du *colchicus* par la tête dont le sommet est blanc lavé de roussâtre entouré complètement et largement de blanc. Deux petites taches blanches se montrent sur les joues. Tout le devant et le dessus du cou sont d'un noir violacé (couleur de vin) et aucunement du vert bleu de mer du *colchicus*. Un demi-collier blanc existe derrière le cou et ne se prolonge pas sur le devant. La croupe diffère beaucoup de celle du *colchicus* adulte ; elle n'a point de reflets gris verdâtre bleuté, mais elle a de beaux reflets brun violacé. Les pattes sont très fortes et de couleur jaunâtre.

Nous possédons un hybride du même genre et du même sexe, un mâle adulte né en domesticité. En sorte qu'il nous a été possible, quoique nôtre exemplaire soit en peau et un peu détérioré en certains endroits (1), de faire les rapprochements que voici : L'hybride de M. van Kempen diffère du nôtre par les dessins plus clairs de son plumage où l'on aperçoit de larges taches jaunes rappelant davantage le *reevesi*. Néanmoins les deux Oiseaux présentent de grandes analogies entre eux et la coloration des parties inférieures est la même chez les deux individus ainsi que le dessin de la queue, qui n'est nullement *Phasianus vulgaris*. Vers l'épaule, où le *reevesi* est rappelé, les deux hybrides se ressemblent encore. Mais il faut noter que la queue de l'hybride sauvage est bien moins longue que celle de l'hybride domestique et se trouve être ainsi intermédiaire entre celle des deux espèces ; (nous ignorons si elle a acquis toute sa croissance).

Nous sommes surpris de voir que chez aucun de ces hybrides les demi-cercles blancs que le *reevesi* montre sur le devant de son plumage ne sont rappelés. Cependant le dessin qui existe à cette place se trouve très élargi (2).

Cette partie est blanche chez *reevesi*, bleu de mer brillant chez *colchicus*; elle est noir violacé chez l'hybride.

Le croisement du *Ph. colchicus* et du *Ph. reevesi*, (comme d'autres croisements du reste), nous apprend donc que le mélange des deux espèces ne produit point l'effet que l'on pourrait en attendre. Les combinaisons dans le dessin et même la coloration du plumage sont quelquefois autres que celles que l'on s'imaginerait volontiers.

Cet article était écrit, lorsque nous avons ouvert la *Chasse Illus-*

---

(1) C'est celui qui a servi pour les examens microscopiques dont M. Dareste a rendu compte dans la Revue de Biologie.

(2) Ceci parait dû à l'influence du *reevesi* dont les demi-cercles sont beaucoup plus prononcés que chez le *colchicus*. On sait que chez cette espèce ces demi-cercles sont noirs et disposés sous la gorge d'une manière différente.

trée (1), où on lit à la page 1386 du n° 49, les lignes suivantes : « Une
» seule fois j'ai tué un Faisan qui était évidemment métis de vénéré.
» Qui l'avait produit? D'où venait-il? Je n'en sais rien, s'était-il
» échappé d'une faisanderie? Était-il le produit d'un des Coqs de
» pur sang qui s'étaient établis dans le voisinage avec une Poule
» faisane commune? Je ne puis le dire.

» C'était un très bel Oiseau, d'un tiers au moins plus grand que
» le Faisan à collier, au plumage chaud, dont les mailles rappe-
» laient celles du vénéré à ne pas s'y tromper, mais d'une couleur
» rouge brique et non dorée. La queue était aussi infiniment plus
» courte ; celle du Vénéré atteint jusqu'à deux mètres de longueur,
» celle de ce métis n'était pas beaucoup plus longue que celle du
» Faisan commun, mais les plumes en étaient maillées comme
» celles du Faisan vénéré. »

Ce récit était signé de M. Ernest Bellecroix ; nous avons écrit au
directeur de la *Chasse Illustrée* pour lui demander quelques indications complémentaires. Celui-ci a été assez bienveillant pour nous
adresser la communication suivante :

« Paris, le 14 Août 1894.

» Monsieur,

» A l'époque déjà lointaine où j'ai écrit l'article que vous me rappelez, le Faisan
vénéré n'était pas aussi commun qu'aujourd'hui, et le métis que j'avais tué à
Cueilly, près de Villiers-sur-Marne, était peut-être le premier que j'eusse vu.

» D'où venait-il? Je n'en sais rien. Notre chasse ne renfermait que des Faisans
ordinaires, des Faisans à collier et quelques Mongols ; depuis, le Vénéré est devenu
bien moins rare. A Grosbois, le prince de Wagram en a assez pour qu'ils se soient
répandus sur les chasses voisines.

» Je crois cependant que les hybrides de Vénérés et de Faisans communs se produisent à l'état sauvage ; ils sont surtout obtenus en faisanderie pour être lâchés
dans les tirés.

» A Chantilly, chez le duc d'Aumale, on faisait des élèves qui donnaient l'occasion
de brillants coups de fusil.

» J'ai personnellement vu, depuis dix ans, bon nombre de sujets provenant du
croisement du Vénéré avec le Commun, et je crois qu'il en est d'eux comme des
combattants : *pas un ne se ressemble absolument.*

» La couleur qui me paraît dominer est le rouge brun, mêlé de taches plus ou
moins fauves ou jaunes, par endroits ; mais la forme de la tête, la taille, tout
rappelle le Vénéré : un œil exercé ne saurait s'y tromper.

» Ernest BELLECROIX. »

Cette lettre nous montre que les hybrides du Faisan vénéré et
du Faisan ordinaire sont des hybrides obtenus en domesticité, ou
tout au plus en semi-liberté, comme nous le pensions.

(1) *Journal des Chasseurs et la vie à la campagne.* (A. Firmin-Didot, Paris),
du 6 décembre 1884.

PHASIANUS VERSICOLOR et PHASIANUS SŒMMERINGI

(Se reporter p. 84 du tirage à part ou p. 337 des Mém. de la Soc. Zool., 1890).

On se rappelle que M. Maingonnat, ancien naturaliste à Paris (1), avait reçu du Japon, un individu qu'il pensait être un véritable hybride entre le *Ph. versicolor* et le *Ph. sœmmeringi*. Cet Oiseau faisait partie d'un lot nombreux composé des deux espèces et M. Maigonnat se croyait apte à le juger, car il avait acquis une grande connaissance des deux types par suite de sa longue expérience. M. Maingonnat avait eu la bonté de nous l'envoyer, mais c'était à une époque où nous n'étions point à même de juger ses caractères mixtes, n'étant point pourvu d'un matériel de comparaison suffisant. Depuis nous avons essayé de nous procurer ce sujet pour l'étudier sérieusement et le comparer aux espèces présumées mères que nous nous étions procurées. Malheureusement le successeur de M. Maingonnat, M. Hermann, ignore ce que l'Oiseau est devenu.

Nous avons pris au Japon même des renseignements sur l'habitat et les mœurs des deux espèces parentes afin de nous assurer que de tels croisements peuvent être présumés. Nous nous sommes adressé à M. le professeur Edward Divers, de Hongo Tokyo, qui a réussi à obtenir quelques informations à ce sujet de M. Gérard Duer, un ancien résident au Japon et en Chine, M. Duer s'est intéressé à l'histoire naturelle. Il résulte de la lettre de ce dernier que les habitudes du *Ph. versicolor* et du *Ph. sœmmeringi* diffèrent ainsi que leurs habitats. Le premier Faisan fréquente les endroits découverts ; l'autre les abris épais et sombres, tels que ceux qui sont fournis par les bocages de *Crytomeria*. M. Duer ne pense point pour cette raison qu'ils se croisent ne se rencontrant pas.

A l'état de captivité il n'en est point ainsi ; les Japonais ont réussi à obtenir des hybrides des deux espèces. MM. Blakiston et Pryer ont vu un couple d'hybrides dont le Coq était d'une grande beauté : « Tête et queue du Faisan vert, corps d'un brun luisant, queue plus en éventail que chez le *sœmmeringi*, mais barrée de la même manière. La Poule, de forte taille, différait à peine du *Ph. versicolor* » (2).

Le Faisan de M. Maingonnat aurait donc pu avoir une origine domestique ?

(1) Aujourd'hui décédé.
(2) Transactions asiatic Society of Japon, VIII, p. 176, 1880.

Variétés (1).

Phasianus torquatus et Phasianus versicolor (2).

On lit dans Blakiston et Pryer (3) que le *Ph. versicolor* et le Chinese Pheasant (*Ph. torquatus*) contractent volontiers des alliances à l'état sauvage et que leurs produits sont généralement plus forts que ne le sont les parents. — Après l'importation des *Ph. torquatus*, près de Yokohama Kobé et de Nagasaki, on obtint facilement des hybrides qui devinrent plus nombreux que les *Ph. torquatus* pur sang. On rencontra aussi tout un nombre de sujets petits ayant le plumage du Coq, incontestablement des Poules dont l'état, connu sous le nom d'hermaphrodite, est accompagné d'un défaut organique.

Si nous en croyons les auteurs que nous citons, les individus obtenus dans cet état de plumage proviendraient d'une seconde génération d'hybrides à cause des marques de collier blanc autour du cou que présentent quelques-uns de ces spécimens ; l'hybridation serait aussi la cause de leur organisation défectueuse prouvée, du reste, par la dissection.

Nous ne voyons aucune raison de croire que des sujets réputés hermaphrodites soient de deuxième génération, ce qui prouverait du reste abondamment la fertilité des premiers hybrides, leurs parents. Si le croisement donne des êtres inféconds, il ne les rend point pour cela hermaphrodites. Les sujets en question nous paraissent donc être simplement de vieilles Poules ayant revêtu la livrée du mâle. Nous pensons en outre que le croisement du *versicolor* et du *torquatus* est fertile aussi bien en Europe qu'au Japon ; dans sa lettre écrite à M. Divers, M. Duer manifeste avec raison son

(1) Notre intention n'étant point de parler dans notre premier mémoire des croisements entre variétés, (quoique les deux mélanges mentionnés au genre *Euplocamus* rentrent peut-être dans cette catégorie), nous ne nous sommes point étendu longuement sur ce sujet. Dans ces Additions, et à titre de simple renseignement, nous donnerons quelques indications sur plusieurs croisements de variétés dans le genre *Phasianus*, variétés dont quelques-unes sont à tort, pensons-nous, considérées comme de véritables espèces.

(2) La femelle du *versicolor* dont on a voulu faire, à tort, selon nous, une espèce séparée du Faisan commun, pourrait être confondue avec la femelle de ce dernier.

(3) *Op. cit.* VIII, p. 176, 1880. Nous n'avons point consulté directement les Transactions, c'est M. Edwards Divers qui a eu l'obligeance de nous adresser une copie des passages qui pouvaient nous intéresser.

étonnement de voir M. Pryer déclarer infécond l'hybride du
Ph. torquatus × *Ph. versicolor* (1).

Les croisements de ces deux espèces ont été mentionnés par
M. Seebohn (2).

Nous avons fait remarquer, d'après M. Dubois, qu'un hybride de
Ph. torquatus × *Ph. versicolor*, né en captivité, ressemblait au
Ph. formosanus. Au sujet de ce type, M. Seebohn (3) s'exprime
ainsi : « The Formosan Pheasant has also been dignified with a
name, *P. torquatus* var. *formosanus ;* but it only differs from the
typical form in having a pale groud-colour to the upper back and
flanks, wich are pale buffish white instead of brownish buff. »
M. Seebohn ajoute que des exemples « from Hankow and the Corea
are intermediate. »

Phasianus mongolicus et Phasianus semitorquatus

M. Severtzow dit (4) avoir vu dans la collection de M. Gould un
spécimen reçu de Saint-Pétersbourg, déterminé comme *Ph. mongolicus,* mais qui paraît être le croisement de deux races, le *Ph.
mongolicus* et le *Ph. semitorquatus,* lesquels se rencontrent près de
Ebe-Nor. En effet, cet Oiseau a le large collier blanc que possède
le *mongolicus* et la même gorge pourprée «‾with rusty featers-bares,
widely different from *P. semitorquatus* » ; mais il ressemble au
dernier « in the greenish general gloss and the wing colour » et non
au « typical *mongolicus,* de Syr, » recueilli en grand nombre par
M. Severtzow.

Phasianus colchicus × Phasianus torquatus

Quelques indications avaient déjà été données sur le croisement

---

(1) La lettre de M. Duer, datée du 8 Septembre 1890, nous apprend qu'il n'y
a que seize ou dix-sept ans que le *Ph. torquatus* a été importé de Chine par les
résidents étrangers à Nagasaki ; la même importation fut faite par les résidents
à Yokohama. Il y a quelques années, M. Duer remarqua sur un paravent japonais
relativement ancien, un dessin représentant un *torquatus.* M. Duer a aussi été
informé, par le capitaine Dawson, que M. M. N. S. Desarf tua un exemplaire près
de Skimonoscki, il y a environ quinze ans, croit-il. Un des capitaines de la
marine britannique qui visita Susina vers la même époque lui a rapporté que le
torquatus était le Faisan commun de cette île. Enfin M. Ota aîné a fait savoir à
MM. Blakiston et Pryer que tous les Faisans de Teuscknia, dans le détroit de
Corée, sont de cette espèce.

(2) *A. History of British Birds,* II, p. 446.
(3) *Op. cit.* même page.
(4) The Ibis, 1875, p. 493.

de ces deux variétés très rapprochées qui ont été importées en Nouvelle-Zélande. Les « Monatschriften (1) » confirment (ou rappellent) ce fait en disant que les hybrides se ressemblent tous et offrent les caractères du *Ph. torquatus* si prononcés que l'on pourrait désigner cette forme hybride sous le nom de « *Phasianus torquatus* var. *hybridus.* »

Au Muséum de Paris, il existe un métis ♂ de Faisan commun et de Faisan à collier indiqué comme provenant de chez M. le prince de la Moskova (Saint-Germain) et un autre de chez M. Johanneau (France). On ne spécifie point cependant si ces Oiseaux ont été obtenus à l'état sauvage.

Phasianus decollatus et Phasianus collaris

Le R. Père Heude, missionnaire à Chang-Haï (Chine), nous écrit de Zikawéi que la région habitée par le *Ph. reevesi* nourrit le *Ph. decollatus* et le *Ph. collaris* (le Faisan commun de la Chine). Des hybrides entre le *Ph. collaris* ♂ et le Faisan japonais ont été rencontrés en abondance dans les chasses du Mikado.

Phasianus mongolicus et Phasianus chrysomflas

M. le Dr Günther a eu la complaisance de nous signaler, au British Museum, une peau de *Phasianus* qui représente l'hybride du *Ph. mongolicus* croisé de *Ph. chrysomelas.* Des renseignements qui nous sont envoyés par M. Grant, nous savons que ce spécimen provient de la collection de M. Holst et a très probablement été tué par ce dernier près de la mer d'Aral, en décembre 1885, à Nukuss (Asie centrale). Aucune notice n'a été encore publiée sur ce produit, dont le croisement se voit, ajoute M. Grant, au premier coup d'œil (2). M. Prévot, que nous avions envoyé à Londres pour peindre plusieurs pièces hybrides conservées au British Museum, a représenté de grandeur naturelle ce beau Faisan. Cette peinture, d'une exécution très habile, nous a montré le produit de deux variétés et non de deux espèces. Cependant, M. Severtzow considère comme véritable espèce le *Ph. chrysomelas*; le feu professeur s'est même étendu longuement sur ce sujet (3). Le

---

(1) Voy. Zoologishe Garten, N° 4, p. III, 1889.

(2) Depuis que M. Grant nous a fait cette communication, l'Oiseau a été signalé dans le *Cat. of the Game Birds*, p. 328.

(3) Voy. Bull. Soc. Imp. des Nat. de Moscou, 1874, seconde partie, p. 209. *Correspondance-Lettre adressée à M. le Vice-Président.*

Ph. chrysomelas conserve, dit-il, des caractères constants, ainsi qu'il l'a vu par l'examen de beaucoup de spécimens (1). Ce n'est point néanmoins, pour nous, une raison de le déclarer espèce distincte, dès lors que ses caractères le différencient fort peu du *mongolicus*. Une race conserve ses propres caractères sans être une espèce véritable.

Nous avons reçu de chez M. Schlüter un *mongolicus* ♂ ad. de Wernai et un *chrysomelas* ♂ de Assa-Durjà ; ce sont, nous pouvons le dire, deux Oiseaux à peu près identiques.

Voici les seules différences que nous avons constatées *dans le plumage* (car la taille, la forme du bec, la longueur de la queue, les pattes sont les mêmes). Le *chrysomelas* est beaucoup plus verdâtre brillant sous la gorge, sur le devant de la poitrine et au commencement du ventre. Sur les côtés la couleur roux brunâtre est plus claire, le blanc des couvertures supérieures de la queue est plus vif, (moins terne au moins). Sur le dessus du dos, au lieu de présenter des reflets verdâtres tirant sur le roux (comme chez le *mongolicus*), il est d'un brun noir mélangé plus franc, ainsi que sur le croupion et sur les couvertures de la queue ; les raies transversales de la queue (rectrices) sont plus fines, enfin le collier est considérablement plus étroit. A part cela ce sont les deux mêmes Oiseaux. Les petites différences que nous constatons ne proviennent sans doute que des influences de l'habitat.

Nous remarquerons que l'hybride peint par Prévot paraît plus *chrysomelas* que *mongolicus*, car les côtés sont roux clair, le collier est petit et le vert assez répandu sur le devant de la poitrine quoiqu'en moins grande quantité que chez ce type. Quant au dessous de la gorge, il est peut-être aussi plus *mongolicus*, étant moins vert.

Nous ne saurions juger tous les caractères mixtes qu'il peut présenter par une aquarelle qui le montre en peau et d'un seul côté, mais il paraît réellement métis.

PHASIANUS VERSICOLOR et PHASIANUS COLCHICUS

M. Petit aîné, naturaliste à Paris, que nous avons déjà nommé, a acheté pour nous un superbe Faisan en chair, tué à Rambouillet, en 1893, dans les chasses de M. Carnot. Ce Faisan, dont nous conservons la dépouille, paraît être un croisement du *colchicus* avec le *versicolor*.

(1) Voy. Ibis, 1875, vol. 5, p. 493.

PHASIANUS TORQUATUS et PH. MONGOLICUS

M. Seebohm (1) parle des deux races, le *Ph. torquatus* et le *Ph. mongolicus*, existant dans le Turkestan russe méridional et qui, apparemment, se sont croisés et ont produit une forme intermédiaire, le *Ph. mongolicus, var. insignis*, (*Ph. chrysolaus* de Severtzow), variété, ajoute M. Seebohm, ayant « sarcely perceptible green reflections on the upper tail covert, and a very narrow white ring, but with the green typs to the feathers of the miner part very large ». Cette manière d'envisager l'origine de l'*insignis* est, cela va sans dire, tout hypothétique.

Le fait que l'on va maintenant citer ne se rapporte point à un croisement ; nous le croyons cependant de nature à intéresser. Il pourrait donner une explication du cas précédent, sans avoir recours à une hybridation.

En parlant de deux exemplaires ♂ de *Phasianus elegans* envoyés vivants en Angleterre de la province de Sechuen (2), Elliot (3) a remarqué que cette espèce semble être, dans sa distribution géographique, intermédiaire entre le *P. decollatus* de la partie Est de Sechuen et le Faisan de la province de Yunan (4). « On pourrait, dit-il, le supposer un hybride entre *Ph. colchicus* et *Ph. versicolor* si ces deux Oiseaux avaient le même habitat, ce qui n'est pas. — Cette remarque montre donc qu'un Oiseau peut présenter des caractères intermédiaires entre deux types sans, pour cela, être un hybride ; opinion qui n'aurait point manqué d'être soutenue si le *versicolor* et le *colchicus* eussent habité les mêmes localités.

Il serait donc d'un grand intérêt, jugeant par analogie, de comparer le *Ph. elegans* d'Elliot avec les hybrides *colchicus* et *versicolor* que l'on obtient sans aucun doute en domesticité.

Dans le cas, où le croisement du *Ph. colchicus* × *Ph. versicolor* viendrait à se produire à l'état libre, il serait à référer au croisement du *versicolor* × *torquatus* déjà indiqué (*torquatus* étant simple et très faible variété de *colchicus*, malgré la constance de ses caractères).

(1) A. *History of British Birds*, II, pp. 466 et 467.

(2) (Chine méridionale).

(3) *Monography of Phasianidæ*, III, 1871. Voir aussi le même auteur in : Ann. mag. nat. hist. VI, p. 312, 1870. »

(4) Lequel, on le sait, a été mentionné par Anderson.

PHASIANUS SCINTILLANS × PHASIANUS SŒMMERINGI

Ce mélange, très peu assuré comme on va le voir, n'avait point été cité ; c'est M. Ernst Hartert qui nous l'a indiqué. Celui-ci possède en effet plusieurs échantillons qui, lors d'un premier examen, lui avaient paru être intermédiaires entre les deux espèces ; mais les ayant examinés une seconde fois, des doutes se sont faits dans son esprit. D'après M. Hartert, le *Phasianus scintillans* diffère du vrai *Ph. sœmmeringi* par la bordure blanc pur de toutes les plumes du dos, de la croupe, et des couvertures supérieures des ailes. Chez le *sœmmeringi* ces mêmes bordures sont brun cuivre ou brun rouge. La queue est aussi plus pâle chez ce type que chez le *scintillans*. — Or, chez quelques-uns de ses spécimens, la couleur générale de ces parties est semblable à celle du vrai *sœmmeringi*, mais quelques plumes ont les bords blancs. En terminant sa communication, M. Ernst Hartert nous disait : « As I do not think that *P. scintillans* and *P. sœmmeringi* are merely races, but regard them as specifically distinct, the idea crossed my mind that it might be hybrids, *but there is no proof for this*. Possibily what I mentionned are intermediate forms and both are after all only races of one forme, althought they seem to be strikingly different, and also to inhabit different localities: *Ph. sœmmeringi* the southern islands, *Ph. scintillans* the island of Honeloo ».

On voit par là que l'ornithologiste émérite ne veut rien affirmer sur le croisement qu'il nous avait tout d'abord indiqué, mais qui, maintenant, reste pour lui assez problématique. Du reste, M. Hartert nous ayant cédé un des échantillons de sa collection, et cet échantillon ayant été examiné par M. Oustalet, il a été reconnu que bien peu de différences sont à constater avec les individus que possède le Muséum. On se voit donc fort embarrassé pour le déclarer hybride.

Quant à la différenciation spécifique des deux types *scintillans* et *sœmmeringi*, elle n'existe point en réalité ; on doit considérer le *Ph. scintillans* comme une simple variété du *Ph. sœmmeringi* dont il diffère seulement par la proportion plus grande de blanc sur le plumage ; de nombreux exemplaires *scintillans* originaires du Japon septentrional, reçus au Muséum, montrent cette particularité. M. Ogilvie Grant nous apprend (1) que la forme intermédiaire entre les deux variétés existe (2) ; c'est peut-être à cette catégorie qu'appartiennent les exemplaires de M. Hartert et celui qu'il nous a cédé ?

(1) *Catalogue of Game Birds*, p. 137.
(2) « Every state between the two forms may be seen. »

Genre Crossoptilon

CROSSOPTILON THIBETANUM (1) ET CROSSOPTILON AURITUM (2)

M. Oustalet a bien voulu nous montrer dans son laboratoire des peaux de Crossoptilons rapportés par M. Bonvalot et le prince H. d'Orléans de leur voyage au Thibet, Oiseaux qui présentent des caractères intermédiaires entre la variété blanche, *C. thibetanum*, et la variété bleue, *C. auritus*. — Que sont ces Oiseaux? Proviennent-ils d'un croisement entre les deux variétés, ou leurs couleurs intermédiaires sont-elles le résultat de modifications analogues à celles qui s'accomplissent chez le *P. scintillans*, c'est-à-dire de modifications s'obtenant naturellement et sans mélange des espèces pures? On ne saurait le dire, les deux types n'étant point encore assez connus. Peut-être *C. thibetanum* doit-il la blancheur de son plumage au climat froid des hautes régions qu'il habite? *C. auritum* pourrait encore lui être rattaché par d'autres causes, celles du dimorphisme, par exemple, que nous avons vu si souvent se produire chez les *Accipitres*. Quoiqu'il en soit, le croisement des deux types ne serait-il pas contestable, qu'on ne saurait encore appeler hybrides leurs produits, les parents, de même structure et de mêmes mœurs, ne pouvant être séparés spécifiquement.

M. Oustalet a, du reste, étudié cette question dans une étude que le journal *La Nature* a publiée (3). Le savant docteur n'a point voulu se prononcer sur la véritable nature des spécimens qui, tout en présentant des caractères mélangés, ne sont peut-être point cependant des métis (4).

(1) Synonymie : *Crossoptilon thetanus*, *Crossoptilon album*, *Crossoptilon drouynii* ou encore le Faisan oreillard du Nord de la Chine.

(2) Appelé aussi *Crossoptilon cærulescens*, *Phasianus auritus*. C'est le *Faisan oreillard bleu*.

(3) N° du 16 juillet 1892, pp. 101, 102 et 103.

(4) Un autre croisement dans le genre Crossoptilon est celui du CROSSOPTILON MANTCHURICUM et du CROSSOPTILON THIBETANUM, que nous a fait connaître M. le prof. Sordelli et que l'on voit dans la collection du feu comte Turati, au Musée de Milan. Malheureusement, le professeur ne nous a point fait savoir si le (ou les) spécimens qui le représentent ont été obtenus à l'état sauvage. Il est assez présumable qu'ils proviennent de mélanges obtenus accidentellement dans quelque Jardin d'acclimation où l'on recherche ces beaux Faisans.

Familles des Pénélopidés

Genre Penelope

PÉNELOPE JACUCACA et PÉNELOPE PILEATA

M. le Dr Günther a été assez aimable pour nous faire connaître l'hybride de ces deux espèces conservé au British Museum. Cet Oiseau, nous dit le savant directeur, fut envoyé du Brésil à Londres comme Oiseau sauvage. Il vécut dans le Jardin de la Société Zoologique depuis le 26 mai 1870 jusqu'au 31 août 1875 et fut acheté par le Muséum après sa mort. Autant que M. Günther se le rappelle, il a été considéré par tous les ornithologistes qui l'ont examiné comme un hybride. Cependant M. Ogilvie Grant fait précéder la mention qu'il en fait (1) d'un point d'interrogation, comme s'il hésitait sur la valeur de ses caractères. Il dit qu'il diffère « chiefly from typical P. *jacucaca* in having the underparts of a deep chestnut much darker than in P. *pileata* », et ajoute : « There can be litlle doubt that it is a hybrid between the two species. » Cette peau se trouve dans la collection Salvin Godman. Elle a été peinte pour nous, mais il paraît, d'après M. Günther, que l'aquarelle qui la représente n'est point exacte comme coloration ; puis sur cette peinture beaucoup de plumes des couvertures de l'aile et du corps n'ont point les couleurs blanches comme dans l'original. Nous ignorons tout à fait si P. *jacucaca* et P. *pileata* peuvent être considérés comme des espèces absolument distinctes. Nous ne connaissons point ces types suffisamment.

Phasianidés et Tetraonidés

Genres Phasianus et Tetrao

PHASIANUS VULGARIS × TETRAO TETRIX

(Se reporter p. 87 ou p. 340 des Mém. de la Soc. Zool., 1891).

Trente spécimens environ, représentant le croisement de ces deux espèces, avaient été signalés. Nous n'en avions vu aucun ; ces Oiseaux nous étaient seulement connus par leurs descriptions, par

(1) Dans le *Catalogue of Game Birds*, p. 500.

les dessins publiés par Yarrell (1) et par la belle planche en couleur de l'ouvrage du Dr A.-B. Meyer (2).

C'est avec beaucoup de peine que nous nous sommes procuré quelques échantillons. Beaucoup de pièces signalées sont aujourd'hui dispersées çà et là; il est difficile de savoir ce qu'elles sont devenues.

Les Oiseaux que nous avons reçus sont au nombre de quatre; ce sont : 1° la pièce de M. Turner, abattue en 1888 dans le grand parc qui avoisine Sutton Colfield ; 2° le spécimen obtenu avec cet Oiseau, appartenant à M. Robert Chase, de Southfield, et dont on n'avait parlé que très vaguement (3) ; 3° l'hybride tué par le père de M. Hamon l'Estrange dans les bois de son château d'Hunstanton ; 4° un exemplaire existant au Musée de Munich, non mentionné, et dont l'origine sauvage n'a pu du reste nous être certifiée.

Nous avons fait peindre ces pièces, ainsi que plusieurs autres qui n'ont pu nous être adressées ; ces dernières sont : l'individu conservé au Muséum de M. Hart, à Christchurch, (Hants) ; les deux exemplaires signalés par M. Handcock au Musée de Newcastle-on-Tyne ; une pièce provenant de la collection Whitaker, actuellement au Musée de M. Walter-Rothschild à Trings, (signalée dans le Zoologist de 1888 (4), mais que nous avions omis de citer), et l'exemplaire exposé en 1883 par M. Burton à la Société zoologique de Londres, aujourd'hui chez M. Pryor. En outre sir Andrew N. Agnew nous a adressé la photographie de l'hybride obtenu dans le Wigthonshire, au château de ses ancêtres, à Lochan, en 1835, où l'Oiseau fut conservé longtemps, mais où sir Agnew n'a pu, à notre grand regret, le retrouver (5).

En sorte que les hybrides du *Tetrao tetrix* × *Phasianus colchicus*, ou plutôt les Oiseaux que l'on croit provenir du mélange de ces deux espèces, nous sont connus par : 1° les quatre échantillons montés qui nous été communiqués ; 2° les cinq peintures qui ont été exécutées pour nous, dont trois sont de grandeur naturelle ; 3° la

---

(1) Dans la 3e édit. de l'ouvrage de cet auteur « *Bristh Birds* » 1856, ces dessins représentent : 1° le spécimen ♀ tué sur le manoir de Maringlon, conservé dans la collection Eyton (cit in Proceed. of the Zool. Soc., 1835, p. 62); 2° l'exemplaire abattu en 1839, par Lord Ilowick, à Early Grey (Northumberland).

(2) Cette planche donne le portrait aux 2/3 de la pièce tuée à Zele, dans le district de Tahorer.

(3) P. 90 ou p. 344 des Mém. (13°, 14° et 15° lignes).

(4) N° de février.

(5) La pièce montée n'avait point été mise sous verre; on suppose qu'elle s'est détériorée et qu'elle est sans doute aujourd'hui détruite.

planche en chromolithographie du Dr Meyer ; 4° les deux dessins en noir de Yarrell ; et 5° la photographie de sir Agnew, lesquels dessins, gravures ou peintures représentent des pièces diverses et non les mêmes Oiseaux.

Tel est le matériel qui nous permet aujourd'hui de procéder à l'examen des produits du *Tetrao tetrix* × *Ph. colchicus*.

Commençant par les hybrides montés, nous décrirons d'abord la pièce de M. Hamon l'Estrange, (cette pièce a été reçue la première).

L'Oiseau précieux est enfermé dans une case en bois dont le devant seul en verre permet de l'observer ; son examen présente donc beaucoup plus de difficultés que si on pouvait le tenir en main.

Le plumage semble indiquer un jeune mâle en mue prenant la livrée d'hiver, car, tandis que sur les parties supérieures on n'aperçoit qu'une teinte gris-jaunâtre sans éclat, en dessous se déclare une teinte vivement violacée et lustrée montant par plaques jusqu'au cou.

Au premier abord la double origine qu'on suppose à cet Oiseau ne paraît point s'imposer ; on se demande même pourquoi la couleur principale est d'un gris aussi froid, car ce même gris est beaucoup plus chaud chez les deux espèces mères arrivées au même degré de développement. Cependant des signes du *tetrix* et du *Phasianus* se montrent çà et là ; on aperçoit par exemple au-dessus de l'œil et même un peu en-dessous de cet organe la peau rouge de cette dernière espèce. La queue est courte et très large, rappelant le *tetrix*, tandis que les pattes hautes et sans plumes indiquent le *Phasianus*. Au-dessus de l'œil et même un peu en-dessous de cet organe la peau devient rouge cerise. M. Hamon l'Estrange nous fait remarquer que cet hybride, tué, on se le rappelle, par un de ses oncles, à Essellisham (Norfolk), avait été rencontré dans le bois de « Ken Hill », bois d'une trop petite étendue pour que le *tetrix* qui y avait été importé ait pu s'y acclimater. M. Hamon l'Estrange nous fait aussi remarquer que l'Oiseau, mentionné par Henry Stevenson dans « The Birds of Norfolk » (1), est le même que celui qu'il nous envoie. Mais Stevenson ne l'a point décrit et s'est contenté de l'indiquer sommairement. En outre, l'ornithologiste de Norfolk ne paraît pas l'avoir examiné lui-même. — Avec l'autorisation gracieuse du propriétaire, nous avons adressé cette pièce curieuse

(1) Publié par van Voorst, à Londres, en 1866. Voy. t. I, p. 375.

à M. J. Duncan, peintre à Newcastle-on-Tyne, qui en a fait pour nous une aquarelle de petites dimensions.

Le second spécimen qui nous est parvenu appartient à M. Turner, il a bien des analogies avec le dernier : la couleur du dos est la même, le ton, le dessin, la disposition du plumage du cou et de la tête sont aussi les mêmes. Néanmoins il paraît plus large et plus fort, puis son cou est plus court. (Cette partie n'est point allongée comme elle l'est chez l'hybride de M. Turner, elle rappelle ainsi davantage le *tetrix*). La queue est aussi beaucoup plus courte ; elle est, par sa disposition, celle d'une femelle *tetrix*.

Sur certaines parties du corps, de chaque côté et en dessous des ailes, on voit apparaître des plumes foncées à reflets violacés luisants qui indiquent les marques du ♂ prenant la livrée de l'adulte. Il faut remarquer que ces plumes, presque noires, sont rayées de larges barres jaunes arrondies se terminant en pointe. Cette particularité nous étonne, car si les plumes de *T. tetrix* ♀ ont à peu près cette disposition, ce sont les barres qui sont noires et le fond de la plume jaune ; l'inverse se produit donc ! En outre il n'existe généralement sur les plumes de l'hybride qu'une seule barre ; on en trouve deux et même trois chez la Poule faisane dont les plumes sont à cet endroit dans le genre de celles du *tetrix*. Une telle coloration ne prouve pas un mélange. Mais quelle origine autre assignerait-on à l'Oiseau tué dans le parc de Sutton Colfield ? Peut-on le croire variété d'une espèce inconnue ? Cette hypothèse ne peut même être soulevée. Or, par ses analogies avec l'exemplaire de M. Hamon, il laisse supposer un produit hybride, quoique ses caractères mixtes soient moins bien accusés. On s'explique difficilement, nous le répétons, la teinte générale grisâtre qui n'est propre ni au *Tetrao tetrix* ni au *Phasianus colchicus* (1).

L'hybride de M. Turner n'a point été disséqué par le taxidermiste qui l'a préparé ; on a supposé seulement cet Oiseau de sexe femelle à cause de son plumage.

En faveur du sexe contraire, nous ferons valoir la peau nue qui entoure l'œil et qui, sans être rouge, prend la forme de l'ovale à ses deux extrémités. Ni la Poule faisane, ni la poule *tetrix* ne montrent un espace nu près de l'œil. La partie foncée des côtés du devant indique encore pour nous, et ce très suffisamment, le sexe mâle.

M. Turner a bien voulu nous fournir quelques indications complé-

_____

(1) Les jeunes ou les femelles des deux espèces possèdent les uns et les autres des teintes beaucoup plus chaudes.

mentaires sur les circonstances et le lieu dans lesquels ce curieux spécimen a été tué.

Le parc, qui contient deux mille cinq cents acres, appartient à la petite ville de Sutton Colfield depuis trois cents ans. Le tiers de ce parc est planté en forêt ; les autres parties sont en genêts et en bruyères, à l'exception de quelques parcelles marécageuses fréquentées par les Bécassines. Les habitants de Sutton Colfield ont non seulement le droit de faire pâturer leurs bestiaux dans le parc, mais ceux qui sont munis d'un permis de chasse peuvent y chasser un jour de chaque semaine, le mercredi, depuis le commencement d'octobre jusqu'à la fin de janvier. Le Coq noir de bruyère, ou Black Grouse, s'y trouvait encore représenté il y a environ dix-neuf ans. L'année où l'hybride fut tué, on avait aperçu un de ces Coqs.

Disons que l'Oiseau intéressant, qui nous a été si bienveillamment envoyé, n'a encore été montré dans aucune société d'ornithologie. Il a cependant été communiqué à un naturaliste bien connu, M. Walter Chamberlam de Moor Green, de Birmingham (1), qui avait déclaré aussitôt après l'avoir vu que c'était bien un hybride de Black Grouse et de Faisan ; l'empailleur avait porté le même jugement.

Le troisième spécimen reçu et appartenant à M. Robert W. Chase est précisément celui qui fut tué en compagnie de la pièce qui vient d'être décrite. Ses caractères sont presque exactement les mêmes que ceux de cette dernière. Ainsi les deux Oiseaux paraissent appartenir à une même couvée, au moins provenir d'un même couple. Toutefois le spécimen de M. Chase a un air plus jeune ; sa queue n'a point en effet acquis tout son développement et affecte la forme de celle d'une Perdrix ; en outre, son corps est plus fin et plus mince. — On retrouve chez cet hybride des plumes entièrement semblables par leur dessin à celles que porte l'exemplaire de M. Turner ; ces plumes se voient notamment sur le dos. La tonalité générale de l'Oiseau est encore de ce gris qui nous a déjà surpris ; le plumage de la gorge et du cou est aussi celui de l'hybride qui vient d'être décrit. Mais l'Oiseau de M. Chase avait certainement du rouge près de l'œil comme on en voit sur le Faisan ; cette partie rouge se laisse deviner, tandis que nous n'avons pu la constater sur l'hybride de M. Turner. Le bec est encore semblable au dernier exemplaire, quoiqu'il soit plus fin ; la man-

(1) M. Walter Chamberlam est le frère de l'homme d'État.

dibule supérieure est très allongée. Enfin, sur les côtés du ventre et de la poitrine, on retrouve les mêmes plumes bleu violacé, avec bordures jaunes vers la pointe, se terminant en flèche, formant ainsi de chaque côté deux bandes de couleur foncée. Tout cela est cependant peu prononcé, d'une couleur moins éclatante, et indique un Oiseau plus jeune que le précédent. Notons qu'il est très haut sur pattes, lesquelles sont d'un brunâtre gris violacé ; que les petites rectrices de la queue, c'est-à-dire celles qui ne dépassent guère les couvertures supérieures, sont foncées en dessus et en dessous, bordées de gris sale, tandis que les couvertures inférieures sont terminées de rougeâtre. Ces caractères laisseraient bien supposer le mélange des deux espèces qu'on lui donne pour parentes.

Le *quatrième et dernier exemplaire* que nous avons examiné provient, on l'a fait savoir, du Musée royal de Munich. Mais son origine sauvage reste tout à fait incertaine. Sur l'étiquette qu'il porte, on lit seulement : « *Phasianus colchicus* Linn., var. *hybrida* »; suit un mot illisible, puis « H. V. Preysyng, Bayern ». Enfin on a ajouté ces mots : « avec *Tetrao tetrix* ».

Le prof. R. Hertwig, qui a eu la bonté de nous l'adresser, nous l'avait tout d'abord annoncé comme « bastard de *Phasianus colchicus* et *Tetrao urogallus*, » ajoutant que tous les renseignements sur son origine font défaut dans le catalogue du Musée royal.

A première vue nous avons cru avoir affaire simplement à une vieille Poule faisane stérile prenant la livrée du Coq. Il nous a cependant été facile de constater que le dessin des plumes du poitrail n'est point celui de la Poule faisane, mais bien celui de l'hybride de M. Turner. En outre, se montre, directement au-dessus des tarses et les recouvrant dans la partie haute, une petite touffe de plumes qui ne doit pas exister chez le Faisan. Ces plumes semblent même être descendues plus bas et s'être attachées sur le tarse, lequel aurait été par conséquent légèrement emplumé (environ presque à moitié de sa longueur). Puis les joues, le cou et une partie du poitrail sont brun violacé, semblant indiquer l'influence du *tetrix*. On constate encore sur le dos un dessin tacheté qui semble être le mélange des plumes des deux espèces supposées mères, et sur les rectrices un autre dessin qui n'est point complètement celui de la Faisane. Cette remarque peut sans doute s'appliquer au dessin du dessus de la tête. Enfin la queue n'est pas effilée, comme chez le Faisan ; elle est assez courbée et s'arrondit légèrement vers son extrémité.

La teinte générale de l'Oiseau, gris jaunâtre un peu verdâtre, ou couleur bois, rappelle le plumage de l'hybride de M. Hamon l'Estrange (1). Disons de nouveau que cette teinte ne saurait être considérée comme un mélange, puisqu'elle n'est propre ni au *Phasianus* ni au *Tetrao tetrix*. Quant au bec, il est fort long et de couleur claire ; il donne l'aspect de celui d'une vieille Poule faisane. On peut dire que les caractères mixtes chez cette pièce sont moins bien accusés que chez les Oiseaux qui viennent d'être décrits ; à l'exception de la couleur de devant, cet individu est presque une Poule faisane. Nous n'aurions point vu les produits précédents que nous n'aurions jamais soupçonné l'origine qu'on lui a supposée. — Vu les plumes foncées et violacées qui se montrent sur le poitrail, il doit être de sexe mâle, peut-être un jeune en mue, comme sont sans doute les trois derniers.

Il est assez singulier que ces quatres exemplaires aient tous été trouvés dans le même état de plumage.

On a remarqué la surprise que nous a causée leur tonalité générale gris de fer ; il sera utile de faire savoir, à cette occasion, que nous avons trouvé au Musée d'histoire naturelle de Rouen un *Tetrao lagopus* qui, presque gris, rappelle assez bien cette tonalité. En outre le plumage du cou de ce *Lagopus* est identique à celui que l'on voit à la même place chez les pièces de M. Hamon l'Estrange et de M. Turner : c'est tout à fait le même mode de coloration et de dessin.

Les examens des autres échantillons, que nous avons faits d'après des peintures, n'ont pu nous procurer des renseignements aussi complets que si nous les eussions entrepris sur la nature même. Nous serons donc obligé de décrire ces Oiseaux plus sommairement quoique les peintures, qui les représentent, aient été exécutées par des peintres habiles.

Il nous faut remarquer immédiatement que les hybrides de M. Pryor et de M. de Rothschild sont encore dans la livrée du jeune se colorant. C'est seulement sur certaines parties du devant, (comme chez les autres exemplaires vus en nature), que la teinte foncée et violacée (prune) se développe principalement, tandis que le reste du corps demeure d'un gris jaunâtre. La queue de ces Oiseaux, en partie carrée, fait bien voir qu'il ne s'agit pas de Poules faisanes prenant la livrée du mâle ; du reste le spécimen appartenant à

(1) Si notre souvenir est exact, le gris, chez les exemplaires de M. Turner et de M. Chase, est plus foncé, moins jaunâtre, ressemblant davantage au gris de fer.

M. Pryor montre en outre des plumes sur les tarses (1), comme en portent seuls les *tetrix*.

Voici donc six pièces qui prennent couleur et cela de la même façon ! Ont-elles été tuées toutes à la même époque ? Nous l'ignorons.

L'hybride de M. Ed. Hart est beaucoup plus avancé ; il est presque entièrement brun violacé prune, sauf sur le dessus des ailes, où il reste encore grisâtre. (La plume semble descendre quelque peu sur les tarses ?) La queue n'est pas pointue comme chez le Faisan, quoique l'Oiseau soit haut sur pattes.

La chromolithographie du Dr A. B. Meyer montre un Oiseau rappelant beaucoup cette pièce, mais moins avancé, car le violacé ne garnit point la croupe. Nous constatons sur les ailes la teinte gris de fer remarquée sur les premiers exemplaires.

Les deux hybrides du Muséum de Newcastle-on-Tyne, dont les aquarelles ont été faites par M. Duncan, sont certainement des adultes. L'un aux allures du Faisan, l'autre à la pose du *tetrix* (2) diffèrent de tous ceux que nous avons examinés. Ils sont tous deux néanmoins, à leur manière, de bons intermédiaires.

En somme, si nous nous rappelons que le mélange des deux espèces ne donne pas toujours les effets que l'on pourrait en attendre, la plupart de ces Oiseaux peuvent passer pour hybrides ; mais l'Oiseau de M. Pryor, comme l'Oiseau du Musée de Munich, il faut le reconnaître, sont presque des Faisans. Il sera intéressant de faire savoir que l'aquarelle du premier, montrée à MM. Hart et le baron Hamonville, nous a été retournée avec cette indication : « *Phasianus colchicus* et Poule de basse-cour ! » M. J. H. Gurney, auquel nous avons adressé le même dessin, y a écrit cette mention : « Perhaps a ♀ *Phasianus colchicus* assuming ♂ plumage ! » En outre cet ornithologiste, ayant vu la peinture de l'exemplaire du Musée de Munich, n'y a reconnu aucun signe du *Tetrao tetrix*, mais plutôt une apparence de *Gallus domesticus !*

On voit par là que l'origine *tetrix* de ces deux derniers Oiseaux, si elle est réelle, ne s'aperçoit pas au premier coup d'œil.

Nous ne pouvons guère juger la pièce photographiée que sir Andrew N. Agnew a eu la grande complaisance de nous envoyer de son château de Loquehan. Cette photographie n'est point de dimen-

---

(1) Nous ne pouvons voir si cette particularité caractérise l'hybride de M. de Rothschild, les pattes étant en partie cachées, (d'après l'aquarelle qui a été faite par M. Prévot).

(2) Ce dernier est celui qui a été tué en 1837 ; le premier n'avait été obtenu, on se le rappelle, qu'en 1842.

sions assez grandes pour permettre un examen sérieux. Quant aux deux petites figures en noir publiées par Yarrell, elles semblent bien indiquer des produits du croisement dont on s'occupe.

P. S. — Au moment où nous terminons cet article, M. E. Cambridge Phillips, des Elms (Brecon-s.-Walles), nous apprend que son ami, M. Crawshay, tua le 2 décembre 1893, à Llausaintfræd (Breconshire), un hybride « Black Game and Pheasant ». En même temps, M. Cambridge Phillips nous envoie un petit dessin à la plume de cet Oiseau, en ayant soin de nous faire remarquer que les « shaded parts » sont noires avec une teinte de bronze, tandis que les autres parties sont gris brun. Les « shaded parts » étant précisément celles du devant et des parties hautes, il résulte que cet hybride présente des caractères propres à la plupart des précédents spécimens et que, suivant les principes appliqués à ceux-ci, il doit être encore un jeune en mue ! M. Cambridge Phillips a pu examiner sur le frais cet Oiseau : il rappelle mieux, nous dit-il, par sa couleur noire et bronzée le Black Game que le Pheasant ; il est plus fort que l'un ou l'autre de ses parents supposés. Voici, du reste, la description que le gentleman de Brecon a la bienveillance de nous communiquer :

« The characteristic white wing feathers which partly overlap the wing scapulars and the half feathered tarsus ; the latter (viz Pheasant) seen in the light-colouring behind the eyes, the grayish brown variegation of the interscapulars running down to the tail coverts and middle rectrices in tail, as well as the entire wings. » M. Cambridge ajoute : « Indeed if nature had tried to make a hybrid exactly half and half between the Black cock and Pheasant, she could not have succeeded better (1). » M. W. C. Ashdown, qui a cité (2) et décrit (3) ce spécimen, dit que c'est l'exemplaire le plus brillamment coloré qu'il connaît ; deux ou trois individus de ce genre, qui sont passés par ses mains, il y a dix ou douze ans, étaient plus sombres et rappelaient davantage la Grouse (le *tetrix*).

M. Cambridge Phillips a eu l'occasion de voir, depuis qu'il nous a écrit, deux autres hybrides tués il y a quinze ans environ à Builth dans son comté (4) ; il nous informe que ces deux Oiseaux sont

(1) C'est-à-dire : « si la nature avait voulu représenter un Oiseau exactement intermédiaire entre le Coq noir et le Faisan, elle n'aurait su mieux faire. »

(2) In the Field, N° 2137, 9 décembre 1893, p. 901, et aussi dans le Hereford Times.

(3) *Ornithology in Herefordshire.*

(4) Par M. Price, aujourd'hui décédé.

absolument semblables à celui qu'il vient de nous faire connaître ;
on doit seulement tenir compte de la saison dans laquelle ils ont
été tués. Ils onf été abattus en septembre, tandis que l'exemplaire
de M. Crawshay avait été obtenu en décembre.

A propos de ces hybrides, M. Cambridge Philipps est persuadé
qu'ils ne prennent naissance que lorsquè l'un de leurs parents se
trouve dans l'impossibilité de trouver un compagnon de sa propre
espèce. M. Cambridge Philipps se rappelle que dans le Carmar-
thenshire, il y a plusieurs années, un vieux Coq noir, le dernier
survivant d'une petite bande, s'apparia avec un *Phasianus*. Quelques
rejetons de ce croisement furent tués chaque année. A ce moment,
le gibier noir était fort rare ; mais un gentleman ayant lâché
quelques sujets dans le Breconshire et ceux-ci s'étant étendus dans
les bois du Carmarthensire, le vieux Coq ne tarda point à retourner
vers ses propres Poules, délaissant les Poules faisanes. — Ce récit
serait basé sur une observation personnelle. Il ne nous surprend
aucunement ; les raisons que M. Cambridge Phillips développe sont
celles que nous avons toujours données en explication du mélange
des espèces à l'état sauvage (1).

PHASIANUS COLCHICUS × TETRAO UROGALLUS

On conserve au Musée de M. Walter Rothschild, à Tring, un magnifique Faisan qui semble indiquer par quelques parties de la coloration de son plumage, et aussi par sa grande stature, un croisement
du *Ph. colchicus* et du *T. urogallus*. Cet Oiseau aurait été tué à l'état
sauvage, à Aiden Loch Lomond (Ecosse), en décembre 1890 (2),
« in a loneby forest far from any pheasantry », a soin d'ajouter
M. Hartert, ce qui semble repousser l'idée d'une origine domestique.

Cet Oiseau est unique ; on ne paraît avoir rencontré nulle part
d'autres échantillons de son genre. Un tel produit étonne. S'il provient réellement du Faisan et du Coq de bruyère (ce que nous

---

(1) Le Zoologist de 1883, (pp. 301 et 302, VII, Nᵒ 74), avait déjà raconté le même
fait et avec plus de détails que nous n'en donnons. Il paraît que les jeunes, qui
furent tués, furent mangés avant qu'un examen sérieux de leurs caractères n'ait pu
être fait. La personne qui a donné à M. Cambridge les divers renseignements qu'il
nous a transmis lui avait fait connaître aussi que ces hybrides présentaient beaucoup de ressemblance avec la Poule faisane, tant par la taille que par le plumage.
Le croisement se laissait apercevoir dans les jambes, légèrement emplumées, et
dans leur chair foncée, quelque peu colorée rappelant celle du Blackgame.

(2) D'après les renseignements qui nous sont adressés par M. Hartert.

n'oserions affirmer), sans nul doute il a été produit par une de ces alliances coutractées forcément par des *urogallus* importés de temps à autre en Angleterre et dont les deux sexes ne sont point toujours représentés; autrement on ne s'expliquerait pas un tel mélange. M. Millais l'a paraît-il figuré dans son ouvrage « *The Game Birds* ». Nous en avons fait exécuter nous-même une aquarelle grandeur naturelle.

LAGOPUS SALICETI et PERDIX CINEREA

Sur le Catalogue de la vente, faite par M. Whitaker au Covent-Garden en mai 1890, figurait sous le n° 113 un hybride « Willow Grouse » ; cette mention était suivie d'un point d'interrogation. Si nous comprenons bien une lettre que M. Whitaker a eu la complaisance de nous écrire au sujet de cet Oiseau, il proviendrait de la « Red Grouse et de la Partridge» (*Lagopus scoticus* et *Perdix cinerea*)! M. Walter Rothschild, qui a fait acheter cette pièce par l'entremise de M. Lamb, pense que c'est un croisement de *Lagopus albus* et de *Tetrao tetrix* ayant appartenu à M. Bond. Serait-ce à cet Oiseau que Yarrell fait allusion lorsqu'il dit (1) que M. Bond possédait un Oiseau tué par lord Walsingham à Blubbertrouse Moor, près de Harrogate, en août 1866, et qui paraît être le résultat d'un croisement de la « *P. cinerea* avec la *Red Grouse* »? Nous serions tenté de le supposer; cependant l'exemplaire acheté par M. Rothschild proviendrait de la Russie.

Quoiqu'il en soit, l'hybride indiqué par un point d'interrogation ne serait autre, d'après les observations qui nous ont été transmises par M. Rothschild, nous venons de le dire, qu'un croisement du *L. albus* avec le *T. tetrix*, ou, plus probablement encore, d'après un examen que vient de faire pour nous M. Hartert, un simple albinisme de *Lagopus scoticus* dans un plumage tout particulier.

———

En terminant notre étude sur les Gallinacés hybrides, nous avions donné quelques indications sur des croisements contractés entre des espèces de Gallinacés sauvages et entre des espèces de Gallinacés domestiques. Un de ces croisements est celui du :

GALLUS DOMESTICUS et PHASIANUS VULGARIS

Un nouvel exemple nous est cité en Angleterre. La pièce supposée

(1) *British Birds*, (4ᵉ édition, III, p. 114, edited. by prof. Newton).

hybride fut tuée par M. J. Losh Atkinson. M. D. Losh Thorpe, de Carlisle, était présent lorsque l'Oiseau tomba sous le coup de fusil. Ce curieux volatile était doué, paraît-il, d'une grande agilité ; il était aussi alerte, aussi vif qu'un Faisan et capable d'entreprendre un grand vol (50 *yards* environ). C'est en vain que le garde qui l'avait déjà aperçu avait essayé de s'en emparer. La « copre » (1) que cet hybride fréquentait est située à une distance considérable des habitations.

M. D. Losh Thorpe, qui était présent lorsque l'Oiseau tomba sous ce coup de fusil et qui le possède actuellement, a consenti à nous l'adresser en communication.

Ce spécimen est, dit-on, comme il le paraît du reste, du sexe femelle. Il présente l'aspect d'une Poule fort ordinaire ; aucun caractère ne rappelle le Faisan. C'est tout à fait en vain que nous avons essayé de découvrir chez lui quelque ressemblance avec cette espèce. — Nous ne nions point pour cela son origine. Nous nous rappelons avoir reçu, il y a plusieurs années, deux Poules qui lui étaient presque semblables et qui nous étaient adressées comme hybrides du *Ph. colchicus* et du *G. domesticus*. Il est vrai, nous empresserons-nous d'ajouter, que nous sommes toujours resté fort sceptique au sujet de l'origine qu'on leur attribuait. Mais M. Thorpe est convaincu de l'hybridité chez le spécimen qu'il nous a communiqué. Il aurait fallu, nous dit-il, que nous le vissions voler pour nous rendre compte de son agilité, de ses gestes et de sa forme bien exacte, aujourd'hui modifiée par la préparation. Le garde-chasse est de l'opinion de M. Thorpe (2).

Le rév. Macpherson, qui a examiné l'Oiseau lorsqu'il était en chair, le croit semblable à un des Oiseaux tués dans le Norfolk et que Stevenson a mentionnés (3). Nous avions omis de rappeler la citation de l'ornithologiste de Norfolk ; voici ce que dit ce dernier au sujet de plusieurs faits de croisements entre le *G. domesticus* et le *Ph. vulgaris* :

« The three following instances of hybridism between Pheasants and domestic Fowls have come under my own observation during

(1) Petite forêt.

(2) Nous pensons que lorsqu'il y a croisement fécond entre deux espèces éloignées, le produit montre une tendance à emprunter presque tous ses caractères à un seul des parents. Confirmant notre dire, M. J. H. Gurney, le distingué ornithologiste anglais, cite un hybride, « tame bred between Greefinch *(L.chloris)* and Brambling *(F. cœlebs)* » qui ne montrait aucune trace du Brambling dans son plumage (Voy. the Zoologist, p. 90, n° de Mars, 1894). Nous reconnaissons cependant avoir vu bien des fois des hybrides provenant du croisement de deux espèces éloignées et qui ressemblaient à leurs deux parents. Ce n'est donc pas une règle que nous posons.

(3) *Birds of Norfolk*, 1, pp. 368 et 369.

the last ten or twelve years (1) : In December 1854, a very singular
looking Bird, apparently a cross between a Pheasant and Cochin
China fowl, was shot in a wild state in the woods at Wolterton ; and
on the 31st of January 1863, an equally remarkable specimen was
brought to a bird preserver in the city (Mr. John Sayer) to be stuffed
by a gamekeeper, from whom I afterwards learnt the subjoined
particulars. It had been bred wild in a plantation, at Methwold, as
was supposed between a cock Pheasant and a domestic Hen, the
fowl being a cross also between the game and Dorking breeds. This
strange Bird, which proved to be a male, had been repeatedly seen
amongst the Pheasants in the wood when the beaters were driving
the game towards the guns, but as it ran whit great swiftness, and
never attempted to rise on the wing, it always managed to escape,
and was at last netted to ascertain what is was. »

D'après l'auteur que nous citons, cet Oiseau mesurait trente-deux
pouces de la pointe du bec à l'extrémité de la queue. Dans son
apparence générale, il montrait un étrange mélange du Faisan et de
la Poule et n'était point différent d'un Coq Capercally (l'*urogallus*)
par la tête et le cou. Les jambes étaient très claires (clean) et fortes,
sans éperons, décidément Gallinaceous (2) par ce caractère ; le bec
large et puissant ; la queue longue et arrondie, avec les plumes du
milieu quelque peu allongées, etc. En novembre de la même année,
ajoute Stevenson, M. Sayer reçut aussi, de lord Rendlesham's
preserves, un autre hybride, apparemment « a cross between a
Pheaseant and a black Bantam Fowl »; mais aucuns renseignements
ne sont donnés sur son origine.

Ces faits, quoique assez nombreux, on le voit, ne peuvent exciter
l'intérêt que présentent les hybrides nés du croisement de deux
espèces sauvages et libres (3).

(1) L'ouvrage de Stevenson paraît avoir été publié à Norvich en 1866.

(2) Nous pensons que Stevenson veut dire *Gallus* par cette expression.

(3) M. le Prof. Döderlin a eu la complaisance de nous envoyer de sa propre
collection une Perdrix qu'il a reçue de la Marche de Brandebourg. Cet Oiseau a
été tué, avec deux autres échantillons qui lui sont semblables, dans une compagnie
de *Perdix cinerea*. Il n'existe presque point du plumage de la *P. cinerea* sur ce
sujet. C'est à peine si on en trouve quelques traces çà et là. Tout le devant et
les côtés sur le ventre sont brun roux ; cette couleur est séparée à son milieu par
un espace blanc grisâtre mélangé formant bande. La même teinte brun roux est
rappelée sur le dos, les scapulaires et la queue. Tout le dessous et le devant du
cou sont blanc gris jaunâtre.
C'est donc un Oiseau très bigarré, dont le plumage est analogue à celui d'une
Poule de basse-cour ; il en donne tout à fait l'aspect. Nous n'avons éprouvé aucune
surprise lorsque nous avons lu sous le socle : « *Perdix cinerea* × *Gallus domesticus?* » Néanmoins cette mention est, avec raison, suivie d'un point d'interrogation.
Pour notre part, nous ne pensons aucunement que ce sujet soit un hybride ; il est
trop petit de dimensions pour avoir été produit par une Poule domestique ; la taille
est exactement celle d'une *Perdix cinerea*.

ORDRE DES COLOMBES

(Se- reporter p. 105 ou p. 358 des Mém. de la Soc. Zool., 1890).

Nous avions remarqué que l'hybridation à l'état sauvage était presque nulle dans cet Ordre d'Oiseaux, tout au moins qu'un seul croisement d'espèces paraissait avoir été observé entre deux types distincts : celui de la *Columba livia* et de la *Palumbœna fusca* ; que les autres exemples que l'on citait, très rares, du reste, se rapportaient à des variétés.

Malgré les recherches que nous avons faites nouvellement, nous ne sommes guère plus avancé, comme on va le voir. Quelques cas de mélanges d'espèces sont bien à mentionner, mais l'origine sauvage des parents ayant donné lieu à ces croisements n'est pas prouvée. Il est même beaucoup plus vraisemblable que l'appariage s'est opéré en captivité ; au moins l'une des deux espèces croisées vivait-elle en cet état. Pour plusieurs cas, cela est certain.

Genre Columba

COLUMBA ŒNAS (1) × COLUMBA AFFINIS (2)

M. O. V. Aplin, de Bloxham, nous a appris que dans la collection de M. Whitaker, à Mansfield, existe un hybride entre la *Columba œnas* et la *Columba affinis* ; ceci nous a été confirmé par le propriétaire de cette collection. M. O. V. Aplin a vu ce spécimen qui montre des points de ressemblance avec les deux parents. Mais l'Oiseau fut, paraît-il, élevé dans un bosquet d'arbres situé près d'une maison de ferme où beaucoup de Pigeons domestiques sont retenus. Il est donc probable, (quoique la *C. livia* vive encore à l'état libre), que l'individu de l'espèce *affinis*, qui a contracté le mélange avec une *C. œnas*, faisait partie des Oiseaux retenus dans la ferme voisine.

La Colombe colombine et le Bizet sont deux espèces très rapprochées, sinon deux variétés. L'examen de leur produit présente des difficultés sérieuses, mais peut-être l'hybride en question porte-t-il quelques traces de la domesticité empruntées à son second parent ?

---

(1) Autres noms : *Columbœna columbella, Œnas sive vinago.*
(2) *Columba domestica, Columba livia.*

COLUMBA LIVIA × COLUMBA PALUMBUS (1)

Un laboureur de la ferme d' « Haywood Oaks » raconta à M. Whitaker que, pendant l'été de 1884, un Pigeon ramier aux ailes blanches avait été vu de temps à autre sur de vieux chênes creux, fréquentés par un grand nombre de Pigeons ramiers. Le garde du colonel Seely, auquel appartient la ferme d'Haywood Oaks, parvint avec beaucoup de peine à tuer cet Oiseau qu'il apporta à M. Whitaker. Celui-ci crut tout d'abord avoir affaire à un des Pigeons apprivoisés, nombreux dans la ferme. Mais le garde lui assura qu'il était excessivement sauvage, difficile à approcher, et qu'il s'était laissé tirer à une distance de plus de cinquante mètres. La manière dont le Pigeon avait été tué témoignait de l'affirmation. Enquête faite, M. Whitaker apprit que l'Oiseau avait été remarqué, après sa sortie du nid, sur les chênes, entrant dans les trous ou en sortant, et se nourrissant avec les Pigeons ramiers dans les champs loin de la ferme, jamais sur les bâtiments et avec les Oiseaux domestiques. Voici sa description : « Six ou sept grosses plumes, flèches blanches, d'autres d'un gris-ardoise. Les plumes de dessous couleur ardoise, avec quelques marques plus foncées ; le dos blanc, la queue et le croupion couleur ardoise, comme dans les Pigeons ramiers ; la tête ardoise, avec des marques blanches ; le cou a la couleur brillante du Pigeon ramier ; la poitrine est grise, les pattes sont rouges (2). »

Il ne peut être encore question ici que du croisement d'une espèce sauvage avec une espèce domestique.

TURTUR RISORIUS × TURTUR AURITUS (3)

En parlant d'un hybride paraissant provenir de ce croisement, et pris à l'état libre, nous émettions l'avis que son origine sauvage nous paraissait suspecte. Un produit de la *C. turtur* et de la *C. risoria* fut de même attrapé le 14 mai 1865 dans un jardin à Newmarket Road, et quoiqu'on ne trouvât point son propriétaire, la personne qui le décrit dans le Zoologist (4) ne suppose aucunement,

(1) Synonymie : *Palumbus, Columba torquata, Columba palumbus, Palumbus torquatus, Columba pinetorum, Palumbus excelsus.*

(2) Voy. the Zoologist : *Hybrid between a Stock Dove and Tarne Pigeon,* p. 150, 1885.

(3) Synonymie : *Columba turtur, Turtur, Peristera turtur, Turtur vulgaris, Turtur tenera.*

(4) P. 369, octobre 1882.

et avec raison, qu'il ait été produit à l'état sauvage. L'hybride
C. turtur et *C. risoria* est en effet très commun en domesticité ;
quelques pièces de ce genre peuvent sans doute de temps à autre
s'échapper.

COLUMBA LIVIA × TURTUR RISORIUS

On conserve au Musée de Florence un Pigeon ♂ que M. Giglioli
croit provenir de la *Columba œnas* et le *Turtur tenera* (1). Cet Oiseau,
nous assure M. Giglioli, a été tué à l'état sauvage le 10 octobre 1885
près de Cuneo (Piémont). Le savant professeur ne conserve aucun
doute sur son authenticité. Il l'a reçu de M. V. Abre, observateur très
consciencieux. « En dimensions l'Oiseau est intermédiaire entre les
deux espèces ; le bec est plutôt celui du *Turtur* ; la couleur vineuse
s'étend sur le cou et sur la tête ; les plumes du double collier ont
les caractères de ceux du *Turtur*, mais sont à reflets pourprés sur
un fond vineux. Les ailes et le dos sont gris, quoique lavés
de brun. Les taches (barres) noires de l'aile ont disparu. La queue a
bien les caractères du *Turtur*, les rectrices (excepté les deux
médianes) étant terminées de blanc. Toutefois l'Oiseau est d'aspect
C. œnas. » Telle est la description que M. Giglioli a bien voulu nous
communiquer.

Nous lui avons demandé à voir cette pièce, faveur que le très
obligeant directeur du *Museo dei Vertebrati* s'est empressé de nous
accorder. — L'Oiseau est en tout semblable à des hybrides ♂ de
Columbia livia et *Turtur risorius* que nous avons plusieurs fois
obtenus en captivité. Il est tellement semblable à ces hybrides que
nous ne pouvons lui donner une autre origine. M. Fontaine, de
Marcq-en-Barœul, qui possède le produit de la *Columba livia* avec
le *Turtur tenœra*, nous a communiqué son échantillon, qui diffère
réellement des nôtres et, par conséquent, de celui de M. Giglioli.
Cette dissemblance nous porte donc à considérer la dernière pièce
comme hybride réel de *Turtur risorius* × *Columba livia* échappé,
cela va sans dire, de quelque volière, puisque *T. risorius* ne vit pas
à l'état sauvage en Italie.

La *Columba livia* et le *Turtur risorius* appartiennent, d'après le
classement des ornithologistes, à deux genres différents.

Ainsi les quatre croisements que nous venons de citer : ou auraient

---

(1) *Primo resoconto dei resultati del inchiesta ornithologica italiana*
(3ᵉ partie), 1891.

été produits en domesticité, ou auraient été contractés par une espèce sauvage avec une espèce domestique. Peut-être en est-il de même du croisement de la *Columba livia* × *Polumbœna fusca* que nous avons mentionné d'après M. Zarowdnoï, d'Orembourg (Russie).

COLUMBA LIVIA × POLUMBOENA FUSCA (1)

(Se reporter p. 106 et p. 359 des Mém. de la Soc. Zool., 1890).

Le savant explorateur a eu la complaisance de nous adresser ses intéressantes « *Recherches zoologiques dans la contrée transcaspienne* (2), où on lit (3) que l'Oiseau fut tué près de Ak-Maïdjor. C'était un Pigeon présentant des caractères propres à l'une et à l'autre des deux espèces. M. Zarowdnoï regrette vivement que cet exemplaire n'ait pu être empaillé et qu'il ne figure point dans sa collection. Les Cosaques qui l'accompagnaient le plumèrent et le rôtirent, avec d'autres pièces de gibier, pour le déjeuner. Autant que le naturaliste d'Orembourg peut se le rappeler, « l'Oiseau possédait des caractères plastiques intermédiaires entre la *C. livia* et la *C. fusca* et avait le croupion d'un bleu noir à reflets métalliques, comme la *C. livia*. Le bec était semblable à celui de la *C. fusca*, les ailes à bandes transversales bien développées et le dessus de la tête teinté de rouge. »

Il nous reste à dire quelques mots du mélange des variétés des *Green Pigeons* de l'Inde, dont a parlé Gerdon et que nous avons déjà mentionnés, mais d'une façon trop sommaire. Nous avons en outre à enregistrer le mélange de la *Columba intermedia* avec la *C. livia dom.*, que nous font connaître MM. l'abbé David et Oustalet (4).

TREROU PHŒNICOPTERA (5) × TRERQU CHLORIGASTER.

(Se reporter p. 106 ou p. 359 des Mém. de la Soc. Zool., 1890).

Dans les « *Birds of India* » (6), Gerdon ne détermine point les

---

(1) Synonymie : *Columba fusca*, Pall.; *Columba œnas*, Lich. in Evers.; *Columba eversmanii* Bona ; Addlt. ; *Columbœna eversmannii*, Jerd. ; *Columba fusca* var. β. *brachjura*, Sev.?

(2) Moscow, 1890 (Extrait du Bulletin de la Société Impériale des Naturalistes de Moscou, 1889-1890).

(3) P. 101.

(4) *Qiseaux de la Chine.*

(5) Synonymie : *Columba phœnicoptera*, *Columba militans*.

(6) I, p. 218, Calcutta, 1862.

les variétés des *Green Pigeons* qui auraient contracté des mélanges. Après avoir parlé des croisements du Burmese Roller avec l'Indian Roller, il dit simplement : « The same intermingling of affined species takes place in the Green Pigeons of the south and north of India and in several other Birds. » L'auteur ne se sert même point, comme on le voit, du mot « interbreeding ». Mais Blyth (1) est plus précis et dit qu'il soupçonne raisonnablement des croisements entre les deux espèces, *T. phœnicoptera* et *T. chlorigaster*, (quoiqu'il ne cite aucun exemple).

Nous avons examiné au Museum d'Histoire naturelle de Paris des spécimens de ces deux types ; déjà M. Oustalet nous avait fait voir dans son laboratoire l'une des deux variétés. Or, les différences qu'elles présentent sont si peu sensibles qu'il nous paraît même difficile de les apprécier, du moins au premier coup d'œil ; il faut une attention soutenue pour les remarquer. *Chlorigaster* aurait les épaules ou couvertures supérieures plus foncées, la gorge jaune moins vif, plus verdâtre que chez *phœnicoptera* ; peut-être les pattes et l'iris plus foncés ? Tout cela et quelques autres petites dissemblances dans les liserés forment un très petit nombre de caractères pour les différencier.

Il ne s'agit donc tout au plus dans ces mélanges (s'ils se produisent ?) que de croisements entre simples et légères variétés ; il en est de même du croisement suivant :

COLUMBA INTERMEDIA $\times$ COLUMBA LIVIA *DOM* (2)

M. l'abbé David s'exprime ainsi (3) : « Cette race à peine distincte de notre Colombe bizet (4), vit à l'état sauvage dans l'Inde, dans le Turkestan (?) et dans la moitié de la Chine. Je l'ai vue établie en grand nombre dans les cavernes placées à une grande hauteur dans les montagnes du Tsin-hing. Des Oiseaux domestiques se mêlent fréquemment aux Oiseaux sauvages, il s'opère des croisements qui donnent naissance à une foule de variétés. »

(1) Journal of the Asiatic Society of Bengal, XIV, p. 228, 1845?
(2) Synonymie : *Columba intermedia*, Strick ; *Columba livia*, Blyth; *Columba œnas*, Reich.; *Columba intermedia*, Bon.; *Columba livia*, Swich.
(3) *Op. cit.*, p. 385.
(4) Semblable en général à la *Columba livia*, mais offrant sur le croupion une teinte brunâtre et sur la nuque des reflets verts et pourpres plus intenses que dans l'espèce européenne (David et Oustalet).

ORDRE DES PALMIPÈDES

(Nous croyons devoir rappeler, avant de commencer l'énumération des hybrides de cet Ordre, ce que nous disions dans notre
« *Avant-Propos* » (1), à savoir que la demi-domesticité, si répandue
dans la famille des Anatidés, explique, au moins pour beaucoup
d'entre eux, les mélanges que les Oiseaux de cette famille contractent).

Famille des Anatidæ

Genre Anas

ANAS PENELOPE et ANAS CRECCA

(Se reporter p. 112 ou p. 120 des Mém. de la Soc. Zool., 1891).

Cinq spécimens représentant le mélange des deux espèces avaient
été signalés : une pièce au Musée de la faune néerlandaise, une
autre appartenant à M. le comte Arrigoni degli Oddi, une troisième
dans la collection du feu lord Malmesbury, une quatrième faisant
partie de la collection vendue par M. Whitaker, et une cinquième
enfin chez M. le comte Ninni, à Venise. Nous avions donné, d'après
M. le comte Oddi, la description très complète de l'exemplaire qui
lui appartient et, d'après M. Westermann (aujourd'hui décédé), la
description du spécimen conservé au Musée des Pays-Bas.

La provenance sauvage des trois premières pièces paraît établie ;
une telle indication manque pour les deux dernières.

M. le Dr Kerbert a bien voulu nous communiquer l'hybride du
Musée d'Amsterdam. La double origine de cet Oiseau se voit au
premier coup d'œil ; c'est un *intermédiaire* entre les deux espèces
dans toute la rigueur du mot, aussi bien par la taille que par la
couleur du plumage : Tête châtaigne comme *crecca*, avec bandes
vertes de séparation partant de chaque côté des yeux et se rejoi-
gnant sur le dessus du cou (2) ; miroir vert brillant entouré de noir
dans le bas, dans le haut entouré de châtaigne et non de blanc
comme chez *crecca* (3). Pieds et jambes presque aussi forts que
ceux de *penelope* et couleur de plomb. Le dos est *penelope*, en cos-

---

(1) P. 473 et p. 475.

(2) Le vert est moins foncé que chez *crecca* et la petite raie blanche qui sépare
le vert de la couleur châtaigne est peu visible.

(3) Il est à noter qu'aucune des deux espèces ne présente cette couleur d'une
manière aussi accentuée.

tume de transition. La gorge est fond rose vineux, comme chez cette espèce, mais çà et là tachetée, ainsi que les flancs, indiquant par ce caractère un plumage en mue. Les couvertures supérieures des ailes sont d'un blanc gris mat, présentant tout à fait un ton moyen entre la couleur gris noir de *crecca* et le blanc de *penelope* (1).

Le plumage du corps est donc beaucoup plus *penelope* que *crecca*, mais la tête est presque entièrement de ce type ; le contraste est d'un effet saisissant, surtout lorsque l'on examine les caractères intermédiaires de ce sujet qui est fort joli. Nous en avons conservé un croquis ; il porte une mention ainsi conçue : « *Anas hybrida* ♂ von *A. penelope* on *A. crecca*, 9 nov. 1888. Schiermetrop. » On n'y dit point qu'il ait été pris à l'état sauvage, mais le M. Dr Kerbert nous a donné cette affirmation.

Le comte Oddi ne nous a point adressé le spécimen qu'il conserve ; il nous a seulement fait parvenir une aquarelle fort bien exécutée et qui représente un réel intermédiaire entre les deux espèces, ayant beaucoup d'analogie avec l'hybride précédent, car le corps paraît *penelope* et la tête de la *crecca* ; mais c'est un individu en vrai costume d'hiver ou de noces. Nous remarquons encore au-dessus de la bande verte du miroir une bande châtaigne très prononcée. L'oiseau semble avoir les pattes et les doigts jaune brun (cuir) et les palmures plomb violacé ; ce dernier caractère est-il exact ?

M. Ed. Hart, de Christchurch, qui possède maintenant l'exemplaire du feu lord Malmesbury (signalé d'abord comme hybride de *penelope* et de *crecca*), considère cet Oiseau comme le produit de l'*A. crecca* et de l'*A. boschas*. Nous ignorons si M. Hart a raison de penser ainsi, mais, autant qu'on en peut juger par l'aquarelle que M. Prévot a exécutée pour nous de grandeur naturelle, cette pièce n'est point, comme nous l'avions annoncé à tort, l'hybride de l'*A. crecca* avec l'*A. penelope*. Nous croyons devoir la rayer de cet article. Toutefois, comme nous ignorons à quel croisement on doit la reporter, (son jeune âge ne permettant point sans doute de le juger convenablement), nous en donnons ici la description :

Bec jaune roux brunâtre, plus clair au début de la mandibule supérieure. Tête presque rousse quoique l'on aperçoive confusément une trace de la bande verte, laquelle part de l'œil et se dirige vers la nuque. Une nuance blanche qui se perd peu à peu dans le roussâtre de la tête et du dessus du cou se répand à partir du

---

1) A moins donc que *penelope* ne se montre ainsi en costume de transition ?

bec vers la gorge devant le cou. Poitrail roux, tacheté à la manière de la Sarcelle, quoique les petites taches ne portent pas de blanc au-dessus de la partie brune. Dos, couvertures des ailes, brun cendré gris ; les grandes rémiges du même ton, mais plus claires. Tout le ventre gris brunâtre à fond blanc est rempli de petits zigzags irréguliers et mélangés avec des taches du même ton près des flancs. Les pattes sont jaune orangé, les palmures paraissent plus foncées. La disposition du miroir consiste en une première bande supérieure chamois foncé, puis en une large partie vert de mer bordée inférieurement d'une raie noire, laquelle est suivie d'une bordure chamois s'éclaircissant en blanc à sa partie extérieure.

Cette pièce, qui porte sur tout son corps les caractères d'un jeune Oiseau, semble devoir être reportée au mélange de la *crecca* avec le *boschas* ; mais sa taille assez grande peut laisser quelque hésitation (1).

Nous apprenons que le spécimen faisant partie de la collection vendue par M. Whitaker a été acheté par M. Dickes pour sir Vauncey Crewe, de Cork Abbey (Derby) ; nous n'avons pu obtenir d'autres indications.

Quant à l'exemplaire du comte Ninni, de Venise, nous manquons également de renseignements. M. le comte Arrigoni degli Oddi, qui avait bien voulu nous promettre des indications au sujet de ce Canard, assez problématique du reste, ne nous les point adressées ; ce qui nous fait croire qu'il n'existe point dans la collection du feu comte.

Nous avons à citer un autre exemplaire acheté par M. van Kempen en Angleterre dans une collection où, paraît-il, on ne vendait que des Oiseaux sauvages d'Europe; toutefois M. van Kempen n'a point voulu nous affirmer l'origine sauvage de cet hybride bien authentique et qui confirmerait grandement, s'il avait été obtenu à l'état de réclusion, l'origine mélangée des autres pièces sauvages, car il leur ressemble en plus d'un point. On retrouve chez lui la tête, les joues et le commencement du cou complètement de couleur châtaigne avec la large bande verte qui part des yeux pour se prolonger jusque sur la nuque. On voit aussi la bande châtaigne en-dessus du miroir qui est vert (2). Toutefois il est plus ramassé, il a le cou court et épais,

---

(1) Elle a été décrite à la fin de notre « *Histoire du Bimaculated Duck* » pp. 47 et 48, ne sachant dans quelle catégorie la placer.

(2) Cette bande est peut-être moins foncée que chez les autres exemplaires.

Est-ce l'effet du montage ? — On remarque sur le rose de la poitrine (comme cela se produit sur l'exemplaire de M. le comte Oddi) de petits points foncés très détachés les uns des autres, nullement entourés, rappelant presque complètement les points que l'on voit sur la partie correspondante de la sarcelle *formosa*. Ce sont sans doute les taches, beaucoup plus larges, de la sarcelle *crecca*, qui se rétrécissent ici, car *penelope* est dépourvu complètement de ces marques dont il ne peut, par conséquent, favoriser le développement.

Nous avons fait peindre l'Oiseau de M. van Kempen, celui-ci l'a signalé dans les mémoires de la Société Zoologique (1), en ayant soin de faire remarquer qu'aucune mention n'atteste que ce Canard ait été tué à l'état sauvage; nous ne pouvons donc le comprendre dans notre liste.

DAFILA ACUTA × ANAS PENELOPE.

(Se reporter p. 115 où p. 123 des Mém. de la Soc. Zool., 1891).

Quatre exemplaires avaient seulement été cités; encore disions-nous que l'un d'eux, acheté sur le Leadenhall market, n'avait peut-être point été pris à l'état sauvage. — Il faut ajouter à cette liste, peu nombreuse, un cinquième Oiseau décrit et figuré en 1893 par M. dal Fiume Camillo (2), puis un sixième, ♂, pris récemment dans la lagune de Venise et qui se trouve, d'après M. Oddi (3), dans la collection du feu comte Ninni au Musée Correzo, à Venise. Mais il faut supprimer la pièce que nous avions citée la première et qui nous avait été indiquée par M. Ch. Royer, de Langres. Cet Oiseau, que nous avons reçu en communication, n'est autre, en effet, qu'un *A. penelope* en mue. M. Royer, à qui il appartient, n'ayant pu le classer, avait essayé de le contrôler à Paris avec les Canards du Muséum. Ne le trouvant dans aucune vitrine, il l'avait montré aux employés qui l'avaient déterminé comme hybride d'*A. penelope* et de *D. acuta*, mais à tort, selon nous. Il est vrai que sa préparation le fait paraître plus long que le *penelope:* son cou est plus tendu, il est moins ramassé. Mais on ne saurait s'attacher à la forme

(1) Mém. Soc. Zool. de France, 1890, p. 111. *Oiseaux hybrides de ma collection, par Ch. van Kempen.*

(2) « *Sopra un ibrido naturale. Mareca penelope* Linn. × *Dafila acuta* Linn. » *Nota di del Fiume Camillo* (Milano, 1893, Estratto degli Atti della Società italiana di scienze naturale).

(3) Communication de celui-ci.

d'une pièce empaillée, surtout lorsque le montage est visiblement
défectueux ; ce qui se voit aisément chez cet individu.

Nous avons constaté que par sa coloration générale et la disposition de son plumage il ne diffère point d'un *A. penelope* ♂ en costume de transition, c'est-à-dire à ce moment où l'espèce revêt le
vêtement de noces ou s'en dépouille, pour reprendre la livrée moins
brillante de la saison chaude. Au-dessus du miroir, qui n'est point
bordé à sa partie supérieure de brun rose clair et à sa partie inférieure de couleur blanche comme chez *acuta*, on reconnaît les
grandes plaques blanches caractéristiques de *penelope*. Seule la
couleur verte à reflets roux du miroir le rapproche réellement d'*acuta*.

Mais ayant observé de très près un des *penelope* ♂ que nous conservions vivants dans nos parquets, nous avons reconnu (c'était au
mois de juillet et au mois d'août) que la couleur verte du miroir se
modifiait chez cet individu et prenait précisément ces reflets bronzés
constatés sur le spécimen de Langres. Ceci nous a complètement
convaincu que ce dernier n'était point un hybride, mais simplement, comme nous le pensions, un Oiseau en mue. M. Ed. Hart,
de Christchurch, auquel nous avons montré la petite aquarelle que
nous avons fait de cette pièce, nous l'a retournée avec cette mention
bien significative. « *A. penelope* in the change of plumage ». — Ce
qui nous étonne un peu, c'est que M. Royer la croit tuée au mois
d'avril. La mue était donc avancée ou retardée chez l'exemplaire
qui a servi de point de comparaison, ou l'inverse (1).

M. le Dr Jentinck a eu la complaisance de nous adresser en communication l'exemplaire du Musée de Leyde, cet exemplaire au sujet
duquel le savant et très connaisseur M. van Wickevoort Crommelin
avait changé plusieurs fois d'opinion, mais qu'il avait considéré
en dernier lieu comme le produit de l'*A. penelope* × *A. acuta* (après
l'avoir cru hybride de *crecca* et d'*acuta*). Les caractères de la tête sont
en effet, nous allons le voir, très embarrassants. Notons de suite
que le poitrail rose vineux rappelle le *penelope*, mais tout le plumage

_____

(1) Tout en considérant cet hybride supposé comme un simple *penelope* en mue,
nous tenons à faire remarquer que le bec nous a paru long ; il dépasse légèrement
les dimensions de celui du *penelope*. Quant à la largeur de cette même partie, elle
est reproduite sur deux sujets ♂ vivants de cette espèce que nous possédons (l'un
en livrée d'été, l'autre en costume de transition), et encore sur le bec d'une femelle
empaillée. Il nous faut aussi reconnaître que la teinte bleu violacé de l'épaule,
(laquelle épaule est munie de la tache blanche), n'est peut-être point tout à fait
aussi pointillée que dans ce *penelope*. Cette particularité fait penser à *acuta*,
de teinte plus uniforme, si nous en jugeons par nos exemplaires de race pure.

du corps est de l'*acuta*, à l'exception de la tache noire qui paraît être moins longue que chez cette espèce ; les deux petites plumes effilées de la queue ne se prolongent point non plus très avant. Les tarses et les doigts étant à peu près du même ton chez les deux espèces supposées mères, rien n'est à remarquer de ce côté. Le bec, par ses dimensions, semble intermédiaire entre le bec de l'*acuta* et celui du *penelope*.

On pourrait donc déterminer aisément ce produit comme hybride, puisque le corps est du premier type et le poitrail du second ; mais la coloration très originale de la tête présente de sérieuses difficultés. La disposition des teintes à cette partie est en effet celle de *crecca* ; la couleur noisette des joues et la couleur plus foncée et plus rougeâtre de la tête, qui se relient entre le bec et l'œil, se trouvent séparées par une large raie verte partant en arrière de l'œil dans la direction de la nuque. En outre, sous la gorge existe une partie très foncée qu'on ne voit ni chez *crecca*, ni chez *penelope*, ni chez *acuta*.

Nous comprenons donc l'embarras dans lequel s'est trouvé M. Crommelin à l'égard de cette pièce, bizarre à l'excès, car, si on fait abstraction de la tête et du poitrail, on se trouve en présence d'un corps de vrai *acuta*. C'est, on peut le dire, un *acuta* au poitrail rose du *penelope*, coiffé d'une tête qui ne rappelle aucune espèce connue, ou plutôt qui en dévoile une troisième, la *crecca*, espèce que l'on se sent attiré à admettre, mais qu'on est bientôt obligé de récuser en face des deux caractères nettement accusés du *penelope* et de l'*acuta*. N'osant vraiment croire que ce curieux échantillon emprunte son origine à trois espèces, qu'il soit, par exemple, un hybride de *crecca* × *penelope* croisé d'*acuta* (hypothèse trop invraisemblable si l'Oiseau est né réellement en liberté), nous avons étudié la variété américaine du *penelope*, la *Mareca americana*, parce que M. Olphe Galliard dit que cette variété a la gorge et le devant du cou d'un brun noirâtre mélangé de roux et que derrière l'œil se trouve une bande longitudinale d'un vert brillant à reflets. Mais nous n'avons point été satisfait des examens que nous avons faits. Nous avons constaté, il est vrai, (sur des exemplaires que nous avons demandés d'Amérique), que la *Mareca americana* a réellement au-dessus des joues une raie foncée, quelque peu à reflets verts, partant de l'œil et se prolongeant vers la nuque ; mais la teinte du front, des joues et du cou n'est aucunement noisette, pas même roux marron, comme le dit Degland (1). En plus, le front est blanc. Si donc une parenté

---

(1) Degland s'exprime ainsi : « Occiput et haut du cou d'un brun marron. » Cet ornithologiste aurait dû au moins ajouter : « excessivement clair, à peine visible. » (Nous supposons nos exemplaires complètement en couleur ?).

avec *Mareca americana* expliquerait la bande verte que possède notre
hybride, cette parenté est tout à fait insuffisante pour donner une
explication de la teinte vraiment jaune roux orangé des joues,
ainsi que du roussâtre assez foncé du front et de la gorge.

Nous avions abandonné cette pièce, trop embarrassante, lorsque
l'envoi fait par M. Richard Paden d'un hybride *penelope × acuta*,
obtenu autrefois en captivité dans la ménagerie de Lord Derby et
possédé maintenant par le *Museum and Gallery of Art* de Liverpool,
est venu nous tirer d'embarras.

Lord Derby avait en effet obtenu, vers 1812, dans sa ménagerie de
Knosley, le produit d'un *Anas penelope* ♂ croisé avec un *A. acuta* ♀,
ainsi que nous avons pu le constater par la mention écrite en
vieille encre sur le socle de cette pièce montée et encore conservée,
à notre surprise, dans un état de fraîcheur exceptionnelle (1).

Or, quoique le cou et la queue soient plus allongés que chez le
précédent (2), le dessin et la coloration de la tête sont exactement les
mêmes chez les deux Oiseaux, et dans le plumage du corps ils ne
diffèrent réellement que par la première barre oblique qui borde
supérieurement le miroir. Cette barre est d'un roux châtaigne
clair sur l'exemplaire de Leyde, en grande partie mélangé de noir
sur le spécimen de Lord Derby (3).

Voici, du reste la description de ce précieux échantillon qui nous
rend actuellement, on le voit, un si grand service.

Vrai intermédiaire entre les deux types, quoique sa queue et
son cou allongés rappellent considérablement l'*acuta*. Les joues
sont de couleur châtaigne clair jaunâtre ; le dessus de la tête
est d'un rougeâtre foncé ; le bec est plus court que chez *acuta* et
rappelle celui du *penelope*. Le poitrail est rose comme chez cette
espèce, mais affaibli de ton. Le miroir est un intermédiaire très
réussi entre les miroirs des espèces pures. Les couvertures de l'aile
sont blanc perle clair ; la première bande qui borde le miroir en
obliquant (4) est ici en partie noire, en partie châtaigne. La deuxième barre, qui borde obliquement et inférieurement le miroir,
est mi-partie noire, mi-partie blanc sale, un peu roux. La tache noire
des scapulaires d'*acuta* est très bien marquée, tout en étant de plus

---

(1) Voici cette mention : « Hybrid duck male, bred at Knosly between a male
Wigeon (*An. penelope*) and a female Pintail (*An. acuta*). Knosly, april 1812. »

(2) L'Oiseau du Musée de Leyde est plus ramassé.

(3) Peut-être aussi le bec est-il un peu plus fort chez ce dernier, les couvertures
de l'aile plus blanchâtres, les rayures des flancs moins accentuées vers le milieu,
et le dessus de la tête plus foncé.

(4) Bande qui est noire chez *penelope* et rouge châtaigne chez *acuta*.

faibles dimensions que chez ce type. Les couvertures des ailes (partie basse) sont un mélange des deux espèces (1). Les pieds paraissent de grandeur moyenne, comme est la taille. Les longues plumes de la queue, quoique bien effilées et se prolongeant en avant, n'atteignent point cependant la longueur des plumes correspondantes d'*acuta*. En dessous, le ventre est très blanc.

Ce qui surprend donc, ce sont les caractères de la tête, c'est-à-dire le dessus de cette partie très rougeâtre, les joues de couleur châtaigne très claire, la gorge très foncée et surtout le vert au-dessus de l'œil dans la direction de la nuque ; néanmoins ce vert ne rejoint point l'œil comme chez *crecca* ; il est considérablement éloigné de cet organe.

Penelope étant roux foncé sur les joues, roux très clair sur le front, on admet difficilement que l'inverse puisse se produire chez notre hybride ; il ne semble pas moins étrange que du vert puisse apparaître sur la nuque. Doit-on admettre que c'est là un cas d'atavisme causé par hybridation, c'est-à-dire que les ancêtres de notre *penelope* européen sont la *Mareca americana*, laquelle porte une bande verte au-dessus des joues et dont la tête est de couleur châtaigne presque gris blanchâtre ?

Nous admettrions peut-être plus facilement, quoique nous n'en ayons jamais vu, qu'il existe de vrais *penelope* européens montrant quelquefois cette bande. Non seulement M. Olphe Gaillard la décrit chez le *penelope*, mais aussi M. Olgivie Gaillard ; M. Richard House, de Northumberland, semble lui-même l'admettre (2).

Nous nous sommes un peu étendu sur la particularité que présente l'Oiseau de Leyde ; mais cette particularité méritait bien une explication. Le produit hybride obtenu en domesticité par lord Derby prouve que le vert de la tête n'est pas imputable à la Sarcelle ; celle-ci par conséquent ne joue aucun rôle dans ce croisement.

L'hybride du Musée de Newcaste-on-Tyne (coll. Handcock) figure dans un groupe de gibier conservé sous glace. Il ne nous a point été communiqué ; nous n'avons point cru devoir le faire peindre, car il nous a été impossible d'obtenir d'autres renseignements sur son origine que ceux que nous avions déjà reçus : à savoir que l'Oiseau avait été acheté au Leadenhall market de Londres. M. Hand-

---

(1) Les flancs sont, on le sait, à peu près les mêmes chez les deux types.

(2) Voy. quelques lignes plus loin.

cock en le décrivant (1) avait dit que la couleur châtaigne de la
tête et du cou est mélangée avec le vert brillant du Pintail « *with
the glossy green of these parts of the Pintail* ». M. Richard House
nous fait observer que c'est là une erreur et qu'il faut lire
« *with the glossy green of these parts of the Widgeon* », attendu
que le Pintail (*A. acuta*) n'a point de vert brillant sur la tête, mais
que c'est le Widgeon (*A. penelope*) qui en possède. On voit par là que
M. Richard House admet que le vert puisse se présenter sur la tête
du *penelope*. Le spécimen de la coll. Handcock paraît donc par ce
caractère ressembler aux deux hybrides que nous venons de décrire.

Nous regrettons vivement de n'avoir pu obtenir en communication le spécimen indiqué par M. J. G. Millais dans le Field (2). Le
lieutenant s'est contenté de nous faire savoir que cet Oiseau, du
sexe femelle, ressemble de très près à la femelle *penelope*, excepté
dans la forme du bec qui est celui de l'*acuta*, espèce dont il a aussi
la taille. Sans doute est-il décrit et figuré dans l'ouvrage de
M. Millais.

Nous aurions désiré faire connaître nôtre appréciation sur la
pièce nouvelle faisant partie de la petite collection d'Oiseaux de
l'Académie *dei Concordi* de Rovigo et décrite comme mâle non
adulte par M. Camillo Fiume, de Badia Polesine (3).

. Une délibération du Conseil académique défend de laisser sortir
les objets d'histoire naturelle. Mais, nous dit M. Fiumè, « on peut
être sûr que le sujet illustré par lui est réellement un hybride; son
collègue et ami, le comte Arrigoni degli Oddi, auquel il l'a fait voir,
est de son avis. »

Notons en terminant que, dans le Zoologist de 1877 (4), M. Tomes
parle de deux pièces qui lui sont indiquées par M. Bartlett et qui lui
paraissent provenir du Pintail et du Widgeon; toutefois M. Tomes
ne fait point connaître leur origine.

ANAS BOSCHAS et DAFILA ACUTA.

(Se reporter p. 117 et p. 125 des Mém. de la Soc. Zool., 1891).

On se rappelle que trente spécimens, représentant le croisement
de ces deux espèces, avaient été signalés; l'origine sauvage de dix-

---

(1) *A catalogue of the Birds of Northumberland and Durham*, p. 153. Nat.
hist. transactions, VI, 1874.
(2) N° du 15 février 1890 (ou 1891).
(3) Actes de la Société italienne des Sc. naturelles, 1893.
(4) Pp. 1698-1699. *Occurence of the Bimaculated Duck*, by Mʳ Tomes.

huit seulement avait pu être affirmée. Quinze nouveaux exemples nous sont connus.

1° M. le Dr Kerbert, du Koninklijk zoologisch Genootschap (*natura artis magistra*), d'Amsterdam, nous fait connaître un sujet ♂ qu'il a reçu en chair au commencement de mars 1893 et qui fut tué à l'état sauvage dans la province de Friesland. (Cette capture récente porte à cinq, comme on l'expliquera plus loin, les hybrides conservés dans le Musée de la faune néerlandaise, quatre mâles et une femelle).

2° M. le Dr Jentinck, du Musée national des Pays-Bas, à Leyde, nous signale deux autres Oiseaux, tous deux mâles, l'un capturé dans la canardière de Warmond en mars 1888 et offert? par M. V. de Spwayt; l'autre, pris dans les environs de Rotterdam le 12 avril 1869, ayant vécu dans les étangs du Jardin zoologique de Rotterdam jusqu'en mars 1870, époque où on le trouva mort (1).

3° Vers la fin de décembre 1892, le decoyman de M. Frédéric Pretyman, d'Orwellpark (Ipswick), prenait un beau mâle, qui vit encore aujourd'hui dans nos parquets d'Antiville; ce bel échantillon nous a été envoyé et offert gracieusement par M. Pretyman, auquel nous témoignons ici de nouveau notre reconnaissance. Au commencement de la même année, on avait pris dans le même piège la femelle qui a été annoncée dans le Zoologist (2) comme hybride de *Querquedula crecca* et d'*Anas boschas* et que nous avons déjà décrite dans notre « *Histoire du Bimaculated Duck* » (3).

4° M. le baron Ed. de Selys-Longchamps conserve dans sa collection un sujet tué aux environs de Liège en hiver vers 1860 (4).

5° M. D. Niccolo Camusso, de Novi Ligure (Italie), a préparé pour une collection maintenant dispersée, un jeune mâle tué à Pavie le 25 novembre 1875. Ce sujet, nous dit le naturaliste, avait les couleurs de la femelle *boschas* et les plumes de la queue longues comme chez *acuta*.

6° M. G. Fream Morcom, de Chicago (Illinois), possède dans sa collection deux mâles et une femelle tués à l'état sauvage et montrant, nous dit-il, un mélange évident des caractères des deux parents.

---

(1) Ces dernières indications nous sont fournies par M. van Bemmelen, directeur du Jardin.

(2) N° 183, p. 109, vol. XVI, mars 1892.

(3) P. 21. Nous pensons maintenant (comme nous le laissions croire, du reste, voy. p. 34), cet Oiseau produit par le croisement de *D acuta* avec le *boschas*. Nous donnerons bientôt nos explications.

(4) Il ne faut pas confondre ce sujet avec celui qui est cité dans ses *Additions à la Récapitulation des hybrides observés dans la Famille des Anatidés*. Bull, Acad. des Sciences de Bruxelles, XXIII, 1856, N° 21,

7° M. le comte Oddi nous a parlé d'un sujet ♂ tué il y a bien des
années, dans la lagune de Venise, croit-il, et conservé maintenant
dans la collection du feu comte Correr, à Venise, pièce très authentique et très reconnaissable, paraît-il, et dont la physionomie générale est plutôt celle du *dafila* que celle du *boschas*.

8° Dans le « Forest and Stream », du 30 août 1883(1), on lit qu'un
Canard hybride de sexe mâle fut pris dans le courant de l'année ;
cet Oiseau, ajoute-t-on, « évidemment hybride, montre une prépondérance des traits caractéristiques de l'*acuta*, mais est en partie de
la couleur du Mallard (l'*A. boschas*), tandis que le bec et les plumes
se montrent intermédiaires entre les deux espèces ».

9° Sont encore à citer : un hybride du même sexe conservé au
British Museum et que nous avions omis de mentionner (2) ; un
autre mâle pris (ou tué) en Hollande en 1892, dans la collection de
M. Walter Rothschild à Tring (Angleterre); un mâle ayant appartenu
à M. J.-H. Gurney et que celui-ci croit avoir été obtenu à l'état
sauvage. M. Gurney l'a échangé contre d'autres Oiseaux à M J. G.
Millais. M. Millais possède en outre une autre pièce de sexe
femelle, également échangée par M. Gurney, mais dont l'origine
sauvage est douteuse, cette femelle ayant été achetée chez un
marchand de volailles d'Hastings. — Enfin nous mentionnerons
une dernière pièce appartenant à M. van Kempen, de Saint-Omer,
et dont l'origine sauvage n'a pu être établie suffisamment (3).

De ces Oiseaux, nous avons reçu le Canard vivant envoyé
d'Orwell Park par M. Frédéric Pretyman, les deux pièces du Musée
de Leyde, quatre échantillons du Musée d'Amsterdam (4), l'exemplaire de M. van Kempen, celui de M. de Selys-Longchamps (5), et
les deux hybrides du *Museo dei vertebrati* de Florence. Nous avons
fait exécuter une peinture de l'Oiseau conservé au Musée de
Newcastle-on-Tyne (6) ; le rév. Tristam a bien voulu nous adresser
une aquarelle du spécimen qu'il a rapporté de Palestine (7).

(1) P. 84.

(2) Nous supposons qu'il a été tué à l'état libre ; nous ne nous rappelons point
cependant si cette affirmation nous a été donnée.

(3) Cet hybride a été cité par M. van Kempen in « *Oiseaux hybrides de ma
collection.* » Mém. Soc. Zool. de France, 1890, p. 110.

(4) Trois avaient été signalés dans notre première publication.

(5) Cité aussi dans notre première publication.

(6) Voy. pp. 118 et 126 ou pp. 126 et 134 des Mém. de la Soc. Zool. 1891.

(7) Se reporter p. 118 ou p. 126 des mêmes Mém. En lisant nos descriptions, on
verra que ce dernier spécimen et un de ceux du Musée de Florence ne nous ont
point paru authentiques.

DESCRIPTIONS

Musée des Pays-Bas. — *1º Le Canard capturé dans la canardière de Warmond en 1888* ressemble étonnamment aux hybrides conservés au Musée d'Amsterdam, à l'individu du Musée de Newcastle-on-Tyne et à un des deux échantillons du Musée de Florence. Sur les scapulaires la tache noire est cependant moins prononcée et peu effilée. Dessus du corps, plutôt du *boschas* que de l'*acuta* ; plumes médianes de la queue un peu recourbées comme chez *boschas*, mais les longues plumes, qui se relèvent, ne paraissent pas être des plumes de couvertures ; tout au moins elles sont bien plus fortes que ne le sont généralement ces plumes. Miroir bronzé bordé de blanc dans le bas, de noisette dans le haut, comme chez *acuta*. Pieds légèrement plus forts que chez cette dernière espèce et de couleur claire; le collier, blanc, se prolonge en montant un peu derrière le cou, où il se trouve divisé par du noir brun. Tête d'un brun vert. Bec foncé plomb, moyen par sa forme entre celui des deux espèces, mais, par ses dimensions, se rapprochant de celui du *boschas*.

A un deuxième examen, nous avons pris les notes suivantes : Il serait difficile de trouver un intermédiaire mieux accusé entre les deux espèces mères, quoique d'aspect (non de taille) il soit plus du côté du *boschas* que du côté de l'*acuta*. Son bec est fort, mais de couleur plomb foncé ; la tête est bronzée à reflets verts, sur la nuque particulièrement; il existe au cou un collier blanc ; le poitrail (jabot) est roux blanchâtre, cette couleur est peu étendue. La queue est longue; la forme du Canard est elle-même allongée. Le miroir, vert ou bleu-de-mer, est très large ; il est bordé en dessus du roux clair propre à l'*acuta*, et inférieurement d'une large bande de blanc très éclatant. Le ton du dos et la disposition des plumes sont plutôt du *boschas*, mais sur les scapulaires existent, d'une manière très visible, les taches noires longitudinales, propres à l'*acuta*. Les pieds sont de couleur gris jaune bleuté, indiquant bien encore le mélange des deux espèces. Les zigzags sont très forts sur les flancs ; près du noir, qui teinte la queue en dessous, apparaît du blanc jaunâtre comme chez *acuta*.

2º Exemplaire ayant vécu au Jardin de Rotterdam. — Cet Oiseau, monté, est sans queue; il rappelle les hybrides du Muséum d'Amsterdam et l'une des pièces du Musée de Florence. Il est cependant de taille un peu plus faible que ces dernières ; c'est à peu près le seul caractère qui le différencie de ceux-ci, mais il est presque de la grosseur de celui qui vient d'être décrit. Sur les scapulaires, on voit la marque noire de l'*acuta*; cette marque est bien prononcée et allongée. Les pattes sont jaunes dans le genre de celles du *boschas*, le bec est noir bleuté. Les plumes de l'aile droite ayant été coupées, on aperçoit difficilement la bande blanche qui, dans la partie inférieure, encadre le miroir. Le plumage du dos, comme disposition . et couleur, est plutôt du *boschas* que de l'*acuta*. L'Oiseau porte un collier blanc bien prononcé, mais le blanc ne monte point sur la nuque. Le poitrail est d'un brun roux clair peu étendu ; la tête est d'un vert bronzé ; les flancs sont d'un gris plus foncé que ceux du Canard qui vient d'être décrit ; il existe aussi plus de zigzags foncés en-dessous.

Ces deux pièces n'avaient point encore été décrites. Nous conservons la peinture sur toile du premier exemplaire représenté de grandeur naturelle.

Museo dei Vertebrati de Florence. — *Mâle tué à Commachio.* Nous avions donné une très courte description de cet Oiseau, d'après les notes envoyées par M. Giglioli. On se rappelle qu'il avait été tué à St-Alberto le 22 janvier 1882; il a été offert au Musée par le comte Luigi Rasponi; son n° d'ordre est le n° 1600. L'Oiseau a été cité dans l'enquête ornithologique du professeur Giglioli (1).

· Il est d'une tonalité plus claire que les mâles reçus d'Amsterdam, dont la description va suivre. Le miroir est de l'*acuta*, mais plus vert. Sur les scapulaires, on voit les deux taches noires longitudinales de cette espèce. Le dos est cendré, intermédiaire entre celui des deux types; sur le bas de cette partie les petits dessins du plumage sont ceux de l'*acuta* en costume de jeune (ou de mue). Très large collier blanc ; le blanc monte un peu de chaque côté du cou. La couleur de la tête est un véritable mélange des teintes des deux espèces. Le bec est intermédiaire par ses dimensions, le poitrail est roux clair. Quelques petites taches sur le haut du ventre rappellent le plumage d'été du *boschas*. Les flancs, d'un bleuté gris, sont remplis de zigzags ; le ventre est aussi gris bleuté. Le plumage du dessus de la queue paraît être le plumage de mue ; les rectrices extérieures sont blanches; les médianes d'un noir gris mélangé; les pattes jaune ocre, plus petites que celles de *boschas*. Par son plumage, comme aussi par sa forme, cet Oiseau est donc un bon intermédiaire entre les deux espèces (2).

(1) *Primo resoconto dei resultati*, etc., 1890.

(2) Nous avons noté la couleur du bec comme étant noire, mais c'est sans doute par erreur; sur l'aquarelle que nous avons conservée, il est de teinte plomb bleuté.

Second exemplaire obtenu à Naples. — Une très courte description nous avait été aussi adressée par M. Giglioli (1). — Nous ignorons absolument ce que peut être cet Oiseau, dont le plumage est d'un ton brun violacé presque uniforme. La tête, le cou, dont le fond de la couleur est l'ocre gris, sont flammêchés de brun. Le poitrail, par sa teinte sombre et violacée, rappelle l'*A. boschas*. Il n'existe pas de collier blanc au cou. Le dessus du dos est un mélange de brun et de gris ; les scapulaires sont d'un ton plus roux et parsemées de zigzags. Les couvertures des ailes sont gris plomb jaunâtre presque uni ; les bords extérieurs de l'aile sont blanchâtres dans la partie supérieure ; ils s'élargissent près du miroir, qui est d'un vert noir sali, bordé en haut et en bas de blanc. Devant les deux bordures extérieures, qui sont blanches, il n'existe pas de raie noire bien définie, comme cela se produit chez *boschas*. Le bec est en dimensions moindre que celui de ce type ; sa couleur est le noirâtre, tirant quelquefois sur le verdâtre et le brunâtre. La mandibule supérieure, très large, recouvre et dépasse la mandibule inférieure (les lamelles sont très développées). Les flancs d'un brun clair grisâtre sont couverts de zigzags bien accusés. Sous queue blanc gris, tacheté de quelques plaques brunes. En dessus, les couvertures de la queue sont noires, les pennes sont de couleur grise ; le dessus du croupion brun violacé.

La petite taille de cet Oiseau est peut-être un indice de jeunesse ? Que peut être une telle pièce ? Un hybride ou une simple variété de quelque Canard exotique que nous ne connaissons peut être pas ? Involontairement, on pense à un croisement de l'*Anas obscura* et de l'*A. boschas* ; mais l'*obscura* ne fréquente pas la Méditerranée. Nous avons envoyé à M. J. H. Gurney l'aquarelle que nous avons faite de ce curieux Oiseau ; il nous l'a retournée avec cette note : « *I have seen some partial melanismes of. A. boschas very like your picture, wich had not hybrid origin* ».

Le Prof. Giglioli, qui nous avait adressé cette pièce en 1892 comme hybride d'*acuta* et de *boschas* (dénomination sous laquelle figure l'Oiseau dans l'*Inchiesta ornithologica* (2), nous informe, à la date du 17 avril 1894, qu'après examen minutieux fait de nouveau en compagnie de M. le comte Arrigoni degli Oddi, il le croit hybride d'*A. boschas* et d'*A. streperus*, la partie supérieure du dos étant noire comme dans cette dernière espèce et les caractères

(1) Se reporter p. 121 ou p. 129 des Mém. de la Soc. Zool., 1891.
(2) Florence, 1891, p. 70.

du bec et des couvertures supérieures et inférieures de la queue étant encore de ce type.

Nous ne pouvons partager aucunement cette manière de voir.

Musée d'Amsterdam. — Nous avions publié (1) la description de deux mâles et d'une femelle existant dans ce Musée. Ces descriptions nous avaient été gracieusement envoyées par M. Weltermann, l'ancien directeur de cette collection.

D'après des renseignements qui nous ont été adressés par le regretté M. van Wickevoort Crommelin, ces descriptions sont celles qui furent faites par feu M. Koller. Mais en dehors de ces trois exemplaires et de la pièce reçue en chair par M. le Dr Kerbert au mois de mars 1893, il existe certainement dans la même collection un cinquième sujet, car, pendant l'été de 1892, M. le Dr Kerbert, le directeur actuel, a eu la bienveillance de nous adresser en communication, à notre propriété d'Antiville, trois exemplaires mâles montés, accompagnés d'une femelle. Nous avons omis d'indiquer la date de la capture des échantillons reçus, en sorte qu'il nous est difficile de savoir quelle est la pièce qui ne figure point dans notre premier mémoire. Mais c'est probablement celle qui porte la date de janvier 1891, les autres étant de date antérieure, soit, pour la femelle, la date du 31 janvier 1888, et, pour les mâles, la date du 23 janvier 1889 et 9 décembre de la même année.

Les trois mâles, tous trois en costume d'hiver (quoique l'un d'eux porte encore quelques traces de jeunesse ou de mue) (2), sont, dans leur coloration générale, à peu près semblables ; néanmoins, il est utile de remarquer que l'individu qui est daté de décembre 1889 ne porte pas de taches noires sur les scapulaires, tandis que cette tache est très accusée sur l'exemplaire de janvier 1891. Le collier blanc, très étroit chez le Canard obtenu le 23 janvier 1889, monte peu sur le derrière du cou, tandis que ce même collier monte davantage sur la pièce qui ne porte pas de tache noire, et il se divise complètement derrière le cou de l'exemplaire janvier 1891.

Comme forme, on constate aussi des différences (nous supposons qu'elles ne se sont point produites au montage). Le dernier Canard nommé se rapproche beaucoup plus d'*acuta* que l'individu en mue, dont la forme est plus ramassée, le cou bien moins allongé et la tête assez épaisse. Notons aussi que la queue ne porte pas de plumes relevées sur l'individu du mois de décembre.

(1) Voy. pp. 121 et 122 ou pp. 129 et 130 des Mém. 1891.
(2) C'est le sujet obtenu le 23 janvier 1889.

A part cela, le miroir est identique chez les trois et le bec est chez eux foncé comme chez *acuta*.

Quoique les différences signalées ne soient pas considérables, elles ont néanmoins leur signification : elles ne peuvent être attribuées ni à l'âge ni à la saison ; ce sont donc des différences causées par hybridation.

Nous avons pu étudier à loisir ces diverses pièces, car M. le Dr Kerbert a eu la complaisance de les mettre à notre disposition en deux fois différentes ; voici les descriptions de chacune :

Première pièce, ♂, *23 janvier 1889*. — Comme tournure, ce Canard rappelle le *boschas*, le cou est peu long et la tête est forte ; comme dimensions, le corps est intermédiaire entre les deux espèces, ainsi que le bec, lequel est foncé et couleur noir plomb. Les plumes de la tête et du cou qui sont bronzées indiquent très bien le mélange du vert de l'*A. boschas* et du brun roux de l'*acuta*. Le collier blanc s'efface vers le bas en se mélangeant avec le roux vineux de la poitrine. Le dessus du dos est à peu près intermédiaire entre celui des deux espèces, il est peut-être plus du côté du *boschas* ; le miroir est vert, un peu bronzé, on aperçoit de temps à autre et suivant les jours des reflets vert marine ; il est bordé dans sa partie basse par une raie noire suivie d'une bande blanche ; au-dessus par une raie de couleur crème propre à l'*acuta*. Les flancs ont beaucoup plus de zigzags que chez *acuta* et que chez *boschas*. Les zigzags sont aussi plus prononcés. Le dessous du corps, la partie du ventre au moins, est marquetée de petites taches longitudinales qui indiquent les plumes de l'été ou de mue. La couleur roux brun du poitrail n'est point aussi prononcée que chez *boschas*. L'ensemble de l'aile est presque entièrement *acuta*, sauf que le miroir est vert. Sur les scapulaires existent les taches noires d'*acuta*, mais très affaiblies ; les plumes du dessus de la queue se relèvent légèrement.

Deuxième pièce, ♂, *9 décembre 1889*. — Intermédiaire par sa taille entre les deux espèces, plutôt du côté d'*acuta* ; point de longues plumes à la queue, aucunes plumes recourbées. Ailes tout à fait d'*acuta*, mais miroir vert. Pas de taches noires aux scapulaires. Derrière le cou, deux raies blanches ne se prolongeant point aussi haut que chez *acuta*. Large collier blanc se fondant avec le roux vineux martelé de la poitrine qui est moins foncée que chez *boschas* ad. Tête plutôt de couleur verte, quoique bronzée. Bec bien intermédiaire, noir mat. Flancs avec zigzags très prononcés, plus que cela n'arrive chez les deux espèces. Sous le ventre, quelques petites plumes indiquent le plumage de l'été, mais bien légèrement.

Troisième pièce ♂, janvier 1891. — Le bec de cet Oiseau est plus étroit et plus allongé que le bec des deux précédents hybrides et la courbure de la plume de la queue, qui se relève, est davantage prononcée. Le collier blanc, très large, se divise complètement derrière le cou. La tache noire des scapulaires est très prononcée. La forme de cet Oiseau est élancée et rappelle celle de l'*acuta*. Le miroir de l'aile est vert, bordé en dessus par de la couleur châtaigne, inférieurement par une bande noire, puis par une bande blanche ; bandes superposées l'une à l'autre ; les flancs ont des zigzags ; le poitrail est roux. Les pattes ont dû être orange ? Près de la partie noire qui, à l'extrémité du bas ventre, encadre la queue, se voit un espace vraiment blanc (1).

Quatrième pièce ♀, janvier 1888. — Cet Oiseau, qui paraît bien de sexe femelle, a cependant le miroir vert très éclatant. Ce miroir est bordé en dessus de châtaigne clair, en dessous d'une raie noire, puis d'une raie blanche, absolument comme chez *acuta*. La couleur générale du plumage paraît bien intermédiaire entre celle des deux femelles d'espèce pure. Le cou n'est point long comme chez *acuta*. Les pieds sont forts comme chez *boschas* ; ils doivent avoir été de ton de cuir de botte, ainsi que le bec, avec mélange du bleu de l'*acuta*.

Nous nous expliquons difficilement (si l'Oiseau est réellement une femelle) cette teinte verte très prononcée que nous venons de signaler. Un mélange du brun de l'*acuta* et du bleu violacé du *boschas* sembleraient devoir produire un autre effet.

Nous supposons cependant que le produit n'est pas un croisement de l'*acuta* avec le Canard sombre de l'Amérique que le dessin en raies fines de la tête, des joues et du cou semble rappeler, ainsi et surtout que les larges divisions des plumes des côtés et du dos. Le ton gris, surtout sous le ventre, indique bien le mélange de l'*acuta* avec le *boschas* ordinaire.

M. Gurney, qui a vu l'aquarelle que nous conservons de ce sujet, nous informe que la femelle qu'il a échangée et à laquelle il attribue l'origine *boschas* × *acuta* est très semblable à cet exemplaire qu'il considère donc comme ayant la même origine.

Cinquième pièce, ♂, mars 1893. — M. le Dr Kerbert veut bien nous faire savoir que cet Oiseau est tout à fait semblable à ceux que nous avons examinés ; les organes de la génération n'ont malheureusement point été étudiés, ils n'ont point été non plus

(1) Au moins, sur la peinture que nous avons conservée de cet Oiseau, car une partie de nos notes s'est trouvée égarée.

conservés. Le préparateur du Musée a empaillé ce Canard en plein vol qui mesure soixante centimètres.

Exemplaire ♂ vivant pris dans l'appeau de M. Frédéric Pretyman. — Pendant sa première année de captivité, l'Oiseau était d'une sauvagerie excessive; il n'a du reste jamais voulu se familiariser. (C'est à la fin de décembre 1892 que nous l'avons reçu à Rouen).

Il est très beau de plumage et de forme ; il ressemble du reste à tous ceux qui sont passés entre nos mains. Les plumes de la queue sont visiblement recourbées et tout à fait dans le genre de celles correspondantes du *boschas*. Le collier blanc est assez prononcé, quoique se mélangeant avec le roux terne de la poitrine et du jabot. Le bec est de couleur gris plomb bleuâtre : sur la mandibule se voit une raie forte et large. La tête est vert bronzé. L'iris est noir. Le dessus du dos plutôt du *boschas*. La tache noire des scapulaires d'*acuta* existe largement, mais se trouve entremêlée de gris. Le miroir est vert, bordé supérieurement de roux clair et inférieurement de deux barres : la première barre est noire, la seconde blanche, comme cela se produit d'habitude ; l'Oiseau est fort ; les flancs sont remplis de zigzags foncés et rapprochés comme chez *acuta* ; les jambes sont jaunes.

Cette description a été prise pendant l'hiver ; mais la couleur de l'Oiseau se modifie selon les saisons. Il est donc fort intéressant de l'étudier à une autre époque. Voici son plumage de mue complète (description au commencement d'octobre) :

Tête, joues, cou, dos, scapulaires, dessus la queue, gris mélangé de brunâtre et de jaune, les joues plus claires. Le collier blanc a complètement disparu. Jabot gris rougeâtre parsemé de taches ou barres brisées d'un noir brun ; poitrine et ventre d'un blanchâtre grisâtre rempli de points ou petites taches brunes, plus foncé vers l'anus. Couvertures inférieures de même ton. mais elles sont plus accentuées et plus noires. Dessous des plumes de la queue blanc grisâtre luisant. Sur les côtés et sur les flancs, couleur brunâtre avec taches de mue brunes et blanches. Dessous des ailes gris blanchâtre. Couvertures des ailes gris mat; pennes de l'aile gris de fer. Miroir vert de mer avec quelques reflets bleus, bordé en dessus et transversalement de noisette, puis de gris perle: dans la partie inférieure, de noir, puis de blanc très apparent, mais un peu châtaigne vers la partie extérieure ; enfin il est terminé en longueur d'une grande partie noire. Dessus des rectrices brun avec traits blanc jaunâtre, vers les bordures, gris blanc jaunâtre. Les scapulaires sont bordées de jaunâtre roux ; l'iris est brun, le bec verdâtre grisâtre très foncé, sur le culmen, foncé. L'onglet est foncé aussi. Pattes et pieds orange.

La première penne de l'aile est légèrement plus courte que la deuxième; la deuxième est la plus longue. Longueur totale (l'oiseau mis à plat) : 0ᵐ37ᶜ; mandibule inférieure, 0,053; mandibule supérieure, 0,063; sur le culmen, 0,053; largeur près de l'onglet, 0,032. Longueur de l'aile, 0,28.

La femelle prise dans le même appeau. — Nous avons dit que cette femelle avait été décrite dans notre « *Histoire du Bimaculated Duck* (1), » et qu'elle avait été annoncée comme hybride de *crecca* × *boschas* (2). Longtemps nous l'avons considérée comme telle, mais nous la rangeons définitivement avec les exemplaires du croisement *acuta* × *boschas*. Elle diffère cependant, par sa taille très fine, de l'individu de ce sexe conservé au Musée d'Amsterdam, individu beaucoup plus lourd (3); mais son miroir est une si exacte reproduction de celui du mâle qui vient d'être décrit, qu'il nous est difficile de ne point la considérer comme ayant l'origine que nous attribuons à ce dernier : soit *A. boschas* × *D. acuta*. Aussi, regrettons-nous un peu de l'avoir fait figurer avec les Bimaculated Ducks, quoique cette mention ait été faite avec beaucoup de réserves (4).

Voici la description que nous avions publiée, description qui avait été faite en partie au moment où nous la supposions issue de la Sarcelle et du Canard sauvage.

« L'œil est petit, l'iris est brun sombre, le bec est jaune verdâtre, plus foncé à son extrémité (mandibule supérieure); en dessous il est plus jaune vif, quoique tirant toujours sur le verdâtre grisâtre. Les pattes, les doigts et les palmures sont aussi d'un verdâtre grisâtre, mais de teinte plus claire, ou plus jaune clair, c'est-à-dire moins gris verdâtre, sauf les membranes, qui sont plus foncées. Il y a, de chaque côté de la mandibule supérieure (partie des joues), de petites taches foncées çà et là. Le miroir est d'un beau vert : il est composé par les rémiges secondaires dont la barbe extérieure est grise; le vert est bordé par une raie noire, puis par une raie blanche qui tourne et borde le gris de la barbe intérieure, en sorte que la plume se termine en blanc; (le vert de la barbe extérieure ne se prolonge pas jusqu'au

(1) P. 21.
(2) Zoologist, mars 1892, p. 107.
(3) Tel qu'il est empaillé.
(4) Voy. p. 20 et 21 et pp. 33 et 34 : *Histoire du Bimaculated Duck.* 1894, chez Le Bigot frères, imprimeurs à Lille.

bout de la tige, il ne dépasse guère les couvertures de l'aile puis la barbe devient grise comme la barbe inférieure). On doit cependant noter que les deux premières pennes secondaires ne sont pas vertes, elles sont grises ; mais leur barbe extérieure est d'un gris un peu tacheté, et pas uniforme comme la barbe intérieure. Ces deux premières pennes secondaires sont aussi bordées de blanc, mais d'un blanc moins pur que le reste; la bordure blanche est du reste teintée d'un peu de roux noisette le long de la raie noire. Enfin, les dernières pennes de l'aile (les plus rapprochées du corps) ne sont point vertes non plus; le miroir se trouve brusquement coupé par une penne dont la barbe extérieure est noire; les autres pennes sont gris brun, comme les barbes intérieures de toutes les autres secondaires. Sept plumes portent seulement du vert.

» En outre, le miroir se trouve bordé en dessus par une raie châtain noisette qui est la fin des couvertures, celles-ci sont gris plomb un peu perle. La couleur noisette se trouve elle-même, dans la partie supérieure bordée de noir peu apparent.

» Les plus grandes pennes de l'aile sont du gris brun uniforme dont on a parlé; celles qui se rapprochent des secondaires sont bordées de gris blanchâtre. Sauf chez la première et les deux dernières, ce sont les barbes intérieures qui sont les plus foncées. La tige est plus claire que la barbe. On compte dix rémiges primaires.

» Il semblerait que la teinte plomb des couvertures de l'aile se rapporte mieux à *acuta* qu'à *crecca*, quoique *crecca* ait aussi des couvertures gris de plomb.

» La couleur générale de l'Oiseau, surtout en dessous, n'est point jaune comme *boschas*, elle est blanc gris ; le bas du ventre très tacheté rappelle encore *acuta*.

» C'est par le dessin des plumes du bas du cou, du dos antérieur et même du dos inférieur, que l'Oiseau s'annonce réellement *crecca* ; ses scapulaires l'éloignent aussi tout à fait d'*acuta*, et semblent indiquer un mélange de *boschas* et de *crecca*? Le dessin des joues, de la tête et du cou près de la nuque, et la nuque couverte de raies foncées, indiqueraient le même mélange.

» Quant au dessin du plumage de la queue, il est plus *boschas* que *crecca* ; néanmoins *crecca* semble y montrer son influence. Les flancs sont un bon mélange des deux espèces.

» Dans son ensemble cet Oiseau n'est pas tout à fait aussi fort que *boschas* ; quand il marchait il portait toujours le cou allongé, et le cou paraissait étroit. Sa longueur totate est 0ᵐ560 ; de l'épaule à la plus longue rémige, 0.260. Le bec est presque aussi fort que celui de *boschas* dont il a la forme. Cette partie, comme le corps, ayant été mesurée sur le frais, nous avons trouvé les dimensions suivantes : mandibule supérieure (côté), du milieu de l'onglet à la joue 0,065 ; en dessus du milieu de l'onglet à la chair 0,052 ; de la narine à la pointe de la mandibule 0,033 ; du point le plus avancé du bec dans la chair à l'œil 0,018 ; mandibule inférieure, milieu de la pointe à la chair 0,048, également de la pointe à la chair, mais de côté, 0,059.

» La première rémige paraît avoir été la plus longue, les rémiges suivantes sont un peu usées, ce qui ne nous permet pas de donner pour elles un renseignement précis ».

Collection de M. de Selys-Longchamps. — La pièce ♂ ad., prise, nous l'avons dit, vers 1860, et pendant l'hiver, est considérable. Nous nous sommes demandé, vu ses proportions, si sa provenance ne devait point être attribuée à un Canard *domestique*; mais comme le montage est très défectueux, comme l'Oiseau est mal empaillé, cette taille, vraiment gigantesque, et ce corps énorme, ne sont peut-être pas naturels. Le cou allongé indique des ressemblances avec l'*acuta;* les plumes des couvertures de la queue, qui sont fortement redressées, sont aussi très longues. Les pieds sont étroits, très petits, de couleur jaune, comme les jambes. Le collier blanc est très apparent, il monte sur la nuque. La tête, les joues et le commencement du cou vert bronzé; bec long, étroit au début, de couleur foncée bleu de plomb. Poitrail brun roux clair, martelé de blanc près du ventre; flancs avec zigzags prononcés. Miroir vert bordé de roux en-dessus, de noir et de blanc en-dessous. Sur les scapulaires se voient des traces noires rappelant la marque caractéristique d'*acuta;* ces traces sont longues et bien définies, mais peu larges. Le dessus du dos paraît plutôt du *boschas.* Le poitrail roux est beaucoup plus clair que chez le dernier hybride.

M. de Selys-Longchamps veut bien nous faire savoir que l'exemplaire acheté à Paris et qui a été signalé dans ses « *Additions à la Récapitulation des hybrides observés dans la famille des Anatidés* » est en tout semblable à celui qui vient d'être décrit. Nous avons conservé une aquarelle du sujet qui nous été communiqué. Cette aquarelle a été peinte par M. Jules Adeline.

Collection de M. van Kempen, à Saint-Omer. — Nous donnons la description de l'hybride ♂ adulte *acuta* × *boschas*, qui nous a été envoyé avec tant d'obligeance de cette collection, mais nous rappelons que l'origine sauvage de l'Oiseau n'est nullement assurée. Cette pièce ressemble du reste à toutes celles que nous avons vues. Comme l'exemplaire de M. de Selys-Longchamps, elle a le corps très gros, ce qui fait croire à un croisement avec le *boschas* domestique. Les pieds sont foncés et de couleur corne, ils sont petits. Le collier, blanc, est très développé; le bec est de l'*acuta*; le miroir est celui de tous les échantillons examinés. Il est à noter que le dessous du ventre (parties tout à fait inférieures) sont roussâtres par places ; (nous ignorons si cette couleur est naturelle ou plutôt si ce ne sont point des taches de sang). Sur les scapulaires, on aperçoit les marques (raies) de l'*acuta* en plumage d'été. Le cou n'est pas très long, il est assez épais. Le collier blanc se sépare nettement sur la nuque.

M. van Kempen avait eu l'obligeance de nous adresser avec cette pièce un Canard tué le 14 décembre 1890 sur le gave de Pau à Arros (Basses-Pyrénées), étiqueté comme « *acuta* ♂ et *boschas* ♀. » M. van Kempen le croyait un jeune; peut-être n'y a-t-il point entre lui et nous désaccord sur l'âge de l'Oiseau, mais nous contestons tout à fait la double origine qu'il lui suppose. Pour nous, il n'est autre qu'un *acuta* ♂ *en costume de mue*, ainsi que nous avons pu nous en assurer. Ayant conservé vivants des *acuta* ♂ pendant la saison chaude, ceux-ci se sont montrés complètement semblables à l'hybride supposé. C'est un individu dont la mue est en retard, ou bien plutôt un jeune qui n'a point encore pris la livrée des noces.

Exemplaire de la Collection Handcok. — Les autorités du Musée de Newcastle-on-Tyne n'ont point consenti à nous adresser en communication le spécimen que nous avions déjà cité dans notre première publication. Mais on nous a autorisé à le faire peindre, et sur l'aquarelle, très fine et d'une exécution remarquable qu'a fait pour nous M. John Duncan, nous avons remarqué que l'Oiseau est encore du type ordinaire ; mais a-t-il le cou aussi allongé que le représente la peinture? Le bec est de couleur cuir clair; les pattes, les pieds et les palmures sont du même ton. Les plumes de la queue, qui sont relevées, sont très allongées ; les taches foncées des scapulaires paraissent très larges, plus effilées. Le collier, blanc, monte très haut sur la nuque. La partie blanche qui précède le noir des parties inférieures (près de la queue) ne paraît pas teintée de jaune.

Exemplaire rapporté de Palestine par le Rév. Tristam. — Nous avons appris du Révérend que cette pièce, obtenue à Moab, était aujourd'hui conservée par M. Trotter de St Mury de Crypt Rectory à Gloucester. Malheureusement pour nous, elle est montée et agencée dans une montre avec beaucoup d'autres Oiseaux, en sorte qu'elle n'a pu nous être adressée en communication.

Un ami du Rév. Tristam a été assez complaisant pour en faire une aquarelle qui nous été envoyée. Si l'Oiseau est fidèlement représenté, certes il n'est point l'hybride d'*acuta* et de *boschas*, comme l'a remarqué avec justesse M. J. H. Gurney, auquel nous avons communiqué cette peinture très sommaire du reste; on ne voit dans le plumage aucun rappel de l'*acuta*. Le Rév. Tristam n'a point revu son Oiseau depuis vingt ans. Il nous fait savoir que cette pièce a été exposée à l'air, par conséquent que ses teintes sont fanées. Cette observation ne modifie aucunement notre manière de voir.

Nous rappelons (1) que cet Oiseau avait été tué par le compagnon de M. Tristam, le Rév. Mowbray Trotter, à proximité de leurs tentes, lorsqu'ils se trouvaient campés dans les plaines de Moab. C'était pendant une matinée du mois de mars 1872.

Exemplaire de M. Zarowdnoï, d'Orembourg. — Nous ne pensons point que cet exemplaire ait encore été décrit. Au moment où nous en avons demandé communication à M. Zarowdnoï, le savant naturaliste se trouvait à Pskow, au camp des Cadets et sur son départ pour la Perse; il n'a pu satisfaire notre curiosité, mais il a bien voulu écrire le signalement que voici : « Bec, bleu foncé sur les côtés, au milieu gris roussâtre, de forme intermédiaire entre les deux espèces, pieds gris jaunâtre; palmures gris bleu roussâtre. Tête brun noirâtre avec reflets métalliques d'un beau vert pourpré. Cou gris verdâtre, avec bandes latérales blanches et larges, montant aux deux côtés de la nuque (2); bande transversale, au bas du cou, de couleur blanche et large de 37 millimètres. Jabot gris brunâtre, moins étendu que celui de l'*A. boschas*; les plumes avec marges blanchâtres. Les parties inférieures comme celles de *D. acuta*, mais les flancs et le ventre plus étendus (3), rayés de zigzags gris noir, sous-couvertures de la queue noires avec des marges blanches à l'extérieur. Sous-couvertures des ailes blanches avec marges gris clair des plumes. Le haut du dos gris brunâtre; les scapulaires gris cendré clair, ici et là, avec les raies en zigzags noires, larges et très prononcées; quelques-unes des scapulaires

---

(1) D'après H. B. Tristam. *The survey of Western Palestine. The fauna and flora of Palestine*, London, 1884, N° 40, p. 116.

(2) Nous ne comprenons pas bien, ou ces marques proviendraient d'un albinisme indiquant quelque peu la captivité.

(3) Le dessin sans doute.

sont noir marron velouté ; les plus longues sont plus allongées et plus étroites que celles de l'*A. boschas*, et moins longues et moins étroites que celles de *D. acuta*. Les plus longues sont noir marron avec des marges gris clair ou blanches, rayées de zigzags noirs. Le bas du dos gris brunâtre avec reflets verts très prononcés ; le croupion brunâtre avec les côtés noirs. Les rémiges primaires correspondent complètement, en couleur et en forme, à celles de *Dafila acuta*. Les petites couvertures des ailes sont gris cendré ; le miroir est d'un beau vert violet métallique ; il est, en avant, bordé d'une raie brun foncé, puis d'une raie blanche : en arrière il est bordé d'une bande noire suivie d'une large raie d'un blanc très pur. En ce qui concerne la forme de la queue, elle est intermédiaire entre celle de *D. acuta* et d'*A. boschas* ; les rectrices sont grises, avec des marges. blanches et étroites ; deux rectrices médianes noires à reflets sombre pourpre, effilées, mais moins que chez *D. acuta*. Ces rectrices sont longues, quoique ne dépassant les laté rales que de 60 millimètres. Elles sont légèrement recourbées sur les extrémités (un quart de cercle) ».

Par là, on voit que ce spécimen doit être à peu près semblable à ceux que nous avons déjà décrits.

Exemplaires ♂ et ♀ appartenant à M. G. Fream Morcon, de Chicago. — Comme les deux précédents, ces exemplaires n'ont pu nous être envoyés, M. Morcon ayant quitté Chicago, et sa collection ayant été mise provisoirement dans des caisses. L'ornithologiste américain nous a seulement fait savoir que ces Oiseaux présentaient « *a strong admixture of the characteristic markings* » des deux parents. Il nous a tracé ainsi la courte description d'un mâle : « tête verte du Mallard (*A. boschas*), longues plumes de la queue d'*acuta*, mais ces plumes, au lieu d'être droites, sont recourbées au bout comme chez le Canard ordinaire. Les pieds sont de la couleur des pieds du *boschas*. L'oiseau porte au cou un collier blanc, mais ce collier a un bord blanc comme chez *acuta*. »

Ces indications ne sont pas assez complètes pour nous rendre compte des ressemblances ou des différences que peut présenter cet échantillon avec les pièces déjà décrites. Nous pensons que M. Fream Morcon avait offert le second mâle à John Gatcomb esq. Depuis la mort de celui-ci, cet exemplaire a dû passer dans la collection de M. Baird. M. Morcon croit se rappeler avoir examiné dix hybrides ♂ du croisement de l'*acuta* et du *boschas*. Spencer F. Baird (1) dit, du reste, ces produits très communs.

_____

(1) Cit. in Forest and Stream, vol. 2, p. 5. Dans le même journal (vol. 5. p 388). M. Thos. S. Esty, de Niasico (Californie), dit avoir vu, entre 1861 et 18.6, trois hybrides, dont deux lui paraissaient être le croisement du Mallard et du Pintail,

Exemplaire de la coll. Turati au Musée de Milan. — M. le prof. Sordelli veut bien nous faire savoir qu'ayant comparé cet Oiseau, déjà décrit, avec les hybrides figurés pl. 168 des Proceedings de la Société zoologique de Londres, année 1860, il l'a trouvé exactement semblable à ces Oiseaux, quoiqu'il n'ait pas le cou aussi frêle (1).

L'hybride qui se trouve dans la collection Rothschild au Musée de Tring, confronté avec les aquarelles de plusieurs des Canards décrits, n'a point paru en différer sensiblement. La même remarque est à faire au sujet : 1° *de l'exemplaire du British Museum* que M. Grant a reconnu être pareil aux mêmes spécimens figurés sur ces aquarelles, et 2° au sujet *de l'exemplaire de M. Ed. Hart, de Chritschurch,* que celui-ci nous dit être « exactly like the water colours drawings, with exception of colours of legs, feet and bill »; son sujet ayant les jambes orange et le bec noirâtre.

Il résulte des descriptions qui viennent d'être faites que l'hybride de l'*A. boschas* × *A. acuta* est toujours d'un même type, qu'il ne varie que peu par sa forme et sa coloration. Les différences morphologiques ne peuvent être attribuées ni à l'âge ni à la saison (2). Il en est de même des différences de coloration, au moins de celles qui concernent le bec qui est ou jaune ou plomb. — Ces différences indiqueraient bien une hybridation ?

· Du reste, si besoin était, on pourrait facilement obtenir une preuve de la double origine de ces Oiseaux en les comparant avec des produits nés en captivité. Les deux spécimens ♂, obtenus en cet état et peints dans les Proceedings de la Société Zoologique de Londres, sont encore conservés au Musée de l'Université de Cambridge. Ils nous ont été très obligeamment communiqués par M. le Prof. Newton, et quoiqu'ils paraissent de deuxième génération (3), leurs caractères sont encore tels qu'ils représentent très exactement ceux des produits obtenus à l'état sauvage.

L'hybridation de l'*A. boschas* et du *D. acuta,* bien affirmée, est en outre fréquente, si l'on en juge par les exemplaires rencontrés. Mais plusieurs exemplaires tués à l'état sauvage doivent peut-être leur origine à des croisements obtenus en captivité. Il ne peut en

---

(1) On verra plus loin que ces hybrides sont nés en captivité et sont peut-être de deuxième génération.

(2) Nous supposons tous les Oiseaux empaillés convenablement et demeurés dans leur forme naturelle ?

(3) L'appariage des parents aurait été mal surveillé et peut-être a-t-il eu lieu entre hybrides et espèces pures ? (Voy. p. 174 ou p. 182 des Mém.).

être autrement du Canard de M. Lacroix, de Toulouse, lequel a « les grandes plumes des ailes d'un blanc pur » (1).

Nous ne voudrions pas cependant prétendre qu'il en est ainsi des autres, car aucun ne présente des marques d'une domesticité antérieure, par exemple, des plumes entachées d'albinisme.

Ces hybrides se reproduisent-ils? ils le peuvent sans doute (2). Mais trouvent-ils des femelles, hybrides comme eux et en nombre suffisant, pour s'apparier? Très rarement on l'a vu. Ce sont presque toujours des mâles qui sont observés. — Leur union avec des femelles d'espèce pure a-t-elle même lieu? On a constaté que tous les hybrides ont les mêmes caractères et les possèdent au même degré. Ils paraissent donc être des demi-sang, et non des trois-quarts, c'est-à-dire des individus provenant d'espèces pures.

Nous aurions pu facilement nous rendre compte de la fertilité ou de l'infécondité de ces hybrides, puisque, on l'a vu, nous avons possédé simultanément un mâle et une femelle vivants. C'est là une circonstance qui ne se retrouvera sans doute jamais.

Nous en avons perdu l'occasion. On se rappelle que, pensant avoir affaire à un hybride *crecca* × *boschas*, hybride fort rare, nous avions fait tuer la femelle après huit mois de captivité, afin d'en conserver précieusement la dépouille (3). Pendant ces mois, qui comprenaient la fin de l'hiver, le printemps et le commencement de l'été, c'est-à-dire la vraie saison de reproduction pour des Oiseaux captifs, cette Cane n'avait point cependant pondu. Peut-être en aurait-il été de même dans la suite, vu le trop petit espace dans lequel elle était renfermée (4).

En terminant notre article sur les croisements de l'*A. acuta* × *A. boschas*, on nous permettra une réflexion. Nous avions trouvé la femelle prise dans l'appeau du capitaine Pretyman, semblable, par son plumage et son miroir, à l'individu de ce sexe décrit par Vigors. Cependant nous sommes enclin maintenant à faire intervenir dans son parentage l'*A. acuta* et non l'*A. crecca*; cette opinion est celle d'ornithologistes distingués (5). Il résulte de ce changement que l'origine supposée par Vigors au sujet du British Museum perd

(1) Voy. p. 125 ou p. 133 des Mém. de la Soc. Zool., 1891. (Réserves faites pour l'exemplaire de M. Zaroudnoï).

(2) Voir ce qui a été dit p. 174 ou p. 182 des Mém. de la Soc. Zool., 1891.

(3) Ceci a été dit dans : *Histoire du Bimaculated Duck*, p. 33.

(4) Désirant garder à vue ce sujet remarquable, que nous croyons presque unique, nous l'avions renfermé dans un parquet de six mètres environ de long sur quatre de large, où croissaient seulement quelques arbrisseaux.

(5) Voyez p. 34 de l'*Histoire du Bimaculated Duck*.

.réellement de sa valeur. Comment supposer qu'un mélange des caractères du *boschas* avec le *crecca* puisse produire un effet semblable à celui qui s'opère dans l'hybridation de l'*acuta* avec le premier de ces Oiseaux ?

Cependant, reconnaissons-le, la femelle dont nous nous occupons présentement paraît avoir été prise avec un vrai Bimaculated ♂ au même moment et dans le même piège (1) ; elle paraît aussi, par sa taille, différer de celle que nous possédons aujourd'hui et qui fut capturée au contraire dans un appeau où on prit un peu plus tard le mâle *acuta* × *boschas* dont nous avons parlé (2).

ANAS BOSCHAS et QUERQUEDULA CRECCA

(Voy. p. 125 des Mém. et p. 127 du Tirage à part).

Ayant parlé très sommairement, dans notre première publication, du croisement de l'*Anas boschas* avec le *Querquedula crecca*, nous avons cru devoir revenir sur ce sujet dans un article spécial (3). Tout d'abord, nous nous sommes appliqué à réfuter une erreur qui s'est glissée dans presque tous les livres d'ornithologie, où le Bimaculated Duck, hybride supposé de ces deux espèces, est identifié à un Oiseau bien différent : « l'*Anas glocitans* » de Pallas, décrit dans les « *Acta Stockolmiensia* ». Cette confusion, qui n'a été que rarement relevée, semble d'autant plus étrange que la description et la figure que Pallas donne de son Oiseau (4) ne correspondent aucunement avec la description et la gravure du Bimaculated de Pennant (5).

Nous ne trouvons point utile de revenir sur les explications que nous avons données et nous renvoyons à notre brochure (6). Mais

. (1) Voy. Vigors, Transactions of the y Linn. Soc. of London, XIV, 1829.

(2) Seconde quinzaine de Janvier 1892, d'après le Zoologist, pour la femelle, et fin Décembre, même année, pour le mâle.

(3) *Histoire du Bimaculated Duck confondu longtemps avec l'A. glocitans de Pallas et Notes sur plusieurs autres Oiseaux de ce genre.* Le Bigot frères, imprimeurs, Lille, 1894.

(4) Kongl. Vetenskaps Academiens Handlingar för ar 1779, vol. XL, Stockolm.
Den Skrockande Anden (Anas glocitans), en rar Fogel, som endast blisvit sunnen i Ostra Siberien; beskrifven och afritad af Peter Simon Pallas.

(5) *British zoology*, pp. 602-603, pl. C, n° 287. Vol. II, éd. de 1776. On trouve les mêmes documents dans l'édit. de 1812 du même ouvrage, pp. 274-285, vol. II.

(6) PP. 1-14. Nous tenons seulement à faire savoir que c'est par erreur que nous avions écrit (p. 14 ; 21°, 22° et 23° ligne) qu'aucun des auteurs cités par nous n'avait fait connaître l'ornithologiste qui, le premier, a confondu le Bimaculated Duck avec l'*A. glocitans* de Pallas. M. van Wickevoort Crommelin avait fait remarquer (Arch. Néerlandaises, T. VII, p. 130), que c'était Pennant comme nous l'avons indiqué.

il nous faut nécessairement faire connaître ici les rares hybrides
qui paraissent avoir pour parents l'*A. boschas* et l'*A. crecca.*

Le premier exemplaire connu est celui qui fut décrit en 1776 par
Thomas Pennant. Le vieux naturaliste fait savoir que l'Oiseau
pris dans un piège pendant l'année 1771, lui avait été communiqué
par Edwards Poore esq. On ignore ce qu'est devenue cette pièce
intéressante ; heureusement Pennant en a laissé une petite figure
avec sa description qu'il a faite ainsi : « The length is twenty
» inches ; the extent twenty five and a half. Bill a deep lead color ;
» nail black. Crown brown changeable with green, ending in a
» streak of brown at the hind part of the head, with a small crest.
» Between the bill ant the eye, and behind each ear a ferruginous
» spot ; the first round : the last oblong and large ; throat of a fine
» deep purple ; the rest of the head of a bright green continued
» in streaks down the neck. Breast a light ferruginous brown,
» spotted with black ; hind part of the neck, and back, dark brown
» waved with black. The coverts of the wings ash colored ; lower
» coverts streaked with rust color : scapulars cinereous ; quil
» feathers brownish cinereous. Secondaries of a fine green, ending
» in a shade of black, and edged with white. Coverts of the tail a
» deep changeable green ; twelve feathers in the tail, two middle-
» most black ; the others brown edged with white ; belley is
» dusky, finely granulated. Legs small, and yellow, webs dusky ».

Pennant a prétendu quelques années plus tard, en 1785, dans
l'« *Artic zoology* » (1), que son Bimaculated Duck avait aussi été
découvert par le naturaliste Pallas le long de la Léna et dans les
environs du lac Baïkal, mais c'était là une erreur, comme nous
avons eu soin de l'indiquer (2).

Au Bimaculated Duck de Pennant, Vigors a cru pouvoir rapporter
deux Oiseaux, l'un mâle, l'autre femelle, pris également dans un
piège (*decoy*) près de Malden, en Ecosse, et envoyés au Leadenhall
Market pendant l'hiver de 1812-13. Ils furent observés, raconte
Vigors (3), par un naturaliste éminent, M. Georges Weighton, qui
les acheta aussitôt pour les classer dans sa collection. Ils passèrent
ensuite de cette collection dans celle de Vigors ; aujourd'hui on nous
apprend qu'ils sont conservés au British Museum.

(1) Vol. II, p. 575. La même assertion est reproduite dans une édition de l'« *Artic
zoology* » qui date de 1792. (voir vol. II, p. 302, à l'art. Wigeon).
(2) Voy. le Chap. I de notre travail : « *Histoire du Bimaculated Duck*, etc. »
(3) Transactions of the Linn. Soc. of London, vol. XIV, 1823. « Vigors : *With
Observations on the Anas glocitans of Pallas.*

Pour leur description, nous renvoyons aux nombreux ouvrages qui l'ont publiée, entre autres aux ouvrages de Vigors, de Selby (1) et de Bewick (2).

Entre 1812 et 1840, il semble qu'on n'ait point rencontré de nouveaux hybrides *crecca* × *boschas*. Les livres d'ornithologie n'en mentionnent point.

La première citation, après celle de Vigors, est celle que fit Temminck d'un jeune mâle, ou d'un mâle en mue, que cet ornithologiste dit avoir vu, mais qui, paraît-il, différait assez du type. Cet Oiseau était, d'après Temminck « couvert en partie du plumage bigarré du sexe mâle, tandis que tout le reste était comme chez la femelle, quoique tapissé çà et là de quelques plumes du mâle. Le sommet de la tête ne portait du roux qu'à la fine pointe des plumes, le reste était noir et le vert métallique se trouvait nuancé de la même teinte, etc. »

Si l'appréciation de Temminck est juste, cet Oiseau serait le quatrième exemplaire connu. Le célèbre ornithologiste a oublié de dire si cette pièce fut conservée.

Bientôt après, Degland observa un cinquième hybride, tué près de Douai, dans l'hiver de 1841.

Quelques années plus tard, en 1847, R. F. Tomes décrivit une femelle obtenue le 9 décembre au Leadenhall Market, où elle avait été envoyée de Yarmouth (3). Elle fut montrée par cet auteur à M. Yarrell qui exprima l'idée que c'était un hybride. D'après une comparaison avec le Canard bimaculé de la collection Vigors, l'Oiseau se trouva être identique avec cette espèce, en différant seulement par « a somewhat darker mark through the eye, the » top of the head having the markings darker, and the plumage » generally not quite so much tinter with rufous. »

La couleur chamois du menton et de la gorge était aussi plus pure et un peu plus étendue, ainsi que mieux définie. Enfin, « le » spéculum ne reflétait pas absolument une teinte aussi pourprée, » étant d'un vert très brillant. » Mais tout cela, dit M. Tomes, ne constituait que de légères différences, comme on en constate sur les femelles du Canard sauvage commun, lesquelles, ajoute-il, ressemblent de très près à la femelle du Canard bimaculé, excepté

(1) *Illustrations of British Zoology*, vol. II. Edimbourg, 1833.

(2) *History of British Birds*, vol. II, 7ᵉ édit. London, 1832. Dans notre « *Histoire du Bimaculated Duck* » nous avons reproduit les descriptions de ces auteurs en les mettant en regard les unes des autres.

(3) *The Zoologist*, pp. 1698-1699, 1847.

par la taille. Le spécimen en question mesurait, quand il fut pris, 17 pouces 1/4 de la pointe du bec au bout de la queue, et dans l'étendue du vol 27 pouces. L'iris était brun rougeâtre; l'estomac à moitié rempli de sable fin.

Aux renseignements donnés par M. Tomes (1), M. R. Fischer, qui adressa au Zoologist une esquisse de cet Oiseau (2), ajoute que le bec et les pieds étaient de la couleur de ceux de la Sarcelle, c'est-à-dire « *bluish grey* », bleu grisâtre, tandis que les pattes du Bimaculated Duck décrit par Selby étaient présentées comme orange. L'Oiseau fut jeté, M. Tomes ne se doutant pas de sa rareté.

Dans l'article que celui-ci écrivit, il est dit que M. Bartlett avait déjà obtenu, en 1843, un autre spécimen de ce genre acheté, comme ceux de Vigors, au Leadenhall Market. Nous n'avons trouvé aucun renseignement sur ce sujet ni dans le Zoologist ni dans les Proceedings de la Société zoologique de Londres que nous avons feuilletés inutilement. M. Bartlett lui-même n'a pu répondre à notre demande de renseignements; il ne se rappelle plus ce qu'est devenu cet Oiseau. En sorte qu'à notre grand regret nous ne pouvons rien dire sur cette pièce dont M. Tomes a même laissé ignorer le sexe. Si le fait cité est exact, comme le pense du reste M. Bartlett, il y avait donc, en 1847, sept Bimaculated Ducks connus, dont six provenant de l'Angleterre.

Trois ans après, M. E. Newmann annonçait un huitième exemplaire de sexe mâle, ni jeune ni adulte, dans un état de croissance moyen entre les deux livrées, avec pieds orange et non « *bluish grey* », comme le précédent, mais dont le bec était « *blackish blue* », bleu noirâtre.

L'Oiseau avait été capturé dans un piège, il était en chair et chez M. Gardener, le naturaliste bien connu de la rue d'Oxford, lorsque M. Newmann l'examina (3).

Qu'est devenue cette pièce? On l'ignore. M. le professeur Newton croit se rappeler l'avoir vue, mais il serait maintenant incapable de la décrire. M. James Gardener, que nous avons interrogé, ne nous a point adressé de réponse satisfaisante.

En janvier 1860, M. Philip. L. Sclater montrait à l'une des réunions de la Société zoologique de Londres le neuvième exemplaire,

---

(1) In Zoologist, 1847, pp. 1698-1699.

(2) P. 2026, 1848.

(3) Voy. pour ces indications un nouvel article sur l'*Occurence of the Bimaculated Duck (Anas glocitans!) in the Fens of Linconshire*. The Zoologist, p. 2652, 1851.

un mâle tué sur le Beauly Firth (Invernesshire), en compagnie d'autres Canards appartenant à l'espèce du *boschas*. Mais l'éminent secrétaire de cette société ne donne aucune indication sur les caractères de la nouvelle pièce. Il n'a pu nous renseigner sur la demeure de M. Lantour, qui abattit l'Oiseau ; M. Sclater n'a point revu celui-ci depuis trente-trois ans.

Si l'on fait exception des deux Canards qui ont été décrits à tort comme *crecca* × *boschas* par M. van Wickevoort Crommelin (1), parce qu'ils ne paraissent pas rentrer dans la catégorie des pièces que nous citons, plus de quarante ans se sont passés avant qu'une nouvelle rencontre du Bimaculated Duck n'ait été signalée. C'est tout dernièrement, en 1892, que le Zoologist (2) annonçait, pour la première fois depuis 1850, une capture qui porterait à dix le nombre des exemplaires connus du Bimaculated.

Cet échantillon, un mâle, avait été tué à Anglesa par le capitaine Brooke, du 79th Highlanders, qui l'adressa à M. R. Small, d'Edimbourg. Le capitaine a bien voulu faire peindre pour nous ce sujet qu'il conserve.

Voici sa description : « Taille d'un Wigeon (*A. penelope*), tête de la Sarcelle et du Canard ; huppe brun rouge ; sur la joue, derrière l'œil et son niveau, plaque brun jaune plus claire. Les côtés de la tête sont d'un vert brillant. Le côté inférieur de la queue et la moitié du corps sont du Canard sauvage ; la queue aussi de cette espèce, mais les plumes centrales recourbées très légèrement. La poitrine tachetée comme la Sarcelle. Le bec plus semblable à celui du Wigeon (*A. penelope*) comme forme et comme dimensions. Pattes jaunes (3). »

M. Harwie Brown, auquel nous empruntons cette description, ne dit pas de quelle couleur est le miroir et la manière dont il est encadré, chose importante. D'après la peinture qui nous est envoyée par le capitaine Brooke, le miroir serait d'un bleu violacé, de la teinte du miroir de l'*A. boschas*. Il est bordé au dessus par une bande noisette ou chamois tachetée de blanc ; un peu de blanc apparaît dans sa bordure inférieure. Sur les côtés extérieurs, c'est-à-dire longitudinalement, il est entouré de noir. Tout à fait

(1) Archives Néerlandaises, 1872, p. 131 et suiv. (*Canards observés en Hollande*) et Tijdschrift voor de Dierkunde II ; et cités par nous pp. 129 et 130 ou pp. 137 et 138 des Mém. de la Soc. Zool. 1891.

(2) N° 183, p. 109, vol. XVI, Mars 1892.

(3) Cette dernière indication est donnée dans le N° 40 suivant du Zoologist, N° 183, p. 109, vol. XVI, Avril 1892.

au-dessus, à la fin des scapulaires, on voit une tache foncée rappelant la tache caractéristique de l'*A. crecca.*

Les renseignements, qui ont été donnés sur plusieurs Canards qui viennent d'être cités, ne permettent pas d'en apprécier les caractères. Ces Oiseaux, aujourd'hui disparus, sont : le jeune mâle (ou le mâle en mue) vu par Temminck ; l'exemplaire de M. Bartlett, cité par Tomes ; le mâle indiqué par Newmann et l'individu montré par M. Sclater à la Société Zoologique de Londres.

Mais ne rentrent pas dans cette catégorie : les deux Canards ♂ et ♀, décrits successivement par Vigors, Bewick, Selby et un grand nombre d'auteurs, peints par Selby et par Gould et qui sont encore au British Museum où on peut les voir ; de même l'*Anas glocitans* de Degland conservé au Musée de Douai et les exemplaires du capitaine Brooke et du capitaine Pretyman, exemplaires qui ont été soigneusement préparés. On peut même à la rigueur, jugeant par analogie, ranger avec ces derniers la femelle dont a parlé M. Tomes dans le Zoologist, puisque, dit celui-ci, « cette Cane est presque en tout semblable à la femelle de Bimaculated Duck de Vigors, conservée au British Museum. »

Quant au Bimaculated *typus* dont a parlé Pennant, nous ne saurions être aussi affirmatif, car ce n'est pas sur une gravure très rudimentaire et une courte description que l'on peut juger sûrement des caractères d'un hybride, dont la détermination est aussi difficile. Néanmoins nous le supposons bien déterminé, la discussion est possible sur certains points.

Pendant longtemps, le Bimaculated Duck de Pennant et les deux exemplaires de Vigors ont été considérés comme appartenant à une bonne espèce. On les appréciait encore ainsi en 1848, si nous nous en rapportons à la note de Newmann (1) ; cependant depuis quelque temps déjà les opinions semblaient se modifier et, autant que nous avons pu être renseigné par le professeur Newton, ami de Yarrell, ce dernier s'était montré partisan de l'hybridité bien avant 1847, c'est-à-dire avant la publication de l'article de M. Tomes ; à ce moment, M. Bartlett l'avait aussi soupçonnée (2).

Mais était-on d'accord sur l'origine à attribuer à ces hybrides ? Non ; tour à tour, leur naissance a été attribuée à cinq croisements différents : 1° le croisement de l'*A. penelope* et de l'*A. acuta* (Bree) ;

(1) Cité in Zoologist 1850, p. 262.
(2) Voir les premières lignes de l'art. de M. Tomes dans le Zoologist, 1847.

2° de l'*A. penelope* et de l'*A. crecca* (Handcock); 3° de l'*A. penelope* et de l'*A. boschas* (Berkeley et de Selys-Longchamps); 4° de l'*A. crecca* et de l'*A. acuta* (Sclater); 5° de l'*A. boschas* et de l'*A. crecca* (Bartlett).

Nous avons reproduit les arguments que chaque auteur a fait valoir en faveur de son opinion (1); nous ne les rappellerons pas.

Le croisement de l'*A. crecca* × *A. boschas* que M. Bartlett a supposé, qui a été accepté ensuite par M. Tomes, par M. le professeur Newton, par M. Vian, et par M. Wickevoort Crommelin, par l'éditeur du Zoologist, etc., nous paraît bien préférable à tous les mélanges qui ont été proposés. Nous avons donné nos raisons.

Le Canard de Degland, qui nous a été communiqué très gracieusement par M. Gosselin, nous paraît de corps plus allongé et plus fin que le Bimaculated Duck de Vigors, mais plus fort que l'exemplaire du capitaine Brooke, que l'on examinera bientôt. La première tache des joues près du bec est presque blanche, piquetée de noir, la seconde, plus grande, est chamois, avec un peu de blanc dans sa partie supérieure; le front est brun gris, le vertex est brun violacé bleuâtre, la nuque roux foncé. De chaque côté, en dessous à partir de l'œil, existe une large bande verte disposée comme celle de la *crecca*. Chaque bande se rejoint derrière le cou, au-dessous de la nuque, prenant des reflets bleu de mer; le bas du cou est tour à tour noir, brun, vert.

Le bec (actuellement) est de couleur cuir de botte presque uniforme, un peu plus foncé cependant vers la tête; les pattes sont du même ton, les palmures ne sont pas plus foncées que les doigts.

Le poitrail, par sa tonalité et ses taches, représente absolument celui du Bimaculated Duck de Vigors. On retrouve dans ces taches le système du dessin qui se voit chez les hybrides « *A. penelope* × *A. crecca* ». Le dessous du ventre est clair; le dessin des plumes des flancs, notamment en avançant vers la queue, est composé de zigzags; les plumes situées plus haut et qui servent à recouvrir l'aile au repos sont de même avec de nombreux zigzags. C'est donc le dessous du corps qui seul est assez uniforme.

Les couvertures de l'aile sont gris brunâtre, un peu lilas; la première bande supérieure du miroir est de couleur chamois clair, la plaque du miroir proprement dite vert de mer, avec reflets d'un bleu violacé, bordée par une bande noire liserée de blanc, légèrement lavée de chamois vers l'extérieur. La disposition de ce miroir et des bandes qui l'entourent est celle du miroir de *boschas*. Les grandes pennes de l'aile sont d'un gris brun uni. Le dessin du dos rappelle la

(1) PP. 26 et suivantes. (*Le Bimaculated Duck*).

tonalité et la disposition du dessin du Canard sauvage, bien plus que la couleur et le dessin de la Sarcelle. Au dessus du miroir existe un rappel de la longue tache noire de la Sarcelle, mais point de partie blanche au dessus.

Les couvertures du dessus de la queue, noires en grande partie et avec reflets verts et lignes brunes bordant les plumes, sont un bon mélange des parties correspondantes des deux espèces; il n'existe point de plumes recourbées. On aperçoit (l'Oiseau étant vu de profil) les petites hachures blanches verticales qui précèdent chez *crecca* la teinte foncée des couvertures supérieures de la queue, mais les sous-caudales sont entièrement foncées. Le mélange des deux espèces se voit encore dans la couleur des rectrices.

Cet Oiseau est donc bien le Bimaculated Duck, un très bel exemplaire et sans doute l'hybride de *crecca* et de *boschas* dont il rappelle bon nombre de traits. C'est un excellent intermédiaire entre ces deux espèces par sa taille et par les dimensions des diverses parties de son corps.

Nous ne connaissons l'hybride du capitaine Brooke que par une peinture que celui-ci a bien voulu nous envoyer.

Si cette toile n'est point fantaisiste, l'Oiseau, quoique de petites dimensions, représente bien le produit que l'on peut s'imaginer d'un croisement entre l'*Anas crecca* et l'*Anas boschas*, peut-être même mieux caractérisé que le type du Bimaculated de Vigors.

Le capitaine Brooke y voit cependant un hybridisme entre le *penelope* et la *crecca* et cela, malgré les remarques faites par le Zoologist à l'occasion de cette capture; mais les Siffleurs et les Sarcelles sont si nombreux sur les côtes environnantes (1), qu'un croisement entre ces deux espèces lui semble plus probable. Nous avons cru devoir faire observer au capitaine que la couleur verte qui existe sur les joues et le cou, le jaune du bec et des pieds, la teinte violette du miroir, s'opposent complètement à sa manière de voir, les deux espèces *penelope* et *crecca* étant à ces endroits d'une couleur toute différente. Il est, en effet, impossible que le brun châtaigne des joues et du cou de *crecca* et le roux des mêmes parties de *penelope* puissent, dans leur mélange, aboutir à une teinte verte; de même les pattes qui sont cendrées chez *crecca* (2) et brun de plomb (3) chez *penelope*, ne peuvent former une teinte jaune. Inutile de rappeler que chez les deux espèces le miroir est vert.

(1) D'après les renseignements qu'il nous a communiqués dans une lettre.
(2) Voy. Degland.
(3) Voy. le même.

Il faut donc absolument exclure la provenance de l'*A. penelope*. Celle du *boschas* nous paraît s'imposer, précisément à cause des quatre traits que nous venons d'indiquer, car le bec du Canard sauvage est verdâtre et les pattes sont rouges, le miroir violet et la tête verte. Or, comme l'Oiseau possède en outre des traits évidents de *crecca* : la petitesse du corps, la tache noire des scapulaires, la bande blanche lavée de châtaigne au-dessus du miroir et la bordure noire bordant en long la partie extérieure du miroir, on doit le supposer issu aussi de cette espèce.

. Remarquons cependant que le poitrail n'est pas tacheté comme celui de la Sarcelle, ce qui le fait différer du Bimaculated Duck et ce qui nous surprend si l'Oiseau n'est pas un jeune. Mais en cet endroit le peintre peut avoir commis une faute.

Tels sont seulement les exemplaires qui nous paraissent provenir de l'union du *boschas* avec la *crecca* ; encore est-il que nous faisons des réserves au sujet des Canards dont la description n'est point suffisante. On a cité, et nous avions cité nous-même, bien d'autres pièces sauvages comme provenant du croisement dont nous nous occupons ici ; mais, après étude sérieuse, nous croyons devoir les reporter pour la plupart au croisement suivant, c'est-à-dire au croisement de l'*Anas boschas* avec l'*Anas streperus* (1).

Anas boschas et Chaulelasmus streperus

(Se reporter p. 134 ou p. 142 des Mém. de la Soc. Zool. 1891).

Les pièces qui ont été attribuées au croisement du *boschas* et de la *crecca*, et qui vont cependant prendre rang dans cet article, diffèrent de celles qui ont été citées à l'article précédent par la disposition du miroir qui n'est plus la même chez elles, ainsi que par leur taille élevée qui atteint, si elle ne dépasse. celle du *boschas*.

Nous croyons pouvoir considérer comme issus du *boschas* et du *streverus* les Oiseaux suivants :

_____

. (1) Nous n'avons point mentionné l'individu signalé par M. de Selys-Long-champs (*Additions à la Récapitulation des hybrides observés chez les Antidés*, Bull. de l'Acad. des Sc. de Bruxelles 1856), car nous ignorons tout à fait si cet individu a une origine sauvage ; on n'a pu du reste le retrouver au Muséum d'Histoire naturelle de Paris où le savant académicien belge l'avait examiné. (Nous avons donné déjà cette indication in *Oiseaux hybrides rencontrés à l'état sauvage*, pp. 134 et 155 ou pp 141 et 142 des Mém. de la Soc. Zool. de France, 1891).

Le Canard signalé en 1843 par Audubon (1) sous le nom de Brewers' Duck ou *Anas breweri*, tiré sur le lac Barataria, dans la Louisiane, en février 1822.

Le spécimen pris par M. Anthony Savage, en 1861, dans la canardière d'Hornby (et non dans le voisinage de Pool, Dorset, comme nous l'avions indiqué par erreur (2), aujourd'hui conservé dans le Musée de M. Ed. Hart, à Christchurch, Hants.

La pièce décrite comme « *crecca* et *boschas* » par M. van Wickevoort Crommelin, capturée en Hollande en 1868 (3), remise actuellement au Musée national des Pays-Bas, écartée par nous de la liste des exemplaires du Bimaculated Duck.

L'hybride tué en 1883 dans le gouvernement de Bjasan (Russie), décrit par le feu professeur Severtzow comme produit de l'*A. crecca* et du *boschas* (4).

Le sujet abattu par M. Picq, en Hollande, pendant l'année 1885, maintenant au Musée de M. Ed. Hart, considéré, paraît-il, comme hybride de *streperus* et de *boschas* par le révérend Macpherson et d'autres éminents ornithologistes (5).

Deux Canards pris en 1890, le premier le 26 février, le second en décembre, conservés dans le Koninklijk Zoologisch Genootshap, d'Amsterdam, et indiqués encore comme hybrides de « *streperus* et de *boschas* (6) ».

L'Oiseau paraissant obtenu dans les environs de Calcutta en 1891 et décrit par M. W. L. Sclater comme produit du même croisement, conservé dans « l'Indian Museum (7) ».

Une pièce achetée au Devonport Market par M. Hore, faisant partie de la collection de J. H. Gurney et étiquetée comme « Mallard and Teal » (*A. boschas* et *A. crecca*), sans date (8).

Un individu acheté par le professeur Newton lors de la vente de

(1) *The Birds of America*, p. 252, vol. VI, représenté pl. 367 du même volume.

(2) P. 128 ou p. 136 des Mém. de la Soc. Zool. 1891.

(3) *Canards observés en Hollande* (Archiv. Néerlandaises, pp. 131 et 132, 1872.

(4) Bull. des Naturalistes de Moscou, p. 352 et suiv. (mentionné aussi par nous à ce titre).

(5) Cet oiseau est cité p. 128 et p. 136 des Mémoires. C'est M. Hart qui nous a fait connaître l'opinion du Révérend ; nous nous demandons si M. Hart ne fait point erreur, car M. Macpherson a, nous semble-t-il, émis l'avis (Field, 31 mai 1890) qu'il provient de l'union de la Teal (Sarcelle) et du Mallard (*A. boschas*).

(6) Ces deux pièces ne paraissent pas avoir encore été citées ni décrites ; elles nous ont été indiquées par M. le docteur Kerbert.

(7) Proceedings. Zool. Soci. of. London, p. 213, 1891.

(8) Nous avions mentionné cette pièce p. 128 et p. 136 des Mém. Le Révérend Macpherson en parle comme ayant cette origine. (Voy. le Field cit.).

la collection de M. Yarrell, désigné, à notre grande surprise, comme « *Anas acuta* et *A. boschas* », actuellement au Musée de l'Université de Cambridge, ne portant non plus aucune date (1).

Enfin deux Canards au Muséum d'Histoire naturelle de Rouen, étiquetés *Anas glocitans*, Pall., provenant de la collection du comte de Sladen, encore sans indication de date (2).

Tous ces exemplaires, à l'exception d'un des deux sujets du Musée de Rouen, sont du sexe mâle; ils sont montés, sauf celui de « l'Indian Museum » qui est en peau.

Afin de rendre la discussion possible, nous décrirons très minutieusement les pièces dont le signalement n'a pas encore été fait dans nos précédentes publications sur les « *Oiseaux hybrides rencontrés à l'état sauvage* »; il suffira pour cela de reproduire nos descriptions publiées dans les notes jointes à « l'*Histoire du Bimaculated Duck*, (3) ».

Nous avons vu et examiné les sept dernières pièces; elles nous ont été envoyées très gracieusement par ceux qui les possèdent. Les deux Canards du Musée de M. Hart nous sont seulement connus par deux grandes aquarelles exécutées par M. Prévot ; mais l'exactitude de ces peintures est telle qu'elle permet d'apprécier la valeur des caractères des Oiseaux qu'elles représentent presqu'aussi facilement que si on tenait ces Oiseaux en main.

M. le professeur Jentinck a bien voulu faire peindre à notre intention, par un de ses amis, le Canard décrit par M. van Wickevoort Crommelin et conservé depuis la mort de ce savant au Musée national des Pays-Pays, à Leyde.

Quant à l'exemplaire ♂ du prof. Severtzow, il a été, on le sait, lithographié en couleur et décrit très minutieusement par le professeur (4).

DESCRIPTIONS

Exemplaires ♂ du Musée de Rouen. — 1° *Le mâle*. Cette pièce, comme le sujet femelle, est étiquetée : « *Anas glocitans*, Pall. ou Canard glousseur ». C'est là évidemment une erreur, car ce Canard n'a rien de la Sarcelle formose; c'est encore un de ces hybrides qui doivent sans doute leur nom à cette confusion que nous avons signalée.

(1) Nous ignorons si cette pièce a été citée dans quelque ouvrage.
(2) Nous ne pensons point que ces deux Canards aient été mentionnés quelque part.
(3) Chap. IV. « *De plusieurs hybrides qui diffèrent du Bimaculated Duck* (*Typus*) », pp. 36-46. Nous décrirons en outre deux pièces nouvelles.
(4) Bulletin des Naturalistes de Moscou.

Nous supposons l'Oiseau tué à l'état sauvage ; s'il avait été produit en captivité son origine hybride aurait été connue et indiquée ; toutefois cette certitude nous manque. Nous savons seulement qu'il est antérieur à 1844, d'après une note que notre savant collègue et ami, M. le Dr Pennetier, a bien voulu nous adresser.

Il est environ de la grosseur du Canard ordinaire, mais le bec, les pattes peut-être aussi, sont plus faibles que chez cette espèce. La couleur de la tête est particulièrement intéressante ; c'est un mélange des teintes de *crecca* et de *boschas*, mélange réellement remarquable : joues châtaigne clair, dessus de la tête roux mélangé, puis vert à la nuque et sur le devant du cou ; on croirait presque apercevoir la division qui s'opère chez la *crecca* entre la couleur châtaigne et la bande verte que porte cette espèce. Il faut noter que les joues sont piquetées de vert noir, les points s'élargissant sur le bas du cou et formant presque collier de même couleur ; un peu de blanc, qui borde cette partie vert noir, rappelle le collier de *boschas*. C'est, on le dirait, le vert du *boschas* qui passe à travers la couleur châtaigne de *crecca*. Ainsi est la partie haute.

Le miroir de l'aile est vert bordé de noir à son bord inférieur ; une plume en partie blanche bien visible le borde dans sa longueur et contre les scapulaires. La disposition de ce miroir peut rappeler celle du miroir de *crecca*, mais elle peut tout aussi bien rappeler celle du miroir de *strepera*. Au-dessous on aperçoit des demi-cercles cendrés quelque peu roussâtres qui semblent être de cette dernière espèce. Une quantité de zigzags, beaucoup plus accentués que chez *boschas*, moins forts cependant que chez *crecca*, s'entassent sur les flancs et vers la queue. Près du noir du croupion on voit du jaune ; point de plumes recourbées à la queue, pas de blanc au-dessous comme en possède *crecca*.

Le poitrail est brun roux, mais tacheté. Les taches de la partie basse rappellent celles de ce dernier type ; dans la partie haute elles diffèrent de celles du même Oiseau et annoncent *streperus*. Le bec est jaune ocre foncé avec plaque brune sur le dessus. Sous l'œil un peu de blanc gris semble rappeler la raie blanche de *crecca* ?

Si cet Oiseau était de taille intermédiaire entre *crecca* et *boschas* on serait tout à fait tenté de lui donner ceux-ci comme parents. M. de Selys-Longchamps se rappelle avoir remarqué ce curieux échantillon lors d'un voyage qu'il fit à Rouen pendant l'année 1869.

2° *La femelle*. Comme le précédent, et pour les raisons que nous avons données, nous supposons cette pièce tuée à l'état sauvage ; mais c'est une simple conjecture.

La disposition de la teinte du miroir, les petites dimensions du bec et des pattes dévoilent nettement l'origine *streperus* ; mais la teinte générale du plumage d'un jaune chaud, quelque peu roussâtre, comme le système du dessin des plumes du corps, indiquent le *boschas*. Le *streperus* est encore indiqué par le pointillé fin et les petites raies du cou et de la tête. La taille est plutôt du *boschas* (1).

Exemplaires du Musée d'Amsterdam. — L'un des deux porte cette mention : « Von *An. boschas* ou *An. strepera.* Anas hybrida ♂ ; 26. Feb. 1890. Warya, Friesland ? »

Cet Oiseau fut pris à l'état sauvage, nous informe M. le docteur Kerbert. Il est monté ; le corps est presque droit. L'Oiseau étend ses ailes. Il n'est pas, pour les dimensions du corps, tout à fait aussi fort que *boschas* ; sa tête notamment est plus fine que chez ce type. Les pieds, presque aussi forts que ceux du Canard sauvage, sont de couleur corne; sans doute ils ne sont plus dans leur couleur primitive, n'ayant point été peints au montage. Le bec est d'un jaunâtre sale ; sur la mandibule supérieure se voit une grande raie large foncée, les côtés sont bordés de couleur noire, l'onglet en est teint. La mandibule inférieure est jaune, bordée largement de noir, portant aussi une raie foncée dans son milieu.

Dessus de la tête, nuque, bas et devant du cou verts sans mélange, (pas de traces sur la tête et le cou de la bande châtaigne de *crecca*). On aperçoit autour du cou un petit collier blanc étroit rappelant celui de *boschas*. Il faut remarquer que la couleur châtaigne des joues n'est pas piquetée de vert ; elle est très nette. Peut-être pourrait-on apercevoir un peu de blanc entre la couleur châtaigne de la joue et le vert de la tête, séparant ces deux teintes très faiblement, et rappelant ainsi la disposition du dessin de *crecca* ; mais cela est à peine visible.

Le miroir est vert, bordé de noir en haut (et en bas?) (2); pas de blanc comme chez la Sarcelle. Quelques petites plumes des couvertures de l'aile terminées de châtaigne se montrent près du miroir. Ni *crecca* ni *boschas* ne possèdent ce caractère qui appartiendrait plutôt à *streperus*.

Le dessus du dos est un mélange assez difficile à décrire. Le poitrail est brun rouge, parsemé de taches noires, rappelant un peu celui de *crecca*, quoique ces taches se présentent d'une façon différente. Pas de division blanche sous la queue, comme chez cette espèce ; tout est noir.

---

(1) Nous avons fait cette description d'après une aquarelle exécutée de grandeur naturelle par M. Prévot, et non d'après la pièce même.

(2) Il est difficile à cet endroit de lire la note que nous avions prise.

L'autre exemplaire, également pris à l'état sauvage, d'après M. le Dʳ Kerbert, est encore, d'après une étiquette qu'il porte, indiqué comme *boschas* et *streperus* et de sexe mâle. En dessous de cette mention, après les mots : « *Anas hybrida* ♂ », on lit « *A. boschas* et *strepera* », mais on avait écrit auparavant « *penelope* »; ce mot est maintenant effacé. Ensuite est écrit « Engurierum, XII. 90. Gehent J. Hermann Albarda ».

Corps de la grosseur de celui de *boschas* ; tête plus petite ; le bec aussi plus petit que dans cette espèce et les pattes moins fortes.

La coloration de la tête de ce Canard rappelle celle du Canard du Musée de Rouen. Les joues châtaigne sont piquetées, le vert de la tête et du dessus du cou tourne par devant et encadre le cou dans la partie basse, néanmoins il y a apparence d'un reste de collier blanc. Le vert du dessus de la tête est bronzé, c'est un mélange de châtaigne et de vert.

Le poitrail brun roux vineux est tacheté ; ces taches rappellent évidemment *crecca*; elles ne sont pas cependant disposées de la même façon, ceci est à noter.

Le miroir est vert, bien vert comme celui de *crecca*, mais il est entouré de deux bandes noires. Au-dessus quelques plumes des couvertures de l'aile sont terminées de châtaigne. Cette particularité rappelle tout à fait le brun de *streperus*. Une plume blanche se montre entre le miroir vert et les grandes plumes de l'aile comme chez l'*A. penelope* (détail qui a probablement engagé à considérer cet Oiseau comme le deuxième progéniteur de l'hybride). Les flancs ont des zigzags très prononcés. Il n'existe pas de blanc sous la queue comme chez *crecca*.

Exemplaire de M. Gurney. — L'Oiseau porte sur une étiquette diverses indications au crayon, à moitié effacées, on lit difficilement ces mots : « Mallard and Teal ». Une autre inscription à l'encre, déjà ancienne, dit : « supposed Half-bred Drake », mais le mot « supposed » a ensuite été barré. Enfin « Devonport Market, Plymouth. M. Hore ».

Cet hybride supposé *Anas boschas* × *A. crecca* rappelle beaucoup les Canards qui viennent d'être décrits; c'est bien le même Oiseau. La disposition du vert de la tête est complètement celle que nous avons observée déjà chez les autres pièces, mais la couleur châtaigne des joues est beaucoup plus claire. Le vert et le roux se mélangent par places et sont piquetés çà et là ; les points sont en grand nombre.

Bec jaune cuir de botte roussâtre en dessus et bordé de vert noir. Au cou une apparence de collier blanc, mais légère. Poitrail et gorge roux brun violacé, martelé de petits traits formant taches ; ces petits traits sont clairs dans leur partie supérieure. Beaucoup de zigzags existent sur les flancs, sur le dos, sur les scapulaires et sur les côtés.

Les lunules rousses sont très apparentes et bien dessinées sur les couvertures de l'aile au-dessus du miroir.

Le miroir est tout à fait disposé comme celui de l'exemplaire du Musée de Rouen, il est du même ton. On en voit un pareil sur l'exemplaire de M. Severtzow.

La grandeur de cet Oiseau est celle du Canard sauvage ; pattes rouges, queue de ce Canard ainsi que les couvertures et les sous-caudales.

Exemplaire du Muséum de l'Université de Cambridge. On se rappelle que cette pièce avait été achetée à la vente des Oiseaux de M. Yarrell, bientôt après la mort de celui-ci en 1856. Ce fut le professeur Newton, le vieil ami du défunt, qui l'acquit et en fit don ensuite au Musée de l'Université de Cambridge. L'Oiseau, nous dit le très aimable et très obligeant professeur, avait été signalé comme hybride mâle d'*Anas boschas* et de *Dafila acuta*. L'étiquette fixée au socle sur lequel est monté l'Oiseau porte en effet cette indication : « Hybride Drake, *A. boschas* × *A. acuta*, from Yarrell. (Collection, A. N.)» Une autre étiquette attachée à l'une des pattes indique le n° du lot ; c'était le n° 338.

Evidemment l'indication que l'on vient de lire a été placée par erreur, car de l'*acuta* l'Oiseau ne possède aucun caractère. Il rappelle l'échantillon ♂ *A. glocitans* Pall. du Musée de Rouen, les deux exemplaires du Musée d'Amsterdam et l'hybride de M. Gurney, quoique plus foncé que cette dernière pièce, (si nos souvenirs sont exacts) (1).

Son cou, long et très étroit, l'aura sans doute fait désigner comme provenant de l'*acuta*, mais cette particularité paraît due au montage. On retrouve, placées directement au-dessus du miroir, les mêmes petites taches brunes observées chez les derniers exemplaires et que montre aussi l'exemplaire de M. Severtzow.

Le devant de la gorge et de la poitrine est de couleur rousse et piquetée; toutefois, tout à fait en devant, la couleur s'éclaircit excessivement et les points forment comme des barres transversales formées elles-mêmes de petits points d'un aspect tout particulier.

Le bec, de couleur jaune, est long, assez étroit et fin ; sur la mandibule supérieure existe une large tache foncée, l'onglet est

(1) Nous n'avons point possédé simultanément ces divers Oiseaux.

lui-même foncé. Mandibule inférieure jaune ; une large tache brune la recouvre presque entièrement.

La tête est d'un vert bronzé, les joues sont noisette, le cou est vert jusqu'au collier qu'on voit peu. Les flancs au-dessus des pattes sont disposées en zigzags tout à fait comme chez *crecca*. Pattes jaunes, pieds de même couleur, très petits.

Le Canard appelé « Brewer's Duck » tué dans la Louisiane en 1822. — Nous ne connaissons cette pièce que par le dessin colorié d'Audubon. Voici la description que le célèbre ornithologiste en a faite :

« Par sa forme et ses proportions, l'Oiseau est très proche parent du Mallard (l'*A. boschas*) ; il en diffère par son bec beaucoup plus droit, par l'absence de plumes recourbées sur la queue, par ses pieds jaunes et non orangé rouge, par son miroir plus chargé de vert et sans barres blanches, enfin par une large tache rouge brillante placée de chaque côté de la tête.

« Le bec est presque aussi long que la tête, plus haut que large à la base, déprimé (1) et élargi vers l'extrémité, arrondi à la pointe ; les lamelles sont courtes et nombreuses ; la rainure (2) nasale est elliptique ; les narines sont allongées.

L'auteur continue ainsi :

« Head of moderate size, oblong, compressed ; neck rather long and slender ; body full, depressed. Feet short, stout, placed behind the centre of the body ; legs bare a little above the joint ; tarsus short, a little compressed ; neck rather long and slender ; body full depressed. Feet short, stout, placed behind the centre of the body, legs bare a little above the joint, tarsus short, a little compressed, anteriorly with small scutella, laterally, and behind with reticulated angular scales. Hind toe very small, with a narrow free membrane ; third the longest, fourth a little shorter, claws small, arched, compressed, acute.

« Plumage dense, soft, and elastic ; of the hind head aud neck short aud blended ; of the other parts in general broad and rounded. Wings of moderate length. acute ; tail short, graduated.

« Bill dull yellow, slighthy tinged with green, dusky along the ridge. Iris brown. Feet dull yellow, claws dusky webs dull grey. Head and upper part of the neck deep glossy green ; but there is an elongated patch of pale reddisch-yellow , extending from the base of the bill over the cheek to two inches and a quarter behind

---

(1) Ou abaissé (*depressed*).
(2) Groove.

the eye, aud meeting that of the other side on the chin; the space immediately over and behind the eye light dull purple. A narrow ring of pale yellowish-red on the middle of the neck; the lower part of the neck dull browinsh-red, the feathers with a transverse band of transversely undulated with dusky; the smaller wing coverts without undulations but each feather with a dusky bar behind another of light dull yellow; first row of smaller coverts tipped with black; primaries and their coverts, light brownish-grey; some of the other secondaries similar, the next five or six duck-green, the next light grey; with a dusky pasth toward the end. The rump aud upper tail-coverts black, as are the parts under the tail, excepting two longitudinal white bands; tail feathers light brownish-grey, edged whit whitish. All the rest of the lower parts are greyish-white, tinged with yellow, beautifully undulated with dusky lines, on the middle of the breast these lines less numerous, aud each feather with a reddish-grey central streak.

« Length to end of tail 23 inches, to end of claws 24; extent of wings 39; bill along the ridge 2 1/2, along the of lower mandible 2 1/8; tarsus 1 1/8, middle toe 2, its claw 5/12; hind toe 3/8; its claw 1/8. Weight 2 lbs. 9 oz. »

Audubon fait savoir que ce superbe (1) exemplaire se trouvait dans une bande de sept ou huit Cauvassback Ducks. Aucun autre individu de ce genre ne fut vu et toutes les recherches qu'il fit pour en trouver un semblable furent inutiles. Il ne pense point qu'il ait acquis son plumage d'adulte et il le considère comme un Oiseau « of the preceeding season (2).

A ces descriptions, nous joignons la description de l'hybride obtenu dans les environs de Calcutta, description faite par M. W. L. Sclater. (Pour les descriptions des hybrides de MM. Crommelin et Severtzow on voudra bien se reporter à notre premier mémoire ou aux mémoires originaux qui les ont publiées).

Hybride de Calcutta. — C'est M. Fraser, de l'Indian Museum, qui a supposé que cet Oiseau pouvait provenir du croisement du

---

(1) Beautiful.

(2) Il ne l'avait point déterminé absolument comme hybride du Canard sauvage et du Gadwall (*A. streperus*); il l'avait seulement supposé ainsi, ou même peut-être une simple variété? Audubon était cependant apte à le juger car il connaissait les produits des deux espèces, puisqu'il parle dans son « *Ornithological biography* » (Edimbourg, 1835), de *boschas* apprivoisés qui se croisent avec le Gadwall : il les décrit même sommairement ainsi : « *a very handsome hybrid, retaining the yellow feet aud barred plumage of the one, and the green head of the other parent.* »

streperus et du *boschas*. M. Sclater a accepté cette manière de voir; il pense que l'hybride a été obtenu à l'état sauvage ; il croit même se rappeler que l'homme, un indigène, auquel il l'acheta, lui avait dit que l'Oiseau avait été pris non loin de Calcutta. On le lui avait apporté d'un marché où on ne vend que des Oiseaux destinés à la table. La dissection montra que ce Canard curieux était de sexe mâle, comme son plumage l'indiquait du reste.

« Front et sommet de la tête d'un brun rougeàtre foncé ; côtés de la tête et la nuque vert brillant, le vert s'étendant autour du cou et formant comme un cercle bordé à sa partie inférieure d'une bande blanche très étroite ; joues et menton brun clair ; le dos antérieur et les scapulaires gris barré de brun s'obscurcissant ensuite jusque sur le croupion, lequel est vert noirâtre. La queue cendrée, légèrement bordée de gris, ne porte aucune plume recourbée. Les pennes primaires des ailes gris cendré, les secondaires presque noires, avec le spéculum typique vert bouteille. Les couvertures des plus grandes secondaires grises largement bordées de noir au bout, tandis que les couvertures du milieu sont d'un rouge brun. En dessous, le devant de la poitrine rouge avec taches noires ; cette teinte et ces taches s'effaçant graduellement (*gradually fading posterioly*) là où la plume est blanche et étroitement barrée de noir. Les couvertures inférieures de la queue noires, les axillaires blanches. Le bec noir sur le culmen dans toute sa longueur ; de chaque côté une large bande jaune des bords à l'extrémité. Les pattes rouge vif, les ongles noirs. »

Nous n'aurions sans doute rien à ajouter à cette description, mais puisque nous-même avons pris quelques notes sur les caractères de cet Oiseau, on nous permettra de faire connaître notre impression. La disposition du miroir fait immédiatement supposer l'origine *streperus* ; comme aux précédents spécimens de petites taches brun roux ou châtaigne se montrent en forme de croissants sur les couvertures de l'aile à partir du miroir. Une telle disposition s'explique bien par un croisement de *streperus* et de *boschas*. Mais la tête rappelle tout-à-fait celle de *crecca* : joues châtaigne, bande verte partant de l'œil et se prolongeant jusque sur le cou, sommet de la tête brun rougeâtre mélangé; toutefois la séparation de ces teintes n'est pas aussi accusée que chez *crecca*, le vert est aussi foncé. L'influence du *boschas* est visible par le collier blanc (1).

(1) La peau de cet Oiseau étant très raccourcie au cou, il nous a été difficile de juger l'étendue et l'importance du collier blanc.

Le dessin du dos semble un mélange de la couleur de *streperus* avec celle du *boschas*(1), mais le dos antérieur montre des zigzags. Le devant de la poitrine (jabot) est roux brique, de la couleur de celle de *boschas*, martelé de taches foncées.

Les flancs sont rayés de fins zigzags, l'abdomen est quelque peu cendré gris ainsi que l'anus. Le dessous de la queue est noir, les rectrices blanc gris sale jaunâtre en dessus et en dessous. Les couvertures de la queue noires. Il est à remarquer que si le dessin des ailes rappelle bien le *boschas*, les scapulaires portent de fins zigzags. Le miroir est vert brillant, commençant en pointe et s'élargissant plus il s'allonge. Il est entouré de noir, une raie blanche et large le domine. La mandibule supérieure du bec est jaune gris violacé, de teinte terne ; sur le milieu on aperçoit du noir qui tourne et encadre la mandibule. Les pieds jaune vif orange sont assez forts.

Collection de M. Ed. Hart. — Exemplaire pris dans le piège d'Hornby le 4 janvier 1861.

(C'est d'après une peinture que nous décrivons cette pièce, comme la suivante, et non d'après nature).

L'Oiseau est de la taille d'un beau *boschas* quoique plus fin ; son bec est jaune verdâtre, la partie du dessus est la plus foncée ; ses pieds sont jaune orangé foncé ; les joues et les côtés du cou sont chamois roussâtre ; une bande vert clair part de l'œil pour s'étendre vers la nuque sur le dessus du cou. On voit difficilement une très légère apparence du collier blanc, mais au dessus de la place que le collier devrait occuper, s'étend, notamment devant le cou, une couleur foncée. Poitrail roux rouge foncé ; beaucoup de croissants, rangés presque aussi régulièrement que les dessins de *streperus*. Dos gris brunâtre ; près du miroir, et le précédant dans la partie haute, les lunules avec couleur roussâtre déjà signalées, puis la disposition du *streperus* ; on aperçoit la plume blanche qui tranche nettement sur le vert. Le dessus de la queue paraît noir sans mélange et les rectrices sont de ton clair.

Même collection. Hybride obtenu le 31 novembre 1885 : paraît plus *boschas* que le précédent ; le bec est tout à fait orange, quoique la mandibule supérieure soit, sur le dessus, brun foncé ou noir. La joue seule est chamois très clair ; toute la tête et le cou sont verdâtres ; vers la nuque le ton devient rougeâtre foncé, la bande verte est très confuse. Le devant du cou est très foncé. L'appa-

---

(1) D'après l'aquarelle que nous avons conservée, car nous avons omis de noter ce détail lors de l'examen fait d'après nature.

rence du collier blanc est très visible et semble entourer le bas du cou. Poitrail roux rouge foncé ; tacheté par des croissants bruns surmontés de blanc, un peu comme chez la *crecca* par ce dernier caractère. Le dessus de l'œil est gris brunâtre mais très clair ; au haut de l'aile les petits dessins sont très peu sensibles, le vert du miroir est brusquement interrompu par la plume blanche de *streperus*. Les grandes pennes de l'aile sont brun clair. Le ventre est blanc grisâtre ; le dessus de la queue paraît noir, les rectrices sont claires, les pattes jaune orangé et épaisses. L'Oiseau est fort de taille.

C'est cet exemplaire qui, d'après M. Hart, avait été considéré par le Révérend Macpherson et d'autres ornithologistes comme hybride de *streperus* et de *boschas*. M. Hart le croit *crecca* × *boschas* ; cette dernière opinion est celle de M. H. Gurney, auquel nous avons montré l'aquarelle que nous possédons. M. Vian et M. le Baron d'Hamonville qui ont vu aussi cette peinture ont au contraire déterminé l'Oiseau comme *boschas* × *streperus*.

Les exemplaires qui viennent d'être décrits et qui, à l'exception d'un seul, sont tous du sexe mâle, présentent de grandes ressemblances entre eux.

Si leur taille était intermédiaire entre *crecca* et *boschas*, volontiers on croirait qu'ils proviennent de ces deux espèces que, plusieurs fois, on l'a vu, on leur a donné pour parents. Mais il paraît bien difficile de supposer qu'un Oiseau aussi petit que *crecca* puisse donner des produits de taille aussi forte, souvent dépassant celle de *boschas* ; cela, nous semble-t-il, est contraire à ce qui a été observé jusqu'alors. En outre il existe sur les couvertures des ailes de petites taches rousses en forme de croissants ou demi-cercles dont la teinte rappelle tout à fait celle que présente *streperus* à cette même place, tandis que ce roux est étranger à *boschas* et à *crecca*. Le noir qui entoure le miroir en dessus transversalement et en dessous longitudinalement rappelle très bien la disposition du miroir de *streperus*. Les couvertures inférieures de la queue sont toujours uniformément foncées (1) ; si *crecca* était pris comme second progéniteur, le blanc que cette espèce porte de chaque côté des sous-caudales n'apparaîtrait-il pas quelquefois, au moins ne se mélangerait-il avec la teinte noire du *boschas* ? Enfin le système des taches en ligne de la poitrine peut tout aussi bien, et même mieux

(1) Nous supposons nos notes exactes ; nous n'avons plus présents au moment où nous écrivons ces lignes les Canards qui sont passés entre nos mains.

chez certains exemplaires, indiquer le mélange des demi-cercles réguliers de *streperus* avec la teinte unie de *boschas* que le mélange des petites taches séparées de *crecca* avec la même teinte.

On se voit donc forcé d'abandonner *crecca* et de faire intervenir *streperus*.

Cependant si cette dernière espèce et le *boschas* doivent être seuls considérés comme les parents de ces hybrides, on ne conçoit pas que le miroir puisse devenir vert, que les joues se trouvent de couleur châtaigne prononcée, que près des couvertures inférieures de la queue apparaisse la teinte rousse propre à *crecca*, enfin que le vert de la tête prenne la forme de la bande de ce type.

Nous pensons donc que l'origine des hybrides dont on s'occupe restera discutable tant qu'on n'aura point croisé en captivité les espèces supposées mères.

Après avoir longtemps pensé qu'ils provenaient du mélange de l'*A. crecca* et de l'*A. boschas*, nous sommes arrivé aujourd'hui à une conclusion bien opposée, puisque nous les pensons produits par l'*A. streperus* et le Canard ordinaire.

Nous souhaitons que des expériences soient entreprises pour éclairer ce sujet; les croisements que nous avons tentés n'ont pas donné de résultat. S'il venait à être établi par des croisements obtenus en domesticité que de tels hybrides sont, comme nous le pensons, issus du *streperus* et du *boschas*, cela prouverait que le mélange de deux espèces peut, non seulement augmenter le ton des couleurs des espèces mères et leur donner une intensité beaucoup plus vive, mais même modifier complètement ces couleurs et les changer du noir ou du bleu violet en vert cru : ce que l'on observe sur le miroir de *tous* les hybrides qui ont fait l'objet des descriptions précédentes.

Dans le cas, au contraire, où la naissance de tels Oiseaux serait imputable à l'union du *boschas* avec la *crecca*, la possibilité d'un autre phénomène serait reconnue : à savoir que l'hybride prend toujours, dans certaines circonstances, la taille du plus grand des parents et ne se montre pas, par ce caractère, intermédiaire entre les deux espèces qui le produisent. Enfin, on saurait peut-être, en renversant les termes père et mère, quel a été le rôle des sexes dans la production des douze pièces qui viennent d'être signalées. Il y a là tout un champ d'investigations offert à la curiosité du naturaliste.

On a pu remarquer que la pièce citée par M. Crommelin (1), et

(1) Archives néerlandaises, 1872.

qui avait été décrite par M. van Bemmelen (1) comme hybride de *crecca* et *boschas*, ne figure dans aucune des deux catégories de Canards qui viennent d'être cités. L'Oiseau abattu, on se le rappelle, près de Leyde (et dont la description avait été reproduite (2)) diffère en effet complètement de tous les exemplaires qui ont été mentionnés dans ce travail. Nous ne pensons pas du reste que ce soit un hybride ; nous le croyons plutôt une variété de l'*A. boschas*. C'est l'opinion de deux éminents ornithologistes auxquels nous avons montré la peinture de cet Oiseau.

Nous nous abstenons donc de le présenter de nouveau, quoiqu'il soit fort curieux, parce qu'il ne paraît pas rentrer dans le cadre des hybrides qui sont seuls étudiés ici.

On n'a pas parlé non plus d'un individu de sexe femelle tué sur le Pô en 1893, et que le professeur Pietro Pavesi, de Pavie, a cependant décrit comme hybride de *Chaulelasmus streperus* et d'*Anas boschas* (3). Cet Oiseau nous été envoyé avec beaucoup d'obligeance par l'éminent professeur et nous n'avons pu le distinguer du *Chaulelasmus streperus* ♀ pure espèce à laquelle nous le référons.

Avant de faire connaître nos raisons, nous rapporterons ce qui a été écrit par M. Pavesi au sujet de cette pièce nouvelle.

« Le 20 mars dernier, dit-il (4), fut tué sur le Pô au Mezzanino, non loin de Pavie, un Canard que le chasseur remarqua aussitôt en raison de son peu de ressemblance avec les autres Canards de son espèce. Le chasseur l'acheta pour l'offrir au Musée. C'était, d'après l'examen anatomique qui fut fait, une femelle présentant les caractères suivants : dimensions légèrement plus petites que celles du Canard ordinaire, se rapprochant du Canard sauvage. Le bec, long de 0,040 et large de 0,011, était jaunâtre sur les côtés, noir au milieu. Les plumes de la tête et de la nuque très peu (5) claires avec des taches longitudinales noirâtres, à l'extrémité presque noires ; celles de la gorge blanc pois, immaculées ; celles du cou et du poitrail très peu claires (6), avec une tache longitudinale d'un

---

(1) Tijdshrift voor de Dierkunde II.
(2) Pp. 129 et 130 et pp. 137 et 138 des Mémoires de la Soc. Zool. 1891.
(3) *Un ibrido naturale di Anas boschas e Chaulelasmus streperus ucciso nel Pavese*, Bollettino della Società Veneto-Trentina di Scienze Naturali, nº 3, T. V, 1893. (Mention de cet hybride est faite en outre dans Ornithologiste Monatsberichte du Dr Reichenow (p. 126, nº de Juin 1890) et sans doute dans d'autres revues d'ornithologie).
(4) Op. cit.
(5) Minime.
(6) Minime.

brun noirâtre moucheté; les plumes du dos, les longues plumes des flancs (et celles du dessus de la queue ?) brunes, bordées très légèrement de clair, plus abondantes sur les scapulaires ; les abdominales blanches avec quelques petites taches brunes éparses. Les plumes des couvertures inférieures de la queue (1) blanchâtres, couleur pois, foncées au milieu. Les rectrices également couleur pois avec une large tache brune sur le bord. Les petites couvertures supérieures des ailes brun cendré, bordées de blanchâtre, celles du milieu, noirâtres ou noires, quelques-unes avec une ou deux bandes étroites en forme de demi-lune, concentriques, et de couleur chocolat ; les grandes extérieures noires, les médianes noirâtres avec taches et le bord extérieur très peu clair. Les rémiges principales couleur de cendre; les secondaires formant un miroir blanc. Les pieds petits, les tarses et les doigts jaune pâle, la membrane noirâtre.

« Ce sujet, continue le professeur, diffère de la femelle de l'*A. boschas* par le bec qui est plus étroit, les tarses et les pieds jaunes, le sommet de la tête noirâtre, la partie immaculée de la gorge plus courte, les taches mouchetées de la poitrine plus sombres, le ventre plus blanc et avec des taches brunes moins nombreuses. Il en diffère surtout par cette raison que le violet changeant fait défaut dans le miroir, ainsi que les bandes blanches et noires qui bordent antérieurement et postérieurement cette partie... On aperçoit des raies couleur chocolat sur les couvertures médianes ».

Ce même sujet « diffère de la femelle *streperus* par la gorge dont une partie, de cinq centimètres environ de longueur et de trois de large, est presque blanche et sans aucune tache; par les plumes de la poitrine qui portent une tache brun moucheté sans bandes transversales ondulées et blanches; par l'abdomen tirant sur le blanc; par les plumes des flancs, du dos et du croupion, principalement les scapulaires et les rectrices qui sont presque semblables à celles de l'*A. boschas*; par les plumes du dessous de la queue dont le dessin n'est point en forme de vers noirâtres, etc. »

Il est inutile, dit le professeur, d'établir des rapprochements avec d'autres espèces de Canards italiens, étant donné la particularité de la couleur des couvertures alaires médianes. De la description qui vient d'être faite, il résulte pour lui que l'Oiseau est *streperus* par ses dimensions, son bec, ses tarses et ses pieds, le sommet de la tête, les ailes; tandis qu'il est *boschas* « par sa gorge, sa

(1) Sotto code.

poitrine, son dos et ses rectrices ». Aussi conclut-il que c'est son hybride entre les deux espèces (1).

Pour nous, il nous a été tout à fait impossible de trouver chez cette Cane (qui, paraît-il, avait l'ovaire très développé et se trouvait avec un mâle *boschas* qui fut tué avec elle), aucun caractère imputable à cette dernière espèce. Les pieds et le bec sont très petits, le miroir est en tout semblable à celui de la femelle de *streperus*; elle est blanche en dessous comme cette dernière.

Serait-ce par son dos et sa poitrine qu'elle en diffère? Nous n'oserions le prétendre. Peut-être les scapulaires sont-elles plus largement bordées de couleur claire que chez *streperus* dont la poitrine paraît différer quelque peu ; peut être aussi, retrouve t-on dans le dessin des plumes de la queue, des traits propres à *boschas*; enfin la gorge est très immaculée. Mais, tout cela est d'une appréciation bien difficile, et de tels caractères sont trop minimes pour servir de criterium certain de différenciation. La preuve en est dans les spécimens d'espèce pure que nous avons rassemblés et qui, eux-mêmes, diffèrent entre eux sous ces différents rapports. L'un de ces spécimens, une femelle vivante, achetée au Jardin d'Acclimatation de Paris, et que la Direction nous a déclarée pure de tout mélange, est tellement semblable à l'hybride supposé, qu'on serait tenté de confondre les deux Oiseaux. Et du reste, M. J.-B. Nichols, d'Holmwood, a eu la complaisance de nous communiquer un sujet de sa collection qui montre de grandes analogies avec l'Oiseau de Pavie.

Nous avons fait part de nos remarques au savant professeur; nous ne l'avons point convaincu (2).

Qu'on nous laisse donc ajouter que l'aquarelle, qui représente ce sujet, et qui est d'une exécution parfaite, a été montrée à un éminent ornithologiste d'Angleterre; elle nous a été retournée avec cette mention significative : « This is not a hybrid, but a ♀ Gadwall (*C. streperus*) », opinion qui a été entièrement acceptée par un autre ornithologiste. — Nous tenons ce dessin à la disposition de tous ceux qui voudraient étudier l'Oiseau qui fait l'objet de ce long entretien.

Le professeur Pavesi, en examinant d'une manière très attentive la riche collection du Musée de Pavie, a cru, en outre, rencontrer un nouvel échantillon empaillé de *streperus*, qui lui a paru être un

---

(1) Il donne même le *boschas* pour père et au *streperus* le rôle de mère, « parce que l'hybride supposé présente principalement l'aspect de première espèce. »

(2) Voy. dans le *Calendario ornithologico*, (Pavese, 1890-93, Nº 2. Anno XV, 1893, Pavia) son Bolletino scientifico, p. 17. A ce moment nous n'avions point encore reçu le sujet de M. J.-B. Nichols pour le lui opposer.

hybride avec le *boschas*. Ce Canard a été recueilli par le Dr Maestri, et, selon toute probabilité, dans la province de Pavie, mais on ignore à quelle époque (1). Il ressemble à celui qui vient d'être décrit, « quoique le sommet de la tête soit moins noirâtre, les plumes de la gorge non immaculées, mais piquetées de brun, les scapulaires avec les bords très légèrement clairs, le croupion plus foncé et la couleur chocolat (2) des couvertures médianes des ailes qui est plus étendue. » M. Pavesi croit même pouvoir lui donner (contrairement à ce qui arrive chez le premier spécimen) le *streperus* pour père et le *boschas* pour mère. Il a soin d'ajouter toutefois que l'on pourrait avoir affaire à un mâle *streperus* dans un plumage inusité ou muant.

L'éminent professeur, avec une très grande courtoisie que nous nous plaisons à reconnaître et dont nous le remercions vivement, a bien voulu nous communiquer ce sujet ♂. Nous avons reconnu un Oiseau en train de muer; nous l'avons confronté avec un individu de son sexe que, tout exprès, nous avions tué au mois d'août afin de le conserver dans sa livrée de mue, et nous avons trouvé les deux Oiseaux fort ressemblants l'un à l'autre.

Cette fois, M. Pavesi n'a point contesté notre dire.

Dafila acuta et Querquedula crecca

(Se reporter p. 134 ou p. 142 des Mém. de la Soc. Zool., 1891).

M. le prof. E. Newton a bien voulu nous envoyer du Musée de l'Université de Cambridge un hybride qu'il a offert à ce Musée. L'Oiseau nous paraît être évidemment le produit de l'*acuta* et de la *crecca*. Malheureusement, nous n'avons pu savoir si cette pièce, fort intéressante par les caractères d'authenticité qu'elle présente, a été réellement obtenue à l'état sauvage. Nous avons lu seulement sur l'étiquette qu'elle porte : « Found in Leadenhall Market by Johnson, april 1862, and bought of him, stuffed by Leadbeater. »

Ce Canard avait été cité dans les Proceedings de la Société Zoologique de Londres en 1852 (3) et montré par M. Leadbeater à l'une des réunions de cette Société, mais aucune discussion ne s'était produite.

Voici la description que nous en avons faite : Quoique plus *crecca*

(1) Voy. *Un ibrido naturale*, etc., déjà cité.
(2) Ou, pour mieux dire, châtain.
(3) P. 84.

indiscutable. On ne saurait même imaginer un intermédiaire plus complet entre les deux types. Voici la description que nous avons faite de ce joli échantillon : le miroir est vert, bordé au-dessus de roux ; le vert et le noir que l'on voit ainsi sont l'exacte copie du dessin de *crecca*. La marque noire des scapulaires d'*acuta* est visible ; les scapulaires se prolongent comme chez cette espèce. Sur le devant du corps, les petites taches noires de *crecca* sont très effacées. Le bec, assez long, mais étroit, rappelle celui de l'*acuta*. L'iris (artificiel) est brun. La tête et les joues sont presque entièrement de *crecca*. Les pattes sont d'un brun clair. Le dos est parsemé de zigzags innombrables. Enfin, la taille tient à peu près le milieu entre celle des deux espèces ; elle rappelle cependant mieux celle de *crecca*.

Nous conservons une aquarelle de ce sujet qui a été peint par M. Jules Adeline.

Un hybride, non encore décrit, de sexe mâle, et qui, d'après M. Oddi qui nous le signale, aurait été tué récemment dans la lagune de Venise, est conservé au Musée Correr. Cet Oiseau serait, d'après notre très aimable correspondant, très authentique par les caractères mixtes qu'il présente. Son plumage néanmoins est plus *crecca* qu'*acuta*, particulièrement à la poitrine ; mais sa forme est du dernier type.

Un hybride, du même genre, tué en Hollande il y a environ trois ans et envoyé à M. Philipp Castang du Leadenhall Market par le chasseur qui l'abattit, se voit aujourd'hui au Musée de M. Walter Rothschild. Cet hybride n'aurait été cité dans aucun ouvrage. N'ayant pu l'obtenir en communication, nous en avons fait exécuter une aquarelle de grandeur naturelle. Il ne nous paraît pas aussi bien caractérisé que celui du prof. Newton. Il montre cependant des teintes propres aux deux espèces ; mais de forme et de taille, il est beaucoup plus *Dafila* que *Querquedula*. Le bec, par sa coloration bleu de plomb et ses petites dimensions, rappelle un peu celui du *penelope* ; les joues et une partie du cou sont châtaigne clair, le dessus de la tête roux foncé. La bande verte de *crecca* est rappelée confusément ; elle n'est pas entourée d'une raie fine et blanche comme cela se produit chez cette espèce et chez l'hybride de Cambridge. Tout le dessus du dos est rempli de zigzags fort nombreux, larges et tassés ; ces zigzags se montrent de même sur les flancs vers le bas du ventre. Sur les scapulaires une large tache noire allongée rappelle bien l'*acuta* ; le miroir vert veronèse est bordé supérieurement de chamois roux, puis inférieurement sur le côté extérieur de noir ; cela d'une manière très fine. Les couvertures de l'aile paraisssent d'un gris brunâtre. Les pattes et les pieds très petits sont d'un jaune rougeâtre orangé; les palmures sont plus foncées et verdâtres. Le ventre, le devant de la poitrine et le jabot, sont blanc grisâtre. — Faisons savoir que M. Vian et M. le baron d'Hamonville, qui ont vu notre aquarelle, considèrent l'Oiseau ainsi décrit comme provenant de l'*acuta* et de la *crecca*.

Le croisement « *Dafila acuta* × *Querquedula crecca* » se trouverait ainsi représenté par six échantillons. Mais, si nous en croyons le journal « Forest and Stream », de New York (1), un Canard ayant l'apparence d'une Teal (Sarcelle) et d'une Spring Tail (2) aurait été tué près de Sacramento. On ne nomme pas toutefois l'espèce de Teal qui aurait contracté le croisement (3); on ne donne pas non plus de renseignements complets sur les caractères de l'hybride. On se borne à dire « qu'il est à peu près de la grandeur de la Spring Tail dont il a le bec, le dos, la tête et la queue ; tandis que sa poitrine et ses ailes tiennent de la Sarcelle ».

ANAS BOSCHAS et ANAS OBSCURA

(Se reporter p. 137 ou p. 145 des Mém. de la Soc. Zool., 1891),

Les deux hybrides entre les mains de M. Manly Hardy, de Brewer, Maine (Etats-Unis), ne sont point des individus nés en captivité comme nous le supposions (4); tout au moins ont-ils été tués dans une bande d'*A. boschas* sur le Mississipi (État de l'Illinois). L'un des deux, nous dit M. Manly Hardy, « partakes more strongly of the characteristics of the Mallard »; l'autre au contraire « shows more ressemblance to the Duskey » (5).

M. Manly Hardy a été assez complaisant pour faire photographier ces deux Oiseaux; malheureusement une photographie n'indique pas la couleur du plumage.

M. R. Ridgway, en nous adressant en communication un des exemplaires conservés au Musée national de Washington, nous a fait savoir que parmi les hybrides de cette collection se trouvent plusieurs pièces obtenues en captivité. On ne doit point, par con-

(1) Vol. IV, p. 133.

(2) Que nous supposons être l'*acuta*.

(3) Il existe en Amérique trois sortes de Sarcelles : l'European Teal (*A. crecca*), la Bleue winged Teal (*A. discors*), la Cinnamon Teal (*A. cyanoptera*).

(4) Voy. la note des pages indiquées.

(5) Ils ont été signalés, depuis la communication qui nous a été faite, dans « Shooting and Fishing. »

séquent, considérer comme sauvages toutes celles que le Musée renferme (1).

Le spécimen que nous avons reçu est monté; il provient du Mash Market et a été donné par S. H. Baird. Il porte le N° 61956. Il se montre un si bon intermédiaire entre les deux types qu'il serait difficile de récuser son hybridité. La tête notamment, et le poitrail, ont de vrais caractères mixtes. Tandis que dans la partie haute de la tête, à partir de l'œil (descendant sur le dessus du cou) se prolonge une bande assez large du vert émeraude de *boschas*, la plus grande partie des joues et du cou reste du jaune noisette blanchâtre propre à l'*obscura*. Sur le violacé brunâtre de la poitrine, qui rappelle tout à fait *boschas*, se montre le dessin tacheté d'*obscura*. Le reste du corps est plutôt de cette dernière espèce, quoique le miroir soit encore un bon intermédiaire. Le bec est verdâtre, les pattes jaunâtres; il n'existe point de collier au cou; les bandes de vert émeraude ne se joignent pas sur le derrière de la tête; elles se rejoignent seulement sur le dessus du cou, à partir du bas de la nuque.

Toutefois, et malgré des traits si évidents de mélange, nous nous sommes demandé si cet hybride supposé ne pourrait pas représenter le *boschas* en mue. Le *boschas* en mue revêt, en effet, un plumage à peu près semblable à celui qui vient d'être décrit. Nous avons étudié la mue sur des individus de cette espèce retenus en captivité. La différence la plus appréciable est que, chez ces individus, les plumes du dessus du corps ne sont point bordées ou liserées de jaune, comme se présentent les plumes de l'Oiseau du Musée de Washington; celui-ci, en outre, offre, par sa coloration générale, un ton plus jaunâtre.

Quant à affirmer que cet hybride n'a point une origine domestique, nous n'oserions nous prononcer, car sa taille élevée semble rappeler celle du *boschas domesticus*.

Outre l'exemplaire reçu de Washington par la bienveillance de de M. Ridgway, M. le Dr Jentinck, du Musée de Leyde, nous a adressé une pièce qui figure sur les Catalogues de M. Schlegel (2) comme métis du Canard commun avec l'*Anas obscura* (auc. Temminck). Ce Canard porte le n° 31; mais aucune mention ne dit qu'il ait été tué à l'état sauvage, et ce renseignement n'a pu nous être fourni par M. le Dr Jentinck.

(1) Nous nous empressons de fournir ce renseignement, car on aurait pu les supposer toutes sauvages par la lecture de notre premier mémoire.

(2) *Cat. Anseres*, p. 41.

A cause de la dénomination donnée par le célèbre ornithologiste, nous avons peint cet Oiseau et nous l'avons décrit; mais nous n'avons reconnu aucun caractère décisif de l'hybridité qu'on lui suppose. Voici nos notes : miroir bleu de mer à reflets violacés, bordé en dessus et inférieurement de blanc après la barre noire, tout comme chez *boschas*. Le bec est mince et long. Les scapulaires des ailes sont, en partie, d'un ton mat gris brun quelque peu uniforme, c'est-à-dire que les plumes ne sont ni traversées, ni bordées par des raies jaunes.

Le bec est jaune, la gorge est aussi d'un ton uniforme.

Cette courte description ne dira rien sans doute. Notre embarras est augmenté par le sexe de l'Oiseau qui est femelle. On sait qu'il est bien difficile de distinguer une femelle *boschas* d'une femelle *obscura*; celle-ci semble ne différer de la première que par la bordure blanche du miroir. Ajoutons en outre qu'au moment où nous avons reçu de Leyde l'Oiseau supposé hybride nous n'avions pour procéder à notre examen qu'un très petit nombre d'individus des espèces pures.

Nous pensons que l'on conserve au Musée d'Ottawa l'hybride de l'*Anas obscura* et de l'*Anas boschas* (1). Le même croisement existe dans la collection de M. Jno. H. Sage, de Portland (Conn.), ainsi que dans la collection de M. J. Fream Morcom, de Chicago (Illinois). Mais, si nous savons que l'exemplaire de M. Morcom, qui est mâle, a été obtenu à l'état sauvage et montre « a strong admixture of both parents », nous ne pouvons fournir aucun renseignement sur le ou les exemplaires du Musée Canadien et de la collection de M. Jno. H. Sage.

Nous avons vu au Muséum d'Histoire naturelle de Paris un Canard *obscura* qui nous a paru être le métis de cette espèce avec le *boschas*.

Dans le journal de sport de New-York, le « Forest and Stream » (2) que nous citons souvent, on donne ainsi le signalement d'un Canard hybride tué dans une tournée de chasse par un ami, de M. J. G. Morris, d'Easton, Oiseau singulier, paraît-il, que celui-ci n'avait jamais vu, malgré la longue expérience qu'il a acquise du gibier de marais : « Ventre du Mallard ♂ (*A. boschas*); partie supérieure de la tête, jusqu'aux yeux, verte (3); de l'œil jusqu'au bas du cou, couleur grise parsemée de brun, comme chez l'*obscura*; partie supé-

(1) D'après une communication de M. Whiteaves.
(2) Vol. XII, p. 146.
(3) Littéralement aussi bas que les yeux.

rieure de la poitrine semblable à celle de cette dernière espèce, quoique la couleur se montre un peu plus claire; partie inférieure et abdomen presque comme chez le *boschas*; ailes noires! (1) et pieds ressemblant à ceux de cette dernière espèce. »

Il y a trois ans, M. Morris tua un autre exemplaire; mais cet échantillon n'aurait pu être conservé. Celui qu'il possède actuellement est trop mal monté et trop détérioré pour qu'il puisse nous le faire parvenir d'aussi loin. M. Morris l'a fait photographier sous deux faces différentes et a accompagné ses photographies de la description suivante :

« Bec jaune ; poitrine d'un châtain sombre tirant sur le brun cendré ; (cette couleur à l'anus et sous le dessous de la queue tend vers le gris léger et est traversée par de belles lignes sombres). Les plumes qui recouvrent le croupion et la queue sont d'un brun sombre; elles étincellent de vert. Les plumes de la queue sont d'un brun sombre, bordées de cendré; aucune ne se recourbe à la manière de l'*A. boschas*. Les couvertures des ailes sont d'un cendré brunâtre et les rémiges sont brunes avec de belles lignes couleur chamois (buff). Le spéculum est de pourpre avec reflets verts et violets, bordé de chaque côté de bandes blanches; il est exactement semblable à celui du Mallard. Les grandes plumes sont d'un cendré brunâtre ; les jambes et les pattes sont de couleur orangé ».

On se rappelle que l'exemplaire du Musée de Washington a le bec bleu gris verdâtre; l'hybride de M. Morris en diffère donc par ce caractère.

M. Geo. A. Boardman fait savoir, dans la revue sportique qui vient d'être nommée (2), qu'il a trouvé souvent le « Dusky » croisé (?) (*cross*) au « Mallard » et qu'il possède de ce croisement trois ou quatre hybrides empaillés. M. Geo. A. Boardman parle-t-il d'Oiseaux sauvages?

Enfin on écrit, dans la même revue, que de tels Canards hybrides ne sont point rares, et on prie les lecteurs de se reporter à bon nombre d'articles publiés sur ce sujet (3).

Suivant les indications données, nous avons consulté quelques-uns de ces articles ; mais nous avons trouvé qu'il y est le plus souvent question d'hybrides du Canard musqué (*C. moschata*) avec

---

(1) Que veut dire par là le descripteur?
(2) Vol. V, p. 339.
(3) Vol. I, pp. 342 et 374; vol. III, pp. 5 et 54 ; vol. IV, p. 133, vol. V, pp. 266, 276, 337 et 338.

le *boschas,* croisement bien différent ; ou bien encore de Canards
« *obscura* × *boschas* » nés en domesticité.

En terminant, nous mentionnerons l'envoi d'un Canard ♀ que
nous a fait, il y a plusieurs années, M. le Dr Paul Leverkühn, et
dont les caractères, peu ordinaires, qui semblent rappeler l'*obscura*
et le *boschas,* ont été analysés dans le « Zeitschr. für Ornithologie (2). »
N'ayant point en notre possession, au moment où l'Oiseau nous était
parvenu, un matériel de comparaison suffisant pour nous rendre
compte de ses traits, nous avons négligé de l'examiner. Autant que
nous pouvons nous les rappeler, les marques blanches qu'il portait
indiquaient un albinisme. C'est ainsi, pensons-nous, que M. le
Dr Paul Leverkühn l'a considéré, en écartant l'idée d'un hybridisme
entre les espèces *boschas* et *obscura.*

Disons en terminant que l'étude que nous avons faite de ces deux
espèces pures, fort ressemblantes entre elles, nous confirme dans
notre manière de voir : à savoir qu'elles paraissent proches
parentes (1).

ANAS BOSCHAS et ANAS PENELOPE

(Se reporter p. 138 ou p. 146 des Mém. de la Soc. Zool., 1891).

. Une nouvelle pièce, vivant encore en 1892 chez M. le comte Arrigoni degli Oddi, de Padoue, est à signaler. Cet Oiseau fut pris (3)
dans la vallée Morosina, district de Piove de Sacco (province de
Padoue). Après avoir été blessé à l'aile il se guérit complètement
et fut donné au savant comte. C'est, paraît-il, un très bel Oiseau ♀,
qui ressemble au *penelope* ♀ par la disposition du plumage et par
sa couleur. « La tête, nous dit notre collègue, est grisâtre avec
beaucoup de petites plumes teintées en vert brillant avec des
reflets métalliques comme le *boschas* ♂. Le fond de la teinte de la
poitrine est d'un rouge cuir à peine tacheté ; la poitrine inférieure
et l'abdomen sont blancs comme chez le *penelope* ♀ ; seul le bas-ventre
n'est pas unicolore. Le bec ressemble à celui du *boschas* ; il est de
couleur jaune olivâtre très pâle. Les pieds diffèrent du *penelope,* les
doigts étant d'un jaune pâle légèrement orangé et les membranes
foncées. Comme dimensions, l'Oiseau est petit ; il est un peu haut
sur pattes et a le port élégant du *penelope* ; mais il est plus grand

---

(1) Elliot (*On hybridism,* Auk, 1892, No d'april) rappelle que le Mallard et le
Black Duck « cross in the wild state. »

(2) XVI, Jahrg., S. 102.

(3) Vraisemblablement pendant l'hiver de 1891.

que la femelle de cette espèce. Parfois les petites plumes de la tête se hérissent légèrement. Le bec est beaucoup plus court et moins gros que celui du *boschas*; les pattes sont plus petites que chez cette espèce. En somme, dans son ensemble, si l'on fait quelque exception pour le système de coloration, ce Canard ressemble beaucoup à un *penelope* ♀ ». Le cri est un *coua-coua* plusieurs fois répété, avec un son très nasal, peu fort, comme si l'Oiseau était pris d'un refroidissement.

Telles sont les indications qui nous sont adressées de Padoue sur cet intéressant Oiseau. M. Oddi a bien voulu accompagner sa description d'une aquarelle que nous avons fait copier par M. John Duncan, de Newcastle.

Une note ornithologique, parue depuis cette communication dans la « Revista italiana di scienze naturali » (1), fait savoir que le Canard dont on vient de s'occuper, après avoir vécu en volière pendant environ deux ans, est mort maintenant; il figure sous le N° 959 du Catalogue de la collection de M. Oddi.

Un hybride de même genre, mais de sexe mâle et déjà vieux, tué par ce naturaliste dans la vallée Zappa (lagune de Venise), orne la même collection, où il porte le N° 1037. Voici son signalement : « Bec du *boschas*, front et milieu du vertex d'un châtain très vif; tête et cou d'un vert foncé à reflets; sur les côtés de la tête et sur les joues deux grandes taches de couleur jaunâtre vif. Gorge d'un vert noir; collier très peu visible. Dos rayé; sous-caudales noires avec des reflets verts. Plumes des deux tiers inférieurs des faces antérieures et latérales du cou, d'une partie de la face postérieure, et dessous de la poitrine, roux marron clair traversé sur chaque plume par une ou deux bandes noires étroites. Sous-caudales comme chez le *boschas*; petites et moyennes couvertures supérieures des ailes d'un brun cendré moins foncé que *boschas*, les moyennes terminées de châtain. Les grandes couvertures supérieures secondaires noires dans la dernière moitié et vers le bout, ce qui ne forme pas pour l'aile la double bande transversale blanche de *boschas*. Rémiges secondaires d'un gris brun pour les barbes internes, d'un vert doré pour la moitié basale des barbes externes, noir velouté pour l'autre moitié. Queue de *boschas* avec les deux rectrices médianes allongées et non recourbées; pieds de ce type; taille presque égale à celle du *boschas* ».

De tels caractères engagent M. le comte Arrigoni degli Oddi à croire cet Oiseau issu du croisement dont on s'occupe. Ce spé-

(1) 1893.

cimen « magnifique » a été empaillé par M. Minotto, de Venise ;
c'est dans le lac de la Passama (vallée de Zappa) qu'il fut abattu par
le comte lui-même le 2 février 1893 ; il se trouvait dans une bande
composée de neuf *boschas* dont sept mâles et deux femelles (1).

A ces deux pièces, que nous n'avions pu mentionner dans notre
premier mémoire, puisqu'elles n'ont été obtenues que depuis,
vient se joindre un jeune mâle, ou peut-être un mâle en mue,
qui nous a été communiqué par M. le Dr Kerbert, directeur du
« *Koninklijk zoologish Genootschap* » d'Amsterdam). C'est une pièce
intéressante que nous avons examinée à deux reprises différentes,
grâce à la bonne volonté de l'éminent Directeur qui a bien voulu nous
la retourner lorsqu'il nous a été possible d'augmenter notre collection de jeunes mâles, de femelles et d'adultes en mue des deux
types, collection que nous n'avions pas jugée, lors du premier envoi,
assez complète pour faire un sérieux examen. L'hybride du Musée
de la faune Néerlandaise nous est donc bien connu. Notre première
description se résume ainsi : « plus fort que *penelope* qu'il rappelle
en très grande partie par son plumage. Miroir vert marine, à reflets
violacés lorsqu'on place l'Oiseau dans une certaine lumière, mais
le plus souvent bleu vert marine. Pattes plus grandes que celles du
penelope; le bec plus fort aussi, notamment plus long; cette partie
paraît avoir été couleur plomb. Sur le dos on aperçoit comme un
mélange du *boschas* et du *penelope*; ce dernier type est rappelé presque partout quoique la coloration de la tête et le système du dessin
semblent être du *boschas*. La couleur du miroir indique qu'on a
affaire à un mâle ».

Deuxième examen : « Par sa grosseur, par son miroir surtout, par
son bec grand et allongé, par ses larges pieds couleur cuir de botte,
par la coloration des couvertures des ailes, par la disposition des
rémiges, par les petites plumes foncées du jeune âge du *boschas* qui
se montrent fréquemment, par les petites raies enfin du dessus
de la tête, des joues et du cou, la double origine que l'on suppose
à cet Oiseau semble s'accuser. En outre, par sa taille et ses proportions, ce spécimen peut être aussi considéré comme un intermédiaire
entre les deux espèces. Nous en conservons plusieurs dessins.

Faisons savoir qu'un de ses portraits, montré à M. J. H. Gurney,
nous a été retourné avec cette mention : « is only an *Anas boschas*. »
Au contraire, M. Ed. Hart, de Christchurch, qui a reçu lui-même
un autre croquis, l'a jugé un *penelope* « in change of plumage. »

(1) Mention de cet hybride est faite dans le « Bolletino del Naturalista, Colletore,
etc. 15 febraio 1894, p. 22 ».

Mais cette manière de voir ni la première, du reste, ne sauraient être admises. Le bec, quoique de couleur plomb, est bien plus fort que celui du *penelope*; les pattes sont aussi de dimensions beaucoup plus considérables que chez cette espèce et elles ont quelque peu la couleur du cuir. Sur le miroir, très foncé, on peut apercevoir quelquefois, (assez vaguement, il est vrai), des reflets violacés. Enfin, le dos, si ce n'est un effet du montage, est plus large que celui du *penelope* et, dans la couleur du poitrail, on semble pouvoir distinguer le dessin du *boschas*. — Cet Oiseau reste néanmoins presque entièrement *penelope*; il aurait été pris à l'état sauvage (1).

Nous ne connaissons point d'autres nouveaux exemplaires à signaler. Mais, grâce à l'extrême obligeance du même directeur, nous avons pu examiner l'*A. penelope* × *boschas* dont nous avions donné la description d'après M. Koller (2). Pour cet Oiseau, ♂ adulte, le doute n'est point possible; les caractères mixtes qu'il présente l'accusent nettement hybride. Sa taille est en effet intermédiaire entre celle du *boschas* et celle du *penelope*. Le bec et les pattes sont aussi intermédiaires; les doigts et les palmures sont cependant presque de la grandeur du *boschas*. C'est dans la coloration de la tête que s'aperçoivent principalement les caractères mélangés : les joues et les côtés du cou sont noisette, au-dessus on aperçoit le vert de l'*A. boschas*. Il existe bien sur la nuque de petites plumes rousses qui rappellent en quelque sorte les divisions de *crecca*; mais si le second parent appartenait réellement à cette espèce, les plumes vertes de la tête ne descendraient point sous l'œil et sur la joue, comme cela a lieu. L'iris (artificiel) est brun clair. La couleur du bec est plomb ; les pattes sont de couleur cuir brun. Le cou est très court; la tête relativement petite et très brillante (3). Le miroir a des reflets bleu marine; il est bordé de noir en haut, en bas, et sur les côtés extérieurs. Il n'existe pas au cou d'apparence du collier blanc de l'*A. boschas*. Le poitrail est mélangé de roussâtre, de violacé terne et de jaunâtre; les flancs montrent des zigzags prononcés comme chez le *penelope*. Tout le reste du corps est *penelope*. C'est à cette dernière espèce qu'il ressemble le plus par son plumage et sa coloration ; mais son origine *boschas* est suffisamment établie (4).

Notons en terminant qu'au Musée de Newcastle-on-Tyne (collec-

---

(1) D'après un renseignement qui nous est envoyé par le Dr Kerbert.
(2) Voy. pp. 134-139 ou pp. 146 et 149 des Mém.
(3) Nous conservons une peinture à l'huile représentant ce bel exemplaire de grandeur naturelle, plus une aquarelle le montrant dans de plus petites proportions.
(4) Nous ne pensons point que le vert de la tête soit imputable à l'*A. clypeata*, dont il ne rappelle aucunement le bec en spatule.

tion Handcock), on voit un hybride *A. boschas* × *A. penelope* vraisemblablement produit en captivité. C'est, pensons-nous, un de ceux que M. Handcock reçut d'Hornby par M. A. Savage (1). Nous l'avons fait peindre afin de nous rendre compte si les caractères qu'il présente sont ceux des individus tués ou pris à l'état sauvage. L'Oiseau diffère un peu de l'exemplaire ♂ ad. du Muséum d'Amsterdam ; il en diffère même par un caractère essentiel : le bec est jaune verdâtre comme le *boschas*, tandis que le bec du précédent est gris plomb; en outre, le vert couvre davantage la face et le cou; le poitrail paraît aussi beaucoup plus rouge brique vineux. Néanmoins les deux Oiseaux présentent assez d'analogies pour qu'on puisse les reporter au même croisement.

M. Richard House, le directeur actuel du Musée, nous fait remarquer que, pendant l'hiver, le Wigeon ♂ (ou *A. penelope*) visite très fréquemment les grands lacs des parcs et les étangs des environs de Newcastle où il séjourne même. Quelquefois ces Oiseaux sont capturés et enfermés, mais le plus souvent ils émigrent au Nord en avril. Comme beaucoup d'espèces de Canards sont ainsi conservées dans un état de semi-domestication, on est en droit de se demander, ajoute M. House, si quelques-uns des hybrides que l'on rencontre à l'état libre ne sont point les descendants de ces espèces. Cette réflexion est très juste; nous nous la sommes faite plusieurs fois.

Une autre remarque de M. Vian (2) est à noter : à l'instar de la Perdrix grise, le Canard sauvage accueille, paraît-il, dans sa nombreuse famille, les jeunes des espèces voisines privés de leur mère, ou du moins, d'après un fait à sa connaissance, les jeunes du Siffleur (*A. penelope*). Ce fait pourrait donner encore une explication de la naissance des nombreux hybrides parents à l'*A. boschas* et à l'*A. penelope*.

ANAS BOSCHAS et ANAS AMERICANA

L'*A. americana* n'étant sans doute qu'une variété de notre *A. penelope*, on pourrait à la rigueur ne point distinguer les hybrides qui proviennent de l'un ou l'autre type. Un seul exemple de croisement entre la variété américaine du *penelope* et le Canard sauvage paraît avoir été cité. C'est M. D. G. Elliot qui l'a signalé récemment dans

(1) Voy. Natural history Transactions of Northumberland and Durham, vol. VI, p. 133. A. *Catalogue of the Birds of Northumberland*, etc., par John Handcock.
(2) In Rev. et Mag. de Zoologie, p. 401.

l'Auk (1). L'Oiseau fut tué dans une petite bande de Mallards (*A. boschas*) sur les terres de l'île de Narrow, dans le Currituck Sound (Caroline du Nord), en janvier 1892. Cet Oiseau, dit M. Elliot, est environ de la taille d'un Canard ordinaire (Mallard) ; il est du sexe mâle. Le caractère qui tout d'abord attire l'attention est le bec qui est semblable, par sa forme (shape), à celui du Widgeon (*penelope*), mais un quart plus grand et de couleur bleu clair avec la pointe noire. Voici du reste comment cet auteur décrit ses différents caractères :

« The head and neck are brilliant emerald green like the Mallard,
» with dots on the lores and fore part of the cheeks, and a conspi-
» cuous buffy white line, the feathers tipped with black, broadest in
» its upper portion, and running from the ears down the neck.
» Front, and a line on top of the head, blackish, with rusty tips
» to the feathers on top of the head. Mantle and wings crossed with
» fine irregular lines of black and buff, this last hue becoming
» pale buff on the apical half of the tertiaries. Greater, median,
» and lesser coverts, pale brownish gray, with a narrow white bar,
» succeeded by a narrow black one the tips of the last row of the
» greater coverts. Secondaries pale gray, with half of the outer
» web black edged with white. A brilliant, metallic, emerald green
» speculum two innermost secondaries silvery gray without any
» black. Primaries blackish brown like the webs. The inner webs
» along the shafts are silvery gray. Back and rump brownish black,
» finely vermiculated with buff, on the rump a few black blotches,
» and feathers of lower part, extending over the tail, irregularly
» crossed with black and white.
» Breast dark chestnut with numerous black spots in the centre
» forming a narrow line from base of the neck, and widening out
» in a fan shape towards the lower part of breast, where the chest-
» nut color changes to a purplish shade and graduates into the
» buffy white of the lower parts. Feathers of flanks crossed irre-
» gulary with narrow black and white lines. Abdomen and vent
» whitish, indistinctly barred with fine blakish brown lines, and
» faintly blotched with buff. On each side of rump a conspicuous,
» large, white patch, some of the feathers faintly barred with black.
» Tail : median feathers velvety black, sharply graduate and
» extending beyond the other feathers about an inch. Lateral
» feathers grayish brown edged with white on outer webs and tips.

(1) N° d'avril 1892, p. 165. *Hybridism, and a Description of a hybrid between Anas boschas and Anas americana.*

» Upper tail-coverts velvety black, edged or inner webs with buff.
» Under tail-coverts velvety black. Legs and feet dark yellow. »
En comparant l'Oiseau ainsi décrit avec les espèces parentes,
M. Elliot fait ensuite les rapprochements suivants :

« Il rappelle le Widgeon par la forme et la couleur de son bec,
» par les marques de couleur buffle sur le côté de la tête, par la
» « vermiculation » des parties supérieures et la couleur du dos et
» de la croupe ; aussi par le coloris des secondaires, par la teinte
» pourprée de la poitrine (lower breast), par les couvertures supé-
» rieures de la queue dont la barbe intérieure a des taches couleur
» buffle, enfin la forme pointue et allongée de la queue. Au contraire,
» il ressemble au Mallard (A. boschas) par la teinte verte de la tête
» et du cou, par la couleur châtaigne de la poitrine, par les pro-
» portions de son corps (large size) et par la tendance qu'ont les
» plumes de la queue à se relever. Mais il ne ressemble à aucune
» des deux espèces dans la coloration des couvertures de l'aile, du
» miroir, des plumes des flancs, de la partie supérieure du corps,
» non plus par les jambes ni par les pieds. »

Ce spécimen est conservé dans l'American Museum of Natural
History, de New-York.

SPATULA CLYPEATA et DAFILA ACUTA ?

(Se reporter p. 139 ou p. 147 des Mém. de la Soc. Zool., 1891).

Nous avions signalé seulement deux produits de ce croisement,
l'un dans la collection de M. de Selys-Longchamps, l'autre dans la
collection de M. van Wickewoort-Crommelin. Nous n'avons point
d'autres captures à enregistrer et si, comme on le dit, l'Oiseau de
M. Crommelin (que nous n'avons pu voir) ressemble à celui que
possède M. de Selys-Longchamps, nous doutons fort de son authenticité.

En effet, M. de Selys-Longchamps ayant bien voulu nous adresser
en communication le Canard qu'il possède, il nous a été tout à fait
impossible de le référer au croisement des deux espèces ci-dessus
nommées. Mais cet Oiseau est vraiment étrange ; nous n'avons pu,
après avoir montré à différents ornithologistes l'aquarelle que nous
conservons, obtenir aucun éclaircissement à son sujet.

M. J. H. Gurney nous a retourné le dessin avec cette mention :
« The wing certainy looks like *Dafila acuta*, and the breast like

Anas boschas. If it was killed in Asia, one of its parents may possibily have been *Querquedula formosa* Georg. which however has a small beak ». M. J. B. Nichols, après avoir considéré attentivement le même dessin, dit que l'Oiseau « looks to him like *boschas* and *acuta* »! M. Vian le considère comme *Anas boschas* et .. (?) »; M. le b^{on} d'Hamonville comme « *A. crecca* et *A. acuta* ». — Rappelons qu'il y a une quarantaine d'années, le prince Carlo Bonaparte, étant venu visiter la collection de M. de Selys-Longchamps, avait cru reconnaître une espèce exotique, sans se souvenir du nom de cette espèce. A la suite de ce doute, émis par un ornithologiste si compétent, M. de Selys-Longchamps avait redoublé d'attention dans ses visites aux Musées étrangers et consulté les ouvrages ayant publié des Canards en planches; nulle part il ne rencontra un Oiseau semblable. Dernièrement encore, ayant été à Bruxelles, il revit soigneusement tous les Canards du Musée; mais il n'en trouva aucun pour aider à mieux résoudre la question. Maintes fois nous-même avons fait de semblables recherches, et toujours inutilement. Nous nous sommes cependant demandé si ce curieux produit ne devait pas sa naissance à la *Spatula clypeata* croisée de *Querquedula formosa.*

M. de Selys-Longchamps, auquel nous avons soumis notre manière de penser, la trouve très juste; les ailes de son Oiseau rappellent tout à fait *formosa*, bien mieux qu'elles ne rappellent les ailes de l'*acuta.*

Mais la *Querquedula formosa* ne se trouve que très accidentellement en Europe, quoique l'on conserve de nombreux représentants de cette espèce dans les Jardins d'acclimatation où elle a déjà produit des hybrides. Puis le blanc de la gorge rappelle aussi l'*Anas falcata*, mais non les ailes ni le reste du corps. Ce dernier type s'éloigne, du reste, beaucoup de l'hybride.

On voit qu'il est bien difficile de préciser au juste l'origine d'un tel Oiseau. Ajoutons encore que le dessin du poitrail rappelle étonnamment celui de la *Querquedula circia.*

Nous en avons fait la description suivante : « Taille entre *clypeata* et *Querquedula formosa*. Les scapulaires ont de fortes ressemblances avec ce dernier Oiseau, quoiqu'elles soient d'un ton plus clair et tachetées çà et là de petits points foncés. Le vertex et les deux bandes vertes, qui partent de l'œil et se prolongent jusqu'au bas du cou, rappellent aussi la *Q. formosa*. Les joues, à partir de la naissance des mandibules, sont blanc jaune, exactement de la couleur de *formosa*, quoique un peu plus clair. Mais on n'aperçoit, ni sous la gorge, ni sous l'œil, la raie de *formosa* (1). Le poitrail, brun roux violacé, est quelque peu strié, comme *circia* ; le ventre est blanc ; les flancs, bleutés et bordés de roux, sont remplis de fins zigzags. Les couvertures inférieures de la queue sont d'un noir brun ; les supérieures d'un noir vert. Les rectrices gris brun sont bordées de blanc, surtout les plus extérieures. Un triple miroir se montre sur l'aile ; la bande supérieure et transversale de ce miroir est noire bordée de blanc roux. Le fond du miroir est étroit et vert bronzé, bordé de noir longitudinalement près des flancs et largement de lilas pâle à la partie supérieure ; cela en long. Les couvertures de l'aile sont d'un gris de plomb ; chaque plume est bordée de couleur plus claire d'un brun gris souris. L'iris (artificiel) est noir. Le bec affecte la forme de la spatule, mais d'une manière très affaiblie ; sa couleur est noire (ou d'un bleu de plomb foncé). Les pattes et les pieds sont de couleur orange.

Il ne sera point inutile de faire savoir que la collection d'Ems, d'où cette pièce étrange provient, ne contenait que des Oiseaux d'Allemagne ; tout au plus y comptait-on trois ou quatre Oiseaux étrangers à cette contrée. Elle faisait l'ornement du Curhaus, l'établissement des bains. C'est sur la prière de M. de Selys-Longchamps qu'on avait consenti à lui céder, avec quelques autres pièces, le curieux échantillon que nous venons de décrire. M. de Selys-Longchamps n'a pu savoir d'une manière positive s'il avait été obtenu à l'état sauvage, quoiqu'on lui ait laissé penser qu'il avait été tué en Allemagne.

L'exemplaire ♂ de M. van Wickevoort Crommelin, pris dans la Hollande méridionale, le 10 Juillet 1877, puis retenu dans le Jardin zoologique de Rotterdam, a été décrit par M. le Dr Paul Leverkühn (2).

Voici la description que celui-ci en a faite : « Bec dans le genre de celui de l'*A. clypeata*, mais moins fort (*clypeata* mesure 2.7 larg., l'hybride 2.1). Tête comme celle de l'*A. clypeata*, avec des reflets verts ; le dessus de la tête d'un brun plus clair que chez cette dernière espèce. Le dessous du bec, de la gorge et des côtés du cou brun ; région des oreilles et nuque foncées. Poitrine marron vermiculé de noir. Le miroir qui, chez *acuta*, est vert changeant au roux vineux, se trouve ici d'un vert très décidé : même, quand sous une certaine lumière il paraît rouge, on y remarque toujours un reflet vert très apparent.

---

(1) Au moins adulte (nous ignorons si le jeune *formosa* en est privé).

(2) Voy. Journal für Ornithologie, 1890, N° 68, p. 212. « *Uber farblen variëtaten bei Vögel.* »

La ligne qui monte vers la tête (1) est blanche, mêlée de jaune pâle, surtout en s'approchant de la tête. Le bleu cendré de l'aile (propre à l'*A. clypeata*) ne se montre qu'au bord des plumes. Les parties supérieures, le dos, la queue et le croupion, sont comme chez l'hybride de M. de Sélys-Longchamps, c'est-à-dire comme chez la femelle ou le jeune de l'*A. clypeata*. Les pieds sont jaunâtres à membranes noires » (2).

M. le Dr Paul Leverkühn a omis de faire connaître la couleur des joues. Ce caractère est essentiel ; il est une des causes de notre embarras dans la détermination de l'exemplaire appartenant à M. de Selys-Longchamps. Le docteur dit le dessous du bec, de la gorge et des côtés du cou bruns ; l'hybride de M. de Selys-Longchamps est bien différent sous ce rapport, puisque chez lui ces mêmes parties sont blanches. Il nous paraît donc difficile d'établir un parallèle entre les deux Oiseaux.

DAFILA ACUTA et ANAS STREPEREA

(Se reporter p. 140 ou p. 148 des Mém. de la Soc. Zool., 1891).

Nous n'avons pu retrouver la pièce qui était, d'après M. Crommelin, conservée, en 1867, dans la collection ornithologique du pasteur Brown, à Rotterdam. Depuis la mort du pasteur, sa collection a été vendue aux enchères, par lots séparés, entre amateurs et curieux. Le vendeur est mort lui-même depuis longtemps ; les Oiseaux sont dispersés, démolis ; il ne reste plus de cette collection qu'un vague souvenir chez des vieillards (3). Le pasteur Brown, de l'Eglise écossaise, qui vit aujourd'hui à Rotterdam, possède seulement une collection de conchyliologie.

On nous permettra d'émettre quelques doutes sur l'origine que l'on a attribuée à l'Oiseau que nous avons fait chercher en vain. C'est le seul de ce genre dont nous ayons entendu parler et le croisement à l'état libre des deux espèces nous surprend. Cependant M. Nichols, d'Holmood (Dorking), nous a écrit, à une date récente, qu'il avait entendu parler lui-même d'un hybride de Gadwall et de Pintail, *A. streperea* × *A. acuta*, tué à l'état sauvage. Mais il ajoute qu'il

---

(1) Qui est blanche chez le *clypeata* et d'un brun jaunâtre chez l'*acuta*.

(2) La traduction en langue française de la description écrite en allemand par M. Paul Leverkühn nous a été adressée par le regretté M. van Wickewoort Crommelin.

(3) Nous devons ces renseignements à M. A. A. van Bemmelen.

ignore si cet hybride supposé, et qu'il n'a pas vu d'ailleurs, est bien identifié.

CAIRINA MOSCHATA et ANAS CLYPEATA

(Se reporter p. 141 ou p. 149 des Mém. de la Soc. Zool., 1891).

M. Oustalet nous a laissé examiner dans son laboratoire du Muséum le soi-disant hybride *moschata* et *clypeata* abattu dans le parc de Grigon par son feu ami, M. Dybowski. Certes, si cet Oiseau est un hybride, c'est bien un échappé de captivité ; sa provenance d'un Canard domestique n'est pas douteuse. Mais sa parenté avec le *clypeata* nous paraît fort suspecte ; nous avouons ne point l'avoir reconnue.

ANAS STREPEREA et ANAS CLYPEATA

(Se reporter p. 141 et p. 149 des Mém. de la Soc. Zool., 1891).

M. Wiepken avait bien voulu accompagner la description de son hybride d'une aquarelle que nous avons fait copier. Conservant des doutes sur la double origine de cet Oiseau, qui avait été du reste jugé par M. J. G. Gurney comme un simple « Drake skoweller in an unusual state of change about the neck », nous avons demandé à M. Wiepken de bien vouloir nous adresser l'original en communication.

Cette faveur nous a été refusée par cette raison « que les pièces d'histoire naturelle du Musée du Grand-Duc sont montées exceptionnellement, avec un art exquis, et conservées avec tant de précautions qu'on craint de les exposer à quelque avarie pendant un voyage ». Mais, afin de nous convaincre de l'hybridité du Canard qu'il nous avait signalé, M. Wiepken a fait dessiner le bec en regard d'un bec de *clypeata* pure race, et cela dans différentes positions ; d'où il ressort certainement que le bec de l'hybride supposé diffère très notablement du vrai *clypeata*. Cependant nous ne sommes point encore convaincu.

Nous reconnaissons toutefois que ce n'est point sur une simple aquarelle, faite assez sommairement (point exacte en tous points, paraît-il), que l'on peut formuler une opinion. M. Wiepken est convaincu de l'hybridité de sa pièce, cela nous suffit, et nous le remercions vivement d'avoir pris tant de soin pour nous faire valoir ses arguments, comme aussi de toute la peine qu'il s'est donnée en faisant dessiner à part, avec une rare perfection, le bec de son Oiseau.

ANAS BOSCHAS et ANAS CLYPEATA

(Se reporter p. 142 et p. 150 des Mém. de la Soc. Zool., 1891).

D'après le Zoologist (1), nous avions mentionné un hybride entre le Mallard (*A. boschas*) et le Shoveller (*A. clypeata*), pièce tuée, disions-nous, pendant l'année 1875, dans le Hants. M. G. B. Corbin, de Riwgood, citait cet hybride sous l'autorité de M. Mills.

Ce dernier nous informe que le spécimen fut tué par lui-même. Toutefois, si nous en croyons M. Hart, ce serait au mois de janvier 1862 que la pièce fut abattue ; cette pièce est, du reste, celle qu'il conserve dans son Musée. Le deuxième hybride, que nous avions annoncé (2), est à confondre avec la pièce de M. Hart.

M. Prévot a fait une aquarelle (grandeur naturelle) du sujet dont nous nous occupons ; ce sujet est intéressant, car la double origine qu'on lui suppose paraît assez bien établie. Nous nous demandons, toutefois, si cet Oiseau n'est pas un échappé de quelque basse-cour ; ses dimensions sont telles sur l'aquarelle qu'elles dépassent les dimensions ordinaires de l'*A. clypeata* et même celle de l'*A. boschas*.

En faveur de son parentage avec l'*A. clypeata*, on peut faire valoir : la mandibule supérieure du bec qui est très longue et très large ; (elle déborde visiblement sur la mandibule inférieure) ; l'absence du collier blanc (3), le ventre qui se colore de roussâtre, sauf vers l'anus ; le miroir qui est d'un beau vert, bordé au-dessus de blanc (4); l'absence de plumes relevées sur la queue.

Il paraît que l'Oiseau en chair était moins long qu'il ne l'est actuellement ; il mesurait 25 centimètres ; le montage lui en donne 26. M. Hart ajoute que la peinture que nous possédons donne trop de longueur entre la pointe du bec et les épaules. La tête elle-même et le cou seraient dans l'original du « bluish-green » de l'*A. clypeata* et les couvertures supérieures et inférieures de la queue lustrées avec du vert.

Un grand nombre de naturalistes qui ont vu ce spécimen le considèrent tous comme un hybride entre le *boschas* et la *clypeata*; pour M. Hart, sa provenance est bien indiquée.

(1) XIV, N° 157, p. 23, Janvier 1890.
(2) P. 143 ou p. 151 des Mém. (5ᵉ ligne).
(3) Au moins le collier n'est-il que faiblement indiqué.
(4) La barre noire est au-dessus du blanc et non en dessous, comme chez le *boschas*.

Le croisement du *boschas* et de la *Spatuta* à l'état libre nous laisse néanmoins quelques doutes. Les échantillons que nous avons cités portent des marques évidentes de leur captivité. En outre, M. von Madaraz ayant eu la bonté de nous faire l'envoi (1) du soi-disant hybride tué à Frif en janvier 1885 (2), nous n'avons vu dans ce spécimen qu'une variété d'*A. boschas*. Quoique tué au mois de janvier, il n'est point en couleur ; sa robe est d'un brun sale mélangé de jaune gris ; ce mélange forme, sur la poitrine, sur le cou et la tète notamment, de longues taches brunes d'aspect singulier. Une grande partie du cou (partie inférieure) est entièrement blanche, ainsi que les plus grandes pennes des ailes. Les jambes sont très fortes, plus épaisses que celles d'un *boschas* domestique, de couleur jaune brun ; (toutefois les pieds sont relativement petits). Ce qui peut faire songer à un croisement avec la *clypeata*, c'est la couleur vert sombre du miroir et la largeur du bec. Mais il faut remarquer : 1° que le miroir montre une tendance à un bord blanc, quoique peu visible, comme chez *boschas* (ceci n'arrive pas chez *clypeata*); 2° que le bec, quoique large, n'accuse point la forme de la spatule ; puis, surtout, qu'il est beaucoup plus court que chez *clypeata* et même que chez *boschas*, ce qui n'est point admissible si l'Oiseau provient d'un croisement entre les deux espèces. — Dans le cas, peu probable, d'un hybridisme, nous préférerions lui donner comme second parent l'*obscura* et non la *clypeata*, non point seulement à cause de la couleur foncée, mais aussi à cause du dessin des marques brunes de la tête et du cou, lesquelles marques sont effilées et longues.

Mais il paraît bien préférable de supposer une anomalie mêlée d'albinisme : anomalie par le peu de longueur du bec, l'absence de livrée des noces et la coloration du miroir ; albinisme par le blanc du cou et des rémiges, car celles-ci sont blanches aussi, ce qui indique encore des marques de domesticité. M. Ed. Hart, auquel nous avons adressé la peinture à l'huile que nous avons faite de cet échantillon y voit comme nous une variété et non un hybride. Ajoutons que le montage de cette pièce, qui est en mauvais état, est très défectueux.

Nous regrettons que M. le comte Otto Seringi n'ait pu nous procurer la pièce qu'il tua pendant le mois de septembre 1884 sur le lac de Pomagy. Après avoir tiré le Canard en question, il l'avait remis à son cousin, M. le baron dr Fischer qui, allant justement à Vienne,

(1) Sur la demande de M. le chevalier von Tschusi.
(2) Conservé aujourd'hui au Musée national hongrois.

l'avait porté chez le conservateur Nodch dans l'intention de l'offrir à l'archiduc Rodolphe, le prince héréditaire de la maison d'Autriche (1). Le bᵒⁿ Fischer est décédé le 2 juillet 1892, au lac Victoria Nyanza en Afrique, où il faisait partie d'une expédition ; en sorte que M. Otto Seringi n'a pu s'adresser à celui-ci pour obtenir des indications. M. Nodch, chez lequel l'Oiseau a été empaillé, ne sait s'il serait possible de le retrouver dans la collection du feu prince héréditaire, collection faisant maintenant partie des collections de Sa Majesté l'empereur d'Autriche.

Aucune nouvelle pièce n'est à enregistrer.

CAIRINA MOSCHATA × ANAS BOSCHAS

(Se reporter p. 146 ou p. 154 des Mémoires de la Soc. Zool., année 1891).

L'examen des nombreux exemplaires de ce croisement qui nous ont été gracieusement envoyés de différentes parties de l'Europe, comme l'étude des gravures coloriées qui rappellent les autres échantillons connus, nous ont prouvé que l'on avait affaire à des Oiseaux échappés de captivité, mais tués réellement à l'état sauvage en des contrées très diverses, puisque les uns ont été obtenus sur les lacs de la Suisse et la Lombardie, les autres sur des fleuves de Silésie, de Russie et de France, un autre enfin sur un étang de Belgique.

Un seul spécimen a vraiment l'allure, la forme et les caractères d'une espèce sauvage : c'est l'exemplaire qui est conservé au Musée de l'Ecole cantonale d'Aarau (Suisse). Par son plumage il ressemble à un de ceux qui sont conservés dans le Musée de Breslau dont les formes sont beaucoup plus lourdes.

Les envois que nous avons reçus se décomposent ainsi :

Musée Zoologique de Lausanne (Suisse), trois exemplaires. (Ce sont les individus tués sur le lac Léman, pièces déjà anciennes, datant du commencement de ce siècle) (2).

Musée Zoologique de Breslau, deux pièces : l'une tuée sur l'Oder,

---

(1) Mort depuis, on le sait.

(2) L'un à Hermance, en avril 1815, un autre sur un autre point du Lac en 1824. Ces deux Oiseaux volaient en compagnie de Canards sauvages ordinaires. M. le Dʳ Larquier des Bancels, qui nous a fait ces envois, ne possède point de données exactes sur l'époque et le lieu de la capture du troisième individu ; mais il est plus que probable, nous écrit-il, qu'il provient du lac Léman. Le docteur ignore malheureusement auquel des trois sujets s'appliquent les renseignements qu'il nous transmet.

en novembre 1836 (et non pas en 1863, comme nous l'avions indiqué par erreur); la seconde, tirée en 1878 par M. von Salisch à Kratzkaw, petite localité de la Silésie.

Collection de M. de Selys-Longchamps, une femelle tuée sur l'étang de Longchamps-sur-Geer.

Musée de l'Ecole cantonale d'Aarau, l'exemplaire ♂ du colonel Frey, cité par Schnitz.

Les descriptions que nous avons faites de ces divers Oiseaux sont les suivantes :

Musée de Lausanne. Un premier échantillon, étiqueté : Canard pourpré, *Anas purpureus* Schnitz. — De petite taille, c'est-à-dire intermédiaire entre les deux espèces supposées mères. La partie du cou descendant vers la poitrine et la poitrine d'un beau brun roux de brique s'éclaircissant vers le ventre. Les pattes et les pieds de fortes dimensions et de couleur orange. Le miroir vert brillant et très large, bordé en dessous de noir, lequel noir est liséré de blanc. Grandes rémiges brunes. Les plumes des flancs sont d'un brun gris roux cendré et bordées finement de blanc. Tout le ventre blanc est marqueté de traits gris brun formant le fer à cheval. Les taches du poitrail (au moins de la partie basse du poitrail) sont un peu comme les taches de l'hermine. Le dessus des ailes est foncé à reflets verts; le dos inférieur brun. Le dessus de la queue, et sans doute quelques rectrices médianes, foncés avec reflets verts, comme le dessus des ailes ; à l'anus quelques plumes roux rouge s'étendant et se mélangeant sous le dessous de la queue. Bec jaune, légèrement bordé de noir à son commencement. Iris (artificiel) jaune. Tête, joues et haut du cou violacé foncé ; pas de collier blanc. — Cet Oiseau est un bel intermédiaire entre les deux espèces, mais il est plutôt du côté de *boschas* que du côté de *moschata*. Il a été peint sur toile et de grandeur naturelle.

Un deuxième échantillon portant la même mention que le précédent. — De forte taille, et d'un aspect assez lourd. Tête, joues, et le cou en grande partie d'un brun violacé. Pieds assez forts et de couleur jaune. Flancs d'un brun gris foncé avec des zigzags grisâtres. Traces du collier blanc, interrompues de place en place sur le devant, très larges derrière le cou ; en sorte que ce collier, s'il était complet, ne pourrait former le collier régulier du *boschas*. Poitrail roux brique foncé non martelé, tacheté seulement dans la partie basse vers le ventre. Dessous de la queue brun gris, finement tacheté au début. Miroir vert brillant. Dessus du dos, de la queue et des ailes : brun à reflets vert brillant. Bec jaune corne, foncé sur la mandibule. Iris (artificiel) jaune. Couvertures des ailes brun clair.

L'Oiseau paraît être un produit domestique. Il a été peint à l'huile comme le précédent.

Un troisième échantillon est marqué d'albinisme en plusieurs endroits : au-dessus et en dessous du collier blanc, sur les flancs et sur les grandes rémiges extérieures ; en plus, une tache blanche se voit à l'épaule. Ces marques sont des indices certains de captivité. Le bec est jaune, couvert à son milieu d'une large tache brun foncé de forme irrégulière. Iris (artificiel) jaune ; pattes jaune orangé avec un peu de chrôme clair; pieds forts. Tout le devant du ventre avec taches brun gris en lunulles ou demi-cercles allongés qui se confondent peu à peu avec le fond de la couleur qui est blanche. Le poitrail, roux brique, se mêle avec les nuances desquelles il se rapproche. Dessus du dos, des ailes et de la croupe brun avec reflets verts ; miroir vert ; petites rémiges brunes ; dessus de la queue brun avec reflets verts ; dessous de la queue gris cendré, tout blanc vers l'anus. Tête et cou violacé pourpré ; couvertures des ailes brunes. — Cet individu est fort ; néanmoins il peut comme le précédent passer pour intermédiaire par ses dimensions entre les deux espèces. Nous avons peint cette pièce.

Musée de Breslau. Exemplaire de 1863. — Tient plus de la *moschata* que de l'*A. boschas*, tant par la coloration générale que par la taille qui n'atteint pas toutefois celle de la *Cairina*. La nuance de la tête et du cou produit l'effet que produit celle du Rackelhane, c'est-à-dire du vert noir violacé bronzé. Le bec est excessivement petit pour la longueur très considérable du corps; pas de huppe, ni de plaques verruqueuses sur les joues et autour de l'œil. Dessus du dos et scapulaires noir verdâtre (vert de Paon), très métallique, comme chez *Cairina*; miroir foncé. Couvertures des ailes brun avec reflets noirâtres, quelque peu bleuâtres ; par là, l'Oiseau s'éloigne du *boschas* et de la *Cairina*. Flancs avec zigzags blancs sur fond noir grisâtre, avançant et montant vers le poitrail. Cette partie et la gorge, brun de brique martelé, s'éclaircissent dans le milieu. Ventre et haut du ventre gris blanc mélangé avec du brun gris et se confondant avec les petites taches du poitrail, ce qui rappelle beaucoup le *boschas* en mue (été). Collier blanc ; bec foncé ; iris (artificiel) châtain. Sur le bord et vers le milieu de l'aile, un peu de gris blanchâtre se fondant dans le brun. Dessus de la tête comme le vert noir métallique du Paon, surtout lorsque l'on place l'Oiseau dans un certain jour. Pattes fortes de couleur jaune verdâtre.

Ce spécimen est un excellent intermédiaire entre les deux espèces. Nous n'oserions dire qu'il a une origine domestique, car il ne porte aucune trace d'albinisme ou des couleurs faisant songer à un Oiseau dégénéré ; toutefois, sa forme, (si elle est bien conservée), est un peu lourde.

Même Musée. Exemplaire obtenu en 1878. — Diffère tout à fait du précédent ; il est beaucoup plus *boschas* que *moschata.* Les grandes rémiges blanches indiquent qu'on a sans doute affaire à un Oiseau échappé de captivité. Sa taille est intermédiaire entre les deux espèces. Point de plaque nue et verruqueuse sur les joues ni autour de l'œil ; point de huppe. Tête à reflets noirs violacés, quoique d'une tonalité générale vert foncé. Bec couleur chair, bordé de noir tout autour. Collier blanc très visible et très accentué. Jabot (poitrail) martelé, du brun roux du *boschas* ; mais cette couleur descend plus ici qu'elle ne descend chez cette espèce, tout au moins elle peut servir de recouvrement à l'aile. Sous le ventre : quantité de petites marques noires, grisâtres, et pointillées. Flancs d'un noir gris, pointillés dans le haut ; zigzags plus bas. Grandes pennes extérieures blanches ; celles qui sont rapprochées du corps sont brunes. Miroir large et vert foncé, bordé d'un liséré blanc ; couvertures de l'aile noir brun et bordées d'un liséré blanc ; cette couleur n'existe pas aux rectrices externes de la queue, laquelle peut passer pour intermédiaire. Pattes orange rouge ; queue noir verdâtre ; dos brun et vert brillant ; mais sur le devant, plus de brun que chez l'exemplaire tué sur l'Oder. Iris (artificiel) olive. Ongles jaune clair. — Cette bête élégante, moins forte que la précédente, est sans doute un hybride du Canard ordinaire et du Canard musqué ; elle peut à la rigueur même passer pour intermédiaire entre les deux types, tant par la disposition de son plumage, que par sa couleur et sa taille ; mais elle est à peu près semblable à un hybride obtenu chez nous en captivité. Cette dernière pièce montée se trouve aujourd'hui au Musée d'Histoire naturelle de Rouen, dans la section agricole (1). Cependant, reconnaissons-le, notre Canard avait les pattes, les doigts et les palmes rosées avec du gris noir çà et là, tandis que l'individu du Musée de Breslau a les mêmes parties jaune foncé. Les deux becs, de couleur claire rosée, sont presque identiques.

Musée d'Aarau. — L'étiquette est ainsi libellée : « *Anas purpureo-viridis, boschas* L. × *moschata.* L. en 92 ». C'est très probablement le

---

(1) La section agricole est récente ; elle a été organisée avec beaucoup de science par le directeur du Musée, M. le Dr Pennetier.

spécimen du colonel Fray (1), quoiqu'on n'ait pu nous l'assurer, l'étiquette d'origine ayant disparu. C'est un très étrange spécimen, produisant un effet singulier ; il semble être de la catégorie de ces Oiseaux imaginaires que les peintres ou les poètes, amis du merveilleux, se permettent parfois d'inventer. Il est très élancé dans sa forme ; le cou est très long ; le corps, peu épais, se prolonge en affectant la forme d'un canot.

Par ses proportions, ce Canard rappelle celles de la *Cairina* ; néanmoins il n'atteint pas la taille de cet Oiseau. La partie du devant est d'un ton roux brique vineux, se blanchissant vers le milieu ; ce ton brique roux est martelé régulièrement de taches foncées en forme de croissants. Toute la tête, d'un ton violet foncé, est couverte d'une crête bien prononcée (laquelle crête se prolonge sur le cou). L'iris (artificiel) est jaune ; le bec jaune orange. La mandibule supérieure est, à sa naissance, bordée de noir ; l'onglet est noir. Le dessus du dos reflète, en chatoyant, les tons verts quelque peu violacés du miroir ; mais sa teinte générale, comme celle des couvertures des ailes, est le brun terne. Les rémiges sont brunes avec des reflets violacés, au moins à leur partie terminale, notamment les rémiges les plus rapprochées du dos. Les couvertures de la queue, ainsi que les rectrices médianes, sont de même teinte, quoique plus foncées et avec des reflets verdâtres. Rectrices extérieures brunes et bordées de teinte plus claire. Flancs et côtés avec zigzags d'un beau brun gris, tachetés finement de petits points plus clairs. Ventre gris violacé brunâtre, très clair et martelé, piqueté de gris. Pattes jaune orange cuir. Pas de trace de peau verruqueuse à la région de l'œil. A la place du collier (du côté gauche ?) (2) se voient deux petites plumes blanches.

Cet Oiseau, peint à l'huile par M. Charpentier, a bien l'aspect d'une pièce sauvage ; sans doute, le montage a rendu ses formes trop élancées. Malgré l'absence de peau verruqueuse à la tête, ce spécimen se montre comme un intermédiaire entre les deux espèces.

Collection de M. le baron Ed. de Selys-Longchamps. Exemplaire ♀ tué par M. de Selys-Longchamps sur les étangs de Longchamps. — L'Oiseau n'est guère plus gros qu'un Canard ordinaire de basse-cour ; le bec est profondément orangé, ainsi que les pattes. Il existe une tonalité générale et certains reflets pourprés et verts sur les parties supérieures ; ces reflets paraissent bien indiquer

(1) Autant que nous pouvons nous le rappeler.
(2) Déjà cité p. 147 et p. 155 des Mém.

l'origine *moschata* ; l'Oiseau présente en outre un miroir gris vert foncé (1).

En dehors de ces pièces montées, qui nous ont été gracieusement adressées, nous avons examiné au

Musée de M. Noury, à Elbeuf, un hybride que ce naturaliste a tué lui-même sur la Seine, il y a quinze ans environ, en face de Freneuse, (autant qu'il peut se rappeler). L'Oiseau, nous dit le sympathique directeur (2), volait à la manière des Canards sauvages et se trouvait avec des *boschas*. Bec jaune orange, pattes du même ton ; poitrail roux brique ; tête violacée ; taille intermédiaire entre les deux espèces, plutôt du côté de la *moschata*.

Il est remarquable qu'aucun de ces sept exemplaires mâles n'ait de peau nue et verruqueuse sur les joues, à la manière de la *Cairina* ; notre hybride ♂, né en domesticité, n'en montre pas davantage et nous n'en apercevons aucune trace sur l'Oiseau du Dr G. Radde, représenté dans son « *Ornis caucasica.* » Empressons-nous de constater que ce dernier Oiseau, dont nous ne parlerons pas, indique encore, par ses rectrices blanches et le grand espace blanc autour du cou, un Canard né en domesticité.

Nous avions demandé à M. van Beneden le sujet qu'il fit examiner à Louvain par M. de Selys-Longchamps ; M. van Beneden espérait le trouver dans l'Université de cette ville. Ses espérances ont été trompées ; après avoir parcouru, nous écrit-il, les collections, l'hybride ne s'y est point rencontré (3).

CAIRINA MOSCHATA et ANAS BOSCHAS (OU ANAS OBSCURA ?)

Le « Forest and Stream » de New-York (4) paraît avoir mentionné des captures du genre de celles dont on vient de parler. Cependant nous ne sommes point assuré qu'il soit réellement question ici d'hybrides de la *moschata* avec le *boschas* ; il s'agit peut-être de produits

---

(1) Nous ne pouvons le décrire plus longuement, car nous n'avons point de femelle *moschata* pure espèce pour l'examiner.

(2) Nous apprenons, au moment où ce livre s'imprime, la mort de ce naturaliste éminent, notre ami.

(3) D'après une communication que veut bien nous faire très obligeamment M. le chevalier Victor von Tschuzi zu Schmidoffen, il existerait au Musée de Laibach un hybride d'*Anas moschata* et d'*Anas boschas* (?). Le chevalier ne nous dit point si cet Oiseau (sur l'origine duquel on ne paraît point absolument fixé, comme en témoigne le point d'interrogation placé après le nom de la deuxième espèce), a été sûrement recueilli à l'état sauvage.

(4) Vol. I, pp. 342, 374 ; vol. III, pp. 338 et 339.

de la *moschata* avec l'*obscura* qui furent même tout d'abord, on va le voir, déterminés comme hybrides de Canards et d'Oies.

Pendant les années 1870, 1871 et 1872 plusieurs Canards « étranges » furent aperçus sur les bords de l'Atlantique à la suite d'une longue tempête nord-est qui fut désastreuse pour ces côtes. Deux d'entre eux furent tués près du Black-bird sur le Delaware, un autre près de Syracuse (New-York) ; on parlait à la même époque d'un quatrième qui se trouvait dans cette ville.

M. J. H. Batty, ayant comparé leurs descriptions avec celles d'autres hybrides, les supposa provenir de l'*A. boschas* ♂ et de la femelle de la White fronted ou de la Snow Geese. « Le plumage de ces Canards est lourd et compact, disait-il, ressemblant à celui de ces Oies. L'un d'eux a des marques blanches à la base du bec, marques qui sont particulières à l'*Anser gambeli*; l'autre a les primaires blanches, ce qui est une marque de l'*Anser hyperboreus* (1). Mais M. Perdix contredit bientôt l'opinion de M. Batty (2) et cita, en faveur de sa manière de voir, cinq spécimens hybrides du même genre conservés dans la collection de l'Académie des Sciences naturelles de Philadelphie (Cat. N° 398), dont deux ressemblent beaucoup à ceux tués au Black-bird et les trois autres, plus petits, ont les primaires blanches ainsi que beaucoup d'autres plumes de ce ton. Ces Canards, remarquait-on, sont bien connus des chasseurs des New-Madrid Swamps (Mo.) et du Reel Foot Lake (Tenn.), qui les appellent « Black Mallards ; » mais on n'aurait jamais tué de femelles (3).

Qu'il soit ici question des produits de la *C. moschata* avec l'*A. boschas*, ou plutôt de la *C. moschata* avec l'*A. obscura* (ce que nous croyons plus probable, car, d'après une communication de M. Witner Stones, conservateur de l'Ornithological section du Musée de Philadelphie, on conserve dans ce Musée des hybrides de ce dernier croisement, sans doute ceux auxquels M. Batty a fait allusion), on ne peut voir dans ces produits que des échappés de captivité. La preuve en est dans leur description. On s'est, en effet, vite aperçu que M. Batty décrit l'un d'eux avec les primaires d'un blanc pur, un autre avec ces mêmes plumes de couleur ardoise foncé, que deux individus du Musée de Philadelphie ressemblent beaucoup à ces derniers, tandis que trois plus petits ont non-seulement les primaires blanches, mais encore beaucoup de blanc sur tout le plumage.

(1) Forest and Stream, vol. 1, p. 342, 1873?
(2) Même journal, p. 374.
(3) Le Musée de Washington recevrait aussi de ces produits.

Et du reste l'affirmation de l'origine domestique des hybrides de la *moschata* avec le *boschas* se trouve en quelque sorte dans un passage des livres d'Audubon. Le célèbre ornithologiste fait savoir (1) que les habitants du Mississipi attrapent des Mallards encore jeunes, les apprivoisent, les croisent avec le Canard musqué, puis que leurs hybrides, d'une forte taille, s'échappent quelquefois et deviennent tout-à-fait sauvages, ce qui les a fait considérer comme espèces distinctes par plusieurs personnes (2). Un correspondant du « Forest and Stream » (3) dit aussi qu'on l'a informé que de tels hybrides sont bien connus dans les cours des fermes, et que *les nouvelles couvées sont très aptes à prendre leur vol et à partir avec le parent sauvage* (4).

Nous ne croyons point ces Oiseaux fertiles, comme on l'a dit une seule fois (5) ; nos spécimens, nés et conservés en domesticité, nous ont démontré le contraire, ainsi que maints autres exemplaires recueillis un peu partout.

ANAS PENELOPE et ANAS STREPERA

M. Thom S. Esty, de Nicasio (Californie), a fait connaître un fait fort intéressant. Pendant douze années de chasses fréquentes dans cette vaste contrée où il n'obtint aucun hybride, il aperçut une fois une femelle Widgeon accompagnée de sept jeunes qui paraissaient être croisés de « Gadwall » (*A. strepera*). Détail piquant, cette femelle avait été estropiée à l'aile et n'avait pu se rendre vers le Nord avec les Canards de son espèce.

Voilà un fait qui confirme l'opinion émise au commencement de notre travail : à savoir que des hybrides chez les *Anatidæ* doivent

(1) *Ornithological biography*, Edimbourg, 1835, 5 vol. grand in-8°, p. 164, ou *Birds of North American*. Ottava. Ce dernier ouvrage est cité in « Forest and Stream, » (I, p., 374) ; nous ne l'avons point consulté.

(2) M. John G. Bell les a appelés « *Fuligula violacea* » et M. Groos a nommé celui qui fut pris dans la Jamaïque « *Anas maxima.* » Audubon dit à ce sujet que la *moschata* et le black Duck « produce offspring of enormous size, which have been caled *Anas maxima.*» (Voy. in Auk, 1892, April, Elliot : *On hybridism.* p.115). Unhybride similaire est décrit dans « *Nuttal ornithological Club*, 1834. *Oiseaux d'eau*, p. 883. Ces croisements sont ainsi rappelés par M. D. G. Elliot dans the Auk (N° d'avril 1894, p. 165. Voy.: *Hybridism and a Description of a hybrid between Anas boschas and Anas america*).

(3) La communication est datée de Washington, janvier, 28, 1874.

(4) Qui paraît être tantôt le *boschas*, tantôt la *cairina*.

(5) *Forest and Stream*, vol. V.

leur naissance à des individus qui ne jouissent pas complètement de leur liberté (1).

MARECA PENELOPE × QUERQUEDULA CIRCIA

Si des revues ornithologiques n'avaient point mentionné l'hybride de ces deux espèces, nous l'aurions passé sous silence, car, depuis les citations qui ont été faites à son sujet, on a reconnu qu'il n'était autre qu'une simple femelle *penelope*.

L'Oiseau ♀ avait été tiré dans un fossé des salines de M. Paolo Damiani, le 29 octobre 1892, à Porto Ferrari (2). L'auteur de l'article de la « Revista italiana », dans laquelle l'Oiseau est cité pour la première fois (3), n'ayant pu l'identifier à une espèce connue, l'avait adressé au « *Museo dei vertebatri* de Florence, où on l'avait inscrit comme *Mareca penelope × Querquedula circia* ».

M. le commandeur Gigliogli a eu l'obligeance de nous adresser cette pièce en communication. La dénomination qu'elle porte ne nous a point paru justifiée. Sa très petite taille fait, il est vrai, songer immédiatement à un croisement de *circia* avec *penelope*; mais si on étudie avec attention le dessin et la coloration du plumage, on n'aperçoit *nulle part* un rappel du dessin du plumage de la Sarcelle d'été. La forme et la couleur foncée du bec, la coloration des pieds, le miroir sont aussi du *penelope*.

La finesse du contour du corps, la petite taille de l'Oiseau sont les seuls caractères que l'on peut alléguer en faveur d'une double origine. Il serait vraiment extraordinaire, (si on avait affaire à un véritable métis), qu'aucune trace de mélange d'une des deux espèces, la *circia*, ne s'aperçut sur son plumage. Du reste, M. Gigliogli, ayant examiné tout dernièrement cette pièce, veut bien nous faire savoir qu'il ne la considère plus que comme une jeune femelle de la *Mareca penelope*.

(1) *Anas penelope × Anas formosa*. M. van Kempen a eu l'obligeance de nous adresser en communication un bel échantillon paraissant provenir du croisement de ces deux espèces. Malheureusement le savant collectionneur n'a pu nous dire si l'Oiseau avait été obtenu à l'état sauvage. Cette pièce provient plus vraisemblablement d'un croisement obtenu en captivité. Nous n'avons point à la décrire ici, puisque son origine est inconnue. Ce Canard a du reste été cité par M. van Kempen (Mém. Soc. Zool. de France, 1890) « *Oiseaux hybrides de ma collection.* » Nous en conservons une bonne peinture sur toile.

(2) Ile d'Elbe.

(3) « *Revista italiana di scienzi naturali*, » Sienna, 15 marzo 1894, N° 3, p. 37.

QUERQUEDULA CIRCIA × QUERQUEDULA CRECCA

M. Walter Rothschild conserve dans son Musée de Tring une
Sarcelle tuée à l'état sauvage, en·Hollande, vers 1881. Cet Oiseau
fut envoyé directement par le chasseur à M. Philippe Castang, du
Leadenhall Market. Elle ne paraît avoir été mentionnée dans aucun
livre et serait, d'après M. Ernest Hartert, un croisement de la
Querquedula circia et de la *Querquedula crecca*.

Nous n'avons point vu cet Oiseau, mais nous l'avons fait peindre
de grandeur naturelle. Si c'est réellement un hybride des deux
espèces, comme le croit M. Hartert, il faut reconnaître que la *circia*
est à peine rappelée. M. J. H. Gurney ne voit même aucun signe
qui puisse la faire soupçonner ; cependant, MM. Vian et le Baron
d'Hamonville semblent être de l'avis de M. Hartert.

La seule marque à mes yeux qui distingue cet Oiseau de la
Q. crecca ordinaire, c'est la pâleur des joues, d'un grisâtre à peine
chamois, tandis que les mêmes parties sont foncées chez la Sarcelle
d'hiver. Mais on peut se trouver en présence d'une décoloration
partielle, affectant une vieille femelle revêtant la livrée du mâle,
ou bien encore un jeune en retard sur les individus de son âge.

Nous regrettons vivement que cette pièce n'ait pu nous être
communiquée ; nous remercions néanmoins M. Rothschild d'avoir
bien voulu nous autoriser à la faire peindre.

ANAS DISCORS (1) et SPATUTA CLYPEATA

Cet hybride, dont aucune mention n'aurait encore été faite, nous
a été indiqué par M. Manly Hardy, de Brewer, Maine (Etats-Unis).
Celui-ci a vu l'Oiseau chez un gentleman de Dewer (Colorado),
M. C. A. Cooper. La pièce en question fut prise et montée par
M. Wm H. Smith, de Leveland ; elle ressemble par sa couleur aux
deux espèces qui sont bien différentes, mais elle a le bec de la
Spatula. M. Manly Hardy espère pouvoir acquérir ce nouvel hybride.

ANAS DISCORS et ANAS CYANOPTERA (2)

Grâce encore à l'obligeance de M. Hardy, nous pouvons enre-

(1) C'est la Blue-Winged Teal qui porte les autres noms scientifiques suivants :
Querquedula americana et *virigiana*, *Cyanopterus discors*, *Pterocyanea
discors*.
(2) C'est la Cinnamon Teal.

gistrer ce croisement qui ne paraît point avoir été décrit et
que M. Hardy a obtenu du même M. Smith. La description nous
est adressée ainsi : « Poitrine à peu près semblable à celle de la
cyanoptera; queue d'un brun très blanchâtre aux bouts ; haut de
la tête brun foncé ; une raie devant chaque œil et une autre sur le
côté du bec : cette raie est, à sa base, blanche, tandis qu'elle est
de couleur cannelle lorsqu'elle rejoint la raie de la gorge. Une
tache brun foncé se voit à la base de la mandibule inférieure. Une
raie qui part de l'œil, presque à côté du cou, et atteint une longueur
de trois pouces, est de couleur gris bleuâtre ; entre cette raie et la
raie cannelle de la gorge, le brun est dominant.

Le plumage des deux types purs est tellement mélangé, nous dit
M. Manly Hardy, qu'il est bien difficile de décrire leur produit
qui possède du vert sur les secondaires, comme dans l'*A. cyanoptera.*

Nous ne connaissons point les deux espèces ; chez les deux
l'épaulement est bleu. Nous les supposons très rapprochées, quoique
distinctes, d'après les renseignements que nous communique
M. Oustalet (1).

ANAS STREPERA et ANAS AMERICANA

Voici encore un nouveau croisement à enregistrer. M. Manly
Hardy nous en a adressé la photographie avec la description suivante : « Sexe mâle; plaque rousse ou brun rougeâtre sur le sommet
de la tête ; le front et toute la gorge finement bigarrés de taches
sombres d'un beau brun rougeâtre. Les côtés de la tête foncés avec
des points blancs ; le derrière du cou vert. Le dos finement bigarré,
vermiculé légèrement de brun sombre. La poitrine brun rougeâtre
avec des taches noires en forme de croissant. Les parties inférieures, blanches avec lavis jaune. Le dessous de l'anus noir ; la
queue presque carrée au bout et d'une couleur cendré clair en
dessous, plus foncée au dessus. L'aile est un mélange entre l'aile
de *A. strepera* et celle de *A. americana.*

Ce curieux spécimen se trouvait comme les deux précédents chez
M. W. H. Smith, de Leveland (Colorado).

M. Manly Hardy aurait entendu parler, croyons-nous, d'une
autre pièce semblable à ce spécimen, pièce prise à l'état sauvage
par M. Smith ?

(1) Depuis les renseignements que nous a envoyés faite M. Hardy, le Shooting
and Fishing rappelle très sommairement cet hybride et le précédent. M. Manly
Hardy les a fait photographier pour nous.

L'*Anas americana* (American Wigeon) est une Marèque très voisine, on le sait, de la *Mareca penelope*, sans doute une simple variété. Le croisement que nous citons pourrait donc être, à la rigueur, rapporté à celui de l'*Anas penelope* et de l'*Anas strepera*, cité plus haut.

HYMEOLAEMUS MALACORHYNCHUS et ANAS SUPERCILIOSA ?

(ou ce dernier avec l'ANAS BOSCHAS *dom.*)

C'est sous réserves que nous faisons mention de ce croisement. M. R. I. Kingsly le signale dans une publication (2) que nous n'avons point entre les mains. M. le Dr Reichenow, qui a reproduit la note de M. Kingsly (3), nous fait savoir que celui-ci hésite entre un croisement d'*Hymeolaemus malacorhynchus* × *A. superciliosa* ou entre un croisement du Canard domestique avec le dernier. « This bird, dit, en effet, l'ornithologiste, is either a cross between the Grey duck (*Anas superciliosa*) and the Blue moutain duck (*Hym. malacorhynchus*), or between our domestic Duck and the former. » Voici la description qu'il en fait : « The head is that of the Green duck (*Anas superciliosa*) atlhough the markings are somewhat indeterminate. The general plumage of the body is a pale slaty-grey, the feathers of the upper parts, however, having pale-brown margins. The wing-feathers and scapulars are of lighter colour, being a uniform Frenchgrey with dark shaft-lines, but without the dark margins. The median wing-coverts are dull velvety-black, changing to grey, and broadly tipped with white. There is a narrow speculum down the centre, one of the coverts having an exterior border of metallic green. The smaller wing-coverts display a conspicuous band of white, forming an upper alar bar. The upper tail coverts are margined with dusky-brown, and the tail-feathers, but very narroly, with a clearer brown. The whole of the lower fore neck and the crop have a chestnut-brown hul, each feather, however, being warmly edged with light-grey, which character is more pronounced on the sides of the body and flanks, where the feathers have their webs freckled and vermiculated with grey. The under tail-coverts are darker, and have dull chestnut-brown margins. The bill is

---

(1) Trans. New Zealand Inst., 1892, XXV, Wellington, 1893, pp. 1-3.
(2) In Ornithologische Monatsbericht, N° 6, juin 1894, p. 101 : « Beschreibung einer Ente, welche vermutlich ein Bestard Zwischen *A. superciliosa* und *Hym. malacorhynchus* oder Zwischen der Hausente und der ersteren ist. »

blackish-brown, the upper mandible with a black nail and the lower largely marked on its central portions with yellow. »
L'Oiseau ainsi décrit a été tué à l'Happy Valley, près de Nelson.

ANAS PŒCILORHYNCHA et ANAS BOSCHAS

Le peintre Keulemans nous dit avoir découvert dans la collection du British Museum un beau métis « *Anas pœcilorhyncus* et *Anas boschas* », qui lui paraît très parfait, et qu'il pense avoir été tué à l'état sauvage. Il n'y a toutefois aucune indication faisant connaître son origine ; tout au moins l'écriture au crayon qui est placée sur le socle ne peut être lue facilement.

Nous avons demandé au docteur Radde, de Tiflis, si de tels hybrides lui étaient connus (1) ; il nous a répondu par la négative. Le spécimen que M. Keulemans veut bien nous signaler nous laisse donc quelques doutes sur la parenté qu'on lui suppose.

Genre Fuligula

FULIGULA FERINA et FULIGULA NYROCA

(Se reporter p. 152 ou p. 160 des Mém. de la Soc. Zool. 1891).

C'est d'abord par des corrections que nous commencerons cet article. Dans la récapitulation plus ou moins complète des hybrides *ferina* × *nyroca* observés jusqu'à ce jour, nous nommions : 1° dans la collection de M. J. H. Gurney un exemplaire capturé en Angleterre ; 2° dans celle de feu M. Doubleday un deuxième, également tué ou pris en Angleterre ; 3° dans le Musée du feu comte Derby à Liverpool un troisième exemplaire, même provenance ; nous ajoutons que ces trois Oiseaux avaient fait le sujet de la communication adressée par M. Bartlett à la Soc. zool. de Londres (2). M. J. H. Gurney nous fait savoir qu'il possède réellement deux pièces, lesquelles furent tuées à Norfolk, l'une à Rollesby, en février 1845, l'autre à Waxham dans le même mois de l'année 1859. Ces deux Oiseaux ont leur mention dans Yarrell (3) et l'un d'eux a été représenté par Stevenson dans les *Birds of Norfolk* (4). M. Gurney, qui a

---

(1) Le dr Radde a étudié les Oiseaux du Caucase auxquels appartient l'espèce *pœcilorhyncha*.
(2) En 1847. Voy. les Proceedings de cette année, p. 48.
(3) *British Birds*, vol. IV, 1885.
(4) Vol. III, p. 208.

assisté à la vente de la collection de feu M. Doubleday ne se rappelle aucunement y avoir vu un hybridé de ce genre ; M. Richard Paden, le nouveau curator du Derby Museum, n'a point lui-même connaissance d'un semblable hybride dans son Musée. Nous supposons donc que le troisième spécimen qui a fait l'objet de la communication de M. Bartlett est celui qui est cité par Yarrell (1) et qui appartenait autrefois à M. Bond. C'est peut-être le même Oiseau qui fut vendu au Covent Garden en 1890 (Coll. Withaker) et qui figurait sur le catalogue de cette collection sous le n° 132 (2).

Ensuite nous indiquions au British Museum un ou plusieurs exemplaires. M. le Dr Günther, en nous adressant avec beaucoup d'obligeance la liste des hybrides conservés dans ce Musée, a passé de tels Oiseaux sous silence ; en sorte que nous nous doutons fort de leur présence dans le Musée britannique (3).

M. de Selys-Longchamps nous a appris que le jeune mâle obtenu près de Liège au mois d'avril 1832 (4), et dont nous ignorions la destination (5), est conservé dans sa collection.

En ce qui concerne le jeune mâle pris vivant en 1870 dans une canardière de la Hollande (6), c'est le même, nous dit M. van Wickevoort Crommelin, que celui que nous avons annoncé à la même page (7) comme figurant dans sa collection.

Il y a donc lieu de distraire une pièce du nombre de celles qui avaient été signalées. On peut toutefois supposer que l'individu vendu par M. Whitaker n'est pas le même que celui de la collection Bond, (cité par Yarrell).

Quant aux quatre exemplaires dont a parlé le Dr Jambert, toutes indications nous manquent à leur sujet; sont-ils autres que ceux dont on vient de parler, nous l'ignorons.

Mais nous avons à faire mention de plusieurs nouvelles captures.

Le 1er février 1892, vers midi, par une journée froide d'hiver, quoique bien ensoleillée, M. le comte degli Oddi, le père du docteur de ce nom, tirait sur le lac de la Comtesse, dans la vallée Zappa,

---

(1) British Birds, 4ᵉ édit., p. 415.
(2) Voy. p. 156 ou p. 164 des Mém. de la Soc. Zool. 1891 (4ᵉ ligne).
(3) M. Keulmans a cependant dessiné pour nous une *Fuligula intermedia* dont la mention sera faite plus loin, (à l'article *F. cristata* et *F. ferina*), parce que l'Oiseau a été étiqueté comme tel (à tort ou à raison).
(4) Voy. Bull. acad. des Sc. de Bruxelles, 1856. *Additions à la Récapitulation des hybrides observés dans la famille des Anatidœ*, N° 42.
(5) Voy. p. 156 ou p. 164 des Mém. (10ᵉ ligne).
(6) Cité p. 156 ou p. 164 des Mémoires (9ᵉ ligne).
(7) Quelques lignes plus haut.

district de Dolo (province de Venise), une de ces Fuligules intermédiaires (1).

M. van Kempen nous a communiqué un autre sujet empaillé qu'il
possède et qu'il pense (sans cependant en avoir la certitude) avoir
été obtenu à l'état sauvage.

Nous avons encore à nommer un exemplaire conservé au « Public
Museum and Picture Gallery » de Brighton et qui, d'après le Catalogue du Musée (2), a été tué sur le Hickling Broad east of Nofolk »
en novembre 1871 (3).

Beaucoup des spécimens que nous avions cités dans notre première publication nous ont été envoyés. L'envoi le plus intéressant
est certes celui que nous a fait M. van Bemmelen de onze hybrides
conservés dans les collections du Jardin zoologique de Rotterdam
dont huit ont été obtenus en réclusion. Ce matériel nous a permis
d'établir des comparaisons entre les espèces tuées à l'état sauvage
et les Oiseaux nés en captivité, comparaisons toujours fort utiles.

Le Musée de Genève a consenti à nous adresser l'exemplaire
acheté sur le marché de Montpellier. M. le comte Arrigoni degli
Oddi s'est montré aussi gracieux à notre égard en nous faisant
parvenir l'exemplaire tué dans la vallée Zappa.

Nous avons encore reçu les deux Paget's Pochards appartenant
à M. Gurney et le sujet de la collection de M. de Selys-Longchamps.

En outre, afin de bien connaître les divers sujets qui représentent
le croisement des deux espèces *ferina* et *nycora*, nous avons fait
peindre au Musée de M. Ed. Hart l'une des deux Fuligules que
celui-ci possède, et au Public Museum (Royal Pavillon) de Brighton,
l'échantillon que l'on conserve dans cette collection. Enfin, M. Olphe
Gaillard avait bien voulu photographier pour nous, quelque temps
avant sa mort, le spécimen qui lui appartenait, c'est-à-dire l'Oiseau
célèbre qui fut montré à la réunion des ornithologistes allemands
réunis à Halberstadt (4).

C'est ainsi que nous avons pu étudier, avec un nombreux matériel,
les Oiseaux qui ont reçu le nom de « Paget's Pochard », de *Fuligula*
homeyeri et de *F. intermedia*.

(1) Voy. *Note ornithologique* du Dr Ettore Arrigoni degli Oddi. Atti della Società
Italiana di Scienze naturale, 1892.

(2) P. 102 (20 ligne notice).

(3) Cet Oiseau est figuré dans « *Rougle Notes* », in-f°. (Ce renseignement nous
est communiqué par M. J. H. Gurney).

(4) M. le Dr Raphaël Blanchard en a lui-même pris une photographie à notre
intention depuis que cet Oiseau a été transporté au Musée de Gap.

Les observations que nous avons faites à leur sujet sont les suivantes :

Musée de Genève. — ♂ adulte, paraît réellement hybride : 1° parce que sa tête et sa poitrine sont roux vif comme chez *nyroca*, tandis que le collier noir propre à cette espèce est absent; 2° parce que l'iris est orangé ; 3° parce que la couleur du dos et des ailes (sur lesquelles apparaît le miroir blanc de *nyroca*) est un exact mélange des teintes des deux espèces, ainsi sont les flancs sur toute leur longueur ; 4° parce que le dessus de la queue n'est pas blanc comme chez *nyroca*, mais gris roux; 5° parce que le ventre (partie de l'anus) est comme chez *ferina*; 6° parce que les pattes sont grandes comme chez cette dernière espèce ; 7° parce que le bec est intermédiaire entre les deux types, etc., etc. On pourrait faire valoir d'autres raisons.

Il paraît donc ressortir des traits que nous indiquons que l'Oiseau porte des marques propres aux deux espèces et que souvent les caractères distincts des parents se mélangent chez lui dans un harmonieux ensemble. Plus on examine cette pièce, plus on y trouve des indices de sa double origine. — Nous croyons donc que c'est avec raison qu'elle a été étiquetée : « Hybride de Canard milouin et de *nyroca*. »

Collection de M. J. H. Gurney. — Les deux Oiseaux sont renfermés dans une boîte vitrée. On lit sur le derrière de cette boîte : « Young ♂ Paget's Pochard shot on Rollesby Broad, feb, 27, 1845, and Old ♂ do shot at Little Wageham fev. 24, 1859. Figured Zoologist ; since supposed to be hybrids between the Pochard and *nyroca* ducks » (1). Ces deux Oiseaux ressemblent étonnamment à l'exemplaire du Musée de Genève; la couleur du dessus et du dessous des ailes qui est d'un gris cendré brunâtre chez ce dernier est la même chez eux ; ils sont cependant un peu plus minces de corps, plus élancés, moins lourds; puis leur bec est plus fort et l'iris est jaune serin clair au lieu d'être orangé foncé comme chez le précédent. Mais cette coloration est tout artificielle et peut ne point être exacte.

L'un et l'autre ont la bande blanche de l'aile qui forme le miroir chez *nyroca*, cependant cette bande est plus étendue que chez l'exemplaire de Genève. Les flancs sont grisâtres avec des zigzags comme chez *ferina*. Point de blanc sous la queue comme chez *nyroca*, sauf chez le jeune chez lequel on trouve un peu de cette

---

(1) Le jeune porte sous le ventre des marques de son âge ; ou bien les taches, qui sont rousses, seraient un signe de mue, (hypothèse peu supposable. puisqu'il a été tué en février).

couleur mélangée de gris sale. Poitrail, tête et cou roux brique foncé. Le roux de plumage est presque aussi vif que chez *nyroca*. Sur le vieil individu on sent facilement l'influence de *ferina* ; la région de la poitrine est maculée çà et là de noir, indiquant un mélange. Le jeune individu a autour du cou quelques taches martelées semblant rappeler le collier noir de *nyroca* (1). En somme ces deux Oiseaux, qui sont plus forts que *nyroca*, paraissent bien être le résultat d'un croisement.

Collection du Jardin Zoologique de Rotterdam. — 1° ♂ adulte, tué en avril 1850, à Kralingen, près de Rotterdam. Tête rousse aussi foncée que chez *nyroca* ; absence de collier noir ; dos cendré en zigzags. Les dimensions sont entre *nyroca* et *ferina* ; elles rappellent cependant mieux celles de la dernière espèce. Le roux de la poitrine est légèrement plus foncé que chez *nyroca* ; ceci commence à se produire à l'emplacement habituel du collier, lequel fait défaut. Les plumes des couvertures inférieures (région de l'anus) sont d'un gris brunâtre mélangé et avec des zigzags. La mandibule supérieure du bec est plus forte que chez un ♂ *ferina* de notre collection. Le blanc du ventre se trouve mélangé avec un peu de brun roux. Les plumes de la queue sont foncées? en dessus et en dessous. Elles sont brunes chez les exemplaires ♂ élevés en captivité qui vont être bientôt examinés. Elles paraissent plus claires chez l'exemplaire du Musée de Genève, (il est difficile de juger de leur coloration, car elles sont très courtes). Les mêmes plumes paraissent foncées chez les exemplaires appartenant à M. Gurney, notamment sur le plus jeune sujet.

2° ♀ *ad. tuée en avril 1850*, (marais de Kralingen). La taille de cet Oiseau est intermédiaire entre celle des deux types ; la tête est rousse, se rapprochant de la teinte de *nyroca*, quoique plus claire. Le bec n'est point tout à fait aussi long que celui de *ferina*, mais la mandibule supérieure paraît plus large. (Cette remarque a déjà été faite chez d'autres exemplaires). Le miroir de l'aile peut passer pour un mélange de deux espèces. Les plumes des couvertures inférieures de la queue sont d'un gris brun clair et cendré comme l'abdomen lequel se termine en blanc. Les plumes de la queue sont comme chez *nyroca*. Flancs bruns; dos brun gris foncé cendré avec zigzags; ventre blanc grisâtre, parsemé çà et là de brun ; la dimension des pieds est entre les deux espèces.

(1) L'exemplaire de Genève montre ces taches d'un noir brun très foncé entre le cou et le dos ; il les laisse voir aussi à la région de la poitrine. Remarquons encore que le roux de la tête est plus clair que chez ces derniers et se rapproche du ton de *ferina*.

3° ♀ *jeune tuée la même année et sur les mêmes marais.* Tête d'un roux assez foncé, bec très fort, plus large que celui de *ferina* (si le sujet qui nous sert de comparaison représente la largeur moyenne). Plumage très foncé, à partir de l'endroit où se place ordinairement le collier qui manque ici ; du brun s'étend faiblement sur la poitrine, laquelle est d'un jaune brun clair presque uniforme. Miroir de l'aile intermédiaire ; flancs d'un brun terne assez uniforme ; ventre gris jaune sale ; dessus du dos brun gris terne, quelques plumes légèrement cendrées ; taille environ de *nyroca*, la largeur des pieds de *ferina* ; grandes pennes de la queue brun très clair.

Nous ferons maintenant connaître les produits obtenus en captivité, puis nous les comparerons avec les pièces qui viennent d'être décrites. — Tous les sujets, veut-on bien nous faire savoir, sont nés d'un même père, qui était la *Fuligula ferina.* On est, ajoute M. van Bemmelen, absolument sûr de l'origine de ces Oiseaux, les espèces mères qui leur ont donné naissance ayant été surveillées. La couleur des iris (artificiels) peut ne pas être exacte ; on ne doit donc point en tenir compte. Mais on sait que l'intermédiaire mâle sauvage qui vient d'être décrit avait l'iris blanc, tandis que la femelle qui a été envoyée avec lui l'avait brun.

· 1° Un ♂ adulte, né au jardin de Rotterdam dans l'été de 1889, mort le 1ᵉʳ avril 1892, que nous désignons sous la lettre A, diffère d'un autre ♂ adulte né dans le même jardin le 10 juin 1889, mort le 8 mai 1891, que nous désignons par la lettre B. Il en diffère : par sa couleur plus foncée, par sa taille plus petite, par son ventre qui est moins blanc et par ses flancs jaune grisâtre. (Les flancs de l'exemplaire B sont gris). A part cela, les becs, les couvertures de la queue qui sont d'un blanc grisâtre, la bande de l'aile, le poitrail foncé, la tête plus claire que cette partie, le dos et les ailes gris cendré sont les mêmes chez les deux pièces. L'iris (artificiel) est jaune chez le mâle mort en 1891 ; la même partie de l'exemplaire A est blanche.

Ces deux Fuligules s'écartent notoirement de la Fuligule du Musée de Genève ; celle-ci a le poitrail presque de la couleur de la tête, l'iris rouge, le blanc du miroir bien moins étendu, le ventre blanc, la taille et les pieds plus forts.

Les deux mêmes pièces s'éloignent aussi des deux sujets de M. Gurney, car ces sujets ont le ventre blanc, le poitrail roux vif beaucoup plus clair, le bec plus allongé, au moins plus fort ; ils sont dépourvus de blanc à la partie de l'anus ; enfin leur taille n'est point tout à fait la même.

Les exemplaires A et B s'éloignent encore du Canard pris en 1850 sur les marais de Kralingen (Rotterdam). Ce Canard est plus clair dans son ton général, son bec est plus étroit et paraît plus allongé, son poitrail est moins foncé et se rapproche des Fuligules de M. Gurney.

Cependant lorsqu'on compare le mâle sauvage avec l'exemplaire mort le 8 mai 1891, toute la partie inférieure, le dos, les ailes, sont semblables chez les deux Oiseaux, mais un peu plus foncés chez l'exemplaire domestique (1). On y reconnaît le même cendré, la même disposition du miroir, la même bordure blanche de l'aile. Seul le poitrail est un peu plus clair ; il ne forme pas une véritable démarcation avec le roux de la tête, ainsi que cela se produit chez l'exemplaire domestique. Ces deux Oiseaux ont l'apparence de deux frères et on ne doute pas qu'ils n'aient la même provenance. Il est à noter que les deux mâles domestiques diffèrent peut-être plus entre eux que ne diffèrent le mâle sauvage et le mâle mort le 4 mai 1891.

Une femelle adulte née au Jardin de Rotterdam, le 10 juin 1889, morte le 11 mai 1891, que nous indiquons sous la lettre C est beaucoup plus claire qu'une femelle adulte, née dans le même jardin pendant l'été de 1889, morte le 7 mars 1892, que nous désignons par la lettre D. Sans cette différence dans le ton, elle lui serait à peu près semblable, quoique la femelle D soit un peu plus forte. L'iris artificiel est jaune chez la femelle C, blanc chez la femelle D. Ces deux exemplaires ♀ ont, sur le sommet de la tête et descendant sur le cou, une bande foncée ; ceci s'observe spécialement sur le dernier exemplaire. Chez eux, les plumes de l'anus ont une partie blanche très accusée vers l'extrémité ; le miroir est de couleur terne ; les deux becs sont à peu près semblables, (chez la femelle D le bec est un peu plus fort).

Ainsi, le plumage de la femelle née le 10 juin 1889 est plus clair que celui de la femelle née dans l'été de la même année ; la même chose se produit chez les mâles : le mâle né le 10 juin 1889 est plus clair que le mâle né dans l'été de la même année. Mais dans la croissance de la taille un phénomène tout opposé s'observe : le mâle le plus foncé est, en effet, le plus petit ; tandis que la femelle la plus foncée est la plus forte, quoique dans des proportions moindres.

(1) Ce qui tient peut-être à une nourriture plus échauffante.

Il faut en outre remarquer que les deux femelles s'éloignent d'une manière très prononcée de l'exemplaire ♀ sauvage tuée en avril 1850 (marais de Kralingen); cette dernière est plus grande par sa taille et dans sa teinte générale plus claire. Elle n'a point sur la tête de barre brune, ou cette barre est très peu apparente; son bec est plus fort ; l'iris (artificiel) est blanc. Mais son miroir est exactement le même que celui des Canes nées au Jardin de Rotterdam.

Une jeune femelle née dans le jardin en juin 1891, morte dès le 6° janvier suivant, est, par sa taille et sa coloration, plus du côté de *nyroca* que du côté de *ferina* ; son miroir est cependant très terne.

La jeune femelle, tuée en avril 1850 (marais de Kralingen), se montre encore cette fois plus claire et plus forte que cette dernière. Il faut, du reste, remarquer qu'elle est plus âgée ; la comparaison que l'on peut faire entre les deux Oiseaux ne peut donc être très profitable. Son bec atteint les dimensions de celui de *ferina*, si même il ne les dépasse; les pieds sont très larges, le devant du cou (commencement du poitrail) est foncé, caractère qui ne nous paraît exister ni chez *ferina*, ni chez *nyroca*; l'iris (artificiel) est châtain.

Que conclure de ces comparaisons? La plupart des individus pris à l'état sauvage, (aussi bien ceux de sexe mâle que ceux de sexe femelle et le jeune), ne ressemblent point *absolument* aux spécimens du même âge et du même sexe nés en captivité. Les deux exemplaires de M. Gurney, l'exemplaire du Musée de Genève, le mâle tué en 1850 près de Rotterdam offrent en outre entre eux des ressemblances frappantes dans la coloration et leurs dimensions.

On pourrait donc prétendre : 1° que l'origine de ces spécimens est différente de celles des hybrides authentiques obtenus en captivité puisqu'il ne leur ressemblent pas absolument ; puis 2° qu'ils appartiennent à une espèce bien définie, puisqu'ils se ressemblent assez entre eux.

Mais les différences que nous avons constatées ne paraissent point dues aux causes qui déterminent la variabilité des espèces pures, c'est-à-dire à l'âge, au climat, à l'habitat.

Lorsqu'en effet on compare l'exemplaire de Genève avec celui de Rotterdam, on voit celui-là plus fort, plus clair surtout sur le roux de la tête ; le blanc fait défaut sur les couvertures inférieures de la queue, tandis que cette couleur se montre sur l'exemplaire de

Rotterdam ; enfin le bec est plus court et plus large. Les différences qui existent entre cet exemplaire et celui de M. Gurney ont été signalées. Si maintenant on compare le même sujet avec celui de Rotterdam, on constate qu'il n'existe pas sur lui de blanc aux couvertures de la queue, point non plus de taches noires martelées sur la couleur rousse comme chez *nyroca*. — Si donc ces quatre individus appartenaient à une seule et même espèce, de telles différences n'existeraient point sans doute. — Mais on peut se demander, pour quelles causes ils diffèrent des produits nés en domesticité ? A cette question nous ne saurions répondre avec précision. La captivité peut modifier la coloration et la taille des Oiseaux, la nourriture, les habitudes n'étant plus les mêmes. Du reste, tout en présumant une double origine chez les individus rencontrés à l'état sauvage, nous ne venons point non plus la donner comme certaine.

Les exemplaires qui viennent d'être décrits n'étaient plus sous nos yeux (ils avaient tous été retournés à leurs propriétaires) lorsque nous avons reçu le bel Oiseau tué dans la vallée Zappa par M. le comte Arrigoni degli Oddi père. Les comparaisons que nous pouvions désormais établir avec eux ne pouvaient donc se faire que de souvenir ; mais, afin de nous les rappeler très facilement, nous avions eu soin de peindre le mâle et la femelle tués sur les marais Kralingen ; nous conservions aussi les peintures d'un mâle et d'une femelle nés en domesticité.

Nous avons remarqué sur l'étiquette que porte cette pièce montée les indications suivantes : « Lungh tot. 0m420, peso gr. 750, mas. » adulto in inverno. *Fuligula ferina*. × *F. nyroca*, ibrido selvatico ; » occiso addi 1er febbrajo 1892 dal sig Conte Comm. Oddo Arrigoni » degli Oddi di Padova in valle Lappa (Dolo Venezia) nel dago delle » Contessa. Preparato dal Bonomi di Milano. Hybrido del tipo » *F. Homeyeri*, Bad. »

Les ailes sont déployées, mais la tête regarde en bas ; c'est une fort jolie pièce très bien montée. Le plumage est très foncé ; le ton roux brique de la tête est vif, ce ton est de l'intensité de celui de *nyroca*. Le dos, cendré avec zigzags, quoique très foncé, ressemble à celui des hybrides obtenus en captivité. Le miroir est très blanc, cependant, vers la bordure foncée, il se termine en blanc sale. Dessus ? de la queue presque noir ; quelques plumes blanchâtres près des rectrices ; flancs blancs, tachetés çà et là de gris violacé ; poitrine très violacée; pieds très forts ; bec très mince.

Les comparaisons que l'on peut établir à l'aide de nos peintures entre cet Oiseau et les spécimens sauvages sont les suivants : le roux de la tête est plus foncé, le dos aussi, et sans doute (si les plumes du miroir n'étaient point déployées) le miroir serait plus vif ; en cela cette Fuligule se rapproche des individus nés en domes-ticité. Elle diffère des exemplaires sauvages par son bec plus mince, plus étroit, cependant plus long que chez *nyroca*. L'iris (artificiel) est jaune vif brillant (ce ton est-il exact ?). L'Oiseau est de taille assez grande ; il est donc plus du côté de *ferina* que du côté de *nyroca*. On peut dire qu'il forme le passage entre les mâles sauvages et les mâles obtenus en captivité.

M. le Dott. Ettore Arrigoni degli Oddi, qui lui a consacré un mémoire (1), constate avec raison que c'est la première *Fuligula homeyeri* trouvée en Italie. A première vue, elle avait été prise pour une petite Moriglione (2) et baptisée immédiatement par les hommes de service du nom de « *Magasson bastardo o foresto,* » dénomination que ces hommes appliquent à tous les Oiseaux qui leur sont inconnus.

Mais l'Oiseau curieux n'avait point échappé aux regards exercés de M. Oddi, et celui-ci, afin de pouvoir l'étudier à loisir, l'avait fait mettre à part dès le soir de sa chasse en l'écartant des douzaines d'autres Canards tués ce jour même. Notre collègue ne tarda pas à voir qu'il se trouvait en présence d'un cas de croisement entre la *Fuligula ferina* et la *F. nyroca* ». M. Oustalet, auquel l'image colo-riée fut envoyée par M. Oddi, se trouva de cet avis.

L'Oiseau figure dans la collection du comte sous le n° 843. Nous en conservons une peinture sur toile de grandeur naturelle.

Description du jeune mâle appartenant à M. de Selys-Longchamps (c'est le n° 42 des *Additions à la Récapitulation des hybrides observés chez les Anatidæ* (3). — En nous l'adressant, l'éminent académicien reconnaissait la *ferina* (dont l'Oiseau se rapproche beaucoup et dont il a le bec) comme un des deux facteurs ; mais, pour nommer le second, il hésitait entre *nyroca* et *cristata* (4).

---

(1) « La *Fuligula homeyeri, Baëdeker, ibrido nuovo per l'Italia.* » *Nota orni-thologica del Dott. Ettore Arrigoni degli Oddi,* in Atti della Società Italiana di Scienzi naturale, Milano, 1892.

(2) *F. fernia,* vulgairement appelée Magasson.

(3) Bull. Acad. des Sciences de Bruxelles, 1886.

(4) Tout d'abord, M. de Selys-Longchamps n'avait point considéré cet Oiseau comme hybride ; il y voyait un jeune *nyroca* ; son attention s'était dans la suite trouvée attirée sur ce spécimen par l'ouvrage de M. Jaubert.

L'examen du miroir nous a laissé nous-même dans l'embarras ; on croirait vraiment à un mélange avec *cristata*, car le miroir est celui de cet Oiseau. Nous dirons même que, malgré le mauvais état du montage, l'aspect général de cette pièce est celui de *cristata*: long cou, corps petit, disproportionné si on considère le poitrail et le cou.

Ce n'est donc point une de ces « *ferina* × *nyroca* » que nous avons déjà vues.

Mais comme le miroir de *nyroca* jun. est en quelque sorte semblable à celui de *cristata*, on ne peut savoir quelle est la valeur de la ressemblance que nous constatons. Le dos, foncé et parsemé de petits points, rappelle bien les exemplaires qu'on attribue au croisement « *ferina* × *nyroca*. »

Décidément, on le voit, cette pièce est très embarrassante, car un mélange de *cristata* et de *ferina* produirait sans doute le même effet. Remarquons en outre la forme bizarre du bec dont la mandibule supérieure est un peu relevée et aplatie ; le ton bleu des pattes et de la partie supérieure du bec est aussi à envisager.

De cet Oiseau (qui figurait dans notre première étude à l'article « *F. nyroca* × *F. cristata* ») nous ne pouvons dire qu'une chose : c'est qu'il paraît un jeune individu. Nous en conservons une peinture à l'huile que nous avons faite d'après l'original, lui laissant la pose et l'allure que lui donne le montage. Nous rappellerons, d'après M. de Selys-Longchamps, qu'il avait été tué à l'époque du carême, en mars ou en avril.

L'hybride de M. van Kempen, acheté chez M. Frank à Londres, en 1878-1879 (1), est bien (quoiqu'il soit indiqué sur l'étiquette qu'il porte sous le nom de *A. ferina* × *Oidemia nigra !*) la *Fuligula homeyeri* de Bäedeker ou le Paget's Pochard des Anglais. Malheureusement on ignore si cet hybride a été réellement obtenu à l'état sauvage.

Le miroir et le dos sont très exactement ceux des exemplaires déjà vus ; on aperçoit plus facilement au bas du cou la trace du collier noir de *nyroca*. Le roux de la tête est très vif comme chez cette espèce, ainsi que les côtés du poitrail ; le devant de cette partie est martelé de brun, mélangé comme chez *ferina*. Par sa taille, l'Oiseau est plutôt de cette espèce ; le bec est aussi long et presque aussi fort que chez celle-ci, les pieds sont peut être un peu moins larges (2).

_____

(1) Voy. p. 161 ou p. 169 des Mém.

(2) Mention de cet hybride a été faite dans « *Oiseaux hybrides de ma collection*, » par M. van Kempen, Mém. Soc. Zool. de France, 1890.

Nous avons mentionné les peintures que nous avons fait exécuter,
1° de l'exemplaire conservé au Public Museum de Brighton, 2° du
spécimen qui fut tué sur la rivière Stour, le 12 février 1870
(Coll. de M. Ed. Hart, à Christchurch). Ces Oiseaux nous paraissent
ressembler complètement aux exemplaires sauvages que nous avons
décrits.

FULIGULA NYROCA et FULIGULA CRISTATA

(Se reporter p. 161 ou p. 169 des Mém. de la Soc. Zool., 1891).

Peu de renseignements avaient été donnés sur le Canard que
M. Radde a nommé « *Anas baeri* ».

Le naturaliste de Tiflis, en le faisant connaître pour la première
fois (1), exprimait cette pensée que ce pouvait être un produit du
Weissäugigen Ente (*A. nyroca*) et du Schopf ou Reiherente (*A. fuligula*); il observait toutefois que la circonstance dans laquelle il avait
été rencontré laissait peu de vraisemblance à cette supposition : ce
Canard n'était point en effet isolé, mais accompagné d'individus de
son espèce (2). Cependant le docteur, après l'avoir décrit longuement, doutant sans doute quelque peu de la validité de l'espèce, a
voulu le comparer avec l'*Anas fuligula* et l'*A. nyroca* ; il a écrit un
tableau où les mesures des trois types sont indiquées parallèlement. Le précieux échantillon se trouve aujourd'hui au Musée de
Saint-Pétersbourg (3).

En 1871, le voyageur Swinhoë. se trouvant en excursion sur la
rivière Yangt-sze et s'étant arrêté à Kin-Kiang, fut assez heureux
pour se procurer un second exemplaire que des marchands prome-
naient dans les rues. Il constata qu'il représentait assez bien un
croisement entre l'*A. boschas* (!) et la *Fulix cristata*, mais il était trop
semblable à celui du Dr Radde pour en faire un hybride (4). Quatre
mâles et deux femelles trouvés ensuite sur le marché confirmèrent M. Swinhoë dans cette opinion (5), partagée plus tard par

(1) *Reisen im Süden von Ost Siberien*, in den Jahren 1855-1859. II, p. 376,
ta XV. Saint-Pétersbourg, 1863.
(2) Le voyageur dit avoir rencontré des bandes de quatre à six individus, aussi
bien sur le petit fleuve d'Udir que sur une eau stagnante, dans la plaine de Salbatsch,
sur la rive droite de l'Amun, où, le 10 avril, il tua un mâle.
(3) Voy. *Rambles of a Naturalist*, par M. J. G. Gurney, p. 7. (Le renseignement donné dans l'ouvrage de M. Gurney nous est confirmé par M. Radde).
(4) Voy. *On the Birds of China*, Proceedings Soc. of London, 1871, pp. 419-420.
(5) Voy. *On chinese ornithology* the Ibis. 1873, pp. 366-367. — R. Swinhoë :
« *On birds from Hakodadi* », the Ibis, 5, 1875, p. 457, signale un nouveau « Red-
breasted diving Duck » qui pourrait être la *F. Baeri* de Radde, mais « the bill
is more coen in width all along than *Fulix*. »

l'abbé David (1) qui dit de l'Oiseau : « espèce constante et bien caractérisée ». Le savant missionnaire fait du reste savoir que l'*A. baeri* visite régulièrement la Chine chaque hiver et est particulièrement abondant pendant les mois de février et mars. Il trouva ces Oiseaux sur les marchés de Kion-Kiang et de Chang-haï. Dybowski avait lui-même rencontré la même *Fuligula*, en 1873, sur l'Argun en Daouerie méridionale et ensuite aux environs de l'embouchure de l'Assuri (2).

L'examen critique de la nouvelle espèce ne paraît point s'être poursuivi. Au moment où elle avait été découverte, quelques observations avaient été seulement présentées. Le prof. Newton s'exprimait ainsi à son sujet dans l'Ibis : « *Anas (Fuligula) baeri*, which seems to be a hybrid, a possibility suggested indeed, though controverted by the author. The plate represents this last supposed species as a bird very similar in color to the hybrid which has been variouly denominated *Fuligula homeyeri* ou *F. ferinoides*, except that it has the head of a dark brownish black colour, glossed with green, a character would lead us to suspect that *F. marila* and *F. cristata* are which accountable for its origin ».

Dans le Journal für Ornithologie (3), M. Eugen von Homeyer disait du même Canard qu'il « paraissait tenir le milieu entre l'*Anas fuligula* et l'*A. nyroca* et que, si on appliquait pour lui la méthode employée pour la détermination de l'*A. homeyeri*, il devait être, d'après les mêmes principes, considéré comme un hybride ; mais qu'ayant été trouvé en compagnie d'individus semblables à lui, cette supposition n'était plus à faire. MM. Gray (4), Heuglin (5), Dybowski (6) se sont contentés de citer l'Oiseau sans critique.

Nous avons examiné au Muséum de Paris deux *A. baeri* qui ont été rapportés de Chine par M. l'abbé David. Ils sont absolument semblables l'un et l'autre et présentent l'aspect d'une bonne espèce ayant beaucoup du type *nyroca*. Ce sont, on peut le dire, des *nyroca* très fortes, au bec plus large et verdâtre, à tête de même couleur et à iris jaune. Le dos n'est point piqueté.

---

(1) *Oiseaux de la Chine*, p. 507.
(2) Voy. Taczanowski, *Revue asiatique de la Faune ornithologique de la Sibérie* (5ᵉ article), Bull. Soc. Zool. de France, II, 1877, pp. 40-52.
(3) Cabanis Journal für Ornithologie, p. 433, 1870.
(4) *Hand List of Birds*, vol. III, p. 86.
(5) *Ornithologie Nordost Afrikas*. Zweiter Band Cassel, 1878. A la synonymie de la *Fulix cristata* on trouve : *A. baeri*, Radde (hybrid).
(6) Journal für Ornithologie, 1874, 337.

Dans le cas d'un hybridisme, peu probable, l'*A. baeri* est, on vient de le voir, référé le plus ordinairement au croisement de l'*A. nyroca* avec l'*A. cristata*. On a aussi émis l'opinion qu'il représentait le croisement de l'*A. cristata* et de l'*A. boschas*, sans doute à cause de la couleur verte de la tête; on a dit encore qu'il paraissait être un mélange entre la *marila* et la *cristata*. Nous nous sommes demandé pourquoi on ne l'avait pas fait descendre plutôt du mélange de l'*A. nyroca* avec l'*A. marila*?

Nous devons faire remarquer, que dans la collection Marmottan il existe un sujet *nyroca* ♀ provenant de la Camargue (10 ×, 83), que ce sujet a sur les joues une plaque ronde blanche bien nette, comme chez *marila*, et que son bec paraît être un réel mélange entre cette dernière espèce et *nyroca* ; en plus, l'iris (artificiel) est jaune (1).

AYTHIA VALISNERIA et AYTHIA COLLARIS

(Se reporter p. 161 ou p. 169 des Mém. de la Soc. Zool., 1891).

Nous avions dit que M. Daniel G. Elliot avait exposé en 1859 à la Société Zoologique de Londres un Canard considéré par lui comme hybride de *F. affinis* × *F. valisneria* (ou *americana*), mais que l'origine, qu'il supposait à cet Oiseau, avait été contestée par M. Newton. M. Elliot est depuis revenu sur ce sujet (2). Il dit que son spécimen est appelé par erreur « a cross between *americana* × *collaris* » : la grande longueur du bec et la hauteur (depth) du cou indiquent, selon lui, « the Canvasback, and not the Red head. »

FULIGULA FERINA et FULIGULA CRISTATA

(Se reporter p. 162 ou p. 170 des Mém. de la Soc. Zool., 1891).

M. J. Brown a eu la complaisance de nous envoyer l'hybride que l'on conserve sous cette dénomination au Musée d'Histoire naturelle

---

(1) M. van Kempen nous a adressé une *cristata* de sa collection, point tout à fait adulte, reconnue femelle à la dissection. Cette pièce diffère de *cristata* par les côtés de son corps, qui sont très foncés et piquetés finement de gris, rappelant un peu *marila*. — Comme *marila* ♂ ne montre plus ces côtés foncés quand elle devient adulte, on pourrait songer à un croisement de *cristata* avec *marila*. Néanmoins nous reconnaissons le motif que nous exposons peu sérieux. Si nous consacrons à cette pièce cette courte mention, c'est seulement parce qu'elle a été envoyée à notre examen, car nous la croyons d'espèce pure.

(2) Voy. Auk, april 1892. Elliot : *On hybridism*, etc., p. 162.

de Belfast (Irlande) ; la pièce est montée. Nous avons lu sur son socle la mention suivante : « *Hybrid between tufted Duck and Pochard, shot in compagny with others diving ducks near Downpatrick, presented by M. W. Darragh.* » Cela nous montre que nous avons bien affaire à un Oiseau sauvage : nous pensons, en principe, son parentage bien déterminé. Cependant nous avons aussi supposé un mélange entre *cristata* et *marila*, ou même entre *marila* et *ferina* : mais le bec allongé et la couleur cendrée du dos rendent invraisemblable la première hypothèse ; la petite huppe que l'on aperçoit, quoique difficilement, sur la nuque, et d'autres marques, éloignent l'idée du second mélange.

Au premier abord la détermination de l'Oiseau est donc difficile. Elle est même très embarrassante, on va le voir. La mandibule supérieure du bec, quoique plus large que celle de *ferina*, la rappelle bien néanmoins par ses dimensions et sa longueur, tandis que par sa largeur elle fait songer au bec de *cristata*. Le même effet résulterait sans doute d'un croisement entre *marila* et *ferina*. Le dos représente aussi bien le mélange de *ferina* et de *cristata* que celui des deux dernières espèces. La teinte brun chocolat violacé de la tête et du cou laisse l'esprit dans la même indécision, car les deux croisements aboutiraient au même résultat. Même observation au sujet de la taille et de la couleur de l'iris (si la teinte orangée est vraie puisqu'elle peut être aussi bien de *cristata* avec *ferina*, que de cette dernière avec *marila*) (1). En outre, la manière dont le blanc du miroir de l'aile est entouré fait penser à une *marila* jeune ; la manière dont les plumes des flancs recouvrent les côtés du ventre près de l'anus fait encore songer au même Oiseau.

Mais le corps ne laisse pas autant d'hésitations. Si *marila* était l'un des facteurs, l'Oiseau serait plus fort ; puis, ce qui nous fait définitivement exclure cette espèce, c'est que *marila* en hiver a le dos gris blanc, tandis que *ferina* l'a cendré. D'un tel mélange on ne pourrait supposer qu'il sorte le dos brun foncé que possède l'hybride. Est-il permis de supposer qu'il provient de trois espèces : *ferina*, *cristata* et *marila* ?

Après quelques recherches, nous avons trouvé dans la collection des Oiseaux de la Seine-Inférieure (2) une *marila* dont le dos brun gris cendré rappelle tout-à-fait celui de l'Oiseau du Musée de Belfast ;

(1) Il faut noter que *marila* avec *cristata*, ou encore *nyroca* avec *cristata*, ne pourraient donner ce résultat.

(2) Au Musée de Rouen.

en été, du reste, le brun est la couleur du dos de *marila*, et on ne dit point à quelle époque de l'année ce singulier hybride a été tué.

La pièce du British Museum étiquetée « Hybrid between ♂ *A. ferina* and ♀ *A. cristata* » est sans doute aussi embarrassante, car elle paraît nous avoir été signalée comme hybride de *nyroca* et de *ferina* (1). M. Keulemans, qui l'a peinte pour nous, n'a point trouvé les hybrides *nyroca* et *ferina* (2) que nous avions cités, mais seulement cette pièce qui, on se le rappelle, avait été cherchée en vain en 1891 par M. Boulanger et plusieurs de ses collègues (3). Pour M. Keulemans, si *cristata* avait été l'un des parents, la huppe serait plus prononcée et la couleur de la tête plus rousse ; il la reporte donc au croisement de *nyroca* et de *ferina*, la considérant en outre comme un produit femelle. Nous croyons volontiers, si nous en jugeons par l'aquarelle, que l'artiste dit vrai ; le nom de « *Fuligula intermedia* » qu'elle porte se trouverait ainsi justifié. Du reste, cet Oiseau est-il réellement un hybride sauvage ? Sur la même étiquette, on lit encore : « Hatched (couvé) in Woodford Park (Blackburm), shot 19.8.86, presented by. R. J. Howard Esq ».

FULIGULA CRISTATA et FULIGULA MARILA ?

(Se reporter p. 163 ou p. 171 des Mém. de la Soc. Zool., 1891).

C'est sous réserves que l'hybride de ces deux espèces avait été indiqué comme se trouvant dans la collection Marmottan (4). M. Oustalet, auquel nous avons demandé des indications, nous a répondu que l'on trouvait bien sous le n° 1 du catalogue Marmottan l'indication suivante, écrite de la main de celui ci : « Peut-être métis de *marila* et de Milouinan ». Mais, dans une révision qu'il a faite pour nous au Muséum, il lui a été impossible de trouver ce n° 1. Nous l'avons nous-même cherché inutilement.

FULIGULA CLANGULA et FULIGULA MARILA

(Se reporter p. 163 ou p. 171 des Mém. de la Soc. Zool., 1891).

Nous croyons devoir supprimer définitivement ce produit de notre liste ; M. de Selys-Longchamps, à un nouvel examen, conclut

---

(1) Voy. : P. 156 ou p. 164 des Mém. (à l'article *ferina* × *nyroca*).
(2) Même page.
(3) Voy. p. 162 ou p. 170 des Mém.
(4) Collection réunie au Musée de Paris.

à un albinisme qui s'annonce dans les grandes rémiges en partie blanches ; les pieds, entièrement orangé jaune, ne seraient qu'une conséquence de cet albinisme.

ANAS FERINA et ANAS MARILA

Yarrell (ou son quatrième éditeur), terminant l'article sur la *Fuligula marila* (the Scaup Duck) (1), rappelait que dans l'Amérique du Nord, occupant à peu près la même étendue (*area*) que notre *marila*, on trouvait une forme plus petite, d'une distinction spécifique douteuse, connue sous le nom de « the American or Lesser Scaup Duck, *Fuligula affinis*, » Eyton (*F. mariloïdes*, Vigors). L'auteur continuait ainsi : « Under the impression that a Duck obtained in the » London market, by the late M. Henry Doubleday, belonged to the » species or race, the identical specimen was figured in former » editions of this work under the American Scaup. « This example, » which is now in the collection of M. F. Bond, is believed by that » veteran ornithologist, and by other competent naturalists, to be » a hybrid between the Scaup and the Pochard ; but whatever it » may be, it is certainly not the American Scaup ».

M. Keulemans, qui a examiné cet Oiseau au British Museum, nous fait remarquer, en nous adressant un croquis, que l'une des ailes est coupée et qu'ainsi le spécimen lui paraît être un « Oiseau de volière ». On dit cependant dans Yarrell qu'il avait été obtenu au « London market ». Il arrive, et nous en avons vu des exemples, que des Oiseaux sauvages pris dans des pièges sont conservés longtemps eu captivité. Mais tel ne paraît pas être le cas pour cet individu dont nous ne saurions du reste juger les caractères par le simple croquis qui en a été fait.

M. J. G. Morris, des Wheatlands (Easton Maryland, Etats-Unis), nous a fait savoir que, dans une journée de chasse, son fils tua un hybride entre la Red head (*Anas ferina*) et la Black head (*Anas marila*). Malheureusement ce précieux échantillon n'a pu être conservé.

Le Pasteur Lindner, d'Osterwieur-a-Harz, mentionne(2) avec quelques réserves un exemplaire de sa collection tué par lui le 6 octobre 1888.

(1) Voy. p. 427 de la 4ᵉ édit (4ᵉ vol. revised and elarged by M. Howard Saunders. London, 1885).

(2) *Zur Ornis der Kurischer Nehrung* von l'astor Lindner und dᵣ Curt Flœricke (Schlum) in Mitthell. der Ornith. Vereins in Wien 1843, pp. 181-185.

Cet exemplaire, d'après ce que nous fait savoir le pasteur, avait été rencontré seul ; il ne paraissait aucunement farouche ; il était sur l'eau et il fallut le tirer trois fois avant de l'abattre, le vent soulevant les vagues très fortement (le temps était orageux).

Depuis la mention qui en a été faite dans « le Sittheilungen des Ornithologishsen », cette pièce a été montrée au comte Berlepsch. Le savant ornithologiste n'a trouvé *aucune raison* de faire intervenir la *F. ferina* dans sa production. Le même spécimen nous ayant été envoyé, nous sommes du même avis ; *rien* n'indique un croisement avec le Milouin. Dans notre collection se trouve même une *marila*, sans doute de même sexe et de même âge, qui ne peut par aucun caractère être distinguée de l'exemplaire supposé hybride, à ce point que si les deux Oiseaux avaient été empaillés de la même façon, on n'aurait su les reconnaître. Notre pièce a cependant la tache blanche qui est près du bec moins développée.

On ne peut donc enregistrer la *Fuligula* du pasteur Lidner à titre d'hybride.

Genres Anas et Fuligula

FULIGULA FERINA et AIX SPONSA.

Nous lisons dans le « Forest and Stream (1) que M. C. Tiller, de Moroë, Michigan, a envoyé à ce journal un hybride présentant les apparences du « Wood duck » (*A. sponsa*) et de la Red head (*F. ferina*). Ce spécimen avait été tué dans les marais de Moroë.

Nous avons écrit à M. Tiller pour avoir des renseignements précis sur un tel hybride qui nous surprend vivement ; nous n'avons reçu aucune réponse. On nous permettra de mettre en doute l'origine que l'on donne à ce métis. Dans le cas où sa détermination serait exacte, on doit supposer que c'est un Canard échappé de quelque parc. Les renseignements qui ont été donnés par le « Forest and stream » sur les caractères qu'il présente sont assez sommaires. On dit seulement qu'il a l'ongle recourbé et le plumage bigarré du Wood duck avec la tête, la poitrine et d'autres traits de la Red head ». Sa dépouille ne paraît pas avoir été conservée.

FULIGULA FERINA et DAFILA ACUTA

M. Geo. B. Boardman dit, dans la même revue, qu'une seule fois

(1) XII, p. 226.

il lui fut donné, dans ses chasses, de rencontrer un croisement :
c'était, lui semble-t-il, un produit de la « Read head » et du
« Pintail. »

Nous soupçonnons fort cet Oiseau de n'être qu'un mâle en plumage d'été. M. Geo. A. Boarman est peu précis dans son récit et
laisse lui-même place à ce doute.

Genres Clangula et Mergus

Clangula glaucion et Mergus albellus

(Se reporter p. 165 ou p. 173 des Mém. de la Soc. Zool., 1891).

Nous avons réussi à obtenir les quatre seuls exemplaires ♂ qui
représentent le croisement de ces espèces. Ce n'est point sans peine
que leurs propriétaires se sont décidés à nous les communiquer.
Plusieurs de ces échantillons sont en effet très précieux ; ils sont
devenus célèbres par les longues et savantes discussions auxquelles
ils ont donné lieu. On se rappelle les noms des ornithologistes
éminents qui ont pris soin de les examiner et de décrire leurs
caractères.

Trois de ces mâles étant adultes, des comparaisons faciles peuvent
être établies entre eux. Pour nous, il ressort de ces comparaisons
que ce sont de vrais hybrides et non des individus appartenant à
une espèce, car ils présentent si bien les traits combinés de leurs
ancêtres supposés qu'une forte présomption s'établit en faveur
de leur double origine.

Voici leurs descriptions et les indications que nous pouvons
donner à leur sujet :

Exemplaire du Musée de Brunswick (décrit par Eimbeck) (1). Nous
avons d'abord comparé l'original avec le dessin en noir qui a été
publié par l'Isis. Nous avons remarqué que, dans ce dessin, les pattes
et les doigts sont trop forts, que la crête ou huppe de la tête n'est
pas dans la position qu'elle occupe actuellement. Dans l'Oiseau
empaillé la crête se redresse et domine le sommet de la tête ; sur
la lithographie elle se prolonge au contraire sur la nuque (2). Le
bec, sur le même dessin, est trop développé comparativement aux
dimensions du corps ; il est très faible dans l'original. La disposition de la grande ligne longitudinale qui sépare en deux parties

(1) In Isis.
(2) Nous supposons le montage conforme à la nature.

le blanc de l'aile est assez bien dessinée ; il n'en est point de même
de la partie la plus rapprochée du corps, car les trois divisions
du blanc sont mieux indiquées dans la pièce empaillée. Toutefois
ces divisions sont de leur nature très variables, la position des
plumes pouvant les modifier très sérieusement.

Nous avons ensuite comparé le même Oiseau avec la figure coloriée qui se trouve dans l'ouvrage de Naumann (1). Cette figure ne
nous paraît pas exacte parce que : 1° la couleur du bec est trop
rosée (2) ; 2° la partie blanche près du bec n'est pas assez accusée ;
3° la partie foncée à la naissance de la mandibule supérieure semble
indiquée trop bas ; 4° on n'aperçoit point la couleur blanche qui
est directement sous le bec ; 5° les trois petites raies de l'épaule qui
s'avancent vers la poitrine sont trop accentuées ; 6° la disposition
du dessin de l'aile (notamment de la partie qui avoisine les flancs)
n'est plus celle que l'on voit aujourd'hui sur l'Oiseau empaillé ;
7° enfin les flancs paraissent beaucoup trop remplis de points fins
et bleus (3).

Nous avons enfin comparé le Canard d'Eimbeck avec une chromolithographie qui en a été faite. Cette peinture indique d'une
manière plus exacte le ton du bec et des pieds, telle que la couleur de ces extrémités est maintenant conservée. Cependant le bec
est encore trop fort, trop long ; les parties foncées de l'aile (division
qui avoisine les flancs) sont aussi trop prononcées. Disons encore
que la huppe n'est pas assez développée et que les tons du vert de
la tête ne sont point assez crus. La tache foncée près de la mandibule inférieure est exacte.

Le dessin de l'Isis et celui de Naumann se ressemblent donc plus
entre eux qu'ils ne ressemblent à cette chromo-lithographie. Cette
dernière figure diffère surtout des précédentes par la disposition
des dessins foncés de l'aile ; mais ces dessins peuvent acquérir, on
l'a remarqué, plus ou moins de développement suivant la disposition donnée aux plumes de l'aile, soit par le peintre, soit par
le taxidermiste.

Actuellement la huppe et la partie foncée de la tête sont d'un

---

(1) *Hist. des Oiseaux de l'Allemagne.* Cette figure est reproduite dans l'*Ornithologica danica* de Kjarbölling.

(2) A moins donc que l'Oiseau ne l'eût de cette couleur lorsqu'il était en chair,
ce que nous ne pouvons vérifier ; aujourd'hui le bec est de couleur cuir violacé.

(3) Nous devons cependant faire remarquer que, pour établir ces comparaisons,
nous ne possédons que la copie de l'aquarelle de l'ouvrage de Naumann, copie faite
un peu sommairement.

gris vert émeraude foncé et franc ; lorsque l'on place l'Oiseau dans
un certain jour, des tons violacés, bleus ou prune, apparaissent sur
cette partie, en sorte que l'on croirait volontiers avoir devant les
yeux une teinte très différente de la première (1). La queue est plus
foncée qu'elle ne l'est chez le *Mergus albellus*. Il existe comme une
moustache près de la mandibule inférieure ; en dessous une partie
blanche avoisine le bec. La joue est très faiblement tachetée de raies
foncées peu visibles. L'iris (artificiel) est de la sienne naturelle.
Les pieds sont larges et de ton cuir de botte. La disposition de l'aile
(partie la plus rapprochée des flancs) tient plus du *Mergus*
albellus que du *C. Glaucion* ; il en est de même de la forme du bec,
qui est plus de la première que de la seconde espèce, quoiqu'on la
puisse dire en quelque sorte intermédiaire entre les deux types.
Les flancs sont presque blancs; en cela l'Oiseau se rapproche
du *glaucion* ♂ adulte. Au dessus des tarses, la partie foncée, quoique piquetée, rappelle mieux aussi cette espèce qu'elle ne rappelle
l'*albellus* ; on peut en dire autant du haut des pieds et des tarses.
Malgré ses ressemblances avec le *Clangula glaucion*, cet hybride,
dans son aspect général, est plus du type *Mergus* que du type
Clangula ; il n'est pas aussi gros que ce dernier et est élancé comme
le premier. Notons que le ton du bec est maintenant cuir de botte,
ce qui n'existe chez aucune des deux espèces.

Exemplaire tué à la fin de février 1865 dans le voisinage de Pol,
appartenant aujourd'hui à M. Heinrich Adolf Weissflog, d'Annaberg
(Saxe) (2). De la taille du *Mergus albellus* ; les parties supérieures
(disposition du blanc et du foncé) le rapprochent également de cette
espèce. Toute la tête est verte, à l'exception de la partie basse des
joues qui est blanche ; une raie blanche la traverse verticalement.
Le bec est un vrai intermédiaire entre les becs des deux types.
L'iris (artificiel) est brun. Les pieds sont grands. Sur les flancs
se montrent quelques petits pointillés rappelant ceux du *Mergus*.
L'Oiseau est plus Harle que Garrot par ses dimensions, sa taille
et la coloration générale; il s'accuse néanmoins très nettement
comme un intermédiaire entre les deux espèces. Nous ne voyons pas
pourquoi sur la chromo-lithographie des « Annaberg Buchholzer
Vereins für Naturkunde » qui le représente, le bec qui nous paraît

(1) Chez un exemplaire ♂ *Clangula glaucion* de race pure de notre collection
on ne découvre point des teintes aussi violacées.
(2) Après avoir été dans les mains de M. Frantz Schmidt, puis dans celles de
M. Oscar Wolschke (comme il a été expliqué p. 169) ou p. 177 des Mém.).

trop fort et trop allongé, est de couleur ocre foncé. Nous avons
omis d'après nos notes de décrire la couleur actuelle ; elle est plomb
violacé dans la peinture sur toile que notre artiste, M. Lemaitre, a
fait *ad naturam*. A part cela notre peinture est bien semblable à la
chromo-lithographie à laquelle nous faisons allusion ; la disposition de l'aile, le pointillé des flancs inférieurs sont exactement les
mêmes sur l'une et sur l'autre. Une différence est cependant sensible dans la deuxième tache blanche ; il est vrai que le tableau de
M. Lemaître représente l'*Anas mergoïdes* vu du côté gauche, tandis
que la chromo-lithographie des Annaberg-Buchholzer le représente
du côté droit.

   *Exemplaire du Musée d'Upsala (Suède), tué le 20 novembre par
M. Themström.* — Cet Oiseau est encore plus *Mergus albellus* que
Clangula glaucion, mais il porte certaines marques de ce dernier :
ainsi son cou n'est pas aussi allongé que celui du *Mergus* ; on n'aperçoit point, traversant de chaque côté l'espace qui se trouve entre le
bas du cou et le commencement des ailes, la ligne noire de l'*albellus* (1) ; la disposition des taches blanches de l'aile n'est point non
plus la même que chez ce type.

   Le mélange avec le *Clangula glaucion* est indiqué par la teinte
foncée qui domine sur la tête et les joues, qui descend même sur
le cou ; puis par l'ampleur de la mandibule supérieure du bec.
Cette mandibule est beaucoup plus épaisse que celle de l'*albellus*,
quoique l'onglet qui clot son extrémité soit aussi recourbé et aussi
descendant que celui de l'*albellus*. Les pieds et les pattes sont de
cette dernière espèce comme coloration. Le dessin des couvertures
foncé de la queue et des rectrices rappelle le *glaucion*. L'Oiseau
paraît légèrement plus fort que l'*albellus*. En somme, il donne bien
l'aspect d'un hybride.

   Les comparaisons entre ces trois mâles adultes peuvent s'établir
comme suit :

   Si le montage a conservé les proportions naturelles, l'exemplaire
du Musée de Brunswick, c'est-à-dire l'exemplaire le plus anciennement connu, est le plus faible des trois ; il paraît étroit. Il possède
plus de ressemblance avec l'exemplaire de M. Wolshke (2) qu'il
n'en présente avec le mâle que l'on conserve au Musée d'Upsala.
Néanmoins, la partie foncée de la tête n'est point, vers le front,

---

   (1) Cette absence de ligne noire pourrait, il est vrai, être un signe de jeunesse,
si la partie où elle manque était salie ; mais elle est ici profondément blanche,
comme chez les adultes.

   (2) Appartenant aujourd'hui à M. Heinrich Adolf Weissflog, d'Annaberg.

traversée verticalement comme chez l'exemplaire de M. Weissflog. La disposition de l'aile est plutôt celle de ce dernier, mais les barres au-dessus de l'épaule ne pénètrent point dans le blanc de la poitrine ; en cela il se rapproche bien plus de l'exemplaire d'Upsala. Celui-ci a les flancs plus piquetés qu'ils ne le sont chez les deux autres : il annonce par là un âge moins avancé que chez ces derniers. Le bec du Canard de Brunswick est plus petit que celui des autres.

L'exemplaire de M. Weissflog est pour la grosseur un peu différent de celui d'Upsala. Il paraît plus faible ; on ne peut guère toutefois s'arrêter à des caractères qui souvent dépendent du montage. Les becs de ces deux Oiseaux seraient bien semblables par la forme et les dimensions ; la couleur est aujourd'hui très foncée. Le système des barres blanches de l'aile nous paraît être encore, à peu de chose près, le même chez les deux. Egalement sur le dos, même système de la coloration noire; mais sur le Canard de M. Weissflog la raie fine propre à l'*albellus* s'accuse davantage vers la poitrine(1) ; l'autre barre près de l'épaule (qui descend sur les côtés de l'*albellus*) existe aussi chez lui. Sur les plumes des flancs on retrouve les petits points foncés que l'on connaît, mais ils sont moins prononcés, moins larges et moins répandus que sur le sujet du Musée d'Upsala. Les pattes et les pieds de ces deux pièces paraissent être de même dimensions ; ils ont dû être plus jaunes chez le spécimen qui a appartenu à M. Wolschke. Ce qui distingue principalement les deux Oiseaux, c'est la huppe de la tête qui est, on l'a dit, traversée verticalement par une raie blanche chez le dernier ; c'est encore, chez celui-ci, une tache blanche qui apparaît un peu plus bas sur la même touffe de plumes. A part ces différences dans les parties supérieures, on trouve chez les deux Oiseaux le même genre de coloration, quoique l'on ne puisse passer sous silence les petits traits ou taches de couleur blanche qui bigarrent les joues du sujet d'Upsala. Il faut remarquer que celui-ci a les pattes foncées tirant sur le bleu comme le *Mergus*, que le bec offre la même particularité ; or, ces mêmes extré-mités ne sont pas de ce ton chez les deux autres sujets. — Les distinctions présentes font voir que le *Mergus anatarius* d'Eimbeck le sujet d'Upsala et celui de M. Weissflog, n'appartiennent point à une espèce fixe, et qu'ils sont, sans doute, à cause de leur irrégu-larité dans leurs caractères, des hybrides.

On ne saurait, nous l'avons dit, comparer le jeune mâle de Kjœrbolling (2) avec les trois mâles qui viennent d'être examinés.

(1) Sur le Canard d'Upsala elle fait presque défaut, on l'a remarqué.
(2) Décrit et représenté dans l'*Ornithologia danica* de cet auteur, pl. LV, fig. 7 (Supplément).

La description que nous avons faite de ce jeune isolé, et les notes que nous avons prises sur les espèces pures sont les suivantes :

On remarque que *Mergus albellus* ♂ jeune ou ♀ a, à partir de la mandibule inférieure et commençant sous le menton, un grand espace blanc se répandant sur les joues, sur les côtés et le devant du cou. Le brun roux commençant à la mandibule supérieure couvre tout le front, le dessus de la tête, la nuque, la crête du cou et entoure l'œil de la largeur d'un grand centimètre.

Chez *Clangula glaucion* ♂ jeune et ♀, la couleur brune est répandue non seulement sur toute la tête, mais aussi sur les joues et descend même sur le cou, jusque sous la gorge. Les différences que nous indiquons sont les principales dans la coloration.

L'*Avis hybrida* de Kjœrboling, qui est de très petite taille, doit cependant être un jeune déjà en mue d'adulte, car on aperçoit facilement sur le brun de la tête des plaques foncées ; sur les joues, blanches çà et là, de petites taches foncées se montrent aussi, et près de la mandibule supérieure, la touchant, apparaît comme un indice de la plaque blanche de *glaucion* ♂ adulte. Nous disons la plaque blanche de *glaucion* ♂ adulte, car chez nos exemplaires ♂ jeunes ou ♀ cette partie, près de la mandibule supérieure, reste encore foncée, de la teinte brune de la tête et des joues. Il y a donc, dans cette partie blanchâtre, ces plaques foncées du dessus de la tête et ces petites taches éparpillées sur les joues, des traces de *clangula* ♂. Mais, dans la couleur et le dessin du fond, l'Oiseau est *albellus*, car ses joues, quoique piquetées, et le dessous de sa gorge sont de couleur blanche (1) ; puis la ligne de démarcation qui, chez *albellus*, sépare le brun d'avec le blanc, est parfaitement dessinée chez lui.

Ce caractère intermédiaire dans la coloration est à retenir : c'est le dessin d'*albellus* modifié par l'influence de *glaucion*.

Une autre partie du plumage, située plus bas que la précédente (mais qu'on ne saurait rapporter plus à *mergus* qu'à *glaucion*, car tous deux l'ont semblable), nous montre encore que l'Oiseau n'est plus un tout jeune mâle. En effet, sur le gris brun blanchâtre du bas du cou et du devant, les taches blanchâtres de l'adulte sont bien caractérisées.

Peut-être serait-il possible de découvrir dans le dessin de l'aile, qui nous paraît plus *albellus* que *glaucion*, des caractères propres à cette dernière espèce. Chez les *Clangula* (♂ jeune ou ♀) que nous possédons, la partie haute de l'aile est foncée, mélangée seulement

---

(1) A l'exception toutefois de la petite partie blanche qui touche la mandibule supérieure.

de blanc, tandis que chez les exemplaires *albellus* du même âge et du même sexe, cette partie est plus blanche et laisse apercevoir une large plaque bien mieux définie. Chez l'individu hybride de Copenhague cette grande plaque blanche est très accentuée. Il est vrai que cette particularité pourrait cependant provenir de ce que nos jeunes ♂ *glaucion* ne sont pas assez avancés en âge. Néanmoins chez l'hybride cette plaque blanche affecte davantage la forme de la plaque de *mergus*, car elle va presque rejoindre la deuxième tache blanche longitudinale de l'aile, laquelle tache est placée plus haut. (Nous ignorons si ce caractère se produit de la même manière chez le *Clangula* en mue et aussi avancé en âge que notre hybride).

Nous observons encore une autre différence avec nos *Clangula* : chez ceux-ci la partie basse de l'aile montre beaucoup plus de blanc que la partie correspondante d'*albellus* qui ne-laisse voir à cette place que deux barres fort étroites de blanc. Or, chez le sujet de Kjœrbolling, les deux raies transversales propres à *Mergus* existent très nettement, mais elles sont beaucoup plus larges et montrent, par conséquent, beaucoup plus de blanc. Est-ce là un rappel de *glaucion* ?

Une remarque qui ne se rattache point à la question de l'hybridité ne sera point ici hors d'apropos. Dans les ♂ adultes *albellus* et *glaucion*, la grande tache supérieure de l'aile est à peu près la même et traversée de raies obliques ; mais dans la disposition de la large barre blanche inférieure, les deux espèces diffèrent d'une manière bien accusée. Cette large barre, chez *glaucion*, se répand en long, presque sur toute la surface de la partie basse de l'aile et se trouve complètement séparée de la supérieure. Chez *albellus*, cette même barre inférieure va en montant vers sa moitié rejoindre la supérieure se trouvant, à cette même place, comme coupée par du foncé. Sur ce foncé, il n'apparaît plus (à titre de rappel du blanc) (1), que les deux petites barres blanches très fines dont on a parlé. Or, chez le jeune *glaucion* cette partie blanche se trouve coupée par une raie foncée à peine visible, rappelant ainsi les séparations du blanc de l'aile de *Mergus*. Ceci tient-il à une ancienne parenté de deux types qui se seraient ensuite diversifiés? La thèse évolutionniste dirait oui. — Nous sommes loin de le prétendre. Nous nous bornons à une simple remarque. Nous reconnaissons, du reste, qu'il faudrait, pour que de telles observations aient une valeur, un mobilier de comparaison plus complet que celui dont nous dispo-sons : nous ne possédons que dix sujets, quatre *albellus* et six *glau-*

(1) Laquelle couleur a pris une autre direction.

cion, dont trois de ces Oiseaux sont des ♂ adultes. Le double, sinon le triple des exemplaires ♂ jeunes, nous seraient nécessaires pour tenter une bonne démonstration, les caractères de l'aile étant très embarrassants et subissant des modifications progressives suivant l'âge et le degré de la mue. Ainsi, dans nos sept sujets (♂ jeunes ou ♀ *albellus* et *glaucion*), aucun d'eux ne porte encore des traces de la grande tache blanche longitudinale de la partie supérieure de l'aile, tache que l'on observe chez le sujet de Copenhague ; cette absence de tache chez nos exemplaires purs ne nous permet pas de dire si celle que porte l'hybride en question se présente à la manière de *glaucion* ou à la manière d'*albellus*. La mue, chez les deux espèces, pourrait ne pas se présenter de la même manière.

Nous remarquerons qu'on a peint les tarses et les doigts de l'hybride d'une couleur très rouge, les palmures restant brun foncé. Si ce ton est exact, on aurait là un bon signe d'hybridité, car les pattes d'*albellus*, auquel ressemble davantage cet Oiseau, sont bleutées.

Quant au bec, qui est la partie la plus intéressante à étudier, quoique le caractère de la teinte de la tête et des joues le soit aussi beaucoup, il est de couleur brun foncé, et de forme bien plus *mergus* que *clangula*, car il est long et l'ongle très rabattu forme une pointe basse. Mais il est aussi sensiblement plus fort que celui de *mergus* ♂ jeune ou ♀ ou même ♂ adulte. Si on le regarde en dessus, il est à sa naissance plus large que celui du *Mergus* ; les narines sont éloignées de la tête comme cela arrive chez la *Clangula* ; puis la largeur diminue peu vers l'extrémité. (On sait que le bec du *Mergus* se rétrécit tellement en s'allongeant qu'il forme une pointe).

C'est donc le bec qui est en quelque sorte le caractère *indiscutable* d'hybridité, car, quoique les larges dessins des joues et les deux raies transversales des ailes montrent assez bien l'influence de *glaucion*, on ne voit pas, (au moins si nous nous en rapportons à nos sujets de comparaison), par quels autres traits essentiels et bien distincts l'*Avis hybrida* de Kjœrboling affirmerait sa parenté avec cette espèce, à moins que ce ne soit par ses pieds qui sont larges et très grands. (On sait que *Glaucion* les a plus grands qu'*albellus*).

La petitesse du corps nous surprend, vu l'état avancé de mue. Nous voulons croire que la pièce a été mal empaillée, ou que la peau, s'étant très rétrécie, n'a point permis de développer les vraies proportions du corps qui paraît actuellement étiolé.

Nous concluons que cette pièce est probablement un hybride des deux espèces qu'on lui donne pour parentes; mais son origine mélangée ne se démontre pas aussi facilement que chez les trois sujets ♂ adultes, c'est-à-dire l'exemplaire du Musée de Brunswick, l'exemplaire de la collection de M. Weissflog, d'Annaberg, et l'exemplaire du Musée d'Upsala.

Ce n'est point sans une attention très soutenue que nous sommes arrivé à faire ces dernières remarques ; sans doute elles auraient été plus justes et plus complètes si notre matériel de comparaison avait été plus étendu et peut-être alors aurions nous pu signaler, sur ce sujet fort intéressant, de nouvelles marques de sa double parenté.

Nous ne pensons point qu'on ait obtenu, en captivité, la reproduction des deux espèces parentes, au moins la reproduction du *Mergus*. Le croisement de ce type avec le *Clangula glaucion* à l'état sauvage peut surprendre à première vue, si l'on considère qu'elles sont classées dans deux genres différents et bien distincts. Néanmoins, il faut reconnaître que l'espèce *glaucion* et l'espèce *albellus* offrent dans la tonalité et la disposition de leur plumage de vraies analogies. Chez les jeunes, la teinte et le dessin du plumage se ressemblent à ce point qu'étant vus un peu de loin, on pourrait confondre les deux espèces.

Il n'est donc point absolument impossible que le croisement soupçonné se soit réellement produit. Bien rarement, à l'état libre, sinon jamais, on a été témoin de l'appariage des espèces dont paraissent issus les hybrides qui ont été signalés dans ces études. Cette observation aurait précisément été faite pour les deux parents que l'on donne aux hybrides qui viennent d'être décrits. En effet, M. Wiepken, directeur du Musée ducal d'Oldenbourg (rectifiant une erreur que nous avions commise à l'article « *Clangula glaucion* et *Mergus merganser* » où nous disions que ces deux espèces avaient été vues appariées) (1), nous informe que les deux Oiseaux, que l'on vit *in copulà*, étaient le *M. albellus* ♂ et le *Clangula glaucion*. Cette observation, faite par M. l'inspecteur des forêts de Negelin, fut communiquée à M. Wiepken le jour même où elle avait été faite par celui-ci (2).

Nous rappelons que dans la collection du pasteur Brehm existe une femelle que le savant ornithologiste a déterminée comme hybride du *M. albellus* et du *G. glaucion*. Nous aurions bien désiré obtenir pour quelque temps ce sujet, sans doute unique, afin de l'examiner

(1) Voy. p. 170 ou p. 178 des Mém.
(2) Du reste consultez à ce sujet le Journal für Ornithologie, p. 416,1885. L'inspecteur général des forêts de Negelin, dont il est question, est aujourd'hui décédé.

à loisir, de le peindre et d'en faire la description complète. Mademoiselle Leïla Brehm, la petite-fille du pasteur, a bien voulu nous faire connaître la destination de cette collection qui ne permet pas de la diviser. Elle n'a pu, en conséquence, nous adresser l'Oiseau qui n'a point, croyons-nous, été discuté, mais qui sans doute mériterait d'être mieux connu, vu la grande autorité de celui qui l'a déterminé comme hybride.

MERGUS MERGANSER et CLANGULA GLAUCION.

(Se reporter p. 170 ou p. 178 des Mém. de la Soc. Zool., 1891).

Cette appariage est à supprimer pour les raisons qui viennent d'être données (p. 737, 24e ligne).

Genre Anser.

Aucun hybride sauvage du genre Anser n'avait été mentionné dans nos premières publications. Existe-t-il à l'état libre quelques croisements parmi ce genre d'Anatidés? Nous n'oserions l'affirmer; nous citerons cependant les faits suivants pour ce qu'ils valent.

ANSER ALBIFRONS GAMBELI et BRANTA CANADENSIS.

M. R. Ridgway, que nous avons interrogé sur la mention faite par Spencer F. Baird (1) d'un hybride entre la White fronted Goose et la Canada Goose existant au Musée national de Washington, nous a répondu que l'Oiseau était un « *undoubted wild Bird* ». Cet hybride a été décrit par MM. Baird, Brewer et Ridgway (2).

ANSER CINEREUS (3) et ANSER SEGETUM (4)

Le Rév. Macpherson a bien voulu nous signaler un hybride entre la Bean Goose et la Grey Lag. Cette Oie a été tuée le 6 février 1893 dans le comté de Cumberland par M. Thomas Mann d'Aigee Gill

---

(1) In Forest and Stream, vol. II, p. 5.

(2) In *Water Birds of North america*, vol. I, p. 450. Nous n'avons pu nous procurer cet ouvrage.

(3) Synonymie : *Anas anser, Anas anser ferus, Anser palustris* Flem., *Anser vulgaris* Pall., *Anser sylvestris* Brehm.

(4) *Anser sylvestris* Briss., *Anser ferus* Flem., *Anser arvensis* Brehm.

(Allougy). M. Thomas Mann en fit cadeau au Révérend qui l'a offerte au Musée public de Carlisle. Dans le Zoologist qui mentionne cette capture (1), on fait savoir que M. Thomas Mann avait pris le spécimen pour une Grey Lag, mais que le mélange des caractères des deux espèces est bien marqué et intéressant. L'Oiseau est ainsi décrit :

« The bill most nearly resembles that of the Grey Lag, though there is a little black on the unguis and at the base of the bill. The feet, on other hand, resemble those of the Bean Goose, but the two outer claws of both feet are white » (2).

Anser albifrons (3) et Bernicla brenta (4)

Au commencement de l'année 1890, M. Hartert fit voir au Club ornithologique (5) la peau d'une Oie qu'il supposait provenir d'un croisement entre la *Bernicla brenta* et l'*Anser albifrons* (6). M. Hartert a bien voulu, dans une lettre qu'il nous a adressée, décrire ainsi cet Oiseau : « Sides and flanks the same, the lowest abdomen and under tail-coverts are pure white. The rump in pure black. Otherwise it resembles entirely *Anser albifrons* ». M. Hartert a toutefois soin d'ajouter : « je doute beaucoup qu'il soit un hybride ».

Anser cinereus et Anser brachyrhynchus (7).

M. Sclater nous a fait savoir qu'il lui fut envoyé, le 16 février 1892, par M. Blaauw, de S'Graveland (Milversum), un hybride vivant entre l'*Anser cinereus* et l'*Anser brachyrhynchus*. Le Révérend Macpherson alla voir l'Oiseau curieux quelque temps après son arrivée aux Zoological Gardens; il nous a adressé les notes suivantes sur les caractères qu'il présente :

« It resembles the Grey lag Goose (*A. cinereus*) in shape, but the feet are of exactly the same colour as those of *A. brachyrhynchus;*

---

(1) 1893, pp. 190-191.
(2) Cet hybride est cité dans Ornithologishe Monatsberichte du Dr Reichenow, No 7, Juli 1893, p. 119.
(3) Autres noms : *Anser septentrionalis sylvestris, Anser erythropus* Flem., *Anser medius* Temm., *Anser intermedia* Naum., *Anser bruchi* Bp. ex Brehm.
(4) Synonymie : *Anas bernicla, Brenta, Anser torquatus, Anser branta, Bernicla melanopsis.*
(5) Dans un meeting de la Société Zoologique de Londres.
(6) Voy. Bull. of the Brit. Ornith. Club, VI, 1 march. 1893. The Ibis, 1893, p. 265.
(7) Ou : *Anser brevirostris, Anser phœnicopus, Anser segetum* Naum.

the bill is pink, but the unguis is white instead of being black like that of *A. brachyrhynchus* ». Le Révérend ajoute que l'Oiseau a été pris en Hollande (1).

A propos de cette capture, M. E. Blaauw a bien voulu nous envoyer d'intéressants détails que nous croyons devoir reproduire. Le naturaliste hollandais n'est point d'avis que cet Oiseau soit, comme l'a pensé M. Sclater (2), un croisement d'*A. cinereus* et d'*A. brachyrhynchus*. D'abord il l'avait pris pour une race anormale de l'*Anser albifrons* variété *rozeipes* Schlegel; mais depuis il a été informé par un attrapeur d'Oies que le sujet en question, et d'autres Oies qu'il a reçues à diverses reprises, sont nées en semi-captivité de l'Oie à front blanc et de l'Oie grise (*Anser cinereus*) ou de l'Oie à bec court (*Anser brachyrhynchus*).

Il n'a pas été possible à M. Blaauw de savoir à laquelle des deux dernières Oies appartenait le progéniteur, mais il est certain que l'Oie à front blanc est l'un des deux parents. Les attrapeurs d'Oies ont toujours plusieurs Oies de différentes espèces dont ils se servent comme appelants. Ces Oiseaux sont d'une familiarité excessive; mais pendant l'été ils prennent leur liberté et s'éloignent dans les prés. Il arrive parfois qu'ils s'y reproduisent; chose étrange, c'est généralement un croisement qui a lieu et presque toujours l'Oie à front blanc est un des reproducteurs. Si M. Blaauw a bien jugé par la teinte du plumage, l'*Anser brachyrhynchus* doit être l'un des deux parents de l'hybride envoyé à M. Sclater. Quant au second parent, M. Blaauw ne peut rien affirmer, car, remarque-t-il, par l'hybridation se forment souvent des teintes étrangères aux espèces mères (3), et certes le bec de l'hybride n'a pas la moindre trace au bec du noir propre à l'Oie au bec court; son bec, qui est gros, est en effet de couleur rose.

Il peut se faire que les hybrides précédemment nommés aient été, comme ce dernier, produits en semi-liberté par des Oies servant d'appelants (4).

(1) Cet Oiseau a, paraît-il, été mentionné dans les Proceedings of the Zool. Society; mais nous ignorons à quelle date.

(2) Celui-ci paraît néanmoins hésitant, ou semble être revenu à sa première opinion.

(3) Cette observation est à retenir.

(4) Le Rd Hon. lord Lilford (in *Notes on the Ornithology of Northamptonshire and neighbourhood.* Zoologist févr. 1895), signale une femelle « white fronted Goose » qui, appariée avec une Bean Gander, pondit quatre œufs à l'« Aviary-pond ». Nous supposons qu'il est question ici d'un appariage obtenu en captivité ou en semi-liberté. Du reste, le lord ne fait point connaître le résultat de cette ponte.

PALMIPÈDES TOTIPALMES

Famille des Pelecanidæ

Genre Phalacrorax

PHALACRORAX AFRICANUS et PHALACRORAX PYGMAEUS

Le Catalogue des Oiseaux du Musée de Francfort fait mention d'un Oiseau qui a la queue du *Phalacrorax africanus*, mais qui ressemble plutôt, par ses taches, au *Ph. pygmaeus* (1). M. Hartert, auteur du catalogue, a envoyé le spécimen qu'il y a signalé à M. le Dr Reichenow, de Berlin, pour le comparer avec des individus d'espèce pure, que le Musée de Francfort (2) ne possède pas en assez grand nombre. M. Reichenow a fait savoir à M. Hartert que cet Oiseau était à reporter à l'espèce *africanus*; que, cependant, il pourrait bien être un « *bastard.* » M. Hartert l'a inscrit sous le N° 3481 du Musée de Francfort avec cette mention : « Bastard von *Ph. pygmaeus × africanus* ♀, Zana-See, Abyssinien.G.V.Dr Rippell,1832.»

En admettant que cet individu, tué à l'état sauvage, soit bien un hybride, ce qui n'est pas prouvé, il ne faut voir dans le *Phalacrorax pygmaeus* et le *Ph. africanus* que deux types voisins, sans doute deux races d'une même espèce.

(1) *Katalog der Vögel* in Museum Francfurt-am-Mein, p. 236, 1891.
(2) A ce moment M. Hartert était appelé dans cette ville pour dresser le catalogue des Oiseaux du Musée.

ORDRE DES ÉCHASSIERS

ÉCHASSIERS HÉRODIONS

Famille des Gruidés.

Genre Ardea

ARDEA CINEREA et ARDEA PURPUREA.

(Se reporter p. 171 ou p. 179 des Mém. de la Soc. Zool., 1891).

Nous avions écrit qu'un hybride provenant du croisement de ces deux Hérons se trouve chez M. van Kempen, à St-Omer. Ce sujet provient de la collection du colonel allemand Zitwitz, qui le considérait comme une grande rareté. Tous les ornithologistes qui ont visité la collection de M. van Kempen ont, paraît-il, déterminé l'Oiseau comme produit hybride. Nous avons néanmoins demandé au très affable propriétaire de cette riche collection la permission de faire examiner le rare spécimen par M. Oustalet. Cette faveur nous a été accordée et l'Oiseau a été envoyé au laboratoire du Muséum d'Histoire naturelle de Paris.

M. Oustalet ne s'est point trouvé d'accord avec ceux qui l'avaient déterminé comme hybride, car il l'a reconnu pour appartenir à l'espèce *herodias* de Linné dont on possède au Muséum plusieurs exemplaires. Le Muséum vient en outre de recevoir plusieurs nouveaux échantillons provenant du Mexique. Il ne faut pas confondre, nous dit M. Oustalet, l'*Ardea herodias* Linn. (ou *Ardea lessoni* de Wagler) avec l'*Herodion alba*. L'*A. herodias* est intermédiaire entre l'*A. cinera* et l'*A. purpurea* ; mais c'est une espèce bien caractérisée, propre aux États-Unis, au Mexique et aux Antilles.

Deux spécimens américains se trouvant identiques à l'Oiseau du colonel Zitwitz, aucune erreur n'est possible. Si donc ce dernier spécimen, ajoute M. Oustalet, a été tué en Allemagne, (ce dont il doute un peu), c'est un individu égaré.

L'hybride, soi-disant *Ardea cirenea* × *Ardea purpurea* de la collection Lacroix, de Toulouse (1), n'appartiendrait-il point lui-même à l'espèce *herodias* ? Il serait très désirable que son propriétaire consentît à l'adresser au Muséum de Paris où on pourrait le confronter avec les individus de cette espèce (si toutefois de tels échantillons manquent dans la collection de M. Lacroix).

_____

(1) Clt. p. 131 ou p. 163 des Mém. de la Soc. Zool. de Fr.

ÉCHASSIERS COUREURS

Famille des Charadridés

Genre Hœmatopus

HŒMATOPUS UNICOLOR (1) HŒMATOPUS LONGIROSTRIS

D'après une communication de M. Walter Buller, le Musée de Cantorbury (Nouvelle Zélande) posséderait des Hybrides d'*Hœmatopus longirostris* × *H. unicolor* ; cependant, M. Buller n'a pu les retrouver lors de sa dernière visite à Cantorbury, ces Oiseaux paraissent avoir disparu.

M. Ed. Ramsay, de l'Australian Museum à Sidney, auquel nous avons demandé des renseignements sur ces croisements, nous répond qu'il pense que très souvent des variations de plumage sont prises pour des hybrides ; il n'a jamais entendu parler de mélanges entre les deux espèces qui font l'objet de cet article et ne suppose point que celles-ci se croisent en liberté.

Famille des Scolopacidæ.

Genre Numenius

NUMENIUS TENUIROSTRIS et NUMENIUS ARQUATUS (2).

M. Zaroudnoï nous écrit d'Orenbourg (Russie) qu'il a mentionné, dans son ouvrage sur la Faune ornithologique de ce pays, un couple de *Numenius* trouvé par lui sur les rives de Savé-Holda ; le mâle appartenait à l'espèce *tenuirostris* tandis que la femelle était de l'espèce *arquatus*. M. Zaroudnoï est certain que ces deux Oiseaux étaient accouplés ; il pense qu'ils s'éloignaient de leur nid afin de ne point attirer l'attention. Depuis, il a obtenu dans diverses parties de la contrée d'Orembourg plusieurs exemplaires de *Numenius* qui montrent les caractères des deux espèces et qu'il suppose être des hybrides. L'éminent naturaliste se propose de les étudier attentivement et les comparer aux formes typiques ; il nous fera connaître le résultat de cet examen, car peut-être ces échantillons ne sont-ils, au moins l'un de ceux qu'il possède depuis déjà quelque temps, qu'une variété du *tenuirostris*.

(1) Appelé aussi : *Hœmatopus fuliginosa*.
(2) Synonymie : *Scolopax arquata, Numenius, Numenius major, Numenius medius*.

Degland (1) dit que le Courlis à bec grêle (*tenuirostris*) paraît
s'accoupler quelquefois avec le Courlis cendré (*N. arquata*); il ajoute
même que de ces alliances accidentelles naissent des métis qui ont
été décrits comme espèce par Contarini sous le nom *Numenius
hastatus* (2).

M. Degland confirmerait donc l'observation de M. Zaroudnoï.

NUMENIUS TENUIROSTRIS × NUMENIUS PHOEOPUS (3)

Egalement, d'après Degland (4), le Courlis à bec grêle s'accouplerait avec le Courlis corbien, *N. phæopus*, d'où il résulterait des
métis décrits comme espèce sous le nom de *Numenius syngenicos*
par von der Mühle (5).

M. Oustalet, que nous avons consulté, nous dit que *N. syngenicos*
von der Mühle n'est point un hybride, mais la même espèce que
N. tenuirostris.

Genre Gallinago

GALLINAGO MAJOR (6) et GALLINAGO SCOLOPACINUS (7)

M. J. H. Gurney signale (8) chez M. Lown, l'empailleur d'Oiseaux
de Yarmouth, une très grande femelle Snipe (*G. scolopacinus*) colorée
de roussâtre, mais dont le blanc des parties de dessous est moins
étendu qu'à l'ordinaire. Cet Oiseau, ajoute M. Gurney, pourrait
bien être un hybride de la Common Snipe et du *Gallinago major*.
Il avait été acheté à Norwich, où M. Soutwell l'examina et le com-
para de souvenir à une Bécassine très curieuse qui fut tuée en 1886
et décrite brièvement dans le Zoologist (9), celle, pensons-nous,
que possède le Rév. A. J. Richards, de Farlington (Ampshire). M.
Gurney croit que cette dernière est un vrai hybride. Nous n'avons

---

(1) *Ornithologie européenne*, par Degland et Gerbe, II, p. 161, 1866.

(2) In « *Venezia e le tree lagune.* »

(3) Autres noms scientifiques : *Numenius minor, Scolopax phæopus, Scolopax
luzoniensis, Numenius atricapillus, Phæopus arquatus.*

(4) Même ouvrage, même page.

(5) Beit. zur. Ornith. Griech en lands.

(6) Autres noms scientifiques : *Scolopax media, Scolopax major, Scolopax
paludosa, Scolopax palustris, Telmatias gallinago, Ascolopax major,* etc.

(7) Ou : *Scolopax gallinago, Gallinago, Scolopax gallinaria, Telmatias,
gallinago* et *brechmii, Pelorynchus brechmi, Ascolopax gallinago* et *sabiris.*

(8) Zoologist, N° de mars 1894, p. 90. « *Ornithological Notes from Norfolk.* »

(9) 1886, p. 392.

reçu en communication aucun de ces échantillons. Le Rév. A. J. Richards nous a donné seulement, par lettre, quelques indications sur la dernière Bécassine. Il nous fait savoir que cet Oiseau fut montré à un meeting de la Société ornithologique de Norfolk et que les membres présents émirent l'opinion que c'était un spécimen unique de la Common Snipe. Le Révérend n'était point présent à la réunion de ses collègues, mais il ne put partager leur manière de voir parce que la petite bête n'avait point fait entendre de cri lorsqu'elle s'était élevée en l'air, comme en fait entendre habituellement la Common Snipe, et qu'aussi elle s'était montrée très paresseuse dans son vol.

M. Richards pense encore que c'est un petit spécimen de la « Solitary or great Snipe ». Toutefois il reconnaît que l'époque où elle fut tuée, le mois de Janvier, vient à l'encontre de son dire, car, à partir de Septembre, on ne trouve plus la grande Bécassine dans les Iles britanniques. L'Oiseau fit baisser, paraît-il, les balances de cinq onces.

Genre Limosa

LIMOSA LAPPONICA et LIMOSA UROPYGIALIS

M. le prof. dott. Martorelli a bien voulu nous adresser une note qu'il a écrite sur « *Alcuni exemplari del gen. Limosa* » (1), note qui renferme une planche coloriée représentant un individu intermédiaire entre la *Limosa lapponica* et la *Limosa uropygialis*, — peut-être un hybride entre les deux formes? M. Martorelli ne s'est point prononcé.

Le produit en question n'intéresse que médiocrement nos études, car les deux formes qui lui auraient donné naissance ne peuvent être présentées comme de bonnes espèces. La *Limosa uropygialis* n'est qu'une race locale, une forme orientale de la *L. œgocephales*. M. Oustalet nous fait remarquer que M. Seebohm, qui a eu sous les yeux beaucoup de spécimens des deux races, *L. rufa* de l'Ouest et *L. uropygialis* de l'Est, dit qu'elles se fondent l'une dans l'autre par des gradations insensibles. « *The eastern and western forms of the Bar-tailed Godwit completely intergrade* (2) ». M. Seebohm ajoute (3) que

---

(1) *appartenenti alle specie Limosa lapponica*, Linn., e *Limosa uropygialis*, Gould. (Atti della Società italiana di Scienze naturali, vol. XXXIII, Milano, 1890).

(2) *The geographical distribution of the Charadriidæ*, p. 387.

(3) P. 488.

leur point de contact se trouve probablement dans la péninsule ; un spécimen qu'il a obtenu dans la vallée du Jénisseï appartient certainement à la forme de l'ouest (*L. rufa*).

M. Oustalet nous fait remarquer en outre que chez la *Limosa uropygialis*, les dimensions du bec et des pattes varient excessivement : le bec de 7 1/2 à 11 centimètres et les pattes dans les mêmes proportions. Le plumage est lui-même sujet à des variations et sans doute on pourrait constater des différences analogues chez des exemplaires de localités diverses de *L. rufa*. Aussi, la prudence s'impose dans le cas présent. Si, malgré ces remarques, on doit considérer la *Limosa* de M. Martorelli comme produite par le mélange de *L. rufa* et de *L. uropygialis,* on ne saurait lui donner le nom d'hybride puisque les races mères ne sont que des variations d'un même type et même des variations non constantes.

ÉCHASSIERS MACRODACTYLES

Famille des Rallidæ

Genres Gallinula et Fulica

GALLINULA CHLOROPUS (1) et FULICA ATRA (2)

Un hybride fort intéressant a été signalé et décrit par M. Kreyge (3). L'Oiseau fut tué par le comte de Dierkheim jun. dans le Hanovre au mois de septembre 1889 : il se trouve aujourd'hui dans le Musée provincial. Il est de sexe femelle, mais l'ovaire paraissait peu développé. La mesure prise sur le frais était: « long. tot. 38^{cm}, larg. 62^{cm}, doigt du milieu 13.5 ».

Cette pièce, vraiment remarquable par ses caractères mixtes entre les deux espèces, a été envoyée très gracieusement à notre examen par la Direction du Musée. Il nous a semblé que l'Oiseau se rapproche par la taille de *Fulica atra* : son bec coloré comme chez *Gallinula chloropus* est plus fort que chez cette espèce et moindre que celui de *F. atra.* Le dos, le dessus des ailes de la queue, c'est à-dire les parties supérieures, sont du brun verdâtre

---

(1) Synonymie : *Porphyrio olivarius, Fulica chloropus, Gallinula, Fulica fresca, maculata, flavipes* et *fistulans, Rallus chloropus,* etc.

(2) Appelé encore : *Fulica lencoryx* et *œthiops, Fulica atra* et *aterrima, Fulia platyuros,* etc.

(3) *Bastard von Gallinula chloropus und Fulica atra* in Ornithologisches Jahrbuch, IVe livraison, p. 172.

de *chloropus*. Les doigts sont bordés, mais beaucoup plus étroitement que chez *atra*. Le dessous du corps est de ce type (1). Il n'existe point de blanc sous le ventre ; les couvertures inférieures de la queue en laissent voir comme chez *chloropus*, quoique dans des proportions plus faibles. L'iris (artificiel) est brun. En somme cette pièce paraît être un excellent intermédiaire.

Au moment de notre examen, nous n'avions entre les mains que quatre *Gallinula chloropus* et trois *Fulica atra*, mais nous avons étudié depuis de nombreux spécimens d'espèce pure dont quelques-uns en chair. Notre opinion ne s'est point modifiée (2).

---

(1) Du reste, la couleur de cette partie est la même chez les deux types.

(2) Au sujet de la coloration du bec, que nous avons dite semblable à celle de *G. chloropus*, nous devons faire remarquer qu'au Musée de Rouen on voit une Foulque tuée dans la Seine-Inférieure, et dont le commencement du bec est très rosé foncé ; près de cet Oiseau figurent quatre autres Foulques mâles qui n'ont point le bec rosé ; (le sexe n'est point indiqué). Nous ne serions point surpris d'apprendre que les deux espèces ont le bec à peu près du même ton.

RALLUS AQUATICUS. — Nous avons lu dans le Bulletin des Naturalistes de Sienne, du mois de décembre 1888, que M. le comte E. Mettica de Gambara avait pris à la chasse un *Rallus aquaticus* de sexe femelle. Le bec était un peu aplati, légèrement relevé, et la mandibule inférieure dépassait un peu la supérieure. Le bec ainsi conformé ne portait la trace d'aucune blessure. Le comte se demandait si un tel Oiseau n'était point un hybride (*incrocio*). Informations prises, il nous a été répondu qu'une telle conformation ne pouvait venir que d'une blessure antérieure ; l'occiput, de couleur blanche, annonçait encore une anomalie.

FAMILLE DES CHARADRIDÆ ET DES SCOLOPADICÆ. Genres Vanellus et Scolopax. *Vanellus cristata* et *Scolopax rusticula*. — Le Journal de Chasse allemand (A. Hugo's Jagd Zeitung, pp. 343 et 344, n° du 1ᵉʳ Juin 1887) rapporte le fait suivant qu'il a emprunté à une autre revue (1) : « Dans l'endroit nommé Bohraner, près Hundsfeld, canton d'Oels, il fut tué au crépuscule un bâtard de Kiebitz (le Vanneau) et de Waldschepfe (la Bécasse). L'Oiseau étrange, ajoute-t-on, avait la forme et le *stecher* (trident ?) de la Bécasse, tandis que les *ständer* (nous ignorons la signification de ce mot) ressemblaient aux pieds du Vanneau La couleur blanc noir du corps et des tectrices était celle du Vanneau, etc. » Le Journal de chasse ne paraît pas prendre ce récit au sérieux ; si nous le citons c'est pour lui retirer toute créance ; un tel fait n'est pas admissible ; il est très regrettable que l'on soit obligé de perdre quelques instants pour le réfuter.

---

(1) Ob. Schl. Anzieg.

ORDRE DES PASSEREAUX

Famille des Fringillidés

Genre Fringilla

LIGURINUS CHLORIS × CANNABINA LINOTA

(Se reporter p. 198 ou p. 172 des Mém. de la Soc. Zool. 1892).

Le Musée de Dublin a acquis de M. Edwards Williams un hybride entre un mâle Greenfinch (*Cocothaustes chloris*), suppose-t-on, et une femelle Linnet (*Linota cannabina*).

Cet Oiseau avait été pris dans les champs près de Dublin, en mars 1891 ; il se trouvait dans une bande composée de Linottes sauvages. M. Williams l'avait acheté lui-même à un « bird catcher » nommé Monaghan, oiseleur expérimenté, qui l'avait pris la veille du jour de l'achat dans les circonstances que l'on fait connaître. M. Williams n'a aucun raison de douter de l'assertion de cet homme. Les ailes et la queue de l'Oiseau, ainsi que l'extrémité des plumes extérieures, étaient, en effet, en parfait état ; ce qui ne se serait point produit sans doute si cet Oiseau avait vécu en cage.

La dissection fit voir qu'il appartenait au sexe mâle, comme le jaune prédominant des ailes l'indiquait déjà.

M. J. Ball, le directeur du « *Science and Art Museum* » d'Edimbourg, a, sur la demande de MM. G. H. Carpenter et Dr Schaff, consenti à nous adresser en communication le précieux échantillon ; nous en avons fait la description suivante : Joli spécimen bien empaillé ; beaucoup plus *chloris* que *linota* par sa grosseur et son aspect. C'est surtout par ses teintes rousses, (et non gris souris et verdâtre, comme sont les teintes du *chloris*), qu'il montre son hybridité avec la *linota*. Sa tête et son bec sont un agréable mélange des deux espèces, tant par la forme que par le coloris. Sur le sommet de la tête il n'existe aucune trace du rose cramoisi propre à *Cannabina linota*, mais sur la poitrine on aperçoit une teinte jaune citron avec quelques reflets brique ou roux qui indiquent suffisamment le mélange des deux espèces [1]. Le dessous du dos et des ailes est brun chaud avec de larges flammèches rappelant la *linota* ; les flancs sont aussi de ce ton chaud. Le croupion est verdâtre très prononcé ; les rectrices sont bordées

_____
[1] La poitrine est même, en quelque sorte, martelée de roussâtre.

de jaune clair ; sur la barbe existent de larges taches blanches dues à l'influence de la *Cannabina*. C'est à peine si l'on aperçoit du jaune clair sur les bords supérieurs des ailes ; cette couleur y est complètement atténuée. — En somme, cette pièce, plus *chloris* que *Cannabina*, indique bien un hybridisme des deux espèces.

Nous avions émis quelques doutes au sujet du spécimen qui nous avait été envoyé du Musée d'Amsterdam par M. le d^r Kerbert. C'était le premier hybride que nous recevions. Le docteur très complaisant, (nous avons eu l'occasion de lui adresser bien des fois nos vifs remerciements), a bien voulu nous permettre d'examiner ce sujet une deuxième fois. Voici les nouvelles remarques que nous avons faites :

Par sa forme l'Oiseau est un véritable Verdier, mais il est d'un ton plus roussâtre, notamment sur la poitrine qui, en outre, est marquée comme de roux grisâtre. Cette teinte, quoique anormale, ne serait pas suffisante pour prouver une hybridation ; mais la barbe des rectrices extérieures de la queue est tachetée de blanc comme chez *Cannabina*. Ce détail, très essentiel et très probant, (car *chloris* ne montre point cette particularité), nous avait échappé lors de notre premier examen. La croupe est également beaucoup plus claire que celle du *chloris* (1). Les rectrices du côté gauche paraissent manquer en partie ; la barbe des trois rectrices du côté droit, notamment de la première plume, est marquée d'une large tache blanche. Le filet de la barbe extérieure est jaune comme chez *chloris*. Notons encore que le bec n'est pas tout à fait aussi fort que celui de ce dernier type.

Ainsi, quoique l'Oiseau soit presque *chloris*, il peut néanmoins être considéré comme hybride à cause du blanc qui se trouve sur les rectrices.

M. J. B. Nichols, d'Holmood, a bien voulu aussi nous envoyer une seconde fois les deux hybrides de sa collection afin que nous puissions les faire peindre. Une petite erreur s'était glissée à leur sujet ; nous disions qu'il ne nous était point possible de donner des renseignements positifs sur l'un d'eux, le jeune portant le n° 16 (2).

Nous l'avions cependant examiné nous-même, mais nous n'avions point pris le soin de le décrire. Ce spécimen intéressant porte des marques évidentes de jeunesse sous la gorge, sur le devant de la poitrine et sur les côtés du ventre. On voit sur ses flancs des taches longitudinales qui semblent mieux rappeler l'état jeune du *chloris*

---

(1) Ceci, toutefois, ne saurait être attribué à l'influence de la *linota*.
(2) Voy. p. 208 ou p. 282 des Mém.

que les taches (également longitudinales) de la *linota*. Il est d'une teinte grisâtre terne, presque uniforme ; un peu de jaune sur les régions primaires et les rectrices extérieures rappelle le *chloris* auquel il ressemble beaucoup, sauf par le bec qui est trop faible pour se montrer de cette espèce. Les rectrices ne sont point jaunâtres et le bord supérieur de l'aile, près de l'épaule, est blanchâtre comme chez la *linota*. Ces caractères montreraient au besoin qu'on n'a point affaire à une femelle *Ligurius chloris*. Nous supposons donc cet Oiseau hybride, quoique ses caractères mixtes soient peu accentués (1).

Nous avons pris quelques nouvelles notes sur l'hybride obtenu en 1882, à Denes (Great Yarmouth). On avait eu soin de faire remarquer (2) que la couleur du cou, du dos et des ailes, vus en dessus, sont de la *linota*, jusqu'à la moitié de la longueur du corps ; tandis que la couleur du *chloris* se montre sur le croupion, la queue et la partie inverse des ailes ; que, par conséquent, une démarcation entre la couleur respective de chaque espèce s'établit d'une manière très sensible et très accusée. Si cette observation est juste, elle est absolument remarquable. Or, à un deuxième examen, nous avons reconnu son exactitude. Mais nous aurions dû noter que les rémiges les plus rapprochées du corps rappellent, par leur teinte brune, la couleur de la *linota*.

Nous avions encore observé que le bec, assez fort, ressemble par ce caractère à celui du Verdier ; il est bien loin cependant d'atteindre les dimensions de celui de cette espèce ; on peut le dire intermédiaire entre le bec de la *linota* et celui du *chloris*. Notons enfin un détail qui nous avait échappé : à savoir que les rectrices sont blanches en dessous, montrant par là l'influence de *Cannabina*. Nous pouvons donc répéter que cet Oiseau est un excellent intermédiaire, quoique d'aspect plus *chloris* que *linota*.

Ligurinus chloris et Cannabina linota

(Se reporter p. 210 ou p. 284 des Mém. de la Soc. Zool. 1892).

Plusieurs nouveaux faits sont à signaler :

1° M. le veneur A. von Klein, membre de la direction du Jardin Zoologique de Copenhague, a bien voulu nous faire savoir qu'un

---

(1) Nous n'avions point pour cet examen de très jeunes femelles des deux espèces en nombre suffisant ; des peaux appartenant à ce sexe nous auraient été utiles.

(2) P. 205 ou p. 279 des Mém.

croisement de *Ligurinus chloris* × *Carduelis elegans* avait été capturé dernièrement dans les environs de la capitale.

2° Un exemplaire semblable fut pris au même endroit et vendu à un ornithologiste.

3° M. Robert Fontaine, propriétaire à Marcq-en-Barœul, près Lille (Nord), a été assez gracieux pour nous envoyer en communication une pièce achetée autrefois vivante chez un marchand de Lille.

4° M. le Dr G. M. Bertoldo, de Turin, se rappelle avoir vu chez un de ses amis de collège, M. F. Ferraro, d'Alexandrie, un hybride de Chardonneret et de Verdier.

5° Enfin, M. Blackhouse, a bien voulu nous adresser d'Angleterre un Oiseau qui paraît évidemment l'hybride de ces deux espèces, mais dont malheureusement il ignore la provenance.

Voici les renseignements que nous pouvons fournir sur ces divers spécimens :

1. M. A. von Klein conserve vivant dans les volières du Jardin de Copenhague l'Oiseau pris dans un champ aux environs de cette ville ; on ignore si c'est un mâle ou une femelle ; il paraît être cependant du premier sexe. C'est un Oiseau qui est intéressant et que M. von Klein a bien voulu faire peindre à notre intention.

2. L'ornithologiste qui a acheté le second exemplaire, pris au même endroit, l'aurait envoyé au British Museum. (M. A. von Klein pense que les deux Oiseaux ont bien une origine sauvage et ne sont point des échappés de captivité).

3. Le marchand de Lille qui a vendu le troisième spécimen à M. Robert Fontaine paraît avoir reçu cet hydride dans un envoi d'autres Oiseaux vivants se composant de *L. chloris, C. elegans, C. linota, Chrys. spinus, Acan. linaria, S. hortulanus;* tout au moins quand M. Fontaine l'aperçut, était-il renfermé avec ces diverses espèces ; aussi le suppose-t-il pris à l'état sauvage avec ces derniers.

4. M. le Dr Bertoldo, ayant perdu de vue son ami de collège, ignore si l'Oiseau qu'il nous a signalé se trouve encore dans la même collection ; M. Ferraro, qui s'occupait autrefois d'ornithologie, a quitté Alexandrie.

5. L'exemplaire qui nous a été envoyé par M. Blackhouse a été trouvé chez un marchand de modes, à Harrogate. Il est monté et disposé pour servir d'ornement ou de parure à des chapeaux. Peut-être s'agit-il seulement d'un individu né en domesticité? Nous n'avons point cherché à l'acquérir, ce à quoi on se serait prêté facilement.

DESCRIPTION DE PLUSIEURS DE CES HYBRIDES

N° 1. Plus petit de taille que le Verdier. Bec volumineux, rappelle celui de *chloris*, mais ressemble à la fois à celui du Chardonneret et à celui du Verdier, (renseignements de M. A. von Klein). Masque orange bien prononcé (d'après la peinture que nous possédons). La queue paraît très courte et le devant de la poitrine un peu jaune verdâtre (d'après la même peinture).

N° 3. Bec très court, épais ; moins fort que celui du *chloris* en ce sens qu'il est moins allongé ; il est très clair et ne montre aucune pointe noire à son extrémité (il a quelque chose de celui du serin). La poitrine et le ventre sont gris brun roux mélangé de jaune. Sous-caudales et croupion jaune vif. Les rémiges de la queue sont jaunes dans la partie haute ; en dessus et en dessous elles sont dépourvues de blanc (1). Le dos est gris ; puis, plus bas, près du croupion, de ton roux brun roux jaunâtre ; le croupion est jaune verdâtre. La tête est d'un gris verdâtre, elle rappelle sur les joues le *chloris;* le cou gris jaune rappelle encore cette espèce. Les pattes paraissent avoir été de ton clair ; la queue est de faibles dimensions. Comme taille l'Oiseau est entre le Verdier et le Chardonneret, mais plutôt de la taille du premier.

Le caractère principal de cette pièce consiste dans l'absence sur le front du masque rouge du chardonneret que tous les hybrides *Carduelis* × *Ligurinus*, que nous avons vus, rappellent très visiblement à cette place. Aurions-nous affaire à un jeune Oiseau ? (2).

N° 4. Tête rouge orangé ; corps brun verdâtre en dessus. Poitrine

---

(1) Tous les hybrides *Carduelis et Ligurinus* de notre collection possèdent cependant cette couleur.

(2) M. Fontaine conteste vivement la provenance *Ligurinus chloris* × *Carduelis elegans* que nous attribuons à son hybride ; il le croit hybride de *Linota* et de *Chloris*. La tête, à son avis, se rapproche de celle de la *C. linota;* elle n'a rien de celle du *C. elegans* ; les ailes et la queue sont celles de *L. chloris*, enfin le bec court rappellerait celui de la *linota*. Deux mâles *Ligurinus chloris* × *C. elegans*, (qu'il possède), n'ont rien, nous dit-il, de ce métis. L'un (qui provient de chez M. Rhul, de Verviers), est plus jaune, l'autre est gris, avec une petite nuance de jaune. Nous pensons que M. Fontaine oublie que son Oiseau doit être de sexe femelle (d'après les renseignements qu'il nous a communiqués). Pour nous, quoiqu'il diffère évidemment de tous ceux que nous avons vus, et nous en avons vu un grand nombre, nous persistons dans notre manière de voir, car l'Oiseau montre sur les ailes les marques noires brisées du Chardonneret et non celles du *chloris*. Il faut aussi noter que le miroir jaune est très apparent, tandis que la teinte noire s'affaiblit sur le milieu des rémiges. Toutefois, au moment où il nous l'a envoyé, M. Fontaine ne nous ayant point fait savoir qu'il le croyait pris à l'état sauvage, nous ne l'avons pas examiné avec cette attention que nous donnons aux hybrides obtenus dans cet état.

variant entre le châtain clair, le blanc et le verdâtre ; rémiges avec des taches jaunes très vives. La queue est dépourvue de taches blanches ; les rectrices présentent une teinte moitié jaune et moitié vert brunâtre. L'ensemble rappelle plus le *Ligurinus* que le *Carduelis* (Dr Bertholdo).

Le N° 5 ressemble beaucoup aux hybrides que nous avons décrits dans notre premier Mémoire.

Nous avions à peine parlé d'un hybride exposé au Cristal Palace dès 1889 par M. Arthur Waterman et sur lequel, cependant, M. A. Holte Macpherson avait déjà donné de nombreux renseignements (1). Nous avons voulu nous assurer si cet Oiseau avait été réellement pris à l'état sauvage, comme l'indiquait le Zoologist, et surtout savoir si l'Oiseleur le considérait comme né dans cet état. M. Waterman a bien voulu interroger ce dernier et nous a communiqué sa réponse affirmative. Voici cette réponse (2) :

« L'hybride (Goldfinch et Greenfinch) fut pris par moi-même à
» Hack bridge pendant le mois de novembre 1886. Deux autres
» Oiseaux du même genre furent capturés au même endroit :
» c'étaient deux femelles. *Je n'ai aucun doute sur leur origine*
» *sauvage*, car je connais tout particulièrement les Oiseaux sau-
» vages que j'ai pris par centaines pendant mon existence. L'in-
» dividu en question se trouvait dans un endroit où on n'a point
» coutume, d'ailleurs, d'élever de Mulets. Il se nourrissait sur des
» Chardons, ce que n'aurait point fait un Oiseau né en cage. Son
» plumage était parfait, (aucune plume n'était usée) et sa sauvagerie
» excessive (3) ».

M. John Browne, de Fox Warren Lodge, Byfleet (Surrey), auteur de cette lettre, dit en outre qu'étant venu chasser différentes fois à la place où l'Oiseau fut pris, il remarqua que les mâles étaient en plus grand nombre que les femelles. Il suppose qu'un mâle Chardonneret se trouvant sans femelle s'appapia avec une femelle de Verdier, attendu qu'il n'existait point de Chardonnerets à plusieurs milles de distances. La femelle Green bird s'accouplerait facilement, d'après lui, avec n'importe quel Oiseau lorsque la saison de la reproduction est venue ; (en captivité, veut-il dire sans doute ?)

---

(1) Zoologist, p. 106 et pp. 135 et 136.

(2) Traduite de l'anglais.

(3) Ces dernières remarques ne nous paraissent point avoir une grande valeur ; tout Oiseau recouvrant sa liberté, doit reprendre vite les habitudes de sa race dont il a conservé l'instinct.

La première impression qu'il avait éprouvée en apercevant l'Oiseau dans ses filets fut que c'était un Greenfinch (Verdier); il se disposait même à le laisser s'envoler lorsqu'il remarqua, l'ayant mieux considéré, qu'une couleur d'ambre entourait la base du bec; cette couleur donnait l'aspect de ce que l'on voit chez les « Goldfinch and Canary Mules » (1).

L'Oiseau, mis en cage, y resta très longtemps sauvage. M. Waterman croit se rappeler qu'il avait le chant du Verdier lorsqu'il fut capturé (2). Voici le portrait que celui-ci nous en trace à son tour :

» Body, rather less in size than Greenfinch not so plum a figure. — Head, similar in shape to Greenfinch less in size not so broad. — Beak, stout and white, equal in length to Greenfinch, not quite too thick. — Colour, breast a yellowish green toning down to greyish white extending to under side of tail. — Back, commencing from back of neck with brownish grey and finishing with bright yellow at end of back. — Wings, similar to Goldfinch, bris the colours not nearly so distinct nor brillant. — Tail, similar to Goldfinch, longer, but colours not so distinct. Eyes, black and full. — Legs, at present time a fleshy white with medium size claws. — Habits, active and cheerful when clean moulted. — Food, Canary, flax, hempseed, rapeseed, if kept hungry. — Notes, hen in song, *usually now*, Greenfinch, but will always reply to Goldfinch in the Goldfinch notes. The song is loud to a fault. Constitution, good and robust. »

Nous traduisons maintenant la description qui a été faite par M. Holte Macpherson, dans le Zoologist :

« Dans son apparence générale, il ressemble au Verdier en forme, mais il est trop fin pour un Oiseau de cette espèce et sa queue est aussi moins fourchue. En outre, il paraît avoir un crâne un peu plus étroit que le Verdier, tandis qu'en couleur il donne l'impression d'un Chardonneret avec un lavis vert jaunâtre au-dessus. Les plumes à la base du bec sont noires. La face de l'Oiseau est bronzée là où cette partie est cramoisie chez le Chardonneret. Les autres marques sur la tête correspondent à celles du Chardonneret, le gris verdâtre pâle remplaçant le blanc, et le gris verdâtre foncé le noir. Le derrière du cou et le dos sont brun verdâtre inclinant vers le jaune sur les couvertures supérieures de la queue. La queue

(1) C'est-à-dire les hybrides de Chardonneret et de Serin.

(2) En cela, M. Waterman ne se trouve pas d'accord avec M. Browne qui dit au contraire, dans sa lettre que nous avons lue, que son hybride donnait la note du Chardonneret.

a les deux plumes extérieures avec des bords noirs ; le reste est noir avec une légère frange de jaune. Les couvertures inférieures de la queue blanches. Le ventre vert jaunâtre, la gorge grisâtre. Les ailes sont semblables à celles du Chardonneret, les couleurs cependant ne sont pas aussi brillantes, mais les trois tons se montrent dans le même ordre. Les pattes sont pâles. Le bec est de couleur chair pâle parsemé de noir ». L'Oiseau montre donc de telles similitudes tout à la fois avec le Chardonneret et avec le Verdier qu'il ne peut y avoir de doute sur sa parenté.

On se rappelle que nous avions reçu de Pontrefact trois autres hybrides. Ils sont tous morts successivement dans les vastes volières où ils avaient été lâchés. Quoique nous ayons toujours conservé quelques doutes sur leur origine sauvage, (le croisement des deux espèces à l'état libre nous paraissant suspect malgré les nombreux exemples que l'on cite), nous les considérions néanmoins comme ayant un réel intérêt scientifique. Deux d'entre eux n'ont pu être conservés ; leurs dépouilles n'ont point été retrouvées. Nous supposons qu'ils ont été dévorés par les rats. Celui qui est aujourd'hui monté n'a été retrouvé que longtemps après sa mort, presque en état de décomposition. Il sera intéressant de faire savoir que des femelles d'espèce pure avaient été données à ces hybrides ; mais aucune reproduction n'avait eu lieu ; les femelles n'avaient point du reste niché.

CHRYSOMITRIS SPINUS × ACANTHIS (espèce non déterminée).

(Se reporter p. 218 ou p. 291 des Mém. de la Soc. Zool.).

Nous avons de même perdu l'hybride pris à Worthing. Cet Oiseau n'a point vécu longtemps en captivité ; il est mort le 9 avril 1892, trois mois environ après son arrivée à Antiville. Le 18 février, l'ayant examiné à l'aide de jumelles dans le petit jardin couvert où il avait été lâché, nous avons pris les notes suivantes : « dans le plumage on découvre un véritable mélange de la couleur des deux espèces ; les grandes pennes des ailes sont réellement bordées de jaunâtre. Sur le croupion apparaît visiblement le vert jaune du Tarin ainsi que sur les rectrices. La tête paraît légèrement rouge ; c'est au moins le dessus de la tête du Sizerin. Le bec est de forme peut-être intermédiaire, mais sa couleur est celle du bec du Tarin. Les barres longitudinales des flancs tendent aussi vers cette espèce, quoique le devant soit du Sizerin, à l'exception de la tache qui manque sous le bec. La barre transversale de l'aile est de ce dernier type ». — Le 7 mars, ayant examiné de nouveau l'Oiseau encore vivant, les couleurs jaunes verdâtres des parties inférieures nous ont paru bien moins apparentes. Le 9 avril, après sa mort, nous avons noté : « couleur réellement intermédiaire entre les deux espè ces ; des reflets verdâtres existent sur bon nombre des parties supérieures et même sur les parties inférieures. Pas de tache sous la gorge, pas d'apparence de rouge sur le vertex. Le bec n'a rien de la couleur jaune du Sizerin. Le ventre est blanc comme celui du Tarin. Dans certaines parties l'Oiseau semble être un Tarin ♀, quoique ses couleurs rousses indiquent le Sizerin ».

Cette pièce est donc fort curieuse, mais aussi bien difficile à définir. Nos notes s'achèvent, du reste, par ces mots : « Tout bien considéré, elle pourrait n'être qu'une simple variété de Tarin roux brun ? ». On voit par là que l'hybridité, qui cependant semble s'être affirmée bien des fois, n'est point à l'abri de toute critique.

Après avoir disséqué plusieurs individus des deux espèces pures pour rendre notre examen profitable, nous avons ouvert cette pièce remarquable. Les organes génitaux ont été examinés. Après bien des recherches nous avons trouvé un amas peu considérable de petits grains qui n'avaient aucunement l'aspect d'œufs ; tous étaient de mêmes dimensions. Une femelle Sizerin ayant le même régime et vivant dans les mêmes volières, ouverte le 20 avril, présentait l'ovaire fort bien développé. Par contre, une femelle Tarin, ouverte un peu avant, n'avait que fort peu d'œufs ; il a même été impossible de constater chez cette dernière l'existence d'une grappe bien formée : elle avait été tuée le 13 avril. — Notons que le corps de la femelle Sizerin paraît bien inférieur en taille à celui de l'hybride.

Dès le mois de février, l'Oiseau de Worthing paraissait souffrir ; une de ses pattes avait reçu une blessure et nous nous rappelons, quoique l'ayant examiné d'assez loin avec des lunettes d'approche, que les mouvements du cœur étaient très vifs ; sans doute l'Oiseau souffrait. Cependant, après sa mort, son corps n'était point amaigri, il était plutôt très graisseux, (si nos souvenirs sont exacts).

Rappelons au sujet de l'hybridisme *Chrys. spinus* × *Acanthis*, que les Sizerins nous arrivent en compagnie des Tarins avec lesquels ils ont beaucoup d'analogies ; il paraît que l'on peut attirer les premiers avec un Tarin si on ne possède pas un appeau de leur espèce (1)

_____

(1) Albert Granger. Th. Lorenz (in Bull. Nat. de Moscou, 1894, p. 336) dit que

CARDUELIS MAJOR et CARDUELIS CANICEPS

(Se reporter p. 215 ou p. 299 des Mém. de la Soc. Zool.).

Dans l'ouvrage de M. Eug. Oates (1) nous avons lu le passage suivant se rapportant aux deux espèces : « This species (*C. caniceps*) differs from the English Goldfinch, (*C. elegans*), chiefly in having no back on the head. When the two species meet they appear to inter-breed, and a very intermediate form between the two may be found *as is well shown in the fine mounted series of these birds in the Central Hall of the british Museum* »,

Cette « *série* » se composerait uniquement de deux exemplaires, d'après les renseignements qui nous ont été fournis par le Musée même (2). Nous avons fait peindre les deux Oiseaux.

A titre de renseignement, voici la distribution que M. Oates donne au *C. caniceps* : « the Himalaya from the Hazara country and Gilgit to Kumann, from 5.000 to 9.000 or 10.000 feet according to season. Thies species extends to Afghanistan on the West and through Central Asia to Siberia on the north.»—Nous nous sommes procuré plusieurs exemplaires de ce type ; nous les avons comparés au *C. elegans* : on est saisi des analogies que ces Oiseaux présentent entre eux.

CARDUELIS ELEGANS et CANNABINA LINOTA.

(Se reporter p. 228 ou p. 302 des Mém. de la Soc. Zool., 1892).

Nous avions signalé trois hybrides comme ayant été pris dans les environs de Carlisle vers 1885. Il paraît que deux pièces sont seulement à mentionner (3). Mais, depuis, une nouvelle capture a été faite, près de la même ville, pendant l'automne de 1891. L'Oiseau est encore aujourd'hui conservé vivant chez M. D. L. Thorpe,

---

des « Bastarden » vivants de *spinus* × *linaria* lui sont vendus quelquefois. Nous supposons que M. Lorenz fait allusion aux faits déjà signalés. Tous les Oiseaux achetés sont des mâles.

(1) « *The fauna of British India including Ceylon and Burma* », Birds, vol. II. London, Calcutta, Bombay, Berlin 1890.

(2) Nous signalons cette particularité à M. Oates.

(3) Observation du Rév. Macpherson qui, dans « *The vertebrate Fauna of Lakeland*, pp. XXIX et XXX (*Prolegomena*), parle seulement de deux mâles, et non de trois.

de Carlisle. M. Thorpe l'a acheté à un « local bird catcher» (1) peu de temps après que celui-ci s'en était emparé. Le rare Oiseau était, paraît-il, très sauvage lorsqu'il fut mis en cage ; il n'a point encore reproduit depuis trois ans qu'il vit en captivité. Sa note est celle du Greenfinch (Verdier); sa tête est moins forte que chez cette espèce(2) ; sur la face existe comme une flamme de jaune brillant (3); le bord extérieur des primaires est jaune ; l'extrémité de ces plumes est de la couleur du buffle. En somme, les marques jaunes du Chardonneret sont indiquées (4).

On se rappelle que dans une vitrine renfermant cinq *Fringillæ* hybrides que M. Philipp. B. Mason, de Burton-on-Trent, avait eu la complaisance de nous envoyer en communication, se trouvaient deux hybrides étiquetés *Cannabina linota* × *Carduelis elegans*, l'un d'eux tué à Brigton Racecourse en 1862, l'autre obtenu au Phenix Park (Dublin). Cette dernière pièce était suivie de l'indication « Williams ». Nous disions qu'on ne spécifiait point si elle avait été prise ou tuée à l'état sauvage. Nous croyons maintenant être en possession d'une explication suffisante au sujet de son origine. Les Oiseaux vendus par M. Whitaker provenaient, croyons-nous, de la vieille collection de M. Bond ; or, M. Edw. Williams, habitant Dublin, nous fait savoir qu'il avait cédé autrefois à M. Bond un hybride entre le « Goldfinch et le Linnet » acheté par lui au « bird catcher » qui l'avait pris ; c'est vraisemblablement le spécimen qui porte son nom. Cet Oiseau était si sauvage, après sa capture, nous dit M. Williams, qu'il refusait de prendre aucune nourriture; aussi on ne doute aucunement de son origine sauvage.

Reste à savoir si son parentage est bien déterminé. Nous remarquious en effet qu'un des deux Oiseaux étiquetés « *Cannabina linota* × *Carduelis elegans* » était un vrai produit du Canari *dom.* avec le *Carduelis elegans*; mais, les mentions placées derrière la vitrine ne faisant point connaître les individus auxquels elles s'appliquaient, nous ne pouvions désigner le sujet. Nous ignorons donc si l'hybride

(1) Oiseleur du pays.

(2) « Not so coarser », nous dit M. Thorpe.

(3) « A bright yellowish blaze. »

(4) Nous ne saurions dire exactement comment est le bec ; dans une lettre datée du 16 octobre 1892, M. Thorpe voulait bien nous écrire que cette partie était plus fine et pas tout à fait aussi longue que chez le Greenfinch. Mais tout récemment M. Thorpe, voulant compléter ses indications, nous parle d'un bec « *coarse* » (épais), de la grosseur de celui du Greenfinch.

de M. Williams est celui que nous considérions comme l'hybride authentique de la *C. linota* × *C. carduelis*, ou au contraire si c'est l'individu qui nous paraissait être le produit de la *Fringilla canaria dom.* × *C. elegans*.

CHRYSOMITRIS SPINUS × CARDUELIS ELEGANS

(Se reporter p. 233 ou 307 dos Mém. de la Soc. Zool., 1892),

M. le Dr J. M. Bertholdo, de Milan, nous fait savoir que son ancien ami de collège, M. Ferrari, d'Alexandrie, (dont nous avons déjà parlé), possédait un hybride de *Chrysomitris spinus* × *C. elegans*, pris dans les environs d'Alexandrie, que lui-même conservait un autre exemplaire empaillé dans sa villa de Gerbole Rivalta. Nous lui avons demandé à voir ces deux pièces. Le docteur n'a pu nous envoyer que celle qu'il possède. Cette pièce fut prise dans les filets près de Cunéo, par M. Rossi ; demeurée très sauvage, elle n'avait vécu que quelques mois en captivité.

Elle est très exactement semblable à celles que nous avons reçues maintes fois sous la même dénomination (1), ou encore sous la dénomination de *C. elegans* × *C. linota* (2), c'est-à-dire à ces exemplaires que nous avons toujours considérés comme produits par le croisement « *Fringilla canaria* × *C. elegans* ».

Il est remarquable que des captures de ce genre soient faites aussi souvent, si, (comme nous le supposons), les hydrides sont produits en captivité.

Nous sommes certain cependant que ce ne sont point des hybrides « *spinus* × *carduelis* » desquels ils diffèrent notoirement. Reste l'hypothèse du parentage *C. elegans* × *Fringilla citrinella* (le Venturon). Le Venturon se rapproche en effet beaucoup de la *Fringilla canaria* (sauvage). M. Anatole Cabrera J. Diaz, de Séville, qui a visité souvent les Iles Canaries, a bien voulu nous offrir plusieurs spécimens sauvages de l'Oiseau aujourd'hui si modifié. Tout en différant du Venturon, il ne s'en éloigne pas cependant à ce point que ses produits avec le *C. elegans* ne puissent sans doute être confondus avec ceux de cette espèce croisée par le même *C. elegans*. On pourrait donc admettre que les Oiseaux qui nous embarrassent sont nés d'un mélange entre *F. citrinella* × *C. elegans* ; mais cette hypothèse reste peu vraisemblable. Nous persis-

(1) Voy. p. 233 ou p. 307 des Mém.
(2) Voy. p. 230 ou p. 304 des Mém.

tons donc dans notre manière de voir et nous croyons avoir affaire à de vrais mulets de Chardonneret et de Serin desquels, répétons-le, *ils ne diffèrent aucunement* (1).

Le Rév. Macpherson a eu l'obligeance de nous envoyer en communication un hybride jeune *Chry. spinus* × *C. elegans*, né en captivité. Nous remercions vivement le Révérend de son envoi ; mais l'Oiseau n'a pu nous être utile puisque nous n'avons jamais eu l'occasion de voir des jeunes hybrides sauvages du croisement si controversé.

CARDUELIS ELEGANS × FRINGILLA CANARIA.

(Se reporter p. 238 ou p. 312 des Mém. de la Soc. Zool , 1892).

Afin de montrer que la rencontre à l'état sauvage d'hybrides produits en domesticité, ou par des parents échappés de captivité, est chose possible et même peu rare, nous avions signalé quelques exemples pour justifier cette opinion (2). Nous n'avons pas à citer de nouveaux faits. Cependant dans un mémoire sur des hybrides que M. Walter Cox, des Firs (3), a bien voulu nous adresser, nous avons lu qu'une *F. canaria* échappée se croisa en liberté avec un *C. elegans*; mais les circonstances de cet appariage, racontées par M. Cox, nous laissent penser qu'il fait allusion à un des exemples que nous avions mentionnés en débutant. Nous rappellerons seulement que quatre Perruches ondulées, échappées récemment de cage, se sont établies près de Berlin, dans un domaine des environs de la capitale et que, remarquées au mois de juin, on constata encore leur présence

---

(1) On se rappelle que le prof. Giglioli avait proposé pour les mêmes le croisement du *Serinus hortulanus* × *Carduelis elegans* (Voy. p 236 ou p.310 des Mém.). Nous n'avons point cru devoir partager cette manière de voir, parçe que le *S. hortulanus*, quoique ayant de grandes analogies avec la *Fringilla canaria*, nous paraît de trop petites dimensions pour être l'un des parents. Nous avons demandé à M. le Dr Bertholdo si cette espèce est fréquente dans les endroits où les deux hybrides qu'il nous a signalés ont été obtenus. Le docteur nous a répondu que le *S. hortulanus* est répandu dans l'Italie du Nord et l'Italie centrale pendant la saison de la reproduction ; il se montre rare dans la mauvaise saison. A ce moment, au contraire, il est nombreux en Sardaigne et en Sicile. Le docteur ajoute que dans le Piémont on le rencontre souvent en été. On le trouve peu dans les plaines de Turin, tandis que sur les collines il est assez fréquent, St-Mamo, St-Margherita, Monalieri (au mois d'octobre, pensons-nous). Enfin, il est rare dans le Vercellese et le Novarese.

(2) Pp. 85, 86, 238, 239, 240 et 241 ou pp. 338, 339 des Mém. de la Soc. Zool. 1890 et pp. 312, 313, 314 et 315 des mêmes Mémoires (année 1892).

(3) Fiverton (Devon).

au printemps suivant (1). Ainsi la présence à l'état libre d'Oiseaux
échappés de captivité, pouvant, dans la suite, lorsqu'ils seront
dépourvus d'individus de la race, se croiser avec des espèces étrangères, est réelle ; c'est un fait qu'on ne saurait négliger dans une
étude sur les hybrides observés à l'état sauvage.

SERINUS HORTULANUS × CARDUELIS ELEGANS.

(Se reporter p. 241 ou p. 315 du tirage à part).

M. Keulemans aurait remarqué aux expositions ornithologiques
des hybrides de ce croisement. Il vit, il y a une quinzaine d'années,
à « l'Alexandra Palace Bird Show » un individu de ce genre qui y
était exposé ; il était désigné comme mulet de « wild Canary and
Goldfinch ». Au premier coup d'œil, M. Keulemans le reconnut
pour être un métis du Goldfinch ♂ et du *Serinus hortulanus* ♀.
Il l'acheta ; l'Oiseau vécut chez lui pendant plusieurs années ; mais
il fut enfin, comme cela arrive souvent chez les Oiseaux retenus
en cage, mangé par un Chat du voisinage. Le peintre anglais nous
a adressé un croquis qui montre ce bel Oiseau ; il est assez différent
des individus qui nous ont été envoyés comme « *spinus* × *carduelis* »
et que nous attribuons au croisement plus probable de *F. canaria*
dom. × *C. elegans*. On a toutefois de la peine à le juger, le croquis
étant très sommaire, presque à l'état d'ébauche. C'est après de
longues recherches que M. Keulemans a retrouvé dans ses cartons
ce dessin, fait autrefois ; il porte l'inscription suivante, écrite de la
main de l'artiste : « Mule Goldfinch × Serin Finch (?)... said
to have been found in the neighbouroud of Mayence (Germany)
Sep. 23, 1873 ».

Cette mention nous a rappelé (et semble corroborer) ce que nous
avait déjà dit M. Emile Ruhl, de Verviers, à savoir que dans certaines régions de l'Allemagne, où le Chardonneret et les petits
Serins sont très communs, on rencontre des hybrides des deux
espèces. Nous avions nommé le Wurtemberg (région de Stuttgard)
et Francfort-sur-le-Mein.

FRINGILLA CŒLEBS × FRINGILLA MONTIFRINGILLA

(Se reporter p. 248 ou p. 322 des Mém. de la Soc. Zool., 1892).

Plusieurs nouvelles captures sont à inscrire :

1º M. le comm. Giglioli nous a communiqué une pièce de sexe

(1) Bull. de la Soc. d'acclim. de Paris, Nº 539, 20 décembre 1893 (Extrait du
Bolborligochus Monatschrif).

femelle obtenue le 25 septembre 1892, à Canera di Salice (Udine). Cette pièce lui a été offerte par le comm. E. Chiaradia ; elle figure au Musée de Florence, sous le n° 3404. Elle est un excellent inter médiaire entre les deux types, quoique plus *montifringilla* que *cœlebs* ; rarement nous avons rencontré chez les femelles hybrides les caractères du type *montifiringilla* aussi prononcés.

Pour tracer le portrait de ce rare échantillon, il faut se figurer avoir devant les yeux une *cœlebs* ♀ ; on remarquera alors que les caractères qui différencient l'Oiseau de Canera de la femelle de ce type, sont : 1° le jaune citron qui se montre en vraie quantité sur les côtés près de l'épaule, en même temps que sous l'aile ; 2° le grand trait noisette ou châtaigne barrant l'aile ; 3° la même cou-leur bordant extérieurement toutes les plumes de recouvrement des ailes (ou des scapulaires car il est difficile de bien distinguer la démarcation de ces deux parties, les ailes étant au repos) ; 4° la ligne verdâtre bordant les rémiges, paraissant plus jaunâtre que chez *cœlebs* ; 5° le croupion blanc verdâtre ; 6° la teinte foncée des rectrices, assez pointues, bordées, et formant à la fin de la queue une échancrure prononcée ; 7° enfin le blanc des rectrices exté-rieures, au moins de la première penne, moins net, moins visible que chez *cœlebs*. On pourrait encore remarquer, de chaque côté de la poitrine, la teinte rousse qui domine, et sur la tête une couronne composée de traits horizontaux, parallèles et très accusés. Disons aussi que le dessus du dos bien marqueté rappelle celui de *monti-fringilla*.

2° Le 15 février 1894, notre savant confrère de la Société zoologique, M. le Dr comte Arrigoni degli Oddi, signalait, dans le « Bollettino del Naturalista » de Sienne (1), un ♂ *Fringilla cœlebs* × *F. monti-fringilla* adulte pris à l'état sauvage le 28 octobre de l'année précédente, près de Bergame. Cette pièce est aujourd'hui conservée dans sa collection, sous le n° 1066 ; elle lui a été offerte par le comte Dr Alessandro Roncalli.

Le professeur A. Carruccio, directeur de l'Institut zoologique de l'Université de Rome, a publié une note sur deux cas d'hybri-disme naturel entre les deux mêmes espèces (2) ; ces exemplaires ont été observés au mois d'octobre 1890 dans le vignoble du marquis

---

(1) P. 23, Oddi, *Note Ornithologiche*, Revista ital. di Scienze naturali, Siena, 15 fév. 1894. « *F. cœlebs* × *F. montifringilla*. mas. ad., ibrido selvatico, 28 ottobre. *Chignolo d'Isola (Bergamo) peso nella bresirana dal sig. Conte Dr Alessandro Roncalli che gentilmente me lo dono (Num. 1066 Cat.)* ».

(2) « *Caso d'ibridismo naturale fra individui delle due specie Fringilla monti-*

Sacchetti, vignoble planté sur le mont Parioli, près de Rome ; les deux Oiseaux sont aujourd'hui la propriété du prince Giuseppe Aldrobandi. Le prince les a mis à la disposition du professeur A. Carruccio, afin que celui-ci les examine. Cet examen a été fait en compagnie du comte Guido Falconieri di Carpegna, un grand amateur d'ornithologie. Tous deux furent convaincus qu'ils étaient en présence d'hybrides remarquables, hybrides qui n'avaient point encore été signalés dans la province de Rome.

Le prof. Carruccio s'est étendu longuement sur leurs caractères. Voici ce qu'il en dit : « Le ♂ présente les petites plumes à la base de la mandibule supérieure d'une couleur châtain olivâtre, couleur qui s'étend sur toutes les parties de la tête pour devenir plus claire sur les parties latérales du cou, autour de l'œil et sur les joues. Sur les côtés de la région cervicale et plutôt derrière, on aperçoit deux bandes sombres distantes l'une de l'autre d'un centimètre et demi, à concavité extérieure, de couleur noirâtre ; ces bandes arrivent presque jusqu'à l'angle des ailes. La gorge, le gosier et la poitrine ont les plumes colorées en rouge brique, couleur qui va graduellement en diminuant jusqu'à devenir couleur chair ; ceci se produit encore sur l'abdomen et le dessous de la queue. Les flancs ont cette dernière coloration, qui est propre à *Fringilla cœlebs* au moment du passage ; néanmoins, chez cette espèce, le dessous de la queue est d'un blanc plus ou moins pur. En résumé, toute la partie inférieure du corps de l'Oiseau présente les couleurs qui, d'habitude, se trouvent chez *Fringilla cœlebs* adulte et de sexe mâle au moment de la saison d'hiver ; mais la partie supérieure, (tergum, uropygium, speculum,) est vraiment la même, ou à peu de différence près, que chez *F. montifringilla*. Les petites couvertures sont en partie blanches, en partie tirant sur le fauve ; les couvertures médianes sont noires dans la partie du milieu, blanches dans la partie supérieure, fauve à la partie inférieure ; les rémiges primaires sont de couleur noire avec un tout petit bord jaune canari qui devient blanc sale à la partie inférieure et au sommet ; les rémiges secondaires, au lieu d'avoir les bords lisses « leonin », plutôt larges, sont presque toutes couleur fauve clair d'une largeur égale, sans toutefois que l'extrémité entière soit occupée, comme on l'observe chez *montifringilla*.

fringilla e Fringilla cœlebs presi nei dintorni di Roma nell' ottobre 1890. La Spallanzania, anno XXIX, I. Fascicule VIII, IX et XX, 1891.

» Les rectrices sont minces, (du côté gauche elles manquent); elles ont un petit bord blanc et à l'intérieur une grande tache blanche qui s'avance jusqu'à la partie (bord) ultérieure et au sommet; du même côté externe la deuxième rectrice est presque semblable à la première, seulement la tache blanche s'étend moins sur le haut. La troisième présente une tache ovoïde blanchâtre de petite dimension, placée à proximité du sommet. Les autres rectrices, y compris celles du côté droit, sont tout à fait noires. Il faut de plus ajouter que les deux rectrices médianes ont le bord verdâtre, ce qui s'observe chez *Fringilla cœlebs*. Le croupion enfin est d'une couleur verdâtre, c'est-à-dire qu'il n'est pas vert comme chez *cœlebs* et pas blanc comme chez *montifringilla* »

Au sujet de la femelle, le même descripteur s'exprime ainsi : « Celle-ci a presque tous les caractères de la femelle *Fringilla cœlebs*, en ce qui concerne la partie supérieure du corps; la gorge, le gosier et la poitrine ont les couleurs plus claires que celles de la femelle de cette espèce ; l'abdomen est blanc sale; (il est blanc de neige chez *montifringilla* adulte). La poitrine du même sujet est de couleur cannelle claire; sur la tête deux bandes noires, parfois interrompues, partent derrière l'œil et descendent sur les côtés du cou, séparant un endroit de couleur gris céleste qui se voit seulement dans la même région chez *montifringilla*. Le bec est jaune, mais noir sur les côtés et à son extrémité, aussi bien à la mandibule supérieure qu'à l'inférieure. »

Le docteur ajoute que sur les ailes, (petites et grandes couvertures), la couleur jaune est mêlée avec le blanc; les rémiges médianes ont l'extrémité largement teintée de fauve très clair. Le croupion est d'une teinte blanchâtre, cendrée et verdâtre, indiquant un mélange des deux espèces; enfin la queue ressemble plus à celle de *Fringilla cœlebs*.

Son Altesse le prince Aldobrandini, après avoir remis entre les mains du prof. Carucci, les deux pièces qui viennent d'être ainsi décrites, a eu la complaisance, sur notre demande, de nous faire adresser à notre propriété d'Antiville les deux précieux Oiseaux. Nous avons procédé à leur examen en présence de trente-quatre échantillons des deux espèces pures (17 *montifringilla* et 17 *cœlebs*) de différents âges et des deux sexes, pris ou tués dans différents pays et à diverses époques de l'année.

Nous regrettons de ne pouvoir nous montrer aussi affirmatif que s'est montré le savant professeur.

Le mâle fait l'effet d'un jeune mâle *cœlebs*, ses couleurs étant ternes vers la tête et le bleu manquant à cette partie; ce serait presque un ♂ de cette espèce sans les deux barres chamois vif et très prononcées qui traversent les couvertures des ailes. Le bec, par sa tonalité, ne rappelle aucunement le jaune si caractéristique de *montifringilla* ; il est gris brunâtre et allongé. Tout le dessus du dos est roussàtre uni, sans aucune tache foncée. Les rectrices extérieures sont très largement et très distinctement marquées de blanc, à la manière de *cœlebs ;* tout le dessous du corps est teinté de brique violacé, très exactement comme chez *cœlebs* ; enfin les flancs ne portent aucun des points caractéristiques de *montifringilla*. La croupe est, il est vrai, moins verdàtre que chez cette espèce ; mais son mélange n'est point obtenu avec le blanc de la croupe de *montifringilla* ; il est obtenu avec de la couleur brun rouge qui n'existe ni chez *montifringilla*, ni chez *cœlebs;* en sorte que cette teinte nouvelle ne peut prouver le mélange des deux espèces. Puis, de chaque côté de la nuque, on voit une apparence des deux barres qui sont l'attribut des femelles chez les Pinsons. C'est ainsi que, sans les deux raies rousses des couvertures des ailes, on pourrait voir aussi dans le présent Oiseau une vieille femelle stérile se revêtant de l'habit du mâle. — Cependant, nous l'avouons, la coupe terminale des rectrices nous paraîtrait plutôt *montifringilla* que *cœlebs*; puis, près de l'épaule, (quoique ceci arrive aussi chez *cœlebs*), apparaît une petite touffe de plumes blanches de teinte jaunàtre. Le dessous de la queue semble aussi plus foncé que chez *cœlebs*, lequel est généralement plus blanchâtre à cette place. Ces points donc, s'ajoutant aux deux barres chamois des couvertures des ailes, peuvent à la rigueur laisser croire que cet Oiseau est un hybride.

La femelle nous avait paru tout d'abord mieux dévoiler sa double origine ; mais, en l'examinant de près, on pourrait prétendre que c'est une ♀ *montifringilla* blanchissant, aux couleurs par conséquent très atténuées. Toutefois, à la croupe, où précisément *montifringilla* est de couleur assez claire, elle est d'un ton plus obscur et même mélangé de verdàtre, ce que nous n'avons observé qu'une seule fois chez *montifringilla* pure espèce. Voici du reste sa description : sur la tête, on voit d'une manière très accentuée deux barres qui, interrompues cà et là, bordent la nuque et se rejoignent en carré sur le haut de la tête. La gorge, la poitrine, les flancs sont d'un gris jaune roussàtre pàle, bien moins accentué que chez *montifringilla*. Il semble que près des ailes (épaules) on aperçoive la couleur chrôme, propre à *montifringilla*. Le commencement

de la mandibule supérieure est très clair près du front, à l'extrémité la même mandibule devient foncée ; ceci rappelle parfaitement
montifringilla. La queue est découpée à sa terminaison comme chez
cette espèce et les rectrices sont finement liserées de teinte claire.
Des points ou petites taches apparaissent très visiblement sur le
dos, quoique bien plus faiblement que chez le Pinson des Ardennes ;
les raies des couvertures des ailes sont assez châtaigne. Ajoutons
encore que l'abdomen est blanchâtre comme chez *montifringilla*.
— On voit donc que cet Oiseau rappelle beaucoup *montifringilla*.

Mais, nous l'avons dit, le blanc de la croupe est obscur et
quelque peu verdâtre ; il n'existe sur les flancs aucun des points
si caractéristiques de *montifringilla*, tout au moins c'est à peine si
on peut saisir quelques indices ou un rappel de ces points ; la
partie du cou près des joues n'est aucunement bleuâtre blanchâtre, mais grisâtre comme chez la femelle du Pinson commun ;
la couleur de la gorge, de la poitrine surtout, n'est pas du jaune
roussâtre clair de *montifringilla* ; enfin le bec, quoique rappelant
des caractères propres à celui de *montifringilla*, est grisâtre dans sa
tonalité générale. La première bande des couvertures des ailes est
elle-même assez blanchâtre et la rectrice la plus extérieure porte
beaucoup de blanc, plus que l'on en voit généralement chez *montifringilla;* la deuxième est légèrement lavée de la même teinte, ce qu'on
ne trouve jamais, pensons-nous, chez *montifringilla* pure espèce.

A cause de ces particularités, et de celles que nous avons remarquées sur le mâle, nous avons fait peindre ces deux Oiseaux qui
nous laissent cependant, surtout le mâle, beaucoup de doutes sur
leur origine hybride. Nous nous sommes décidé à faire exécuter
ce travail encore par cette circonstance que les deux pièces d'aspect,
l'une *cœlebs* (le mâle), l'autre *montifringilla* (la femelle), paraissent
avoir été rencontrées au même endroit. Si elles étaient une variété
du Pinson ordinaire ou du Pinson des Ardennes, il serait naturel
que toutes deux se présentent comme des variétés du même type.
L'opposition qui se produit dans la diversité des types favorise
donc l'idée d'une hybridation.

L'examen auquel nous nous sommes livré n'a point été fait à la
légère ; deux jours durant nous avons examiné nos échantillons de
race pure, les comparant aux hybrides qui nous avaient été si
gracieusement confiés. Nous serions heureux d'apprendre que
depuis le retour de ceux-ci au château de Frascati, où le prince les
conserve, d'autres ornithologistes les ont étudiés, car ce sont là des
Oiseaux curieux et fort embarrassants.

Cette remarque que nous avons faite : à savoir que le blanc du croupion de *montifringilla* pur se lave quelquefois de verdâtre, (particularité qui existe au moins chez l'un de nos exemplaires de race pure), montre la très grande affinité qui existe entre les deux espèces. Nous avons constaté que cette affinité se dévoile aussi dans le blanc de la rectrice la plus extérieure qui est plus ou moins blanchie chez *montifringilla*.

3° M. Keulemans nous informe qu'il a possédé au moins cinq fois des métis du Pinson commun et du Pinson des Ardennes; ces Oiseaux ont toujours été trouvés au commencement de l'hiver en Hollande. M. Keulemans les a achetés sur le marché, parmi des Pinsons et autres Oiseaux émigrant. C'est, nous dit-il, par les couvertures qu'il les reconnaissait, les plumes de ces parties étant constamment jaunes. Depuis un certain temps, il n'en a plus revu. D'une conversation qu'il a eue avec M. Dresser, il résulterait que de tels métis ne sont point rares en Suède, dans les endroits où s'établit la limite des deux espèces ; ces hybrides ont presque toujours le Pinson commun pour père. Mais M. Dresser, que nous avons interrogé, proteste contre cette assertion. M. Keulemans, nous dit-il, a certainement fait erreur dans la communication qu'il nous a adressée.

4° M. Marion a eu l'obligeance de nous faire parvenir, par l'entremise de M. A. Pénot, les deux exemplaires du Musée de Marseille. Nous avons remarqué que la rectrice la plus extérieure de la queue du spécimen presque *montifringilla* que nous présentions comme douteux (1) est réellement marquée de blanc, quoique d'une manière terne; nous avons aussi remarqué que le noir de la barbe non tachetée tire sur le grisâtre. Un ♂ *montifringilla*, faisant partie de notre matériel de comparaison, montre, il est vrai, la même particularité; mais, il existe réellement de la couleur verdâtre sur la nuque de l'individu du Musée de Marseille. Nous n'oserions dire que cette seule marque (de mélange) est suffisante pour affirmer l'hybridité chez ce spécimen; aussi, pour nous, son origine mélangée reste encore douteuse à un deuxième examen (2).

Nous avons remarqué que la rectrice la plus extérieure du deuxième échantillon (3) est marquée nettement de blanc comme chez *cœlebs* ; la séparation du noir et du blanc est, en outre, bien limitée ; cependant les couleurs sont plus effacées que chez *cœlebs*.

(1) Voy. p. 261 ou p. 335 des Mém.
(2) Cette tendance chez *F. montifringilla* à prendre du blanc sur les rectrices n'indique-t-elle pas encore une parenté avec *cœlebs*?
(3) Décrit page suivante.

Genre Pyrrhula

PINICOLA ENUCLEATOR et CARPODACUS PURPUREUS

(Se reporter p. 267 ou p. 341 des Mém. de la Soc. Zool., 1891).

M. Ernest E. Thompson, de Toronto (Canada), a bien voulu nous adresser en communication le très rare spécimen hybride qu'il conserve; ce spécimen reste unique jusqu'à ce jour.

Vu de dos, il ressemble presque entièrement à *Carpodacus purpureus*; comme taille il est tout à fait intermédiaire entre les deux espèces supposées parentes. Les barres de l'aile de *Pinicola enucleator* sont en quelque sorte rappelées, mais très amoindries, et plus rougies, comme serait la barre très faible de l'aile de *Carpodacus*. Le bec est fort, il est sans doute de dimensions intermédiaires; mais, vu la taille de l'hybride, il se rapproche davantage des dimensions de celui de *P. enucleator*. Le rose de la tête, des joues et du cou est aussi plutôt du rose de cette dernière espèce. La partie abdominale est légèrement marquée de petites taches longues qui rappellent le plumage de la femelle de *Carpodacus* ou du jeune mâle, (ce qui indiquerait que l'hybride n'a pas atteint toute sa croissance).

Il est à remarquer que les taches brunes du dos, dont la teinte est celle de *Carpodacus*, affectent plutôt la forme des taches de *Pinicola* que celles de la première espèce. Elles ne sont donc pas longitudinales, mais courtes et donnent un peu l'aspect du dessin martelé de *Pinicola*. Les rectrices du côté gauche manquent. Les pattes et les doigts sont foncés comme dans *Pinicola;* ils ne sont pas bruns comme ceux de *Carpodacus*; pour les dimensions ils sont intermédiaires entre ceux des deux espèces. — Cet exemplaire est réellement remarquable et excite un vif intérêt. Nous l'avons fait peindre sur deux faces différentes. Le mélange de ses caractères a tellement attiré notre attention que nous avons voulu, après avoir pris les notes que l'on vient de lire, le décrire une deuxième fois. Voici nos nouvelles impressions : La coloration du dos est bien plus *Carpodacus* que *Pinicola*, mais la manière dont les taches sont parsemées indique tout à fait *Pinicola*. Les rémiges les plus rapprochées

(1) Une espèce a les rémiges brun châtain, l'autre espèce les a noir châtain.

(2) Dans notre premier examen, nous avions cru trouver que le rose de la tête, des joues et du cou était plutôt d'*enucleator*. Mais chez les deux exemplaires ♂ adultes *enucleator* que nous possédons, la couleur rose ne nous paraît point être exactement la même; sur l'un des deux elle se rapproche même tout à fait du rose *purpureus*.

du corps se terminent par une bordure plus claire que la teinte générale de la barbe, laquelle est d'un brun foncé assez noir paraissant être un mélange de *Carpodacus* et de *Pinicola* (1). Les parties les plus claires des ailes (bordures des rémiges et raies transversales), quoique rappelant le dernier type, présentent la teinte rousse du premier. Plus on regarde cet Oiseau, plus on le trouve un véritable intermédiaire entre les deux espèces; à remarquer encore que sous l'aile la partie foncée (brune) de *Carpodacus* est rappelée vivement (2).

Nous avons voulu savoir ce que M. Ernest E. Thompson pense de l'origine sauvage que l'on attribue à son hybride. Voici sa réponse :
« The deep red tints that are found on the Pine grosbeak, the Purple finch, the Cross bills and the European Linnet, are invariably lost in cage birds, and are permanently succeeded by a dull yellow or bronze tint. The specimen in question has all the deep and rich red tints of the brightest plumaged Pine Grosbeak. In addition to this, the great difficulty of getting these birds to breed in confinement must be remembered, while the excellent condition of this specimen shows that it was accustomed to liberty. The absence of traces of cage-life and the fact that it was with the wild birds, that came down from the north, seem to indicate, with almost certainly, that it was a wild born bird ».

L'Oiseau de M. Ernest E. Thompson vient d'être décrit et représenté dans l'Auk (1).

Genre Emberiza

JUNCO HIEMALIS et ZONOTRICHIA ALBICOLLIS.

(Se reporter p. 272 et p. 346 des Mém. de la Soc. Zool., 1892).

On se rappelle que cet hybride avait été décrit en 1863 par M. Ch. H. Townsend dans le « Bulletin of the Nuttal Ornithological Club » (2). M. Witner Stone en parle de nouveau dans l'Auk (3). Il fait savoir que M. Baily, qui l'avait obtenu, l'a offert à l'Académie des Sciences naturelles de Philadelphie, où on peut le voir maintenant dans la collection des « local Birds ». M. Witner Stone, en remarquant que les caractères des deux espèces mères sont mélangés en d'égales proportions, le décrit de la manière suivante :

(1) Auk, January, 1894, N° 1. Nous devons cette indication à M. le chevalier von Tschudi zu Schimdollen.
(2) VIII, N° d'Avril, pp. 78 et 79.
(3) N° 3, vol. X, p. 214, *Hybrid Zonotrichia*.

« The upper surface and wings have the general aspect of the *Zono-trichia*, but the black shaft stripes are narrower and the rufous is more or less suffused with staty, this shade predominating on the beard, where the central white stripe is entirely obliterated and the back stripes considerably broken. Beneath the pattern of colora-tion is that of the *Zonotrichia*, but the breast and sides are of a darker slaty hue. The superciliary stripe is reduced to a white spot behind the nostril and there is a faint dusky maxillary stripe. The outer-most tail feathers have the terminal two thirds white, and there is a white terminal spot on the inner web of the next pair. »

Une chromo-lithographie (1) est jointe à cette description.

Genre Passer

PASSER DOMESTICUS × PASSER MONTANUS

(Se reporter p. 175 ou p. 349 des Mém. de la Soc. Zool., 1892).

Deux nouveaux hybrides sont à mentionner. Le premier a été signalé par le Rév. Macpherson, de Carlisle (2). « Pendant l'été de 1891, dit le Révérend, un Coq House-sparrow (*P. domesticus*) s'ap-paria avec une femelle Tree-sparrow (*P. montanus*) à Aiglegill où les deux espèces se rencontrent fréquemment dans la cour de la ferme. Ils bâtirent un nid, mais ils furent bientôt dérangés et partirent. Probablement ils nichèrent quelque part dans le voisi-nage, car on aperçut, au commencement du printemps 1892, à Aiglegill même, un hybride mâle des deux espèces. Cette obser-vation fut faite par M. R. Mann. »

Le Révérend Macpherson vit d'abord l'Oiseau lorsqu'il voltigeait dans la volière où on l'avait renfermé; dans ses mouvements il paraissait être un Tree-sparrow (*P. montanus*). Quelques jours après, l'Oiseau ayant été tué intentionnellement, M. Macpherson le reconnut pour un véritable hybride, opinion qui était celle de M. Richard Mann, et qui fut partagée ensuite par MM. Johnson, Thorpe, J. E. Harting et O. V. Aplin, auxquels le précieux échan-tillon fut communiqué tour à tour.

Ce dernier ornithologiste, l'ayant comparé avec une série de peaux des deux espèces, nous a proposé, à son sujet, les remarques suivantes : « Le bec est celui du *P. domesticus*, mais un peu plus

---

(1) Plate VI.

(2) *A. vertebrated Fauna of Lakeland*, by the Rev. H. A. Macpherson, chez David Douglas, Edimbourg, 1892. *Prolegomena*, pp. lXXX et lXXXl.

petit. La tête est intermédiaire par sa forme entre celle des deux espèces ; les proportions sont celles du *P. montanus* ; la taille est partout un peu plus petite que celle de ce dernier. La marque (*pattern*) de la tête est dans le genre de celle de la même espèce, mais très distincte par sa coloration et présentant un cachet tout particulier. La nuque est grise, mélangée de couleur pâle sur la partie étroite ; toutes les parties supérieures, bigarrées de teinte terne, diffèrent des autres espèces sous ce rapport ; le manteau ressemble presque à celui du *P. montanus* ; le bas du dos et les couvertures supérieures de la queue sont plus gris que les mêmes parties du *P. domesticus* (lequel est lui-même plus gris que *P. montanus*). Le bord brun des ailes est plus pâle et plus terne que dans l'une ou dans l'autre espèce. Les petites couvertures ont la grande quantité de blanc que l'on voit chez le *P. domesticus* ; elles manquent du noir découvert qui existe chez le *P. montanus*. Les plus grandes couvertures ne se terminent point en blanc comme chez le *P. montanus*. Le noir sous le menton et la gorge excède à peine en quantité le noir de cette espèce, c'est-à-dire que cette petite partie, plutôt brunâtre sombre que véritablement noire, est considérablement moins étendue que dans *P. domesticus*, car elle n'avance point jusqu'au haut de la poitrine, comme cela existe chez ce dernier. »

C'est au Révérend J. G. Tuck, de Postock Rectory, qu'on doit la connaissance du second hybride qui fut tué le 3 janvier 1894 parmi d'autres « Sparrows » (1) dans une cour de ferme, près de Bury Saint-Edmunds.

Le Révérend a eu la complaisance de nous envoyer ce rare spécimen. Nous l'avons examiné ayant entre les mains neuf *P. montanus* et onze *P. domesticus* tués à diverses époques de l'année et dans des contrées différentes. (Ces derniers étaient tous de sexe mâle, sexe de l'hybride ; c'est dire que notre matériel de comparaison était très suffisant pour faire un examen profitable). Voici les caractères de l'Oiseau soumis à notre inspection : Vu sur le dos, il représente, à l'exception de la tête, le *P. montanus* ; la queue est fort courte, plus courte, peut-être, que chez plusieurs *montanus* de notre collection ; Non-seulement le plumage montre le dessin propre à cette espèce, mais il est aussi du même ton. L'aile est encore de ce type ; car, en dessous de la première barre supérieure, se montre un liseré noir qui suit le dessin du blanc, tout comme chez le *P. Montanus*. toutefois le blanc ne paraît pas tout à fait aussi large que chez le Friquet, ce qui rappelle la barre de l'autre espèce. La tache noire de

(1) On n'indique point l'espèce de Sparrow.

la gorge est presque uniforme de teinte, rappelant encore celle du
P. montanus ; mais elle se prolonge davantage vers la poitrine ; elle
se trouve alors parsemée de petits traits blancs très fins, comme
chez le *P. domesticus*. Le bec n'est guère plus fort que celui du
P. montanus, mais il est clair au commencement des mandibules ;
cette couleur jaune clair se répand très avant sur la mandibule
inférieure. (Nous ne trouvons point cette particularité chez aucun
des *P. montanus* entre nos mains). La tache foncée de la joue n'est
point aussi nette et aussi foncée que chez le *P. montanus* : c'est un
mélange avec la tache, bien moins apparente, du *P. domesticus*. Le
blanc, en se rétrécissant, entoure par derrière presque tout le cou,
formant comme un collier; (nous ne voyons point cette particularité
chez l'une ou l'autre espèce). Les parties inférieures, poitrine et
ventre, sont assez foncées (1). Les doigts paraissent très fins; peut-
être se sont-ils desséchés depuis la préparation ?

Tout ce qui vient d'être dit fait donc voir que cet Oiseau ressemble
plus au *P. montanus* qu'au *P. domesticus*; mais si ses proportions
sont bien conservées, ce que nous ignorons, il présente par là une
forte apparence du *P. domesticus*, quoique la queue et le corps
soient courts. Du reste, nous n'avons point parlé de sa tête; là se
voit encore son hybridité. En effet, le dessus de cette partie n'est
point roux violacé à la manière du *P. montanus*, mais il est gris
mélangé de brun roux, et le brun roux, qui reste plus uni, est du ton
chocolat du *P. domesticus* formant bande autour de la nuque. Ajoutons que sur la peinture qui le représente de profil, ce curieux
échantillon donne l'impression d'un *P. domesticus*.

Si nous le comparons de souvenir avec celui du regretté
M. Lemeilteil, dont nous allons bientôt donner une description
complète (2), on voit que la queue est beaucoup plus courte ; puis
le dessus de la tête (quoique grisâtre, on vient de le dire), est tacheté
de brun, ce qui ne se trouve pas dans l'exemplaire de M. Lemeilteil.
Mais le ton du bec et la forme de la tache de la gorge doivent être
semblables chez les deux. Enfin tous deux ont les ailes et le dos
du *P. montanus*, principalement celui de la collection de Bolbec.

M. J. E. Harting, auquel le Rév. Tuck a communiqué l'Oiseau
que nous venons de faire connaître, prétend qu'il ressort d'une
comparaison entre cet exemplaire et celui de la collection Gurney,
(lequel fut obtenu en captivité) que l'Oiseau sauvage est plus gris sur
la tête, a moins de noir sur le devant du gosier et n'a pas la « black

_____

(1) Ce caractère est négligeable, les deux espèces étant du même ton à ces endroits.
(2) Ce qui n'avait point été fait dans notre premier mémoire.

cheek patch » si bien définie. M. Gurney s'est livré aux mêmes comparaisons : « My bird shew the cheek patch of black more than Rev. Tucks. This last has no so much black on the throat as mine. » Ainsi l'Oiseau de M. Tucks est bien connu ; il a été en outre montré à Lord Lifford lorsqu'il était en chair ; puis à différentes sociétés : 1° à la Norfolk and Norwich Naturalist's Society (1) ; 2° à un meeting de la Société Linnéenne de Londres, où il a, paraît-il, attiré l'attention des membres présents (2).

Ayant été autorisé à faire peindre l'échantillon de la collection de feu M. Lemeitteil, nous avons profité de la permission qui nous était donnée pour examiner de nouveau cet exemplaire, que nous avons, (nous devons l'avouer), découvert encore cette fois avec assez de peine parmi les *Passeres* de cette collection, où aucun des Oiseaux n'est étiqueté. Nous nous sommes même trouvé quelque peu hésitant à son sujet. Les caractères mélangés n'éclatent donc point au premier coup d'œil. Néanmoins, lorsque nous l'avons eu en notre possession, l'ayant comparé aux peaux nombreuses des deux espèces que nous conservons, nous avons cru reconnaître ses signes d'hybridité. Vu de dos, en effet, il donne parfaitement l'aspect du *montanus* par sa teinte brun verdàtre (le *domesticus* est roux sur les mêmes parties); tandis que vu de face, le contraire se produit : l'Oiseau paraît tout à fait *domesticus*. Il a presque la taille de cette espèce à laquelle il ressemble le plus. Sur les joues, les deux taches noires du *montanus* sont un peu effacées. Le roux de la tête (qui couvre la tête du *montanus*) n'apparaît plus que sur le côté; sur la nuque toute la partie plate, encadrée par ce roux, est lavée complètement de gris, comme chez le *domesticus*. Le roux existant plus bas n'est pas le roux violacé propre au *montanus*, c'est le roux rouge du *domesticus*. La tache noire de la gorge s'avance en descendant vers la poitrine et se mélange avec le blanc ; le noir se trouve ainsi comme piqueté de blanc, rappelant bien *domesticus*. Il nous a été difficile de définir la petite ou première barre de l'aile ; elle nous a paru plutôt *montanus*, car, dans sa partie supérieure, elle est bordée ou frangée de noir.

Nous avions dit, lors de notre premier examen, que le bec présentait un petit espace jaune au début de la mandibule inférieure, et qu'il était de couleur corne Chez tous les *montanus*, que nous

---

(1) Voy. le Zoologist, p. III, N° de Mars 1894.
(2) The Naturalist's Journal, vol. II, N° 22, April 1894, p. 153. (Communication du Révérend).

possédons, le bec est profondément noir dans *toutes* ses parties. Nous croyons donc que le bec de l'hybride de M. Lemeitteil représenterait plutôt le bec du *P. domesticus*, lequel bec est assez variable de ton.

Nonobstant les réflexions que nous venons de faire, la pièce en question est un excellent intermédiaire entre les deux types et, bien examinée, elle accuse des caractères qui font fortement soup-çonner chez elle une double origine.

M. Keulemans nous a fait savoir que, dans sa jeunesse, il avait possédé vivants plusieurs hybrides du même genre. D'après lui les hybrides du *Passer vulgaris* ♂ et *P. montanus* ♀ étaient autrefois très communs dans les environs de Rotterdam et de Gonda, en Hollande. Maintenant, les lacs étant desséchés, les deux espèces ne s'y rencontrent plus. Les Moineaux de l'espèce *vulgaris* s'attachent de préférence à la ville, tandis que les Friquets (*montanus*) se sont retirés dans d'autres localités marécageuses. S'il ne se trompe, on conserve deux ou trois exemplaires au Musée des Pays-Bas à Leyde. Mais c'est en vain que le Dr Jentinck a fait chercher pour nous ces Oiseaux. Son conservateur, M. Büttikofer a parcouru avec attention toute la collection des *Passeres* et n'a rien trouvé de semblable. Pour le docteur de tels hybrides n'existent pas dans la collection qu'il dirige.

Nous avions dit (1) que nous avions obtenu en captivité des hybrides du *P. montanus* ♂ et du *P. domesticus* ♀; tout au moins qu'ayant abandonné dans une vaste volière ces deux parents, nous nous étions aperçu un jour de la présence de quatre jeunes. Nous ignorions alors que le *P. montanus* était un habitant de notre contrée; nous ne pouvions donc soupçonner l'entrée de jeunes de cette espèce dans la volière où étaient retenus les deux vieux spécimens. Mais, depuis, nous avons rencontré fréquemment le *P. montanus*, non-seulement sur les routes et dans les champs, mais même dans la cour près de laquelle sont édifiées nos volières. Comme aucune différence appréciable n'existe entre les caractères des deux jeunes hybrides supposés et les caractères de *P. montanus* pure espèce, nous pensons aujourd'hui qu'il n'y a eu aucun mélange chez les deux individus retenus en captivité. Ainsi très probablement n'avions-nous affaire qu'à de jeunes *P. montanus* s'étant introduits (à cause de leur petitesse) à travers les mailles des grillages dans le parquet où ils furent vus.

(1) P. 277 ou p. 351 des Mém.

Entre deux Genres

EUSPIZA LUTEOLA (1) et PASSER INDICUS (2)

M. Zaroudnoï, du corps des Cadets, nous écrit de Pskow (Russie) que pendant l'année de 1892 il eut la bonne fortune de trouver un nid avec des œufs d'*Euspiza luteola* ♀ × *Passer indicus* ♂. Nous croyons que les parents furent aperçus près du nid par l'éminent naturaliste.

Famille des Tanagridæ

Genre Pyranga

PIRANGA RUBRA et PIRANGA ERYTHROMELAS

M. R. Ridgway a bien voulu nous informer, à la date du 20 décembre 1892, qu'il avait reçu dernièrement, pour l'examiner, un nouveau produit fort intéressant, et le premier du genre : un hybride entre *Piranga rubra* et *P. erythromelas*, un mâle, « in nearly full plumage », combinant dans d'égales proportions les caractères des deux espèces parentes.

M. R. Ridgway l'a fait peindre pour nous. En nous adressant la peinture il a cru devoir nous faire remarquer qu'elle est de la taille exacte de l'original (les mesures ayant été prises très scrupuleusement), mais que sans doute elle nous paraîtrait trop grande par suite d'une confusion facile à établir entre l'un des parents de cet hybride et une autre espèce qui porte le même nom. Le *P. erythromelas*, nous fait-il observer, n'est pas la petite espèce de l'Amérique centrale appelée *P. erythromelœna* par Sclater et par d'autres ornithologistes, mais l'espèce de l'Amérique du Nord nommée autrefois *P. rubra*, *Tanagra rubra* Linn. 1766, (nec *Fringilla rubra* Linn. 1758), puis, plus tard par Vieillot, *Piranga erythromelas*, soit en 1819, c'est-à-dire douze années avant que Lichtenstein appliquât le nom de *Tanagra erythromelas* à l'espèce de l'Amérique centrale.

Les trois espèces, enveloppées dans cette confusion de noms, sont les suivantes ; les références que M. Ridway a la complaisance de de nous indiquer aideront à les bien distinguer :

1. *Piranga rubra* (Gmel). = *Fringilla rubra* Linn. S. N. ed. 10,

---

(1) Ou *Loxia flavicans* ou *Emberiza luteola*.
(2) Ou encore *Loxia flavicans*, (2). ou *P. domesticus*, Blyth., *Pyrgita domestica*, Gr.

i. 1758, 181. *Piranga rubra* Vieill. *Ois. Am. Sept.* i. 1807, p. IV. *Tanagra aestiva* Gmel. *S. N.* i. 1788, 889. *Pyranga aestiva* Vieill. *N. D.* XXVIII, 291. — Scl. et Auctorum plurimorum.

2° *Piranga leucoptera* Trudeau = *Tanagra erythromelas* Licht. *Preis-Verz.* 1831. n° 69 (nec *Piranga erythromelas* Vieill., 1819!) *Pyranga erythromelaena*, Scl. et Auctorum. *Pyranga leucoptera* Trudeau, Journ. Acad. nat. sci. Phil. VIII 1837. 160.

3° *Piranga erythromelas* Vieill. = *Tanagra rubra* Linn. *S. N.* ed 12, i. 1766, 314 (nec *Fringilla rubra* Linn. 1758!) *Pyranga rubra* Swains, *North zool.* ii p. 273, Scl. et Auctorum plurimorum. *Piranga erythromelas* Vieill. *Nouv. Dict.* XXVIii, 1819, 293 (nec Scl. et Auctorum!)

Nous reproduisons ces explications à cause de l'utilité qu'elles peuvent avoir. Ayant demandé en Amérique les deux espèces pures, afin de pouvoir nous livrer à un examen profitable de l'hybride, nous avons reçu plusieurs échantillons *P. erythromelas* de taille considérablement plus petite que celle de l'hybride, tel qu'il est représenté sur l'aquarelle. Nous craignons vraiment que la taille de ce dernier ne soit exagérée sur la peinture. Nous préférons donc nous abstenir de le décrire nous-même; nous nous contenterons de reproduire la description qui a été faite dans l'Auk, en 1893, par M. L. M. Mc. Cornick (1). Cette description est la suivante : « The bill is rather thicker than in *P. erythromelas*, but not so long as in *P. rubra*, with the median notch of the upper mandible well developped. The wings are rusty black, the primaires are edged with red on the outer web, while the secondaries and coverts are washed with brick red, giving the whole wing the appearance of having been brushed over with a water color of reddish yellow. The tail is marked in the same manner, but with more of the appearance of having been dipped in the red stain, as the whole web of each feather is tinged more deeply on the outer than on the inner web and at the base than at the tip. The body has the scarlet color of *P. erythromelas* with no trace of the vermillon of *P. rubra*, though there is a little of the bronze of immaturity on the nape of the neck and of the belly. In a series of about thirty specimens of *P. erythromelas* there is no trace of the reddish wash on the black, though seveval show red feathers among the black coverts. The characters of *P. erythromelas* are the stronger on the whole, as might be expected, as it seems the hardier bird of the two.

« Measurements show that it is intermediate in size between the

(1) Voy. le N° de Juillet p. 302.

two species ». M. Cornick donne les mesures suivantes en se servant du Manuel de M. Ridgway comme comparaison.

	Aile	*Queue*	*Culmen*
Hybrid . . .	3.90	2.85	60
P. rubra . . .	3.55-3.95-(3.69)	2.80-3.15 (2.99)	82.90 (86).
P. erythromelas.	3.55.-3.90	2.80. 3.25	55-60.

Nous avons demandé à M. Ridgway si cette pièce, aujourd'hui au Musée de Washington, avait été prise à l'état sauvage; il nous a répondu par l'affirmative. Nous supposons que c'est à Omaka, Nebraska, qu'elle a été obtenue, le 20 mai 1892, par M. Léonard Skow. Cette indication paraît être donnée sur l'aquarelle que M. Ridgway nous a adressée. — M. Worthen, naturaliste à Warsau, (celui qui nous a fourni nos pièces de comparaison), nous écrit qu'il n'a jamais entendu parler de Tanagers vivants ou nés en captivité; il ne pense point qu'un tel élevage puisse être tenté avec succès. Les deux espèces parentes sont, ajoute-t-il, délicates et incapables de demeurer dans ces parages pendant la froide saison. — On peut donc supposer qu'il s'agit bien ici d'un Oiseau ayant une origine sauvage. Un croisement entre les deux types en question ne paraît pas du reste invraisemblable, car ils sont très proches parents : c'est l'excès de tonalité chez l'un, *P. erythromelas*, qui le différencie de son congénère.

Famille des Muscicapidæ

Genre Rhipidura

RHIPIDURA FLABELLIFERA × RHIPIDURA FULIGINOSA

(Se reporter p. 280 ou p. 362 des Mém. de la Soc. Zool., 1892).

M. Mc. Léan, de la Waikahu-station (1), a fourni de nouveaux et d'intéressants détails sur le croisement de la *Rhipidura fuliginosa* et de la *R. flabellifera* (2).

Dans la matinée du 17 avril 1892, se trouvant au bas d'une colline escarpée du district de la Poverty-Bay, où il conduisait son cheval, il aperçut une « Dark Fantail » (*Rhipidura*) qui passait devant lui et se dirigeait vers un petit fourré d'arbustes. Il la

(1) Tekarak a Gisborne, New Zeland.
(2) Voy. Ibis, 1894, p. 100.

suivit avec attention, et lorsqu'elle fut arrivée dans le buisson il l'aperçut voltigeant dans le bas des branchages. L'Oiseau s'étant posé à trois pieds en face de lui, il crut le reconnaître pour appartenir à l'espèce *fuliginosa*, les marques blanches (the white car spots) semblaient exister sans cependant se montrer très distinctement. M. Mc. Lean préféra ne point le considérer longtemps et courut aussitôt chercher son fusil dans l'espoir de l'obtenir et de l'examiner tout à son aise. Malheureusement, pendant les vingt minutes que son absence forcée avait duré, l'Oiseau était parti ou s'était caché ; il ne put être retrouvé dans cet endroit tout couvert de Fougères et de Manukos.

Après dix-sept mois, M. Mc. Lean cru le revoir dans un buisson de *rangiera*, sur le sommet d'une colline distante environ d'un mille de l'endroit où il l'avait observé pour la première fois en 1892. Ce buisson était en fleurs et sans doute rempli par une grande quantité d'insectes.

Lorsque M. Mc. Lean se fût approché, la petite bête s'envola vers le bas de la colline, où elle disparut dans un autre buisson. Elle y fut rejointe bientôt par le chasseur qui l'aperçut cette fois accompagnée d'une « Pied Fantail » avec laquelle elle prenait ses ébats.

Tout à coup, poursuivie par cette dernière, elle s'éleva au-dessus des buissons. M. Mc. Lean, après quelques instants de recherches, trouva la « Pied Fantail » dans un arbre où un nid de Fantail avait été construit ; mais il n'aperçut nulle part à l'entour l'Oiseau noir.

Après cependant avoir bien cherché, il crut apercevoir au-dessus du nid la queue d'un Gobe-Mouches qui n'était point de l'espèce *flabellifera*. Il secoua alors l'arbre pour déterminer un mouvement chez celui-ci; mais la bête ne bougea pas. M. Lean prit donc le parti de monter à l'arbre et vit que c'était une *fuliginosa* !... Deux œufs avaient été pondus dans le nid. M. Mc. Lean ne sait comment rendre le sentiment de surprise qu'il éprouva alors.

Il était en effet en présence d'un appariage de deux espèces : les parents, le nid, les œufs étaient là. Ce fut avec beaucoup de regret qu'il tua la paire d'Oiseaux et qu'il emporta le nid et les œufs qui paraissent être couvés depuis cinq à six jours environ. Par la dissection il reconnut que la Fantail bariolée était une femelle R. *fuliginosa* en plumage parfait; la *flabellifera* avait le plumage un peu usé.

Complétant son observation, M. Mc. Lean ajoute qu'il a visité beaucoup de nids de Fantails, mais qu'il n'a pu trouver de différence entre les nids des R. *flabellifera* et ceux des R. *fuliginosa*. Il n'a jamais vu les œufs de la *Rhipidura fuliginosa* du sud de l'île ; il croit que ceux qu'il a trouvés sont d'une couleur plus riche que ceux de la *R. flabellifera*, les taches étant d'une teinte plus pourpre, tandis que sur les œufs de l'Oiseau bariolé les taches sont brunâtres.

Les croisements dont avait parlé M. Potts s'étaient produits dans les îles du sud. La *R. fuliginosa*, observée cette fois, paraît s'être écartée de sa demeure habituelle en venant dans le nord de l'île de la colonie. Si, comme le croit M. Mc. Lean, elle y a demeuré pendant plus de douze mois, elle a dû déjà s'y croiser ; cependant aucun Oiseau présentant un mélange des caractères des deux espèces n'a encore été observé.

L'intérêt de l'appariage en question, constaté de *visu*, n'échappera à personne.

Famille des Hirundinidæ.

Genre Hirundo

HIRUNDO RUSTICA et HIRUNDO URBICA

(Se reporter p. 292 ou p. 367 des Mém. de la Soc. Zool., 1892).

« M. le prof. Gigliogli nous a adressé un nouvel échantillon que M. S. Boidi vient de donner au *Museo dei Vertebrati* de Florence. Cet échantillon a été tué au fusil dans les environs de Senigallia (près Ancone), le 1er mai 1884. Il avait été pris pour un exemplaire d'*Hirundo rufula* et c'est à ce titre qu'il a été envoyé à M. Giglioli.

Cet Oiseau, qui figure sous le n° 3278 de la collection, a le bec long et de la forme de l'*H. rustica* ; le devant du front est un peu détérioré, mais on croit pouvoir reconnaître qu'il était teinté de roux brun comme chez *rustica*, on voit la trace de cette couleur. La gorge est roux très clair, l'indication du collier noir de *rustica* est très visible ; ce collier est rappelé par une teinte grise un peu roussâtre, tachetée cà et là de marques noires. Le blanc du dessous du corps est légèrement sali, lavé de roux, notamment lorsqu'on approche de la queue dont les couvertures inférieures montrent le mélange encore plus accentué. Ce gris blanc devient comme violacé sous les ailes (à la place qu'occupe le roux de *rustica*) ; c'est un mélange évident du gris blanc d'*urbica* et du roux de *rustica*. Le bleu des parties supérieures, tête, dos et couvertures des ailes, est d'un ton ardoise très brillant se répandant jusque et même au-delà du croupion, lequel se trouve blanchâtre, mélangé de roux et tacheté de brun sale par places. La longueur des ailes est celle

des ailes du *rustica;* les rectrices les plus extérieures ne se pro
longent pas en filets, elles dépassent seulement les autres pennes
La queue néanmoins se trouve échancrée et plus longue que che
urbica; mais il n'existe aucune trace, sur les barbes intérieures
de taches blanches à la manière de *rustica.* Les trois rectrices le
plus extérieures (1) sont seulement lavées quelque peu de blan
châtre rappelant les taches blanches. Il est facile de voir qu
cette Hirondelle est adulte ; aucun doute ne peut exister à ce sujet
on n'aperçoit en effet aucune trace des bordures ou liserés blanc
le long des pennes, ce qui caractérise le jeune âge.

- Cette pièce, fort intéressante, plus *rustica* qu'*urbica*, doit à l'in
fluence de cette dernière espèce : 1° l'affaiblissement du roux du
collier noir, 2° la suppression des taches blanches sur les barbes
intérieures des pennes de la queue, 3° la teinte blanchâtre sale du
croupion et, 4° dans sa forme, le raccourcissement des deux rectrices
les plus extérieures. Les caractères mélangés se trouvent donc chez
elle très visibles et indiquent une hybridation. En outre, il nous a
semblé apercevoir sur les tarses quelques restes des petites plumes
blanches d'*urbica.*

M. le prof. Giglioli ne s'est pas tenu à ce gracieux envoi; avec
une extrême bienveillance il nous a retourné sur notre demande,
pour un deuxième examen, l'Hirondelle capturée à Bari. Nous
avons trouvé utile de revoir les hybrides dont nous nous étions
occupé à un moment où, comme nous le faisions savoir, notre
matériel de comparaison n'était pas très complet et où, aussi,
nos connaissances ornithologiques n'étaient point aussi étendues
qu'elles le sont maintenant. L'exemplaire du Musée de Florence ne
nous avait point paru, du reste, affirmer son origine mélangée
aussi clairement que nous trouvions l'hybridité affirmée chez les
autres spécimens reçus. Nous nous sommes donc livré à un nouvel
examen et, en présence de vingt-neuf échantillons des types purs,
rassemblés depuis nos premières études, (quinze du type *urbica*
et quatorze du type *rustica*), nous avons fait les comparaisons et
pris les notes suivantes (2) :

Chez tous les exemplaires *rustica* entre nos mains, jeunes ou
vieux, le roux de la gorge est très largement encadré de noir; chez
deux seuls, dont l'un cependant paraît pleinement adulte, cette
large bande noire est moindre, plus pâle ou mélangée de roux. Or,

(1) Notamment les deux premières.

(2) Ces vingt-cinq échantillons sont des deux sexes, ont été obtenus dans des
contrées diverses et sont enfin de différents âges.

l'Hirondelle de Bari ne porte que de très faibles traces de ce collier ou bande noire ; c'est à peine si on aperçoit sur son devant deux ou trois petites plumes noires ; sur les côtés ces plumes sont un peu plus nombreuses. L'Oiseau ayant été tué ou capturé au mois d'avril doit être adulte; il est cependant assez petit de taille. Sur les tarses, on n'aperçoit nulle trace du fin duvet dont nous avait entretenu M. Giglioli, traces visibles, paraît-il, au moment du montage. L'aile est tout à fait de la longueur de celle de *rustica*, par conséquent plus courte que celle d'*urbica*.

Ce qui nous a frappé particulièrement chez cette Hirondelle, c'est la manière vague, indécise, dont les taches blanches des rectrices sont indiquées sur la barbe. Que l'on examine *rustica* adulte ou à la sortie du nid, les taches blanches sont toujours bien nettement délimitées. Chez les adultes ces taches se trouvent très développées et forment, sous la queue, comme une barre très large, légèrement en forme d'arc ou de croissant. Chez l'individu soumis à notre examen, les deux rectrices les plus extérieures portent seules ces taches et même, chez les deux rectrices suivantes, ces taches ne sont indiquées que par un point. Puis les rectrices les plus extérieures, tout en étant plus longues que chez *urbica*, ne se prolongent point autant et aussi finement que chez *rustica*; l'échancrure de la queue reste néanmoins très prononcée.

Dans notre matériel de comparaison se trouvent précisément trois échantillons *urbica* qui ne sont point complètement adultes: ils montrent les rectrices les plus extérieures dans un état de développement incomplet, par là, par conséquent, ressemblant beaucoup à l'Hirondelle supposée hybride. Mais chez eux les médianes seraient plus longues que celles de cette dernière. On trouverait donc là un point de différenciation dans le système d'accroissement de ces plumes, lequel point pourrait peut-être être imputé au mélange que l'on présume ? Voici ce que nous avons cru observer : à mesure que les rectrices les plus extérieures d'*urbica* se prolongent, les intérieures semblent se raccourcir; tout au moins lorsque l'on compare des individus tout à fait adultes à des individus moins avancés, on croit voir chez les premiers les rectrices intérieures plus longues. Reste à savoir si le caractère que nous décrivons existe en réalité ; il peut se faire que les couvertures de la queue chez les jeunes *urbica* ne s'avancent point sur les rectrices de la queue autant que chez les vieux exemplaires. De là viendrait l'apparence que nous signalons.

Mais, ce qui nous indique que nous ne devons point avoir affaire à un jeune individu *rustica* n'ayant pas encore atteint le complet développement de ses rectrices les plus extérieures, c'est qu'on remarque chez les spécimens *rustica* adultes de notre collection une légère frange de grisâtre sur les rectrices et les rémiges. Or, ceci n'existe ni sur les adultes, ni sur l'hybride. Une seule de nos *urbica* montre aux rectrices une frange légère, mais le plumage de cet Oiseau, qui n'est point vivement bleuté, se présente comme anormal.

L'Hirondelle de Bari est donc certainement adulte, et si ses rectrices les plus extérieures n'ont point atteint un développement aussi grand que celui des plumes correspondantes d'*urbica*, il paraît impossible d'imputer à l'âge cette dissemblance qui est plutôt le résultat d'un croisement. En outre, on a signalé du blanc sale sur le croupion ; le bec lui-même n'est point complètement de *rustica*. (On sait qu'*urbica* a le bec plus court que celui de cette dernière espèce et, chez elle, la mandibule supérieure est plus élevée qu'elle ne l'est chez l'autre espèce, à sa naissance). Enfin, nous pensons *urbica* plus petite, plus courte de corps que *rustica*, et l'exemplaire du Musée de Florence est plus court de corps que ce dernier type.

En somme, si cet Oiseau n'indique point d'une façon absolue son hybridité, il la laisse soupçonner dans une large mesure.

L'exemplaire, appartenant à M. Tancré d'Ancklam, a été aussi revu et peint, comme l'ont été les deux dernières Hirondelles hybrides. Nous avions dit que cet Oiseau était un intermédiaire *très bien caractérisé*. Sans nier aucunement la double origine que nous lui supposons et qui paraît assez probable, nous ne voudrions point cette fois être aussi affirmatif que nous nous étions montré dans notre première publication. Nous ignorions, en effet, au moment de notre premier examen, qu'il existait des *urbica* dont les parties blanches de dessous sont fortement teintées du roux propre à *rustica*. M. Odoardo Ferragni, de Cremone, nous a envoyé, à notre grande surprise, un sujet teint de la sorte ; ce sujet ne pouvant être par aucun autre caractère différencié d'une vraie *urbica* normale, ne saurait être déclaré hybride. Ce n'est point pour M. Odoardo Ferragni la première fois qu'une telle coloration se présente chez *urbica*. Celui-ci se rappelle avoir vu autrefois des jeunes de cette espèce avec le ventre et le croupion roussâtres.

On ne sera donc pas étonné si nous redoublons d'attention dans l'examen des pièces tenues pour hybrides et si nous les décrivons si minutieusement nous entourant, lorsque nous le pouvons, d'un nombreux matériel de comparaison.

Voici les notes prises à notre deuxième examen sur l'Hirondelle d'Anklam. L'Oiseau est plus long de corps qu'*urbica* ; les ailes sont aussi longues que celles de *rustica ;* la forme de la queue très échancrée peut servir d'intermédiaire entre les deux espèces ; (nous n'avons point trouvé, parmi les échantillons *urbica* de notre collection, un seul spécimen avec des rectrices aussi prolongées). Les couvertures supérieures les plus rapprochées des rectrices sont d'une teinte bleue, point aussi prononcée que chez *rustica*, mais plus accentuée que chez *urbica*. Le blanc du croupion est très sale, mélangé de pâles raies brunes. Les tarses, de couleur claire, ne sont que fort peu emplumés en dessous et jusqu'à moitié ; aucun duvet n'existe sur les doigts qui sont assez clairs de ton. Le bec est plus long que chez *urbica*, mais moins fort que chez *rustica* ; il peut donc passer pour intermédiaire.

Etant en train de faire cette révision des Hirondelles déterminées comme hybrides, nous avons jeté un coup d'œil sur les deux aquarelles que M. le Dr de Romita avait eu l'obligeance de nous adresser il y a déjà plusieurs années. Ces deux aquarelles, on se le rappelle, représentent, sous deux aspects différents, l'individu pris à Bari que conserve M. de Romita, mais non celui pris au même endroit et qui a été envoyé du Musée de Florence. M. le Dr de Romita ne nous a pas fait connaître la forme, la disposition, les dimensions exactes de toutes les grandes pennes (rectrices et rémiges). Les deux petites aquarelles étant à l'état de croquis ou d'ébauche, nous croyons nous être montré trop facile dans notre appréciation sur les caractères de l'individu qu'elles représentent. Cependant cet Oiseau ne nous est réellement pas assez connu pour nous prononcer à son égard; si les moyens de le juger nous manquent, nous ne nions point pourtant l'origine mélangée que M. de Romita lui a reconnue. Nous sommes même persuadé que le savant docteur de Bari a vu très juste ; nous le remercions encore une fois de la peine qu'il a prise pour nous en exécutant ou en faisant exécuter ces dessins.

Un neuvième exemplaire serait encore à faire connaître. M. le Dr G. M. Bertholdo, de Turin, se rappelle avoir observé à Orbassano une Hirondelle ♂ jeune qui laissait apercevoir des traits évidents de mélange entre *H. urbica* et *H. rustica*. La tête était bleu noir luisant ; la gorge roux châtain clair ; les ailes, sur les grandes couvertures, noirâtres ; les couvertures inférieures, gris blanchâtre ; les rémiges (les rectrices, sans doute,) sans taches blanches ; le dos noir bleuâtre, comme dans l'Hirondelle commune ; la partie inférieure et le croupion bleuâtres. Ces notes avaient été prises lorsque l'Oiseau était tombé sous le coup de fusil. Malheureusement la pièce était tellement abîmée que sa dépouille n'a pu être conservée. (Nous supposons que cette Hirondelle n'est point la même que celle dont nous a entretenu M. Niccolo Camusso (1), laquelle est du même sexe et du même âge, et qui fut détruite dans les mêmes circonstances).

La très courte description que le Dr Bertholdo a la bonté de nous envoyer n'est point suffisante pour juger de ses caractères; mais M. Bertholdo est certain, nous dit-il, d'avoir eu entre les mains un produit de l'Hirondelle de cheminée et de l'Hirondelle à croupion blanc.

Famille des Troglodytidæ

Genre Cistothorus

CISTOTHORUS STELLARIS var. GRISEUS (2) et CISTOTHORUS PALUSTRIS var. MARIANÆ (3)

Ces deux races se mélangent-elles ? Voici ce que l'on dit dans l'Auk (4) à leur sujet :

« Whether or no *C. p. marianæ* and *C. p. griseus* intergrade, and what are their respective habitats during the breeding season, are points on which my material throws no light. Intergradation is certainly probable, but by no means certain, for if, as seems not unreasonable we way assume that *marianæ* is resident on, and confined to the Gulf Coast, and *griseus* æqualy restricted, at all season, to the South Atlantic seeboard, their respective habitats may be, for birds of such sedentary habits, pratically isolated ».

L'auteur, comme on le voit, ne parle pas de « croisement », mais seulement de « gradation ».

Famille des Paridæ

Genres Parus

PARUS MAJOR et PARUS CŒRULEUS

A la fin de l'année 1892, M. le comte Arrigoni degli Oddi nous

---

(1) Voy. p. 300 ou p. 374 des Mém.
(2) Synonymie : *Troglodytes stellaris.*
(3) Autres noms : *Certhia palustris, Cistothorus (Telmatodytes) palustris.*
(4) P. 219, 1890.

apprenait qu'il possédait un croisement de *Parus major* × *P. cœruleus*.
Quelque temps après, il avait la bienveillance de nous adresser
une jolie aquarelle de son sujet, le laissant voir sur deux faces,
c'est-à-dire de côté et par devant.

Nous avons pris les notes suivantes : La taille serait celle de la
Mésange charbonnière ; le bec, le plastron seraient aussi de cette
espèce. Mais l'Oiseau s'en éloigne par les parties supérieures, car la
tête paraît être celle de la Mésange bleue; chose bizarre, le prolongement du collier foncé, qui existe chez les deux parents
derrière le cou, manque précisément chez ce spécimen. C'est par
les caractères de sa tête qu'il se montre vraiment intermédiaire
entre *P. major* × *P. cœruleus*.

Notre savant collègue de la Société Zoologique de France nous
a fourni, au sujet de cette importante capture, les indications
suivantes : Ce *Parus* a été pris à l'état sauvage, à l'aide de filets,
au mois de novembre 1892. Il a été acheté vivant le 16 du même
mois à M. D. Moratello, de Padoue. M. Oddi l'a conservé en cage
pendant quelque temps ; mais craignant de le voir s'échapper,
il l'a bientôt tué.

Le précieux échantillon, unique jusqu'à ce jour, a été empaillé
par M. Bononi, de Milan (1). »

Nous remarquons que les deux types qu'on suppose lui avoir
donné naissance sont des types que l'on peut certainement qualifier
de bonnes espèces, (dans le sens où l'on entend ce mot en zoologie).
Aussi ce croisement nous surprend.

ACREDULA CAUDATA × ACREDULA IRBYI

ACREDULA ROSEA × ACREDULA IRBYI

(Se reporter pp. 314 et 315 ou pp. 388 et 389 des Mém. de la Soc. Zool , 1892)

M. Odoardo Ferragni, de Crémone, nous a procuré des intermédiaires, (nous ne disons pas des métis), entre ces divers types.
Nous avons examiné leurs parents supposés ; cet examen a été
assez superficiel, nous l'avouons. Nous persistons néanmoins à
croire que ces derniers ne sont que des races ou des variétés d'une
même espèce, opinion que nous avions déjà émise.

(1) Il a été cité, depuis la communication de M. Oddi, dans la Rivista italiana di
scienze naturali, 1893. *Note ornithologique* du Dr Ettore Arrigoni degli Oddi.

Famille des Turdidés

Genre Helminthophila

HELMINTHOPHILA PINUS et HELMINTHOPHILA CHRYSOPTERA.

(Se reporter p. 319 ou p. 393 des Mém. de la Soc. Zool. 1892).

La formule « *Helminthophila pinus* ✕ *H. chrysoptera* = *H. leuco-bronchialis* » est-elle encore soutenable? L'*H. leucobronchialis* se rencontre toujours (1); souvent il est accompagné de l'*H. pinus* ; quelquefois il n'est pas normal. Voici des exemples :

1° M. Frank M. Chappman mentionne l'appariage d'un mâle typique *H. pinus* avec une femelle *H: leucobronchialis* non typique. Le nid de ces deux Oiseaux fut trouvé sur le « west slope of the palisades » à Englewood (New-Jersey) le 12 juin 1892. Il était placé sur la terre, dans un petit buisson, et contenait trois œufs, dont un « of the right full owners, » un autre de Cowbird (2), le troisième fut brisé. Comme construction, ce nid se rapportait au nid typique de *pinus*. Les œufs ressemblaient aussi à ceux de cette espèce, quoiqu'ils fussent un peu plus tachetés. La femelle fut examinée attentivement pendant qu'elle se trouvait sur le nid ou dans les buissons environnants. Par sa coloration, elle paraissait intermédiaire entre *H. pinus* et *H. leucobronchialis;* les parties de dessous étaient lavées de jaune pâle, l'arrière-dos bleuté, la croupe grisâtre. Elle s'envola trois fois du nid pendant que dura l'observation de M. Chappman et chaque fois elle fut rejointe par le mâle *pinus*. Fréquemment, les deux Oiseaux étaient tellement rapprochés l'un de l'autre, qu'il était possible de les voir dans le champ des verres de la lorgnette. L'œuf brisé et l'œuf du Cowbird furent enlevés. — Le 19 juin, M. Chappman, étant retourné au même endroit, trouva le nid désert.

M. Chappman ne veut tirer aucune conclusion de ce fait, quoi-qu'il soit, on le voit, fort intéressant et très important (3).

2° D'après M. Jno. H. Sage, de Portland, le Warbler de Brewster

---

(1) Voy. l'Auk, p. 302 et p. 304, 1892; p. 89, p. 208, p. 305, 1893; p 79, 1894 ; les Proceed. of the Linn. Soc. of N. Y., 2 mars 1892.

(2) Sans doute l'*Oriolus ater* (ou *Molothrus ater*) de la famille des *Scteridœ* (Blackbirds, Orioles).

(3) Il est raconté, dans le numéro de juillet 1892, de l'Auk, p. 302, sous ce titre : « *On the breeding of Helminthophila pinus with H. leucobronchialis at Englewood (New-Jersey.) »

(*H. leucobronchialis*) peut être considéré comme visitant régulièrement le Connecticut pendant l'été; il se montre vers le 10 mai et
est en plein chant jusqu'au milieu de juin. M. Sage ayant continué
les observations qu'il avait commencées sur le chant de cet Oiseau,
croit qu'aucun caractère spécial ne le distingue du chant de l'autre
espèce, comme on l'a dit à tort; l'*H. leucobronchialis* chante quelquefois exactement comme *chrysoptera*, dans d'autres occasions,
comme *pinus*, et souvent ce Warbler a les notes particulières des
deux espèces. Une oreille exercée peut le découvrir par son chant;
néanmoins, il est nécessaire que l'œil le reconnaisse (1).

Ce chant, tantôt d'une espèce, tantôt de l'autre, semblerait indiquer un mélange dans la nature du sujet qui le fait entendre;
cependant M. Sage ne pense point que le Warbler de Brewster
puisse être considéré comme un hybride.

3° M. E. H. Eames parle (2) d'un *H. leucobronchialis* qu'il observa
aussi dans le Connecticut et qui paraissait apparié avec une femelle
H. pinus; un nid, placé sur le bord d'un pâturage à la lisière d'un
chemin et d'un bosquet, était en construction. Il était pauvrement
construit, en herbes sèches et situé à la base d'un petit arbrisseau
au milieu de ronces; il se laissait voir de tous points si on se plaçait
à quelques pas de distance. Quand M. Eames le visita une deuxième
fois, le 14 juin, quatre œufs y avaient été déposés; deux appartenant au Cowbird furent soustraits. Les deux qui restèrent donnèrent
naissance à une paire d'Oiseaux qui ne purent être distingués,
jusqu'à leur sortie du nid, des jeunes ordinaires du parent femelle
malgré la coloration du parent mâle, ainsi que l'on pouvait s'y
attendre, ajoute M. Eames.

4° Le 1er juillet 1893, M. Louis B. Bishop trouva à North Haven
(Conn.), dans une petite partie de terrain marécageux couvert
d'aunes, un *H. leucobronchialis* adulte accompagné de deux jeunes.
Les Oiseaux furent un peu effrayés à l'arrivée de M. Bishop qui les
observa quelque temps avec soin. L'individu adulte apportait à de
courts intervalles de la nourriture aux jeunes, ne laissant ainsi
aucun doute sur sa parenté avec ceux-ci. Le 4 juillet, les Warblers
étaient encore dans la même localité et ils purent être capturés
tous trois. Probablement, le parent manquant avait-il été tué, car,
malgré une recherche attentive qui dura deux jours, M. Bishop ne
put le rencontrer dans le pays environnant, où il n'existait, du
reste, aucune espèce d'*Helminthophila*.

---

(1) Auk, p. 208, 1893 : « *Notes on Helminthophila chrysoptera, pinus, leucobronchialis and lawrencei in Connecticut.* »
(2) Même revue, p. 89, 1893. « *Notes from Connecticut.* »

Le sexe de l'adulte n'a point été déterminé ; sa décomposition était très grande lorsqu'on le prépara. Cette circonstance qu'il ne fit entendre aucun chant pendant qu'il fut observé engage M. Bishop à croire qu'il était de sexe femelle, comme la coloration foncée (dull) de son plumage semblait l'indiquer. Malheureusement, les deux jeunes portaient encore le duvet du nid, la couleur olive ; il était donc difficile de dire ce qu'ils auraient été. Cependant les plumes de la gorge, de la poitrine et des parties supérieures étaient assez avancées pour laisser deviner leurs relations avec les plumes de l'*H. pinus* typique. A ce sujet, M. Bishop remarque que les barres de l'aile ne sont point les mêmes chez le jeune et chez l'adulte de cette espèce ; elles diffèrent par leur coloration et leurs dimensions. Elles sont, en effet, très étroites et extrêmement blanches chez les vieux spécimens ; larges, au contraire, et jaune clair chez les jeunes. M. Bishop conclut que le fait qu'il raconte tend à confirmer la théorie de M. Ridgway, à savoir que : l'*H. leucobronchialis* n'est point une bonne espèce, mais une phase leucochroïque de l'*H. pinus* (1).

Les autres captures *H. leucobronchialis* qui ont été signalées n'apprennent rien sur ce curieux Oiseau. Elles concernent un mâle pris le 22 mai 1893, dans le Connecticut, par M. A. H. Verrill (2), un autre à Pocantico, par M. W. E. D. Scott, pendant le printemps de 1892 (3), et un troisième obtenu le 16 mai à Parkeville (Queen's County) par M. Arthur H. Howell (4).

Quelques remarques nous seront permises après les citations que nous avons faites.

Le fait que l'*H. leucobronchialis* est toujours rencontré en compagnie de l'*H. pinus*, et non en compagnie de l'*H. chrysoptera*, semble dire qu'il est de l'espèce du premier : soit une variété leucochroïque de l'*H. pinus*, comme il a été déjà dit. Mais que doit-on penser de l'*H. lawrencei ?* De nouvelles captures ont été signalées.

1° M. E. H. Eames (déjà nommé) parle de quatre Lawrence's Warblers vus par lui et par M. C. K. Averill ; trois de ces Oiseaux étaient typiques, chez le quatrième la couleur noire était obscur-

---

(1) Voy. l'Auk, pp. 79 et 80, N° 1, vol. XI, 1894. M. Ridgway a-t-il changé d'opinion, car il croyait *II. leucobronchialis* espèce distincte (Voy. p. 372 ou p. 486 des Mém.).

(2) Auk, p. 305, X, 1893, *Connecticut Notes.*

(3) Proceedings of the Linn. Soc. of N. Y., 2 mars 1892.

(4) Auk, p. 304, 1892 : « *Brief Notes from Long Island.* »

cie et le dessus de la tête chargé de jaune olive. Tous chantaient comme le Blue winged Warbler (*H. pinus*) (1).

2° M. A. H. Verrill dit (2) s'être procuré, le 22 mai 1893, un mâle adulte « Lawrence's Warbler » et le 31 du même mois en avoir remarqué un autre qu'il crut en train de nicher. Ce dernier Oiseau revu le 5 juin fut abattu. Quelque temps après M. Verrill fit lever la femelle du nid dans lequel se trouvaient six jeunes. M. Scott put examiner cette femelle, car elle se tenait constamment à six ou huit pas de lui. Le nid, sous tous les rapports, était semblable à celui de la Blue winged Warbler et les jeunes qu'il contenait emplumés. Plusieurs d'entre eux montraient des traces de noir sur la poitrine (3).

3° Notons encore que M. E. D. Scott obtint à Poncantico un *H. pinus* avec la poitrine sombre, se rapprochant de celle de *H. lawrencei* (4).

Ce dernier fait semble indiquer des relations entre les deux types. Ces relations sont-elles imputables à l'hybridité ?

Nous avons interrogé plusieurs éminents ornithologistes afin de savoir ce qu'ils pensent sur ce sujet. M. Robert Ridgway, curateur du « Department of Birds » (Smithsonian institution), a bien voulu nous répondre qu'il n'a aucune raison de modifier l'opinion émise dans son *Manual of North American Birds* (5). Sa manière de voir, est ainsi exprimée en ce qui concerne *H. lawrencei* : « Doubtless either a hybrid of *H. chrysoptera* and *H. pinus*, or else a yellow dichromatic phase of the former. The latter supposition seems, in the light of recent studied material, to be the more probable solution of the case. »

En ce qui concerne *H. leucobronchialis*, M. Ridgway dit : « This puzzling Bird appears to be as the same relation to *H. pinus* that *H. lawrencei* does to *H. chrysoptera*. In a large series of specimens every possible intermediate condition of plumage between typical *H. pinus* and *H. leucobronchialis* is seen, just as in the case with *H. chrysoptera* and *H. lawrencei*. If we assume, therefore, that these four forms represent merely two dichroic species, in one of which

---

(1) Auk, p. 89, 1893. Nous supposons toutefois que M. Eames ne rappelle point dans son article (*Notes from Connecticut*) des Oiseaux déjà cités. Nous ne possédons qu'un extrait de son travail.

(2) Auk, p. 305, X, 1893 (*Connecticut Notes*).

(3) M. Verrill ne fait pas connaître le plumage de la femelle, ce qui aurait une grande importance. Etait-ce une femelle *lawrencei* typique ? Oui, sans doute, puisqu'il se tait à son sujet.

(4) Voy. Proceedings of the Linn. Soc. N. Y., 2 mars 1892.

(5) P. 486 (Foot Note).

(*H. pinus*) the xanthochroic (yellow) phase, and, in the other (*H. chrysoptera* the leucochroic (white) phase represents the normal plumage, —) and admitting that then two species, in their various conditions, hybridize (which seems to be an incontrovertible fact), we have an easy and altogether plausible explanation of the origin of the almost interminably variable series of specimens which have found their covey with the « waste-basked » labelled « *H. leucobronchialis.* »

L'auteur ajoute, dans la communication qu'il nous fait, que « all the considerable number of specimens which have been taken since the foregoing was published tend to confirm the theory of dichromatism as accounting, more than hybridism, for the origin of the two forms in question ».

Ainsi pour le savant ornithologiste la chromatique explique mieux que l'hybridisme l'origine des deux formes nourrices.

A son tour, M. Franck M. Chapman nous a fait connaître son opinion. Il considère *lawrencei* comme un hybride entre *pinus* et *chrysoptera*; le cas de *leucobronchialis* est plus embarrassant. Ses vues ne sont pas très nettes sur ce sujet; du reste, il n'a pas étudié la question récemment. Il se trouve cependant quelque peu enclin à adopter les théories professées par M. Ridgway, à savoir que .l'hybridation et le « dichromatism » sont là tous deux à l'œuvre. Son objection principale à la théorie d'une phase « leuchroic » est que *leucobronchialis* a les barres des ailes bordées de jaune, tandis que chez *pinus* elles sont étroitement blanches. Un fait qui acquiert une grande importance à ses yeux est que « différents individus parfaitement typiques de *leucobronchialis* ont été entendus chantant quelque peu comme *pinus;* d'autres, au contraire, chantent comme *chrysoptera*. Or, quoique le chant des deux espèces ait un même caractère, ils sont cependant assez différents pour qu'on puisse les distinguer facilement. (Pour lui, il n'a entendu aucun de ces chants).

M. Frank M. Chapman est assez complaisant pour joindre à cette communication une épreuve de sa brochure en cours de publication et dans laquelle il cite les divers endroits où les types que l'on suppose mélangés ont été découverts; ces indications sont suivies de la phrase suivante : « The status of both Brewster's and Law-rence's Warbler is still musettled. They are generally considered to be hybrids between *H. pinus* and *H. chrysoptera*, and it has also been suggested that dichromatism may play a part in producing their coloration. » Puis il renvoie aux travaux qui ont traité le sujet et indique M. Brewster, Bull. N. O. C., VI, 1881, p. 218; Ridgway, Auk, II, 1885, p. 359 ; *Manual N. A. Birds*, 1887, p. 486. M. Jno. H. Sage, qui possède douze exemplaires de *leucobronchialis*, pris par lui-même, croyons-nous, n'est point préparé pour répondre à la question que nous lui avions posée; il ne peut dire si l'espèce que l'on vient de nommer et *lawrencei*, son congénère, sont des hybrides de *chrysoptera* et de *pinus*. Il espère cependant, dans un temps donné, être en mesure de résoudre « the perplexing problem », car tous ces Oiseaux sont trouvés dans son voisinage. M. Jno. H. Sage a eu la bonté d'accompagner sa lettre d'une jolie aquarelle montrant un mâle *Helminthophila leucobronchialis* de sa collection. Il nous a fait savoir, en outre, que pendant cette saison de 1894 il a collectionné une femelle de ce type dont le compagnon était un *chrysoptera*. Les deux Oiseaux, leur nid et les quatre œufs que l'on trouva, sont conservés chez lui. Ce fait est important.

Quant à M. A. H. Verrill, il ne pense point que *H. lawrencei* soit autre chose qu'une « dark phase » de *chrysoptera;* tandis que *brewsteri* serait une « bright phase » de *pinus.* Cependant il croit que les deux espèces (*chrysoptera* et *pinus*) se croisent indubitablement, mais leurs hybrides ressembleraient tantôt à un parent, tantôt à l'autre.

M. A. H. Verrill a bien voulu joindre à sa communication les aquarelles de trois *lawrencei* représentant : 1° l'Oiseau dont la capture a été racontée dans cet article; 2° une femelle prise il y a quelques années, (une des premières de ce genre qui furent obtenues); 3° un Oiseau tué par lui pendant le printemps de 1894 et qui paraît approcher de très près de *chrysoptera*, quoique montrant décidément une tendance vers *lawrencei*. — Nous remercions vivement M. Verrill de son gracieux envoi.

Ce n'est pas à nous qu'il appartient de faire connaître notre opinion sur le sujet délicat que nous étudions, car nous ne connaissons *lawrencei* et *leucobronchialis* que par des aquarelles; puis notre matériel de comparaison, c'est-à-dire notre collection des deux espèces pures, est peu nombreuse. Néanmoins, nous serions tenté de dire que *leucobronchialis* n'est qu'une phase leucochroïque de *chrysoptera*, quoique le faible lavage de jaune qu'il montre sur la poitrine rappelle les traits de *pinus. Lawrencei* paraît bien plutôt intermédiaire entre les deux espèces, parce qu'il a les plaques noires de *chrysoptera* et le jaune de *pinus*. Mais il nous semble qu'un véritable hybride combinerait tout différemment les caractères des deux espèces.

Sylvania mitrata et Sylvania canadensis

Le même ornithologiste a bien voulu nous adresser aussi l'aqua-relle d'un Oiseau pris pendant le même printemps et qui lui paraît être l'hybride de *Sylvania mitrata* et de *S. canadensis*, deux espèces qu'il a trouvées couvant (1) non loin du lieu où l'Oiseau en question fut pris. Toutefois, ajoutait M. Verrill, quoique ce spécimen ait de fortes marques de *S. canadensis*, « ce n'est peut être qu'une phase de plumage inusité de *mitrata* ».

Nous avons prié M. Ridgway (auquel nous avons adressé l'aqua-relle de ce soi-disant hybride) de bien vouloir nous faire savoir ce qu'il en pensait. Le curateur du « Department of Birds » du Musée de Washington nous a répondu que cette aquarelle représentait une femelle de *Sylvania mitrata*, laquelle « in high plumage » a le noir de la tête « as represented in the sketch ». Elle n'a pas cependant de raies comme on en voit sur la peinture; aussi, craint-il que ces raies ne soient point naturelles. De plus, ajoute M. Rid-gway, « the breeding ranges » des deux espèces ne se rencontrent nulle part ensemble, *S. mitrata*, autant qu'il le sait, habitant le sud et *S. canadensis* le Nord ; en outre les deux habitants sont séparés par un certain espace. — Ceci ne concorde pas avec l'assertion de M. Verrill qui aurait rencontré les deux espèces couvant (breeding) dans le voisinage du lieu où l'Oiseau qui fait le sujet de cette discussion a été obtenu.

Genre Turdus

Turdus ruficollis et Turdus atrigularis

Turdus fuscatus et Turdus naumanni

(Se reporter pp. 354 et 363 ou pp. 428-437 des Mém. de la Soc. Zool., 1891).

Turdus fuscatus et Turdus ruficollis

Nous n'avons vu aucun des *T. ruficollis* × *T. atrigularis* que nous avions cités.

M. le Dʳ Reichenow a bien voulu nous envoyer en communica-tion le *Turdus fuscatus* × *naumanni* (?) collectionné en 1871 par M. Dybowsky, sur le lac Baïkal. Dans l'ouvrage du Dʳ Radde (2), nous

(1) Breeding.
(2) *Reisen inm Süden von Ost Siberien*, fig. 2, p. 238.

avons examiné la planche coloriée représentant un autre Oiseau dont l'origine est, au contraire, attribuée à *T. fuscatus* × *T. ruficollis*. Ce sont les deux seuls exemplaires que nous connaissons.

Quoique nous ayons fait, à diverses reprises, une étude attentive des divers types *ruficollis*, *atrigularis*, *fuscatus* et *naumanni*, nous serions incapable de juger ces deux pièces (1). Non seulement les espèces pures présentent entre elles plus d'un point de ressemblance, mais elles sont si variables, suivant leurs âges, qu'il faudrait disposer d'un matériel de comparaison très étendu pour pouvoir se rendre un compte exact des modifications qu'elles subissent et des rapprochements que l'on peut établir entre elles.

Aussi les quelques observations que nous avons faites sont-elles de peu de valeur. Dans un groupe composé des représentants des quatre espèces, nous remarquons un *T. naumanni* ♂ adulte tacheté de roux sur les flancs, en quelque sorte martelé de cette teinte ; les pointillés noirs de la gorge sont chez lui bien prononcés et présentent beaucoup de ressemblance avec ceux du *T. ruficollis*. Celui-ci a le roux du gosier très accentué et uniforme ; il n'a point de taches aux flancs. Un autre (♂ adulte) montre le gosier plus noirâtre et tacheté ; on le croirait volontiers hybride de *T. atrigularis* × *T. ruficollis* si les pennes de la queue n'étaient rousses. Cette dernière espèce a la queue rousse ; même chez le jeune, le roux se voit aussi sous la queue. Chez un *T. atrigularis*, du même groupe, la disposition de la gorge est la même que chez *ruficollis*, mais la teinte générale est noirâtre ; les pennes de la queue ne sont pas rousses. Il n'existe de roux nulle part chez un ♂ adulte. La gorge de *T. fuscatus* est bien nette, sans tache ; cette espèce est privée de roux à la queue. Sa femelle est gris souris en dessous et n'a pas de roux aux ailes. Un individu jeune montre un peu de roussâtre sur les taches des flancs et sur les ailes. En dessous, *atrigularis* est très gris mauve velouté ; *ruficollis* est également gris mauve. — Vus sur le dos, les quatre types paraissent tous les mêmes.

Chez deux *fuscatus*, l'un ♂, l'autre ♀ (d'un autre groupe), nous n'avons point remarqué de roux sur le dessus des ailes. Un *naumanni* ♂ du Musée de Rouen a le dessus des ailes d'un roussâtre rougeâtre, mais non le dessus ni le dessous de la queue. Les flancs sont bien tachetés de brun foncé comme le devant du cou et de la poitrine ; seulement, de chaque côté de cette dernière partie, existent

---

(1) A maintes reprises, nous avons visité la collection, assez complète, du Muséum d'Histoire naturelle de Paris. Nous avons aussi fait venir pour notre compte plusieurs exemplaires de chaque espèce.

quelques taches rouges mélangées. La gorge est d'un blanc net ; une raie de même couleur, partant de l'œil, traverse les côtés de la tête ; les joues sont couvertes d'une plaque foncée. Enfin, un *fuscatus* du premier groupe n'a point les flancs roux, mais cette partie est d'un brun foncé ; les couvertures des ailes, le dessus de la queue et les rectrices, ne sont point rousses non plus.

Ces remarques étant faites, nous avons trouvé que le soi-disant hybride ♂ du Musée de Berlin, (provenant du lac Baïkal), est presque identique à un des trois spécimens *naumanni* de la collection du Muséum de Paris, spécimen provenant de la Mongolie et rapporté par le savant Père David. Cependant l'exemplaire de Berlin a les couvertures des ailes d'une teinte plus claire ou plus roux clair ; le dessus de la queue est également un peu plus clair. Quelque chose rappelant de loin les points de la collerette de *fuscatus* se fait bien sentir chez lui, mais il faut noter que l'exemplaire rapporté par le Père David a un commencement de collerette.

Le *naumanni*, supposé hybride, diffère donc du *naumanni* pure espèce que nous étudions par sa couleur plus claire sur le dos (partie de la croupe) et sur les couvertures des ailes ; mais ceci ne peut être imputé à un croisement avec *fuscatus*. Ce qui le rapprocherait de cette dernière espèce, ce serait son plastron brun plus accusé que chez le *naumanni* du père David ; mais nous avons remarqué que ce dernier Oiseau avait lui-même un commencement de taches brunes sur le haut de la poitrine. Voudrait-on faire aussi de ce dernier un hybride ? — M. Oustalet, auquel nous avons montré le métis de Berlin, pense que ce n'est qu'un *naumanni*. Sur l'étiquette qu'il porte, nous n'avons point lu du reste la mention hybride, mais *variété*, mention sans doute plus exacte.

Quant au « *Turdus fuscatus, bastard mit T. ruficollis* » que nous ne connaissions que par une lithographie coloriée, nous laisserons parler le docteur Radde qui l'a signalé (1).

Cette pièce, dit-il, fut tuée, le 6 mai 1856, sur le Taveinor ; elle montre ainsi qu'elle était de passage. La partie antérieure du corps, c'est-à-dire la tête et le cou, jusqu'au commencement de la poitrine, sont complétement semblables aux vieux du *Turdus fuscatus*. Mais la partie antérieure du dos et le croupion, en même temps que les plumes directrices, se rattachent au *ruficollis* jeune. L'image, que donne Naumann d'un vieux *T. naumanni*, ajoute le docteur, montre le corps, jusqu'à l'anneau de la poitrine, semblable à cet hybride supposé. Il suffit, ajoute-t-il, de lui adapter une tête de vieux *Turdus*

(1) *Op. cit.*

fuscatus pour avoir une représentation complète de l'Oiseau que l'on essaie de déterminer. Le brun de rouille des pennes caudales et des couvertures supérieures paraît aussi une marque faite pour reconnaître l'espèce, car cette couleur se maintient dans sa distribution, aussi bien chez cet Oiseau que chez celui de Naumann. La communauté de race des deux espèces, surtout au passage du printemps, dit enfin le docteur, semble favoriser l'opinion d'une hybridation.

M. Radde parlait à une époque où les caractères des espèces mères étaient mal connus; nous ignorons si sa manière de voir s'est maintenue dans la suite. Le croisement entre formes si rapprochées n'est point invraisemblable, mais nous craignons qu'aucun fait bien avéré ne le prouve.

TURDUS MERULLA et TURDUS MUSICUS

(Se reporter p. 365 ou p. 439 des Mém. de la Soc. Zool., 1892).

Nous n'avions pu, au moment où nous publiions notre premier article sur ce croisement, prendre connaissance du mémoire de M. Robert Miller Christy intitulé : « *Do the Blackbird and the Thrush ever interbreed* » (1).

Nous craignions de nous montrer incomplet, l'auteur de ce mémoire, disions-nous, ayant cité dix-huit cas d'appariage entre Grives et Merles.

M. Robert Miller Christy a eu, depuis, la bonté de nous adresser les Transactions of Norfolk and Norwich Naturalist's Society, où son travail a été publié. Nous avons constaté, à notre regret, que nous avions passé sous silence divers faits empruntés notamment à « Science Gossip ». Néanmoins, la plupart des cas mentionnés ne concernent point, comme nous le pensions, de véritables croisements; le plus souvent il est question de nids construits d'une manière anormale ou contenant des œufs des deux espèces. Voici du reste les faits que rapporte M. Miller Christy :

1° En avril 1877, à Great Saling (Essex), on trouva dans un nid, construit dans un buisson de Lauriers, six œufs dont deux étaient incontestablement de Grive, deux autres de Merle; les deux derniers étaient intermédiaires par leur coloration. Les parents ne furent point reconnus. M. Miller Christy ne vit point du reste ces œufs; on lui remit seulement le nid qui les avaient contenus.

(1) Publié dans *Transactions of Norfolk and Norwich Naturalists Society*, (1883-84), vol. III, part. I, p. 588 et suiv.

2° En mai 1877, un de ses amis trouva un nid dans des terres situées près d'York. Ce nid était construit presque sans boue; on supposa donc que c'était celui d'un Merle; mais des quatre œufs qu'il contenait deux étaient certainement de Grive, tandis que les deux autres étaient des œufs de Merle. Cette fois M. Miller Christy vit les œufs, mais non le nid.

3° Quelques semaines plus tard, dans les mêmes terres, M. Christy observa un nid normal de Merle contenant quatre jeunes Grives bien emplumées. Les parents étaient tous deux de cette espèce.

4° G. T. B. (1) dit avoir trouvé, au commencement d'avril 1877, un nid de Merle presque terminé. Quelques jours après, il vit dans ce nid quatre œufs qui étaient, sous tous rapports, semblables à ceux du Merle, à l'exception d'un seul, qui montrait, en outre des taches ordinaires, les taches noires de l'œuf de la Grive. On ajoute que l'on eut l'occasion d'observer une Grive couvant pendant qu'un Merle chantait près d'elle. Un seul jeune éclos survécut et devint un vrai Merle; la Grive en avait pris grand soin.

5° G. T. B. fait en outre savoir (2) qu'il a plusieurs fois trouvé, au haut de sapins, des nids faits de branches et tapissés de mousses et de foin, comme sont les nids de Merles; mais ces nids contenaient des œufs de Grives avec des marques d'un rougeâtre pâle. Dans aucun cas, le narrateur, G. T. B., ne vit les parents.

6° M. Gumersall, de Sainte-Ayton, Yorkshire, rapporte (8) que se trouvant en promenade, vers la fin de mars 1878, il aperçut deux Merles et une Grive qui s'envolaient ensemble d'un buisson d'au-bépine. Fouillant le buisson, il trouva un vrai nid de Merle construit avec de vieux foins, garni de boue, puis de nouveau foin. Ce nid contenait trois œufs de Grive sans aucune trace de croisement.

7° M. A. F. Griffith, de Cambridge, dit avoir découvert un nid de Merle contenant trois œufs de cette espèce et un de Grive. Une femelle Merle couvait sur le nid; le résultat n'est point connu.

8° La fille de M. S. A. Breman, d'Allan Rock, se trouvant dans l'île de Howth, vit un Coq Merle posé sur un nid où préalablement une femelle Grive avait couvé. Des jeunes existaient dans ce nid qui était sans garniture de boue. Ceci fut encore remarqué par d'autres personnes (4).

---

(1) In « Science Gossip. » N° de Novembre 1877, p 263. Le même fait est réimprimé dans les mêmes termes dans le N° de février 1878, p. 43 (d'après M. Christy.).
(2) Même Revue, N° de Février 1878. p. 43 (cit. par M. Christy).
(3) Science Gossip, Septembre 1878, p. 209 (cit. par M. Christy).
(4) Même Revue, N° de Novembre 1872, p. 262 (cit. par le même).

9° M. J. F. Green fait savoir (1) qu'il trouva un nid contenant quatre œufs de Merle et cinq œufs de Grives.

10° Le Rév. J. G. Wood prit une fois un nid de Merles dans lequel les œufs étaient si bizarrement marqués que personne n'aurait pu dire s'ils appartenaient à un Merle ou à une Grive (2).

11° M. H. Richardson, de Newcastle, montra à M. Miller Christy un œuf de Grive qu'il avait pris avec deux autres œufs dans un nid qui était sans garniture, apparemment celui d'un Merle.

12° Enfin, M. Christy se rappelle avoir vu, dans la Galerie des Oiseaux de l'ancien Musée britannique, un nid (3) sans aucune garniture de boue, par conséquent le nid d'un Merle, mais dans lequel se voyait un vrai œuf de Grive qui y avait été trouvé.

Les autres cas dont parle l'auteur avaient été cités dans notre première publication ; il n'y a point lieu d'y revenir.

Les faits que nous avions oubliés sont-ils plus probants que ceux dont nous nous étions occupé ? Non assurément, puisque la plupart, on vient de le voir, concernent des nids bâtis d'une manière anormale, ou tout au moins des nids dans lesquels on a trouvé des œufs qui semblent ne pas leur appartenir. M. Miller Christy a lui-même critiqué ces exemples. Il n'y a aucun doute pour lui que le n° 9 (4) soit simplement dû à cette circonstance, nullement extraordinaire, dans laquelle deux espèces différentes ont pondu dans le même nid ; il suppose avec raison que cette remarque est encore applicable aux n⁰ˢ 2 et 7 (5). Il lui semble que dans les cas des n⁰ˢ 8, 6 et 4 (6) on peut avoir pris une femelle Merle pour une femelle Grive. On sait, la remarque a été déjà faite, que le plumage de la femelle du Merle n'est point noir comme celui du mâle, mais brun sombre et tacheté sous la gorge ; ce qui est ignoré de bien des gens. En outre, le Merle et la Grive emploient tous deux de la boue dans la construction de leurs nids ; mais l'un en emploie beaucoup plus que l'autre. Or, il peut arriver, occasionnellement, que celui qui d'ordinaire en emploie une petite quantité en use davantage et que le contraire se présente dans la construction du nid de l'autre espèce. Ainsi des confusions pourraient être commises sur les parents qui ont construit le nid. C'est

(1) Science Gossip, Mars 1879. p. 67 (cit. par M. Miller Christy).
(2) Natural history of Birds, p. 140 (cit. par M. Miller Christy).
(3) Pris dans le Regent's Park en 1872.
(4) N° XII de son mémoire.
(5) Ses N⁰ˢ II et IX.
(6) Numéros correspondants aux N⁰ˢ X, VIII et V de son classement.

peut-être le cas des n°s 3, 11 et 12 (1). Quant aux œufs de couleur mélangée, le Rév. A. S. Smith, de Calme, observe (2) que le Merle pond quelquefois des œufs ressemblant beaucoup à ceux de la Grive. M. H. Kerr de Bacup avait du reste conclu, de la description donnée par G. T. B., que les nids et les œufs désignés étaient ceux de la Grosse Grive (Missel Thrush ou *Turdus viscivorus*) (3).

Enfin, Magillivray ayant parlé (4) d'un Oiseau (5) qui lui paraissait être un hybride de Grosse Grive et de Merle, M. Christy rapporte un exemple qui en serait la réfutation.

Qu'on nous permette, à notre tour, quelques courtes réflexions à propos du N° 8 (le N° X de M. Miller Christy), où l'on dit qu'un Coq Merle fut vu sur un nid dans lequel, préalablement, une femelle Grive avait couvé. Nous demanderons comment le sexe de la Grive a pu être reconnu. Chez le *T. musicus*, le mâle et la femelle ne diffèrent guère entre eux. Nous pensons donc que dans ce cas, comme le dit du reste M. Christy, une femelle Merle peut avoir été prise pour une Grive. Si on s'était contenté de dire que l'Oiseau était une Grive, sans indiquer son sexe, l'assertion eût été moins critiquable. L'indication donnée semble montrer le peu de fondement du récit qui a été fait.

Le N° 4 est plus embarrassant, mais là encore une femelle Merle peut avoir été prise pour une Grive. Le N° 3 ne présente que peu d'intérêt, puisque les parents des jeunes Grives furent reconnus pour être de cette espèce.

A ces divers exemples, qui ne prouvent rien pour la plupart (6), on peut joindre un fait de même nature que M. Henry Beuxon, du Farncomte Rectory (Godalming), a, depuis la publication du mémoire de M. Christy, raconté sous ce titre : « *Blackbird and Thrush laying in same nest* (7). » Là encore, il est seulement question d'un nid de Grive contenant deux œufs de cette espèce et trois de Merle. Ce nid avait été trouvé à Westbrok ; une Grive y couvait.

Cependant, dans ces dernières années 1891, 1892 et 1893, trois

---

(1) Les N°s III, VII et XVIII des Mém. de M. Christy.

(2) Zoologist, 1880, p. 59.

(3) Il est vrai que G. T. B. a protesté contre cette manière de voir (Science Gossip, Janvier 1879, cit. in Miller Christy).

(4) *History of British Birds* II, p. 117, cit. par le même.

(5) Au Musée de l'Université d'Edimbourg.

(6) M. Christy en a cité d'autres plus probants ; ce sont ceux que nous avons même mentionnés, soit d'après son « *Supplementary article*, » soit d'après d'autres observations.

(7) Zoologist, 1889, p. 265.

faits plus précis, paraissant en quelque sorte indiquer le croisement du *T. musicus* et du *T. merula*, ont été signalés dans le Zoologist.
1° M. O. V. Aplin, de Bloxham, Oxon, y cite (1) un Oiseau
obtenu récemment comme étant un réel hybride. On le lui apporta
le 23 octobre 1891. L'Oiseau venait de mourir en cage. On l'avait
pris dans un nid avec d'autres jeunes, au mois de juillet de cette
année (2). Ces autres jeunes étaient des Grives normales. L'hybride
supposé, d'après l'affirmation de son dernier propriétaire (3), avait
mué « *sans changer de coloration* ».

Cette pièce intéressante fut d'abord prise pour une Grive «curieusement coloriée» dont elle avait, du reste, le chant. Lorsque
M. O. V. Aplin suggéra une parenté avec le Merle, il amena le
sourire sur les lèvres de la personne qui l'avait possédée en premier. Cependant quand, à son tour, l'empailleur l'eût entre les
mains, il la considéra comme étant un Merle. Cette contradiction
n'était point sans signification, elle montrait qu'il y avait quelque
chose d'insolite chez cette pièce. M. O. V. Aplin en a tracé le portrait suivant : «L'aspect général et la coupe de la tête sont ceux
d'un Merle, quoique la dernière partie soit plus petite que chez
cette espèce. Le bec est légèrement plus long et plus large que
celui de la Grive et beaucoup plus foncé en couleur, se rapprochant, sous ce rapport, de celui du jeune Merle Les tarses sont un
peu plus forts que ceux du *T. musicus ;* ils sont de couleur très
claire (4), L'iris est brun foncé ; la mandibule supérieure, avec les
côtés, d'un rose pâle interne, le reste corne foncé. L'ouverture du bec
jaune très pâle ; l'intérieur du bec couleur chair avec une forte
teinte de jaune pâle. Les pattes chair pâle terne. Le haut de la tête
et les parties supérieures brun terre d'ombre; une teinte grisâtre
sur quelques-unes des plumes du sommet de la tête. Les couvertures
de l'oreille brun foncé. Tache ovale sur le menton et le haut de la
gorge d'un brun pâle. La gorge, le devant du cou et le haut de la
poitrine presque noirs. Les côtés du cou bruns ; cette couleur arrive
au noir par places. Les plumes du bas de la poitrine et du ventre
presque noires, avec bordure étroite de couleur chamois blanc
clair. Le bas du ventre brun pâle et blanc sale. Les couvertures
inférieures de la queue brunes. La queue brune (5). Les grosses

(1) Numéro d'avril 1892, p. 146.
(2) Près de Bodicote Grange.
(3) Car, depuis sa capture, il avait changé de mains.
(4) Toutefois il faut noter que les Oiseaux de cage sont aptes à montrer cette
particularité.
(5) Cette queue ayant été arrachée n'est qu'à peine formée.

plumes des ailes brun châtain sur la barbe extérieure, le reste
brun foncé. Les couvertures brun clair, marquées irrégulièrement
de jaune chamois et presque noires ». M. O. V. Aplin disséqua le
corps qui lui parut sain.

2° Dans l'année qui suivit cette capture, M. J. K. Dorbier a raconté
les faits suivants (1) : Dans un jardin situé à l'extrémité nord d'Edimbourg, un couple de Merles s'occupait d'une seconde nichée quand
un chat attrapa la femelle, qui venait de terminer sa ponte. Le
pauvre veuf ne fut point longtemps sans trouver une compagne ;
mais, au grand étonnement du propriétaire du jardin, on s'aperçut
que la mère nourricière n'était point un Merle : c'était une Grive !

S'intéressant vivement au nouveau ménage, le propriétaire en
question, ami de M. Dorbier, surveilla attentivement les deux
Oiseaux et reconnut que le Merle était très assidu auprès de celle
qui voulait bien prendre soin de l'incubation ; il lui apportait de la
nourriture lorsqu'elle était sur le nid. Les deux Oiseaux devinrent
très familiers et laissèrent les enfants de la maison s'approcher de
leur nid, même quand ils nourrissaient leurs petits enfin éclos.

Cependant, un très remarquable changement se produisit dans
la conduite du Merle ; il parut jaloux de l'affection que sa compagne
montrait aux jeunes de la couvée et la chassa définitivement. Il
continua seul, avec beaucoup de soin, l'élevage de sa famille.

M. J. K. Dorbier n'eut point l'occasion de voir lui-même la
femelle Grive, les Oiseaux ayant quitté le nid avant son arrivée chez
son ami. Mais celui-ci est, paraît-il, un observateur très perspicace ;
il n'a point, du reste, été le seul à voir la Grive en question : ses
enfants, son propre frère, une domestique, l'ont eux-mêmes
observée sur le nid.

Voici le troisième fait : En 1893, on exposait à Cristal Palace un
Oiseau catalogué comme hybride de « Blackbird et de Thrush. »
Il fut remarqué par M. A. Holte Macpherson, de Londres, qui le
décrivit dans le Zoologist (2) en faisant remarquer qu'il montrait
très visiblement les marques des deux espèces, tandis que dans
son attitude et sa forme (shape) générale il ressemblait à la Grive.
« Upper parts and tail darker than the Trush ; no light edges to
wing coverts ; breast and belly covered with dark blotches, giving
the bird, at a little distance, quite a black appearance ; bill seems
to be longer and thicker than in the Thrush ; upper mandibule

<hr>

(1) The Zoologist, XVI, 1892, p. 270 et 271.
(2) Numéro de mars 1893, p. 103.

brown; lower mandibule yellow, except just the tip; eyelids yellow as in Blackbird; legs and feet pale brown; claws, some dark and some colourless. »

La capture de cet Oiseau avait eu lieu en juin 1892, à quelques milles de Northampton. Le nid dans lequel on l'avait trouvé contenait trois jeunes, dont deux moururent quelques jours après leur captivité. On supposa qu'une Grive qui volait autour du nid était la mère de cette couvée (1).

M. A. Holte Macpherson a bien voulu nous faire connaître lui-même son impression : il nous confirme par sa lettre ce qu'il a écrit dans le Zoologist. Pour lui l'Oiseau est « a true hybrid » parce qu'il montre les marques bien accusées des deux espèces. « J'attache, nous dit-il, une importance toute spéciale « to the yellow eyelides and the thick bill which are features of the Black bird and general shape and « contour » which was that of the Thrush ».

Nous avons à examiner ces trois faits et à voir ce qu'ils peuvent prouver.

M. O. V. Aplin a eu la très grande obligeance de nous adresser en communication le spécimen qu'il possède. Cet Oiseau, nous dit-il, mourut l'année même dans laquelle il avait été pris, soit le 23 novembre 1891. Son sexe n'a pu être distingué. Les ornithologistes qui l'ont vu sont d'accord avec lui pour le reconnaître comme un véritable hybride.

L'effet que cette pièce produit à première vue est celui d'un jeune Merle avec des caractères propres aux espèces asiatiques telles que atrigularis, ruficollis et fuscatus, ou même torquatus, l'espèce européenne qu'il rappelle par des traits martelés nombreux, disséminés sur les parties inférieures. Tout son ventre est, en effet, mélangé de brun, de gris, de jaune et de roussâtre.

La marque, qui tout d'abord nous avait frappé, est le jaune chamois en forme de barres qui apparaît sur les couvertures des ailes. Si on considère ce spécimen comme un jeune de l'espèce merula, son hybridation avec la Grive semble ainsi bien évidente. Mais l'ayant ensuite mis en présence de T. merula ♀ et de Grives, nous avons reconnu que notre première impression n'était point bonne. Le Turdus de de M. Aplin est bien plutôt une Grive en livrée anormale, entachée de mélanisme qu'un hybride. Le jeune Merle et la femelle de cette espèce sont en effet, sur la gorge et sur la poitrine, d'un ton roux clair piqueté, là précisément où le plumage de l'hybride supposé est le plus foncé.

(1) Ces renseignements sont donnés dans le Nᵒ d'avril suivant, p. 154.

Il ne sera pas sans intérêt de faire remarquer qu'au moment où nous avons reçu le *Turdus* de M. Aplin, un jeune chasseur, très habitué aux Merles et aux Grives, qu'il abat fréquemment à tous âges, était présent. Or, quoique son embarras et son étonnement fussent bien visibles, après quelque temps de réflexion, il prit l'Oiseau pour une Grive « *curieuse* ». C'est ainsi que l'avait jugé celui qui l'avait possédée en premier lieu. Plus on l'examine, plus on le regarde, plus on acquiert la certitude que c'est une Grive, mais avec un aspect anormal qui pourrait être le résultat d'un mélanisme partiel. Il est en effet impossible de le reporter à l'espèce *merula*, puisque, nous venons de le dire, là où le jeune Merle (et la femelle de cette espèce) sont de couleur claire, il est précisément foncé.

Dans sa description, que nous n'avons point reproduite en entier, M. O. V. Aplin reconnaît lui-même que la coloration anormale que présente son sujet ne prouve point positivement un mélange. Aussi, pour soutenir l'hybridation, s'appuie-t-il sur les caractères suivants, à savoir : 1° que le bec est légèrement plus large et les tarses légèrement plus forts que ceux de la Grive ; 2° que l'aspect de la tête est celui du Merle.

N'ayant point vu l'Oiseau en chair, la critique de ce dernier caractère nous échappe ; la préparation, que la peau a subie, peut avoir modifié sa conformation naturelle. Mais nous pouvons faire savoir, quant au premier point (la largeur du bec et la longueur des tarses), qu'un jeune Merle et une femelle *T. musicus*, que nous possédons n'ont point le bec plus fort que celui d'une Grive entre nos mains, puis que cette Grive paraît elle même avoir le bec plus fort que celui de l'hybride supposé. Nous ajouterons, en ce qui concerne la couleur noire répandue sur la mandibule supérieure, que le bec du jeune Merle dont on vient de parler se montre d'une teinte plus claire. Quant aux tarses, nous reconnaissons qu'ils paraissent réellement plus forts que ceux de la Grive, tout au moins plus forts que ceux des deux *T. musicus* de notre collection (1) ; mais l'Oiseau ayant vécu assez longtemps en captivité, on ne peut attacher une grande importance à ce détail. (M. O. V. Aplin a, croyons nous, omis d'indiquer la couleur du bord libre des paupières, caractère qui cependant a son intérêt).

Trois points nous laissent supposer que le Merle n'est point l'un de ses parents : 1° la circonstance qu'il était accompagné dans son

---

(1) Notre matériel de comparaison était très peu nombreux au moment où nous écrivions ces lignes. Nous tenons à le faire savoir.

nid de jeunes Grives normales, lesquelles, paraît-il, restèrent telles
en vieillissant (1); 2° cet autre fait que la partie noire, imputable
à un croisement avec le Merle, se trouve là précisément où le jeune
ou la femelle de cette espèce en sont privés; enfin 3° à savoir que
cette particularité existait avant la mue.

Nous ajouterons, du reste, que M. A. Holte Macpherson, auquel
nous avons soumis l'aquarelle fort exacte que nous conservons de
ce prétendu hybride, le considère comme une variété de Grive
(*T. musicus*). Il se distingue de celui qu'il avait vu et qu'il a décrit
dans le Zoologist (1893) par plusieurs traits : 1° Partout la coloration
n'est pas aussi foncée; 2° les parties inférieures du corps sont
beaucoup plus claires; 3° le bec semble être plus court; 4° les
bordures antérieures des rémiges sont claires (2); 5° au lieu d'avoir
l'abdomen couvert de grandes taches larges, on voit sur cette
partie les taches propres au *T. musicus* (3); 6° ni la description
faite par M. Aplin, ni l'aquarelle ne laissent croire que les paupières soient jaunes (4); 7° enfin le contour de l'Oiseau ressemblerait plus à *T. musicus* qu'à *T. merula*. »

M. Holte Macpherson, ayant été dernièrement à Oxford, y a rencontré son ami, M. O. V. Aplin; celui-ci lui a montré la peau même.
M. Macpherson persiste dans son opinion; « cette peau, qu'il a
examinée avec soin, nous dit-il, n'est qu'une variété de la Grive,
T. musicus, variété mélanique. »

En ce qui concerne le second exemple, nous répondrons qu'une
femelle Merle (avec sa gorge et sa poitrine relativement claires et
pointillées) a pu être prise pour une Grive. — Mais que ce cas ne se
soit point produit, qu'une vraie Grive (et de sexe femelle?) soit
venue remplacer le *T. musicus* ♀, cela ne dit point encore qu'un
accouplement s'en soit suivi. Loin de là, le fait que l'on raconte se
passait à un moment où la ponte était terminée. Les œufs qui
éclorent ne purent donc être que des Merles. Le fait d'adoption
par des espèces étrangères de jeunes privés de leurs parents n'est
point, croyons-nous, un fait absolument rare; on en a des exemples,
paraît-il.

Quant au troisième exemple, nous ne pouvons le juger. Aussitôt
que nous l'avons connu, nous aurions dû demander à acquérir
l'Oiseau qui avait été mis en vente; la propriétaire, Mrs Hobbs,

(1) Au moins l'une d'elles que l'on put suivre.
(2) Le dos et les ailes de l'Oiseau qu'il a décrit sont d'un brun uniforme.
(3) L'autre Oiseau, vu de loin, paraît d'un ton noirâtre presqu'uniforme.
(4) Ce qui existe chez l'individu vu par M. Macpherson.

dont M. Holte Macpherson nous avait fait connaître le nom et l'adresse (1), était toute disposée à nous céder la pièce curieuse. Quand nous nous sommes décidé à en demander l'envoi l'Oiseau venait de mourir ; on n'avait point pris soin de faire préparer sa dépouille. Néanmoins, Mrs Hobbs nous a confirmé en tous points la relation qu'elle avait faite à M. Macpherson, concernant les circons-tances de la capture, et pour elle, cet Oiseau était bien un hybride. Nous regrettons donc notre négligence ; cette pièce aurait peut-être décidé du croisement si peu assuré de la Grive et du Merle. On nous permettra cependant de conserver notre scepticisme à l'égard de ces mélanges, non, certes, impossibles, mais qu'aucun fait décisif n'a encore prouvés.

Nous avions dit (2) qu'il existait au British Museum un Oiseau que l'on supposait être un hybride ; que cette pièce, offerte par M. Bartlett, avait été examinée, non-seulement par le superinten-dant des Zoological Gardens, mais aussi par M. Edwart Blyt, M. J. H. Gurney et d'autres ornithologistes, lesquels avaient trouvé dans le plumage des traces probables de croisement. Depuis, désirant faire peindre cet Oiseau, nous avons demandé à la direc-tion de bien vouloir nous indiquer son numéro d'ordre ou la place qu'il occupe dans les galeries du musée anglais. Mais il nous a été répondu qu'il n'y existe pas ; le peintre Keulemans l'a aussi cherché en vain. M. Bartlett qui l'avait offert, lorsque M. Georges Gray était chargé de la section ornithologique, c'est-à-dire bien avant que M. le Dr Günther ne fût nommé directeur du Muséum, craint beau-coup qu'il n'ait été perdu lors du transfert des Oiseaux de Blooms-bury à South Kensington.

En parcourant le mémoire de M. Miller Christy (3), nous avons trouvé (4) certains détails fort curieux au sujet de cette pièce, détails qui prouvent qu'elle a été réellement conservée au British Museum. Non-seulement M. Dresser l'aurait citée (5), mais M. Bowdler Sharpe serait parvenu à la découvrir. Cependant l'éminent ornithologiste s'accorde avec M. Miller Christy pour penser que ce n'est pas un réel hybride. Suivant la détermination de M. Seebohm (6), c'est une

(1) 25, Queen's Road, à Northampton.
(2) Voy. p. 369 et p. 439 des Mém. de la Soc. Zool., 1892.
(3) Déjà cit.
(4) A la p. 592.
(5) In Birds of Europe, art Black Bird, vol. II, p. 15 (Nous n'avons cependant pu trouver le passage visé).
(6) Cit. par M. Miller Christy.

variété « melanistic » de la grosse Grive (Missel Thrush). Voici comment M. Miller Christy l'a décrite :

« Le bec est plus court, plus fort et plus conique que dans le Merle ou la Grosse Grive. La partie supérieure de la tête, le cou, le dos, les ailes et la queue sont d'un brun rouge, presque uniforme, de nuance plus foncée que dans la même espèce, mais plus clair sur la queue et les bords extérieurs des secondaires. Les parties inférieures sont d'un noir brunâtre foncé ; les plumes du menton sont parsemées de blanc sale. Quelques plumes sur la poitrine, et les plumes, jusqu'au milieu de l'estomac, sont bordées un peu plus largement de blanc jaunâtre sale que ne le sont les autres. Les rectrices et les couvertures inférieures de la queue sont toutes de la même couleur ; les pattes sont très claires (probably faded, ajoute-t-il). »

La pièce était étiquetée ainsi : « British. Received from Mr Bartlett in exchange, Nov. 1844. Total lenght 10 in. ; wing from carpal joint 5 3/4 ; tail 4 ins. ; 3 rd primary longest ; 2 nd and 4 th. equal. A. D. B. »

Ce qui vient d'être dit à son sujet n'engage point encore à croire qu'il y ait eu croisement de Grive et de Merle.

La chasse, que les enfants ou les amateurs d'Oiseaux chanteurs font avec acharnement aux Merles et aux Grives dans les bosquets de nos jardins, favorise cependant le mélange des deux espèces, car l'équilibre dans les sexes doit s'en trouver souvent ébranlé. Si un croisement devait se réaliser, c'est bien certes celui dont nous parlons.

TURDUS MERULA et TURDUS TORQUATUS

(Se reporter p. 373 ou p. 447 des Mém de la Soc. Zool., 1892).

Le Rév. Macpherson a bien voulu nous envoyer en communication le *Turdus* supposé hybride que M. J. H. Gurney lui a remis pour le Musée de Carlisle.

Avant de faire connaître notre impression sur cet Oiseau, nous avons à examiner les deux espèces pures que l'on croit lui avoir donné naissance.

Au point de vue morphologique, l'espèce *torquatus* et l'espèce *merula* ne peuvent être guère différenciées que par la disposition terminale des quatre ou cinq premières pennes de l'aile. Chez *T. torquatus*, la première penne est plus longue que chez *T. merula*, la quatrième est plus courte ; en sorte que ces deux pennes, qui sont à peu près de mêmes dimensions, se laissent dépasser par la deuxième et la troisième qui sont égales. Au contraire, chez *T. merula*, les deuxième, troisième et quatrième sont presque de la même longueur, dépassant davantage la penne la plus extérieure.

L'examen d'un bon nombre d'échantillons nous a prouvé que cette remarque est juste.

Tout d'abord, en examinant quelques spécimens des deux types, nous avions cru remarquer que chez *T. merula* les rectrices sont plus allongées que chez *T. torquatus*; mais une étude, faite depuis sur un plus grand nombre d'exemplaires, ne nous a point permis d'établir positivement cette règle. Nous avions cru encore nous apercevoir que, chez le Merle à plastron, les couvertures de la queue sont plus longues que chez l'autre espèce et font ainsi paraître les rectrices plus courtes ; mais chez divers *T. merula*, nous avons trouvé les couvertures aussi tombantes.

En ce qui concerne les dimensions du bec nous les croyons plus faibles chez *T. torquatus*.

Telles sont les différences, peu sérieuses, on le voit, sauf celles des pennes rémiges, que nous avons trouvées dans la forme extérieure des deux espèces; nous disons extérieures, car nous ne nous sommes point livré à un examen ostéologique et anatomique.

Pour la couleur, les différences sont peut-être plus sensibles à l'œil, puisque *T. merula* ♂ adulte est complètement noir, tandis que *T. torquatus* du même sexe et du même âge montre un plastron blanc brunâtre sur son devant, des taches martelées claires espacées çà et là sur les parties inférieures et sous le dessus du corps, enfin une teinte générale bien moins foncée que celle du premier. Disons encore que la couleur jaune du bec est beaucoup plus blanchâtre, bien moins vive chez *torquatus*. (Tous nos exemplaires étant conservés, nous ne pouvons distinguer la couleur des paupières ; probablement *T. merula* les a-t-il plus jaunâtres).

Néanmoins, nous avons été frappé des traits nombreux de ressemblance dans la coloration que les deux espèces présentent à un certain âge. Ainsi, lorsque le noir de *T. merula* envahit les parties inférieures, souvent la partie correspondant au plastron de *T. torquatus* reste avec les marques de jeunesse, c'est-à-dire dans sa teinte claire ; *si bien que T. merula se trouve lui-même avoir, à un moment de son existence, un plastron comme son congénère !*

Ce phénomène est excessivement curieux; nous l'avons constaté positivement sur deux et même trois exemplaires de notre collection ou des collections qui nous avaient été prêtées; car, afin de nous livrer à un examen profitable de l'hybride qui nous avait été confié si gracieusement, nous avions réuni de nombreux spécimens de différents âges, tués dans diverses contrées (1).

Or, nous estimons que le caractère qui a fait supposer que le *Turdus* du Musée de Carlisle est un hybride, consiste précisément dans le trait curieux que nous signalons. Cet Oiseau, en grande partie noirâtre comme le Merle, laisse voir, en effet, un plastron gris brunâtre exactement comme celui du *torquatus*. Mais, pour nous, cette particularité est due à l'âge de l'individu, qui n'est point tout à fait adulte. S'il était un vrai *T. torquatus* mélangé de *T. merula*, sans doute la forme terminale des pennes de l'aile aurait conservé quelque rappel de cette espèce. Cela n'est point : les pennes rémiges *sont entièrement de la forme* de celles du *T. merula*. Quant au bec, nous ne saurions rien en dire.

Reconnaissons toutefois que si *T. torquatus* et *T. merula* venaient à se croiser, ils donneraient sans doute un produit ayant beaucoup d'analogie, par son plumage, avec celui dont nous nous occupons et, par conséquent, très difficile à différencier. Nous pensons cependant que la forme terminale des pennes de l'aile se montrerait affectée par le mélange, caractère qui ne se présente point dans le cas présent ; ce qui nous oblige à référer l'Oiseau à l'espèce *T. merula*, dont il présente, du reste, tous les caractères.

Genre Calamoherpina

HYPOLAIS RAMA (2) et ACROCEPHALUS STREPERUS (3)

Peu d'auteurs ont parlé de l'*Hypolais rama* ; nous ignorons si cette espèce est différente de l'*Acrocephalus streperus* ; quoiqu'il en soit, M. le prof. Pleske, de Saint-Pétersbourg, a découvert dans la collection de l'Académie de cette capitale un Oiseau qui laisserait voir des caractères propres au genre *Iduna* (*Hypolais*) et au genre *Acrocephalus*. Le savant conservateur de ce Musée ne

---

(1) Nous possédions vingt-trois spécimens; depuis, notre mobilier s'est augmenté.

(2) Synonymie : *Sylvia rama, Phyllopneuste rama*.

(3) Synonymie : *Motacilla arundinacea, Sylvia arundinacea, Acrocephalus arundinaceus, Muscipila arundinacea, Sylvia strepea, Calamoherpe arundinacea, Curma arundinacea, Calamoherpe alnorum, Calamoherpe arbustorum, Curruca fusca, Salicaria arundinacea, Sylvia affinis, Calamoherpe pinctorum, Salicaria strepera*, etc., etc.

croit point se tromper en le déclarant hybride. Il fut tué le 4 juin
1858, près du Bischarny, sur le Ssyr-Dapja, par le Dʳ Sewertzow.
D'après son *habitus*, cet Oiseau rappellerait l'*Iduna rama* ou l'*Iduna
pallida*, mais il en diffère par la forme des plumes des ailes comme
par la teinte rouge de rouille du croupion et des couvertures supérieures de la queue. M. Pleske ne saurait dire positivement s'il
descend de l'*Iduna rama* ou de l'*I. pallida* parce que ces deux
formes sont très rapprochées l'une de l'autre ; il présume seulement que l'un des parents doit appartenir à la première espèce
parce que, d'une part, l'ensemble de l'*habitus* rappelle davantage
l'*I. rama*, et d'autre part, parce que le Dʳ Sewertzow ne rapporte
aucun exemple de l'*I. pallida* sur le cours inférieur du Ssyr-Darja,
tandis que l'*I. rama* est représenté nombre de fois dans la collection
du feu docteur. Quand à la descendance *Acrocephalus*, il ne peut
être question d'une autre espèce que du type *streperus* ; l'*Acrocephalus palustris* ne se rencontrant pas non plus sur le Ssyr-Darja
et l'*A. dumetorum* n'ayant pu transmettre à cet hybride supposé
ni les proportions des plumes des ailes, ni la teinte couleur
rouge de rouille du croupion.

M. Pleske a représenté, par des dessins qui servent d'en-tête à
une étude sur cet hybride (1), les marques caractéristiques de la
forme de l'Oiseau qu'il a ainsi décrit : « Tout le dessous du corps
est, y compris les plumes des oreilles, de couleur isabelle se fondant
sur la tête en un ton plus gris. Sur le croupion et sur les couvertures supérieures de la queue, il existe une teinte de rouge de
rouille, ce qui communique aux parties désignées un ton de couleur isabelle et brunâtre. Les plus grandes plumes des couvertures
supérieures des ailes (?), les ailes et les plumes du gouvernail sont
plus sombres, d'un brun gris, avec des bordures plus claires aux
plumes extérieures ; ces bordures sont plus larges sur les plumes
tectrices supérieures des ailes et sur les plumes secondaires les
plus intérieures, plus étroites enfin sur les autres plumes des ailes
et sur les plumes qui servent de gouvernail. Une raie supraciliaire
peu distincte, formée d'un blanc jaunâtre, s'étend depuis la base
du bec jusqu'un peu derrière l'œil ; la bordure est à peine visible.
Le dessous est blanchâtre ; c'est la couleur de la gorge qui est
la plus pure, ainsi que celle du milieu du ventre, tandis que sur
la poitrine et sur les autres parties, notamment sur les côtés, se
montre une teinte d'un fauve intense ; les plumes des épaules et
les couvertures inférieures des ailes sont blanchâtres, les dernières

(1) *Ornithographia rossica*, II, pp. 561-563.

ont une teinte de couleur crème et de couleur fauve. Le dessous des barbes intérieures des pennes des ailes est blanc d'argent avec un lavage de couleur crème.

« Le bec en dessus, à l'exception des bordures, est d'un brun de corne ; les bordures, comme la mandibule inférieure, sont jaunâtres. Les poils à la base du bec sont assez bien développés ; (culmen, 17 millim.). L'aile abortive est plus courte que les couvertures des pennes primaires de l'aile; elle est pointue. La deuxième et la quatrième penne forment la pointe de l'aile; la troisième est un peu plus longue que la quatrième, tandis que la deuxième est plus courte que la quatrième et plus longue que la cinquième. Mais la barbe extérieure de la troisième penne se rétrécit d'une manière insignifiante. Longueur 66,5 millim.

» La queue est à peine arrondie, les plumes les plus extérieures sont en effet de 5 millim. plus courtes que celles qui sont les plus longues. (Longueur 57 millim.). Les jambes, les doigts et les ongles sont brunâtres. Le tarse mesure 24 millim. »

CINCLUS CASHMIRIENSIS et CINCLES LEUCOGASTER et C. SORDIDUS

(Se reporter pp. 376-377 et pp. 450-451 des Mém. de la Soc. Zool.)

En parlant de la première espèce, M. Oates (1) dit qu'elle s'étend à l'ouest de l'Asie mineure, et qu'elle est très voisine des trois races de Dippers que l'on trouve en Europe. Au nord, ajoute-t-il, cette forme se rapproche du *C. leucogaster* dans des exemples typiques dont le dessous du corps est blanc. Puis, chez quelques spécimens, on constate une tendance à se rapprocher du *C. sordidus*, parce que le blanc de la gorge et de la poitrine est noirci et que ces parties sont occasionnellement tout à fait brunes.

Ces remarques nous prouvent, une fois de plus, que les diffé-rences que présentent les trois formes en question ne sont que des différences de race et vraisemblablement ne sont point impu-tables à des croisements.

(1) *The fauna of british India, Birds*, vol. II, p. 163, 1890.

Famille des Laniidæ.

Genre Lanius

LANIUS RUFUS et LANIUS COLLURIO

(Se reporter p. 378 ou p. 452 des Mém. de la Soc. Zool., 1892).

Par l'entremise de M. le Dr Larquier des Bancels, conservateur du Musée de Lausanne, nous avons pu examiner le spécimen unique que l'on attribue au croisement de ces deux espèces. Ce spécimen appartient aujourd'hui aux héritiers de M. Bastian, l'ancien préparateur du Muséum.

On sait que les deux parents supposés de ce produit bizarre ne diffèrent entre eux que par la coloration du dessin, car la disposition de leur plumage est à peu près identique; quant à la forme du corps elle ne varie chez aucun des deux ; *rufus* est seulement un peu plus gros. Cette différence de coloration peut être définie ainsi chez les mâles adultes : front noir chez *rufus*, cendré perle chez *collurio*; tout le dessus de la tête et du cou et la partie continuant sur le dos, roux vif chez le premier, cendré perle chez le second ; (chez celui-ci le cendré perle est le prolongement de la teinte du front). Sur le dos de *rufus* existe une grande plaque noire qui se prolonge en travers sur le haut des scapulaires et s'étend en s'atténuant en gris cendré vers le croupion; la même partie est rousse chez *collurio*.

Les scapulaires sont blanches chez *rufus*; elles sont rousses comme le dos chez *collurio*. Chez ce dernier, le croupion est cendré perle, tandis qu'il est blanc chez *rufus*. Les rémiges de *collurio* ne sont pas traversées par un miroir; toutes les premières le sont chez *rufus* et forment un miroir, lequel est blanc jaune. L'aile, chez ce dernier, est presque de couleur noire; elle est beaucoup plus claire, d'un gris brun, chez *collurio*. En dessous, depuis et y compris la gorge jusqu'au croupion, et même aux couvertures inférieures de la queue, *rufus* est d'un blanc lavé plus ou moins de jaune, quelquefois de jaune légèrement roux; *collurio* se colore, au contraire, notamment sur la poitrine, de rose violacé bleuté assez clair.

La manière dont le blanc s'étend sur les rectrices chez *rufus* est assez variable; ayant un grand nombre d'exemplaires ♂ adultes en notre présence, nous avons pu remarquer de notables différences sous ce rapport. Néanmoins, on peut dire que, chez *collurio*, la partie blanche, près de la racine de la plume, est plus étendue.

La rectrice la plus extérieure est fréquemment plus blanche chez *rufus;* quelquefois on trouve cette rectrice tout aussi blanche dans certains exemplaires de *collurio.* Il nous a paru que la même penne était proportionnellement plus courte chez *rufus.* Sur la joue de *rufus,* depuis le bec jusqu'à l'épaule, se montre une large bande ou plaque noire passant au-dessus de l'œil : c'est le noir du front qui se prolonge de cette manière. Chez *collurio* le noir s'arrête plus vite; il ne dépasse pas les joues et ne s'étend que jusqu'au bec, (le front étant cendré, comme on l'a remarqué).

En somme, si les scapulaires de *rufus* ne formaient pas une large tache blanche très apparente, les teintes du plumage se trouveraient disposées de la même façon chez les deux types ♂, qui varient donc seulement par leur coloration (1).

Il suit de là que les mâles présentent entre eux une grande analogie, on peut les dire très rapprochés l'un de l'autre.

Quant aux femelles elles diffèrent plus entre elles que ces derniers, en ce sens que la femelle de *rufus* est à peu de chose près semblable au mâle de son espèce, (ses teintes générales sont seulement affaiblies), tandis que la femelle de *collurio* diffère, non-seulement du mâle de son espèce de cette même manière, mais encore et surtout par le dessin des parties inférieures. En effet, elle se trouve, à ces parties, marquée ou tachetée de demi-croissants formés de zigzags (2). Elle ne possède point non plus les grandes taches blanches des rectrices ; puis la poitrine n'est point violacée.

Les jeunes des deux espèces présentent entre eux de grandes analogies; on pourrait facilement les confondre. Mais, chose bizarre, *collurio* ♂ jeune nous a paru, dans sa teinte générale, plus roux, plus foncé au moins, notamment sur la tête, que n'est *rufus!* Ajoutons que les petites raies ou croissants en zigzags de *rufus* se trouvent divisées davantage par une teinte claire.

Ces observations étant faites, nous remarquerons tout d'abord que le *Lanius dubius* de Lausanne est plus fort que ne le sont en général les individus des deux espèces; il dépasse par sa taille, et sa

____

(1) Les tarses et les doigts de *rufus* sont-ils cependant un peu plus forts que ceux de *collurio* ? Nous ne saurions le dire avec précision. Les deux mandibules du bec du premier semblent plus épaisses que celles du second. Nous avons fait savoir que les deux espèces sont de même taille ; *collurio* serait néanmoins un peu plus faible.

(2) Ce qu'on n'aperçoit plus chez le mâle adulte.

grosseur même (1), les dimensions de *rufus*; il est un peu plus long et, dans ses parties antérieures, un peu plus large. Il est, en somme, d'aspect plus fort; cela nous paraît indiscutable. Est-ce le montage qui est la cause de ce volume inusité? nous ne le pensons pas.

Par sa tonalité foncée, noirâtre, l'Oiseau produit l'effet d'un individu qu'on aurait nourri avec des graines échauffantes. On sait qu'en captivité, on arrive à foncer, à noircir même, le plumage de certains Oiseaux par un genre de nourriture spéciale : le Bouvreuil noir en est un exemple. C'est l'impression que nous avons ressentie en voyant l'Oiseau; aussi, au premier aspect, il ne nous a point paru être un hybride. En entrant dans le détail de ses caractères, c'est encore l'effet qu'il nous a produit. Et, du reste, puisque ses caractères normaux consistent spécialement dans une teinte foncée des parties inférieures, cela n'annonce aucunement une double origine. Le roux vif du dessus de la tête, de la nuque et du commencement du dos de *rufus*, dans un mélange réel avec le gris bleuté assez clair de *collurio*, n'aboutirait point à cette teinte presque ardoisée des parties correspondantes? Loin de foncer le roux vif de *rufus*, la teinte gris bleuté clair ne pourrait que l'atténuer et même l'éclaircir. Le mélange du violacé tendre de la poitrine et des flancs de *collurio* avec le jaune roux très clair des mêmes parties de *rufus*, (qui sont même le plus souvent blanc pur, ombré seulement, çà et là, de jaune), pourraient encore moins déterminer la teinte roux foncé que présente l'hybride supposé. Un autre caractère s'oppose encore à l'idée d'un mélange des deux espèces : c'est la teinte ardoisée des scapulaires. Chez *rufus*, nous avons vu que c'était le blanc presque pur ou lavé de roux qui domine à cette place, formant une large barre transversale. Or, au même endroit, *collurio* est fortement roux, éloignant ainsi toute idée de mélange; car le blanc et le roux mélangés ne peuvent assurément donner naissance à une teinte blanc ardoise.

Il faut cependant reconnaître qu'il existe chez le spécimen de Lausanne, (beaucoup plus *rufus* que *collurio*), d'autres caractères que l'on pourrait attribuer à une hybridation. Ainsi, le dessous de la queue paraît plus *collurio* que *rufus*, en ce sens que la tache noire de la barbe intérieure de la rectrice la plus extérieure est très étendue; (il ne faut pas oublier, toutefois, que *rufus* est très variable sous ce rapport et souvent est aussi noir que *collurio*). Le très petit espace blanc qui, chez *rufus*, termine le front vers et contre la mandibule supérieure du bec, n'existe plus dans l'exem-

(1) Tel qu'il est empaillé.

plaire de M. Bastian : il est remplacé par du noir. En sorte que cet individu se rapproche encore par là de *collurio*. Si ce caractère était capable d'accuser nettement l'hybridité, on le trouverait dans la teinte du dos supérieur, qui n'est pas noir foncé comme chez *rufus*, mais, au contraire, ardoisé mélangé de roux. Cette teinte répond très bien à un mélange du noir de *rufus* avec le roux de *collurio*. Mais, pour que cette supposition fût vraie, il faudrait présumer que l'on a affaire à un individu mâle adulte, car la femelle adulte reproduit assez bien cette teinte. Remarquons encore que la coloration grise du croupion peut passer pour un mélange de la teinte blanche de *rufus* et du gris bleuté de *collurio*. Enfin, les rémiges qui, dans leurs marques, ne sont ni *collurio*, ni *rufus*, pourraient également être considérées comme intermédiaires, quoique le miroir blanc de *rufus* se laisse voir, mais dans de petites proportions.

Voici donc un Oiseau embarrassant, très embarrassant, on peut le dire, et nous ne nous chargerions certes point de définir son origine. Nous ne nous opposons point absolument à ce qu'on le croie hybride, s'il est toutefois de sexe mâle et adulte. Sans doute, M. le D\u02b3 Depierre, qui l'a décrit pour la première fois, l'a très bien nommé en l'appelant « *dubius* »; on ne pouvait choisir une meilleure expression qui caractérise parfaitement l'incertitude où l'on se trouve en sa présence.

Aujourd'hui l'Oiseau de Lausanne se présente avec les barbes des rectrices assez usées, même en mauvais état, comme s'il avait vécu en captivité. Serait-ce un échappé de volière repris à l'état sauvage, ou doit-on accuser le temps de cette usure ?

Faisons savoir que notre matériel de comparaison, lors de notre examen, se composait de près de trente individus ♂, ♀ et jeunes, appartenant aux deux espèces supposées mères et provenant sans doute de contrées diverses, car nous nous les étions procurés en Allemagne, en Italie et en France.

LANIUS COLLURIO et ONTOMOLA ROMANOVI (1)

A la date du 21 juin 1893, M. Zaroudnoï nous écrivait de Pskow

---

(1) Sous-espèce d'*Ontomela phœnicuroides* Sewertzow (d'après Bogdanow, qui l'a décrit dans une monographie intitulée : *Les Pies grièches et la Faune russe.* Le professeur Bogdanow a, du reste, distingué deux subspecies d'*Ontomela phœnicuroides* soit pour l'autre *O. karelini ;* distinction adoptée, paraît-il, par tous les ornithologistes russes. (Communication de M. Karoudnoï).

La synonymie d'*Ontomola romanovi* est : *Lanius phœnicurus, Lanius isabellinus, Lanius cristatus, Lanius phœnicuroides, Ontomela phœnicuroides,* subsp. *romanovi.*

que l'année passée il avait trouvé un nid avec des œufs d'*Enneoctonus collurio* ♀ × *Ontomela ramanovi* ♂ (1). Les deux Oiseaux furent tués par lui-même près de leur nid.

Des renseignements complémentaires et très précis sur cet appariage sont à désirer.

Nous apprenons avec plaisir qu'on imprime actuellement dans le Bulletin des Naturalistes de Moscou une narration que M. Zaroudnoï vient d'écrire avec détails sur le nid et les œufs qu'il a trouvés.

LANIUS DICHROURUS (2) et OTOMELA KARELINI

M. le Dr Menzbier fait mention (3) d'une Shrike (Pie-Grièche) qui lui parait être l'hybride du *Lanius dichrourus* et de l'*Ontomela karelini* (4). L'Oiseau fut obtenu au mois de juillet sur la rivière Kenderlick.

La description que le savant professeur de Moscou a faite de ce curieux échantillon est la suivante. Nous la reproduisons textuellement sans la traduire en français (5) :

« *Adult male*. Crown of head and nape grey, which colour passes into whitish on the forehead ; a broad line over the eye and ear-coverts white; a narrow frontal band, lores and ear-coverts black ; back, scapulars, and lesser ving-coverts grey, tinged with brownish rufous; median greater, and primary-coverts, as well as the quills, brown, primaries dark brown towards the tips, with alar speculum more developed than on the wing of *L. dichrourus*; secondaries narrowly edged with whitish; upper tail-coverts rufous; tail-feathers rufous, with the basal portion of the inner web whitish and dark brown towards the tips edged with ochraceous; central pair of tail-feathers dark brown, but whitish at the base; under

---

(1) On trouve en grand nombre cette espèce en Europe, mais plus spécialement dans les montagnes du Khorassan et dans les basses régions des montagnes du Turkestan. Suivant le cours des rivières, elle descend dans les plaines de la dépression Aralo Caspienne (Communication de M. Zaroudnoï).

(2) Nous ignorons tout à fait la validité de l'espèce *dichrourus*, que nous ne connaissons point. Le croisement que nous signalons d'après M. Menzbier, doit-il prendre place parmi les croisements entre espèces distinctes ou dans les croisements de variétés ? Nous ne saurions le dire.

(3) Dans l'Ibis, 1894, vol. VI, pp. 318-384.

(4) *O. karelini* est la même sous-espèce qu'*O. romanovi* ; (on l'a vu dans la synonymie que nous venons de donner).

(5) Le travail du prof. Menzbier est intitulé : « *On some new or little-known Shrikes from central Asia* ».

parts of body white, slightly tinged with pale buff-pink. The specimen described is in the beginning of the moult; some new upper tail-coverts are vinaceous rufous, and probably the whole of the body above must be, in the fresh plumage, as dark as in *O. karelini.* Owing to the combination of colours just mentionned, the bird is perfectly intermediate between *L. dichrourus* and *O. karelini.* Tail 3-4 inches, wing 3-75, bill 0.75. Tarsus 0.9. »

Il ne sera point sans intérêt de faire remarquer que M. Menzbier suppose que beaucoup de Shrikes, qu'il possède dans sa propre collection ou qui font partie de la collection du feu Docteur Severtzow, sont le résultat d'un hybridisme entre d'autres espèces bien définies. Ces Shrikes seront décrites et étudiées dans son « *Ornithologie du Turkestan.* »

Le *Lanius raddei* (Dress.) est, dans son opinion, un de ces hybrides « dans un plumage très usé. »

Nous craignons fort qu'un grand nombre de ces hybrides n'appartiennent à cette catégorie de formes mixtes qu'on ne saurait en aucune manière, (qu'elles proviennent de réels croisements ou qu'elles doivent plutôt leur plumage varié à leur habitat), désigner sous le nom de vrais hybrides, parce que les individus desquels elles proviennent appartiennent tous à la même espèce.

Famille des Corvidés

Genre Corvus

CORVUS CORONE et CORVUS CORNIX

(Voy. p. 468 des Mém. et p. 398 du tirage à part).

Le croisement de ces deux Corneilles n'est point à mentionner, nous l'avons dit, puisque l'on ne peut plus aujourd'hui considérer les deux facteurs qui y prennent part comme des espèces distinctes. Néanmoins, puisque nous avons déjà enregistré des faits de ce genre, nous continuerons, à titre de renseignement, à signaler les faits nouvellement observés et les ouvrages qui en parlent. Nous pouvons citer dès à présent le « Waidmannsheil » (1), « l'Auk » (2), la *Faune des Vertébrés de Lakeland* (3), le « Heimat » (4).

(1) Illust. zeitshrift für Jagd, Klagenfurt Leon n° 14, 15 septembre 1890, p. 191.
(2) Numéro de juillet 1893, p. 282.
(3) Par le Rév. Macpherson. P. XXXI, *Prolœgomena.*
(4) Kiel, 1892, p. 95.

M. Oduardo Ferragni nous a procuré un de ces hybrides; il en possède un second ; les deux exemplaires ont été tués près de Crémone (Italie). Le pasteur Lidner vient d'en abattre un tout dernièrement dans son propre jardin à Osterwick. M. R. Tancré, d'Anklan (Poméranie), nous dit en avoir tué plusieurs fois. M. J. H. B. Krohn, d'Hambourg, nous en a lui-même proposé. Enfin M. le Dr H. Friedrich, de Desnan (district de l'Elbe) nous entretient encore de tels croisements. Ces Oiseaux intermédiaires entre les deux parents ne sont donc pas rares (1).

Nous avons été surpris en remarquant, pendant la semaine de Pâques 1893, deux exemplaires de *cornix*, qui se trouvaient encore errant à cette époque de l'année dans les plaines du pays de Caux, entre St-Valéry et Veulettes-sur-Mer (Seine-Inférieure). Peut-on supposer que ces Oiseaux aient niché dans le pays ? Dans ce cas, ils auraient pu s'apparier avec des *corone*. — Etant depuis passé plusieurs fois dans ces mêmes endroits, nous n'avons plus rien revu.

Famille des Melliphagidæ

Genre Creadion

CREADION CARUNCULATUS (2) × CREADION CINEREUS

M. Walter Buller, de Wellington (Nouvelle-Zélande), nous écrit que des hybrides sont produits à l'état sauvage entre le *Creadion caruncalatus* et le *Creadion cinereus*. Nous ignorons si *C. cinereus* est espèce distincte; du reste M. Walter Buller ne cite aucun exemple.

---

(1) Quelques nouvelles indications sur leurs caractères ne seront point ici hors d'à propos. Dans « The vertebrate Fauna of Lakeland, » on dit que l'un des deux exemplaires que l'on cite « montre une prépondérance du sang de la Corneille mantelée ». Cet Oiseau fut tué à Wastwater. (Voy. : *Birds of Cumberland* du même auteur).— M. le Dr H. Friedrich, de Dresnau, s'exprime ainsi au sujet de la coloration des jeunes : « La couleur des jeunes est en partie un mélange des deux espèces ou ressemble passablement plus à une espèce qu'à l'autre. » — M. le Dr Friedrich, qui demeure sur la ligne de démarcation des deux espèces (l'Elbe) est à même d'observer chaque année leurs croisements. A cause des mélanges qu'elles contractent, nous dit-il, rarement les Corneilles que l'on rencontre sont de la couleur pure de l'un des parents; ceci peut se voir notamment à l'époque de l'émigration où le Corbeau gris du Nord passe en grande quantité dans ses environs. On remarque alors aussitôt le gris, qui chez lui est très clair et bien pur. — Enfin le « Heimat » cite un individu « qui est noir sur ses parties supérieures et gris en dessous. Le même Oiseau porte une tache noire sur le devant de la poitrine, comme c'est le cas pour la Nebelkrähe (*C. Cornix*); mais cette tache n'est pas aussi bien accusée que chez ce type : « elle se fond dans la couleur grise qui l'entoure. »

(2) Synonymie : *Gracula virescens, Creadion psaroides, Icterus novæ-zelandiæ, Icterus rufitorques*.

Famille des Icteridæ

Genre Quiscala

QUISCALA ŒNEUS et QUISCALA QUISCALA

Ces deux formes ne pouvant aucunement être considérées comme de bonnes et valides espèces, mais devant être rangées au nombre des races ou variétés d'une même souche, nous n'avons point entrepris la lecture du mémoire que M. Frank. M. Chapman a écrit sur leurs intermédiaires (1) ; nous avons seulement consulté une analyse de ce travail qui a été faite dans l'Auk (2) par M. C. F. Batchelder, lequel a été assez gracieux pour nous envoyer son travail.

Il en ressort que plus de huit cents peaux de Cailles des types *œneus*, *œglœus* et *quiscala* ont été examinées par M. Chapman. Le parcours du type *œneus* s'étend du Texas et de la Louisiane au grand lac Slave, et des pentes orientales des Montagnes Rocheuses aux pentes occidentales des Alleghanies ; tandis que du Massachusetts à la Nova-Scotia ce parcours atteint le bord de l'Atlantique.

Quiscalus quiscala œglœus est typiquement représenté de la Nouvelle-Orléans à Charleston, et, vers le sud, au point extrême de la péninsule de la Floride.

Quiscalus quiscala se rencontre de la limite septentrionale du parcours d'*œglœus*, au nord, à la limite méridionale du parcours d'*œneus*, dans le bas Connecticut et la vallée de la rivière d'Hudson.

Des phases différentes semblent affecter tour à tour un ou plusieurs de ces types. Dans une série de trois à quatre cents spécimens, M. Chapman a pu remarquer une gradation parfaitement régulière d'*œglœus* (première phase) vers *œneus*. Ses conclusions sont les suivantes : *Quiscalus œneus*, dans un parcours qui s'étend de la vallée de Rio-Grande à l'Amérique britannique et au New-Brunswick, varie en coloris ; il «intergrades» avec *Quiscalus quiscala*, au moins de la Pensylvanie au Massachusetts. Quant à *Quiscalus quiscala*, il prend trois formes de coloris.

Les alliances de *quiscala* et d'*œneus* ne sont pas exactement connues dans la vallée du Bas Mississipi, et au nord, le long des Alle-

(1) *Étude préliminaire des Grackles du sous-genre Quiscalus* (Bull. du Musée américain d'Histoire nat., pp. 1-20, nᵒ 1. IV, février 1892.
(2) P. 186, IX, april 1892.

ghanies à la Pensylvanie. Dans les Alleghanies de Pensylvanie, dans la vallée d'Hudson, de Sing Sing à Trog, dans la Long Island orientale, dans le Connecticut et dans le Massachusetts jusqu'au nord de Cambridge, *quiscala* et *œneus* « intergrade » complètement. Cette gradation est, dans chaque cas, accomplie dans la première phase de *quiscala*.

Les différences de taille qui existent entre les trois formes sont trop légères pour être de valeur diagnostatique. *Quisculus œneus* montre une légère augmentation de taille vers le nord ; mais cette augmentation n'est pas régulière. Il paraît être un Oiseau plus petit que *quiscala*, quoiqu'avec le tarse légèrement plus long. Dans *aglœus* et *quiscala*, on trouve environ, en passant du sud au nord, la même augmentation de taille que chez le précédent ; l'aile et la queue deviennent plus longues, le bec plus fort, etc.

M. Chapman admettrait que l'hybridité est la vraie cause de la gradation qui existe entre *œneus* et *quiscala* ; il considérerait comme impossible le cas de variations géographiques, car il pense qu'il est contraire aux lois connues de variation géographique qu'une forme comme *œneus*, aussi constante sur une grande surface, puisse se changer brusquement dans une forme différente comme est celle de *quiscala*.

M. Batchelder remarque que la théorie de l'hybridité est difficile à admettre. Selon cette théorie, le sang d'*œneus* se serait mélangé avec le sang de *quiscala* dans un degré plus ou moins grand. Mais pourquoi ce sang de *quiscala* aurait-il pénétré dans presque tout l'habitat de l'Oiseau, alors que le territoire d'*œneus* n'a point été envahi par l'autre sang ? Si l'hybridation s'était avancée sur une telle échelle, on pourrait s'attendre à voir, au moins de temps à autre, quelques traces du sang de *quiscala* se montrant dans la grande étendue du pays qu'*œneus* habite ; or, de tels mélanges n'apparaissent pas.

Nous ne faisons bien entendu que donner ici quelques extraits de l'analyse de M. Batchelder sans prendre part à la discussion qu'il a engagée, car nous ne possédons aucun des éléments nécessaires au débat.

PARADISEA APODA et PARADISEA RAGGIANA

(Se reporter p. 413 ou p. 487 des Mém. de la Soc. Zool., 1892).

On se rappelle que dix-neuf échantillons à caractères mélangés avaient été rapportés du fleuve Fly par M. Louis d'Albertis.

Douze de ces spécimens, conservés au *Museo civico di Storia naturale* de Gênes, nous ont été gracieusement communiqués par le Dr Gestro (1). Deux autres, qui se trouvent au Musée municipal de Milan, ont été peints pour nous par M. le prof. Giacinto Martorelli (2).

Nous avons été au Muséum de Paris examiner un quinzième échantillon ; ainsi presque tous les sujets rapportés du fleuve Fly par l'intrépide explorateur nous sont maintenant bien connus.

Voici, avec quelques détails, la description des douze premiers : MALES ADULTES EN NOCES. — N° 383, en peau. L'Oiseau porte la mention suivante : « Hab. Fly river, N. G. centrale, 27. 7. 77 ; *becco, grigio perlo* (gris perle) : *occhi giallo verdogrigi* (jaune d'un vert gris) ; *piedi, plumbeo rossicio* (tirant sur le rouge plomb). » — Sa longueur totale est actuellement de 0,430.

Nous avons compté à la queue douze rectrices, (les deux médianes du dessus sont en filets); à l'aile gauche et à l'aile droite vingt (?) rémiges ; la sixième primaire est la plus longue.

Le plastron est très mal défini ; il se confond avec la teinte qui le suit en dessous ; les parties inférieures du corps sont assez foncées. On n'aperçoit pas sur le dos antérieur de reflets dorés. Les parements sont longs et l'une belle couleur jaune doré, blanchissant près des flancs, se violaçant aux deux tiers de la plume jusqu'à son extrémité ; les barbes s'espacent très largement vers la fin de la tige qu'elles laissent complètement nue ; celle-ci est jaune pâle ou violacé. En dessus, les parements sont d'un violacé vineux blanchâtre. Aucune apparence de barre jaune n'existe sur les couvertures de l'aile ; à peine si l'on voit une trace de collier de chaque côté du cou vers le jaune, laquelle couleur s'arrête presque brusquement court à la naissance du dos.

N° 600, en peau. Sur l'étiquette on lit : « Hab. Fly river, N. G. centrale, 8.9.77 , *occhi giallo verde* (jaune vert) ; *piedi plumbeo rossicio* (tirant sur le rouge plombé). » Longueur totale (actuelle), 0.398.

La pièce ne doit plus avoir sa longueur naturelle ; le montage du cou ne semble pas normal ; on ne compte, en effet, de la pointe du bec à l'extrémité des rémiges que 0,218. La queue elle-même paraît raccourcie ; il manque plusieurs rectrices. On compte à l'aile dix-huit rémiges (du côté gauche); les primaires grandissent jusqu'à la sixième ; la première est très courte comme chez le n° 383.

(1) Ce sont les N°ˢ 383, 600, 466, 703, 479, 450 (♂ ad. en noces); 545, 75 (♂ ad. sans parements); 553, 309 (♂ jun.); 388, 554 (♀).

(2) Ils portent les N°ˢ 18,089, 18,157.

A la queue on compte douze rectrices; les deux médianes sont en filets très minces. Peut-être existe-t-il sur les ailes un indice de la barre jaune propre à *raggiana*, mais il est nécessaire de la deviner. Le plastron foncé est mal défini, quoique mieux délimité que chez le précédent. Le dessus du dos est comme lavé de doré, cela d'une manière presque imperceptible. Le jaune du dessus du cou s'arrête très nettement à la naissance du dos, plus nettement que chez le Nº 383. Les parements sont, en dessous, d'un beau jaune doré semblable à ceux de ce dernier numéro ; ils sont clairs au début, notamment près des flancs ; ils se violacent aux deux tiers de leur longueur vers l'extrémité, mais d'une manière plus claire, plus blanchâtre que chez le précédent. En dessus, les plumes sont violacé blanchâtre ; les barbes sont bien déliées vers l'extrémité et laissant les tiges nues. Il existe une apparence de collier de chaque côté du cou (le milieu du cou en est dépourvu); cela d'une manière légèrement plus accentuée que chez le Nº 383. Les parures des flancs sont plus courtes que chez ce numéro. Le dessus du dos est d'un brun chocolat violacé vineux, moins vif que chez la pièce 383.

Nº 466, en peau. Etiquette : « Hab. Fly river, N. G. 15.8.77. *Becco grigio perlo; occhi gialli* (jaunes) ; *piedi plumbeo rossicio* (tirant sur le rouge plomb). » — Longueur totale (actuelle), 0,433.

A l'aile, de chaque côté, on compte vingt (?) rémiges, la sixième est la plus longue, la première est très courte. Les longues plumes des flancs sont jaune orangé vers le milieu, plus claires au début, se violaçant aux deux tiers de leur longueur vers l'extrémité; (ce violacé est mélangé plutôt de jaunâtre que de blanchâtre, comme cela se produit chez les numéros 383 et 600). Le jaune du dessus du cou ne se termine pas franchement ; il s'atténue et se perd sur le brun du dos, sans toutefois former aucune apparence de camail. Le collier se voit davantage que dans le Nº 600; il borde presque entièrement le vert de la gorge, mais très peu, vers le milieu; on voit sur les couvertures de l'aile une raie jaune assez mal définie; le plastron lui-même n'est point bien défini, quoiqu'il soit assez foncé.

Nº 763, en peau. Etiquette : « Hab. Fly river N. G. centrale, 25.10.77. *Becco perlo, occhi gialli* (jaunes) ; *piedi plumbeo rossicio.* » Longueur totale (actuelle), 0,420.

Dix-neuf rémiges (?), la première est la plus courte, la sixième est la plus longue. Poitrail mieux défini que chez le Nº 466; la couleur orangé foncé des parements se brunit et se violace comme de coutume, c'est-à-dire que cela arrive aux deux tiers de la longueur des plumes et vers leur extrémité ; mais le violacé du dessus paraît se prononcer davantage et les parements sont relativement courts. Les barbes sont déliées, moins toutefois que chez les N°s 383, 600 et 466 ; la tige est nue à la fin. Il existe une barre sur les couvertures de l'aile ; cette barre est peu vive ; elle est légèrement plus large vers l'épaule que chez le N° 466. Le brun chocolat du dessus du dos est vif ; sur le dos antérieur on voit comme un reflet doré. Le jaune du dessus du cou s'arrête à la naissance du dos. Le collier jaune atteint tout le devant de la gorge ; le jaune est blanchâtre.

N° 479, en peau. Etiquette : « Hab. Fly river, N. G. centrale 18.8.77. *Becco grigio perlo* (gris perle) ; *occhi giallo verdognolo* (jaune verdàtre) ; *piedi plumbeo (ogg.?) rossicio.* » — Longueur totale (actuelle) 0.410.

Douze rectrices, vingt rémiges (?) s'étageant, comme à l'ordinaire, du côté droit ; il en existe dix-huit seulement du côté gauche. Les parements sont en dessous orangé foncé, violacé blanchâtre vers l'extrémité, en dessus violacé fade, mais foncé relativement au N° 763. Ils sont très fournis et longs ; ils paraissent moins déliés que chez les précédents exemplaires. Le plastron s'annonce franchement, c'est-à-dire qu'il est assez bien limité. Au cou existe un véritable collier, mais moins fort que chez *raggiana*. On voit seulement une apparence de la raie jaune sur les couvertures des ailes. Le jaune du dessus du cou est assez bien limité. Le dessus du dos montre des reflets dorés très légers ; la couleur brune du dessus est celle du précédent, un peu plus claire sur les pennes des ailes.

N° 450, en peau. Etiquette : « ♂ Hab. Fly river, N. G. centrale 4.8.77 *Becco grigio perlo ; occhi gialli traenti al verdognolo* (jaune tirant sur le verdàtre) ; *piedi, plumbeo rossicio* (tirant sur le rouge plomb). » — Longueur totale (actuelle), 0.390.

Vingt (?) pennes à l'aile ; la sixième, la plus longue ; neuf rectrices seulement à la queue. L'Oiseau est de plus petites dimensions que tous les précédents. Le poitrail assez bien défini ; les parements sont très rouges, ils approchent du ton de *raggiana* ; ces parements sont courts et les plus courts de tous ; les barbes sont très déliées. Le collier est d'un jaunâtre prononcé ; une belle bande jaune se voit sur les couvertures de l'aile. Le jaune du dessus du cou s'arrête court à la naissance du dos. La couleur brune des parties supérieures est plus vive que chez les numéros précédents.

Dans tous ces exemplaires, la tige des longues plumes des flancs est plus claire que la barbe, notamment au début ; elle se fonce en orangé à mesure que la barbe se fonce elle-même. La couleur du dessus est assez violacée, vive et peu claire, comme chez les exemplaires ♂ sans parements qui vont suivre.

MALES ADULTES SANS PAREMENTS. — Nᵒ 545, en peau. L'Oiseau porte cette mention : « Viaggo d'Albertis, 1877, Nᵒ 545, ♂. *Becco perlo : occhi giallo verdognolo* (jaune verdâtre) ; *piedi, plumbeo rossicio* (tirant sur le rouge plomb) : *si nutre di frutti.* Hab. Fly river. N. G. cent. 28.8.77. » — Longueur totale (actuelle) 0.426.

Aile, 0.197 ; douze rectrices, dont deux en filets; dix-huit (?) rémiges du côté droit : la première très courte, les autres s'allongent jusqu'à la cinquième et diminuent à la septième; dix-huit (?) du côté gauche : la première très courte, s'étageant au moins jusqu'à la cinquième. Pas de parements, le bleu du bec est assez foncé ; gorge bien verte. On n'aperçoit aucune trace de la bande jaune sur les couvertures des ailes. Le dessus de la tête et du cou sont jaune vif ; le jaune paraît s'arrêter assez court à la naissance du dos, (à cette place l'Oiseau est détérioré). Cependant, autant qu'on en peut juger, le commencement du brun du dos a pu être lavé de jaune. Il existe une apparence très faible de collier naissant ; le plastron de velours est bien visible, mais mal limité ; le dessous de l'Oiseau est assez clair. Sur le dos il est brun chocolat violacé (comme le sont les rémiges et les rectrices), mais sur cette partie on aperçoit comme un lavage de jaune roux fort peu sensible s'avançant jusque sur les couvertures.

Nᵒ 75, en peau. L'Oiseau porte cette mention : « Viaggo d'Albertis, 1876, Nᵒ 75, ♂. *Becco grigio perla; occhi gialli* (jaunes) ; *piedi plumbeo rossiccio ; si nutre di frutti.* Hab. Alice R. N. G. Hoplio? (illisible). » — Longueur totale (actuelle), 0.414.

Vingt (?) rémiges du côté droit, vingt (?) rémiges du côté gauche : la première, la plus courte, se prolongeant en grandissant jusqu'à la sixième du côté droit, jusqu'à la cinquième du côté gauche, diminuant à la septième. Douze rectrices ; les deux médianes de dessous se prolongent en filets. Le jaune du dessus du cou paraît s'arrêter court à la naissance du dos. Le dessus du dos est très jaunâtre doré ; ce jaunâtre se prolonge même jusque sur la croupe, mais à l'état de reflets dorés. Le plastron est mal limité, quoiqu'assez foncé. Il n'existe pas de trace bien nette du collier, mais le brun s'éclaircit par places vers le vert de la gorge, bordant cette couleur régulièrement. Aucune trace de la bande jaune de l'aile n'apparaît; mais les reflets du jaune doré du dos s'étendent sur les couvertures des ailes. MALES JEUNES. — N° 553, en peau. Sur l'étiquette on lit : « Viaggo d'Albertis, 1877, N° 553. *Becco perlo : occhi giallo verdastro* (jaune verdàtre) ; *piedi plumbeo rossiccio ; si nutri di frutti.* Hab. Fly river. » — Longueur (actuelle), 0.397; aile, 0.200.

Onze (?) rectrices seulement ; les deux médianes de dessus ne se prolongent pas en filets, mais sont garnies de barbes étroites dépassant les autres plumes et se terminent en pointes. Dix-huit (?) rémiges du côté droit, la première beaucoup plus courte que les autres, semblant grandir jusqu'à la sixième, (la cinquième est peut-être cassée), diminuant à la septième; dix-huit (?) du côté gauche, grandissant de la première à la sixième. Toutes les plumes du dessus de la tète et du cou manquent; elles paraissent avoir été de couleur brune comme le reste du corps; mais, vers le front et les yeux, on aperçoit du jaune. Le vert de la gorge est mal limité ; à la place du collier se montrent seulement trois petites plumes courtes un peu claires, et indiquant sans doute la naissance du collier qui manque. Le plastron est mal défini; le dessous du ventre est comme chez le N° 545 et comme chez le N° 309, dont la description va suivre. Le dessus du dos est teinté d'un peu de doré. Le bec est moins foncé que chez les N°s 545, 309 et 75.

N° 309, très avancé, presque adulte. Sur l'étiquette on lit: « Viaggo d'Albertis, 1877, N° 309. *Becco grigio perla ; occhi giallo verdognolo* (jaune verdàtre); *piedi plumbeo rossostro* (couleur de plomb rougeàtre) ; *si nutre di frutti.* Hab. Fly river, N. G. centrale, 17.7.77. » Longueur totale, 0,420 ; aile, 0,198.

Le sexe n'est pas indiqué, mais c'est un mâle, évidemment.

Dix-huit (?) rémiges du côté droit, la première beaucoup plus courte que les pennes suivantes qui s'allongent peu à peu jusqu'à la sixième, et diminuent à la septième; dix-huit rémiges du côté gauche, grandissant jusqu'à la sixième. Douze rectrices; les deux médianes de dessus se prolongent presque en filets au-delà des autres; mais à l'extrémité la barbe devient plus large et forme plume. A leur naissance, presqu'à la fin des autres rectrices, les tiges sont encore pourvues de leurs barbes, et même la partie nue, assez courte, est en quelque sorte garnie de barbes fines, mais très courtes. Le dessus du cou est un peu détérioré; les plumes qui restent sont fortement mélangées de brun et de jaune, (elles montrent que le dessus du cou n'était plus entièrement jaune vers le front); la tète du reste est seule entièrement jaune, et jaune foncé doré ainsi que le côté supérieur des joues. Sur le devant du cou, il existe une apparence de collier peu régulier; le plastron est très foncé; mais, quoique mal limité, il est entouré d'une espèce d'auréole qui rappelle *raggiana*; le ventre est d'un rougeâtre vineux et assez foncé. Sur le dessus du dos, notamment vers le milieu, on aperçoit facilement des reflets dorés. Pas de trace de bande sur les couvertures des ailes, mais il existe comme des reflets dorés rougeâtres sur ces couvertures.

FEMELLES. — N° 388, en peau. Sur l'étiquette on lit : « *Becco perla*; *occhi verdognolo* (verdâtre) ; *piedi plumbeo chiaro; si nutre di frutti.* Hab.—Fly river, N. G. centrale, 28.8.77.» Longueur totale (actuelle) 0.350 ; aile 0.188.

L'Oiseau a douze rectrices, les deux supérieures du milieu sont étroites; elles ne dépassent pas les autres. On compte dix-neuf (?) rémiges du côté gauche. Le milieu du front, vers la nuque, commence à jaunir, ainsi que tout le dessus du cou. Ce jaune paraît avoir été très mélangé et de couleur sombre, si l'on en juge par les plumes encore existantes, car le dessus de la tête et du cou sont dépourvus de plumes. Le jaune du cou semble s'arrêter court ; néanmoins, tout le dessus du dos est comme doré. Le plastron est mal défini, quoique le ventre soit assez clair. La teinte des parties inférieures et la teinte de la queue sont assez claires, plus que chez un *raggiana* ♀ de notre collection. La gorge est moins foncée que chez deux femelles *raggiana* actuellement entre nos mains.

N° 554, ♀, en peau, (plus grande que la précédente). Sur l'étiquette on lit : « *Becco perla ; occhi giallo verdognolo* (jaune grisâtre) ; *piedi plumbeo ; si nutre di frutti.* Hab. Fly river, N. G. centrale, 29.8.77.» — Longueur totale, 0.391 ; aile (actuellement) 0.187.

Tout le dessus du cou et de la nuque sont déplumés; on ne peut plus apercevoir que quelques plumes jaunâtre verdâtre sur cette dernière partie. Il existe une trace de collier assez large, bien indiquée par des points blanc jaune gris. Le plastron est mieux délimité que chez la pièce précédente, mais il est très court et fort peu développé, par conséquent. Le violacé clair du dessous du corps reproduit la teinte de *raggiana*. Le dessus du dos montre quelques reflets dorés.

DISTRIBUTION GÉOGRAPHIQUE

L'indication des distances où M. d'Albertis observa les Paradisiers à caractères mélangés est donnée dans le mémoire de M. le comte Salvadori (1). Ces Oiseaux furent tués à 200, 350, 400, 420 et 430 m.

_____

(1) Annali del Museo civico di Storia naturale di Genova.

du Port Moresby ou de l'embouchure du fleuve Fly (1), fleuve sur
les bords duquel ils ont tous été recueillis, à l'exception d'une
pièce qui est indiquée comme provenant de la rivière Alice (petit
affluent situé à la hauteur extrême du fleuve): c'est le mâle adulte
sans parements qui a été décrit.

Nous avons relevé soigneusement dans l'ouvrage de M. d'Albertis (2) les passages où il parle de ces précieux spécimens.

C'est d'abord entre le 11 et le 18 août 1877 qu'il en est question.
M. d'Albertis était à ce moment redescendu le fleuve (environ 25 kil.
après le point Smake ou plus) (3). La capture la plus importante que
fit le voyageur est un mâle de Paradisier, « lequel, dit-il, semble
être le *P. raggiana*, avec quelques différences dans la couleur jaunâtre des parures des flancs et dont les yeux sont verdâtres. » Dans
les forêts où il fut tué habitent le *P. apoda* et le *P. raggiana* (4).

Le 22 du même mois, les eaux baissant l'ayant forcé à rétrogra-
der, il obtint, après avoir ancré sa chaloupe à l'embouchure d'un
ruisseau, quelques spécimens de *Paradisea raggiana* et de *P. apoda*,
et plusieurs Oiseaux semblant être des hybrides des deux espèces (5).

Pendant la même semaine, il découvrit un exemplaire qui lui
parut concluant et ne douta plus du croisement des deux types (6).

Le 31, ayant encore descendu le fleuve, et les eaux baissant toujours, il obtint quelques nouveaux exemplaires pouvant, dit-il,
représenter l'hybride d'*apoda* et de *raggiana*; d'où il conclut décidément, vu la fréquence de ces rencontres et les milieux occupés
par ces Oiseaux, que le fait de l'hybridation était réellement établi (7).

Le 13 octobre, ayant pu remonter le Fly et étant arrivé au point
touché en 1877, il trouva encore le Paradisier « doubtful », (terme
dont il se sert pour désigner les pièces qu'il croit hybrides) (8).
Tom, l'un des hommes de l'équipage, lui apporta dans l'après-
dinée de ce jour de ces Oiseaux à caractères mélangés (9).

---

(1) Nous ne saurions mieux préciser.
(2) *La Nouvelle Guinée*.
(3) Nous n'avons pu nous rendre un compte exact du lieu où était ancrée la
Néva, petite barque à vapeur sur laquelle l'explorateur naviguait. (Voy. à ce sujet
p. 286 et p. 314 de la traduction française).
(4) P. 290, t. II (et p. 317 de la trad.).
(5) P. 291, t. II.
(6) P. 292, t. II.
(7) P. 296, t. II.
(8) P. 322, t. II.
(9) P. 324, t. II (et p. 335 de la trad. franç).

Il ressort très clairement des renseignements donnés par M. d'Albertis sur l'habitat du *P. apoda* var. *novæ-guinæ* et du *P. raggiana*, que les hybrides, ou tout au moins les Oiseaux que ce voyageur et M. Salvadori ont considérés comme tels, se trouvent dans des endroits fréquentés par les deux espèces; on pourrait même presque dire là seulement et non ailleurs (1), ce qui ajoute une vraisemblance de plus en faveur de l'origine mélangée qu'on leur suppose.

Nous avouons cependant notre grand embarras pour déterminer ces Oiseaux à caractères mixtes qui ne paraissent point avoir été rencontrés de nouveau (2). Ils offrent une gradation si régulière de passage entre les divers caractères d'*apoda* et ceux de *raggiana*, une fusion telle, on peut le dire, qu'ils apparaissent comme de véritables phases de développement d'un type à l'autre, et non comme de vrais hybrides, dont les caractères ne se présentent point ordinairement ainsi, pensons-nous.

Nous avons procédé à un examen très attentif de ces Oiseaux vraiment curieux et, afin de bien les déterminer, nous avons étudié avec soin les différentes formes qui composent le genre *Paradisea*.

Déjà, dans notre précédent article, nous avions envisagé les relations qui existent entre les types *apoda*, *minor*, *raggiana* et *rubra*; nous avions aussi noté les différences que ces espèces présentent entre elles, notamment dans la distribution du jaune et la coloration des longues plumes des flancs; ces deux caractères servent, en effet, à les distinguer, la couleur du fond, le brun violacé, étant à peu près la même chez tous, ainsi que le vert émeraude de la gorge, (quoique ce vert soit plus étendu chez la dernière espèce).

Nous avons repris cette étude à l'aide d'un matériel nombreux de pièces de comparaison; (la plupart de ces pièces nous ont été prêtées avec beaucoup de bienveillance par les Musées de Rouen, de Caen, du Hâvre, de Gênes (Italie), le laboratoire du Muséum de Paris et divers naturalistes français et étrangers). Nous avons aussi fait

(1) Ainsi que nous nous en sommes rendu compte en dressant une carte géographique ; nous nous proposons de publier cette carte ultérieurement dans une étude plus complète sur les Parasidiers du fleuve Fly.

(2) Le fleuve Fly a cependant été remonté par M. Mac Gregor : un autre fleuve, le Palmer, a été découvert par celui-ci au dessus de la rivière Alice, près des Monts Victor-Emmanuel. Plus bas, le Strickland, vaste rivière, affluent du Fly, a été visité par le cap. Everill. Le cap. Strachan a lui-même exploré une contrée étendue avoisinant l'embouchure du fleuve Fly. Mais aucun nouvel exemplaire hybride n'a été rapporté de ces explorations; nous pensons que la variété *novæ-guinæ* n'a point été non plus obtenue. Nous nous sommes livré à de très longues recherches pour obtenir ces quelques indications.

porter nos observations sur le type *augustæ-victoriæ* qui n'était point encore connu lorsque les Paradisiers à caractères mélangés furent découverts par M. d'Albertis. Il est fort remarquable que ce type montre dans la nuance orangé foncé de ses parements un caractère vraiment intermédiaire entre les espèces *apoda* et *raggiana*. On peut remarquer aussi que parmi les soi-disant hybrides en costume de noces, il se trouve quelques individus présentant dans leurs parures une teinte identique à celle d'*augustæ-victoriæ*. On ne saurait cependant admettre que la nouvelle forme tire son origine des deux espèces dont il présente les teintes mélangées, car il offre dans le jaune des parties du dessus (dos et couvertures des ailes et même sur la croupe), une disposition particulière qui lui appartient en propre. On ne saurait davantage admettre la descendance des hybrides de ce type, car la disposition du vêtement jaune n'est jamais rappelée chez eux, même de loin.

Le genre *Paradisea* est encore composé, on le sait, de trois autres espèces ; celles-ci, que l'on nomme *P. guilielmi*, *P. decora* et *P. rudolphi*, diffèrent d'une manière notable de celles que nous avons nommées jusqu'alors ; le peu de longueur des parures des flancs, la manière très espacée dont la barbe s'attache aux tiges, donnent à *P. guilielmi* et à *P. decora* un facies à part, sans parler de la disposition du vert sous la gorge qui s'avance très avant vers la poitrine de celui-là. *P. rudolphi* est d'une couleur très différente de ses congénères ; nous ne saurions du reste en parler (1).

Nous avons donc écarté ces trois dernières espèces de notre examen, tout au moins ne les avons-nous étudiées que très sommairement. N'oublions point de dire que deux espèces qui ont été nommées, le *P. minor* et le *P. apoda*, ont leurs races ou variétés, c'est-à-dire : *P. finschi* et *P. mariæ* se rattachant à l'espèce *minor*, et *P. novæ-guinæ* à l'espèce *apoda*. C'est de cette dernière variété, rencontrée sur le Fly par le voyageur d'Albertis, que descendraient les dix-neuf individus mélangés que nous étudions (2).

Nous ne rendrons point compte des comparaisons que nous avons établies entre les diverses espèces du genre *Paradisea;* cela nous entraînerait beaucoup trop loin. Nous publierons séparément

---

(1) Cette espèce ne paraît être connue que par quelques rares exemplaires, dont un mâle et une femelle ont été décrits pour la première fois dans « Zeitschrift für die gesammente ornithologie », (II, 1885, p. 36-39), par MM. Finsch et Meyer ». Une planche coloriée accompagne leur description.

(2) Au moment où on imprime ces lignes, nous recevons le « report » de M. de Vis sur des Oiseaux obtenus dans la Nouvelle-Guinée anglaise. Dans ce « report » figure une nouvelle espèce, le *Parasidea intermedia*, dont nous parlerons bientôt.

ce travail, d'où il ressort que ce sont les types *apoda* et *raggiana* qui se rapprochent le plus des spécimens considérés comme hybrides par MM. d'Albertis et Salvadori ; que, par conséquent, ce sont ces deux espèces, comme nous le disions, qui, dans l'hypothèse d'un croisement, doivent être considérées comme les progéniteurs des hybrides, quoique *augustæ-victoriæ*, on l'a remarqué, présente presque complètement, par la coloration de ses parements, la teinte orangée de plusieurs des pièces considérées comme mélangées.

Il résulte aussi des premières descriptions que la séparation du type *apoda* d'avec le type *raggiana* consiste, chez les mâles en noces, dans les caractères suivants dont les trois premiers peuvent être considérés comme principaux à cause de leur netteté et de la facilité qui existe à les apprécier : ce sont : 1° la teinte des parements, jaune chez *apoda*, rouge de brique vif, même sanguin chez *raggiana*; 2° la suppression complète du collier jaune chez *apoda* qui existe d'une manière très prononcée chez *raggiana*; 3° l'absence de la barre jaune qui traverse les couvertures du premier, barre ou bande qui apparaît constamment chez le second.

En dehors de ces trois caractères de différenciation très faciles à reconnaître, il en existe également quatre autres, mais d'une appréciation plus difficile et probablement aussi d'une régularité moins absolue. Ils consistent dans : 1° la délimitation du plastron beaucoup plus nette chez *raggiana* que chez *apoda* ; 2° dans l'affaiblissement du brun violacé des parties inférieures chez *raggiana* ; 3° dans la taille plus grande d'*apoda* (1); 4° enfin dans la longueur plus considérable des parements de celui-ci.

Chez les mâles *raggiana*, non adultes, leur distinction s'établit par l'existence plus ou moins prononcée du collier dont sera toujours privé *apoda*, même en vieillissant; la délimitation et l'obscurité du plastron plus accentuées que chez *apoda* servent encore à les reconnaître, ainsi que la teinte claire des parties de dessous. Leur taille est moindre, on l'a dit.

Chez les femelles, la distinction du type *raggiana* du type *apoda* se fait par l'absence de tout jaune sur celle-ci ; l'existence, au contraire, d'un jaune verdâtre sur la nuque de celle-là qui, en outre, est de taille plus petite et porte devant la gorge une trace de collier formé de petits pointillés extrêmement fins et de couleur blanc jaunâtre.

Il est remarquable que les *apoda* purs du fleuve Fly tendent vers

---

(1) Nous ne parlons ici que de l'*apoda* des îles Arou, car la variété du fleuve Fly, (la var. *novæ guinæ*), ne serait point beaucoup plus grande que l'espèce *raggiana*.

raggiana par la diminution de leur taille, sans doute aussi par celle de leurs parements (1), de même par les reflets dorés que l'on aperçoit sur le dos et sur les couvertures des ailes (2). MM. d'Albertis et Salvadori se sont même demandé si, à cause de ces caractères, les *apoda* du fleuve Fly peuvent être identifiés à leurs congénères des îles Arou (3) ?

Cette tendance qu'ont les *apoda* à se rapprocher du type *raggiana* dans les contrées habitées par ce dernier sembleraient montrer que les différences qui séparent les deux Oiseaux sont dues à des influences climatériques, au régime ou à l'habitat; l'existence d'individus intermédiaires ajoute une vraisemblance de plus à cette hypothèse. Cependant, il existe un caractère tellement tranché, le collier, que cette hypothèse ne paraît pas admissible.

Mais nous avons à nous occuper ici des Oiseaux à caractères mélangés. Si ceux-ci, disions-nous en commençant, proviennent d'un croisement, présenteraient-ils tous ou presque tous, comme nous l'avons fait remarquer, une fusion ou gradation absolument régulière dans l'accroissement ou la diminution de leurs caractères différentiels principaux et même souvent de leurs caractères secondaires ?

Ne prenant en considération pour le moment que les mâles en noces (craignant que les comparaisons que nous désirons établir ne deviennent trop difficiles chez les mâles non complètement habillés, ceux-ci ne pouvant présenter qu'un mélange de caractères encore mal définis), nous remarquerons facilement cette gradation régulière dans la croissance ou la décroissance des caractères qui différencient les deux espèces pures.

Que l'on examine attentivement les six spécimens en noces qui nous ont été si obligeamment prêtés par M. le Dr Gestro, on verra que, soit qu'ils se rapprochent du type *apoda*, soit qu'ils s'en éloignent en tendant vers *raggiana*, tous les caractères principaux, et même ceux que nous appelons secondaires, à cause de leur moindre importance, sont parfaitement fusionnés et suivent une marche progressive ou dépressive ; aucune disproportion n'existe

(1) M. le Dr Gestro n'a point vu de différences appréciables entre les parements de ces *apoda* et les parements de *raggiana*.

(2) Si réellement *raggiana* montre cette particularité, comme nous le pensons, et si les *apoda* des îles Arou en sont privés ; dernier point que nous ne pouvons préciser rigoureusement.

(3) *Note intorno*, etc., *traduzione di Salvadori*. Annali del Museo di Storia. Nat. di Genova, X. pp. 5-20, 1877, et mêmes annales, pp. 21 147, XIV, 1879.

dans cet acheminement des caractères d'un type vers les caractères de l'autre type.

Prenons par exemple le N° 383, très rapproché d'*apoda* par la couleur jaune clair de ses parements ; chez lui, le collier est supprimé, la barre des ailes fait également défaut, sa taille est fort grande, son plastron est mal défini, ses parements s'allongent excessivement, la teinte des parties inférieures est foncée. Prenons, au contraire, le N° 450, à parements presque rouges et par conséquent du type *raggiana* ; nous le trouvons de petite taille comme est cette espèce, ses parements sont également moins longs que ceux du précédent ; son poitrail est bien défini, comme chez *raggiana* ; il porte en outre un collier jaune et large et montre enfin, sur les couvertures des ailes, la barre caractéristique de *raggiana*.

Reconnaissons cependant que l'exemplaire N° 479, (qui se rapproche aussi de *raggiana* par la couleur de ses parements, quoique bien moins rouges que dans l'exemplaire précédent), fait exception à cette règle, à cause du grand développement des longues plumes des flancs et aussi par la faible apparence de la barre jaune des couvertures, barre qui devrait être plus vive. Néanmoins, il est encore plus petit de taille que les exemplaires qui se rapprochent d'*apoda* ; le collier, chez lui, est bien développé, le plastron également bien limité et la teinte du ventre moins vive qu'elle ne l'est chez les spécimens hybrides qui se rapprochent d'*apoda*.

Il nous a paru intéressant de comparer entre eux ces différents spécimens en les rangeant les uns à côté des autres ; nous avons pu ainsi observer du premier au dernier, dans les caractères dits essentiels, un véritable acheminement d'un type à l'autre, que l'on commence par *apoda* pour tendre vers *raggiana* ou *vice versâ*. (Nous avons écarté le N° 600 parce qu'il fait double emploi, il est en effet identique par son plumage au N° 383. Cet Oiseau ne doit plus être, du reste, dans sa longueur primitive ; sa queue incomplète paraît mal rajustée).

Les trois numéros 383, 763 et 450 montrent tout particulièrement, et d'une manière absolument nette, cet acheminement progressif et régulier d'un type à l'autre dans tous les caractères de différenciation ; on le voit au premier coup d'œil. Prenant le type *apoda* comme point de départ, les Oiseaux tendent régulièrement vers *raggiana* par : 1° la teinte des parements ; 2° le collier jaune ; 3° la barre des couvertures ; 4° la délimitation et l'obscurité du plastron ; 5° la diminution de la taille ; 6° l'amoindrissement de la largeur des parements ; 7° enfin et aussi, peut-être, par l'affaiblissement du ton des parties inférieures, quoique qu'ils paraissent sous ce rapport bien plus *apoda* que *raggiana*.

A peu de chose près nous sommes arrivé au même résultat en comparant ensemble les cinq autres mâles en noces.

Il est en effet facile de voir :

1° Que la teinte jaune doré du premier devient plus intense chez le deuxième, se rougit chez le troisième, augmente chez le quatrième et se trouve être chez le cinquième presque aussi rouge sanguin que chez *raggiana*, tout en laissant encore apparaître la teinte jaune doré qui caractérise les premiers ;

2° Que le collier n'existe plus ou à peine chez le N° 383, qu'il apparaît quelque peu chez le N° 266, qu'il augmente visiblement chez le N° 763, qu'il devient bien apparent chez le N° 479 et qu'il atteint presque chez le N° 450 la dimension et la teinte du collier que porte *raggiana* pure espèce ;

3° Que la barre de l'aile, d'abord invisible chez le premier, suit, à partir du deuxième, à peu près la même gradation qui s'observe dans le collier, sauf pour l'avant-dernier, chez lequel cette barre est peu apparente, il faut le reconnaître.

Quant aux caractères de second ordre, la délimitation et l'obscurité du plastron s'accentuent encore d'une manière bien nette, si l'on compare le premier avec le dernier. La taille elle-même, sauf chez le second, suit une dépression. Les parements sont aussi plus forts chez les deux premiers et chez le troisième que chez le dernier ; mais le quatrième les a très fournis.

Quant au caractère, peut-être l'un des plus difficiles d'appréciation, et par conséquent l'un des moins importants, c'est-à-dire l'éclaircissement de la teinte des parties inférieures, nous n'oserions dire que ce caractère suit la même progression, quoique le premier numéro semble plus foncé en dessous que le dernier.

Nous rappellerons pour mémoire seulement la couleur de l'iris de ces pièces, car cette indication n'est pas indispensable ; nous avons remarqué, en effet, d'après les renseignements donnés par M. d'Albertis, que cette couleur varie du verdâtre au jaune vert, et même au jaune chez *apoda*, et qu'ainsi les yeux de celui-ci peuvent, par ce caractère, se trouver semblables à ceux de *raggiana*, lui-même variable sous ce rapport.

M. d'Albertis a indiqué ainsi la coloration des yeux dans les six échantillons en noces que nous avons examinés :

N° 383, jaune d'un vert gris, N° 600, jaune vert, N° 466, jaune, N° 763, jaune, N° 769, jaune verdâtre, N° 450, jaune tirant sur le verdâtre.

Si son appréciation est juste, si aussi le jaune verdâtre est la coloration constante de l'*apoda*, la gradation que nous recherchons ne serait pas ici-suivie. Ce sont, en effet, les derniers échantillons à parements rougeâtres qui devraient avoir les yeux jaunes et non pas les numéros 466 et 763, plus rapprochés d'*apoda*.

Mais, si la couleur jaune n'est pas l'attribut exclusif du type *raggiana*, cela ne vient pas à l'encontre de notre théorie.

Il résulte donc des observations faites, notamment sur les trois caractères essentiels, et des observations faites aussi bien souvent sur les quatre autres caractères secondaires, que chaque fois qu'un spécimen tend à se rapprocher de l'un ou de l'autre des deux types purs, il y tend par une progression équivalente dans chacun de de ses caractères; on ne trouve point chez ces hybrides supposés de disproportions dans la croissance des caractères différentiels de l'espèce. Ceci est très remarquable.

Revenons maintenant aux *Paradisidæ* ♂ sans parements que nous avons mis provisoirement hors de la discussion, craignant que les rapprochements qui ont été tentés pour les mâles complètement habillés ne devinssent trop difficiles pour ces exemplaires non revêtus totalement de leur livrée. Peut-être, en les étudiant de très près, trouverons-nous encore cet examen favorable à la théorie que nous expliquons.

Ce sont les Nᵒˢ 545, 75, 309 et 333. Au sujet du premier, nous dirons qu'il paraît plus *apoda* que *raggiana*; que cependant la couleur du plastron foncé et la coloration claire des parties inférieures rappellent davantage le type *raggiana* dont il porte encore des traces par l'indice du collier, quoique d'une manière bien faible.

Chez le deuxième, le plastron, moins foncé, moins bien délimité, est au contraire plus du côté d'*apoda*; c'est à peine, nous l'avons dit, si on aperçoit une trace de collier.

Chez le troisième le collier est plus visible, mais comme l'Oiseau est plus jeune que le précédent, son plastron est plus clair; néanmoins, par le peu d'étendue de cette partie qui est en outre assez bien délimitée, il rappelle *raggiana*. En sorte que la gradation fusionnée des caractères d'un type à l'autre peut, à la rigueur, être encore suivie dans ces trois échantillons. Nous avons donné leurs mesures. Ajoutons qu'ils sont roux doré sur le dos, notamment le Nᵒ 75. Les couvertures ont elles-mêmes quelques reflets dorés, au moins chez les deux premiers numéros. Le Nᵒ 309, chez lequel cette nuance dorée devrait davantage s'apercevoir (puisqu'il porte un collier plus développé que les autres), est au contraire moins doré.

Quant au N° 333, très détérioré sur le cou et la tête, nous avons remarqué qu'il ne portait, en guise de collier, que trois petites plumes jaunes devant la gorge (indiquant sans doute le collier) et que son plastron était mal défini. N'ayant plus entre nos mains cette pièce, retournée au Musée de Gênes, nous n'établirons aucun rapprochement avec les trois derniers Oiseaux décrits, mais le plastron mal défini semble encore bien concorder avec l'absence presque totale du collier.

Ainsi, les hybrides sans parements semblent aussi, en quelque sorte, présenter dans leurs caractères de différenciation la gradation régulière constatée chez presque tous les exemplaires en livrée parfaite.

Pour les deux femelles qui nous ont été communiquées, nous n'entreprendrons point d'examiner si la fusion de leurs caractères mixtes est en rapport avec celle que l'on trouve chez presque tous les mâles en noces : nous les avons gardées peu de temps et nous les avons aussi renvoyées au Musée de Gênes, ne voulant point abuser de la trop grande complaisance de l'homme bienveillant qui nous les communiquait. Du reste, nous avions reconnu que leurs caractères mixtes étaient bien peu appréciables. Nous nous étions même demandé par quels caractères ces pièces peuvent être déclarées hybrides. Le N° 388 est plutôt plus petit de taille que la femelle *raggiana* de notre collection ; il n'est donc pas intermédiaire par sa taille entre *apoda* et *raggiana*. Le N° 554 paraît, dans ses dimensions, un meilleur intermédiaire ; il l'est au moins entre une femelle *apoda* du Musée de Caen et des femelles *raggiana* que nous avons examinées ; son plastron est aussi moins délimité que celui de la femelle *raggiana*, ce qui peut l'avoir fait considérer comme hybride.

Du reste, M. Salvadori reconnaît que ces femelles sont tout à fait semblables aux femelles *raggiana* et qu'il n'y a que la couleur des yeux qui peut les faire considérer comme hybrides. M. d'Albertis les a en effet indiquées comme ayant les yeux *verdognolo* et *giallo verdognolo*, c'est-à-dire verdâtres ; si elles étaient de pures *raggiana* elles devraient sans doute avoir la couleur de l'iris jaune, quoique ce caractère ne soit pas absolu. (M. d'Albertis cite des *apoda* avec les yeux jaunes et des *raggiana* avec les yeux café au lait ou jaune foncé).

Celui-ci avait rapporté, parmi les hybrides supposés, onze mâles en noces, nous l'avons dit ; les six échantillons conservés au Musée de Gênes viennent d'être examinés. Un septième au Musée d'Histoire naturelle de Paris se conforme, dans les trois caractères principaux de différenciation, à la règle que nous avons établie.

Chez cet Oiseau, en effet, dont la couleur des parements rappelle celle d'*apoda*, (quoique ces parements soient fortement violacés par places), on ne doit plus, s'il suit la règle commune, rencontrer ni de collier, ni de bandes sur les couvertures des ailes ; le plastron ne doit être ni foncé ni limité ; le ventre, en dessous, ne peut être clair ; la taille comme la longueur des parements doivent enfin le rapprocher d'*apoda*. Or, après avoir étudié à loisir cette pièce, nous avons trouvé que le collier était presque nul ; il n'est rappelé faiblement que sur les deux côtés ; la barre sur l'aile ne se voit pas, on aperçoit seulement, comme bordant les couvertures, une frange dorée presque imperceptible ; le plastron peu foncé s'étend en avant vers le ventre, laquelle partie est sombre. La taille enfin est bien moindre que celle d'*apoda* ($\male$ en noces) des îles Arou et les parements ne sont pas allongés, ni très fournis. Mais il faut nous rappeler : 1° que les *apoda* du fleuve Fly sont plus petits que ceux des îles Arou ; puis que les plumes des flancs peuvent ne point avoir atteint encore leur longueur définitive. En sorte, on le voit, que cette pièce suit encore la règle qui a été observée chez les autres échantillons. On ne voit pas apparaître chez cet Oiseau, soit le collier de *raggiana*, soit la barre de l'aile propre à ce type, ou tout autre caractère qui ne soit en proportion graduée avec les caractères déjà présentés.

Nous n'avons point vu en nature les deux mâles en noces qui sont conservés au Musée municipal de Milan ; nous pensons néanmoins, par la description qui nous en est faite par M. le professeur Sordelli, qu'ils suivent la même règle. Le professeur, qui a eu l'obligeance d'examiner de très près ces deux échantillons, nous a fait savoir : 1° que l'un des deux, dont les parements jaunes rappellent l'*apoda*, est dépourvu de collier et de barres transversales sur les couvertures des ailes ; qu'en outre il n'existe point chez lui de plastron bien délimité, la poitrine est seulement un peu plus foncée que les parties environnantes ; 2° que le deuxième spécimen, qui ressemble davantage à *raggiana*, a les parements de couleur orange nuancés de rouge vineux et possède une barre jaune sur les couvertures des ailes, un collier et un plastron ; mais ces caractères sont moins prononcés que chez le *raggiana* pur ; la barre jaune est aussi bien moins apparente, peu marquée, et le collier est plus étroit. Le plastron serait cependant presque aussi bien délimité.

Ces indications nous sont confirmées par la jolie aquarelle que
M. Martorelli a eu la complaisance d'exécuter à notre intention.

Or, nous ne nous souvenons point avoir observé de phénomènes
semblables dans les hybrides qui sont passés par nos mains,
quoique nous en ayons observé un grand nombre ; à moins donc
que cela ne soit passé inaperçu par suite des difficultés très grandes
dans l'appréciation de la valeur des caractères spécifiques mélangés,
lesquels se confondent tellement parfois que, pour déterminer la
part exacte qui revient à chacune des espèces parentes, il faudrait
entreprendre sur celles-ci une étude aussi minutieuse et aussi
suivie que celle qui a été faite pour les *Paradisidæ*, travail trop
pénible et trop long pour être entrepris sur chaque hybride connu.

Heureusement il existe une série d'hybrides, tant produits en
domesticité qu'obtenus à l'état sauvage, dont l'étude ne présente
pas beaucoup de difficultés, les caractères étant nettement accusés.
C'est à cette série que nous aurons recours pour reconnaître que les
hybrides ne montrent point, dans la composition de leurs caractères mélangés, la fusion intime et toujours très régulière, observée
chez les *Paradisidæ* qui viennent d'être décrits.

Examinons tout d'abord l'hybride si commun de la *Thaumela
picta* et de la *Thaumela amherstiæ*. Généralement, au moins chez les
mâles demi-sang, c'est le sang *picta* qui domine ; l'Oiseau provenant
du Faisan doré et du Faisan d'Amherst est donc presque toujours
du côté du Faisan doré. Mais il conserve un caractère spécial à
l'Amherst : la collerette blanche qui rappelle sa double origine.
Nous avons observé un ♂ *amherstiæ* × *picta* de 1re génération ressemblant presque complètement au Doré, sauf par la taille et
l'allure ; par exception la collerette était chez cet individu jaune
crème roussâtre rappelant celle du Doré.

Si les hybrides que nous venons de citer suivaient la règle que
suivent les Paradisiers hybrides de M. d'Albertis, ils devraient,
dès qu'ils se rapprochent de *picta*, tendre vers ce type par une
égale répartition de leurs caractères. Mais c'est l'opposé qui se
produit : la collerette blanche des premiers est de l'Amherst ; la
taille et l'allure du second est aussi de cette espèce ; il y a chez eux
juxtaposition et non fusion.

On se rappelle que nous avons reçu du Muséum d'Histoire naturelle de Grenoble une de ces Perdrix qui doivent leur origine,
pense-t-on avec assez de raison, au croisement de la *Perdix rubra*
et de la *Perdix saxatalis*. Cette Perdrix hybride, nous l'avons remarqué, est presque *rubra*, quoique les pointillés de la gorge soient un

peu moins nombreux que chez cette espèce: mais les plumes des flancs sont entièrement celles de la *P. saxatalis*. L'autre spécimen du même Musée est sans pointillés du côté droit de la gorge, rappelant ainsi *saxatalis*; du côté gauche la présence en grand nombre de ces pointillés le rapproche de *rubra*. Nous savons aussi que l'hybride de la collection Lemeilteil porte, d'un côté, aux plumes des flancs, les deux barres transversales de *saxatalis*; de l'autre côté existe seulement la seule barre propre à *rubra*. Donc encore juxtaposition et non fusion, comme pour le *Francolinus pictus* × *F. vulgaris*, tué par le lieutenant-colonel Butler à Deesa, dont la tête est *vulgaris* et le corps semblable au *pictus*. De même encore pour l'hybride du même croisement qui existe au British Museum puisqu'il montre dans tout le plumage de son corps le coloris et le dessin du *vulgaris*, tandis que la tête diffère sensiblement de ce type et rapproche l'Oiseau du *pictus*.

Le Rackelhane ou *Tetrao medius*, produit du *Tetrao urogallus* et du *Tetrao tetrix*, présente les caractères mélangés des deux espèces dans des proportions que nous ne saurions analyser. Mais toujours, chez lui, les couvertures inférieures de la queue sont tachetées de noir à la manière de l'Urogalle ; jamais elles ne sont entièrement blanches comme chez le *tetrix*. Tous les exemplaires que nous avons examinés, nous l'avons remarqué, étaient invariablement tachetés ainsi, quelle que soit la prépondérance des caractères de l'une ou de l'autre espèce.

M. B. A. Hoopes parle d'un hybride de Coq et de Pintade dont la forme arrondie est celle de la Pintade, sauf la tête, qui est de la forme de la Poule domestique (1).

Un hybride non moins étonnant est celui du Canard penelope et du Canard siffleur. Cet Oiseau, obtenu par M. Alberdan, en Hollande, est presque *acuta* dans tout son corps ; mais la teinte de la tête n'est plus aucunement de cet Oiseau. Elle est en grande partie jaune orangé, rappelant plutôt *penelope*; en outre, elle montre un caractère étranger à ces deux espèces : le vert qui couvre le dessus du cou. L'origine de cet Oiseau ne paraît pas discutable, le croisement qu'on suppose lui avoir donné naissance ayant, nous l'avons dit, été répété en captivité dans la Ménagerie du feu lord Derby et ayant donné un produit qui lui est en tout semblable (2).

(1) *Birds of North america*, octavo (vol. 6, p. 240 ?) cit p. B. A. Hoopes in Forest and Stream, vol. I, p 374.

(2) On se rappelle que le premier échantillon obtenu en Hollande nous a été communiqué par le Musée de Leyde et le second par le Musée de Liverpool, qui possède aujourd'hui, pensons-nous, les animaux de la ménagerie du feu Lord.

Nous avons parlé de l'hybride de la Sarcelle et du Siffleur (*Querquedula crecca* et *Anas penelope*) ; nous possédons deux tableaux, peints d'après nature, représentant cet hybride ; or, sur un corps qui offre le plumage des deux espèces, dans des proportions plus ou moins faciles à déterminer, apparaît la tête rousse de la *Querquedula* avec sa large bande verte caractéristique.

Nous possédons aussi la peinture d'un Canard *penelope* × *boschas*, tué en Hollande, et conservé au Musée d'Amsterdam. Le corps de cet Oiseau est presque *penelope*, tant par la teinte argentée, le dessin de ses zigzags et le miroir ; le poitrail pourrait passer pour un mélange du coloris de cette partie des deux espèces. Mais voici qu'à la tête, les teintes propres aux deux types se heurtent sans se confondre ; le vert du *boschas*, rendu encore plus ardent, est nettement séparé d'une teinte jaune rouge rappelant la teinte que le *penelope* montre à cette partie, laquelle teinte lave les joues et le cou. Ajoutons que la couleur, bleuté plomb, du bec est tout à fait *penelope*.

On a observé que tous les spécimens « *Anas boschas Anas* × *acuta* » présentent à peu près le même dessin et la même coloration de plumage ; peut-être, en les examinant attentivement, trouverait-on chez eux un mélange à peu près égal des caractères propres aux deux espèces, quoiqu'il existe des sujets dont la tête est presque verte, comme celle du *boschas*, dont le cou porte un collier blanc, comme le montre cet Oiseau, et dont le poitrail est encore aussi roux foncé que chez cette espèce. Mais ces hybrides, dont le plumage diffère peu, sont tantôt de la forme du *boschas*, tantôt de la forme de l'*acuta*, au moins ont-ils une tendance marquée à se rapprocher de l'un ou de l'autre type.

Rappelons encore, d'après Audubon, que les métis du Canard sauvage apprivoisé et du Gadwall (*Anas strepera*) conservent les pattes jaunes et le plumage barré de l'un des parents et la tête verte de l'autre (1).

Nous avons, dans notre travail sur les Passereaux hybrides, donné la description d'un bon nombre de pièces qui y sont citées ; certes, s'il fallait analyser dans toutes ces pièces la part qui revient à chaque parent, le travail serait long. Mais sans nous livrer à une telle besogne, il semble que l'on puisse relever dans plusieurs de ces descriptions quelques traits saillants peu en harmonie avec ceux que présentent les hybrides du fleuve Fly. C'est ainsi que

---

(1) *Birds of North America*, octavo (vol. 6, p. 240 ?) cit. p. A. B. Hoopes, in Forest and Stream, vol. 1, p. 374.

nous avons cité (1) un Verdier-Linot (*Ligurius chloris* × *Canna-bina linota*), dont la couleur du cou, du dos, des ailes, jusqu'à moitié de leur longueur, est celle de la *linota*, tandis que la couleur du *chloris* se montre sur le croupion, la queue et l'autre partie des ailes.

Nous avons mentionné aussi (2) un Sizerin-Cabaret presque comme cette dernière espèce, mais dont le bec est du premier type; puis un hybride du Pinson des Ardennes et du Pinson ordinaire, presque *montifringilla*, à l'exception des taches blanches des deux rectrices externes (3); un autre spécimen de même origine dont le roux de la poitrine est un exact mélange des teintes propres à chaque espèce parente, mais dont le dos est plus *cœlebs* que *montifringilla*; dont encore les rectrices, considérées dans leur ensemble, semblent elles-mêmes intermédiaires, tandis que les deux externes sont *cœlebs*.

Enfin, nous verrons bientôt que lorsque le mélange des carac-tères du *Colaptes auratus* et du *C. cafer* se montrent dans l'Oiseau que l'on nomme *Colaptes hybridus*, (Oiseau que M. Allen croit réelle-ment hybride) (4), les combinaisons sans symétrie sont la règle. En effet, les plumes des ailes ou de la queue sont, les unes rouges, les autres jaunes. Un individu peut avoir la coloration générale du vrai *cafer* combinée avec un croissant de la nuque bien développé ; un autre, au contraire, est pur *auratus* avec les raies rouges du *cafer*. Quelquefois encore, le plumage du corps est d'une espèce, tandis que le plumage de la tête est de l'autre espèce, etc.

Tout cela, on le voit, ne se concilie guère avec la règle de grada-tion qui existe chez les soi-disant hybrides rapportés de la Nouvelle-Guinée par M. d'Albertis.

Aussi, en présence de cette diversité dans le mélange des carac-tères des hybrides, avons-nous été surpris de la régularité qui existe dans les caractères des Oiseaux en question ; des doutes sur leur double origine se sont présentés à notre esprit, et nous avons tenu à expliquer le pourquoi de ces doutes.

D'un autre côté, comme ces Oiseaux vivent côte à côte avec les deux espèces supposées mères, il est bien difficile, sinon impos-sible, d'attribuer le changement qui se produit chez eux à des

(1) P. 205.
(2) P. 220.
(3) P. 262.
(4) *The North american species of the genus Colaptes*, etc., in Bull. amer. Museum. Mars 1842. Ce curieux Oiseau sera étudié dans un prochain chapitre.

influences climatériques, à l'habitat, par exemple, ou à d'autres
conditions d'existence, celles-ci étant les mêmes pour les uns et
pour les autres.

Voici notre conclusion :

On ne saurait contester l'existence d'Oiseaux intermédiaires
entre le type *apoda* et le type *raggiana*; on ne saurait dire non
plus que les caractères, qui rapprochent ces intermédiaires
tantôt d'une espèce, tantôt de l'autre, sont dus à des influences
climatériques, au milieu, à l'habitat, puisque les Oiseaux à caractères mélangés vivent précisément dans les endroits habités par les
deux types auxquels on attribue leur naissance.

Tout semble donc faire croire à leur hybridité véritable, d'autant
plus qu'ils ne paraissent se trouver que là même où les deux espèces
pures se rencontrent.

Mais, nous rappelant les observations présentées aux pages qui
précèdent sur la manière *toute différente* dont le mélange s'opère
chez les autres hybrides, quoique pris, çà et là, et dans plusieurs
ordres, on doit se poser cette question : « Pour quelles causes,
si les Oiseaux rapportés par M. d'Albertis sont de vrais hybrides,
diffèrent-ils dans le mélange de leurs caractères des hybrides
des autres espèces d'Oiseaux ? »

Enfin, une autre considération n'est point à négliger. Les
hybrides supposés sont, non-seulement plus grands que l'espèce
raggiana, mais plus grands que la variété *apoda novæ guinæ*, type
qu'on lui donne pour deuxième parent.

Voici, en effet, les mesures que nous avons relevées sur divers
exemplaires en peau :

Raggiana		Novæ-Guinæ		Les hybrides	
Long. tot.	Aile	Long. tot.	Aile	Long. tot.	Aile
0.382	0.190	0.418	0.200	0.430	0.200
0.372	0.190	0.387	0.205	0.433	0.195
0.370	0.185	0.415	0.205	0.420	0.200
0.373	0.183	0.440	0.203	0.410	0.200

Si l'on admet l'hybridité, il faut donc prétendre que les hybrides
sont plus grands que leurs parents; sinon, que l'on est en présence
d'un cas d'atavisme par hybridation, c'est-à-dire un retour vers

apoda des îles Arou (plus grand que la variété du fleuve Fly). Mais cette dernière supposition en amène une autre : c'est que la var. *novæ guinæ* est nécessairement descendue de l'espèce *apoda*. Rien ne le prouve. L'*apoda* des îles Arou peut, tout aussi bien, avoir eu pour ancêtres le *P. novæ guinæ* de l'intérieur de la Nouvelle-Guinée.

Le cas, on le voit, est embarrassant ; il mérite au plus haut degré de fixer l'attention du naturaliste.

PARADISEA RAGGIANA et PARADISEA INTERMEDIA

M. C. W. de Vis, curateur du « Queensland Museum » vient de décrire (1) trois *Paradisea intermedia* qui pourraient être des hybrides entre le *P. raggiana* et le *P. augustæ victoriæ*. C'est une espèce nouvelle obtenue sur la côte est de la rivière Kumusi (Nouvelle-Guinée anglaise). — « Mais, dit M. de Vis, la constance de la couleur montrée par tous vient à l'encontre de cette supposition ».

A titre de renseignement, voici la description de ce nouveau type :
« Forehead, all the lower surface and the flank plumes as in *P. raggiana*; head, nape, back, and middle of rump and upper tail-coverts pale straw yellow; upper wing-coverts broadly margined with same, the alar stripe so formed tapering off posteriorly, and separated from the back by the outer feathers of the mantle, which, like the greater coverts, are chestnut washed with yellow; wing, tail, and sides of rump and upper tail-coverts rather pale chestnut. Total length, 300 mm.; wing, 180; tail, 162; culmen, 33; tarsus, 36.5. Distinguished from *P. augustæ victoriæ* by the blood-red colour of the flank plumes, pure chestnut of the sides of the rump and upper tail-coverts, and by the presence of the alar stripe ».

Les trois exemplaires sont mâles.

COLAPTES AURATUS et COLAPTES CAFER

(Se reporter p. 429 ou p. 503 des Mém. de la Soc. Zool., 1892).

Lorsque l'on imprimait la troisième partie de notre travail, dans laquelle l'hybridation possible de *C. auratus* × *C. cafer* est envisagée, M. J. A. Allen, l'éminent directeur de l'Auk, publiait préci-

(1) In « *Report on ornithological specimens collected in british New Guinea* » Brisbane, 30th June, 1894.

sément (1) une étude considérable sur ces deux formes et leurs croisements présumés. Il comblait ainsi une lacune existant dans la science ornithologique, lacune que nous déplorions (2). Nous devons donc analyser ou plutôt traduire presque complètement cet important travail, déjà résumé dans l'Auk par M. C. T. Batchelder (3) et que nous avons été très satisfait de lire.

M. J. A. Allen commence par rappeler que l'on savait déjà, il y a plus de trente ans, qu'on rencontre, sur certains points où le *C. auratus* et le *C. cafer* habitent, des individus à caractères mélangés, c'est-à-dire présentant une combinaison plus ou moins régulière des deux espèces. C'est Baird qui, en 1858, appela pour la première fois l'attention sur les cas curieux de *C. auratus* et *C. cafer* (4), représentés par de nombreux spécimens de la région du Missouri supérieur et du Yellowstone, chez lesquels les caractères des deux espèces étaient combinés d'une manière constamment variable et souvent asymétrique. Le savant professeur concluait alors à une hybridation, sur une grande échelle, entre les deux espèces : « notwithstanding the starling nature of such an assomption. » Aussi nommait-il les Oiseaux variés « *Colaptes hybridus*, » faisant observer que ce nom n'était point donné dans le sens spécifique, mais seulement afin de désigner convenablement les Oiseaux intermédiaires. Ces Oiseaux furent connus sous cette dénomination pendant un quart de siècle, l'explication de Baird étant généralement considérée comme suffisante. De nouvelles théories furent cependant proposées. En 1872, alors que l'on croyait la distribution géographique de ces soi-disant hybrides beaucoup moins étendue qu'elle ne l'est en réalité, on avait avancé que la gradation entre les deux formes était due à l'action des milieux environnants (5) ; cette manière de voir avait été acceptée (6). Ensuite, en 1877, on suggéra que les Oiseaux à caractères intermédiaires pouvaient être des individus restant d'une forme d'où deux types différents étaient sortis en se différenciant (7). Enfin, en 1884, on émit une autre

(1) In Bull. of the American Museum of Nat. Hist., pp. 21-44, N° 1, vol. IV, article II, New-York, 8 mars 1892. « *The North american species of the genus Colaptes, considered with special reference to the relationships of C. auratus and C. cafer.* »
(2) Voy. : p. 432 ou p. 506 des Mém. de la Soc. Zool.
(3) Pp. 177-179, IX, avril 1892.
(4) Ou *C. mexicanus*, comme on appelait autrefois cette dernière forme.
(5) Allen, Bull. Mus. Comp. Zool., III, N° 6, 1872, pp. 118-119.
(6) Coues, *Birds of Northwest*, 1874, p. 293.
(7) Ridgway, *Orn. 40th Parallel*, 1877, p. 556.

opinion, à savoir que le *Colaptes auratus* pouvait « ou constituer une forme transitoire ou être un hybride (1). » L'écrivain le plus récent sur ce sujet traite les Oiseaux mélangés de « race » hybride, sous le nom de *C. ayresi* (2), avec cette particularité : que leur plumage est un signe de retour à un ancêtre (3)».

Afin de pouvoir aboutir à une solution satisfaisante, M. Allen a demandé à ses confrères en ornithologie de bien vouloir lui prêter le matériel dont ils pouvaient disposer, ce qui fut fait sans doute de la manière la plus gracieuse, car sept cent quatre-vingt-cinq spécimens du genre *Colaptes,* représentant toutes les formes de l'Amérique du Nord, lui furent envoyés.

M. Allen, en remerciant les expéditeurs, donne la nomenclature de ces envois nombreux qui, pour la solution du problème, ont une si grande utilité (4).

Il fait aussi connaître les caractères distinctifs et la distribution géographique de chacune de ces formes (5).

« Commençant au sud, on trouve tout d'abord le *C. mexicanoïdes,* restreint, autant on le sait, au Guatemala, quoique pouvant s'étendre du nord au bord sud de Mexique. Cette forme est essentiellement le *C. cafer* avec la coloration plus intense, les barres noires transversales du dos tout entier élargies, la croupe blanche plus ou moins teintée de noir, tout le sommet de la tête et la nuque d'un rougeâtre cinnamon, les grosses plumes et la raie d'un rouge plus profond et plus sombre (6). *C. mexicanoïdes* rejoint vraisemblablement l'habitat de *C. cafer,* que l'on rencontre au bord méridional du Mexique, vers le Nord dans tout le Mexique, excepté la Sonora occidentale et la basse Californie, et de la base orientale des Montagnes Rocheuses au nord du Pacifique à la Colombie britannique. *C. rufipileus,* de l'île de la Guadeloupe à la hauteur de la basse Californie, est une forme insulaire de *C. cafer*; il en diffère principalement par sa taille plus petite, son bec beaucoup plus long et sa couleur un peu plus foncée ; par ce dernier trait, il ressemble plus à *C. cafer*

(1) Coues, *Key to North American Birds,* revised ed., 1884, p. 492.

(2) M. Allen fait remarquer que ce nom avait été donné en 1843 par Audubon aux individus mélangés du Missouri supérieur.

(3) Hargitt, *Cat. Birds Brit. Museum,* XVIII, 1890, p. 8. (*N. B.* Tous ces auteurs sont cités d'après M. J. A. Allen).

(4) Voy. p. 22.

(5) P. 25.

(6) Ce qui va suivre maintenant est la traduction du résumé de M. Batchelder.

saturatior de la côte nord-ouest, (lequel diffère du vrai *cafer* par sa taille légèrement plus forte et ses couleurs beaucoup plus foncées).

« *C. chrysoïdes* parcourt la plus grande partie de la basse Californie et les parties de la Sonora, le Sud de l'Arizona et le Sud-Est de la Californie. Vers le nord et l'est, son habitat rejoint ainsi, et couvre quelquefois, au moins en hiver, à certains points, le pays habité par *C. cafer*, avec lequel, cependant, il ne paraît jamais se mêler. C'est une forme petite, pâle, présentant l'apparence générale de *mexicanoïdes*, mais ayant les plumes dorées comme dans *auratus*, tout en ne présentant aucun autre caractère distinctif de la forme orientale.

« *C. auratus* s'étend sur les trois quarts du nord et de l'est de l'Amérique du Nord; il possède deux formes insulaires éloignées : *C. chrysocaulosus* de Cuba, et *C. gundlachi* du Grand Cayman, toutes deux modifiées, mais évidemment rejetons du stock *auratus*. (Elles diffèrent d'*auratus* un peu comme *mexicanoïdes* diffère de *cafer* » (1).

« Les espèces de *Colaptes* que l'on trouve au nord de l'isthme de Panama se divisent en trois groupes; deux de ces groupes se ressemblent plus l'un et l'autre que le troisième ne leur ressemble. Ces espèces sont : le *Cafer mexicanoïdes*, le *C. chrysoïdes* et le *C. auratus*. Le premier et le dernier, si l'on envisage le mode de coloration, sont les plus dissemblables, n'ayant aucun caractère en commun. Les deux formes (*cafer* et *auratus*) sont celles, cependant, comme le montre le matériel maintenant en main, qui « intergrade » complètement là où elles se rencontrent, c'est-à-dire sur une zone de 300 à 400 milles d'étendue et de 1200 à 1500 milles de longueur. On trouve aussi ces deux formes plus ou moins mélangées de la frontière orientale des grandes plaines de l'Ouest à la côte du Pacifique, 38° à 55° latitude nord ». (2).

» Les individus intermédiaires varient considérablement ; ils présentent tantôt de très légères traces de *C. cafer* ou de *C. auratus*, tantôt ils montrent à peu près également les caractères des deux espèces. C'est ainsi que l'on trouve : 1° *C. auratus*, ne possédant que quelques plumes rouges dans la raie « malar » noire (3), ou bien ne montrant qu'une légère coloration orangée sur les grossses plumes ; 2° *C. cafer*, avec quelques plumes noires dans la raie « malar » rouge ou quelques plumes rouges sur le côté de la nuque, ou bien encore avec un croissant rouge à peine tracé. Lorsque le

(1) Nous laissons ici, pour quelques lignes, le résumé de M. Batchelder.
(2) P. 27 du Mémoire de M. Allen.
(3) Par ce nom M. Allen indique vraisemblablement la moustache.

mélange des caractères est bien complet, les combinaisons sans symétrie sont la règle. En effet, les plumes des ailes ou de la queue sont, les unes rouges, les autres jaunes ; tandis qu'un Oiseau peut avoir la coloration générale du vrai *cafer* combiné avec un croissant de la nuque bien développé, un autre est pur *auratus* avec les raies « malar » rouges de *cafer*. Quelquefois encore le plumage du corps est d'une espèce, tandis que le plumage de la tête est de l'autre espèce. Il y a du reste des variations infinies, et il est rare de trouver, même chez les Oiseaux d'un même nid, deux individus semblables dans tous leurs caractères de coloration. »

M. Allen indique ensuite l'aire de dispersion des *Colaptes* mélangés (1) :

« En 1858, dit-il, lorsque Baird décrivait son *Colaptes hybridus*, les Oiseaux mélangés étaient seulement connus dans le Missouri supérieur et dans la région du Yellowstone. Longtemps après, ils furent indiqués dans la Californie et récemment sur des points différents du bord ouest des grandes plaines, depuis le nord du Texas jusqu'à la limite britannique.

» Occasionnellement, des spécimens *C. auratus* montrant quelques plumes rouges derrière la nuque ont aussi été observés dans les États atlantiques, mais la rencontre nombreuse d'exemplaires mélangés a été rarement constatée en Californie. » Le matériel d'observation, remis entre ses mains, prouve que les hybrides sont beaucoup plus répandus qu'on ne le pense généralement. On les rencontre fréquemment depuis la bordure orientale des grandes plaines qui s'étendent vers l'Ouest jusqu'à l'Océan Pacifique, et près de la limite mexicaine, vers le Nord, à quelque distance nord des Etats-Unis (2). Aucun Oiseau mélangé (3) n'a cependant été vu dans les régions du Mexique où le *C. cafer* pur se rencontre ; aucun, non plus, dans l'Amérique arctique, où vit le vrai *auratus*.

« A l'est du Mississipi, du nord et de l'ouest de la Floride à l'Alaska, sauf de rares exceptions, *C. auratus*, ne fait pas d'emprunts à *cafer*. A peine si un mâle sur mille montre quelques traces de rouge dans la raie « malar » (4). Un seul Oiseau de la Louisiane (coll. Gustave Kohn) a la bande « malar » rouge pur et toute la tête se rapprochant de très près de *cafer*, et un autre spécimen de Toronto,

(1) P. 29 de son mémoire, c'est-à-dire que nous laissons ici l'analyse de M. Batchelder pour traduire le texte même de M. Allen.
(2) « With, however, the area of greatest abundance much more localized. »
(3) Nous passons ici à la page 30 du même texte.
(4) La moustache.

Canada, (Coll. E. E. Thompson, N° 206 (1), a la queue à moitié orange rouge, avec les autres traces des caractères de *cafer*. »

Les spécimens, sur lesquels M. Allen a rencontré du rouge brillant dans la raie « malar », proviennent du Massachusetts, de Long-Island, de New-Jersey, de la Pensylvanie, de la Virginie, de la Floride, de la Louisiane, du Tennessee, de l'Ohio, de l'Indiana, de l'Illinois, du Michigan et du Minnesota.

Ils semblent être fréquents le long de l'Atlantique, comme dans tous les points est du Mississipi. Le matériel des états ouest de cette ligne, d'Iova au sud, entre les mains de M. Allen, est peu nombreux ; mais les quelques spécimens qu'il possède semblent ne point indiquer une grande proportion d'Oiseaux avec le rouge de la raie « malar », comme il en existe dans la Floride ou le New-Jersey. Il est de là probable que l'*auratus* presque pur se trouve surtout vers l'ouest jusqu'au bord est du Texas, dans l'Indian Territory, le Kansas et le Nébraska, ainsi que dans la grande partie des deux Dakota et de Manitoba.

« Les Oiseaux de l'est du Texas, du Kansas et de la Montana, pris pendant la saison de reproduction, montrent généralement des traces des caractères de *cafer*, la raie « malar » étant souvent plus ou moins mélangée de rouge. Dans le sud-est du Texas et, par conséquent, dans tout le milieu nord compris dans les plaines, et sans doute bien au-delà, jusqu'à la limite nord de Montana, les Oiseaux mélangés sont la règle; les caractères des deux espèces sont confondus dans toutes les combinaisons imaginables ; le *cafer*, l'*auratus* pur (2) sont rarement rencontrés avec eux, excepté pendant l'hiver, quand, à cause de la migration, *auratus* pur est plus ou moins fréquent dans le Kansas, l'Indian Territory et le Texas, considérablement à l'ouest de sa limite normale dans la saison de reproduction. A la même époque et dans la même région se montre de l'ouest une invasion de *cafer* presque purs, résultant du croisement commingling d'Oiseaux présentant des caractères mélangés avec le caractère normal.

» Dans la partie occidentale du Texas, du Nouveau-Mexique, de l'Arizona et dans la partie sud de la Californie, la forme prédominante dans la saison de reproduction est probablement le *cafer* presque pur ; mais en hiver, la proportion des Oiseaux tout à fait purs est moins grande, ce qui est dû à la migration sud des Oiseaux visiblement mélangés du nord éloigné. Dans une série de plus de trente mâles

(1) Voy. l'Auk, vol. II, 1884, p. 335.
(2) Nous sommes ici arrivés à la p. 31 (même texte).

de l'Arizona, pris entre le 1er octobre et le 30 mars, plus d'un tiers montre des traces de noir dans la raie « malar », ou des traces rouges d'un croissant écarlate, ou les deux choses ensemble. Une femelle a toutes les pennes jaune orange ; mais, généralement, la plus grande série d'individus de ce sexe ne montre aucun caractère reconnaissable d'*auratus*.

» Au centre et à l'ouest du Colorado, de l'Utah et de la Nevada, les caractères de *cafer* prévalent évidemment, au moins pendant la saison de reproduction. Dans le Colorado oriental, au moment des migrations et durant l'hiver, les Oiseaux mélangés sont les plus répandus ; ils ont été pris, au moment de la saison de reproduction, au Fort Garland (même État). Des spécimens semblables ont été obtenus dans l'Utah et la Nevada ». — (Chacune des séries de sept mâles de la Nevada que M. Allen possède montrent des traces de croissant rouge sur la nuque et, chez plusieurs, on voit d'autres caractères d'*auratus*.)

M. Allen ne sait rien sur les *Colaptes* de l'Idaho. « Le seul spécimen qu'il a vu est un Oiseau croisé. Dans le Wyoming les Oiseaux mélangés paraissent être la règle ; les caractères d'*auratus* prévalent surtout dans la partie orientale de cet État, tandis que les caractères de *cafer* dominent dans la partie occidentale. La même chose paraît être vraie pour les Oiseaux de Montana.

» Les Oiseaux de l'Orégon oriental, du Washington oriental, de la Colombie britannique orientale, ou de l'est de la région des Cascades, présentent aussi un bon mélange des caractères d'*auratus* ; quelques spécimens sont de deux tiers à trois quarts *auratus* ; d'autres sont des *cafer* presque purs ; il y a rarement un seul Oiseau normal, soit de l'une, soit de l'autre espèce. L'Oiseau des côtes de la mer, depuis l'embouchure de la Colombie vers le nord (1), est le *C. cafer saturatior* ; mais une grande proportion des spécimens, même depuis le détroit de Puget et l'île de Vancouver, laissent voir des traces des caractères d'*auratus* et, dans quelques cas, il y a des traces saillantes, même jusqu'aux grandes plumes jaunes (des ailes) qui sont mélangées de plumes rouges. Aussi, M. Fannin dit que le vrai *C. auratus* est un visiteur rare dans l'île de Vancouver et sur la terre ferme avoisinante.

» Dans la Californie centrale et septentrionale les deux formes sont complètement mélangées, comme elles le sont sur n'importe quel point à l'est des Montagnes Rocheuses, l'*auratus* et le *cafer* se trouvant dans un état presque pur, avec des Oiseaux qui

(1) P. 32

présentent toute combinaison possible des caractères des deux espèces. De quarante spécimens de la Californie centrale, et surtout du Marin et des comtés avoisinants, trois sont presque *auratus* purs ; le seul trait tenant du *cafer* est un très léger mélange de rouge dans la raie de la joue. Ce trait ne se rencontre que de temps en temps chez les Oiseaux originaires des États atlantiques ; six, parmi lesquels quatre sont des femelles, (ce qui a son importance), sont apparemment de purs *cafer*. Chez trente-un autres la division s'opère ainsi : les caractères d'*auratus* dominent chez huit ; les caractères *cafer* dominent chez vingt ; chez les trois qui restent les caractères *cafer* et *auratus* sont à peu près également partagés. Les traces des caractères d'*auratus* sont rares à San Bernardino, à San Diego et dans les comtés de la Californie méridionale, (M. Allen a un seul spécimen *auratus* pur originaire des Sources Chaudes); tandis que dans l'Orégon, autant que son matériel le montre, les mêmes conditions de mélange n'ont à peu près lieu que dans la Californie centrale. En réalité, comme la plupart des spécimens de la Californie ont été pris, soit en automne, soit en hiver, on doit conclure que beaucoup d'entre eux sont des émigrants venant du Nord, probablement de l'Orégon ou du Washington oriental, puisqu'il y a des Oiseaux plus ou moins mélangés qui se rencontrent jusqu'au nord de Sitka et même jusqu'à Chilkat. Au-delà de ce point, vers le nord et l'est, le *cafer* paraît être remplacé par l'*auratus* pur sang. C'est de cette région qu'est venue, probablement à l'aide des Oiseaux émigrants, la forte « infusion » des caractères d'*auratus* chez les Oiseaux de la Californie. »

Comme résumé de ce qui précède, M. Allen dit que « l'on doit considérer que le *cafer* non croisé avec l'*auratus* habite le Mexique. mais que, bientôt, après avoir franchi la limite des Etats-Unis, on commence à rencontrer des spécimens offrant quelques traces légères des caractères d'*auratus*; à mesure qu'on avance vers le nord, ces marques deviennent plus fréquentes et plus accentuées (1), dans toute l'étendue de la demeure du *cafer*, jusqu'à ce que, au nord des Etats-Unis, on passe dans le pays du pur *auratus*. Le même mélange existe quand on va vers l'est à partir de la base orientale de la chaîne principale des Montagnes Rocheuses. Ainsi, le mélange est complet le long de la ligne de jonction du pays habité par les deux espèces, ou à partir du sud-est du Texas vers le nord, le long de la frontière occidentale des plaines jusqu'à l'Amérique anglaise et, de là, vers l'est, dans l'Amérique anglaise jusqu'à la côte du Pacifique, dans le sud d'Alaska.

(1) P. 33.

« A partir de cette ligne, on peut suivre la trace des Oiseaux mélangés vers l'ouest et le sud, sur presque toute la ligne (ou toute l'étendue) du *cafer*, au nord du Mexique ; cela est dû, apparemment, non-seulement au mélange des deux espèces, partout où leurs demeures se joignent, mais à l'intrusion de l'*auratus*, intrusion qui vient principalement de la direction du nord, dans la demeure du *cafer*. Cette intrusion a lieu pendant l'émigration de l'*auratus* vers le sud en hiver ; quelques-uns de ceux-ci (des *auratus*), restant probablement, produisent des petits : ce sont les traînards de l'été. »

Disons que M. Allen a dressé une carte qu'il a jointe à son mémoire et sur laquelle il montre graphiquement ce qu'il vient d'écrire. Il a établi cette carte, non-seulement à l'aide des Oiseaux qui lui ont été confiés, mais aussi en s'entourant de toutes les indications complémentaires qu'il a pu se procurer dans la littérature ornithologique. Les lignes de démarcation, fait-il remarquer, sont cependant hypothétiques jusqu'à un certain point. »

Voici les conclusions du savant directeur de l'Auk (1) :

Les faits qu'il a cités « tendent fortement à confirmer la surprenante hypothèse, émise par M. Baird, de l'hybridation sur une vaste échelle du *Colaptes auratus* avec le *C. cafer*. Cette hypothèse est nécessaire pour expliquer le fait des combinaisons essentielles et variées des deux espèces sur le plateau et les régions du grand bassin du continent. Aucune des autres hypothèses, avancées jusqu'ici, dit-il, n'explique aussi bien et aussi complètement le fait en question. Dans aucune circonstance, en effet, on ne rencontre des étapes ou des méthodes de variation géographique qui puissent être comparées à ce que l'on voit dans le cas du *C. auratus* et du *C. cafer*. La transition entre les formes géographiques, quoique différentes, est graduelle et symétrique, affectant toutes les parties du plumage de la même manière et simultanément ; et cette transition est évidemment en rapport ou en proportion directe avec les changements des milieux ou des environs physiques ; de plus, les différences entre les formes les plus extrêmes sont purement des différences de degrés. Pour ce qui regarde le *Colaptes*, les différences essentielles entre l'*auratus* et le *cafer* sont radicales ; ce sont, en effet, des caractères formant contraste ; et la gradation est irrégulière, avec toutes sortes de combinaisons asymétriques des caractères des deux formes et n'ayant aucune corrélation entre leur gradation et les conditions de l'entourage.

(1) Se reporter p. 33 de son mémoire.

« Dans la Californie, la Colombie britannique, le Montana, le Wyoming, le Kansas et le Texas méridional, les mêmes combinaisons irrégulières et variées des caractères des deux espèces se rencontrent. D'autre part, les phénomènes de gradation, par rapport à la nature des « intergrades » et à leur distribution géographique, sont juste ce qu'il faut pour qu'on puisse les supposer produits par des croisements. De plus, c'est une affaire d'observation que des Oiseaux très dissemblables s'apparient et que des individus de la même couvée sont souvent d'une apparence fort diverse.

« Bien qu'on n'ait pas enregistré, (du moins à la connaissance de M. Allen), l'appariage de purs *cafer* avec de purs *auratus*, cependant il semble hors de doute que cette union se soit présentée plusieurs fois, puisqu'elle pourrait se rencontrer à n'importe quel point d'une ligne longue de plus de mille milles d'étendue, où se rejoignent les demeures des deux espèces. De chaque côté de cette frontière, l'influence d'une espèce sur l'autre s'éteint graduellement à mesure qu'on s'éloigne de cette ligne, jusqu'au moment où, au Mexique, aux États-Unis, à l'est du Mississipi, et dans l'Alaska et l'Amérique anglaise orientale, elle devient en fait absolument *nulle*. L'apparition, dans la Colombie anglaise et les Etats-Unis, à l'ouest des Montagnes Rocheuses, des caractères de l'*auratus* dans le *cafer*, et l'affaiblissement graduel de cette « infusion » vers le sud, peut facilement être mise sur le compte de l'émigration de l'*auratus* du nord à la limite septentrionale de l'habitation du *cafer* comme sur le compte de l'immense et graduelle dispersion, vers le sud, des intermédiaires résultant du croisement des deux espèces. On peut supposer facilement que les traces très légères des caractères du *cafer*, se rencontrant à l'est dans quelques rares spécimens de l'*auratus*, sont dues à la dispersion « sporadic », vers l'est, des épaves venues de la demeure du *cafer*, puisqu'on sait (1) que presque tous les Oiseaux de l'ouest dévient de temps en temps vers l'est, même jusqu'aux bords de l'Atlantique. La capture qu'on a faite, près de la Nouvelle-Orléans et de Toronto, d'hybrides fortement accusés, montre au moins que des types intermédiaires, sinon purs, de *cafer*, vont à l'est, loin de leur propre habitat.

« Il n'est donc pas besoin de supposer que la présence de quelques plumes rouges dans la raie de la joue des spécimens de l'*auratus*, pris dans les États de l'Atlantique, indique une tendance à un retour vers le type de quelque ancêtre hypothétique qui aurait

(1) Ici nous commençons la traduction de la page 35.

eu la raie de la joue rouge. Il n'est pas besoin de supposer davantage que la présence de plumes noires dans la même raie de la
joue, ou bien encore que le commencement d'un croissant écarlate
à la nuque (chez les Oiseaux qui viennent de l'Arizona, de la
Nevada et de la Californie méridionale), indique une tendance semblable à se rapprocher d'un ancêtre également hypothétique ayant
des raies noires à la joue et un croissant rouge à la nuque. Cela
n'est pas nécessaire, dit M. Allen, puisque la légère « infusion »
du sang de *cafer*, dans un cas, et du sang de l'*auratus*, dans l'autre,
dont on a la preuve presque indubitable, apporte une explication
adéquate et suffisante de ces étranges phénomènes.

« La grande infusion du sang de l'*auratus* qui se montre dans le
stock des Colaptes de l'Orégon et de la Californie septentrionale
s'explique aisément par ce fait que *C. auratus*, comme beaucoup
d'autres Oiseaux de l'Est, peut trouver un accès facile vers la côte
nord-ouest, ou, en se séparant, dans le bas du Wyoming, ou bien à
partir du nord, car la demeure de l'*auratus* atteint la côte du Pacifique dans la Colombie anglaise du nord et dans l'Alaska. »

M. Allen trouve en outre important de noter que « dans les premières collections de la Californie, les Flickers hybrides étaient en
fait inconnus, puisqu'il ne s'en trouve pas dans le matériel manié
par Baird en 1858. En 1870, le Dr J. G. Cooper estima que la capture
de deux spécimens de *Colaptes*, pris à Sakland et présentant des
caractères de l'*auratus*, méritait une mention spéciale. Mais M. W. E.
Bryant (1), dit que des spécimens qu'on peut rapporter au type
« *hybridus* » sont pris maintenant presque aussi souvent que les
C. cafer; il est même extraordinaire d'obtenir de bons exemplaires
de *C. cafer* dans certaines localités. » Les séries, que M. Allen a
obtenues de la Californie centrale et de la Californie septentrionale,
confirment complètement cette assertion. Dans les ouvrages classiques sur les Oiseaux de l'Amérique du Nord, même dans les plus
récents, la région du Missouri supérieur, du Yellowstone et des
Blacks-Hills, est indiquée comme l'habitat du *Colaptes hybridus*.
Aujourd'hui, cependant, on a la preuve évidente de la rencontre ou
de l'existence d'Oiseaux métis en grand nombre sur des centaines
de milles d'étendue, depuis le Rio Grande, dans le Texas, vers le
nord et l'ouest, jusqu'à l'Alaska méridional. Par suite, on peut
presque se demander si *C. auratus* n'étend point graduellement
son domaine dans l'habitat du *C. cafer*, particulièrement en Californie et le long de toute la frontière de l'habitat du *cafer*. Malheu-

(1) In « *Land Birds of the pacific district* » de Belding, 1890.

reusement, on ne peut le prouver, à cause du manque de matériel provenant de l'habitat du *cafer* recueilli avant une époque relativement récente.

M. Allen termine ainsi ses conclusions :

« Finally, it may be added, the intergradation between *Colaptes auratus* and *C. cafer* is not only unique as regards the character and geographical distribution of the intergrades, but is something superimposed upon ordinary geographic variation due to environment, since the ordinary phases of geographic variation, as seen in other birds having the same distribution, is well illustrated in the various North American forms of *Colaptes*, as has already been indicated, and as will be presently shown more in detail (1). »

Les savantes explications que vient de donner M. Allen nous

(1) M. Allen ne s'est point borné à étudier les croisements possibles entre *auratus* et *cafer*, il a voulu aussi se rendre compte des variations géographiques et de saison chez les Flickers.

Nous reviendrons ici au résumé, ou analyse de M. Batchelder ; mais les renseignements qui sont donnés, ne rentrant pas directement dans le sujet que nous traitons, nous les publions en note :

Il paraît que « la variation due à la géographie atteint chez le *C. auratus* jusqu'à 10 % de la longueur de l'aile entre l'Amérique et le Sud de la Floride, tandis que les formes, à l'Ouest de l'Inde, sont plus petites. La différence entre le *C. c. saturatior* et le *C. rufipileus* est presque parallèle à celle-ci ; mais chez le *cafer*, la variation est moins uniforme avec la latitude, et elle se complique peut-être, par des effets d'altitude.

« Le *C. chrysoïdes* ne montre presque aucune différence due à la géographie du pays. Chez l'*auratus* de la Floride, bien qu'il soit plus petit et plus foncé que l'Oiseau du Nord, la différence moyenne est trop légère et trop inconstante en taille et en couleur pour pouvoir établir une séparation.

« La variation des individus est considérable, quant à la grandeur et à la couleur. Le bec varie en longueur de 15 à 25 %, l'aile de 8 à 12, la queue de 12 à 18.

« En couleur, la variation affecte : 1° les dimensions et la forme des taches noires circulaires sur le plumage inférieur: 2° la largeur et le nombre des raies transversales du plumage supérieur ; 3° la dimension et les formes de la raie « malar » ; 4° le ton de la couleur répandue sur le plumage ; 5° les taches noires du croupion qui sont visibles ou absentes.

« Ces variations sont discutées en détail, ainsi que la tendance qu'ont les femelles à développer la raie « malar ». Les changements de couleur de saison sont seulement dus à l'usure et au frottement. Dans tout le groupe, le plumage des jeunes diffère de celui de l'adulte en montrant, principalement, plus ou moins de rouge sur le sommet de la tête et en ayant, en général, des marques plus grossières et plus lourdes. Une variation intéressante se montre dans la moustache ; chez les adultes, elle est très prononcée, et cependant d'un caractère très peu stable. Le jeune *C. auratus* laisse voir dans les deux sexes cette raie qui à l'âge adulte, est seulement l'attribut du mâle. Dans *C. chrysoïdes*, *C. cafer* et *C. saturior*, la même marque est rouge chez le mâle et rousse chez la femelle. »

contraignent, en quelque sorte, de revenir sur notre première manière de voir. Nous avions, en effet, pensé que les marques mélangées du *Colaptes hybridus* étaient dues à des influences de l'habitat. Elles proviendraient d'une hybridation accomplie sur une très vaste échelle, le système adopté par Baird! Le sujet est d'un très vif intérêt, on le voit.

Les vues de l'éminent ornithologiste, M. Allen, dont on vient de traduire le travail en grande partie, paraissent au premier abord très rationnelles.

Si les Oiseaux à caractères mélangés présentaient des gradations régulières de passage d'un type à l'autre type, comme en présentent par exemple les Paradisiers du fleuve Fly, nous aurions à présenter les mêmes réserves que celles faites au sujet de l'hybridation de ces derniers. Cependant le *Colaptes hybridus* rentre-t-il réellement dans cette classe de vrais hybrides dont nous nous sommes efforcé d'analyser les traits en fournissant des exemples? En lisant attentivement ce que M. Allen dit des caractères qu'ils présentent, on remarque que le mélange asymétrique est la règle (1), c'est-à-dire que le plus souvent un côté du corps de l'Oiseau n'est pas pareil à l'autre côté! Jamais chose semblable n'a encore été constatée dans aucun des exemplaires hybrides que nous avons signalés; jamais, nous n'avons remarqué chez eux un manque de symétrie. L'hybride peut, on l'a dit maintes fois, représenter une juxtaposition des caractères de ses auteurs, en sorte qu'une partie de son corps est d'une espèce, et une autre partie d'une autre espèce. Mais lorsque les caractères sont marqués d'un côté, ils sont reproduits de l'autre.

Nous ne savons donc quelle origine assigner au *Colaptes hybridus*; et nous préférons, en présence des divergences d'opinions qui se sont produites, nous abstenir de porter aucun jugement à ce sujet; on a encore remarqué que M. Allen dit qu'on n'a jamais trouvé les deux espèces pures appariées.

Une explication, croyons-nous, est devenue nécessaire sur la nature des deux types *C. cafer* et *C. auratus*, qui (d'après le savant directeur de l'Auk), contracteraient de très fréquents mélanges.

Avons-nous affaire à de bonnes espèces? Nous ne voudrions pas le prétendre. Au moment où nous avions écrit notre première étude, nous ne possédions pas de peaux de ces deux types. Nous les avons

(1) Lisez p. 28, ligne 28° de son mémoire dont l'analyse de M. Batchelder a seule été traduite.

étudiés depuis. Or, nous avions reconnu qu'ils ne diffèrent guère l'un de l'autre que par deux caractères principaux ; ces deux caractères sont : 1° les moustaches noires chez *auratus*, rouges chez *cafer* ; 2° l'existence derrière la nuque d'un croissant rouge chez *auratus* ; l'absence de cette raie chez *cafer*. On peut néanmoins noter encore que chez ce dernier les tiges et le dessous des barbes des rémiges et des rectrices sont d'un ton plus vif ; ces parties sont rougeâtres alors qu'elles sont jaune paille chez *auratus* (1). On doit aussi remarquer que la gorge et le dessous du cou sont plus lie-de-vin roussâtre chez *auratus* que chez *cafer* (2), lequel a au contraire le front plus roussâtre. Nous avions cru nous apercevoir que les rectrices de *cafer* sont un peu plus larges et un peu plus longues que celles d'*auratus*, lequel serait légèrement plus faible de taille. Mais nous lisons dans M. Allen, qui a disposé d'un matériel considérable, que les dimensions sont les mêmes chez les deux Oiseaux. M. Allen ajoute cette phrase significative : « In the general pattern of the coloration, in habits and notes, the two species are indistinguishable. » M. Elliot Coues (3) avait dit aussi, en parlant du *mexicanus* (*cafer*) : « In habits, a perfect counterpart of the common Flicker (*C. auratus*). »

Ainsi, quelques différences dans la coloration séparent seulement les deux prétendues espèces « dont les dimensions, les habitudes et le cri sont exactement les mêmes ! »

Nous aurions pu dire, il est vrai, que *cafer* laisse apercevoir quelques petits points ou taches (très-rares) sur le blanc de la croupe, ce que ne montre pas *auratus* ; mais sont-ce là des différences spécifiques ?

Nous ne nous prononcerons pas sur la valeur des deux types.

(1) Ce ne sont pas des caractères vraiment spécifiques.
(2) Même observation que ci-dessus.
(3) *Key to north american Birds*, p. 493, London, Boston, 1884.

CONCLUSION DE LA CINQUIÈME PARTIE

Il résulte des ADDITIONS que nous venons de faire et de la RÉVISION GÉNÉRALE à laquelle nous nous sommes livré, que le nombre des hybrides n'est guère plus élevé que celui qui avait été déclaré dans nos précédentes publications ; quelques croisements nouveaux ont cependant été signalés, mais plusieurs autres, déjà mentionnés, ont dû être rayés parce qu'ils ne présentent pas de garanties suffisantes d'authenticité.

Les conclusions, auxquelles notre premier travail aboutissait, ne se trouvent donc point modifiées. L'hybridité à l'état sauvage reste une chose fort rare, tout à fait exceptionnelle. Si les hybrides étaient fréquents, on les trouverait conservés dans les Musées publics ou dans les collections privées, et les ouvrages et les revues ornithologiques s'en seraient certainement occupés.

Nous avons en outre remarqué, — ceci est très important, — que beaucoup d'hybrides authentiques peuvent ne pas avoir pris naissance à l'état sauvage quoiqu'y ayant été réellement rencontrés : ce sont des individus nés en semi-liberté, en captivité même quelquefois, ou dans des conditions telles que leurs parents ne jouissaient pas, au moment de leur production, de leur complète liberté.

Quelques faits d'hybridité, paraissant naturels, restent cependant bien constatés. Afin qu'on puisse se rendre compte facilement, sans faire de grandes recherches dans le texte, du nombre et de la valeur des exemples qui y sont examinés avec beaucoup de détails, nous avons indiqué ces exemples par ordre très sommairement dans un tableau récapitulatif. Ce ne peut toutefois être qu'une approximation, car il est impossible de connaître toutes les observations qui ont été faites dans le monde, comme il est tout aussi difficile de préciser rigoureusement la valeur de ces observations. Néanmoins, à cause des recherches auxquelles nous nous sommes livré, des demandes que nous avons adressées de tous côtés, que nous avons renouvelées pendant huit années aux naturalistes répandus sur le globe, peu d'oublis, croyons-nous, ont été commis. La plupart des hybrides *conservés* et le plus grand nombre des observations *consignées* figurent probablement sur ce tableau, qui est le suivant :

OISEAUX HYBRIDES RENCONTRÉS A L'ÉTAT SAUVAGE

ADDITIONS, CORRECTIONS ET EXAMENS D'APRÈS NATURE

TABLEAU RÉCAPITULATIF

INDIQUANT LES HYBRIDATIONS, RÉELLES OU FAUSSES, DONT ON S'EST OCCUPÉ DANS CET OUVRAGE

avec les appréciations de l'auteur pour chaque croisement

	TYPES QUE L'ON SUPPOSE S'ÊTRE CROISÉS	PARAISSENT DEVOIR ÊTRE CONSIDÉRÉS COMME			APPARIAGES PROBABLES	APPARIAGES DOUTEUX	SANS APPARIAGES CONSTATÉS	REPRÉSENTÉS PAR INDIVIDUS	BIEN CARACTÉRISÉS	MAL DÉFINIS	ORIGINE PROBABLE				ONT ÉTÉ EXAMINÉS PAR NOUS		PA
		de bonnes espèces									Sauvage	Semi-liberté	Domes-tique	Ne sont peut-être que des intermédiaires et non des hybrides	d'après nature	d'après des peintures	
		rappro-chées	plus éloignées	des semi-espèces													
Ordre des Gallinacés	*Francolinus vulgaris* × *Fr. pictus*	Oui			Oui		o	5 ou 6	?		Oui				1	1	5 4
	Callipepla gambeli × *Colinus virginus* . . .	Id.			Id.		o	2 .		Oui	Oui					2	6 4
	Callipepla squamata × *Colinus virginus* . .	Id.			Id.		o	1	Id.		Id.						6 4
	Perdix cinerea × *Perdix saxatilis*	Id.				Oui	o	Quelques ?			Id.						6 4
	Perdix cinerea × *Perdix rubra*	Id.					(oui)	Id.	Id.	»	Id.						6 4
	Perdix saxatilis × *Perdix rubra*			?	Id.		o	Une vingtaine		Oui	Id.				7		7 4
	Coturnix coturnix × *Coturnix japonica*. . . .			Oui	?		o	12	Id.		Id.		Oui		7		8 49
	Tetrao tetrix × *Tetrao urogallus*.	Id.			Oui		Oui	(tr. gr. nomb. (plus de 200))	?		Id.		Id.				49
	Tetrao albus × *Tetrao urogallus*	Id.				?	o	1	Oui		Id.				60	1 dizaine	10 50
	Lagopus scoticus × *Lagopus mutus*.	Id.				Id.	o	1	Id.		Id.				1		5—
	Lagopus albus × *Lagopus mutus* (à supprimer) .	Id.					Id.	2		Id.	Id.						54 5—
	Tetrao tetrix × *Lagopus mutus*.	Id.				Id.	o	1			?	Id.					55 5—
	Tetrao tetrix × *Bonasa betulina*	Id.			Oui		o	Quelques ?		Oui	Id.						56 53
	Lagopus mutus × *Bonasa betulina*.	Id.			?		o	5	Id.		Id.				1		56 55
	Lagopus albus × *Bonasa betulina*	Id.			Oui		o	1	?		Id.				1	»	59 55
	Tetrao tetrix × *Lagopus scoticus*	Id.			Id.		o	1	Id.		Id.				1		59 59
	Tetrao tetrix × *Lagopus albus*	Id.			Id.		(longue)	7 ou 8 ou plus ?	Id.		Id.				62	56
	Tympanuchus americanus × *Pedioecetes phasianellus* .	Id			Id.		o	grand nombre (50 env.)	Id.		Id.			»	20	1 dizaine	67 57
	Gallus sonnerati × *G. bankiva*	Id.			?		o	6	Id.		Id.				1		58
	Euplocamus lineatus × *E. horsfieldi*	?			?	?	o		?		Id.				»		80 »
	Euplocamus melanotus × *L. albocristatus* . . .			?	?		o	Plusieurs	?		Oui		Oui	»			81 59
	Phasianus vulgaris × *Ph. reevesi*.	Oui			Oui		o	Plusieurs	?		Id.		Id.	»	1		82 . .
	Phasianus versicolor × *Ph. soemmeringi* . . .	Id.				Id.	o	Quelques	Oui			Id.			1		83 60
	Phasianus torquatus × *Ph. versicolor*. . . .			Oui	Id.		o	1	Oui				?		1		84 60
	Phasianus mongolicus × *Ph. semi-torquatus*. . .			Id.	?		o	Plusieurs	Oui		Id.	Id.	»				85 60
	Phasianus torquatus × *Ph. colchicus*. . . .			Id.	Oui		o	"		Id.	Id.		Oui				60
	Phasianus decollatus × *Ph. collaris*			Id.	Id.		o	Plusieurs	Oui		Id.						85 60
	Phasianus mongolicus × *Ph. chrysomelas* . . .			Id.	Id.		o	Plusieurs	Oui		Id.		?				60
	Phasianus versicolor × *Ph. colchicus*. . . .			Id.	Id.		o	1	Oui	Id.	Id.						60
	Phasianus torquatus × *Ph. mongolicus*. . . .			Id.	?		o	Plusieurs	Oui			Id.			1		85 60
	Phasianus scintillans × *Ph. soemmeringi*. . .			Id.			Id.	?	?		Id.						60
	Crossoptilon thibetanum × *C. auritum* . . .				?	Id.	o	Plusieurs ?	?	»	Id.		Oui	1		61 . .
	Penelope jacucaca × *P. pileata*	?			?		o	1	"	Id.	?		Id.	1	1	61 61

ESPÈCES QUE L'ON SUPPOSE S'ÊTRE CROISÉS	PARAISSENT DEVOIR ÊTRE CONSIDÉRÉS COMME de bonnes espèces (rapprochés)	(plus éloignés)	des uns ou des sous-espèces	APPARIAGES PROBABLES	APPARIAGES DOUTEUX	SANS ORGANES	APPARIÉS CASSATIS	REPRÉSENTÉS PAR INDIVIDUS	BIEN CARACTÉRISÉS	MAL DÉFINIS	ORIGINE PROBABLE Sauvage	Semi-liberté	Domestique		ONT ÉTÉ EXAMINÉS PAR NOUS (d'après nature)	(d'après des peintures)	PAGES		
uplocamus nycthemerus × Ph. vulgaris	Oui			Oui			0	1		?	Oui						85		338
haumata picta × Phasianus vulgaris	Id.			Id.			0	2		?	Id.						86		339
hasianus vulgaris × Tetrao tetrix			Oui				0	Une quarantaine			Oui				4	7	87	612	340
hasianus vulgaris × Tetrao urogallus			Id.		?		0	1	?							1		621	
ngopus saliceti × Perdix cinerea (à supprimer)			Id.				Oui	1		Oui	Oui							622	
hasianus vulgaris × Lagopus (sp.?)			Id.		Oui		0	3									90		352
olumba œnas × Columba affinis	Id.			Oui			0	1		?				Id.				625	
olumba livia × Columba palumbus	Id.						0	1		?				Id.				626	
urtur risoria × Turtur auritus	Id.			Oui			0	1		?		Oui						625	
oturbu livia × Turtur risorius	Id.				Id.		0	1		?			Id.		1			627	
olumba livia × Palumbœna fusca	Id.				?		0	1		?				?	106			628	359
retron phenicoptera × T. chlorigaster				Oui	?		0	Quelques		?	Oui			Oui	106			628	359
nas penelope × Querquedula crecca			Id.	Oui			0	4 ou 5	Oui pour qq uns / 1 ou 2	?					2	1	112	630	120
nafila acuta × Anas penelope			Id.	Id.			0	4		?					1	1	115	633	123
nas boschas × Dafila acuta			Id.	Id.			0	40 (environ)	Oui	?					10	1	117	618	125
nas boschas × Querquedula crecca			Id.	Id.			0	10		?					1	3	127	656	135
nas boschas × Chaulelasmus streperus			Id.	Id.			0	Une douzaine	Oui	?					6	4	134	660	142
nafila acuta × Querquedula crecca			Id.	Id.			0	5	Quelq. uns	?					1	1	134	680	142
nas boschas × Anas obscura			Id.		?		0	15 à 20	Oui	?					2	1	137	682	145
nas boschas × Anas penelope	Oui				Id.		0	6	Plusieurs	?					1	1	138	686	146
nas boschas × Anas americana			Id.		?		0	1		?								690	
paiula clypeata × Dafila acuta			Id.		Oui		0	2		?		Oui			1		139	692	147
nafila acuta × Anas strepera			Id.		?		0	1		?							140	695	148
airina moschata × Anas clypeata			Id.		Oui		0	1		?			Id.	Oui			141	696	149
nas strepera × Anas clypeata			Id.		?		0	1		?						1	141	696	
nas boschas × Anas clypeata			Id.		?		0	3 ou 4					Id.			1	142	697	150
airina moschata × Anas boschas			Id.		Oui		0	Une vingtaine	Oui		Oui		Id.		8	1	146	699	154
airina moschata × Anas obscura			Id.		?		0	Plusieurs					Id.					701	
nas strepera × Anas strepera			Id.		?		Oui	7?		?								706	
arera penelope × Q. circia (à supprimer)			Id.		?		0	1		?	Oui							707	
fadorna casarka × Querquedula (falcala?)			Id.				0	1		?					1		151		159
fadorna calpanser × Anas boschas			Id.		Oui		0	2		Oui	Oui		Id.		1		152		160
querquedula circia × Querquedula crecca			Id.				0	1		?								708	
nas discors × Spatula clypeata			Id.				0	1		?								708	
nas discors × Anas cyanoptera			Id.				0	1		?								708	
nas streperus × A. americana			Id.				0	1		?								709	

	TYPES QUE L'ON SUPPOSE S'ÊTRE CROISÉS	PARAISSENT DEVOIR ÊTRE CONSIDÉRÉS COMME de bonnes espèces			APPARIAGES PROBABLES	APPARIAGES DOUTEUX	SANS CONSTATES	REPRÉSENTÉS PAR INDIVIDUS	BIEN CARACTÉRISÉS	MAL DÉFINIS	ORIGINE PROBABLE			Ne sont peut-être que des intermédiaires	ONT ÉTÉ EXAMINÉS PAR NOUS		PA
		espèces propres	plus ou moins récipr.	des interm. ou des espèces							Sauvage	Semi-liberté	hors ligne		d'après nature	d'après des peintures	
Ordre des Palmipèdes (Suite)	*Hymenolæmus melanorhyncus × Anas superciliosa (ou Anas boschas?)*	Oui			?			1	?				Oui				7
	Anas pœcilorhyncha × A. boschas (à supprimer ?)	Id.					Oui	1	?				Id.				7
	Fuligula ferina × F. nyroca	Id.			?			Une vingtaine	Oui		?				6	2	152 7
	Fuligula nyroca × F. cristata (à supprimer)	Id.					Oui	Plusieurs		Oui	Oui				2	1	161 7
	Aythia vallismeria × A. collaris (?)	Id.			?			1		?	Id.						161 7
	Fuligula ferina × Fuligula cristata	Id.			Oui			3	Oui p. 1		Id.						162 7
	Fuligula cristata × Fuligula marila?	Id.						1		?	Id.		?				163 7
	Fuligula clangula × Fuligula marila (à supprimer)	Id.						1			Oui	Id.	?				163 7
	Fuligula ferina × Fuligula marila	Id.			?			1									7
	Somateria mollissima × Somateria spectabilis	Id.				Oui		3 ou 4			Id.	?					164
	Fuligula ferina × Anas crecca (ou A. boschas)		Oui			Id.		1			Id.			Oui			165
	Fuligula ferina × Aix sponsa		Id.			Id.					?			Id.			7
	Fuligula ferina × Dafila acuta		Id.					1		Oui				Id.			7
	Clangula glaucion × Mergus albellus		Id.		Oui			4 ou 5	Oui		Oui				4		165 7
	Clangula americana × Mergus cucullatus		Id.			?		1		Id.	Id.						169
	Sterna paradisea × S. hirundo	?			?			Quelques		?	Id.						170
	Anser albifrons gambeli × Branta canadensis				Oui			1	Oui			Oui					7
	Anser cinereus × Anser segetum	Id.			?			1		?		Id.					7
	Anser albifrons × Bernicla brenta	Id.						1		Oui		d.					7
	Anser cinereus × A. brachyrhinchus	Id.			Oui			1		Id.	Id.						7
	Phalacrocorax africanus × Ph. pygmæus			Oui				1		Id.	Oui			Oui			7
Ordre des Échassiers	*Ardea cinerea × A. purpurea (à supprimer)*	Id.					Oui	2		Id.	Id.			Id.			171 7
	Hæmatopus unicolor × H. longirostris	?				Oui		Plusieurs	?	Id.	Id.			Id.			7
	Numenius tenuirostris × N. arquatus			?			Oui	Plusieurs		Id.	Id.						7
	Numenius tenuirostris × N. phæopus (à supprimer)						Oui			Id.	Id.						7
	Gallinago major × Gallinago scolopacinus	Oui			?			2		Id.	Id.		?				7
	Limosa lapponica × Limosa uropygialis				Oui		Oui	7		Id.	Id.			Oui	1		7
	Gallinula chloropus × Fulica atra	Id.			Oui			1	Oui		Id.				1		7
Ordre des Passereaux	*Ligurinus chloris × Cannabina linota*	Id.			Id.			21	Id.		?				6	2	198 7
	Ligurinus chloris × Carduelis elegans	Id.			Id.		Oui	16	Id.		?				3	2	210 7
	Chrysomitris spinus × Acanthis (?)	Id.			?			6			Oui				1		218 7
	Carduelis elegans var. major × C. caniceps				?		Oui?	Quelques	Oui		Id.		Id.			2	225 7
	Chrysomitris spinus × C. elegans (à supprimer)	Id.			Oui			7	Id.		?				1		228 7
	Carduelis elegans × Fringilla canaria	Id.			Id.		?	5		Oui			Id.		3	1	2 3 7
	Fringilla canaria × Cannabina linota	Id.			Id.		Oui (?)	Quelques	Id.				Id.				238
								Quelques					Id.				270

TYPES QUE L'ON SUPPOSE S'ÊTRE CROISÉS	PARAISSENT DEVOIR ÊTRE CONSIDÉRÉS COMME de bonnes espèces		APPARIAGES PROBABLES	APPARIAGES DOUTEUX	SANS CRÉANCE	APPARIAGES CONSTATÉS	REPRÉSENTÉS PAR INDIVIDUS	BIEN CARACTÉRISÉS	MAL DÉFINIS	ORIGINE PROBABLE				Ne sont peut-être que des intermédiaires	ONT ÉTÉ EXAMINÉS PAR NOUS		PAGES		
	espèces distinctes	plus éloignées								Sauvage	Semi-liberté	Douteux	tique		d'après nature	d'après des peintures	premières études	des Additions	Nov. Zool.
axia oryzivora × *Fringilla* (espèce?)	Oui			?		0	3 ou 4	?			Oui						239	...	313
mberiza brasiliensis × *Passer domesticus*	Id.		Oui			0	Plusieurs	"			Id.						240	...	314
erinus hortulanus × *C. elegans*				?		0	Quelques		?	Oui							241	761	315
erinus hortulanus × *Cannabina linota*	Id.			?		0	1	?		?							242	...	316
hrysomitris spinus × *Lig. chloris*	Id.					0	2		?			?				1	243	...	317
canthis linaria × *Spinus spinus*	Id.			Oui		0	1	?		?	Oui						245	...	320
canthis linaria × *Acanthis exilipes*	Id.		Oui	?		0	Plusieurs	?		Oui	Id.						247	...	321
ringilla cœlebs × *F. montifringilla*	Id.			Oui		non fois	25 (environ)	pour la plupart		Id.		Id.	11	1			248	761	322
ringilla cœlebs × *F. apoliogena*	Id.					non fois?	0										266	...	340
nicola enucleator × *Carpodacus purpureus*	Id.		Id.			0	1	Oui		?			1				267	768	341
mberiza citrinella × *Cynchramus schœniclus*	Id.			?		0	2	?		Oui							268	...	342
mberiza citrinella × *Emberiza pithyornus*	Id.		Oui	?		0	1	?		?							269	...	343
mberiza citrinella × *Emberiza cirlus*	?					0	1	?		?							270	...	345
nco hyemalis × *Zonotrichia albicollis*	Oui			Id.		0	1	Oui		Oui							272	769	346
notrichia leucophrys × *Z. gambeli et Z. G. intermedia*			Id.	Oui		0	Plusieurs	?		Id.	Id.						273	...	347
pizella pallida × *Spizella p. var. breweri*			Id.	Id.		non fois	1	Oui		Id.	Id.		2				274	...	348
asser domesticus × *Passer montanus*	Id.		Id.			0	3		Id.	Id.	Id.						275	770	349
asser montanus × *Passer italiæ*	Id.		Id.			0	1		Id.	Id.	Id.		1				278	...	352
asser italiæ × *Passer domesticus*			Id.	Id.		0	1		Id.	Id.	Id.		1				279	...	353
asser italiæ × *Passer salicicola*			Id.	?		Oui	0	Plusieurs	?		Id.	Id.					280	...	354
oxia curvirostra × *Loxia bifasciata*				?		0				Oui	Id.		?	?			282	...	356
oxia curvirostra × *L. pityopsittacus*	Id.			?		0	?		"								283	...	357
mberiza brasiliensis × *Passer domesticus*					Id.	0	Quelques	?			Id.	?					281	...	358
igurinus chloris × *Passer italiæ*			Oui	Id.		?	1	?			Id.		?				285	...	350
ringilla cœlebs × *Passer domesticus*			Id.		Oui	0	1				Oui						286	...	360
hrysomitris spinus × *Pyrrhula vulgaris*			Id.		Id.	0	1			Oui		Oui					287	...	361
uspiza luteola × *Passer indicus*			?			Oui?	0				Id.						...	775	...
iranga rubra × *Piranga erythromelas*	"		Oui			0	1	Oui		Id.			1				...	775	...
hipidura flabellifera × *Rh. fuliginosa*	Oui		Id.			non fois	Quelques		Id.	Id.		Id.					288	777	362
irundo erythrogaster var. horreorum × *Petrochelidon lunifrons*	Id.		Id.			0	1	?		Id.		?					291	...	365
irundo erythrogaster × *Petro. swainsoni*	Id.			?		0	1	?		Id.							292	...	366
irundo urbica × *Hirundo rustica*	Id.		Id.			Id.	9		Oui	Id.		Oui	5				293	779	367
istathorus stellaris × *Cistothorus marianæ*			Oui			0	1	?		Id.	Id.		Id.				...	784	...
arus atricapillus × *Parus gambeli*	Id.				Id.	0	1	?		Id.	Id.						300	...	374
arus bicolor × *Parus atricapillus*	Id.		Id.		Id.	0	1	Oui		Id.							301	...	375
arus cæruleus × *Parcile communis*	Id.		Id.			0	1	Oui		Id.							301	...	376
arus cyanus × *Parcile borealis*	Id.		Id.			0	1	?		Id.							303	...	377
arus cristatus × *Parus borealis*	Id.		Id.			0	2	Oui		Id.							303	...	377

Ordre des Passereaux (Suite)

| TYPES QUE L'ON SUPPOSE S'ÊTRE CROISÉS | PARAISSENT DEVOIR ÊTRE CONSIDÉRÉS COMME de bonnes espèces | | PARAISSENT DEVOIR ÊTRE CONSIDÉRÉS COMME (races ou sous-espèces) | APPARIAGES PROBABLES | APPARIAGES DOUTEUX | SANS CROISAGE | APPARIAGES CONSTATÉS | REPRÉSENTÉS PAR INDIVIDUS | BIEN CARACTÉRISÉS | MAL DÉFINIS | ORIGINE PROBABLE | | | | ONT ÉTÉ EXAMINÉS PAR NOUS | | PAG |
	rapprochées	plus éloignées									Sauvage	Semi-liberté	Domestique	Ne sont peut-être que des intermédiaires et non des hybrides	d'après nature	d'après des peintures	
Parus major × Parus coeruleus	Oui				Oui		o	1	Id.		Oui						
Parus cyanus × Cyanistes coeruleus	Id.					Oui	o	1			Id.	Id.				1	78
Cyanistes cyanus × Cyanistes pleskei	?			?			o	5		Id.		Oui					304
Cyanistes coeruleus × Cyanistes pleskei			?	?			o	1		Id.			?				345
Cyanistes flavipictus × C. c. var. Tian Schancus		Oui			?		o	Plusieurs	?		Id.		Oui				311
Cyanistes cyanus × Poecile longicaudus	Oui			?			o	1	?		Id.		Id.				11
Acredula caudata × Acredula irbyi			Oui	?			o	Plusieurs	?		Id.						213
Acredula rosea × Acredula irbyi			Id.	?			o	Plusieurs	?		Id.		Id.	2			314
Motacilla alba × M. lugubris			Id.	Oui		Oui	o	Quelques	Oui		Id.		Id.	2			315
Motacilla flava × Budytes melanocephala			Id.	?			o	1	?		Id.		?				316
Budytes flava × B. campestris			Id.	?			Id.	Plusieurs	?		Id.		?				317
Budytes flava × B. borealis			Id.	Oui		?	o	2	?		Id.		Id.				318
Helminthophila pinus × H. chrysoptera	Oui			?			o			Oui	Id.		Oui	3			319
Helminthophila pinus × Oporornis formosa	Id.			?			o	1	?		Id.		Id.				345
Dendroeca striata × Perissoglossa tigrina	Id.				Oui		o	2	?		Id.		Id.				347
Cyanecula wolfi × Cy. leucocyanea			Id.	?			o	Plusieurs	?		Id.		Id.				349
Cyanecula wolfi × Cyanecula suecica			Id.	?			o	Plusieurs	?		Id.		Id.				349
Philomela luscinia × Ph. major			Id.	?			o	1	?		Id.		Id.				349
Petrocincla saxatilis × P. cyanea	Oui			?			o	Plusieurs	?		Id.		Id.				351
Sylvania mitrata × Sylvania canadensis (à supprimer)	Id.					Id.	o	1		Id.	Id.						352
Turdus ruficollis × T. atrigularis	?						o	1	Id.		Id.				1		792
Turdus fuscatus × T. naumanni	?				Oui		o	Plusieurs	?		Id.		Id.				354
Turdus fuscatus × T. ruficollis	?						o	1		Id.	Id.		Id.		1		363
Turdus merula × T. musicus	Oui					?	?	1	?		Id.		Id.		1		792
Turdus merula × T. torquatus (à supprimer)	Id.					Id.	o	Plusieurs	Id.		Id.						595
Turdus merula × T. viscivorus	Id.			?			o	1	?		Id.		Id.				373
Hypolais rama × Acrocephalus streperus	?			?			o	1	?		Id.		Id.				377
Regulus satrapa × R. calendula	Oui						o	1	Id.		Id.		Id.				
Cinclus cashmiriensis × C. leucogaster			Oui	?			o	Plusieurs	?		Id.		Id.				375
Cinclus cashmiriensis × C. sordidus			Id.	?			o	Plusieurs	?		Id.		Id.				376
Copsychus musicus × Copsychus amoenus			Id.	?			o	Fréquents	?		Id.		Id.				377
Lanius rufus × Lanius collurio	Id.				Oui		o	1		Id.	Id.		Id.		1		377
Lanius collurio × Enneoctonus romanowi	Id.			?			fois		Id.		Id.						378
Lanius dichrourus × Enneoctonus karelini	?			?			o				Id.		Id.				
Lanius excubitor × Lanius major			Id.	?			o	Fréquents ?		?	Id.						381
Lanius excubitor × L. leucopterus			Id.	?			o	Un grand nombre		?	Id.		Id.				382
Lanius excubitor × L. borealis			Id.	?			o	Beaucoup sans doute		?	Id.		Id.				382

ES QUE L'ON SUPPOSE S'ÊTRE CROISÉS	PARAISSENT DEVOIR ÊTRE CONSIDÉRÉS COMME		APPARIAGES PROBABLES	APPARIAGES DOUTEUX	SARS CRÉANCE	APPARIAGES CONSTATÉS	REPRÉSENTÉS PAR INDIVIDUS	BIEN CARACTÉRISÉS	MAL DÉFINIS	ORIGINE PROBABLE					ONT ÉTÉ EXAMINÉS PAR NOUS		PAGES		
	de bonnes espèces									Sauvage	Semi-liberté	Domes-tique			d'après nature	d'après des peintures			
	propre-chés	plus éloignés																		
nocoraz cyanomelas × C. cyanopogon	?			?		0	1	?				Id.					391	...	465
u C. cayanus	?				Oui	0	?			Oui		Id.					392	...	466
rulus glandarius × G. krynicki (à supprimer)	?				Id.	0	1		?	Id.							393	...	467
vus corax × Corvus corone	Oui					0	1			Id.							394	815	468
vus corone × Corvus cornix (à supprimer)			Oui			Oui	Un très grand nombre	Oui		Id.							407	...	481
vus frugileus × Corvus cornix	?				Id.	?	1		Oui	Id.				1			407	...	481
vus corone × Corvus frugileus (à supprimer)	?					0	1		Oui								408	...	482
vus neglectus × C. dauricus			?		?	0	1			Id.							410	...	484
vus cornix × C. orientalis			?	?		0	Plusieurs	?		Id.		Id.					411	...	485
ta europea × Sitta caesia			Oui		?	0	Quelques	?		Id.							412	...	486
a typhia × Jora zeylanica	?			?		0	1			Id.		Id.					...	816	...
adion caruncutatus × C. cinereus	?				?	0	?			Id.		Id.					...	817	...
iscala aeneus × Quiscala quiscala			Id.		?	0	Beaucoup	?		Id.		Id.					413	818	487
radisea apoda × P. raggiana					Oui	0	10	Oui		Id.		Id.					...	819	...
radisea augusta victoriae × P. raggiana	?				Id.	0	3		"	Id		Id.					...		...
icterus chrysocephalus × Pitorhynchus					Id.	0	1		"	Id.							421	...	495
iolaserireus	Oui					0	1			Id.		Id.					426	...	500
racias indica × C. affinis			Id.	?		0	Beaucoup	Oui		Id.		Id.					428	...	502
racias garrula × C. indica	Id.			"		0	?	"		Id.		Id.					429	840	503
dapies auratus × C. mexicanus			?	?		0	Très grand nombre	Oui		Id.		Id.					435	...	509
dapies chrysoides × C. mexicanus	?			?		0	1	?		Id.							437	...	511
ygobates nuttali × Dryobates pubescens	Oui				?	0	1	Oui		Id									
quirdneri																			
uila fulra × A. crysaëtos (à supprimer)						0	Quelques	?						tout pour plusieurs			455	...	28
uila nobilis × A. daphnea			Oui	?		0	?										459	...	31
uila pennata × A. minuta (à supprimer)						0	Quelques										460	...	33
lco tinnunculus × Falco lithofalco	?					Une fois	?			Id.							461	...	34
lco eleonorae × F. arcidicus (à supprimer)						Peut-être						Id.					463	...	36
lco feldeggi × Falco tanypterus			Id.			0	1										464	...	37
lco kalbelli (ou F. islandicus) et H. candicans	?			?	?	0	4	?		Id.							464	...	37
aten vulgaris × Butea culpinus	?				?	0	?		?	Id.							466	...	39
aten vulgaris × Archibuteo lagopus (à supprimer)	Oui			?		Id.	0	1			Oui		Id.				467	...	40
ceaeius gallicus × C. hypoleucos (à supprimer)				?		Id.	0	?					Id.				468	...	41
cripiter nisus × A. brevipes	Id.			?			0	1	?		Id.		Id.				468	...	42
aur atricapillus × Falco cooperi	Id.			?			0	1	?		Id.						469	...	43
lalycercus eximeus × Platycercus pennantii	Id.				...		0	2	?								471	...	44
arasmictus scapulatus × Platycercus pennantii	?				?		0	1	?		?		?				471	...	44

Ce tableau récapitulatif, (qui n'est, comme on vient de le dire, qu'une approximation, puisqu'il n'est point possible d'enregistrer tous les faits observés, ni de connaître leur valeur réelle), montre que l'on s'est occupé du croisement possible de deux cent cent soixante et onze formes zoologiques, dont cent quatre-vingt-neuf (environ) appartiennent à des espèces et quatre-vingt-deux à des races ou à des variétés.

Ces divers types croisés les uns avec les autres, auraient donné lieu à deux cent quinze croisements, dont cent soixante-six d'espèces et quarante-neuf de variétés.

Nous ne nous occuperons point de ces derniers ; ils sont, nous l'avons remarqué, à écarter, parce qu'ils manquent tout à fait d'intérêt. — Et du reste, dans la plupart des cas, les individus intermédiaires (auxquels ils auraient donné naissance) paraissent bien plutôt, à cause des caractères de gradation qui les distinguent, être le résultat d'influences de l'habitat que de réels mélanges. Leur origine est donc à suspecter. Proviendraient ils de croisements, que la nature de leurs parents leur retirerait, répétons-le, toute espèce d'intérêt.

Parmi les cent soixante-six croisements de types que nous considérons comme appartenant à des espèces (et presque toujours à des espèces rapprochées) (1), dix-neuf ne méritent aucune créance ; quatorze même doivent être supprimés définitivement car, certainement, ils ne se sont jamais produits. Puis trente-trois autres sont douteux ; enfin, quelques-uns, huit (?) pourraient bien n'être eux-mêmes que des intermédiaires et non des hybrides.

RESTENT DONC (ENVIRON) CENT SIX CROISEMENTS D'ESPÈCES.

Sur ce nombre, combien peut-on prétendre qu'il s'en soit réalisé à l'état sauvage ? Nous ne saurions préciser aucun chiffre, parce qu'aucun contrôle n'a pu être exercé sur les appariages.

Mais, il est probable, (nous insistons sur ce point, car il est très important), que bien souvent on a affaire à des individus échappés de captivité, ou nés en semi-liberté, ou dans des conditions telles que leurs parents n'étaient pas libres au moment de l'appariage.

En ce qui concerne les GALLINACÉS, la plupart des croisements ont eu lieu, sans doute, à l'état sauvage ; mais, vraisemblablement

(1) Plusieurs sans doute devraient même être classés comme sous-espèces.

ils ont été contractés par des espèces dont les sexes n'étaient plus en équilibre numérique par suite des chasses dont les Gallinacés sont l'objet.

En ce qui concerne les PALMIPÈDES, nous ne voyons, la plupart du temps, que des produits d'invididus blessés, n'ayant pu regagner leurs habitats respectifs ; ou plus spécialement encore des produits d'individus ayant été retenus dans une semi-domestication, comme il a été expliqué plusieurs fois (1).

En ce qui concerne les PASSEREAUX, beaucoup de leurs hybrides sont, pour nous, des échappés de captivité ; nous ne pouvons les considérer autrement dans la famille des *Fringillidæ*, et nous sommes persuadé que, plus d'une fois même, leur capture à l'état sauvage est mal établie.

Ces trois Ordres sont à peu près les seuls dans lesquels l'hybridité ait été constatée, car elle est presque nulle chez les *Columbæ*, les *Grallæ*, les *Accipitres* et les *Scansores*.

Désirant montrer ce qu'il y a de fondé dans nos doutes émis sur l'origine des pièces obtenues à l'état libre, nous nous arrêterons à un fait des plus intéressants : il nous est raconté au moment même où nous terminons cet ouvrage.

On se rappelle qu'aux pages 478, 479 et 480, nous nous sommes étendu sur l'hybridisme « *Francolinus pictus* × *Francolinus vulgaris* ». Nous avons signalé, en entrant dans beaucoup de détails, la rencontre faite par le lieutenant-colonel Butler à Déésa (Indes-Orientales) de six ou sept hybrides présentant des caractères de mélange réel ; nous avons remarqué qu'ils avaient été observés là précisément où les deux espèces parentes se séparent ou, pour mieux dire, se rencontrent, l'une venant des contrées Nord, l'autre des contrées Sud ; qu'il y avait donc lieu de croire qu'au point de jonction (ou ligne séparative) les deux types se mêlaient les uns aux autres (2).

Si, comme le disent des auteurs, on a affaire chez les exemplaires de M_ Butler à de vrais hybrides, l'existence d'un croisement *naturel*, se renouvelant régulièrement (et nullement par l'action de l'homme), est fortement à soupçonner !

La chose en valant la peine, nous avons été aux informations, c'est à dire que nous avons écrit à ceux qui, habitant Déésa et la

---

(1) Notamment aux pages 474 et 475.

(2) Nous avions déjà fait mention de ce croisement, p. 5 (ou p. 258 des Mém. de la Soc. Zool., 1890).

présidence de Bombay, (où cette localité est située), pouvaient nous renseigner. La plupart des réponses reçues ne nous ont rien appris ; au moins, aucun autre hybride, nous écrit-on, n'a encore été depuis observé. Cependant une de ces correspondances dit beaucoup à ce sujet ; elle nous est transmise par le major, Mr A. W. Bell, assistant adjudant-général, qui l'a reçue de M. Barnes, d'Almednasan, Deccan, *lequel était présent* lorsque le capitaine Butler tua les hybrides en question ; M. Barnes s'occupait à ce moment de questions d'Histoire naturelle.

L'explication est des plus simples : Le canonnier Hendrick, de l'armée royale, avait acheté un coq « Black *Francolinus* » à des Brinjavanais qui avaient apporté cet Oiseau du Sud. — Pendant un séjour que le canonnier dut faire à l'hôpital, le Francolin s'échappa et s'appraia avec une femelle sauvage « Painted ». Les hybrides que le colonel Butler tua étaient nés de cette paire d'Oiseaux.

Voilà un fait ramené à de bien minimes proportions ; sans la communication de M. Barnes, il aurait pu être envisagé d'une manière très différente. — Nous possédons la lettre de celui-ci, laquelle avait été adressée en premier lieu à M. Bell qui nous l'a remise. Cette lettre est toute une révélation.

Une autre observation, qui a aussi son importance, est consignée dans la même lettre : Une série d'oiseaux, commençant aux limites nord du « Black *Francolinus* » et aboutissant aux limites sud du « Painted *Francolinus* » passent graduellement d'un type à l'autre type et, dans la partie centrale du district, il est impossible de dire où l'un finit et où l'autre commence. Il ne serait point question ici de croisements, mais de « gradations » insensibles (parfaitement régulières sans doute), qui, pour M. Barnes, prouvent que les deux types, très rapprochés du reste, ne sont que deux races locales ; les différences qu'elles présentent proviendraient des influences de leurs habitants respectifs.

Nous n'avons nulle part, nous devons le dire, entendu parler de ces gradations entre le *F. pictus* et le *F. vulgaris* ; aucun ornithologiste, à notre connaissance, ne les a mentionnées. Nous ignorons si elles se produisent réellement ; nous ne pouvons cependant mettre en doute l'assertion de M. Barnes. Si cette assertion est exacte, elle est fort remarquable, car : 1° elle montre de nouveau que des caractères mélangés ne prouvent point toujours des croisements ; 2° elle fait sentir parfaitement la différence que l'on doit établir entre les vrais hybrides et les Oiseaux à caractères fusionnés par influences climatériques.

Ces deux observations ont leur place marquée dans notre conclusion. Nous sommes particulièrement heureux que l'explication
fournie par M. Bârnes sur la production des hybrides du colonel
Butler, (lesquels ne peuvent être classés avec les individus à carac
tères gradués dont ils diffèrent sensiblement), nous soit parvenue
avant la fin de l'impression de notre travail, car cette explication
inattendue nous confirme dans nos doutes exprimés maintes fois
sur la réelle origine sauvage des autres hybrides que nous avons
déjà signalés.

C'est pourquoi nous nous sommes montré très hésitant lorsqu'il a
fallu, dans notre tableau, nous prononcer sur l'origine des hybrides
qui y figurent; très souvent nous avons répondu évasivement.

Néanmoins, nous admettrons pour un moment que toutes les
hybridations qui ont été citées sont absolument naturelles, que
l'action de l'homme y a été complètement étrangère (et certes, pour
quelques-unes au moins, la chose est assez vraisemblable). On
remarquera aussitôt qu'elles sont en général accidentelles, c'est-à-
dire qu'elles ne se sont pas renouvelées; qu'elles sont donc sans
portée. — Dans les cas, beaucoup plus rares, où le même hybride se
montre de temps à autre, le résultat final n'est point différent.
En général, le produit né de deux espèces distinctes est stérile, ou
s'il se montre fécond, sa rareté l'oblige à s'unir aux espèces
pures ; ainsi sa descendance fait forcément retour à l'un des types
ancestraux. Dans l'hybridisme « *Tetrao urogallus* × *Tetrao tetrix* »,
le plus remarquable parmi les rares hybridismes qui se renouvel-
lent de temps à autre, le produit, le Rackelhane, n'a jamais formé
lignée ; il vit et demeure isolé, tandis que le type pur de ses deux
parents revient sans cesse et ne s'altère jamais.

En sorte que de toutes les hybridations que nous avons étudiées,
(si on excepte les cas de *H. pinus* × *H. leucobronchialis*. de *P. raggiana*
× *P. apoda* et du *Colaptes hybridus*, que l'on doit tenir à l'écart provisoirement parce qu'ils ne sont pas suffisamment connus), on est
autorisé à conclure qu'AUCUNE ESPÈCE NOUVELLE N'EN EST RÉSULTÉE.

Nous nous proposons, si Dieu nous prête vie, de publier chaque
année des suppléments pour faire connaître les faits nouvellement
observés; nous osons espérer que les naturalistes voudront bien
nous aider dans ce travail en nous communiquant leurs propres
observations et celles qui pourront venir à leur connaissance, car il
est bien difficile à un seul auteur de rassembler les matériaux
nécessaires à l'œuvre entreprise. Beaucoup d'articles publiés dans

des ouvrages ou des journaux non spéciaux passeront inaperçus pour nous s'ils ne nous sont signalés.

Le deuxième volume de notre ouvrage traitera de l'hybridité dans la classe des INSECTES et dans celle des POISSONS ; nous demandons dès à présent que l'on veuille bien nous communiquer tout ce que l'on sait sur ce sujet. Les documents que nous avons déjà rassemblés nous laissent croire que l'hybridité est encore moins étendue dans ces deux classes qu'elle ne l'est chez les Oiseaux. Chez les Mammifères nous savons déjà qu'elle est à peu près nulle ; c'est seulement entre types très rapprochés qu'on aurait constaté quelques mélanges, assez douteux du reste et sans aucune importance (1).

Cependant, dans les faits qui nous seront signalés ultérieurement, (et que nous serons toujours heureux d'enregistrer), peut-être en produira-t on quelques-uns qui se trouveront, dans leurs conséquences, en désaccord avec ceux que nous avons étudiés. — La chose est possible, nous ne disons pas probable.

On a souvent, remarquons-le, édifié des systèmes sur les opinions scientifiques reçues. La science change ; elle se modifie suivant les découvertes. Dans la modeste sphère où nous nous mouvons, déjà que de fluctuations !

L'hybridité à l'état sauvage a été dite absolument nulle ; il semble aujourd'hui qu'on doive l'admettre (sur une très petite échelle, il est vrai). — Dans le détail des faits, les changements d'opinions qui se sont opérés ne sont pas moins grands : Nous avons vu que l'important hybridisme « *H. pinus* × *H. crhysoptera* », auquel on aurait pu croire facilement, est expliqué actuellement par l'existence de phases leucochroïques affectant certains individus de l'espèce. La contradiction qui existe entre notre manière de voir et celle de MM. d'Albertis et Salvadori au sujet des *Paradisidæ* intermédiaires du fleuve Fly est flagrante ; nous fondant sur des raisons sérieuses, au moins en apparence, nous refusons à ces Oiseaux le nom d'hybrides. L'obscurité la plus grande règne sur la formation du *Colaptes hybridus* aux caractères étranges, sans précédent, expliqué tantôt à l'aide des variations géographiques, tantôt par des croisements. — Il est très probable, sinon certain, que les caractères fusionnés de diverses variétés, qui relient entre eux des types rapprochés, ne sont que le résultat d'influences climatériques et non d'hybridations. — En 1867, M. de Quatrefages, réunis

---

(1) Voyez notre *Rapport sur les Hybrides des Oiseaux et des Mammifères*. Congrès scientifique International des Catholiques, Bruxelles, 1894.

sant dans un tableau tous les faits d'hybridation qu'il avait pu recueillir, ne parvenait qu'à citer onze exemples parmi les Oiseaux sauvages, dont deux ou trois s'étaient passés entre variétés et dont un autre reste douteux à nos yeux ; soit huit croisements en tout ! Avec quelques efforts persévérants nous avons, on l'a vu, dépassé très notablement ce chiffre dans les citations que nous avons faites. — Pour les hybridations artificielles, dans la même classe, le célèbre anthropologiste n'arrivait qu'à mentionner vingt-huit croisements suivis de fécondité : nous en avons signalé'deux cent soixante-deux au moins (1). — Il y a cinquante ans seulement, si on avait voulu se livrer au travail que nous présentons aujourd'hui, on aurait dit peu de chose ; car, (on l'a remarqué, si on a consulté les notes qui accompagnent nos citations), la plupart des faits que nous avons rassemblés ne sont connus que depuis une époque très récente ; c'est spécialement dans ces dernières années que les observations se sont étendues.

En présence de ce brusque changement qui s'accomplit dans la science, des réserves s'imposent donc pour l'avenir.

Nous ne prétendons point dire par là que les connaissances que nous possédons sur l'hybridité à l'état sauvage soient trop superficielles pour servir de base à des déductions sérieuses. Nous reconnaissons au contraire que, malgré le nombre beaucoup plus élevé des hybridations que l'on connaît maintenant, les résultats de ces hybridations sont exactement les mêmes que ceux qu'on enseignait autrefois. On peut parfaitement en déduire, (si tant est que ces hybridations se soient toutes produites librement, ce dont nous doutons pour beaucoup), qu'aucun type nouveau, constant, ayant formé souche, ne s'est réalisé. Nous sommes encore incapable de citer une seule espèce dont la formation soit due à ces hybridations.

Cette constatation terminera notre premier volume.

---

(1) Dans un mémoire présenté au Congrès des Sociétés savantes réuni à la Sorbonne en 1894.

LISTE ALPHABÉTIQUE

DES

AUTEURS

cités dans ce volume avec indication de leurs ouvrages, de leurs mémoires, de leurs articles ; ainsi que des Revues, Journaux, Périodiques dans lesquels ces travaux ont été publiés.

REVUES et OUVRAGES cités sans nom d'auteur.

SIXIÈME PARTIE

NOUVELLES ADDITIONS

Pendant qu'on reliait les cinq parties de cet ouvrage, que l'on établissait la table des matières et celle des auteurs cités, et que nous-même étions occupé à écrire une PRÉFACE, quelques nouveaux exemples d'hybridation se trouvaient publiés.

Ces faits, et des éclaircissements sur ceux qui ont été déjà signalés, donnent matière à de **Nouvelles Additions** (1).

---

(1) Ces additions seront continuées, nous l'avons expliqué, au fur et à mesure que les naturalistes voudront bien nous communiquer leurs observations. Nous les prions instamment de nous signaler les revues, les périodiques, les ouvrages dans lesquels se trouvent racontés des faits d'hybridité. — Beaucoup de ces faits nous échapperont si nous sommes livré à nos propres recherches. Nous avons publié une table des auteurs, des ouvrages. des articles de journaux ou de revues que nous avons consultés. Il sera donc bien facile de se rendre compte de nos omissions ; nous nous montrerons très reconnaissant envers ceux qui nous les feront apercevoir.

ORDRE DES GALLINACÉS

Famille des Perdicinés

PERDIX SAXATILIS et PERDIX CINEREA

(Se reporter pp. 6 et 485)

Le Bulletin de la Société Zoologique de France (1) reproduit l'article de la Diana (2) dans lequel M. Fatio a fourni des explications sur ce croisement qui lui paraît devoir être rejeté, comme nous l'avons expliqué.

Mention du même article a été faite dans « Ornithologische Monatsberichte » (3).

PERDIX RUBRA ET PERDIX CINEREA

(Se reporter pp. 7 et 87)

En réponse à une remarque faite dans le Field (4), au sujet de la non existence d'hybrides de ce genre, M. G. Millard, de Wymangham, fait savoir (5) que feu son frère, qui vécut à la ferme du château de Ditchirsgham (6), en posséda un spécimen. Le propriétaire de la ferme, feu J. S. Leedningfeld, en conserva lui-même un autre ; les deux Oiseaux avaient été tués la même année Probablement, dit l'écrivain, le spécimen de son frère n'était point en plumage complet : les plumes étaient celles de la Perdrix française, quoique peu marquées. Mais les jambes étaient très singulières : elles étaient tachetées de rouge, absolument comme si on les avait enduites de cire de cette couleur, tandis que le reste de la jambe était du ton de celui de la Perdrix grise.

M. Millard ne se souvient plus de ce que sont devenus ces deux Oiseaux ; il ne se rappelle pas davantage si d'autres spécimens de même genre avaient été rencontrés à la même époque. M. Robert

(1) No 4, XIX, p. 74, 1893.
(2) No du 11 octobre 1890.
(3) Herausgegeben von prof. Dr Reichenow, no 8, p. 132, Juillet 1894.
(4) No du 26 octobre 1895.
(5) Dans le même journal, no du 9 novembre suivant (no 2237), p. 786 t. 86
(6) Près Bungaz.

Martin pourrait peut-être, s'il est encore vivant, donner des indications à ce sujet (1).

Nous supposons que, dans cet exemple, on n'avait encore affaire qu'à de jeunes Perdreaux rouges qui portent sur l'aile, dans la partie haute (comme nous en avons fait la remarque p. 490), de petites plumes montrant les plus grandes analogies avec celles de la Perdrix grise.

M. Millard (2) veut bien nous donner quelques particularités sur les nids de Perdrix dans sa contrée. Il lui fut donné une fois d'observer un de ces nids dans lequel avaient été déposés des œufs des deux espèces. La Perdrix rouge couva tous les œufs de la Perdrix grise, au nombre de huit environ ; mais elle abandonna quelques-uns des siens qui, cependant, étaient fécondés. L'observateur vit souvent la Perdrix rouge sur le nid ; il ignore ce qu'il advint de la couvée. Il suppose que les jeunes, après avoir traversé un champ et un chemin, allèrent s'établir dans une pièce de navets appartenant à l'un de ses voisins. Cette année (1896), il y rencontra une bande de Perdrix très nombreuses : une vingtaine environ. Il ne saurait dire s'il y reconnut des individus appartenant à l'espèce rouge : tous ceux qu'il abattit appartenaient à la grise. M. Millard ajoute que les Perdreaux rouges, qui sont plus sauvages que les autres, ne peuvent être distingués au vol tant qu'ils ne sont pas revêtus de leur plumage complet.

PERDIX CINERA ET COTURNIX COTURNIX

M. le chevalier von Tschuzi a bien voulu nous signaler un ouvrage de M. J. Frivaldszky (3) dans lequel (4) celui-ci fait mention d'un hybride Coturnix, tué à Eperjes, Saros (Hongrie).

M. von Tschuzi a, en outre, pris pour nous, auprès de M. Osso Herman, de Budapest, des indications sur cet Oiseau. Il résulte de la correspondance, échangée avec ce dernier, que la pièce est conservée dans de mauvaises conditions et qu'il est impossible de nous l'adresser. M. Herman a promis à M. Tschuzi de la faire représenter en planche coloriée et d'en donner une description dans l'Aquila, le nouveau journal ornithologique. On ne connaît

(1) Son adresse n'est malheureusement point connue de M. Millard.
(2) Dans une lettre datée d'Hethel Wymondham.
(3) Aves Hungariæ. Budapest, 1891.
(4) P. 116.

point l'origine de cet hybride ; mais on suppose qu'il provient de la Perdrix commune et de la Caille.

Nous avons beaucoup de peine à croire que l'appariage de ces deux espèces se soit produit à l'état sauvage.

P. S. — Au moment de mettre sous presse, nous recevons une lettre de M. O. Herman, député, dans laquelle il nous fait savoir, comme nous le pensions, que l'Oiseau en question n'est point un hybride. C'est par erreur que M. le Dr von Madaraz l'a décrit sous cette rubrique (1). C'est un Oiseau de la forme de ceux dont on parle dans le *Catalogue des Oiseaux* du British Museum (2), sous le nom de *Synoicus lodoisiæ* Verreaux et Des Murs, et qui sont une forme sombre de la Caille commune.

TETRAO TETRIX ET TETRAO UROGALLUS

(Se reporter pp. 10 et 500)

Nous avons pu nous procurer deux Rackels ♂ en chair, grâce à l'obligeance excessive de M. F. A. Smidt, le savant directeur du Musée de l'Académie de Stockholm. — Depuis longtemps, M. Smidt faisait chercher pour nous ces Oiseaux sur le marché au gibier de sa ville. Ils ont été trouvés au commencement de décembre 1895, et nous ont été envoyés immédiatement. Malheureusement, par suite du long trajet qu'ils avaient à parcourir et d'une absence que nous avons faite de notre domicile de Rouen où elles avaient été envoyées, les deux pièces très précieuses n'ont pu être ouvertes qu'à notre retour, au commencement de janvier 1896. Elles étaient encore fraîches et bien conservées, l'emballage ayant été soigné d'une manière exceptionnelle.

Notre attention s'est portée sur les organes de la reproduction : nous y avons rencontré des testicules excessivement petits, pour ainsi dire minuscules, sans doute très atrophiés : ils atteignaient à peine les dimensions d'un grain de blé. Ils étaient remplis, non de liqueur séminale de belle couleur jaune, mais d'une substance noire et visqueuse. Il nous a donc paru tout à fait inutile d'examiner au microscope ce qu'ils contenaient, étant bien convaincu que l'on n'y pourrait rencontrer aucun animalcule spermatique.

(1) « In *Erlanterungen zu der aus anlass des II. internationalen ornithologen congresses zu Budapest* », p. 99, n° 596, ouvrage que M. Herman a la bonté de nous adresser avec celui de M. Frivaldsky et d'autres brochures.

(2) Vol. XXII.

Cet examen ne dit rien; à cette époque de l'année les organes n'ont pas encore pris, pensons-nous, leur développement normal. Nous souhaitons vivement que pareil envoi puisse nous être fait au moment de la reproduction. A cette époque, seulement, on peut établir des présomptions en faveur de la fécondité ou de la stérilité des Racklehanes.

Aussi, est-ce avec beaucoup de satisfaction que nous avons appris par M. Smidt que l'Académie des Sciences a, sur sa proposition, sollicité le gouvernement suédois d'autoriser au printemps la chasse de quelques Rackelhanes, *tetrix* et *urogallus*, dans le but de nous procurer les matériaux qui nous sont indispensables pour nos examens.

La licence ayant été bienveillamment accordée, ces Oiseaux nous seront envoyés aussitôt qu'ils auront pu être abattus. Nous espérons donc pouvoir, au printemps de 1897, compléter nos observations.

Nous avons remarqué, dans l'estomac des deux Rackelhanes que nous avons reçus, une grande quantité de bourgeons de sapin non dépouillés des aiguilles qui les entourent et d'autres essences pourvus d'une tige assez longue. En outre, de petites pierres presque opaques et de dimensions assez fortes se trouvaient mélangées en grande quantité à la nourriture. Les Oiseaux avaient été tués sans doute après un copieux repas.

Comme ils sont du type ordinaire, nous nous dispenserons de les décrire; leurs squelettes, que nous conservons, feront ultérieurement l'objet d'une description comparative avec celle des squelettes des deux espèces parentes.

Un Lapon, M. Camille Kariniemi, né à Kittila, maintenant agronome à Kolavi (Finlande), a donné à notre bienveillant correspondant. M. Hugo J. Stjernvall, d'Hirvensalmi, les renseignements suivants sur les Rackelhanes de la Finlande. La communication très intéressante de M. Kariniemi nous a été traduite par son ami.

Le Korpimetso, c'est ainsi qu'on nomme le Rackelhane dans ces pays septentrionaux, est depuis longtemps connu des chasseurs. Pendant ces dernières années, il a encore été rencontré çà et là ; cependant ses apparitions ont été rares.

M. Kariniemi est porté à croire que l'*urogallus* ♂ recherche la Poule *tetrix* et s'accouple avec elle, tout comme le mâle de cette dernière espèce agit à l'égard de la femelle de la première. Les Oiseaux, provenant du premier mélange, auraient : les mâles, le plumage cendré gris et la queue tronquée ; les femelles posséderaient sur leurs plumes des taches blanches plus grandes et plus

blanches que ne le sont les taches correspondantes des Poules
communes (1) ; ces femelles hybrides seraient en outre de la
grosseur du *tetrix*. — Les Oiseaux ♂ sortis du second mélange,
ont la pointe de la queue fendue; chez les femelles les taches sont
plus foncées que chez la Poule *urogallus*, leur grosseur moindre
que la normale (?).

C'est dans les bandes de l'*urogallus* que le gibier Rackel se rencontrerait toujours. En allant, à l'époque du spiel, visiter les bois,
M. Kariniemi a lui-même observé la Poule *tetrix* au milieu des
Urogalles et *vice-versâ*; néanmoins il ne lui fut jamais donné de
surprendre des accouplements entre ces deux types. Quelques
chasseurs disent avoir été témoins de telles unions.

Encore d'après M. Kariniemi, les espèces pures ne toléreraient pas
dans leurs bandes les mâles hybrides; ces derniers, d'ailleurs, plus
petits et plus faibles que les Coqs d'espèce pure, se trouvant obligés
de s'écarter, chercheraient en vain à attirer des Poules à eux. A
peine si celles-ci les remarquent, leur spiel étant interrompu.

Il est intéressant de faire part d'une remarque que M. Kariniemi
présente à son ami, quoique cette remarque ne s'applique point à
l'hybridité. Quelques chasseurs du pays estiment que les Oiseaux
des bois (le gibier) ne s'accouplent pas, mais que les femelles
boivent la liqueur jaunâtre que les mâles font jaillir sur le spiel ;
les femelles se trouveraient ainsi fécondées (*sic*)! M. Kariniemi a
vu lui-même les Poules se nourrissant de cette liqueur.

Que les Poules, échauffées dans l'ardeur du spiel, béquètent la
liqueur échappée des organes mâles, la chose est possible ; mais
qu'elles s'en trouvent fécondées, ce n'est pas admissible.

M. Hugo J. Stjernvall, d'une complaisance excessive à notre
égard, a été assez gracieux pour se livrer à des recherches bibliographiques dans les Revues finlandaises afin de découvrir des
articles ayant parlé d'hybrides. Il apport d'un travail de M. J.
Waren (2), publié dans les Meddelanden de la « *Societas pro Fauna
et Flora fennica* » (3), que quelques Rackelhanes sont tous les ans
tués dans les bandes de *tetrix*. M. Hj. Schulman dit aussi (4) qu'on

(1) Probablement les Poules *urogallus*, nous dit, entre parenthèse, M. Stjernvall.
Nous pensons, au contraire, que son ami parle des femelles du *tetrix*.
(2) Intitulé « *Jahltagelser öfver däggdjur och foglar i Snonenjoki och Viilasaaari saaot Valkeala sochnar*. Observations sur des Mammifères et des Oiseaux
dans les paroisses de Snonenjoki et de Viilasaari).
(3) Häft 7, 1881.
(4) Dans une brochure intitulée : « *Ornithologiska iahltagelser under en resa
i östra Karelen seminarren, 1880* ». Observations ornithologiques pendant un
voyage dans l'Ost Carelin, pendant l'été de 1880.

lui a raconté que les Rackelhanes n'étaient pas absolument rares il y a dix ans (?); mais on n'en a plus vu pendant les dernières années qui viennent de s'écouler.

M. Stjernvall a appris que, le 6 février 1875, un Rackelhane fut donné aux collections finlandaises par M. A. L. Hollmerus, de la paroisse Solkamo ; le 7 février 1877, un autre individu fut offert aux mêmes collections par M. Hoök (1).

D'après M. le Dr Levander (2), on trouverait souvent de ces hybrides au marché d'Helsingfors. Ces pièces proviennent de la partie nord de la Finlande.

Ajoutons que M. Stjernvall, toujours dans le but de nous être agréable, a bien voulu tenter l'élevage du Rackelhane en captivité. Il a donc essayé tout d'abord de se procurer des œufs des deux espèces pures qui sont réputées donner naissance à ce curieux Gallinacé. Pendant le printemps de 1895, il a pu en obtenir quatre du Grand Coq de Bruyère ; deux de ces œufs furent malheureusement cassés. Au bout de quatre semaines d'incubation sous une Poule, ceux qui restaient ayant été brisés, M. Stjernvall y trouva des traces d'embryon. L'essai est donc manqué (3).

M. E. Wagg, de Londres (4), nous informe (5) qu'il tua, pendant l'année 1895, un hybride entre le Blackcock et le Capercaillie (*tetrix* et *urogallus*). L'Oiseau fut abattu par lui à Killui (Pertshire). La pièce est maintenant empaillée et conservée à Glentochay (Ecosse). C'est, paraît-il, un très bel Oiseau sauvage, au plumage noir pourpré, et aussi gros qu'une Poule Capercaillie. M. E. Wagg regrette de ne pouvoir nous faire parvenir cette pièce intéressante.

M. James J. F. Kuiz, de l'Ecole d'art de Glascow, nous a adressé deux lithographies, provenant des Transactions of the Natural History Society de cette ville (6), et représentant, la première (7):

(1) S'agit-il de quelques-uns des Rackelhanes qui, d'après une communication que lui a faite M. le Dr K. M. Levander, se trouvent au nombre de quatre, dont une femelle, dans la collection des Oiseaux de l'Université d'Helsingfors ? Nous le supposons.

(2) Qui vient d'être nommé dans la note ci-dessous.

(3) M. Stjernvall n'avait pu d'ailleurs se procurer d'œufs de *tetrix* ; il n'a point obtenu davantage des œufs de *Lagopus*. Cette dernière espèce paraît cacher très bien son nid ; on le trouve si difficilement que lorsque des chasseurs y rencontrent des œufs, ils croient que c'est un signe de quelque calamité !

(4) Grosvenor Street, no 77.

(5) A la date du 12 mars 1896.

(6) Vol. I (New Série) Part. III, 1885-86-87, pp. 381 et 382.

(7) Pl. IV.

un hybride, produit soi-disant du Capercaillie ♂ et la Greyhen (♀), pris (trapped), au Blackmount en 1885 ; la deuxième (1) : un autre hybride auquel (pour quelle raison ?) M Kniz attribue l'origine opposée à l'Oiseau tué la même année sur les bancs de John Lomond. — La queue du premier hybride paraît affecter la forme de l'éventail. Est-ce bien un hybride ? Nous le soupçonnons d'être un jeune *urogallus*. On ne peut d'ailleurs le juger aisément sur la lithographie qui le représente.

Nous nous sommes reporté au texte qui accompagne les planches. M. W. Craibe Angus, l'auteur, fait savoir que ces deux Oiseaux lui ont été gracieusement communiqués : le plus petit (2) par MM. Culloch et fils, de la Sauchichall street, et le plus grand (3) par M. Henri Martin, de la Wat George street. Les dessins ont été exécutés par M. Duncan Mackinlay. C. M., un des membres de la Société.

M. Craibe Angus a, dans son article, signalé la disparition graduelle en Angleterre de l'*urogallus*. Il remarque que le croisement de ce gibier avec le *tetrix* est partout fréquent, là toutefois où son introduction est récente. Il en donne deux raisons, la première : « that when migrating the sexes generelly separate, the females moving in advance of the males — a habit not confined to this species ». La seconde : « that strange birds — such as the male Blackcock (*tetrix*) and female *Capercaillie* (*urogallus*) and vice-versà — are more likely to cohabit on their first meeting than on their better acquaintance ». Il tient d'un game-keeper autorisé cette assertion : qu'aussitôt que l'Urogalle apparaît la Poule *tetrix* abandonne généralement son mâle, et que des combats entre les deux Coqs s'en suivent parfois. Il ajoute que les hybrides varient considérablement par leur taille et leur plumage et que le plumage en progressant du jeune à l'adulte subit la transition commune aux deux espèces. Les plus grands Oiseaux ressemblent aux mâles *urogallus* et, dans les deux cas, la configuration et la coloration spéciale suivent celles du parent mâle, la ressemblance étant plus grande lorsque les Oiseaux sont parés de leur plumage parfait. Une différence marquée, qui est capable d'induire à erreur, existe dans la forme des queues : le plus grand produit ayant la queue arrondie caractéristique du mâle *urogallus*, et le plus petit la taille échancrée du Coq noir !

(1) Pl. V.
(2) Pl. V.
(3) Pl. IV.

Nous n'avons jamais (à part deux exceptions) vu de Rackelhanes avec la queue arrondie ; les nombreuses descriptions de Rackelhanes, que nous avons publiées, s'appliquaient toujours à des individus à queue échancrée dans des proportions qui varient cependant. Aussi sommes-nous de plus en plus convaincu que l'Oiseau à queue arrondie n'est qu'un jeune *urogallus*, méprise faite dans de nombreux musées, ainsi que nous l'avons constaté.

L'un des trois Rackelhanes, qui nous avaient été signalés (p. 509) par M. Zollikofer comme ayant été tués en Suisse, est mentionné dans les Observations ornithologiques de M. Fischer-Sigwart pour l'année 1894 (1) ».

On y dit que l'Oiseau, qui n'a point encore complètement mué et qui se trouve dans une partie de son habillement de jeunesse, a été obtenu le 22 septembre dans le canton des Grisons, à Henizenberg. M. Fischer-Sigwart possède ce spécimen dans sa collection privée. Il l'a montré à l'exposition de Genève et vient de nous l'envoyer en communication. Comme il est monté dans une boîte, d'où nous n'avons pas voulu le retirer, nous ne l'avons vu que d'un côté, le côté gauche, et un peu sur le devant. Les traces de jeunesse sont évidentes. On les observe à diverses places sur le corps : notamment sur le plumage de l'aile, au bas du cou, autour de l'œil (quoique cet organe soit entouré d'une crête rouge) et sur le poitrail. Ces plumes, disséminées çà et là, sont jaunâtres, brunâtres, comme celles que portent les femelles. Il y en existe de petites blanchâtres, presque blanches sur les joues ; celles-ci indiqueraient plutôt, nous semble-t-il, le plumage d'été ou de mue. Nous avons été très satisfait d'examiner ce jeune échantillon, car jusqu'alors nous n'en avions vu aucun de semblable. Les jeunes sujets sont fort rares. — A part les marques que nous venons de décrire, l'Oiseau est un vrai *typus* de petite taille. La queue est cependant beaucoup plus carrée à son extrémité qu'elle ne l'est d'habitude : elle forme presque une ligne droite. Les rectrices extérieures s'allongent seules quelque peu au delà des autres et, vers le milieu, les médianes se retirent légèrement formant une échancrure à peine sensible. A l'épaule on voit une large tache d'un beau blanc.

D'après M. le chevalier von Tschusi de Schmidhoffen (2), nous avions mentionné (p. 511) un Rackelhane abattu sur le review

Posnek, à la fin de novembre 1893. Nous nous sommes reporté au journal de chasse, le *Saint-Hubertus* (1), dans lequel M. Gunther Müller avait fait connaître le fait ; mais l'auteur ne donne aucune indication intéressante sur ce Rackelhane.

Dans un des numéros du Journal du Dr Reichenow (2), M. A. Szielasko constate que l'exportation du gibier ailé, que l'on fait d'Eydknhuen et parmi lequel se trouvent surtout des Tétras, ne lui a jamais permis de constater la présence de « *Tetrao tetrix* × *urogallus* »

Nous pensons que dans les Mitth. Ornith. de Vienne (3), M. C. Hegrowski parle de Rackelhanes en Bohême : nous ne nous sommes point procuré ce journal qui nous a seulement été cité.

Dans un article intitulé « *Bidrag till kännedomen om Jemtlands och Herjeådalens fauna* » (4), M. Af. P. Olsson constate qu'un Rackelhane a été porté au marché d'Ostersund en 1895, le 25 mai : puis un autre au mois d'octobre suivant, Ce dernier provenait de Hallen. Ces deux Oiseaux sont conservés dans la collection de M. A. Wikander, pharmacien.

La collection d'Oiseaux anormaux et hybrides de M. Th. Lorenz, de Moscou, exposée à Riga, contenait des bâtards du petit et du grand Coq de Bruyère (5).

M. Jean Fridaldszky catalogue dans ses *Aves Hungariæ* (6) cinq *Tetrao hybridus* L. (*medius* Mey.), dont deux mâles, deux femelles et un jeune, dans l'ordre systématique suivant (7) :

Uj-Leszna, Com. Szepes, 1847, 18. Maj. Georg. Rainer. M. H. ♀.

Fátrafüred, Com. Szepes, 1847. Maj. Georg. Rainer. M. H. ♀.

Zákócz, Com. Szepes, 1842, 22 Aug. Georg. Rainer. M. H. jun.

Lovazeny, Com. Hunyad, 1870, 2 Nov. Adam-Buda ♀.

Nous ne pensons point avoir mentionné aucun de ces hybrides dans nos publications précédentes.

Faisons encore connaître un *Tetrao medius* ♂ Bosn. Dubica, 1888, cité par M. le custos O. Reiser (8).

(1) N° 50, XI. Jahrgang, 15 décembre 1893. Verlag von Paul Scheffler's Erbens Göthen (Unhalt).

(2) Monatsberichte, etc., p. 52.

(3) N° 4, p. 49-50, 1894.

(4) Publié in Ofversigt af Kongl. Vetens-Akad Förhand, 1896. Stockolm, p. 73.

(5) Conseils pour la connaissance des Oiseaux du Jemtland et de Herjeadalens.

(6) *Enumeratio systematica avium Hungariæ cum notis b evibus biologicis, locis inventionis circumque a quibus oriuntur.* Budapest, 1891.

(7) P. 117.

(8) In *Die Vogelsammlung des Bosnisch-Hercegovinischen Landesmuseums in Sarajevo.* Budapest, 1891.

Dans le Journal für Ornithologie, il a été publié pendant les années 1891, 1892 et 1894 trois études envisageant spécialement des Rackelhanes dont nous avons déjà parlé. Ces articles critiques, que nous n'avons point signalés dans nos précédentes publications, méritent d'être connus. Ils sont signés par M. Th. Lorenz, et par M. Henke. Nous en ferons le résumé suivant :

Premier article : *Einiges über den v. Herrn V. v. Tschusi beschriebenen seltenen Rackelhan* (1).— Une Poule *tetrix*, au plumage de Coq, tuée dans l'intérieur du Witebsk, le 4 septembre 1871, a d'abord fourni à M. Th. Lorenz l'occasion de considérer le *Tetrao medius* décrit et représenté par M. von Tschusi (2), soit comme un *tetrix* ♀ en plumage de mâle : soit (si on considère sa taille), comme un *tetrix* ♂ en plumage de Poule. M. von Tschusi l'avait considéré comme produit par le *tetrix* ♂ croisé de *T. medius* ♀. Les raisons que donne M. Lorenz, en faveur de l'opinion qu'il soutient, sont les suivantes : Si on observe avec attention, dit-il, les proportions de l'Oiseau tyrolien, et si on les compare à celles du vieux *tetrix* ♂ de Hongrie, dont M. Tschusi parle dans le même article, on voit que ces proportions concordent ensemble, à peu de chose près. La poule du Witebsk se rapporte tout à fait à l'Oiseau du Tyrol, excepté qu'elle est de la grandeur normale si on ne considère la queue plus longue. Or, la grandeur du Coq tyrolien surpassant même la taille d'un Coq *tetrix* ad., ce Coq ne peut être une femelle revêtue de la livrée du mâle. On doit le considérer comme mâle avec l'habit de la Poule et même dans son premier habit d'hiver. La couleur claire du bec n'est pas une marque caractéristique suffisante pour le faire descendre de l'Urogalle, puisque, chez le jeune *tetrix*, cette partie est plus claire que chez le vieux (3). Puis, l'éclat vert bleu du cou et des bordures des plumes du dos inférieur, ainsi que celles du jabot (éclat que l'on voit chez l'exemplaire dont on s'occupe), n'indique point d'une façon absolue la descendance du *T. medius* (4).

Bref, pour prouver qu'il descend du *T. medius* ♀, le sujet décrit

(1) N° d'octobre 1891, pp. 405-412.

(2) In Ornis 1888 (ou 1886), t. III ; nous avons fait mention de cet Oiseau d'une manière très brève, d'abord dans une note de la p. 515, puis p. 538.

(3) D'après M. Lorenz, la longueur du bec est variable, et chez les Oiseaux empaillés, cet organe paraît plus long que chez les Oiseaux en chair.

4) La poule de Witebsk laisse voir le même bleu vert sur les côtés de la tête, au cou et sur d'autres parties.

par M. Tschusi devrait montrer quelque caractère du Rackel ; ce rappel quelconque lui manque.

Pour corroborer son dire, M. Lorenz emprunte un exemple chez les Faisans qui se croisent facilement. Il cite le produit du *Ph. colchicus* × *Ph. torquatus* qui porte, réunies chez lui, les marques des deux races. Si un métis de ce genre s'accouple de nouveau avec un *Ph. colchicus*, on trouvera chez les descendants de cette union des marques du *Ph. torquatus*, en quantité suffisante pour reconnaître son origine.

A part quelques réserves que nous sommes obligé de faire, nous pensons bien fondée la remarque de M. Lorenz. Nous avons, dans nos parquets, un certain nombre d'hybrides de *Turtur risorius* × *T. auritus*, croisés de la première espèce, c'est-à-dire ayant trois quarts de sang de *risorius* et un quart seulement d'*auritus*. Or, ces Oiseaux, quoique très variables dans leur coloration, n'ont pas fait encore un retour complet à l'espèce dont ils empruntent le plus de sang.

Il suit de là que si une Poule Rackel avait produit l'Oiseau dont on discute la provenance, ce descendant porterait quelques signes rappelant sa mère. Aucun caractère chez lui ne la rappelle, à part cependant les plumes du milieu de la queue qui sont un peu plus longues (qu'à l'ordinaire ?) et les plumes tectrices qui sont plus courtes. Mais ces marques sont, pour M. Lorenz, de peu d'importance ; il donne ses raisons.

M. Lorenz a eu à sa disposition des milliers de Poules *tetrix* en habit de mâle, comme il a eu aussi plusieurs *tetrix* ♂ en plumage de Poule. Ces échantillons lui ont prouvé que la longueur des plumes de la queue et des couvertures inférieures dépendent de l'individu qui les porte (1). La faible courbure à l'intérieur des plumes les plus extérieures de la queue n'a point une grande importance, parce que l'Oiseau dont on s'occupe est, d'après ce qu'il pense, recouvert de l'habit du mâle et se trouve, par conséquent, dans un état anormal. En outre, ajoute-t-il, on sait que la courbure des plumes les plus extrêmes de la queue n'est même pas constante chez les Coqs typiques.

Après cette critique, le naturaliste de Moscou s'est attaqué au Rackelhane du Liveland, décrit et figuré (2) dans l'ouvrage du

---

(1) Il observe aussi que le raccourcissement des couvertures inférieures pourrait être dû à un accident : à la balle, par exemple, ou au plomb qui ont atteint l'Oiseau, ce qui est très difficile à vérifier après la préparation de la peau.

(2) Pl. XI

Dr A. B. Meyer, de Dresde (1). Le Docteur avait émis cette opinion, on se le rappelle, qu'il provenait d'un Rackelhane croisé d'un *tetrix* ♀. M. Lorenz est porté à le considérer comme Poule *urogalle* dans son premier habit passé, car le sexe n'a pas été déterminé. Maintes fois M. Lorenz a eu l'occasion d'examiner de petits sujets colorés de cette manière, et il a constaté, à la dissection, que ces Oiseaux étaient des Poules dont l'ovaire présentait une conformation anormale. Chez ces sujets, la forme de la queue variait aussi : les rectrices les plus extérieures étaient ou bien raccourcies, ou bien allongées; alors la queue rappelait de loin celle du Rackelhane.

Après avoir montré que la supposition faite de la descendance du Rackel ne peut d'ailleurs être exacte, ce gibier étant infécond d'après lui (2), M. Lorenz repousse aussi l'opinion émise, par M. le Dr Meyer (3), sur plusieurs Coqs Rackel semblables à des Coqs de bruyère et qui ne lui paraissent être que de simples Poules *urogallus* en costume de mâle. « Je n'ai, dit-il, jamais vu en Russie, où le grand Coq de bruyère (*urogallus*) est très répandu, de Coqs Rackel semblables à un *urogallus* : tous les spécimens, qui avaient les dimensions de la Poule de cette espèce ou qui n'étaient que légèrement plus grands et qui se trouvaient colorés comme des mâles à plumage terminé, étaient des Poules *urogallus*, possédant un ovaire anormal, ainsi qu'un examen attentif des organes sexuels l'a démontré ».

Deuxième article par M. Henke : « *Auch Einiges über Rackelwild Hahnen federkeit* (4). Dans cet article, M. Henke passe en revue divers Rackelhanes. Il reconnaît que le Coq tyrolien, décrit par M. Tschusi et dont il vient d'être parlé (5), est une pièce remarquable, mais laissant l'impression d'un jeune Coq de bouleau, quoiqu'il ait la queue du Rackelhane. La raison qui, d'après lui, empêche de porter un jugement assuré sur son origine, est son état de mue peu avancé. Il paraît que la peinture qui a été donnée dans l'Ornis (6) n'est point exacte. La poitrine devrait être plus bleutée. La teinte du croupion est trop verte ; dans l'original elle

---

(1) Nous avons nous-même décrit cet Oiseau aux pp. 520-521.
(2) Nous ferons connaître plus loin la manière de voir de M. Lorenz sur ce sujet.
(3) Dans son grand ouvrage « *Unser auer Rackel und Birkwild* ».
(4) N° d'avril 1892, pp. 170 et suiv.
(5) M. le Dr A. M. Meyer l'a décrit aussi, paraît-il, dans « Ferdinandenm Zeitschrift », III, folge 33 Heft, p. 225, 1889, revue que nous n'avons point consultée et que nous n'avons point encore citée.
(6) Tab. II.

est noire et entourée de bordures bleu verdâtre. La coloration brun clair des plumes tectrices des ailes n'est point dans son vrai ton ; chez l'Oiseau empaillé elle se trouve beaucoup plus foncée. M. Henke relève encore d'autres inexactitudes.

Il remarque que ce n'est pas seulement à cause de sa taille qu'on ne peut identifier cette pièce à une Poule *tetrix* ayant revêtu l'habit du Coq (1), car certaines marques caractéristiques de la Poule : « la base blanche des plumes de la gorge et les *schafstrichelung* (2) de la poitrine » font défaut chez elle. On ne saurait davantage la considérer comme un Birkhahn (Coq *tetrix*) anormal et en habit de Poule (3), parce que c'est à peine si on connaît encore quelques exemples d'une telle anomalie. M. Henke soumet du reste la pièce à un examen critique très détaillé. Il ressort de cet examen : 1° qu'elle n'est pas complètement en couleur, vu les plumes de jeunesse qui se laissent voir sur le cou ; 2° qu'elle n'est pas un Coq *tetrix* parce que sa taille est plus grande que celle de celui-ci et dépasse notablement la taille des plus grands Coqs de cette espèce ; 3° la forme de la queue, qui est celle du Rackel, indique un mélange, etc.

Passant au Coq livelandais du baron de Krüdner, il ne le trouve pas moins remarquable en son genre que le précédent. M. Lorenz l'a bien considéré comme une Auerhenne (4) en habit de mâle ; mais si l'on examine plus attentivement que ne l'a fait M. Lorenz, si on considère les dimensions des plumes du milieu de la queue et des plumes extérieures de la même partie, on reconnaîtra facilement, dit M. Henke, la forme échancrée propre au Rackel. On ne saurait confondre une telle queue avec la queue d'une Poule de Bruyère en livrée de mâle.

Comment encore s'imaginerait-on, dit celui-ci, un rétrécissement ou un raccourcissement des plumes de la queue dès lors que le Coq les a plus longues que celles de la Poule et que l'on sait que la livrée mâle se manifeste par une tendance à ressembler à la forme même du plumage ? M. Henke regarderait donc comme très anormal le cas dans lequel les plumes de la queue d'une Poule en costume de mâle se trouveraient échancrées; ces plumes devraient, au contraire, tendre à prendre la forme de celles de la queue de l'Auer.

(1) Comme l'a reconnu M. Lorenz (p. 406 du même journal).

(2) Nous ne connaissons pas la signification de ce mot qui n'a pu nous être traduit. Il s'agit sans doute de races blanchâtres (?).

(3) Comme l'aurait fait M. Lorenz (p. 407).

(4) La femelle de l'*Urogallus*.

M. Henke critique encore M. Lorenz qui, pour lui, à la p. 411, s'avance inconsidérément lorsqu'il dit que les Coqs Auer-Rackel ne sont que des Poules *urogallus* en habit de Coq. Il se permet de lui présenter ses objections. Son étonnement est d'autant plus grand que M. Lorenz considère comme impossible le croisement du Coq *urogalle* avec la Poule *tetrix*, croisement autrefois défendu très fortement par le Dr Gloger.—Nous ne pouvons suivre M. Henke dans toutes les considérations qu'il développe.

3e article. — *Wiederm Einiges über Rackelwild und Halnenfedrigkeit* (1). — En attendant la publication de son ouvrage, où il discutera très au long les différentes questions qui viennent d'être soulevées, M. Th. Lorenz a tenu néanmoins à répondre dès à présent aux objections de M. Henke. Il lui reproche d'avoir passé sous silence la critique qu'il a faite du Coq du Tyrol. Toutes les observations de celui-ci, ainsi que celles du Dr Meyer, tendant à démontrer un hybridisme, ont du reste pour lui peu de valeur. Aussi maintient-il son opinion, à savoir que l'Oiseau est un simple *tetrix* sans sang mélangé. Ce Tétras n'a été examiné par des spécialistes qu'après sa préparation. Lorsqu'il était en chair, il était tombé dans des mains inexpérimentées ; le sexe n'a donc pu être reconnu.

Mais, en ce qui concerne le Coq tué dans le Liveland, examiné trop superficiellement et pris pour une Poule *urogallus* en plumage de Coq, M. Lorenz revient sur son opinion. Il l'a étudié de près dans l'ouvrage du Dr Meyer (2), où il est représenté. Il estime toutefois que c'est un *Tetrao medius* en mue et s'étonne que le docteur, auquel la pièce a été communiquée, ne se soit point aperçu de cette particularité. Il n'accepte point l'origine *Tetrao medius* croisé de *tetrix*. M. Pleske lui a, en effet, montré à Saint-Pétersbourg un Rackelhane des collections de l'Académie, ayant de grandes analogies avec ce Coq. La tête et le cou portent, on se le rappelle, des taches blanches très caractéristiques de cet état.

Quant au Tétras de Lausanne à poitrine violette, M. Lorenz est décidé, pour deux raisons, à le qualifier de Poule urogalle à livrée masculine : premièrement parce que M. Collett, un connaisseur émérite, l'a jugé ainsi ; deuxièmement, parce qu'il se trouve autorisé à le regarder comme coloré d'une manière défectueuse : il a en

(1) Année 1894, pp. 446 et suiv.
(2) Cet ouvrage représente l'Oiseau presque de grandeur naturelle.

effet, été peint par le même artiste qui a représenté avec inexactitude le Tétras du Tyrol. M. Lorenz pense que le ton violet est trop accentué. Il est persuadé aussi que si on eût disséqué l'Oiseau lorsqu'il était en chair, on l'eût difficilement classé comme Coq. D'ailleurs, les dimensions concordent parfaitement avec celles des Poules *urogallus* en livrée de mâle. Il n'admet donc pas, pour sa formation, la combinaison, d'un Coq urogalle accouplé à une Poule *tetrix*, combinaison qui n'est pas rendue vraisemblable par ce fait que dès qu'un *urogallus* ♂ apparaît sur les baltz des *tetrix*, tous les Coqs et toutes les Poules de cette espèce prennent la fuite, cas qui se produit aussi dans le cas opposé.

Après avoir présenté ces remarques, M. Lorenz continue à discuter contre M. Henke, reprend ses objections, lui pose de nouvelles questions. Puis il observe que l'éclat bleu dont le Dr A. B. Meyer se sert pour démontrer la présence du sang *tetrix* dans ses Auer-Rackelhähnen n'est pas une raison à faire valoir, attendu que le Coq *urogallus* (qu'il soit adulte ou qu'il soit jeune), de même que sa propre Poule en plumage de Coq, possèdent cet éclat bleu lorsqu'on les regarde de côté et dans un certain jour.

M. Lorenz fut très surpris lorsqu'il connut la description et les dimensions qui avaient été données du Coq examiné par le prof. de Kollicker. C'est seulement, dit-il, l'ignorance des âges du gibier Auer (1) qui a conduit à considérer ce Coq comme *urogallus-Rackelhahn*. Les caractères que l'on a fait valoir en faveur de cette origine ne peuvent convenir qu'au jeune Coq urogalle. à savoir : la queue courte. l'allongement du bec et la couche allongée des longues plumes tectrices des ailes. C'est à tort, selon lui, que M. Meyer dit que les Coqs Auer ont la queue complètement développée lorsqu'ils possèdent encore des plumes du jeune âge. Dans sa première livrée, le jeune Coq Auer a la queue plus courte que celle des adultes ; ce n'est qu'après la deuxième mue que la queue atteint sa longueur définitive (2).

Dans ses Auer-Rackelhähnen, le Dr Meyer parle de la queue des Rackel comme étant arrondie. M. Lorenz comprend, par cette expression « *Rackelstoss* » (queue du Rackel), une queue qui est plus ou moins échancrée, mais non pas *arrondie*. Si la queue est réellement arrondie et plus courte que chez le vieux Coq Auer, ce caractère annonce un jeune ou une Poule recouverte du

(1) *Urogallus*.

(2) La longueur de la queue est, chez les adultes (d'après M. Lorenz), de 32-34 c.; celle des jeunes 22-27 c.

plumage du Coq. Enfin, le petit miroir de l'aile, observé par le docteur sur quelques-uns de ces supposées Auer-Rackelhähnen serait sans signification, parce que tous les jeunes mâles *urogallus* en possèdent un semblable.

M. Lorenz critique maintenant le Coq représenté sur le tableau X, qu'il considère comme femelle en livrée de mâle. Les mesures de cet Oiseau conviennent d'ailleurs fort bien à ce genre de Poule dont il possède un certain nombre de sujets. Bref, tout ce que l'auteur cite, en faveur de la présence du sang de Rackel, est uniquement la caractéristique des Poules en question. M. Lorenz ne met pas en doute que si les parties sexuelles avaient été examinées en temps opportun, on n'eût pu présenter cet Oiseau comme mâle.

En outre, il est convaincu que si M. Henke a obtenu à Archangel une quantité de beaux Coqs Rackel et de belles Poules, comme c'est possible, ce n'étaient que de jeunes spécimens. Dans l'espace de vingt ans, il s'est procuré successivement plus de cent Rackel-hanes ♂ ; parmi eux se trouvaient seulement quatre ou cinq sujets de deux ans environ : tous les autres étaient des jeunes. Quant aux femelles, il n'en trouva qu'une seule adulte sur vingt Poules qu'il obtint. D'après lui, il ne se trouverait que deux adultes parmi les Rackels décrits par le Dr Meyer : c'est celui qui porte le no 12 et celui du Musée de Laibach. Ce dernier Oiseau ne posséderait aucun caractère, à part l'éclat superbe de son plumage, permettant de le classer comme forme nouvelle. Si l'on considère, observe encore M. Lorenz, les variantes dans l'éclat des *tetrix* adultes, il n'est pas surprenant d'apercevoir sur un vieux Rackel-hane, ayant pour père le Tétrix, un éclat plus brillant que chez les exemplaires ordinaires. Son Coq adulte du gouvernement d'Archangel montre aussi un superbe reflet de pourpre; mais il est un peu bleuâtre et moins brillant que chez un vieux spécimen mâle de Nischni-Nowgorod. Chez ce dernier, le violet a un éclat de bronze tout à fait comme chez le Coq de Laibach.

Stérilité ou Fécondité des Rackels. — Leur ossification

Dans les articles que l'on vient de résumer, MM. Lorenz et Henke ont aussi abordé la question de la stérilité ou de la fécondité du gibier Rackel et ont parlé de leur ossification. M. Lorenz, qui n'admet pas, nous l'avons vu (1), que les soi-disant Rackels à

(1) Dans l'art. du Journal für Ornith. de 1891.

type singulier soient issus d'hybrides, fait valoir les recherches microscopiques faites par le prof. A. Tichomirow, de l'Université de Moscou, lesquelles recherches ont, suivant lui, prouvé l'infécondité des Rackels. Il rappelle que le professeur, ayant examiné les parties sexuelles de deux Rackels ♂, reconnut qu'ils étaient d'une cónformation anormale, ayant une tendance à l'hermaphrodisme. — Mais M. Lorenz pense que là ne se trouve pas la seule cause de leur infécondité ; la constitution osseuse joue aussi son rôle. Celle-ci est tellement faible et les os sont si tendres qu'il n'est pas croyable qu'une créature qui la possède puisse vivre longtemps. Tous les Rackels ♂ et ♀ qu'il a préparés, notamment les jeunes Oiseaux revêtus de leur premier habit d'hiver, avaient les os bien plus mous que les *tetrix* du même âge. Chez les femelles, les jeunes pensons-nous, le crâne était parfois si mou que l'on pouvait facilement l'écraser avec la pression du doigt. Ce n'est que chez les très jeunes Poules *urogallus*, portant tout au plus leur seconde livrée, qu'il a rencontré une ossature aussi tendre. — Chez le Coq Rackel, ayant changé au moins deux fois de plumage, le crâne, comme aussi les autres os, sont évidemment plus durs, moins cependant chez les Coqs *tetrix* du même âge.

M. Lorenz met encore en avant un fait qui, selon lui, favorise beaucoup l'opinion de ceux qui considèrent le *T. medius* comme infécond.

La plupart des femelles ne survivraient pas à leur deuxième mue ; elles périraient vers ce moment. En Russie, dit-il, où le Rackel ♂ n'est nullement une rareté et où on obtient tous les ans un grand nombre d'exemplaires, soit au fusil, soit au moyen de lacets, presque tous sont des jeunes dans leur première livrée d'hiver ; les adultes ayant mué plusieurs fois sont excessivement rares. — Voici, d'après le naturaliste de Moscou, comment on reconnaîtrait les jeunes : « Par leur taille plus petite ; par leur queue qui est plus droite ; par les plumes de cette dernière partie qui sont plus étroites. On les reconnaît surtout aux longues plumes qui recouvrent le dessus des ailes, lesquelles appartiennent au plumage du jeune âge. Le vieux Coq est au contraire plus grand ; l'éclat pourpre du jabot et du cou est plus prononcé et plus beau ; cet éclat s'étend jusque sur le dos inférieur. Chez les jeunes, il n'est que faiblement visible en cet endroit. Puis la queue est plus longue, et les plumes les plus (extrêmes ?) se recourbent légèrement à l'intérieur ; chaque plume en outre est plus large et sans bordure blanche ». — Si nous en croyons M. Lorenz, parmi cent sujets, à peine en trouverait-on quatre ou cinq adultes. Ces chiffres sont pour lui d'une grande éloquence; ils corroborent son opinion : à savoir que la plupart des Poules de Rackel périssent dès la deuxième mue. Si ce fait ne se produisait pas, les adultes se rencontreraient forcément en plus grand nombre. — Il prévoit tout de suite l'objection qu'on peut lui faire en disant que le jeune Oiseau, peu méfiant, se laisse approcher plus facilement que les individus d'un certain âge et ayant acquis de l'expérience. Cette objection serait pour lui fondée si le Rackelhane n'était chassé qu'au fusil ; mais le plus communément on prend ce gibier avec des lacets : la prévoyance ne lui sert donc plus, car ces lacets sont posés de telle façon que les vieux Oiseaux ne peuvent même les apercevoir.

Voici une remarque très intéressante, faite par M. Lorenz, sur la mue d'une Poule prise au commencement de l'hiver dans le gouvernement d'Archangel. Cette Poule était probablement dans sa deuxième année de mue ; mais, malgré la saison avancée, elle conservait le vêtement dénudé et usé de l'année précédente, à l'exception de quelques nouvelles plumes de la poitrine et du cou qui formaient un contraste avec les autres. Presque la moitié des plumes de la queue étaient décolorées ; les plumes qui restaient sur les autres parties du corps étaient si rares qu'elles ne pouvaient abriter l'Oiseau contre les rigueurs de la saison. Ainsi, la pauvre bête se trouvait-elle condamnée fatalement à périr, la mue ne devant pas se continuer pendant l'hiver ; car, dit M. Lorenz, la nourriture animale est indispensable au moment du renouvellement du plumage et l'Oiseau n'en eût pu alors trouver. M. Lorenz paraît même surpris de voir que cette Poule ait pu prolonger son existence jusqu'à cette époque ; il pense que ses congénères, mâles et femelles, périssent beaucoup plus tôt, attendu que, dans l'espace de vingt ans, le cas de la Poule d'Archangel ne s'est jamais produit qu'une seule fois. Enfin, et incidemment, il remarque que les Poules Rackel sont beaucoup plus rares que les Coqs ; on n'en rencontre qu'une seule contre dix à quinze Coqs ; cette particularité, étant la règle chez les hybrides, ne le surprend pas.

De tout ce qui vient d'être dit, il conclut qu'il faut accueillir avec beaucoup de réserves l'hypothèse de la fécondité du Rackel, émise par MM. von Tschusi et Meyer ; à son avis, ce gibier est tout à fait incapable de se reproduire. Du reste, dans un *Post-scriptum* ajouté à son article, M. Th. Lorenz fait savoir qu'une Poule *T. medius*, tuée le 5 octobre 1891, et qu'il venait de recevoir, le confirme dans son opinion, à savoir que le *T. medius* ne survit pas à sa deuxième mue. Il reçut cette Poule, en même temps qu'un Rackelhahn dans sa première livrée passée. Le mâle avait déjà complètement terminé sa mue, tandis que la Poule portait encore les plumes de l'année écoulée. Ces plumes étaient sans vie ; un tiers était écorné et la couleur en était passée ; les plumes de la queue étaient aussi écornées à leur extrémité. Quelques plumes nouvelles se laissaient bien apercevoir sur les côtés de la tête et du cou ; mais ces plumes se trouvaient complètement recouvertes par les anciennes. Cette femelle ressemblait donc d'une manière frappante à la Poule d'Archangel ; chez elle, les plumes fraiches étaient encore moins nombreuses que chez cette dernière. Elle allait au devant de la mort ; on ne peut admettre qu'elle était capable de survivre à la saison froide. Lorsqu'elle fut dépouillée, on aperçut à la partie postérieure du corps un dépôt de graisse comme il en existait un dans la cavité du ventre (1).

Contrairement à la manière de voir de M. Lorenz, M. Henke rappelle (2) que le prof. de Köllicker, de Wurtzbourg, examina au microscope les organes générateurs d'un Rackel ♂ et qu'il y rencontra des filaments de semence bien développés et en grande quantité. Il rappelle aussi que M. Modeste Bogdanow (3) regarde également ce gibier comme doué de fécondité. M. Schröder (4) a élevé des bâtards mâles et femelles, issus d'un Coq domestique et d'une Poule *urogallus* ; ces bâtards ont eux-mêmes produit des jeunes avec la volaille (5).

Quant à savoir si le Rackel est capable de vivre longtemps, M. Henke fait savoir que pendant son séjour à Archangel il reçut nombre de Coqs et de Poules beaux et robustes ; une seule fois on lui apporta un Coq d'un an. En outre, la Rackelhenne (la poule Rackel) mentionnée plus haut et qui fut tirée à la fin de l'hiver, près de la ville d'Archangel, était abondamment

---

(1) Cette particularité, qui paraît ne se présenter que chez les Poules au plumage de Coq, et non chez les Poules normales, est cause, suppose M. Lorenz, que cette femelle n'a ni couvé, ni mué.

Le ventre recouvert de vieilles plumes et non des plumes de la mue indiquait d'ailleurs qu'elle n'avait pas couvé. Si elle eût tenu des œufs en incubation, le ventre se serait montré dégarni ou fraîchement recouvert de plumes ; on sait que pendant la période d'incubation des œufs, le ventre des *tetrix* ou des *urogallus* ♀ est entièrement dépourvu de plumes.

(2) Dans le Journal für ornith., n° d'avril 1892.

(3) *Cons. av. imp. ross.*, 1884, p. 36.

(4) Mitth. Orn. Ver Wien, 1880, p. 70.

(5) Il renvoie à Meyer, p. 95.

recouverte de plumes ; on ne pouvait la prendre pour un jeune
sujet. L'ovaire se présentait comme on le trouve d'ordinaire avant
la ponte. M. Henke n'a point non plus constaté de faiblesse dans
l'ossature de six Rackels ♂ et une Rackel ♀ qui ont été à sa
disposition. Les os de cette dernière étaient tout aussi durs et
aussi épais que ceux de l'Auer ou de Birk (*urogallus* et *tetrix*).

Mais M. Lorenz, dans son deuxième article (1), a cru devoir faire
observer à M. Henke que la capture, à la fin de l'hiver, d'un Rackel
richement garni de plumes, ne peut servir d'argument pour
soutenir que ce gibier soit aussi vigoureux que ses deux parents.
Il fait aussi remarquer, en ce qui concerne la faiblesse des os
des hybrides, qu'il n'a fait allusion qu'aux os des Oiseaux frais ;
M. Henke a parlé des os d'Oiseaux desséchés.

Quoique nous ayons eu, nous-même, entre les mains deux
Rackelhanes en chair que nous avons disséqués (les deux Oiseaux
envoyés de Stockolm à la fin de l'hiver 1895 par M. Smidt), nous ne
sommes pas à même de faire connaître notre appréciation sur le
différend qui existe entre M. Lorenz et M. Henke. — Au moment
où ces deux Oiseaux ont été ouverts, nous n'avions à notre disposition ni *urogallus* ni *tetrix* pour établir des points de comparaison. Néanmoins, ayant demandé au préparateur qui a monté
leurs squelettes ce qu'il pensait des os, il nous a répondu qu'il les
avait trouvés bien consistants.

P. S. — Au moment de mettre sous presse, M. Smidt nous annonce
une excellente nouvelle. Il vient d'acheter un Rackelhane ♂ vivant,
né en captivité au commencement du mois de mai : c'est le produit
d'un tetrix ♂ et d'un urogallus ♀, « si bien apprivoisé qu'il prend
la nourriture des mains du gardien ». M. Smidt a la bonté de le
mettre à notre disposition. — Voici l'histoire de ce précieux Oiseau :
M. Anders-Jonsson a, le printemps dernier, réuni un tetrix ♂ et un
urogallus ♀ qu'il retenait en cage ; le résultat de cet appariage fut
une ponte (M. Smidt ignore le nombre d'œufs) d'où sortirent quatre
Rackelhanes, trois mâles et une femelle. Il y a quelques semaines
deux de ces mâles avec la femelle furent vendus à la ménagerie
du Musée Scandinave (Nordische Musees). La femelle est morte ces
jours derniers (2). Quant au mâle restant, M. Smidt, ayant obtenu
l'adresse de M. Jonsson, le lui acheta aussitôt. Il a fait aussi l'acquisition de la femelle morte dont les plumes, malheureusement, sont

(1) Journal für ornith., 1893.
(2) La communication de M. Smidt est du 23 nov. 1896.

très usées par suite du frottement au grillage de la cage. Mais le corps est bien conservé et M. Smidt le fera monter. Cette Poule a fait sa mue ordinaire de première année ; c'est du reste ce qu'ont fait les mâles adultes. L'exemplaire vivant chez M. Smidt égale, par sa taille, celle du grand Coq de bruyère d'un an. La femelle est un peu plus grande qu'une femelle adulte de petit Coq. Son bec prouve principalement son hybridité. — Ces faits que nous racontons, d'après M. Smidt, sont d'un très grand intérêt. Ils prouvent de nouveau la réalité du croisement à l'état sauvage des deux espèces de Tétras. Nous espérons que l'on appariera le mâle vivant avec des femelles d'espèce pure pour savoir s'il les fécondera.

TETRAO UROGALLUS et LAGOPUS ALBUS

(Se reporter p. 545)

N'ayant eu l'occasion de citer encore qu'un seul produit de ces deux espèces et le croisement de celles-ci nous paraissant peu vraisemblable, vu la disproportion dans la taille des parents, nous avions suspecté l'authenticité de ce mélange. Mais de nouveaux sujets conservés, paraît-il, dans le Musée d'Helsingfors (1) comme dans le Musée d'Upsala (2), nous font revenir sur notre première opinion. M. Emile Kariniemi, l'agronome de Kolavi, a d'ailleurs communiqué, à son ami M. Hugo J. Stjernvall, des indications d'où il ressort que le *Lagopus albus* s'accouplerait, mais très rarement, avec l'*urogallus*. Des produits rencontrés à Inavi et à l'Isjok, paroisses de la Laponie septentrionale, auraient été observés dans les bandes de l'*urogallus* ; d'où on a supposé que cette espèce fournit leur mère. M. Kariniemi se sert du mot Kirjava metzo pour les désigner. — Pendant l'automne de 1890, les habitants de la ferme Vesmajàrvi (à Kittilà) prenaient sur l'isthme Pornokaira, à l'aide de pièges et de trappes, un très grand nombre d'*urogallus* ♂ et ♀ ; parmi eux se trouvaient trois des hybrides en question. Ils avaient la grandeur de la Poule urogalle ou étaient de taille un peu moins forte (selon celui qui a rapporté ces faits) ; leur plumage était bariolé de plusieurs pennes blanches. On dit que le kronofodge (3) de la Laponie, M. Ahnger, les acheta.

---

(1) D'après une communication de M. le Dr M. Levander à M. J. Stjernvall.

(2) D'après ce que nous fait savoir M. L. A. de Jagerskiold, docent à l'Université d'Upsala. L'exemplaire n'est pas cependant encore devenu la propriété du Musée ; Il y a seulement été remis pour être empaillé. On pense en faire l'acquisition.

(3) Kronofogde est le titre du receveur des contributions d'un district.

Nous donnons ces renseignements sous toutes réserves, plusieurs erreurs ayant déjà été commises au sujet de ces hybrides qui ont été confondus avec des *albus-tetrix*. Nous avons écrit au kronofodge qui serait possesseur de ces trois pièces ; nous n'avons obtenu aucune réponse. Ce sont peut-être les trois pièces qui figurent aujourd'hui au Musée de l'Université d'Helsingfors, et qui proviennent de la Laponie (1). Nous le saurons sans doute lorsque le baron J.-A. Palmer, prof. de zoologie à l'Université d'Helsingfors et directeur de ce Musée, en aura fait paraître la description, comme il se propose, nous écrit-il, de la faire prochainement (2).

Ayant manifesté à M. Hugo J. Stjernvall notre surprise au sujet du mélange à l'état libre du *Lagopus* (très petite espèce) avec le *Tetrao urogallus* (très grande espèce), celui-ci a cru devoir transmettre nos observations à son ami M. Kariniemi, lequel lui a fait ressortir le fait suivant. Rarement le *tetrix* est rencontré à Inavi, Utsjok et Coutekio, où on a obtenu ces Oiseaux. A cause de cette circonstance, il y a des probabilités pour penser que l'origine des hybrides est bien déterminée. D'ailleurs, ce croisement ne peut paraître étrange pour les naturalistes observateurs. Quand on a vu ces Oiseaux en liberté dans les bois, au moment de l'accouplement, comme l'a fait M. Kariniemi, on s'aperçoit vite que la chose est possible. Il est allé, par plaisir, dans les forêts au moment du spiel ; il a imité le son attrayant de la femelle *Lagopus*. Parfois, le mâle de cette espèce, très lascif, excité à un haut point, est venu se percher sur la tête de l'appelant et, tout en remarquant son erreur, n'en continuait pas moins à porter sa queue debout et à étendre ses ailes. L'amoureux ne craint plus alors les coups de fusil ; il oublie le danger dans sa passion. On voit jusqu'à trois mâles ensemble courant à l'appeau, en se querellant, et quoi que dupés ne pouvant calmer l'ardeur qui les consume. — Aussi, d'après M. Kariniemi, le *Lagopus* ♂ se trouvera-t-il exposé à se jeter sur la Poule *urogallus*, d'autant plus que le cri de celle-ci ressemble beaucoup à celui de la femelle *Lagopus*. M. Kariniemi a lui-même été une fois témoin de la manière dont le mâle *Lagopus* répondait au ton séduisant de la Poule de l'Urogalle et comment ils s'approchait de celle-ci. — Quelques autres chasseurs disent

(1) D'après une correspondance adressée par M. le Dr K. M. Levander à M. Hugo J. Stjernvall.

(2) D'après ce que nous écrit M. le Dr L. A. de Jagerskiold, d'Upsala, on trouverait déjà une notice sur ces Oiseaux dans les « Meddelanden af Societas pro auna et flora feunica, XVIII, p. 217 et 259.

avoir observé le même fait. (On sait que le temps du spiel et de l'appariage est le même pour les deux espèces qui sont polygames). On trouve, en outre, plus de femelles que de mâles chez les urogalles (1) et c'est pendant la nuit que, mêlés sur les mêmes places du spiel, ces Oiseaux s'accouplent. Il peut donc arriver, dit toujours M. Kariniemi, que fortement excités, ils satisfassent leur passion dans l'ombre de la nuit sans se soucier de l'espèce à laquelle appartient la femelle qu'ils sont parvenus à atteindre (2). Comme les autres animaux, ajoute le narrateur, les Oiseaux dégagent, pendant le temps de l'amour, une odeur particulière (*ludor spermæ*), et cette odeur, étant presque la même chez tous les Gallinacés, elle peut attirer les différentes espèces les unes vers les autres, les mâles étant toujours disposés à s'accoupler avec les femelles passionnées.

M. Emile Kariniemi veut bien encore faire part à son ami du fait suivant : « Quand j'étais à Mustialà, pendant les années 1888-90, dit-il, on élevait là dans la captivité un *Strix bubo* ♂. C'était fort intéressant de l'observer au moment de l'amour. L'Oiseau était vraiment aveuglé par la passion ; ne gardant plus son naturel, il marchait sur les cadavres des Poules et des Chats qu'on lui donnait pour nourriture et criait pendant les nuits comme un furieux ». Ce cas lui semble prouver que « les Oiseaux sont complètement aveuglés par la passion qui les tourmente extraordinairement au moment de la reproduction ». Pour nous, il n'acquiert pas une telle importance. Le Dr Wurms (3) cite bien, lui aussi, un Coq *urogallus* apprivoisé qui, en ardeur d'accouplement, se rua sur des bottes que l'on était en train de décrotter. — Mais ce que la captivité prolongée et la domesticité peuvent produire, l'état libre le repousse, et l'animal, à l'état sauvage, libre de ses mouvements, rendu à ses instincts, ne paraît contracter

---

(1) Cette assertion est cependant complétée de la note suivante, écrite par M. Stjernvall : « Ce fait peut se produire dans des contrées où on tire les mâles sur » le spiel. J'ai observé, dans la partie septentrionale inhabitée de la paroisse » Knolajavoi, que les mâles étaient très nombreux, les femelles complètement » rares. J'ai, par exemple, vu une fois en me promenant, à un kilom. des bords » de la rivière Tuntsajoki, sept mâles *urogallus* seuls sans être accompagnés » d'aucune femelle. On peut supposer que ces femelles se cachent avec leurs » petits ; il me semble néanmoins que les femelles sont plus nombreuses, quoiqu'en » disent les ornithologistes ».

(2) Il paraît qu'en dehors du spiel ou de la saison des amours, les *Lagopus* (mâle et femelle) se montrent moins rares. Ils demeurent ensemble pendant l'incubation et l'élevage de leurs petits.

(3) Cit. par Henke, in Journ. für ornith., april 1892.

que tout à fait exceptionnellement des alliances qui paraissent illégitimes.

Cela dit, nous admettons néanmoins que le croisement du *Lagopus albus* et du *Tetrix urogallus* puisse se produire dans la nature, comme se produit celui de cette dernière espèce avec le *tetrix*. Si les deux types sont de taille vraiment très différente, ils sont bien de la même famille, du même genre et ont les mêmes habitudes ; à part leur taille, très distincte l'une de l'autre, ils offrent même, dans leur conformation, de très grandes analogies.

M. Stjernvall, laissant aux observations de son ami la valeur qu'elles ont, ne doute point que le petit *Lagopus* ne puisse s'apparier avec la femelle de l'*urogallus*, se fondant sur l'exemple de la *Querquedula crecca* qui s'allie, pense-t-on, avec l'*Anas boschas* pour produire le Bimaculated Duck (1). La longueur du *Lagopus* ♂, remarque-t-il, est (2) de 396ᵐᵐ ; celle de la Poule urogalle de 668ᵐᵐ ; la proportion est donc de 396 : 668 = 0,592 = 0,6. Or, la même proportion existe à peu près entre les dimensions de l'*A. crecca* et celles de l'*A. boschas*.

Tetrao tetrix et Lagopus mutus

(Se reporter pp. 56 et 552)

Nous avions mentionné au Musée de Varsovie, d'après le prof. Taczanowski, aujourd'hui décédé, un hybride de *T. tetrix* et *L. mutus*, tué à l'état sauvage. — De nouveaux renseignements obtenus sur cette pièce il résulte que l'on aurait affaire au produit bien connu du *Tetrao tetrix* × *Lagopus albus*.

Aucun fait ne confirme donc le mélange du *tetrix* et du *mutus*, mélange qui ne paraît pas cependant irréalisable, vu la parenté des deux espèces.

Tetrao tetrix × Bonasa Betulina

(Se reporter pp. 55 et 654)

Le Norsk Idretsblad (3) signale l'hybride probable de ces deux espèces, abattu récemment par un chasseur à Mykland, Vedenaès (Norwège). Ce journal donne quelques courts détails sur cette pièce

---

(1) Consult. sur ce sujet notre brochure illustrée : *Histoire du Bimaculated Duck* ou *A. Glocitans*.

(2) D'après C. R. Sundström Fauna.

(3) Aarg XIV, nᵒ 5, page 37. Ce journal est publié à Christiana.

obtenue. Cette information nous arrive très tardivement et nous est gracieusement envoyée par M. O. Haase (1).

LAGOPUS ALBUS × BONASA BETULINA

(Se reporter pp. 59 et 555)

Un sujet, assez douteux d'ailleurs, avait pu seul être cité jusqu'alors. Si nous en croyons l'ami de M. Stjernvall, M. Emile Kariniemi, déjà bien des fois nommé, les anciens chasseurs du pays de celui-ci racontent que l'on a vu et tiré des hybrides de la *Bonasa* et du *Lagopus*. M. Kariniemi n'indique pas, toutefois, l'espèce du *Lagopus*. Semblant confirmer ce fait, M. Stjernvall a trouvé, en consultant des revues finlandaises, dans l'article de M. Waren (2), le fait suivant : Nikulainen, de Rantalampi, a raconté à celui-ci que « pendant le mois de décembre de l'année 1855, il tua dans une couvée de Gélinottes, d'abord sept Gélinottes, puis un huitième individu lequel, si l'on considère sa taille et son extérieur, ressemblait à une Gélinotte ; mais ses pattes et ses ailes étaient semblables à celles du *Lagopus*. L'Oiseau était perché dans un arbre (3).

TETRAO TETRIX ET LAGOPUS SCOTICUS

(Se reporter pp. 62 et 560)

M. T. S. Buckley, de Rossal (Inverness), a donné (4) la description d'un nouvel hybride *tetrix* × *scoticus*, tué en décembre 1894, près d'Ardgay (Ross-chire), par un garde-chasse du nom de Ross. « L'Oiseau, dit le narrateur, est un mâle, un très beau spécimen, sombre de ton et montrant çà et là sur son poitrail noir brillant les plumes du *scoticus*. La tête et la queue sont celles de la Poule *tetrix* ; le plumage est davantage tacheté de blanc que chez cette espèce. Peut-être la partie la plus curieuse de l'Oiseau est le pied dont les doigts sont emplumés jusqu'à moitié des ongles, le reste demeure tout à fait nu. En outre, le pied laisse voir distinctement les « pectinations » du *tetrix*, quoique pas aussi étendues que chez cet Oiseau. Les jambes sont bien emplumées ».

(1) M. O. Haase a fait mention de cet hybride dans Ornith. Monat., Nov. 1896, d'après le S'Hubertus qui reproduit l'art du Norsk Idretsblad.

(2) Cet auteur a déjà été cité, et le titre de sa brochure est connu. Nous rappellerons seulement qu'elle se trouve dans les *Meddelanden*, 1881.

(3) Dans ce cas encore l'espèce *Lagopus* n'est pas indiquée.

(4) In Annals of Scottish Natural History, n° du 14 april 1895, p. 125.

C'est par erreur que nous avions nommé (1) M. Burton comme nous ayant communiqué l'Inverness Courrier du 9 novembre 1889, dans lequel on fait mention d'un autre hybride tué à Glen-Mayeran. C'est l'auteur de l'article, M. T. E. Buckley, qui avait eu lui-même la complaisance de nous faire cet envoi. Malheureusement M. Buckley ignore l'adresse de M. Hardy et du garde Ross qui tuèrent l'Oiseau ; de sorte qu'il nous est impossible de demander à ceux-ci la permission de l'examiner (2).

Sous ce titre : *Notes on Grouse* (3), M. Henri H. Sclater a critiqué l'origine d'un Oiseau, présenté par M. Macpherson (4) comme descendant du *scoticus* et du *tetrix*. Ce soi disant hybride est très bien connu de M. Sclater, car il appartient à l'un de ses oncles ; il l'a toujours considéré comme une Poule *tetrix* revêtant la livrée du mâle. De nouveau il vient de l'examiner, et, en présence du sujet, il ne trouve aucune raison de revenir sur sa première opinion. « La taille, dit-il, l'aspect de la tête et des pieds, correspondent tout à fait à ces mêmes parties d'une Poule ordinaire de *tetrix*. « The claws, and the serrations on the side of the toes, ajoute-t-il, do not show the least tendency to resemble the same parts in a Red grouse ; neither is there a trace of Grouse-like feathering on the toes themseleves. Nor can I detect any distinctive character of Red grouse plumage on the body ».

Bref, M. Sclater qui a vu en Norwège un nombre assez élevé de femelles *urogallus*, *tetrix* et *Phasianus* à plumage anormal, considère définitivement que l'Oiseau qu'il critique doit être classé dans la catégorie de ces derniers. Le sexe, que l'on envisage, n'a du reste jamais été reconnu.

M. Macpherson a répondu à M. Sclater qu'il ne maintenait pas son dire outre mesure et qu'il était tout prêt à revenir sur l'opinion qu'il avait émise, l'Oiseau ne lui étant pas suffisamment connu. Il n'a fait, dans l'article qu'il lui consacre, que répéter le dire du propriétaire de l'Oiseau, M. Horrocks.

Désirant nous mettre en mesure de reconnaître les vrais caractères de la pièce en question, nous avons écrit à M. Sclater pour

(1) In 1re partie, *Les Gallinacés*, p. 66 (ou p. 119 des Mém. de la Soc. zool., 1890).
(2) Par erreur encore, nous avions indiqué un M. Macteny comme ayant demandé à M. Buckley d'examiner la pièce. C'est un M. Macleay, lequel monta l'Oiseau. M. Macleay est aujourd'hui décédé.
(3) The Zoologist., Janvier 93, n° 287, pp. 20 et 21.
(4) Dans un volume publié récemment in « *Longman's Fur and Feather Series* », pp. 62 et 63.

le prier de nous la communiquer ; mais celui-ci n'a pu accéder à notre désir, l'Oiseau monté figurant, paraît-il, dans un groupe d'autres Oiseaux.

P. S. — Au moment où nous mettons sous presse, le rév. Macpherson nous fait l'honneur de nous adresser la lettre suivante; nous la reproduisons textuellement : « Carlisle, England, Sept. 30th 1896. — Dear Sir, It may interest you to know that my friend M. Huthart lately shot two male hybrids between *Lyrurus tetrix* and *Lagopus scoticus* upon a shooting in Kirkcudbright. I hope to write a paper on them. He also shot a female hybrid of the same kind. This has the tail, the under tail-coverts and secondaries of the Black Game, but otherwise resembles the Red Grouse. The two male birds were shot earlier than the hen, and are not so perfect in plumage. They have the tail of the Black Grouse, but have much resemblance to the Red Grouse. There can be no doubt that all three birds belonged to the same brood ». Par le Field (1), nous apprenons que c'est le 26 août que ces Oiseaux furent tués ; ils suivaient une femelle *tetrix*.

Nous nous sommes empressé de remercier le Révérend de son aimable communication, mais nous lui avons fait savoir aussi que nous doutions un peu de l'origine attribuée à ces trois Oiseaux. Un grand nombre de Tétras considérés comme hybrides de *Lg. tetrix* × *L. scoticus* ne sont autres que des femelles stériles revêtant l'habit du mâle. — Le Révérend persiste néanmoins dans son dire ; dans une deuxième lettre (où il nous informe incidemment que son ami vient de tirer un quatrième sujet du même genre, une femelle), il nous écrit « que tous les caractères annoncent une double origine ». M. Macpherson étant, comme il le dit fort bien, « un membre vieux de la British Ornithologist's Union et ayant vu beaucoup des deux espèces pures », nous ne nous permettrons pas de critiquer sa manière de voir, puisque d'ailleurs nous ne connaissons aucunement les Oiseaux. — S'il nous était seulement permis d'adresser un reproche d'ami à un aussi aimable correspondant, assez gracieux pour nous signaler les faits d'hybridité qu'il rencontre, nous regretterions que tant de courtoisie n'aille pas aussi loin cependant que celle de beaucoup de ses confrères en ornithologie, lesquels s'empressent, lorsque nous les leur demandons, de nous communiquer les pièces hybrides qui sont à leur disposition. Le rév. Macpherson s'est, en effet, toujours refusé à nous adresser en communication les hybrides dont il dispose ; la

(1) N° du 12 septembre 1896, n° 2.281, p. 464.

seule pièce qu'il nous ait envoyée, et qui avait été désignée comme hybride de *Turdus merula* × *T. torquatus !* n'est à nos yeux qu'un individu très pur de cette dernière espèce, mais dans une phase de plumage peu connue (1). — Nous reconnaissons toutefois que cette circonstance, à savoir que les Tétras obtenus par M. Huthart sont au nombre de quatre, sont jeunes et des deux sexes, milite en faveur de leur hybridité. On ne peut les supposer de vieilles Poules stériles revêtant l'habit du Coq, si souvent, on l'a vu (2), confondues avec des hybrides *tetrix* × *scoticus*. Mais ils pourraient aussi être une variété. Nous remarquerons que ces Tétras ont été annoncés dans le *Field* (3) par M. Robert Raine, un taxidermiste, sous le nom de « Hybrid Grouse and Blackcock », ce taxidermiste les désignant ainsi : « undoubted hybrids which show as much of the Red Grouse as they do of the Blackcock ». En attendant la description que M. Macpherson se propose d'en faire, nous reproduisons celle que M. Robert Raine a écrite dans le *Field* : « The yare both males (il ne connaissait pas encore l'existence des deux femelles au moment où il écrivait), and birds of the year, being only half moulted ; their breasts, which are nearly full feathered, very much resemble that of a very old Cock grouse, being much mottled with white, and their flight feathers are edged with white ; their wings on the shoulders are also very curiously marked with white, but the white speculum so conspicuous in the Blackcock is quite absent, and the secondaries are each tipped with white ; their tails are quite black, but do not show the least inclination to curve ; their tarsis and half of their toes are thickly feathered, the rest quite clean and without any spines, as in the true Blackcock, which are only feathered to the junction of the toes ».

Après cette description, M. Raine fait savoir qu'il se rappelle un autre cas d'hybridisme semblable, lequel fut observé à Scone Palace, Dunkled, et mentionné dans la Badmington Library.

TETRAO TETRIX ET LAGOPUS ALBUS

(Se reporter pp. 67 et 571)

Nous avons à signaler deux nouveaux exemplaires chez MM. Hugo

(1) Voy. la réfutation que nous en avons faite pp. 805, 806 et 807, et aussi dans le Bull. de la Soc. Zool. de France (année 1895).
(2) Nous avons cité plusieurs exemples.
(3) N° du 5 septembre 1895, n° 2,280, p. 422.

et Oskar Utterström, de Pajola (Suède). Ces Oiseaux ont été empaillés par M. Koltholf, conservateur à l'Académie d'Upsala. Ils sont des deux sexes. Le Coq a été pris au piège à Kangos, près de la paroisse de Pajala, district du Norbotten ; la femelle a été capturée de la même manière à Kengis, même paroisse et même district. Ils sont, paraît-il, fort bien conservés (1).

L'auteur de l'article déjà cité : « *Bidrag Kännedomenom Jemtlands och Herjeadalens fauna* » (2) fait savoir que deux autres hybrides de ce genre ont été attrapés dans un piège, à Sunne, et portés au marché d'Ostersund le 18 novembre 1895; mais que le cou ayant été abîmé par le piège, ils n'ont pu être conservés. Nous pensons qu'ils n'ont point été décrits. Nous apprenons par l'article en question que « le livre d'esquisses d'animaux de Sturber, ayant été montré à l'horloger K. Freman de cette ville, (qui avait examiné les hybrides en question), déclara que l'esquisse de la 'Perdrix de neige (*Lagopototrix lagopoides*, pensons-nous), leur ressemblait, non point seulement parce qu'ils avaient le dos tout blanc, mais surtout parce qu'ils avaient la tête et les pattes comme sur l'esquisse, ainsi que la queue foncée et en forme de pointe ».

Dans l'automne de la même année, la police de santé de la ville aurait vu un métis semblable porté au marché (3).

De telles indications sont certainement intéressantes ; malheureusement elles ne sont pas assez complètes pour nous permettre d'affirmer l'authenticité de ces hybrides très difficiles à diagnostiquer.

D'après M. Emile Kariniemi, le Riekkoteiri (c'est-à dire le Riporre) serait très rare, presque inconnu dans son pays ; on n'en possède pas au Musée d'Helsingfors. M. Stjernvall nous avait signalé en Laponie l'existence d'un *Lagopus × tetrix* que nous avions mentionné p. 572. Cet Oiseau se trouvait alors chez deux de ses amis à Muoniofaû. Mais ceux-ci ont changé de localité. M. Stjernvall se propose d'écrire à M. P. Fersström, à Kareserando (200 kil. de Muonia) espérant que l'on pourra nous procurer cet exemplaire. — Un autre de ses amis, M. le curé de Neovinus, lui fait savoir

---

(1) Ces renseignements nous sont fournis directement par MM. Utterström ; mais c'est M. Hugo J. Stjernvall qui a bien voulu nous signaler ces intéressants hybrides. Ils sont à vendre ; le prix très élevé que l'on en demande ne nous a pas permis d'en faire l'acquisition. On nous les avait indiqués comme hybrides de *Lagopus albus × Tetrao urogallus*. M. L. A. de Jagerskiold, ami de M. Kolthoff, qui les a préparés, nous assure qu'il ne peut être question que d'hybrides *tetrix × Lagopus*.

(2) Conseils pour la connaissance des Oiseaux du Jemtland et de Herjeadalens.

(3) Renseignement fourni dans le même article.

incidemment qu'il se rappelle avoir vu, en quelque lieu, un *Lag. albus* × *Tetrao tetrix*. Notre dévoué correspondant veut bien encore se charger de nous obtenir des renseignements supplémentaires sur cette nouvelle pièce; nous le remercions à l'avance de son obligeance.

M. Th. Lorenz, dans l'article du Journal für Ornithologie (1), que nous avons en partie analysé, s'est occupé de quatre Poules Birk (*tetrix*) représentées sur l'un des tableaux de l'ouvrage du Dr A. M. Meyer et qui, a-t-on dit, doivent être des hybrides de *Lagopus albus* × *Tetrao tetrix*. M. Th. Lorenz ne voit chez ces quatre Oiseaux aucune marque rappelant la Poule de neige ; ce sont pour lui simplement des *Birkhennen*, c'est-à-dire des Poules de *tetrix* affectées d'albinisme. M. Lorenz ne peut comprendre pour quelle raison ces bâtards supposés ont la queue blanche, alors que la Poule *Tetrao tetrix* et la Poule *Lagopus albus* n'en possèdent, ni l'une ni l'autre, de semblable ; d'autant moins que, chez cette dernière espèce, le mâle et la femelle ont à chaque saison la queue noire. M. Lorenz a possédé de telles variétés et n'a jamais pu s'apercevoir chez elles d'aucune marque indiquant le *Lagopus albus*.

Il constate, en passant, que le *Tetrao lagopoides* (Nils) se présente sous deux formes : 1° *L. albus* ♂ × *T. tetrix* ♀ ; 2° *T. tetrix* ♂ × *L. albus* ♀. La première forme se rencontre plus souvent que la seconde ; cette dernière est extrêmement rare. Les mâles et les femelles sont de grande taille et ont bien plus de noir que de blanc. La première forme laisse voir, au contraire, plus de blanc que de noir. Chez la plus forte, ajoute-t-il, les plumes brunes rappellent d'une manière très accentuée la Poule *tetrix*, avec une moindre quantité de couleur blanche ; par contre, la plus petite forme laisse presque voir, sur les plumes sombres, la marque distinctive du *Lagopus albus* dans le vêtement d'automne, à part ceci : que le fond du ton de plumage n'est pas brun rouge, mais brun jaune. Il estime en conséquence que le ♂ *Tetrao-Lagopoides*, représenté au premier plan sur la planche de l'ouvrage du Dr Meyer, appartient à la plus petite forme et est d'origine *Lagopus albus* ♂ × *Tetrao tetrix* ♀. Au contraire, la femelle qui se tient près de cet Oiseau appartient à la plus grande forme et provient donc du *T. tetrix* ♂ × *Lagopus albus* ♀. Il a, d'ailleurs, minutieusement examiné l'original femelle dans le Musée de l'Université de Saint-Pétersbourg. — Deux mâles de la plus

(1) N° d'octobre 1891, p. 405-412.

grande forme, fait-il savoir, se rencontrent dans le Musée de l'Université de Moscou ; l'un de ces Coqs a quelques plumes du cou appartenant à la livrée d'automne. Il en a vu un troisième chez un amateur de Saint-Pétersbourg ; ce mâle avait aussi des plumes brunes de la livrée d'hiver. La plupart des Oiseaux qu'il a examinés, et qu'il a obtenus dans le courant de vingt années, appartenaient à la petite forme, soit à la combinaison *Lagopus albus* ♂ × *T. tetrix* ♀.

Les différences que signale M. Th. Lorenz méritent d'être considérées ; elles sont réelles, pensons-nous. Nous avons eu l'occasion de les constater, au moins en partie, sur les échantillons qui nous ont été communiqués. Nous en avons reçu de grands, mais ceux-ci, autant que nous pouvons nous le rappeler, étaient en majorité. Nous ne soupçonnons pas cependant deux origines chez le *Lagopus albus* × *Tetrao tetrix* ; nous pensons que cette dernière espèce est toujours appelée à jouer le rôle du mâle. Nous ne nous expliquons donc pas les différences de taille que nous constatons chez les divers individus qui nous ont été présentés. Nous avons aussi remarqué des différences dans la coloration que nous ne nous expliquons pas davantage ; nous les attribuons aux degrés divers de mue que traversent les Oiseaux. — Les explications fournies par M. Lorenz, qui donneraient la clef de ces différences, doivent-elles être acceptées ?

M. Henke a bien raison de dire (1) que si M. Lorenz faisait construire une volière d'élevage dans le Nord, pays où on peut se procurer sans difficulté les espèces composantes, on pourrait alors apporter des faits positifs à l'appui de sa manière de voir, ou contre son opinion.

M. Henke a lui-même fait connaître son appréciation sur les quatre Oiseaux du tableau XV ; il ne pense pas qu'il soit si facile de les déclarer albinos, comme le fait M. Lorenz : pour bien les comprendre, il faut se pénétrer du texte de l'ouvrage. Si ces Poules sont seulement frappées d'albinisme, comment explique-t-on, se demande M. Henke, qu'elles soient en même temps sujettes au mélanisme, car elles portent des marques noires aux places mêmes où la femelle du *tetrix* n'en possède pas! La difficulté d'expliquer la couleur blanche de la queue se résout: si l'on songe que, dans son vêtement noir, le *Lagopus* a encore le bas de la queue de cette couleur et que, de plus, il a de fortes pennes

---

(1) A la fin de son article publié dans le *Journal für Ornith.*, april 1892, p. 170 et suiv.

blanches médianes. Mais l'albinisme est incapable de changer les formes des ailes. Or, chez ces Oiseaux, la septième penne de l'aile est plus courte que la première, tandis que cette penne se trouve plus longue chez le *tetrix*, etc.

Quant à la question de savoir si le renversement des termes père et mère est un fait dans le mélange d'où proviennent ces hybrides, M. Henke reconnaît que l'opinion pour et l'opinion contre sont d'égale valeur.

Nous avons cru devoir mettre nos lecteurs au courant des discussions qui se sont produites entre M. Lorenz et M. Henke; elles nous ont paru intéressantes.

Genre Euplocamus

(Se reporter pp. 81 et 595)

Nous sommes toujours sans indications précises sur les croisements que contracteraient entre eux plusieurs des espèces (ou variétés) de ce genre. Beaucoup de lettres, que nous avons écrites dans l'Hindoustan et l'Indo-Chine, sont restées sans réponse et les correspondances qui nous sont parvenues sont sans intérêt. Nous voulons cependant remercier MM. R. G. Woodthrope du *« Bengalore united service club »* à Bombay ; A. R. Birks, offq. commissionner of the Arakan division à Akyab ; Th. Heensheet. à Paletu, pour tout l'empressement qu'ils ont mis à nous répondre, la bonne volonté de nous obliger qu'ils nous ont témoignée, et les informations qu'eux-mêmes ont essayé de prendre pour nous. — Des peaux nous sont promises ; parmi celles qui nous parviendront, peut-être découvrirons-nous quelques croisements ?

PHASIANUS VULGARIS ET PHASIANUS REEVESI

(Se reporter pp. 83 et 600)

M. Sigismond C. de Trafford (Croston hall, Preston), fait savoir (1) qu'il eut, dans ses coverts, il y a quelques années, un Coq Faisan croisé du Faisan commun et du Faisan de Reeves. Il pense que cet Oiseau provient d'un œuf importé d'Elvedon, où il s'était procuré des œufs. L'Oiseau atteint une très forte taille. A la deuxième saison de reproduction, son garde-chasse le prit pour le faire reproduire et lui donna six Poules ordinaires. On l'enferma

(1) Dans le *Field* 1896 (n° de fin février ?).

pendant quelques semaines ; mais on fut obligé de le séparer de ces Poules. Il était très emporté, et ne les fécondait pas ; aucun doute qu'il ne fût un mulet.

Cet exemple montre, comme nous l'avons déjà remarqué (1), que dans les réserves anglaises, et sans doute dans beaucoup d'autres chasses réservées, la présence d'un hybride ne prouve pas que cet hybride soit né à l'état sauvage.

Le duc de Bradford veut bien nous faire savoir d'ailleurs, par l'entremise de M. John Thornhill, qu'il possède l'hybride de ces deux espèces obtenu dans ses chasses, *où il a introduit* le *reevesi*.

PHASIANUS VULGARIS ET PH. WALLICHII

Ce nouveau croisement a aussi été obtenu dans les chasses du duc ; il n'est dû encore qu'à l'importation des deux espèces mises en présence l'une de l'autre dans un habitat où elles n'existaient pas naturellement.

Il en est de même du croisement du : .

PHASIANUS VULGARIS × EUPLOCAMUS,

ainsi que des mélanges du :

PHASIANUS WALLICHII × EUPLOCAMUS

et du :

PHASIANUS VULGARIS × THAUMALEA AMHERSTIÆ,

observés dans les mêmes bois.

Tout d'abord nous avions été très surpris d'apprendre que ces diverses espèces s'étaient mélangées en liberté, car M. Thornhill, qui voulait bien nous signaler leurs croisements de la part du duc de Bradford, nous affirmait qu'ils avaient eu lieu à l'état sauvage. Mais notre étonnement a cessé lorsque nous avons appris que ces diverses espèces avaient été lâchées dans les bois du duc en Angleterre, et en nombre considérable (2). Ce ne sont pas à proprement parler, répétons le, des hybrides sauvages ; ils n'ont été produits que par suite du rapprochement d'espèces distinctes, importées dans un habitat différent de leur lieu d'origine. — Nous n'avons pas vu ces différents produits

_____

(1) Voy. à ce sujet un article publié dans le Zoologist (vol. XX, n° 238, oct. 1896) dans lequel on parle de la ménagerie du duc et des Faisans de toutes sortes, et de toutes espèces, lâchés à profusion dans ses réserves *où ils se mélangent parfois.*
(2) P. 93 et 603.

et nous ne possédons aucune indication sur leurs caractères mélangés. Le duc n'a pu nous les communiquer, parce qu'ils sont sous verre. Ils présentent d'ailleurs peu d'intérêt pour nos études.

Genres Phasianus et Tetrao

TETRAO TETRIX × PHASIANUS VULGARIS

(Se reporter pp. 87 et 612)

Nous avons fait l'acquisition de l'hybride tué (1) pendant une « Grouse drive » à Loftus Moor, Cleveland (2), et annoncé dans le Field (3), par M. F. H. Nelson, de Redcar, dans les mains duquel il était tombé. Cet Oiseau présente beaucoup d'analogies, avec celui de M. Turner (4), quoiqu'il soit un peu plus foncé. Tel qu'il est empaillé, il est cependant plus fort et beaucoup plus épais. Sa queue, au moins les premières plumes, sont aussi plus claires que celles de l'Oiseau auquel nous le comparons. Sous une partie du poitrail, il existe des plumes lancéolées ; le poitrail est recouvert d'une teinte noire violacée brillante, indiquant que l'Oiseau est plus avancé en couleur que celui de M. Turner. A part cela, nous le répétons, c'est le même Oiseau, avec la couleur du dos grisâtre, la tête de même ton, le même genre de plumes. Tout autour de l'œil la peau devait être nue ; actuellement elle est d'un gris blanchâtre. Le Dr Bowdler Sharpe et M. W. B. Ogilvie Grant, qui l'ont vu, l'ont déclaré hybride de tetrix ♂ et de Phasianus ♀. Il n'existe point, paraît-il, de tetrix indigènes dans le Cleveland ; le gibier noir « nearest native » se trouve dans la Wear valley, à plus de cinquante milles de Loftus.

Les éditeurs du Field (5), à la suite de l'article de M. Nelson faisant connaître l'hybride que nous venons de décrire, annonçaient qu'un produit semblable avait été tué à Mull, et envoyé à Londres chez M. Roland Ward, pour y être préparé.

Cet Oiseau se trouve maintenant chez le capitaine Michael Murphy. Le capitaine n'a osé nous le communiquer parce qu'il n'en est pas le propriétaire, et que d'ailleurs l'Oiseau est monté sous un grand verre.

(1) Vers la fin d'octobre 1894.
(2) District N. E. du Yorkshire.
(3) Du 7 décembre 1895, n° 221, vol. 86, p. 946.
(4) Cit. p. 613.
(5) N° 2,241, 7 déc. 1895, p. 946, vol. 86.

Dans la liste (1) des nombreux hybrides des deux espèces dont nous nous occupons (espèces qui appartiennent, suivant les zoologistes, à deux genres distincts, ou plutôt à deux familles), nous avons omis de mentionner une paire d'Oiseaux tués en 1883 au château de Loudun (Ayrshire), et signalés dans les Proceedings and Transactions of the Natural history of Glasgow (2). On dit de l'Oiseau, représenté sur la planche III, que c'est un spécimen remarquablement beau conservé au Paisley Museum, qu'il fut tué au mois de décembre et que son compagnon, un mâle comme lui, avait été abattu dès le mois de novembre. Ce dernier appartient à M. Mathew Hodgart. La chair de ces Oiseaux avait plutôt le goût du *tetrix* que le goût du Faisan. L'estomac de l'Oiseau tué le dernier contenait des feuilles, des graines d'*Atriplex* (arroche) et du quartz.

Voici leur description d'après M. Craibe Angus :

« In contour, or general appearence, both Birds partake more of the character of the Blackcock than of the Pheasant ; but in size they are superior to either, although the Bird last killed hardly turned more than 3 1/2 pounds.

» The head, back of the neck, rump, and lower surface of the body, are of a lustrous bluish-brown ; back, wing-coverts, and outer webs of the primaries, (of wich the third and the fourth are the longest), barred or variegated with brownish-white, suggesting the markings of the Pheasant ; tibial joints and tail, which is broad and fan-shaped, have the feathers mottled, shading into black at the extremities ; red skinny spaces at the eyes as in the Blackcock ; feet and claws as in the Pheasant.

» The two Birds, although strongly ressembling each other, differ more particulary in the colouring of the feathers on the lower surface of the body. These, in the Bird first killed, are barred with white and brown, suggesting the normal markings of the Pheasant ; while, on the Bird that longest escaped the gun, the variegated feathers have been replaced by others wholly bluish brown, doubtless having their origin in the male parent indeed, the variation of the plumage in its change towards the adult state shows a tendency towards the sable colouring of the Blackcock and the obliteration of the reddish hung of the Pheasant ».

Le descripteur ajoute que les habitudes de ces Oiseaux diffé-

(1) P. 92.

(2) Vol. 1, p. 260 (New Series, part. II, 1884-85, with 3 plates), Glasgow, 1886. L'article est intitulé : « *Notes on a hybrid between a Blackcock and a Pheasant* ».

raient à peine de celles des Oiseaux avec lesquels ils furent élevés,
excepté qu'ils étaient plus timides et qu'ils s'éloignaient davantage
du lieu où le garde leur portait la nourriture. Plus haut il avait
dit qu'ils étaient éclos pendant la saison de 1883, *dans les poulaillers* (1), sur les terres du château !

Peut-on classer de tels Oiseaux parmi les Oiseaux sauvages ?
Ces métis décidément ne peuvent être considérés que comme des
produits de semi-liberté (2).

Phasianus vulgaris et Tetrao urogallus

(Se reporter pp. 621)

En signalant un produit de ce mélange dans la collection de
M. Walter Rotschild à Tring, nous disions que c'était un exemplaire unique. Nous écrivions au commencement de l'année 1895.
Cependant, un autre hybride était abattu vers la fin de la même
année (3), à Monymusk, propriété de sir Arthur Grant (4). Celui-ci
a bien voulu nous adresser deux photographies représentant le
curieux échantillon ; l'une le montre presque de face, l'autre de
côté.

En nous offrant gracieusement ces dessins, sir Arthur Grant
nous fait connaître les particularités et les circonstances dans
lesquelles il a été obtenu.

Cette pièce intéressante avait été aperçue bien des fois par ses
garde-chasse ; elle suivait une compagnie de Faisans sauvages
et venait régulièrement manger le maïs que les gardes jettent
dans les bois pour le gibier. Le jour où elle fut tuée, elle courait
devant les rabatteurs. — Tout à coup un garde s'écria : « Sir Arthur !
un Capercaillie (5) court en avant ». N'ayant jamais vu de Coq de
Bruyère courant, le baronnet lui répondit que la chose n'était pas
possible : que c'était un Dindon égaré. Mais l'Oiseau tourna

(1) Coops.
(2) M. W. Gralbe Angus fait savoir dans son article que la peinture qui a servi
à représenter « dans les dernières éditions de l'*Histoire de Selborne* » le premier
spécimen « Tetrix × Faisan commun », (mentionné par nous p. 87, ou p. 340 des
Mémoires de la Soc. Zoolog. de France, 1890), se trouve encore actuellement à
la maison de l'auteur estimé, maison, ajoute M. Angus, qui est devenue « sacred to
all English-speaking pilgrims ».
(3) Au mois de novembre.
(4) V. p. 123, n° d'april 1896, des Annals of Scottish Nat. Hist., (a Quaterly
Magazin edited by J. A. Harvie Brown et autres à Edinburg, chez David Douglas).
(5) Le grand Coq de Bruyère.

aussitôt sa queue pointue déchirée, et sir Arthur reconnut qu'il avait affaire à un hybride de Faisan et de Coq de Bruyère. La bête s'était élevée dans l'air, un coup de fusil l'abattit. Elle pesait cinq livres.

Sir Grant croit qu'elle provient d'un Coq de bruyère et d'une Poule Faisane. On sait que M. J. G. Millais, qui a figuré dans son ouvrage l'individu appartenant à W. Rotschild, pense que cette répartition dans les sexes n'est pas possible et opine pour le croisement inverse. On ne peut discuter cet avis actuellement ; néanmoins nous croyons que c'est le dire de sir Grant qui est le mieux fondé. C'est toujours, en effet, le *tetrix* ♂ qui contracte des mélanges avec des Poules en dehors de son espèce ; toutefois son congénère l'*urogallus*, privé des siennes, peut se comporter de la même façon.

Mais revenons à notre sujet. L'Oiseau qui nous occupe est un jeune mâle ; il est de couleur sombre ; le type Faisan apparaît spécialement dans le plumage de la tête et du cou, ainsi que dans la forme de la tête et des pieds, quoique ces parties aient quelques caractères du Coq de bruyère. La queue est celle d'un Faisan, mais plus courte et plus large ; elle est lamée comme chez cette espèce. La poitrine ressemble davantage à celle du Coq de bruyère, tout en montrant les traces du cuivré du Faisan. Une peau rouge se développe sur et sous l'œil ; chez le Coq de bruyère cette partie nue existe seulement au-dessus de l'œil. L'Oiseau aurait eu le cou du Faisan s'il eût été tué un mois plus tard ; dans l'état actuel, le plumage de cette partie et de la tête est très peu poussé. Telle qu'elle est maintenant empaillée, la pièce mesure 17 pouces en hauteur, et 29 pouces en longueur depuis le bec jusqu'à la queue. Un Coq de bruyère qui est placé près d'elle a 19 pouces en hauteur.

Ces indications sont extraites de la correspondance que nous avons échangée avec le possesseur de ce rare objet. Nous pourrions peut-être les compléter en nous reportant à l'article écrit (1) par M. G. Sim, d'Aberden, taxidermiste qui a monté l'Oiseau. — Il dit que cet hybride « est plus élevé en taille que ne l'est le Faisan. La forme de la tête, du bec et des pieds sont de ce type. La queue, comme forme et comme dessin, en est aussi, quoique point aussi allongée. Les plumes du dos sont marquées comme celles du Capercaillie, mais teintées du brun doré du Faisan. Le cou, la poitrine et l'abdomen sont tout à fait colorés comme chez le Coq

_____

(1) P. 123 des Annals of Scott. Nat. Hist., sous ce titre : « *Hybrid between Capercaillie and Pheasant* ».

de bruyère et le tarse est emplumé dans la moitié de sa longueur».

Ces renseignements concordent bien avec ceux qui nous sont donnés par sir Arthur Grant. — L'Oiseau paraît donc beaucoup plus Faisan qu'*urogallus*, comme c'est le cas dans l'hybride du Musée de Tring (autant que nous pouvons en juger par l'aquarelle et les photographies que nous possédons). Le bec, cependant, tel qu'il est photographié, paraît beaucoup plus fort et plus large, et peut-être plus arqué que celui du Faisan ; il a, nous semble-t-il, quelque peu l'aspect de celui du grand Coq de bruyère ; cependant, ni sir Grant, ni M. Sim ne le disent.

Cet hybride est encore le résultat d'une importation : celle de l'*urogallus* à Strathdon. Ce gibier était éteint en Ecosse ; sir Arthur Grant pense que le duc Athole l'introduisit dans le Perthshire. Le premier *urogallus*, nous dit-il, se montra dans ces terres en 1888. Maintenant il est devenu commun. Dans une partie de chasse, donnée la semaine dernière (1), on en tua cinq ; le baronnet en abattit même jusqu'à huit dans une même journée.

Ce ne serait donc point son absolue rareté qui l'aurait déterminé à contracter une alliance étrangère ; il peut se faire, toutefois, que dans ces chasses réservées, le nombre des mâles excède celui des femelles, ou que l'Oiseau n'ait point trouvé à s'accoupler parmi les siens (2).

PHASIANUS VULGARIS ET CANACE OBSCURA (3)

M. Edward P. Tomkinson, retired Lieutenant R. N. (Pasadura, Californie), fait savoir dans le Field (4), que pendant l'été de 1894 qu'il passa à l'île Vancouver, il remarqua dans un hôtel, appelé le Goye et situé sur les Jardins Victoria, un Oiseau empaillé combinant les caractères du Faisan et de la « Blue grouse ». Il en donne la description sommaire suivante : « breast of the Cock pheasant, albeit the feathers are not so bright in colours; the tail of the grouse ».

Afin d'obtenir des renseignements plus complets sur cette pièce qui peut présenter un réel intérêt, nous avons écrit au Lieutenant et au directeur de l'hôtel. La lettre du premier ne nous donne

(1) La lettre de sir Arthur Grant est datée du 2 novembre 1896.

(2) L'Ornith. Monatsberichte du dr Reichenow indique sommairement (p. 147, no 9, septembre 1896, d'après les Annal. Scott), le fait que nous venons de raconter.

(3) Autres noms scientifiques du même Oiseau : « *Tetrao obscurus, Dendragopus obscurus* ». (C'est la Blue grouse, ou Gray grouse, ou encore Pine et Duskey grouse).

(4) No du 29 février 96 (?).

aucun détail nouveau ; mais M. F. C. Davice, le maître de l'hôtel des « Victoria Gardens », nous renseigne assez bien, quoiqu'il ignore absolument ce que peut être une telle pièce. L'Oiseau fut abattu par lui-même il y a sept ans environ : c'est un bel échantillon, nous dit-il, aux caractères combinés des deux espèces. M. Davice a tué un si grand nombre de spécimens des deux types, qu'il connaît jusqu'à chacune de leurs plumes ; il ne doit donc pas faire erreur.

Les jambes de l'hybride supposé sont plus courtes que celles du Faisan, mais il a les doigts plus longs que ne les a cette espèce. Il serait plus grand que l'un ou l'autre de ses progéniteurs. Le cou est court et les plumes sont de couleur sombre. On aperçoit un signe autour du collier.—M. Davice tua deux Poules appartenant au même sang ; comme l'Oiseau décrit, elles avaient les plumes semblables à celles de la Poule faisane, mais de ton beaucoup plus foncé.

Remarquons que le Faisan en Amérique ne peut provenir que d'importations (1).

GALLUS DOMESTICUS ET PHASIANUS VULGARIS

(Se reporter pp. 104 et 622)

M. Craibe Angus rappelle (2) qu'il a fait connaître dans le

---

(1) PHASIANUS VULGARIS ET PERDRIX CINEREA. — Nous ne pouvons nous décider à faire figurer ce croisement dans nos listes. Cependant, une personne respectable grand amateur et éleveur de gibier. nous assure qu'un de ses voisins tua à la chasse il y a peu de temps un Perdreau né d'une Perdrix grise et d'un Faisan des bois. On lui a apporté cet hybride supposé et elle nous dit que le doute n'est point possible. « L'Oiseau avait toutes les performances (sic) de la Perdrix grise ; les pattes et le bec étaient aussi de cette espèce ; mais les plumes de la gorge et du cou, ainsi que celles du dos, étaient celles du Faisan des bois. On dit qu'il y a toute une compagnie de ces Oiseaux dans les environs ». Nous croirons lorsque nous aurons vu ; en attendant, nous soupçonnons fort l'Oiseau de n'être qu'une variété de plumage comme est celle qui nous a été communiquée par le prof. Doderlin (cit. p. 624 en note), quoiqu'elle nous ait été envoyée comme hybride de Coq de basse-cour et de Perdrix. — P. S. Une nouvelle lettre confirme ce qui nous a été dit sur l'hybride de Faisan des bois et Perdrix grise. L'Oiseau n'est pas isolé, plusieurs personnes ont vu d'autres Oiseaux semblables. Il y en avait une bande composée de dix sujets dont un seul, celui dont nous parlons, a pu être abattu. Le propriétaire de la chasse, un docteur en renom, a donné ordre à ces gardes de les surveiller et d'apporter à notre correspondant ceux qu'ils auront pu abattre. Nous souhaitons vivement que l'un de ces Perdrix puisse être atteinte afin qu'elle fasse l'objet d'un examen attentif. Mais nous pensons toujours que ces Oiseaux ne sont qu'une variété de la Perdrix grise.

(2) In the Proceedings and Transactions of the Nat. History Soc. of Glasgow, vol. I, (New. Series), part. II, 1884-85, Glasgow, 1886.

Zoologist (1) un hybride de Faisan ♂ et de Poule « Barn-door », rencontré en Aberdeenshire. « Ce sujet, dit-il, tient plus par son caractère du parent mâle que du parent femelle ; dans ses habitudes il était très pillard. Il s'éloignait aussi plus loin des terres (2) où il avait l'habitude de percher, que ne le faisaient les Faisans avec lesquels il avait été élevé. Quelquefois il demeurait absent tout une journée, et cela se renouvelait pendant une semaine entière. Toutefois, pour se coucher, il retournait vers la nuit à son lieu habituel, se perchant sur les arbres les plus élevés de la jolie maison de Tillerg, où il était éclos.

L'auteur du récit donne les renseignements complémentaires suivants :

« At an early age it evinced an unsociable and cruel disposition towards the Birds-fowls and Pheasants among which it was reared, and would suffer none of them to come near it. In the spring following its incubation, the bird wrought much havock among the Pheasants ; and the keeper, who in this instance was long-suffering and took great delight in watching its habits, had reluctanly to shoot it to save his brood ».

EUPLOCAMUS NYCTHEMERUS ET GALLUS DOMESTICUS

M. E. Wagg, de Londres, que nous avons déjà nommé, veut bien nous faire savoir qu'il abattit l'année passée, c'est-à-dire en 1895, un Oiseau qui était le produit d'un croisement entre le « Silver pheasant » (*E. nycthemerus*) et la « Barn-door fowl » (Variété de Poule). Évidemment un tel Oiseau ne peut être qu'un échappé de captivité, de quelque volière ou faisanderie des environs.

Ce fait, et le précédent, ne peuvent être mis au nombre des croisements à l'état sauvage.

(1) P. 261 et 262, année 1871.
(2) Its roosting-ground.

ORDRE DES PALMIPÈDES

Famille des Anatidés

Avant de faire connaître les hybrides de cette famille, obtenus à l'état sauvage, nous avons eu soin de remarquer (1) que beaucoup de ces individus ont pris naissance en captivité : ce sont des échappés de la domesticité, dans laquelle ils ont tout d'abord vécu. — Voici encore, parmi tant d'autres, un fait qui corrobore notre dire. Il est raconté par M. C. Pogge, lequel a, dans le voisinage de Donaneschingen, c'est-à-dire à plusieurs lieues du parc qui porte ce nom, observé des produits de l'*A. boschas* × *A. domesticus*. Or, ces métis ne sont autres que des échappés d'un groupe des mêmes Oiseaux qu'on retient en grand nombre sur l'étang ou réservoir du parc.

M. Rogeron, du château de l'Arceau, près Angers, nous fait aussi savoir que les deux Canes métisses, *Ch. streperus* × *A. boschas*, qu'il avait obtenues à grande peine (2), ont disparu peu à peu de l'endroit où on les gardait. A quelque jour, dans une contrée éloignée, elles pourront être abattues par le fusil de chasseurs et regardées comme hybrides sauvages. alors qu'elles ne sont que des produits domestiques. — Que de cas semblables nous sont rapportés depuis que nous nous occupons d'hybrides ! M. Ed. Hart, qui possède le beau Musée ornithologique de Christchurch, nous fait savoir qu'il partage absolument notre manière de voir (exprimée notamment pp. 474, 475 et 706. au sujet des Anatidés blessés. Pour lui, beaucoup de Canards tirés et touchés, incapables. à cause de leurs blessures, d'accompagner les leurs dans les migrations du printemps, se trouvent contraints de fréquenter des eaux où souvent ils se rencontrent avec des Oiseaux vivant en semi liberté et auxquels bientôt ils s'apparient.

Aussi, tant qu'on n'aura pas pu surprendre, en accouplement, les parents des hybrides·rencontrés à l'état libre, tant au moins qu'on n'aura pu voir ceux-ci appariés ou couvant ensemble, on devra

---

(1) P. 494.

(2) Il en a été question à l'article *A. boschas* × *Ch. streperus*, et nous en reparlerons bientôt.

apporter une grande circonspection au sujet des produits hybrides observés à l'état sauvage. — Nous disons intentionnellement à de rares intervalles, pour nous permettre de rappeler leur très grande rareté : des decoymen (1), qui ont passé leur existence dans des canardières, n'en ont jamais rencontré. C'est ainsi que le decoyman du cap. Pretyman ne se souvient avoir vu dans l'appeau (où furent prises les deux pièces qui nous ont été si gracieusement offertes)(2), aucun autre hybride, quoiqu'il ait capturé une grande quantité d'Anatidés de toutes sortes. Rappelons encore que c'est en 1885 que le regretté lord Lilford commença la construction de sa canardière d'Aldwincle. Or, si depuis il a obtenu à peu près chaque sorte de Canards, qui par milliers fréquentent les terres basses avoisinantes, il n'a jamais à notre connaissance signalé qu'une seule pièce hybride prise dans cet appeau (3) ! Nous ne connaissons également qu'une pièce hybride signalée par sir R. Payne Gallway (4).

Il ne faut point oublier non plus que beaucoup d'Oiseaux anormaux sont pris pour des hybrides ; à tel point qu'en Italie ce nom s'applique, dans le langage commun, à tout Oiseau un peu extraordinaire. On ne manque pas en Italie, dit M. Oddi dans sa brochure intitulée, « *Sopra cinque ibridi salvatici* (5) », d'individus présentant des caractères *anormaux* et qu'on qualifie d'hybrides. Il se souvient qu'en février 1893, un de ses amis, le chasseur Valle, lui apporta un Canard soi-disant hybride de *Mareca penelope* et de *Fuligula ferina*, tué dans les marais de la province de Ronzo. « Le fait paraissait assez intéressant, le sujet était magnifique : ce n'etait, cependant, ni plus ni moins qu'une *Fuligula ferina* mâle ». Le cas n'est pas isolé, ajoute le savant comte : « les noms 1° de Magasseto bastardo, donné dans certains endroits de l'état vénitien à l'*Herelda glacialis*, à la *Fuligula nyroca*, à l'*Erismatura leucocephala* ; 2° de Crocalina bastarda à l'*Hydrochelidon hybrida* ; 3° de Diseghin bastardo à certains Fringae, etc., indiquent que le peuple désigne en partie, sous le nom d'hybride, ce qui est peu connu et qui n'est pas commun. « Si mon ami et collègue

(1) C'est ainsi qu'on appelle en Angleterre les gens qui sont employés au service des canardières.

(2) Il en est parlé pp. 640, 549 et 655 et dans notre *Histoire du Bimaculated Duck*.

(3) On la décrira bientôt.

(4) Dans son ouvrage « The Fowller in Ireland ». Depuis le baronnet a écrit un livre sur les canardières : *Book of Duck decoys*, 1886. (Mais nous n'avons point consulté ce dernier ouvrage).

(5) Estratto degli Atti della societa italiana di scienzi naturale, vol. XXXV. Milano, 1895.

Suchetet, ajoute-t-il à notre adresse, avait pu examiner tous les cas d'hybrides cités dans sa Monographie, il en aurait écarté encore bien plus qu'il ne l'a fait avec juste raison ». — Nous ne donnerons point tort à celui qui parle aussi sagement.

Genre Anas

DAFILA ACUTA et ANAS BOSCHAS

(Se reporter pp. 117 et 638)

A cet article, nous avons manifesté notre surprise au sujet de la couleur très anormale du miroir des femelles hybrides *acuta* × *boschas*. Ce miroir est d'un très beau vert ; ni le miroir du *boschas* ni le miroir de l'*acuta* ne sont de cette couleur. Cette particularité nous avait obligé de n'accepter qu'avec réserves l'hybridité chez les sujets femelles signalés. Mais, dans un article publié par le Bull. de la Soc. d'acclimatation (1), M. Gabriel Rogeron constate que des femelles métisses, nées chez lui, d'un *boschas* et d'une femelle Chipeau, possèdent un beau miroir vert alors que la Cane sauvage l'a bleu et la femelle *streperus* l'a gris terne (2).

Cette observation, très intéressante, nous confirme dans l'opinion exprimée plusieurs fois dans le cours de cet ouvrage, à savoir que certaines parties du plumage d'un hybride peuvent être d'une couleur qui n'appartient ni à l'un ni à l'autre des deux espèces pures.

Cela dit, faisons savoir que nous avons acheté à M. Philipp. Castang, licensed dealer in Game, au Leadenhall market, de Londres, un Canard femelle que celui-ci croit et que nous croyons nous-même le produit de l'*A. acuta* et de l'*A. boschas*. Or, cet Oiseau, pris vivant au printemps de 1896, et qui vit encore ajourd'hui dans nos parquets d'Antiville, montre le beau vert du miroir des autres hybrides femelles. Nous le ferons connaître avec quelques détails. Mis d'abord en présence de la Cane, qui nous a été offerte par M. Pretyman, et que par erreur nous avions signalée, quoiqu'avec beaucoup de réserves, comme hybride de *A. boschas* × *Querquedula crecca* (3) ; mis ensuite vis-à-vis d'une femelle *boschas* pure espèce et d'une femelle *crecca* aussi pure race, il nous a causé l'impression que voici :

(1) Nº de février 1896, p. 59 et suivantes.
(2) Voyez p. 54.
(3) Dans notre *Histoire du Bimaculated Duck de Pennant*.

Presque semblable à la Cane de M. Pretyman ; cette ressemblance est telle qu'il est assez difficile de distinguer un Oiseau de l'autre. Cependant, autant que l'on peut établir des comparaisons entre une pièce empaillée (1) et un Oiseau en chair et en vie, la femelle achetée à M. Castang paraît avoir le cou plus étroit et plus allongé ; la mandibule du bec est aussi plus large ; les premières couvertures des ailes sont d'un ton plus uni ; les pattes sont d'un ton plus clair. Mais les deux miroirs sont identiques. Cependant, on doit observer que la raie rousse, qui borde le miroir dans sa partie haute, est plus claire chez l'hybride vivant.

Ces indications nous dispenseraient de faire une description détaillée de celui-ci ; nous préférons cependant le comparer encore aux deux types pures que nous supposons lui avoir donné naissance (2). — Tout le ton du plumage est grisâtre, rappelant presque entièrement l'*acuta*. Le dos est un mélange du dessin des deux espèces, surtout les scapulaires qui rappellent bien, par leurs franges jaunâtres, le *boschas*. Sur le devant, le mélange du dessin des deux types produit l'effet que produit le dessin de la *crecca*. Le bec de ton foncé, quoique présentant des parties claires sur le bord de la mandibule, est notamment plus large que celui d'*acuta*. Les pattes sont beaucoup plus du ton de ce type que du ton du *boschas*. Par sa taille, l'Oiseau serait intermédiaire entre ses deux parents. Mais on est tenté de se demander (nous répétons notre interrogation), comment il peut se faire que le mélange de ceux-ci aboutit à produire un miroir vert très large bordé à sa partie inférieure de noir, à sa partie supérieure de noisette, ainsi que le montre cet hybride? Ce miroir n'est aucunement celui des espèces pures de sexe femelle. Il faut supposer que c'est le mâle *acuta* qui communique ses couleurs. — Notre examen a été fait le 18 mai 1896, c'est-à-dire à un moment où l'Oiseau était encore en plumage de mue. — Nous pensons que cette Cane a pondu depuis dans le verger où nous l'avons lâchée. Nous l'avons vue suivie, assez longtemps, par une Sarcelle ♂ qui paraissait la préférer à d'autres Canes sauvages ordinaires, que nous lui avions données pour compagnes et avec lesquelles nous aurions préféré qu'elle s'appariât.

Quoique nous ayons déjà confronté les hybrides « *acuta* et *boschas* » sauvages, précédemment décrits, avec des individus produits

---

(1) La Cane de M. Pretyman est, en effet, aujourd'hui empaillée.

(2) Pour cet examen comparatif nous n'avons entre les mains que des sujets conservés.

en réclusion, nous avons tenu à renouveler cet examen comparatif.
Ayant appris par le Bull. de la Soc. d'Acclimatation, comme nous
l'avons expliqué, que M. Gabriel Rogeron avait obtenu plusieurs
hybrides mâles et femelles, qu'il en possédait encore un couple
vivant chez lui, nous lui avons adressé les aquarelles d'un mâle
et d'une femelle sauvages. — Ces aquarelles sont, nous dit
M. Rogeron, la reproduction très exacte de ses métis ; les minimes
différences qu'il constate proviennent, pense-t-il, de ce que nos
aquarelles représentent des sujets empaillés. La couleur verte du
miroir du sujet femelle se reproduit chez les hybrides de ce sexe
nés chez lui. Ce sujet femelle est précisément celui du cap. Pretyman. Il n'est donc autre bien certainement que le produit de
l'*A. acuta* et de l'*A. boschas* puisqu'il ressemble entièrement par ce
caractère très typique aux Canes de M. Rogeron. La femelle décrite
par Vigors, peinte par Selby, comme Bimaculated Duck et dont le
miroir présente de très grandes analogies avec le miroir des Canes
dont nous parlons, devrait-elle, elle-même, être reportée au croisement de Pilet et du Canard sauvage, comme nous avons fait pour
celle du cap. Pretyman ? Nous n'oserions nous prononcer, n'ayant
point examiné l'Oiseau en nature.

Les petites différences constatées par M. Rogeron entre les
Canards dont nous lui avons adressé la peinture et les siens vivants
consistent en ce que l'aquarelle du mâle (qui représente le sujet
du Musée de Newcast) laisse croire que son bec était jaunâtre ;
la même particularité se présente sur l'aquarelle du sujet femelle.
Or, nous dit notre aimable correspondant, le mâle qui lui reste
entre les mains a le bec bleu ou plutôt couleur de plomb couvert
d'une bande noire, comme c'est le cas dans le bec de Pilet ; il en a
aussi la longueur, mais il est plus large et plus épais. La femelle,
aussi entre ses mains, aurait de même le bec bleu, si une large
tache noire ne le recouvrait presque tout entier, ne laissant apercevoir qu'une bande bleue à la naissance du bec.

En ce qui concerne la couleur des pieds, les deux mâles se ressemblent assez bien ; mais la Cane de M. Rogeron a les pieds beaucoup plus plombés que ceux de la femelle dont l'aquarelle est mise
à sa disposition. Enfin la queue du mâle peint ne donne point l'aspect de celle du Canard vivant : « C'est, nous écrit M. Rogeron, le
crochet ou l'anneau de la queue du *boschas* qui s'est développé
outre mesure et qui se redresse obliquement avec une légère
courbe chez ceux qu'il a obtenus, tandis que les plumes du centre
de la queue, qui représentent celles effilées du Pilet, ne dépassent

la queue que d'un ou deux centimètres; mais ces deux sortes de plumes, de très différente nature, et d'un intérêt très important, puisqu'elles renferment à elles seules les caractères des deux espèces, se sont rapprochées chez l'Oiseau empaillé. »

Nous avons négligé de nous arrêter à ces détails dans les descriptions que nous avons faites des *A. boschas* × *A. acuta*, quoique nous ayons constaté des différences dans les plumes de la queue chez un individu.

Quant au bec et aux pieds, nous en avons décrit la couleur. Or, nous rappellerons ce que nous disions, 1° d'après des sujets empaillés : bec, plomb foncé, noir bleu, cuir de bottes ou mélange du bleu de l'*acuta* ; pieds, gris jaune bleuté, couleur clair, et cuir de botte jaune ; 2° d'après des sujets vivants : bec, gris plomb bleuâtre (grisâtre, verdâtre, foncé au moment de la mue), jaune verdâtre chez le ♀ ; pieds orange ou verdâtre grisâtre ♀.

ANAS BOSCHAS et QUERQUEDULA CRECCA

(Se reporter pp. 127 et 656)

Lord Lilford, le distingué et très honorable président de la Société des ornithologistes anglais, qui vient de mourir, avait eu la grande bienveillance de nous adresser, pour l'examiner, un Canard, que nous référerons au Bimaculated Duck, un fort joli spécimen capturé dans sa canardière le 21 décembre 1894, avec six Sarcelles communes (*A. crecca*) et huit *A. Boschas*, ses parents supposés.

Dans un article sur l'ornithologie de Northamsptonshire (1), lord Lilford a fait connaître certaines particularités relatives à cet Oiseau, annoncé et présenté à la Société zoologique de Londres par M. Howard Saunders (2).

Voici la description que nous avons faite de ce nouveau Bimaculated, qui a été peint de grandeur naturelle par M. Prévot, de Rouen.

Spécimen très bien caractérisé, excellent intermédiaire entre les deux espèces qu'on lui donne pour parents, notamment par sa taille, son bec, la couleur du miroir. Le bec est petit, de couleur

(1) *Notes on the Ornithology of Northamsptonshire* by the right Hon. Lord Lilford, F. L. S. (The zoologist, february 15, 1895, p. 46).

(2) Voy. les proceedings du 21 mai 1895.

verdàtre très foncée, les pattes et les pieds sont très faibles(1) ; les palmures sont d'un brun foncé ; les jambes et les doigts, orange vif. Dessus de la tète brunâtre, piqueté de couleur rougeâtre ; tout le reste de la tète et du cou, vert bouteille, à l'exception des deux taches caractéristiques du Bimaculated, lesquelles taches sont de couleur noisette, parsemée de points de couleur foncée et d'un peu de couleur claire. Sur les scapulaires se voient deux taches noires effilées.

Les couvertures de l'aile sont gris souris ; le miroir est vert de mer à reflets bleus, bordé au-dessus par une raie noisette, interrompue, à sa partie inférieure, par une barre noire, puis par un peu de blanc sur lequel on aperçoit du noisette clair en petite quantité. Sur les côtés de la queue, et en dessous, existe un peu de blanc avant le noir; ce blanc, qui tranche avec le noir qui le suit, ne se trouve plus ensuite rappelé: en sorte que le dessous de la queue, étant beaucoup plus noir que blanc, rappelle davantage le *boschas*. Les flancs sont remplis de zigzags semblables à ceux de la Sarcelle (2). Le dos est cendré et tacheté de brunâtre : c'est pour ainsi dire un mélange du dessin des deux types. On ne voit pas au cou la trace du collier de l'*A. boschas*. Le poitrail est couleur marron, plus claire que chez le *boschas* ; il est tacheté finement de petits pointillés foncés et espacés. Les petites pointes ne sont pas aussi larges que les taches correspondantes de la Sarcelle ♂. — Il nous a semblé que l'Oiseau portait quelques marques de jeunesse sur le dos.

Si on analyse ses caractères extérieurs, on trouve que sa taille, quoique intermédiaire, tiendrait plutôt de la Sarcelle (3). Le bec est, par ses dimensions, intermédiaire entre celui des deux espèces: mais les pattes et les pieds paraissent plutôt appartenir à l'espèce Sarcelle. Le sommet de la tête (front, occiput et nuque), rappellent tout à fait la *crecca* ; sur le reste de la tète, le vert domine, quoique interrompu par les deux taches propres au Canard bimaculé.

Analyse. — Le dessin et les couleurs des deux espèces ne sont donc pas fusionnés intimement. On ne saurait dire davantage qu'il y ait fusion dans le dessin des zigzags, puisque, on l'a remarqué, ce dessin rappelle beaucoup plus *crecca* que *boschas* ; ajoutons même que les zigzags s'avancent ou progressent vers les côtés, se

(1) Tel que notre artiste les a peints.

(2) Tous les zigzags du dessous du corps rappellent du reste presque exclusivement ceux de la Sarcelle, c'est-à-dire qu'ils sont très accentués.

(3) Ainsi qu'il a été peint ; nous ne le conservons plus actuellement.

portant en avant comme cela se produit chez la première espèce.
Aucune plume ne se relève à la queue. Pour que le partage égal se
produise, il faudrait que les plumes, correspondant à celles du
boschas,soient recourbées,tout au moins qu'elles se relèvent quelque
peu. — La fusion se produirait-elle dans la coloration et le dessin
du poitrail ? Peut-être, car les pointillés ou petites taches, propres
à la Sarcelle, s'y rencontrent. Ils se trouvent cependant bien
atténués, et le ton roux du *boschas* n'est pas lui-même suffisamment
éclairci, pour qu'on puisse dire que son intensité est moitié
moindre qu'à l'habitude. C'est principalement dans la teinte du
miroir que se produirait la fusion, car, si l'on considère encore la
queue, la couleur noire est répandue en trop grande quantité pour
se partager en égales proportions avec le blanc de *crecca*. Enfin, il
n'existe aucune trace de collier blanc sur le cou. La juxtaposition,
mais non la fusion, se manifeste donc dans beaucoup des traits de
l'Oiseau.

A propos du Bimaculated Duck, dont l'origine, nous l'avons
vu (1), a été attribuée à divers croisements, M. de Selys Longchamps
veut bien nous faire remarquer qu'il ne se souvient pas avoir
émis l'opinion que nous lui prêtons (2) : à savoir qu'il ait admis
pour cet Oiseau l'origine « *penelope* × *boschas* » ; ou bien ce
serait *in litteris*, ou simplement dans la conversation avec des
ornithologistes.

Nous avons puisé nos documents dans un travail de M. le prof.
Newton, intitulé : « *On a hybrid Duck* (3) ». Il nous paraît ressortir
de ce travail que c'est dans une communication, faite au professeur
de Cambridge, que M. de Selys Longchamps lui a exprimé sa
manière de voir.

Il ne faut point du reste, nous écrit le savant académicien,
attacher beaucoup d'importance à ce qu'il a pu dire à son savant
ami, M. Newton. Au moment où sa communication aura été faite,
il n'avait encore vu la figure du *Bimaculated* (de Vigors) que dans
l'ouvrage de Gould, chez le prince Ch. Bonaparte. Son opinion
n'était donc qu'une impression ; si ce n'est qu'il était persuadé,
avec raison, qu'il avait affaire à un hybride, et non à une espèce.

Pour être complet, M. de Selys Longchamps veut bien nous
faire remarquer qu'en 1856, lorsqu'il publiait des « *Additions à la*

---

(1) P. p. 661 et 662, et plus spécialement dans notre *Histoire du Bimaculated
Duck*, confondu avec *l'A. glocitans de Pallas*.

(2) P. p. 26 et 27 de l'opuscule qui vient d'être cité, ou même 127 du présent ouvrage.

(3) Publié dans les Proceedings of the zool. Soc. of London, 1861, p. 392.

Récapitulation des hybrides observés dans la famille des Anatidés (1) »,
il a énuméré sous le n° 37 un *Anas boschas* × *A. crecca*, d'après un
sujet ♂ qu'il avait vu, assez rapidement d'ailleurs, au Muséum de
Paris. Il le décrivait ainsi : « La tête verte; le vertex, l'occiput
roux ; la poitrine marron ; les flancs et le dos vermiculés de noir ;
le miroir des ailes grand ; la queue comme le *boschas*, mais sans
rectrices médianes recourbées ».

Lorsque nous avons fait mention de cette pièce (2), nous n'avons
pas reproduit cette description ; nous n'avons même point
catalogué l'Oiseau dans nos « *Additions et Corrections* », parce que
M. Oustalet nous a fait savoir qu'il n'existait plus au Muséum et
que le registre n'en faisait pas mention. — Ce serait néanmoins une
erreur de ne point faire connaître ses caractères, car il peut figurer
dans certains ouvrages (3). M. de Selys Longchamps ne se doutait
pas au moment où il le décrivait, que ce fut l'hybride *bimaculated*
de Pennant. — Il est très regrettable qu'il n'existe plus trace d'une
pièce aussi curieuse et aussi rare.

ANAS BOSCHAS × ANAS STREPERUS

(Se reporter pp. 134 et 664)

Le Journal für Ornithologie (4) et la Revue italienne des Sciences
naturelles (5) signalent la brochure de M. le prof. Pavesi, intitulée :
« *Un ibrido naturale di A. boschas* × *A. streperus* (6) » et dans
laquelle, on se le rappelle, l'auteur fait connaître deux Canards
auxquels il attribue cette origine. — Nous ne retirons pas le
jugement que nous avons porté sur ces Oiseaux qui ne nous
paraissent point des hybrides.

M. le comte Arrigoni degli Oddi a revu, avec M. le comte
Salvadori, l'exemplaire n° 1,037 de son catalogue, mentionné par
nous (p. 687) suivant les indications que nous avions reçues, sous
le nom de *boschas* × *penelope*. Il pense maintenant que c'est un

---

(1) Bull. de l'Acad. royale de Bruxelles.

(2) P. 133 ou p. 141 des Mém. de la Soc. zool. de France, 1891.

(3) M. van Wickevoort Crommelin rappelle la mention qui en a été faite par
M. de Selys dans ses « *Notes sur quelques Canards observés en Hollande* ».
(Archiv néerlandaises des sc. exactes et naturelles, t. VII, p. 132).

(4) 1894, Heft. III, p. 289.

(5) 1ᵉʳ octobre 1894, anno XIV.

(6) Publiée dans le Bolletino della Societa Veneto trentina di Scienze naturali,
n° 3, t. V, 1893.

hybride *boschas* × *streperus*. Le savant naturaliste nous a envoyé une aquarelle du sujet, afin que nous puissions en juger. L'appré-ciation de M. Oddi nous paraît juste ; nous croyons, comme lui, pouvoir classer cet individu dans la catégorie des hybrides *boschas* × *streperus*. Ce classement est même le seul rationnel. L'Oiseau diffère cependant de ceux que nous avons décrits, parce qu'il est représenté avec le bec bleuâtre. Mais son aile, très caractérisée, l'indique tout à fait comme le produit des deux espèces qui viennent d'être nommées. — Nous regrettons que M. Oddi ne nous ait point communiqué plus tôt le portrait de cet Oiseau ; l'erreur, commise p. 687, ne se serait point produite. Nous ajouterons, sans blesser aucunement l'amour-propre de notre savant collègue, que le produit du *boschas* × *penelope* (auquel il identifiait son Oiseau) est très différent par ses caractères de son sujet.

Bien des fois, nous avons fait remarquer l'utilité qu'il y aurait à répéter en captivité le croisement des espèces qui, à l'état sauvage, paraissent s'être appariées ; de façon à pouvoir, en comparant les produits domestiques avec les produits sauvages, se rendre compte de la valeur de leurs caractères.

M. Rogeron, du château de l'Arceau (près Angers), nous a déjà, sous ce rapport, rendu de vrais services. Nous lui avons demandé la permission de soumettre à son examen la Cane du Musée de Rouen, étiquetée *Anas glocitans* et à laquelle nous attribuons l'origine *A. boschas* × *A. streperus*. M. Rogeron a, en effet, on se le rappelle, obtenu en captivité, de l'accouplement de ces espèces, deux produits femelles, malheureusement disparues, comme nous l'avons expliqué.

Après avoir examiné le sujet en question (qui lui est parvenu grâce à l'excessive obligeance de M. le Dr Pennetier, directeur du Muséum d'histoire naturelle de Rouen). M. Rogeron veut bien nous écrire : « qu'il ne peut subsister le plus léger doute sur l'origine hybride de ce sujet ». C'est bien, nous écrit-il, une métisse Chipeau-*boschas*. En ouvrant la boîte, à la première inspection, au premier coup d'œil, il a cru reconnaître empaillée sa vieille femelle métisse qu'il a possédée pendant cinq ans et qui a élevé un grand nombre de triples métis Chipeau-Boschas-Milouin (1). La Cane du Musée de Rouen possède également, comme les Canes de M. Rogeron, les empreintes caractéristiques du Chipeau : c'est-à-dire le miroir de l'aile noir, surmonté de deux plumes blanches. Seulement la Cane du château de l'Arceau avait, à la base des plumes noires du miroir.

(1) L'histoire de ces hybrides a été faite dans le Bull. de la Soc. d'acclimatation.

un peu de vert métallique ; mais il paraît, fait remarquer M. Rogeron, que ce vert est variable, car chez sa seconde femelle, le vert empiétait sur le miroir noir d'environ un tiers. A cause de cette particularité de plumage, la Cane soumise à son examen se rapproche plus du type que celle qui sert de point de comparaison. Cependant, en y regardant de près et au soleil, son miroir laisse apercevoir également quelques reflets de vert métallique. — Quant au reste du plumage, comme à la tête, à la grosseur du bec (1), à la grosseur du corps, enfin à la physionomie générale, c'est absolument le même Oiseau que les deux métisses obtenues par M. Rogeron.

Ce nouvel exemple, ajoute celui-ci, prouve combien les métis de même espèce, bien qu'élevés dans des milieux divers, sont identiques et ne prennent pas, dans les différents individus, plus d'un côté que de l'autre de leurs parents. Tous les mâles et toutes les femelles Pilet-*boschas*, qu'il a obtenus, sont exactement semblables entre eux et entre elles.

SPATULA CLYPEATA et DAFILA ACUTA

(Se reporter pp. 139 et 692)

M. le baron Ed. de Selys Longchamps, revenant sur l'étrange Oiseau désigné sous ce nom, nous écrit (2) qu'il l'a examiné de nouveau, ayant en main les explications que nous avons données. Il reste convaincu que cet individu de sexe mâle provient de la *clypeata* ; mais reste toujours la question du second facteur.

L'idée de M. Gurney, à laquelle nous nous sommes rallié, c'est-à-dire : « *clypeata* × *formosa* » lui paraît sérieuse ; il l'adopterait sans cette circonstance que les *formosa* n'ont apparu en Europe que récemment en petit nombre. Une autre objection, que l'on peut opposer à ce croisement, est celle de la vermiculation de la poitrine, laquelle rappelle tout à fait celle de la Sarcelle d'été (*Q. circia*). En sorte que si l'on faisait entrer cette espèce dans le parentage, là, peut-être, serait la vraie solution. Quant au caractère de la gorge, qui est blanche, M. de Selys Longchamps ne retrouve cette particularité que dans la *falcata* ; mais les autres traits que le sujet présente s'opposent à cette filiation.

D'après ce que M. Paul Leverkühn dit de la coloration de la tête et du col de l'hybride de M. van Wickevoort-Crommelin, M. de

_____
(1) Plus mince que celui de la femelle *boschas*.
(2) A la date du 14 octobre 1895.

Selys Longchamps pense, comme nous, que ce sujet diffère du sien. Le savant académicien l'a vu autrefois chez son propriétaire à Harlem ; mais il ne se le rappelle pas assez pour tenter d'en faire une comparaison sérieuse avec celui qui nous occupe.

ANAS BOSCHAS et CAIRINA MOSCHATA

(Se reporter pp. 146 et 699)

Le comte Arrigoni nous fait savoir qu'il a possédé un hybride femelle de ce croisement. Quoique tuée à l'état sauvage, elle est sans doute un Oiseau échappé de captivité, comme tous les Canards de ce genre que nous avons décrits. Cette pièce aurait été obtenue vers 1868 (?)

CHAULELASMUS STREPERUS et MARECA PENELOPE

(Se reporter p. 708)

M. Ed. Hart, de Christchurch, a eu la bonté de nous envoyer, en communication, un Oiseau qu'il a déterminé comme produit du *C. streperus* × *M. penelope* et que MM. le Dr Günther et Harting trouvent bien classé. — Cet Oiseau, monté et sous verre, fait partie de la collection de M. Ed. Hart. Il fut tué par M. Wilson, au mois de décembre 1879, auprès des eaux de Southampton, sur une rivière nommée le Mean.

Si cette pièce est en mue, comme plusieurs plumes des côtés du devant semblent au premier abord l'indiquer, elle est très difficile à déterminer ; son hybridité, dans ce cas, deviendrait même douteuse, vu l'époque où elle a été tirée, le mois de décembre. Mais on doit la supposer en livrée complète : à ce moment les Canards ont, pensons-nous, terminé leur mue. D'ailleurs, le dos est entièrement mué et le croupion, comme le dessus de la queue, sont d'un noir profond, signes qui indiqueraient un plumage parfait.

Si cette dernière hypothèse est vraie, c'est-à-dire si l'Oiseau n'est plus en mue, il est indubitablement un hybride. Quoique plus *penelope* que *streperus*, il montre sa descendance de la dernière espèce par sa tête dont le plumage, presque en entier, est de *streperus*. — Mais, supposons pour un moment qu'il n'a pu, vu son origine complexe, prendre sa couleur (1), on pourrait encore, dans

(1) Cette supposition est permise, puisque M. Th. Lorenz (de Moscou), prétend que les hybrides n'arrivent que difficilement à leur deuxième année et assure avoir rencontré, chez les Gallinacés, des individus dont la mue était très en retard.

cette seconde hypothèse, indiquer en faveur d'un hybridisme
« *streperus* × *penelope* » les marques suivantes : la couleur jaune
du côté du bec, qui paraît plus forte que chez *penelope* ; les pattes
jaune cuir ; la disposition du miroir de l'aile, dont les traits
sont indécis entre ceux du *penelope* et ceux du *streperus* (1); le
dessus du croupion ; les couvertures de la queue presque noires
comme celles du *streperus*, très adulte ; les lamelles du bec plus
prononcées que chez *penelope* ; le creux de la narine accentué
comme chez *streperus*.

Voici la description que nous avons écrite de ce curieux spécimen :
Paraît plus fort que *penelope* ; bec plus fort aussi que dans cette
espèce ; lamelles accusées ; front, joues d'un grisâtre parsemé de
petits points allongés à la manière de *streperus* ; vertex, nuque,
dessous du cou supérieur, d'un brun foncé, mélangé de jaunâtre
roux. Sous les joues, et à la naissance du cou, une partie jaune
roux indique le ton de *penelope*. La partie inférieure du cou est
grisâtre mélangé de points noirs allongés, puis du blanc ; une
tache blanche assez large, garnit, en effet, par devant, le bas du
cou ! Après cette teinte, du roux rosé s'étend en grande quantité
devant la poitrine et descend très bas sur les côtés (2). Cette
teinte rousse semble alors marquée des taches de la mue, tout au
moins y aperçoit-on beaucoup de petits zigzags. Tout le dos, de
couleur grise, est aussi rempli de zigzags noirs et blancs. Le dessus
de l'aile, qui est grisâtre et encore finement marqué de zigzags,
rappelle à s'y méprendre la même partie chez l'hybride *streperus* ×
boschas : nous voulons parler de ces lunules caractéristiques sur
lesquelles nous nous sommes étendu dans les chapitres consacrés
à ce dernier hybride (3). — Nous avons remarqué que la disposition du miroir est vague, indécise, entre celle des deux espèces ;
il ne porte pas de vert (4). Les côtés du ventre sont gris avec zigzags.
Le dessus de la queue et du croupion paraissent noirs et même
noir vert sur les côtés. Le dessus des couvertures de la queue sont
également d'un noir profond ; ainsi se montre *streperus*, pensons-
nous.

Analyse. — Si nous analysons les caractères mélangés de cet
Oiseau, nous trouvons qu'il ne partage pas les traits des deux
parents dans des proportions égales. Par places, il peut y avoir

(1) Quoique rappelant mieux cette dernière espèce.
(2) Plus que chez *penelope*, nous semble-t-il.
(3) Comme aussi dans l'*Histoire du Bimaculated Duck*.
(4) *Penelope* en mue n'en possède pas à cette place.

fusion des caractères ; mais c'est la juxtaposition qui y domine : ainsi la couleur du bec et des pattes rappelle beaucoup plus *streperus* que *penelope* ; il en est de même de la teinte du devant de la tête, du dessous du croupion et d'autres parties. — La tache blanche du cou (albinisme partiel) nous paraît être un indice assuré de la provenance domestique de cet échantillon, qui serait un échappé de quelque basse-cour ou d'un parc d'agrément quelconque.

Nous présenterons maintenant une autre pièce à laquelle on attribue la même origine, quoiqu'elle diffère essentiellement de la précédente. Montée et sous verre, elle nous a été adressée très gracieusement par M. Richard M. Barrington, de Passaræ-Bray, Co. Wicklow (Angleterre). Sur le socle on lit cette mention : « *Ten Wigeons and this hybrid Duck were killed in one shot in the Moy Estuary, Co. Mayo* (1). *March* 4,1895, *by mac Kirkwood* (2).

Avant d'en donner la description, nous ferons savoir ce qu'en dit M. Saunders : « Pour lui c'est évidemment un croisement de la *Mareca penelope* avec quelque autre espèce de Canard. — Pour quelques autorités, le deuxième parent est supposé être le *Chaulelasmus streperus*; tandis que d'autres inclinent pour le *Dafila acuta*; d'autres encore pour la *Querquedula crecca* ».

M. Saunders croit maintenant devoir éloigner la parenté *D. acuta*, à laquelle il substitue celle de *Ch. streperus*, tout en restant indécis. — C'est la manière de voir de M. Robert Warren (3), ainsi que celle du taxidermiste qui a empaillé le rare échantillon.

Notre impression est que ces derniers naturalistes l'ont bien déterminé ; on doit, d'après nous, exclure absolument de son origine la *Querquedula crecca*, tout aussi bien que l'*Anas acuta*.

Voici, d'ailleurs, la comparaison que nous en avons établie avec les espèces pures : Tel qu'il est empaillé, il est très fort, d'un volume plus considérable que celui des deux types auxquels nous imputons sa naissance. Le bec est de dimensions intermédiaires, cependant se rapprochant plus de celui du Chipeau qu'il ne se rapproche de celui du *penelope* ; les lamelles sont très apparentes, c'est-à-dire très ressorties. Nous le croyons en costume

(1) Situé à l'ouest de l'Irlande.
(2) C'est grâce à M. Howard Saunders que nous avons connu cet Oiseau fort curieux. M. Howard Saunders en ayant parlé dans les Proceedings de la Société zoologique de Londres (v. p. 401, 1895), nous nous sommes adressé à lui pour connaître l'adresse de M. Barrington qui, sans en être le propriétaire, paraît-il, se trouvait néanmoins à même de nous le procurer.
(3) D'après une lettre de M. Barrington.

de noces, par conséquent très aisé à diagnostiquer. Le plus grand nombre des parties de son plumage paraissent tenir exactement le milieu entre les deux espèces : on pourrait dire qu'il y a fusion intime et en des proportions égales des teintes comme du dessin des parents. Ainsi se trouve être le plumage de la tête, de la poitrine, des ailes. Cependant le dos, par ses zigzags, est beaucoup plus du côté du *penelope* ; tandis que le croupion se trouve être noir comme chez le *Chaulelamus* (autant que nous pouvons en juger sous le verre) (1).

Au-dessous de la gorge et sur le devant du cou, on remarque une couleur nouvelle, qui n'existe ni chez l'une ni chez l'autre espèce : ces deux parties du corps sont, en effet, teintées de couleur foncée, laquelle couleur s'étend tout autour du cou pour former collier. En outre, la nuque et le dessus du cou sont indiqués par une ligne large foncée.

Près du noir de la queue on aperçoit du blanc, ce qui rappelle l'espèce *penelope*. La partie extérieure du corps, qui montre ostensiblement le mélange et en est comme la marque la plus apparente, est le poitrail : il est du rosé de *penelope* ; mais il est tacheté régulièrement des demi-lunes (amoindries) du *Chaulelasmus streperus*.

Constatons que, sur le haut de l'aile, on n'aperçoit aucun rappel du brun roussâtre du Chipeau ; seulement une teinte gris de fer, assez semblable à celle que porte le *penelope* en mue.

On le voit, cette pièce est un excellent intermédiaire entre le *Chaulelasmus streperus* et l'*Anas penelope* ; aussi son origine « *C. streperus* × *A. penelope* » ne nous semble pas devoir être mise en doute. Notons qu'il n'existe aucune partie du plumage frappée d'albinisme ou de teinte anormale. Si on nous demandait d'indiquer le rôle des sexes chez les parents (admettant que le produit rappelle la mère par ses extrémités et constatant que les pieds sont foncés chez notre individu), nous dirions que le *penelope* est sa mère.

Nous le décrirons ainsi : Front roux blanc pointillé ; sommet de la tête plus roux ; devant de cette partie noirâtre, roussâtre, pointillé. Cette couleur, qui est mélangée très légèrement d'un peu de vert blanchâtre, s'étend derrière la nuque en se rétrécissant vers le bas du cou. Le dessous de la gorge est noir. Joues et cou de couleur noisette et pointillée. Sur le devant du corps (commencement du cou, jabot, poitrine) : ton violacé clair, régulièrement marqué de lunules tronquées, rappelant les demi-cercles du *Chau-*

(1) M. Barrington nous a confirmé dans cette opinion.

lelasmus. Tout le dos est rempli de zigzags noirs qui s'étendent jusqu'au bout des ailes et garnissent complètement les scapulaires. Les dernières petites pennes des ailes, telles qu'on les aperçoit (les ailes étant fermées) sont, par le dessin de leur coloration, intermédiaires entre celles des deux espèces. Beaucoup de noir avoisine la queue. Les couvertures de l'aile sont, à leur début, d'un gris de fer blanchâtre ; ensuite apparaît du blanc terminé de noir. Au miroir, dont la disposition est difficile à définir, existe beaucoup de noir. A peine si l'on y aperçoit un peu de vert ; puis vient du blanc étendu longitudinalement. Les flancs sont couverts de zigzags. Le bec et les pieds sont noir très foncé ; le commencement des jambes est d'un ton légèrement cuir de botte.

Il est bien remarquable que la couleur foncée que nous avons constatée sous la gorge, n'existe ni chez *penelope* ni chez *Chaulelasmus :* cette couleur ne se trouve point davantage chez le *penelope* américain.

ANAS BOSCHAS et ANAS (?)

Après nous avoir fait savoir qu'il possède un magnifique hybride ♂ de *A. boschas,* croisé d'espèce non encore déterminée, le comte Arrigoni degli Oddi nous a envoyé l'aquarelle de ce Canard, tué le 4 février 1895, par le chevalier Eugenio de Blaas, dans le lac Labia (vallée Figheri), Venise. Ce Canard était accompagné d'un autre individu que le chasseur jugea tout à fait semblable à lui.

Quoique notre savant collègue pense que cet Oiseau est un hybride de *A. boschas* et d'une espèce qu'il n'a pu déterminer, nous le considérerons comme un sujet anormal. Si le blanc qu'il montre par devant descendait plus bas, à la rigueur, on aurait pu faire la supposition que c'est un croisé de *S. clypeata;* mais le bec n'indique aucunement cette espèce.

ANAS TADORNA et ANAS (?)

Voici encore un sujet qui n'est autre, sans doute, qu'une variété de Tadorne. — Au mois de janvier 1896, M. van Kempen, de Saint-Omer, avait la complaisance de nous informer qu'il avait acheté (un an auparavant) un Canard Tadorne assez curieux et qu'il croyait être un hybride : « Pattes brunes, poitrine piquetée de petites plumes noires, miroir de l'aile gris cendré ». Cet Oiseau, ajoutait M. van Kempen, avait été examiné avec un grand intérêt par M. de Pousargues, attaché au Muséum, lequel le pensait, comme lui, provenir d'un croisement. Mais dernièrement un Anglais, habitant la Hollande, où il possède un Jardin zoologique, étant venu visiter la collection de M. van Kempen, a affirmé à celui-ci que son Tadorne curieux n'était qu'une variété. Les arguments, qu'il a fait valoir, en faveur de son dire, sont si convaincants, nous dit le propriétaire de l'Oiseau, qu'il a dû se ranger à son avis. — Ce serait peut-être, néanmoins, le cas de consulter M. Oustalet qui pourrait, avec la compétence qu'on lui connaît, donner son appréciation que nous considérerions comme définitive.

Genre Anser

Comme toujours, presque rien à dire à cet article. — M. de Selys Longchamps nous fait seulement savoir qu'il a appris de M. Blaaw qu'un hybride *Anser pallipes* (roseipes) qu'il possède, n'est pas un produit sauvage, mais un produit *domestique* de l'*Anser cinerus* × *A. albifrons*. — Cet hybride n'est pas demeuré stérile, l'éminent académicien en a eu la preuve ; mais il est peu productif.

ANSER CINEREUS et ANSER ALBIFRONS

Nous n'avions point fait mention d'une Oie, supposée hybride par M. J. H. Gurney, et dont celui-ci avait parlé dans le Zoologist (1). Il pensait qu'elle provenait d'un croisement entre la Beau *(Anser cinereus)* et la White-fronted Goose (*A. albifrons*). Elle avait été achetée à M. Castang au Leadenhall Market de Londres.

L'Oiseau, ayant mué, s'est recouvert du plumage ordinaire de la dernière espèce, tout en conservant quelques traces de jeunesse aux parties inférieures. Il paraît donc évident à M. Gurney que sa supposition n'était pas fondée (2).

---

(1) Année 1883, p. 256.
(2) Cette rectification a été faite dans la même revue, année 1885, n° d'août (104), vol. IX, p. 300.

ORDRE DES ÉCHASSIERS (COUREURS)

Famille des Scolopacidés

Genre Totanus

Pensant à nous, M. Kariniemi a fourni à son ami, M. Stjernvall, de très intéressants détails sur les croisements que des espèces de ce genre contracteraient entre elles.

M. Kariniemi est allé, pendant plusieurs printemps, ceux de 1891, 1892, 1893 et 1894, à Kittila (Laponie), lieu de sa naissance. Il a chassé là la sauvagine sur les bords de la rivière Ounasjok. Dans de petites huttes construites pour la circonstance, il a passé des nuits à guetter et à observer les Oiseaux de rivage (1). On sait que le soleil éclaire encore à minuit dans ces belles nuits calmes et sereines de la Laponie. Là, pendant qu'*Actitis hypoleucos* marche à petits pas, pendant que *Totanus glareola* fait entendre son ramage ou que *Totanus glottus* prend ses ébats, *T. fuscus* répète son air sonore. Bientôt tous ces Oiseaux se rencontrent sur le sable déposé en couches fines et unies ou bien sur les tapis de gazon qui commencent à verdir : leurs gestes, leurs bruits, leurs poses traduisent la passion de l'amour de laquelle ils sont possédés ; la joie, la gaieté qui les anime et les dirige. Tandis que chez ces espèces voisines les mâles s'élèvent sur leurs doigts, tendent leurs ailes dans l'air, chantent et semblent danser, les femelles séduites et soumises ploient avec grâce leurs corps et se laissent docilement embrasser. Aussitôt que la passion est satisfaite, les cris cessent, et tout rentre dans le calme. Cependant, peu de temps après cette première scène, l'air résonne de chants nouveaux. D'autres espèces s'avancent dans l'arène et y font entendre des cris bruyants : c'est, dit le narrateur, les amours libres dans la nature sans entraves. Rien de beau comme le spectacle qui s'offre aux yeux, à l'ouïe, à l'intelligence pendant ces nuits admirables du

---

(1) M. Stjernvall (traducteur très complaisant de la lettre de M. Kariniemi) nous observe qu'il est permis de tirer des Fuligules pendant le printemps. La chasse des *Anatidæ, Cygnidæ* et des *Anseridæ* est au contraire interdite du 15 mars au 15 juillet.

printemps ; on ne saurait les oublier quand on en a été témoin.
Mais ces belles nuits ne se contemplent qu'en Laponie (1).

Or, au dernier printemps, pendant qu'il était en embuscade au
bord de la rivière Ousnajok, M. Kariniemi aperçut *Totanus glottis*
s'appariant avec *T. glareola* ; *T. glareola* avec *Actis hypoleucos* et le
mâle de cette dernière espèce avec la femelle du *T. glareola*. Il vit
aussi, mais une seule fois, *T. glareola* s'approcher de *Machetes
pugnax* et le mâle *T. fuscus* chercher à s'unir à une femelle
M. pugnax. Il croit avoir acquis la certitude que les deux espèces
de *Totanus*, *T. glottis* et *T. fuscus*, se marient entre elles. Il se
rappelle avoir tiré un *Totanus* qui montrait des caractères
propres à l'espèce *glottis*, à l'exception des jambes qui étaient de
couleur rougeâtre comme sont celles des individus appartenant à
l'espèce *fuscus* (2).

C'est dans l'ordre des Échassiers, observe M. Kariniemi, qu'on
trouve le plus grand nombre de variétés, tout spécialement dans
les genres *Totanus* et *Machetes* (3). Les œufs de ces Oiseaux varient
aussi beaucoup par leur forme et leur grandeur et leur couleur ;
de telle sorte qu'on ne peut trouver, dans le même nid, des œufs
qui se ressemblent. La couleur du fond est variable elle-même. Si
nous comprenons bien la traduction de la lettre faite, nous l'avons
dit, par M. Stjernvall, l'auteur attribuerait aux croisements des
parents ces variantes. La chose n'est pas admissible, et cette
manière de voir, qui n'est pas exacte, diminue la valeur des
observations précédentes.

Nous citerons, néanmoins, en détail les faits qui viennent de
nous être signalés avec tant d'obligeance ; car s'ils ont été bien
observés, ils présentent un très vif intérêt. Nous les ferons suivre
d'observations sur les espèces qui sont en jeu ; malheureusement,
nous ne connaissons pas suffisamment les caractères plastiques

---

(1) Ici le traducteur s'arrête sur l'observation très juste de son ami pour corroborer
son dire. Tous ceux, met-il en note, qui ont été dans ce pays ne peuvent laisser
sortir de leurs souvenirs les nuits de l'été et du printemps, alors que le soleil ne
se couche pas et que les aurores boréales jettent au firmament des feux étince-
lants. Pour lui, qui a eu la bonne fortune de passer cinq étés dans cette terre
admirable, il n'a d'autre désir que d'y remonter et de la revoir.

(2) M. Stjernvall nous fait remarquer qu'il a tiré pendant son premier voyage
en Laponie, en 1884, plusieurs exemplaires du *T. fuscus* et qu'il a remarqué de
grandes variations chez eux.

(3) Dans cette espèce, on ne rencontre pas deux sujets semblables ; tous les
sujets sont différents les uns des autres par la coloration de leur plumage. Sous ce
rapport le Musée de Rouen en renferme une très riche collection.

et de coloration de ces espèces. En sorte que nos observations se trouveront très incomplètes.

TOTANUS GLOTTIS (1) et TOTANUS GLAREOLA (2)

A en juger par quelques exemplaires conservés au Musée de Rouen, mis à notre disposition par l'obligeant directeur, M. le Dr Pennetier, une différence, très grande par la taille, existe entre ces deux types : *glottis* est exactement un tiers plus fort que l'espèce voisine. Le plumage cependant ne diffère que peu, quoique *glottis* soit beaucoup plus blanchâtre ; mais, détail caractéristique, chez celui-ci le bec se relève, tandis qu'il s'abaisse chez *glareola*. Même de loin, sans doute, pendant les nuits claires, ces Oiseaux peuvent être distingués par le chasseur.

TOTANUS GLAREOLA et ACTITIS HYPOLEUCOS (3)

Croisement qui, d'après M. Kariniemi, s'effectue dans les deux sens. *Glareola* est plus petit qu'*hypoleucos* par ses jambes et son cou. *Hypoleucos* est plus blanc par devant ; l'un est moins tacheté que l'autre sur le dos et sur la queue ; néanmoins les deux espèces présentent beaucoup d'analogies. Degland les classe dans deux genres différents !

TOTANUS GLAREOLA et MACHETES PUGNAX (4)

Si on compare entre eux les mâles de ces deux espèces, ces Oiseaux sont bien différents par leur taille. Le sexe femelle est moins disparate ; mais *pugnax* ♀ est encore bien plus grande que sa congénère. Comme pour les précédentes, Degland en fait deux genres. Les becs seraient à peu près de même grandeur.

(1) Synonymie : *Limosa grisea, Totanus griseus, fistulans* et *glottis, T. chloropus, Limosa glottis, Glottis natans, G. canescens, G. grisea,* etc.

(2) Autres noms scientifiques : *Tringa glareola, Totanus glareola, Totanus grallatorius, Totanus sylvestris* et *palustris,* etc.

(3) Appelé encore : *Tringa hypoleucos, Guinetta, Totanus guinetta, Tringa leucoptera,* etc.

(4) Autres noms scientifiques : *Tringa pugnax, T. cinereus, T. variegata, T. littorea, Philomacus pugnax,* etc.

TOTANUS FUSCUS (1) et MACHETES PUGNAX

Ces Oiseaux appartiennent encore à deux genres, d'après le même ornithologiste. Nous nous demanderons, quoique le bec de *pugnax* paraisse moins long que celui de *fuscus*, comment dans la nuit il est possible de reconnaître une ♀ *pugnax* d'une femelle *fuscus* ?

M. Stjernvall, qui lui-même, a tué en Laponie de nombreux exemplaires d'Echassiers appartenant aux espèces *Totanus fuscus*, *T. glottis*, *Machetes pugnax*, observe que les types *T. fuscus* et *M. pugnax* sont très variables ; il lui semble, au contraire, que le type *T. glottis* ne varie pas.

De nouvelles observations seraient bien intéressantes à consigner au sujet des mélanges indiqués par M. Kariniemi. Nous espérons que celui-ci, et M. Stjernvall, voudront bien amasser des matériaux pour les compléter.

---

(5) Synonymie : *Scolopax fusca, Limosa fusca, Tringa atra, Totanus longipes*, etc.

ORDRE DES PASSEREAUX

N.-B. — Nous craignons vivement d'avoir commis des erreurs en déterminant comme métis des individus présentant les traits fusionnés de deux races. Nous sommes aujourd'hui porté à voir, dans ces formes intermédiaires, le résultat d'influences climatériques qui tendent, au fur et à mesure que les deux races se rapprochent l'une de l'autre, à les confondre insensiblement : ce sont, pour nous servir de l'expression en usage chez les ornithologistes anglais et américains, des *gradations* d'un type à un autre. On en trouverait probablement un nouvel exemple dans l'*E. traillii* et l'*E. pusillus*, dont on vient de s'occuper dans l'Auk (1).

Famille des Fringilles

Genre Fringilla

CARDUELIS CARDUELIS et SPINUS TRISTIS (2)

M. Reginald Heber Howe, jun., a remarqué à Brockline (Massachusetts) un *Carduelis carduelis* se nourrissant dans un « Pine tree » en compagnie de quelques « American Goldfinches » (*S. tristis*). L'Oiseau paraissait, dit le narrateur, très à son aise et n'avait point les manières embarrassées d'un Oiseau sorti de cage. M. Heber Howe suppose donc que c'est un descendant des Chardonnerets importés depuis peu de temps en Amérique (3).

Quoiqu'il ne soit aucunement question, dans cette observation, d'un appariage entre deux espèces distinctes, le fait que l'on raconte laisse supposer la possibilité d'un de ces croisements dont la production deviendrait imputable à l'action de l'homme, et non point à des causes naturelles puisque les deux espèces, dont il

(1) Voy. le n° d'avril 1895, p. 160.
(2) Synonymie : *Fringilla tristis*.
(3) Voy. ses observations dans l'Auk., n° 2, april 1885, p. 102.

s'agit, ne se seraient jamais rencontrées si elles avaient été livrées à leur propre ressources.

Nous citons ce fait pour corroborer notre dire, maintes fois exprimé : à savoir que bien des mélanges, qui se produisent à l'état libre, sont cependant déterminés par des causes auxquelles l'homme n'est pas étranger (1).

CARDUELIS MAJOR et CARDUELIS CANICEPS

(Se reporter pp. 225 et 787)

Il est question, dans une *Notice ornithologique* de M. J. P. Prasak (2), d'un spécimen de Chardonneret de la Sibérie orientale (le *C. major*, supposons-nous), un ♂ obtenu le 24, IV, 1893, qui pourrait très facilement être pris pour un *caniceps*. M. Prasak fait cependant observer que pour établir cette ressemblance, il ne possède pour le moment d'autre image que celle de Gould. — L'Oiseau en question serait-il le produit d'un croisement entre les deux types, ou une gradation climatérique d'un type à l'autre ?

FRINGILLA CŒLEBS et FRINGILLA MONTIFRINGILLA

(Se reporter pp. 248 et 761)

Notre collègue et ami, le comte Arrigoni degli Oddi, de Padoue, bien souvent nommé dans le courant de cet ouvrage, a publié (3) la description : 1º des trois hybrides (2 ♂ et 1 ♀) conservés au Musée de Bergame, que nous avions signalés (4) ; 2º des deux spécimens (♂ et ♀) qui existent dans sa collection. — Nous avons donné, d'après la bienveillante communication de notre collègue, la description des deux sujets femelles (5) ; les deux sujets mâles du Musée de Bergame avaient été indiqués très brièvement. Aussi ferons-nous une traduction de la description détaillée de ces deux échantillons, ainsi que de la description du sujet ♂ appartenant à

---

(1) Voy. ce que nous avons dit sur ce sujet pp. 85, 86, 240, 241, 760, 761, etc.

(2) Publié in *Ornithologische Monatsberichte* du Dr An. Reichenow (nº de mars 1896, p. 39.

(3) In *Atti della Società italiana di Scienze naturali*, vol. XXXV, Milano, 1895.

(4) P. 251 et p. 325 des Mém. de la Soc. zool. de France, 1892.

(5) Voy. p. 254 (ou p. 328 des Mém.), pour l'hybride ♀ appartenant à M. Oddi ; et pp. 255 et 256 (ou pp. 329 et 330 des Mém.) pour le sujet ♀ du Musée de Bergame. La provenance de ce dernier sujet n'est pas connue. (Voy. le travail de M. Oddi, p. 4 du tirage à part) ; il porte le nº 318 du catalogue de l'Institut de Bergame.

M. Oddi (indiqué p. 742), sur lequel nous n'avions reçu aucun renseignement, lors de notre publication.

1° *Mâle ad., en livrée de printemps ; provenance inconnue, n° 312 du Catalogue de la collect. ornith. de l'Institut de Bergame.* — « Bec ressemblant davantage à celui de *Fr. montifringilla,* c'est-à-dire couleur de corne. Iris noir. Tête et nuque noires ; l'extrémité ornée d'une zone d'un rouge vineux, ce qui fait paraître la tête de cette couleur. Plumes du dos vineuses ; vers la moitié de leur longueur, on voit une tache avec une bande noire, nuancée de jaune soufre. La croupe et les sous-caudales noires à la base, jaune soufre très vif à l'extrémité des plumes. Là, comme sur le dos, la coloration noire est peu visible, si on ne soulève les plumes pour l'apercevoir. Les plus grandes couvertures de la queue de *Fr. cœlebs.* Estomac couleur vin comme chez cette espèce, toutefois moins foncée ; mais cela tient à ce que l'exemplaire est empaillé depuis longtemps. Les ailes dans le dessin de *Fr. cœlebs,* les bords et les bandes de séparation, au lieu d'être blancs, sont cependant teintés de couleur de vin, principalement à l'angle de l'aile et sur le bord extérieur, ainsi qu'à l'extrémité des couvertures et des rémiges voisines du dos. Bord externe des rémiges, les secondaires, jaune soufre. Queue de *Fr. cœlebs.* Pattes et ongles de couleur corne ».

2° *Mâle ad. en livrée d'automne, provenance ignorée ; n° 311 du Cat. de la coll. ornith. de l'Institut de Bergame.* — « Bec tenant le milieu entre le *Fr. cœlebs* et le *montifringilla,* couleur de corne. Iris noir. Tête et nuque semblables à celles de *Fr. montifringilla,* c'est-à-dire d'un noir bleu avec l'extrémité des plumes jaunâtre grisâtre. Les plumes auriculaires sont d'un rouge blanchâtre, elles sont presque unicolores ; au-dessous de celles-ci se voit une petite touffe de plumes, noir-bleuâtre, bordées de gris et de jaune éteint. Le dos du *Fr. cœlebs ;* mais le coloris en est plus clair et tire sur le rouge. Une teinte d'ensemble, fondue de gris olivâtre, mêlée de jaune soufre, divise la nuque du dos. La croupe est noire à la naissance des plumes ; vers l'extrémité elle porte une bande mince, couleur jaune soufre assez vif ; les couvertures de la queue ont la même coloration. Parmi celles-ci les plus grandes sont olivâtres, bordées de jaune olivâtre. Les couvertures tiendraient de *Fr. montifringilla,* tandis que la coupe tient plus de *cœlebs* pour ce qui est des bords aux extrémités bien légèrement teintées de soufre ; mais il y manque l'espace blanc propre au *montifringilla.* L'estomac est comme celui de *cœlebs ;* peut-être un peu moins couleur vin et le centre du ventre plus blanchâtre ; cependant semblable à beaucoup d'individus mâles avec le plumage d'automne. Les ailes sont, comme dessin, tout à fait de *cœlebs* ; mais les bords et les raies de séparation, au lieu d'être blanches, sont fondues de couleur soufre ; cette particularité est moins apparente sur la bande de l'angle de l'aile. Aucune des couvertures, les plus près du corps, n'est noire avec une large bordure noisette-clair, comme cela se voit sur le dos de *montifringilla* ♀. Queue de *cœlebs*. Pattes et ongles brunâtres. Dans leur ensemble, ces deux individus (n°s 311 et 312) se rapprochent plus de *cœlebs* (♂), que de *montifringilla*, tant pour la coloration que pour leur allure, ; toutefois, l'hybridité se manifeste dans nombre de détails dont il a été parlé dans la diagnose ».

Nous avions dit (1) que M. le prof. Dr A. Varisco, directeur du Musée, n'avait pu nous fournir aucune indication sur la provenance des trois pièces qui s'y trouvent ; M. Oddi les pensait tuées à l'état sauvage comme il y a lieu de le croire. Le savant naturaliste revient sur cette question et écrit qu'il était fondé dans son dire, aussi bien par l'état de conservation des dits sujets, que par l'assertion du préparateur défunt, M. Stefani, qui avait empaillé le n° 318.

3° *Mâle ad. de la coll. Oddi* (2), *provenant de Chignolo d'Isola, Bergamo).* — « Taille de *Fr. cœlebs*, physionomie intermédiaire entre le *cœlebs* et le *montifringilla*. Bec noir, à la base de la mandibule inférieure jaunâtre. Un trait fauve rougeâtre, qui va du bec à l'œil, se continue et se termine sur la nuque. Les plumes des côtés de la tête et de la nuque noir luisant, avec l'extrémité fauve rougeâtre ; de sorte que cette dernière coloration devient plus visible. Les plumes du dos et de l'échine noisette avec des traits noirs, principalement à la base des plumes. La croupe, dans la partie supérieure noire, avec l'extrémité des plumes jaune soufre ; le reste d'un jaune soufre très vif, s'étendant sur quelques-unes des couvertures de la queue, qui sont, cependant, mi-partie noires, mi-partie olivâtres ou mélangées. La croupe, sur les côtés, noir luisant avec quelques plumes jaune soufre à l'extrémité. Les parties inférieures fauve tirant sur le vineux, plus intense sur la gorge ; le centre de l'abdomen, le long de la ligne médiane, blanchâtre. Sous-queue blanchâtre, teintée de fauve. L'angle de l'aile, fauve obscur ; les petites couver-

(1) P. 252.
(2) Déjà signalé p. 762 (d'après le Bolletino del Naturalista), mais un décrit.

tures et les couvertures médianes teintées de fauve pâle ; les grandes, noires à la base, fauve vif à l'extrémité. Les rémiges brun noir avec un bord jaune olivâtre sur l'étendard externe ; celles près du corps ont cette partie fauve vif. Les rémiges de la quatrième, et celles qui suivent, ont un petit trait blanc sur l'étendard externe disposé en forme de tache. Les troisièmes noires avec un bord externe jaune olivâtre ; la première rémige avec la base blanche dans l'étendard externe ; l'interne avec un léger trait blanc, qui occupe partiellement la plume de la base à l'extrémité. Les couvertures inférieures des ailes jaune soufre. Pattes olivâtres, ongles foncés.

« Dans son ensemble, cet exemplaire tient donc le milieu entre le ♂ *montifr.* et ♂ *cœlebs*. Si par son aspect il paraît ressembler davantage au premier, en l'examinant un peu minutieusement, on trouve beaucoup de points qui le rapprochent du second. L'aile aussi par son dessin est presque celle de *montifringilla*, tandis que la queue est celle de *cœlebs* ; la croupe tient le milieu entre le blanc restreint (du voilé) et réduit au jaune soufre. Les côtés noirs, les plumes dorsales les plus proches, noires avec un bord, ramènent à *montifringilla* ; les autres parties : tête, dos, estomac, laissent *à priori* deviner une origine double ».

Nous ne pouvons compléter les quelques indications que nous avions données (1) sur un hybride capturé à Bleggio (Venise) et que nous croyions conservé au Musée de Rovereto.

M. le prof. Giovanni de Cobelle, directeur du Musée, veut bien nous faire savoir que cet Oiseau a été perdu (2) et qu'il ne peut par conséquent nous le communiquer.

Au moment de mettre sous presse, M. Ch. van Kempen, de Saint-Omer, nous envoie une pièce montée, achetée en Allemagne. Elle paraît être l'hybride de *Fringilla cœlebs* × *F. montifringilla*. Malheureusement, on ne sait à quelle époque de l'année l'Oiseau a été obtenu ; on ignore aussi dans quelle contrée il a été tué. Il est d'aspect mâle. Au premier abord, à l'exception du dessus du croupion dont la teinte est blanc verdâtre, on le prendrait pour un *montifringilla*. Cependant, si on l'examine attentivement, on s'aperçoit bientôt que le dos et les scapulaires sont presque d'un

(1) P. 252 et 257.
(2) Nous pensons que l'expression dont le professeur se sert signifie aussi bien « *détérioré* que hors d'usage ».

ton brun rougeâtre uniforme, à peine tacheté de noirâtre. Or, on
sait que chez *montifringilla* cette partie est parsemée de taches
noires. La teinte du bec n'est point non plus de la teinte jaunâtre
propre à cette espèce ; puis, à son extrémité, il ne devient point
noirâtre. Par ses dimensions il est aussi plus faible : il se
rapproche donc un peu de celui de *cœlebs* ; mais il n'est pas bleuté.
La première barre blanche de l'aile est encore beaucoup plus
prononcée que chez le Pinson d'Ardennes ; elle est peu teintée
d'oranger brique. — La teinte rousse de la poitrine et de la gorge
nous paraît plus étendue que chez *montifringilla* ; elle descend plus
bas ; puis, dans la partie haute qu'elle recouvre, c'est-à-dire en
avançant vers le dessous du bec, on sent légèrement le mélange
avec le rosé de *cœlebs*.

Enfin et surtout, signe cette fois très caractéristique de mélange,
les deux rectrices les plus extérieures de la queue sont nettement
et grandement tachetées de blanc pur, ce qui rappelle tout à fait
cœlebs, quoique *montifringilla* parfois (si nous nous en rapportons
à un de nos échantillons), montre très nettement du blanc à la
rectrice la plus extérieure. Nous devons remarquer en terminant
cette courte description, que la partie basse des flancs est dépourvue
de petites taches noirâtres qui se montrent, on le sait, toujours
bien accusés chez *montifringilla*. — Notre examen a été fait en
présence de nombreux échantillons des deux types.

Prétendrait-on, refusant une origine hybride à l'Oiseau que nous
décrivons ainsi, qu'originairement *cœlebs* et *montifringilla* (types
très rapprochés) n'étaient point différenciés et que ce rappel
évident de *cœlebs* est un retour vers l'ancêtre ? La chose se peut.
Dans ce cas, nous n'aurions pas affaire à un sujet hybride.

EMBERIZA CITRINELLA et EMBERIZA SCHŒNICLUS

(Se reporter p. 268)

Nous avions mentionné ce croisement d'après une communication
particulière du regretté M. Handcock. M. le chevalier von Tschusi
nous fait remarquer très aimablement qu'une mention en a été
faite par ce distingué naturaliste dans « Natural History Transactions Northumberland, Durham and Newcastle (1) ».

(1) Vol. X, part. 1, 1888, p. 210.

Entre deux Genres

LIGURINUS CHLORIS et PASSER DOMESTICUS

Un homme distingué, ayant des connaissances ornithologiques développées, ancien naturaliste, aujourd'hui dans le ministère sacerdotal, nous a fait part d'une observation faite par lui plusieurs fois dans le jardin de sa résidence. Il a aperçu, voltigeant d'arbre en arbre, un Moineau tacheté de jaune sur le front ; il a attribué la naissance de ce Passereau à un croisement de *Ligurinus chloris* × *Passer domesticus*. Un couple de *Ligurinus chloris* avait, en effet, niché la même année dans le jardin où l'observation fut faite. Ce jardin est situé en ville, à proximité des habitations ; la reproduction de l'espèce *Ligurinus chloris* nous a donc vivement surpris. Mais l'affirmation de l'observateur est tellement précise, ses connaissances de naturaliste lui donnant une réelle valeur, nous n'hésitons pas à citer le fait qu'il veut bien nous signaler. Néanmoins, nous pensons que le Moineau supposé hybride n'est autre qu'un individu frappé partiellement d'albinisme (1).

Le mélange du *Ligurinus chloris* avec le genre *Passer* a déjà eu sa mention (2) ; nous l'avons cité pour ce qu'il vaut, d'après M. Eugène Bono.

EUSPIZA LUTEOLA et PASSER INDICUS

(Se reporter p. 755)

Depuis longtemps nous attendions avec impatience le récit que M. Zaroudnoï devait faire de l'appariage constaté par lui, *de visu*, de ces deux espèces appartenant à des genres différents. La constatation d'accouplements libres entre Oiseaux d'espèces distinctes est si rare, si exceptionnelle, que nous désirions très vivement connaître les détails de l'observation.

Le sagace observateur vient de nous offrir l'ouvrage dans lequel il raconte le fait dont il a été le témoin. Malheureusement, cet ouvrage est écrit en langue russe, comme son titre l'indique (3), et nous sommes obligé de nous en rapporter à la traduction, qui

---

(1) La coloration des pigments paraît dépendre d'influences diverses. Sur l'influence de la température ou sur l'influence de la chaleur, voy. Rev. des sc. pures et appliquées, n° du 30 avril 1892, p. 288, et le Philosophical magasin de novembre 1891.

(2) Voyez p. 285.

(3) Орнитологія ЕСКАЯФАУНА ЗАКАСПІЙКАТО КРАЯ.

d'ailleurs nous paraît avoir été faite d'une manière très conscien·
cieuse.

Nous laissons complètement la parole à M. Zaroudnoï : « Près de
la limite Gadouan, le 15 mai 1892, j'aperçus, dit-il, un mâle *P.
indicus* tenant dans son bec des brins de paille qu'il portait dans
un arbuste, un rosier sauvage isolé sur le bord d'une ravine.
M'approchant de l'arbuste, d'où une femelle *E. luteola* s'échappa,
je trouvai un nid avec un œuf qui venait d'y être pondu. Ainsi, il
m'a été donné de constater ce fait : que deux types d'Oiseaux, tout
à fait différents, se sont croisés ; mais j'ai voulu le vérifier en
prolongeant mon observation. Après avoir examiné l'arbuste de
tous les côtés, et envisagé la place d'où le nid pouvait être aperçu
le mieux, je me cachai parmi les pierres à une centaine de pas de
là, ayant soin de me munir de mes lunettes. Tout d'abord, un
Bruant arriva et s'introduisit dans le nid ; dix minutes après,
un Moineau le rejoignit, lui remettant une chenille verte ; puis
cet Oiseau monta sur une branche, gazouilla un peu et s'envola.
Quelques minutes étaient passées, qu'il revint en apportant un
long brin de paille qu'il introduisit entre les petites brindilles qui
pendaient au-dessus du nid ; après quoi il disparut. Mais le
Bruant, sorti de la place qu'il occupait, jeta le brin de paille à
terre ; cela se répéta plusieurs fois. Evidemment le Moineau
voulait construire un toit, comme cette espèce a l'habitude de le
faire dans ses nids ; cette particularité n'était pas à la convenance
de l'espèce du Bruant, habitué à voir au-dessus de lui le ciel bleu ;
aussi, celui-ci démolissait-il la toiture. — Environ une heure après,
je trouvai dans le nid deux œufs, dont je pris un à toute éven·
tualité. Quatre jours après je visitai de nouveau ma trouvaille ;
il y avait dans le nid trois œufs ; au-dessus du nid, malgré la
résistance de sa conjointe, le Moineau avait construit un toit
convexe. N'ayant pas le temps d'attendre l'éclosion des œufs et
me contentant de ce que j'avais devant mes yeux, j'enlevai le nid
et le contenu. Le nid, construit au bas de l'arbuste, est plus
grossier et plus sale qu'il l'est généralement chez *E. luteola* ;
probablement le Moineau avait dérangé une bonne construction.
Les parties extérieures sont formées par des brins de paille,
d'herbe, et par des feuilles d'herbes ; les parties intérieures ont été
faites des mêmes matériaux, mais plus délicatement. La surface
intérieure se compose de feuilles d'herbes très finement tressées
et d'une très petite quantité de poils de Bœuf. Près du nid, par
terre et sur l'herbe, on voyait beaucoup de brins de paille, beaucoup

de plumes et du duvet ; tout cela avait été apporté probablement par le Moineau, mais rejeté par son épouse, la femelle Bruant.

Les dimensions du nid sont :

Hauteur.	57mm
Profondeur.	37mm
Largeur.	120mm
Diamètre du plat.	62mm

Les œufs (surtout trois) ont en général plus de ressemblance avec ceux du Moineau qu'avec ceux du Bruant. Leur éclat est comme celui de l'œuf des premiers et la couleur du fond principal comme chez l'œuf des derniers, c'est-à-dire blanc-verdâtre ; cette couleur, est sur un œuf mélangée de bleu clair. Les caractères de la forme sont ceux de l'œuf du Moineau ; la plupart ont une forme oblongue. Ils sont marqués de petites taches, parfois très étroites, et par des points. Sur trois œufs ces taches sont très nombreuses, surtout sur les bouts obtus où elles sont plus grandes et parfois se confondent les unes avec les autres ; souvent aussi une tache touche l'autre dans de différentes combinaisons ; si on ne compte pas les points, on ne trouve guère de signes isolés. Sur un œuf il y en a fort peu, quoique les oblongs y prédominent. Il y a aussi beaucoup de ronds et de traverses (1). Autour du bout obtus les taches sont plus grandes et, se confondant les unes avec les autres, elles forment une espèce d'auréole. Quant à la couleur, les taches (2) ressemblent beaucoup à celles qu'on trouve parfois sur les œufs de l'*E. luteola* ; elles sont de couleur cannelle, claire, cannelle foncée, cannelle grise ; un petit nombre se trouve de couleur gris-clair ou gris-foncé. La forme des œufs est plutôt celle des œufs de l'*E. luteola*. Leur dimension est :

Longueur	Largeur
22mm	15mm9
21mm4	15mm5
21mm1	15mm5
21mm	15mm6

L'observation de M. Zaroudnoï est une des plus intéressantes, sinon la plus intéressante de toutes celles que nous ayons signalées. Les détails en sont très précis et portent sur les faits mêmes qui sont à considérer dans un croisement. Souvent nous nous étions demandé comment agissaient dans la construction du nid deux

(1) La traduction devient ici assez obscure.
(2) Il y a « signes » dans la traduction.

individus appariés, appartenant à des espèces dont la nidification est différente : par exemple le *Ligurinus chloris* avec la *Linota cannabina*, dont on rencontrerait souvent les produits, ou mieux encore le *Ligurinus chloris* avec le *Cardiulis elegans* vus ensemble, (au dire de quelques auteurs). Les explications de M. Zaroudnoï nous permettent de conjecturer le mode d'appariage dans ces alliances auxquelles elles donnent, pour ainsi dire, une confirmation de la possibilité de leur existence, demeurée cependant assez douteuse à nos yeux.

HELMINTHOPHILA CHRYSOPTERA et HELMINTHOPHILA PINUS

(Se reporter pp. 319 et 786)

Nous avions passé sous silence, à l'article *Helminthophila leucobronchialis*, deux articles sur cet Oiseau parus dans l'Auk, nᵒ de juillet 1883 (1) ; ce numéro nous manquant encore actuellement, nous ne sommes point à même d'en faire une analyse.

TURDUS MERULA × TURDUS MUSICUS

(Se reporter pp. 365 et 795)

On a parlé de nouveau de l'hybride du Merle et de la Grive. Une page entière du Zoologist (2) est consacrée à ce croisement. Il s'agit d'un Oiseau pris pendant l'hiver de 1894-1895 dans le jardin de M. Arthur G. Butler, de Beckechan, le surintendant assistant-keeper de zoologie du British Museum. M. Butler est assez complaisant pour nous communiquer les indications suivantes sur cet hybride supposé. Après l'avoir gardé, nous dit-il, pendant quelques mois en cage, puis trouvant que le prisonnier n'était point heureux dans cet état, il lui redonna la liberté. Cette manière d'agir fut aussi déterminée par cette circonstance que les visiteurs de sa collection d'Oiseaux vivants prenaient constamment cet hybride pour une très vieille femelle de Merle dont le bec s'était recouvert de la couleur du bec du mâle.

Nous regrettons le bon sentiment, vraiment trop libéral, auquel céda M. Butler, car, nous dit encore celui-ci, après que l'Oiseau eut été rendu à la liberté, il l'entendit chanter dans le jardin voisin et son chant était tout à fait intermédiaire entre celui de la Grive et celui du Merle : c'était le chant du Merle avec les notes inter-

(1) Nᵒ 3, p. 307 et 308, vol. XII.
(2) Nᵒ du 15 juin 1895, vol. XIX, nᵒ 222, p. 253.

posées de la Grive, ce qui convainquit M. Butler que l'Oiseau qu'il avait lâché était un vrai hybride naturel. Il le croit provenir d'un Merle mâle et d'une Grive femelle et espère pouvoir donner, dans un ouvrage qu'il se propose de publier prochainement sur les Oiseaux d'Angleterre, une reproduction fidèle de la tête et des épaules.

On fait savoir, dans le Zoologist, que M. Frohawk, ami de M. Butler, vit l'Oiseau le 27 mars lorsqu'il était encore en cage. Il le crut très âgé ; néanmoins, l'ayant examiné de très près avec le préparateur, on reconnut que sous tous rapports (in all respects) il était intermédiaire entre le *Turdus merula* et le *Turdus musicus*.

Voici la description que M. Butler a bien voulu nous adresser : « The bill was wholly orange excepting the culmen which was black ; the cheek markings were those of a Song-Thrush, as also those of the breast; the chin and front of throat white streaked with smoky black. The soles of the feet were not quite so brightly colorored as in a male Blackbird and the legs generally were intermediate in colour between that of the two species ».

Nous compléterons ces indications, en reproduisant la description plus longue et plus détaillée faite dans le Zoologist (1) : « Upper parts, including wings, tail, cheeks, ear-coverts, and neck, deep smoky-brown ; a narrow pale brown superciliary streak from the base of the upper mandible to behind the orbit, and a short moustachial streak from the lower mandible ; circle round eye yellow ; chin and throat ashy-white, forming a large triangle with its apex on the chin ; sides of this triangle washed with brownish buff, and the whole surface traversed longitudinally by parallel irregular mottled dull black streaks, which pass into indistinct spots on the fore-chest ; chest and breast rufous-brown, more smoky at the sides ; abdomen and vent slightly greyish in the centre, shading into smoky brown at the sides and gradually passing into the more rufous tint of the breast. Bill orange, somewhat paler towards the tip ; culmen blackish ; feet yellowish horn-brown ; iris hazel. Size about that a Blackbird ».

M. Butler néglige d'indiquer la terminaison des pennes de l'aile : ce détail très important a toujours été passé sous silence dans les descriptions que l'on a faites de ces soi-disant hybrides. Les premières pennes de l'aile de la Grive et celles du Merle diffèrent cependant notablement à leur terminaison et, dans le cas d'un hybridisme intermédiaire, il y aurait là un argument excellent à

(1) N° cité.

faire valoir. Non seulement les pennes de l'aile du Merle sont bien plus larges et plus longues que celles de la Grive ; mais lorsque son aile est déployée on s'aperçoit aussitôt que la première penne est beaucoup plus courte relativement que celle de la Grive ; puis aussi que les trois pennes qui suivent la première sont à peu près égales, tandis que chez la Grive deux seules sont de mêmes dimensions. Enfin, la quatrième chez cette espèce se raccourcit et forme l'éventail ; chez le Merle c'est seulement la cinquième qui indique cette décroissance.

Nous rappelons l'attention des descripteurs sur ce point important, si de nouvelles pièces, semblant être des hybrides, viennent à être observées.

M. Butler ajoute à sa description qu'il trouva une ou deux fois des œufs de Grive déposés dans le nid d'un Merle et fait savoir que son ami M. Frohawk eut l'occasion de découvrir un nid de ce genre, visité certainement par un Merle et par une Grive.

Nous ne pensons pas néanmoins que le croisement des deux espèces soit encore établi.

IDUMA RAMA et CALAMOHERPE ARRUNDINACEA

(Se reporter p. 807)

Nous avons parlé d'un Oiseau, tenant le milieu entre ces deux espèces, que M. Th. Pleske a déterminé comme hybride.

Nous n'avions point examiné les espèces pures au moment où nous faisions cette citation. Depuis nous nous sommes procuré cinq échantillons des parents supposés : une ♀, deux ♂ du premier type ; un ♂ et un sujet (sexe inconnu) du second. Un des deux mâles *rama* est beaucoup plus long que son congénère. En admettant que la peau ait été plus tendue chez l'un que l'autre, les pennes de la queue, chez le sujet le plus grand, sont notoirement plus longues que chez l'autre ; les pennes de l'aile offrent la même particularité. Sommes-nous en droit de conclure que le plus petit sujet est un jeune ? La femelle, par sa taille, tient le milieu entre ces deux échantillons.

Les deux *Calamoherpe* sont d'aspect plus grand que tous ceux-ci. Cependant si nous rapprochons le *Calamoherpe* (sans indication de sexe) du plus grand ♂ *rama*, ces Oiseaux paraissent à peu près de la même taille. Nous supposons, néanmoins, *rama* dans ses proportions plus petit que le type *arrundinacea*. Si cette particularité n'est point réelle, nous nous demanderons quel est le signe distinctif des deux espèces ? Sans doute la coloration plus foncée d'*arrundinacea*, car le plumage de cette forme est incontestablement plus roux que celui de l'autre forme ; mais c'est le seul caractère qui puisse les distinguer. Dans leur terminaison, les plumes de la queue sont identiques dans les deux espèces, tout au plus si *rama* aurait proportionnellement la première penne légèrement plus courte que celle d'*arrundinacea*. Nous remarquons d'ailleurs que le ♂ *rama*, le plus fort, est d'une teinte plus assombrie, plus roussâtre que celle de l'autre ♂ plus petit, dont le bec paraît aussi un peu plus fort. Ce dernier serait-il un hybride entre le *rama* et l'*arrundinacea*? C'est presqu'un intermédiaire entre les deux races. Ou bien est-il un jeune ? Nous posons cette question aux ornithologistes, car cinq sujets ne nous permettent pas de faire une étude approfondie des deux types que nous envisageons. Ces sujets se montrent si ressemblants, leur faciès est tellement semblable, que l'on serait tenté de ne différencier les deux types auxquels ils appartiennent que comme races, d'autant plus que leurs becs, presque droits, se ressemblent encore. Aussi, ne voyons-nous dans les deux formes aucun caractère distinctif de l'espèce. Certains ornithologistes les ont cependant classés dans deux genres !

ENNEOCTONUS COLLURIO et ONTOMELA ROMANOVI

(Se reporter p. 813)

Le même ornithologiste, M. Zaroudnoï, qui a raconté d'une manière si intéressante l'appariage de l'*E. luteola* et du *P. indicus*, a fait le récit d'une observation d'un intérêt presque non moins grand. Il s'agit du croisement, contracté à l'état libre, d'un *Enneoctonus collurio* ♂ et d'un *Ontomela romanovi* ♀.

Nous laisserons encore la parole au savant naturaliste : « Le 20 juin 1892, j'ai trouvé, dit il, dans la mauvaise herbe d'un rosier sauvage poussé près de la source qui abreuve un poste de cosaques Gooudansky, un nid dans lequel couvait une femelle *Ontomela*. A mon approche, l'Oiseau s'envola. — Je pris donc place près de là et j'attendis le retour des Oiseaux pour les joindre avec le nid à ma collection. J'étais à peine à mon poste d'observation que je vis, à mon grand étonnement, un *Enneoctonus collurio* mâle, tenant dans le bec une sauterelle, s'approcher de l'arbuste et disparaître dans l'épaisseur des branches. Ne trouvant pas sa compagne dans le nid, il monta sur le sommet de l'arbuste et, sans laisser tomber l'insecte de son bec, il se mit à crier avec inquiétude ; bientôt la femelle, qui se tenait sur un arbrisseau voisin, répondit à son appel. Alors le mâle s'approcha d'elle et les deux conjoints se mirent à décrire dans l'air, tout autour de moi, de larges cercles. Ce que voyant, je m'éloignai pour calmer leur inquiétude visible. Une heure après, m'étant approché de l'arbrisseau, je tuai la femelle qui était une vraie *O. romanovi* ; quelques minutes après, le mâle, ayant eu l'imprudence de s'approcher, périt sous mon coup de fusil. Il n'y avait plus de doute à conserver sur son identité : c'était un *E. collurio*! — Le nid et les œufs, que je ramassai, ressemblent tout à fait à ceux de l'*O. romanovi*. Le nid était construit à la hauteur de 2 m. 1/2, et bien caché dans les branches. On y remarque de nombreuses racines longues, souples et tortueuses, dont il se compose principalement. Les parois sont formées de deux couches. La couche extérieure, outre les racines mentionnées, contient encore beaucoup de petites branches, de petites herbes mêlées çà et là, de morceaux d'ouate et de laine de Chameau ; la base contient beaucoup de feuilles sèches et piquantes. La couche intérieure est de laine de Chameau, de Chèvre ou de Mouton ; partout elle est percée par de petites racines excessivement fines, et à la surface elle est couverte d'une petite quantité de crin de Cheval avec quelques pistils plumeux de stipe.

« Les dimensions du nid, au bord duquel on remarque un petit torchon entortillé dans ses parois (1), sont les suivantes :

Hauteur.	92mm
Profondeur.	48mm
Largeur.	150mm
Diamètre de l'ouverture.	70mm

» Il y avait quatre œufs à peine couvés. Le fond principal de la couleur de ces œufs est blanc rouge vif. Les taches (2) sont condensées près des lignes médianes ou sont rassemblées sur ces lignes et forment ainsi de très épaisses et larges ceintures : ces ceintures sont surtout remarquables sur trois œufs. Comme forme, les taches sont de petits points ronds ou de simples taches. Leur couleur est rouge-foncé (pour la plupart), rouge-gris et violet-gris.

» Voici les dimensions des œufs :

Longueur	Largeur
22mm5	16mm7
22mm3	17mm4
22mm3	16mm7
22mm2	17mm

(1) Le texte dit « dans ses murs ».
(2) Ou signes ?

« Je ne pourrais pas, poursuit notre narrateur, indiquer des caractères d'après lesquels on distinguerait ces œufs des œufs de l'*E. collurio* et de l'*O. romanovi* ; ils ressemblent tout à fait aux types prédominants de la couleur de l'œuf de l'*O. romanovi* et en même temps ils ne diffèrent pas de quelques-uns de ceux qu'on trouve parfois chez les représentants de l'*E. collurio* d'Oren-bourg, de Pultara et de Pscoff ».

CORVUS CORONE et CORVUS CORNIX

(Se reporter pp. 394 et 815)

Quoique nous ne puissions considérer d'aucune manière les intermédiaires entre ces deux types comme des hybrides ou même comme des métis (car *corone* n'est à nos yeux qu'un mélanisme de *cornix* de cette dernière, ou si l'on aime mieux un albinisme incomplet de la première), nous ferons néanmoins connaître, pour l'intérêt qu'il peut exciter, un nouvel exemplaire du mélange des deux types. Cet intermédiaire a été annoncé dans le Zoologist (1) par le révérend H. A. Macpherson, de la manière suivante : « Il y a quelques années, dit le révérend, j'ai mentionné dans mes *Oiseaux de Cumberland* deux spécimens empaillés qui combinaient les caractères des deux types. Récemment j'ai eu l'occasion d'acheter un Oiseau de ce genre, tué à Wastwater, par un homme appelé Barnes. Cet Oiseau a la poitrine cendrée et le collier de la Corneille mantelée; mais le ventre et le dos tout entiers sont d'un noir pur ».

M. Macpherson cite cette Corneille mélangée parce qu'il ne croit pas qu'il en existe de semblable dans aucun musée public de sa contrée. Le « Natural History Museum at South Kensington » contient cependant une série de formes de l'Est variées diversement; cette série est due, on le sait, à M. Seebohm.

Au sujet de ces Corneilles à caractères mixtes, M. le pasteur F. R. Lindner, d'Osterwick, veut bien nous écrire qu'il vient de tuer, dans son jardin, un beau *Corvus corone* × *cornix*. Il met gracieusement cet exemplaire à notre disposition, dans le cas où nous désirerions l'étudier.

Nous avons reçu de la part de M. de Selys Longchamps la savante brochure que celui-ci a, dans un but pratique, écrite sur les

(1) N° du 15 fév. 1896, pp. 76 et 77.

« *Corbeaux au point de vue de l'agriculture et de la sylviculture* (1) ».

Nous y lisons le passage suivant : « Sur les limites géographiques des deux formes où par exception la Corneille grise et la Corbine (2) existent en même temps, surtout en Russie, dans quelques parties de l'Italie et des îles de la Méditerranée, elles s'accouplent souvent ensemble et produisent des hybrides ou métis, participant du plumage des deux espèces, la coloration noire envahissant plus ou moins le gris cendré ». — M. de Selys Longchamps fait savoir qu'il a sous les yeux un sujet chez lequel le gris n'existe que sur le milieu du ventre, où il est même flammé de noirâtre. Chez un autre, il y a aussi du gris à flammèches noires entre la nuque et le haut du dos. Chez tous deux le reste du dos et les couvertures de la queue tant en dessus qu'en dessous sont noires. Ces exemplaires sont de la Ligurie. — L'éminent académicien remarque incidemment que le Musée de l'Etat à Bruxelles possède un exemplaire mélangé indiqué comme provenant des environs de Bruxelles. Il observe aussi qu'il n'a jamais, en Belgique, aperçu aucun de ces métis. Enfin, il constate, avec beaucoup de raison, que les anatomistes ne sont pas parvenus à trouver chez les deux types purs un caractère spécifique distinct.

Paradisea apoda × Paradisea raggianna

(Se reporter pp. 413 et 818)

On se rappelle que nous avons mis en suspicion les formes *fusionnées* décrites comme hybrides par MM. d'Albertis et Salvadori. Nous sommes de plus en plus enclin à penser, vu cette fusion *intime* qui s'accomplit chez eux, que ce ne sont point des hybrides. Un fait nous confirme dans cette manière de voir ; le cap. Butler tua, paraît-il, deux hybrides venant d'un couple domestique, par conséquent authentique, dont les caractères n'étaient point la fusion, mais tout au contraire la juxtaposition. Ainsi, l'un avait la tête d'une espèce, l'autre le corps de cette espèce (3).

D'où nous concluons, comme nous en avons fait la remarque en débutant, que chaque fois qu'une forme reparaît insensiblement dans une autre, c'est une gradation climatérique, nullement une hybridation. Les conséquences de cette théorie, si elle se confirme varie, n'échapperont à aucun ornithologiste.

(1) In *Bulletin de la Société centrale forestière de Belgique*. Bruxelles. 1895.
(2) Le *C. corone*.
(3) Nos notes ne disent pas toutefois de quelles espèces provenaient les deux hybrides obtenus par M. Butler. Nous serions très surpris d'apprendre que le couple appartenait au genre *Paradisea*.

PARADISEA RAGGIANA et PARADISEA AUGUST.E VICTORIÆ

(Se reporter p 840) (1)

Nous avons eu l'occasion de citer, d'après le « *Report on ornitho-logical specimens, collected in british New-Guinea* », trois exemplaires décrits comme bonnes espèces par M. de Vis, quoique présentant des caractères intermédiaires entre le *P. raggiana* et le *P. augustæ victoriæ*. L'Ibis (2) fait maintenant mention de ces Oiseaux.

COLAPTES AURATUS × COLAPTES CAFER

(Se reporter pp. 429 et 840)

Nous croyons utile de traduire littéralement un passage du mémoire de M. Allen (3), dont nous avions seulement présenté (pp. 843-844) l'analyse d'après M. Batchelder (4). M. Allen y établit de quelle manière les caractères des deux types se combinent dans le produit hybride. «Les intermédiaires, ou les hybrides, présentent des combinaisons qui tiennent des deux Oiseaux, mais varient sans cesse : cela depuis les individus de *C. auratus* présentant seulement des traces très affaiblies du *C. cafer*, ou inversement, jusqu'à des Oiseaux chez lesquels les caractères des deux types sont mélangés dans des proportions à peu près égales. C'est ainsi que l'on voit des *C. auratus* ne possédant que quelques plumes rouges sur la joue, ou avec les grosses plumes légèrement orangées ; ou bien des *C. cafer* avec quelques plumes noires sur les joues, ou avec quelques plumes rouges à la nuque, ou avec un croissant écarlate à peine visible. — Lorsque le mélange des caractères est le plus fortement accusé, les grosses plumes peuvent être d'un jaune orange ou d'un rouge orange, ou d'une nuance quelconque entre le jaune et le rouge, avec les autres traits des deux Oiseaux également mélangés. Mais de tels spécimens forment l'exception ; le mélange non symétrique (5) est la règle générale. Les grosses plumes de la queue, par exemple, peuvent être en partie rouges chez différents individus, et très souvent aux côtés opposés de la

(1) Par erreur typographique, notre titre est mal indiqué à cette page ; il est ainsi libellé : *P. raggiana* et *P inertmedia*. Il faut lire : *P. raggiana* et *P. augustæ victoriæ*.

(2) N° d'avril 1895, p. 281.

(3) *The north american species of the genus Colaptes, considered with special reference*, etc. (Bull. amer. Mus., IV, 8 mars 1892).

(4) Analyse faite dans l'Auk, n° IX, année 1892, p. 177-179.

(5) C'est à-dire les deux côtés dissemblables.

queue chez le même Oiseau. La même irrégularité se présente aussi, mais apparemment avec moins de fréquence, dans les plumes des ailes. Dans ce cas, les plumes peuvent la plupart être jaunes, mélangées de quelques plumes rouges ou orange, ou encore rouges avec un mélange semblable de jaune. Un Oiseau peut enfin avoir la coloration générale du véritable *cafer*, combinée avec un croissant de la nuque bien développé, ou la coloration presque pure *auratus*, avec les raies rouges du *cafer*. Quelquefois, le plumage du corps est celui du *C. auratus* avec la tête presque semblable au pur *cafer* ; l'inverse se présente. On peut rencontrer le plumage général comme chez le *cafer*, avec la gorge et la couronne comme chez l'*auratus,* et la raie de la joue peut être ou rouge ou noire, ou encore mélangée de rouge et de noir, et ainsi de suite dans des variations presque sans fin. Il est rare de trouver, même chez des Oiseaux d'un même nid, deux individus qui se ressemblent entièrement dans leurs caractères de coloration. D'ordinaire, la première trace du *cafer*, qu'on remarque chez l'*auratus*, se manifeste par un mélange de rouge dans la moustache noire, en laissant paraître quelques plumes rouges, ou quelques plumes mélangées de plumes noires et de rouges, ou bien la portion de la base des plumes est seulement rouge. En d'autres occasions, il y a mélange de plumes oranges ou rougeâtres, pendant que la moustache reste normale. Chez le *C. cafer*, les traces de l'*auratus* se manifestent d'ordinaire par une tendance vers un commencement du croissant de la nuque, souvent représenté par quelques plumes teintes de rouge à l'extrémité des côtés de la nuque ; quelquefois aussi il est représenté par un léger mélange de noir dans la raie rouge des joues ».

Le capitaine Platte M. Thorne, qui a remis vingt-cinq peaux à M. Allen, a été informé par celui-ci (1) que cette série est d'un grand intérêt, ses Oiseaux provenant tous de localités dans lesquelles le *C. auratus* et le *C. cafer* se rencontrent et se croisent (probablement).

« Il n'existe pas parmi tous ceux-ci un spécimen qui soit complètement *cafer*, quoique quelques individus se rapprochent de très près de cette forme. La plupart des individus sont plus *cafer* qu'*auratus*. Chez quelques-uns, les caractères des deux espèces sont représentés dans des proportions égales. Chez un ou deux spécimens les caractères d'*auratus* prévalent. On ne voit donc point deux individus entièrement semblables. Ces combinaisons de caractères sont très intéressantes ».

(1) Voy. l'Auk July 1893, p. 213.

Dryobates pubescens meridionalis et Dryobates pubescens

M. Harry C. Oberholser, après avoir constaté (1) « que la comparaison d'une série de *Dryobates pubescens* d'Alaska, avec une série de spécimens provenant de la Floride, révèle entre eux une différence marquée » ; après s'être encore étendu sur d'autres considérations, remarque (2) que les Oiseaux de la Caroline du Nord, du Tennessee, du territoire indien, de l'Illinois méridional et de la Virginie méridionale extrême, semblent être des intermédiaires entre le *D. pubescens meridionalis* et le vrai *D. pubescens*. Ces Oiseaux sont-ils de simples intermédiaires ou des métis ? Nous ne saurions le dire. — M. Harry C. Oberholser fait aussi des remarques sur les ressemblances entre le *D. pubescens* et le *D. pubescens nelsoni*, deuxième variété qu'il place, comme la première, au rang de *subspecies*.

(1) Proceedings of the United States National Museum, vol. XVIII, n° 1080, p. 547. *Description of two new subspecies of the downy Woodpecker, Dryobates pubescens* (Linnœus).

(2) P. 548.

ORDRE DES ACCIPITRES

Famille des Falconidés

CIRCUS CYANEUS (1) et CIRCUS ÆRUGINOSUS (2)

A titre de curiosité, nous ferons remarquer qu'un jeune *C. ærugi-nosus*, déterminé par un bon ornithologiste comme un hybride de cette espèce avec le *C. cyaneus*, a été reconnu par M. le prof. Giacento Martorelli, de Milan (auquel nous avons adressé la pièce), comme un vieux mâle *Circus æruginosus* chez lequel apparaît la couleur grise dominante des *Circinæ*. Cette phase de plumage n'était point sans doute connue de l'ornithologiste auquel nous faisons allusion. — Nous mentionnons cette erreur pour prémunir certains naturalistes contre la séduction de faire intervenir l'hybridité là où il n'y a souvent qu'anomalie, variation, ou encore phase peu connue de plumage.

L'hybridité chez les Oiseaux de proie, comme nous le fait remarquer avec beaucoup de raison M. Martorelli, est beaucoup plus difficile à constater que dans les autres ordres d'Oiseaux, « soit à cause des conditions spéciales dans lesquelles l'appariage a lieu, soit surtout, et plus encore, à cause de la mue qui se prolonge longtemps, et enfin des très grandes variations d'âge et indivi-duelles ».

Nous ne pouvons nous associer à une pensée de l'éminent ornitho-logiste, dont celui-ci veut bien nous faire part dans sa communica-tion : à savoir que si l'hybridation est une rare exception entre espèces éloignées, « elle est un fait constant chez *les espèces voisines*, et même la seule forme d'hybridation qui ait trait à la formation graduelle des espèces ».

(1) Synonymie : *Falco cyaneus et Pygargus, Falco bohemicus, albicans, griseus et montanus, Circus gallinarius, Accipiter variabilis, Falco strigiceps,* etc.

(2) Autres noms scientifiques : *Falco æruginosus, Circus palustruis et rufus, Falco rufus, Falco arundinaceus,* etc.

Mais peut-être le savant professeur n'entend-il parler que du mélange probable et fréquent des races et des variétés quand celles-ci se rencontrent.

Constatons que M. Martorelli, qui a écrit un ouvrage bien étudié sur les *Oiseaux de proie d'Italie*, ne se rappelle point y avoir cité aucun cas d'hybridité !

Les **Additions** que nous venons d'écrire, quoique remplies d'observations sur les hybrides, en font connaître peu de nouveaux. Parmi ceux qui appartiennent à des croisements déjà énumérés dans nos précédentes publications, nous relevons tout au plus trente à trente-cinq hybrides sauvages plus ou moins authentiques.

Mais ces *Additions* nous donnent, grâce à un écrivain, M. Zaroudnoï, des indications très intéressantes sur deux appariages constatés *de visu* entre espèces distinctes de l'ordre des Passereaux. Quelques croisements, non encore indiqués dans l'ordre des Gallinacés et dans l'ordre des Echassiers, y sont aussi mentionnés.

Voici, d'ailleurs, le résumé des croisements et des hybrides que nous y citons :

TETRAO TETRIX × TETRAO UROGALLUS, plus de huit exemplaires.

TETRAO UROGALLUS × LAGOPUS ALBUS, quatre exemplaires.

TETRAO TETRIX × BONASA BETULINA, un exemplaire.

LAGOPUS ALBUS × LAGOPUS SCOTICUS, cinq exemplaires.

TETRAO TETRIX × LAGOPUS ALBUS, cinq exemplaires (1).

PHASIANUS VULGARIS × PH. REEVESI, deux exemplaires (semi-liberté).

PHASIANUS VULGARIS × PH. WALLICHII, un ou plusieurs exemplaires (semi-liberté). *Cette hybridation et les deux suivantes n'ont pas encore été citées.*

PHASIANUS VULGARIS × EUPLOCAMUS, un ou plusieurs exemplaires (semi-liberté).

PHASIANUS VULGARIS × TH. AMHERSTLE, un ou plusieurs exemplaires (semi-liberté).

(1) L'authenticité de trois de ces hybrides n'est pas établie.

TETRAO TETRIX × PH. VULGARIS, quatre exemplaires.

PH. VULGARIS × CANACE OBSCURA, trois exemplaires. (*Cette hybri-dation n'a pas encore été décrite*).

ANAS BOSCHAS × QUERQUEDULA CRECCA, un exemplaire.

ANAS BOSCHAS × A. MOSCHATA, un exemplaire (semi-liberté).

CHALLELASMUS STREPERUS × MARECA PENELOPE, deux exemplaires.

TOTANUS GLOTTIS × T. GLAREOLA. (*Cet appariage et les trois suivants n'avaient pas encore été cités*).

TOTANUS GLAREOLA × ACTITIS HYPOLEUCOS.

TOTANUS GLAREOLA × MACHETES PUGNAX.

TOTANUS FUSCUS × MACHETES PUGNAX.

FRINGILLA CŒLEBS × F. MONTIFRINGILLA, un exemplaire.

EUSPIZA LUTEOLA × PASSÉR INDICUS. (*Cet appariage et le suivant n'ont pas encore été décrits*).

ENNEOCTONUS COLLURIO × O. ROMANOVI.

Il y a lieu de faire figurer ces nouveaux hybrides et les croise-ments, non encore cités, au TABLEAU RÉCAPITULATIF, dressé pp. 856 et suivantes.

Ce qui est essentiel à constater, dans ces NOUVELLES ADDITIONS : c'est qu'elles n'apportent pas de modifications aux conclusions prises précédemment.

TABLE

DES

MATIÈRES

DEUXIÈME PARTIE

TROISIÈME PARTIE

QUATRIÈME PARTIE

CINQUIÈME PARTIE

ADDITIONS, CORRECTIONS ET EXAMENS D'APRÈS NATURE

SIXIÈME PARTIE

TABLE ABRÉGÉE DES MATIÈRES

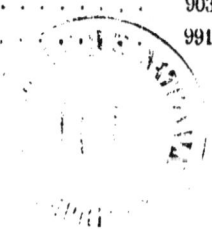

Lille. — Imprimerie Le Bigot frères, rue Nicolas Leblanc, 25.

OUVRAGES DU MÊME AUTEUR

SUR L'HYBRIDITÉ

La Question du Léporide (Revue des Questions scientifiques). Bruxelles, 1887. — 31 pages.

L'Hybridité dans la Nature (Règne animal). Revue des Questions scientifiques. Bruxelles, 1888. — 80 pages.

Note sur les Hybrides des Anatidés. Rouen, 1888. — 16 pages. (Reproduite dans le Bulletin de la Société d'Acclimatation, 1889).

L'Hybride du Faisan ordinaire et de la Poule domestique (L'Éleveur, Vincennes, 1889). — 19 pages.

La Fable des Jumarts (Mémoires de la Société Zoologique de France. Paris, 1889). — 33 pages.

Nouvelles Observations sur les Hybrides des Anatidés (Bulletin Société Nationale d'acclimatation. Paris, 1889. — 9 pages.

Histoire du Bimaculated Duck de Pennant confondu longtemps avec l'A. glocitans de Pallas et Notes sur plusieurs autres Oiseaux du même genre. Édition de luxe ornée de 2 lithographies et de 2 planches coloriées. Lille, 1894. — 49 pages.

Les Hybrides des Oiseaux et des Mammifères à l'état sauvage (Compte-rendu du 3e Congrès scientifique international des Catholiques). Bruxelles, 1895. — 24 pages.

Phénomènes de reproduction dans les Croisements de Races et de Variétés d'Animaux (Compte-rendu de la IIe session des Assises de Caumont). Rouen, 1896. — 37 pages.

Tous ces mémoires ou articles de revues sont tirés à part. Ils sont vendus à Paris chez J. B. Baillière et fils, rue Hautefeuille, 19 ; à Berlin, chez Friedländer et Sohn, Carlstrasse 11. — On vend aussi séparément les six parties de cet ouvrage, c'est-à-dire, 1re part.: Les Gallinacés ; 2e part.: Les Palmipèdes et les Échassiers ; 3e part.: Les Passereaux ; 4e part.: Les Oiseaux de Proie ; 5e part.: Additions, Corrections et Examens d'après nature ; 6e part.: Nouvelles Additions. — Sont encore vendus séparément : Notes sur les Hybrides ; Des caractères plastiques et de coloration chez les Hybrides et les métis ; Histoire naturelle du Rackelhane, (extraits de cet ouvrage).

Lille, Imprimerie Le Bigot frères.

www.ingramcontent.com/pod-product-compliance
Lightning Source LLC
Chambersburg PA
CBHW052005230326
41598CB00078B/1995